第三版
精通機器學習
使用 Scikit-Learn, Keras 與 TensorFlow

THIRD EDITION

Hands-On Machine Learning with Scikit-Learn, Keras, and TensorFlow

Concepts, Tools, and Techniques to Build Intelligent Systems

Aurélien Géron　著

賴屹民　譯

O'REILLY®

目錄

前言

機器學習海嘯

Geoffrey Hinton 等研究者在 2006 年發表了一篇論文（*https://homl.info/136*）[1]，文中介紹如何訓練以極高準確率（>98%）來辨識手寫數字的深度神經網路，他們將這項技術稱為「深度學習」。深度神經網路是大腦皮層的（極度）簡化模型，它是由多層人工神經元組成的。當時人們普遍認為訓練深度神經網路是不可能的任務[2]，絕大多數的研究者在 1990 年代已經放棄這種想法，但這篇論文重新引起科學界的興趣，不久之後，許多新論文都證實，深度學習不僅可行，也能夠實現令人驚嘆的成就，其他的機器學習（ML）技術皆無法望其項背（在強大的計算能力和龐大的資料量的幫助下）。很快地，這股熱潮擴展至機器學習的許多其他領域。

大約十年後，機器學習已經征服整個產業了，如今，它是許多高科技產品的核心，可為你排序網路搜尋結果、驅動智慧型手機的語音辨識功能、推薦影片，甚至幫你開車。

在你的專案中的機器學習

所以，你一定對機器學習很感興趣，想要快點加入這場盛會吧？！

或許你想要讓自製的機器人擁有自己的大腦？讓它辨識人臉？或學會到處行走？

1　Geoffrey E. Hinton et al., "A Fast Learning Algorithm for Deep Belief Nets", *Neural Computation* 18 (2006): 1527–1554.

2　儘管 Yann LeCun 的深度摺積神經網路自從 1990 年代以來就可以準確地辨識圖像了，但當時它們沒有那麼通用。

或者，你的公司有大量的資料（使用者紀錄、財務資料、生產資料、機器感應器資料、熱線統計、人力資源報告…等），只要知道該在哪裡尋找它們，就能發現一些祕寶。透過機器學習，你可以完成以下及其他工作（*https://homl.info/usecases*）：

- 細分顧客，找出對每一個族群而言最好的行銷策略。
- 根據性質相似的顧客的購買情況，為每位顧客推薦相應的產品。
- 找出有詐欺可能的交易。
- 預測你的明年收入。

不管你的理由是什麼，你已經決定學習機器學習，並在專案中實現它了。這是很棒的想法！

目標和方法

本書假設你幾乎不懂機器學習，其目的是告訴你一些概念、工具，以及直覺，教你寫出可在資料中進行學習的程式。

我們將探討大量的技術，從最簡單的到最常用的（例如線性回歸）、到一些經常贏得比賽的深度學習技術。為此，我們將使用以下這些準生產 Python 框架：

- Scikit-Learn（*https://scikit-learn.org*）很容易使用，它也高效地實作了許多機器學習演算法，所以很適合當成學習機器學習的起點。它是 David Cournapeau 在 2007 年創作的，目前由法國國立計算機科學及自動化研究院（Inria）的一個研究團隊領導。

- TensorFlow（*https://tensorflow.org*）是較複雜的程式庫，其用途是進行分散式數值運算，可以高效地訓練及執行龐大的神經網路，將計算工作分配給上百個多 GPU（圖形處理單元）伺服器。TensorFlow（TF）是 Google 創造的，最初被用來支援 Google 的許多大規模機器學習應用程式，後來在 2015 年 11 月開放原始碼，在 2019 年 9 月發表 2.0 版。

- Keras（*https://keras.io*）是高階深度學習 API，可讓你非常輕鬆地訓練與運行神經網路。Keras 與 TensorFlow 同捆，依靠 TensorFlow 來執行所有的密集計算。

本書傾向實踐性質，透過可執行的具體範例和一點點理論，來幫助你直觀地瞭解機器學習。

雖然你可以只閱讀而不動手操作，但我強烈建議你嘗試執行範例程式。

範例程式

本書的所有範例都是開源的，可在 *https://github.com/ageron/handson-ml3* 取得，它們是 Jupyter notebook，notebook 是一種互動式文件，可包含純文字、圖像與可執行的程式片段（我們使用 Python）。要執行這些 notebook，最簡單且最快速的方式是使用 Google Colab。Google Colab 是一種免費的服務，可讓你在網路上直接執行任何 Jupyter notebook，且不需要在電腦上安裝任何東西，只要你有網頁瀏覽器和 Google 帳戶就可以使用它。

雖然我在本書中假設你使用 Google Colab，但我也在其他線上平台測試了 notebook，例如 Kaggle 與 Binder，所以你可以使用你喜歡的工具。你也可以自行安裝所需的程式庫和工具（或本書的 Docker 映像檔），直接在你的電腦上執行 notebook。請參考 *https://homl.info/install* 的說明。

本書旨在協助你完成工作。如果你希望使用範例程式之外的內容，而且該使用超出合理使用範圍（例如出售或發布 O'Reilly 書籍的內容，或在你的產品文件中使用本書的大量教材），請聯繫我們以獲取許可：*permissions@oreilly.com*。

如果你在引用本書內容時標明出處（但不強制要求），我們將非常感謝你。出處一般包含書名、作者、出版社和 ISBN。例如：「*Hands-On Machine Learning with Scikit-Learn, Keras, and TensorFlow* by Aurélien Géron. Copyright 2023 Aurélien Géron, 978-1-098-12597-4」。

先備知識

本書假設你具備一些 Python 程式設計經驗。如果你還不熟悉 Python，*https://learnpython.org* 是個很棒的起點。Python.org（*https://docs.python.org/3/tutorial*）的官方教學也很棒。

本書也假設你熟悉 Python 的主要科學程式庫，尤其是 NumPy（*https://numpy.org*）、Pandas（*https://pandas.pydata.org*）與 Matplotlib（*https://matplotlib.org*）。如果你尚未用過它們，別擔心，它們很容易學習，我也為它們製作了一些課程。你可以到 *https://homl.info/tutorials* 學習它們。

此外，如果你想要完全瞭解機器學習演算法如何運作（而不是僅僅如何使用它們），你至少需要瞭解一些基本數學概念，尤其是線性代數。具體來說，你應該知道向量和矩陣是什麼，以及如何執行一些簡單的計算，例如向量相加、矩陣的轉置和乘法。如果你想快速瞭解線性代數（它真的不是高深的火箭科學！），我在 *https://homl.info/tutorials* 提供了一份教學。你也可以在上面找到微分計算教材，這對理解神經網路的訓練過程有所幫助，但是對於掌握重要的概念而言，它不是完全必要的。本書有時也會使用其他的數學概念，例如指數與對數、機率理論，和一些基本的統計概念，但沒有艱深的內容。如果你需要以上概念的任何協助，可參考 *https://khanacademy.org*，這個網站提供許多優秀且免費的線上數學課程。

路線圖

本書包含兩個部分。第一部分是「機器學習基本知識」，它涵蓋以下主題：

- 什麼是機器學習、它試著解決什麼問題，以及它的系統有哪些主要種類，及其基本概念
- 典型機器學習專案的執行步驟
- 藉著將模型擬合至資料來進行學習
- 優化代價函數
- 處理、清理與準備資料
- 選擇與設計特徵
- 選擇模型，及使用交叉驗證來調整超參數
- 機器學習的挑戰，具體來說，就是欠擬合與過擬合（偏差 / 變異數權衡）問題
- 最常見的學習演算法：線性與多項式回歸、logistic 回歸、k 最近鄰演算法、支援向量機、決策樹、隨機森林，以及總體方法
- 降低訓練資料的維數，來對抗「維數詛咒」
- 其他的無監督學習技術，包括聚類法、密度估計，以及異常檢測

第二部分，「神經網路與深度學習」，包含下列主題：

- 什麼是神經網路？它們的優勢是什麼？
- 使用 TensorFlow 與 Keras 來建構與訓練神經網路

- 最重要的神經網路結構：處理表格資料的前饋神經網路、處理電腦視覺的摺積網路、執行循序處理的遞迴網路與長短期記憶（LSTM）網路、處理自然語言（還有其他任務！）的編碼器／解碼器及轉換器、進行生成學習的自動編碼器與生成對抗網路（GAN）

- 訓練深度神經網路的技術

- 使用強化學習來建構可透過試誤法來學習優秀策略的代理人（也就是遊戲裡的機器人）

- 高效地載入與預先處理大量資料

- 大規模訓練與部署 TensorFlow 模型

第一部分基本上都使用 Scikit-Learn，第二部分則使用 TensorFlow 與 Keras。

 不要匆忙地跳入深入區，雖然深度學習無疑是機器學習裡最令人期待的領域，但你必須先掌握基本知識。此外，大多數的問題都可以使用更簡單的技術來解決，例如隨機森林和總體方法（在第一部分中討論）。深度學習最適合處理複雜的問題，例如圖像辨識、語音辨識或自然語言處理，並且需要大量的資料、計算能力和耐心（除非可以利用預訓（pretrained）神經網路，本書將介紹它）。

第一版和第二版的相異

如果你已經讀過第一版了，以下是第一版和第二版之間的主要改變：

- 將所有程式從 TensorFlow 1.x 遷移至 TensorFlow 2.x，並將大多數的低階 TensorFlow 程式碼（圖像、對話、特徵欄、估計器…等）換成簡單很多的 Keras 程式碼。

- 第二版加入 Data API，用來載入和預先處理大型資料組、使用分散策略 API（distribution strategies API）來大規模訓練和部署 TF 模型、使用 TF Serving 與 Google Cloud AI Platform 來做模型生產化，以及（簡介）TF Transform、TFLite、TF Addons/Seq2Seq、TensorFlow.js 和 TF Agents。

- 這一版也介紹許多其他機器學習主題，包括一篇關於無監督學習的新章節、用來檢測物體和分割語義的計算機視覺技術、使用摺積神經網路（CNNs）來處理序列、使用遞迴神經網路（RNNs）來進行自然語言處理（NLP）、CNN 和轉換器、GAN…等。

詳情見 *https://homl.info/changes2*。

第二版和第三版的差異

如果你讀過第二版,以下是第二版與第三版之間的主要變更:

- 將所有程式碼更新至最新的程式庫版本。尤其是,這本第三版加入 Scikit-Learn 的許多新功能(例如特徵名稱追蹤、基於直方圖的梯度增強、標籤傳播…等)。這一版也包含:用來進行超參數調整的 *Keras Tuner* 程式庫、處理自然語言的 Hugging Face 的 *Transformers* 程式庫,以及 Keras 新的預先處理層和資料擴增層。

- 新增幾個視覺模型(ResNeXt、DenseNet、MobileNet、CSPNet 和 EfficientNet),並說明如何選擇合適的模型。

- 這一版的第 15 章分析的是芝加哥公共汽車和鐵路乘客資料,而不是生成的時間序列資料,並導入 ARMA 模型及其變體。

- 探討自然語言處理的第 16 章這次建立的是一個將英文翻譯成西班牙文的翻譯模型,它先使用一個編碼器 / 解碼器 RNN,再使用一個轉換器模型。該章也涵蓋一些語言模型,例如 Switch Transformers、DistilBERT、T5 和 PaLM(使用 chain-of-thought prompting)。此外,該章也介紹視覺轉換器(ViTs),並概述一些基於轉換器的視覺模型,例如資料高效的圖像轉換器(DeiTs)、Perceiver 和 DINO。該章也簡介一些大型多模態模型,包括 CLIP、DALL·E、Flamingo 和 GATO。

- 關於生成學習的第 17 章加入擴散模型,並展示如何從頭開始製作一個去雜訊擴散機率模型(DDPM)。

- 第 19 章從 Google Cloud AI 平台遷移到 Google Vertex AI,並使用分散式的 Keras Tuner 來進行大規模的超參數搜尋。現在這一章加入 TensorFlow.js 程式碼,可以讓你在網路上進行實驗和測試。這一章也加入額外的分散式訓練技術,包括 PipeDream 與 Pathways。

- 為了加入新內容,我把一些小節移到網路上,包括安裝說明、核主成分分析(PCA)、Bayesian Gaussian 混合模型的數學細節、TF Agent,及上一版的附錄 A(習題解答)、C(支援向量機數學)、E(其他神經網路架構)。

詳情見 *https://homl.info/changes3*。

其他資源

有許多出色資源可供你學習機器學習。例如，Andrew Ng 在 Coursera（*https://homl.info/ngcourse*）提供了不起的 ML 課程，只是它需要大量的時間來學習。

此外還有許多有趣的機器學習網站，包括 Scikit-Learn 出色的 User Guide（*https://homl.info/skdoc*）。你也可以試試 Dataquest（*https://dataquest.io*），它提供非常棒的互動式教學，以及 Quora 列舉的 ML 部落格（*https://homl.info/1*）。

坊間也有許多其他的機器學習介紹書籍，包括：

- Joel Grus 的《*Data Science from Scratch* 第 2 版》（O'Reilly）介紹機器學習的基本知識，並且使用純 Python 程式來實作一些主要的演算法（從零開始，符合書名）。

- Stephen Marsland 的《*Machine Learning: An Algorithmic Perspective* 第 2 版》（Chapman & Hall）是很棒的機器學習入門書籍，它使用 Python 範例程式來深入探討大量的主題（也是從零開始，但使用 NumPy）。

- Sebastian Raschka 的《*Python Machine Learning* 第 3 版》（Packt Publishing）也是很優秀的機器學習介紹書籍，它使用了許多 Python 開放原始碼程式庫（Pylearn 2 與 Theano）。

- François Chollet 的《*Deep Learning with Python* 第 2 版》（Manning）是非常實用的書籍，此書以簡明的方式涵蓋了大量的主題，正如你對優秀的 Keras 程式庫作者所期望的那樣。本書較注重範例程式，而非數學理論。

- Andriy Burkov 的《*The Hundred-Page Machine Learning Book*》（*https://themlbook.com*）（自行出版）以非常精簡的篇幅探索了大量的主題，以容易理解的方式介紹它們，但也不避諱使用數學公式。

- Yaser S. Abu-Mostafa、Malik Magdon-Ismail 和 Hsuan-Tien Lin 合著的《*Learning from Data*》（AMLBook）是一本相對理論性的機器學習書籍，它提供深度的見解，尤其是關於偏差 / 變異數權衡（見第 4 章）。

- Stuart Russell 與 Peter Norvig 合著的《*Artificial Intelligence: A Modern Approach* 第 4 版》（Pearson）是一本很優秀（也很厚）的書籍，涵蓋了大量的主題，包括機器學習。它可協助你正確地看待 ML。

- Jeremy Howard 與 Sylvain Gugger 的《*Deep Learning for Coders with fastai and PyTorch*》（O'Reilly）使用 fastai 和 PyTorch 程式庫來提供清晰而實用的深度學習入門。

最後，加入 Kaggle.com 這樣的 ML 競賽網站，可讓你使用真實的問題來磨練技術，並獲得一些頂尖機器學習專家的幫助和見解。

本書編排慣例

本書使用下列的編排方式：

斜體字（*Italic*）

　　代表新術語、URL、email 地址、檔名，與副檔名。中文以楷體表示。

定寬字（`Constant width`）

　　列出程式，並且在文章中代表程式元素，例如變數或函式名稱、資料庫、資料型態、環境變數、陳述式及關鍵字。

定寬粗體字（**`Constant width bold`**）

　　代表應由使用者親自輸入的命令或其他文字。

定寬斜體字（*`Constant width italic`*）

　　應換成使用者提供的值的文字，或由上下文決定的值的文字。

標點符號

　　為了避免混淆，在這本書裡，標點符號都放在引號外面。在此先向完美主義者道歉。

 這個圖案代表提示或建議。

 這個圖案代表注解。

 這個圖案代表警告或注意。

誌謝

做夢也想不到本書的第二版有這麼多的讀者。我收到許多讀者的訊息，有些人問我問題，有些人好心地指出錯誤，大部分的人都傳來鼓勵的訊息。我無法表達多麼感激這些讀者的支持，非常感謝你們！如果你在範例程式中發現錯誤（或只是為了提問），請在 GitHub 盡情提交問題（*https://homl.info/issues3*），或者，當你發現文字方面的問題時，請提出勘誤（*https://homl.info/errata3*）。有些讀者分享了這本書如何協助他們找到第一份工作，或如何幫助他們解決當時面臨的具體問題，這種回饋給我莫大的鼓勵。如果你覺得這本書有幫助，希望你能讓我知道你的經歷，無論是在私底下告訴我（例如透過 LinkedIn（*https://linkedin.com/in/aurelien-geron*）），還是公開發表（例如在 tweet 上的 @aureliengeron 或撰寫 Amazon 書評（*https://homl.info/amazon3*））。

我也非常感謝慷慨奉獻了自己的時間和專業知識來校閱這本第三版、更正了錯誤，並提出了無數的建議的傑出人士。由於他們的貢獻，這一版有很大的改進：Olzhas Akpambetov、George Bonner、François Chollet、Siddha Ganju、Sam Goodman、Matt Harrison、Sasha Sobran、Lewis Tunstall、Leandro von Werra 與我的好兄弟 Sylvain。你們都很了不起。

非常感激在過程中支持我的許多人，他們回答了我的問題、提出了改進建議，並在 GitHub 上貢獻了程式碼：特別感謝 Yannick Assogba、Ian Beauregard、Ulf Bissbort、Rick Chao、Peretz Cohen、Kyle Gallatin、Hannes Hapke、Victor Khaustov、Soonson Kwon、Eric Lebigot、Jason Mayes、Laurence Moroney、Sara Robinson、Joaquín Ruales 和 Yuefeng Zhou。

如果沒有 O'Reilly 優秀的團隊，特別是 Nicole Taché，這本書不會出現。Nicole Taché 給了我極富洞察力的回饋，她始終樂觀、激勵人心且樂於助人：我無法想像有比她更好的編輯了。同樣非常感謝 Michele Cronin，她在最後的幾章給我鼓勵，並幫助我完成了最後的部分。感謝整個製作團隊，特別是 Elizabeth Kelly 和 Kristen Brown。同樣感謝 Kim Cofer 進行詳細的校對，以及 Johnny O'Toole 管理和 Amazon 的合作關係，並回答了我許多問題。感謝 Kate Dullea 大幅改進了我的插圖。感謝 Marie Beaugureau、Ben Lorica、Mike Loukides 與 Laurel Ruma 信任這個專案，並協助我定義它的範圍。感謝 Matt Hacker 和 Atlas 團隊回答我關於格式、AsciiDoc、MathML 和 LaTeX 的所有技術問題，還要感謝 Nick Adams、Rebecca Demarest、Rachel Head、Judith McConville、Helen Monroe、Karen Montgomery、Rachel Roumeliotis 和在 O'Reilly 貢獻於這本書的所有人。

我永遠不會忘記在第一版和第二版幫助我完成這本書的所有傑出人士，包括朋友、同事、專家，其中包括 TensorFlow 團隊的許多成員。這份感謝名單很長：Olzhas Akpambetov、Karmel Allison、Martin Andrews、David Andrzejewski、Paige Bailey、Lukas Biewald、Eugene Brevdo、William Chargin、François Chollet、Clément Courbet、Robert Crowe、Mark Daoust、Daniel「Wolff」Dobson、Julien Dubois、Mathias Kende、Daniel Kitachewsky、Nick Felt、Bruce Fontaine、Justin Francis、Goldie Gadde、Irene Giannoumis、Ingrid von Glehn、Vincent Guilbeau、Sandeep Gupta、Priya Gupta、Kevin Haas、Eddy Hung、Konstantinos Katsiapis、Viacheslav Kovalevskyi、Jon Krohn、Allen Lavoie、Karim Matrah、Grégoire Mesnil、Clemens Mewald、Dan Moldovan、Dominic Monn、Sean Morgan、Tom O'Malley、James Pack、Alexander Pak、Haesun Park、Alexandre Passos、Ankur Patel、Josh Patterson、André Susano Pinto、Anthony Platanios、Anosh Raj、Oscar Ramirez、Anna Revinskaya、Saurabh Saxena、Salim Sémaoune、Ryan Sepassi、Vitor Sessak、Jiri Simsa、Iain Smears、Xiaodan Song、Christina Sorokin、Michel Tessier、Wiktor Tomczak、Dustin Tran、Todd Wang、Pete Warden、Rich Washington、Martin Wicke、Edd Wilder-James、Sam Witteveen、Jason Zaman、Yuefeng Zhou，以及我的兄弟 Sylvain。

最後但同樣重要的是，我要向我親愛的妻子 Emmanuelle，及我們的三個很棒的孩子——Alexandre、Rémi 和 Gabrielle 表達無限感謝，謝謝他們鼓勵我認真地完成這本書。他們永不滿足的好奇心彌足珍貴，向他們解釋本書的困難概念協助我釐清了許多想法，直接改善了書中許多部分。此外，他們不斷為我送來餅乾和咖啡，有這樣的家人，夫復何求？

機器學習基本知識

## 第一章

機器學習領域

還在不久前,如果你拿起手機,問它回家的路線,它可能直接忽視你,你身邊的人可能會認為你的精神狀態有問題。但機器學習已經不是科幻情節了,現在有數十億人每天都在使用它。事實上,它在一些專業的應用中已經存在數十年了,例如光學字元辨識(OCR)。但是第一種真正成為主流,並改善了數億人生活的 ML 應用直到 1990 年代才出現,它是**垃圾郵件過濾器**。它不是具備自我意識的天網(Skynet),但技術上,它確實符合機器學習的定義(事實上,它的學習能力很出色,讓我們幾乎再也不需要將 email 標記為垃圾郵件了)。隨後出現了數以百計的機器學習應用程式,這些應用程式已經默默地支援我們經常使用的數百種產品和功能,包括語音提示、自動翻譯、圖像搜尋、產品推薦…等。

機器學習的起源,以及它的終點究竟在哪裡?「會學習的機器」到底是什麼意思?當我從維基百科下載一些東西時,電腦是否確實學會一些東西?它會突然變得更聰明嗎?在這一章,我們要來釐清什麼是機器學習,以及為什麼要使用它。

接著,在開始探索機器學習大陸之前,我們要先看一下全景,瞭解主要的區域,以及最著名的地標:監督與無監督學習、線上 vs. 批次學習,以及基於實例 vs. 基於模型的學習。接下來,我們將研究典型的 ML 專案的工作流程,討論你將遇到的主要挑戰,並介紹如何評價及微調機器學習系統。

本章將介紹每一位資料科學家都必須銘記在心的許多基本概念(及術語),這一章屬於高層次的概述(這是唯一一沒有太多程式碼的一章),內容很簡單,但我的目標是讓你先清楚地知道所有事情,再繼續學習本書的其餘內容。倒一杯咖啡,我們開始吧!

如果你已經熟悉機器學習的基本知識了,你可以直接跳到第 2 章。如果你不確定是否如此,可以先試著回答本章結尾的所有問題,再繼續閱讀。

什麼是機器學習？

機器學習是一門科學（也是一門藝術），它透過編寫程式，讓計算機能夠從資料中學習。

以下是比較正式的定義：

> [機器學習是] 一門學科，其目的是賦予電腦學習的能力，且不需要明確地編寫程式。
>
> —Arthur Samuel, 1959

以下是較偏向工程學的定義：

> 如果一個電腦程式執行某任務 T 的效能 P 能夠隨著經驗 E 的增加而改善，我們說，它有能力從執行任務 T 的經驗 E 中學習。
>
> —Tom Mitchell, 1997

垃圾郵件過濾器是一種機器學習程式，因為當它收到一些垃圾郵件的範本（例如被用戶舉報的）以及一般郵件（非垃圾郵件，也稱為「ham」）的範本之後，能夠學會如何標記垃圾郵件。該系統用來進行學習的範本稱為**訓練組**。個別的訓練樣本稱為**訓練實例**（或**樣本**）。機器學習系統進行學習和做出決策的部分稱為**模型**。神經網路和隨機森林都是模型。

在這個例子裡，任務 T 是將新的電子郵件標示為垃圾郵件，經驗 E 是訓練資料，效能 P 則有待定義；例如，你可以將「被正確分類的 email 的比率」當成 P。這種效能指標稱為**準確率**，通常在分類任務中使用。

如果你只是下載維基百科，雖然你的電腦擁有許多資料，但它無法瞬間更妥善地執行任何任務，那不是機器學習。

為何使用機器學習？

假設你要用傳統的程式設計技術來寫出一個垃圾郵件過濾器（圖 1-1）：

1. 首先，你要想一下垃圾郵件通常長怎樣。你可能會發現，它們的標題經常出現一些單字或縮詞（例如「4U」、「credit card」、「free」與「amazing」）。你可能也會發現，在寄件人的名字、email 的內文，以及 email 的其他部分中，存在一些其他模式。

---

2. 為你發現的每一種模式編寫偵測演算法,讓程式在發現這種模式時,將它標記為垃圾郵件。

3. 測試程式,並重複執行步驟 1 及 2,直到程式的品質足以發表。

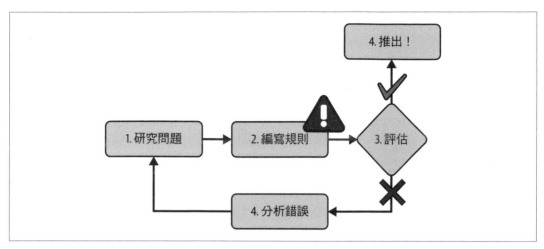

圖 1-1　傳統做法

因為這個問題很難,所以你的程式可能充斥著冗長的複雜規則,很難維護。

相較之下,採用機器學習技術的垃圾郵件過濾器能夠比較垃圾郵件樣本與一般樣本,從中發現不合常理的單字出現頻率模式,自動學習有哪些單字與短句很適合用來偵測垃圾郵件。這種程式簡短許多,更容易維護,而且極可能更加準確。

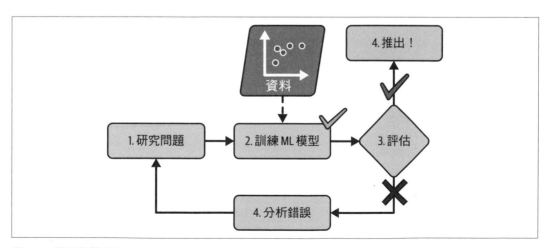

圖 1-2　機器學習方法

如果垃圾郵件的寄送者發現包含「4U」的 email 都被封鎖了，他們可能將它改成「For U」。採取傳統技術的垃圾郵件過濾器必須將「For U」email 列為垃圾郵件。如果垃圾郵件寄送者不斷針對你的過濾器進行調整，你就得永無止盡地編寫新規則。

相較之下，採用機器學習技術的垃圾郵件過濾器可自動發現使用者舉報的垃圾郵件經常出現「For U」，並將它們列為垃圾郵件，而不需要人為介入（圖 1-3）。

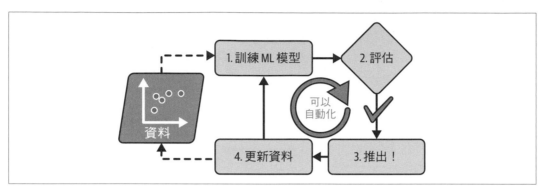

圖 1-3　自動適應變化

機器學習擅長的另一個領域是傳統的做法難以處理，或是還沒有演算法可以處理的問題。例如語音辨識。假設你想從簡單的任務開始做起，寫出能夠區分單字「one」及「two」的程式。你可能發現，「two」以高音開頭（T），於是寫出一個固定（hardcode）的演算法，來測量高音強度，並用它來區分 one 與 two。然而，這種做法顯然無法擴展，用來處理成千上萬個不同的人在吵雜的環境中說出來的幾十種語言的單字。最佳的解決方案（至少在現今）是寫出一個可自行學習的演算法，並且將各個單字的錄音樣本傳給它。

最後，機器學習可以協助人類學習（圖 1-4）。你可以檢查 ML 模型來瞭解它們學到什麼東西（雖然有些模型不容易瞭解）。例如，當你使用足夠的垃圾郵件來訓練過濾器之後，你可以輕鬆地檢查它，瞭解它認為哪些單字和單字組合很適合用來預測垃圾郵件。有時這種資訊可以揭露未知的相關性或新趨勢，從而讓你更深入地理解問題。挖掘大量資料來發現隱藏的模式稱為**資料探勘**（*data mining*），這是機器學習擅長的任務。

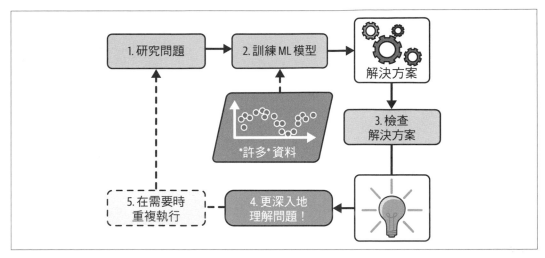

圖 1-4　機器學習可以協助人類學習

總之，機器學習適合處理以下問題：

- 在使用現有的解決方案時，需要做許多微調，或需要使用大量規則的問題（機器學習模型通常可以簡化程式碼，而且做得比傳統技術更好）
- 使用傳統技術無法得到良好解答的複雜問題（最好的機器學習技術或許可以協助找到解答）
- 波動的環境（機器學習系統可以用新資料來重新訓練，讓它一直保持最新狀態）
- 深入瞭解複雜的問題與大量的資料。

應用範例

我們來看一些具體的機器學習任務案例，以及處理它們的技術：

分析在生產線上的產品照片，並自動進行分類

這是圖像分類，通常用摺積神經網路（CNN，見第 14 章）來執行，有時使用轉換器（見第 16 章）。

在腦部掃描照片中找出腫瘤

這是語義分割技術，它會分類照片中的每一個像素（因為我們想要確定腫瘤的確切位置與形狀），通常使用 CNN 或轉換器。

對新聞文章進行自動分類

這是神經語言處理（NLP）技術，更具體地說，它是文本分類技術，可使用遞迴神經網路（RNN）與 CNN 來處理，但轉換器的效果較好（見第 16 章）。

自動標示論壇的冒犯性評論

這也是文字分類，使用同一組 NLP 工具。

自動生成長篇文件的摘要

這是 NLP 的一個分支，稱為文本摘要生成，使用同一組工具。

建立聊天機器人或個人助理

這種應用涉及許多 NLP 元件，包括神經語言理解（NLU），以及發問 / 回答模組。

根據多個效能指標來預測公司明年的收入

這是一種回歸任務（也就是預測數值），可用任何一種回歸模型來處理，例如線性回歸或多項式回歸模型（見第 4 章）、回歸支援向量機（見第 5 章）、回歸隨機森林（見第 7 章），或人工神經網路（見第 10 章）。如果你想要考慮一系列過往的效能指標，或許可使用 RNN、CNN 或轉換器（見第 15、16 章）。

讓 *app* 對語音指示做出回應

這是語音辨識，需要處理音訊樣本。因為這些樣本是冗長且複雜的序列，所以通常使用 RNN、CNN 或轉換器來處理它們（見第 15、16 章）。

偵測信用卡詐騙

這是異常檢測，使用孤立森林（isolation forest）、高斯混合模型（見第 9 章）、自動轉碼器（第 17 章）來處理。

根據顧客的購買情況對他們進行劃分，以便為各類市場設計不同的行銷策略

這屬於聚類，可用 *k*-means、DBSCAN 及其他技術來實現（見第 9 章）。

用清晰且富洞察力的圖表，來表示複雜的高維資料組

這是資料視覺化，通常涉及降維技術（見第 8 章）。

根據過往的購買習慣推薦顧客可能感興趣的產品

這是推薦系統。有一種做法是將過往的購買紀錄（以及顧客的其他資訊）傳給人工神經網路（見第 10 章），並讓它輸出將來最有可能購買的東西。這種神經網路通常是用所有顧客的消費紀錄來訓練的。

建立遊戲中的智慧機器人

這項任務通常使用強化學習（RL，見第 18 章）來解決，它是機器學習的分支，可訓練代理人（例如機器人）在特定的環境中（例如遊戲中）選擇能夠在一段時間之後，將獎勵最大化的行動（例如，每次玩家掉血時，機器人就會得到獎勵）。打敗圍棋世界冠軍的 AlphaGo 就是用 RL 來建立的。

這份清單不只這些，希望它可以讓你瞭解機器學習能夠處理的廣泛領域和複雜問題，以及你可以用哪些技術來處理各項任務。

機器學習系統的種類

機器學習系統有許多不同的種類，我們可以根據以下的標準，將它們分成廣泛的類別：

* 如何在訓練期間監控它們（監督、無監督、半監督、自我監督，及其他）

* 是否可以不斷地動態學習（線上 vs. 批次學習）

* 它們的運作方式究竟只是拿新資料點與已知的資料點來比較，還是偵測訓練資料中的模式並建構預測模型，就像科學家的做法（基於實例（instance-based）學習 vs. 基於模型（model-based）學習）

這些標準並不互斥，你可以按照你喜歡的任何方式結合它們。例如，最先進的垃圾郵件過濾器可能先用人們提供的垃圾郵件與一般郵件樣本來訓練深度神經網路模型，然後在執行的過程中讓它動態學習，所以它是一種線上的、基於模型的監督學習系統。

我們來更仔細地討論這些標準。

訓練監督

我們可以根據機器學習系統在訓練期間受監督的程度與種類來進行分類，它們的分類法有很多種，但我們將討論最主要的一種：監督學習、無監督學習、自我監督學習，及強化學習。

監督學習

在監督學習中，你傳給演算法的訓練組包含答案，那些答案稱為標籤（圖 1-5）。

典型的監督學習任務是分類。垃圾郵件過濾器是一個很好的例子，它是用許多 email 案例及其類別（垃圾 / 一般郵件）來訓練的，過濾器必須學習如何對新郵件分類。

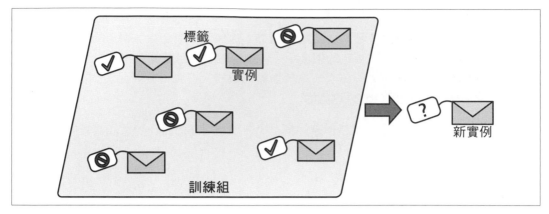

圖 1-5　在分類垃圾郵件時，使用有標籤的訓練組（這是個監督學習案例）

另一項典型的任務是根據一組特徵來預測目標數值，例如汽車價格，此例的特徵可能是里程數、車齡、品牌…等。這種任務稱為回歸（圖 1-6）[1]。在訓練這種系統時，你必須給它許多汽車案例，包括它們的特徵與目標（也就是它們的價格）。

請注意，有些回歸演算法可以用來進行分類，反之亦然。例如，*logistic* 回歸經常被用來進行分類，因為它可以輸出一個值，且該值對應至給定類別的機率（例如，有 20% 的機率是垃圾郵件）。

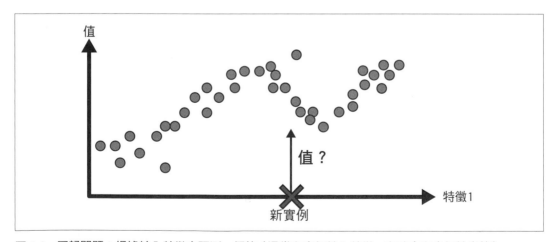

圖 1-6　回歸問題：根據輸入特徵來預測一個值（通常有多個輸入特徵，有時會有多個輸出值）

1　有趣的是，這個聽起來很奇怪的名稱是 Francis Galton 在研究「高個子生出來的孩子往往比他們的父母矮」時提出來的統計學術語。因為孩子比較矮，他把這種現象稱為回歸至平均值。後來，他把分析變數之間的相關性所使用的方法稱為回歸。

目標與標籤在監督學習裡通常被視為同義詞，但目標在回歸任務裡較常見，而標籤在分類任務裡較常見。此外，特徵（*feature*）有時被稱為預測子（*predictor*）或屬性（*attribute*）。這些術語可能被用來稱呼個別的樣本（例如「這輛車的里程數特徵等於 15,000」），或所有樣本（例如「里程數特徵與價格高度相關」）。

無監督學習

你或許已經猜到了，在無監督學習中，訓練資料是沒有標籤的（圖 1-7）。這種系統會試著在沒有教導者的情況下進行學習。

圖 1-7　用無標籤的訓練組來進行無監督學習

例如，假設你有許多關於部落格訪客的資料，你想要執行聚類演算法來試著檢測出彼此相似的訪客族群（圖 1-8）。你不需要告訴演算法特定訪客屬於哪個族群，它可以在你未協助的情況下，找出這些連結。例如，它可能發現，你的 40% 訪客都是青少年，喜歡看漫畫，通常在放學後閱讀你的部落格，20% 的訪客是喜歡科幻作品的成年人，喜歡在週末造訪。如果你使用階層式聚類演算法，它還可以將各族群細分成更小的族群，這可以幫助你為各個族群量身打造文章。

視覺化演算法也是無監督學習演算法的好例子，這種演算法可讓你傳入許多複雜且無標籤的資料，並輸出可輕鬆觀看的 2D 或 3D 資料表示圖（圖 1-9）。這些演算法會盡可能地保存結構（例如，在視覺化圖表中，試著避免讓輸入空間中分開的群聚互相重疊），讓你可以瞭解資料的組織，方便你找出未曾發現的模式。

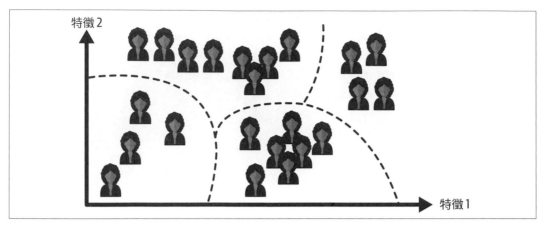

圖 1-8　聚類法（clustering）

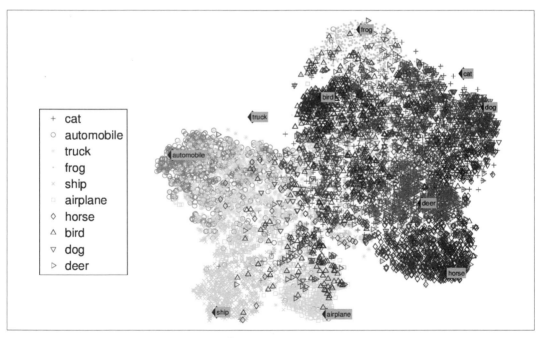

圖 1-9　這個 t-SNE 視覺化突顯了語義群聚 [2]

降維（*dimensionality reduction*）是一種相關的任務，其目的是簡化資料而不損失過多資訊。執行這項任務的方法之一，是將許多相關的特徵合併成一個。例如，汽車的里程數可

2　注意，在此圖中，動物與交通器具之間的距離很遠，而馬（hourse）離鹿（deer）很近，但離鳥（bird）
　　很遠。本圖經同意，轉載自 Richard Socher 等人發表的「Zero-Shot Learning Through Cross-Modal Transfer」，
　　Proceedings of the 26th International Conference on Neural Information Processing Systems 1 (2013): 935–943。

能與它的車齡有強烈的關係，所以降維演算法會將它們合併成一個特徵，代表汽車的損耗。這稱為**特徵提取**（*feature extraction*）。

 有一種不錯的做法是先使用降維演算法來減少訓練資料的維數，再將處理好的資料傳入另一個機器學習演算法（例如監督學習演算法），這可以提升執行速度，並讓資料占用更少的磁碟與記憶體空間，有時可以帶來更好的效能。

異常檢測是另一種重要的無監督任務，例如，找出不尋常的信用卡交易以防止詐騙、抓出製造缺陷，或先將資料組的離群值自動刪除，再將它傳給另一個學習演算法。系統在訓練過程中收到的實例大部分都是正常的，好讓它從中學習如何辨識它們；然後，當它看到新實例時，就可以判斷它究竟長得像一般的實例，還是不正常的實例（見圖 1-10）。**新穎檢測**（*novelty detection*）是非常類似的任務，它的目的是檢測與訓練組的所有實例不同的新實例。這個任務需要非常「乾淨」的訓練組，裡面沒有你希望演算法找出來的任何實例。例如，如果你有上千張狗照片，其中有 1% 是吉娃娃，那麼新穎檢測演算法就不應該將新的吉娃娃照片視為新穎的。另一方面，異常檢測演算法可能認為這種狗很罕見，與其他品種很不一樣，因而將牠們歸類為異常的實例（本人沒有冒犯吉娃娃的意思）。

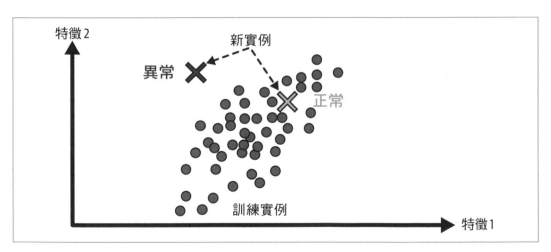

圖 1-10　異常檢測

最後，另一種常見的無監督任務是**關聯規則學習**（*association rule learning*），其目標是探勘大量資料，從中發現屬性之間的有趣關係。例如，假設你有一家超市，使用關聯規則學習來處理銷售紀錄，或許可以發現購買燒烤醬和薯片的人，往往也會購買牛排。因此，這些產品或許可以放在一起。

半監督學習

由於為資料加上標籤通常需要消耗大量的時間與成本，通常我們會有大量無標籤的實例，以及一些有標籤的實例。有些演算法可以處理只有部分附帶標籤的資料，它們稱為半監督學習（圖 1-11）。

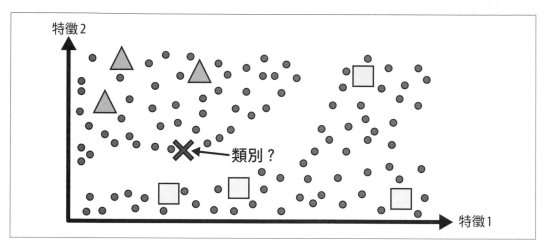

圖 1-11　這個半監督學習有兩種類別（三角型與正方形）：無標籤的樣本（圓形）可以協助將新實例（打叉）歸類為三角形類別，而不是正方形類別，即使它的位置比較靠近有標籤的正方形

有些照片代管服務是很好例子，例如 Google Photos。當你將家人的照片全部上傳至這種服務之後，它會自動辨識照片 1、5 與 11 都有同一個人 A，而照片 2、5 與 7 有另一個人。這是此演算法（聚類）的無監督部分。接下來，系統只需要由你告訴它這些人是誰，你只要幫每一個人加上標籤[3]，它就可以在每一張照片裡面標上每一個人的名字，有助於搜尋照片。

大多數的半監督學習演算法都是由無監督演算法和監督演算法組成的。例如，你可以用聚類演算法來將相似的實例分為一組，然後將每個無標籤的實例附上其所屬的群聚中最常見的標籤。將整個資料組加上標籤之後，你就可以使用任何監督學習演算法了。

自我監督學習

另一種機器學習的方法是用完全無標籤的資料組來生成一個完全帶標籤的資料組。同樣地，一旦你將整個資料組加上標籤之後，你就可以使用任何監督學習演算法了。這種做法稱為自我監督學習。

3　這是系統完美運作時的情況。在實務上，它通常為每個人建立幾個群聚，有時將長相相似的兩個人混在一起，因此，你可能要為每個人提供幾個標籤，並手動清理一些群聚。

例如，如果你有一個大型的無標籤圖像資料組，你可以隨機蓋住每張圖像的一小部分，然後訓練模型來恢復原始圖像（圖 1-12）。在訓練過程中，被遮蓋的圖像是模型的輸入，原始圖像則是標籤。

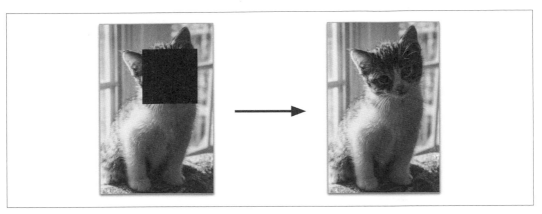

圖 1-12　自我監督學習範例：輸入（左）與目標（右）

生成的模型本身可能非常有用，例如，可用來修復損壞的圖像，或在圖像裡刪除不需要的物體。但是，使用自我監督學習來訓練的模型經常不是最終目標。模型通常會被微調和優化，以適應稍微不同的任務（你真正關心的任務）。

舉個例子，假設你真正想要的是一個寵物分類模型，它可根據任何寵物的照片，告訴你它屬於哪種動物。如果你有一個大型的無標籤寵物照片資料組，你可以先使用自我監督學習來訓練一個圖像修復模型。一旦模型有很好的表現，它就一定能夠區分不同種類的寵物，因為既然它有能力修復一張被遮住臉部的貓照片了，它就一定知道不能附加狗的臉部。如果模型架構允許（大多數都允許），你可以微調模型，讓它預測寵物物種，而不是修復圖像。最後一步是使用有標籤的資料組來進行微調：由於模型已經知道貓、狗和其他寵物物種的外觀了，所以這一步只是為了讓模型學習它已知的物種和我們期望的標籤之間的對映關係。

將一項任務的知識轉移到另一項任務稱為**遷移學習**，這是當今機器學習領域中最重要的技術之一，特別是在使用深度神經網路（即由多層神經元組成的神經網路）時。我們將在第二部分詳細討論這個主題。

有人認為自我監督學習是無監督學習的一部分，因為它處理的是完全無標籤的資料組。但自我監督學習在訓練過程中使用（生成的）標籤，因此，就這方面而言，它比較接近監督學習。「無監督學習」一詞通常用來稱呼聚類、降維或異常檢測等任務，而自我監督學習則專門處理和監督學習相同的任務，主要是分類和回歸。簡而言之，最好的做法，是將自我監督學習視為一個獨立的類別。

強化學習

強化學習是一個非常不同的領域。在這種領域中的學習系統稱為**代理人**（*agent*），它可以觀察環境，選擇與執行行動，並且獲得**獎勵**（或是「負獎勵」形式的懲罰，見圖 1-13）。它必須自行學習可在長時間內獲得最大獎勵的最佳策略，稱為 *policy*^{譯註}。方針定義了代理人在特定的情況下應該選擇什麼行動。

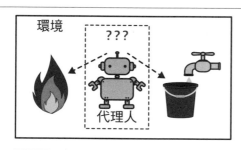

1 觀察

2 用方針選擇行動

3 行動！

4 獲得獎勵或懲罰

5 更改方針（學習步驟）

6 反覆迭代，直到找到最佳方針為止

圖 1-13　強化學習

譯註 為了與 strategy 區別，本書譯為「方針」。

例如，許多機器人都實作強化學習演算法來學習如何走路。DeepMind 的 AlphaGo 也是強化學習的絕佳案例，它在 2017 年 5 月因為打敗圍棋世界冠軍柯潔而上了頭條新聞，它透過分析上百萬場棋局來學習獲勝的方針，然後和自己對奕許多場棋局。要注意的是，與冠軍比賽時，AlphaGo 的學習機制被關閉了，它只採用之前學過的方針。你會在下一節看到，這稱為**離線學習**。

批次 vs. 線上學習

另一個用來分類機器學習系統的標準，是基於系統能不能用持續傳入的資料來逐漸學習。

批次學習

批次學習系統無法漸進學習，它必須先用所有可用的資料來訓練，這通常需要耗費許多時間與計算資源，所以通常是離線進行的。我們必須先訓練系統，然後在生產環境中啟動它，它在運行時不會學習任何新知識，只能運用它學過的東西。這稱為**離線學習**。

不幸的是，模型的效能往往會隨著時間的演進而逐漸下降，原因僅僅是因為世界持續發展，而模型保持不變。這種現象通常被稱為**模型退化**或**資料漂移**，解決方案是定期使用最新的資料來重新訓練模型。重新訓練模型的頻率取決於具體的使用情境：如果模型被用來分類貓和狗的圖像，它的效能下降得非常緩慢；但如果模型被用於快速變化的系統，例如在金融市場裡進行預測，它的效能可能下降得相當快。

即使是被訓練來分類貓狗照片的模型也需要定期重新訓練，原因不是因為貓狗會在一夜之間突變，而是因為鏡頭會不斷改變，照片格式、清晰度、亮度、大小比率也會。此外，每年可能流行不同的品種，或是人們可能會幫寵物戴上小帽子，誰知道會發生什麼事？

如果你想要讓批次學習系統認識新資料（例如新的垃圾郵件種類），必須使用完整的資料組（不僅包含新資料，也包含舊資料）來重新訓練新版的系統，然後將舊系統換成新的。幸運的是，訓練、評估與啟動機器學習系統的程序很容易自動化（見圖 1-3），所以即使是批次學習系統也可以適應變化。你只要視你所需，更新資料並重新訓練新版的系統即可。

這種解決方案很簡單，通常也可以良好運作，但使用完整的資料組來進行訓練可能需要好幾個小時，所以通常只會每隔 24 小時甚至每週訓練新系統。如果你的系統需要適應快速變動的資料（例如預測股價），你就要採取更具反應性的解決方案。

此外，訓練完整的資料組需要許多計算資源（CPU、記憶體空間、磁碟空間、磁碟 I/O、網路 I/O 等）。如果你有許多資料，而且你將系統自動化，每天都重新訓練，最終它會耗費很多資金。如果資料量十分龐大，有時甚至根本無法使用批次學習演算法。

最後，如你的系統必須自動學習，但是資源有限（例如行動電話 app 或火星探測器），那麼攜帶大量的訓練資料並且每天耗費大量資源進行長時間訓練是行不通的做法。

在以上所有情況下，更好的選擇是使用能夠逐步學習的演算法。

線上學習

在進行**線上學習**時，我們將資料實例依序傳入系統來逐漸訓練它，我們可能分別傳入資料實例，也可能傳入所謂的**小批次**（*mini-batches*），每一個訓練步驟都既快速且便宜，所以系統可以在收到資料時，即時用它來進行學習（見圖 1-14）。

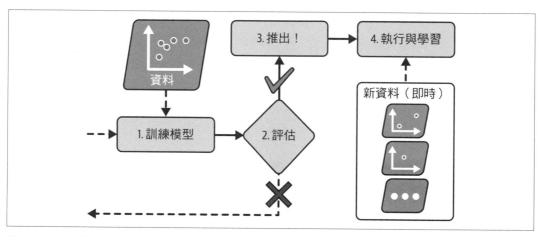

圖 1-14　在線上學習中，當模型被訓練並投入生產後，它會隨著新資料的到來持續學習

線上學習很適合需要極快速適應變化的系統（例如，在股市中檢測新模式）。如果計算資源有限，例如，在行動設備上訓練模型，線上學習也是不錯的選擇。

此外，如果訓練資料組很龐大，無法全部放入主機的記憶體裡，我們可以用線上學習演算法來訓練模型（這稱為**外存學習**（*out-of-core learning*））。我們可以讓演算法載入部分資料，用那些資料來執行訓練步驟，然後重複執行這個程序，直到處理所有資料為止（見圖 1-15）。

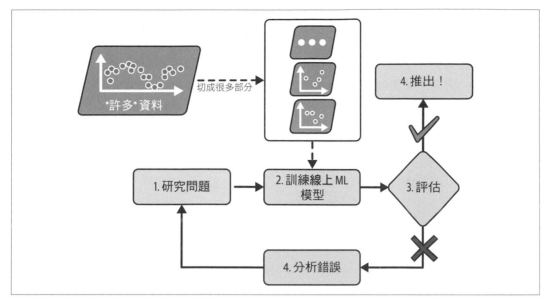

圖 1-15　使用線上學習來處理龐大的資料組

線上學習的重要參數之一是它們能夠多快速地適應不斷改變的資料，這個參數稱為**學習速度**（*learning rate*）。如果你將學習速度設得很高，系統會快速適應新資料，但往往也會快速忘掉舊資料（你應該不希望垃圾郵件過濾器只標示被它看到的最新垃圾郵件）。反過來說，如果學習速度設得低，系統將具有更大的慣性，學得更慢，但同時對新資料中的雜訊或非典型資料點（離群值）較不敏感。

外存學習其實是離線執行的（即不是在即時系統上學習），所以使用**線上學習**這個稱呼可能令人困惑。你可以將它想成漸進學習。

線上學習的一大挑戰是，如果你將錯誤的資料提供給系統，系統的效能可能會下降，而且可能下降得很快（取決於資料的品質和學習速度）。如果它是即時系統，你的顧客會發現這種情況。例如，錯誤的資料可能來自 bug（例如，機器人的感應器故障），或者來自有人試圖操縱系統（例如，用垃圾訊息攻擊搜尋引擎，以提高搜尋結果的排名）。為了降低這種風險，你必須緊盯系統，在發現效能下降時，立即關閉學習功能（或許也要恢復成之前的正常狀態）。你可能也要監視輸入資料，並處理異常資料，例如使用異常檢測演算法（見第 9 章）。

基於實例 vs. 基於模型

機器學習系統的另一種分類法是根據它們的**類推**能力。大多數的機器學習任務都與進行預測有關。也就是說,當系統接收一些訓練樣本之後,它必須能夠對它從未看過的樣本做出準確的預測(用過去的經驗來類推未曾見過的樣本)。在處理訓練資料時有很好的效能固然重要,但這還不夠,真正的目標是準確地處理新實例。

類推的方式主要有兩種:基於實例(instance-based)學習,和基於模型(model-based)學習。

基於實例學習

死記硬背或許是最簡單的學習方式。如果你用這種方式來建立垃圾郵件過濾器,它會直接標示與用戶標示過的垃圾郵件一模一樣的 email,雖然這不是最差勁的解決方案,但絕對不是最好的。

你可以讓垃圾郵件過濾器不僅標記與已知垃圾郵件完全相同的郵件,也能夠標記與已知垃圾郵件非常相似的郵件,這需要測量兩封 email 之間的**相似度**,有一種(非常基本的)測量郵件相似度的方式,是計算它們共同的詞彙的數量。如果一般的 email 與垃圾郵件有很多相同的詞彙,系統將把它標為垃圾郵件。

這種做法稱為**基於實例學習**(*instance-based learning*):系統以死記硬背的方式學習樣本,然後使用相似度來比較新實例與學過的案例(或其中一部分),以類推結果。例如,圖 1-16 的新實例可歸類為三角形,因為類似的實例大都屬於那個類別。

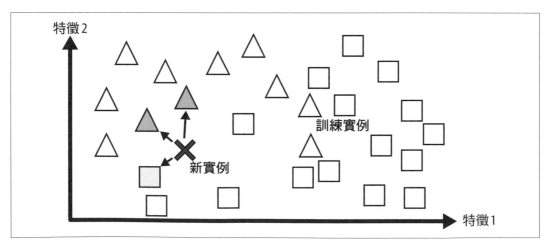

圖 1-16　基於實例學習

基於模型學習與典型的機器學習流程

基於一組樣本來進行類推的另一種方式是建立這些樣本的模型，然後使用模型來進行預測。這種做法稱為**基於模型學習**（*model-based learning*）（圖 1-17）。

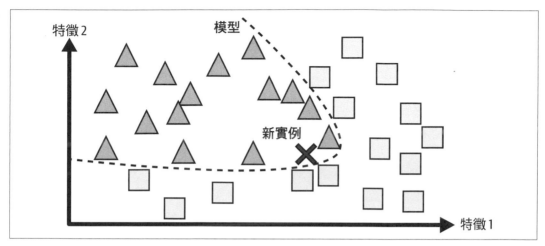

圖 1-17　基於模型學習

例如，假設你想知道金錢能否使人快樂，於是從經濟合作與發展組織（OECD）的網站下載 Better Life Index 資料（*https://www.oecdbetterlifeindex.org*），並下載了世界銀行關於人均 GDP 的統計數據（*https://ourworldindata.org*）。接著你結合表格，並且用人均 GDP 來排序。表 1-1 是你取得的內容。

表 1-1　錢能不能使人更快樂？

國家	人均 GDP（美元）	生活滿意度
Turkey	28,384	5.5
Hungary	31,008	5.6
France	42,026	6.5
United States	60,236	6.9
New Zealand	42,404	7.3
Australia	48,698	7.3
Denmark	55,938	7.6

我們來畫出這些國家的資料（圖 1-18）。

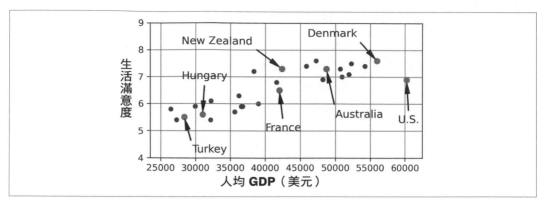

圖 1-18　你能否從中發現趨勢？

圖中似乎有個趨勢！雖然這些資料有雜訊（即，有些部分是隨機的），但生活滿意度似乎隨著國家的人均 GDP 的提升而成線性增長。因此，你決定用人均 GDP 的線性函數來模擬生活滿意度。這個步驟稱為**模型選擇**：你選擇了一個只有一個屬性（人均 GDP）的生活滿意度線性模型（公式 1-1）。

公式 1-1　簡單的線性模型

$$\text{life\_satisfaction} = \theta_0 + \theta_1 \times \text{GDP\_per\_capita}$$

這個模型有兩個**模型參數**，θ_0 與 θ_1。[4] 你可以調整這些參數來讓模型代表任何線性函數，如圖 1-19 所示。

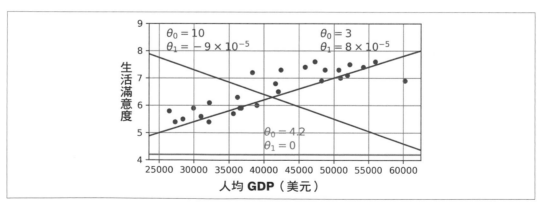

圖 1-19　一些可能的線性模型

4　按慣例，希臘字母 θ（theta）通常被用來代表模型參數。

我們要先定義參數值 θ_0 與 θ_1 才能使用模型。該如何知道什麼值才能讓模型有最好的效果？答案就在問題中，你必須定義效能指標。你可以定義**效用函數**（*utility function*）（或**適合度函數**（*fitness function*））來評估模型有多麼**優秀**，或定義**代價函數**（*cost function*）來評估它有多麼**差勁**。在處理線性回歸問題時，我們通常使用代價函數來測量線性模型的預測結果與訓練樣本之間的距離。我們的目標是將這個距離最小化。

這就是線性回歸演算法的用處。我們先將訓練樣本傳給它，讓它找出最能夠讓線性模型擬合資料的參數。這個步驟稱為訓練模型。在我們的例子中，演算法發現最佳參數值是 $\theta_0 =$ 3.75 且 $\theta_1 = 6.78 \times 10^{-5}$。

令人困惑的是，「模型」可能是指模型種類（例如線性回歸）、可能是指完整定義的模型結構（例如具有一個輸入與一個輸出的線性回歸），也可能是指已完成訓練，可以用來進行預測的模型（例如具有一個輸入與一個輸出，設定 $\theta_0 = 3.75$ 與 $\theta_1 = 6.78 \times 10^{-5}$ 的線性回歸）。模型的選擇包含選擇模型的種類，並且完整定義它的架構。訓練模型意味著執行演算法來找出最擬合訓練資料的模型參數，期望能夠為新資料做出準確的預測。

現在模型盡可能地擬合訓練資料了（線性模型），如圖 1-20 所示。

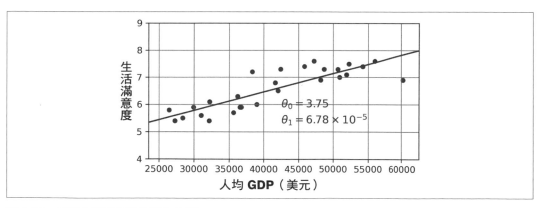

圖 1-20　最擬合訓練資料的線性模型

你終於可以使用模型來進行預測了。假如你想要知道賽普勒斯人有多快樂，OECD 資料無法提供答案。幸好你可以用模型來做出準確的預測：你可以查詢賽普勒斯的人均 GDP，找出 \$37,655，接著使用模型來找出生活滿意度應該是 $3.75 + 37,655 \times 6.78 \times 10^{-5} = 6.30$ 左右。

為了引起你的興趣，範例 1-1 展示了一段 Python 程式碼，它會載入資料，將輸入 X 和標籤 y 分開，建立一張散點圖來進行視覺化，然後訓練一個線性模型並進行預測 [5]。

範例 1-1 用 *Scikit-Learn* 來訓練與執行線性模型

```python
import matplotlib.pyplot as plt
import numpy as np
import pandas as pd
from sklearn.linear_model import LinearRegression

# 下載並準備資料
data_root = "https://github.com/ageron/data/raw/main/"
lifesat = pd.read_csv(data_root + "lifesat/lifesat.csv")
X = lifesat[["GDP per capita (USD)"]].values
y = lifesat[["Life satisfaction"]].values

# 將資料視覺化
lifesat.plot(kind='scatter', grid=True,
             x="GDP per capita (USD)", y="Life satisfaction")
plt.axis([23_500, 62_500, 4, 9])
plt.show()

# 選擇線性模型
model = LinearRegression()

# 訓練模型
model.fit(X, y)

# 預測賽普勒斯人的快樂指數
X_new = [[37_655.2]] # 賽普勒斯人於 2020 年的人均 GDP
print(model.predict(X_new)) # 輸出 [[6.30165767]]
```

5　如果你還不瞭解所有程式碼，不用擔心，我會在接下來的章節中介紹 Scikit-Learn。

如果你使用基於實例（instance-based）的學習演算法，你會發現以色列的人均 GDP 與賽普勒斯很接近（$38,341），而根據 OECD 的資料，以色列人的生活滿意度是 7.2，因此，你將預測賽普勒斯人的生活滿意度是 7.2。如果你放大範圍，看一下最接近的兩個國家，你會發現立陶宛和斯洛維尼亞的生活滿意度分別都是 5.9。計算這些數字的平均值可得到 6.33，相當接近基於模型（model-based）的預測。這種簡單的演算法稱為 *k* 最近鄰回歸（在這個例子中，*k* = 3）。

將上面的程式裡的線性回歸模型換成 *k* 最近鄰回歸很簡單，只要將這兩行：

```
from sklearn.linear_model import LinearRegression
model = LinearRegression()
```

換成這兩行即可：

```
from sklearn.neighbors import KNeighborsRegressor
model = KNeighborsRegressor(n_neighbors=3)
```

如果一切順利，你的模型將會做出準確的預測。若非如此，你可能需要使用更多屬性（就業率、健康狀況、空氣污染程度…等）、獲得更多或更好的訓練資料，或選擇更強大的模型（例如，多項式回歸模型）。

總之：

- 你要研究資料。

- 你要選擇模型。

- 你要用訓練資料來訓練它（也就是讓學習演算法搜尋能夠將代價函數最小化的模型參數值）。

- 最後，你要用模型對新案例進行預測（這叫做 **推理**），期望模型可以準確地類推。

這就是典型的機器學習專案的樣貌。在第 2 章，我們將從頭到尾完成一個專案來親身體驗這件事。

我們討論了許多領域，現在你知道了機器學習的真正含義、為何它有用、一些常見的 ML 系統種類，以及典型的專案工作流程是什麼樣子。接下來要看看在學習過程中可能出錯，並阻礙做出準確預測的事情有哪些。

機器學習的主要挑戰

簡單來說,因為你的主要工作是選擇模型,並且用一些資料來訓練它,可能出錯的兩件事就是「不良的模型」和「不良的資料」。我們先來看不良資料的一些案例。

訓練資料數量不足

要讓一位幼兒學習什麼是蘋果,你只要指著一個蘋果並說出「蘋果」(可能需要重複幾次),就可以讓孩子認出各種顏色與形狀的蘋果了。小孩很聰明。

但機器學習沒那麼屬害,大多數的機器學習演算法都需要大量的資料才能正確運作。即使是非常簡單的問題,通常也要使用上千個樣本,對複雜的問題而言,例如圖像或語音辨識,你可能需要數百萬個樣本(除非可以重複使用現有模型的一些部分)。

資料的效用出人意料

Microsoft 的研究者 Michele Banko 和 Eric Brill 在 2001 年發表了一篇著名論文(*https://homl.info/6*),他們展示了當許多極不相同的機器學習演算法(包括相當簡單的演算法)獲得足夠的資料時,它們解決自然語言歧義[6]這種複雜問題的表現幾乎不分軒輊(見圖 1-21)。

作者說:「基於這些結果,或許我們要重新評估究竟要花費時間與金錢在開發演算法上,還是在開發語料庫上。」

Peter Norvig 等人在「The Unreasonable Effectiveness of Data」(*https://homl.info/7*)這篇 2009 年發表的論文中進一步推廣「對複雜的問題而言,資料比演算法更重要」這個觀點[7]。但是需要注意的是,中小型資料組仍然相當普遍,而且額外的訓練資料不一定很容易取得,也不一定可以用低廉的成本取得,所以,先不要就此放棄演算法。

6　例如,根據上下文知道究竟該寫出「to」、「two」或「too」。

7　Peter Norvig et al., "The Unreasonable Effectiveness of Data", *IEEE Intelligent Systems* 24, no. 2 (2009): 8–12.

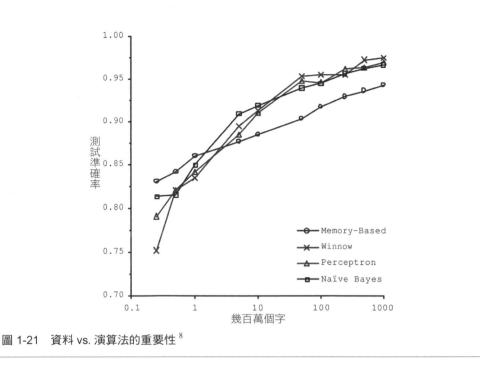

圖 1-21　資料 vs. 演算法的重要性 [8]

無代表性的訓練資料

為了讓模型能夠準確地類推，訓練資料必須能夠代表你想要類推的新案例，無論是基於實例還是基於模型都是如此。

例如，之前用來訓練線性模型的國家不具備完美的代表性，因為裡面沒有人均 GDP 低於 $23,500 和高於 $62,500 的國家。圖 1-22 是加入這些國家之後的資料樣貌。

如果使用這些資料來訓練線性模型，你會得到以實線表示的模型，虛線是舊模型。如你所見，加入一些遺缺的國家不僅明顯改變模型，也清楚地說明，這個簡單的線性模型可能永遠無法準確地運作。從這張圖看來，非常富裕的國家並不會比中等富裕的國家幸福（事實上，他們似乎比較不快樂一些），反過來，有些貧窮的國家看起來比許多富裕的國家幸福。

8　本圖轉載自 Michele Banko 與 Eric Brill 的 "Scaling to Very Very Large Corpora for Natural Language Disambiguation", *Proceedings of the 39th Annual Meeting of the Association for Computational Linguistics* (2001): 26–33.

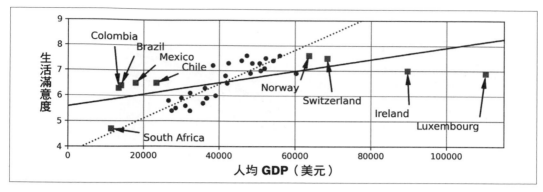

圖 1-22　更具代表性的訓練樣本

使用無代表性的資料訓練出來的模型不太可能做出準確的預測，尤其是對於非常貧窮與非常富裕的國家而言。

重要的是，你必須使用能夠代表你想要類推的案例的訓練組。這件事不像聽起來那麼容易：如果樣本太小，你就會遇到**抽樣雜訊**（可能得到無代表性的資料），如果抽樣方法有缺陷，即使是非常龐大的樣本也可能是無代表性的。這種情況稱為**抽樣偏差**。

抽樣偏差案例

也許最著名的抽樣偏差案例發生在 1936 年的美國總統選舉中，當時由 Landon 與 Roosevelt 角逐總統大位。*Literary Digest* 進行了一項非常大規模的民意調查，向大約 1,000 萬人寄出郵件。Literary Digest 得到 240 萬封回信，滿懷信心地預測 Landon 將獲得 57% 的選票，但結果卻是 Roosevelt 以 62% 的選票勝出。導致錯誤的缺陷在於 *Literary Digest* 的抽樣方法：

- 首先，為了獲得寄送問卷的地址，*Literary Digest* 使用了電話簿、雜誌訂閱者名單、俱樂部成員名單…等。這些名單傾向較富裕的人，而那些人較有可能支持共和黨（因此支持 Landon）。

- 第二，只有不到 25% 的受訪者回答問卷。這也引入抽樣偏差，可能排除對政治不太關心的人、不喜歡 *Literary Digest* 的人，以及其他關鍵族群。這種特殊的抽樣偏差稱為**無回應偏差**（*nonresponse bias*）。

舉另一個例子，假設你想要建立一個系統來辨識 funk 音樂影片，有一種製作訓練組的方法是在 YouTube 搜尋「funk music」，並使用你找到的影片。但是這種做法假設 YouTube 的搜尋引擎能夠回傳一組可以代表 YouTube 的所有 funk 音樂影片的集合。實際上，搜尋結果極可能偏向流行藝術家（如果你住在巴西，你會得到許多「funk carioca」影片，它們聽起來完全不像 James Brown）。那麼，你還可以用哪些其他方法取得大型的訓練資料組？

低品質的資料

顯然，如果訓練資料充斥著錯誤、離群值與雜訊（例如因為低品質的測量），它們將導致系統更難檢測到潛在的模式，使得系統較不可能做出準確的預測。花時間整理訓練資料通常是有價值的。事實上，大多數的資料科學家都花費大量的時間做這件事。以下是幾個應該清理訓練資料組的例子：

- 如果有些實例明顯是離群值，直接捨棄它們或嘗試手動修正錯誤可能有很大的幫助。

- 如果有些實例缺少一些特徵（例如 5% 的顧客沒有輸入他們的年齡），你要決定究竟要完全忽略這個屬性、忽略這些實例、填入遺漏值（例如使用中位年齡），還是用這個特徵來訓練一個模型，並且不使用這個特徵來訓練另一個模型。

無關的特徵

常言道，輸入垃圾就會產出垃圾（garbage in, garbage out）。只有當訓練資料包含足夠的相關特徵，而且沒有太多的無關特徵時，你的系統才能夠從中學習。機器學習專案的成功要素之一，在於找出一組良好的特徵來訓練模型。這個程序稱為**特徵工程**（*feature engineering*），它包含下列步驟：

- **特徵選擇**（從既有的特徵中選擇最有用的特徵來訓練）
- **特徵提取**（結合既有的特徵來產生更實用的特徵，例如使用之前看過的降維演算法）
- 蒐集新資料來建立新特徵

看了許多不良資料的例子之後，我們來看一些不良演算法的例子。

過擬訓練資料

如果你出國旅遊時被計程車司機騙了，你可能會說，那個國家的計程車司機都是騙子。一竿子打翻一條船是我們人類常做的事情，不幸的是，如果我們不夠小心，電腦也會落入同樣的陷阱。在機器學習中，這種行為稱為**過擬**（*overfitting*），意思是，雖然模型在處理訓練資料時有良好的表現，它卻無法正確地進行類推。

圖 1-23 是一個高次多項式的生活滿意度模型，它強烈地過擬訓練資料。即使它處理訓練資料的表現遠優於簡單的線性模型，但你相信它的預測嗎？

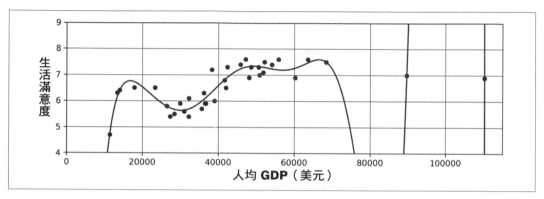

圖 1-23　過擬訓練資料

深度神經網路等複雜的模型可以偵測資料內不易察覺的模式，但如果訓練組充斥雜訊，或太小，因而引入抽樣雜訊，模型可能會偵測雜訊的模式（就像前述的計程車司機例子那樣）。顯然這些模式無法用來對新實例進行類推。例如，假如你將許多其他的屬性傳給生活滿意度模型，包括不含重要資訊的屬性，例如國家名稱，複雜的模型可能會檢測出這樣的模式：在訓練資料中，名稱裡面有 w 的國家的生活滿意度都大於 7：New Zealand (7.3)，Norway (7.6)，Sweden (7.3) 且 Switzerland (7.5)。你相信這種用 w 來預測滿意度的做法能夠類推至 Rwanda 或 Zimbabwe 嗎？顯然這種模式是偶然的，但模型無法判斷模式究竟是真的，還是只是資料中的雜訊造成的。

 過擬會在模型相對於訓練資料的數量和雜訊而言過於複雜的情況下發生。以下是可行的解決方案：

- 簡化模型，例如選擇參數較少的模型（例如選擇線性模型，而不是高次多項式模型）、減少訓練資料的屬性數量，或約束模型。
- 蒐集更多訓練資料。
- 減少訓練資料的雜訊（例如修正資料錯誤並移除離群值）。

藉由約束模型來簡化它或減少過擬風險稱為正則化（regularization）。例如，之前定義的線性模型有兩個參數，θ_0 與 θ_1。它讓學習演算法有兩個自由度來讓模型適應訓練資料：模型可以調整直線的高度（θ_0）與斜度（θ_1）。如果我們設定 $\theta_1 = 0$，那麼演算法只有一個自由度，因此較難正確地擬合資料，因為它只能把直線往上或往下移動來盡量靠近訓練實例，最終會落在平均值附近。這的確是非常簡單的模型！如果我們允許演算法修改 θ_1，但只允許它使用小的值，演算法的自由度會介於一和二之間。它產生的模型比使用兩個自由度的模型簡單，但是比只有一個自由度的模型複雜。你要在「完美地擬合訓練資料」，和「保持模型的簡單，來確保它可以準確地類推」之間找到平衡點。

圖 1-24 有三種模型。點狀虛線代表使用圓點所代表的國家來訓練的原始模型（不含方塊所代表的國家），線狀虛線是使用所有國家（圓點與方塊）來訓練的第二個模型，實線是使用第一個模型的資料來訓練，但使用正則化約束的模型。如你所見，正則化使得模型的斜率變小了，這個模型不像第一個模型那麼擬合訓練資料（圓點），但它可以更準確地類推在訓練期間未曾看過的新案例（方塊）。

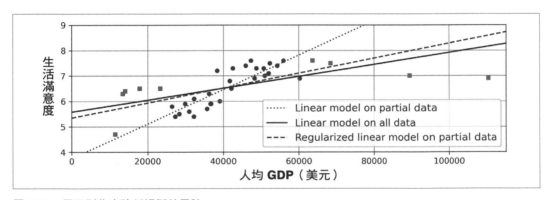

圖 1-24　用正則化來降低過擬的風險

我們可以用超參數（hyperparameter）來控制訓練時的正則化程度。超參數是一種學習演算法參數，不是模型參數。因此，它不受學習演算法本身的影響，它必須在訓練之前設定，並且在訓練期間保持不變。如果你將正則化超參數設成很大的值，你會得到一個幾乎完全平坦的模型（斜度接近零），當然，如此一來，學習演算法幾乎不會過擬訓練資料，但也更不可能找出優良的解決方案。調整超參數是建立機器學習系統的重點所在（下一章會介紹詳細的範例）。

欠擬訓練資料

你可能已經猜到了，欠擬（*underfitting*）是過擬的相反：它代表模型太簡單了，以致於無法學會資料的任何潛在結構。例如，生活滿意度的線性模型很容易欠擬，現實情況比模型複雜許多，所以它的預測結果很可能不準確，即使是預測訓練案例也是如此。

以下是修正這個問題的做法：

- 選擇更強大的模型，使用更多參數。
- 傳入更好的特徵給學習演算法（特徵工程）。
- 減少對於模型的約束（例如，減少正則化超參數）。

後退一步

現在你已經瞭解許多機器學習的知識了。但是，一次教你這麼多概念，可能會讓你有點迷失方向，所以我們先後退一步，看一下全局：

- 機器學習的目標，是讓機器從資料中學習，讓它更正確地處理某些任務，而不是由我們自行編寫明確的規則。
- ML 系統有很多種類：監督與否、批次或線上、基於實例或基於模型。
- 在 ML 專案中，你要收集訓練組資料，並將訓練組傳給學習演算法。如果演算法是基於模型的，它會調整一些參數，來讓模型擬合訓練組（即，準確地預測訓練組本身），期望它對於新案例也能夠做出準確的預測。如果演算法是基於實例的，它只會用強記硬背的方式學習案例，再使用相似度來比較新實例與學過的實例，並類推新實例。
- 如果訓練組太小，或資料沒有代表性、充斥雜訊、或具備不相關的特徵，系統的表現將不佳（輸入垃圾就會產出垃圾）。最後，你的模型不能太簡單（會欠擬）也不能太複雜（會過擬）。

最後還有一個重要的主題：訓練了模型之後，你不能只是「期望」它可以對新案例進行準確的類推。你要評估它，並且在必要時微調它。我們來看一下該怎麼做。

測試與驗證

若要知道模型類推新案例的效果如何,唯一的方法就是使用真正的新案例來測試它。其中一種做法是將模型放在生產環境並監視它的表現。這種做法的效果很好,但極其糟糕的模型會導致使用者不滿,所以這不是最好的做法。

比較好的選擇是將資料拆成兩組:*訓練組*與*測試組*。從名稱可以知道,我們用訓練組來訓練模型,用測試組來測試它。處理新案例的錯誤率稱為*類推誤差*(*generalization error*)(或 *out-of-sample error*),你可以用測試組來評估模型,以取得這個錯誤率的估計值,從中知悉模型處理未見過的實例時表現如何。

如果訓練誤差很低(也就是模型處理訓練組很少出錯),但類推誤差很高,那就意味著模型已經過擬訓練資料了。

 很多人使用 80% 的資料來進行訓練,保留 20% 來進行測試。但是具體的比率取決於資料組的大小,如果資料組有 1,000 萬個實例,保留 1% 意味著測試組有 100,000 個實例,應該足以準確地評估類推誤差。

超參數調整與模型選擇

評估模型很簡單,只要使用測試組就好了。但如果你不知道該使用兩種模型之中的哪一個(假設它們是線性模型與多項式模型),該如何做出決定?其中一種做法是訓練兩者,並且用訓練組來比較它們的類推效果如何。

假如線性模型的類推效果較好,但你想要進行一些正則化來避免過擬。問題來了,你該如何選擇正則化超參數的值?有一種做法是使用 100 個不同的超參數值來訓練 100 個不同的模型。假設你找到類推誤差最低(例如只有 5% 錯誤)的模型的最佳超參數值,並且將這個模型放入生產環境,但很不幸,它的表現不如預期,產生 15% 的錯誤。為什麼會這樣?

問題出在,你多次使用同一個測試組來測量類推誤差,並相應地調整模型與超參數,來產生對那個特定組合來說最好的模型。這意味著該模型不可能正確地處理新資料。

對於這個問題，有一種常見的解決方法，稱為**保留驗證**（*holdout validation*）（圖 1-25）：只保留訓練組的一部分來評估多個候選模型，並選出最佳模型。新的保留組稱為**驗證組**（有時稱為**開發組**（*development set 或 dev set*））。更具體地說，我們先用縮小的訓練組（即完整的訓練組移除驗證組）來訓練多個具有不同超參數的模型，然後用驗證組來選擇表現最佳的模型。完成這個保留驗證程序之後，再使用完整的訓練組（包括驗證組）來訓練最佳模型，得到最終的模型。最後，使用測試組來評估最終的模型，以估計類推誤差。

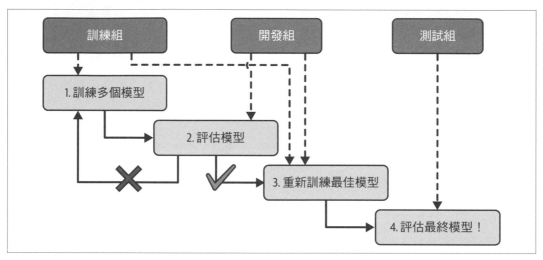

圖 1-25　使用保留驗證來選擇模型

這個解決方案通常有很好的效果。但是，如果驗證組太小，評估模型的結果將不夠準確，你可能會錯誤地選擇非最佳模型。反過來說，如果驗證組太大，那麼剩餘的訓練組將比完整的訓練組小很多，這樣為什麼不好？因為最終的模型是用完整的訓練組來訓練的，使用小很多的訓練組來訓練候選模型，再拿兩者來比較並不恰當，這就像選出最快的短跑選手去跑馬拉松比賽一樣。解決這種問題的方式是使用許多小型的驗證組來執行重複的**交叉驗證**。用驗證組之外的資料來訓練每一個模型，再用驗證組來驗證它們，算出模型評估結果的平均值，即可得出較準確的效能指標。但是這種做法有一個缺點：訓練時間將是驗證組數量的倍數。

資料不相符

有時取得大量的訓練資料很簡單，但那些資料可能無法充分代表模型將在生產環境中看到的資料。例如，假如你想要建立一個行動 app 來拍攝花朵照片並自動判斷它的品種。雖然我們可以輕鬆地從網路下載上百萬張花朵照片，但它們無法充分代表以行動設備裡的 app 實際拍攝的照片，在那些照片裡面可能只有 1,000 張具代表性的照片（即，實際用 app 拍攝的）。

在這種情況下，必須牢記的重點在於，驗證組與測試組必須盡可能代表將在生產環境中使用的資料，所以，它們只能包含具代表性的照片：你可以將它們洗牌，然後將一半放入驗證組，另一半放入測試組（確保在那兩組中，沒有重複的或接近重複的照片）。如果你用網路上的照片來訓練模型之後，發現模型處理驗證組的效能令人失望，你將無法知道那是因為模型過擬訓練組，還是只是因為網路照片與行動 app 拍攝的照片不符。

有一種解決辦法是保留一些訓練照片（從網路下載的），把它們做成另一個集合，Andrew Ng 稱之為訓練開發組（*train-dev set*）（圖 1-26）。訓練模型之後（使用訓練組，而**不是**使用訓練開發組），你就可以用訓練開發組來驗證它了。如果模型表現不佳，代表它一定過擬訓練組，所以你要簡化模型或進行正則化、取得更多訓練資料，並清理訓練資料。但是如果模型處理訓練開發組的效果很好，你可以用開發組來評估模型。如果它的表現不佳，問題一定出在資料不相符上面。為瞭解決這個問題，你可以預先處理網路照片，讓它們看起來更像行動 app 所拍攝的照片，再重新訓練模型。當你獲得一個處理訓練開發組和開發組的效果都很好的模型之後，你可以用測試組來對它進行最終的評估，以確認它在生產環境中，應該有怎樣的表現。

圖 1-26　在缺少真實的資料時（右側），你可以使用相似但豐富的資料（左側）來進行訓練，並保留其中一部分作為訓練開發組，以評估過擬的情況，然後使用真實的資料來評估資料是否不相符（開發組），及評估最終模型的表現（測試組）。

No Free Lunch 定理

模型是資料的精簡代表。精簡旨在捨棄那些不太可能類推至新實例的多餘細節。當你選擇特定類型的模型時,你就暗中對資料做了一些假設。例如,如果你選擇了線性模型,你就暗中假設資料基本上是線性的,而實例與直線之間的距離只是雜訊,可以安全地忽略。

David Wolpert 在 1996 年發表的著名論文(*https://homl.info/8*)[9] 中指出,如果你沒有對資料進行任何假設,那就沒有理由偏好某個模型而不是另一個。這稱為 *No Free Lunch*(NFL,沒有白吃的午餐)定理。對一些資料組而言,最佳的模型是線性模型,對其他資料組而言,則是神經網路。沒有一種模型先天保證有較好的表現(所以這個定理採取該名稱)。要知道哪一種模型是最好的,唯一的辦法就是評估它們全部。因為這是不可能的事情,在實務上,你要對資料進行一些合理的假設,並且只評估一些合理的模型。例如,在處理簡單的任務時,你可以用各種程度的正則化來評估線性模型,在處理複雜的任務時,你可以評估各種神經網路。

習題

本章介紹了一些最重要的機器學習概念。下一章將進行更深入的探討,並編寫更多程式,但在此之前,請確保你能回答以下問題:

1. 機器學習的定義是什麼?

2. 指出機器學習具有優勢的四種應用領域。

3. 什麼是有標籤的訓練組?

4. 指出兩種最常見的監督任務。

5. 指出四種常見的無監督任務。

6. 你會使用哪一種機器學習演算法來讓機器人在各種未知地形中行走?

7. 你會用哪一種演算法來將顧客分成多個族群?

8. 你認為垃圾郵件偵測問題是監督學習問題還是無監督學習問題?

---

9   David Wolpert, "The Lack of A Priori Distinctions Between Learning Algorithms", *Neural Computation* 8, no. 7 (1996): 1341–1390.

9. 線上學習系統是什麼？

10. 外存學習是什麼？

11. 哪一種學習演算法使用相似度來進行預測？

12. 模型參數與模型超參數有什麼不同？

13. 基於模型的演算法尋找的是什麼？它們最常用的成功策略為何？它們如何進行預測？

14. 舉出機器學習的四項主要挑戰。

15. 如果你的模型可以正確地處理訓練資料，卻無法準確地對新實例進行類推，原因出在哪裡？指出三種可行的解決方案。

16. 什麼是測試組？為什麼要使用它？

17. 驗證組的目的是什麼？

18. 什麼是訓練開發組？使用它的時機是？如何使用它？

19. 用測試組來調整超參數可能造成什麼問題？

這些習題的答案在本章的 notebook（*https://homl.info/colab3*）的結尾。

## 第二章

完整的機器學習專案

本章將帶領你從頭到尾完成一個專案，我們假設有一位剛被房地產公司錄取的資料科學家。這個範例是虛構的，使用它是為了說明機器學習專案的主要步驟，而不是教導關於房地產業務的內容。以下是我們即將執行的主要步驟：

1. 瞭解大局。

2. 取得資料。

3. 探索資料並將其視覺化，以從中獲得見解。

4. 準備資料，以供機器學習演算法使用。

5. 選擇模型並訓練它。

6. 調整模型。

7. 展示解決方案。

8. 啟動、監視與維護系統。

使用真實的資料

當你學習機器學習時，最好的做法是使用真實的資料來進行實驗，而不是使用人工製作的資料組。幸運的是，坊間有成千上萬個開放的資料組可供選擇，範圍擴及各種領域。以下是你可以參考並取得資料的地方：

- 熱門的公開資料存放區
  - OpenML.org（*https://openml.org*）
  - Kaggle.com（*https://kaggle.com/datasets*）

— PapersWithCode.com（*https://paperswithcode.c om/datasets*）

— UC Irvine Machine Learning Repository（*https://archive.ics.uci.edu/ml*）

— Amazon 的 AWS 資料組（*https://registry.opendata.aws*）

— TensorFlow 資料組（*https://tensorflow.org/datasets*）

- 中繼站（在這些網站裡，有公開的資料存放區）：

— DataPortals.org（*https://dataportals.org*）

— OpenDataMonitor.eu（*https://opendatamonitor.eu*）

- 列出許多熱門的公開資料存放區的其他網頁：

— Wikipedia 的機器學習資料組清單（*https://homl.info/9*）

— Quora.com（*https://homl.info/10*）

— reddit 的資料組群組（*https://reddit.com/r/datasets*）

本章使用 StatLib 存放區的 California Housing Prices 資料組 [1]（見圖 2-1）。這個資料組來自 1990 年加州人口普查資料。它的年代有點久遠（當時一般人還買得起舊金山灣區的好房子），但它的品質很適合學習，所以我們將假裝它是最近的資料。出於教學目的，我加入一個分類屬性，並移除一些特徵。

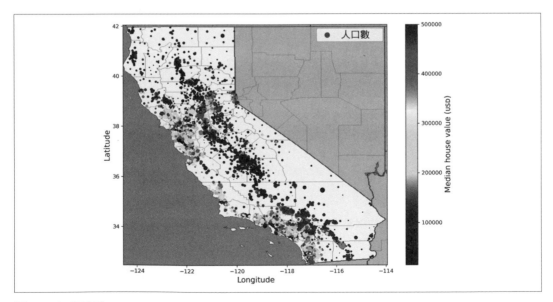

圖 2-1　加州房價

1　原始的資料組在 R. Kelley Pace 與 Ronald Barry, "Sparse Spatial Autoregressions", *Statistics & Probability Letters* 33, no. 3 (1997): 291–297。

瞭解大局

歡迎來到機器學習房地產公司！你的第一項任務是使用加州人口普查資料來建立該州的房價模型。這項資料包含加州每一個廓組（block group）的人口、收入中位數與房價中位數等統計數據。廓組是美國人口普查局在發表樣本資料時，使用的最小地理單位（一個廓組通常包含 600 至 3,000 人口）。為了簡化，我們稱之為「區（district）」。

你的模型將使用這些資料來學習，並且根據所有其他指標，來預測任一區的房價中位數。

 由於你是一位很有組織力的資料科學家，你的第一個動作是拿出機器學習專案檢核表。你可以先使用附錄 A 的那一個，它應該很適合大多數的機器學習專案，但你也要視情況修改它。本章將執行許多檢核表項目，但也會跳過其中的一些，原因是它們很容易瞭解，或是後續的章節將討論它們。

定義問題

首先，你要問老闆：你們的商業目標到底是什麼。建立模型應該不是你們的目標。公司究竟打算怎麼使用模型？如何利用模型來獲益？知道目標很重要，因為它將決定你如何定義問題、該選擇哪些演算法、使用哪些效能指標來評估模型，以及你將花多少精力來調整它。

你的老闆回答你，模型的輸出（預測某一區的房價中位數）會連同許多其他訊號一起傳給另一個機器學習系統（圖 2-2）[2]。那個下游系統將用來決定特定區域是否值得投資。做好這件事至關重要，因為它直接影響收入。

你要詢問老闆的下一個問題是：目前的解決方案長怎樣（有的話）。你通常可以參考當下的情況來瞭解效能，以及瞭解如何解決問題。你的老闆回答，目前的地區房價是由專家人工估算的，有一個團隊負責蒐集一個區域的最新資訊，當他們無法取得房價中位數時，他們會用複雜的規則來估計它。

2　在機器學習系統中，傳給系統的資訊通常被稱為**訊號**（signal），這個詞來自 Claude Shannon 在貝爾實驗室研究出來的資訊理論，該理論旨在改進電信技術，他認為，我們應該獲得高的訊號雜訊比（signal-to-noise ratio，或稱訊噪比）。

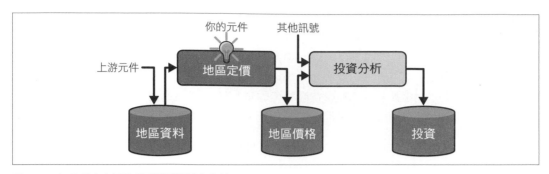

圖 2-2　處理房地產投資的機器學習流水線

這種做法既浪費時間又浪費金錢，而且他們估計得不太準確；如果他們找出實際的房價中位數的話，經常會發現自己的估計值偏差超過 30%。這就是為什麼你的公司決定用一個區域的資料來訓練模型，並且用它來預測房價中位數。對此，人口普查資料應該是很適合的資料組，因為它包含了上千個地區的房價中位數，以及其他資料。

---

pileline

一系列的資料處理元件稱為資料 *pipeline*（流水線）。pipeline 在機器學習系統中很常見，因為有許多資料需要處理，也需要執行許多資料轉換。

元件通常是非同步運行的。每一個元件都會接收大量的資料、處理它，再將結果傳給另一個資料儲存體。然後，一段時間後，pipeline 的下一個元件會將那些資料拉入，並輸出自己的結果。每一個元件都是獨立的，元件之間的介面只有資料儲存體。這種設計使得系統容易理解（借助資料流圖表），也可讓不同的團隊專注於不同的元件。此外，如果元件故障了，下游元件通常可以直接使用故障元件的最後一次輸出繼續正常運作（至少在一段時間內）。所以這種架構非常強健。

另一方面，如果沒有實施適當的監控，元件的故障可能在一段時間內未被發現，使得資料變得過時，導致整體系統效能下降。

有了這些資訊之後，你可以開始設計系統了。首先，你要決定模型需要哪種訓練監督方式，它是監督？無監督？半監督？自我監督？還是強化學習任務？還有，它是分類任務、回歸任務，還是其他任務？你該使用批次學習，還是線上學習技術？在繼續閱讀之前，先暫停一下，試著回答這些問題。

你想出答案了嗎？我們來看看對不對。顯然，它是典型的監督學習任務，因為模型可以用帶標籤的實例來訓練（每一個實例都有期望的輸出，也就是地區的房價中位數）。它是典型的回歸任務，因為模型被要求預測出一個值。更具體地說，這是一種多回歸問題，因為系統將使用多個特徵來進行預測（地區的人口、收入中位數…等）。它也是單變數回歸問題，因為我們只試著預測每個地區的單一值。如果我們試著預測各地區的多個值，它就是多變數回歸問題。最後，因為資料不會持續進入系統，所以我們不需要快速適應不斷變化的資料，而且資料規模很小，可放入記憶體，所以使用一般的批次學習就可以了。

> 如果資料很大，你可以將批次學習工作分散到多台伺服器上（使用 MapReduce 技術），或使用線上學習技術。

選擇效能指標

下一個步驟是選擇效能指標。回歸問題的典型效能指標是**均方根誤差**（RMSE）。它可讓你知道系統的預測通常有多大的誤差，讓較大的誤差有較高的權重。公式 2-1 是計算 RMSE 的數學公式。

公式 2-1　均方根誤差（RMSE）

$$\text{RMSE}(\mathbf{X}, h) = \sqrt{\frac{1}{m} \sum_{i=1}^{m} \left(h\left(\mathbf{x}^{(i)}\right) - y^{(i)} \right)^2}$$

符號

這個公式裡面有一些常見的機器學習符號，本書將不斷使用它們：

- m 是使用 RMSE 來進行評測的實例數量。

  - 例如，當你用 RMSE 來評測一個包含 2,000 個地區的驗證組時，$m = 2,000$。

- $\mathbf{x}^{(i)}$ 是包含第 i 個實例的所有特徵值（不包括標籤）的向量，$y^{(i)}$ 是它的標籤（該實例的期望輸出值）。

  - 例如，如果資料組的第一個地區位於經度 −118.29°，緯度 33.91°，那裡有 1,416 位居民，收入中位數是 $38,372，且房價中位數是 $156,400（先忽略其他特徵），那麼：

$$\mathbf{x}^{(1)} = \begin{pmatrix} -118.29 \\ 33.91 \\ 1,416 \\ 38,372 \end{pmatrix}$$

且：

$$y^{(1)} = 156,400$$

- **X** 是一個矩陣，包含資料組的所有實例的所有特徵值（不包括標籤）。每一個實例在裡面有一列，第 i 列等於 $\mathbf{x}^{(i)}$ 的轉置矩陣，寫成 $(\mathbf{x}^{(i)})^\mathsf{T}$ [3]。

    — 例如，上述的第一個地區的矩陣 **X** 是：

$$\mathbf{X} = \begin{pmatrix} \left(\mathbf{x}^{(1)}\right)^\mathsf{T} \\ \left(\mathbf{x}^{(2)}\right)^\mathsf{T} \\ \vdots \\ \left(\mathbf{x}^{(1999)}\right)^\mathsf{T} \\ \left(\mathbf{x}^{(2000)}\right)^\mathsf{T} \end{pmatrix} = \begin{pmatrix} -118.29 & 33.91 & 1,416 & 38,372 \\ \vdots & \vdots & \vdots & \vdots \end{pmatrix}$$

- h 是系統的預測函數，也稱為 *hypothesis*（假設）。系統收到一個實例的特徵向量 $\mathbf{x}^{(i)}$ 後，會為該實例輸出一個預測值 $\hat{y}^{(1)} = h(\mathbf{x}^{(1)})$（$\hat{y}$ 讀成「y-hat」）。

    — 例如，若系統預測第一區的房價中位數是 \$158,400，則 $\hat{y}^{(1)} = h(\mathbf{x}^{(1)}) = 158,400$。這一區的預測誤差是 $\hat{y}^{(1)} - y^{(1)} = 2,000$。

- RMSE(**X**,h) 是代價函數，它是使用你的假設 h 對著範例集合進行測量得到的。

我們用小寫的斜體來代表純量值（例如 m 或 $y^{(i)}$）與函數名稱（例如 h），用小寫的粗體來代表向量（例如 $\mathbf{x}^{(i)}$），用大寫的粗體來代表矩陣（例如 **X**）。

雖然 RMSE 通常是回歸任務的首選效能指標，但在某些情況下，你可能更想要使用其他的函數。例如，如果有許多離群值地區，你可能要考慮使用平均絕對誤差（*mean absolute error*）（MAE，也稱為平均絕對離差（*average absolute deviation*），見公式 2-2）：

3　轉置運算子代表將行向量轉成列向量（反之亦然）。

公式 2-2　平均絕對誤差（MAE）

$$\text{MAE}(\mathbf{X}, h) = \frac{1}{m} \sum_{i=1}^{m} \left| h(\mathbf{x}^{(i)}) - y^{(i)} \right|$$

RMSE 與 MAE 都是測量兩個向量之間的距離的手段（預測值向量與目標值向量之間的距離）。你可以使用各種距離指標，或範數（norm）：

- 使用歐幾里得範數，計算平方和的平方根（RMSE）：這是你很熟悉的距離表示法。它也稱為 ℓ_2 範數，寫成 $\| \cdot \|_2$（或 $\| \cdot \|$）。

- 使用 ℓ_1 範數，計算絕對值的和（MAE），寫成 $\| \cdot \|_1$。有時它稱為**曼哈頓範數**，因為它衡量的是當你只能沿著正交的城市街區行駛時的兩點距離。

- 更一般化的，包含 n 個元素的向量 $\mathbf{v}$ 的 ℓ_k 範數的定義是 $\|\mathbf{v}\|_k = (|v_1|^k + |v_2|^k + ... + |v_n|^k)^{1/k}$。$\ell_0$ 是向量內的非零元素數量，ℓ_∞ 是向量內的最大絕對值。

範數指數（index）越高，越注重大值，忽略小值。這就是 RMSE 對離群值比 MAE 敏感的原因。但是，當離群值呈指數級減少時（例如呈現鐘形曲線），RMSE 的效果非常好，也經常是首選。

檢查假設

最後，列出並驗證迄今為止所做出的假設（由你或別人做出的）是很好的做法，可以協助你及早發現重大問題。例如，你的系統輸出的地區價格會傳給下游的機器學習系統，你也假設那些價格會被那樣子使用。但如果下游的系統會將價格轉換成類別（例如「便宜」、「普通」或「昂貴」），然後使用這些類別，而不是價格本身呢？在這種情況下，精準無誤的價格一點都不重要，你的系統只要產生正確的類別就可以了。若是如此，你就要將問題定義成分類任務，而不是回歸任務。你一定不希望在製作回歸系統好幾個月之後才意識到這件事。

幸運的是，在與負責下游系統的團隊討論後，你確信他們確實需要實際的價格，而不僅僅是類別。很好！一切就緒，你可以開始寫程式了！

取得資料

是時候開始動手了。別猶豫，打開你的電腦，開始執行接下來的範例程式。就像我在前言中說過的，本書的所有範例程式都是開源的，而且可以在網路上以 Jupyter notebook 的形式取得（*https://github.com/ageron/handsonml3*）。Jupyter notebook 是一種互動式文件，裡面有文本、圖像、可執行的程式片段（我們的程式語言是 Python）。在本書中，我假設你在 Google Colab 上執行這些 notebook。Google Colab 是免費的服務，可讓你直接在網路上執行任何 Jupyter notebook，而不需要在你的電腦上安裝任何東西。如果你想要使用其他的線上平台（例如 Kaggle），或者，如果你想要在你自己的電腦上安裝所有東西，請參見本書的 GitHub 網頁上的說明。

使用 Google Colab 來執行範例程式

首先，打開瀏覽器，前往 *https://homl.info/colab3*，它會引導你到 Google Colab，並顯示本書的 Jupyter notebook 清單（見圖 2-3）。在裡面，每一章都有一個 notebook，此外還有一些額外的 notebook 和教學，用來介紹 NumPy、Matplotlib、Pandas、線性代數，和微分。例如，按下 *02_end_to_end_machine_learning_project.ipynb* 即可在 Google Colab 裡打開第 2 章的 notebook（見圖 2-4）。

Jupyter notebook 是由一系列的儲存格組成的。在儲存格裡有可執行的程式碼或文字。在第一個文字儲存格上按兩次按鍵（它裡面有「Welcome to Machine Learning Housing Corp.!」這段文字）可打開那個儲存格以進行編輯。注意，Jupyter notebook 使用 Markdown 語法來進行格式化（例如 **bold**、*italics*、# Title, [url](link text)…等）。試著修改文字，再按下 Shift-Enter 來觀察結果。

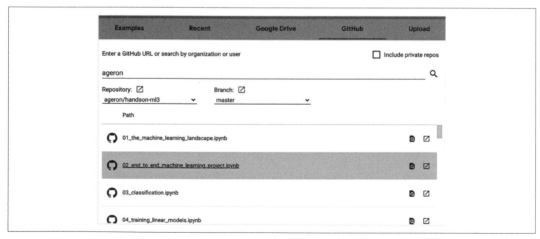

圖 2-3　在 Google Colab 裡的 notebook 清單

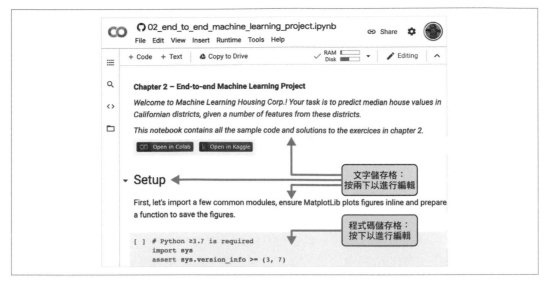

圖 2-4　在 Google Colab 裡的 notebook

接下來，在選單中選擇「插入 → 程式碼儲存格」，建立一個新的程式碼儲存格。你也可以按下工具列的「+ 程式碼」按鈕，或把游標移到一個儲存格的底部，直到出現「+ 程式碼」與「+ 文字」，然後按下「+ 程式碼」。在新的程式碼儲存格裡，輸入一些 Python 程式碼，例如 print("Hello World")，然後按下 Shift-Enter 來執行這段程式（或按下儲存格左側的（三角形）按鈕）。

如果你還沒有登入你的 Google 帳戶，它會要求你立即登入（如果你還沒有 Google 帳戶，你必須建立一個）。登入後，當你試著執行程式碼時，你會看到一個警告訊息，告訴你這個 notebook 並非由 Google 編寫。有心人士可能建立一個 notebook 來試著欺騙你輸入你的 Google 憑證，以便取得你的個人資料，所以在執行 notebook 之前，務必先確保你信任它的作者（或是在執行每一個程式碼儲存格之前，先檢查它會做什麼）。如果你相信我（或你打算檢查每一個程式碼儲存格），現在你可以按下「仍要執行」。

接下來，Colab 會幫你配置新的 *runtime*。runtime 是在 Google 的伺服器中的免費虛擬機器，它包含大量的工具和 Python 程式庫，包括接下來的大多數章節需要的所有東西（在一些章節裡，你需要執行命令來安裝額外的程式庫）。配置 runtime 需要幾秒鐘。接下來，Colab 會自動連接至那個 runtime，並用它來執行你的新程式碼儲存格。重點在於，程式碼是在 runtime 上執行的，**不是**在你的電腦上。程式碼的輸出會被顯示在儲存格下面。恭喜你，你已經在 Colab 上執行 Python 程式碼了！

若要插入新的程式碼儲存格，你也可以按下 Ctrl-M（在 macOS 上是 Cmd-M），然後按下 A（在目前的儲存格上方插入）或 B（在下方插入）。你也可以使用許多其他的快捷鍵。你可以按下 Ctrl-M（或 Cmd-M）然後按下 H 來查看和編輯它們。如果你選擇在 Kaggle 上或是在你自己的電腦上執行 notebook，你會看到一些不同之處，它們將 runtime 稱為 *kernel*，使用者介面快捷鍵稍微不同…等，但是從一個 Jupyter 環境切換到另一個並不難。在自己的電腦上執行 notebook 的方法包括使用 JupyterLab，或安裝了 Jupyter 擴充的 Visual Studio Code 等 IDE。

保存你修改的程式碼與你的資料

你可以對 Colab notebook 進行修改，只要你不關掉瀏覽器標籤，它就會持續存在。但是一旦你關閉標籤，你的修改將會遺失。為了避免此事，務必將 notebook 的複本存入你的 Google Drive，做法是選擇「檔案 → 在雲端硬碟中儲存複本」。你也可以選擇「檔案 → 下載 → 下載 .ipynb」，將 notebook 下載到你的電腦裡。一段時間後，你可以造訪 *https://colab.research.google.com*，再次打開 notebook（從 Google Drive，或是從你的電腦將它上傳）。

 Google Colab 是為了讓你進行互動而設計的，你可以在 notebook 中進行操作，視需要調整程式碼，但不要讓 notebook 在無人監看的情況下長時間運行，否則 runtime 會被關閉，且所有資料都會遺失。

如果 notebook 產生你在乎的資料，務必在 runtime 被關閉之前下載那些資料。為此，你可以按下「檔案」圖示（見圖 2-5 的第 1 步），找到你想要下載的檔案，按下它旁邊的「三個點」圖示（第 2 步），然後按下「下載」（第 3 步）。你也可以將你的 Google Drive 掛載到 runtime，讓 notebook 直接對著 Google Drive 進行檔案讀寫，彷彿它是本地目錄一般，做法是按下「檔案」圖示（第 1 步），然後按下 Google Drive 圖示（圖 2-5 中圈起來的地方），然後按照螢幕上的指示操作。

在預設情況下，你的 Google Drive 會被掛載至 */content/drive/MyDrive*，如果你想要備份資料檔，可執行 `!cp /content/my_great_model /content/drive/MyDrive` 來將它複製到該目錄。以驚嘆號 `!` 開頭的命令都被視為 shell 命令，不是 Python 程式碼：`cp` 是 Linux shell 命令，用來將一個檔案從一個路徑複製到另一個。注意，Colab runtime 是在 Linux 上執行的（具體來說，是 Ubuntu）。

圖 2-5　從 Google Colab runtime 下載檔案（第 1 至 3 步），或掛載你的 Google Drive（圈起來的圖示）

互動性的威力和危險性

Jupyter notebook 是互動性的，這是很棒的事情，因為你可以個別執行每一個儲存格、在任何時候停止、插入儲存格、修改程式碼、回來重新執行同一個儲存格…等，我也強烈鼓勵你這樣做。如果你只是一個接著一個執行儲存格，而不修改它們，你就無法快速學到東西。但是，這個彈性是有代價的：我們很容易用錯誤的順序來執行儲存格，或忘了執行某個儲存格。若是如此，後續的程式碼儲存格可能會失敗。例如，在每一個 notebook 裡面的第一個程式碼儲存格裡面有設定程式（例如 import），你一定要先執行它，否則任何程式都無法執行。

　當你遇到奇怪的錯誤時，可以試著重新啟動 runtime（在選單選擇「執行階段 → 重新啟動執行階段」），然後從 notebook 的第一個儲存格開始執行所有的儲存格，這樣通常可以解決問題。如果還是不行，很可能是你的修改破壞 notebook 了，請復原至原始的 notebook，並重新嘗試。如果仍然失敗，請在 GitHub 上提出問題。

書中的程式 vs. notebook 裡的程式

有時你會發現書中的程式與 notebook 的程式有一些差異，原因有幾個，包括：

- 當你看到那幾行程式時，程式庫已經稍微改變，或者，儘管我已經盡力了，書裡仍然存在錯誤。很遺憾，我無法施展魔法修正你手上的書裡的程式碼（除非你閱讀的是電子版本，而且你可以下載最新版本），但我可以修改 notebook。因此，如果你從這本書裡複製程式碼之後遇到錯誤，請在 notebook 中尋找修正後的程式碼，我將努力讓它們保持無錯，而且與最新的程式庫版本保持一致。

- notebook 有一些用來美化圖表的額外程式（加上標籤、設定字體大小…等），以及將它們存為高解析度圖像以供本書使用的程式。你可以放心地忽略這些額外的程式碼。

我將程式碼優化，以方便閱讀，並進行簡化。我讓它盡可能地保持線性和扁平，只定義極少量的函式和類別。我的目標是確保你所執行的程式碼就是你看到的，而不是被嵌套在多層抽象中，迫使你不得不搜尋它們。這種寫法也可以讓你輕鬆地修改程式碼。為了簡單起見，我只做了有限的錯誤處理，並將一些不常見的 import 放在需要它們的位置（而不是按照 PEP 8 Python 風格指南的建議，將它們放在文件的頂部）。儘管如此，你自己寫的程式碼不會有太大差異，只是更模組化一些，並加入額外的測試和錯誤處理程式。

OK！熟悉 Colab 之後，你可以開始下載資料了。

下載資料

在典型的環境中，你的資料應該會被放在關聯式資料庫內（或其他常見的資料儲存體內），並且分散在多個表格 / 文件 / 檔案之中。為了存取它，你必須先獲得憑證與存取授權 [4]，並且熟悉資料綱要（schema）。但是，我們的專案簡單多了，你要下載一個壓縮檔 *housing.tgz* 即可，它裡面有一個逗號分隔值（CSV）檔案，稱為 *housing.csv*，所有的資料都在裡面。

與其手動下載資料並將它解壓縮，比較好的做法通常是寫一個函式來幫你做這件事。當資料會定期更新時，特別適合使用這種做法。你可以寫一個小腳本，在裡面使用函式來抓取最新的資料（或設定一個定期執行的工作，讓它每隔一段時間，自動為你做這件事）。如果你想在多台電腦上安裝資料組，也很適合將抓取資料的工作自動化。

4　你可能還要查詢法律限制，例如不能將私用欄位複製到不安全的資料存放區中。

以下是抓取和載入資料的函式：

```python
from pathlib import Path
import pandas as pd
import tarfile
import urllib.request

def load_housing_data():
    tarball_path = Path("datasets/housing.tgz")
    if not tarball_path.is_file():
        Path("datasets").mkdir(parents=True, exist_ok=True)
        url = "https://github.com/ageron/data/raw/main/housing.tgz"
        urllib.request.urlretrieve(url, tarball_path)
        with tarfile.open(tarball_path) as housing_tarball:
            housing_tarball.extractall(path="datasets")
    return pd.read_csv(Path("datasets/housing/housing.csv"))

housing = load_housing_data()
```

呼叫 load_housing_data() 後，它會尋找 *datasets/housing.tgz* 檔，如果找不到，它會在當下的目錄（在 Colab 裡，預設的目錄是 */content*）裡面建立 *datasets* 目錄，從 *ageron/data* GitHub 版本庫下載 *housing.tgz* 檔案，提取它的內容並放入 *datasets* 目錄。這會建立 *datasets/housing* 目錄，並在裡面放入 *housing.csv* 檔案。最後，函式將這個 CSV 檔載入 Pandas DataFrame 物件並回傳它，該物件包含所有資料。

快速地看一下資料結構

我們來使用 DataFrame 的 head() 方法來查看資料的前五列（見圖 2-6）。

housing.head()						
	longitude	latitude	housing_median_age	median_income	ocean_proximity	median_house_value
0	-122.23	37.88	41.0	8.3252	NEAR BAY	452600.0
1	-122.22	37.86	21.0	8.3014	NEAR BAY	358500.0
2	-122.24	37.85	52.0	7.2574	NEAR BAY	352100.0
3	-122.25	37.85	52.0	5.6431	NEAR BAY	341300.0
4	-122.25	37.85	52.0	3.8462	NEAR BAY	342200.0

圖 2-6　資料組的前五列

每一列都代表一個地區，這個資料組有 10 個屬性（在螢幕截圖裡，有些未顯示出來）：
longitude, latitude、housing_median_age、total_rooms、total_bedrooms、population、
households、median_income、median_house_value 與 ocean_proximity。

方便的 info() 方法可以用來瞭解資料的概況，尤其是總列數、每個屬性的型態，以及非
null 值的數量：

```
>>> housing.info()
<class 'pandas.core.frame.DataFrame'>
RangeIndex: 20640 entries, 0 to 20639
Data columns (total 10 columns):
 #   Column              Non-Null Count  Dtype
---  ------              --------------  -----
 0   longitude           20640 non-null  float64
 1   latitude            20640 non-null  float64
 2   housing_median_age  20640 non-null  float64
 3   total_rooms         20640 non-null  float64
 4   total_bedrooms      20433 non-null  float64
 5   population          20640 non-null  float64
 6   households          20640 non-null  float64
 7   median_income       20640 non-null  float64
 8   median_house_value  20640 non-null  float64
 9   ocean_proximity     20640 non-null  object
dtypes: float64(9), object(1)
memory usage: 1.6+ MB
```

在本書裡，當範例程式包含程式碼與輸出時（就像這個例子），為了方便
閱讀，我將它寫成類似 Python 直譯器的格式：幫程式碼的開頭加上 >>>
（或者，在縮排的區塊前面加上 ...），且輸出不附加任何前綴。

資料組裡面有 20,640 個實例，這意味著，就機器學習的標準而言，它是很小型的資料組，
但很適合用來入門。注意，total_bedrooms 屬性只有 20,433 個非 null 值，也就是說，有
207 個地區缺少這個特徵。稍後我們必須處理這件事。

除了 ocean_proximity 之外的屬性都是數值，它的型態是 object，所以它可以保存任何一
種 Python 物件。但我們從 CSV 檔載入這筆資料，由此可知它一定是文字屬性。從前五列
可以看到，ocean_proximity 欄的值是重複的，這意味著它可能是個分類屬性。你可以使
用 value_counts() 方法來瞭解它有哪些類別，以及有多少地區屬於那些類別：

```
>>> housing["ocean_proximity"].value_counts()
<1H OCEAN     9136
INLAND        6551
```

```
NEAR OCEAN      2658
NEAR BAY        2290
ISLAND            5
Name: ocean_proximity, dtype: int64
```

我們來看其他的欄位。使用 describe() 方法可顯示數值屬性的摘要（圖 2-7）。

housing.describe()

	longitude	latitude	housing_median_age	total_rooms	total_bedrooms	median_house_value
count	20640.000000	20640.000000	20640.000000	20640.000000	20433.000000	20640.000000
mean	-119.569704	35.631861	28.639486	2635.763081	537.870553	206855.816909
std	2.003532	2.135952	12.585558	2181.615252	421.385070	115395.615874
min	-124.350000	32.540000	1.000000	2.000000	1.000000	14999.000000
25%	-121.800000	33.930000	18.000000	1447.750000	296.000000	119600.000000
50%	-118.490000	34.260000	29.000000	2127.000000	435.000000	179700.000000
75%	-118.010000	37.710000	37.000000	3148.000000	647.000000	264725.000000
max	-114.310000	41.950000	52.000000	39320.000000	6445.000000	500001.000000

圖 2-7　各個數值屬性的摘要

count、mean、min 與 max 儲存的資訊可以從它們的名稱判斷出來。注意，null 值被忽略了（所以，舉例來說，total_bedrooms 的數量是 20,433，不是 20,640）。std 列是**標準差**，代表數值的分散程度[5]。25%、50% 與 75% 列是相應的**百分位數**，百分位數是指，在這組觀察值中，有多少百分比的觀察值落在某個特定值之下。例如，有 25% 地區的 housing_median_age 小於 18，50% 小於 29，且 75% 小於 37。它們通常稱為第 25 百分位數（或第 1 四分位數）、中位數，以及第 75 百分位數（或第 3 四分位數）。

大致瞭解資料型態的另一種方法是幫每一個數值屬性畫出直方圖。直方圖可展示於某個範圍（橫軸）中的實例數量（縱軸）。你可以一次畫出一個屬性，也可以對整個資料組呼叫 hist() 方法（見下面的範例程式），它會幫每一個數值屬性畫出直方圖（見圖 2-8）：

```
import matplotlib.pyplot as plt

housing.hist(bins=50, figsize=(12, 8))
plt.show()
```

---

[5]　標準差通常用 σ 來表示（希臘字母 sigma），它是變異數的平方根，變異數是觀察值與平均值之間的差異的平方的平均值。當特徵呈常見的鐘形**常態分布**（也稱為**高斯分布**）時，可應用「68-95-99.7」原則：大約有 68% 的值落在平均值加減 1σ 的範圍之內，95% 的值落在 2σ 之內，99.7% 的值落在 3σ 之內。

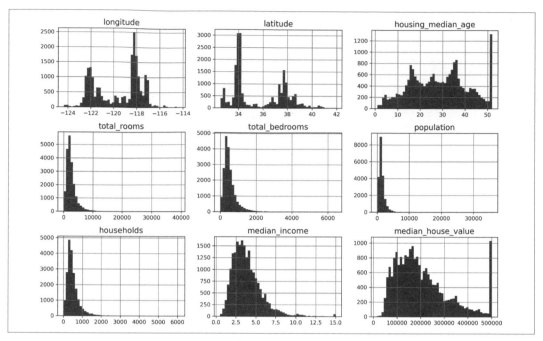

圖 2-8　各個數值屬性的直方圖

從這些直方圖可以發現幾件事：

- 首先，median income 屬性應該不是用美元（USD）來表示的。蒐集資料的團隊告訴你，他們對這筆資料進行尺度調整，並設定其上下限，將比 15 更高的 median income 限制在 15（事實上是 15.0001），將比 0.5 更低的 median income 限制在 0.5（事實上是 0.4999）。這些數字大致上以萬美元為單位（例如，3 其實代表大約 $30,000）。機器學習經常使用預先處理過的屬性，這不一定是個問題，但你必須試著瞭解資料是怎麼算出來的。

- housing_median_age 與 median_house_value 的最高／最低值也是有限的。後者可能是個嚴重的問題，因為它是你的目標屬性（你的標籤），可能導致機器學習演算法學到價格絕不會超出那個界限。你必須和你的用戶（將使用系統的輸出的團隊）確認這樣子做有沒有問題。如果他們需要準確的預測，即使是超過 $500,000 也是如此，你有兩種做法：

　— 為標籤被設定上下限值的地區蒐集合適的標籤。

　— 將這些地區移出訓練組（也移出測試組，因為當系統預測的值超過 $500,000 時，不能將之視為不良的系統。

- 這些屬性的尺度有很大的差異。稍後探討特徵尺度調整時,我們會再討論這個問題。

- 最後,有很多直方圖呈現右偏,也就是從中位數的右邊延伸出去的範圍遠大於左邊。這可能會讓一些機器學習演算法更難找出模式。我們等一下會試著將這些屬性轉換成更對稱的鐘形分布。

現在你應該更瞭解你要處理的資料了。

 等一下!在進一步查看資料之前,你要先建立一個測試組,把它放一邊,而且絕對不能偷看它。

建立測試組

在這個階段就把一部分的資料分出去好像有點奇怪,畢竟,我們只是稍微看一下資料,何況,我們一定要先進一步研究它,才能決定該採用哪種演算法,不是嗎?是啊,但是大腦是奇妙的模式偵測系統,這也意味著,它非常容易過擬,你可能在觀察測試組時,碰巧發現一些看似有趣的模式,導致你選擇某種特定的機器學習模型。當你用測試組來估計類推誤差時,你的估計可能會過於樂觀,最終部署一個效果不如預期的系統。這種情況稱為資料窺探(*data snooping*)偏差。

建立測試組在理論上很簡單,你只要隨機選擇一些實例,通常是資料組的 20%(或更少,如果你的資料組很大的話),並且把它們放在一邊:

```
import numpy as np

def shuffle_and_split_data(data, test_ratio):
    shuffled_indices = np.random.permutation(len(data))
    test_set_size = int(len(data) * test_ratio)
    test_indices = shuffled_indices[:test_set_size]
    train_indices = shuffled_indices[test_set_size:]
    return data.iloc[train_indices], data.iloc[test_indices]
```

然後像這樣使用這個函式:

```
>>> train_set, test_set = shuffle_and_split_data(housing, 0.2)
>>> len(train_set)
16512
>>> len(test_set)
4128
```

程式雖然成功執行了，卻不夠完美，因為再次運行這段程式的話，它會產生不同的測試組！久而久之，你（或你的機器學習演算法）將會看到整個資料組，這是必須避免的事情。

有一種解決辦法是在第一次執行時儲存測試組，然後，在後續的執行時將它載入。另一個選項是設定亂數產生器的種子（例如使用 np.random.seed(42)）[6]，再呼叫 np.random. permutation()，讓它始終產生相同的索引。

但是，這些做法在你使用更新後的資料組時都會失效。要取得穩定的訓練／測試組，即使在更新資料組之後也是如此，最常見的做法是使用各個實例的辨識碼（identifier）來決定是否將它放入測試組（假設每一個實例都有一個唯一的且不可變的辨識碼）。例如，你可以計算各個實例的辨識碼的雜湊，並且在雜湊值小於或等於最大雜湊值的 20% 時，將該實例放入測試組。這可以確保測試組在每一次執行時保持一致，即使你重新整理（refresh）資料組也是如此。新的測試組將包含 20% 的新實例，但它不會有以前被放入訓練組的任何實例。

這是一種可能的寫法：

```
from zlib import crc32

def is_id_in_test_set(identifier, test_ratio):
    return crc32(np.int64(identifier)) < test_ratio * 2**32

def split_data_with_id_hash(data, test_ratio, id_column):
    ids = data[id_column]
    in_test_set = ids.apply(lambda id_: is_id_in_test_set(id_, test_ratio))
    return data.loc[~in_test_set], data.loc[in_test_set]
```

很遺憾，這個房地產資料組沒有辨識碼欄位。最簡單的解決手段是將列索引當成 ID 來使用：

```
housing_with_id = housing.reset_index()   # 加入一個 `index` 欄位
train_set, test_set = split_data_with_id_hash(housing_with_id, 0.2, "index")
```

如果你將列索引當成唯一的辨識碼來使用，你就要確保新資料被附加到資料組的最後面，而且不會有任何資料列被刪除，如果沒辦法確保這些事情，你可以試著使用最穩定的特徵來建立唯一的辨識碼。例如，地區的經緯度在幾百萬年期間一定是穩定的，所以你可以將它們結合成 ID 如下[7]：

6　你將經常看到人們將亂數種子設為 42。這個數字除了是「生命、宇宙及一切的終極問題之答案」之外，沒有什麼特殊的性質（譯註：出自道格拉斯・亞當斯的小說《銀河便車指南》）。

7　其實位置資訊相當粗糙，因為許多地區都會具有相同的 ID，導致它們被分配到同一個組別（測試組或訓練組）。這也會導致一些不好的抽樣偏差。

```
housing_with_id["id"] = housing["longitude"] * 1000 + housing["latitude"]
train_set, test_set = split_data_with_id_hash(housing_with_id, 0.2, "id")
```

Scikit-Learn 有一些函式可以用各種方式來將資料組拆成多個子集合。最簡單的函式是
train_test_split()，它的效果與之前定義的函式 shuffle_and_split_data() 很像，但它
有一些額外的功能。首先，它有一個 random_state 參數，可用來設定亂數產生器種子。第
二，你可以把多個列數相同的資料組傳給它，它會在索引相同的地方拆開它們（這非常方
便，舉例來說，如果你用一個獨立的 DataFrame 作為標籤的話）：

```
from sklearn.model_selection import train_test_split

train_set, test_set = train_test_split(housing, test_size=0.2, random_state=42)
```

到目前為止，我們已經討論幾種純隨機的抽樣方法了，如果你的資料組夠大（尤其是與屬
性的數量相比），它們通常有不錯的效果，但若非如此，你可能會引入抽樣偏差。當民調
公司決定打電話給 1,000 個人來詢問一些問題時，他們不會從電話簿裡隨機抽取 1,000 個
人。他們會試著確保這 1,000 個人可以代表他們想要詢問的所有人口。例如，美國的人口
有 51.1% 是女性，48.9% 是男性，所以要在美國進行準確的民調，就要試著在樣本中維持
這個比率：511 位女性和 489 位男性（如果不同性別給出來的答案可能有所差異的話）。
這種做法稱為 *分層抽樣*（*stratified sampling*），它將人口分成同質的子群體，稱為 *樣本層*
（*strata*），並且從各層中抽取合適數量的實例，以確保測試組對整體人口而言有代表性。
如果進行調查的人使用純隨機抽樣，那麼抽出女性少於 48.5% 或多於 53.5% 的偏斜測試組
的機率大約是 10.7%，無論如何，調查的結果可能有一定程度的偏差。

假設你諮詢一些專家後，知道在預測房屋的中位價格時，中位收入是很重要的屬性。
你可能想要確保測試組對於整個資料組的各種收入類別而言都具有代表性。因為中位
收入是連續的數值屬性，所以你必須先建立一個收入分類屬性。我們來仔細地看一下
中位收入直方圖（回去看圖 2-8）：大多數的中位收入值都聚集在 1.5 至 6 之間（也就是
$15,000–$60,000），但有些中位收入超過 6。務必讓每一個樣本層在資料組內都具有足夠的
實例，否則對於某個樣本層的重要性估計可能存在偏差。這意味著樣本層的數量不應該太
多，而且每一個樣本層都要夠大。下面的程式使用 pd.cut() 函式來建立一個收入分類屬
性，裡面有五個類別（標記成 1 至 5）：類別 1 的範圍是 0 至 1.5（也就是少於 $15,000），
類別 2 是從 1.5 至 3，以此類推：

```
housing["income_cat"] = pd.cut(housing["median_income"],
                               bins=[0., 1.5, 3.0, 4.5, 6., np.inf],
                               labels=[1, 2, 3, 4, 5])
```

圖 2-9 展示這些收入分類：

```
housing["income_cat"].value_counts().sort_index().plot.bar(rot=0, grid=True)
plt.xlabel("Income category")
plt.ylabel("Number of districts")
plt.show()
```

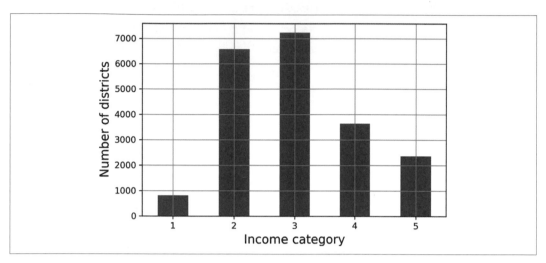

圖 2-9　收入類別直方圖

現在你可以根據收入分類進行分層抽樣了。Scikit-Learn 的 sklearn.model_selection 程式
包裡面有一些拆分類別，它們實作了各種策略，可將你的資料組拆成訓練組和測試組。每
一個拆分類別都有個 split() 方法，它們回傳一個 iterator，可迭代相同資料的不同訓練 /
測試組。

準確地說，split() 方法會輸出（yield）訓練與測試索引，而不是資料本身。如果你想要
更準確地估計模型的表現，你可以使用多個拆分，本章稍後討論交叉驗證時會說明這件
事。例如，下面的程式碼為同一個資料組產生 10 個不同的分層拆分：

```
from sklearn.model_selection import StratifiedShuffleSplit

splitter = StratifiedShuffleSplit(n_splits=10, test_size=0.2, random_state=42)
strat_splits = []
for train_index, test_index in splitter.split(housing, housing["income_cat"]):
    strat_train_set_n = housing.iloc[train_index]
    strat_test_set_n = housing.iloc[test_index]
    strat_splits.append([strat_train_set_n, strat_test_set_n])
```

現在你可以使用第一個拆分就好：

```
strat_train_set, strat_test_set = strat_splits[0]
```

或者，因為分層抽樣很常見，你可以用另一種更簡潔的方式，使用 train_test_split() 和 stratify 引數來取得一個拆分：

```
strat_train_set, strat_test_set = train_test_split(
    housing, test_size=0.2, stratify=housing["income_cat"], random_state=42)
```

我們來看一下它是否正確運作。你可以先檢查測試組裡面的收入類別的比率：

```
>>> strat_test_set["income_cat"].value_counts() / len(strat_test_set)
3    0.350533
2    0.318798
4    0.176357
5    0.114341
1    0.039971
Name: income_cat, dtype: float64
```

你也可以用類似的程式來衡量整個資料組的收入類別比率。圖 2-10 比較整體資料組的收入分類比率、分層抽樣產生的測試組的收入分類比率，還有純隨機抽樣產生的測試組的收入分類比率。你可以看到，用分層抽樣產生的測試組的收入類別比率幾乎與完整資料組一樣，使用純隨機抽樣來產生的測試組則存在偏差。

Income Category	Overall %	Stratified %	Random %	Strat. Error %	Rand. Error %
1	3.98	4.00	4.24	0.36	6.45
2	31.88	31.88	30.74	-0.02	-3.59
3	35.06	35.05	34.52	-0.01	-1.53
4	17.63	17.64	18.41	0.03	4.42
5	11.44	11.43	12.09	-0.08	5.63

圖 2-10　比較分層抽樣與純隨機抽樣的抽樣偏差

我們不需要使用 income_cat 欄了，所以可以將它移除，將資料恢復至原始狀態：

```
for set_ in (strat_train_set, strat_test_set):
    set_.drop("income_cat", axis=1, inplace=True)
```

我們花那麼多時間來討論測試組生成是有原因的：它是機器學習專案中，經常被忽略，卻至關重要的部分。而且，其中的許多觀念在討論交叉驗證時將會用到。接下來要進入下一個階段：探索資料了。

探索資料並將其視覺化,以獲得見解

到目前為止,你只是稍微看一下資料,初步瞭解你所處理的資料是哪一種,接下來的目標是更深入地探索它。

首先,將測試組放到一旁,只探索訓練組就好。此外,如果訓練組很大,你可能要抽出一個探索組,讓你在探索階段更輕鬆且快速地進行操作。對這個例子而言,訓練組很小,所以你可以直接處理整個資料組。因為我們將對完整的訓練組進行各種轉換,所以必須先製作原始資料組的副本,以便之後可以復原:

```
housing = strat_train_set.copy()
```

將地理資料視覺化

因為資料組包含地理資訊(經度與緯度),所以我們可以建立一個包含所有地區的散點圖,來將資料視覺化(圖 2-11):

```
housing.plot(kind="scatter", x="longitude", y="latitude", grid=True)
plt.show()
```

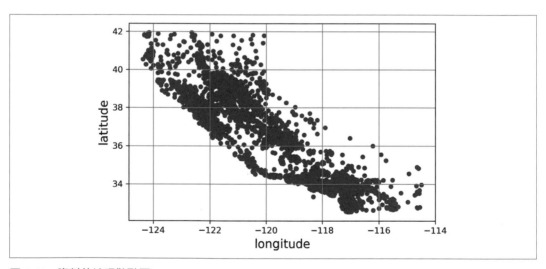

圖 2-11　資料的地理散點圖

這張圖看起來確實長得像加州,但除此之外,我們看不出任何模式。將 alpha 選項設為 0.2 可以突顯資料點密集的地方(圖 2-12):

```
housing.plot(kind="scatter", x="longitude", y="latitude", grid=True, alpha=0.2)
plt.show()
```

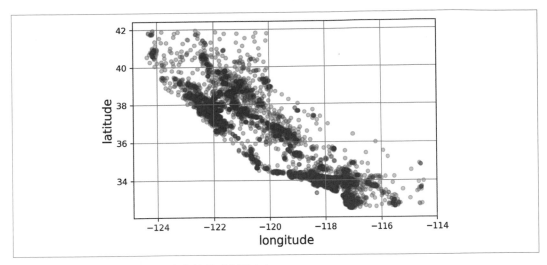

圖 2-12　更好的視覺化，將高密度的區域突顯出來

現在好多了，你可以清楚地看到高密度的區域，包括灣區以及洛杉磯和聖地牙哥附近，而且，中央谷地（Central Valley）有一條密度很高的長線，尤其是在薩克拉門托和弗雷斯諾附近。

我們的大腦很擅長發現圖像裡的模式，但你可能需要調整視覺化參數來讓模式浮現出來。

接著來看房價（圖 2-13）。圖中的每一個圓點的直徑代表該地區的人口（選項 s），顏色代表價格（選項 c）。我們在此使用預設的色階圖（選項 cmap），它稱為 jet，範圍從藍色（低價格）到紅色（高價格）[8]：

```
housing.plot(kind="scatter", x="longitude", y="latitude", grid=True,
             s=housing["population"] / 100, label="population",
             c="median_house_value", cmap="jet", colorbar=True,
             legend=True, sharex=False, figsize=(10, 7))
plt.show()
```

從這張圖可以知道，房價與地區（例如接近海邊）及人口密度有非常密切的關係，你應該略知一二了。聚類演算法應該有助於檢測主要的群聚，以及添加新特徵以測量資料點與群聚中心的接近程度。近海屬性可能也很有幫助，儘管北加州沿海地區的房價不太高，所以這條規則沒那麼簡單。

8　如果你在灰階的書籍中看這張圖，你可以將灣區（Bay Area）到聖地牙哥的大部分海岸線塗上紅色（和你預期的一樣）。你也可以將薩克拉門托（Sacramento）周圍塗上黃色。

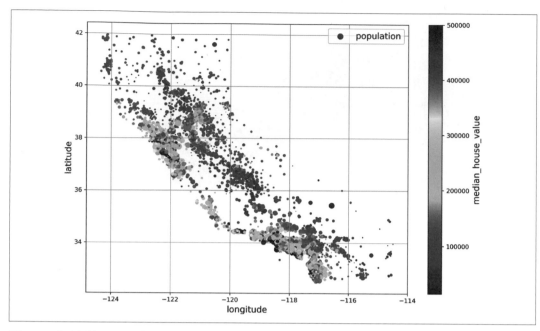

圖 2-13　加州房價：紅色代表昂貴，藍色代表便宜，較大的圓點代表人口較多的地區

尋找相關性

因為我們的資料組不大，所以可以輕鬆地使用 corr() 方法來計算每一對屬性之間的標準相關係數（也稱為 *Pearson's r*）：

```
corr_matrix = housing.corr()
```

我們可以檢查每個屬性與中位房價之間的相關程度：

```
>>> corr_matrix["median_house_value"].sort_values(ascending=False)
median_house_value    1.000000
median_income         0.688380
total_rooms           0.137455
housing_median_age    0.102175
households            0.071426
total_bedrooms        0.054635
population            -0.020153
longitude             -0.050859
latitude              -0.139584
Name: median_house_value, dtype: float64
```

相關係數的範圍是 –1 到 1，這個係數接近 1 代表有強烈的正相關性，例如，當中位收入增加時，中位房價也傾向增加。這個係數接近 –1 代表有強烈的負相關性，你可以看到，緯度與房價中位數之間有輕微的負相關性（也就是越北邊的價格越低）。最後，係數接近零代表沒有線性相關性。

Pandas 的 scatter_matrix() 函式也可以檢查屬性之間的相關性，它會畫出每一個數值屬性與每一個其他的數值屬性之間的關係。因為我們有 11 個數值屬性，所以會得到 $11^2 = 121$ 張圖，我們無法將它們全部放在一頁裡，所以只關注幾個最有可能與中位房價有相關性的屬性（圖 2-14）：

```
from pandas.plotting import scatter_matrix

attributes = ["median_house_value", "median_income", "total_rooms",
              "housing_median_age"]
scatter_matrix(housing[attributes], figsize=(12, 8))
plt.show()
```

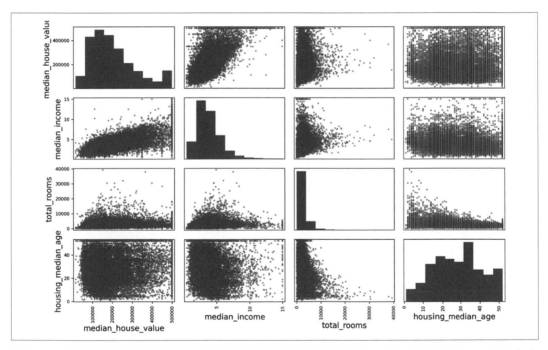

圖 2-14　這張散點矩陣畫出各個數值屬性與其他數值屬性之間的關係，並且在主對角線上（從左上角到右下角）畫出各個數值屬性值的直方圖

如果 Pandas 在主對角線上畫出每一個屬性與它自己的相關性，那麼那些圖都只會是一條直線，沒有任何幫助。所以，Pandas 改成畫出每個屬性的直方圖（也可以畫出其他圖表，詳情見 Pandas 文件）。

從相關性散點圖看來，最有可能用來預測中位房價的屬性是中位收入，所以我們放大它們的散點圖（圖 2-15）：

```
housing.plot(kind="scatter", x="median_income", y="median_house_value",
             alpha=0.1, grid=True)
plt.show()
```

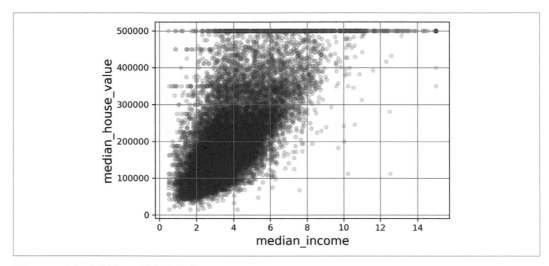

圖 2-15　收入中位數 vs. 房價中位數

這張圖揭露幾件事。首先，它們的相關性確實很強，你可以清楚地看到向上趨勢，而且資料點不太分散。其次，之前看過的價格上限可在圖中清楚地看出來，它是位於 $500,000 的橫線。但是這張圖也揭露較不明顯的其他直線：在 $450,000 附件有一條橫線，在 $350,000 附近有另一條，在 $280,000 附近也隱約有一條，在它下面還有幾條。你可以試著移除對應的地區，來防止演算法學到這些資料怪癖（quirk）並重現它們。

相關係數只能衡量線性相關性（「當 x 上升時，y 也隨之上升／下降」）。它可能會完全忽略非線性關係（例如「當 x 接近 0 時，y 通常隨之增加」）。圖 2-16 是各種資料組與它們的相關係數。最底下一列的圖的相關係數都等於 0，即使它們的兩軸顯然不是獨立的。它們都是非線性關係的例子。第二列是相關係數等於 1 和 −1 的案例，注意，這與斜率無關。打個比方，你的英寸身高與英尺身高或奈米身高的相關係數是 1。

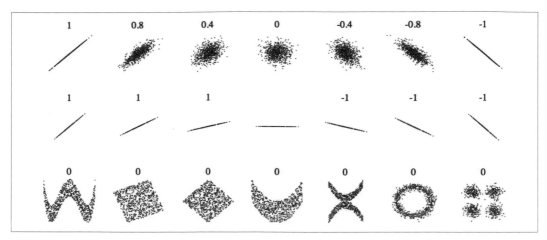

圖 2-16　各種資料組的標準相關係數（來自維基百科，公有領域圖像）

用屬性組合來進行實驗

希望之前的小節可以讓你知道如何探索資料並獲取見解。你發現了一些資料怪癖，可能要先清理它們，才能將資料傳入機器學習演算法，你也發現屬性之間有一些有趣的相關性，尤其是與目標屬性有關的相關性。你也注意到，有一些屬性呈現右偏分布，所以你可能要對它們進行轉換（例如，計算它們的對數或平方根）。當然，你的做法可能因專案而異，但整體的概念很相似。

在準備資料以供機器學習演算法使用之前，最後一項工作是嘗試各種不同的屬性組合。例如，如果你不知道一個地區有多少個家庭，該地區的房間總數就不太有用。你真正需要的是每個家庭的平均房間數量。同樣地，臥室總數本身不太有用，你需要的可能是拿它與房間總數進行比較。且每個家庭的人口數似乎是一個值得關注的有趣屬性。我們建立下面的新屬性：

```
housing["rooms_per_house"] = housing["total_rooms"] / housing["households"]
housing["bedrooms_ratio"] = housing["total_bedrooms"] / housing["total_rooms"]
housing["people_per_house"] = housing["population"] / housing["households"]
```

然後再次檢查相關矩陣：

```
>>> corr_matrix = housing.corr()
>>> corr_matrix["median_house_value"].sort_values(ascending=False)
median_house_value    1.000000
median_income         0.688380
rooms_per_house       0.143663
total_rooms           0.137455
```

```
housing_median_age      0.102175
households              0.071426
total_bedrooms          0.054635
population             -0.020153
people_per_house       -0.038224
longitude              -0.050859
latitude               -0.139584
bedrooms_ratio         -0.256397
Name: median_house_value, dtype: float64
```

還不錯！新屬性 bedrooms_ratio 與中位房價之間的相關性比總房間數或總臥室數要大很多。顯然臥室／房間的比率較低的房價往往比較貴。每一個家庭的房間數也比一個地區的總房間數有用，顯然房子越大，它們就越貴。

這輪探索不需要十分徹底，重點是從正確的起點開始，迅速地獲得見解，這將有助於獲得第一個相當不錯的雛型。但這是一個反覆迭代的程序：當你做好雛型並讓它開始運行之後，你可以分析它的輸出，來獲得更多見解，然後回到這一個探索步驟。

準備資料供機器學習演算法使用

接下來要準備資料供機器學習演算法使用。你應該寫一些函式來做這件事，而不是手動進行，原因如下：

- 函式可以用來對任何資料組重新執行這些轉換（例如，在下一次得到最新的資料組時）。
- 你可以逐步建立一個轉換函式程式庫，在未來的專案中重複使用。
- 你可以在即時系統中使用這些函數，在新資料被傳入你的演算法之前，先轉換它們。
- 函式可讓你輕鬆地嘗試各種不同的轉換，看看哪些轉換組合有最好的效果。

但首先，我們要先恢復成乾淨的訓練組（藉著再次複製 strat_train_set）。你也應該將預測變數和標籤分開，因為你不一定會對預測變數和目標值執行相同的轉換（請注意，drop() 方法會建立資料的副本，不會影響 strat_train_set）：

```
housing = strat_train_set.drop("median_house_value", axis=1)
housing_labels = strat_train_set["median_house_value"].copy()
```

清理資料

多數的機器學習演算法無法處理缺漏的特徵，所以我們要來處理它。例如，我們看過 total_bedrooms 屬性有一些缺漏值，你可以用三種方法來修正它：

1. 捨棄相應的地區。

2. 捨棄整個屬性。

3. 將缺漏值設成某個值（零、均值、中位數⋯等）。這個做法稱為**填補**（*imputation*）。

你可以使用 Pandas DataFrame 的 dropna()、drop() 和 fillna() 方法來輕鬆地完成這些工作。

```
housing.dropna(subset=["total_bedrooms"], inplace=True)  # 做法 1

housing.drop("total_bedrooms", axis=1)  # 做法 2

median = housing["total_bedrooms"].median()  # 做法 3
housing["total_bedrooms"].fillna(median, inplace=True)
```

你可以選擇做法 3，因為它是最沒有破壞性的一種，但我們將使用一種方便的 Scikit-Learn 類別，而不是上面的程式：SimpleImputer。使用它的好處是它會保存每個特徵的中位數值，所以你不僅可以為訓練組填補缺漏值，也可以為驗證組、測試組，以及傳給模型的任何新資料進行填補。要使用它，首先要建立一個 SimpleImputer 實例，指定你要將各個屬性的缺漏值設成它的中位數：

```
from sklearn.impute import SimpleImputer

imputer = SimpleImputer(strategy="median")
```

因為只有數值屬性可以算出中位數，所以只需要建立數值屬性的資料複本（這會排除文字屬性 ocean_proximity）：

```
housing_num = housing.select_dtypes(include=[np.number])
```

接下來使用 fit() 方法，來將 imputer 實例放入訓練資料：

```
imputer.fit(housing_num)
```

imputer 只會計算各個屬性的中位數，並將結果存在它的 statistics_ 實例變數裡。只有 total_bedrooms 屬性有缺漏值，但你無法保證在系統上線後收到的新資料裡沒有任何缺漏值，所以將 imputer 套用到所有數值屬性比較安全：

```
>>> imputer.statistics_
array([-118.51 , 34.26 , 29. , 2125. , 434. , 1167. , 408. , 3.5385])
>>> housing_num.median().values
array([-118.51 , 34.26 , 29. , 2125. , 434. , 1167. , 408. , 3.5385])
```

現在可以使用這個「訓練過的」imputer，將缺漏值轉換成學到的中位數，來轉換訓練組：

```
X = imputer.transform(housing_num)
```

缺漏值也可以改成平均值（strategy="mean"），或最常見的值（strategy="most_frequent"），或一個常數值（strategy="constant", fill_value=...）。後兩個策略支援非數值資料。

 此外，在 sklearn.impute 程式包裡還有兩種更強大的填補工具（都只能處理數值特徵）：

- KNNImputer 可將每個缺漏值換成那個特徵的 k 個最近鄰點的平均值。其距離是基於所有可用的特徵。

- IterativeImputer 可為每個特徵訓練一個回歸模型，以根據所有其他可用的特徵來預測缺漏值。然後，它會再次用更新後的資料來訓練模型，並重複這個程序多次，以改善模型，並且在每次迭代時替換值。

Scikit-Learn 的設計

Scikit-Learn 的 API 設計得非常好，以下是它的主要設計原則（*https://homl. info/11*）[9]：

一致

所有物件都有一致且簡單的介面：

估計器（*estimator*）

能夠根據資料組來估計一些參數的物件都是**估計器**（例如，SimpleImputer 就是一種估計器）。估計器本身是用 fit() 方法來執行的，它接收一個資料組參數，或者，對監督學習演算法而言，它接收兩個參數，另一個是包含標籤的第二個資料組。用來指引估計程序的其他參數都稱為**超參數**（例如 SimpleImputer 的 strategy），必須以實例變數來設定（通常透過建構式參數）。

---

9 若要更詳細瞭解設計原則，可參考 Lars Buitinck 等人的 "API Design for Machine Learning Software: Experiences from the Scikit-Learn Project", arXiv preprint arXiv:1309.0238 (2013)。

轉換器（*transformer*）

有一些估計器（例如 `SimpleImputer`）也可以轉換資料組，它們稱為**轉換器**。它的 API 同樣很簡單，你要使用 `transform()` 方法，並傳入想要轉換的資料組來進行轉換。它會回傳轉換過的資料組。轉換通常使用學到的參數，就像 `SimpleImputer` 那樣。所有轉換器也有一個方便的方法，`fit_transform()`，它相當於先呼叫 `fit()` 再呼叫 `transform()`（但有時 `fit_transform()` 經過優化，且執行速度快很多）。

預測器（*predictor*）

最後，有一些估計器可以接收資料組並進行預測，它們稱為**預測器**。例如，上一章的 `LinearRegression` 模型就是一種預測器，它收到一個國家的人均 GDP 之後，就可以預測生活滿意度。預測器有個 `predict()` 方法，可接收新實例的資料組，並回傳一個相應的預測資料組。它也有一個 `score()` 方法可接收測試組（以及對應的標籤，如果是監督學習演算法的話）並評估預測的品質 [10]。

可檢查

估計器的所有超參數都可以使用公用的實例變數來讀取（例如 `imputer.strategy`），估計器學到的參數也都可以用公用的實例變數加上尾綴的底線來讀取（例如 `imputer.statistics_`）。

類別不擴散

資料組以 NumPy 陣列或 SciPy 稀疏矩陣的形式來表示，而不是自製的類別。超參數只是一般的 Python 字串或數字。

組合

盡量重複使用既有的元件。例如，你可以輕鬆地使用一系列的轉換器、以及一個最終的估計器來建立一個 Pipeline 估計器，等一下會展示。

合理的預設值

Scikit-Learn 的參數幾乎都使用合理的預設值，可讓你輕鬆且快速地建立可運作的基本系統。

---

10 有些預測器也提供一些方法來衡量預測結果的信心度。

Scikit-Learn 轉換器輸出 NumPy 陣列（有時是 SciPy 稀疏矩陣），即使它們收到 Pandas DataFrame [11]。所以，imputer.transform(housing_num) 的輸出是一個 NumPy 陣列（array）：X 既沒有欄名，也沒有索引。幸好，把 X 放在 DataFrame 裡面，並從 housing_num 恢復欄名和索引並不難：

```
housing_tr = pd.DataFrame(X, columns=housing_num.columns,
                          index=housing_num.index)
```

處理文件與分類屬性

到目前為止，我們只處理了數值屬性，你的資料可能也有文字屬性。這個資料組只有一個文字屬性：ocean_proximity。我們來看一下它在前幾個實例裡面的值：

```
>>> housing_cat = housing[["ocean_proximity"]]
>>> housing_cat.head(8)
      ocean_proximity
13096        NEAR BAY
14973       <1H OCEAN
3785           INLAND
14689          INLAND
20507      NEAR OCEAN
1286           INLAND
18078       <1H OCEAN
4396         NEAR BAY
```

這個屬性的值不是隨意輸入的文字，它可能出現的值很有限，每一個值都代表一個種類，所以它是分類屬性。多數的機器學習演算法都比較擅長處理數字，所以我們要將這些類別從文字轉換成數字，對此，我們使用 Scikit-Learn 的 OrdinalEncoder 類別：

```
from sklearn.preprocessing import OrdinalEncoder

ordinal_encoder = OrdinalEncoder()
housing_cat_encoded = ordinal_encoder.fit_transform(housing_cat)
```

編碼後的前幾個 housing_cat_encoded 值長這樣：

```
>>> housing_cat_encoded[:8]
array([[3.],
       [0.],
       [1.],
       [1.],
       [4.],
```

11　當你讀到這裡時，也許轉換器都可以在接收 DataFrame 之後輸出 Pandas DataFrame 了，也就是丟入 Pandas，生出 Pandas。或許也會有一個全域的組態選項，可用來設定這項功能，它可能是：sklearn.set_config(pandas_in_out=True)。

```
       [1.],
       [0.],
       [3.]])
```

你可以使用 `categories_` 實例變數來取得類別清單。它是一個串列，裡面有一個 1D 陣列，在陣列裡有各個分類屬性的類別（因為這個例子只有一個分類屬性，所以在串列裡面只有一個陣列）：

```
>>> ordinal_encoder.categories_
[array(['<1H OCEAN', 'INLAND', 'ISLAND', 'NEAR BAY', 'NEAR OCEAN'],
       dtype=object)]
```

這種表示法的問題在於，ML 演算法認為兩個相近的值比兩個相距很遠的值更相似，有時這不成問題（舉例來說，對有序的分類而言，例如「bad」、「average」、「good」與「excellent」），但 `ocean_proximity` 顯然不是如此（例如，類別 0 與 4 比類別 0 與 1 相似多了）。修正這個問題的做法通常是為每一個類別建立一個二元屬性：當類別是 `"<1H OCEAN"` 時，將一個屬性設為 1（否則 0），當類別是 `"INLAND"` 時，將另一個屬性設為 1（否則 0），以此類推。這種做法稱為*獨熱編碼*（*one-hot encoding*），因為只有一個屬性將等於 1（熱），其他的都等於 0（冷）。這些新屬性有時稱為*虛擬*（*dummy*）屬性。Scikit-Learn 有一個 `OneHotEncoder` 類別可將類別值轉換成獨熱向量：

```
from sklearn.preprocessing import OneHotEncoder

cat_encoder = OneHotEncoder()
housing_cat_1hot = cat_encoder.fit_transform(housing_cat)
```

在預設情況下，`OneHotEncoder` 的輸出是一個 SciPy *稀疏矩陣*，而不是 NumPy 陣列。

```
>>> housing_cat_1hot
<16512x5 sparse matrix of type '<class 'numpy.float64'>'
 with 16512 stored elements in Compressed Sparse Row format>
```

稀疏矩陣是非常高效的矩陣表示法，其內容大多為零。事實上，它只在內部儲存非零值及其位置。當分類屬性有幾百或幾千個類別時，它的獨熱編碼是一個非常大的矩陣，在這種矩陣裡面，除了每列有一個 1 之外，其餘的元素都是 0。在這種情況下，你就需要使用稀疏矩陣了，它可以節省大量的記憶體，並提升計算速度。你可以像使用一般的 2D 陣列[12]一樣使用稀疏矩陣，但如果你真的想要把它轉換成（密集）NumPy 陣列，可呼叫 `toarray()` 方法：

```
>>> housing_cat_1hot.toarray()
array([[0., 0., 0., 1., 0.],
```

12　詳情見 SciPy 的文件。

```
        [1., 0., 0., 0., 0.],
        [0., 1., 0., 0., 0.],
        ...,
        [0., 0., 0., 0., 1.],
        [1., 0., 0., 0., 0.],
        [0., 0., 0., 0., 1.]])
```

你也可以在建立 OneHotEncoder 時設定 sparse=False，此時，transform() 方法會直接回傳一個常規的（密集的）NumPy 陣列。

如同 OrdinalEncoder，你可以使用編碼器的 categories_ 實例變數來取得類別串列：

```
>>> cat_encoder.categories_
[array(['<1H OCEAN', 'INLAND', 'ISLAND', 'NEAR BAY', 'NEAR OCEAN'],
        dtype=object)]
```

Pandas 有一個稱為 get_dummies() 的函式，它也可以將每個類別特徵轉換成獨熱表示法，讓每一個類別有一個二元特徵：

```
>>> df_test = pd.DataFrame({"ocean_proximity": ["INLAND", "NEAR BAY"]})
>>> pd.get_dummies(df_test)
   ocean_proximity_INLAND  ocean_proximity_NEAR BAY
0                       1                         0
1                       0                         1
```

既然它看起來很不錯，也很簡單，何不乾脆用它來取代 OneHotEncoder？原因是，OneHotEncoder 可以記得它是用哪些分類來訓練的，這一點非常重要，一旦你的模型投入生產，它就應該接收與訓練時完全相同的特徵，不能增加，也不能減少。看看使用 cat_encoder 來對相同的 df_test 進行轉換的結果（使用 transform() 而非 fit_transform()）：

```
>>> cat_encoder.transform(df_test)
array([[0., 1., 0., 0., 0.],
       [0., 0., 0., 1., 0.]])
```

有看到差異嗎？get_dummies() 只看到兩個類別，所以輸出兩個欄位，而 OneHotEncoder 按照正確的順序，為每個學習到的類別輸出一個欄位。此外，如果你將一個包含未知類別（例如 "<2H OCEAN"）的 DataFrame 傳給 get_dummies()，它將為該類別產生一個欄位：

```
>>> df_test_unknown = pd.DataFrame({"ocean_proximity": ["<2H OCEAN", "ISLAND"]})
>>> pd.get_dummies(df_test_unknown)
   ocean_proximity_<2H OCEAN  ocean_proximity_ISLAND
0                          1                       0
1                          0                       1
```

但是 OneHotEncoder 更聰明，它會檢測未知的類別，並發出例外。想要的話，你可以將 handle_unknown 超參數設為 "ignore"，此時，它只用零來表示未知類別：

```
>>> cat_encoder.handle_unknown = "ignore"
>>> cat_encoder.transform(df_test_unknown)
array([[0., 0., 0., 0., 0.],
       [0., 0., 1., 0., 0.]])
```

 如果分類屬性可能有大量的類別（例如國家代碼、職業、種族），那麼獨熱編碼將產生大量輸入特徵，可能減緩訓練速度，降低效能。發生這種情況時，你可以將分類轉換成相關的數值特徵，例如，你可以將 ocean_proximity 特徵轉換成距離海洋多遠（同理，你可以將國家代碼換成國家的人口數和人均 GDP）。你也可以使用 GitHub 上的 category_encoders 程式包所提供的編碼器之一（*https://github.com/scikit-learn-contrib/category_encoders*）。或者，在處理神經網路時，你可以將每個分類換成一個可學習的、低維數的向量，這種向量稱為 *embedding*。這是表徵學習（*representation learning*）的一種案例（詳情見第 13 章與第 17 章）。

當你使用 DataFrame 來擬合任何 Scikit-Learn 估計器時，估計器會將欄名存入 feature_names_in_ 屬性。然後，Scikit-Learn 會確保被傳給這個估計器的任何 DataFrame（例入傳給 transform() 或 predict()）都有相同的欄名。轉換器也有一個 get_feature_names_out() 方法，你可以用它來建立一個包含轉換器的輸出的 DataFrame：

```
>>> cat_encoder.feature_names_in_
array(['ocean_proximity'], dtype=object)
>>> cat_encoder.get_feature_names_out()
array(['ocean_proximity_<1H OCEAN', 'ocean_proximity_INLAND',
       'ocean_proximity_ISLAND', 'ocean_proximity_NEAR BAY',
       'ocean_proximity_NEAR OCEAN'], dtype=object)
>>> df_output = pd.DataFrame(cat_encoder.transform(df_test_unknown),
...                          columns=cat_encoder.get_feature_names_out(),
...                          index=df_test_unknown.index)
...
```

特徵尺度調整與轉換

特徵尺度調整（*feature scaling*）是最重要的資料轉換工作之一。除了少數的例外之外，當輸入的數值屬性的尺度有極大的差異時，機器學習演算法通常不會有好的表現。房地產資料就是這樣，它的總房間數的範圍大約是 6 到 39,320，而收入中位數只是 0 到 15。如果沒有做任何尺度調整，大多數的模型都傾向忽略中位收入，並焦點放在房間數量上。

我們可以用兩種常見的方式讓所有屬性都有相同的尺度：*min-max* 尺度調整和標準化（*standardization*）。

與所有估計器一樣，你只能將尺度調整器（scaler）擬合至訓練資料，絕對不能將 fit() 與 fit_transform() 用在訓練組之外的任何資料上。訓練好尺度調整器之後，你就可以用它來 transform()（轉換）任何其他資料組了，包括驗證組、測試組與新資料。注意，雖然訓練組的值一定會被調整到指定的範圍內，但如果新資料中有離群值，那些值可能會在調整後超出範圍。如果你想避免這種事情，只要將超參數 clip 設為 True 即可。

min-max 尺度調整（很多人稱之為**正規化**（*normalization*））是最簡單的做法，它對每一個屬性的值進行平移和尺度調整，讓值的範圍介於 0 和 1 之間。它的具體做法是減去最小值，再除以最小值和最大值之差。Scikit-Learn 提供一個稱為 MinMaxScaler 的轉換器來執行這項工作。它有一個 feature_range 超參數，可讓你改變範圍，如果你因為某個原因不想讓範圍是 0–1 的話（例如，神經網路在輸入的平均值為零時的表現最佳，所以最佳範圍是 –1 至 1）。它很容易使用：

```
from sklearn.preprocessing import MinMaxScaler

min_max_scaler = MinMaxScaler(feature_range=(-1, 1))
housing_num_min_max_scaled = min_max_scaler.fit_transform(housing_num)
```

標準化的具體做法不同，它先減去平均值（所以經過標準化之後的值的平均值是零），再除以標準差（所以經過標準化之後的值的標準差是 1）。與 min-max 尺度調整不同的是，標準化不將值限制在特定範圍內。但是，標準化比較不受離群值影響。例如，假如有一個地區的中位收入等於 100（因為出錯了），而不是一般的 0–15，使用 min-max 尺度調整來將範圍轉換成 0–1，會將那個離群值轉換成 1，並將所有其他值壓至 0–0.15 的範圍內，但標準化不會被它影響太多。Scikit-Learn 有 StandardScaler 轉換器可用來進行標準化：

```
from sklearn.preprocessing import StandardScaler

std_scaler = StandardScaler()
housing_num_std_scaled = std_scaler.fit_transform(housing_num)
```

如果你想要對稀疏矩陣進行尺度調整，且不想要先將它轉換成緊密矩陣，你可以使用 StandardScaler 並將它的超參數 with_mean 設為 False，它只會將資料除以標準差，而不會減去平均值（因為這會破壞稀疏性）。

如果特徵成**重尾**分布（也就是離平均值較遠的值沒有成指數級減少），那麼 min-max 尺度調整與標準化都會將大多數值擠到一個小範圍內。你將在第 4 章看到，機器學習模型通常不喜歡這種情況。所以在調整特徵尺度**之前**，你應該先轉換它，以縮短重尾，並且盡量讓分布大致對稱。例如，對於具有右重尾的正數特徵而言，常見的做法是將特徵換成它的平方根（或換成它的 0 至 1 之間的次方）。如果特徵有既長又重的尾部，例如**冪律分布**（*power law distribution*），將特徵換成它的對數可能有幫助。例如，人口特徵大致成冪律分布：具有 10,000 位居民的地區的出現頻率，只比具有 1,000 位居民的地區的出現頻率少10 倍，而不是成指數級減少。如圖 2-17 所示，當你計算該特徵的對數時，它的分布看起來好多了，非常接近高斯分布（即鐘形曲線）。

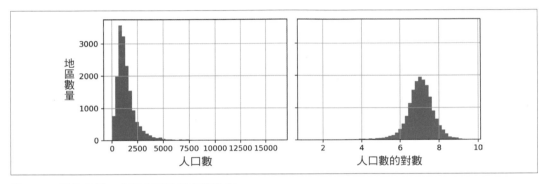

圖 2-17　轉換特徵，來讓它更接近高斯分布

另一種處理重尾特徵的方法是對特徵進行**分桶**（*bucketizing*）。分桶的意思是把特徵的分布切成大小相仿的桶（bucket），並將每個特徵值換成它所屬的桶的索引，就像我們建立 `income_cat` 特徵時所做的那樣（儘管我們只用它進行分層抽樣）。例如，你可以將每個值換成它的百分位數。將特徵分成一樣大的桶可產生幾乎成均勻分布的特徵，所以不需要做進一步的尺度調整，或者，你可以直接除以桶數，來讓值的範圍是 0–1。

當特徵成多峰分布（具有兩個或多個明顯的峰值，稱為**模式**（*mode*））時，例如 `housing_median_age` 特徵，對其進行分桶可能也有幫助，但這次是將桶的 ID 當成類別，而不是數值。這意味著，你必須對桶的索引進行編碼，例如使用 `OneHotEncoder`（因此桶數通常不應該太多）。這種方法可使回歸模型更容易學習特徵值的不同範圍的不同規則。例如，也許建於 35 年前左右的房屋具有獨特的風格，但那種風格已經退流行了，因此它們的價格比僅僅以屋齡預測出來的價格還要便宜。

轉換多峰分布的另一種方法是為每一個模式（至少是主要模式）添加一個特徵，用來表示中位屋齡與該特定模式之間的相似度。相似性通常使用徑向基函數（*radial basis function*，RBF）來計算，RBF 是僅與「輸入值和一個固定點之間的距離」有關的任何函數。最常用的 RBF 是高斯 RBF，其輸出值隨著輸入值與固定點之間的距離擴大而成指數級衰減。例如，屋齡 x 與 35 之間的高斯 RBF 相似度算式是 $\exp(-\gamma(x-35)^2)$。超參數 γ（gamma）控制相似度隨著 x 遠離 35 而衰減的速度。使用 Scikit-Learn 的 rbf_kernel() 函式可以建立一個新的高斯 RBF 特徵，可衡量中位屋齡與 35 之間的相似度：

```
from sklearn.metrics.pairwise import rbf_kernel

age_simil_35 = rbf_kernel(housing[["housing_median_age"]], [[35]], gamma=0.1)
```

圖 2-18 展示這個特徵，它是中位房價的函數（實線）。此圖也展示使用較小的 gamma 值時，這個特徵會變怎樣。如圖所示，新的屋齡相似度特徵的峰值在 35，正好位於中位屋齡分布的峰值附近：如果特定屋齡群體與較低的房價有密切的相關性，那麼這個新特徵很可能有所幫助。

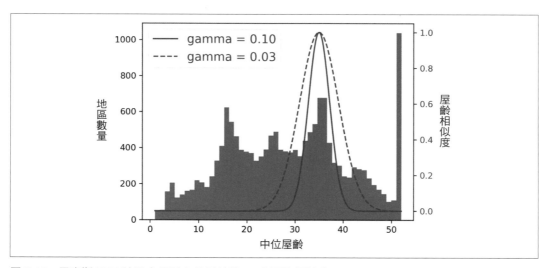

圖 2-18　用高斯 RBF 特徵來衡量中位屋齡與 35 之間的相似度

到目前為止，我們只關注了輸入特徵，但目標值也可能需要進行轉換。例如，如果目標分布具有重尾，你可以將目標值換成其對數。但是，如果你這樣做，回歸模型將預測中位房價的對數，而不是中位房價本身。如果你想要預測中位房價，你還要計算模型的預測值的指數。

幸運的是，大多數的 Scikit-Learn 的轉換器都有 inverse_transform() 方法，可以讓你輕鬆地計算逆轉換。例如，下面的範例程式展示如何使用 StandardScaler 來對標籤進行尺度調整（就像我們對輸入特徵所做的那樣），然後用調整後的標籤來訓練一個簡單的線性回歸模型，並使用它來對一些新資料進行預測，然後使用訓練後的尺度調整器（scaler）的 inverse_transform() 方法來將預測的結果轉換回原始尺度。請注意，我們將標籤從 Pandas 的 Series 轉換為 DataFrame，因為 StandardScaler 預期接收 2D 輸入。此外，在此範例中，為了簡單起見，我們只用單一原始輸入特徵（中位收入）來訓練模型：

```
from sklearn.linear_model import LinearRegression

target_scaler = StandardScaler()
scaled_labels = target_scaler.fit_transform(housing_labels.to_frame())

model = LinearRegression()
model.fit(housing[["median_income"]], scaled_labels)
some_new_data = housing[["median_income"]].iloc[:5]  # 假裝這是新資料

scaled_predictions = model.predict(some_new_data)
predictions = target_scaler.inverse_transform(scaled_predictions)
```

雖然這段程式可正確運作，但使用 TransformedTargetRegressor 更簡單。我們只需要建構它，再將回歸模型和標籤轉換器傳給它，然後讓它擬合訓練組，使用未調整尺度的原始標籤。它會自動使用轉換器來對標籤進行尺度調整，然後用調整尺度後的標籤來訓練回歸模型，就像我們之前所做的一樣。當我們想要進行預測時，它將呼叫回歸模型的 predict() 方法，並使用 scaler 的 inverse_transform() 方法來生成預測結果：

```
from sklearn.compose import TransformedTargetRegressor

model = TransformedTargetRegressor(LinearRegression(),
                                   transformer=StandardScaler())
model.fit(housing[["median_income"]], housing_labels)
predictions = model.predict(some_new_data)
```

自訂轉換器

雖然 Scikit-Learn 提供許多實用的轉換器，但你可能需要為自己的任務編寫一些工具，例如自訂轉換器、清理作業，或是結合特定的屬性。

對於不需要做任何訓練的轉換，你可以直接編寫一個函式來接收 NumPy 陣列作為輸入，並輸出轉換後的陣列。例如，就像上一節所討論的，我們可以將重尾分布的特徵換成它們的對數來轉換它們（假設特徵是正數，且尾部在右邊）。我們來建立一個對數轉換器，並將它應用在 population 特徵上：

```
from sklearn.preprocessing import FunctionTransformer

log_transformer = FunctionTransformer(np.log, inverse_func=np.exp)
log_pop = log_transformer.transform(housing[["population"]])
```

inverse_func 引數是選用的，它可以用來指定一個逆轉換函數，例如，當你想在 TransformedTargetRegressor 裡使用你的轉換器時。

你的轉換函式可以用額外的引數來接收超參數。例如，下面的程式建立一個轉換器，來計算與之前相同的高斯 RBF 相似度指標：

```
rbf_transformer = FunctionTransformer(rbf_kernel,
                                      kw_args=dict(Y=[[35.]], gamma=0.1))
age_simil_35 = rbf_transformer.transform(housing[["housing_median_age"]])
```

注意，RBF kernel 沒有逆函數，因為在固定點的特定距離上一定有兩個值（除非距離是 0）。同樣注意，rbf_kernel() 不會分別處理特徵。如果你傳入一個包含兩個特徵的陣列，它將使用 2D 距離（歐幾里得距離）來衡量相似度。例如，下面是加入一個特徵來衡量每個地區與舊金山之間的地理相似度的例子：

```
sf_coords = 37.7749, -122.41
sf_transformer = FunctionTransformer(rbf_kernel,
                                     kw_args=dict(Y=[sf_coords], gamma=0.1))
sf_simil = sf_transformer.transform(housing[["latitude", "longitude"]])
```

自訂轉換器也可以幫助組合特徵，例如，這個 FunctionTransformer 可以計算輸入特徵 0 和 1 之間的比率：

```
>>> ratio_transformer = FunctionTransformer(lambda X: X[:, [0]] / X[:, [1]])
>>> ratio_transformer.transform(np.array([[1., 2.], [3., 4.]]))
array([[0.5 ],
       [0.75]])
```

FunctionTransformer 非常方便，但如果你想讓轉換器是可訓練的，想在 fit() 方法中學習一些參數，然後在 transform() 方法中使用這些參數，該怎麼做？為此，你要撰寫自訂類別。Scikit-Learn 使用鴨定型（duck typing），所以這個類別不需要繼承任何特定的基礎類別，只需要具備三個方法：fit()（必須回傳 self）、transform() 和 fit_transform()。

你只要加入 TransformerMixin 作為基礎類別就可以免費獲得 fit_transform() 了，它的預設實作只會呼叫 fit()，然後呼叫 transform()。如果你加入 BaseEstimator 作為基礎類別（而且不在建構式裡使用 *args 與 **kwargs），你可以獲得兩個額外的方法：get_params() 與 set_params()。它們有助於進行自動超參數調整。

例如，下面這個自訂的轉換器的行為很像 StandardScaler：

```python
from sklearn.base import BaseEstimator, TransformerMixin
from sklearn.utils.validation import check_array, check_is_fitted

class StandardScalerClone(BaseEstimator, TransformerMixin):
    def __init__(self, with_mean=True):  # 沒有 *args 或 **kwargs！
        self.with_mean = with_mean

    def fit(self, X, y=None):  # y 是必須的，即使不使用它
        X = check_array(X)  # 確認 X 是一個包含有限浮點值的陣列
        self.mean_ = X.mean(axis=0)
        self.scale_ = X.std(axis=0)
        self.n_features_in_ = X.shape[1]  # 每一個估計器都在 fit() 裡儲存它
        return self  # 一定要回傳 self！

    def transform(self, X):
        check_is_fitted(self)  # 檢查學到的屬性（有尾綴的 _）
        X = check_array(X)
        assert self.n_features_in_ == X.shape[1]
        if self.with_mean:
            X = X - self.mean_
        return X / self.scale_
```

這段程式有幾件注意事項：

- `sklearn.utils.validation` 程式包有一些可以用來驗證輸入的函數。為了簡潔起見，本書的其餘部分將跳過這些驗證，但在實際的程式中，它們是必要的。

- Scikit-Learn 的 pipeline 要求 fit() 方法具有 X 和 y 兩個參數，這就是為什麼即使我們不使用 y，仍需要使用 y=None 引數。

- 所有的 Scikit-Learn 估計器都在 fit() 方法中設置 n_features_in_，並且確保被傳給 transform() 或 predict() 的資料具有這個數量的特徵。

- fit() 方法必須回傳 self。

- 這段程式並不完整：當估計器收到 DataFrame 時，它們都要在 fit() 方法中設置 feature_names_in_。此外，所有轉換器都應該提供 get_feature_names_out() 方法，當它們的轉換有逆轉換時，也應該提供 inverse_transform() 方法。詳情見本章結尾的最後一個練習。

自訂轉換器可以（且通常會）在它的實作中使用其他的估計器。例如，下面的程式碼展示一個自訂的轉換器，它在其 fit() 方法中使用 KMeans 聚類器來辨識訓練資料中的主要群聚，然後在 transform() 方法中使用 rbf_kernel() 來衡量每一個樣本與每一個群聚中心的相似度：

```python
from sklearn.cluster import KMeans

class ClusterSimilarity(BaseEstimator, TransformerMixin):
    def __init__(self, n_clusters=10, gamma=1.0, random_state=None):
        self.n_clusters = n_clusters
        self.gamma = gamma
        self.random_state = random_state

    def fit(self, X, y=None, sample_weight=None):
        self.kmeans_ = KMeans(self.n_clusters, random_state=self.random_state)
        self.kmeans_.fit(X, sample_weight=sample_weight)
        return self  # 一定要回傳 self！

    def transform(self, X):
        return rbf_kernel(X, self.kmeans_.cluster_centers_, gamma=self.gamma)

    def get_feature_names_out(self, names=None):
        return [f"Cluster {i} similarity" for i in range(self.n_clusters)]
```

 你可以將自訂的估計器實例傳給 sklearn.utils.estimator_checks 程式包的 check_estimator() 方法，來檢查你的自訂估計器是否符合 Scikit-Learn 的 API。要瞭解完整的 API，請參考 *https://scikit-learn.org/stable/developers*。

你將在第 9 章中看到，*k*-means 是一種聚類演算法，可以用來找出資料裡的群聚。它搜尋的群聚數量是用 n_clusters 超參數來控制的。在完成訓練後，你可以用 cluster_centers_ 屬性來取得群聚的中心。KMeans 的 fit() 方法提供一個選用的 sample_weight 引數，該引數可讓使用者指定樣本的相對權重。*k*-means 是一種隨機演算法，這意味著它依賴隨機性來定位群聚，如果你想要得到可以復現的結果，你就要設定 random_state 參數。如你所見，儘管任務有其複雜性，但這段程式相當簡單。我們來使用這個自訂的轉換器：

```python
cluster_simil = ClusterSimilarity(n_clusters=10, gamma=1., random_state=42)
similarities = cluster_simil.fit_transform(housing[["latitude", "longitude"]],
                                           sample_weight=housing_labels)
```

這 段 程 式 建 立 一 個 ClusterSimilarity 轉 換 器，將 群 聚 的 數 量 設 為 10。 然 後 呼 叫
fit_transform() 方法，傳入訓練組中的每一個地區的緯度和經度，並將每一個地區的權
重設為中位房價。轉換器使用 *k*-means 演算法來定位群聚，然後測量每一個地區與所有的
10 個群聚中心之間的高斯 RBF 相似度。這段程式產生一個矩陣，每個地區有一列，每一
個群聚有一行。我們來看一下前三行，捨入至小數點後第二位：

```
>>> similarities[:3].round(2)
array([[0.  , 0.14, 0.  , 0.  , 0.  , 0.08, 0.  , 0.99, 0.  , 0.6 ],
       [0.63, 0.  , 0.99, 0.  , 0.  , 0.  , 0.04, 0.  , 0.11, 0.  ],
       [0.  , 0.29, 0.  , 0.  , 0.01, 0.44, 0.  , 0.7 , 0.  , 0.3 ]])
```

圖 2-19 是 *k*-means 找到的 10 個群聚中心。我們按照各個地區與離它最近的群聚中心的地
理相似性來為它們著色。如你所見，大多數群聚都位於人口密集且房價高昂的地區。

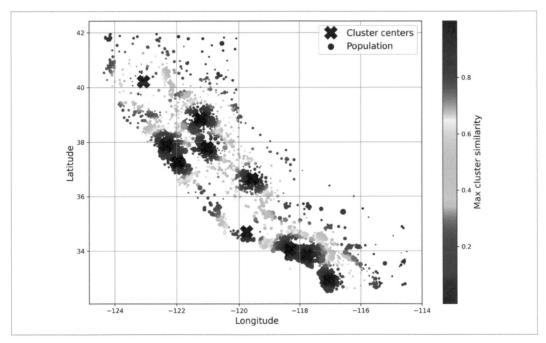

圖 2-19　與最近的群聚中心的高斯 RBF 相似度

轉換 pipeline

如你所見，許多資料轉換步驟都需要以正確的順序來執行。幸運的是，Scikit-Learn 有一
個 Pipeline 類別，可以用來輕鬆地執行這種循序轉換。下面是一個處理數值特徵的小型
pipeline，它先進行特徵填充，然後調整特徵的尺度：

```
from sklearn.pipeline import Pipeline

num_pipeline = Pipeline([
    ("impute", SimpleImputer(strategy="median")),
    ("standardize", StandardScaler()),
])
```

Pipeline 的建構式接收一個包含 2-tuple 的串列，其中的 2-tuple 包含名稱與估計器，該串列定義了一系列的步驟。你可以隨意命名，只要你的名稱是唯一的，而且不含雙底線 __ 即可。它們在接下來討論超參數調整時將派上用場。所有的估計器都必須是轉換器（即，它們必須具有 fit_transform() 方法），但最後一個估計器可以是任何類型：轉換器、預測器或其他類型的估計器。

 在 Jupyter notebook 中，如果你執行 import sklearn 並執行 sklearn.set_config(display="diagram")，則所有的 Scikit-Learn 估計器都會以互動式圖表來呈現。這個功能特別適合用來將 pipeline 視覺化。要將 num_pipeline 視覺化，只要執行一個最後一行是 num_pipeline 的儲存格即可。按下估計器會顯示更多詳情。

如果你不想為轉換器命名，你可以改用 make_pipeline() 函式，它以一個位置參數來接受轉換器，並使用轉換器的類別的名稱（小寫且不包含底線，例如 "simpleimputer"）來建立 Pipeline：

```
from sklearn.pipeline import make_pipeline

num_pipeline = make_pipeline(SimpleImputer(strategy="median"), StandardScaler())
```

如果有多個轉換器有相同的名稱，則在它們的名稱後面附加索引（例如 "foo-1"、"foo-2"…等）。

當你呼叫 pipeline 的 fit() 方法時，它會依序呼叫所有轉換器的 fit_transform() 方法，將每一次呼叫產生的輸出當成參數傳給下一個呼叫式，直到抵達最終的估計器為止，估計器會呼叫 fit() 方法。

pipeline 所公開的方法與最終的估計器是一樣的。這個範例的最後一個估計器是 StandardScaler，它是個轉換器，所以 pipeline 的行為也像個轉換器。如果你呼叫 pipeline 的 transform() 方法，它會按順序對資料套用所有的轉換。如果最終的估計器是預測器而不是轉換器，那麼 pipeline 將具有 predict() 方法而不是 transform() 方法。呼叫 predict() 方法將依序對資料執行所有的轉換，並將結果傳給預測器的 predict() 方法。

我們來呼叫 pipeline 的 `fit_transform()` 方法，並查看輸出的前兩列，捨入至小數點後第二位：

```
>>> housing_num_prepared = num_pipeline.fit_transform(housing_num)
>>> housing_num_prepared[:2].round(2)
array([[-1.42,  1.01,  1.86,  0.31,  1.37,  0.14,  1.39, -0.94],
       [ 0.6 , -0.7 ,  0.91, -0.31, -0.44, -0.69, -0.37,  1.17]]),
```

如前所述，如果你想要恢復一個漂亮的 DataFrame，你可以使用 pipeline 的 `get_feature_names_out()` 方法：

```
df_housing_num_prepared = pd.DataFrame(
    housing_num_prepared, columns=num_pipeline.get_feature_names_out(),
    index=housing_num.index)
```

pipelines 支援索引操作，例如，pipeline[1] 回傳 pipeline 的第二個估計器，而 pipeline[:-1] 回傳一個 Pipeline 物件，在裡面有除最後一個估計器以外的所有估計器。你也可以用 `steps` 屬性來取得估計器，該屬性是一個包含名稱 / 估計器的串列，或者，你可以透過 `named_steps` 字典屬性來取得，該字典將名稱對映到估計器。例如，`num_pipeline["simpleimputer"]` 回傳名為 "simpleimputer" 的估計器。

我們已經分別處理分類欄位與數值欄位了。如果有一個能夠處理所有欄位，並且對每一欄進行適當轉換的轉換器將更加方便。為此，你可以使用 ColumnTransformer。例如，下面的 ColumnTransformer 會將 num_pipeline（我們剛定義的那個）套用至數值屬性，並將 cat_pipeline 套用於分類屬性：

```
from sklearn.compose import ColumnTransformer

num_attribs = ["longitude", "latitude", "housing_median_age", "total_rooms",
               "total_bedrooms", "population", "households", "median_income"]
cat_attribs = ["ocean_proximity"]

cat_pipeline = make_pipeline(
    SimpleImputer(strategy="most_frequent"),
    OneHotEncoder(handle_unknown="ignore"))

preprocessing = ColumnTransformer([
    ("num", num_pipeline, num_attribs),
    ("cat", cat_pipeline, cat_attribs),
])
```

我們先匯入 ColumnTransformer 類別，然後定義一個包含數值和分類欄名的串列，並建構一個簡單的分類屬性 pipeline。最後，我們建構一個 ColumnTransformer。它的建構式需要一個包含 3-tuple 的串列，每一個 3-tuple 都包含一個名稱（必須是唯一的，而且不能有雙底線）、一個轉換器，以及一個指出該轉換器應套用至哪些欄位的欄名（或索引）串列。

如果你不想使用轉換器，你可以指定字串 "drop" 來刪除相應的欄位，或者指定 "passthrough" 來讓欄位維持原樣。在預設情況下，剩餘的欄位（即未被列出的欄位）會被刪除，但如果你想用不同的方式來處理那些欄位，可將 remainder 超參數設為任何轉換器（或 "passthrough"）。

因為列出所有的欄名不太方便，所以 Scikit-Learn 有個 make_column_selector() 函式可回傳一個選擇器函式，可以用來根據給定的類型（例如數值或分類）選出所有特徵。你可以將這個選擇器函數傳給 ColumnTransformer，而不是傳遞欄名或索引。此外，如果你不在乎轉換器的名稱，你可以使用 make_column_transformer()，它會幫你選擇名稱，就像 make_pipeline() 所做的那樣。例如，下面的程式建立與之前一樣的 ColumnTransformer，但轉換器被自動命名為 "pipeline-1" 與 "pipeline-2"，而不是 "num" 與 "cat"：

```
from sklearn.compose import make_column_selector, make_column_transformer

preprocessing = make_column_transformer(
    (num_pipeline, make_column_selector(dtype_include=np.number)),
    (cat_pipeline, make_column_selector(dtype_include=object)),
)
```

現在可以將這個 ColumnTransformer 套用至 housing 資料了：

```
housing_prepared = preprocessing.fit_transform(housing)
```

太好了！我們有了一個預先處理 pipeline，它接收整個訓練資料組，並將每個轉換器套用至適當的欄，然後將轉換後的欄水平地連接起來（轉換器絕不會改變列數）。它會回傳一個 NumPy 陣列，但你可以使用 preprocessing.get_feature_names_out() 來取得欄名，並像之前那樣，將資料放在 DataFrame 中。

OneHotEncoder 回傳稀疏矩陣，而 num_pipeline 回傳密集矩陣。在遇到這種混合了稀疏矩陣與密集矩陣的情況時，ColumnTransformer 會估計最終矩陣的密度（也就是非零資料格的比率），如果密度低於給定閾值（在預設情況下，sparse_threshold=0.3），它會回傳稀疏矩陣。在這個例子中，它回傳一個密集矩陣。

你的專案進行得非常順利，很快就可以訓練一些模型了！現在，你想要建立一個單一的 pipeline 來執行迄今為止所進行的所有轉換。我們來回顧一下這個 pipeline 將會做什麼，以及為何要做那些工作：

- 在數值特徵裡的缺漏值將被填入中位數，因為大多數的機器學習演算法都不接受缺失值。在類別特徵裡的缺漏值則被換成最常出現的類別。

- 類別特徵會被轉換成獨熱編碼，因為大多數的 ML 演算法只接受數值輸入。

- 它會計算並加入一些比例特徵：bedrooms_ratio、rooms_per_house 和 people_per_house。我們希望這些特徵與中位房價密切相關，從而幫助 ML 模型。

- 它也會加入一些群聚相似度特徵。對模型而言，這些特徵可能比緯度和經度更有用。

- 將長尾分布的特徵換成其對數，因為大多數模型都偏好大致上均勻或成高斯分布的特徵。

- 所有數值特徵都會被標準化，因為大多數 ML 演算法都喜歡所有特徵都具有大致相同的尺度。

現在你應該已經很熟悉如何建立執行以上所有操作的 pipeline 了：

```python
def column_ratio(X):
    return X[:, [0]] / X[:, [1]]

def ratio_name(function_transformer, feature_names_in):
    return ["ratio"]  # 輸出特徵名稱

def ratio_pipeline():
    return make_pipeline(
        SimpleImputer(strategy="median"),
        FunctionTransformer(column_ratio, feature_names_out=ratio_name),
        StandardScaler())

log_pipeline = make_pipeline(
    SimpleImputer(strategy="median"),
    FunctionTransformer(np.log, feature_names_out="one-to-one"),
    StandardScaler())
cluster_simil = ClusterSimilarity(n_clusters=10, gamma=1., random_state=42)
default_num_pipeline = make_pipeline(SimpleImputer(strategy="median"),
                                     StandardScaler())
preprocessing = ColumnTransformer([
        ("bedrooms", ratio_pipeline(), ["total_bedrooms", "total_rooms"]),
        ("rooms_per_house", ratio_pipeline(), ["total_rooms", "households"]),
        ("people_per_house", ratio_pipeline(), ["population", "households"]),
        ("log", log_pipeline, ["total_bedrooms", "total_rooms", "population",
```

```
                                  "households", "median_income"]),
            ("geo", cluster_simil, ["latitude", "longitude"]),
            ("cat", cat_pipeline, make_column_selector(dtype_include=object)),
        ],
        remainder=default_num_pipeline)  # 剩下一欄：housing_median_age
```

執行這個 ColumnTransformer 時，它會執行所有的轉換，並輸出一個包含 24 個特徵的
NumPy 陣列：

```
>>> housing_prepared = preprocessing.fit_transform(housing)
>>> housing_prepared.shape
(16512, 24)
>>> preprocessing.get_feature_names_out()
array(['bedrooms__ratio', 'rooms_per_house__ratio',
       'people_per_house__ratio', 'log__total_bedrooms',
       'log__total_rooms', 'log__population', 'log__households',
       'log__median_income', 'geo__Cluster 0 similarity', [...],
       'geo__Cluster 9 similarity', 'cat__ocean_proximity_<1H OCEAN',
       'cat__ocean_proximity_INLAND', 'cat__ocean_proximity_ISLAND',
       'cat__ocean_proximity_NEAR BAY', 'cat__ocean_proximity_NEAR OCEAN',
       'remainder__housing_median_age'], dtype=object)
```

選擇與訓練模型

我們終於把問題定義清楚，取得資料並探索它們，抽取了訓練組和測試組，並編寫了一個
預先處理 pipeline 來自動清理和準備資料，以供機器學習演算法使用。現在可以開始選擇
並訓練機器學習模型了。

用訓練組來進行訓練與評估

告訴你一個好消息，因為我們做了之前的所有步驟，所以接下來的工作很簡單。我們先訓
練一個非常基本的線性回歸模型：

```
from sklearn.linear_model import LinearRegression

lin_reg = make_pipeline(preprocessing, LinearRegression())
lin_reg.fit(housing, housing_labels)
```

現在有一個可執行的線性回歸模型了。我們用它來處理訓練組，檢查前五個預測結果，並
且拿它們與標籤進行比較：

```
>>> housing_predictions = lin_reg.predict(housing)
>>> housing_predictions[:5].round(-2)  # -2 = 捨入至最近的百位數
array([243700., 372400., 128800.,  94400., 328300.])
```

```
>>> housing_labels.iloc[:5].values
array([458300., 483800., 101700.,  96100., 361800.])
```

看起來可以執行，但還不夠完美：第一個預測的誤差很大（超過 $200,000！），而其他的
預測比較準確：其中兩個誤差約為 25%，另外兩個誤差則小於 10%。別忘了，我們使用
RMSE 來作為效能評估指標，所以我們使用 Scikit-Learn 的 mean_squared_error() 函式及整
個訓練組來計算該回歸模型的 RMSE，並將 squared 引數設為 False：

```
>>> from sklearn.metrics import mean_squared_error
>>> lin_rmse = mean_squared_error(housing_labels, housing_predictions,
...                               squared=False)
...
>>> lin_rmse
68687.89176589991
```

至少有一些成果了，但顯然分數不太理想：多數地區的 median_housing_values 都介於
$120,000 和 $265,000 之間，所以 $68,628 這個典型預測誤差不怎麼令人滿意。這是一個欠
擬訓練資料的模型，可能是因為特徵未能提供足夠的資訊來進行良好的預測，或是模型不
夠強。上一章談過，修正欠擬的主要方式是選擇更強的模型、將更好的特徵傳給訓練演算
法，或減少對於模型的約束。這個模型沒有被正則化，所以最後一個選項可以排除，我們
可以試著加入更多特徵，但首先，我們要試一下更複雜的模型，看看效果如何。

我們決定嘗試 DecisionTreeRegressor，因為這是一個相當強大的模型，能夠在資料中找到
複雜的非線性關係（第 6 章會詳細介紹 decision tree，決策樹）：

```
from sklearn.tree import DecisionTreeRegressor

tree_reg = make_pipeline(preprocessing, DecisionTreeRegressor(random_state=42))
tree_reg.fit(housing, housing_labels)
```

訓練好模型後，我們用訓練組來評估它：

```
>>> housing_predictions = tree_reg.predict(housing)
>>> tree_rmse = mean_squared_error(housing_labels, housing_predictions,
...                                squared=False)
...
>>> tree_rmse
0.0
```

等等，一點誤差都沒有？模型真的可以如此完美嗎？更有可能的情況是，這個模型嚴重過
擬了資料。如何確定？之前說過，直到即將推出你有信心的模型之前，我們不能接觸測試
組，所以你要用部分的訓練組來進行訓練，並且用它的一部分來驗證模型。

使用交叉驗證來做更好的評估

要評估決策樹模型，有一種方式是使用 train_test_split() 函式來將訓練組拆成一個較小的訓練組與一個驗證組，然後使用較小的訓練組來訓練模型，用驗證組來評估它們。這需要費一番工夫，但做起來不難，而且效果非常好。

Scikit-Learn 的 *k-fold* 交叉驗證功能是一種很棒的替代方案。下面的程式將訓練組隨機拆成 10 個不重疊的子集合，這些子集合稱為 *fold*（折疊），然後訓練與評估決策樹模型 10 次，每次都選擇不同的 fold 來評估，並且用其他的 9 個 fold 來訓練。它會產生一個陣列，裡面有 10 個評估分數：

```
from sklearn.model_selection import cross_val_score

tree_rmses = -cross_val_score(tree_reg, housing, housing_labels,
                              scoring="neg_root_mean_squared_error", cv=10)
```

 Scikit-Learn 的交叉驗證功能期望使用效用（utility）函數（值越大越好），而不是代價（cost）函數（值越小越好），因此評分函數實際上與 RMSE 相反，它是一個負值，所以你需要改變輸出的符號，以獲得 RMSE 分數。

我們來看看結果：

```
>>> pd.Series(tree_rmses).describe()
count        10.000000
mean      66868.027288
std        2060.966425
min       63649.536493
25%       65338.078316
50%       66801.953094
75%       68229.934454
max       70094.778246
dtype: float64
```

現在決策樹看起來不像之前那麼好。事實上，它的表現看起來幾乎與線性回歸模型一樣差！交叉驗證不僅可以用來估計模型的效能，也可以用來衡量估計的準確率（也就是它的標準差）。決策樹的 RMSE 大約是 66,868，標準差大約是 2,061。只使用一個驗證組的話，就不會有這些資訊。但是交叉驗證的代價是模型必須訓練多次，所以並非總是可行。

如果你為線性回歸模型計算相同的指標，你會發現平均 RMSE 是 69,858，標準差是 4,182。所以決策樹模型的表現看起來比線性模型稍微好一些，但由於嚴重過擬，所以差異很小。我們知道有過擬問題是因為訓練誤差很低（實際上為零），而驗證誤差很高。

我們來試一下最後一個模型：RandomForestRegressor。第 7 章將會介紹，隨機森林的做法是用隨機的特徵子集合來訓練許多決策樹，然後取它們的預測的平均值。由許多其他模型組成的模型稱為總體（ensemble）：它們能夠提升底層模型（在本例中為決策樹）的效能。程式幾乎與之前的一樣：

```
from sklearn.ensemble import RandomForestRegressor

forest_reg = make_pipeline(preprocessing,
                           RandomForestRegressor(random_state=42))
forest_rmses = -cross_val_score(forest_reg, housing, housing_labels,
                                scoring="neg_root_mean_squared_error", cv=10)
```

我們來看分數：

```
>>> pd.Series(forest_rmses).describe()
count       10.000000
mean     47019.561281
std       1033.957120
min      45458.112527
25%      46464.031184
50%      46967.596354
75%      47325.694987
max      49243.765795
dtype: float64
```

哇，這個結果好多了，隨機森林看起來很有機會把這個任務做好！然而，如果你訓練一個 RandomForest 並用訓練組來測量 RMSE，你會發現它大約是 17,474：這個數值低得多，意味著仍然存在相當嚴重的過擬問題。這個問題的解決方法可能是簡化模型、約束模型（即，將它正則化），或取得更多訓練資料。但是在你更深入瞭解隨機森林之前，你應該先嘗試機器學習演算法的各種類別的其他模型（例如，一些使用不同 kernel 的支援向量機，或許也可以嘗試一些神經網路），不要花太多時間在調整超參數上面。你的目標是將幾個（二到五個）有潛力的模型列入初選清單。

微調模型

假設你有一些有潛力的模型了。現在你需要微調它們。我們來看一些做法。

網格搜尋

有一個選項是手動調整超參數，直到找到一組優秀的超參數值組合為止。這是非常繁瑣的工作，而且你可能沒有時間探索很多組合。

你也可以改用 Scikit-Learn 的 GridSearchCV 類別來為你進行搜尋。你只需要告訴它你想要嘗試哪些超參數，以及要嘗試哪些值，它就會使用交叉驗證來評估所有可能的超參數值組合。例如，下面的程式可找出 RandomForestRegressor 的最佳超參數值組合：

```
from sklearn.model_selection import GridSearchCV

full_pipeline = Pipeline([
    ("preprocessing", preprocessing),
    ("random_forest", RandomForestRegressor(random_state=42)),
])
param_grid = [
    {'preprocessing__geo__n_clusters': [5, 8, 10],
     'random_forest__max_features': [4, 6, 8]},
    {'preprocessing__geo__n_clusters': [10, 15],
     'random_forest__max_features': [6, 8, 10]},
]
grid_search = GridSearchCV(full_pipeline, param_grid, cv=3,
                           scoring='neg_root_mean_squared_error')
grid_search.fit(housing, housing_labels)
```

注意，你可以引用 pipeline 中的任何估計器的任何超參數，即使該估計器被深度嵌套在多個 pipeline 與欄轉換器（column transformer）中。例如，當 Scikit-Learn 看到 "preprocessing__geo__n_clusters" 時，它會在雙底線的地方分開這個字串，然後在 pipeline 中尋找名為 "preprocessing" 的估計器，並找到 preprocessing ColumnTransformer。接下來，它在這個 ColumnTransformer 中尋找名為 "geo" 的轉換器，找到用於經緯度屬性的 ClusterSimilarity 轉換器。然後，它找到該轉換器的 n_clusters 超參數。同理，random_forest__max_features 指的是名為 "random_forest" 的估計器的 max_features 超參數，它當然是指 RandomForest 模型（我們將在第 7 章解釋 max_features 超參數）。

 將預先處理步驟包在 Scikit-Learn 的 pipeline 中，可讓你同時調整模型超參數和預先處理超參數。這是好事，因為它們經常相互作用。例如，也許增加 n_clusters 也需要增加 max_features。如果擬合 pipeline 轉換器的計算成本很高，你可以將 pipeline 的 memory 超參數設為快取目錄的路徑：當你首次擬合 pipeline 時，Scikit-Learn 會將擬合的轉換器保存在該目錄中。如果你使用相同的超參數再次擬合 pipeline，Scikit-Learn 會直接載入快取的轉換器。

在這個 param_grid 裡面有兩個字典，所以 GridSearchCV 會先評估在第一個字典中指定的 n_clusters 和 max_features 超參數值的全部 3 × 3 = 9 個組合，然後嘗試第二個字典中的全部 2 × 3 = 6 個超參數值組合。因此，網格搜尋總共探索 9 + 6 = 15 個超參數值組合，並為每個組合訓練 pipeline 3 次，因為我們使用的是 3-fold 交叉驗證。這意味著我們總共進行 15 × 3 = 45 次訓練！這需要一些時間，但完成後，你可以獲得這樣子的最佳參數組合：

```
>>> grid_search.best_params_
{'preprocessing__geo__n_clusters': 15, 'random_forest__max_features':6}
```

在這個例子裡，最佳模型是藉著將 n_clusters 設為 15，將 max_features 設為 8 來獲得的。

 由於 15 是評估 n_clusters 的最大值，你應該使用更高的值再嘗試進行搜尋，分數可能還會繼續提升。

你可以使用 grid_search.best_estimator_ 來取得最佳估計器。如果你設定 refit=True（預設值）來將 GridSearchCV 初始化，那麼一旦它使用交叉驗證找到最佳的估計器，它就會用整個訓練組來重新訓練它，這通常是個好主意，因為提供更多資料給模型也許會改善它的效能。

評估分數可以透過 grid_search.cv_results_ 來獲得。這是一個字典，但如果你將它包在 DataFrame 裡，你將獲得一份很好的清單，裡面有每個超參數組合和每個交叉驗證分割的所有測試分數，以及所有分割的平均測試分數：

```
>>> cv_res = pd.DataFrame(grid_search.cv_results_)
>>> cv_res.sort_values(by="mean_test_score", ascending=False, inplace=True)
>>> [...]  # 改變欄名以便放入頁面，並展示 rmse = -score
>>> cv_res.head()  # 注意：第 1 欄是列 ID
   n_clusters max_features  split0  split1  split2  mean_test_rmse
12     15            6       43460   43919   44748       44042
13     15            8       44132   44075   45010       44406
14     15           10       44374   44286   45316       44659
7      10            6       44683   44655   45657       44999
9      10            6       44683   44655   45657       44999
```

最佳模型的平均測試 RMSE 分數為 44,042，這比你使用預設的超參數值得到的分數（47,019）更好。恭喜你，你已經成功微調你的最佳模型了！

隨機搜尋

當搜尋的組合相對較少時（就像之前的例子那樣），你可以使用網格搜尋。但是當超參數搜尋空間較大時，使用 RandomizedSearchCV 通常比較適合。這個類別的用法類似 GridSearchCV 類別的用法，但它不是嘗試所有可能的組合，而是在每一次迭代中，為每一個超參數隨機選擇一個值，並評估固定數量的組合。這種做法令人意外，但它有幾個好處：

- 如果你的一些超參數是連續的（或雖然是離散的，卻有許多可能的值），而且你讓隨機搜尋執行（比如說）1,000 次迭代，那麼，它將為每個超參數探索 1,000 個不同的值，而網格搜尋只探索你為每個超參數列舉的少數值。

- 假設有一個超參數實際上不會對結果產生很大影響，但你還不知道這件事。如果它有 10 個可能的值，而且被你加入網格搜尋中，那麼訓練時間將增加 10 倍。但如果你將其加入隨機搜尋中，它不會產生任何影響。

- 如果有 6 個超參數需要探索，每一個超參數有 10 個可能的值，那麼網格搜尋只能訓練模型 100 萬次，而隨機搜尋可以執行你所選擇的迭代次數。

你必須為每一個超參數提供可能的值，或機率分布：

```python
from sklearn.model_selection import RandomizedSearchCV
from scipy.stats import randint

param_distribs = {'preprocessing__geo__n_clusters': randint(low=3, high=50),
                  'random_forest__max_features': randint(low=2, high=20)}

rnd_search = RandomizedSearchCV(
    full_pipeline, param_distributions=param_distribs, n_iter=10, cv=3,
    scoring='neg_root_mean_squared_error', random_state=42)

rnd_search.fit(housing, housing_labels)
```

Scikit-Learn 也有 HalvingRandomSearchCV 與 HalvingGridSearchCV 超參數搜尋類別。它們的目標是更高效地使用計算資源，以提升訓練速度，或探索更大的超參數空間。以下是它們的做法：在第一輪，使用網格法或隨機搜尋來產生許多超參數組合（稱為「候選者」，candidate）。然後像往常一樣，使用這些候選者來訓練模型，並用交叉驗證來評估它們。但是在訓練時使用有限的資源，這將大大加快第一輪的速度。在預設情況下，「有限的資源」意味著模型是用一小部分的訓練組來訓練的，但也有可能透過其他的限制，例如減少訓練迭代次數，如果模型有設定它的超參數的話。當每一個候選者都被評估過後，只有表現最佳的模型會進入第二輪，在這一輪中，它們獲得更多的資源進行競爭。進行幾輪之後，我們使用全部的資源來評估最終的候選者。這種做法或許可以幫你節省調整超參數的時間。

總體方法

微調系統的另一種做法是試著結合表現得最好的模型。這個群體（或「總體」，ensemble）的表現通常優於個別模型（就好比隨機森林的表現比它們底層的個別決策樹更好，尤其是當各個模型產生不同類型的誤差時。例如，你可以訓練與微調一個 k 最近鄰模型，然後建立一個總體模型，僅讓它預測隨機森林的預測和該模型的預測的平均值。我們將在第 7 章更詳細探討這個主題。

分析最佳模型及其誤差

檢查最佳模型通常可以讓你獲得更深入的見解。例如，RandomForestRegressor 可以指出在進行準確的預測時，每一個屬性的相對重要性：

```
>>> final_model = rnd_search.best_estimator_  # 包括預先處理
>>> feature_importances = final_model["random_forest"].feature_importances_
>>> feature_importances.round(2)
array([0.07, 0.05, 0.05, 0.01, 0.01, 0.01, 0.01, 0.19, [...], 0.01])
```

我們將這些重要性分數由高至低排序，並將分數列在相應的屬性名稱旁邊：

```
>>> sorted(zip(feature_importances,
...            final_model["preprocessing"].get_feature_names_out()),
...        reverse=True)
...
[(0.18694559869103852, 'log__median_income'),
 (0.0748194905715524, 'cat__ocean_proximity_INLAND'),
 (0.06926417748515576, 'bedrooms__ratio'),
 (0.05446998753775219, 'rooms_per_house__ratio'),
 (0.05262301809680712, 'people_per_house__ratio'),
 (0.03819415873915732, 'geo__Cluster 0 similarity'),
 [...]
 (0.00015061247730531558, 'cat__ocean_proximity_NEAR BAY'),
 (7.301686597099842e-05, 'cat__ocean_proximity_ISLAND')]
```

得到這項資訊之後，你可能會試著移除一些較沒用的特徵（例如，顯然只有一個 ocean_proximity 類別確實有用，所以你可以試著移除其他的類別）。

sklearn.feature_selection.SelectFromModel 轉換器可以自動捨棄最沒用的特徵:當你進行擬合時,它會訓練一個模型(通常是隨機森林),檢視其 feature_importances_ 屬性,並選擇最有用的特徵。然後當你呼叫 transform() 時,它會捨棄其他特徵。

你也應該檢查系統犯下的錯誤,並試著瞭解為何它犯下那些錯誤,以及如何修正問題(加入額外的特徵、移除不含資訊的特徵、清理離群值…等)。

在這個階段,也很適合確保模型不僅在整體上有很好的表現,對於所有的區域類別也有很好的表現,無論它們是鄉村還是城市、富裕還是貧困、北方還是南方、少數族裔還是非少數族裔…等。為每個類別建立驗證組的子集合需要費一些工夫,但這件事很重要,如果你的模型在處理某個類別的地區時表現不佳,你就不應該在問題解決之前部署它,至少不應該用它來進行該類別的預測,因為它可能弊大於利。

用測試組來評估系統

經過一段時間的微調之後,你終於擁有一個不錯的系統了。現在可以用測試組來評估最終模型了。這個過程沒有什麼特別的,你只要從測試組中取得預測器和標籤,然後執行 final_model 以轉換資料和進行預測,最後評估這些預測結果即可:

```
X_test = strat_test_set.drop("median_house_value", axis=1)
y_test = strat_test_set["median_house_value"].copy()

final_predictions = final_model.predict(X_test)

final_rmse = mean_squared_error(y_test, final_predictions, squared=False)
print(final_rmse)  # 印出 41424.40026462184
```

在某些情況下,這樣的類推誤差估計可能不足以說服你進行部署:如果它只比現在的生產環境中的模型好 0.1 % 呢?你可能想知道這個估計有多準確。為此,你可以使用 scipy.stats.t.interval() 來計算類推誤差的 95% 信賴區間。你得到一個相當大的區間,從 39,275 到 43,467,而你之前的點估計值 41,424 大致位於中間:

```
>>> from scipy import stats
>>> confidence = 0.95
>>> squared_errors = (final_predictions - y_test) ** 2
>>> np.sqrt(stats.t.interval(confidence, len(squared_errors) - 1,
...                          loc=squared_errors.mean(),
...                          scale=stats.sem(squared_errors)))
...
array([39275.40861216, 43467.27680583])
```

如果你做了太多超參數調整，模型的效能通常會比你用交叉驗證評測出來的結果更差一些。這是因為你的系統在最佳化過程中已經針對驗證資料進行了微調，所以在處理未知的資料組時的表現可能不如預期。在這個例子中並非如此，因為測試組的 RMSE 比驗證組的 RMSE 更低，但是如果碰到這種情況，你必須克制調整超參數來讓模型處理測試組的表現看起來更好的衝動，因為這種改進不可能類推至新資料。

現在是專案發布前的階段：你必須展示解決方案（強調你學到什麼、哪些可行 / 不可行、做了哪些假設，以及系統的限制是什麼），記錄所有事情，用清楚的視覺化和容易記住的敘述（例如，「中位收入是最適合預測房價的特徵」）來製作精美的簡報。在這個加州房地產範例中，系統的最終效果不會比專家好太多，專家的估計通常偏差 30% 左右，但是如果系統可以為專家們節省時間，讓他們可以進行更有趣的和更有生產力的任務，那麼推出這個系統應該仍然是不錯的想法。

推出、監控與維護你的系統

太棒了，你已經獲得批准，可以推出系統了！現在你必須準備解決方案，讓它可被放入生產環境（例如優化程式碼、撰寫文件、測試等等），再將模型部署至生產環境。最基本的方法是將訓練出來的最佳模型保存下來，將檔案轉移到生產環境中，然後載入它。你可以像這樣使用 joblib 程式庫來儲存模型：

```
import joblib

joblib.dump(final_model, "my_california_housing_model.pkl")
```

將你試驗的每一個模型都儲存起來是一種不錯的做法，這樣你就可以輕鬆地回到你想要的任何模型。你也可以儲存交叉驗證分數，還有針對驗證組的預測，以便輕鬆地比較各種模型的分數，以及它們犯下的錯誤類型。

將模型轉移到生產環境後，你可以載入它並使用它。為此，你必須先匯入模型所依賴的任何自訂類別與函式（這意味著將程式碼轉移到生產環境），然後使用 joblib 來載入模型，並用模型來進行預測：

```
import joblib
[...]  # 匯入 KMeans、BaseEstimator、TransformerMixin、rbf_kernel…等。

def column_ratio(X): [...]
def ratio_name(function_transformer, feature_names_in): [...]
```

```
class ClusterSimilarity(BaseEstimator, TransformerMixin): [...]

final_model_reloaded = joblib.load("my_california_housing_model.pkl")

new_data = [...]   # 待預測的新地區
predictions = final_model_reloaded.predict(new_data)
```

例如,這個模型可能將在網站中使用,使用者會輸入一些關於新地區的資料,並按下「估計價格」按鈕,這會送出一個包含資料的查詢(query)給 web 伺服器,該查詢會被轉傳至你的 web 應用程式,最後你的程式會呼叫模型的 **predict()** 方法(你要在伺服器啟動時載入模型,而不是每次模型被使用時才載入它)。或者,你可以將模型包在專用的 web 服務中,讓你的 web app 可以透過 REST API [13] 來查詢(見圖 2-20)。這可讓你更輕鬆地將模型升級成新版本,而不會中斷主應用程式。這也可以簡化擴展的過程,因為你可以根據需要啟動多個 web 服務,並將來自 web 應用程式的請求平均分配給這些 web 服務。此外,它可讓 web app 使用任何程式語言,而非只是 Python。

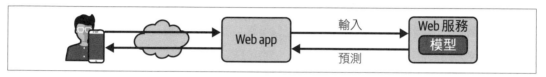

圖 2-20　將模型部署成 web 服務,並讓 web app 使用

另一種流行的做法是將模型部署至雲端上,例如 Google 的 Vertex AI 上(之前稱為 Google Cloud AI Platform 與 Google Cloud ML Engine),你只要使用 joblib 來儲存模型,並將它上傳至 Google Cloud Storage(GCS),接著前往 Vertex AI 並建立一個新的模型版本,再將它指向 GCS 檔案即可!你會得到一個簡單的 web 服務,可為你平衡負載,以及進行擴展。它接收 JSON 請求,裡面有輸入資料(例如,地區),並回傳 JSON 回應,裡面有預測結果。然後,你可以在網站中(或你所使用的任何生產環境中)使用這個 web 服務。第 19 章將會介紹,在 Vertex AI 部署 TensorFlow 模型與部署 Scikit-Learn 模型大同小異。

但部署並不是故事的完結篇。你也要編寫監視程式,定期檢查系統的即時效能,並且在效能下降時觸發警報。效能可能急劇地下降,也許是因為基礎架構中的某個元件故障了,但請小心,它也可能非常緩慢地衰退,可能會被長時間忽視。這種情況很常見,因為模型有老化問題:所以如果模型是用去年的資料來訓練的,它可能無法適應當今的資料。

13　簡單來說,REST(或 RESTful)API 是一種基於 HTTP 的 API,它遵循某些慣例,例如使用標準的 HTTP 動詞來讀取、更新、建立或刪除資源(GET、POST、PUT 與 DELETE),以及使用 JSON 來進行輸入與輸出。

所以你必須監視模型的即時效能，怎麼做？依情況而定。有時模型的效能可以從下游的指標推斷出來。例如，如果你的模型是推薦系統的一部分，該系統可推薦用戶可能感興趣的產品，那麼監視每天賣出多少被推薦的產品很簡單，如果賣出去的數量下降了（與沒有被推薦的產品相比），那麼主嫌就是模型了。這可能是因為資料 pipeline 故障，或模型必須用新資料來重新訓練（我們很快就會討論）。

但是，你可能也要依靠人為分析，來得知模型的效能。例如，假設你訓練了一個圖像分類模型（我們將在第 3 章討論它），用它在生產線偵測產品缺陷。如何在數千個有缺陷的產品被寄給客戶之前，在模型表現開始下降時，及時獲得警報？有一種解決方案是將模型所分類的照片樣本（尤其是模型不確定的照片）送給人類評估者。根據任務的不同，也許評估者必須是專家，也許不需要是專家，例如群眾外包平台（例如 Amazon Mechanical Turk）上的工作者。在一些應用程式中，他們甚至是用戶本身，例如，透過問卷調查或圖形驗證碼（captcha）來做出回應 [14]。

無論採取哪一種做法，你都要建立一個監視系統（無論需不需要人類評分員來評估即時模型），以及所有相關流程，定義發生故障時該做什麼，以及如何針對它們做好準備。不幸的是，這可能需要費很多工夫。事實上，做這件事所費的精力可能比建構和訓練模型還要多。

如果資料持續演變，你還要更新你的資料組，並且定期重新訓練模型。也許你還要盡量將整個程序自動化。以下是可以自動化的事項：

- 定期蒐集資料並加上標籤（例如透過人類評估者）。

- 寫腳本來自動訓練模型，並微調超參數。這個腳本可以自動執行，例如每天或每週執行一次，取決於你的需求。

- 編寫另一個腳本，用更新後的測試組來評估新模型和之前的模型的效能，若效能未下降，則將模型部署至生產環境中（若效能下降，務必調查原因）。該腳本應該用測試組的各個子集合來測驗模型的效能，例如貧窮地區或富裕地區、鄉村地區或城市地區…等。

你也要評估模型的輸入資料品質。有時效能稍微下降是由於訊號品質不佳（例如，故障的感應器傳送隨機值，或其他團隊產生過時的輸出），但是系統的效能可能要下降一段時間，才足以觸發警報。監視模型的輸入有機會提前發現這種情況。例如，如果有越來越多的輸入缺少某個特徵，或者平均值或標準差與訓練組的差異過大，或類別特徵開始包含新的類別的話，你可以觸發警報。

14　captcha 是確保使用者不是機器人的測驗。這些測試往往被用來標記訓練資料，是很節省成本的做法。

最後，務必持續備份你所建立的每一個模型，而且，為了在新模型因為某些原因而嚴重失效時，快速地復原為先前的模型，務必預備相應的流程和工具。進行備份也可以幫助你比較新模型與之前的模型。同理，你也要持續備份資料組的每一個版本，以便在新資料組損壞時，恢復成先前的資料組（例如，在填入新資料之後，出現許多離群值）。備份資料組也可以方便你用之前的任何資料組來評估任何模型。

如你所見，機器學習牽涉許多基礎設施，雖然第 19 章會討論其中的一些層面，但它是非常廣闊的領域，稱為 *ML Operations*（MLOps），應該用一本專門的書籍來說明。因此，如果你的第一個機器學習專案花你大量的精力和時間來建立和部署至生產環境，千萬不要驚訝。幸好，一旦所有基礎設施就位，從構想到生產的過程將加快很多。

盡情嘗試！

希望本章可以讓你大致瞭解完整的機器學習專案，以及一些用來訓練出色系統的工具。如你所見，大部分的工作都屬於資料準備階段，包括建立監控工具、安排人類評估流程，以及定期自動訓練模型。機器學習演算法當然很重要，但與其投入大量的時間研究高級演算法，不如熟悉整個流程，並且充分瞭解三到四種演算法。

所以，如果你還沒有這樣做，現在是個好時機，請立刻拿起筆電，選一個你感興趣的資料組，試著從頭到尾完成整個流程。Kaggle（*https://kaggle.com*）等競賽網站是很好的起點，上面有可供嘗試的資料組、明確的目標，以及和你分享經驗的人們。祝你玩得開心！

習題

下面的習題都使用本章的房地產資料組：

1. 以各種超參數來嘗試支援向量機回歸器（`sklearn.svm.SVR`），例如 `kernel="linear"`（並將超參數 C 設為各種值）或 `kernel="rbf"`（將超參數 C 與 gamma 設為各種值）。請注意，支持向量機在處理大型資料組時，沒有良好的擴展性，因此建議你使用訓練組的前 5,000 個實例來進行訓練即可，並僅使用 3-fold 交叉驗證，否則訓練時間可能以小時計。現在先不用理會這些超參數的含義，我們將在第 5 章討論它們。最佳 SVR 預測器的表現如何？

2. 試著將 `GridSearchCV` 換成 `RandomizedSearchCV`。

3. 試著在準備流程中加入 `SelectFromModel` 轉換器，只選擇最重要的屬性。

4. 試著建立一個自訂轉換器，在它的 fit() 方法中訓練一個 k 最近鄰回歸器（sklearn.neighbors.KNeighborsRegressor），並在它的 transform() 方法中輸出模型的預測結果。然後將這個功能加入預先處理流程，使用緯度和經度作為這個轉換器的輸入。這將在模型中加入一個特徵，即最近地區的中位房價。

5. 使用 GridSearchCV 來自動探索一些準備選項（preparation option）。

6. 再次從頭編寫 StandardScalerClone 類別，支援 inverse_transform() 方法，在執行 scaler.inverse_transform(scaler.fit_transform(X)) 時，應回傳一個非常接近 X 的陣列。然後支援特徵名稱：如果輸入是 DataFrame 的話，在 fit() 方法內設定 feature_names_in_。這個屬性是欄名 NumPy 陣列。最後，實作 get_feature_names_out() 方法：讓它有個選用引數 input_features=None。傳入這個引數時，方法應確認它的長度符合 n_features_in_，而且應該匹配 feature_names_in_（如果它有被定義的話），然後回傳 input_features。如果 input_features 是 None，這個方法應回傳 feature_names_in_（如果它有被定義的話），否則回傳長度為 n_features_in_ 的 np.array(["x0", "x1", ...])。

這些習題的答案在本章的 notebook（*https://homl.info/colab3*）的結尾。

## 第三章

分類

第 1 章提到，最常見的監督學習任務是回歸（預測值）與分類（預測類別）。我們在第 2 章探討了回歸任務、預測房價、使用各種演算法，例如線性回歸、決策樹和隨機森林（後續章節會進一步解釋）。接下來，我們要把注意力放在分類系統上面。

MNIST

本章即將使用 MNIST 資料組，它裡面有 70,000 張由美國高中生和人口普查局的員工手寫的數字圖像。每一張圖像都有一個標籤，指出它所代表的數字。因為有太多研究使用這個資料組了，所以它經常被稱為機器學習的「hello world」：每當有人提出新的分類演算法時，他們就很想知道該演算法處理 MNIST 時的表現如何，而且學習機器學習的人都遲早會處理這個資料組。

Scikit-Learn 有許多協助下載熱門資料組的函式。MNIST 正是其中一種資料組。下面的程式可從 OpenML.org 取得 MNIST 資料組[1]：

```
from sklearn.datasets import fetch_openml

mnist = fetch_openml('mnist_784', as_frame=False)
```

sklearn.datasets 程式包主要包含三類函式：fetch_* 函式（例如 fetch_openml()），用來下載現實的資料組；load_* 函式，用來載入與 Scikit-Learn 同捆的小型玩具資料組（因此不需要從網路下載它們）；以及 make_* 函式，用來產生假資料組，適用於測試。其函式通常以 (X, y) tuple 的形式回傳生成的資料組，裡面有輸入資料和目標，兩者都是 NumPy 陣列。其他資料組則以 sklearn.utils.Bunch 物件回傳，這種物件是字典，其項目也可以用屬性來存取。它們通常包含以下項目：

---

1   在預設情況下，Scikit-Learn 會將下載的資料組放在你的主目錄裡的 *scikit_learn_data* 目錄內。

"DESCR"

資料組的說明

"data"

輸入資料，通常是 2D NumPy 陣列

"target"

標籤，通常是 1D NumPy 陣列

fetch_openml() 函式比較特別，因為在預設情況下，它以 Pandas DataFrame 形式回傳輸入，以 Pandas Series 形式回傳標籤（除非資料組是稀疏的）。但 MNIST 資料組包含圖像，所以 DataFrames 不是最理想的選擇，你應該設定 as_frame=False，以改為獲取 NumPy 陣列形式的資料。我們來看一下這些陣列：

```
>>> X, y = mnist.data, mnist.target
>>> X
array([[0., 0., 0., ..., 0., 0., 0.],
       [0., 0., 0., ..., 0., 0., 0.],
       [0., 0., 0., ..., 0., 0., 0.],
       ...,
       [0., 0., 0., ..., 0., 0., 0.],
       [0., 0., 0., ..., 0., 0., 0.],
       [0., 0., 0., ..., 0., 0., 0.]])
>>> X.shape
(70000, 784)
>>> y
array(['5', '0', '4', ..., '4', '5', '6'], dtype=object)
>>> y.shape
(70000,)
```

裡面有 70,000 張圖像，每張圖像有 784 個特徵。因為每張圖像有 28 × 28 個像素，每一個特徵代表一個像素的顏色深淺，從 0（白色）到 255（黑色）。我們來顯示資料組裡面的一個數字，我們只要抓取一個實例的特徵，將它的形狀改成 28 × 28 陣列，並且用 Matplotlib 的 imshow() 函式來顯示它即可。我們使用 cmap="binary" 來取得灰階顏色對映表（color map），其中 0 是白色，255 是黑色：

```
import matplotlib.pyplot as plt

def plot_digit(image_data):
    image = image_data.reshape(28, 28)
    plt.imshow(image, cmap="binary")
    plt.axis("off")
```

```
some_digit = X[0]
plot_digit(some_digit)
plt.show()
```

圖 3-1　MNIST 圖像範例

它看起來像 5，而它的標籤確實是 5：

```
>>> y[0]
'5'
```

為了讓你感受一下分類任務的複雜度，圖 3-2 展示 MNIST 資料組的其他幾張圖像。

等一下！在仔細檢查資料之前，你應該先建立一個測試組，並將它放到一旁。
fetch_openml() 回傳的 MNIST 資料組已經分成訓練組（前 60,000 張圖像）和測試組（後 10,000 張圖像）了[2]：

```
X_train, X_test, y_train, y_test = X[:60000], X[60000:], y[:60000], y[60000:]
```

它已經幫我們洗亂訓練組了，這是好事，因為這可保證所有交叉驗證 fold 都是相似的（你一定不希望有 fold 缺少某些數字）。此外，有些學習演算法對訓練實例的順序很敏感，如果有連續好幾個實例是類似的，它們的表現會很糟，洗亂資料組可確保這種情況不會發生[3]。

2　fetch_openml() 回傳的資料組不一定會被洗亂或分割。

3　有時洗亂資料不是好主意，例如在處理時間序列資料（例如股價或天氣狀態）時。第 15 章將探討這個主題。

圖 3-2　MNIST 的數字

訓練二元分類器

我們先簡化問題，只嘗試辨識一個數字，例如，數字 5。這個「數字 5 偵測器」是個二元分類器，它只能分辨兩個類別，5 和非 5。我們先為這項分類任務建立目標向量：

```
y_train_5 = (y_train == '5')  # 所有的 5 都是 True，所有其他數字都是 False
y_test_5 = (y_test == '5')
```

接下來，我們要選一個分類器，並訓練它。隨機梯度下降（*Stochastic Gradient Descent*，SGD）分類器是很好的起點，即 Scikit-Learn 的 `SGDClassifier` 類別。這個分類器的優點是，它能夠高效地處理非常大型的資料組，部分的原因是 SGD 以獨立的方式處理訓練實例，每次處理一個（所以 SGD 非常適合線上學習），等一下會展示。我們來建立一個 `SGDClassifier`，並且用整個訓練組來訓練它：

```
from sklearn.linear_model import SGDClassifier

sgd_clf = SGDClassifier(random_state=42)
sgd_clf.fit(X_train, y_train_5)
```

我們用它來檢驗數字 5 的圖像：

```
>>> sgd_clf.predict([some_digit])
array([ True])
```

分類器猜測這張圖像代表 5（True）。看起來，它猜對這個案例了！接著，我們來評估這個模型的效能。

效能指標

評估分類器通常比評估迴歸器還要麻煩，所以本章會使用大部分的篇幅探討這個主題。效能指標有很多種，所以先倒杯咖啡提提神，準備學習許多新概念和縮寫吧！

用交叉驗證來評估準確率

如第 2 章所述，使用交叉驗證來評估模型是很好的做法。我們使用 cross_val_score() 函式和 k-fold 交叉驗證（3 fold）來評估 SGDClassifier 模型。提醒你，k-fold 交叉驗證是將訓練組拆成 k 個 fold（這個例子是 3 個），並訓練模型 k 次，每次保留不同的 fold 來進行評估（見第 2 章）：

```
>>> from sklearn.model_selection import cross_val_score
>>> cross_val_score(sgd_clf, X_train, y_train_5, cv=3, scoring="accuracy")
array([0.95035, 0.96035, 0.9604 ])
```

哇！處理所有交叉驗證 fold 的準確率（正確預測的比率）都超過 93%？看起來很了不起！在你興奮過頭之前，我們先來看一個虛擬分類器，它會將每一張圖像都分類為最常見的類別，在這個例子中，最常見的類別是負類別（非 5）：

```
from sklearn.dummy import DummyClassifier

dummy_clf = DummyClassifier()
dummy_clf.fit(X_train, y_train_5)
print(any(dummy_clf.predict(X_train)))   # 印出 False：檢測出非 5
```

你猜得到這個模型的準確率嗎？我們來看答案：

```
>>> cross_val_score(dummy_clf, X_train, y_train_5, cv=3, scoring="accuracy")
array([0.90965, 0.90965, 0.90965])
```

你沒看錯，它的準確率超過 90%！這僅僅是因為大約只有 10% 的圖像是 5，所以當你始終猜測圖像不是 5 時，你的 90% 猜測都是對的。這樣就可以擊敗法國預言家 Nostradamus 了。

這說明了為什麼準確率通常不是衡量分類器的首選指標，尤其是處理偏斜（*skew*）的資料組時（即某些類別比其他類別更常出現）。評估分類器較好的做法是檢查混淆矩陣（*confusion matrix*）。

實作交叉驗證

有時你可能需要更仔細地控制交叉驗證的過程，而不僅僅使用 Scikit-Learn 的現成功能，在這些情況下，你可以自己實作交叉驗證。下面的程式所做的事情大致上與 Scikit-Learn 的 cross_val_score() 函式相同，它也會印出相同的結果：

```python
from sklearn.model_selection import StratifiedKFold
from sklearn.base import clone

skfolds = StratifiedKFold(n_splits=3)  # 如果資料組尚未洗亂，
                                       # 加入 shuffle=True
for train_index, test_index in skfolds.split(X_train, y_train_5):
    clone_clf = clone(sgd_clf)
    X_train_folds = X_train[train_index]
    y_train_folds = y_train_5[train_index]
    X_test_fold = X_train[test_index]
    y_test_fold = y_train_5[test_index]

    clone_clf.fit(X_train_folds, y_train_folds)
    y_pred = clone_clf.predict(X_test_fold)
    n_correct = sum(y_pred == y_test_fold)
    print(n_correct / len(y_pred))  # 印出 0.95035, 0.96035 與 0.9604
```

StratifiedKFold 類別執行分層抽樣（見第 2 章）來產生 fold，在這些 fold 裡面，每一個類別都有具代表性的比率。在每一次迭代，這段程式都會建立一個分類器副本，用訓練 fold 來訓練該副本，再讓副本針對測試 fold 進行預測。接下來，它會計算正確的預測數量，並輸出正確預測的比率。

混淆矩陣

混淆矩陣的概念大致上就是計算類別 A 被歸類為類別 B 的次數，計算每一對 A/B。例如，若要知道分類器將 8 誤判為 0 的次數，你要檢查混淆矩陣的第 8 列，第 0 行。

為了計算混淆矩陣，你必須先取得一組預測值，才能拿它們與實際的目標做比較。雖然你可以對測試組進行預測，但現在先不要碰它（切記，在專案的最後階段，當你已經有一個準備上線的分類器時，才能使用測試組）。你可以使用 cross_val_predict() 函式：

```
from sklearn.model_selection import cross_val_predict

y_train_pred = cross_val_predict(sgd_clf, X_train, y_train_5, cv=3)
```

cross_val_predict() 與 cross_val_score() 函式一樣執行 *k*-fold 交叉驗證，但它並非回傳評估分數，而是回傳針對每一個測試 fold 所進行的預測。這意味著，你可以得到針對訓練組的每一個實例所進行的乾淨預測（「乾淨」是指「樣本外（out-of-sample）」：模型對訓練期間未曾見過的資料進行的預測）。

現在你可以使用 confusion_matrix() 函式來取得混淆矩陣了，只要將目標類別（y_train_5）與預測類別（y_train_pred）傳給它即可：

```
>>> from sklearn.metrics import confusion_matrix
>>> cm = confusion_matrix(y_train_5, y_train_pred)
>>> cm
array([[53892,   687],
       [ 1891,  3530]])
```

混淆矩陣的每一列都代表一個**實際**類別，每一行都代表一個**預測**類別。這個矩陣的第一列考慮非 5 圖像（**陰性**類別）：其中有 53,892 張被正確地歸類為非 5（稱為**真陰**），其他的 687 張被錯誤地歸類為 5（**偽陽**，也稱為**第一型錯誤**）。第二列考慮 5 圖像（**陽性類別**）：有 1,891 張被錯誤地歸類為非 5（**偽陰**，也稱為**第二型錯誤**），其他的 3,530 張被正確地歸類為 5（**真陽**）。完美的分類器只有真陽與真陰，所以在它的混淆矩陣裡，只有主對角線（左上到右下）才有非零值：

```
>>> y_train_perfect_predictions = y_train_5  # 假裝我們得到完美的結果
>>> confusion_matrix(y_train_5, y_train_perfect_predictions)
array([[54579,     0],
       [    0,  5421]])
```

雖然混淆矩陣提供許多資訊，但有時我們比較喜歡更簡潔的指標，其中一種有趣的指標是陽性預測的準確率，稱為分類器的 *precision*（精度）（公式 3-1）。

公式 *3-1*　*precision*

$$\text{precision} = \frac{TP}{TP + FP}$$

TP 是真陽的數量，*FP* 是偽陽的數量。

有一種簡單的方法可以達到完美的 precision，就是讓一個分類器始終做出陰性預測，僅僅對它最有信心的實例進行一次陽性預測，如果這次預測是正確的，那麼分類器的 precision 就是 100%（precision = 1/1 = 100%）。顯然，這樣子的分類器不太實用，因為它會忽略除了一個陽性實例之外的其他實例。因此，precision 通常與另一個指標一起使用：*recall*。*recall* 也稱為**敏感度**（*sensitivity*）或**真陽性率**（TPR），它是分類器正確檢測的陽性實例的比率（公式 3-2）。

公式 3-2 *recall*

$$recall = \frac{TP}{TP + FN}$$

當然，*FN* 是偽陰（false negative）的數量。

如果你無法理解混淆矩陣，圖 3-3 或許可以協助你。

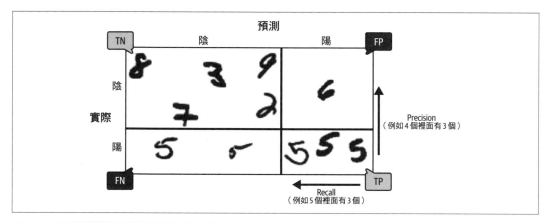

圖 3-3 這個混淆矩陣展示了真陰（左上）、偽陽（右上）、偽陰（左下）、真陽（右下）

precision 與 recall

Scikit-Learn 有一些函式可計算分類器的評估指標，包括 precision 與 recall：

```
>>> from sklearn.metrics import precision_score, recall_score
>>> precision_score(y_train_5, y_train_pred)  # == 3530 / (687 + 3530)
0.8370879772350012
>>> recall_score(y_train_5, y_train_pred)  # == 3530 / (1891 + 3530)
0.6511713705958311
```

從「5 偵測器」的準確率來看，它不像之前那麼棒了。當它說圖像是 5 時，它只有 83.7% 的準確率，而且，它只能認出 65.1% 的 5。

我們可以將 precision 與 recall 結合成單一評估指標，稱為 F_1 分數，尤其是當你想要使用單一指標來比較兩個分類器時。F_1 分數是 precision 與 recall 的調和平均數（公式 3-3）。我們計算平均數時，通常會平等看待每一個值，但調和平均數會讓小值有更高權重，因此，當分類器的 recall 與 precision 都很高時，它的 F_1 分數才會高。

公式 3-3 F_1 分數

$$F_1 = \frac{2}{\frac{1}{\text{precision}} + \frac{1}{\text{recall}}} = 2 \times \frac{\text{precision} \times \text{recall}}{\text{precision} + \text{recall}} = \frac{TP}{TP + \frac{FN + FP}{2}}$$

你只要呼叫 f1_score() 函式即可計算 F_1 分數：

```
>>> from sklearn.metrics import f1_score
>>> f1_score(y_train_5, y_train_pred)
0.7325171197343846
```

當分類器具有相似的 precision 與 recall 時，F_1 分數較高，這不一定符合你的需求：有時你最在乎 precision，但有時你真正在乎的是 recall。例如，如果你訓練了一個分類器來偵測適合兒童觀賞的影片，你可能偏好拒絕很多好影片（低 recall）、但只保留安全影片（高 precision）的分類器，而不是有高很多的 recall、但是會讓你的產品顯示一些很不恰當的影片的分類器（在這種情況下，你甚至想要加入人工流程來檢查分類器選擇的影片）。另一方面，假如你訓練了一個在監視影片中檢測扒手的分類器，只要該分類器有 99% 的 recall，即使它只有 30% 的 precision，它仍然是可接受的（保安一定會看到一些假警報，但是幾乎可以抓到所有小偷）。

可惜的是，魚與熊掌無法兼得，提升 precision 會降低 recall，反之亦然，這稱為 *precision/ recall 取捨*。

precision/recall 取捨

為了瞭解這項取捨，我們來看一下 SGDClassifier 如何做出它的分類決策。它用一個**決策函數**來為每一個實例計算一個分數，如果該分數大於一個閾值，它就將實例指派給 positive 類別，否則指派給 negative 類別。圖 3-4 展示一些介於左邊的最低分和右邊的最高分之間的數字。假如**決策閾值**位於中央箭頭處（介於兩個 5 之間）：你會在那個閾值的右邊看到 4 個真陽（實際為 5），與 1 個偽陽（其實是 6）。因此，在使用那個閾值時，precision 是 80%（5 個有 4 個）。但是在 6 個實際的 5 裡面，分類器只檢測出 4 個，所以

recall 是 67%（6 個有 4 個）。當你將閾值提升時（將它移到右邊的箭頭處），偽陽（那個 6）就變成真陰，所以 precision 提升了（到達 100%），但是有一個真陽變成偽陰，所以 recall 減為 50%。相反地，將閾值降低會增加 recall 並減少 precision。

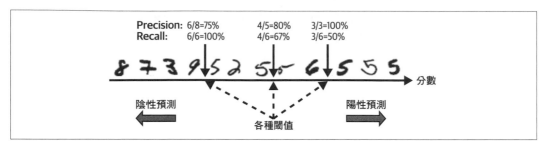

圖 3-4　在這個 precision/recall 取捨中，圖像是用它們的分類器分數來排名的，高於決策閾值的圖像被視為陽性。閾值越高，recall 越低，但（一般來說）precision 越高

Scikit-Learn 不讓你直接設定閾值，但你可以取得它用來進行預測的決策分數。你可以呼叫分類器的 decision_function() 方法（而不是 predict() 方法）來取得各個實例的分數，再使用基於這些分數來進行預測的任何閾值：

```
>>> y_scores = sgd_clf.decision_function([some_digit])
>>> y_scores
array([2164.22030239])
>>> threshold = 0
>>> y_some_digit_pred = (y_scores > threshold)
array([ True])
```

SGDClassifier 使用的閾值是 0，所以上面的程式回傳的結果與 predict() 方法一樣（也就是 True）。

我們來提升閾值：

```
>>> threshold = 3000
>>> y_some_digit_pred = (y_scores > threshold)
>>> y_some_digit_pred
array([False])
```

從結果可以證實，提升閾值會降低 recall。圖像實際上是 5，這個分類器在閾值是 0 時可以檢測到它，但是當閾值升到 3,000 時檢測不到它。

如何決定閾值？首先，使用 cross_val_predict() 函式來取得訓練組的所有實例的分數，但這次指定你想讓它回傳決策分數，而不是預測：

```
y_scores = cross_val_predict(sgd_clf, X_train, y_train_5, cv=3,
                             method="decision_function")
```

取得這些分數後，使用 `precision_recall_curve()` 函式來計算所有可能的閾值的 precision
與 recall（函式加入最後一個值為 0 的 precision 與最後一個值為 1 的 recall，對應至無窮
閾值）：

```
from sklearn.metrics import precision_recall_curve

precisions, recalls, thresholds = precision_recall_curve(y_train_5, y_scores)
```

最後，使用 Matplotlib 來將 precision 與 recall 畫成閾值的函數（圖 3-5），我們畫出我們所
選擇的閾值 3,000：

```
plt.plot(thresholds, precisions[:-1], "b--", label="Precision", linewidth=2)
plt.plot(thresholds, recalls[:-1], "g-", label="Recall", linewidth=2)
plt.vlines(threshold, 0, 1.0, "k", "dotted", label="threshold")
[...]  # 美化圖表，加入網格、圖例、座標軸、標籤與圓點
plt.show()
```

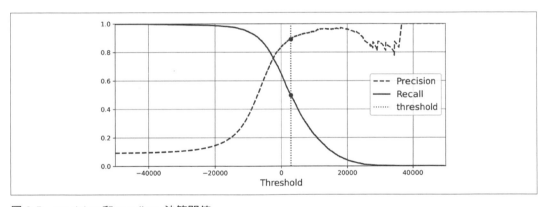

圖 3-5　precision 和 recall vs. 決策閾值

你可能會想，為什麼在圖 3-5 中，precision 曲線不像 recall 曲線那麼平滑。
原因在於，提高閾值有時會導致 precision 下降（儘管通常它會上升）。
為了瞭解原因，回去看一下圖 3-4，留意當你從中央閾值開始，將它往
右移動一個數字時會發生什麼情況：precision 從 4/5（80%）下降為 3/4
（75%）。另一方面，當閾值增加時，recall 只會下降，這就是它的曲線看
起來很平滑的原因。

在這個閾值，precision 接近 90%，recall 大約是 50%。為了做出很好的 precision/recall 取捨，你也可以直接畫出 precision vs. recall 關係圖，如圖 3-6 所示（閾值與之前一樣）：

```
plt.plot(recalls, precisions, linewidth=2, label="Precision/Recall curve")
[...]  # 美化圖表，加入標籤、網格、圖例、箭頭、文字
plt.show()
```

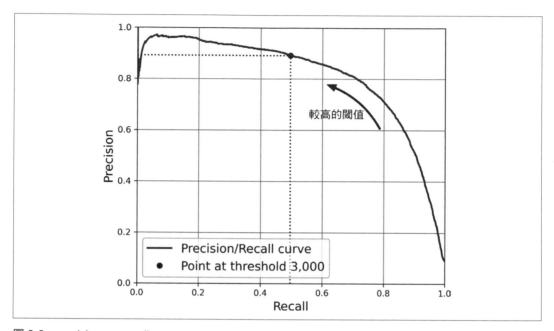

圖 3-6　precision v.s. recall

你可以看到，precision 在大約 80% recall 之處開始急劇下降，你應該會選擇在曲線下降前的 precision/recall 點，例如在大約 60% recall 的地方。當然，實際的選擇取決於你的專案。

假設你的目標是 90% 的 precision，你可以使用第一張圖表來找到你需要使用的閾值，但它不太精確。或者，你可以搜尋至少提供 90% precision 的最低閾值，為此，你可以使用 NumPy 陣列的 `argmax()` 方法。該方法回傳最大值的第一個索引，在這個例子裡，它是第一個 `True` 值：

```
>>> idx_for_90_precision = (precisions >= 0.90).argmax()
>>> threshold_for_90_precision = thresholds[idx_for_90_precision]
>>> threshold_for_90_precision
3370.0194991439557
```

為了進行預測（目前是針對訓練組），你可以執行下面這段程式，而不是呼叫分類器的 predict() 方法：

```
y_train_pred_90 = (y_scores >= threshold_for_90_precision)
```

我們來看一下這些預測的 precision 與 recall：

```
>>> precision_score(y_train_5, y_train_pred_90)
0.9000345901072293
>>> recall_at_90_precision = recall_score(y_train_5, y_train_pred_90)
>>> recall_at_90_precision
0.4799852425751706
```

太棒了，你有一個 90% precision 的分類器了！如你所見，建立一個具有任何所需的 precision 的分類器很簡單，只要設定夠高的閾值，就可以達到目標，不過，當 recall 太低時，具有高 precision 的分類器不太實用！對許多應用而言，48% 的 recall 很糟。

> 如果有人說：「我們要達成 99% 的 precision」，你應該反問他：「那 recall 是多少？」

ROC 曲線

接收者作業特徵（*receiver operating characteristic*，ROC）曲線經常和二元分類器一起使用，它很像 precision/recall 曲線，但 ROC 曲線並非畫出 precision vs. recall，而是畫出**真陽率**（*true positive rate*，recall 的別名）vs. **偽陽率**（*false positive rate*，FPR）。FPR（也稱為 fall-out）是陰性實例被錯誤地歸類為陽性的比率，它等於 1 減**真陰率**（*true negative rate*，TNR）。TNR 是陰性實例被正確地歸類為陰性的比率，它也稱為 *specificity*。因此，ROC 曲線畫的是 *sensitivity*（recall）vs. 1 – *specificity*。

要畫出 ROC 曲線，你要先使用 roc_curve() 函式來計算各種閾值的 TPR 與 FPR：

```
from sklearn.metrics import roc_curve

fpr, tpr, thresholds = roc_curve(y_train_5, y_scores)
```

接著使用 Matplotlib 來畫出 FPR vs. TPR。下面這段程式可產生圖 3-7。為了找出對應 90% precision 的點，我們必須找出所需的閾值的索引。因為在這個例子中，閾值是降序排列的，我們在第一行使用 <= 而不是 >=：

```
idx_for_threshold_at_90 = (thresholds <= threshold_for_90_precision).argmax()
tpr_90, fpr_90 = tpr[idx_for_threshold_at_90], fpr[idx_for_threshold_at_90]

plt.plot(fpr, tpr, linewidth=2, label="ROC curve")
plt.plot([0, 1], [0, 1], 'k:', label="Random classifier's ROC curve")
plt.plot([fpr_90], [tpr_90], "ko", label="Threshold for 90% precision")
[...] # 美化圖表，加入標籤、網格、圖例、箭頭、文字
plt.show()
```

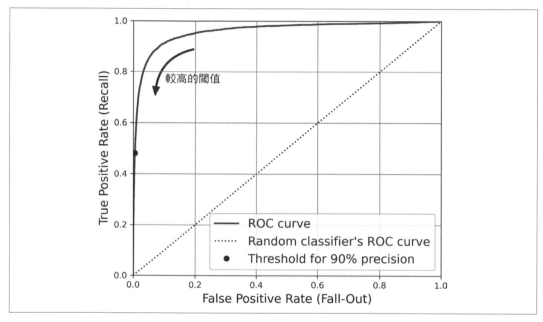

圖 3-7 這張 ROC 曲線圖畫出所有可能的閾值的偽陽率 vs. 真陽率；黑點是我們選擇的比率（位於 90% precision 和 48% recall）

這裡同樣需要做出取捨：recall（TPR）越高，分類器產生的偽陽（FPR）越多。虛線是純隨機分類器的 ROC 曲線，分類器離這條線越遠（越接近左上角）越好。

有一種比較分類器的做法是計算**曲線以下區域面積**（*area under the curve*，AUC）。完美分類器的 ROC AUC 等於 1，純隨機分類器的 ROC AUC 等於 0.5。Scikit-Learn 有一個函式可計算 ROC AUC：

```
>>> from sklearn.metrics import roc_auc_score
>>> roc_auc_score(y_train_5, y_scores)
0.9604938554008616
```

ROC 曲線如此類似 precision/recall（PR）曲線，可能讓你想知道該如何從中做出選擇。根據經驗，當陽性類別很罕見，或當你比較在乎偽陽而非偽陰時，應該選擇 PR 曲線。否則就使用 ROC 曲線。例如，看了上面的 ROC 曲線（以及 ROC AUC 分數）之後，你可能認為這個分類器還不錯，但是它之所以如此，主要是因為陽性（5）比陰性（非 5）少很多。相較之下，PR 曲線可清楚地展示這個分類器還有改善的空間：曲線還可以更接近右上角（再看一次圖 3-6）。

接下來，我們要建立 RandomForestClassifier，拿它的 PR 曲線和 F_1 分數與 SGDClassifier 做比較：

```
from sklearn.ensemble import RandomForestClassifier

forest_clf = RandomForestClassifier(random_state=42)
```

precision_recall_curve() 函式期望接收標籤與每個實例的分數，所以我們必須訓練隨機森林分類器，並讓它為每個實例指定一個分數。但是由於 RandomForestClassifier 類別的工作方式，它沒有 decision_function() 方法（我們將在第 7 章討論這件事）。幸好，它有一個 predict_proba() 方法，該方法可以為每一個實例回傳類別機率，我們可以直接使用陽性類別的機率作為分數，如此一來，它就可以正常運作 [4]。我們可以呼叫 cross_val_predict() 函式，使用交叉驗證來訓練 RandomForestClassifier 分類器，並讓它預測每張圖像的類別機率：

```
y_probas_forest = cross_val_predict(forest_clf, X_train, y_train_5, cv=3,
                                    method="predict_proba")
```

我們來看看訓練組的前兩張圖像的類別機率：

```
>>> y_probas_forest[:2]
array([[0.11, 0.89],
       [0.99, 0.01]])
```

模型預測第一張圖像是陽性的機率是 89%，預測第二張圖像是陰性的機率為 99%。由於每張圖像非陽即陰，所以每一行的機率總和是 100%。

---

4   Scikit-Learn 的分類器一定有 decision_function() 方法或 predict_proba() 方法，有時兩者兼具。

這是估計出來的機率，不是實際的機率。舉例來說，你可以看一下被模型歸類為陽性，且估計機率在 50% 到 60% 之間的所有圖像，其中大約有 94% 實際上是陽性的。因此，在這個例子中，模型的估計機率太低，但模型也可能過於自信。sklearn.calibration 程式包有一些用來校準估計機率，讓它更接近實際機率的工具。詳情見本章 notebook 所附的補充教材（*https://homl.info/colab3*）。

第二行是陽性類別的估計機率，因此，我們將它們傳給 precision_recall_curve() 函式：

```
y_scores_forest = y_probas_forest[:, 1]
precisions_forest, recalls_forest, thresholds_forest = precision_recall_curve(
    y_train_5, y_scores_forest)
```

現在可以畫出 PR 曲線了，我們可以一併畫出第一條 PR 曲線來比較它們（圖 3-8）：

```
plt.plot(recalls_forest, precisions_forest, "b-", linewidth=2,
         label="Random Forest")
plt.plot(recalls, precisions, "--", linewidth=2, label="SGD")
[...]  # 美化圖表，加入標籤、網格、圖例
plt.show()
```

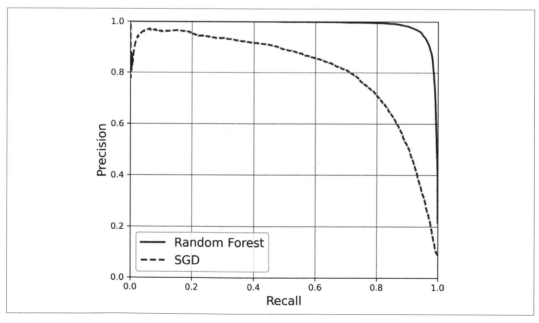

圖 3-8　比較 PR 曲線：隨機森林分類器優於 SGD 分類器，因為它的 PR 曲線更靠近右上角許多，而且它有更大的 AUC

從圖 3-8 可以看到，RandomForestClassifier 的 PR 曲線比 SGDClassifier 的好多了，它靠近右上角許多。它的 F_1 分數與 ROC AUC 分數也明顯較好：

```
>>> y_train_pred_forest = y_probas_forest[:, 1] >= 0.5  # 陽性機率 >= 50%
>>> f1_score(y_train_5, y_pred_forest)
0.9242275142688446
>>> roc_auc_score(y_train_5, y_scores_forest)
0.9983436731328145
```

試著計算 precision 與 recall 分數，你應該會得到大約 99.1% 的 precision 與 86.6% 的 recall。還不賴！

現在你已經知道如何訓練二元分類器、為你的任務選擇適當的評量標準、用交叉驗證來評估分類器、選擇符合需求的 precision/recall，以及使用幾個指標和曲線來比較各種模型了。接下來，我們要試著檢測數字 5 以外的東西。

多類別分類

二元分類器可區分兩個類別，而**多類別分類器**（也稱為**多項**（*multinomial*）分類器）可以區分超過兩個類別。

有一些 Scikit-Learn 分類器（例如 LogisticRegression、RandomForestClassifier 與 GaussianNB）天生能夠處理多個類別，其他的分類器則是嚴格的二元分類器（例如 SGDClassifier 與 SVC）。但是你可以透過幾種策略來使用多個二元分類器執行多類別分類。

其中一種將數字圖像分成 10 個類別（從 0 到 9）的方法是訓練 10 個二元分類器，讓每個分類器負責一個數字（一個 0 偵測器，一個 1 偵測器，一個 2 偵測器，以此類推）。當你想要判定一張圖像的類別時，你可以從每一個分類器取得那張圖像的決策分數，然後檢查哪個類別的分類器輸出最高分數，並選擇那個類別。這種做法稱為**一對其餘**（*one-versus-the-rest*，OvR）策略（也稱為**一對全部**（*one-versus-all*，OvA））。

另一種做法是幫每一對數字訓練一個二元分類器：一個負責區分 0 與 1，另一個區分 0 與 2，另一個 1 與 2，以此類推。這種做法稱為**一對一**（*one-versus-one*，OvO）策略。如果類別有 N 個，你就要訓練 $N \times (N-1) / 2$ 個分類器，對 MNIST 問題而言，你要訓練 45 個二元分類器！為了分類一張圖像，你要讓全部的 45 個分類器處理那張圖像，並檢查哪個類別贏得最多次的對決。OvO 的優點主要在於，在訓練每一個分類器時，只要使用讓它分辨的兩個類別來訓練它即可。

有些演算法（例如支援向量機分類器）很難隨著訓練組的擴大而擴展，對這些演算法而言，OvO 是首選，因為使用小型訓練組來訓練許多分類器，比使用大型訓練組來訓練少量的分類器快得多。但是對大多數的二元分類演算法而言，OvR 是首選。

Scikit-Learn 能夠發現你想用二元分類演算法來處理多類別分類任務，並根據演算法的不同，自動執行 OvR 或 OvO。我們使用 sklearn.svm.SVC 類別（見第 5 章）的支援向量機分類器來進行這個操作。我們只用前 2,000 張圖像進行訓練，否則需要花很長的時間：

```
from sklearn.svm import SVC

svm_clf = SVC(random_state=42)
svm_clf.fit(X_train[:2000], y_train[:2000])  # 是 y_train，不是 y_train_5
```

就這麼簡單！我們使用從 0 到 9 的原始目標類別（y_train）來訓練 SVC，而不是使用 5 與其他類別（y_train_5）來進行訓練。由於有 10 個類別（超過 2 個），Scikit-Learn 使用了 OvO 策略，訓練了 45 個二元分類器。我們來對一張圖像進行預測：

```
>>> svm_clf.predict([some_digit])
array(['5'], dtype=object)
```

它答對了！這段程式碼實際上進行了 45 次預測——每一對類別一次——並選擇了獲勝最多次的類別。呼叫 decision_function() 方法可以看到它為每個實例回傳 10 個分數：每個類別一個。每個類別的分數等於獲勝次數加上或減去一個小調整值（最大 ±0.33），以決定平局時的勝負，該調整值是根據分類器的分數：

```
>>> some_digit_scores = svm_clf.decision_function([some_digit])
>>> some_digit_scores.round(2)
array([[ 3.79,  0.73,  6.06,  8.3 , -0.29,  9.3 ,  1.75,  2.77,  7.21,
         4.82]])
```

最高分是 9.3，它確實屬於類別 5：

```
>>> class_id = some_digit_scores.argmax()
>>> class_id
5
```

訓練好分類器之後，分類器會將目標類別串列存入它的 classes_ 屬性，按值排序。在使用 MNIST 的情況下，在 classes_ 陣列中的每個類別的索引恰好與類別本身相符（例如，位於索引為 5 之處的類別恰好是類別 '5'），但通常你不會如此幸運，你要像這樣尋找類別標籤：

```
>>> svm_clf.classes_
array(['0', '1', '2', '3', '4', '5', '6', '7', '8', '9'], dtype=object)
```

```
>>> svm_clf.classes_[class_id]
'5'
```

如果你想要強迫 Scikit-Learn 使用一對一或一對其餘，可使用 OneVsOneClassifier 或 OneVsRestClassifier 類別。你只要建立一個實例，並且將一個分類器傳給它的建構式即可（甚至不必是二元分類器）。例如，這段程式以 SVC 和 OvR 策略來建立一個多類別分類器：

```
from sklearn.multiclass import OneVsRestClassifier

ovr_clf = OneVsRestClassifier(SVC(random_state=42))
ovr_clf.fit(X_train[:2000], y_train[:2000])
```

我們來進行一次預測，並檢查訓練出來的分類器有幾個：

```
>>> ovr_clf.predict([some_digit])
array(['5'], dtype='<U1')
>>> len(ovr_clf.estimators_)
10
```

用多類別資料組來訓練 SGDClassifier 並使用它來進行預測也很簡單：

```
>>> sgd_clf = SGDClassifier(random_state=42)
>>> sgd_clf.fit(X_train, y_train)
>>> sgd_clf.predict([some_digit])
array(['3'], dtype='<U1')
```

咦？它猜錯了。預測錯誤確實會發生！這次 Scikit-Learn 在內部使用 OvR 策略：由於有 10 個類別，它訓練了 10 個二元分類器。decision_function() 方法現在為每個類別回傳一個值。我們來看一下 SGD 分類器指派給每一個類別的分數：

```
>>> sgd_clf.decision_function([some_digit]).round()
array([[-31893., -34420.,  -9531.,   1824., -22320.,  -1386., -26189.,
        -16148.,  -4604., -12051.]])
```

由此可見分類器對它的預測不太有信心：幾乎所有分數都是很大的負值，而類別 3 的分數是 +1,824，類別 5 的分數相去不遠，是 -1,386。當然，你不會只用一張圖像來評估這個分類器。由於每個類別的圖像數量大致相同，所以可以使用 accuracy（準確率）指標[譯註]。你同樣可以使用 cross_val_score() 函式來評估模型：

```
>>> cross_val_score(sgd_clf, X_train, y_train, cv=3, scoring="accuracy")
array([0.87365, 0.85835, 0.8689 ])
```

譯註 後續內容中的「準確率」皆指 accuracy 指標。

它處理所有測試 fold 的準確率都超過 85.8%。如果你使用隨機分類器,你只能獲得 10% 的準確率,所以這個分數不算太差,但仍然有改善的空間。我們只要對輸入進行尺度調整(見第 2 章的討論)即可將準確率提升至 89.1% 以上:

```
>>> from sklearn.preprocessing import StandardScaler
>>> scaler = StandardScaler()
>>> X_train_scaled = scaler.fit_transform(X_train.astype("float64"))
>>> cross_val_score(sgd_clf, X_train_scaled, y_train, cv=3, scoring="accuracy")
array([0.8983, 0.891 , 0.9018])
```

錯誤分析

如果這是真實的專案,你應該會按照機器學習專案檢查清單(見附錄 A)的步驟執行。你會研究資料準備選項、嘗試多個模型,選出最好的幾個,並使用 GridSearchCV 來微調它們的超參數,並且盡可能地進行自動化。在此,我們假設你已經找到有潛力的模型,而且想要找到改善它的方法,有一種做法是分析它產生的錯誤的類型。

我們先來看一下混淆矩陣。和之前一樣,我們先使用 cross_val_predict() 函式來進行預測,然後將標籤與預測結果傳給 confusion_matrix() 函式。然而,由於現在有 10 個類別而不是 2 個,混淆矩陣會有很多數字,可能很難閱讀。

使用彩色的混淆矩陣圖表比較容易分析。我們使用 ConfusionMatrixDisplay.from_predictions() 函式來繪製這樣的圖表,如下所示:

```
from sklearn.metrics import ConfusionMatrixDisplay

y_train_pred = cross_val_predict(sgd_clf, X_train_scaled, y_train, cv=3)
ConfusionMatrixDisplay.from_predictions(y_train, y_train_pred)
plt.show()
```

這段程式產生圖 3-9 的左圖。這個混淆矩陣看起來還不錯,因為大部分的圖像都在主對角線,這意味著它們都被正確地分類。注意在對角線的第 5 列和第 5 行上的格子看起來比其他數字暗一點。這可能是因為模型對於數字 5 犯下較多的錯誤,或因為在資料組中的數字 5 比其他數字更少。這就是為什麼將混淆矩陣正規化很重要,正規化就是將每一個值除以相應(真實)類別的圖像總數(即除以列之和)。正規化可以藉著設定 normalize="true" 來完成。我們也可以使用 values_format=".0%" 引數來顯示無小數點的百分比。下面這段程式可產生圖 3-9 的右圖:

```
ConfusionMatrixDisplay.from_predictions(y_train, y_train_pred,
                                        normalize="true", values_format=".0%")
plt.show()
```

現在我們一眼就可以看出，只有 82% 的數字 5 圖像被正確分類。模型對於數字 5 的圖像最常犯的錯誤是將它們錯誤地歸類為數字 8，它對 10% 的數字 5 犯下這個錯誤。但是，只有 2% 的數字 8 被錯誤地歸類為數字 5，混淆矩陣通常是不對稱的！仔細觀察，你會看到許多數字都被錯誤地歸類為數字 8，但這件事不容易在這張圖表中看出。如果你想要更突顯錯誤，你可以試著將正確預測的權重設為零，就像下面這段程式的做法，它會產生圖 3-10 的左圖：

```
sample_weight = (y_train_pred != y_train)
ConfusionMatrixDisplay.from_predictions(y_train, y_train_pred,
                                        sample_weight=sample_weight,
                                        normalize="true", values_format=".0%")
plt.show()
```

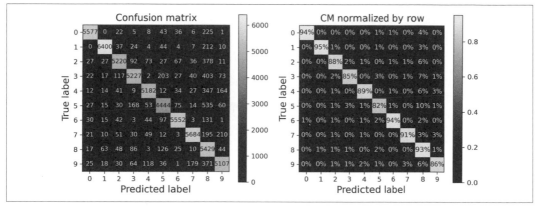

圖 3-9　混淆矩陣（左），以及以列進行正規化的同一個混淆矩陣（右）

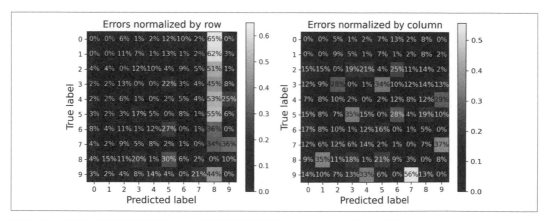

圖 3-10　只顯示錯誤的混淆矩陣，左圖以列進行正規化，右圖以行進行正規化

現在可以更清楚地看出分類器的錯誤類型，類別 8 的那一行很明亮，證實了很多圖像都被錯誤地歸類為 8。實際上，幾乎所有類別都最常被錯誤地歸類為 8。但是你必須謹慎地解讀圖表中的百分比：別忘了，我們排除了正確的預測。例如，第 7 列，第 9 行的 36% 不是指 36% 的數字 7 被錯誤歸類為數字 9，而是指，被模型錯誤地歸類為其他數字的數字 7 中，有 36% 被歸類為數字 9。實際上，只有 3% 的數字 7 被錯誤歸類為數字 9，正如你在圖 3-9 的右圖中看到的那樣。

你也可以以行進行混淆矩陣正規化，而不是以列進行正規化：如果你設定 `normalize="pred"`，你會得到圖 3-10 的右圖。例如，你可以看到被錯誤分類為數字 7 的次數中，有 56% 實際上是數字 9。

分析混淆矩陣通常能夠從中知道如何改進分類器。從這張圖看來，你應該把精力花在減少偽 8 上。例如，你可以試著收集更多看起來像 8（但不是 8）的訓練資料，讓分類器學習分辨它們與真正的 8。你也可以設計新特徵來協助分類器——例如，寫一個演算法來計算封閉迴路的數量（例如，8 有兩個、6 有一個、5 沒有）。或者，你可以預先處理圖像（例如使用 Scikit-Image、Pillow 或 OpenCV）來讓一些圖樣（例如封閉迴路）更明顯。

分析個別的錯誤也可以讓你瞭解分類器在做什麼，以及為何它失敗，舉例來說，我們來以混淆矩陣風格畫出 3 與 5 的案例（圖 3-11）：

```
cl_a, cl_b = '3', '5'
X_aa = X_train[(y_train == cl_a) & (y_train_pred == cl_a)]
X_ab = X_train[(y_train == cl_a) & (y_train_pred == cl_b)]
X_ba = X_train[(y_train == cl_b) & (y_train_pred == cl_a)]
X_bb = X_train[(y_train == cl_b) & (y_train_pred == cl_b)]
[...]  # 用混淆矩陣風格，在 X_aa、X_ab、X_ba、X_bb 中畫出所有圖像
```

如你所見，被分類器錯誤歸類的一些數字（左下區塊與右上方區塊）寫得很潦草，即使是人類也很難分辨。然而，大多數被錯誤歸類的圖像在我們眼中是明顯的錯誤。我們可能很難瞭解分類器為什麼犯了這些錯誤，但請記住，人類的大腦是出色的模式辨識系統，而且，在任何資訊到達表意識之前，我們的視覺系統會做很多複雜的預先處理。因此，這個任務感覺起來很簡單並不意味著它真的很簡單。記住，我們使用的是簡單的 `SGDClassifier`，它只是一個線性模型，僅僅為每一個像素指定每一個類別的權重，當它看到新圖像時，它只是計算加權像素強度的總和，以獲得每個類別的分數。由於 3 和 5 之間只相差幾個像素，所以這個模型很容易搞不清楚它們。

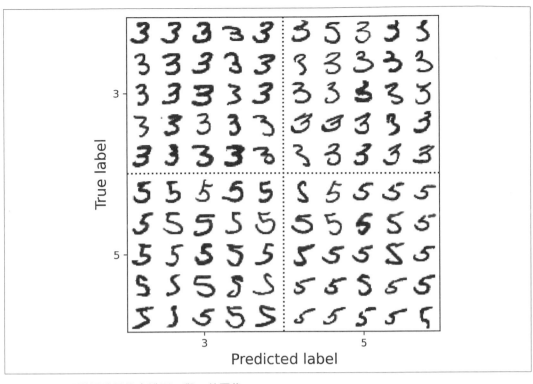

圖 3-11　用混淆矩陣風格來排列 3 與 5 的圖像

3 和 5 的主要差異是連接 5 的最上面那條橫線與下面的圓弧之間的短直線的位置。如果你寫 3 的時候，將短線寫得靠左邊一些，分類器就可能會把它歸類為 5，反之亦然。換句話說，這個分類器對圖像的偏移和旋轉相當敏感。為了要減少 3/5 之間的混淆，你可以預先處理圖像，以確保它們都被放在中央，而且沒有被旋轉太多。然而，這件事可能不容易做，因為程式需要預測每張圖像的正確旋轉方向。比較簡單的方法是擴充訓練組，加入略微平移和旋轉的變體。這將迫使模型學習容忍這樣子的變化。這個技術稱為**資料擴增**（我們將在第 14 章介紹這個主題，亦見本章結尾的習題 2）。

多標籤分類

到目前為止，各個實例都只被分配給一個類別。但有時你想讓分類器為每一個實例輸出多個類別。例如人臉辨識分類器：當它在同一張照片裡面認出很多人時，它要怎麼做？它應該為它認出的每一個人附上一個標籤。假如分類器被訓練成辨識三張臉：Alice、Bob 與 Charlie。當分類器看到 Alice 與 Charlie 的合照時，它應該輸出 [True, False, True]（代表

「Alice yes，Bob no，Charlie yes」）。這種輸出多個二元標籤的分類系統稱為**多標籤分類系統**。

我們還不打算討論人臉辨識系統，不過為了說明，我們先來看一個比較簡單的範例：

```python
import numpy as np
from sklearn.neighbors import KNeighborsClassifier

y_train_large = (y_train >= '7')
y_train_odd = (y_train.astype('int8') % 2 == 1)
y_multilabel = np.c_[y_train_large, y_train_odd]

knn_clf = KNeighborsClassifier()
knn_clf.fit(X_train, y_multilabel)
```

這段程式建立一個 y_multilabel 陣列，裡面有各個數位圖像的目標標籤：第一個代表它是不是大數字（7、8、9），第二個代表它是不是奇數。然後程式建立一個 KNeighborsClassifier 實例，它支援多標籤分類（並非所有分類器都支援），並使用多目標陣列來訓練這個模型。現在你可以進行預測，留意它輸出兩個標籤：

```python
>>> knn_clf.predict([some_digit])
array([[False,  True]])
```

它答對了！數字 5 確實不是大的（False），而且是奇數（True）。

評估多標籤分類器的方法很多，該使用哪一種評估指標依你的專案而定。你可以為各個單獨的標籤評測 F_1 分數（或之前提到的任何其他二元分類器評估指標），然後直接計算平均分數。下面這段程式計算所有標籤的平均 F_1 分數：

```python
>>> y_train_knn_pred = cross_val_predict(knn_clf, X_train, y_multilabel, cv=3)
>>> f1_score(y_multilabel, y_train_knn_pred, average="macro")
0.976410265560605
```

這個方法假設所有標籤都一樣重要，但實際上可能不是如此。特別是，如果 Alice 的照片比 Bob 和 Charlie 的還要多，你可能想要讓分類器對於 Alice 的照片打出來的分數有更多權重。有一種簡單的做法是讓每一個標籤的權重等於它的 *support*（也就是具有那個目標標籤的實例的數量）。為此，你只要在呼叫 f1_score() 函式時，設定 average="weighted" 即可 [5]。

---

5 Scikit-Learn 還有其他計算平均值的選項與多標籤分類器評估指標，詳情請參考文件。

如果你想使用未原生支援多標籤分類的分類器，例如 SVC，有一種可行的策略是為每個標籤訓練一個模型。但是這種策略可能難以捕捉標籤間的依賴關係。例如，大數字（7、8、9）是奇數的機率為大數字是偶數的機率的兩倍，但「奇數」標籤的分類器不知道「大數字」標籤的分類器的預測結果。為瞭解決這個問題，我們可以將這些模型串成一鏈：當模型進行預測時，讓它使用輸入特徵以及它前面的所有模型的預測結果。

好消息是，Scikit-Learn 正好有一個稱為 ChainClassifier 的類別可以做這件事！在預設情況下，它會使用真（true）標籤來進行訓練，根據模型在串鏈中的位置，將適當的標籤提供給每個模型。但是，如果你設定了 cv 超參數，它將使用交叉驗證，用每一個訓練好的模型來為訓練組的每一個實例做出「乾淨的」（out-of-sample，樣本外）預測，並且用這些預測來訓練串鏈上的所有後續模型。下面這個範例展示如何使用交叉驗證策略來建立和訓練 ChainClassifier。同樣地，為了加快速度，我們只使用訓練組的前 2,000 張圖像：

```python
from sklearn.multioutput import ClassifierChain

chain_clf = ClassifierChain(SVC(), cv=3, random_state=42)
chain_clf.fit(X_train[:2000], y_multilabel[:2000])
```

現在我們可以使用這個 ChainClassifier 來進行預測了：

```python
>>> chain_clf.predict([some_digit])
array([[0., 1.]])
```

多輸出分類

我們要討論的最後一種分類任務是**多輸出多類別分類**（或簡稱**多輸出分類**）。它只是更廣泛的多標籤分類，它的每個標籤都可能屬於多個類別（也就是它可以有超過兩個可能的值）。

為了說明這種分類任務，我們要建立一個能夠移除圖像雜訊的系統。這個系統接收一張有雜訊的數位圖像，並（希望）輸出一張乾淨的數位圖像，圖像以像素強度陣列來表示，就像 MNIST 圖像那樣。請注意，分類器的輸出是多標籤的（每個像素一個標籤），而且各個標籤可能是多種值（像素強度的範圍是 0 到 255）。因此它是個多輸出分類系統。

> 分類與回歸之間的界限有時很模糊，就像這個範例。我們可以說，預測像素強度比較接近回歸，而不是分類。此外，多輸出系統不限於分類任務。你甚至可讓系統為每個實例輸出多個標籤，同時包含類別標籤與值標籤。

我們先用 NumPy 的 randint() 函式來將雜訊加入 MNIST 圖像的像素強度。目標圖像是原始圖像：

```
np.random.seed(42)  # 為了讓這段範例程式可以復現
noise = np.random.randint(0, 100, (len(X_train), 784))
X_train_mod = X_train + noise
noise = np.random.randint(0, 100, (len(X_test), 784))
X_test_mod = X_test + noise
y_train_mod = X_train
y_test_mod = X_test
```

我們來看一下測試組的第一張圖像（圖 3-12）。沒錯，我們正在偷窺測試資料，所以你應該出現不以為然的表情了。

圖 3-12　有雜訊的圖像（左圖）與目標乾淨圖像（右圖）

左邊是有雜訊的輸入圖像，右邊是乾淨的目標圖像。接著我們要訓練分類器，讓它清理這張圖像（圖 3-13）：

```
knn_clf = KNeighborsClassifier()
knn_clf.fit(X_train_mod, y_train_mod)
clean_digit = knn_clf.predict([X_test_mod[0]])
plot_digit(clean_digit)
plt.show()
```

圖 3-13　已清理的圖像

看來很接近目標！我們的分類之旅在此結束。現在你知道如何為分類任務選擇正確的評估指標、選擇適當的 precision/recall、比較分類器，以及為各種任務建立優良的分類系統了。下一章要教你這些機器學習模型的工作原理。

習題

1. 試著為 MNIST 資料組建立一個分類器，讓它對於測試組有超過 97% 的準確率。提示：KNeighborsClassifier 很適合這項任務，你只要找出好的超參數值即可（試著對 weights 與 n_neighbors 超參數進行網格搜尋）。

2. 寫一個可以將 MNIST 圖像往任何方向（左、右、上、下）移動一個像素的函式 [6]。然後，為訓練組的每一張圖像建立四張移動後的複本（每個方向一張），並將它們加入訓練組。最後，用這個擴展過的訓練組來訓練你的最佳模型，並且用測試組來評估它的準確率。你應該可以看到模型有更好的表現！這項人工擴展訓練組的技術稱為資料擴增（*data augmentation*）或訓練組擴展（*training set expansion*）。

3. 處理 Titanic 資料組。Kaggle 是很棒的起點（*https://kaggle.com/c/titanic*）。你也可以從 *https://homl.info/titanic.tgz* 下載資料並解壓縮該 tarball，就像在第 2 章處理房地產資料時那樣。它會給你兩個 CSV 檔，包括 *train.csv* 與 *test.csv*，你可以用 pandas.read_csv() 來載入它們。你的目標是基於其他欄，訓練一個能夠預測 Survived 欄的分類器。

4. 建立垃圾郵件分類器（這個習題比較有挑戰性）：

   a. 從 Apache SpamAssassin（*https://homl.info/spamassassin*）公開的資料組下載垃圾郵件與一般郵件範例。

   b. 將資料組解壓縮，並且熟悉資料格式。

   c. 將資料組拆成訓練組與測試組。

   d. 寫一個資料預備 pipeline 來將各個 email 轉換成特徵向量。你的預備 pipeline 應該將 email 轉換成（稀疏）向量，指出各個可能的單字是否出現。例如，如果所有 email 都只包含四個單字，Hello、how、are 與 you，那麼 email「Hello you Hello Hello you」應轉換成向量 [1, 0, 0, 1]（代表 [Hello 存在，how 不存在，are 不存在，you 存在]），或 [3, 0, 0, 2]，如果你比較喜歡計算各個單字出現的次數的話。

6　你可以使用 scipy.ndimage.interpolation 模組的 shift() 函式。例如，shift(image, [2, 1], cval=0) 會將圖像下移兩個像素，右移一個像素。

你可能要為預備 pipeline 加入超參數來控制是否刪除 email 標題、將每個 email 轉換成小寫、刪除標點符號、將所有網址換成「URL」這三個字母、將所有數字換成 NUMBER，甚至執行 *stemming*（也就是移除字尾，有一些 Python 程式庫可執行這項工作）。

e. 最後，嘗試幾個分類器，看看能不能建立一個很棒的垃圾郵件分類器，具備高 recall 與高 precision。

這些習題的答案在本章的 notebook（*https://homl.info/colab3*）的結尾。

## 第四章

訓練模型

到目前為止，我們都將機器學習模型與它們的訓練演算法當成黑盒子。如果你做了前幾章的習題，你應該會驚訝地發現，你不需要瞭解太多底層的知識就可以做很多事情了：你優化了一個回歸系統、改善了一個數字圖像分類器，甚至從零開始建立一個垃圾郵件分類器，完全不需要知道它們的實際動作。其實，在許多情況下，你不需要真正知道實作細節。

但是，瞭解事物如何運作可以協助你快速找出合適的模型、使用正確的訓練演算法，以及找到適合任務的超參數。瞭解底層的東西也可以協助你更高效地進行除錯，以及執行錯誤分析。最後，本章討論的主題大都是瞭解、建構、訓練神經網路（在本書的第二部分討論）必備的部分。

在本章中，我們會先瞭解線性回歸模型，它是最簡單的模型之一。我們將討論兩種全然不同訓練法：

- 直接使用「閉合形式」方程式[1]，算出讓模型最擬合訓練組（也就是可將訓練組的代價函數最小化）的模型參數。

- 使用一種稱為梯度下降（Gradient Descent，GD）的迭代優化法來逐步調整模型參數，來將訓練組的代價函數最小化，最終收斂成與第一種方法一樣的參數組。我們會看一些梯度下降的變體：批次 GD、小批次 GD 與隨機 GD。我們將在第二部分學習神經網路時反覆使用它們。

1　閉合形式方程式僅由有限數量的常數、變數和標準運算組成，例如 $a = \sin(b - c)$。它沒有無窮的總和、極限、積分…等。

接著我們要瞭解多項式回歸，它是比較複雜的模型，可擬合非線性的資料組。因為這種模型的參數比線性回歸更多，所以它比較容易過擬訓練資料，所以我們將探討如何使用學習曲線來檢測有沒有發生這種情況，然後研究一些降低過擬訓練組風險的正則化技術。

最後，我們還要探討兩種經常用來執行分類任務的模型：logistic（邏輯）回歸與 softmax 回歸。

 本章有許多數學公式，它們將使用線性代數與微積分的基本概念。為了瞭解這些公式，你必須知道什麼是向量與矩陣、如何轉置它們、對它們執行乘法、取逆，以及什麼是偏導數。如果你不瞭解這些概念，請參考線上輔助教材的 Jupyter notebook 中的線性代數與微積分課程（*https://github.com/ageron/handson-ml3*）。如果你不喜歡數學，你還是要看這一章，但可以跳過公式，希望文字的部分足以幫助你理解大部分的概念。

線性回歸

我們在第 1 章看過生活滿意度的回歸模型：

$$life\_satisfaction = \theta_0 + \theta_1 \times GDP\_per\_capita$$

這個模型只是輸入特徵 `GDP_per_capita` 的線性函數。θ_0 與 θ_1 是模型的參數。

更廣泛地說，線性模型進行預測的方式，是計算輸入特徵的加權總和，再加上一個稱為*偏差項*（也稱為*截距項*）的常數，如公式 4-1 所示。

公式 *4-1　線性回歸模型預測*

$$\hat{y} = \theta_0 + \theta_1 x_1 + \theta_2 x_2 + \cdots + \theta_n x_n$$

在這個公式中：

- $\hat{y}$ 是預測值。
- n 是特徵的數量。
- x_i 是第 i 個特徵的值。
- θ_j 是第 j 個模型參數（包括偏差項 θ_0 與特徵權重 $\theta_1, \theta_2, \cdots, \theta_n$）。

你可以用更簡潔的向量形式來表示它，見公式 4-2。

$$\hat{y} = h_{\boldsymbol{\theta}}(\mathbf{x}) = \boldsymbol{\theta} \cdot \mathbf{x}$$

在這個公式中：

- $h_{\boldsymbol{\theta}}$ 是假設函數，使用模型參數 $\boldsymbol{\theta}$。

- $\boldsymbol{\theta}$ 是模型的**參數向量**，包含偏差項 θ_0 與特徵權重 θ_1 到 θ_n。

- $\mathbf{x}$ 是實例的**特徵向量**，包含 x_0 到 x_n，x_0 一定等於 1。

- $\boldsymbol{\theta} \cdot \mathbf{x}$ 是向量 $\boldsymbol{\theta}$ 與 $\mathbf{x}$ 的內積，等於 $\theta_0 x_0 + \theta_1 x_1 + \theta_2 x_2 + ... + \theta_n x_n$。

> 在機器學習中，向量通常被稱為行（*column*）向量，是一個具有一個欄位的 2D 陣列。如果 $\boldsymbol{\theta}$ 與 $\mathbf{x}$ 是行向量，那麼預測值是 $\hat{y} = \boldsymbol{\theta}^\mathsf{T}\mathbf{x}$，其中 $\boldsymbol{\theta}^\mathsf{T}$ 是 $\boldsymbol{\theta}$ 的轉置（列向量，而不是行向量），而 $\boldsymbol{\theta}^\mathsf{T}\mathbf{x}$ 是 $\boldsymbol{\theta}^\mathsf{T}$ 與 $\mathbf{x}$ 的矩陣乘積。當然它是同一個預測結果，只是這次是以單格（cell）矩陣來表示的，而不是純量值。在本書中，我將使用這種寫法來避免在內積與矩陣乘法之間切換。

OK，它就是線性回歸模型，那麼，我們該如何訓練它？之前提過，訓練一個模型的意思，就是設定它的參數，使它最擬合訓練組。為此，我們要先評估模型擬合訓練資料的程度有多好（或多糟）。第 2 章說過，最常見的回歸模型效能指標是均方根誤差（RMSE）（公式 2-1）。因此，為了訓練線性回歸模型，我們要先找到可將 RMSE 最小化的 $\boldsymbol{\theta}$ 值。在實務上，與 RMSE 相較之下，將均方誤差（MSE）最小化不但比較簡單，也可以得到相同的結果（因為可將正函數最小化的值，也可將函數的平方根最小化）。

> 在訓練期間，學習演算法通常會優化一個損失函數，這個損失函數與用來評估最終模型的效能指標不一樣。這通常是因為函數比較容易優化，而且（或者）它有一些項僅在訓練期間使用（例如用來正則化）。好的效能指標應盡可能地接近最終的商業目標。好的訓練損失容易優化，而且與指標高度相關。例如，分類器通常用對數損失（log loss，稍後介紹）等代價函數來進行訓練，但是用 precision/recall 來進行評估。對數損失很容易最小化，而最小化通常可以改善 precision/recall。

訓練組 $\mathbf{X}$ 的線性回歸假設 $h_{\boldsymbol{\theta}}$ 的 MSE 是用公式 4-3 來計算的。

公式 4-3　線性回歸模型的 MSE 代價函數

$$\text{MSE}(\mathbf{X}, h_{\boldsymbol{\theta}}) = \frac{1}{m} \sum_{i=1}^{m} \left(\boldsymbol{\theta}^{\mathsf{T}} \mathbf{x}^{(i)} - y^{(i)} \right)^2$$

我們已經在第 2 章介紹大部分的符號了（見第 43 頁的「符號」）。唯一的差異在於，我們使用 $h_{\boldsymbol{\theta}}$ 而非只是 h，來表明這個模型是用向量 $\boldsymbol{\theta}$ 來參數化的。為了簡化符號，我們用 $\text{MSE}(\boldsymbol{\theta})$ 來取代 $\text{MSE}(\mathbf{X}, h_{\boldsymbol{\theta}})$。

正規方程式

我們可以使用**封閉形式解**（*closed-form solution*）來找出將代價函數最小化的 $\boldsymbol{\theta}$ 值，換句話說，封閉形式解就是可以直接給出結果的數學公式，它稱為**正規方程式**（*Normal Equation*）（公式 4-4）。

公式 4-4　正規方程式

$$\widehat{\boldsymbol{\theta}} = \left(\mathbf{X}^{\mathsf{T}} \mathbf{X} \right)^{-1} \mathbf{X}^{\mathsf{T}} \, \mathbf{y}$$

在這個公式中：

- $\widehat{\boldsymbol{\theta}}$ 是可將代價函數最小化的 $\boldsymbol{\theta}$ 值。

- $\mathbf{y}$ 是目標值向量，裡面有 $y^{(1)}$ 至 $y^{(m)}$。

我們來製作一些看似線性的資料，用它們來測試這個方程式（圖 4-1）：

```python
import numpy as np

np.random.seed(42)  # 為了讓這段範例程式可以復現
m = 100  # 實例的數量
X = 2 * np.random.rand(m, 1)  # 行向量
y = 4 + 3 * X + np.random.randn(m, 1)  # 行向量
```

接下來，我們用正規方程式來計算 $\widehat{\boldsymbol{\theta}}$。我們使用 NumPy 的線性代數模組（np.linalg）的 inv() 函式來計算逆矩陣，並使用 dot() 方法來做矩陣乘積：

```python
from sklearn.preprocessing import add_dummy_feature

X_b = add_dummy_feature(X)  # 將 x0 = 1 加至每個實例
theta_best = np.linalg.inv(X_b.T @ X_b) @ X_b.T @ y
```

@ 運算子執行矩陣乘法。如果 A 和 B 是 NumPy 陣列，那麼 A @ B 等同於 np.matmul(A, B)。許多其他程式庫，例如 TensorFlow、PyTorch 和 JAX，也支援 @ 運算子。然而，你無法對著純 Python 陣列（即，串列的串列）使用 @。

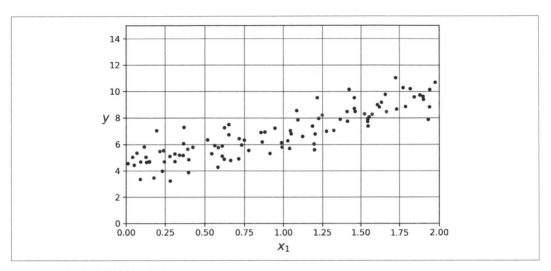

圖 4-1　隨機生成的線性資料組

我們用來產生資料的函數是 $y = 4 + 3x_1 +$ 高斯（Gaussian）雜訊。來看一下方程式找到什麼：

```
>>> theta_best
array([[4.21509616],
       [2.77011339]])
```

我們本來希望 $\theta_0 = 4$ 且 $\theta_1 = 3$ 而不是 $\theta_0 = 4.215$ 且 $\theta_1 = 2.770$。雖然兩者很接近，但雜訊使得我們無法恢復原始函數的精確參數。資料組越小且雜訊越大，就越難恢復。

現在我們可以用 $\hat{\theta}$ 來進行預測：

```
>>> X_new = np.array([[0], [2]])
>>> X_new_b = add_dummy_feature(X_new)  # 為每個實例加上 x0 = 1
>>> y_predict = X_new_b @ theta_best
>>> y_predict
array([[4.21509616],
       [9.75532293]])
```

我們來畫出這個模型的預測（圖 4-2）：

```
import matplotlib.pyplot as plt

plt.plot(X_new, y_predict, "r-", label="Predictions")
plt.plot(X, y, "b.")
[...]  # 美化圖表，加入標籤、座標軸、網格、圖例
plt.show()
```

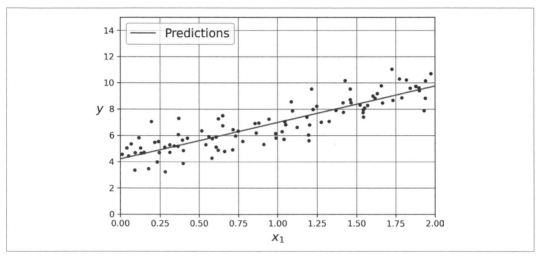

圖 4-2　線性回歸模型預測

使用 Scikit-Learn 來執行線性回歸相對簡單：

```
>>> from sklearn.linear_model import LinearRegression
>>> lin_reg = LinearRegression()
>>> lin_reg.fit(X, y)
>>> lin_reg.intercept_, lin_reg.coef_
(array([4.21509616]), array([[2.77011339]]))
>>> lin_reg.predict(X_new)
array([[4.21509616],
       [9.75532293]])
```

注意，Scikit-Learn 將偏差項（intercept_）從特徵權重（coef_）分離出來。
LinearRegression 類別以 scipy.linalg.lstsq() 函式為基礎（它的名字代表「least squares
（最小平方）」），你可以直接呼叫它：

```
>>> theta_best_svd, residuals, rank, s = np.linalg.lstsq(X_b, y, rcond=1e-6)
>>> theta_best_svd
array([[4.21509616],
       [2.77011339]])
```

這個函式計算 $\hat{\boldsymbol{\theta}} = \mathbf{X}^+\mathbf{y}$，其中 $\mathbf{X}^+$ 是 $\mathbf{X}$ 的**偽逆**（*pseudoinverse*）（具體來說，它是 Moore-Penrose 逆矩陣）。你可以用 `np.linalg.pinv()` 來直接計算偽逆：

```
>>> np.linalg.pinv(X_b) @ y
array([[4.21509616],
       [2.77011339]])
```

偽逆本身是用一種稱為**奇異值分解**（*Singular Value Decomposition*，SVD）的標準矩陣分解技術來計算的，這種技術可將訓練組矩陣 $\mathbf{X}$ 分解成三個矩陣 $\mathbf{U}\ \boldsymbol{\Sigma}\ \mathbf{V}^{\mathsf{T}}$ 的矩陣相乘（見 `numpy.linalg.svd()`）。算出來的偽逆是 $\mathbf{X}^+ = \mathbf{V}\boldsymbol{\Sigma}^+\mathbf{U}^{\mathsf{T}}$。在計算矩陣 $\boldsymbol{\Sigma}^+$ 時，演算法接收 $\boldsymbol{\Sigma}$，並將小於某個極小閾值的值都設為零，然後將所有非零值換成它們的逆值，最後將產生的矩陣轉置。這種做法比計算正規方程式更高效，而且可以正確地處理極端案例：事實上，如果矩陣 $\mathbf{X}^{\mathsf{T}}\mathbf{X}$ 是不可逆的（奇異的），正規方程式可能沒有用，例如當 $m < n$ 時，或有些特徵是多餘的時，但是偽逆絕對是有定義的（defined）。

計算複雜度

正規方程式計算的是 $\mathbf{X}^{\mathsf{T}}\ \mathbf{X}$ 的逆矩陣，它是個 $(n + 1) \times (n + 1)$ 矩陣（其中 n 是特徵數量）。計算這個逆矩陣的複雜度通常大約在 $O(n^{2.4})$ 至 $O(n^3)$ 之間，依具體的實作而定。換句話說，如果特徵的數量翻倍，計算時間要乘上大約 $2^{2.4} = 5.3$ 至 $2^3 = 8$。

Scikit-Learn 的 `LinearRegression` 類別使用的 SVD 技術大約是 $O(n^2)$。如果特徵數量翻倍，計算時間大約提升 4 倍左右。

> 當特徵數量變得很大時（例如 100,000 個），正規方程式與 SVD 技術都會變得非常慢。從正面看，它們都與訓練組的實例數量成線性關係（它們是 $O(m)$），因此只要記憶體可以容納大型的訓練組，它們就可以有效地處理大型訓練組。

此外，當你訓練好線性回歸模型之後（使用正規方程式或任何其他演算法），預測的速度會很快：計算複雜度與你想預測的實例數量及特徵數量成線性關係。換句話說，對兩倍的實例（或兩倍的特徵）進行預測所花費的時間大約也是兩倍。

接下來要介紹一種非常不同的線性回歸模型訓練法，它更適合有太多特徵，或太多訓練實例，而無法全部放入記憶體的情況。

梯度下降

梯度下降（*Gradient Descent*）是一種通用的優化演算法，它能夠找出許多問題的最佳解。梯度下降的基本概念是藉著反覆微調參數來將代價函數最小化。

假如你在起霧的深山裡迷路了，你只能感受腳底下的斜坡。為了快速走到山谷，有一種好方法是沿著最陡的斜坡向下走，這也是梯度下降的做法，它會計算誤差函式對參數向量 θ 的局部梯度，並且朝著梯度下降的方向前進。當梯度變成零時，你就到達最小值了！

在實務上，你可以先將 θ 設成隨機值（這稱為*隨機初始化*），然後逐步改善它，每次一小步，每一步都試著降低代價函數（例如 MSE），直到演算法收斂至最小值為止（見圖 4-3）。

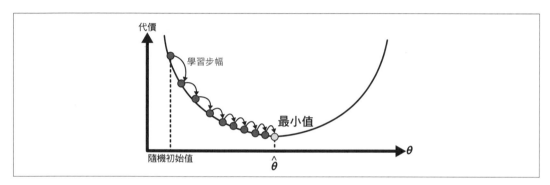

圖 4-3　在這張梯度下降圖中，模型參數的初始值都是隨機的，並且被反覆調整來將代價函數最小化；學習步幅與代價函數的斜率成正比，所以步幅會隨著參數趨近最小值而越來越小

在梯度下降中，步幅是很重要的參數，它是由*學習速度*（*learning rate*）超參數決定的。如果學習速度太小，演算法就得經歷多次反覆運算才能收斂，這將花費很久的時間（見圖 4-4）。

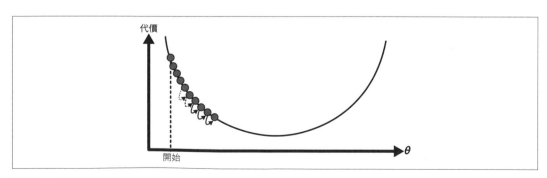

圖 4-4　學習速度太小

另一方面，學習速度太高可能會直接跳過山谷到另一邊，甚至可能跳到更高的位置，導致演算法發散，值越來越大，最終無法找到好的解（見圖 4-5）。

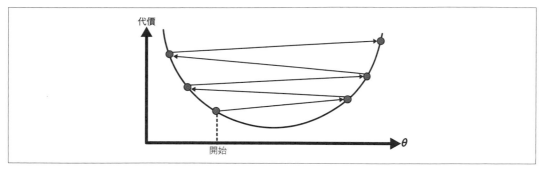

圖 4-5　學習速度太高

最後，並非所有代價函數看起來都像個漂亮的、常規的碗狀。它可能有坑洞、山嶺、高原，和各種不規則的地形，難以收斂至最小值。圖 4-6 展示梯度下降的兩大挑戰。如果隨機初始值從演算法的左邊開始，它會收斂至局部最小值，此值不像全域最小值那麼好。如果從右邊開始，它要花很長的時間來穿越平穩期，太早停止的話，永遠無法到達全域最小值。

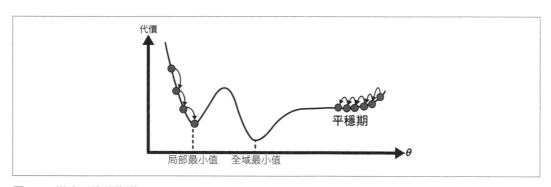

圖 4-6　梯度下降的陷阱

幸運的是，線性回歸模型的 MSE 代價函數剛好是個 **凸函數**（*convex function*），凸函數的意思是，選擇曲線上的任意兩點畫一條直線的話，那條直線絕對不會與曲線交叉。凸函數意味著這條曲線沒有局部最小值，只有全域最小值。凸函數也是一個連續函數，其斜率永遠不會突然變化[2]。這兩個特性有重大的意義，它們意味著梯度下降一定能夠非常接近全域最小值（如果你等待的時間夠久，而且學習速度不高）。

儘管代價函數長得像一個碗，但如果特徵的尺度有很大的差異，它可能成為一個橢圓形的碗。圖 4-7 展示了在特徵 1 和特徵 2 有相同尺度的訓練組上進行梯度下降（左）的情況，以及在特徵 1 的值比特徵 2 小得多的訓練組上進行的梯度下降（右）的情況[3]。

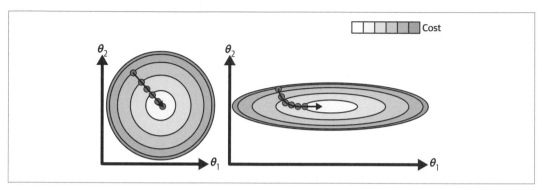

圖 4-7　進行了特徵尺度調整的梯度下降（左邊）與沒有進行特徵尺度調整（右邊）的梯度下降

如你所見，左圖的梯度下降演算法直接朝著最小值的方向前進，因此迅速到達最小值，右圖則先朝著與全域最小值方向幾乎垂直的方向前進，最終沿著幾乎平坦的山谷進行長時間的下降，雖然它最終也到達最小值，但花了很長的時間。

在使用梯度下降時，你要確保所有特徵都有相似的尺度（例如使用 Scikit-Learn 的 StandardScaler 類別），否則收斂的時間會長很多。

這張圖也說明一個事實：訓練模型，就是找出一組可將代價函數最小化的模型參數（使用訓練組來尋找）。它是在模型的**參數空間**裡進行搜尋。模型的參數越多，空間的維數越多，搜尋就越困難：在 300 維的乾草堆中尋找一根細針，比在 3 維空間裡困難很多。幸好，由於線性回歸的代價函數是凸的，針就在碗底。

2　嚴格說來，它的導數是 *Lipschitz continuous*。

3　因為特徵 1 比較小，所以 θ_1 必須有大很多的變化才能影響代價函數，這就是為什麼碗形沿著 θ_1 軸被延伸的原因。

批次梯度下降

為了實作梯度下降，你必須計算代價函數相對於每個模型參數 θ_j 的梯度。換句話說，你要計算微幅改變 θ_j 時，代價函數會改變多少。這種計算稱為**偏導數**，它就像詢問「如果我朝東，那麼我腳下的山坡的斜率是多少？」，然後詢問朝北的同一個問題（對所有其他維度也是如此，如果你能夠想像維度超過三的空間長怎樣的話）。公式 4-5 計算 MSE 對於參數 θ_j 的偏導數，寫成 $\partial \, \text{MSE}(\boldsymbol{\theta}) \, / \, \partial \theta_j$。

公式 4-5　代價函數的偏導數

$$\frac{\partial}{\partial \theta_j} \text{MSE}(\boldsymbol{\theta}) = \frac{2}{m} \sum_{i=1}^{m} \left(\boldsymbol{\theta}^\mathsf{T} \mathbf{x}^{(i)} - y^{(i)} \right) x_j^{(i)}$$

你只要使用公式 4-6 就可以一次算出這些偏導數了，不需要分別計算它們。梯度向量（寫成 $\nabla_{\boldsymbol{\theta}} \text{MSE}(\boldsymbol{\theta})$）包含代價函數的所有偏導數（每個模型參數一個）。

公式 4-6　代價函數的梯度向量

$$\nabla_{\boldsymbol{\theta}} \text{MSE}(\boldsymbol{\theta}) = \begin{pmatrix} \dfrac{\partial}{\partial \theta_0} \text{MSE}(\boldsymbol{\theta}) \\[2mm] \dfrac{\partial}{\partial \theta_1} \text{MSE}(\boldsymbol{\theta}) \\[1mm] \vdots \\[1mm] \dfrac{\partial}{\partial \theta_n} \text{MSE}(\boldsymbol{\theta}) \end{pmatrix} = \frac{2}{m} \mathbf{X}^\mathsf{T} (\mathbf{X}\boldsymbol{\theta} - \mathbf{y})$$

注意，這個公式是對著整個訓練組 **X** 進行計算，並且在各個梯度下降步驟都是如此！這就是它被稱為批次梯度下降的原因：它在每一個步驟都使用一整批訓練資料（事實上，稱為全梯度下降應該更合適）。因此，當它處理龐大的訓練組時，速度將極度緩慢（但我們很快就會看到快很多的梯度下降演算法）。但是，梯度下降法可以隨著特徵的數量而擴展，使用梯度下降法來訓練具有數十萬個特徵的線性回歸模型的速度，比使用正規方程式或 SVD 分解還要快很多。

一旦取得指往上坡方向的梯度向量，你只要朝著相反的方向前進，即可朝著下坡方向前進。這意味著將 $\boldsymbol{\theta}$ 減去 $\nabla_{\boldsymbol{\theta}} \text{MSE}(\boldsymbol{\theta})$。這就是學習速度 η 發揮作用的地方 [4]：我們將梯度向量乘以 η 來決定下坡步幅的大小（公式 4-7）。

4　Eta (η) 是希臘字母的第七個字母。

$$\boldsymbol{\theta}^{(\text{next step})} = \boldsymbol{\theta} - \eta \nabla_{\boldsymbol{\theta}} \text{MSE}(\boldsymbol{\theta})$$

我們來看一下如何快速實作這個演算法：

```
eta = 0.1  # 學習速度
n_epochs = 1000
m = len(X_b)  # 實例的數量

np.random.seed(42)
theta = np.random.randn(2, 1)  # 隨機初始化模型參數

for epoch in range(n_epochs):
    gradients = 2 / m * X_b.T @ (X_b @ theta - y)
    theta = theta - eta * gradients
```

這並不難！針對訓練組的每一次迭代都稱為一 *epoch*（期）。來看看算出來的 theta 是多少：

```
>>> theta
array([[4.21509616],
       [2.77011339]])
```

這正是正規方程式找到的值！梯度下降的表現很完美，但使用不同的學習速度（eta）會怎樣？圖 4-8 是使用三個不同學習速度的梯度下降的前 20 步。在每張圖最下面的那條線代表隨機起點，我們用越來越深的線條來表示每一個 epoch。

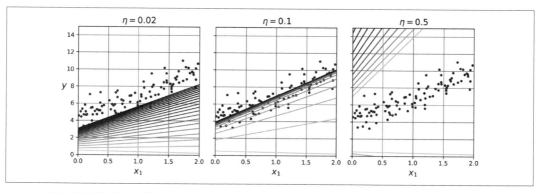

圖 4-8　使用各種學習速度的梯度下降

左圖的學習速度太低了，雖然演算法最終會到達解，但是它花很長的時間。中圖的學習速度看起來不錯，只用幾個 epoch 就收斂到解了。右圖的學習速度太高，導致演算法發散了，到處亂跳，每一步都離解越來越遠。

你可以用網格搜尋來找出好的學習速度（見第 2 章）。但是，你可能要限制 epoch 的次數，使網格搜尋法可排除收斂時間太長的模型。

你可能想知道如何設定 epoch 數？如果它太低，當演算法停止時，你仍然離最佳解很遠，但是如果它太高，你會浪費時間，因為模型參數再也不會改變。比較簡單的做法是設定很大的 epoch 數，但是在梯度向量變得很小時中斷演算法，也就是當它的範數（norm）變得小於一個很小的數字 ϵ（稱為容限數（tolerance））時，因為這會在梯度下降（幾乎）到達最小值的時候發生。

收斂速度

當代價函數是凸函數而且斜率不會突然變化（就像 MSE 代價函數的情況）時，使用固定學習速度的批次梯度下降最終會收斂至最佳解，但可能需要一段時間：根據代價函數的形狀，它能需要做 $O(1/\epsilon)$ 次迭代，才能到達在 ϵ 的範圍內的最佳解。如果你將容限數除以 10 來取得更精確的解，演算法可能會執行大約 10 倍的時間。

隨機梯度下降

批次梯度下降的主要問題是它在每一個步驟都使用整個訓練組來計算梯度，如此一來，當訓練組很大時，它的速度將十分緩慢。隨機梯度下降（Stochastic Gradient Descent）是另一個極端的做法，它會在每一個步驟從訓練組中隨機選出一個實例，並且僅用該實例來計算梯度。一次使用一個實例當然可讓演算法的速度快很多，因為它在每一次迭代時需要處理的資料少非常多。這種做法也讓我們有機會使用巨型的訓練組來進行訓練，因為在每次迭代時，記憶體只需要容納一個實例（隨機 GD 可以用外存（out-of-core）演算法來實現，見第 1 章）。

另一方面，由於這種演算法的隨機性質，它比批次梯度下降還要不規律許多：它的代價函數不會平穩地下降至最小值，而是會上下波動，只是平均而言是下降的。久而久之，它將非常接近最小值，但到達最小值後，它會繼續上下波動，永遠不會停止（見圖 4-9）。所以當演算法停止時，雖然最終參數值是好的，但不是最好的。

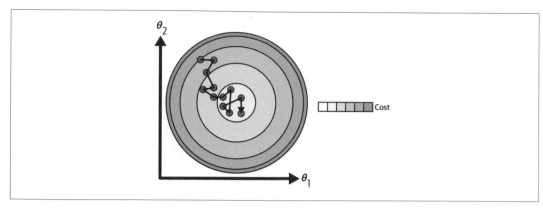

圖 4-9　隨機梯度下降的每一個訓練步驟都快很多，但也比批次梯度下降還要隨機

當代價函數非常不規則時（像圖 4-6 那樣），隨機性可幫助演算法跳出局部最小值，因此隨機梯度下降比批次梯度下降更有機會找到全域最小值。

隨機性有助於跳脫局部最佳值，但它也有壞處，因為它意味著演算法絕不會停留在最小值。有一種解決這個兩難的辦法，就是逐漸降低學習速度，最初使用大步幅（有助於快速前進並跳脫局部最小值），然後使用越來越小的步幅，使演算法停在全域最小值。這個程序類似**模擬退火**（*simulated annealing*）。模擬退火是受金屬熱處理中的退火（讓熔化的金屬慢慢冷卻）啟發的演算法。在每次迭代時決定學習速度的函數稱為**學習規劃**（*learning schedule*）。如果學習速度減少得太快，你可能會被困在局部最小值，甚至停在前往最小值的半路上。如果學習速度減少得太慢，你可能會在最小值附近跳躍很久，如果訓練太早結束，你可能只會得到次佳解。

下面的程式使用簡單的學習規劃來實作隨機梯度下降：

```python
n_epochs = 50
t0, t1 = 5, 50  # 學習規劃超參數

def learning_schedule(t):
    return t0 / (t + t1)

np.random.seed(42)
theta = np.random.randn(2, 1)  # 隨機初始化

for epoch in range(n_epochs):
    for iteration in range(m):
        random_index = np.random.randint(m)
        xi = X_b[random_index : random_index + 1]
        yi = y[random_index : random_index + 1]
```

```
gradients = 2 * xi.T @ (xi @ theta - yi)  # 執行 SGD 時，不除以 m
eta = learning_schedule(epoch * m + iteration)
theta = theta - eta * gradients
```

按慣例，我們執行包含 *m* 次迭代的多個回合，每一個回合稱為一 *epoch*。批次梯度下降程式對整個訓練組迭代了 1,000 次，但這段程式只遍歷訓練組 50 次就得到相當不錯的答案：

```
>>> theta
array([[4.21076011],
       [2.74856079]])
```

圖 4-10 是訓練的前 20 步（注意每一步有多麼不規則）。

請注意，因為實例是隨機選出的，有些實例可能被各個 epoch 選出多次，有些則未被選過。如果你想要確保演算法在每個 epoch 都遍歷每一個實例，另一種做法是洗亂訓練組（務必一併洗亂輸入特徵與標籤），再遍歷每一個實例，然後再洗亂它，以此類推。然而，這種做法比較複雜，而且通常無法改善結果。

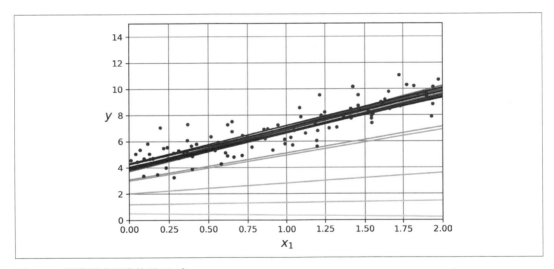

圖 4-10　隨機梯度下降的前 20 步

　在使用隨機梯度下降時，訓練實例必須獨立且具有相同分布（independent and identically distributed，IID），以確保平均而言，參數會被牽引至全域最佳解。確保這一點的一種簡單方法，是在訓練期間對實例進行洗牌（例如，隨機選擇每個實例，或在每個 epoch 開始時，將訓練組洗亂）。如果不將實例洗亂（舉例來說，如果實例依標籤排序），那麼 SGD 將先優化一個標籤，然後優化下一個，以此類推，並且不會靠近全域最小值。

若要用 Scikit-Learn 的隨機 GD 來執行線性回歸，你可以使用 SGDRegressor 類別，它預設優化 MSE 代價函數。下面這段程式最多執行 1,000 epoch（max_iter），或在連續 100 個 epoch（n_iter_no_change）期間，損失下降不到 10^{-5}（tol）時停止執行。它的初始學習速度是 0.01（eta0），使用預設的學習規劃（與前面的不同）。最後，它沒有使用任何正則化（penalty=None，稍後詳述）：

```
from sklearn.linear_model import SGDRegressor

sgd_reg = SGDRegressor(max_iter=1000, tol=1e-5, penalty=None, eta0=0.01,
                       n_iter_no_change=100, random_state=42)
sgd_reg.fit(X, y.ravel())  # 使用 y.ravel() 是因為 fit() 期望收到 1D 目標
```

同樣地，它產生的解相當接近正規方程式回傳的解：

```
>>> sgd_reg.intercept_, sgd_reg.coef_
(array([4.21278812]), array([2.77270267]))
```

 所有的 Scikit-Learn 估計器都可以使用 fit() 方法來訓練，但有些估計器也有 partial_fit() 方法，你可以呼叫它來用一個或多個實例執行一輪訓練（它忽略 max_iter 和 tol 等超參數）。反覆呼叫 partial_fit() 方法可逐漸訓練模型。這很適合在你想要更仔細地控制訓練過程時使用。其他模型則有一個 warm_start 超參數（有些模型兩者都有）：若設定 warm_start=True，那麼對著訓練過的模型呼叫 fit() 方法將不會重設模型，而是從上次停止的地方繼續訓練，並考慮 max_iter 和 tol 等超參數。請注意，fit() 會重設學習規劃所使用的迭代計數器，而 partial_fit() 方法不會重設。

小批次梯度下降

我們要看的最後一個梯度下降演算法稱為小批次梯度下降（*Mini-batch Gradient Descent*）。當你瞭解批次與隨機梯度下降之後，你可以輕鬆地理解這種演算法：小批次梯度下降的每一步都是用隨機抽取的一小組實例（稱為小批次（*mini-batches*））來計算梯度，而不是用完整的資料組（就像批次 GD 那樣）或一個實例（就像隨機 GD 那樣）來計算梯度。小批次 GD 相對於隨機 GD 的主要優勢在於，有一些硬體擅長進行矩陣計算，你可以利用那些硬體來提升效能，尤其是在使用 GPU 時。

小批次梯度下降在參數空間裡的軌跡不像隨機梯度下降那麼顛簸，尤其是在使用相當大的小批次時。因此，小批次 GD 最終會在比隨機 GD 更靠近最小值的地方徘徊，但它可能更難從局部最小值跳脫（在被局部最小值困擾的問題中，不像使用 MSE 代價函數的線性回

歸那樣）。圖 4-11 展示這三種梯度下降演算法在訓練期間於參數空間中的路徑。它們最後都很接近最小值，但是批次 GD 的路徑會停在最小值，而隨機 GD 與小批次 GD 會持續徘徊。但是，別忘了，批次 GD 的每一步都花了大量的時間，如果你使用優良的學習規劃，隨機 GD 與小批次 GD 也可以到達最小值。

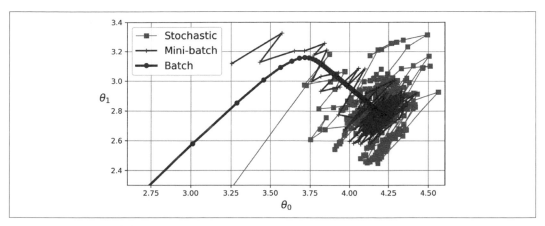

圖 4-11　梯度下降在參數空間裡的路徑

表 4-1 對迄今為止討論過的線性回歸算法進行比較[5]（m 是訓練實例的數量，n 是特徵的數量）。

表 4-1　比較線性回歸的演算法

演算法	大 m	支援外存	大 n	超參數	需要調整尺度	Scikit-Learn
正規方程式	快	否	慢	0	否	N/A
SVD	快	否	慢	0	否	LinearRegression
批次 GD	慢	否	快	2	是	N/A
隨機 GD	快	是	快	≥2	是	SGDRegressor
小批次 GD	快	是	快	≥2	是	N/A

這些演算法在訓練後幾乎沒有差異，它們最終都會產生相似的模型，並以相同的方式進行預測。

5　正規方程式只能執行線性回歸，但等一下會看到，梯度下降演算法也可以用來訓練許多其他模型。

多項式回歸

如果資料比較複雜，不僅僅是一條線呢？出人意外的是，你可以用線性模型來擬合非線性資料。其中一種簡單的做法是加入各個特徵的次方來作為新特徵，然後用這組擴展後的特徵來訓練線性模型。這種技術稱為**多項式回歸**。

我們來看一個例子。首先，我們使用簡單的**二次方程式**（例如 $y = ax^2 + bx + c$ 的方程式）和一些雜訊來產生一些非線性資料（見圖 4-12）：

```
np.random.seed(42)
m = 100
X = 6 * np.random.rand(m, 1) - 3
y = 0.5 * X ** 2 + X + 2 + np.random.randn(m, 1)
```

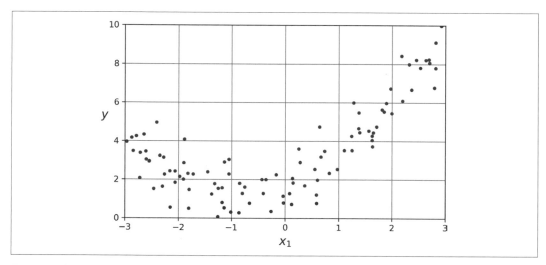

圖 4-12　生成一個非線性且有雜訊的資料組

顯然，直線不可能緊密擬合這筆資料。所以我們用 Scikit-Learn 的 PolynomialFeatures 類別來轉換訓練資料，在訓練組裡面加入各個特徵的平方（二次多項式）來作為新特徵（這個例子只有一個特徵）：

```
>>> from sklearn.preprocessing import PolynomialFeatures
>>> poly_features = PolynomialFeatures(degree=2, include_bias=False)
>>> X_poly = poly_features.fit_transform(X)
>>> X[0]
array([-0.75275929])
>>> X_poly[0]
array([-0.75275929, 0.56664654])
```

現在，X_poly 裡面不但有原始的 X 特徵，還有該特徵的平方。現在你可以將 LinearRegression 模型擬合至這個擴展過的訓練資料（圖 4-13）：

```
>>> lin_reg = LinearRegression()
>>> lin_reg.fit(X_poly, y)
>>> lin_reg.intercept_, lin_reg.coef_
(array([1.78134581]), array([[0.93366893, 0.56456263]]))
```

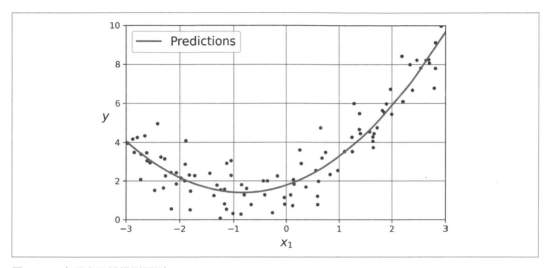

圖 4-13　多項式回歸模型預測

還不賴，這個模型估計 $\hat{y} = 0.56x_1^2 + 0.93x_1 + 1.78$，而原始的函數是 $y = 0.5x_1^2 + 1.0x_1 + 2.0 +$ 高斯雜訊。

注意，有多個特徵時，多項式回歸能夠找出特徵之間的關係，而普通線性回歸模型沒辦法做到，它能夠如此的原因是 PolynomialFeatures 也會加入所有特徵組合，直到給定的次方。例如，如果有兩個特徵 a 與 b，設定 degree=3 的 PolynomialFeatures 不但會加入特徵 a^2、a^3、b^2 與 b^3，也會加入 ab、a^2b 與 ab^2 等組合。

PolynomialFeatures(degree=d) 會將一個包含 n 個特徵的陣列轉換成一個包含 $(n + d)! / d!n!$ 個特徵的陣列，其中 $n!$ 是 n 的階乘，等於 $1 \times 2 \times 3 \times \cdots \times n$。小心特徵數量組合爆炸（combinatorial explosion）！

學習曲線

高次多項式回歸對於訓練資料的擬合程度可能優於普通線性回歸許多。例如，圖 4-14 用 300 次多項式模型來擬合上述的訓練資料，並且拿它的結果和純線性模型和二次模型（二次多項式）的結果做比較。請注意，300 次多項式模型會在訓練實例周圍微幅擺動，以盡可能貼近這些實例。

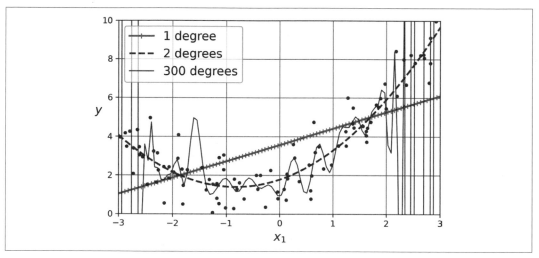

圖 4-14　高次多項式回歸

這個高次多項式回歸模型嚴重過擬訓練資料，線性模型則欠擬訓練資料。在這個例子中，類推能力最好的模型是二次模型，這很合理，因為資料是用二次模型生成的。但是一般來說，你不知道生成資料的函數是哪一種，那麼，該如何決定模型的複雜度？如何知道模型究竟過擬還是欠擬資料？

我們在第 2 章用過交叉驗證來估計模型的類推效能。如果根據交叉驗證指標，模型處理訓練資料的能力很好，但類推能力很差，那就代表模型過擬。如果模型處理兩者的效果都很差，那就代表它欠擬。這是判斷模型是否過於簡單或過於複雜的方法之一。

另一種判斷的方法是觀察*學習曲線*，這種曲線是描繪模型的訓練誤差和驗證誤差隨著訓練的迭代而變化的圖表，我們在訓練期間，定期評估模型處理訓練組和驗證組的表現，然後將結果畫成圖表。如果模型不能逐步訓練（即不支援 `partial_fit()` 或 `warm_start`），你就必須用越來越大的訓練組子集合來多次訓練它。

Scikit-Learn 的 `learning_curve()` 函式可以協助你做這件事，它使用交叉驗證來訓練和評估模型。在預設情況下，它會用越來越大的訓練組子集合來重新訓練模型，但如果模型支援逐步學習，你可以在呼叫 `learning_curve()` 時設定 `exploit_incremental_learning=True`，它會改以逐步方式訓練模型。該函數會回傳用來評估模型的訓練組大小，以及它為每個大小與每個交叉驗證 fold 衡量的訓練與驗證分數。我們使用這個函數來觀察普通線性回歸模型的學習曲線（見圖 4-15）：

```python
from sklearn.model_selection import learning_curve

train_sizes, train_scores, valid_scores = learning_curve(
    LinearRegression(), X, y, train_sizes=np.linspace(0.01, 1.0, 40), cv=5,
    scoring="neg_root_mean_squared_error")
train_errors = -train_scores.mean(axis=1)
valid_errors = -valid_scores.mean(axis=1)

plt.plot(train_sizes, train_errors, "r-+", linewidth=2, label="train")
plt.plot(train_sizes, valid_errors, "b-", linewidth=3, label="valid")
[...]   # 美化圖表，加入標籤、座標軸、網格、圖例
plt.show()
```

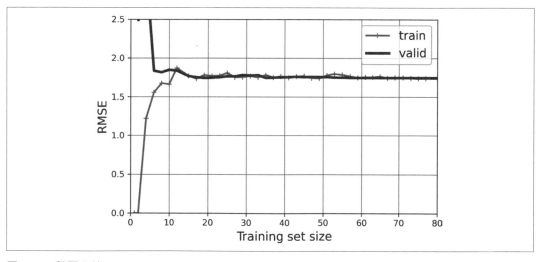

圖 4-15　學習曲線

這個模型欠擬。為了瞭解原因，我們來觀察訓練誤差。當訓練組只有一或兩個實例時，模型可以完美地擬合它們，這就是為什麼曲線最初為零。但是將新實例加入訓練組後，模型無法完美擬合訓練資料，這不但是因為資料有雜訊，也是因為資料根本不是線性的。因此，模型處理訓練資料的誤差會上升，直到到達一個平穩期，此時將新實例加入訓練組

不會影響平均誤差太多。接著，我們來觀察驗證誤差。當模型用非常少的訓練實例來訓練時，它無法正確進行類推，這就是驗證誤差最初相當大的原因。模型看越多訓練實例就學到更多東西，所以驗證誤差逐漸下降。然而，直線無法正確地模擬資料，所以誤差最終會到達一個平穩期，離另一條曲線很近。

這些學習曲線是典型的欠擬模型曲線，這兩條曲線都達到平穩期，而且彼此相近，且相對較高。

 如果模型欠擬訓練資料，加入更多訓練樣本沒有幫助。你必須使用更好的模型，或找出更好的特徵。

接下來，我們用一個 10 次多項式模型來處理同一組資料，並觀察其學習曲線（圖 4-16）：

```python
from sklearn.pipeline import make_pipeline

polynomial_regression = make_pipeline(
    PolynomialFeatures(degree=10, include_bias=False),
    LinearRegression())

train_sizes, train_scores, valid_scores = learning_curve(
    polynomial_regression, X, y, train_sizes=np.linspace(0.01, 1.0, 40), cv=5,
    scoring="neg_root_mean_squared_error")
[...]  # 與之前一樣
```

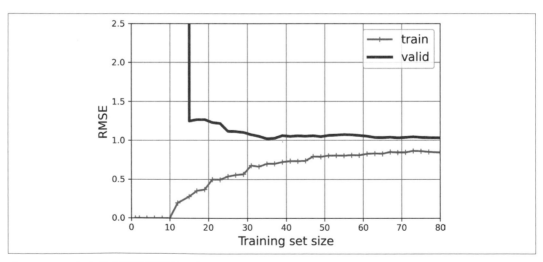

圖 4-16　10 次多項式模型的學習曲線

這些學習曲線看起來有點像之前的曲線，但它們之間有兩個非常重要的差異：

- 訓練資料的誤差比之前低很多。

- 兩條曲線之間有一段距離，這意味著模型處理訓練資料的表現遠遠優於驗證資料，這是過擬模型的特徵。然而，如果你使用更大的訓練組，兩條曲線將繼續靠近。

 改善過擬模型的方法之一是提供更多訓練資料，直到驗證誤差達到訓練誤差的水準。

偏差／變異數權衡

統計學與機器學習領域有一個重要的理論成果 —— 模型的類推誤差可以表示成三個非常不同的誤差的總和：

偏差（*bias*）

類推誤差的這個部分是由錯誤的假設造成的，例如假設資料是線性的，實際上卻是二次的。高偏差的模型最有可能欠擬訓練資料[6]。

變異數（*variance*）

這部分是模型對訓練資料中的微小變化過度敏感導致的。具有許多自由度的模型（例如高次多項式模型）很可能具有高變異數，因而過擬訓練資料。

不可消除的誤差（*irreducible error*）

這部分是由資料本身的雜訊造成的。降低這個部分的方法只有清理資料（例如，修復資料源，比如損壞的感應器，或找出離群值並將它們刪除）。

增加模型的複雜度通常會增加它的變異數，且減少它的偏差。反過來說，減少模型的複雜度會增加它的偏差，並減少它的變異數。這就是為什麼這是一種權衡。

6　千萬不要把這個偏差的概念與線性模型的偏差項（bias term）混為一談。

正則化線性模型

第 1 章與第 2 章說過，將模型正則化（也就是約束它）是減少過擬的好方法。模型的自由度越低，它就越不容易過擬資料。要將多項式模型正則化，有一種簡單的做法是降低多項式次數。

對線性模型而言，正則化通常是藉著約束模型的權重來實現的。接下來介紹的山嶺回歸、lasso 回歸與彈性網路回歸分別採用三種不同的權重約束方式。

山嶺回歸

山嶺回歸（*Ridge Regression*）（也稱為 *Tikhonov* 正則化）是線性回歸的正則化版本，它在 MSE 中加入一個等於 $\frac{\alpha}{m}\sum_{i=1}^{n}\theta_i^2$ 的正則化項，迫使學習演算法不僅擬合資料，也盡量縮小模型權重。請注意，正則化項只能在訓練期間加入到代價函數，訓練完成後，你要使用未正則化的 MSE（或 RMSE）來評估模型的效能。

超參數 α 控制模型的正則化程度。如果 $\alpha = 0$，山嶺回歸就是線性回歸。如果 α 很大，所有權重最終都非常接近零，產生一條穿越資料平均值的直線。公式 4-8 是山嶺回歸代價函數[7]。

公式 *4-8　山嶺回歸代價函數*

$$J(\boldsymbol{\theta}) = \text{MSE}(\boldsymbol{\theta}) + \frac{\alpha}{m}\sum_{i=1}^{n}\theta_i^2$$

注意，偏差項 θ_0 未被正則化（總和項始於 $i = 1$，不是 0）。如果定義 **w** 是特徵權重（θ_1 至 θ_n）向量，那麼正則化項就等於 $\alpha(\|\mathbf{w}\|_2)^2/m$，其中 $\|\mathbf{w}\|_2$ 代表權重向量的 ℓ_2 範數[8]。至於批次梯度下降，你只要將 $2\alpha\mathbf{w}/m$ 加至 MSE 梯度向量對應特徵權重的部分，而不需要將任何東西加到偏差項的梯度（見方程式 4-6）。

> 在執行山嶺回歸之前務必調整資料尺度（例如使用 StandardScaler），因為它對輸入特徵的尺度非常敏感。對多數正則化模型而言都是如此。

---

[7]　如果代價函數沒有簡稱的話，我們經常使用 $J(\boldsymbol{\theta})$ 來表示。在本書的其餘部分中，我會經常使用這個代號。你可以從上下文知道我們所討論的代價函數是哪一種。

[8]　第 2 章已介紹了 norm（範數）。

圖 4-17 是使用雜訊很多的線性資料和不同的 α 值來訓練的幾個山嶺回歸模型。左圖使用一般的山嶺模型，產生線性的預測。在右圖，我們先用 `PolynomialFeatures(degree=10)` 來擴展資料，然後使用 `StandardScaler` 來調整尺度，最後將山嶺模型套用至所產生的特徵：這是使用山嶺正則化的多項式回歸。注意，增加 α 會導致較平坦的預測（也就是較不極端、較合理），從而減少模型的變異數，但會提升它的偏差。

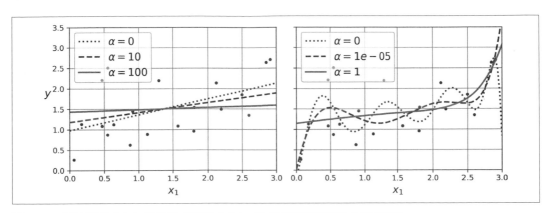

圖 4-17　線性模型（左）與多項式模型（右），執行了不同程度的山嶺正則化

與線性回歸一樣，我們可以計算閉合形式方程式或執行梯度下降來執行山嶺回歸，它們的優缺點是一樣的。公式 4-9 是閉合形式解，其中的 **A** 是 $(n + 1) \times (n + 1)$ 的單位矩陣[9]，但是在左上角有一個 0，對應偏差項。

公式 4-9　山嶺回歸閉合形式解

$$\hat{\boldsymbol{\theta}} = (\mathbf{X}^\mathsf{T}\mathbf{X} + \alpha\mathbf{A})^{-1} \ \mathbf{X}^\mathsf{T} \ \mathbf{y}$$

下面是用 Scikit-Learn 以閉合形式解來執行山嶺回歸的寫法（公式 4-9 的變體，使用 André-Louis Cholesky 發現的矩陣分解技術）：

```
>>> from sklearn.linear_model import Ridge
>>> ridge_reg = Ridge(alpha=0.1, solver="cholesky")
>>> ridge_reg.fit(X, y)
>>> ridge_reg.predict([[1.5]])
array([[1.55325833]])
```

9　在主對角線（從左上到右下）上的元素都是 1，其他元素都是 0 的方陣。

以及使用隨機梯度下降 [10]：

```
>>> sgd_reg = SGDRegressor(penalty="l2", alpha=0.1 / m, tol=None,
...                        max_iter=1000, eta0=0.01, random_state=42)
...
>>> sgd_reg.fit(X, y.ravel())  # 使用 y.ravel() 是因為 fit() 期望收到 1D 目標
>>> sgd_reg.predict([[1.5]])
array([1.55302613])
```

penalty 超參數可設定正則化項種類。設定 "l2" 代表你希望 SGD 將一個正則化項加到 MSE 代價函數中，該項等於 alpha 乘以權重向量的 ℓ_2 範數的平方。這與山嶺回歸非常相似，只是它沒有除以 m，這就是為什麼我們傳遞 alpha=0.1 / m，以獲得與 Ridge(alpha=0.1) 相同的結果。

 RidgeCV 類別也執行山嶺回歸，但它使用交叉驗證來自動調整超參數。它大致相當於使用 GridSearchCV，但它針對山嶺回歸進行優化，且執行速度更快。有一些其他的估計器（主要是線性的）也有高效的 CV 變體，例如 LassoCV 和 ElasticNetCV。

lasso 回歸

lasso 回歸（*Least Absolute Shrinkage and Selection Operator Regression* 的簡稱）是另一種線性回歸正則化版本：如同山嶺回歸，它會在代價函數中加入一個正則化項，但它使用權重向量的 ℓ_1 範數，而不是 ℓ_2 範數的平方（見公式 4-10）。請注意，在 lasso 回歸中，ℓ_1 範數乘以 2α，而在山嶺回歸中，ℓ_2 範數則乘以 α / m。之所以選擇這些因子，是為了確保最佳的 α 值與訓練組的大小無關：不同的範數會導致不同的因子（詳情請參考 Scikit-Learn 的問題 #15657（*https://github.com/scikit-learn/scikit-learn/issues/15657*））。

公式 *4-10*　lasso 回歸代價函數

$$J(\boldsymbol{\theta}) = \text{MSE}(\boldsymbol{\theta}) + 2\alpha\sum_{i=1}^{n}|\theta_i|$$

圖 4-18 展示與圖 4-17 相同的內容，但將山嶺回歸模型換成 lasso 回歸模型，並使用不同的 α 值。

10　你也可以使用 Ridge 類別，並將 solver 設為 "sag"。隨機平均（Stochastic Average）GD 是隨機 GD 的變體。詳情可參考由英屬哥倫比亞大學（University of British Columbia，UBC）的 Mark Schmidt 等人撰寫的講稿「Minimizing Finite Sums with the Stochastic Average Gradient Algorithm」（*https://homl.info/12*）。

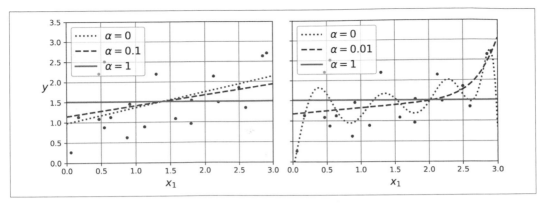

圖 4-18　線性模型（左）與多項式模型（右），它們使用不同程度的 lasso 正則化

lasso 回歸有一個重要的特性：它傾向消除較不重要的特徵的權重（將其設為零）。例如，在圖 4-18 的右圖中的虛線（α = 0.01）看起來大致成立方（quadratic）：所有高次多項式特徵的權重都等於零。換句話說，lasso 回歸會自動執行特徵選擇，並輸出一個**稀疏模型**，該模型只有少數非零的特徵權重。

觀察圖 4-19 可以瞭解為何如此：座標軸代表兩個模型參數，背景輪廓則代表不同的損失函數。在左上圖裡的輪廓代表 ℓ_1 loss ($|\theta_1|$ + $|\theta_2|$)，它隨著你接近任何一軸而線性下降。例如，如果你將模型參數的初始值設為 θ_1 = 2 且 θ_2 = 0.5，執行梯度下降將以相同的幅度減少這兩個參數（如虛線所示），因此 θ_2 先到達 0（因為它最初較接近 0），接下來，梯度下降不斷往下滑，直到到達 θ_1 = 0（會稍微彈跳，因為 ℓ_1 的梯度永遠不會接近 0，對每個參數而言，該梯度若不是 −1，就是 1）。右上圖的輪廓代表 lasso 回歸的代價函數（也就是 MSE 代價函數加上一個 ℓ_1 loss）。在圖裡的小白色圓點是梯度下降演算法優化一些模型參數的路徑，這些參數的初始值大致為 θ_1 = 0.25 和 θ_2 = −1：再次注意到路徑迅速到達 θ_2 = 0，然後沿著低谷滾動，最終在全域最佳解（方塊）周圍彈跳。如果我們增加 α，全域最佳解將沿著虛線往左移；如果我們減少 α，全域最佳解將往右移（在這個例子中，未經正則化的 MSE 的最佳參數是 θ_1 = 2 且 θ_2 = 0.5）。

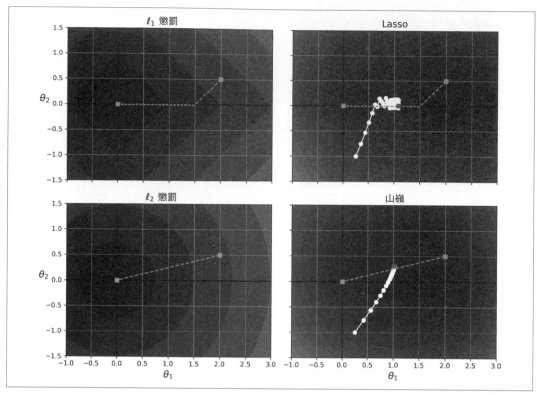

圖 4-19　lasso vs. 山嶺正則化

底下的兩張圖也展示同一件事，但使用 ℓ_2 懲罰。在左下圖中，ℓ_2 損失隨著我們越靠近原點而降低，因此梯度下降演算法會直接朝著那一點前進。在右圖中，輪廓代表山嶺回歸的代價函數（即 MSE 代價函數加上 ℓ_2 損失）。如你所見，梯度隨著參數接近全域最佳解而變小，因此梯度下降會自然地放慢速度。這種情況限制了彈跳，使得山嶺回歸比 lasso 回歸更快收斂。同時請注意，當你增加 α 時，最佳參數（以方塊表示）會越來越接近原點，但它們永遠不會完全消失。

 在使用 lasso 回歸時，為了避免梯度下降最終在全域最佳解周圍彈跳，你要在訓練過程中逐漸降低學習速度。雖然梯度下降仍然會在最佳解周圍彈跳，但步幅會變得越來越小，因此終將收斂。

lasso 代價函數在 $\theta_i = 0$（其中 $i = 1, 2, \cdots, n$）處不可微分，但是如果在任何 $\theta_i = 0$ 時改用次梯度向量 **g** [11]，梯度下降仍然有效。公式 4-11 是使用 lasso 代價函數來進行梯度下降時可以使用的次梯度向量方程式。

公式 *4-11 lasso 回歸次梯度向量*

$$g(\boldsymbol{\theta}, J) = \nabla_{\boldsymbol{\theta}}\,\text{MSE}(\boldsymbol{\theta}) + 2\alpha \begin{pmatrix} \text{sign}\,(\theta_1) \\ \text{sign}\,(\theta_2) \\ \vdots \\ \text{sign}\,(\theta_n) \end{pmatrix} \quad 其中 \quad \text{sign}\,(\theta_i) = \begin{cases} -1\,若\,\theta_i < 0 \\ \ \ 0\,\,若\,\theta_i = 0 \\ +1\,若\,\theta_i > 0 \end{cases}$$

下面是使用 Scikit-Learn 的 Lasso 類別的範例：

```
>>> from sklearn.linear_model import Lasso
>>> lasso_reg = Lasso(alpha=0.1)
>>> lasso_reg.fit(X, y)
>>> lasso_reg.predict([[1.5]])
array([1.53788174])
```

你也可以改用 SGDRegressor(penalty="l1", alpha=0.1)。

彈性網路回歸

彈性網路回歸是介於山嶺回歸和 lasso 回歸之間的折衷方案。它的正則化項是山嶺與 lasso 的正則化項的加權和，你也可以調整混合比率 r。當 $r = 0$ 時，彈性網路相當於山嶺回歸；當 $r = 1$ 時，它相當於 lasso 回歸（見公式 4-12）。

公式 *4-12 彈性網路代價函數*

$$J(\boldsymbol{\theta}) = \text{MSE}(\boldsymbol{\theta}) + r\left(2\alpha\sum_{i=1}^{n}|\theta_i|\right) + (1 - r)\left(\frac{\alpha}{m}\sum_{i=1}^{n}\theta_i^2\right)$$

何時該使用彈性網路回歸、山嶺回歸、lasso 回歸或普通線性回歸（即沒有任何正則化）呢？至少做一些正則化幾乎都是對的，所以通常你要避免使用普通線性回歸。山嶺回歸是很好的預選方案，但如果你發現只有少數的特徵是有用的，你就要選擇 lasso 或彈性網路，因為它們傾向將無用的特徵的權重降為零。一般來說，彈性網路比 lasso 回歸更好，因為當特徵數量大於訓練實例數量，或多個特徵之間具有強烈的相關性時，lasso 回歸可能不穩定。

11　不可微分點的次梯度向量可以視為該點周圍梯度向量的中間向量。

下面的簡單範例使用 Scikit-Learn 的 ElasticNet（l1_ratio 是混合比率 r）：

```
>>> from sklearn.linear_model import ElasticNet
>>> elastic_net = ElasticNet(alpha=0.1, l1_ratio=0.5)
>>> elastic_net.fit(X, y)
>>> elastic_net.predict([[1.5]])
array([1.54333232])
```

提早停止

為了正則化迭代學習演算法（例如梯度下降），有一種非常不同的方法是在驗證誤差達到最小值時停止訓練，這種做法稱為**提早停止**（*early stopping*）。圖 4-20 展示一個複雜的模型（在本例中，它是高次多項式回歸模型），它是用之前用過的二次資料組和批次梯度下降來訓練的。它預測訓練組的誤差（RMSE）隨著 epoch 的增加而逐漸下降，預測驗證組的誤差也是如此。但是，一段時間後，驗證誤差停止下降，並開始回升。這代表模型開始過擬訓練資料了。提早停止指的是在驗證誤差到達最小值時停止訓練。因為提早停止是一種簡單而高效的正則化技術，所以 Geoffrey Hinton 說它是「美妙的免費午餐」。

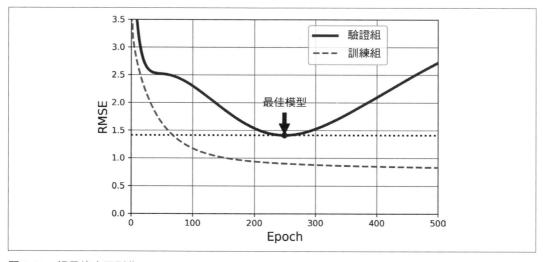

圖 4-20　提早停止正則化

 隨機梯度下降和小批次梯度下降的曲線不太平滑，所以可能難以確定是否達到最小值。有一種解決方案是在驗證誤差於最小值之上維持一段時間時（當你確信模型無法表現得更好時）才停止訓練，然後將模型參數恢復成驗證誤差最小值時的狀態。

以下是提早停止的基本寫法：

```
from copy import deepcopy
from sklearn.metrics import mean_squared_error
from sklearn.preprocessing import StandardScaler

X_train, y_train, X_valid, y_valid = [...]  # 將二次資料組拆開

preprocessing = make_pipeline(PolynomialFeatures(degree=90, include_bias=False),
                              StandardScaler())
X_train_prep = preprocessing.fit_transform(X_train)
X_valid_prep = preprocessing.transform(X_valid)
sgd_reg = SGDRegressor(penalty=None, eta0=0.002, random_state=42)
n_epochs = 500
best_valid_rmse = float('inf')

for epoch in range(n_epochs):
    sgd_reg.partial_fit(X_train_prep, y_train)
    y_valid_predict = sgd_reg.predict(X_valid_prep)
    val_error = mean_squared_error(y_valid, y_valid_predict, squared=False)
    if val_error < best_valid_rmse:
        best_valid_rmse = val_error
        best_model = deepcopy(sgd_reg)
```

這段程式先加入多項式特徵，並擴展所有輸入特徵，包括訓練組和驗證組（程式假設你已經將原始訓練組分成一個更小的訓練組與一個驗證組）。然後不使用正則化但使用小學習速度來建立一個 SGDRegressor 模型。在訓練迴圈中，它呼叫 partial_fit() 來執行逐步學習，而不是呼叫 fit()。在每個 epoch，它測量驗證組的 RMSE。如果 RMSE 低於迄今為止最低的 RMSE，它將模型的副本保存在 best_model 變數中。這段程式實際上不會停止訓練，但它可讓你在訓練後恢復為最佳模型。需要注意的是，我們使用 copy.deepcopy() 來複製模型，因為它不但會複製模型的超參數，也會複製學到的參數。相較之下，sklearn.base.clone() 只複製模型的超參數。

logistic 回歸

第 1 章談過，有些回歸演算法可以用來進行分類（反之亦然）。*logistic* 回歸（也稱為 *logit* 回歸）經常被用來估計一個實例屬於特定類別的機率（例如，一封 email 是垃圾郵件的機率是多少？）。如果估計出來的機率大於一個給定的閾值（通常是 50%），模型就預測該實例屬於該類別（稱為陽性類別，標為「1」），否則就預測它不屬於該類別（也就是它屬於陰性類別，標為「0」），所以它是一種二元分類器。

估計機率

那麼，logistic 回歸是如何運作的？logistic 回歸模型會像線性回歸模型一樣計算輸入特徵的加權總和（加上偏差項），但不像線性回歸模型直接輸出結果，而是輸出該結果的 *logistic* 函數（見公式 4-13）。

公式 *4-13　logistic 回歸模型估計的機率（向量形式）*

$$\widehat{p} = h_{\boldsymbol{\theta}}(\mathbf{x}) = \sigma(\boldsymbol{\theta}^{\mathsf{T}}\mathbf{x})$$

logistic（以 $\sigma(\cdot)$ 來表示）是個 *sigmoid*（也就是 S 形的）函數，它輸出的數字介於 0 和 1 之間。公式 4-14 與圖 4-21 是它的定義。

公式 *4-14　logistic 函數*

$$\sigma(t) = \frac{1}{1 + \exp{(-t)}}$$

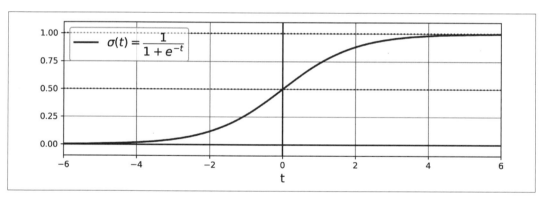

圖 4-21　logistic 函數

一旦 logistic 回歸模型估計了實例 $\mathbf{x}$ 屬於陽性類別的機率 $\widehat{p} = h_{\boldsymbol{\theta}}(\mathbf{x})$，它就可以輕鬆地預測 $\hat{y}$（見公式 4-15）。

公式 *4-15　logistic 回歸模型預測，使用 50% 閾值*

$$\widehat{y} = \begin{cases} 0 \ \text{若} \ \widehat{p} < 0.5 \\ 1 \ \text{若} \ \widehat{p} \geq 0.5 \end{cases}$$

需要注意的是，當 $t < 0$ 時，$\sigma(t) < 0.5$，而當 $t \geq 0$ 時，$\sigma(t) \geq 0.5$。因此，使用預設閾值 50% 機率的 logistic 回歸模型在 $\boldsymbol{\theta}^\mathsf{T} \mathbf{x}$ 為正時預測 1，在 $\boldsymbol{\theta}^\mathsf{T} \mathbf{x}$ 為負時預測 0。

 分數 t 通常被稱為 *logit*，其名稱來自 logit 函數是 logistic 函數的反函數這件事。logit 的定義是 $logit(p) = log(p / (1 - p))$。事實上，當你計算估計機率 p 的 logit 時，你會發現結果是 t。logit 也稱為 *log-odds*，因為它是陽性類別的估計機率和陰性類別的估計機率之比的對數。

訓練與代價函數

你已經知道 logistic 回歸模型如何估計機率與進行預測了，但它是怎麼訓練出來的？訓練的目標是設定參數向量 $\boldsymbol{\theta}$，使得模型為陽性實例（$y = 1$）估計出高機率，為陰性實例（$y = 0$）估計出低機率。這個概念可以用公式 4-16 這個代價函數來描述（對於一個訓練實例 $\mathbf{x}$）。

公式 *4-16*　單一訓練實例的代價函數

$$c(\boldsymbol{\theta}) = \begin{cases} -\log(\widehat{p}) & \text{若 } y = 1 \\ -\log(1 - \widehat{p}) & \text{若 } y = 0 \end{cases}$$

這個代價函數很合理，因為當 t 接近 0 時，$-\log(t)$ 就變得很大，因此，如果模型為陽性實例估計出來的機率接近 0，代價會很大，如果模型為陰性實例估計出來的機率接近 1，代價也會很大。另一方面，當 t 接近 1 時，$-\log(t)$ 接近 0，因此，如果模型為陰性實例估計出來的機率接近 0，或者為陽性實例估計出來的機率接近 1，代價將接近 0，符合我們的期望。

用代價函數來處理整個訓練組會得到所有訓練實例的平均代價，它可以寫成一個稱為**對數損失**（*log loss*）的運算式，見公式 4-17。

公式 4-17　*logistic 回歸代價函數（對數損失）*

$$J(\boldsymbol{\theta}) = -\frac{1}{m}\Sigma_{i=1}^{m}\left[y^{(i)}log\left(\widehat{p}^{(i)}\right) + \left(1 - y^{(i)}\right)log\left(1 - \widehat{p}^{(i)}\right)\right]$$

 這個對數損失函數並不是隨意選擇的。假設實例圍繞其類別的平均值成高斯分布，我們可以用數學來證明（使用貝氏推論），將這個損失函數最小化，會產生最有可能是最佳模型的模型。當你使用對數損失函數時，你就暗中做出這個假設。這個假設越不正確，模型的偏差就越大。同樣地，當我們使用 MSE 來訓練線性回歸模型時，我們暗中假設資料是純線性的，加上一些高斯雜訊。因此，如果資料不是線性的（例如，如果它是二次的），或者雜訊不是高斯的（例如，如果離群值不是成指數級減少），那麼模型將存在偏差。

壞消息是，目前還沒有閉合形式的公式可以計算將這個代價函數最小化的 θ 值（沒有正規方程式的等價公式）。好消息是，這個代價函數是凸的，所以梯度下降（或任何其他優化演算法）一定可以找到全域最小值（如果學習速度不會太大，而且等待的時間夠久）。公式 4-18 是代價函數對於第 *j* 個模型參數 θ_j 的偏導數。

公式 4-18　*logistic 代價函數的偏導數*

$$\frac{\partial}{\partial\theta_j}J(\boldsymbol{\theta}) = \frac{1}{m}\sum_{i=1}^{m}\left(\sigma\left(\boldsymbol{\theta}^{\mathsf{T}}\mathbf{x}^{(i)}\right) - y^{(i)}\right)x_j^{(i)}$$

這個公式很像公式 4-5，它會計算每一個實例的預測誤差，再將它乘以第 *j* 個特徵值，接著計算所有訓練實例的平均值。算出包含所有偏導數的梯度向量之後，你就可以在批次梯度下降演算法中使用它了。現在你已經知道如何訓練 logistic 回歸模型了。在使用隨機 GD 時，我們一次使用一個實例，在使用小批次 GD 時，則是一次使用一個小批次。

決策邊界

我們接下來要使用 iris（鳶尾花）資料組來說明 logistic 回歸。這個著名的資料組包含 3 個品種、共 150 朵 iris 的萼片和花瓣的長度與寬度。三個品種是 *Iris setosa*、*Iris versicolor*，和 *Iris virginica*（見圖 4-22）。

圖 4-22　三個 iris 品種的花朵 [12]

我們來試著建立一個分類器，讓它只用花瓣寬度特徵來偵測 *Iris virginica* 品種。第一步是載入資料，並快速瀏覽它：

```
>>> from sklearn.datasets import load_iris
>>> iris = load_iris(as_frame=True)
>>> list(iris)
['data', 'target', 'frame', 'target_names', 'DESCR', 'feature_names',
 'filename', 'data_module']
>>> iris.data.head(3)
   sepal length (cm)  sepal width (cm)  petal length (cm)  petal width (cm)
0                5.1               3.5                1.4               0.2
1                4.9               3.0                1.4               0.2
2                4.7               3.2                1.3               0.2
>>> iris.target.head(3)  # 注意，實例沒有被洗亂
0    0
1    0
2    0
Name: target, dtype: int64
>>> iris.target_names
array(['setosa', 'versicolor', 'virginica'], dtype='<U10')
```

接下來，我們要拆開資料，並用訓練組來訓練一個 logistic 回歸模型：

```
from sklearn.linear_model import LogisticRegression
from sklearn.model_selection import train_test_split
```

12　這些照片來自其相應的維基百科網頁。*Iris virginica* 是由 Frank Mayfield 拍攝的（Creative Commons BY-SA 2.0（*https://creativecommons.org/licenses/by-sa/2.0/*）），*Iris versicolor* 是由 D. Gordon E. Robertson 拍攝的（Creative Commons BY-SA 3.0（*https://creativecommons.org/licenses/by-sa/3.0/*）），*Iris setosa* 則是公開的照片。

```
X = iris.data[["petal width (cm)"]].values
y = iris.target_names[iris.target] == 'virginica'
X_train, X_test, y_train, y_test = train_test_split(X, y, random_state=42)

log_reg = LogisticRegression(random_state=42)
log_reg.fit(X_train, y_train)
```

我們來看一下模型對於花瓣寬度為 0 cm 到 3 cm 的花朵估計機率（圖 4-23）[13]：

```
X_new = np.linspace(0, 3, 1000).reshape(-1, 1)  # 使用 reshape 來取得行向量
y_proba = log_reg.predict_proba(X_new)
decision_boundary = X_new[y_proba[:, 1] >= 0.5][0, 0]

plt.plot(X_new, y_proba[:, 0], "b--", linewidth=2,
         label="Not Iris virginica proba")
plt.plot(X_new, y_proba[:, 1], "g-", linewidth=2, label="Iris virginica proba")
plt.plot([decision_boundary, decision_boundary], [0, 1], "k:", linewidth=2,
         label="Decision boundary")
[...] # 美化圖表，加入網格、標籤、座標軸、圖例、箭頭、範例
plt.show()
```

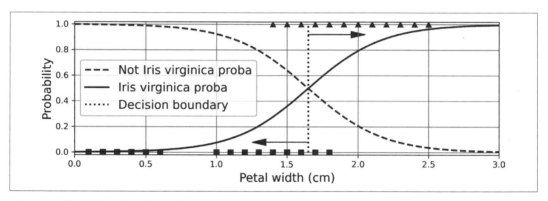

圖 4-23　模型估計的機率與決策邊界

Iris virginica 的花瓣寬度（以三角形表示）為 1.4 cm 到 2.5 cm，其他的 iris 的花瓣（以小方塊表示）通常比較小，為 0.1 cm 到 1.8 cm。注意它們有一些重疊的區域。對於約 2 cm 以上的花朵，分類器非常確信它是 *Iris virginica*（給該類別很高的機率），而對於 1 cm 以下的花朵，分類器非常確信它不是 *Iris virginica*（給「Not Iris virginica」類別很高的機率）。在這兩個極端之間，分類器不太確定。但是如果你要求它預測類別（使用 predict() 方法，而不是使用 predict_proba() 方法），它會回傳最有可能的類別。因此，在大約 1.6 cm

---

13　NumPy 的 reshape() 函式允許將一個維度設為 –1，意思是「automatic（自動）」，該值將由陣列的長度和其餘維度推斷出來。

之處附近有一個決策邊界，在那裡，兩種類別的機率都是 50%：如果花瓣寬度大於 1.6 cm，分類器預測它是 *Iris virginica*，否則預測它不是（即使它不太確定）：

```
>>> decision_boundary
1.6516516516516517
>>> log_reg.predict([[1.7], [1.5]])
array([ True, False])
```

圖 4-24 展示同一個資料組，但這一次顯示兩個特徵：花瓣寬度與長度。當你訓練 logistic 回歸分類器之後，它可以根據這兩個特徵來估計新花朵為 *Iris virginica* 的機率。虛線代表模型估計 50% 機率的地方，它就是模型的決策邊界。留意，它是個線性邊界 [14]。每一條平行線都是讓模型輸出特定機率的點，從 15%（左下）到 90%（右上）。根據這個模型，超過右上方那條線的花朵都有超過 90% 的機率是 *Iris virginica*。

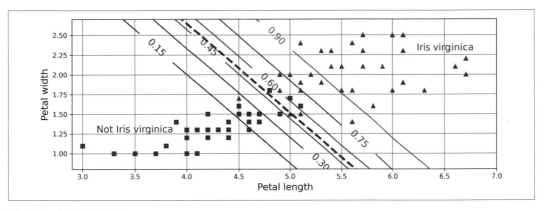

圖 4-24　線性決策邊界

 控制 Scikit-Learn LogisticRegression 模型的正則化強度的超參數不是 alpha（像其他線性模型那樣），而是它的逆函數：C。C 的值越大，模型正則化的程度越低。

如同其他線性模型，你可以用 ℓ_1 或 ℓ_2 懲罰來正則化 logistic 回歸模型。事實上，Scikit-Learn 預設加上一個 ℓ_2 懲罰。

14　它是使 $\theta_0 + \theta_1 x_1 + \theta_2 x_2 = 0$ 的 **x** 點之集合，此式定義一條直線。

softmax 回歸

我們可以將 logistic 回歸模型一般化，來讓它直接支援多個類別，而不需要訓練或結合多個二元分類器（見第 3 章的討論）。這種做法稱為 *softmax 回歸*，或稱 **多項式** *logistic* 回歸。

它的概念很簡單：當 softmax 回歸模型收到一個實例 **x** 時，它會先幫每一個類別 k 計算一個分數 $s_k(\mathbf{x})$，接著對分數套用 *softmax* 函數（也稱為 **正規化指數**（*normalized exponential*））來估計各個類別的機率。計算 $s_k(\mathbf{x})$ 的公式看起來很眼熟，它很像執行線性回歸預測的公式（見公式 4-19）。

公式 4-19 計算類別 k 的 *softmax* 分數

$$s_k(\mathbf{x}) = \left(\boldsymbol{\theta}^{(k)}\right)^{\top} \mathbf{x}$$

注意，各個類別都有自己專用的參數向量 $\boldsymbol{\theta}^{(k)}$。這些向量通常會被存為 **參數矩陣** $\boldsymbol{\Theta}$ 的橫列。

為實例 **x** 計算各個類別的分數之後，你可以用 softmax 函數（公式 4-20）來處理各個分數，以估計實例屬於類別 k 的機率 $\widehat{p}_k$。這個函式計算每一個分數的指數，接著將它們正規化（除以所有指數的總和）。這些分數通常稱為 logits 或 log-odd（雖然它們是未正規化的 log-odd）。

公式 4-20 *softmax* 函數

$$\widehat{p}_k = \sigma(\mathbf{s}(\mathbf{x}))_k = \frac{\exp\left(s_k(\mathbf{x})\right)}{\sum_{j=1}^{K} \exp\left(s_j(\mathbf{x})\right)}$$

在這個公式中：

- K 是類別數。

- $\mathbf{s}(\mathbf{x})$ 是包含實例 **x** 的各個類別的分數的向量。

- $\sigma(\mathbf{s}(\mathbf{x}))_k$ 是實例 **x** 屬於類別 k 的估計機率，根據那個實例的各個類別的分數。

如同 logistic 回歸分類器，在預設情況下，softmax 回歸分類器是用最高估計機率（最高分的類別）來預測類別的，見公式 4-21。

公式 *4-21*　*softmax* 回歸分類器預測

$$\hat{y} = \underset{k}{\mathrm{argmax}}\ \sigma(\mathbf{s}(\mathbf{x}))_k = \underset{k}{\mathrm{argmax}}\ s_k(\mathbf{x}) = \underset{k}{\mathrm{argmax}}\ \left(\left(\boldsymbol{\theta}^{(k)}\right)^\mathsf{T}\mathbf{x}\right)$$

argmax 運算子回傳將函數最大化的變數值。在這個公式中，它回傳可將估計機率 $\sigma(\mathbf{s}(\mathbf{x}))_k$ 最大化的 k 值。

 softmax 回歸分類器一次只預測一個類別（也就是它是多類別，不是多輸出），所以它只能用於互斥類別，例如不同品種的植物，不能用來辨識一張照片內的多個人。

現在你知道模型如何估計機率以及進行預測了，接下來要瞭解如何訓練它。我們的目標是獲得一個可為目標類別估計高機率的模型（並為其他類別估計低機率）。公式 4-22 這個將代價函數最小化的做法（稱為**交叉熵**（*cross entropy*））可以實現這個目標，因為當模型為目標類別估計低機率時，它會懲罰模型。交叉熵經常用來衡量一組估計出來的類別機率與目標類別之間的相符程度。

公式 *4-22*　交叉熵代價函數

$$J(\boldsymbol{\Theta}) = -\frac{1}{m}\Sigma_{i=1}^{m}\Sigma_{k=1}^{K}y_k^{(i)}\log\left(\hat{p}_k^{(i)}\right)$$

在這個公式中，$y_k^{(i)}$ 是第 i 個實例屬於類別 k 的目標機率。一般來說，它若不是等於 1，就是等於 0，取決於該實例屬於該類別與否。

注意，如果我們只有兩個類別（$K = 2$），這個代價函數等同於 logistic 回歸的代價函數（對數損失；見公式 4-17）。

交叉熵

交叉熵源自 Claude Shannon 的資訊理論。假設你想要有效地傳輸每日天氣資訊，如果你有八個選項（晴天、雨天…等），你可以用三個位元來編碼各個選項，因為 $2^3 = 8$。但是，如果你認為未來的每一天幾乎都是晴天，比較高效的做法是只用一個位元（0）來編碼「晴天」，用四個位元來編碼其他的七個選項（從 1 開始）。交叉熵計算的是你平均為每個選項傳送幾個位元。如果你的假設是完美的，交叉熵等於天氣本身的熵（也就是它的固有不可預測性）。但如果你的假設是錯的（例如經常下雨），交叉熵會增加一個稱為 Kullback–Leibler（KL）散度的量。

在兩個機率分布 p 與 q 之間的交叉熵是 $H(p,q) = -\Sigma_x p(x) \log q(x)$（至少在分布是離散的時如此）。細節可參考我介紹這個主題的影片（*https://homl.info/xentropy*）。

公式 4-23 是這個代價函數對於 $\theta^{(k)}$ 的梯度向量。

公式 *4-23*　類別 *k* 的交叉熵梯度向量

$$\nabla_{\theta^{(k)}} J(\Theta) = \frac{1}{m} \sum_{i=1}^{m} \left(\widehat{p}_k^{(i)} - y_k^{(i)} \right) \mathbf{x}^{(i)}$$

現在你可以為每個類別計算梯度向量，然後使用梯度下降（或任何其他優化演算法）來找出可將代價函數最小化的參數矩陣 Θ。

我們用 softmax 回歸來將 iris 分成全部的三種類別。當你訓練 Scikit-Learn 的 `LogisticRegression` 分類器來分辨超過兩個類別時，它會自動使用 softmax 回歸（假設你使用 `solver="lbfgs"`，這是預設值）。它也預設使用 ℓ_2 正則化，如前所述，你可以用超參數 `C` 來控制它：

```
X = iris.data[["petal length (cm)", "petal width (cm)"]].values
y = iris["target"]
X_train, X_test, y_train, y_test = train_test_split(X, y, random_state=42)

softmax_reg = LogisticRegression(C=30, random_state=42)
softmax_reg.fit(X_train, y_train)
```

如此一來，下次你看到一朵 5 cm 長、2 cm 寬的 iris 時，你可以詢問模型這是哪個品種的 iris，它會回答那朵花有 96% 的機率是 *Iris virginica*（第 2 類）（或者有 4% 的機率是 *Iris versicolor*）：

```
>>> softmax_reg.predict([[5, 2]])
array([2])
>>> softmax_reg.predict_proba([[5, 2]]).round(2)
array([[0.  , 0.04, 0.96]])
```

圖 4-25 是得到的決策邊界，我用背景顏色來表示它們。注意，任何兩個類別之間的決策邊界都是線性的。這張圖也呈現 *Iris versicolor* 類別的機率，以曲線來表示（例如，標為 0.30 的曲線代表 30% 機率邊界）。注意，這個模型可以預測一個類別的估計機率低於 50%。例如，在所有決策邊界交會的那個點，所有類別的估計機率都是 33%。

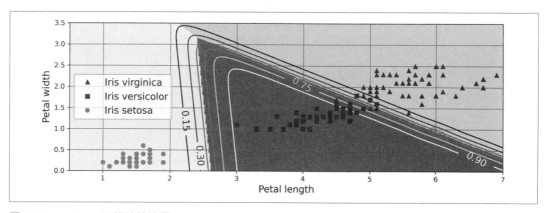

圖 4-25　softmax 回歸決策邊界

在本章中，你學習各種訓練線性模型的方法，包括回歸和分類。你使用了閉合形式方程式來解決線性回歸問題，並學習了梯度下降法，還瞭解在訓練過程中如何藉著加入不同的懲罰項來將模型正則化。同時，你還學會如何繪製學習曲線並分析它們，以及如何實現提早停止法。最後，你還學了 logistic 回歸和 softmax 回歸的工作原理。我們已經打開第一個機器學習黑盒子了！在接下來的章節中，我們將打開更多的黑盒子，從支援向量機開始。

習題

1. 如果你有一個包含上百萬個特徵的訓練組，你可以使用哪一種線性回歸訓練演算法？

2. 假如在你的訓練組裡的特徵之間的尺度差異極大，哪些演算法應該不擅長處理這種情況？你該怎麼做？

3. 在訓練 logistic 回歸模型時，梯度下降可能被困在局部最小值嗎？

4. 如果讓所有梯度下降演算法都執行夠久，它們都會產生相同的模型嗎？

5. 假設你使用批次梯度下降，並且畫出每個 epoch 的驗證誤差，如果你發現驗證誤差持續上升，可能的原因是什麼？如何修正這種狀況？

6. 在驗證誤差上升時立刻停止小批次梯度下降對嗎？

7. 在我們討論的梯度下降演算法中，哪一種演算法最快到達最佳解附近？哪一種會實際收斂？如何讓其他演算法也收斂？

8. 假如你使用多項式回歸，你畫出學習曲線，並發現訓練誤差與驗證誤差之間有很大的距離，為何如此？有哪三種方式可以處理這種情況？

9. 假如你使用山嶺回歸，並且發現訓練誤差與驗證誤差幾乎相同而且相當高。你認為這個模型有高偏差還是高變異數？應該增加正則化超參數 α 還是減少它？

10. 為何你要使用：

    a. 山嶺回歸而不是普通線性回歸（也就是不做任何正則化）？

    b. lasso 回歸而不是山嶺回歸？

    c. 彈性網路而不是 lasso 回歸？

11. 假如你想要將照片分為戶外 / 室內以及白天 / 晚上。你應該製作兩個 logistic 回歸分類器，還是一個 softmax 回歸分類器？

12. 使用提早停止的 softmax 回歸來實作批次梯度下降，不使用 Scikit-Learn，僅使用 NumPy。用它來處理類似 iris 資料組的分類任務。

這些習題的答案在本章的 notebook（*https://homl.info/colab3*）的結尾。

## 第五章

支援向量機

支援向量機（*Support Vector Machine*，SVM）是一種強大且多功能的機器學習模型，能夠執行線性或非線性分類、回歸，甚至進行新穎檢測。支援向量機適合處理小型到中型的非線性資料組（即數百到數千個實例），特別適用於分類任務。然而，你將看到，它們無法經過擴展以處理非常大型的資料組。

本章將解釋 SVM 的核心概念、如何使用它們，以及它們如何運作。話不多說，我們進入主題！

線性 SVM 分類

在解釋 SVM 的基本概念時，最好的做法是使用一些圖像。圖 5-1 展示第 4 章結尾介紹過的 iris 資料組的一部分，其中的兩個類別可以用一條直線清楚地分開（它們是**可線性分隔的**）。左圖展示三種可能的線性分類器的決策邊界。虛線決策邊界的模型很糟糕，它甚至無法正確地分離類別。另外兩個模型可以完美地處理這個訓練組，但它們的決策邊界非常靠近一些實例，所以它們處理新實例的表現可能不如預期。相較之下，在右圖中的實線是支援向量機（SVM）分類器的決策邊界，這條線不僅能夠將兩個類別分開，還能夠保持與最接近的訓練實例盡可能遠的距離。你可以將 SVM 分類器想成在類別之間插入盡可能寬的街道（用平行的虛線來表示），這稱為**大邊距分類**（*large margin classification*）。

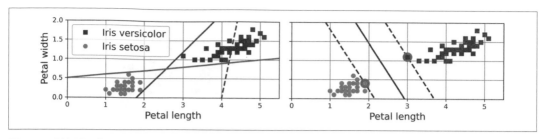

圖 5-1　大邊距分類

請注意，在街道以外增加更多訓練實例不會對決策邊界造成任何影響，決策邊界完全由位於街道邊緣的實例決定（或「支援（support）」）。這些實例稱為**支援向量**（*support vector*）（圖 5-1 幫它們加上圓圈）。

 如圖 5-2 所示，SVM 對特徵的尺度很敏感，在左圖中，縱座標尺度遠大於橫座標尺度，所以最寬的街道接近水平。在進行特徵尺度調整之後（例如使用 Scikit-Learn 的 StandardScaler），右圖中的決策邊界看起來好多了。

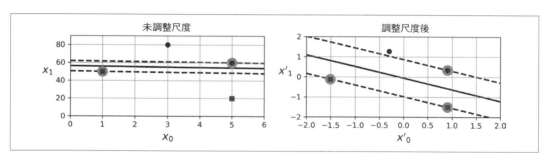

圖 5-2　對特徵尺度的敏感性

軟邊距分類

如果我們嚴格要求所有實例都必須位於街道外，而且必須位於正確的一側，這種做法稱為**硬邊距分類**（*hard margin classification*）。硬邊距分類有兩大問題。第一，它只能處理可線性分隔的資料。第二，它對離群值很敏感。圖 5-3 是只有一個離群值的 iris 資料組，在左圖中，我們不可能找到硬邊距，而右圖的決策邊界與圖 5-1 中的無離群值時的決策邊界完全不同，且模型可能無法正確地進行類推。

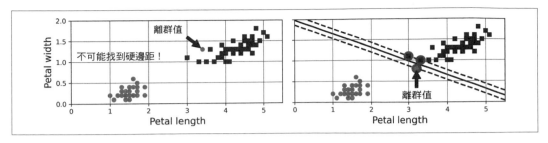

圖 5-3　硬邊距對離群值很敏感

為了避免這些問題，我們得使用更靈活的模型。我們的目標是找到良好的平衡，除了讓街道盡可能寬大之外，也要盡量減少**邊距違規**（*margin violation*）（即，實例出現在街道的中央，甚至出現在錯誤的那一側）。這種做法稱為**軟邊距分類**（*soft margin classification*）。

在使用 Scikit-Learn 來建立 SVM 模型時，你可以指定多個超參數，包括正則化超參數 C。將它設為較小值可得到類似圖 5-4 的左圖的模型，將它設為較大值可得到類似右圖的模型。如你所見，降低 C 值會讓街道變寬，但也會導致更多的邊距違規。換句話說，降低 C 會讓更多實例支援街道，從而減少過擬的風險，但如果降得太多，模型會欠擬，就像這個例子一樣：C=100 的模型的類推效果看起來比 C=1 的模型更好。

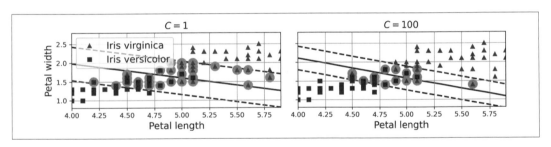

圖 5-4　大邊距（左）vs. 較少的邊距違規（右）

如果 SVM 模型過擬，你可以試著降低 C 來將它正則化。

下面的 Scikit-Learn 程式載入 iris 資料組，並訓練一個線性 SVM 分類器來檢測 *Iris virginica*。pipeline 先對特徵進行縮放，然後使用 LinearSVC 並設定 C=1：

```
from sklearn.datasets import load_iris
from sklearn.pipeline import make_pipeline
from sklearn.preprocessing import StandardScaler
from sklearn.svm import LinearSVC

iris = load_iris(as_frame=True)
X = iris.data[["petal length (cm)", "petal width (cm)"]].values
y = (iris.target == 2)  # Iris virginica

svm_clf = make_pipeline(StandardScaler(),
                        LinearSVC(C=1, random_state=42))
svm_clf.fit(X, y)
```

圖 5-4 是這段程式產生的模型。

然後，一如往常，你可以用模型來進行預測：

```
>>> X_new = [[5.5, 1.7], [5.0, 1.5]]
>>> svm_clf.predict(X_new)
array([ True, False])
```

模型認為第一朵花是 *Iris virginica*，第二朵不是。我們來看一下 SVM 使用哪些分數來進行這些預測。這些分數衡量了每個實例與決策邊界之間的距離：

```
>>> svm_clf.decision_function(X_new)
array([ 0.66163411, -0.22036063])
```

不同於 LogisticRegression，LinearSVC 沒有 predict_proba() 方法可估計類別機率。然而，如果你使用 SVC 類別（稍後討論）而不是 LinearSVC，而且將它的 probability 超參數設為 True，模型將在訓練結束時擬合額外的模型，來將 SVM 決策函數分數對映到估計機率。在內部，這需要使用 5-fold 交叉驗證為訓練組中的每個實例產生樣本外（out-of-sample）預測，然後訓練一個 LogisticRegression 模型，因此會明顯減慢訓練速度。之後即可使用 predict_proba() 和 predict_log_proba() 方法。

非線性 SVM 分類

儘管線性 SVM 分類器既高效且經常表現出色，但許多資料組根本不可線性分隔。處理非線性資料組的方法之一，就是加入更多特徵，例如多項式特徵（如我們在第 4 章所做的），有時這可以產生可線性分隔的資料組。參考圖 5-5 中的左圖：它展示一個只有一個特徵 x_1 的簡單資料組。如你所見，這個資料組不是線性可分隔的。但加入第二個特徵 $x_2 = (x_1)^2$ 產生的 2D 資料組可被完美地線性分隔。

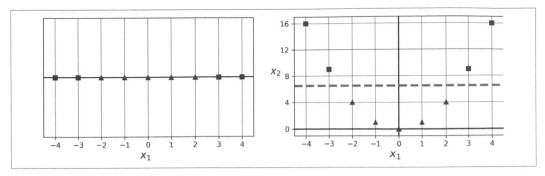

圖 5-5　加入特徵來讓資料組可被線性分隔

若要使用 Scikit-Learn 來實現這個想法，你可以建立一個 pipeline，在裡面放入 PolynomialFeatures 轉換器（曾經在第 146 頁的「多項式回歸」介紹過），然後使用 StandardScaler 與 LinearSVC 分類器。我們用 moons 資料組來測試它，moons 是一種用來進行二元分類的玩具資料組，裡面的資料點呈兩個交錯的新月形狀（見圖 5-6）。你可以用 make_moons() 函式來產生這個資料組：

```
from sklearn.datasets import make_moons
from sklearn.preprocessing import PolynomialFeatures

X, y = make_moons(n_samples=100, noise=0.15, random_state=42)

polynomial_svm_clf = make_pipeline(
    PolynomialFeatures(degree=3),
    StandardScaler(),
    LinearSVC(C=10, max_iter=10_000, random_state=42)
)
polynomial_svm_clf.fit(X, y)
```

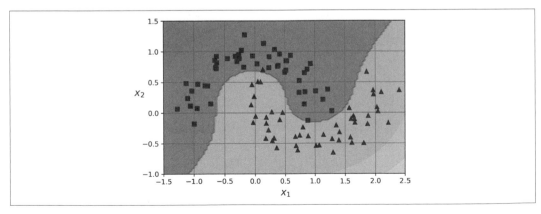

圖 5-6　使用多項式特徵的線性 SVM 分類器

多項式 kernel

添加多項式特徵很容易實現，而且在各種機器學習演算法中都有出色的表現（不僅僅是 SVM）。話雖如此，當多項式次數很低時，這個方法無法處理非常複雜的資料組，而在多項式次數很高的情況下，它會建立大量的特徵，讓模型過於緩慢。

幸好，你可以在使用 SVM 時，採取一種不可思議的數學技巧，稱為 *kernel 技巧*（本章稍後介紹）。kernel 技巧的效果與添加許多多項式特徵相同（即使次數很高），但不需要實際添加它們，這意味著這種技巧不會導致特徵數量組合爆炸。SVC 類別也實作了這種技巧。我們用 moons 資料組來測試它：

```
from sklearn.svm import SVC

poly_kernel_svm_clf = make_pipeline(StandardScaler(),
                                    SVC(kernel="poly", degree=3, coef0=1, C=5))
poly_kernel_svm_clf.fit(X, y)
```

這段程式使用三次多項式 kernel 來訓練一個 SVM 分類器，如圖 5-7 的左圖所示。右圖是使用 10 次多項式 kernel 的分類器。顯然，如果你的模型過擬，你可以降低多項式的次數。反過來說，如果它欠擬，你可以試著增加它。超參數 coef0 控制模型受高次項 vs. 低次項影響的程度。

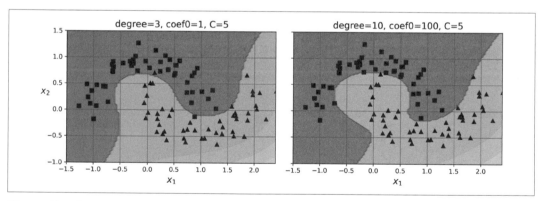

圖 5-7　使用多項式 kernel 的 SVM 分類器

 雖然超參數通常被自動調整（例如使用隨機搜尋），但瞭解每個超參數的實際作用，以及它如何與其他超參數交互作用有很大的好處，因為如此一來，你就可以將搜尋範圍縮成更小的空間。

相似度特徵

另一種處理非線性問題的技術是使用相似度函數來加入計算出來的特徵，相似度函數衡量每個實例與特定地標（*landmark*）的相似程度，就像我們在第 2 章添加地理相似度特徵時所做的那樣。例如，我們使用之前提到的 1D 資料組，並且在 $x_1 = -2$ 與 $x_1 = 1$ 加入兩個地標（見圖 5-8 的左圖）。接著，我們定義相似度函數為 Gaussian RBF，其 $\gamma = 0.3$。這是一個鐘形函數，從 0（離地標很遠）變化到 1（在地標上）。

現在我們可以開始計算新特徵了。舉例來說，我們來看一下實例 $x_1 = -1$：它與第一個地標的距離為 1，與第二個地標的距離為 2。因此，它的新特徵是 $x_2 = \exp(-0.3 \times 1^2) \approx 0.74$ 與 $x_3 = \exp(-0.3 \times 2^2) \approx 0.30$。圖 5-8 的右圖是轉換後的資料組（移除原始特徵）。你可以看到，它現在是線性可分隔的。

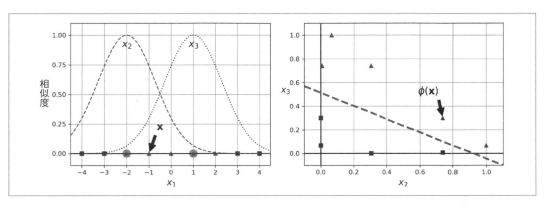

圖 5-8　使用高斯 RBF 的相似度特徵

你可能想知道地標該如何選擇？最簡單的方法是在資料組中的每一個實例的位置建立一個地標。這樣做會建立許多維度，從而增加轉換後的訓練組成為線性可分隔的機會。缺點是，具有 m 個實例與 n 個特徵的訓練組會被轉換成具有 m 個實例與 m 個特徵的訓練組（假設你移除原始特徵）。如果你的訓練組非常大，你會得到同樣大量的特徵。

高斯 RBF kernel

如同多項式特徵方法，相似度特徵方法可以搭配任何機器學習演算法一起使用，但計算額外的特徵可能需要高昂的計算代價，尤其是在處理大型的訓練組時。你可以再次使用 kernel 技巧來施展其 SVM 魔法，獲得彷彿添加許多相似度特徵的結果，而不需要實際添加。我們來試試 SVC 類別與高斯 RBF kernel：

```
rbf_kernel_svm_clf = make_pipeline(StandardScaler(),
                                   SVC(kernel="rbf", gamma=5, C=0.001))
rbf_kernel_svm_clf.fit(X, y)
```

圖 5-9 的左下圖是這個模型。其他圖是用不同的超參數 gamma (γ) 與 C 來訓練的模型。增加 gamma 會讓鐘形曲線更窄（見圖 5-8 的右圖）。因此，每個實例的影響範圍都變小，決策邊界變得更不規則，在各個實例周圍抖動。相反，較小的 gamma 值會讓鐘形曲線變寬，各個實例的影響範圍變大，讓決策邊界變得更平滑。所以 γ 的功能類似正則化超參數，如果模型過擬，你要降低它，如果欠擬，就要增加它（類似 C 超參數）。

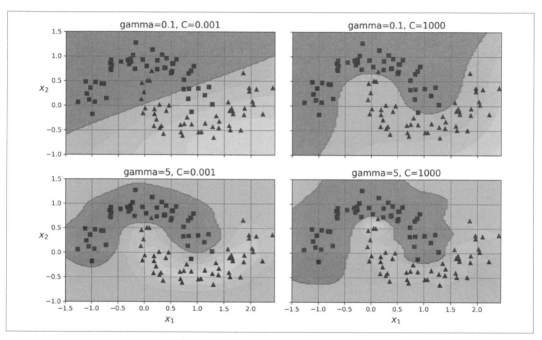

圖 5-9　使用 RBF kernel 的 SVM 分類器

此外還有一些較不常用的 kernel。有些 kernel 專門為特定資料結構而設計。字串 *kernel* 有時被用來分類文本文件或 DNA 序列（例如，使用字串子序列（string subsequence） kernel，或基於 Levenshtein 距離的 kernel）。

該如何從這麼多 kernel 中做出選擇？根據經驗，務必先試試線性 kernel，LinearSVC 類別比 SVC(kernel="linear") 還要快很多，尤其是訓練組很大時。如果訓練組不太大，你也應該嘗試 kernel 化的 SVM，先使用高斯 RBF kernel，它的表現通常很出色。然後，如果你有多餘的時間與計算能力，你可以使用超參數搜尋來試試一些其他的 kernel。如果有專門為你的訓練資料結構設計的 kernel，務必試一下它們。

SVM 類別與計算複雜度

LinearSVC 類別是基於 liblinear 程式庫製作的，這個程式庫為線性 SVM 實作了一個優化演算法（*https://homl.info/13*）[1]。它不支援 kernel 技巧，但效能幾乎與訓練實例數量和特徵數量成線性關係。它的訓練時間複雜度大約是 $O(m \times n)$。如果你需要非常高的 precision，這個演算法將花費更長的時間。你可以使用容限數超參數 ϵ（在 Scikit-Learn 中稱為 tol）來控制它。對多數分類任務而言，使用預設的容限數就可以了。

SVC 類別是基於 libsvm 程式庫建立的，該程式庫實作了一個支援 kernel 技巧的演算法（*https://homl.info/14*）[2]，訓練時間複雜度通常介於 $O(m^2 \times n)$ 和 $O(m^3 \times n)$ 之間。不幸的是，這意味著當訓練實例變得很多時（例如，數十萬個實例），它的速度會變得非常緩慢，因此這個演算法最適合小型或中型的非線性訓練組。它可以隨著特徵數量而擴展，尤其是在特徵稀疏的情況下（例如，當各個實例的非零特徵都很稀少時）。在這個情況下，演算法的擴展程度大致與每個實例的平均非零特徵數量成正比。

SGDClassifier 類別在預設情況下也執行大邊距分類，你可以調整它的超參數（特別是正則化超參數（alpha 和 penalty），以及學習速度 learning_rate）來產生與 SVM 相似的結果。在訓練過程中，它使用隨機梯度下降（見第 4 章），可讓你進行逐步學習，且占用很少記憶體，因此你可以使用它來以 RAM 無法容納的大型資料組訓練模型（即，進行外存（out-of-core）學習）。此外，它具有良好的擴展性，因為其計算複雜度為 $O(m \times n)$。表 5-1 比較 Scikit-Learn 的 SVM 分類類別。

1　Chih-Jen Lin et al., "A Dual Coordinate Descent Method for Large-Scale Linear SVM", *Proceedings of the 25th International Conference on Machine Learning* (2008): 408–415.

2　John Platt, "Sequential Minimal Optimization: A Fast Algorithm for Training Support Vector Machines" (Microsoft Research technical report, April 21, 1998).

表 5-1　比較 Scikit-Learn 的 SVM 分類類別

類別	時間複雜度	支援外存	需要擴展	Kernel 技巧
LinearSVC	$O(m \times n)$	否	是	否
SVC	$O(m^2 \times n)$ 至 $O(m^3 \times n)$	否	是	是
SGDClassifier	$O(m \times n)$	是	是	否

接著來看如何使用 SVM 演算法來處理線性和非線性回歸問題。

SVM 回歸

用 SVM 來執行回歸而不是分類的關鍵是改變目標，我們不再試圖於兩個類別之間找出最大的街道並且降低邊距違規數，而是試著把盡可能多的實例放在街道上，同時降低邊距違規數（在街道**以外**的實例）。街道的寬度是用超參數 ϵ 來控制的。圖 5-10 展示以一些線性資料來訓練兩個線性 SVM 回歸模型的情況，其中一個具有較小的邊距（$\epsilon = 0.5$），另一個有較大的邊距（$\epsilon = 1.2$）。

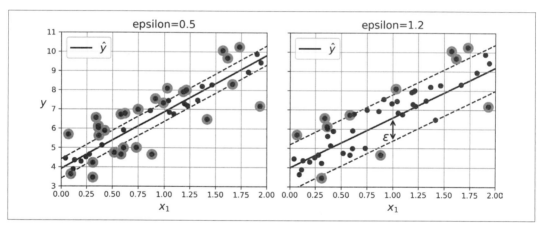

圖 5-10　SVM 回歸

減小 ϵ 會增加支援向量的數量，從而對模型進行正則化。此外，在邊距內加入更多訓練實例不會影響模型的預測；因此，該模型被稱為 ϵ-insensitive（ϵ 不敏感）。

你可以用 Scikit-Learn 的 `LinearSVR` 類別來執行線性 SVM 回歸。下面的程式產生圖 5-10 的左圖的模型：

```
from sklearn.svm import LinearSVR

X, y = [...]  # 線性資料組
svm_reg = make_pipeline(StandardScaler(),
                        LinearSVR(epsilon=0.5, random_state=42))
svm_reg.fit(X, y)
```

你可以使用 kernel 化的 SVM 模型來處理非線性回歸任務。圖 5-11 展示在一個隨機二次訓練組上進行 SVM 回歸的情形，它使用二次多項式 kernel。左圖有一些正則化（即，較小的 C 值），而右圖則較少（即，較大的 C 值）。

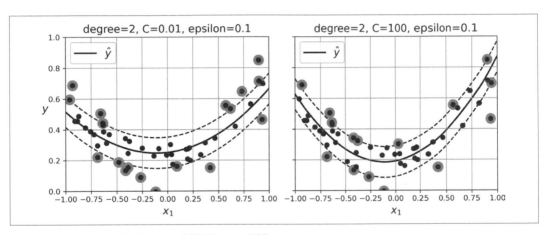

圖 5-11　使用二次多項式 kernel 來進行 SVM 回歸

下面的程式使用 Scikit-Learn 的 SVR 類別（它支援 kernel 技巧）來產生圖 5-11 的左圖中的模型：

```
from sklearn.svm import SVR

X, y = [...]  # 二次資料組
svm_poly_reg = make_pipeline(StandardScaler(),
                             SVR(kernel="poly", degree=2, C=0.01, epsilon=0.1))
svm_poly_reg.fit(X, y)
```

SVR 類別是 SVC 類別的回歸等價版本，而 `LinearSVR` 類別是 `LinearSVC` 類別的回歸等價版本。`LinearSVR` 類別隨著訓練組的大小而線性擴展（如同 `LinearSVC` 類別），而 SVR 在訓練組變得很大時，速度會下降很多（跟 SVC 類別一樣）。

SVM 也可以進行新穎檢測，詳見第 9 章。

本章其餘的部分將解釋 SVM 如何進行預測，以及它們的訓練演算法如何運作，我們從線性 SVM 分類器談起。如果你是機器學習的初學者，你可放心地跳過這一節，直接回答本章結尾的習題，等你想要深入瞭解 SVM 時，再回來學習。

SVM 分類器的內部

當線性 SVM 分類器預測新實例 $\mathbf{x}$ 時，它會先計算決策函數 $\boldsymbol{\theta}^\mathsf{T} \mathbf{x} = \theta_0 x_0 + \cdots + \theta_n x_n$，其中 x_0 是偏差特徵（始終等於 1）。如果結果是正的，那麼預測出來的類別 $\hat{y}$ 是陽性類別（1），否則是陰性類別（0），就像 LogisticRegression 一樣（於第 4 章討論過）。

到目前為止，我都按照規範，將所有模型參數放在向量 $\boldsymbol{\theta}$ 裡，其中包括偏差項 $\boldsymbol{\theta}_0$ 和輸入特徵權重 $\boldsymbol{\theta}_1$ 到 $\boldsymbol{\theta}_n$。這需要將偏差輸入 $x_0 = 1$ 加到所有實例。另一種常見的規範是將偏差項 b（等於 $\boldsymbol{\theta}_0$）和特徵權重向量 $\mathbf{w}$（包含 $\boldsymbol{\theta}_1$ 到 $\boldsymbol{\theta}_n$）分開，在這種情況下，我們不需要將偏差特徵加到輸入特徵向量，而線性 SVM 的決策函數等於 $\mathbf{w}^\mathsf{T} \mathbf{x} + b = w_1 x_1 + \cdots + w_n x_n + b$。我將在本書的其餘部分中使用這種規範。

因此，使用線性支援 SVM 分類器來進行預測非常簡單。那麼訓練呢？我們要找出可讓街道或邊距盡可能寬闊、同時限制邊距違規數量的權重向量 $\mathbf{w}$ 和偏差項 b。我們從街道的寬度開始，要讓它更寬就要讓 $\mathbf{w}$ 更小。使用 2D 比較容易視覺化，如圖 5-12 所示。我們將街道的邊界定義為使得決策函數等於 -1 或 $+1$ 的點。在左圖中，權重 w_1 為 1，因此在 $w_1 x_1 = -1$ 或 $+1$ 之處的點是 $x_1 = -1$ 和 $+1$，所以邊距的大小為 2。在右圖中，權重為 0.5，因此在 $w_1 x_1 = -1$ 或 $+1$ 之處的點是 $x_1 = -2$ 和 $+2$，邊距的大小為 4。因此，我們要讓 $\mathbf{w}$ 盡可能地小。請注意，偏差項 b 不影響邊距的大小：調整它只會移動街道，而不會影響其寬度。

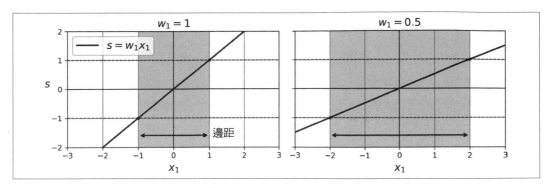

圖 5-12　較小的權重向量會導致較大的邊距

我們也希望避免邊距違規，因此我們要讓決策函數對陽性訓練實例而言都大於 1，對陰性訓練實例而言都小於 −1。如果我們定義對於陰性實例（當 $y^{(i)} = 0$）而言，$t^{(i)} = -1$，對於陽性實例（當 $y^{(i)} = 1$）而言，$t^{(i)} = 1$，我們可以將這個限制寫為對於所有實例而言，$t^{(i)}(\mathbf{w}^\mathsf{T} \mathbf{x}^{(i)} + b) \geq 1$。

因此，我們可以將硬邊距 SVM 分類器的目標寫成公式 5-1 中的約束優化問題。

公式 5-1　硬邊距線性 SVM 分類器目標

$$\underset{\mathbf{w},\, b}{\text{最小化}} \quad \frac{1}{2}\mathbf{w}^\mathsf{T}\mathbf{w}$$

$$\text{滿足} \quad t^{(i)}\!\left(\mathbf{w}^\mathsf{T}\mathbf{x}^{(i)} + b\right) \geq 1 \ \text{其中} \ i = 1, 2, \cdots, m$$

 我們最小化的是 ½ $\mathbf{w}^\mathsf{T} \mathbf{w}$，它等於 ½$\|\mathbf{w}\|^2$，而不是最小化 $\|\mathbf{w}\|$（$\mathbf{w}$ 的範數）。½$\|\mathbf{w}\|^2$ 的導數非常簡單（就是 $\mathbf{w}$ 本身），而 $\|\mathbf{w}\|$ 在 $\mathbf{w} = 0$ 處不可微。優化演算法處理可微函數的效果通常好很多。

為了得到軟邊距目標，我們要為每個實例引入一個鬆弛變數 $\zeta^{(i)} \geq 0$ [3]：$\zeta^{(i)}$ 衡量第 i 個實例被允許違反邊距的程度。現在我們有兩個互相衝突的目標：盡量降低鬆弛變數以減少邊距違規，同時盡量減小 ½ $\mathbf{w}^\mathsf{T} \mathbf{w}$ 以增加邊距。這就是 C 超參數的功用：它可讓我們定義這兩個目標之間的權衡。這帶來公式 5-2 中的約束優化問題。

3　Zeta（ζ）是希臘字母的第六個字母。

公式 5-2　軟邊距線性 SVM 分類器目標

$$\underset{\mathbf{w},\, b,\, \zeta}{\text{最小化}} \quad \frac{1}{2}\mathbf{w}^\mathsf{T}\mathbf{w} + C\sum_{i=1}^{m}\zeta^{(i)}$$

$$\text{滿足} \quad t^{(i)}\!\left(\mathbf{w}^\mathsf{T}\mathbf{x}^{(i)} + b\right) \ge 1 - \zeta^{(i)} \quad \text{且} \quad \zeta^{(i)} \ge 0 \text{ 其中 } i = 1, 2, \cdots, m$$

硬邊距與軟邊距問題都是具有線性約束的凸二次優化問題。這類問題被稱為**二次規劃**（*Quadratic Programming*，QP）問題。有很多現成的解決方案使用各種技術來解決 QP 問題，它們不屬於本書的討論範圍[4]。

訓練 SVM 的方法之一是使用 QP 解決方案，另一種方法是使用梯度下降來將 *hinge* **損失**或**平方** *hinge* 損失最小化（見圖 5-13）。對於陽性類別（即 $t = 1$）的實例 **x**，若決策函數的輸出 s（$s = \mathbf{w}^\mathsf{T}\mathbf{x} + b$）大於等於 1，則損失為 0，這發生在實例偏離街道並位於陽性側時。對於陰性類別的實例（即 $t = -1$），若 $s \le -1$，則損失為 0，這發生在實例偏離街道並位於陰性側時。實例距離邊距的正確一側越遠，損失就越高：hinge 損失成線性增長，平方 hinge 損失成二次增長。所以平方 hinge 損失對離群值比較敏感。然而，如果資料組很乾淨，它往往收斂得更快。在預設情況下，`LinearSVC` 使用平方 hinge 損失，而 `SGDClassifier` 使用 hinge 損失。這兩個類別都允許將 loss 超參數設為 "hinge" 或 "squared_hinge" 來選擇損失函式。SVC 類別的優化演算法找到的解與將 hinge 損失最小化的解相似。

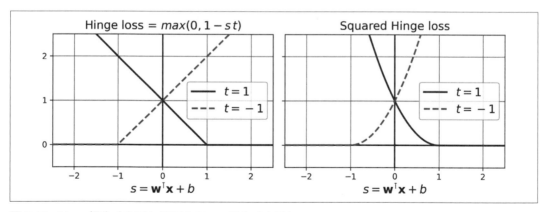

圖 5-13　hinge 損失（左圖）與平方 hinge 損失（右圖）

接下來，我們要看另一種訓練線性 SVM 分類器的方法：求解對偶問題。

4　若要更深入瞭解二次規劃，可閱讀 Stephen Boyd 與 Lieven Vandenbergh 的著作《*Convex Optimization*》（*https://homl.info/15*）（Cambridge University Press），或 Richard Brown 的講座影片（*https://homl.info/16*）。

對偶問題

給定一個稱為原始問題（*primal problem*）的約束優化問題，我們可以寫出一個不同但密切相關的問題，稱為它的對偶問題（*dual problem*）。對偶問題的解通常是原始問題的解的下界，但在某些條件下，它的解可能與原始問題相同。幸運的是，SVM 問題恰好滿足這些條件[5]，因此，你可以選擇解決原始問題或對偶問題，它們有相同的解。公式 5-3 展示線性 SVM 目標的對偶形式。如果你想要瞭解如何從原始問題推導出對偶問題，請參考本章 notebook 的額外教材（*https://homl.info/colab3*）。

公式 5-3　線性 SVM 目標的對偶形式

$$\underset{\mathbf{\alpha}}{最小化} \quad \frac{1}{2}\sum_{i=1}^{m}\sum_{j=1}^{m}\alpha^{(i)}\alpha^{(j)}t^{(i)}t^{(j)}\mathbf{x}^{(i)\mathsf{T}}\mathbf{x}^{(j)} \quad - \quad \sum_{i=1}^{m}\alpha^{(i)}$$

$$滿足 \quad \alpha^{(i)} \geq 0 \quad 當 \quad i = 1, 2, ..., m \;\; 且 \;\; \sum_{i=1}^{m}\alpha^{(i)}t^{(i)} = 0$$

找出可將這個公式最小化的向量 $\hat{\mathbf{\alpha}}$ 之後（使用 QP 求解器），你可以使用公式 5-4 來計算可將原始問題最小化的 $\hat{\mathbf{w}}$ 與 $\hat{b}$。在這個公式裡，n_s 代表支援向量的數量。

公式 5-4　將對偶解變成原始解

$$\hat{\mathbf{w}} = \sum_{i=1}^{m}\hat{\alpha}^{(i)}t^{(i)}\mathbf{x}^{(i)}$$

$$\hat{b} = \frac{1}{n_s}\sum_{\substack{i=1 \\ \hat{\alpha}^{(i)} > 0}}^{m}\left(t^{(i)} - \hat{\mathbf{w}}^{\mathsf{T}}\mathbf{x}^{(i)}\right)$$

當訓練實例比特徵數量少時，解決對偶問題的速度比解決原始問題更快。更重要的是，對偶問題可讓你使用 kernel 技巧，但原始問題不能。那麼，這個 kernel 技巧是什麼？

kernel 化的 SVM

假設你想要對二維訓練組（例如 moons 訓練組）套用二次多項式轉換，然後用轉換後的訓練組來訓練線性 SVM 分類器，公式 5-5 是你想要套用的二次多項式對映函數 ϕ。

5　目標函數是凸的，且不等式形式的約束是連續可微的凸函數。

公式 5-5　二次多項式對映

$$\varphi(\mathbf{x}) = \varphi\left(\begin{pmatrix} x_1 \\ x_2 \end{pmatrix}\right) = \begin{pmatrix} {x_1}^2 \\ \sqrt{2}\,x_1 x_2 \\ {x_2}^2 \end{pmatrix}$$

請注意，轉換後的向量是 3D 而不是 2D。接著來看一下，如果我們套用這個二次多項式對映，接著計算轉換後的向量的內積[6]，2D 向量 $\mathbf{a}$ 與 $\mathbf{b}$ 會發生什麼事（見公式 5-6）。

公式 5-6　進行二次多項式對映的 *kernel* 技巧

$$\varphi(\mathbf{a})^\top \varphi(\mathbf{b}) = \begin{pmatrix} {a_1}^2 \\ \sqrt{2}\,a_1 a_2 \\ {a_2}^2 \end{pmatrix}^\top \begin{pmatrix} {b_1}^2 \\ \sqrt{2}\,b_1 b_2 \\ {b_2}^2 \end{pmatrix} = {a_1}^2 {b_1}^2 + 2 a_1 b_1 a_2 b_2 + {a_2}^2 {b_2}^2$$

$$= (a_1 b_1 + a_2 b_2)^2 = \left(\begin{pmatrix} a_1 \\ a_2 \end{pmatrix}^\top \begin{pmatrix} b_1 \\ b_2 \end{pmatrix}\right)^2 = (\mathbf{a}^\top \mathbf{b})^2$$

轉換後的向量的內積等於原始向量的內積的平方：$\phi(\mathbf{a})^\top \phi(\mathbf{b}) = (\mathbf{a}^\top \mathbf{b})^2$。

關鍵的見解在於：若將轉換函數 ϕ 應用於所有訓練實例，那麼對偶問題（見公式 5-3）將包含內積 $\phi(\mathbf{x}^{(i)})^\top \phi(\mathbf{x}^{(j)})$。但是如果 ϕ 是公式 5-5 定義的二次多項式轉換函式，你可以直接將這個轉換後的向量的內積換成 $\left(\mathbf{x}^{(i)\top} \mathbf{x}^{(j)}\right)^2$。所以，你完全不需要轉換訓練實例，只要將公式 5-3 的內積換成它的平方，得到的結果會與轉換訓練組再擬合線性 SVM 演算法所得到的結果相同，但這個技巧可讓整個計算過程更加高效。

函數 $K(\mathbf{a}, \mathbf{b}) = (\mathbf{a}^\top \mathbf{b})^2$ 是個二次多項式 kernel。在機器學習中，*kernel* 是只要使用原始向量 $\mathbf{a}$ 與 $\mathbf{b}$ 即可計算內積 $\phi(\mathbf{a})^\top \phi(\mathbf{b})$ 的一種函數，不需要執行轉換 ϕ（甚至不需要知道它）。公式 5-7 是一些最常用的 kernel。

6　第 4 章解釋過，兩個向量 $\mathbf{a}$ 與 $\mathbf{b}$ 的內積通常寫成 $\mathbf{a} \cdot \mathbf{b}$。但是在機器學習中，向量經常用行向量來表示（也就是單行矩陣），所以內積是透過計算 $\mathbf{a}^\top \mathbf{b}$ 來實現的。為了在本書的後續內容中保持一致，我們將使用這種寫法，並忽略一件事：這實際上會產生一個單格矩陣，而不是純量值。

公式 5-7　常用的 *kernel*

$$線性：\quad K(\mathbf{a}, \mathbf{b}) = \mathbf{a}^\mathsf{T}\mathbf{b}$$

$$多項式：\quad K(\mathbf{a}, \mathbf{b}) = (\gamma\mathbf{a}^\mathsf{T}\mathbf{b} + r)^d$$

$$高斯\ \mathrm{RBF}：\quad K(\mathbf{a}, \mathbf{b}) = \exp\left(-\gamma\|\mathbf{a} - \mathbf{b}\|^2\right)$$

$$\mathrm{Sigmoid}：\quad K(\mathbf{a}, \mathbf{b}) = \tanh\left(\gamma\mathbf{a}^\mathsf{T}\mathbf{b} + r\right)$$

Mercer 定理

根據 *Mercer* 定理，若函數 $K(\mathbf{a}, \mathbf{b})$ 滿足一些稱為 *Mercer* 條件的數學條件（例如，K 的參數必須是連續且對稱的，使得 $K(\mathbf{a}, \mathbf{b}) = K(\mathbf{b}, \mathbf{a})$ 等），則存在一個函數 ϕ，可將 $\mathbf{a}$ 與 $\mathbf{b}$ 對映至另一個空間（或許有更高維數），使得 $K(\mathbf{a}, \mathbf{b}) = \phi(\mathbf{a})^\mathsf{T}\phi(\mathbf{b})$。因為你知道 ϕ 存在，所以你可以使用 K 作為 kernel，即使你不知道 ϕ 是什麼。就高斯 RBF kernel 而言，我們可以證明 ϕ 可將每一個訓練實例對映至一個無限維數的空間，所以不需要實際執行對映真是件好事！

注意，有些常用的 kernel（例如 sigmoid kernel）不符合 Mercer 條件的所有要求，但它們在實務上通常有很好的表現。

我們還有一個問題需要解決。公式 5-4 展示在使用線性 SVM 分類器的情況下，如何由對偶解得到原始解。但如果應用 kernel 技巧，你會得到包含 $\phi(x^{(i)})$ 的式子。事實上，$\widehat{\mathbf{w}}$ 的維數必須與 $\phi(x^{(i)})$ 的相同，它可能極大，甚至無限大，以致於無法計算。但如何在不知道 $\widehat{\mathbf{w}}$ 的情況下進行預測？好消息是，只要把公式 5-4 中的 $\widehat{\mathbf{w}}$ 公式代入新實例 $\mathbf{x}^{(n)}$ 的決策函數，就可得到一個只包含輸入向量的內積方程式了，如此一來，你就可以使用 kernel 技巧了（公式 5-8）。

公式 5-8　用 *kernel* 化的 *SVM* 來進行預測

$$
\begin{aligned}
h_{\widehat{\mathbf{w}}, \widehat{b}}\big(\varphi(\mathbf{x}^{(n)})\big) &= \widehat{\mathbf{w}}^\mathsf{T}\varphi(\mathbf{x}^{(n)}) + \widehat{b} = \left(\sum_{i=1}^{m}\widehat{\alpha}^{(i)}t^{(i)}\varphi(\mathbf{x}^{(i)})\right)^\mathsf{T}\varphi(\mathbf{x}^{(n)}) + \widehat{b} \\
&= \sum_{i=1}^{m}\widehat{\alpha}^{(i)}t^{(i)}\big(\varphi(\mathbf{x}^{(i)})^\mathsf{T}\varphi(\mathbf{x}^{(n)})\big) + \widehat{b} \\
&= \sum_{\substack{i=1 \\ \widehat{\alpha}^{(i)} > 0}}^{m}\widehat{\alpha}^{(i)}t^{(i)}K\big(\mathbf{x}^{(i)}, \mathbf{x}^{(n)}\big) + \widehat{b}
\end{aligned}
$$

請注意，由於 $\alpha^{(i)} \neq 0$ 僅對於支援向量而言成立，進行預測只涉及計算新輸入向量 $\mathbf{x}^{(n)}$ 與支援向量之間的內積，而不是與所有訓練實例的內積。當然，你需要使用同樣的技巧來計算偏差項 $\hat{b}$（公式 5-9）。

公式 5-9　使用 kernel 技巧來計算偏差項

$$\hat{b} = \frac{1}{n_s} \sum_{\substack{i=1 \\ \hat{\alpha}^{(i)} > 0}}^{m} \left(t^{(i)} - \hat{\mathbf{w}}^{\top} \varphi\left(\mathbf{x}^{(i)}\right) \right) = \frac{1}{n_s} \sum_{\substack{i=1 \\ \hat{\alpha}^{(i)} > 0}}^{m} \left(t^{(i)} - \left(\sum_{j=1}^{m} \hat{\alpha}^{(j)} t^{(j)} \varphi\left(\mathbf{x}^{(j)}\right) \right)^{\top} \varphi\left(\mathbf{x}^{(i)}\right) \right)$$

$$= \frac{1}{n_s} \sum_{\substack{i=1 \\ \hat{\alpha}^{(i)} > 0}}^{m} \left(t^{(i)} - \sum_{\substack{j=1 \\ \hat{\alpha}^{(j)} > 0}}^{m} \hat{\alpha}^{(j)} t^{(j)} K\left(\mathbf{x}^{(i)}, \mathbf{x}^{(j)}\right) \right)$$

如果你開始感到頭痛，這很正常：這是 kernel 技巧的一種負面副作用。

 你可以按照「Incremental and Decremental Support Vector Machine Learning」（*https://homl.info/17*）[7] 和「Fast Kernel Classifiers with Online and Active Learning」（*https://homl.info/18*）[8] 所述的方法來實作能夠進行漸進學習的線上 kernel SVM。這些 kernel 化的 SVM 是以 Matlab 和 C++ 來編寫的。但是對於大規模的非線性問題，你可能要考慮改用隨機森林（見第 7 章）或神經網路（見第二部分）。

習題

1. 支援向量機背後的基本概念為何？

2. 什麼是支援向量？

3. 為何在使用 SVM 時，調整輸入的尺度很重要？

4. SVM 分類器能否在分類實例時輸出信心分數？能否輸出機率？

5. 如何在 `LinearSVC`、`SVC` 與 `SGDClassifier` 之間做出選擇？

7　Gert Cauwenberghs and Tomaso Poggio, "Incremental and Decremental Support Vector Machine Learning", *Proceedings of the 13th International Conference on Neural Information Processing Systems* (2000): 388–394.

8　Antoine Bordes et al., "Fast Kernel Classifiers with Online and Active Learning", *Journal of Machine Learning Research* 6 (2005): 1579–1619.

6. 如果你使用 RBF kernel 來訓練一個 SVM 分類器，但它似乎欠擬訓練組，你應該增加 γ（gamma）還是減少它？C 呢？

7. 模型是 *ε-insensitive* 是什麼意思？

8. 使用 kernel 技巧的目的是什麼？

9. 用可線性分離的資料組來訓練 LinearSVC，然後用同一個資料組來訓練 SVC 與 SGDClassifier，看看能否讓它們產生大致相同的模型。

10. 用 wine 資料組來訓練 SVM 分類器，你可以使用 sklearn.datasets.load_wine() 來載入該資料組。該資料組包含 3 位不同種植者所生產的 178 個葡萄酒樣本的化學分析數據：你的目標是根據葡萄酒的化學分析，訓練一個能夠預測種植者的分類模型。由於 SVM 分類器是二元分類器，你要使用一對多（one-versus-all）來對三個類別進行分類。你能夠實現多少準確率？

11. 用加州房地產資料組來訓練和微調一個 SVM 回歸器。你可以使用原始的資料組，而不是使用第 2 章使用的調整版本，原始資料組可以用 sklearn.datasets.fetch_california_housing() 來載入。目標值以十萬美元為單位。由於資料組有超過 20,000 個實例，SVM 可能非常緩慢，因此在調整超參數時，你應該使用較少實例（例如 2,000 個）來測試更多的超參數組合。你的最佳模型的 RMSE 是多少？

這些習題的答案在本章的 notebook（*https://homl.info/colab3*）的結尾。

## 第六章

決策樹

決策樹（*Decision Trees*）和 SVM 同樣是一種用途廣泛的機器學習演算法，可以執行分類與回歸任務，甚至可執行多輸出任務。它們是強大的演算法，能夠擬合複雜的資料組。例如，我們曾經在第 2 章使用加州房地產資料來訓練 DecisionTreeRegressor 模型，並完美地擬合它（其實是過擬了）。

決策樹也是隨機森林（見第 7 章）的元素，隨機森林是當今最強大的機器學習演算法之一。

本章先介紹如何訓練、視覺化決策樹，以及使用決策樹來進行預測，然後討論 Scikit-Learn 所使用的 CART 訓練演算法，並探討如何將樹正則化，以及使用它們來進行回歸任務。最後，我們要討論決策樹的一些限制。

訓練與視覺化決策樹

為了講解決策樹，我們來實際建立一個，並看看它如何進行決策。下面的程式用 iris 資料組（見第 4 章）來訓練 DecisionTreeClassifier：

```
from sklearn.datasets import load_iris
from sklearn.tree import DecisionTreeClassifier

iris = load_iris(as_frame=True)
X_iris = iris.data[["petal length (cm)", "petal width (cm)"]].values
y_iris = iris.target

tree_clf = DecisionTreeClassifier(max_depth=2, random_state=42)
tree_clf.fit(X_iris, y_iris)
```

我們先將訓練好的決策樹視覺化，做法是使用 export_graphviz() 方法來輸出名為 *iris_tree.dot* 的圖形定義檔案：

```
from sklearn.tree import export_graphviz

export_graphviz(
        tree_clf,
        out_file="iris_tree.dot",
        feature_names=["petal length (cm)", "petal width (cm)"],
        class_names=iris.target_names,
        rounded=True,
        filled=True
    )
```

然後在 Jupyter notebook 裡使用 graphviz.Source.from_file() 來載入與顯示檔案：

```
from graphviz import Source

Source.from_file("iris_tree.dot")
```

Graphviz（*https://graphviz.org*）是一種開源的圖形視覺化程式包。它裡面也有一個 dot 命令列工具，可以將 *.dot* 檔案轉換為各種格式，例如 PDF 和 PNG。

你的第一個決策樹長得像圖 6-1 這樣。

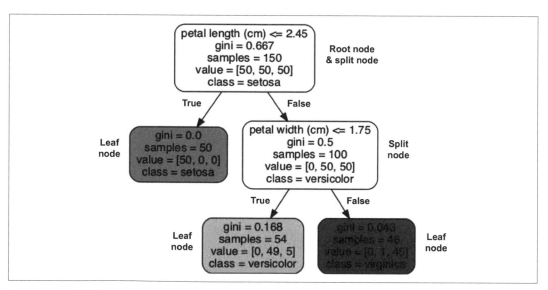

圖 6-1　iris 決策樹

進行預測

我們來看一下圖 6-1 的決策樹如何進行預測。假如你看到一朵 iris 花，想要根據它的花瓣來將它分類，你從**根節點**（深度 0，位於最上面）開始，這個節點詢問花瓣的長度是否小於 2.45 cm，如果答案為「是」，你就往下走到根節點的左子節點（深度 1，左）。在這個例子中，它是**葉節點**（也就是說，它沒有任何子節點），所以它不再詢問任何問題，只要查看那個節點所預測的類別就可以知道決策樹預測你的花是 *Iris setosa*（`class=setosa`）。

現在假設你看到另一朵花，這次花瓣長度大於 2.45 cm。你再次從根節點開始，但這次你向下移動到它的右子節點（深度 1，右）。它不是葉節點，而是一個**分叉節點**，所以它提出另一個問題：花瓣寬度是否小於 1.75 cm？若是，你的花最有可能的是 *Iris versicolor*（深度 2，左）。若否，它可能是 *Iris virginica*（深度 2，右）。它確實如此簡單。

> 決策樹有一種特性是，它們只需要極少量的資料準備工作。事實上，它們完全不需要做特徵尺度調整或置中。

節點的 `samples` 屬性指出它適用於多少訓練實例。例如，有 100 個訓練實例的花瓣長度大於 2.45 cm（深度 1，右），而且在這 100 個實例中，有 54 個的花瓣寬度少於 1.75 cm（深度 2，左）。節點的 `value` 屬性代表該節點適用於每一個類別的多少訓練實例，例如，右下方節點適用於 0 個 *Iris setosa*，1 個 *Iris versicolor*，與 45 個 *Iris virginica*。最後，節點的 `gini` 屬性代表它的**不純度**，如果適用一個節點的所有訓練實例都屬於同一個類別，該節點就是「純的」（`gini=0`）。例如，因為深度 1 的左節點只適用於 *Iris setosa* 訓練實例，所以它是純的，而且它的 `gini` 分數是 0。公式 6-1 展示這個訓練演算法如何計算第 *i* 個節點的 `gini` 分數 G_i。深度 2 的左節點的 `gini` 分數等於 $1 - (0/54)^2 - (49/54)^2 - (5/54)^2 \approx 0.168$。

公式 6-1　gini 不純度

$$G_i = 1 - \sum_{k=1}^{n} p_{i,k}^2$$

在這個公式中：

- G_i 是第 *i* 個節點的 Gini 不純度。

- $p_{i,k}$ 是在第 *i* 個節點內的訓練實例中，有多少比例屬於類別 *k*。

Scikit-Learn 使用 CART 演算法，它只產生二元樹，二元樹的分叉節點一定有兩個子節點（也就是問題只有是 / 否答案）。但是其他的演算法（例如 ID3）產生的決策樹可能有超過兩個子節點。

圖 6-2 展示這個決策樹的決策邊界。粗垂直線代表根節點（深度 0，花瓣長度 = 2.45 cm）的決策邊界。因為左區是純的（只有 *Iris setosa*），所以無法繼續劃分。但是右區是不純的，所以深度 1 的右節點在花瓣寬度 = 1.75 cm 的地方劃分它（以短虛線表示）。因為 max_depth 被設為 2，所以決策樹在那裡停止。如果你將 max_depth 設為 3，那麼這兩個深度 2 的節點會各自加入另一個決策邊界（以點虛線表示）。

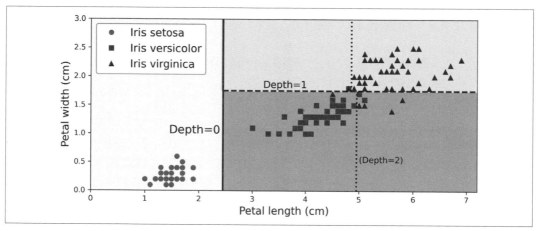

圖 6-2　決策樹的決策邊界

你可以透過分類器的 tree_ 屬性來取得樹的結構，包括圖 6-1 中的所有資訊。你可以輸入 **help(tree_clf.tree_)** 來瞭解詳情，並參考本章 notebook 的範例（*https://homl.info/colab3*）。

模型解讀：白箱 vs. 黑箱

決策樹很直觀，它們的決策也很容易解讀。這種模型通常稱為**白箱模型**。相較之下，之後介紹的隨機森林和神經網路通常被視為**黑箱模型**。雖然它們可做出準確的預測，我們也可以輕鬆地檢查它們做出那些預測所執行的計算，但是它們做出那些預測的理由通常難以解釋。假如神經網路指出照片裡面有某人，我們很難知道哪些元素導致這個預測結果，是因為模型認出那個人的眼睛嗎？還是嘴巴？鼻子？鞋子？甚至是他們所坐的沙發？相較之下，決策樹提供簡單的分類規則，在必要時，甚至可以手動套用（例如進行花朵分類）。**可解釋 ML** 領域旨在建立能夠以人類可理解的方式解釋其決策的機器學習系統。這一點在許多領域中非常重要，例如，可用來確保系統不會做出不公平的決策。

估計類別機率

決策樹也可以估計某個實例屬於特定類別 k 的機率。它先遍歷樹來找出該實例的葉節點，然後回傳在該節點裡有多少比例的訓練實例屬於類別 k。例如，假設你看一朵花的花瓣是 5 cm 長、1.5 cm 寬。它對應的葉節點是深度 2 的左節點，所以決策樹應該輸出下列機率：*Iris setosa* 是 0%（0/54），*Iris versicolor* 是 90.7%（49/54），*Iris virginica* 是 9.3%（5/54）。如果你要求它預測類別，它會輸出 *Iris versicolor*（類別 1），因為它的機率最高。我們來檢查一下：

```
>>> tree_clf.predict_proba([[5, 1.5]]).round(3)
array([[0.   , 0.907, 0.093]])
>>> tree_clf.predict([[5, 1.5]])
array([1])
```

完美！請注意，模型在圖 6-2 中的右下角矩形裡的任何其他位置估計出來的機率是一致的，例如，當花瓣為 6 cm 長與 1.5 cm 寬時（即使顯然在這個例子中，它最有可能是 *Iris virginica*）。

CART 訓練演算法

Scikit-Learn 使用分類與回歸樹（*Classification and Regression Tree*，CART）演算法來訓練決策樹（也稱為「種」樹）。這個演算法的做法是先用一個特徵 k 與一個閾值 t_k 來將訓練組分為兩個子集合（例如「花瓣長度 ≤ 2.45 cm」）。它如何選擇 k 與 t_k？它會先搜尋產生

最純子集合的 (k, t_k)，並以它們的大小來加權。公式 6-2 是這個演算法試著最小化的代價函數。

公式 6-2　進行分類的 CART 代價衡數

$$J(k, t_k) = \frac{m_{\text{left}}}{m} G_{\text{left}} + \frac{m_{\text{right}}}{m} G_{\text{right}}$$

其中 $\begin{cases} G_{\text{left/right}} \text{ 衡量左 / 右子集合的不純度，} \\ m_{\text{left/right}} \text{ 是左 / 右子集合裡的實例數量。} \end{cases}$

當 CART 演算法成功地將訓練組拆成兩個之後，它會用同一個邏輯拆該子集合，然後拆開子子集合，以此類推，反覆遞迴。在到達最大深度（用 max_depth 超參數來定義）或無法找到可減少不純度的分割時，停止遞迴。你也可以使用其他的超參數（稍後說明）來控制其他的停止條件（min_samples_split、min_samples_leaf、min_weight_fraction_leaf 與 max_leaf_nodes）。

如你所見，CART 演算法是一種貪婪（greedy）演算法，它會在最頂層貪婪地尋找最佳拆法，並且在後續的每一層重複這個程序。它不會檢查它的拆法會不會在幾層之後導致最低的不純度。貪婪演算法通常可以產生還算不錯，但不保證最佳的解。

遺憾的是，尋找最佳樹是一種 NP-Complete 問題[1]，需要 $O(\exp(m))$ 時間，所以，即使訓練組很小，這個問題也難以處理。這就是我們在訓練決策樹時，必須遷就「還算不錯」之解的原因。

計算複雜度

進行決策需要由根節點至葉節點遍歷決策樹。決策樹通常幾近平衡，所以遍歷決策樹需要經過大約 $O(\log_2(m))$ 個節點，其中 $\log_2(m)$ 是 m 的二進制對數，等於 $\log(m) / \log(2)$。由於每個節點只需要檢查一個特徵的值，因此整體的預測複雜度是 $O(\log_2(m))$，與特徵的數量無關。所以預測速度非常快，即使是處理大型訓練組也是如此。

1　P 是可以在**多項式**（也就是資料組大小的多項式）**時間**內解決的問題集合。NP 是可在多項式時間內驗證解的問題集合。NP-hard 問題是可以在多項式時間內歸約為已知的 NP-hard 問題的問題。NP-Complete 問題既是 NP 也是 NP-hard。「P 是否等於 NP」是個重要的未解數學問題。如果 P ≠ NP（似乎如此），那麼任何 NP-Complete 問題都不可能找到多項式演算法（除非將來在量子計算機上有機會實現）。

訓練演算法會在每一個節點比較所有樣本的所有特徵（或者，在設定 `max_features` 時，比較較少的特徵）。在各個節點比較所有樣本的所有特徵導致 $O(n \times m \log_2(m))$ 訓練複雜度。

該使用 Gini 不純度還是熵？

`DecisionTreeClassifier` 類別內定使用 Gini 不純度指標，但你也可以將 `criterion` 超參數設為 `"entropy"` 來改用熵不純度指標。熵來自熱力學，被用來衡量分子的無序性，當分子靜止且有序時，熵趨近於零。後來熵被應用於各種領域，包括 Shannon 的資訊論，在裡面，它衡量的是一則訊息的平均資訊內容，我們在第 4 章看過。當所有的訊息都相同時，熵為零。在機器學習中，熵經常被當成不純度指標：當一個集合中的實例都屬於同一個類別時，它的熵等於零。公式 6-3 是第 i 個節點的熵的定義。例如，在圖 6-1 中的深度 2 左節點的熵等於 $-(49/54) \log_2 (49/54) - (5/54) \log_2 (5/54) \approx 0.445$。

公式 6-3　熵

$$H_i = - \sum_{\substack{k=1 \\ p_{i,k} \neq 0}}^{n} p_{i,k} \log_2 \left(p_{i,k} \right)$$

那麼，該使用 Gini 不純度還是熵？事實上，在多數情況下兩者沒有太大差異，它們會導致相似的樹。Gini 不純度的計算速度快一些，所以它是很好的預設選項。但是當兩者有所差異時，Gini 不純度傾向將最常見的類別獨立放在樹的一個分支中，而熵則傾向產生稍微更平衡的樹[2]。

正則化參數

決策樹對於訓練資料幾乎不做任何假設（相較之下，線性模型假設資料是線性的）。如果沒有加以限制，決策樹結構將自動適應訓練資料，非常緊密地擬合它——事實上，很可能過度擬合。這種模型通常稱為**非參數性模型**（*nonparametric model*），有這個稱呼不是因為它沒有任何參數（通常有很多個），而是因為參數的數量在訓練之前不確定，所以模型結構可以自由地緊密擬合資料。相較之下，**參數性模型**（*parametric model*）（例如線性模型）具有預定的參數數量，所以它的自由度受到限制，從而降低過擬的風險（但增加欠擬的風險）。

2　詳情可參考 Sebastian Raschka 的有趣的分析（*https://homl.info/19*）。

為了避免過擬訓練資料，你必須在訓練的過程中限制決策樹的自由度。如你現在所知，這種做法稱為正則化。正則化超參數取決於你使用的演算法，但通常至少可以限制決策樹的最大深度。在 Scikit-Learn 裡，這是用 max_depth 超參數來控制的。它的預設值是 None，代表無限制。降低 max_depth 會將模型正則化，因而降低過擬的風險。

DecisionTreeClassifier 類別還有其他一些參數，同樣可以限制決策樹的形狀：

max_features
在每一個節點進行劃分時，最多評估幾個特徵

max_leaf_nodes
葉節點最多幾個

min_samples_split
一個節點最少需要幾個樣本才能進行劃分

min_samples_leaf
最少需要幾個樣本才能建立葉節點

min_weight_fraction_leaf
與 min_samples_leaf 一樣，但是以加權實例總數的一部分來表示

增加 min_* 超參數或減少 max_* 超參數都會將模型正則化。

其他演算法的做法是先無限制地訓練決策樹，再修剪（刪除）沒必要的節點。如果一個子節點全為葉節點的節點在統計上無法明顯改善純度，該節點會被認為是沒必要的。標準統計檢定（例如 χ^2 檢定（卡方檢定））的用途是估計「改進單純是偶然的結果」的機率（稱為虛無假說（*null hypothesis*））。這個機率稱為 *p-value*，如果它高於某個閾值（通常是 5%，用超參數來控制），那麼該節點被視為沒必要，且它的子節點將被刪除。這個修剪動作會一直進行，直到刪除所有沒必要的節點為止。

我們來用第 5 章介紹的 moons 資料組來測試正則化。我們將訓練一個未正則化的決策樹，並且設定 min_samples_leaf=5 來訓練另一個。以下是程式碼，圖 6-3 顯示每棵樹的決策邊界：

```
from sklearn.datasets import make_moons

X_moons, y_moons = make_moons(n_samples=150, noise=0.2, random_state=42)

tree_clf1 = DecisionTreeClassifier(random_state=42)
tree_clf2 = DecisionTreeClassifier(min_samples_leaf=5, random_state=42)
tree_clf1.fit(X_moons, y_moons)
tree_clf2.fit(X_moons, y_moons)
```

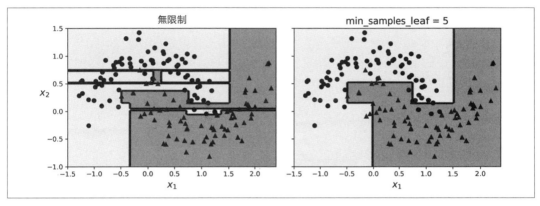

圖 6-3　無正則化的樹（左）與正則化的樹（右）的決策邊界

顯然左圖的未正則化模型過擬了，而右圖的正則化模型應該有較好的類推能力。我們可以用不同的隨機種子來產生測試組，以評估兩棵樹來證明這件事：

```
>>> X_moons_test, y_moons_test = make_moons(n_samples=1000, noise=0.2,
...                                         random_state=43)
...
>>> tree_clf1.score(X_moons_test, y_moons_test)
0.898
>>> tree_clf2.score(X_moons_test, y_moons_test)
0.92
```

的確，第二棵樹處理測試組的準確率較高。

回歸

決策樹也能夠執行回歸任務。我們使用 Scikit-Learn 的 `DecisionTreeRegressor` 類別來建立一棵回歸樹，使用有雜訊的二次資料組，並設定 `max_depth=2` 來訓練它：

```
import numpy as np
from sklearn.tree import DecisionTreeRegressor

np.random.seed(42)
X_quad = np.random.rand(200, 1) - 0.5  # 一個輸入特徵
y_quad = X_quad ** 2 + 0.025 * np.random.randn(200, 1)

tree_reg = DecisionTreeRegressor(max_depth=2, random_state=42)
tree_reg.fit(X_quad, y_quad)
```

圖 6-4 是程式產生的樹。

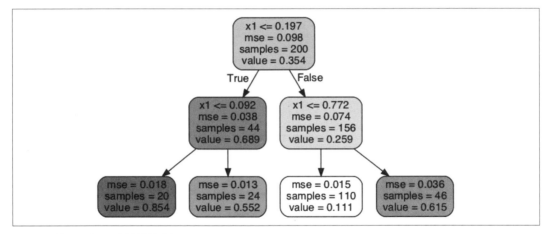

圖 6-4　執行回歸任務的決策樹

這棵樹看起來很像之前建立的分類樹。它們之間主要的差異在於，這棵樹在各個節點預測的是值，而不是預測類別。例如，假如你想要對一個 $x_1 = 0.2$ 的新實例進行預測，根節點將詢問是否 $x_1 \le 0.197$，因為答案是否定的，演算法前往右子節點，該節點詢問是否 $x_1 \le 0.772$，因為答案是肯定的，演算法前往左子節點，這是葉節點，它預測 `value=0.111`。這個預測值是這個葉節點的 110 個訓練實例的平均目標值，在這 110 個實例之上，這個預測值的均方誤差等於 0.015。

這個模型的預測結果如圖 6-5 的左圖所示。如果你設定 `max_depth=3`，則會得到右圖的預測結果。請注意，每個區域的預測值始終是該區域的實例的平均目標值。這個演算法藉著讓大部分的訓練實例盡可能地靠近預測值來劃分各個區域。

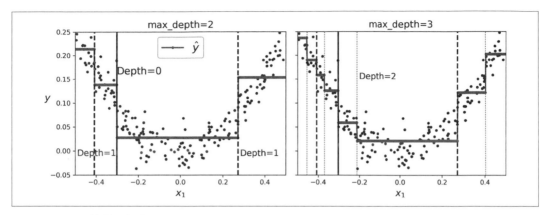

圖 6-5　兩個決策樹回歸模型的預測結果

CART 演算法的運作方式幾乎和之前一樣，只不過它不是藉著將不純度最小化來拆開訓練組，而是試著將 MSE 最小化來拆開訓練組。公式 6-4 是這個演算法試圖最小化的代價函數。

公式 *6-4　CART 回歸代價函數*

$$J(k, t_k) = \frac{m_{\text{left}}}{m}\text{MSE}_{\text{left}} + \frac{m_{\text{right}}}{m}\text{MSE}_{\text{right}} \quad \text{其中} \begin{cases} \text{MSE}_{\text{node}} = \dfrac{\Sigma_{i \in \text{node}}\left(\widehat{y}_{\text{node}} - y^{(i)}\right)^2}{m_{\text{node}}} \\[4mm] \widehat{y}_{\text{node}} = \dfrac{\Sigma_{i \in \text{node}}\, y^{(i)}}{m_{\text{node}}} \end{cases}$$

如同分類任務，決策樹在處理回歸任務時很容易過擬。在不進行任何正則化的情況下（也就是使用預設的超參數），你會得到圖 6-6 左圖的預測結果。這些預測結果顯然極度過擬訓練組。你只要設定 `min_samples_leaf=10` 就可以產生合理許多的模型，如圖 6-6 的右圖所示。

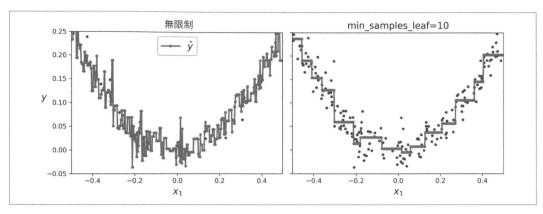

圖 6-6　未正則化的樹的預測結果（左）與有正則化的樹的預測結果（右）

對於軸的方向的敏感性

希望現在你已經相信決策樹有很多優點了，它們很容易瞭解和解讀、容易使用、用途廣泛，且功能強大。但是它們也有一些限制。首先，你可能已經發現，決策樹喜歡直角的決策邊界（每一個劃分處都與一個座標軸垂直），因此它們對於資料的旋轉很敏感。舉例來說，圖 6-7 是一個可線性劃分的簡單資料組，在左圖中，決策樹可以輕鬆地劃分它，但是在右圖，將資料旋轉 45° 之後，決策邊界看起來過於複雜。雖然這兩個決策樹都完美地擬合訓練組，但右邊的模型極可能無法良好地進行類推。

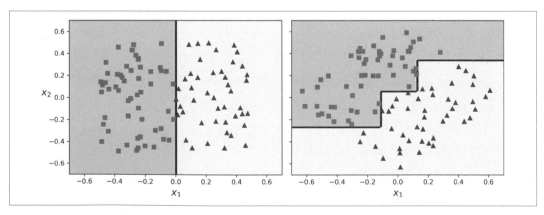

圖 6-7　決策樹對訓練組的旋轉很敏感

緩解這個問題的方法之一是對資料進行縮放，然後執行主成分分析（principal component analysis，PCA）轉換。我們將在第 8 章詳細介紹 PCA，你現在只要知道，它藉著旋轉資料來減少特徵之間的相關性，這通常對決策樹有所幫助（但不總是如此）。

我們來建立一個小型的 pipeline，對資料進行縮放，並使用 PCA 來旋轉它，然後用該資料來訓練 DecisionTreeClassifier。圖 6-8 是該決策樹的決策邊界：如你所見，旋轉後，只要使用一個特徵 z_1 就能完美地擬合資料組，z_1 是原始花瓣長度和寬度的線性函數。程式如下所示：

```
from sklearn.decomposition import PCA
from sklearn.pipeline import make_pipeline
from sklearn.preprocessing import StandardScaler

pca_pipeline = make_pipeline(StandardScaler(), PCA())
X_iris_rotated = pca_pipeline.fit_transform(X_iris)
tree_clf_pca = DecisionTreeClassifier(max_depth=2, random_state=42)
tree_clf_pca.fit(X_iris_rotated, y_iris)
```

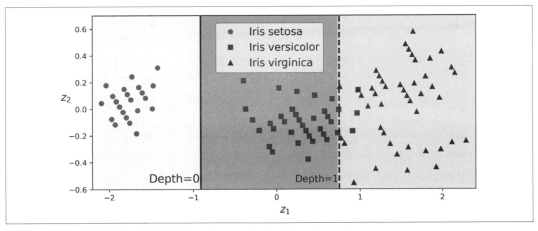

圖 6-8　經過縮放並使用 PCA 來旋轉後的 iris 資料組上的決策邊界

決策樹有高變異數

更廣泛地說，決策樹的主要問題是它的變異數相當高：超參數或資料的微小差異可能產生非常不同的模型。事實上，由於 Scikit-Learn 使用的訓練演算法是隨機的（它在每個節點都隨機選擇要評估的特徵組合），即使是以完全相同的資料來重新訓練相同的決策樹也可能產生非常不同的模型，如圖 6-9 所示（除非設定 random_state 超參數）。如你所見，它看起來與之前的決策樹很不一樣（圖 6-2）。

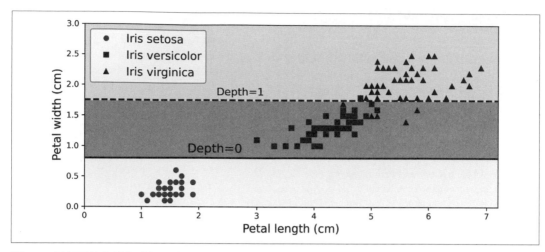

圖 6-9　用相同的資料來重新訓練相同的模型可能產生非常不同的模型

幸運的是，把許多決策樹所做的預測拿來取平均值，可以明顯降低變異數。這種由多個決策樹組成的集合稱為隨機森林，它是當今最強大的模型之一，下一章會介紹。

習題

1. 用包含 100 萬個實例的資料組訓練出來的決策樹（無限制條件）的深度大概是多少？

2. 一個節點的 Gini 不純度通常低於還是高於它的父節點的 Gini 不純度？它通常較低 / 較高，還是一定較低 / 較高？

3. 如果決策樹過擬訓練組，試著降低 max_depth 是好辦法嗎？

4. 如果決策樹欠擬訓練組，試著調整輸入特徵的尺度是好辦法嗎？

5. 如果用一個包含 100 萬個實例的訓練組來訓練決策樹需要 1 個小時的時間，那麼用包含 1,000 萬個實例的訓練組來訓練另一個決策樹大概需要多久？提示：考慮 CART 演算法的計算複雜度。

6. 如果用給定的訓練組來訓練一個決策樹需要一小時的時間，將特徵數量翻倍的話，大概需要多少時間？

7. 用下面的步驟來訓練與微調 moons 資料組的決策樹：

   a. 使用 make_moons(n_samples=10000, noise=0.4) 來產生一個 moons 資料組。

   b. 使用 train_test_split() 來將資料組拆成訓練組與測試組。

   c. 使用網格搜尋與交叉驗證（使用 GridSearchCV 類別）來找出好的 DecisionTree Classifier 超參數值。提示：嘗試各種 max_leaf_nodes 值。

   d. 使用這些超參數和完整的訓練組來訓練它，並使用測試組來評量模型的效果。你應該會獲得大約 85% 至 87% 的準確率。

8. 用下面的步驟來種一座森林：

   a. 延續上一個習題，製作 1,000 個訓練組子集合，讓每一個子集合都有 100 個隨機挑選的實例。提示：你可以使用 Scikit-Learn 的 ShuffleSplit 類別來做這件事。

   b. 用每一個子集合來訓練一棵決策樹，使用你在上一個習題中找到的最佳超參數值。用測試組來評估這 1,000 棵決策樹。因為這些決策樹都是用較小的集合訓練的，它們的表現很可能不如第一個決策樹，只有大約 80% 的準確率。

   c. 見證奇蹟的時刻到了。用 1,000 個決策樹來為測試組的每一個實例產生預測，並且只保留最常見的預測（你可以使用 SciPy 的 mode() 函數）。這種做法可以產生對於測試組的多數票預測結果。

   d. 用測試組來評估這些預測：你應該會得到比第一個模型高一些的準確率（大約高 0.5 至 1.5%）。恭喜你，你已經訓練一個隨機森林分類器了！

這些習題的答案在本章的 notebook（*https://homl.info/colab3*）的結尾。

## 第七章

總體學習與隨機森林

如果你隨便詢問上千人一個複雜的問題，然後匯總他們的答案，在許多情況下，你會發現這個匯總出來的答案比一位專家提供的答案更好。這個現象稱為**群眾的智慧**。同理，如果你匯總一組預測器（例如分類器或回歸器）的預測結果，通常會得到比最佳個體預測器更好的預測結果。一組預測器稱為**總體**（*ensemble*），所以這種技術稱為**總體學習**，而總體學習演算法稱為**總體方法**。

舉個總體方法的例子，你可以訓練一群決策樹分類器，裡面的每一個決策樹都是用訓練組的不同隨機子集合來訓練的，然後收集所有個體樹的預測結果，把得票數最多的類別視為總體的預測結果（見第 6 章的最後一個習題）。這樣的決策樹總體稱為**隨機森林**，雖然它很簡單，卻是目前最強大的機器學習演算法之一。

正如我們在第 2 章討論的那樣，在專案的後期，當你已經建構一些良好的預測器時，你會使用總體方法來將它們組合成更好的預測器。事實上，在機器學習競賽中勝出的解決方案通常涉及幾種總體方法，最著名的是 Netflix Prize 競賽（*https://en.wikipedia.org/wiki/Netflix_Prize*）。

在這一章，我們要討論最流行的總體方法，包括投票分類器、bagging 與 pasting 總體、隨機森林、boosting 與 stacking 總體。

投票分類器

假如你已經訓練了一些分類器，每一個都有大約 80% 的準確率。你可能有一個 logistic 回歸分類器，一個 SVM 分類器，一個隨機森林分類器，一個 k 最近鄰分類器，可能還有一些其他的（見圖 7-1）。

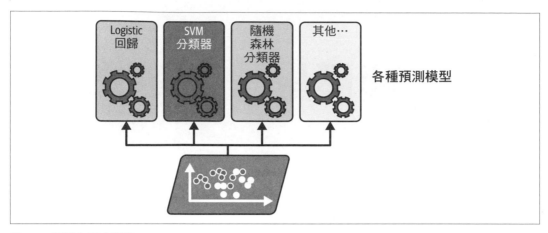

圖 7-1　訓練各種分類器

要建立更好的分類器，有一種做法是匯總各個分類器的預測，把得票數最多的類別當成總體的預測。這種多數決分類器稱為**硬投票分類器**（*hard voting classifier*）（見圖 7-2）。

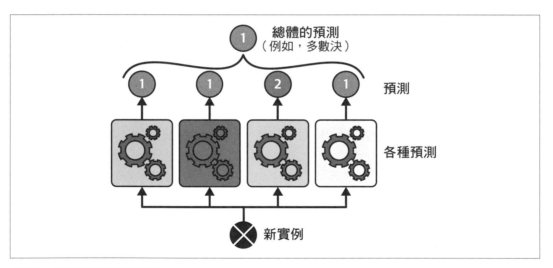

圖 7-2　硬投票分類器的預測

令人驚訝的是，這種投票分類器的準確率通常比總體內的最佳分類器還要高。事實上，即使各個分類器都是**弱學習器**（*weak learner*，代表它的效果只比隨機猜測還要好一些），總體也有可能是**強學習器**（*strong learner*）（有高準確率），前提是總體中有足夠數量的弱學習器，而且它們之間足夠多樣化。

為什麼這樣？接下來的比喻可以解釋這個謎團。假如你有一個稍微不公平的硬幣，它有 51% 的機會出現正面，49% 的機會出現反面。丟擲它 1,000 次通常會得到大約 510 次正面，490 次反面，因此多數是正面。稍微算一下數學，你會發現丟擲 1,000 次之後，正面占多數的機率接近 75%，丟硬幣越多次，機率就越高（例如，丟 10,000 次時，機率提升到 97% 之上）。這是因為大數法則：持續丟硬幣的話，丟出正面的比率將越來越接近出現正面的機率（51%）。圖 7-3 是 10 組丟擲不公平的硬幣的結果。你可以看到，出現正面的比率隨著丟擲次數的增加而接近 51%。最終，10 組投擲結果都非常接近 51%，所以它們都高於 50%。

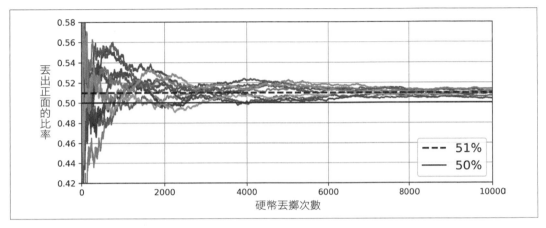

圖 7-3　大數法則

同理，假設你建構了一個總體，裡面有 1,000 個分類器，每個分類器的正確率都只有 51%（只比隨機猜測好一點點）。將獲得最多票的類別當成預測結果的話，我們有機會獲得 75% 的準確率！然而，這件事只會在所有分類器都完全獨立且產生不相關的錯誤時才成立，這顯然不是事實，因為它們都是用相同的資料來訓練的。它們可能犯下同一類錯誤，所以多數的票都是投給錯誤的類別，因而降低總體的準確率。

> 總體方法在預測器都盡可能地互相獨立時有最好的效果。若要取得多樣的分類器，有一種做法是用非常不相同的演算法來訓練它們，這可以提升它們產生完全不同類型的錯誤的機會，從而提高總體的準確率。

Scikit-Learn 提供一個簡單易用的 `VotingClassifier` 類別，你只要給它個包含成對的名稱 / 預測器的串列，然後像普通的分類器一樣使用它即可。我們用第 5 章介紹過的 moons 資料組來測試它，先載入 moons 資料組，並將它分為訓練組和測試組，然後建立並訓練一個由三個不同的分類器組成的投票分類器：

```python
from sklearn.datasets import make_moons
from sklearn.ensemble import RandomForestClassifier, VotingClassifier
from sklearn.linear_model import LogisticRegression
from sklearn.model_selection import train_test_split
from sklearn.svm import SVC

X, y = make_moons(n_samples=500, noise=0.30, random_state=42)
X_train, X_test, y_train, y_test = train_test_split(X, y, random_state=42)

voting_clf = VotingClassifier(
    estimators=[
        ('lr', LogisticRegression(random_state=42)),
        ('rf', RandomForestClassifier(random_state=42)),
        ('svc', SVC(random_state=42))
    ]
)
voting_clf.fit(X_train, y_train)
```

當你擬合 `VotingClassifier` 時，它會複製每個估計器，並擬合這些複製體。原始的估計器可以用 `estimators` 屬性來取得，而擬合後的複製體可以用 `estimators_` 屬性來取得。如果你比較喜歡使用字典而不是串列，你可以改用 `named_estimators` 或 `named_estimators_`。我們先看看每個擬合後的分類器處理測試組的準確率：

```python
>>> for name, clf in voting_clf.named_estimators_.items():
...     print(name, "=", clf.score(X_test, y_test))
...
lr = 0.864
rf = 0.896
svc = 0.896
```

當你呼叫投票分類器的 `predict()` 方法時，它會執行硬投票。例如，投票分類器預測測試組的第一個實例是類別 1，因為在三個分類器中有兩個預測它是該類別：

```python
>>> voting_clf.predict(X_test[:1])
array([1])
>>> [clf.predict(X_test[:1]) for clf in voting_clf.estimators_]
[array([1]), array([1]), array([0])]
```

我們來看一下投票分類器處理測試組的效果：

```
>>> voting_clf.score(X_test, y_test)
0.912
```

真的！投票分類器優於所有單獨的分類器。

如果所有分類器都能夠估計類別機率（也就是它們都有 `predict_proba()` 方法），你可以要求 Scikit-Learn 預測類別機率最高的類別，這個機率是計算所有個體分類器的平均得到的，這種做法稱為**軟投票**，它的效果通常優於硬投票，因為它賦予高度信心的選票更多權重。你只要將投票分類器的 `voting` 參數設為 `"soft"`，並確保所有分類器都可以估計類別機率即可。因為這不是 SVC 類別預設的做法，所以你必須將它的 `probability` 超參數設為 `True`（這會讓 SVC 類別使用交叉驗證來估計類別機率，進而降低訓練速度。它也會加入一個 `predict_proba()` 方法）。我們來試一下：

```
>>> voting_clf.voting = "soft"
>>> voting_clf.named_estimators["svc"].probability = True
>>> voting_clf.fit(X_train, y_train)
>>> voting_clf.score(X_test, y_test)
0.92
```

我們僅使用軟投票就獲得 92% 的準確率，還不錯！

bagging 與 pasting

之前說過，取得一組多樣化分類器的做法之一，是使用彼此間全然不同的訓練演算法。另一種做法讓每一個預測器使用同一種訓練演算法，但使用不同的隨機訓練組子集合來訓練它們。在抽樣後將樣本**放回去**（*replacement*）[1]的做法稱為 *bagging*（*https://homl.info/20*）[2]（*bootstrap aggregating* [3] 的簡稱）。不將樣本放回去則稱為 *pasting*（*https://homl.info/21*）[4]。

換句話說，bagging 和 pasting 都會讓訓練實例被不同的預測器抽樣多次，但只有 bagging 可讓同一個訓練實例被同一個預測器抽樣多次。圖 7-4 描述抽樣與訓練程序。

1　想像一下，你從一副牌中隨機抽一張牌，將它記錄下來，然後先將它放回牌堆，再繼續抽下一張牌，如此一來，同一張牌可能會被抽出多次。

2　Leo Breiman, "Bagging Predictors", *Machine Learning* 24, no. 2 (1996): 123–140.

3　在統計學中，將樣本放回去的抽樣方法稱為 *bootstrapping*。

4　Leo Breiman, "Pasting Small Votes for Classification in Large Databases and On-Line", *Machine Learning* 36, no. 1–2 (1999): 85–103.

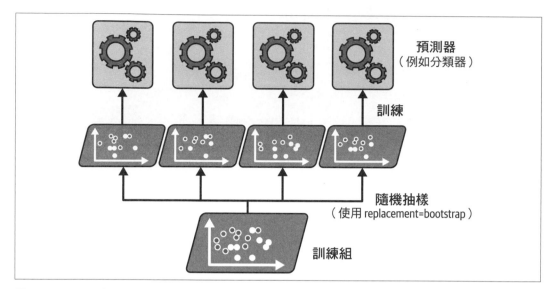

圖 7-4　bagging 與 pasting 使用訓練組的不同隨機樣本來訓練多個預測器

訓練所有預測器之後，總體可以匯總所有預測器的預測來對新實例進行預測。在分類任務中，匯總函數通常是**統計眾數**（*statistical mode*）（也就是最常見預測，就像硬投票分類器），在回歸任務中，匯總函數則是平均值。使用不同的隨機樣本來訓練時，每一個預測器的偏差都比使用原始的訓練組來訓練時的偏差還要高，但匯總可降低偏差和變異數[5]。通常，與使用原始訓練組來訓練的單一預測器相比，總體模型有類似的偏差，但有更低的變異數。

你可以從圖 7-4 看到，預測器可以使用不同的 CPU 核心來平行訓練，甚至使用不同的伺服器。同理，預測器可以做成平行的。bagging 與 pasting 的擴展性很好，這是它們如此流行的原因之一。

Scikit-Learn 的 bagging 與 pasting

Scikit-Learn 為 bagging 與 pasting 兩者提供簡單的 API：BaggingClassifier 類別（或用於回歸的 BaggingRegressor）。下面的程式訓練一個包含 500 個決策樹分類器的總體體[6]：每一個分類器都是使用 replacement 法從訓練組隨機抽樣 100 個實例來訓練的（這是 bagging 例子，但如果你想要使用 pasting，只要設定 bootstrap=False 即可）。n_jobs 參數可設定

5　第 4 章曾經介紹偏差與變異數。

6　max_samples 可設為 0.0 和 1.0 之間的浮點數，若是如此，最多抽樣數量等於訓練組乘以 max_samples 的大小。

Scikit-Learn 在訓練與預測時使用多少 CPU 核心（-1 是要求 Scikit-Learn 使用所有可用的核心）：

```
from sklearn.ensemble import BaggingClassifier
from sklearn.tree import DecisionTreeClassifier

bag_clf = BaggingClassifier(DecisionTreeClassifier(), n_estimators=500,
                            max_samples=100, n_jobs=-1, random_state=42)
bag_clf.fit(X_train, y_train)
```

 如果分類器能夠估計類別機率（也就是它們具有 predict_proba() 方法），那麼 BaggingClassifier 會自動執行軟投票，而不是硬投票，對決策樹分類器而言就是如此。

圖 7-5 比較單一決策樹的決策邊界與包含 500 棵樹的 bagging 總體的決策邊界（來自上面的程式），它們都是用 moons 資料組來訓練的。你可以看到，總體的預測類推能力遠優於單一決策樹的預測：總體有相當的偏差，但有較小的變異數（它預測訓練組時，會產生大致上一樣多的錯誤，但決策邊界比較平滑）。

bagging 為每一個訓練預測器的子集合引入更多的多樣性，因此它的偏差略高於 pasting；但是額外的多樣性也意味著預測器之間的相關性較低，因此總體模型的變異數減小了。總之，bagging 通常可產生較佳的模型，這也是大家傾向使用它的原因。但是如果你有多餘的時間與 CPU 算力，你可以使用交叉驗證來評估 bagging 與 pasting，並選擇效果最好的那一個。

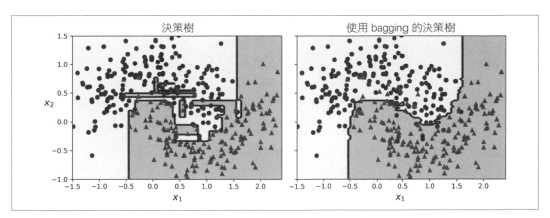

圖 7-5　單一決策樹（左圖）vs. 包含 500 棵樹的 bagging 總體（右圖）

out-of-bag 評估

在使用 bagging 時，任何預測器都可能多次抽出同一些訓練實例，卻完全沒有抽出其他的實例。在預設情況下，BaggingClassifier 會以 replacement 法抽出 m 個訓練實例（bootstrap=True），其中的 m 是訓練組的大小。按照這種程序，我們可以用數學來證明，每一個預測器只會抽樣大約 63% 的訓練實例[7]。未被抽樣的其餘 37% 稱為 *out-of-bag*（OOB）實例。請注意，所有預測器的這 37% 都不一樣。

我們可以使用 OOB 實例來評估 bagging 總體，而不需要使用驗證組。實際上，如果你有夠多的預測器，那麼訓練組的每一個實例都可能是多個預測器的 OOB 實例，因此這些估計器可以為該實例進行公正的總體預測。為每一個實例都進行預測之後，你就可以計算總體的預測準確率（或任何其他指標）。

在 Scikit-Learn 中，你可以在建立 BaggingClassifier 時設定 oob_score=True 來要求在訓練後自動進行 OOB 評估，下面的程式展示這種做法。你可以從 oob_score_ 屬性取得評估分數：

```
>>> bag_clf = BaggingClassifier(DecisionTreeClassifier(), n_estimators=500,
...                             oob_score=True, n_jobs=-1, random_state=42)
...
>>> bag_clf.fit(X_train, y_train)
>>> bag_clf.oob_score_
0.896
```

根據這個 OOB 評估，這個 BaggingClassifier 在預測測試組時，應該可以得到 89.6% 左右的準確率。我們來驗證一下：

```
>>> from sklearn.metrics import accuracy_score
>>> y_pred = bag_clf.predict(X_test)
>>> accuracy_score(y_test, y_pred)
0.92
```

我們用測試組得到 92% 的準確率。OOB 評估有點保守，低估了約 2%。

你也可以使用 oob_decision_function_ 屬性來取得各個訓練實例的 OOB 決策函數。因為基礎估計器有 predict_proba() 方法，決策函數回傳各個訓練實例的類別機率。例如，OOB 評估估計第一個訓練實例屬於陽性類別的機率為 67.6%，屬於陰性類別的機率為32.4%：

```
>>> bag_clf.oob_decision_function_[:3]   # 前 3 個實例的機率
array([[0.32352941, 0.67647059],
```

7　這個比率隨著 m 的增長而接近 $1 - \exp(-1) \approx 63\%$。

```
[0.3375    , 0.6625    ],
[1.        , 0.        ]])
```

隨機補丁與隨機子空間

BaggingClassifier 類別也支援特徵抽樣。抽樣用兩個超參數來控制：max_features 與 bootstrap_features。它們的工作方式與 max_samples 和 bootstrap 一樣，只不過它們是用來進行特徵抽樣，而不是實例抽樣。因此，每一個預測器是用輸入特徵的隨機子集合來訓練。

這種技術在處理高維數的輸入（例如圖像）時特別方便，因為它可以明顯加快訓練速度。同時抽出訓練實例和特徵的樣本稱為隨機補丁法（*random patches*）（*https://homl.info/22*）[8]。保留所有訓練實例（藉著設定 bootstrap=False 及 max_samples=1.0）但抽樣特徵（將 bootstrap_features 設為 True 且 / 或將 max_features 設為小於 1.0）稱為隨機子空間法（*random subspaces*）（*https://homl.info/23*）[9]。

對特徵進行抽樣可讓預測器有更多差異性，用較低的變異數來換取多一點偏差。

隨機森林

如前所述，隨機森林（*https://homl.info/24*）[10] 是決策樹的總體，通常用 bagging 方法來訓練（有時用 pasting），將 max_samples 設為訓練組的大小。與其建構 BaggingClassifier 並傳給它 DecisionTreeClassifier，你可以改用 RandomForestClassifier 類別，它比較方便，而且針對決策樹進行了優化[11]（對於回歸任務也有 RandomForestRegressor 類別可用）。下面的程式訓練一個包含 500 棵樹的隨機森林分類器，每棵樹都被限制為最多 16 個葉節點，使用所有可用的 CPU 核心：

```
from sklearn.ensemble import RandomForestClassifier

rnd_clf = RandomForestClassifier(n_estimators=500, max_leaf_nodes=16,
                                 n_jobs=-1, random_state=42)
rnd_clf.fit(X_train, y_train)

y_pred_rf = rnd_clf.predict(X_test)
```

---

8   Gilles Louppe and Pierre Geurts, "Ensembles on Random Patches", *Lecture Notes in Computer Science* 7523 (2012): 346–361.

9   Tin Kam Ho, "The Random Subspace Method for Constructing Decision Forests", *IEEE Transactions on Pattern Analysis and Machine Intelligence* 20, no. 8 (1998): 832–844.

10 Tin Kam Ho, "Random Decision Forests", *Proceedings of the Third International Conference on Document Analysis and Recognition* 1 (1995): 278.

11 如果你想要使用決策樹之外的 bag，你仍然可以使用 BaggingClassifier 類別。

除了一些例外情況之外，RandomForestClassifier 具有 DecisionTreeClassifier 的所有超參數（用來控制樹的成長方式），以及 BaggingClassifier 的所有超參數，用來控制總體本身。

隨機森林演算法在種樹時引入額外的隨機性；它從隨機的特徵子集合之中找出最佳特徵，而不是尋找拆開節點的最佳特徵（見第 6 章）。在預設情況下，它抽樣 $\sqrt{n}$ 個特徵（n 是特徵的總數）。這種演算法可提升樹的多樣性，（同樣）用更高的偏差來換取更低的變異數，通常可產生整體而言更好的模型。下面的 BaggingClassifier 大致等價於之前的 RandomForestClassifier：

```
bag_clf = BaggingClassifier(
    DecisionTreeClassifier(max_features="sqrt", max_leaf_nodes=16),
    n_estimators=500, n_jobs=-1, random_state=42)
```

extra-trees

當你訓練隨機森林中的決策樹時，在每一個節點，你只考慮一個隨機的特徵子集合來進行拆分（如前所述）。我們可以藉著對每一個特徵使用隨機閾值而不是尋找最佳閾值（就像常規決策樹那樣）來讓樹變得更隨機，只要在建立 DecisionTreeClassifier 時設定 splitter="random" 即可。

一組具有極度隨機性的樹稱為極端隨機樹（*extremely randomized trees*）（或簡稱 *extra-trees*）總體（*https://homl.info/25*）[12]。同樣地，這種技術用更多的偏差來換取更低的變異數。這也使得訓練 extra-trees 分類器的速度比訓練常規的隨機森林要快得多，因為在每個節點尋找每個特徵的最佳閾值是種樹的過程中最耗時的工作之一。

你可以用 Scikit-Learn 的 ExtraTreesClassifier 類別來建立 extra-trees 分類器。它的 API 與 RandomForestClassifier 類別一樣，只是 bootstrap 的預設值是 False。ExtraTreesRegressor 類別的 API 也與 RandomForestRegressor 類別一樣，只是 bootstrap 的預設值是 False。

我們很難事先知道 RandomForestClassifier 的表現將會比 ExtraTreesClassifier 更好還是更差，通常知道答案的唯一手段是嘗試兩者，並使用交叉驗證來比較它們。

12　Pierre Geurts et al., "Extremely Randomized Trees", *Machine Learning* 63, no. 1 (2006): 3–42.

特徵重要性

隨機森林的另一個很棒的特質在於，它可讓你輕鬆地評量各個特徵的相對重要性。Scikit-Learn 衡量特徵重要性的做法是檢查使用該特徵的樹節點平均降低多少不純度，包含森林的每棵樹。更準確地說，它是一個加權平均，其中每個節點的權重等於它所代表的訓練樣本的數量（見第 6 章）。

Scikit-Learn 會在訓練後自動為各個特徵計算這個分數，然後調整結果，讓所有重要性之和等於 1。你可以用 feature_importances_ 屬性來取得結果。例如，下面的程式用 iris 資料組（見第 4 章）來訓練一個 RandomForestClassifier，並輸出各個特徵的重要性。看起來，最重要的特徵是花瓣的長度（44%）與寬度（42%），相較之下，萼片的長度與寬度（分別是 11% 與 2%）不太重要：

```
>>> from sklearn.datasets import load_iris
>>> iris = load_iris(as_frame=True)
>>> rnd_clf = RandomForestClassifier(n_estimators=500, random_state=42)
>>> rnd_clf.fit(iris.data, iris.target)
>>> for score, name in zip(rnd_clf.feature_importances_, iris.data.columns):
...     print(round(score, 2), name)
...
0.11 sepal length (cm)
0.02 sepal width (cm)
0.44 petal length (cm)
0.42 petal width (cm)
```

同理，如果你使用 MNIST 資料組（見第 3 章）來訓練隨機森林分類器，並且畫出各個像素的重要性，你會得到圖 7-6。

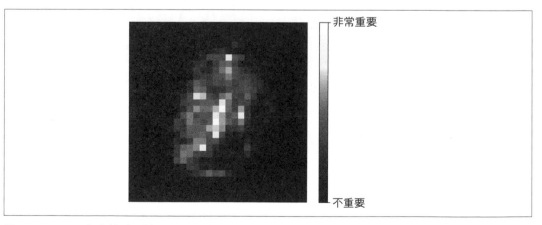

圖 7-6　MNIST 像素的重要性（根據隨機森林分類器）

隨機森林很適合用來快速瞭解真正重要的是哪些特徵,尤其是當你需要進行特徵選擇時。

boosting

boosting(增強)(原本稱為 *hypothesis boosting*)是將一些弱學習器組成一個強學習器的總體方法。大多數的 boosting 方法的基本概念都是依序訓練預測器,讓每一個訓練器嘗試修正前一個預測器的錯誤。目前有許多 boosting 方法可用,但最熱門的是 *AdaBoost*(*https://homl.info/26*)[13](*adaptive boosting* 的簡稱)與 *gradient boosting*。我們從 AdaBoost 談起。

AdaBoost

要讓新預測器修正前一個預測器的錯誤,有一種做法更加關注前一個預測器欠擬的訓練實例。這會導致新預測器越來越關注困難的案例。AdaBoost 正是採用這種技術。

例如,在訓練 AdaBoost 分類器時,演算法先訓練一個基本分類器(例如決策樹),並用它來對訓練組進行預測。然後,演算法增加被錯誤分類的訓練實例的相對權重,再使用更新過的權重來訓練第二個分類器,再次對訓練組進行預測,更新實例權重,以此類推(見圖 7-7)。

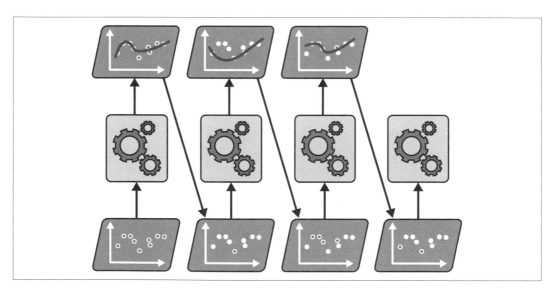

圖 7-7　藉由更新實例權重來進行 AdaBoost 循序訓練

13　Yoav Freund and Robert E. Schapire, "A Decision-Theoretic Generalization of On-Line Learning and an Application to Boosting", *Journal of Computer and System Sciences* 55, no. 1 (1997): 119–139.

圖 7-8 是連續五個 moons 資料組預測器的決策邊界（在這個例子中，每個預測器都是使用了 RBF kernel 的高度正則化的 SVM 分類器）[14]。第一個分類器錯誤地分類許多實例，所以那些實例的權重被提升了。因此，第二個分類器為這些實例做出更準確的預測，以此類推。右圖顯示同一系列的預測器，但是學習速度減半（也就是被錯誤分類的實例在每次迭代時被增加少很多的權重）。你可以看到，這種循序學習技術有點類似梯度下降，只不過 AdaBoost 並非調整單一預測器的參數來將代價函數最小化，而是在總體中加入預測器來讓它越來越好。

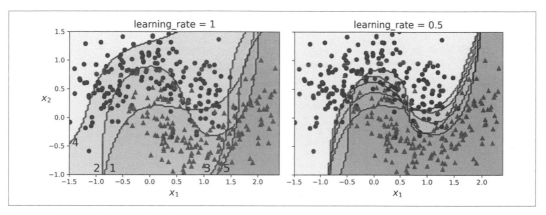

圖 7-8　連續排列的預測器的決策邊界

當所有預測器都訓練完畢之後，總體進行預測的方式非常類似 bagging 或 pasting，不同之處在於預測器的權重取決於它們對於加權訓練組的整體準確率。

這種循序學習技術有一個重大缺陷：訓練無法平行化，因為每一個預測器都只能在前一個預測器被訓練好且被評估過之後，才能進行訓練。因此，它的擴展性不如 bagging 或 pasting。

我們來更仔細地研究 AdaBoost 演算法。每一個實例權重 $w^{(i)}$ 最初都被設為 $1/m$。訓練第一個預測器後，我們用訓練組來計算它的加權錯誤率 r_1，見公式 7-1。

公式 7-1　第 j 個預測器的加權錯誤率

$$r_j = \sum_{\substack{i=1 \\ \widehat{y}_j^{(i)} \neq y^{(i)}}}^{m} w^{(i)} \quad \text{其中} \quad \widehat{y}_j^{(i)} \text{是第 } j \text{ 個預測器為第 } i \text{ 個實例進行預測的結果}$$

14　這只是為了舉例說明。SVM 通常不是很好的 AdaBoost 基礎預測器，它們很慢，而且在此很不穩定。

接著用公式 7-2 來計算預測器的權重 α_j，其中 η 是學習速度超參數（預設值為 1）[15]。預測器越準確，它的權重就越高。如果它只是隨機猜測，它的權重會接近零，但是，如果它的預測大部分都是錯的（比隨機猜測還不準），它的權重將是負數。

公式 7-2　預測器權重

$$\alpha_j = \eta \log \frac{1 - r_j}{r_j}$$

接著，AdaBoost 演算法使用公式 7-3 來更新實例權重，以提升被錯誤分類的實例的權重。

公式 7-3　權重更新規則

其中 $i = 1, 2, \cdots, m$

$$w^{(i)} \leftarrow \begin{cases} w^{(i)} & \text{若 } \widehat{y}_j^{(i)} = y^{(i)} \\ w^{(i)} \exp\left(\alpha_j\right) & \text{若 } \widehat{y}_j^{(i)} \neq y^{(i)} \end{cases}$$

接著將所有實例權重正規化（也就是除以 $\sum_{i=1}^{m} w^{(i)}$）。

最後，使用更新後的權重來訓練新預測器，再重複執行整個程序：計算新預測器的權重，更新實例的權重，訓練另一個預測器，以此類推。這個演算法會在獲得預定的預測器數量時停止，或是在找到完美的預測器時停止。

在進行預測時，AdaBoost 直接計算所有預測器的預測，並使用預測器權重 α_j 來加權它們。預測出來的類別就是獲得最多加權票數的那一個（見公式 7-4）。

公式 7-4　AdaBoost 的預測結果

$$\widehat{y}(\mathbf{x}) = \underset{k}{\text{argmax}} \sum_{\substack{j=1 \\ \widehat{y}_j(\mathbf{x}) = k}}^{N} \alpha_j \quad \text{其中 } N \text{ 是預測器數量}$$

Scikit-Learn 使用多類別版本的 AdaBoost，稱為 *SAMME*（*https://homl.info/27*）[16]（*Stage-wise Additive Modeling using a Multiclass Exponential loss function* 的縮寫）。如果只有兩個類別，SAMME 與 AdaBoost 是等價的。如果預測器可以估計類別機率（例如，如果它們有 `predict_proba()` 方法），Scikit-Learn 可以使用 SAMME 的一種變體，稱為 *SAMME.R*（R 代表「Real」），它依賴類別機率而不是預測值，通常有更好的表現。

15　原始的 AdaBoost 演算法未使用學習速度超參數。

16　詳情請參考 Ji Zhu et al., "Multi-Class AdaBoost", *Statistics and Its Interface* 2, no. 3 (2009): 349–360.

下面的程式用 Scikit-Learn 的 `AdaBoostClassifier` 類別以 30 個決策樹樁（*decision stump*）來訓練一個 AdaBoost 分類器（你應該猜到了，Scikit-Learn 還有 `AdaBoostRegressor` 類別）。決策樹樁是 `max_depth=1` 的決策樹，換句話說，它是包含單一決策節點和兩個葉節點的決策樹。下面是 `AdaBoostClassifier` 類別的預設基本估計器：

```python
from sklearn.ensemble import AdaBoostClassifier

ada_clf = AdaBoostClassifier(
    DecisionTreeClassifier(max_depth=1), n_estimators=30,
    learning_rate=0.5, random_state=42)
ada_clf.fit(X_train, y_train)
```

 如果你的 AdaBoost 總體過擬訓練組，你可以試著減少估計器的數量，或是對基礎估計器進行更強的正則化。

梯度增強

梯度增強（*Gradient Boosting*）是另一種受歡迎的 boosting 演算法（*https://homl.info/28*）[17]。梯度增強的工作方式和 AdaBoost 一樣，也是在總體中依序加入預測器，讓每一個預測器修正它的前一個。但是這種做法不像 AdaBoost 那樣，在每一次迭代調整實例權重，而是試著讓新預測器擬合上一個預測器產生的**殘差誤差**（*residual error*）。

我們來看一個簡單的回歸範例，它使用決策樹作為基礎預測器，這種做法稱為**梯度樹增強**（*gradient tree boosting*），或**梯度增強回歸樹**（*gradient boosted regression tree*，GBRT）。我們先產生一個帶有雜訊的二次資料組，並讓 `DecisionTreeRegressor` 擬合它：

```python
import numpy as np
from sklearn.tree import DecisionTreeRegressor

np.random.seed(42)
X = np.random.rand(100, 1) - 0.5
y = 3 * X[:, 0] ** 2 + 0.05 * np.random.randn(100)  # y = 3x² + 高斯雜訊

tree_reg1 = DecisionTreeRegressor(max_depth=2, random_state=42)
tree_reg1.fit(X, y)
```

17　梯度增強出自 Leo Breiman 於 1997 年發表的論文（*https://homl.info/arcing*）「Arcing the Edge」，並在 Jerome H. Friedman 於 1999 年發表的論文中進一步發展（*https://homl.info/gradboost*）「Greedy Function Approximation: A Gradient Boosting Machine」。

接下來，我們用第一個預測器的殘差誤差來訓練第二個 DecisionTreeRegressor：

```
y2 = y - tree_reg1.predict(X)
tree_reg2 = DecisionTreeRegressor(max_depth=2, random_state=43)
tree_reg2.fit(X, y2)
```

然後用第二個預測器的殘差誤差來訓練第三個回歸器：

```
y3 = y2 - tree_reg2.predict(X)
tree_reg3 = DecisionTreeRegressor(max_depth=2, random_state=44)
tree_reg3.fit(X, y3)
```

現在我們有一個包含三棵樹的總體了。這個總體只要加總三棵樹的預測，就可以對新實例進行預測：

```
>>> X_new = np.array([[-0.4], [0.], [0.5]])
>>> sum(tree.predict(X_new) for tree in (tree_reg1, tree_reg2, tree_reg3))
array([0.49484029, 0.04021166, 0.75026781])
```

在圖 7-9 中，左邊的那一行是這三棵樹的預測，右邊的那一行是總體的預測。在第一列中，總體只有一棵樹，所以它的預測與第一棵樹的預測一致。在第二列中，我們用第一棵樹的殘差誤差來訓練一棵新樹，你可以在右圖看到總體的預測等於前兩棵樹的預測之和。同理，在第三列，我們用第二棵樹的殘差誤差來訓練另一棵樹。你可以看到總體的預測結果隨著更多樹被加入總體而越來越好。

你可以使用 Scikit-Learn 的 GradientBoostingRegressor 類別來更輕鬆地訓練 GBRT 總體（此外還有用於分類任務的 GradientBoostingClassifier 類別）。它很像 RandomForestRegressor 類別，有控制決策樹的成長的超參數（例如 max_depth、min_samples_leaf），以及控制總體訓練的超參數，例如樹的數量（n_estimators）。下面的程式建立與之前一樣的總體：

```
from sklearn.ensemble import GradientBoostingRegressor

gbrt = GradientBoostingRegressor(max_depth=2, n_estimators=3,
                                 learning_rate=1.0, random_state=42)
gbrt.fit(X, y)
```

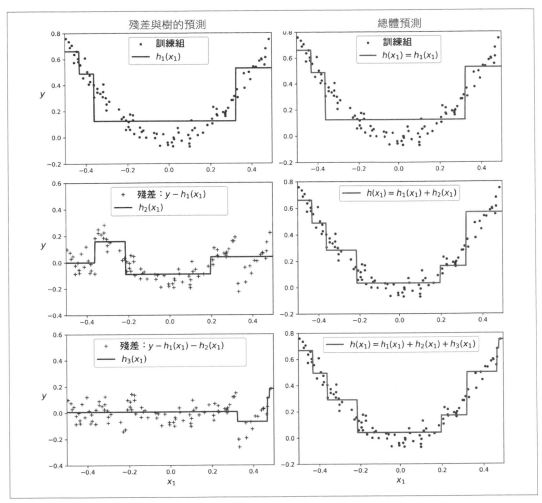

圖 7-9 在這張梯度增強圖中,我們用一般的方式來訓練第一個預測器(左上),然後用前一個預測器的殘差誤差來訓練下一個預測器(左中圖與左下圖);右側是總體的預測結果

learning_rate 超參數可調整各棵樹的貢獻,如果你將它設成小值,例如 0.05,你就要在總體中加入更多樹才能擬合訓練組,但通常有較好的類推效果。這是一種稱為 *shrinkage*(縮減)的正則化技術。圖 7-10 是用不同的超參數來訓練的兩個 GBRT 總體:左圖的總體沒有足夠的樹來擬合訓練組,右圖的總體有適量的樹。如果我們加入更多樹,GBRT 會開始過擬訓練組。

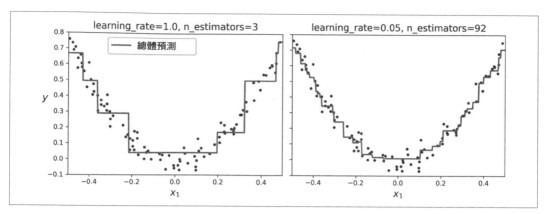

圖 7-10　預測器不夠（左）與適量（右）的 GBRT 總體

要找出最佳的樹數量，雖然你可以像往常一樣使用 GridSearchCV 或 RandomizedSearchCV 來進行交叉驗證，但是還有一種更簡單的方法：將 n_iter_no_change 超參數設為整數值時（例如 10），如果 GradientBoostingRegressor 在訓練過程中發現最後的 10 棵樹無助於提升效能，它就會自動停止新增更多樹。這其實是提早停止法（在第 4 章介紹過），只是比較有耐心一點：它先容許幾次迭代沒有進展才停止。我們來使用提早停止法來訓練總體：

```
gbrt_best = GradientBoostingRegressor(
    max_depth=2, learning_rate=0.05, n_estimators=500,
    n_iter_no_change=10, random_state=42)
gbrt_best.fit(X, y)
```

如果你將 n_iter_no_change 設得太低，訓練可能過早停止，導致模型欠擬。但如果設得太高，模型則會過擬。我們還設定了一個相對較小的學習速度和較高的估計器數量，但由於使用提早停止法，在訓練出來總體裡，實際的估計器數量少得多：

```
>>> gbrt_best.n_estimators_
92
```

如果設定了 n_iter_no_change，fit() 方法會自動將訓練組分成一個較小的訓練組和一個驗證組，讓它可以在每次加入新樹時評估模型的效能。驗證組的大小用 validation_fraction 超參數來控制，預設 10%。tol 超參數是仍然可以視為可忽略的最大效能提升幅度，預設值為 0.0001。

GradientBoostingRegressor 類別也支援 subsample 超參數，指定要用多少比例的訓練實例來訓練每一棵樹。例如 subsample=0.25 代表每棵樹都用隨機選擇的 25% 訓練實例來訓練。你應該猜到了，這項技術用更高的偏差來換取更低的變異數。它也會大幅提升訓練速度，這種做法稱為隨機梯度增強（*Stochastic Gradient Boosting*）。

基於直方圖的梯度增強

Scikit-Learn 也提供另一種為大型資料組優化的 GBRT 實作：*基於直方圖的梯度增強*（*histogram-based gradient boosting*，HGB）。它會將輸入特徵分組（binning），將它們換成整數。組數由 `max_bins` 超參數控制，預設值為 255，且不能設得比它高。分組可以大幅減少訓練演算法需要評估的閾值數量。此外，使用整數可以讓演算法使用更快速且更有記憶體效率的資料結構。而且，建立組別（bins）的方式免除在訓練每棵樹時對特徵進行排序的需要。

因此，這種實作的計算複雜度為 $O(b{\times}m)$，而不是 $O(n{\times}m\log(m))$，其中 b 是組數，m 是訓練實例的數量，n 是特徵的數量。實際上，這意味著使用大型資料組來訓練 HGB 的速度可能比常規的 GBRT 還要快數百倍。然而，分組會損失精度，導致與正則化程式一樣的效果：根據資料組的不同，這可能有助於減少過擬，也可能導致欠擬。

Scikit-Learn 提供兩種進行 HGB 的類別：`HistGradientBoostingRegressor` 和 `HistGradient BoostingClassifier`。它們類似 `GradientBoostingRegressor` 和 `GradientBoostingClassifier`，但有一些明顯的差異：

- 實例數量超過 10,000 會自動觸發提早停止。你可以將 `early_stopping` 超參數設定為 `True` 或 `False` 來啟用或停用提早停止功能。

- 不支援次抽樣（subsampling）。

- `n_estimators` 改名為 `max_iter`。

- 可以調整的決策樹超參數只有 `max_leaf_nodes`、`min_samples_leaf` 和 `max_depth`。

HGB 類別還有兩種很棒的功能：它們支援類別特徵和缺失值，可大幅簡化預先處理程序。但是，類別特徵必須以 0 至小於 `max_bins` 的整數來表示。你可以使用 `OrdinalEncoder` 來進行轉換。例如，下面的程式展示如何為第 2 章的加州房地產資料組建構和訓練一個完整的 pipeline：

```python
from sklearn.pipeline import make_pipeline
from sklearn.compose import make_column_transformer
from sklearn.ensemble import HistGradientBoostingRegressor
from sklearn.preprocessing import OrdinalEncoder

hgb_reg = make_pipeline(
    make_column_transformer((OrdinalEncoder(), ["ocean_proximity"]),
                            remainder="passthrough"),
    HistGradientBoostingRegressor(categorical_features=[0], random_state=42)
)
hgb_reg.fit(housing, housing_labels)
```

整個 pipeline 的程式碼非常簡短，與 import 幾乎一樣多！它不需要使用填充器（imputer）、縮放器（scaler）或獨熱編碼器（one-hot encoder），非常方便。請注意，`categorical_features` 必須設為類別行（categorical column）索引（或布林陣列）。在沒有進行任何超參數調整的情況下，該模型的 RMSE 約為 47,600，還不錯。

 在 Python ML 生態系統中還有其他優化的梯度增強實作可供使用，特別是 XGBoost（*https://github.com/dmlc/xgboost*）、CatBoost（*https://catboost.ai*）和 LightGBM（*https://lightgbm.readthedocs.io*）。這些程式庫已問世多年。它們專門為梯度增強而設計，它們的 API 與 Scikit-Learn 非常相似，並提供許多附加功能，包括 GPU 加速，你一定要試試它們！此外，TensorFlow Random Forests 程式庫（*https://tensorflow.org/decision_forests*）提供各種隨機森林演算法的優化實作，包括普通隨機森林、extratrees、GBRT…等。

stacking

本章探討的最後一種總體方法稱為 *stacking*（*stacked generalization* 的簡稱（*https://homl.info/29*））[18]，它源自一個簡單的概念：與其使用簡單的函數（例如硬投票）來匯總總體內的所有預測器的預測，何不訓練一個模型來進行匯總？圖 7-11 展示這種總體，它對著一個新實例執行回歸任務。在底下的三個預測器分別預測不一樣的值（3.1、2.7 與 2.9），然後有一個最終的預測器（稱為混合器（*blender*）或超學習器（*meta learner*）），它會接收那些預測，並做出最終的預測（3.0）。

為了訓練混合器，我們必須先建構混合訓練組。你可以對著總體中的每一個預測器使用 `cross_val_predict()` 來獲得原始訓練組的每一個實例的樣本外（out-of-sample）預測結果（圖 7-12），然後將這些結果當成輸入特徵來訓練混合器；目標值可以直接複製原始訓練組的。請注意，無論原始訓練組有多少特徵（在本例中只有一個），在混合訓練組中，每個預測器只有一個輸入特徵（在本例中為三個）。訓練好混合器後，使用完整的原始訓練組來重新訓練基礎預測器最後一次。

18　David H. Wolpert, "Stacked Generalization", *Neural Networks* 5, no. 2 (1992): 241–259.

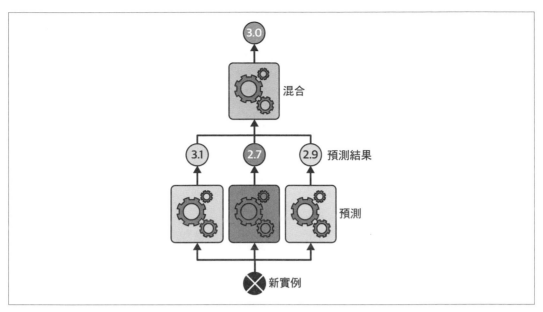

圖 7-11　使用 blender 來匯總預測結果

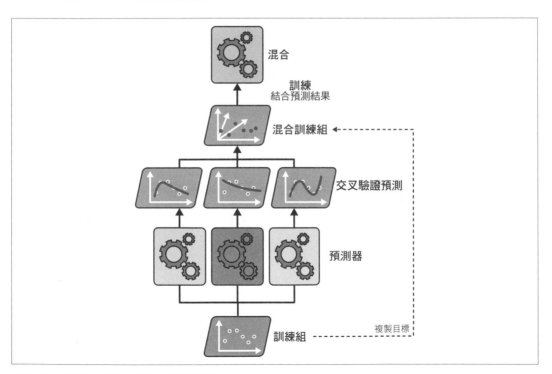

圖 7-12　訓練 stacking 總體中的混合器

實際上，你可以透過這種方式來訓練多個不同的混合器（例如，一個使用線性回歸，另一個使用隨機森林回歸），以獲得一整層的混合器，然後加入另一個混合器來產生最終的預測結果，如圖 7-13 所示。這種做法或許可以稍微提高效能，但會增加訓練時間和系統複雜性。

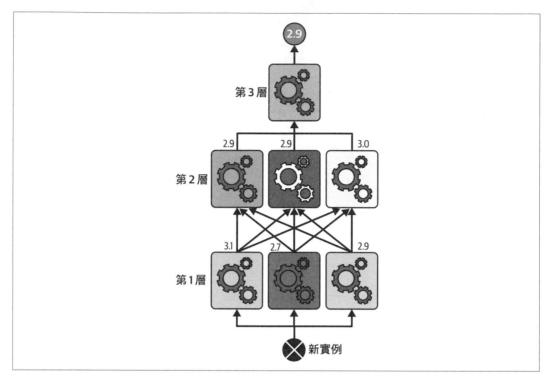

圖 7-13　多層 stacking 總體如何進行預測

Scikit-Learn 提供兩個用於 stacking 總體的類別：StackingClassifier 和 StackingRegressor。例如，我們可以將本章一開始用於 moons 資料組的 VotingClassifier 換成 Stacking Classifier：

```
from sklearn.ensemble import StackingClassifier

stacking_clf = StackingClassifier(
    estimators=[
        ('lr', LogisticRegression(random_state=42)),
        ('rf', RandomForestClassifier(random_state=42)),
        ('svc', SVC(probability=True, random_state=42))
    ],
```

```
        final_estimator=RandomForestClassifier(random_state=43),
        cv=5   # 交叉驗證 fold 的數量
)
stacking_clf.fit(X_train, y_train)
```

對於每個預測器，stacking 分類器會優先呼叫 predict_proba() 函式，如果無法呼叫它，則改為呼叫 decision_function() 函式，或者，作為最後的選擇，呼叫 predict() 函式。如果你沒有提供最終估計器，StackingClassifier 將使用 LogisticRegression，而 StackingRegressor 將使用 RidgeCV。

如果你用測試組來評估這個 stacking 模型，你會發現準確率為 92.8%，略高於採取軟投票的投票分類器的 92%。

總之，總體方法具備多樣性、強大和相對簡單易用的特點。當你處理絕大多數的機器學習任務時，隨機森林、AdaBoost 和 GBRT 是應該先測試的模型，而且它們特別適合處理異質（heterogeneous）表格資料。此外，由於這些方法僅需要極少量的預先處理，因此它們非常適合用來快速建立雛型。最後，像投票分類器和 stacking 分類器這樣的總體方法有助於將系統的效能推向極限。

習題

1. 如果你用了相同的訓練資料來訓練五種不同的模型，它們都已經有 95% 的 precision 了，你還可以結合這些模型，來獲得更好的結果嗎？如果可以，怎麼做？如果不行，為什麼？

2. 硬投票與軟投票分類器的差異為何？

3. bagging 總體可以分散到多台伺服器來提升訓練速度嗎？pasting 總體、boosting 總體、隨機森林、stacking 總體呢？

4. out-of-bag 評估有什麼好處？

5. 為何 extra-trees 總體比一般的隨機森林更隨機？更隨機有什麼好處？extra-trees 分類器比一般的隨機森林更慢還是更快？

6. 如果你的 AdaBoost 總體欠擬訓練資料，你應該調整哪些超參數？如何調整？

7. 如果梯度增強總體過擬訓練組，該提升學習速度還是降低學習速度？

8. 載入 MNIST 資料組（見第 3 章），將它拆成訓練組、驗證組與測試組（例如，用 50,000 個實例來訓練，10,000 個來驗證，10,000 個來測試）。然後訓練各種分類器，例如一個隨機森林分類器，一個 extra-trees 分類器，一個 SVM 分類器。接下來，試著將它們組成一個總體，使用軟投票或硬投票來預測驗證組，以獲得比個別分類器更好的成果。成功之後，讓它處理測試組。它的效果比單獨的分類器好多少？

9. 用上一個習題的各個分類器來預測驗證組，並且用預測結果來建立新的訓練組，其中的每一個訓練實例都是一個向量，包含所有分類器對一張圖像進行預測的一組結果，其目標是該圖像的類別。用這個新訓練組來訓練一個分類器。恭喜你！你訓練出一個 blender 了，它和分類器一起組成一個 stacking 總體！現在用測試組來評估這個總體。用你的所有分類器來預測測試組的每一張圖像，然後將預測結果傳給 blender 來取得總體的預測結果。與你之前訓練的投票分類器相比，它的效果如何？現在改用 StackingClassifier 來重試。你有得到更好的效能嗎？如果有，為什麼？

這些習題的答案在本章的 notebook（*https://homl.info/colab3*）的結尾。

## 第八章

降維

許多機器學習問題的每一個訓練實例都涉及數千個甚至數百萬個特徵。這些特徵不僅會讓訓練速度牛步化，也會令人難以找出好的解，這種問題通常稱為**維數災難**（*curse of dimensionality*）。

還好，在現實的問題中，我們通常可以大幅減少特徵數量，將棘手的問題轉變成容易處理的問題。例如，考慮 MNIST 圖像（見第 3 章），這些圖像外圍的像素幾乎都是白的，所以訓練組的這些像素可以全部移除，而不會損失太多資訊。就像我們在前一章中看到的（圖 7-6），這些像素對分類任務一點都不重要。此外，相鄰的兩個像素通常高度相關，將它們合併成一個像素（例如計算兩個像素的強度的均值）不會損失太多資訊。

> 降維確實會造成一些資訊損失（類似將圖像壓縮成 JPEG 會降低它的品質），所以，即使它能夠加快訓練速度，但也可能讓系統表現稍微差一些。它也會讓 pipeline 稍微複雜化，因此更難以維護。因此，建議你在考慮使用降維之前，先試著使用原始資料來訓練系統。降低訓練資料的維度可能會濾除一些雜訊和沒必要的細節，從而提高效能，但一般情況下並非如此，它只會加速訓練過程。

除了加快訓練過程之外，降維也很適合用來進行資料視覺化。將維數降為二維（或三維）可繪製高維度訓練組的簡潔圖像，方便以肉眼來觀察模式（例如群聚），通常可以獲得一些重要見解。此外，資料視覺化是將結論報告給非資料科學家（尤其是決策者）的必備手法，尤其是對於即將使用你的成果的決策者。

在這一章，我們先討論維數災難，並瞭解高維空間裡的情況。然後，我們要探討兩種主要的降維法（投射與流形學習），並研究三種熱門的降維技術：PCA、隨機投射，及局部線性 embedding（LLE）。

維數災難

我們習慣在三維空間中活動[1]，因此在試圖想像高維空間時，我們的直覺會失靈。即使是基本的四維超立方體對我們而言也非常難以想像（見圖 8-1），更不用說一個在 1,000 維空間中彎曲的 200 維橢球了。

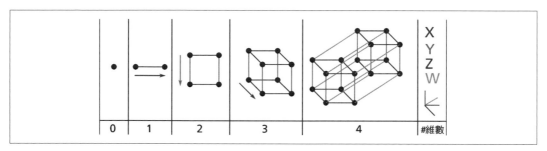

圖 8-1　點、線段、正方形、立方體，和 tesseract（0D 到 4D 超立方體）[2]

事實上，許多事物在高維空間會表現出截然不同的行為。例如，如果你在一個單位正方形（一個 1 × 1 的正方形）中隨機選擇一個點，它只有大約 0.4% 的機會距離邊界 0.001 以下（換句話說，隨機的一點在任何一個維度上都極不可能是「極端」的）。但是在一個 10,000 維的單位超立方體中，這個機率高於 99.999999%。在高維超立方體中，大多數的點都非常靠近邊界[3]。

更棘手的差異在於，如果你在一個單位正方形中隨機選擇兩點，這兩點之間的距離平均大約是 0.52。如果你在一個 3D 單位立方體中隨機選擇兩個點，它們的平均距離大約為 0.66。但如果你在 1,000,000 維的超立方體裡隨機選兩點呢？信不信由你，平均距離大約是 408.25（大約是 $\sqrt{1,000,000/6}$）！這不符合直覺，在同一個單位超立方體內的兩點之間的距離怎麼可能這麼遠？這是因為在高維度中存在大量的空間。因此，高維的資料組很容易變得非常稀疏，這意味著大多數的訓練實例很可能彼此相距很遠。這也意味著新實例很可能與

1　嗯，考慮時間的話，我們身處四維空間，如果你是弦理論專家，可能習慣更多維。

2　你可以在 *https://homl.info/30* 觀察旋轉中的 4D 超立方體被投射到 3D 空間的樣子。圖像來自 Wikipedia 用戶 NerdBoy1392（Creative Commons BY-SA 3.0（*https://creativecommons.org/licenses/by-sa/3.0*））。*https://en.wikipedia.org/wiki/Tesseract* 重製。

3　有趣的是，如果考慮夠多的維度，你認識的每一個人都可能在至少一個維度上是極端分子（例如，他們在咖啡裡放了多少糖）。

任何訓練實例相距很遠,使得預測結果比低維數不可靠得多,因為預測將基於大很多的延伸推論(extrapolation)。簡而言之,訓練組的維數越多,過擬它的風險就越大。

理論上,解決維數災難的一種方法是增加訓練組的規模,以達到足夠的訓練實例密度。不幸的是,在實務上,所需的訓練實例數量會隨著維數的增加而成指數增長,即使只有 100 個特徵(比 MNIST 問題的特徵數量少得多),且範圍都在 0 到 1 之間,為了讓訓練實例平均而言彼此相距 0.1 之內,假設它們在所有維度上都均勻分布,你需要的訓練實例數量也超過可觀察宇宙中的原子數量。

主要的降維法

在我們探討特定的降維演算法之前,我們來看兩個主要的降維法:投射與流形學習。

投射

在大多數的現實問題中,訓練實例不會在所有維度上均勻地分布。許多特徵幾乎是恆定的,其他的則高度相關(就像之前討論過的 MNIST)。因此,在高維空間中的所有訓練實例都位於(或接近)低維許多的子空間中。這聽起來很抽象,我們來看一個例子。在圖 8-2 中,你可以看到以圓點來表示的 3D 資料組。

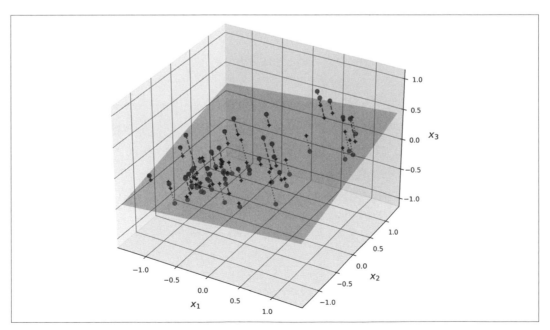

圖 8-2　這個 3D 資料組裡面的資料都靠近一個 2D 子空間

注意，所有的訓練實例都靠近一個平面，那個平面是高維空間（3D）的低維（2D）子空間。將每個訓練實例都垂直投射到這個子空間上（以短線虛線來表示連接實例與平面的線），可得到圖 8-3 中的新 2D 資料組。你看！我們已經將資料組從 3D 降為 2D 了。注意，座標軸是新特徵 z_1 與 z_2，它們是在平面上的投影的座標。

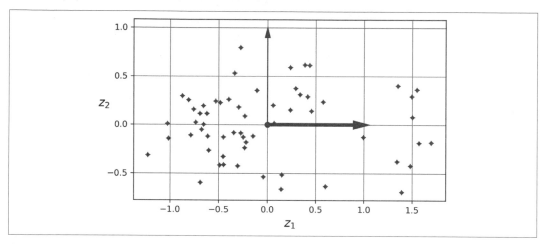

圖 8-3　投射產生的新 2D 資料組

manifold 學習

但是，投射不一定是最好的降維方法。在許多情況下，子空間可能會扭曲和轉動，例如著名的瑞士捲玩具資料組，見圖 8-4。

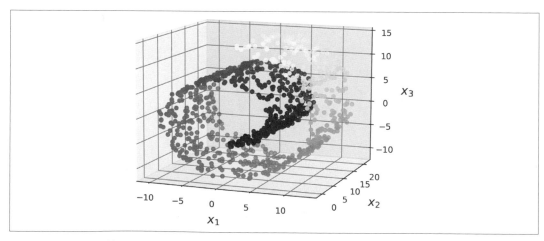

圖 8-4　瑞士捲資料組

僅僅將瑞士捲投射到一個平面（例如，移除 x_3）會將瑞士捲的不同層壓在一起，得到圖 8-5 的左圖。但你可以展開瑞士捲，得到圖 8-5 的右圖所示的 2D 資料組。

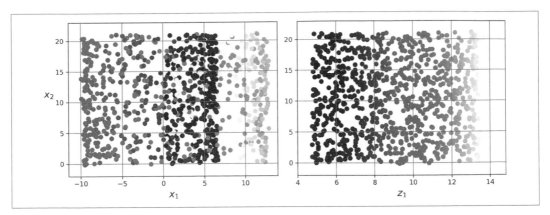

圖 8-5　用壓扁的方式投射到一個平面（左）vs. 展開瑞士捲（右）

瑞士捲是一個 2D 流形（*manifold*）。簡單地說，2D 流形是可以在更高維的空間中彎折和扭轉的 2D 形狀。更廣泛地說，d 維流形是 n 維空間的一部分（其中 $d < n$），其局部範圍類似 d 維超平面。在瑞士捲案例中，$d = 2$ 且 $n = 3$，它的局部範圍類似 2D 平面，但它在第三維度上被捲起來。

許多降維演算法的做法是模擬訓練實例所在的流形，這種做法稱為流形學習（*Manifold Learning*）。這種做法的依據是流形假設（*manifold assumption*），也稱為流形假說（*manifold hypothesis*）：大多數現實的高維資料組都靠近一個維數低很多的流形，在實際觀察中，這個假設往往成立。

再次考慮 MNIST 資料組：所有手寫數字圖像都有一些相似之處，例如它們都由相連的線條組成、邊界都是白色的，而且大致居中。隨機產生的圖像只有極少數看似手寫數字。換句話說，產生一張數字圖像時可以運用的自由度，遠遠低於產生任意圖像時可以運用的自由度。這些限制往往將資料組擠壓至更低維的流形中。

流形假設通常伴隨著另一個隱性假設：在更低維的流形空間中表示我們的任務（例如分類或回歸）可以簡化任務。例如，在圖 8-6 的最上方兩張圖中，瑞士捲被分成兩個類別：在 3D 空間中（左圖），決策邊界相對複雜，但在 2D 展開的流形空間中（右圖），決策邊界是一條直線。

但是這個隱性的假設不一定成立，例如，在圖 8-6 的下方兩張圖中，決策邊界位於 $x_1 = 5$。這個決策邊界在原始的 3D 空間裡看起來非常簡單（一個垂直的平面），但是在展開的流形中看起來複雜多了（四條獨立的線段）。

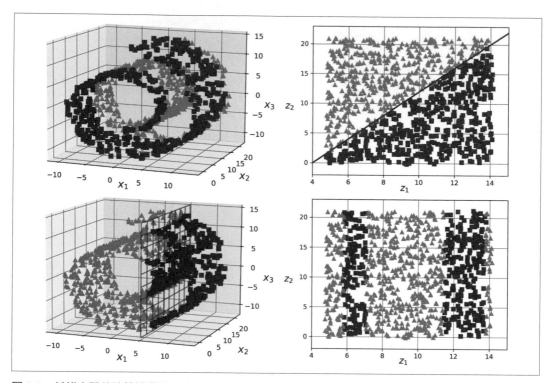

圖 8-6　低維空間的決策邊界不一定比較簡單

總之，在訓練模型之前先將訓練組降維通常可以提升訓練速度，但不一定可以導致更好或更簡單的解，一切依資料組而定。

希望你現在已經瞭解什麼是維數災難，以及降維演算法如何對治它，尤其是在流形假說成立的情況下。本章接下來將介紹一些熱門的降維演算法。

PCA

主成分分析（*Principal Component Analysis*，PCA）是當今最熱門的降維演算法。它先找出最接近資料的超平面，然後將資料投射到上面，如圖 8-2 所示。

保留變異數

在將訓練組投射到較低維度的超平面之前,你要先選擇合適的超平面。例如,圖 8-7 的左圖是一個簡單的二維資料組,以及三條不同的軸(即,1D 超平面)。右圖是將資料組投射到各軸的結果,它們是資料組在每軸上的投影。如你所見,在實線上的投影保留最大的變異數(最上面),在點虛線上的投影保留非常少的變異數(最下面),在短線虛線上的投影保留中等程度的變異數(中間)。

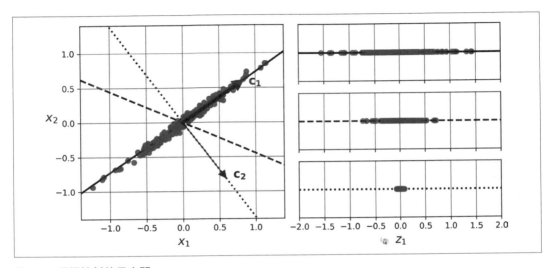

圖 8-7　選擇投射的子空間

看起來,選擇可以保留最大變異數的軸是合理的做法,因為它失去的資訊很可能比其他的投影更少。另一種支持這個選擇的說法是,它是可將原始資料組與軸上的投影之間的均方距離最小化的軸。這是 PCA 背後的簡單概念[4]。

主成分

PCA 可以找出可讓訓練組有大變異數的軸。圖 8-7 中,它是實線。它也會找出與第一軸正交的第二軸,第二軸考慮了剩餘變異數的最大部分。在這個 2D 的例子中,第二軸沒有別的選項,它就是那條點虛線。對於更高維數的資料組,PCA 還會找出第三軸,與前兩軸正交,以及第四軸、第五軸⋯等,軸數與資料組的維數一樣。

4　Karl Pearson, "On Lines and Planes of Closest Fit to Systems of Points in Space", *The London, Edinburgh, and Dublin Philosophical Magazine and Journal of Science* 2, no. 11 (1901): 559–572.

第 i 軸稱為資料的第 i 個主成分（*principal component*，PC）。在圖 8-7 中，第一個 PC 是向量 c_1 所在的軸，第二個 PC 是向量 c_2 所在的軸。在圖 8-2 中，前兩個 PC 位於投影平面上，第三個 PC 是與該平面正交的軸。在投影之後的圖 8-3 中，第一個 PC 對應 z_1 軸，第二個 PC 對應 z_2 軸。

對於每個主成分，PCA 會找到一個中心為零的單位向量，指向主成分方向。由於兩個相對的單位向量位於同一軸上，PCA 回傳的單位向量的方向是不穩定的：如果你稍微改變資料組並再次執行 PCA，單位向量可能與原始向量相反。然而，它們通常仍然位於相同的軸上。在某些情況下，一對單位向量甚至可能旋轉或對調（如果沿著這兩軸的變異數非常接近），但它們所定義的平面通常保持不變。

那麼，該如何找到訓練組的主成分？幸運的是，我們可以用一種標準的矩陣分解技巧，奇異值分解（*Singular Value Decomposition*，SVD），將訓練組矩陣 **X** 分解成包含三個矩陣 **U Σ Vᵀ** 的矩陣乘法，**V** 裡面的單位向量定義了我們想要尋找的所有主成分，見公式 8-1。

公式 *8-1* 主成分矩陣

$$\mathbf{V} = \begin{pmatrix} | & | & & | \\ \mathbf{c}_1 & \mathbf{c}_2 & \cdots & \mathbf{c}_n \\ | & | & & | \end{pmatrix}$$

下面這段 Python 程式使用 NumPy 的 svd() 函式來獲得圖 8-2 所示的 3D 訓練組的所有主成分，然後提取定義了前兩個 PC 的兩個單位向量：

```python
import numpy as np

X = [...]  # 建立小型 3D 資料組
X_centered = X - X.mean(axis=0)
U, s, Vt = np.linalg.svd(X_centered)
c1 = Vt[0]
c2 = Vt[1]
```

PCA 假設資料組以原點為中心。你將看到，Scikit-Learn 的 PCA 類別可以幫你將資料置中。如果你自行實作 PCA（就像上面的範例那樣），或是使用其他的程式庫，別忘了先將資料置中。

往下投射至 d 維

找出所有主成分之後，你可以將資料組投射到由前 d 個主元素定義的超平面，來將維數降到 d 維。選擇這個超平面可確保投射保留盡可能多的變異數。例如，圖 8-2 的 3D 資料組被投射到前兩個主成分定義的 2D 平面，保留了大部分的資料組變異數。因此，這個 2D 投射看起來很像原本的 3D 資料組。

要將訓練組投射到超平面，並且獲得歸約後的 d 維資料組 $\mathbf{X}_{d\text{-proj}}$，你要計算訓練組矩陣 $\mathbf{X}$ 乘以矩陣 $\mathbf{W}_d$ 的結果。矩陣 $\mathbf{W}_d$ 裡面有 $\mathbf{V}$ 的前 d 行，見公式 8-2。

公式 8-2　將訓練組往下投射至 d 維

$$\mathbf{X}_{d\text{-proj}} = \mathbf{X}\mathbf{W}_d$$

下面的 Python 程式碼可將訓練組投射至前兩個主成分所定義的平面上：

```
W2 = Vt[:2].T
X2D = X_centered @ W2
```

就這樣！現在你知道如何將任何資料組的維數降為任何維數，同時盡量保留變異數了。

使用 Scikit-Learn

Scikit-Learn 的 PCA 類別使用 SVD 分解來實作 PCA，如同本章稍早的做法。下面的程式使用 PCA 來將資料組的維數降為二維（注意它會自動置中資料）：

```
from sklearn.decomposition import PCA

pca = PCA(n_components=2)
X2D = pca.fit_transform(X)
```

在將 PCA 轉換器擬合至資料組之後，其 components_ 屬性保存 $\mathbf{W}_d$ 的轉置，在它裡面，前 d 個主成分各自占有一列。

解釋變異比

各個主成分的 *explained variance ratio*（解釋變異比）是另一項方便的資訊，你可以用 explained_variance_ratio_ 來取得它。這個比率代表資料組的變異數在每個主成分上的比例是多少。例如，我們來看一下圖 8-2 的 3D 資料組的前兩個主成分的解釋變異比：

```
>>> pca.explained_variance_ratio_
array([0.7578477 , 0.15186921])
```

這個輸出告訴我們，約 76% 的資料組變異數位於第一個 PC 上，約 15% 位於第二個 PC 上。這意味著第三個 PC 只占約 9% 的變異數，因此我們可以合理地假設第三個 PC 可能包含很少的資訊。

選擇正確的維數

與其隨意選擇要降為幾維，更簡單的方法是選擇讓變異數的總和夠大的維數，例如 95%（當然，這個規則的例外是，如果降維是為了進行資料視覺化，你應該會將維數降為 2 或 3）。

下面的程式碼會載入並拆開 MNIST 資料組（於第 3 章介紹）並執行不降維的 PCA，再計算能夠保留訓練組的 95% 變異數的最低維數：

```
from sklearn.datasets import fetch_openml

mnist = fetch_openml('mnist_784', as_frame=False)
X_train, y_train = mnist.data[:60_000], mnist.target[:60_000]
X_test, y_test = mnist.data[60_000:], mnist.target[60_000:]

pca = PCA()
pca.fit(X_train)
cumsum = np.cumsum(pca.explained_variance_ratio_)
d = np.argmax(cumsum >= 0.95) + 1  # d 等於 154
```

然後，你可以設定 n_components=d，並再次執行 PCA，但與其指定你想要保留的主成分數量，更好的做法是將 n_components 設為介於 0.0 和 1.0 之間的浮點數，代表你想要保留的變異數比率：

```
pca = PCA(n_components=0.95)
X_reduced = pca.fit_transform(X_train)
```

實際的成分數量是在訓練過程中決定的，它被儲存在 n_components_ 屬性裡：

```
>>> pca.n_components_
154
```

另一個選項是畫出解釋變異數與維數之間的關係（只要畫出 cumsum 即可，見圖 8-8）。曲線通常有個轉折，代表解釋變異數停止快速增長。在這個例子中，你可以看到將維數降為大約 100 維不會損失太多解釋變異數。

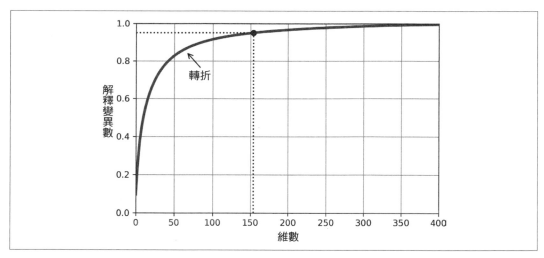

圖 8-8　解釋變異數與維數的關係

最後，如果你在監督學習任務（例如分類）的預先處理步驟中進行降維，你可以像調整其他超參數（見第 2 章）一樣調整維數。例如，下面的範例程式建立一個雙步驟的 pipeline，首先使用 PCA 來降維，然後使用隨機森林來分類。接下來，它使用 RandomizedSearchCV 來尋找 PCA 和隨機森林分類器的一組優良的超參數組合。這個範例進行快速搜尋，僅調整 2 個超參數，只用 1,000 個實例來訓練，而且只執行 10 次迭代，但如果你有時間，你可以進行更全面的搜尋：

```python
from sklearn.ensemble import RandomForestClassifier
from sklearn.model_selection import RandomizedSearchCV
from sklearn.pipeline import make_pipeline

clf = make_pipeline(PCA(random_state=42),
                    RandomForestClassifier(random_state=42))
param_distrib = {
    "pca__n_components": np.arange(10, 80),
    "randomforestclassifier__n_estimators": np.arange(50, 500)
}
rnd_search = RandomizedSearchCV(clf, param_distrib, n_iter=10, cv=3,
                                random_state=42)
rnd_search.fit(X_train[:1000], y_train[:1000])
```

我們來看看找到的最佳超參數：

```python
>>> print(rnd_search.best_params_)
{'randomforestclassifier__n_estimators': 465, 'pca__n_components': 23}
```

值得注意的是最佳成分（components）數量非常低：我們將一個 784 維的資料組降至只有 23 維！這與我們使用隨機森林有關，它是一種相當強大的模型。如果我們使用線性模型，例如 SGDClassifier，那麼搜尋將發現需要保留更多維（約 70）。

用 PCA 來壓縮

降維之後，訓練組所占的空間將大大減少。例如，對著 MNIST 資料組使用 PCA 並保留它的 95% 的變異數之後，我們只剩下 154 個特徵，而不是原來的 784 個特徵。因此，資料組僅占原始大小的不到 20%，我們只損失 5% 的變異數！這是合理的壓縮比，而且可想而知，這個縮減幅度將大幅加快分類演算法的速度。

你也可以執行 PCA 投射的逆轉換，將降維後的資料組恢復為 784 維。這無法完全復原資料，因為有一些資訊在投射的過程中遺失了（在丟棄的 5% 變異數範圍內），但是復原的結果應該很接近原始資料。原始資料與重建的資料（先壓縮再解壓縮）之間的均方距離稱為**重構誤差**。

使用 inverse_transform() 方法可將降維後的 MNIST 資料組解壓縮回 784 維：

```
X_recovered = pca.inverse_transform(X_reduced)
```

圖 8-9 是來自原始訓練組的一些數字（左），以及壓縮再解壓縮後的數字。你可以看到圖像的品質稍微下降，但數字幾乎完好無損。

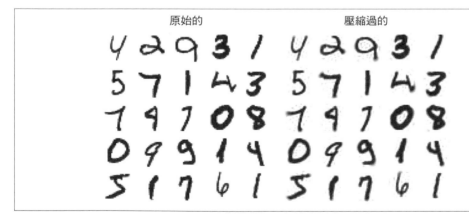

圖 8-9　保留 95% 變異數的 MNIST 壓縮

逆轉換公式如下所示（公式 8-3）。

公式 8-3 　PCA 逆轉換，恢復成原本的維數

$$\mathbf{X}_{\text{recovered}} = \mathbf{X}_{d\text{-proj}}\mathbf{W}_d{}^{\mathsf{T}}$$

隨機 PCA

將 svd_solver 超參數設為 "randomized" 的話，Scikit-Learn 會使用名為 *Randomized PCA* 的隨機演算法，來快速找到前 d 個主成分的近似值。它的計算複雜度是 $O(m \times d^2) + O(d^3)$，而不是完整 SVD 法的 $O(m \times n^2) + O(n^3)$，所以當 d 遠小於 n 時，它的速度比完整 SVD 快很多：

```
rnd_pca = PCA(n_components=154, svd_solver="randomized", random_state=42)
X_reduced = rnd_pca.fit_transform(X_train)
```

svd_solver 的 預 設 值 其 實 是 "auto"：如 果 $\max(m, n) > 500$ 且 n_components 是小於 $\min(m, n)$ 的 80% 的整數，Scikit-Learn 會自動使用隨機 PCA 演算法，否則，它會使用完整的 SVD 方法。因此，即使你移除 svd_solver="randomized" 引數，上述程式依然會使用隨機 PCA 演算法，因為 $154 < 0.8 \times 784$。如果你想要強迫 Scikit-Learn 使用完整 SVD，可將 svd_solver 超參數設為 "full"。

incremental PCA

上述的 PCA 實作有一個問題：我們必須將整個訓練組放入記憶體才能執行演算法。幸運的是，有人已經開發出 *incremental PCA* 演算法，可讓你將訓練組拆成小批次，並逐一輸入小批次。它很適合用來處理大型的訓練組，以及執行線上 PCA（也就是在收到新實例時即時處理）。

下面的程式將 MNIST 訓練組拆成 100 個小批次（使用 NumPy 的 array_split() 函式），並將它們傳給 Scikit-Learn 的 IncrementalPCA 類別[5]，來將 MNIST 資料組的維數降為 154 維，跟之前一樣。注意，你必須用各個小批次來呼叫 partial_fit() 方法，而不是用整個訓練組來呼叫 fit() 方法：

5 　Scikit-Learn 使用這篇論文介紹的演算法：David A. Ross et al., "Incremental Learning for Robust Visual Tracking", *International Journal of Computer Vision* 77, no. 1–3 (2008): 125–141.（*https://homl.info/32*）

```
from sklearn.decomposition import IncrementalPCA

n_batches = 100
inc_pca = IncrementalPCA(n_components=154)
for X_batch in np.array_split(X_train, n_batches):
    inc_pca.partial_fit(X_batch)

X_reduced = inc_pca.transform(X_train)
```

你也可以使用 NumPy 的 memmap 類別，用它來操作二進制檔案或磁碟內的大型陣列，彷彿它們被完全放入記憶體一樣。這個類別只會在需要資料的時候將資料載入記憶體。為了展示範例，我們先建立一個記憶體對映（memory-mapped，memmap）檔，並將 MNIST 訓練組複製到裡面，然後呼叫 flush() 方法，以確保還在快取內的資料都被存入磁碟。在實際應用中，X_train 無法被放入記憶體，因此你會分區塊載入它，並將每個區塊存至 memmap 陣列的適當部分：

```
filename = "my_mnist.mmap"
X_mmap = np.memmap(filename, dtype='float32', mode='write', shape=X_train.shape)
X_mmap[:] = X_train  # 可改用迴圈，一個區塊接著一個區塊保存資料
X_mmap.flush()
```

接下來，我們可以載入 memmap 檔案，並像使用普通的 NumPy 陣列一樣使用它。我們使用 IncrementalPCA 類別來為它降維。由於這個演算法在任何給定時間內僅使用陣列的一小部分，所以可將記憶體的使用量維持在可控的範圍內。所以你可以呼叫一般的 fit() 方法而不是 partial_fit() 方法，這非常方便：

```
X_mmap = np.memmap(filename, dtype="float32", mode="readonly").reshape(-1, 784)
batch_size = X_mmap.shape[0] // n_batches
inc_pca = IncrementalPCA(n_components=154, batch_size=batch_size)
inc_pca.fit(X_mmap)
```

 只有原始的二進制資料被存入磁碟，因此在載入資料時，你要指定陣列的資料型態和外形（shape）。如果你省略外形，np.memmap() 會回傳一個 1D 陣列。

對於非常高維度的資料組來說，PCA 可能太慢。正如之前看到的，即使使用隨機 PCA，它的計算複雜度仍然是 $O(m \times d^2) + O(d^3)$，因此目標維數 d 不能太大。如果你處理的資料組有成千上萬個特徵或更多（例如圖像），訓練速度可能變得太慢，在這種情況下，你應該考慮使用隨機投射。

隨機投射

顧名思義，隨機投射演算法使用隨機線性投射來將資料投射至低維空間。這種做法聽起來或許很瘋狂，但根據 William B. Johnson 和 Joram Lindenstrauss 在一個著名的引理中所做的數學證明，這種隨機投射實際上仍然可能保留準確的距離。因此，兩個相似的實例在投射之後仍然相似，而兩個非常不同的實例仍然會非常不同。

顯然，降低的維數越多，遺失的資訊就越多，距離的扭曲也越嚴重。那麼，該如何選擇最佳的維數呢？Johnson 和 Lindenstrauss 提出一個公式來確定需要保留的最小維數，以確保在高機率下，距離不會變化超過一個給定的容忍度。例如，如果你有一個包含 $m = 5{,}000$ 個實例的資料組，每個實例都有 $n = 20{,}000$ 個特徵，你不希望任何兩個實例之間的平方距離變化超過 $\varepsilon = 10\%$ [6]，那麼，你應該將資料投射到 d 維，其中 $d \geq 4 \log(m) / (\frac{1}{2} \varepsilon^2 - \frac{1}{3} \varepsilon^3)$，即 7,300 維。這是相當大的降維幅度！請注意，該公式不使用 n，僅依賴 m 和 ε。該公式由 `johnson_lindenstrauss_min_dim()` 函式實現：

```
>>> from sklearn.random_projection import johnson_lindenstrauss_min_dim
>>> m, ε = 5_000, 0.1
>>> d = johnson_lindenstrauss_min_dim(m, eps=ε)
>>> d
7300
```

現在我們可以產生一個外形為 $[d, n]$ 的隨機矩陣 **P**，其中每個項目都是從均值為 0，變異數為 $1 / d$ 的高斯分布中隨機抽樣出來的，並用它來將資料組從 n 維投射至 d 維：

```
n = 20_000
np.random.seed(42)
P = np.random.randn(d, n) / np.sqrt(d)  # 標準差 = 變異數的平方根

X = np.random.randn(m, n)  # 產生偽資料組
X_reduced = X @ P.T
```

就這麼簡單！這個方法簡單高效，並且不需要訓練，這個演算法只需要使用資料組的外形來建立隨機矩陣，完全不使用資料本身。

Scikit-Learn 提供一個名為 `GaussianRandomProjection` 的類別來完成我們剛剛做的事情：當你呼叫它的 `fit()` 方法時，它會使用 `johnson_lindenstrauss_min_dim()` 來決定輸出的維數，然後產生一個隨機矩陣，並將矩陣儲存在 `components_` 屬性中。然後，當你呼叫 `transform()` 時，它會使用這個矩陣來進行投射。在建立轉換器時，你可以設定 eps 以微調 ε（預設值 0.1），也可以設定 n_components 以強制指定目標維數 d。接下來的程式

6　ε 是希臘字母 epsilon，通常用來代表非常小的值。

範例可產生與之前的程式碼相同的結果（你也可以驗證 gaussian_rnd_proj.components_ 等於 P）：

```
from sklearn.random_projection import GaussianRandomProjection

gaussian_rnd_proj = GaussianRandomProjection(eps=ε, random_state=42)
X_reduced = gaussian_rnd_proj.fit_transform(X)  # 結果與上一個程式相同
```

Scikit-Learn 也提供了第二種隨機投射轉換器，稱為 SparseRandomProjection。它以相同的方式來決定目標維數，產生相同外形的隨機矩陣，並執行相同的投射。主要的差異在於隨機矩陣是稀疏的。這意味著它使用的記憶體要少得多，大約只有 25 MB，而不是之前範例的將近 1.2 GB！它也更快，無論是產生隨機矩陣，還是進行降維都是如此。在這個例子中，大約快 50%。此外，如果輸入是稀疏的，轉換將保持稀疏（除非你設定 dense_output=True）。最後，它具備與上一種方法相同的保持距離特性，而且降維的品質與上一種方法並駕齊驅。總之，一般情況下，最好使用這個轉換器，而不是第一個，特別是在處理大型的或稀疏的資料組時。

在稀疏隨機矩陣中，非零項目的比例 r 稱為它的**密度**。在預設情況下，它等於 $1/\sqrt{n}$。對於具有 20,000 個特徵的情況而言，這意味著在隨機矩陣中，大約 141 格才有 1 個非零項目，這非常稀疏！想要的話，你可以將 density 超參數設為其他值。在稀疏隨機矩陣中的每一個格都有 r 的機率是非零的，並且每個非零值若不是 $-v$，就是 $+v$（兩者的機率相等），其中 $v = 1/\sqrt{dr}$。

如果你想要執行逆轉換，首先要使用 SciPy 的 pinv() 函式來計算成分（component）矩陣的偽逆矩陣，然後將降維後的資料乘以偽逆矩陣的轉置矩陣：

```
components_pinv = np.linalg.pinv(gaussian_rnd_proj.components_)
X_recovered = X_reduced @ components_pinv.T
```

如果成分（components）矩陣很大，計算偽逆矩陣可能需要很長的時間，因為 pinv() 的計算複雜度在 $d < n$ 時是 $O(dn^2)$，否則是 $O(nd^2)$。

總之，隨機投射是一種簡單、快速、高記憶體效率，且強大得令人意外的降維演算法，千萬別忘了它的存在，尤其是在處理高維資料組時。

隨機投射不是只能用來降低大型資料組的維數。例如，Sanjoy Dasgupta 等人在 2017 年的一篇論文中（*https://homl.info/flies*）[7] 展示，果蠅的大腦實現了一種類似隨機投射的機制，可將密集的低維嗅覺輸入對映到稀疏的高維二進制輸出中。每一種氣味只會觸發少部分的輸出神經元，但相似的氣味會觸發許多相同的神經元。這與一種稱為 *locality sensitive hashing*（LSH）的著名演算法相似，搜索引擎經常使用該演算法來將相似的文件群組化。

LLE

局部線性嵌入（*Locally Linear Embedding*，LLE）[8] 是另一種強大的非線性降維（NLDR）技術，它是一種流形學習技術，但不像之前的演算法那樣使用投射。簡而言之，LLE 會先評估各個訓練實例與最靠近它的鄰點之間的線性關係，然後尋找能夠最忠實地保留這些局部關係的訓練組低維表示法（接下來會仔細說明）。這種做法特別適合用來展開扭曲的流形，尤其在沒有太多雜訊的情況下。

下面的程式碼建立一個瑞士捲，然後使用 Scikit-Learn 的 `LocallyLinearEmbedding` 類別來將它展開：

```
from sklearn.datasets import make_swiss_roll
from sklearn.manifold import LocallyLinearEmbedding

X_swiss, t = make_swiss_roll(n_samples=1000, noise=0.2, random_state=42)
lle = LocallyLinearEmbedding(n_components=2, n_neighbors=10, random_state=42)
X_unrolled = lle.fit_transform(X_swiss)
```

變數 t 是一個 1D NumPy 陣列，裡面有瑞士捲的捲軸（rolled axis）上的每個實例的位置。這個範例不使用它，但它可以當成非線性回歸任務的目標。

圖 8-10 是程式產生的 2D 資料組。如你所見，瑞士捲被完全展開了，且實例之間的局部距離都被忠實地保留。但是，較大尺度的距離並未保留，展開的瑞士捲應該是一個矩形，而不是這樣被拉伸和扭曲的帶狀。儘管如此，LLE 仍然建立一個很好的流形模型。

---

7   Sanjoy Dasgupta et al., "A neural algorithm for a fundamental computing problem", *Science* 358, no. 6364 (2017): 793–796.

8   Sam T. Roweis and Lawrence K. Saul, "Nonlinear Dimensionality Reduction by Locally Linear Embedding", *Science* 290, no. 5500 (2000): 2323–2326.

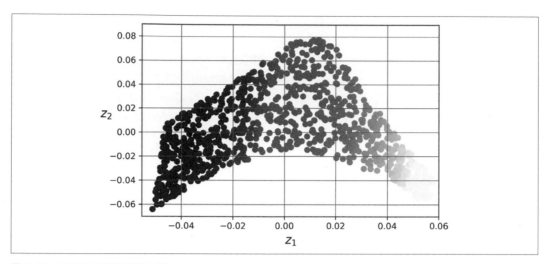

圖 8-10　用 LLE 展開的瑞士捲

LLE 的做法如下：這個演算法會幫每一個訓練實例 $\mathbf{x}^{(i)}$ 找到它的 k 最近鄰（在上面的程式中，$k = 10$），然後試著以這些鄰點的線性函數來重構 $\mathbf{x}^{(i)}$。更具體地說，它會尋找權重 $w_{i,j}$，使得 $\mathbf{x}^{(i)}$ 與 $\Sigma_{j=1}^{m} w_{i,j}\mathbf{x}^{(j)}$ 之間的平方距離盡可能的小，假設當 $\mathbf{x}^{(j)}$ 不是 $\mathbf{x}^{(i)}$ 的 k 最近鄰之一時，$w_{i,j} = 0$。因此，LLE 的第一步是公式 8-4 所述的約束優化問題，其中 $\mathbf{W}$ 是包含所有權重 $w_{i,j}$ 的權重矩陣。第二個限制僅為各個訓練實例 $\mathbf{x}^{(i)}$ 的權重進行正規化。

公式 8-4　*LLE 的第 1 步：以線性的方式模擬局部關係*

$$\widehat{\mathbf{W}} = \underset{\mathbf{W}}{\operatorname{argmin}} \sum_{i=1}^{m} \left(\mathbf{x}^{(i)} - \sum_{j=1}^{m} w_{i,j}\mathbf{x}^{(j)} \right)^2$$

$$\text{滿足} \begin{cases} w_{i,j} = 0 & \text{若 } \mathbf{x}^{(j)} \text{ 不是 } \mathbf{x}^{(i)} \text{ 的 } k \text{ 最近鄰之一} \\ \sum_{j=1}^{m} w_{i,j} = 1 & \text{其中 } i = 1, 2, \cdots, m \end{cases}$$

在執行這一步之後，權重矩陣 $\widehat{\mathbf{W}}$（包含權重 $\widehat{w}_{i,j}$）編碼了訓練實例之間的局部線性關係。第二步是將訓練實例對映到一個 d 維空間（其中 $d < n$），同時盡量維持這些局部關係。如果 $\mathbf{z}^{(i)}$ 是 $\mathbf{x}^{(i)}$ 在這個 d 維空間中的映像，我們希望 $\mathbf{z}^{(i)}$ 和 $\Sigma_{j=1}^{m} \widehat{w}_{i,j}\mathbf{z}^{(j)}$ 之間的平方距離盡可能小。這個想法導致公式 8-5 的無約束優化問題。它看起來與第一步非常相似，不同之處在於，它是固定權重，並在低維空間中尋找實例映像的最佳位置，而不是固定實例並尋找最佳權重。注意，$\mathbf{Z}$ 是包含所有 $\mathbf{z}^{(i)}$ 的矩陣。

公式 8-5 *LLE 的第 2 步：在降維的同時保留關係*

$$\widehat{\mathbf{Z}} = \underset{\mathbf{Z}}{\text{argmin}} \sum_{i=1}^{m} \left(\mathbf{z}^{(i)} - \sum_{j=1}^{m} \widehat{w}_{i,j} \mathbf{z}^{(j)} \right)^2$$

Scikit-Learn 的 LLE 實作具有以下的計算複雜度：尋找 k 最近鄰的複雜度為 $O(m \log(m) n \log(k))$，優化權重的部分為 $O(mnk^3)$，建構低維表示法的部分為 $O(dm^2)$。不幸的是，在最後一項裡的 m^2 會導致這個演算法在處理非常大的資料組時效能下降。

如你所見，LLE 與投射技術非常不同，它更複雜，但它能夠建構出更好的低維表示法，尤其是在資料非線性的情況下。

其他的降維技術

在結束這一章之前，我們來快速地瀏覽一下 Scikit-Learn 支援的其他幾種常見的降維技術：

sklearn.manifold.MDS

Multidimensional scaling（MDS）在降維的同時，試圖保持實例之間的距離。雖然隨機投射可以對高維資料進行這種操作，但它處理低維資料的效果不佳。

sklearn.manifold.Isomap

Isomap 藉著將每個實例連接到離它最近的鄰點來建立圖（graph），然後在降維的同時，試圖保持實例之間的**測地距離**（*geodesic distance*）。在圖中，兩個節點之間的測地距離就是在這兩個節點之間的最短路徑上的節點數。

sklearn.manifold.TSNE

t-distributed stochastic neighbor embedding（t-SNE）在降維的同時，試圖將相似的實例放在一起，將不相似的實例分開。它主要用於視覺化，尤其是將高維空間中的實例的群聚視覺化。例如，在本章結尾的練習中，你將使用 t-SNE 來將 MNIST 圖像的 2D map 視覺化。

sklearn.discriminant_analysis.LinearDiscriminantAnalysis

Linear discriminant analysis（LDA）是一種線性分類演算法，在訓練過程中，它會學習類別之間最具鑑別性的軸，這些軸可以用來定義一個超平面，以便將資料投射到該超平面上。這種方法的好處是投射將盡可能地將類別分開，因此 LDA 很適合在執行另一個分類演算法之前用來降維（除非只需要使用 LDA 即可）。

圖 8-11 是 MDS、Isomap 和 t-SNE 處理瑞士捲資料組的結果。MDS 成功地將瑞士捲展平，同時保留了全域性曲率；而 Isomap 完全消除曲率。保留大尺度結構可能是好事，也可能是壞事，依下游任務而定。t-SNE 展平瑞士捲的效果不錯，保留了一些曲率，並且加強群聚效應，將捲起來的部分分開。同樣地，這是好是壞依下游的任務而定。

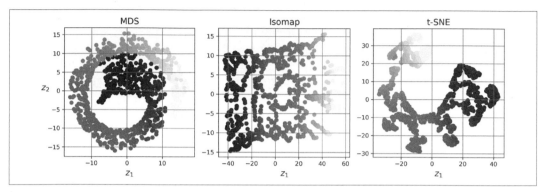

圖 8-11　使用各種技術來將瑞士捲降為 2D

習題

1. 降低資料組維數的主要動機是什麼？主要的缺點是什麼？

2. 什麼是維數災難？

3. 將資料組降維之後可以將它復原嗎？如果可以，怎麼做？如果不行，為什麼？

4. PCA 可以為高度非線性的資料組進行降維嗎？

5. 假如你對著一個 1,000 維的資料組執行 PCA，將解釋變異數比設為 95%，得到的資料組有幾維？

6. 你會在什麼情況下使用一般 PCA、Incremental PCA、隨機 PCA 或隨機投影？

7. 如何評估降維演算法處理資料組的效果？

8. 將兩個不同的降維演算法串連起來有意義嗎？

9. 載入 MNIST 資料組（見第 3 章），並將它拆成訓練組與測試組（用前 60,000 個實例來訓練，用其餘的 10,000 個實例來測試）。用這個資料組來訓練一個隨機森林分類器，看看花費多久時間，然後用測試組來評估得到的模型。接著使用 PCA 來降低資料組的維數，使用 95% 的解釋變異比。用降維過的資料組來訓練新的隨機森林分類器，看看花多久時間，訓練速度有沒有加快很多？然後，使用測試組來評估分類器。它與上一個分類器比起來如何？用 `SGDClassifier` 來重做一遍。現在 PCA 有多大的幫助？

10. 使用 t-SNE 來將 MNIST 資料組的前 5,000 張圖像降至 2 維，並使用 Matplotlib 來畫出結果。你可以使用散點圖，以 10 種不同的顏色來表示每張圖像的目標類別。或者，你可以將散點圖中的每個點換成相應實例的類別（從 0 到 9 的數字），甚至畫出縮小版的數字圖像本身（如果你畫出所有數字，視覺效果將過於凌亂，因此你應該隨機抽樣，或只在附近沒有其他被畫出來的實例之處繪製實例）。你應該能夠獲得一個很好的視覺化結果，裡面的數字群聚有明顯的間隔。試著使用其他的降維演算法，例如 PCA、LLE 或 MDS，並比較視覺化結果。

這些習題的答案在本章的 notebook（*https://homl.info/colab3*）的結尾。

第九章

無監督學習技術

儘管當今機器學習的應用大部分都是基於監督學習（因此，大部分的投資都集中在這種技術），但絕大多數可用的資料都是無標籤的：雖然我們有輸入特徵 X，卻沒有標籤 y。計算機科學家 Yann LeCun 有句名言：「如果智慧是一塊蛋糕，那麼無監督學習是蛋糕本身，監督學習是蛋糕上的糖霜，強化學習是蛋糕上的櫻桃。」換句話說，無監督學習有巨大的潛力，我們只是初步探索這個領域。

假設你要製作一個系統，讓它為生產線的每一個產品拍幾張照片，並檢查哪些產品有瑕疵。你可以相對容易地做出自動拍照系統，每天可能拍上千張照片，然後，你可以在短短幾星期內建立一個龐大的資料組，但問題來了，這些照片沒有標籤！如果你想要訓練一個普通二元分類器來預測產品有沒有缺陷，你就要將每一張照片標記為「有瑕疵」或「正常」，通常需要聘請人類專家親自檢查每一張照片，這是一項漫長、昂貴且枯燥的工作，所以通常只能為一小部分的照片附上標籤。因此，帶標籤的資料組將非常小，且分類器的效果會令人失望。此外，每當公司更改產品時，整個過程都要重新做一遍。如果演算法能夠直接利用無標籤的資料，而不需要請人標記每張照片，那該有多好？這就是無監督學習的優勢所在。

在第 8 章，我們探討了最常見的無監督學習任務：降維。在本章中，我們將探討其他幾個無監督任務：

聚類

　　這種任務的目標是將相似的實例聚成一組。聚類法很適合用來進行資料分析、顧客細分、推薦系統、搜尋引擎、圖像分割、半監督學習、降維…等工作。

異常檢測（也稱為離群檢測）

其目的是學習「正常」的資料長怎樣，再用它來偵測不正常的實例，不正常的實例稱為異常（*anomaly*）或離群（*outlier*）實例，而正常的實例稱為內群（*inlier*）。異常檢測的用途很廣泛，例如詐欺檢測、製造業的缺陷產品檢測、時間序列新趨勢辨識，或是在訓練另一個模型之前刪除資料組中的離群值，以顯著提高最終模型的效能。

密度估計

估計產生資料組的隨機程序的機率密度函數（PDF）。密度估計通常用於異常檢測：位於低密度區域的實例很有可能是異常值。它也可以用於資料分析與視覺化。

準備享受蛋糕了嗎？我們將從兩種聚類演算法看起，即 k-means 和 DBSCAN，然後我們要討論高斯混合模型，看看如何用它們來進行密度估計、聚類和異常檢測。

聚類演算法：k-means 與 DBSCAN

你在山上遠足時，偶然發現了一株未曾見過的植物。你環顧四周，注意到還有幾株，你四處看看，注意到還有幾株。雖然它們略有不同，但它們的相似程度，讓你確信它們可能屬於同一物種（或至少同一屬）。也許你需要詢問植物學家那是什麼物種，但認出外表相似的物體不需要依賴專家。這就是聚類，這種任務是認出相似的實例，並將它們分配到群聚（*cluster*），或相似的實例的群組中。

聚類和分類任務一樣，會將每個實例分配到一個群組中，但是，與分類不同的是，聚類是無監督任務。考慮圖 9-1：左圖是 iris 資料組（見第 4 章），這張圖用不同的記號來代表各個實例的品種（也就是它的類別）。iris 是有標籤的資料組，適合使用分類演算法來處理，例如 logistic 回歸、支援向量機或隨機森林分類器。右圖是同一個資料組，但沒有標籤，所以無法使用分類演算法。這正是使用聚類演算法的時機，許多這種演算法都可以輕鬆地發現左下方的群聚，我們也可以一眼就看到它，但右上方那個包含兩個不同的次級群聚的大群聚就沒那麼容易區分了。話雖如此，這個資料組還有兩個在此未展示的特徵（萼片的長度與寬度），聚類演算法可以善用所有特徵，所以事實上，它們準確地辨識了三個群聚（例如，使用高斯混合模型的話，在 150 個實例中，只有 5 個被分給錯誤的群聚）。

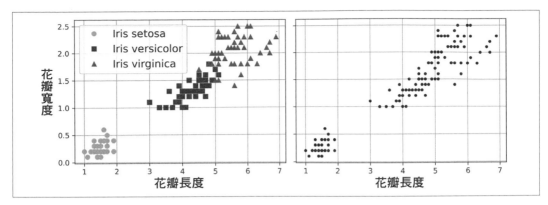

圖 9-1　分類（左）vs. 聚類（右）

聚類的用途很廣泛，包括：

顧客細分

你可以根據顧客購買的東西和他們在網站上的行為來將他們聚類，這可幫助你瞭解顧客是誰，以及他們的需求是什麼，幫助你為各個族群調整產品和行銷活動。例如，推薦系統可以利用顧客細分，將一個群聚內的某些用戶喜歡的內容推薦給同群聚的其他用戶。

資料分析

當你分析新的資料組時，你可以先執行聚類演算法，再分別分析各個群聚。

降維

為資料組進行聚類之後，通常可以衡量每一個實例與每一個群聚的*親緣性*（*affinity*），親緣性是衡量一個實例有多適合一個群聚的任何指標。接下來，你可以將每一個實例的特徵向量 **x** 換成它的群聚親緣性向量。如果群體有 k 個，那麼這個向量就有 k 維。新向量的維數通常比原始特徵向量的維數少很多，但是它可以保留夠多資訊，以進行進一步的處理。

特徵工程

群聚親緣性通常可以當成額外的特徵。例如，在第 2 章，我們使用 k-means 演算法來為加州房地產資料組添加地理群聚親緣性特徵，這有助於提高效能。

異常檢測（也稱為離群檢測）

如果一個實例和所有群體的親緣性都很低，它很有可能是異常的。例如，根據網站用戶的行為來將它們聚類，以找出行為異常的用戶，例如每秒送出不尋常的請求數量。

半監督學習

如果你只有少量的標籤，你可以先執行聚類，再將標籤指派給同一個群聚的所有實例。這項技術可以大幅增加標籤數量，讓後續的監督學習演算法使用，從而改善它的效果。

搜尋引擎

有些搜尋引擎可尋找與參考圖像相似的圖像。在建立這種系統時，你必須先對資料庫的所有圖像執行聚類演算法，將相似的圖像分到同一個群聚。然後，當用戶提供參考圖像時，只要使用訓練好的聚類模型來找到那張圖像的群聚，再直接回傳該群聚的所有照片即可。

圖像分割

根據像素的顏色來對它們進行聚類，再將各個像素的顏色換成它所屬的群聚的平均顏色，這可以大幅減少圖像的顏色數量。許多物體偵測與追蹤系統都使用圖像分割，它也可以協助檢測各個物件的輪廓。

「群聚」沒有統一的定義，它實際上取決於背景環境，不同的演算法會找到不同類型的群聚。有些演算法尋找圍繞著特定點（稱為質心）的實例，有些則尋找連續且密集的實例區域，這種群聚可能有各種形狀。有些演算法有階層性，它們會尋找群聚的群聚。以上只是其中的一些例子。

本節將介紹兩種流行的聚類演算法，*k*-means 與 DBSCAN，並採討它們的一些應用，例如非線性降維、半監督學習，以及異常檢測。

k-means

考慮圖 9-2 這個不平衡的資料組，你可以清楚地看到五團實例。*k*-Means 是一種簡單的演算法，它可以非常快速且有效地為這種資料組聚類，通常只需要做幾次迭代。它是貝爾實驗室的 Stuart Lloyd 在 1957 年提出的，當時被當成一種脈衝編碼調變技術，但直到 1982 年才在公司以外發表（*https://homl.info/36*）[1]。在 1965 年，Edward W. Forgy 發表了幾乎相同的演算法，因此 *k*-means 有時也被稱為 Lloyd–Forgy 演算法。

---

[1]　Stuart P. Lloyd, "Least Squares Quantization in PCM", *IEEE Transactions on Information Theory* 28, no. 2 (1982): 129–137.

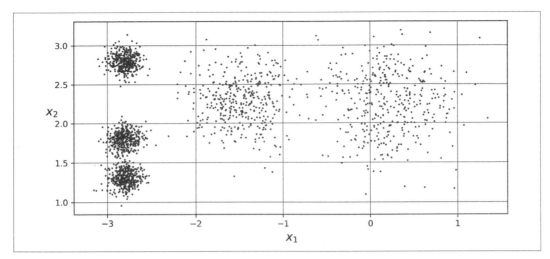

圖 9-2　包含五個實例群聚的不平衡資料組

我們用這個資料組來訓練一個 k-means 聚類器。它會試著找出每個群聚的中心，並且將每個實例分配給最近的那一個群聚：

```
from sklearn.cluster import KMeans
from sklearn.datasets import make_blobs

X, y = make_blobs([...])   # 製作群聚：y 包含群聚 ID，但我們
                           # 不會使用它們，那是我們想預測的東西
k = 5
kmeans = KMeans(n_clusters=k, random_state=42)
y_pred = kmeans.fit_predict(X)
```

注意，你必須指定演算法必須找到的群聚數量 k。在這個例子裡，觀察資料可以看出 k 顯然應該設為 5，但通常群聚數量沒那麼容易看出來。我們等一下會討論這個問題。

每一個實例都會被指派給五個群聚之一。在聚類的背景下，實例的**標籤**是演算法分配給實例群聚的索引，切勿將它與分類任務的類別標籤混為一談，類別標籤是當成目標來使用的（切記，群類是一種無監督學習任務）。KMeans 實例保存了用來訓練它的實例的預測標籤，你可以用 labels_ 實例變數來讀取它：

```
>>> y_pred
array([4, 0, 1, ..., 2, 1, 0], dtype=int32)
>>> y_pred is kmeans.labels_
True
```

我們也可以檢查演算法找到的五個質心：

```
>>> kmeans.cluster_centers_
array([[-2.80389616,  1.80117999],
       [ 0.20876306,  2.25551336],
       [-2.79290307,  2.79641063],
       [-1.46679593,  2.28585348],
       [-2.80037642,  1.30082566]])
```

你可以輕鬆地將新實例分配給質心最靠近它的群聚：

```
>>> import numpy as np
>>> X_new = np.array([[0, 2], [3, 2], [-3, 3], [-3, 2.5]])
>>> kmeans.predict(X_new)
array([1, 1, 2, 2], dtype=int32)
```

畫出群聚的決策邊界會得到一張沃羅諾伊圖（Voronoi tessellation）：如圖 9-3 所示，其中，X 代表各個質心。

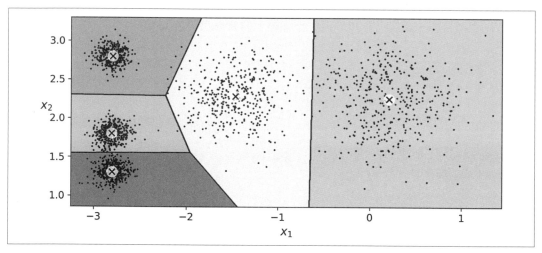

圖 9-3　k-means 決策邊界（沃羅諾伊圖）

顯然絕大多數的實例都被分給正確的群聚，但有些實例可能被錯誤標記了，尤其是左上角群聚與中央群聚之間的邊界附近的那些實例。事實上，當不同資料團的直徑有很大的差異時，k-means 演算法的效果不太好，因為當它將實例分配給群聚時，只在乎實例距離質心多遠。

相較於將每個實例分給單一群聚（稱為**硬聚類**），為每個實例指定每一個群聚的分數（稱為**軟聚類**）可能更有用。這個分數可能是實例與質心的距離，也可能是相似度（或親緣性）分數，例如第 2 章用過的高斯徑向基礎函數。KMeans 類別的 transform() 方法可衡量各個實例和每個質心的距離：

```
>>> kmeans.transform(X_new).round(2)
array([[2.81, 0.33, 2.9 , 1.49, 2.89],
       [5.81, 2.8 , 5.85, 4.48, 5.84],
       [1.21, 3.29, 0.29, 1.69, 1.71],
       [0.73, 3.22, 0.36, 1.55, 1.22]])
```

在這個例子裡，在 X_new 內的第一個實例距離第一個質心大約 2.81，距離第二個質心 0.33，距離第三個質心 2.90，距離第四個質心 1.49，距離第五個質心 2.89。用這種方式來轉換高維的資料組可產生一個 k 維的資料組，這個轉換可能是非常高效的非線性降維技術。或者，你可以使用這些距離作為額外的特徵，來訓練另一個模型，就像第 2 章的做法。

k-means 演算法

那麼，這個演算法究竟是如何運作的呢？假設你已經獲得質心了，你可以輕鬆地將資料組的所有實例分配給離它最近的質心的群聚，來為所有實例加上標籤。反過來說，如果你已經取得所有實例標籤了，你可以計算各個群聚的實例的平均值，來輕鬆找到每個質心。但是，你既沒有標籤也沒有質心的話，該怎麼辦？首先，隨機放置質心（例如，從資料組中隨機選擇 k 個實例，並使用它們的位置作為質心）。然後為實例加上標籤，更新質心，為實例加上標籤，更新質心…以此類推，直到質心停止移動為止。這種演算法必定在有限的步數內收斂（通常很少）。這是因為在每一步，實例與最近質心之間的均方距離只會下降，並且由於均方距離不可能是負數，所以它保證收斂。

圖 9-4 是這個演算法的執行過程，最初質心是隨機挑選的（左上圖），接著實例被加上標籤（右上圖），接著更新質心（左中），更改實例標籤（右中）…以此類推。如你所見，這個演算法只要迭代三次就可以產生接近最佳解的群聚。

> 這種演算法的計算複雜度通常與實例數量 m、群聚數量 k，以及維數 n 成線性關係。但是，這個關係在資料有群聚結構時才成立。如果沒有群聚結構，在最壞情況下，計算複雜度會隨著實例數量成指數增長。在實務上，這種情況很罕見，且 k-means 通常是最快的聚類演算法之一。

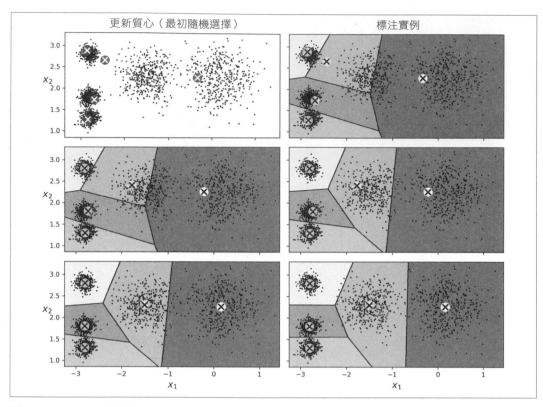

圖 9-4　k-means 演算法

雖然這種演算法保證收斂，但它可能無法收斂到正確解（也就是說，它可能收斂到區部最佳解），會不會如此取決於最初的質心。圖 9-5 展示當隨機初始化步驟運氣不佳時，演算法可能收斂至兩個次佳解。

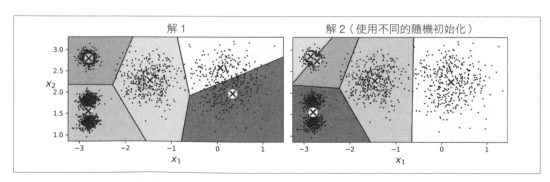

圖 9-5　因為選擇不佳的初始質心而得到的次佳解

我們來看幾種改善質心初始化以減少這種風險的做法。

選擇初始質心的方法

如果你碰巧知道質心的位置大概在哪裡（比如說，如果你曾經執行過另一個聚類演算法），你可以將 init 超參數設為一個 NumPy 質心陣列，並將 n_init 設為 1：

```
good_init = np.array([[-3, 3], [-3, 2], [-3, 1], [-1, 2], [0, 2]])
kmeans = KMeans(n_clusters=5, init=good_init, n_init=1, random_state=42)
kmeans.fit(X)
```

另一種做法是使用不同的隨機初始值來執行演算法多次，並保存最佳解。隨機初始化的次數是用 n_init 超參數來控制的，它的預設值是 10，意思是當你呼叫 fit() 時，上述的整個演算法會執行 10 次，而且 Scikit-Learn 會保存最佳解。但是它如何知道哪個解最好？它使用一種效能指標！這種標準稱為模型的 *inertia*，它是各個實例和最近的質心之間的均方距離。圖 9-5 的左圖模型的 inertia 大致為 219.4，右圖模型的 inertia 大致為 258.6，而圖 9-3 的模型的 inertia 僅為 211.6。KMeans 類別會執行演算法 n_init 次，並保留 inertia 最低的模型。在這個例子中，圖 9-3 會被選中（除非連續 n_init 次的運氣都很差）。如果你好奇，你可以用 inertia_ 實例變數來取得模型的 inertia：

```
>>> kmeans.inertia_
211.59853725816836
```

score() 方法回傳負的 inertia（之所以是負的，是因為 Scikit-Learn 的「越大越好」規則：如果一個預測器比另一個更好，它的 score() 方法應該回傳更高的分數）：

```
>>> kmeans.score(X)
-211.5985372581684
```

k-means++ 是 *k*-means 演算法的一種重要改進版本，它是由 David Arthur 和 Sergei Vassilvitskii 在 2006 年的一篇論文中提出的（*https://homl.info/37*）[2]。他們加入一個更聰明的初始化步驟，傾向於選擇彼此距離較遠的質心，這個改進使 *k*-means 演算法更不容易收斂到次優解。這篇論文指出，較聰明的初始化步驟需要執行額外的計算，但非常值得，因為它能夠大幅減少演算法找到最佳解的執行次數。*k*-means++ 初始化演算法的工作方式如下：

---

2   David Arthur and Sergei Vassilvitskii, "k-Means++: The Advantages of Careful Seeding", *Proceedings of the 18th Annual ACM-SIAM Symposium on Discrete Algorithms* (2007): 1027–1035.

1. 從資料組中均勻地隨機選擇一個質心 $\mathbf{c}^{(1)}$。

2. 選擇一個新質心 $\mathbf{c}^{(i)}$，根據機率 $D(\mathbf{x}^{(i)})^2 / \sum_{j=1}^{m} D(\mathbf{x}^{(j)})^2$ 選擇實例 $\mathbf{x}^{(i)}$，其中 $D(\mathbf{x}^{(i)})$ 是實例 $\mathbf{x}^{(i)}$ 與已選擇的最近質心之間的距離。這個機率分布可確保和已被選擇的質心相距較遠的實例更有機會被選為質心。

3. 重複上述步驟，直到選到全部的 k 個質心為止。

KMeans 類別預設使用這種初始方法。

加速 k-means 與小批次 k-means

k-means 演算法的另一項重大改善是由 Charles Elkan 於 2003 年發表的論文提出的（*https://homl.info/38*）[3]，在一些具有許多群聚的大型資料組，這個演算法可以藉著避免許多沒必要的距離計算來加快速度。Elkan 利用三角不等式（即直線必然是兩點的最短距離[4]）以及追蹤實例和質心之間的距離下限及上限來實現。然而，Elkan 演算法不一定能夠加快訓練速度，有時甚至會明顯減慢訓練速度，實際效果取決於資料組。儘管如此，如果你想試試看，可設定 algorithm="elkan"。

k-means 的另一種重要的變體是由 David Sculley 在 2010 年的論文中提出的（*https://homl.info/39*）[5]。該演算法不是在每次迭代中使用整個資料組，而是使用小批次，在每次迭代中，僅小幅移動質心。它通常能夠將演算法的速度提升三至四倍，而且能夠對無法放入記憶體的巨型資料組進行聚類。Scikit-Learn 在 MiniBatchKMeans 類別裡實現這種演算法，你可以像使用 KMeans 類別一樣使用它：

```
from sklearn.cluster import MiniBatchKMeans

minibatch_kmeans = MiniBatchKMeans(n_clusters=5, random_state=42)
minibatch_kmeans.fit(X)
```

如果資料組無法放入記憶體，最簡單的選擇是使用 memmap 類別，就像我們在第 8 章使用 incremental PCA 時的做法。你也可以一次將一個小批次傳給 partial_fit()，但是這種做法比較麻煩，因為你必須執行多次初始化步驟，並且自行選擇最佳解。

---

3 Charles Elkan, "Using the Triangle Inequality to Accelerate k-Means", *Proceedings of the 20th International Conference on Machine Learning* (2003): 147–153.

4 三角不等式是 AC ≤ AB + BC，其中 A、B 與 C 是三個點，AB、AC 與 BC 是這些點之間的距離。

5 David Sculley, "Web-Scale K-Means Clustering", *Proceedings of the 19th International Conference on World Wide Web* (2010): 1177–1178.

雖然小批次 *k*-means 演算法比一般的 *k*-means 演算法還要快很多,但它的 inertia 通常比較差一些。你可以從圖 9-6 看到這一點:左圖使用各種群聚數量 *k* 和之前的資料組來訓練小批次 *k*-means 和一般的 *k*-means 模型,並比較它們的 inertia。兩條曲線的差異很小,但肉眼可見。從右圖可以看到,對於這個資料組,小批次 *k*-means 比一般的 *k*-means 快大約 3.5 倍。

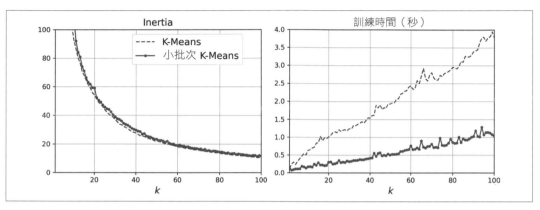

圖 9-6　小批次 k-means 的 inertia 比 k-means 的還要高(左圖),但它快很多(右圖),隨著 *k* 的增加更是如此

尋找最佳群聚數量

到目前為止,我們都將群聚數量 *k* 設為 5,因為我們可從資料清楚地看出這是正確的群聚數量。但一般來說,我們不容易知道如何設定 *k*,設錯值可能導致很糟的結果。從圖 9-7 可以看到,對這個資料組而言,將 *k* 設成 3 或 8 會導致很糟的模型。

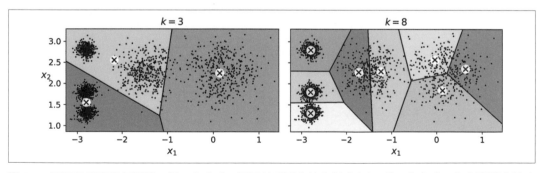

圖 9-7　不好的群聚數量選擇:當 *k* 太小時,不同的群聚會被合併(左),當 *k* 太大時,有些群聚會被分成多塊(右)

你可能在想，你可以直接選擇 inertia 最低的模型，很遺憾，事情沒這麼簡單。inertia 在 $k = 3$ 時是 653.2，它比 $k = 5$ 時大很多（211.6）。但是當 $k = 8$ 時，inertia 只有 119.1。在選擇 k 時，inertia 不是很好的效能指標，因為它會隨著 k 的增加而持續下降。事實上，群聚越多，各個實例和最近的質心之間的距離越近，因此 inertia 越低。我們來畫出 inertia 與 k 的關係。在關係圖中，曲線通常有個轉折點，稱為肘（*elbow*）（見圖 9-8）。

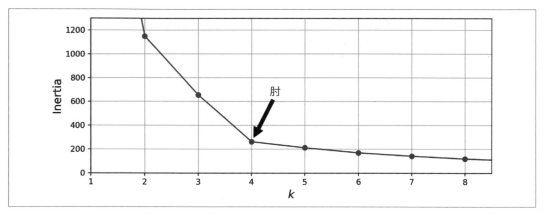

圖 9-8　畫出 inertia 與群聚數量 k 之間的關係

如你所見，inertia 隨著 k 增加到 4 而快速下降，但是繼續增加 k 時，它的下降速度減緩許多。這個曲線的形狀有點像手臂，在 $k = 4$ 的地方有個「肘」。所以，如果我們不知道更多情況，我們可能會認為 4 是很好的選擇：比它小的值都劇烈地改變，比它大的值則幫助不大，可能毫無理由地將完美的群聚一分為二。

這種選擇最佳群聚數量的技術相對來說比較粗糙。比較精確的方法（但也比較耗費計算資源）是使用**輪廓分數**（*silhouette score*），它是所有實例的輪廓係數的平均值。一個實例的輪廓係數等於 $(b - a) / \max(a, b)$，其中 a 是它與同群聚的其他實例之間的平均距離（也就是群聚內平均距離），b 是最近群聚平均距離（也就是與下一個最近的群聚的實例之間的平均距離，該群聚的定義為，除了實例自己的群聚外，可讓 b 的值最小的群聚）。輪廓係數可能介於 −1 和 +1 之間。輪廓係數接近 +1 代表該實例在自己的群聚中，而且離其他群聚很遠，輪廓係數接近零代表它接近群聚的邊界，輪廓係數接近 −1 代表實例可能被分到錯誤的群聚。

你可以將資料組的所有實例以及被指派給它們的標籤傳給 Scikit-Learn 的 `silhouette_score()` 函數來計算輪廓分數：

```
>>> from sklearn.metrics import silhouette_score
>>> silhouette_score(X, kmeans.labels_)
0.655517642572828
```

我們來計算不同群聚數量的輪廓分數（見圖 9-9）。

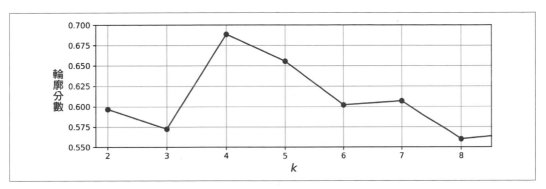

圖 9-9　使用輪廓分數來選擇群聚 k 的數量

如你所見，這張圖在視覺上比上一張圖豐富多了，雖然它確認 $k = 4$ 是很好的選擇，但它也突顯 $k = 5$ 也相當不錯，而且比 $k = 6$ 或 7 好很多，這件事無法藉著比較 inertia 來看出。

我們還可以畫出每一個實例的輪廓係數，並且按照它們被分配給哪個群聚和係數的值來排序它們，以得到資訊更豐富的圖表，這種圖表稱為**輪廓圖**（*silhouette diagram*）（見圖 9-10）。在每一張圖裡，每個群聚都有一個刀狀圖案。這個形狀的高度代表群聚中的實例數量，其寬度代表群聚中的實例的排序輪廓係數（越寬越好）。

垂直虛線代表每一個群聚數量的平均輪廓分數。如果群聚的大多數實例的係數都比這個分數低（也就是許多實例都止步於虛線左邊），代表那個群聚很差，因為這意味著它的實例離其他群聚很近。我們可以看到，當 $k = 3$ 與 $k = 6$ 時，得到的群聚都很不好。但是當 $k = 4$ 與 $k = 5$ 時，群聚看起來很棒：大部分的實例都超過虛線，到達它的右邊，並且接近 1.0。當 $k = 4$ 時，索引 1 的群聚（從上面算下來第三個）很大。當 $k = 5$ 時，所有群聚都比較小。所以，雖然 $k = 4$ 的整體輪廓分數略大於 $k = 5$，但使用 $k = 5$ 來取得較小的群聚應該是很好的選擇。

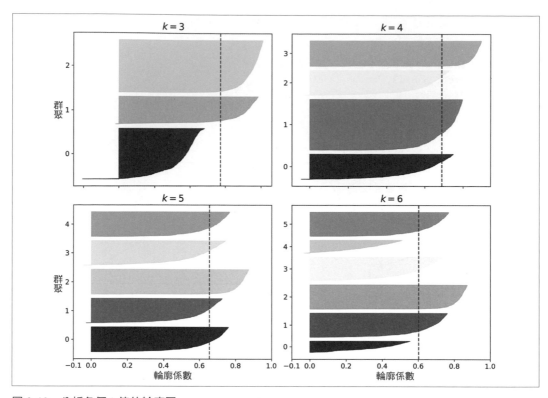

圖 9-10　分析各個 k 值的輪廓圖

k-means 的限制

儘管 k-means 有很多優點，尤其是快速和可擴展性，但它並不完美。如你所見，你必須執行演算法多次才能避免次佳解，你也要指定群聚數量，這可能相當麻煩。此外，當群聚的大小不一致、有不同的密度，或不是球形時，k-means 的表現並不理想。例如，圖 9-11 展示 k-means 如何對包含三個橢圓形群聚的資料組進行聚類，這些群聚有不同的大小、密度和方向。

你可以看到，這兩個解都不好。雖然左圖的解比較好，但它仍然將中間的群聚切掉 25%，將它們分到右邊的群聚。右邊的解慘不忍睹，雖然它的 inertia 較低。所以，根據資料來使用不同的聚類演算法可能會得到更好的結果。高斯混合模型很擅長處理這種橢圓群聚。

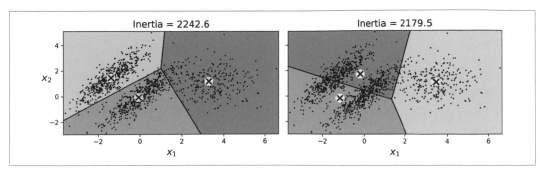

圖 9-11　k-means 無法正確地聚類這些橢圓群聚

在執行 *k*-means 之前，務必對輸入特徵進行尺度調整（見第 2 章），否則群聚可能會被極度拉伸，導致 *k*-means 的效果很差。調整特徵尺度不保證會將所有群聚變得很好並呈現球形，但通常可以協助 *k*-means。

接下來，我們來看看如何從聚類中獲益。我們將使用 *k*-means，但你也可以任意用其他群類演算法來做實驗。

用聚類法來做圖像分割

圖像分割（*image segmentation*）就是將一張圖像分成多個區域。它有許多變體：

- 在**色彩分割**（*color segmentation*）中，顏色相似的像素會被分到相同的區域。這在許多應用中已經夠用。例如，如果你想要分析衛星圖像以測量特定區域的總森林面積，使用色彩分割可能就夠了。

- 在**語義分割**（*semantic segmentation*）中，屬於同一個物件類型的所有像素都被分配到同一個區域。例如，在自動駕駛汽車的視覺系統中，屬於行人圖像的所有像素都被分配到「行人」區域（有一個包含所有行人的區域）。

- 在**實例分割**（*instance segmentation*）中，屬於同一個獨立物件的所有像素都被分到同一個區域。在這種情況下，每位行人將有一個不同的區域。

在語義分割或實例分割領域，最先進技術是用摺積神經網路的複雜架構（見第 14 章）來實現的。在本章，我們將專注於使用 *k*-means 來進行（簡單許多的）的色彩分割任務。

我們先匯入 Pillow 程式包（Python Imaging Library，PIL 的後繼者），然後使用它來載入 *ladybug.png* 圖像（圖 9-12 左上角的圖像），假設它位於 `filepath`：

```
>>> import PIL
>>> image = np.asarray(PIL.Image.open(filepath))
>>> image.shape
(533, 800, 3)
```

這張圖像是用一個 3D 陣列來表示的，它的第一維的大小是高，第二維是寬，第三維是顏色通道（channel）的數量，這個例子是紅、綠、藍（RGB）。換句話說，每一個像素都有一個 3D 向量，裡面有紅、綠、藍的強度，它們是介於 0 至 255 之間的 unsigned 8-bit 整數。有些圖像的通道比較少（例如灰階圖像只有一個通道），有些圖像的通道比較多（例如，具有額外的透明度通道，或者，衛星圖像通常包含額外的光頻率（如紅外線）通道）。

下面的程式改變陣列的外形，將它轉換成一長串的 RGB 顏色，再使用 k-means 來將這些顏色聚類為八個群聚。它建立 segmented_img 陣列，裡面有每個像素點的最近群聚中心（即每個像素的群聚的平均顏色），最後將陣列重塑為原始圖像的外形。第三行使用高階的 NumPy 索引操作，舉例，如果 kmeans_.labels_ 的前 10 個標籤等於 1，那麼 segmented_img 的前 10 個顏色等於 kmeans.cluster_centers_[1]：

```
X = image.reshape(-1, 3)
kmeans = KMeans(n_clusters=8, random_state=42).fit(X)
segmented_img = kmeans.cluster_centers_[kmeans.labels_]
segmented_img = segmented_img.reshape(image.shape)
```

這段程式輸出圖 9-12 的右上圖。你也可以嘗試各種群聚數量，就像這張圖的做法。當群聚數量少於 8 時，瓢蟲鮮艷的紅色就無法自成一個群聚了，牠被融入環境的顏色，這是因為 k-means 偏好大小相仿的群聚，瓢蟲很小，遠小於照片其餘的部分，所以雖然牠的顏色很鮮艷，但 k-means 不讓牠有自己的群聚。

圖 9-12　使用 k-means 和各種顏色群聚數量來進行圖像分割

這個工作並不難，對吧？我們來看聚類法的另一項應用。

使用聚類法來進行半監督學習

聚類的另一個應用場景是半監督學習，可在有大量未標記的實例，和極少量有標籤的實例時使用。在本節，我們將使用 digits 資料組，它是一個類似 MNIST 的簡單資料組，裡面有 1,797 個灰階 8 × 8 圖像，表示數字 0 到 9。我們先載入並拆分資料組（它已經被洗亂了）：

```
from sklearn.datasets import load_digits

X_digits, y_digits = load_digits(return_X_y=True)
X_train, y_train = X_digits[:1400], y_digits[:1400]
X_test, y_test = X_digits[1400:], y_digits[1400:]
```

假裝只有 50 個實例有標籤。為了得到基準效能，我們用這 50 個有標籤的實例來訓練一個邏輯回歸模型：

```
from sklearn.linear_model import LogisticRegression

n_labeled = 50
log_reg = LogisticRegression(max_iter=10_000)
log_reg.fit(X_train[:n_labeled], y_train[:n_labeled])
```

然後用測試組來測量這個模型的準確率（注意，測試組必須有標籤）：

```
>>> log_reg.score(X_test, y_test)
0.7481108312342569
```

模型的準確率只有 74.8%，這個結果並不好：事實上，如果使用完整的訓練組來訓練模型的話，你將看到它的準確率約為 90.7%。我們來看看如何做得更好。首先，我們將訓練組分成 50 個群聚。然後在每個群聚中尋找最接近其質心的圖像。我們將這些圖像稱為代表圖像：

```
k = 50
kmeans = KMeans(n_clusters=k, random_state=42)
X_digits_dist = kmeans.fit_transform(X_train)
representative_digit_idx = np.argmin(X_digits_dist, axis=0)
X_representative_digits = X_train[representative_digit_idx]
```

圖 9-13 是 50 張代表圖像。

圖 9-13　五十張數字代表圖像（每個群聚一個）

我們來觀察每張圖，並手動為它加上標籤：

```
y_representative_digits = np.array([1, 3, 6, 0, 7, 9, 2, ..., 5, 1, 9, 9, 3, 7])
```

現在資料組只有 50 個有標籤的實例，但是它們不是隨機實例，而是代表各自的群聚的圖像。我們來看看效果會不會更好：

```
>>> log_reg = LogisticRegression(max_iter=10_000)
>>> log_reg.fit(X_representative_digits, y_representative_digits)
>>> log_reg.score(X_test, y_test)
0.8488664987405542
```

哇！準確率從 74.8% 跳到 84.9%，即使我們依然只用 50 個實例來訓練模型。幫實例附加標籤通常既昂貴且繁瑣，有時還需要由專家手動完成，因此選擇代表實例來進行標記而不是隨機選擇實例是很棒的做法。

但也許我們可以更進一步：如果我們將標籤傳播給同群聚的所有其他實例呢？這種做法稱為標籤傳播（*label propagation*）：

```
y_train_propagated = np.empty(len(X_train), dtype=np.int64)
for i in range(k):
    y_train_propagated[kmeans.labels_ == i] = y_representative_digits[i]
```

我們再次訓練模型，看看它的效果：

```
>>> log_reg = LogisticRegression()
>>> log_reg.fit(X_train, y_train_propagated)
>>> log_reg.score(X_test, y_test)
0.8942065491183879
```

準確率再次顯著提升！我們來看看能不能藉著忽略距離群聚中心最遠的 1% 實例來獲得更好的結果，這應該可以消除一些離群值。下面的程式先計算每個實例和最近的群聚中心之間的距離，然後為每一個群聚將最大的 1% 的距離設為 −1，最後，建立一個不包含距離被標為 −1 的實例的集合：

```
percentile_closest = 99

X_cluster_dist = X_digits_dist[np.arange(len(X_train)), kmeans.labels_]
for i in range(k):
    in_cluster = (kmeans.labels_ == i)
    cluster_dist = X_cluster_dist[in_cluster]
    cutoff_distance = np.percentile(cluster_dist, percentile_closest)
    above_cutoff = (X_cluster_dist > cutoff_distance)
    X_cluster_dist[in_cluster & above_cutoff] = -1

partially_propagated = (X_cluster_dist != -1)
X_train_partially_propagated = X_train[partially_propagated]
y_train_partially_propagated = y_train_propagated[partially_propagated]
```

接下來,我們用這個資料組來訓練模型,看看準確率是多少:

```
>>> log_reg = LogisticRegression(max_iter=10_000)
>>> log_reg.fit(X_train_partially_propagated, y_train_partially_propagated)
>>> log_reg.score(X_test, y_test)
0.9093198992443325
```

效果很好!我們只用了 50 個帶標籤的實例(平均每個類別只有 5 個樣本!)就獲得 90.9%
的準確率,這實際上比使用全部有標籤的 digits 資料組得到的效能(90.7%)還要高一些。
這個成果部分要歸功於我們刪除了一些離群值,另一方面是因為傳播出去的標籤實際上非
常好,它們的準確率大約是 97.5%,如下面的程式碼所示:

```
>>> (y_train_partially_propagated == y_train[partially_propagated]).mean()
0.9755555555555555
```

> Scikit-Learn 還有兩種可以自動傳播標籤的類別:LabelSpreading 和
> LabelPropagation,它們位於 sklearn.semi_supervised 程式包內。這兩個
> 類別都會建構一個相似度矩陣,裡面有所有實例間的相似度,並迭代地傳
> 播標籤,從帶標籤的實例傳播給相似的無標籤實例。在同一個程式包裡還
> 有一個非常不同的類別,稱為 SelfTrainingClassifier,它接收一個基本
> 分類器(例如 RandomForestClassifier),並用帶標籤的實例來訓練它,然
> 後使用它來預測無標籤樣本的標籤。然後,它用自信度最高的標籤來更新
> 訓練組,並重複這個訓練和標記的程序,直到無法再新增標籤為止。這些
> 技術不是萬能的解決方案,但它們有時可以稍微加強模型。

為了繼續改善模型和訓練組，你可以再進行幾回合的**主動學習**（*active learning*），也就是讓專家與演算法互動，當演算法詢問特定的實例時，由專家提供它們的標籤。主動學習有許多種不同的策略，最常見的一種稱為**不確定性抽樣**（*uncertainty sampling*）。以下是它的做法：

1. 用收集到的帶標籤實例來訓練模型，再用模型來對所有無標籤實例進行預測。

2. 由專家為模型最不確定的實例（也就是估計機率最低的實例）加上標籤。

3. 反覆執行這個程序，直到附加標籤帶來的價值低於改善效能付出的成本為止。

其他的主動學習策略包括標記會使模型發生最大變化或將模型的驗證誤差下降最多的實例，或是讓不同的模型（例如 SVM 和隨機森林）有不同意見的實例。

在繼續討論高斯混合模型之前，我們先來看看 DBSCAN，這是另一種流行的聚類演算法，它採用全然不同的做法，該做法基於局部密度估計，可讓演算法認出具有任何外形的群聚。

DBSCAN

DBSCAN（*density-based spatial clustering of applications with noise*）演算法將群聚定義為高密度連續區域。下面是它的工作原理：

- 為每一個實例計算離它一小段距離 ε（epsilon）之內有多少個實例。這個區域稱為該實例的 ε 鄰域。

- 如果實例有 `min_samples` 個以上的實例在它的 ε 鄰域之內（包括它自己），就將它視為**核實例**（*core instance*）。換句話說，核實例就是位於密集區域的實例。

- 位於核實例鄰域內的所有實例都屬於同一個群聚。這個鄰域可能有其他核實例，因此一系列相鄰的核實例形成一個群聚。

- 如果實例不是核實例，而且在它的鄰域沒有核實例，將它視為異常實例。

如果所有的群聚都被低密度的區域分隔，這個演算法有很好的效果。Scikit-Learn 的 DBSCAN 類別很容易使用。我們用第 5 章介紹過的 moons 資料組來測試它：

```
from sklearn.cluster import DBSCAN
from sklearn.datasets import make_moons

X, y = make_moons(n_samples=1000, noise=0.05)
dbscan = DBSCAN(eps=0.05, min_samples=5)
dbscan.fit(X)
```

現在可以用 labels_ 實例變數來取得所有實例的標籤：

```
>>> dbscan.labels_
array([ 0,  2, -1, -1,  1,  0,  0,  0,  2,  5, [...], 3, 3, 4, 2, 6, 3])
```

注意，有些實例的群聚標籤是 −1，代表它們被演算法視為異常實例。你可以從 core_sample_indices_ 實例變數取得核實例的索引，從 components_ 實例變數取得核實例本身：

```
>>> dbscan.core_sample_indices_
array([  0,    4,    5,    6,    7,    8,   10,   11, [...], 993, 995, 997, 998, 999])
>>> dbscan.components_
array([[-0.02137124,  0.40618608],
       [-0.84192557,  0.53058695],
       [...],
       [ 0.79419406,  0.60777171]])
```

圖 9-14 的左圖展示這個聚類演算法。如你所見，它標出許多異常實例，以及七個不同的群聚，這個結果真不理想！幸好，將 eps 提升至 0.2 來擴大各個實例的鄰域之後，我們得到右圖的聚類，看起來很完美。我們繼續討論這個模型。

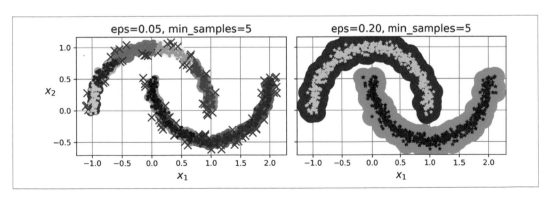

圖 9-14　使用兩個不同的鄰域半徑的 DBSCAN 聚類法

令人驚訝的是，DBSCAN 類別沒有 predict() 方法，但它有 fit_predict() 方法。換句話說，它無法預測新實例屬於哪個群聚。之所以這樣設計是因為不同的分類演算法可能更適合不同的任務，因此作者決定由使用者自行選擇演算法。此外，這個功能並不難寫。例如，我們來訓練一個 KNeighborsClassifier：

```python
from sklearn.neighbors import KNeighborsClassifier

knn = KNeighborsClassifier(n_neighbors=50)
knn.fit(dbscan.components_, dbscan.labels_[dbscan.core_sample_indices_])
```

現在，給定幾個新實例，我們可以預測它們最有可能屬於哪個群聚，甚至估計各個群聚的機率：

```python
>>> X_new = np.array([[-0.5, 0], [0, 0.5], [1, -0.1], [2, 1]])
>>> knn.predict(X_new)
array([1, 0, 1, 0])
>>> knn.predict_proba(X_new)
array([[0.18, 0.82],
       [1.  , 0.  ],
       [0.12, 0.88],
       [1.  , 0.  ]])
```

注意，我們只用核實例來訓練分類器，但是你也可以使用所有實例來訓練它，或用異常實例之外的所有實例來訓練它，具體的選擇取決於最終的任務。

圖 9-15 展示決策邊界（十字代表 X_new 中的四個實例）。注意，由於訓練組裡面沒有異常實例，所以分類器必定會選擇一個群聚，即使那個群聚很遠。加入最大距離很簡單，加入後，遠離兩個群聚的兩個實例會被分類為異常實例。為此，你可以使用 KNeighborsClassifier 的 kneighbors() 方法，傳一組實例給它之後，它會回傳訓練組內的 k 最近鄰的距離與索引（兩個矩陣，每一個矩陣都有 k 行）：

```python
>>> y_dist, y_pred_idx = knn.kneighbors(X_new, n_neighbors=1)
>>> y_pred = dbscan.labels_[dbscan.core_sample_indices_][y_pred_idx]
>>> y_pred[y_dist > 0.2] = -1
>>> y_pred.ravel()
array([-1,  0,  1, -1])
```

總之，DBSCAN 是非常簡單且強大的演算法，能夠找出任何形狀與任何數量的群聚。它抵抗離群值的能力很強，而且只有兩個超參數（eps 與 min_samples）。然而，如果群聚之間的密度有明顯的差異，或者有些群聚周圍沒有密度夠低的區域，DBSCAN 可能無法正確地辨識所有的群聚。此外，它的計算複雜度大約是 $O(m^2n)$，所以當它處理大型的資料組時，擴展性較差。

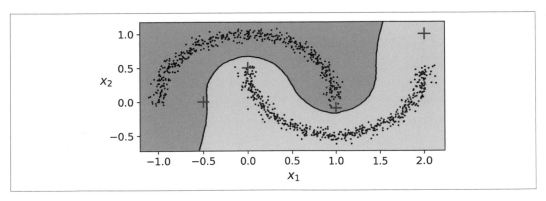

圖 9-15　兩個群聚間的決策邊界

你也可以嘗試 *hierarchical DBSCAN*（HDBSCAN），它的實作被放在 scikit-learn-contrib 專案內（*https://github.com/scikit-learn-contrib/hdbscan*），因為它通常比 DBSCAN 更擅長發現不同密度的群聚。

其他的聚類演算法

Scikit-Learn 還實作了一些其他的聚類演算法，你也應該認識它們，我無法在此逐一詳述，以下是它們的簡介：

agglomerative 聚類法

這是一種由下往上建構的群聚階層。想像在水面上有許多小泡沫慢慢地互相接觸，最後形成一個大泡沫群。同理，在每次迭代時，agglomerative 聚類法會將彼此最近的一對群聚連接起來（從個別實例開始）。如果你畫出一棵樹，裡面的分枝是每一對合併的群聚，你會得到一棵群聚的二元樹，它的葉節點是個別的實例。這種方法可以抓到各種形狀的群聚；它也可以產生靈活且資訊豐富的群聚樹，而不強迫你選擇特定的群聚尺度，而且可以搭配任何成對的距離一起使用。如果你提供連接矩陣（一個稀疏的 $m \times m$ 矩陣，指出哪幾對實例是鄰居，例如用 `sklearn.neighbors.kneighbors_graph()` 取得），它可以處理大量的實例。沒有連接矩陣的話，這種演算法無法妥善地處理大型的資料組。

BIRCH

BIRCH（the balanced iterative reducing and clustering using hierarchies）演算法是專為極大型的資料組設計的，如果特徵的數量不太多（<20），它可能比批次 k-means 更快，並產生相似的結果。在訓練過程中，BIRCH 演算法會建構一個樹狀結構，該結構只包含足以將每一個新實例快速地分配給一個群聚的資訊，不需要在樹中儲存所有實例，這種方法讓它在處理巨大的資料組時，只需要使用有限的記憶體。

mean-shift

這個演算法先在各個實例上放一個圓，圓心在該實例的位置，然後計算圓內的所有實例的平均值，再將圓心移到平均值上。接著反覆進行這個平均值移動步驟，直到所有圓都停止移動為止（也就是直到它們的圓心都在它們涵蓋的實例的均值上為止）。mean-shift 會朝著密度較高的方向移動圓，直到它們都找到最大局部密度為止。最後，將圓停留在相同位置（或足夠接近）的實例都分配給同一個群聚。mean-shift 有些特性與 DBSCAN 一樣，例如它可以找到任何形狀和任何數量的群聚、它的超參數很少（只有一個，也就是圓的半徑，稱為 bandwidth），以及它依賴局部密度估計。但與 DBSCAN 不同的是，當群聚內部的密度不一樣，mean-shift 往往會將群聚分成多個部分。可惜的是，它的計算複雜度是 $O(m^2n)$，所以不適合大型資料組。

affinity propagation

在這種演算法裡，實例之間會反覆交換訊息，直到每個實例都選擇了另一個實例（或它自己）作為它的代表為止。被選為代表的實例稱為典範（exemplar）。每個典範和選出它的所有實例構成一個群聚。在現實的政治中，你通常想把選票投給價值觀和你相似的候選人，但你也希望他們當選，所以你可能會選一位你不完全滿意、但更有人氣的候選人。你通常透過民調來評估候選人的人氣。affinity propagation 以類似的方式工作，它傾向於選擇位於群聚中心附近的典範，類似於 k-means。但與 k-means 不同的是，你不需要預先選擇群聚的數量：它是在訓練過程中確定的。此外，affinity propagation 更善於處理大小不一的群聚。不幸的是，這種演算法的計算複雜度是 $O(m^2)$，因此不適合大型資料組。

spectral clustering

這個演算法會使用實例之間的相似度矩陣來建立一個低維 embedding（也就是降低矩陣的維數），然後在這個低維空間中使用另一個聚類演算法（Scikit-Learn 的實作使用 k-means）。spectral clustering 能夠找到複雜的群聚結構，也可以用來切圖（cut graph，例如，在社群網路中找出朋友群聚）。它不善於處理大量的實例，也不擅長處理大小相異很大的群聚。

接下來，我們要深入探討高斯混合模型，它可以用於密度估計、聚類和異常檢測。

高斯混合模型

高斯混合模型（*Gaussian Mixture Model*，GMM）是一種機率模型，它假設實例是從多個高斯分布的混合體中產生的，這些高斯分布的參數是未知的。由單一高斯分布產生的所有實例形成一個群聚，通常成橢球狀。每個群聚可能有不同的橢球形狀、大小、密度和方向，如圖 9-11 所示。觀察一個實例時，你知道它是從這些高斯分布之一產生的，但不知道是哪個分布，也不知道這些分布的參數是什麼。

GMM 有幾種變體，最簡單的變體被實作為 GaussianMixture 類別，在使用它時，你必須先知道高斯分布的數量 k。我們假設資料組 X 是透過下面的機率程序產生的：

- 為每一個實例從 k 個群聚中隨機選擇一個群聚。選擇第 j 個群聚的機率是該群聚的權重 $\phi^{(j)}$[6]。我們以 $z^{(i)}$ 來表示為第 i 個實例選擇的群聚的索引。

- 如果第 i 個實例被分配給第 j 個群聚（即 $z^{(i)} = j$），那就從均值為 $\mu^{(j)}$、變異數矩陣為 $\Sigma^{(j)}$ 的高斯分布中隨機抽樣該實例的位置 $x^{(i)}$。這個動作寫成 $x^{(i)} \sim \mathcal{N}(\mu^{(j)}, \Sigma^{(j)})$。

那麼，該如何使用這個模型？給定資料組 X，你通常要先估計權重 ϕ 與所有分布參數 $\mu^{(1)}$ 至 $\mu^{(k)}$ 與 $\Sigma^{(1)}$ 至 $\Sigma^{(k)}$。Scikit-Learn 的 GaussianMixture 類別可以幫助你非常輕鬆地完成這件事：

```
from sklearn.mixture import GaussianMixture

gm = GaussianMixture(n_components=3, n_init=10)
gm.fit(X)
```

我們來看一下這個演算法所估計的參數：

```
>>> gm.weights_
array([0.39025715, 0.40007391, 0.20966893])
>>> gm.means_
array([[ 0.05131611,  0.07521837],
       [-1.40763156,  1.42708225],
       [ 3.39893794,  1.05928897]])
>>> gm.covariances_
array([[[ 0.68799922,  0.79606357],
        [ 0.79606357,  1.21236106]],

       [[ 0.63479409,  0.72970799],
```

---

6 Phi（ϕ 或 φ）是希臘字母的第 21 個字母。

```
      [ 0.72970799,  1.1610351 ]],

    [[ 1.14833585, -0.03256179],
     [-0.03256179,  0.95490931]]])
```

它的表現很好！實際上，其中兩個群聚分別生成了 500 個實例，而第三個群聚只包含 250 個實例。所以，真正的群聚權重分別是 0.4、0.4 和 0.2，演算法找到的結果大致相仿。真正的平均值和變異數指標也很接近演算法找到的結果。但它是怎麼做到的？這個類別使用 *expectation-maximization*（EM）演算法，它與 *k*-means 演算法有很多相似處：它也會隨機設定群聚參數的初始值，然後重複執行兩個步驟直到收斂為止，它會先將實例分配給群聚（稱為**期望步驟**（*expectation step*）），再更新群聚（稱為**最大化步驟**（*maximization step*））。有沒有覺得很熟悉？在分群的背景下，你可以將 EM 當成 *k*-means 的廣義版本，它不但可以找出群聚中心（$\mu^{(1)}$ 至 $\mu^{(k)}$），也可以找出它們的大小、形狀與方向（$\Sigma^{(1)}$ 至 $\Sigma^{(k)}$），以及它們的相對權重（$\phi^{(1)}$ 至 $\phi^{(k)}$）。但與 *k*-means 不同的是，EM 使用軟群聚分配，不是硬分配。演算法會在期望步驟為各個實例估計它屬於各個群聚的機率（根據當下的群聚參數）。然後，在最大化步驟中，使用資料組的**所有**實例來更新每一個群聚，根據每一個實例屬於該群聚的機率來對它們進行加權。這些機率稱為群聚對實例的 *responsibility*（責任）。在最大化步驟中，各個群聚裡 responsibility 最高的實例對該群聚的更新有最大的影響力。

 不幸的是，就像 *k*-means 一樣，EM 可能會收斂到較差的解，因此需要執行多次，只保留最佳解。這就是為什麼我們將 n_init 設為 10。請注意，在預設情況下，n_init 被設為 1。

你可以檢查演算法是否收斂，以及它執行幾次迭代：

```
>>> gm.converged_
True
>>> gm.n_iter_
4
```

估計各個群聚的位置、大小、形狀、方向，以及相對權重之後，模型就可以將各個實例分配給最有可能的群聚（硬聚類），或估計它屬於特定群聚的機率（軟聚類）。你只要用 predict() 方法來做硬聚類，用 predict_proba() 方法來做軟聚類即可：

```
>>> gm.predict(X)
array([0, 0, 1, ..., 2, 2, 2])
>>> gm.predict_proba(X).round(3)
array([[0.977, 0.   , 0.023],
       [0.983, 0.001, 0.016],
       [0.   , 1.   , 0.   ],
       ...,
       [0.   , 0.   , 1.   ],
       [0.   , 0.   , 1.   ],
       [0.   , 0.   , 1.   ]])
```

高斯混合模型是生成模型（*generative model*），意思是，你可以用它來生成新實例（注意，它們是按照群聚索引來排序的）：

```
>>> X_new, y_new = gm.sample(6)
>>> X_new
array([[-0.86944074, -0.32767626],
       [ 0.29836051,  0.28297011],
       [-2.8014927 , -0.09047309],
       [ 3.98203732,  1.49951491],
       [ 3.81677148,  0.53095244],
       [ 2.84104923, -0.73858639]])
>>> y_new
array([0, 0, 1, 2, 2, 2])
```

你也可以使用 score_samples() 方法來估計模型在任何位置的密度，這個方法可以估計它收到的實例的位置的機率密度函數（PDF）的對數，這個分數越高，密度就越高：

```
>>> gm.score_samples(X).round(2)
array([-2.61, -3.57, -3.33, ..., -3.51, -4.4 , -3.81])
```

計算這些分數的指數可以得到實例所在位置的 PDF 值，它們不是機率，而是機率密度：它們可能是任何正值，而非只是介於 0 與 1 之間的值。若要估計一個實例落在特定區域的機率，你要對該區域上的機率密度函數進行積分（如果你在實例的可能位置的整個空間上進行積分，結果將為 1）。

圖 9-16 展示群聚均值、決策邊界（虛線）與這個模型的密度輪廓。

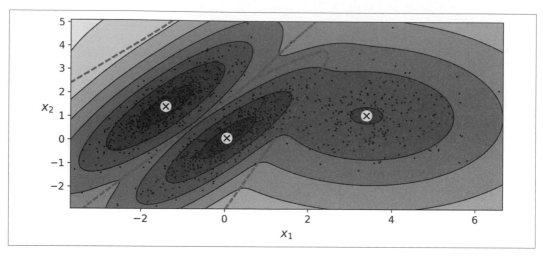

圖 9-16　訓練後的高斯混合模型的群聚均值、決策邊界與密度輪廓

太好了！顯然這個演算法找到一個很好的解。我們使用一組 2D 高斯分布來產生資料，來讓演算法的任務更簡單，但現實的資料並不一定都是如此高斯且低維。我們也提供正確的群聚數量給演算法。當維度很多、群聚很多或實例很少時，EM 可能難以收斂至最佳解。你可能要限制演算法需要學習的參數數量來降低任務的難度。有一種做法是限制群聚的形狀和方向的範圍，這可以藉著限制共變異數矩陣來實現，為此，你可以將 covariance_type 超參數設成以下的值之一：

"spherical"

　　所有群聚都必須是球形的，但它們的直徑可以是任意值（也就是不同的變異數）。

"diag"

　　群聚可以是任何大小的橢圓，但是橢圓的軸必須與座標軸平行（也就是共變異數矩陣必須是對角矩陣）。

"tied"

　　所有群聚必須是同一種橢圓形狀、大小與方向（也就是所有群聚的共變異數矩陣都一樣）。

在預設情況下，covariance_type 等於 "full"，這代表各個群聚都可以是任何形狀、大小與方向（它有它自己的無限制共變異數矩陣）。圖 9-17 展示 EM 演算法在 covariance_type 設為 "tied" 或 "spherical" 時找到的解。

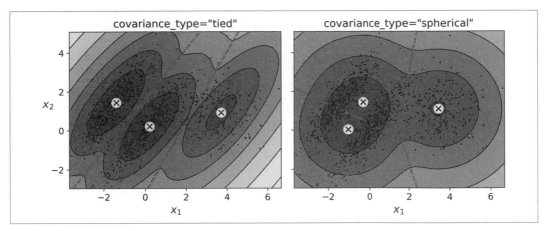

圖 9-17　tied 群聚（左）與 spherical 群聚（右）的高斯混合

> 訓練 GaussianMixture 模型的計算複雜度與實例數量 m、維數 n、群聚數量 k 及共變異數矩陣的限制有關。如果 covariance_type 是 "spherical" 或 "diag"，計算複雜度是 $O(kmn)$，假設資料有群聚結構。如果 covariance_type 是 "tied" 或 "full"，它是 $O(kmn^2 + kn^3)$，所以難以處理大量的特徵。

高斯混合模型也可以進行異常檢測。下一節會告訴你怎麼做。

使用高斯混合來進行異常檢測

使用高斯混合模型來進行異常檢測很簡單：在低密度區域的任何實例都可以視為異常。你必須定義你想使用的密度閾值。例如，打算檢測缺陷產品的製造公司通常已經知道缺陷產品的比例了。假設它等於 2%。然後，你可以設定密度閾值，使得位於密度低於該閾值的區域內的實例有 2%。如果出現太多的偽陽性（也就是被標記為有缺陷的正常產品），你可以降低閾值。相反，如果有太多的偽陰性（未被標記為有缺陷的有缺陷產品），你可以增加閾值。這是常見的 precision/recall 取捨（見第 3 章）。以下是將第四個百分位數的最低密度當成閾值（即大約有 4% 的實例被標記為異常）來辨識離群值的寫法：

```
densities = gm.score_samples(X)
density_threshold = np.percentile(densities, 2)
anomalies = X[densities < density_threshold]
```

圖 9-18 以星號來表示這些異常實例。

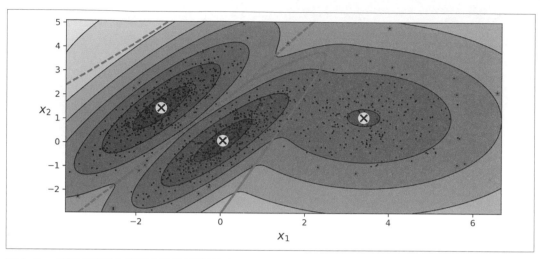

圖 9-18　使用高斯混合模型來進行異常檢測

新穎檢測（*novelty detection*）是與異常檢測有密切關係的任務，它與異常檢測的差異在於，它假設演算法是用一個未受離群值污染的「乾淨」資料組來訓練的，而異常檢測不做這個假設。實際上，離群值檢測通常被用來清理資料組。

 高斯混合模型試圖擬合所有資料，包括離群值，太多離群值會讓模型對於「正常性」的看法有所偏差，可能誤以為一些離群值是正常值。如果發生這種情況，你可以試著擬合模型一次，用它來偵測和移除最極端的離群值，然後用清理過的資料組來再次擬合模型。另一種做法是使用穩健共變異數估計方法（見 EllipticEnvelope 類別）。

如同 *k*-means，GaussianMixture 演算法也需要由你指定群聚數量。那麼，你該如何找到那個數字？

選擇群聚數量

在使用 *k*-means 時，你可以使用 inertia 或輪廓分數來選擇適當的群聚數量。但是在使用高斯混合時，你無法使用這些指標，因為當群聚不是球形，或有不同的大小時，它們都不可靠。你可以試著找出將理論資訊準則最小化的模型，例如**貝氏資訊準則**（*Bayesian information criterion*，BIC）或**赤池資訊準則**（*Akaike information criterion*，AIC），見公式9-1 的定義。

$$BIC = \quad \log{(m)}p - 2\log{\left(\widehat{\mathscr{L}}\right)}$$
$$AIC = \quad 2p - 2\log{\left(\widehat{\mathscr{L}}\right)}$$

在這些公式中：

- m 是實例數量。

- p 是讓模型學習的參數數量。

- $\widehat{\mathscr{L}}$ 是模型的概似函數（likelihood function）的最大值。

BIC 與 AIC 會懲罰需要學習較多參數的模型（例如更多群聚），並獎賞可擬合資料的模型。通常它們最終會選擇同一種模型，如果它們選擇不同的模型，BIC 選擇的模型往往比 AIC 選擇的簡單（較少參數），但擬合資料的程度通常比較差（在處理大型資料組時更是如此）。

概似函數

在日常英語中，「probability」與「likelihood」這兩個單字經常被交換使用，但是在統計學裡，它們有非常不同的含義。在具有某些參數 $\boldsymbol{\theta}$ 的統計模型中，「probability」是指未來出現結果 $\mathbf{x}$ 的可能性（plausible）（已經知道參數值 $\boldsymbol{\theta}$），而「likelihood」是指已知結果 $\mathbf{x}$ 時，參數是一組特定的參數值 $\boldsymbol{\theta}$ 的可能性。

考慮一個 1D 的混合模型，它包含兩個高斯分布，分布的中心分別位於 –4 和 +1。為了簡化問題，這個玩具模型只有一個參數 θ，控制兩個分布的標準差。圖 9-19 左上角的等高線圖顯示整個模型 $f(x;\theta)$ 的 x 和 θ 兩個變數的函數關係。為了估計未來結果 x 的機率分布，你必須設定模型參數 θ。例如，將 θ 設為 1.3（垂直線）可以得到左下圖的機率密度函數 $f(x;\theta{=}1.3)$。如果你想要估計 x 介於 –2 與 +2 之間的機率，你必須計算這個範圍內的 PDF 積分（也就是陰影區域的面積）。但是如果你不知道 θ，而是觀察到一個實例 $x{=}2.5$ 呢（左上圖的垂直線）？此時，你會得到概似（likelihood）函數 $\mathscr{L}(\theta|x{=}2.5){=}f(x{=}2.5;\theta)$，如右上圖所示。

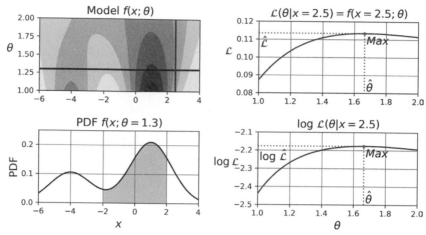

圖 9-19　模型的參數函式（左上角），以及一些衍生函數：PDF（左下角）、概似函數（右上角），及對數概似函數（右下角）

簡而言之，PDF 是 x 的函數（θ 固定），而概似函數是 θ 的函數（x 固定）。務必瞭解，概似函數不是一種機率分布，如果你計算所有可能的 x 值之上的機率分布的積分，得到的結果一定是 1，但如果你計算所有可能的 θ 值之上的概似函數的積分，結果可能是任何正值。

給定資料組 **X**，有一種常見的任務是試著估計模型參數最可能（likely）的值。為此，你必須用 **X** 來找出將概似函數最大化的值，在這個範例中，如果你觀察到一個實例 $x=2.5$，則 θ 的最大概似估計（*maximum likelihood estimate*，MLE）是 $\hat{\theta}=1.65$。如果存在一個先驗機率分布 $g(\theta)$，你可以藉著將 $\mathscr{L}(\theta|x)g(\theta)$ 最大化來考慮它，而不僅僅是最大化 $\mathscr{L}(\theta|x)$。這種做法稱為**最大後驗估計**（*maximum a-posteriori*，MAP）。因為 MAP 對參數值進行約束，你可以將它視為正則化版本的 MLE。

留意，將概似函數最大化相當於將它的對數最大化（見圖 9-19 的右下圖）。事實上，對數是嚴格遞增函數，因此如果 θ 將對數概似函數最大化，它也會將概似函數最大化。一般情況下，將對數概似函數最大化比較容易。例如，如果你觀察到多個獨立實例 $x^{(1)}$ 至 $x^{(m)}$，你必須找出可將個別概似函數之積最大化的 θ 值。但是將對數概似函數之和（而不是積）最大化的效果一樣，而且簡單很多，因為對數可以將乘積轉換成求和：$\log(ab)=\log(a)+\log(b)$。

> 一旦你估計出 $\hat{\theta}$，也就是可將概似函數最大化的 θ 值之後，你就可以計算
> $\hat{\mathscr{L}} = \mathscr{L}(\hat{\theta}, \mathbf{X})$ 了，它就是用來計算 AIC 與 BIC 的值；你可以將其視為模型是否充
> 分擬合資料的指標。

計算 BIC 與 AIC 的做法是呼叫 bic() 與 aic() 方法：

```
>>> gm.bic(X)
8189.747000497186
>>> gm.aic(X)
8102.521720382148
```

圖 9-20 是各種群聚數量 k 的 BIC。如你所見，BIC 與 AIC 都在 $k = 3$ 時最低，所以它最有
可能是最佳選擇。

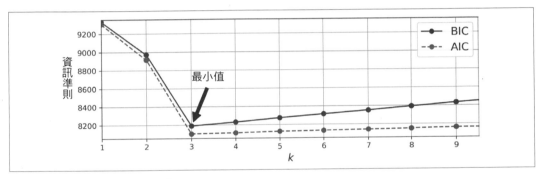

圖 9-20　各種群聚數量的 AIC 與 BIC

貝氏高斯混合模型

我們不必手動搜尋最佳群聚數量，只要使用 BayesianGaussianMixture 類別即可，它可以
將沒必要的群聚的權重設為零（或接近零）。將群聚數量 n_components 設成你所認為的大
於最佳群聚數量的值之後（假設你對問題有一些基本的瞭解），演算法將會自動消除沒必
要的群聚。我們將群聚數量設為 10，看看會怎樣：

```
>>> from sklearn.mixture import BayesianGaussianMixture
>>> bgm = BayesianGaussianMixture(n_components=10, n_init=10, random_state=42)
>>> bgm.fit(X)
>>> bgm.weights_.round(2)
array([0.4 , 0.21, 0.4 , 0.  , 0.  , 0.  , 0.  , 0.  , 0.  , 0.  ])
```

完美！這個演算法自動檢測到只有三個群聚是必要的，最終的群聚幾乎與圖 9-16 的一模一樣。

關於高斯混合模型的最後一個重點在於，儘管它們擅長處理橢圓形的群聚，但非常不擅長處理具有非常不同形狀的群聚。例如，我們來看看使用貝氏高斯混合模型來對 moons 資料組進行聚類會怎樣（見圖 9-21）。

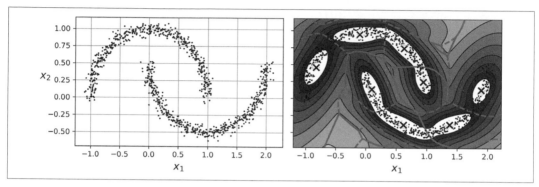

圖 9-21　將高斯混合擬合至非橢圓形群聚

好慘！演算法急切地尋找橢圓形，因此它找到了八個不同的群聚，而不是兩個。密度估計不算太差，所以這個模型或許可以用來進行異常檢測，但它無法辨識出兩個月亮形狀。最後，作為本章的總結，我們來簡單地看看幾個能夠處理任意形狀群聚的演算法。

其他的異常檢測與新穎檢測演算法

Scikit-Learn 也實作了其他專門用於異常檢測和新穎檢測的演算法：

Fast-MCD（*minimum covariance determinant*）

這種演算法被實作為 `EllipticEnvelope` 類別，很適合用來檢測離群值，尤其是在清理資料組時。它假設一般實例（內群值）都是由一個高斯分布（不是混合的）產生的。它也假設資料組包含離群值，那些離群值不是由這個高斯分布產生的。當演算法估計高斯分布（也就是圍繞著內群值的橢圓包絡線形狀）的參數時，它會小心地忽略最有可能是離群值的實例。這種技術可以較準確地估計橢圓包絡線，使得演算法更善於辨識離群值。

Isolation Forest（孤立森林）

這是一種擅長檢測離群值的演算法，尤其高維資料組裡面的離群值。這種演算法會建立一個隨機森林，在裡面的各棵決策樹都是隨機種植的：它會在每一個節點隨機選擇特徵，然後隨機選擇閾值（介於最小與最大值之間）來將資料組一拆為二。它以這種方式逐漸將資料組分成多個部分，直到所有實例都與其他實例隔離開來。異常實例通常遠離其他實例，所以平均而言（遍及所有決策樹），隔離它們所需的步驟比隔離一般實例所需的步驟還要少。

Local Outlier Factor（LOF）

這種演算法很適用於離群值檢測。它會比較給定實例周圍的實例密度與它的鄰點周圍的密度。離群值通常比它的 k 最近鄰點更加孤立。

One-class SVM

這種演算法比較適用於新穎檢測。之前談過，kernelized SVM 分類器將兩個類別拆開的方法是先（隱性地）將所有實例對映到高維空間，然後在高維空間中，使用線性 SVM 分類器來將兩個類別分開（見第 5 章）。由於實例只有一個類別，one-class SVM 演算法會試圖在高維空間中將實例與原點分開。在原始空間中，這相當於找到一個包含所有實例的小區域。如果新實例不在這個區域內，它就是異常值。我們需要調整一些超參數，包括 kernelized SVM 的常規超參數，以及一個邊界（margin）超參數，即新實例被誤認為新穎，實際上是正常實例的機率。這種演算法的效果很好，尤其是在處理高維資料組時，但如同所有 SVM，它的效果無法擴及大型資料組。

PCA 與使用 inverse_transform() 方法的其他降維技術

比較一個正常實例的重建誤差和一個異常實例的重建誤差時，你可以發現後者通常大很多。這是一種簡單且往往相當有效的異常檢測方法（範例請參考本章的習題）。

習題

1. 聚類的定義是什麼？指出幾種聚類演算法。

2. 聚類演算法的主要應用有哪些？

3. 指出在使用 k-means 時，選擇正確群聚數量的兩種技術。

4. 什麼是標籤傳播？為什麼要實現它？怎麼做？

5. 指出兩種可以處理巨型資料組的聚類演算法，以及兩種尋找高密度區域的演算法。

6. 你可以想出適合使用主動學習的用例有哪些嗎？如何實作它？

7. 異常檢測與新穎檢測有什麼不同？

8. 什麼是高斯混合？你可以用它來處理什麼工作？

9. 請指出在使用高斯混合模型時，用來找出正確群聚數量的兩種技術。

10. 經典的 Olivetti 人臉資料組有 400 張 64 × 64 像素的灰階人臉照片。每張照片都被壓成大小為 4,096 的 1D 向量。這個資料組有 40 位不同人的照片（每人 10 張），使用這個資料組的任務，通常是訓練模型來預測每張照片裡的人是誰。使用 `sklearn.datasets.fetch_olivetti_faces()` 函式來載入這個資料組，然後將它拆成一個訓練組、一個驗證組，和一個測試組（注意，這個資料組的尺度已被縮放在 0 與 1 之間了）。因為這個資料組很小，你可能要使用分層抽樣來確保在每一組裡面，每個人的照片數量都一樣。接下來使用 k-means 來將照片聚類，並確保你有良好的群聚數量（使用本章談過的技術）。將群聚視覺化，你可以在每一個群聚裡看到相似的人臉嗎？

11. 繼續使用 Olivetti 人臉資料組來訓練一個分類器來預測照片裡面的人是誰，並且用驗證組來評估它。然後使用 k-means 來降維，用降維後的資料組來訓練分類器。找出能夠讓分類器達到最佳效能的群聚數量，你可以達到怎樣的效能？將降維後的特徵附加至原始特徵（同樣地，找出最佳群聚數量）會發生什麼情況？

12. 使用 Olivetti 人臉資料組來訓練高斯混合模型。為了提升演算法的速度，你可能要降低資料組的維數（例如使用 PCA，保留 99% 的變異數）。使用模型來產生一些新臉（使用 `sample()` 方法），並將它們視覺化（如果你使用 PCA，你就要使用它的 `inverse_transform()` 方法）。試著修改一些照片（例如旋轉、翻轉、調暗），觀察模型能不能檢測到異常（也就是比較 `score_samples()` 方法處理一般照片與異常照片的輸出）。

13. 有一些降維技術也可以用來進行異常檢測，例如，使用 PCA 來將 Olivetti 人臉資料組降維，保留 99% 的變異數。然後計算每張照片的重建誤差。接下來，選幾張在前一個習題中修改的照片，看一下它們的重建誤差，注意重建誤差有多大。畫出重建的照片可以發現原因：它試著重建一般的人臉。

這些習題的答案在本章的 notebook（*https://homl.info/colab3*）的結尾。

## 第二部分

神經網路與深度學習

## 第十章

人工神經網路簡介，使用 Keras

鳥類啟發我們飛翔，牛蒡啟發魔鬼氈，大自然啟發了無數的發明。因此，從大腦的結構中尋找智慧機器的靈感應該錯不了。這就是激發人工神經網路（*artificial neural networks*，ANN）的邏輯，ANN 是一種機器學習模型，其靈感來自大腦內的生物神經元網路。然而，雖然飛機受鳥類啟發，它們卻不需要拍動翅膀即可飛行。ANN 與生物學的近親也逐漸有所不同。有些研究者甚至認為，我們應該完全放棄生物類比（例如，使用「單元（unit）」，而不是「神經元」），以免生物系統限制了我們的創造力[1]。

ANN 是深度學習的核心。它們用途廣泛、強大，而且富擴展性，非常適合處理大型且非常複雜的機器學習任務，例如，為數十億張圖像進行分類（例如 Google Images）、支援語音辨識服務（例如 Apple 的 Siri）、每天為數以億計的用戶推薦最佳影片（例如 YouTube），或是學習打敗世界圍棋冠軍（DeepMind 的 AlphaGo）。

本章的第一部分將介紹人工神經網路，首先簡單地介紹最早期的 ANN 結構，再介紹當今被大量使用的多層感知器（後續的章節將介紹其他的架構）。在第二部分，我們將瞭解如何使用 TensorFlow 的 Keras API 來實作神經網路。它是設計優美且簡單的高階 API，可用來建立、訓練、評估和執行神經網路。不要被它簡單的外表騙了，它的表達性和靈活性足以用來建立各式各樣的神經網路架構。事實上，它應該足以勝任絕大多數的用例。如果你需要更高的靈活性，你可以使用 Keras 的低階 API 來編寫自訂組件，甚至直接使用 TensorFlow，這部分將在第 12 章介紹。

不過，首先，我們先回到過去，看看人工神經網路的起源！

---

1   你可以兩全其美，既從生物汲取靈感，也勇敢地創造不同於生物的模型，只要那些模型能夠發揮作用即可。

從生物神經元到人工神經元

出人意外的是，ANN 在很久以前就出現了：神經生理學家 Warren McCulloch 和數學家 Walter Pitts 早在 1943 年就提出這種結構，他們在里程碑論文（*https://homl.info/43*）[2]「A Logical Calculus of Ideas Immanent in Nervous Activity」中提出一個簡化的計算模型，描述了生物神經元在動物的大腦中如何一起工作，使用**命題邏輯**（*propositional logic*）來進行複雜的計算。這是有史以來第一個人工神經網路架構。自此之後，有許多其他的架構被發明出來，等一下會介紹。

ANN 的早期成功使人們普遍相信，我們很快就能與真正的智慧機器對話。然而，在 1960 年代，當這個期望顯然無法實現時（至少在相當長的一段時間內），資本開始轉向其他領域，ANN 進入了漫長的寒冬。在 1980 年代初，有人發明新的結構與開發更好的訓練技術，重新激起人們對**連結主義**（*connectionism*）（神經網路學）的興趣。但是這個領域進展緩慢，在 1990 年代，其他強大的機器學習技術已經被發明出來，例如支援向量機（見第 5 章）。這些技術看起來提供比 ANN 更好的結果，且具備更強的理論基礎，所以神經網路的研究再次被擱置。

我們現在正目睹大眾對於 ANN 的又一波興趣。這一波浪潮會像之前一樣消退嗎？以下是一些很好的理由，可讓我們相信這次不一樣，大眾對 ANN 重新燃起的興趣，將會深遠地影響我們的生活：

- 現在有大量的資料可用來訓練神經網路，而且面對巨大且複雜的問題時，ANN 的表現往往優於其他的 ML 技術。

- 自 1990 年代以來，計算能力的大幅增長，使我們能在合理的時間內訓練大型神經網路。這部分歸因於摩爾定律（積體電路內的元件數量在過去 50 年來，每兩年翻倍一次），也歸功於遊戲產業，該產業導致數百萬張強大 GPU 卡的生產。此外，雲端平台讓所有人都可以使用這種計算能力。

- 訓練演算法已被改進。平心而論，它們與 1990 年代使用的演算法只有細微的差異，但這些小規模的調整，卻造成巨大的正面影響。

- ANN 有一些理論上的限制在實務中被證實是無傷大雅的。例如，許多人認為 ANN 訓練演算法注定陷入局部最佳解，但事實證明，在實際應用中，這不是大問題，尤其是對較大的神經網路來說，局部最佳解的表現往往與全域最佳解差不多好。

---

2 Warren S. McCulloch and Walter Pitts, "A Logical Calculus of the Ideas Immanent in Nervous Activity", *The Bulletin of Mathematical Biology* 5, no. 4 (1943): 115–113.

- ANN 似乎已經進入資本和進展的良性循環了。用 ANN 來製作的驚人產品經常成為頭條新聞，這吸引越來越多的關注與基金，從而帶來越來越大的進步，和更令人驚奇的產品。

生物神經元

在討論人工神經元之前，我們來簡單地瞭解生物神經元（見圖 10-1）。這種外觀不尋常的細胞在動物大腦中普遍存在。它由許多元素組成，包括一個**細胞體**（包含細胞核）、普通細胞的多數複雜組件、許多分叉的**樹突**（*dendrite*），以及一個極長的延伸部分 —— **軸突**（*axon*）。軸突的長度可能是細胞體的數倍，也可能是成千上萬倍。軸突的末端有許多分支，稱為**末梢分支**（*telodendria*），在這些分支的末端有一些微小的結構，稱為**突觸末梢**（*synaptic terminal*）（或**突觸**（*synapse*）），它們與其他神經元的樹突或細胞體互相連接[3]。生物神經元會產生短暫電脈衝，稱為**動作電位**（AP，或**訊號**（*signal*）），它會沿著軸突傳遞，並使軸突釋出稱為**神經傳遞物質**（*neurotransmitter*）的化學訊號。當神經元在幾毫秒內收到足量的神經傳遞物質時，它會發射自己的電脈衝（實際上，這取決於神經傳遞物質，因為其中一些物質會抑制神經元的發射）。

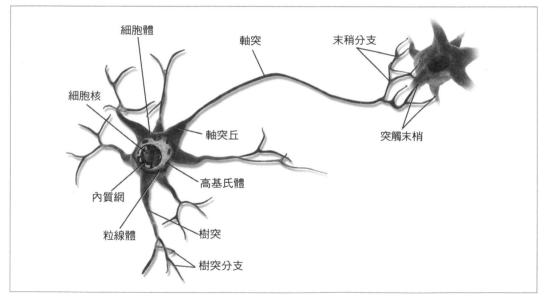

圖 10-1　生物神經元[4]

3　它們實際上不相連，而是非常接近，以便快速地交換化學訊號。

4　這張圖像來自 Bruce Blaus（Creative Commons 3.0（*https://creativecommons.org/licenses/by/3.0*））。由 *https://en.wikipedia.org/wiki/Neuron* 重繪。

因此，個別的生物神經元看似以簡單的方式運作，但它們組成數十億個龐大的網路，每個神經元通常連接數千個其他神經元。由相對簡單的神經元組成的網路可以執行高度複雜的計算，就像複雜的蟻丘由簡單的螞蟻協力完成一樣。生物神經網路（BNNs）[5]的架構是目前還在積極研究的領域，但大腦的一些部分已經被繪製出來了。這些成果指出，神經元通常由連續的階層組成，尤其是大腦的皮層（大腦的外層），如圖 10-2 所示。

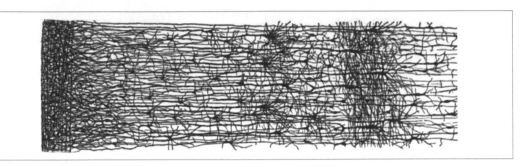

圖 10-2　在生物神經網路中的階層（人類皮層）[6]

以神經元進行邏輯計算

McCulloch 與 Pitts 提出一個非常簡單的生物神經元模型，後來稱為人工神經元：它有一或兩個二元（開 / 關）輸入與一個二元輸出。當人工神經元有超過一定數量的輸入處於活躍狀態時，它會觸發其輸出。McCulloch 與 Pitts 在論文中展示，即使是如此簡單的模型，也可以組成能夠計算任何邏輯命題的人工神經網路。為了說明這種神經元如何工作，我們建立一些 ANN 來執行各種邏輯計算（見圖 10-3），假設神經元會在至少有兩個輸入連結處於活躍狀態時觸發。

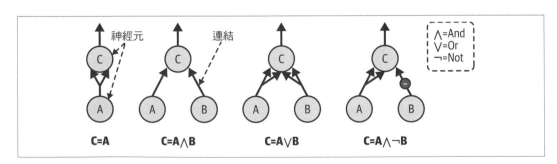

圖 10-3　執行簡單邏輯計算的 ANN

5　在機器學習的背景下，「神經網路」通常是指 ANN，不是 BNN。

6　S. 這個皮質分層結構圖由 S. Ramon y Cajal 繪製（公有領域）。由 *https://en.wikipedia.org/wiki/Cerebral_cortex* 重繪。

我們來看看這些網路所做的事情：

- 左邊的第一個網路是恆等函數，當神經元 A 觸發時，神經元 C 也會觸發（因為它從神經元 A 收到兩個輸入訊號），但是當神經元 A 未被觸發時，神經元 C 也未被觸發。

- 第二個網路執行邏輯 AND，神經元 C 只在神經元 A 和 B 都觸發時才觸發（單一輸入訊號無法觸發神經元 C）。

- 第三個網路執行邏輯 OR：神經元 C 只在神經元 A 或神經元 B 觸發（或兩者都觸發）時才觸發。

- 最後，如果我們假設輸入連結可以抑制神經元的活動（生物神經元就是如此），那麼第四個網路將計算一個較複雜的邏輯命題：神經元 C 在神經元 A 觸發且神經元 B 未觸發時才觸發。如果神經元 A 始終觸發會得到邏輯 NOT：神經元 C 在神經元 B 未觸發時觸發，反之亦然。

可想而之，我們可以結合這些網路來計算複雜的邏輯運算式（見本章結尾的習題中的例子）。

感知器

感知器（*perceptron*）是最簡單的 ANN 結構之一，它是 Frank Rosenblatt 在 1957 年發明的。它使用稍微不同的人工神經元（見圖 10-4），稱為**閾值邏輯單元**（*threshold logic unit*，TLU），有時稱為**線性閾值單元**（*linear threshold unit*，LTU）。它的輸入與輸出都是數字（而不是二元的開 / 關值），而且各個輸入連結都有一個權重。TLU 先計算其輸入的線性函數：$z = w_1 x_1 + w_2 x_2 + \cdots + w_n x_n + b = \mathbf{x}^\mathsf{T} \mathbf{w} + b$。然後，對結果執行一個步階函數：$h_w(\mathbf{x}) = \text{step}(z)$。所以它與 logistic 回歸非常相似，只是它使用步階函數而不是 logistic 函數（第 4 章）。和 logistic 回歸一樣的是，模型的參數是輸入權重 $\mathbf{w}$ 和偏差項 b。

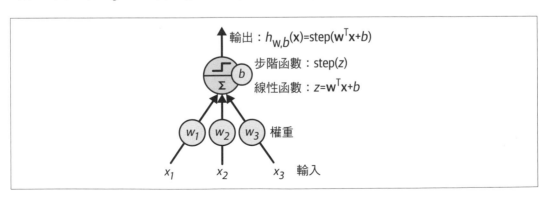

圖 10-4　閾值邏輯單元：這種人工神經元可計算其輸入之加權總和，然後執行步階函數

感知器最常用的步階函數是 *Heaviside* 步階函數（見公式 10-1），有時會改用正負號函數（sign function）。

公式 *10-1* 感知器常用的步階函數（假設閾值 = 0）

$$\text{heaviside }(z) = \begin{cases} 0 \text{ 若 } z < 0 \\ 1 \text{ 若 } z \geq 0 \end{cases} \qquad \text{sgn }(z) = \begin{cases} -1 \text{ 若 } z < 0 \\ 0 \quad \text{ 若 } z = 0 \\ +1 \text{ 若 } z > 0 \end{cases}$$

單一 TLU 可以用來進行簡單的線性二元分類。它會計算輸入的線性組合，若計算結果超出閾值，它就輸出陽性類別。否則輸出陰性類別。這應該會讓你想起 logistic 回歸（第 4 章）或線性 SVM 分類（第 5 章）。例如，你可以使用單一 TLU 來根據花瓣長度與寬度來分類 iris 花朵。訓練這樣的 TLU 需要找到正確的 w_1、w_2 和 b 值（等一下就會討論訓練演算法）。

感知器由一個或多個 TLU 組成，這些 TLU 都被安排在一層裡，其中的每個 TLU 都連接到每一個輸入。這種階層稱為**全連接層**（*fully connected layer*）或**密集層**（*dense layer*）。輸入構成**輸入層**。由於 TLU 層產生最終的輸出，因此它稱為**輸出層**。例如，圖 10-5 是具有兩個輸入和三個輸出的感知器。

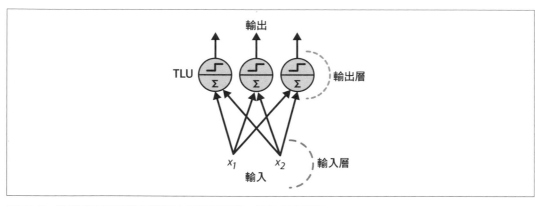

圖 10-5 這個感知器架構有兩個輸入神經元與三個輸出神經元

這個感知器可以同時將實例分類為三個不同的二元類別，所以它是個多標籤（multilabel）分類器。它也可以用於多類別分類。

藉由神奇的線性代數，我們可以用公式 10-2 來高效地計算一層人工神經元處理多個實例的輸出。

公式 *10-2*　計算全連接層的輸出

$$h_{\mathbf{W}, \mathbf{b}}(\mathbf{X}) = \phi(\mathbf{X}\mathbf{W} + \mathbf{b})$$

在這個公式中：

- 一如往常，$\mathbf{X}$ 代表輸入特徵矩陣。在它裡面，每個實例一列，每個特徵一行。

- 權重矩陣 $\mathbf{W}$ 含有所有連結權重，在它裡面，每個輸入一列，每個神經元一行。

- 偏差向量 $\mathbf{b}$ 包含所有偏差項，每個神經元一個。

- 函數 ϕ 稱為觸發函數（*activation function*），當人工神經元是 TLU 時，它是步階函數（我們很快就會介紹其他的觸發函數）。

 在數學中，矩陣與向量之和是未定義的。然而，在資料科學中，我們允許「廣播」：將一個向量與一個矩陣相加，意味著將一個向量與矩陣中的每一列相加。因此，$\mathbf{X}\mathbf{W} + \mathbf{b}$ 先將 $\mathbf{X}$ 乘以 $\mathbf{W}$，產生一個矩陣，每個實例對應一列，每個輸出對應一行，然後將向量 $\mathbf{b}$ 加到該矩陣的每一列，將每一個偏差項加到相應的輸出中，對於每一個實例都是如此。接下來，ϕ 會被一一應用至結果矩陣裡的每一個項目。

該怎麼訓練感知器？Rosenblatt 提出的感知器訓練演算法幾乎完全源自 *Hebb* 法則。Donald Hebb 在 1949 年出版的書籍《*The Organization of Behavior*》（Wiley）中提出，當一個生物神經元經常觸發另一個神經元時，這兩個神經元之間的連結將變得更強壯。稍後，Siegrid Löwel 用一句朗朗上口的短句來歸納 Hebb 的概念：「Cells that fire together, wire together」，意思是說，當兩個神經元同時觸發時，它們之間的連結權重往往會增加。後來這條規則被稱為 Hebb 法則（或 *Hebbian* 學習（*Hebbian learning*））。感知器是用這條法則的變體來訓練的，它會在進行預測時考慮網路產生的誤差。感知器的學習規則會強化可降低誤差的連結。更具體地說，感知器會接收被一一傳入的訓練實例，並對每一個實例進行預測。每當有輸出神經元產生錯誤的預測時，感知器會加強可貢獻正確預測的輸入連結的權重。我們將這條規則寫成公式 10-3。

公式 *10-3*　感知器學習規則（權重更新）

$$w_{i, j}^{(\text{next step})} = w_{i, j} + \eta\left(y_j - \widehat{y}_j\right)x_i$$

在這個公式中：

- $w_{i,j}$ 是第 i 個輸入神經元與第 j 個輸出神經元之間的連結權重。

- x_i 是當下訓練實例的第 i 個輸入值。

- $\hat{y}_j$ 是當下訓練實例的第 j 個輸出神經元的輸出。

- y_j 是當下訓練實例的第 j 個輸出神經元的目標輸出。

- η 是學習速度（見第 4 章）。

各個輸出神經元的決策邊界都是線性的，所以感知器無法學習複雜的模式（就像 logistic 回歸分類器一樣）。但是，如果訓練實例是線性可分隔的，Rosenblatt 展示了這個演算法可收斂至一個解[7]，這稱為感知器收斂定理。

Scikit-Learn 提供了 `Perceptron` 類別，你應該可以猜到它的用法，例如，我們用它來預測 iris 資料組（在第 4 章介紹）：

```
import numpy as np
from sklearn.datasets import load_iris
from sklearn.linear_model import Perceptron

iris = load_iris(as_frame=True)
X = iris.data[["petal length (cm)", "petal width (cm)"]].values
y = (iris.target == 0)  # Iris setosa

per_clf = Perceptron(random_state=42)
per_clf.fit(X, y)

X_new = [[2, 0.5], [3, 1]]
y_pred = per_clf.predict(X_new)  # 為這兩朵花預測 True 與 False
```

你應該發現了，感知器學習演算法與隨機梯度下降（第 4 章）非常相似。事實上，Scikit-Learn 的 `Perceptron` 類別相當於使用 `SGDClassifier` 並設定以下的超參數：`loss="perceptron"`、`learning_rate="constant"`、`eta0=1`（學習速度）與 `penalty=None`（無正則化）。

Marvin Minsky 和 Seymour Papert 在 1969 年的著作《*Perceptrons*》中指出感知器的一些嚴重缺陷，尤其是它們無法解決一些簡單的問題（例如互斥或（XOR）分類問題，見圖 10-6 的左圖）。其他的線性分類模型也是如此（例如 logistic 回歸分類器），但由於研究者對感知器的期望太高，導致有些人感到非常失望，以致於完全放棄神經網路，轉而研究更高層次的問題，例如邏輯、問題解決，和搜尋。實際應用的缺乏也助長了這個現象。

7　注意，這個解不是唯一的，當資料點可以線性分隔時，就有無限多個超平面可以分隔它們。

事實上，感知器的一些限制可以藉由堆疊多個感知器來克服，這樣做出來的 ANN 稱為**多層感知器**（*Multilayer Perceptron*，MLP）。MLP 可以處理 XOR 問題，計算圖 10-6 的右圖中的 MLP 的輸出可以證明這一點：當輸入是 (0, 0) 或 (1, 1) 時，網路輸出 0，當輸入是 (0, 1) 或 (1, 0) 時，它輸出 1。請試著驗證這個網路的確解決了 XOR 問題 [8]！

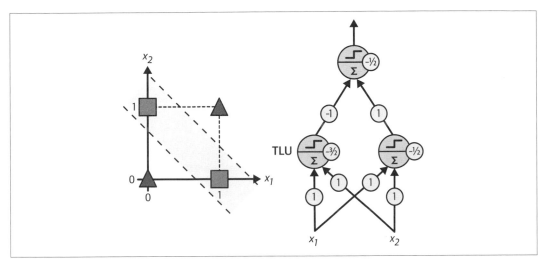

圖 10-6　XOR 分類問題，以及解決它的 MLP

與 logistic 回歸分類器不同的是，感知器不輸出類別機率。這是人們選擇 logistic 回歸而不是感知器的理由之一。此外，感知器預設不使用任何正則化，而且訓練程序會在預測訓練組未產生更多錯誤時停止，因此這種模型通常不像 logistic 回歸或線性 SVM 分類器那樣具有良好的類推能力。然而，感知器的訓練速度可能略快一些。

多層感知器與反向傳播

MLP 是由一個輸入層、一個或多個 TLU 層（稱為**隱藏層**），以及一個稱為**輸出層**的最終 TLU 層組成的（見圖 10-7）。接近輸入層的階層通常稱為低層（*lower layer*），接近輸出層的通常稱為高層（*upper layer*）。

8　例如，當輸入是 (0, 1) 時，左下角的神經元計算 $0 \times 1 + 1 \times 1 - 3 / 2 = -1 / 2$，它是負數，所以它輸出 0。右下角的神經元計算 $0 \times 1 + 1 \times 1 - 1 / 2 = 1 / 2$，這是正數，所以它輸出 1。輸出神經元接收第一個神經元和第二個神經元的輸出作為它的輸入，所以它計算 $0 \times (-1) + 1 \times 1 - 1 / 2 = 1 / 2$。這是一個正數，所以它輸出 1。

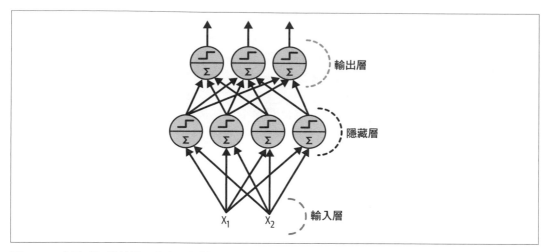

圖 10-7　多層感知器結構，它有兩個輸入、一個包含四個神經元的隱藏層，以及三個輸出神經元

　訊號只往一個方向流動（從輸入到輸出），所以這個架構是一種前饋神經網路（*feedforward neural network*，FNN）。

如果 ANN 有很深的多層隱藏層 [9]，它稱為深度神經網路（*deep neural network*，DNN）。深度學習研究的是 DNN，更廣泛地說，這個領域感興趣的是包含很深的計算層的模型。即使如此，很多人在討論涉及神經網路的主題時，都會使用「深度學習」一詞（即使那些網路是淺的）。

多年來，研究者一直努力尋找訓練 MLP 的方法，卻徒勞無功。在 1960 年代初，有幾位研究者討論了使用梯度下降來訓練神經網路的可能性，但正如我們在第 4 章看到的，這種技術需要計算模型的誤差相對於模型參數的梯度，當時還不明白如何在這麼複雜的模型中高效地進行這種計算，尤其是當時的電腦資源非常有限。

然後，在 1970 年，有一位名為 Seppo Linnainmaa 的研究者在他的碩士論文中，提出一種自動且高效地計算所有梯度的技術，這種演算法現在稱為**反向模式自動微分**（*reverse-mode automatic differentiation*，或簡稱為 *reverse-mode autodiff*）。它只要遍歷兩次網路（一次順向，一次反向）就能計算神經網路的每一個模型參數相對於誤差的梯度。換句話說，它可以發現如何微調每一個連結權重和每一個偏差來降低神經網路的誤差，然後

9　在 1990 年代，具有超過兩個隱藏層的人工神經網路被視為深度網路。如今，具有數十層甚至數百層的人工神經網路比比皆是，因此「深度」的定義相當模糊。

用這些梯度來執行梯度下降步驟。重複執行這個自動計算梯度與執行梯度下降的程序可讓神經網路的誤差逐漸下降，直到最終達到最小值。反向模式自動微分與梯度下降的組合稱為**反向傳播**（*backpropagation*，或簡稱 *backprop*）。

 自動微分的技術有很多種，各有優缺點。若要對具有許多變數（例如連結權重和偏差）和少數輸出（例如一個損失）的函數進行微分，反向模式自動微分非常適用。如果你想要進一步瞭解自動微分，可參考附錄 B。

反向傳播實際上可以應用於各種計算圖（computational graph），而不僅僅是神經網路。事實上，Linnainmaa 的碩士論文與神經網路無關，它探討更廣泛的領域。在該論文發表幾年後，反向傳播才被用來訓練神經網路，但當時它仍然不是主流技術。然後，在 1985 年，David Rumelhart、Geoffrey Hinton 和 Ronald Williams 發表了一篇突破性的論文（*https://homl.info/44*）[10]，詳細分析反向傳播如何讓神經網路能夠學習有用的內部表達。他們的研究成果令人印象深刻，讓反向傳播迅速在這個領域流行起來。如今，它是神經網路最受歡迎的訓練技術。

我們來更詳細地回顧反向傳播的工作過程：

- 它一次處理一個小批次（例如每一個批次包含 32 個實例），並且多次遍歷完整的資料組。每一次遍歷都稱為一個 *epoch*。

- 每個小批次都經由輸入層進入神經網路。然後，演算法為小批次中的每個實例計算第一個隱藏層內的所有神經元的輸出，將結果傳給下一層，計算它的輸出，再傳給下一層，以此類推，直到產生最後一層（輸出層）的輸出。這稱為**順向傳遞**，跟進行預測完全相同，但它會將中間結果都保留起來，在反向傳遞時使用。

- 接著演算法評量網路的輸出誤差（即，使用損失函數來比較期望的輸出和實際的輸出，並回傳誤差的測量值）。

- 然後計算每一個輸出偏差，以及與輸出層連接的每一個連結，對誤差貢獻多少，這是用**連鎖律**（*chain rule*）（或許是微積分中最基本的法則之一）來解析的，可讓這個步驟既快又準。

- 然後，演算法衡量下一層的每個連結對這些誤差貢獻多少，同樣使用連鎖率，持續以這種方式反向工作，直到到達輸入層為止。如前所述，這個反向步驟藉著在網路中層層傳遞誤差梯度（演算法由此得名），來高效地衡量整個網路中的所有連結權重和偏差的誤差梯度。

10　David Rumelhart et al., "Learning Internal Representations by Error Propagation" (Defense Technical Information Center technical report, September 1985).

- 最後，演算法使用剛才算出來的誤差梯度來執行梯度下降步驟，以調整所有連結權重。

 務必將所有隱藏層的連結權重的初始值設為隨機值，否則訓練將會失敗。例如，如果你將所有權重與偏差的初始值都設為零，那麼在給定層的所有神經元將一模一樣，因此反向傳播將以一模一樣的方式影響它們，使它們維持一模一樣。換句話說，儘管每一層都有數百個神經元，模型的表現將彷彿每層只有一個神經元一般：它不會太聰明。如果你將權重的初始值設為隨機值，你就打破平衡，讓反向傳播可以訓練多樣化的神經元團隊。

簡而言之，反向傳播為一個小批次進行預測（正向傳播），測量誤差，然後逆向遍歷每一層，計算每個參數對誤差貢獻多少（反向傳播），最後微調連結權重和偏差以降低誤差（梯度下降步驟）。

為了讓反向傳播正常工作，Rumelhart 和他的同事對 MLP 的架構進行了關鍵的修改，他們將步階函數換成 logistic 函數（也稱為 *sigmoid* 函數）：$\sigma(z) = 1 / (1 + \exp(-z))$。這是必要的改變，因為步階函數只有平坦的線段，沒有梯度可用（梯度下降無法在平坦的表面上移動），而 logistic 函數在每個位置都有明確的非零導數，可讓梯度下降在每一步都有一些進展。實際上，反向傳播演算法也很適合搭配許多其他觸發函數，不僅僅是 sigmoid 函數。以下是另兩種流行的選擇：

雙曲正切函數：$tanh(z) = 2\sigma(2z) - 1$

這個觸發函數與 sigmoid 函數一樣是 S 形、連續、可微，但它的輸出值是從 –1 到 1（而不是 sigmoid 函數的從 0 到 1）。這個範圍通常會使每一層的輸出在訓練初期或多或少集中在 0 附近，通常有助於加速收斂。

線性整流函數：$ReLU(z) = max(0, z)$

ReLU 函數是連續的，可惜它在 $z = 0$ 不是可微的（斜率會突然變化，可能使梯度下降產生彈跳），而且當 $z < 0$ 時，它的導數為 0。然而，在實際應用中，ReLU 函數的表現非常出色，而且具有計算速度快的優勢，因此已成為內定選擇 [11]。重要的是，它沒有最大輸出值，這個特點有助於減少在梯度下降過程中出現的一些問題（我們將在第 11 章中回到這個主題）。

11　生物神經元似乎使用近似 sigmoid（S 形）的觸發函數，因此研究者在很長一段時間內堅持使用 sigmoid 函數。但事實證明，在人工神經網路中，ReLU 的效果通常較好。這個案例是用生物來比喻可能具誤導性的例子之一。

圖 10-8 是這些流行的觸發函數與它們的衍生函數。等等！到底為什麼需要觸發函數？因為，當你串接幾個線性轉換時，你只會得到線性轉換。例如，若 f(x) = 2x + 3 且 g(x) = 5x − 1，那麼串接這兩個線性函數會產生另一個線性函數：f(g(x)) = 2(5x − 1) + 3 = 10x + 1。因此，如果層與層之間沒有某種非線性關係，那麼即使你堆疊很多層，它們也相當於一層，無法解決非常複雜的問題。反過來說，足夠龐大且使用非線性觸發函數的 DNN 理論上可以近似任何連續函數。

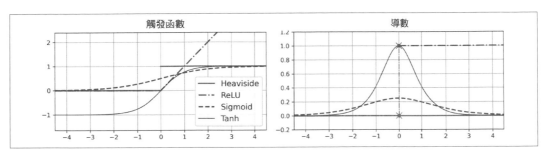

圖 10-8　觸發函數（左）及其導數（右）

OK！你已經知道神經網路的由來、它們的結構，以及如何計算它們的輸出了，你也學會反向傳播演算法了。但神經網路到底可以用來幹嘛？

回歸 MLP

首先，MLP 可以用來執行回歸任務。如果你想要預測單一值（例如房子價格，根據它的許多特徵），你只需要一個輸出神經元：它的輸出就是預測值。對於多變數回歸（例如，一次預測多個值），你要為每一個輸出維度配置一個輸出神經元。例如，若要定位一個物體在照片內的中心點，你必須預測 2D 座標，所以需要兩個輸出神經元。如果你也想要幫物體加上邊框，你還需要兩個數字：物體的寬度與長度。所以，你總共需要四個輸出神經元。

Scikit-Learn 有一個 `MLPRegressor` 類別，我們用它來建構一個 MLP，讓它有三個隱藏層，每個隱藏層有 50 個神經元，並用加州房地產資料組來訓練它。為了簡化，我們使用 Scikit-Learn 的 `fetch_california_housing()` 函式來載入資料。這個資料組比我們在第 2 章使用的那一個簡單，因為它只有數值特徵（沒有 `ocean_proximity` 特徵），也沒有缺漏值。下面的程式先取得和拆分資料組，然後建立一個 pipeline，將輸入特徵標準化，然後將它們傳給 `MLPRegressor`。這對神經網路非常重要，因為它們是用梯度下降來訓練的，正如我們在第 4 章看到的，當特徵之間尺度差異極大時，梯度下降的收斂效果不會太好。最後，程式訓練模型並評估其驗證誤差。該模型在隱藏層中使用 ReLU 觸發函數，並使用一種稱

為 *Adam* 的梯度下降變體（見第 11 章）來將均方誤差最小化，並進行一點 ℓ_2 正則化（你可以用 alpha 超參數來控制）：

```python
from sklearn.datasets import fetch_california_housing
from sklearn.metrics import mean_squared_error
from sklearn.model_selection import train_test_split
from sklearn.neural_network import MLPRegressor
from sklearn.pipeline import make_pipeline
from sklearn.preprocessing import StandardScaler

housing = fetch_california_housing()
X_train_full, X_test, y_train_full, y_test = train_test_split(
    housing.data, housing.target, random_state=42)
X_train, X_valid, y_train, y_valid = train_test_split(
    X_train_full, y_train_full, random_state=42)

mlp_reg = MLPRegressor(hidden_layer_sizes=[50, 50, 50], random_state=42)
pipeline = make_pipeline(StandardScaler(), mlp_reg)
pipeline.fit(X_train, y_train)
y_pred = pipeline.predict(X_valid)
rmse = mean_squared_error(y_valid, y_pred, squared=False)  # 大約 0.505
```

我們獲得大約 0.505 的驗證 RMSE，與使用隨機森林分類器得到的相當。第一次嘗試就得到這個結果，還不錯！

注意，這個 MLP 在輸出層沒有使用任何觸發函數，因此它可以自由地輸出任意值。這通常沒問題，但如果你想保證輸出始終為正值，你就應該在輸出層使用 ReLU 觸發函數，或者使用 *softplus* 觸發函數，它是 ReLU 的平滑變體：softplus(z) = log(1 + exp(z))。當 z 為負時，softplus 接近於 0，當 z 為正時，它接近於 z。最後，如果你想確保預測始終落在給定的範圍內，你應該使用 sigmoid 函數或雙曲正切函數，並將目標值縮放到適當的範圍：sigmoid 的範圍是 0 到 1，tanh 的範圍是 –1 到 1。遺憾的是，`MLPRegressor` 類別不支援在輸出層使用觸發函數。

> 使用 Scikit-Learn 只需要幾行程式碼就可以輕鬆地建構和訓練標準的 MLP，但是神經網路的功能有限。這就是為什麼在本章的第二部分中，我們將改用 Keras。

`MLPRegressor` 類別使用均方誤差，這通常是回歸問題所使用的，但如果訓練組有許多離群值，你可能要使用平均絕對誤差（mean absolute error）。或使用 *Huber* 損失，它是兩者的組合。當誤差小於閾值 δ（通常為 1）時，它是二次的，但是當誤差大於 δ 時，它是線性的。線性部分使得它對離群值的敏感度低於均方誤差,而二次部分使它比均方誤差收斂得更快、更精確。然而,`MLPRegressor` 僅支援均方誤差。

表 10-1 總結回歸 MLP 的典型架構。

表 10-1　回歸 MLP 的典型架構

超參數	典型值
# 隱藏層	依問題而定,但通常是 1 到 5 個
# 每個隱藏層的神經元	依問題而定,但通常是 10 到 100 個
# 輸出神經元	每個預測維度 1 個
隱藏觸發函數	ReLU
輸出觸發函數	無,或 ReLU/softplus(若輸出是正的)或 sigmoid/tanh(若輸出有範圍)
損失函數	MSE 或 Huber(若有離群值)

分類 MLP

MLP 也可以處理分類任務。二元分類問題只需要一個使用 sigmoid 觸發函數的輸出神經元,其輸出是介於 0 和 1 之間的數字,你可以將它解釋成陽性類別的估計機率,而陰性類別的估計機率等於一減該數字。

MLP 也可以輕鬆地處理多標籤二元分類任務(見第 3 章)。例如,你可以製作一個 email 分類系統來預測每一封 email 究竟是不是垃圾郵件,同時預測它是不是緊急郵件。在這個案例中,你需要兩個輸出神經元,兩者都使用 sigmoid 觸發函數:第一個輸出 email 是垃圾郵件的機率,第二個輸出它是緊急郵件的機率。更廣泛地說,你要為每一個陽性類別配置一個輸出神經元。注意,輸出機率的總和不一定等於 1,這可讓模型輸出任何標籤組合:你可能有不緊急的正常郵件、緊急的正常郵件、不緊急的垃圾郵件,或許還有緊急的垃圾郵件(雖然這應該是個錯誤)。

如果各個實例都只可能屬於三個或更多類別之一(例如數字圖像分類中的類別 0 到 9),你就要為每一個類別配置一個輸出神經元,並且讓整個輸出層使用 softmax 觸發函數(見圖 10-9)。softmax 函數(見第 4 章)可確保所有的估計機率都介於 0 和 1 之間,而且它們的總和是 1,因為類別是互斥的。第 3 章說過,這叫做多類別分類。

至於損失函數,因為我們預測的是機率分布,所以交叉熵損失(或 *x-entropy* 或簡稱對數損失,見第 4 章)通常是很好的選擇。

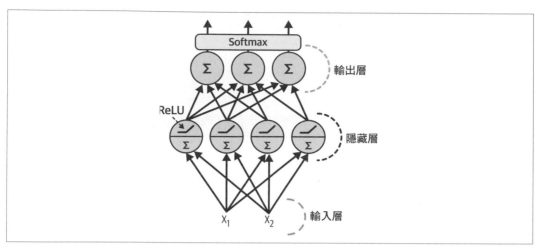

圖 10-9　執行分類任務的現代 MLP（包含 ReLU 和 softmax）

Scikit-Learn 的 `sklearn.neural_network` 程式包裡有一個 `MLPClassifier` 類別。它幾乎與 `MLPRegressor` 類別相同，但它最小化的是交叉熵而不是 MSE。你可以試試它，例如用來處理 iris 資料組。因為這個任務幾乎是線性的，所以使用包含 5 到 10 個神經元的單層應該足夠（務必調整特徵的尺度）。

表 10-2 是分類 MLP 的典型結構摘要。

表 10-2　典型的分類 MLP 結構

超參數	二元分類		多標籤二元分類	多類別分類
# 隱藏層	通常是 1 到 5 個，取決於具體任務			
# 輸出神經元	1 個		每個標籤 1 個	每個類別 1 個
輸出層觸發函數	Sigmoid		Sigmoid	Softmax
損失函數	X-entropy		X-entropy	X-entropy

在繼續討論前，建議你先完成本章結尾的習題 1。你將會操作各種神經網路結構，並使用 *TensorFlow Playground* 觀察它們的輸出。這可以幫助你更瞭解 MLP，包括所有超參數的效果（層數與神經元的數量、觸發函數…等）。

你已經掌握了使用 Keras 來實現 MLP 所需的概念了！

用 Keras 來實作 MLP

Keras 是 TensorFlow 的一種高階深度學習 API，可用來建立、訓練、評估和執行各式各樣的神經網路。原始的 Keras 程式庫是由 François Chollet 作為研究專案的一部分來開發的 [12]，並於 2015 年 3 月作為一個獨立的開源專案發表。它的易用性、靈活性和優雅的設計使它快速風靡業界。

 Keras 曾經支援多個後端，包括 TensorFlow、PlaidML、Theano 和 Microsoft Cognitive Toolkit（很遺憾，後兩者已被廢棄），但自從 2.4 版本以後，Keras 只支援 TensorFlow。無獨有偶，TensorFlow 曾經包含多個高級 API，但在 TensorFlow 2 發表時，Keras 被正式選為它的首選高級 API。安裝 TensorFlow 將自動安裝 Keras，若沒有安裝 TensorFlow，Keras 將無法運作。總之，Keras 和 TensorFlow 墜入愛河並正式聯姻。其他流行的深度學習程式庫包括 Facebook 的 PyTorch（*https://pytorch.org*）和 Google 的 JAX（*https://github.com/google/jax*）[13]。

我們來使用 Keras 吧！首先，我們要建立一個圖像分類 MLP。

 Colab runtime 預先安裝了最新版本的 TensorFlow 和 Keras。但是，如果你想在自己的電腦上安裝它們，請參考 *https://homl.info/install* 上的安裝說明。

使用循序型 API 來製作圖像分類器

首先，我們要載入資料組。在本章，我們將處理 Fashion MNIST，它是 MNIST（於第 3 章介紹）的替代資料組。它的格式與 MNIST 一模一樣（有 70,000 張 28 × 28 像素的灰階圖像，包含 10 個類別），但是它的圖像是時尚品，而不是手寫數字，所以類別更加多樣化，使這個問題比 MNIST 更具挑戰性。例如，簡單的線性模型預測 MNIST 可達到大約 92% 的準確率，但是預測 Fashion MNIST 只有大約 83%。

---

12 ONEIROS（Open-ended Neuro-Electronic Intelligent Robot Operating System）專案。Chollet 於 2015 年加入 Google，並持續帶領 Keras 專案。

13 PyTorch 的 API 與 Keras 非常相似，因此當你瞭解 Keras 後，在必要時換成 PyTorch 並不難。PyTorch 的人氣在 2018 年成指數增長，這大部分歸功於其簡單性和出色的文件，當時的 TensorFlow 1.x 沒有這兩項優勢。然而，TensorFlow 2 與 PyTorch 一樣簡單，部分原因是它採用 Keras 作為其官方高級 API，且開發人員大幅簡化和優化了其餘的 API。它的文件也被徹底重新整理，現在尋找需要的東西簡單多了。簡單來說，PyTorch 的主要缺點（例如有限的可移植性，以及沒有計算圖（computation graph）分析）在 PyTorch 1.0 已被大幅排除了。良性競爭可讓所有人受益。

用 Keras 來載入資料組

Keras 提供一些工具函式來抓取和載入常見的資料組，包括 MNIST、Fashion MNIST…
等。我們來載入 Fashion MNIST，它已經被洗亂並分為訓練組（60,000 張圖像）和測試組
（10,000 張圖像）了，但我們保留訓練組的最後 5,000 張圖像作為驗證組：

```
import tensorflow as tf

fashion_mnist = tf.keras.datasets.fashion_mnist.load_data()
(X_train_full, y_train_full), (X_test, y_test) = fashion_mnist
X_train, y_train = X_train_full[:-5000], y_train_full[:-5000]
X_valid, y_valid = X_train_full[-5000:], y_train_full[-5000:]
```

 TensorFlow 通常被匯入為 tf，而 Keras API 可以透過 tf.keras 來使用。

使用 Keras 而不是使用 Scikit-Learn 來載入 MNIST 或 Fashion MNIST 有一個重大的差異
在於，每一張圖像都是用 28 × 28 陣列來表示的，而不是大小為 784 的 1D 陣列。此外，
Keras 像素密度是用整數來表示的（從 0 到 255），不是浮點數（從 0.0 到 255.0）。我們來
看一下訓練組的外形與資料型態：

```
>>> X_train.shape
(55000, 28, 28)
>>> X_train.dtype
dtype('uint8')
```

為了簡化，我們將像素強度除以 255.0，來將它們的尺度降為 0–1（也將它們轉換成浮
點數）：

```
X_train, X_valid, X_test = X_train / 255., X_valid / 255., X_test / 255.
```

MNIST 的標籤 5 代表該圖像是手寫的數字 5，非常直觀。但是在使用 Fashion MNIST 時，
我們必須使用類別名稱串列來瞭解正在處理的是什麼：

```
class_names = ["T-shirt/top", "Trouser", "Pullover", "Dress", "Coat",
               "Sandal", "Shirt", "Sneaker", "Bag", "Ankle boot"]
```

例如，訓練組的第一張圖片代表 ankle boot（短靴）：

```
>>> class_names[y_train[0]]
'Ankle boot'
```

圖 10-10 是 Fashion MNIST 資料組的一些樣本。

圖 10-10　Fashion MNIST 的樣本

使用循序型 API 來建立模型

我們來建立神經網路！下面是一個具有兩個隱藏層的分類 MLP：

```
tf.random.set_seed(42)
model = tf.keras.Sequential()
model.add(tf.keras.layers.Input(shape=[28, 28]))
model.add(tf.keras.layers.Flatten())
model.add(tf.keras.layers.Dense(300, activation="relu"))
model.add(tf.keras.layers.Dense(100, activation="relu"))
model.add(tf.keras.layers.Dense(10, activation="softmax"))
```

我們逐行解釋這段程式：

- 首先設定 TensorFlow 的隨機種子，以確保結果可以復現，讓你每次執行 notebook 時，隱藏層和輸出層的隨機權重都保持一致。你也可以使用 tf.keras.utils.set_random_seed() 函式，它可以輕鬆地設定 TensorFlow、Python（random.seed()）和 NumPy（np.random.seed()）的隨機種子。

- 下一行建立一個 Sequential 模型。它是最簡單的 Keras 神經網路模型種類，僅由一疊階層構成，裡面的階層是循序連接的。它稱為循序型（sequential）API。

- 接下來建立第一層（輸入層），並將它加入模型。我們指定輸入外形，其中不包括批次大小，只包括實例的外形。Keras 需要知道輸入的外形，才能決定第一個隱藏層的連結權重矩陣的外形。

- 然後，我們加入 Flatten 層。它的作用是將每一個輸入圖像轉換成 1D 陣列，例如，如果它接收到一個外形為 [32, 28, 28] 的批次，它會將其外形重塑為 [32, 784]。換句話說，如果它收到輸入資料 X，它會計算 X.reshape(-1, 784)。此層沒有任何參數，它只進行一些簡單的預先處理。

- 接著加入一個 Dense 隱藏層，它有 300 個神經元。它使用 ReLU 觸發函數。每一個 Dense 層都會管理它自己的權重矩陣，包含所有神經元和它們的輸入之間的連結權重。它也管理偏差項（每個神經元一個）的向量。當它收到輸入資料時，會計算公式 10-2。

- 接著加入第二個 Dense 隱藏層，它有 100 個神經元，同樣使用 ReLU 觸發函數。

- 最後，我們加入一個 Dense 輸出層，它有 10 個神經元（每個類別一個），使用 softmax 觸發函數，因為類別是互斥的。

設定 activation="relu" 相當於設定 activation=tf.keras.activations.relu。tf.keras.activations 程式包還有其他觸發函數，本書將使用其中的許多函數，完整清單可參考 *https://keras.io/api/layers/activations*。我們也會在第 12 章定義自訂的觸發函數。

除了像剛才那樣一個接一個加入階層之外，有一種更方便的做法是在建立 Sequential 模型時傳入一個階層串列。你也可以省略 Input 層，改為在第一層設定 input_shape 參數：

```
model = tf.keras.Sequential([
    tf.keras.layers.Flatten(input_shape=[28, 28]),
    tf.keras.layers.Dense(300, activation="relu"),
    tf.keras.layers.Dense(100, activation="relu"),
    tf.keras.layers.Dense(10, activation="softmax")
])
```

模型的 summary() 方法可顯示模型的所有階層 [14]，包括每一層的名稱（自動產生，除非你在建立該層時設定它）、它的輸出外形（None 代表批次大小可為任意值），以及它的參數數量。這個摘要的最後有參數總數，包括可訓練的參數和不可訓練的參數。我們在此只顯示可訓練的參數（本章稍後會展示一些不可訓練的參數）：

14　你也可以使用 tf.keras.utils.plot_model() 來產生模型的圖像。

```
>>> model.summary()
Model: "sequential"
```

Layer (type)	Output Shape	Param #
flatten (Flatten)	(None, 784)	0
dense (Dense)	(None, 300)	235500
dense_1 (Dense)	(None, 100)	30100
dense_2 (Dense)	(None, 10)	1010

```
Total params: 266,610
Trainable params: 266,610
Non-trainable params: 0
```

請注意，Dense 層通常有很多參數。例如，第一個隱藏層有 784 × 300 個連結權重，加上 300 個偏差項，總共有 235,500 個參數！這讓模型有很大的靈活性來擬合訓練資料，但也意味著模型有過擬的風險，尤其是當訓練資料不多時。稍後會再探討這個主題。

模型裡的每一層必須有唯一的名稱（例如 "dense_2"）。你可以使用建構式的 name 引數來明確地設定階層名稱，但是讓 Keras 自動為階層命名通常較簡單，就像剛才做的那樣。Keras 會將階層的類別名稱轉換成 snake case（例如，來自 MyCoolLayer 類別的階層的預設名稱是 "my_cool_layer"）。Keras 也會在必要時附加索引（例如 "dense_2"），來確保名稱是全域唯一的，即使跨模型亦然。為什麼它要確保名稱在所有模型之間都是獨特的？這可以方便合併模型，而不會出現名稱衝突。

 由 Keras 管理的全域狀態都被儲存在一個 Keras 對話（session）中，你可以使用 tf.keras.backend.clear_session() 來清除它。特別強調，這將重設名稱計數器。

你可以使用 layers 屬性來輕鬆獲得模型的階層串列，或使用 get_layer() 方法和名稱來讀取階層：

```
>>> model.layers
[<keras.layers.core.flatten.Flatten at 0x7fa1dea02250>,
 <keras.layers.core.dense.Dense at 0x7fa1c8f42520>,
 <keras.layers.core.dense.Dense at 0x7fa188be7ac0>,
 <keras.layers.core.dense.Dense at 0x7fa188be7fa0>]
```

```
>>> hidden1 = model.layers[1]
>>> hidden1.name
'dense'
>>> model.get_layer('dense') is hidden1
True
```

你可以使用階層的 get_weights() 和 set_weights() 方法來存取它的所有參數。對 Dense 階層而言，這些參數包括連結權重和偏差項：

```
>>> weights, biases = hidden1.get_weights()
>>> weights
array([[ 0.02448617, -0.00877795, -0.02189048, ...,  0.03859074, -0.06889391],
       [ 0.00476504, -0.03105379, -0.0586676 , ..., -0.02763776, -0.04165364],
       ...,
       [ 0.07061854, -0.06960931,  0.07038955, ..., 0.00034875,  0.02878492],
       [-0.06022581,  0.01577859, -0.02585464, ..., 0.00272203, -0.06793761]],
       dtype=float32)
>>> weights.shape
(784, 300)
>>> biases
array([0., 0., 0., 0., 0., 0., 0., 0., 0., ...,  0., 0., 0.], dtype=float32)
>>> biases.shape
(300,)
```

請注意，Dense 層隨機設定連結權重的初始值（如前所述，為了打破平衡，這是必要的），並且將偏差項的初始值設為零（可以這樣做）。如果你想要使用不同的方式來設定初始值，在建立階層時，你可以設定 kernel_initializer（*kernel* 是連結權重矩陣的別名）或 bias_initializer。第 11 章會進一步探討 initializer（初始化程式），完整的清單可參考 *https://keras.io/api/layers/initializers*。

 權重矩陣的外形取決於輸入的數量，這就是為什麼我們在建立模型時指定了輸入外形。如果你沒有指定輸入外形也無妨：Keras 將等到它知道輸入外形後，才實際建構模型參數。這可能發生在你提供資料時（例如，在訓練期間），或在呼叫 build() 方法時。在建構模型參數之前，你無法執行某些操作，例如顯示模型摘要或儲存模型。因此，如果你在建立模型時知道輸入外形，最好指定它。

編譯模型

建立模型後，你必須呼叫它的 compile() 方法來指定損失函數與優化器（optimizer）。你也可以指定在訓練和評估期間計算的額外指標：

```
model.compile(loss="sparse_categorical_crossentropy",
              optimizer="sgd",
              metrics=["accuracy"])
```

 使用 loss="sparse_categorical_crossentropy" 等同於使用 loss=tf.keras.losses.sparse_categorical_crossentropy。同理，使用 optimizer="sgd" 等同於使用 optimizer=tf.keras.optimizers.SGD()，使用 metrics=["accuracy"] 等同於使用 metrics=[tf.keras.metrics.sparse_categorical_accuracy]（在使用這個損失函數時）。在本書中，我們將使用許多其他的損失函數、優化器和指標。完整的清單請參考 *https://keras.io/api/losses*、*https://keras.io/api/optimizers* 和 *https://keras.io/api/metrics*。

這段程式需要解釋一下。首先，我們之所以使用 "sparse_categorical_crossentropy" 損失函數，是因為標籤是稀疏的（也就是每個實例都只有一個目標，它是個類別索引，在這個例子中，是 0 至 9），而且類別是互斥的。如果每一個實例的目標是每一個類別的機率（例如 one-hot 向量，比如用 [0., 0., 0., 1., 0., 0., 0., 0., 0., 0.] 代表類別 3），我們就要改用 "categorical_crossentropy" 損失函數。如果我們進行二元分類或多標籤二元分類，我們就要在輸出層使用 "sigmoid" 觸發函數，而不是 "softmax" 觸發函數，而且要使用 "binary_crossentropy" 損失函數。

 若要將稀疏標籤（即類別索引）轉換成 one-hot 向量標籤，可使用 tf.keras.utils.to_categorical() 函式。另一種做法是使用 np.argmax() 函式並設定 axis=1。

將優化器（optimizer）設為 "sgd" 代表使用簡單的隨機梯度下降來訓練模型。換句話說，Keras 會執行之前介紹的反向傳播演算法（也就是反向模式自動微分加上梯度下降）。第 11 章會討論更高效的優化器，它們改善的是梯度下降，而不是 autodiff。

在使用 SGD 優化器時，調整學習速度非常重要，通常你要使用 optimizer=tf.keras.optimizers.SGD(learning_rate=__???__) 來設定學習速度，而不是使用 optimizer="sgd"，它的預設學習速度是 0.01。

最後，因為這是分類器，所以在訓練和評估期間衡量它的準確率很有幫助，所以我們設定了 metrics=["accuracy"]。

訓練與評估模型

現在可以開始訓練模型了，我們只要呼叫模型的 fit() 方法，就可以訓練它：

```
>>> history = model.fit(X_train, y_train, epochs=30,
...                     validation_data=(X_valid, y_valid))
...
Epoch 1/30
1719/1719 [==============================] - 2s 989us/step
  - loss: 0.7220 - sparse_categorical_accuracy: 0.7649
  - val_loss: 0.4959 - val_sparse_categorical_accuracy: 0.8332
Epoch 2/30
1719/1719 [==============================] - 2s 964us/step
  - loss: 0.4825 - sparse_categorical_accuracy: 0.8332
  - val_loss: 0.4567 - val_sparse_categorical_accuracy: 0.8384
[...]
Epoch 30/30
1719/1719 [==============================] - 2s 963us/step
  - loss: 0.2235 - sparse_categorical_accuracy: 0.9200
  - val_loss: 0.3056 - val_sparse_categorical_accuracy: 0.8894
```

我們將輸入特徵（X_train）和目標類別（y_train）以及訓練的 epoch 數（它的預設值只有 1，絕對不足以收斂至最佳解）傳給它。我們也傳入驗證組（這是選擇性的），Keras 會在各 epoch 結束時，用這個驗證組來評量損失與其他指標，讓你知道模型的實際效能如何。如果模型預測訓練組的效能明顯優於驗證組，模型可能過擬訓練組，或者存在 bug，例如訓練組和驗證組的資料不相符。

外形錯誤（shape errors）很常見，尤其是對新手而言，所以你應該要認識一下這些錯誤訊息。請試著使用外形不正確的輸入或標籤來擬合模型，看看顯示什麼錯誤訊息。同理，嘗試使用 loss="categorical_crossentropy" 而不是 loss="sparse_categorical_crossentropy" 來編譯模型。你可以移除 Flatten 層。

這樣就訓練出一個神經網路了！在每個訓練 epoch 中，Keras 會在進度條左側顯示當下處理過的小批次數量。批次大小的預設值是 32，由於訓練組有 55,000 張圖像，模型在每個 epoch 會處理 1,719 個批次：包含 1,718 個大小為 32，以及 1 個大小為 24 的批次。在進度條的後面是每個樣本的平均訓練時間，以及對於訓練組和驗證組的損失和準確率（或你指定的其他額外指標）。注意，訓練損失下降了，這是好現象，且驗證準確率在 30 個 epoch 後達到 88.94%。它略低於訓練準確率，所以有一些過擬的情況，但不太嚴重。

除了使用 validation_data 引數來傳遞驗證組之外，你可以將 validation_split 設為一個比率，代表要讓 Keras 使用訓練組的多少比率來進行驗證。例如，validation_split=0.1 會讓 Keras 使用最後 10% 的資料（在洗亂之前）來驗證。

如果訓練組嚴重偏斜，有些類別太常出現，其他類別較少出現，你可以在呼叫 fit() 方法時設定 class_weight 引數，給較少出現的類別較高權重，並給較常出現的類別較低權重。Keras 會在計算損失時使用這些權重。如果你需要每個實例的權重，你可以設定 sample_weight 引數。如果你同時提供 class_weight 和 sample_weight，Keras 會將它們相乘。如果有些實例是專家標記的，有些是用群眾外包平台標記的，那麼讓每一個實例都有權重很有幫助——你應該想給前者較高的權重。你也可以設定驗證組的樣本權重（而不是類別權重），做法是在 validation_data tuple 裡面的第三個項目加入它們。

fit() 方法會回傳一個 History 物件，裡面有訓練參數（history.params）、它經歷的 epoch （history.epoch 串列），以及一個重要的字典（history.history），裡面有它在每一個 epoch 完成處理訓練組與驗證組（若有）時評測的損失和其他指標。用這個字典來建立一個 Pandas DataFrame 並呼叫它的 plot() 方法可以得到圖 10-11 的學習曲線：

```
import matplotlib.pyplot as plt
import pandas as pd

pd.DataFrame(history.history).plot(
    figsize=(8, 5), xlim=[0, 29], ylim=[0, 1], grid=True, xlabel="Epoch",
    style=["r--", "r--.", "b-", "b-*"])
plt.show()
```

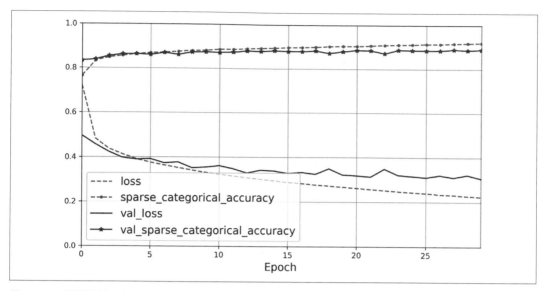

圖 10-11　學習曲線：每個 epoch 的平均訓練損失和準確率，以及每個 epoch 結束時的平均驗證損失和準確率

你可以看到在訓練期間，訓練準確率與驗證準確率都穩步增加，而訓練損失與驗證損失則下降。這是好事。在訓練初期，驗證曲線相對接近，但它們隨著時間的過去而逐漸分開，這代表有一些過擬現象。在這個例子裡，模型在訓練開始時對於驗證組的表現似乎優於訓練組，但實際情況並非如此。驗證誤差是在各個 epoch 結束時計算的，而訓練誤差則是在各個 epoch 期間，使用移動平均來計算的，因此訓練曲線應該左移半個 epoch。這樣做的話，你會看到訓練與驗證曲線在訓練開始時幾乎完全重疊。

訓練組效能最終會超過驗證組效能，這種情況在訓練得夠久時通常會發生。驗證損失還在下降，由此可知模型尚未完全收斂，所以應該繼續訓練。繼續訓練很簡單，你只要再次呼叫 `fit()` 方法即可，因為 Keras 會從上次停止的地方繼續訓練。你應該能夠達到大約 89.8% 的驗證準確率，而訓練準確率將繼續上升到 100%（這並非總是如此）。

如果你不滿意模型的效果，你應該重新調整超參數，第一個需要檢查的是學習速度，如果同樣未改善，可嘗試另一種優化器（在改變任何超參數之後，也一定要重新調整學習速度）。如果效果仍然不好，那就試著調整模型的超參數，例如層數、每層的神經元數量，以及各個隱藏層使用的觸發函數類型。你也可以試著調整其他超參數，例如批次的大小（可在 `fit()` 方法內使用 `batch_size` 引數來設定，它的預設值是 32）。本章的結尾會再討論超參數調整。滿意模型的驗證準確率後，你應該用測試組來評估它，以估計類推誤差，完成後，再將模型部署到生產環境。你可以使用 evaluate() 來輕鬆地進行驗證（它也支援一些其他的引數，例如 batch_size 與 sample_weight，詳情請參考文件）：

```
>>> model.evaluate(X_test, y_test)
313/313 [==============================] - 0s 626us/step
  - loss: 0.3243 - sparse_categorical_accuracy: 0.8864
[0.32431697845458984, 0.8863999843597412]
```

如第 2 章所述，模型預測測試組的表現通常略遜於預測驗證組的表現，因為超參數是針對驗證組調整的，不是針對測試組（但是在這個例子中，我們沒有調整任何超參數，所以準確率較低只是運氣不好）。切記，不要用測試組來調整超參數，否則對於類推誤差的估計將過度樂觀。

用模型來預測

接下來，我們要使用模型的 predict() 方法來對新實例進行預測。因為我們沒有實際的新實例，所以直接使用測試組的前三個實例：

```
>>> X_new = X_test[:3]
>>> y_proba = model.predict(X_new)
>>> y_proba.round(2)
array([[0.  , 0.  , 0.  , 0.  , 0.  , 0.01, 0.  , 0.02, 0.  , 0.97],
       [0.  , 0.  , 0.99, 0.  , 0.01, 0.  , 0.  , 0.  , 0.  , 0.  ],
       [0.  , 1.  , 0.  , 0.  , 0.  , 0.  , 0.  , 0.  , 0.  , 0.  ]],
      dtype=float32)
```

對於每個實例，模型會幫每一個類別估計一個機率值，從類別 0 到類別 9。這類似 Scikit-Learn 分類器的 predict_proba() 方法的輸出。例如，對於第一張圖像，模型估計該圖是類別 9（短靴）的機率是 96%，類別 7（運動鞋）的機率是 2%，類別 5（涼鞋）的機率是 1%，該圖像屬於其他類別的機率很小。換句話說，模型非常有信心地認為第一張圖像是鞋類，最可能是短靴，但也可能是運動鞋或涼鞋。如果你只想知道哪個類別的估計機率最高（即使那個機率非常低），你可以使用 argmax() 方法來取得每個實例的最高機率類別索引：

```
>>> import numpy as np
>>> y_pred = y_proba.argmax(axis=-1)
>>> y_pred
array([9, 2, 1])
>>> np.array(class_names)[y_pred]
array(['Ankle boot', 'Pullover', 'Trouser'], dtype='<U11')
```

在這個例子中，分類器正確地分類全部的三張圖像（這些圖像如圖 10-12 所示）。

```
>>> y_new = y_test[:3]
>>> y_new
array([9, 2, 1], dtype=uint8)
```

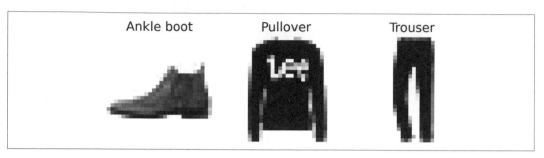

圖 10-12　被正確分類的 Fashion MNIST 圖像

你已經知道如何使用循序型 API 來建立、訓練、評估和使用分類 MLP 了，那該如何進行回歸？

使用循序型 API 來建立回歸 MLP

我們回到加州房價問題，並使用與之前相同的 MLP 來解決它，即 3 個隱藏層，每個隱藏層由 50 個神經元組成，但這次我們使用 Keras 來建構它。

使用循序型（sequential）API 來建立、訓練、評估及使用回歸 MLP 的做法類似之前的分類任務，在下面的範例程式中的主要差異是輸出層只有一個神經元（因為我們只想預測一個值），而且沒有使用觸發函式，損失函式是均方誤差，指標是 RMSE，我們使用 Adam 優化器，與使用 Scikit-Learn 的 MLPRegressor 時一樣。此外，這個例子不需要使用 Flatten 層，而是使用 Normalization 層作為第一層：它的功能類似 Scikit-Learn 的 StandardScaler，但在你呼叫模型的 fit() 方法之前，它必須使用其 adapt() 方法來擬合訓練資料（Keras 還有其他的預先處理層，我們將在第 13 章介紹）。我們來看一下程式：

```
tf.random.set_seed(42)
norm_layer = tf.keras.layers.Normalization(input_shape=X_train.shape[1:])
model = tf.keras.Sequential([
    norm_layer,
    tf.keras.layers.Dense(50, activation="relu"),
    tf.keras.layers.Dense(50, activation="relu"),
    tf.keras.layers.Dense(50, activation="relu"),
    tf.keras.layers.Dense(1)
])
```

```
optimizer = tf.keras.optimizers.Adam(learning_rate=1e-3)
model.compile(loss="mse", optimizer=optimizer, metrics=["RootMeanSquaredError"])
norm_layer.adapt(X_train)
history = model.fit(X_train, y_train, epochs=20,
                    validation_data=(X_valid, y_valid))
mse_test, rmse_test = model.evaluate(X_test, y_test)
X_new = X_test[:3]
y_pred = model.predict(X_new)
```

 當你呼叫 adapt() 方法時，Normalization 層會瞭解訓練資料的特徵均值和
標準差。然而，當你顯示模型的摘要時，這些統計數據會被列為不可訓練
（non-trainable），因為這些參數不會被梯度下降影響。

如你所見，循序型 API 簡單易用。然而，儘管 Sequential 模型非常常見，但有時使用更
複雜的拓撲結構、或具有多個輸入或輸出的神經網路也很有幫助。為此，Keras 提供了函
式型（functional）API。

用函式型 API 來建立複雜的模型

Wide & Deep 神經網路是非循序型神經網路的一個案例。這個神經網路架構是由 Heng-Tze
Cheng 等人在 2016 年的一篇論文中提出的 [15]。它將所有或部分的輸入直接連接到輸出層，
如圖 10-13 所示。這個架構可讓神經網路同時學習深模式（deep pattern）（透過深路徑）
與簡單規則（透過短路徑）[16]。相較之下，常規的 MLP 強迫所有資料皆流經所有的階層，
因此，資料中的簡單模式可能被一系列的轉換扭曲。

---

[15]　Heng-Tze Cheng et al., "Wide & Deep Learning for Recommender Systems" (https://homl.info/widedeep), *Proceedings of the First Workshop on Deep Learning for Recommender Systems* (2016): 7–10.

[16]　短路徑也可以用來提供人工特徵給神經網路。

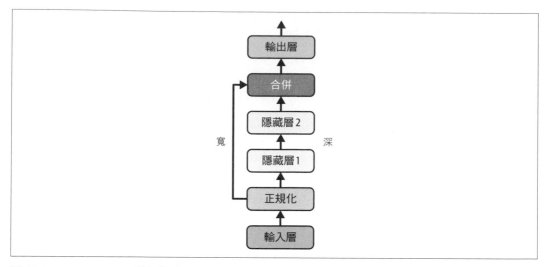

圖 10-13　Wide & Deep 神經網路

我們來建立一個這種神經網路，來處理加州房地產問題：

```
normalization_layer = tf.keras.layers.Normalization()
hidden_layer1 = tf.keras.layers.Dense(30, activation="relu")
hidden_layer2 = tf.keras.layers.Dense(30, activation="relu")
concat_layer = tf.keras.layers.Concatenate()
output_layer = tf.keras.layers.Dense(1)

input_ = tf.keras.layers.Input(shape=X_train.shape[1:])
normalized = normalization_layer(input_)
hidden1 = hidden_layer1(normalized)
hidden2 = hidden_layer2(hidden1)
concat = concat_layer([normalized, hidden2])
output = output_layer(concat)

model = tf.keras.Model(inputs=[input_], outputs=[output])
```

從較高的角度來看，前五行程式建立了模型所需的所有階層，接下來的六行程式像使用函式一樣，使用這些階層來將輸入轉換為輸出，最後一行程式藉著指定輸入和輸出來建立一個 Keras Model 物件。我們來解釋一下這段程式：

- 首先，我們建立五個神經層：一個 Normalization 層，用來將輸入資料標準化，兩個具有 30 個神經元的 Dense 層，使用 ReLU 觸發函數，一個 Concatenate 層，以及一個單神經元的輸出層，沒有任何觸發函數。

- 接下來，我們建立一個 Input 物件（使用變數名稱 input_ 來避免與 Python 內建的 input() 函式撞名）。它是模型將獲得的輸入規格，包括其 shape，以及選擇性的 dtype（預設為 32 bits 浮點數）。一個模型可能有多個輸入，很快你將會看到。

- 然後，我們像使用函式一樣使用 Normalization 層，將 Input 物件傳給它。這就是為什麼它被稱為函式型（functional）API。請注意，我們僅告訴 Keras 如何將這些階層連接起來，還沒有處理任何實際資料，因為 Input 物件只是資料規格。換句話說，它是一個象徵性的輸入。這個呼叫的輸出也是象徵性的：normalized 不儲存任何實際資料，只被用來建構模型。

- 同樣地，我們將 normalized 傳給 hidden_layer1，它輸出 hidden1，然後我們將 hidden1 傳給 hidden_layer2，它輸出 hidden2。

- 到目前為止，我們按順序連接了這些階層，但接下來，我們使用 concat_layer 來將輸入和第二個隱藏層的輸出連接起來。同樣地，我們尚未拼接任何實際資料：它完全是象徵性的，是為了建構模型。

- 然後，我們將 concat 傳給 output_layer，它將提供最終的輸出。

- 最後，我們建立 Keras Model，指定將使用哪些輸入與輸出。

建構了這個 Keras 模型後，後續的步驟與之前完全相同，所以沒有必要在此重複說明：你要編譯模型、adapt Normalization 層、擬合模型、評估模型，並用它來進行預測。

但是，如果你想透過寬路徑（wide path）發送一部分特徵，並透過深路徑（deep path）發送另一部分特徵（可能有重疊），就像圖 10-14 所示的那樣，該怎麼做？有一種做法是使用多個輸入。例如，假設我們要讓五個特徵經過寬路徑（特徵 0 到 4），六個特徵經過深路徑（特徵 2 到 7），我們可以這樣做：

```
input_wide = tf.keras.layers.Input(shape=[5])  # 特徵 0 至 4
input_deep = tf.keras.layers.Input(shape=[6])  # 特徵 2 至 7
norm_layer_wide = tf.keras.layers.Normalization()
norm_layer_deep = tf.keras.layers.Normalization()
norm_wide = norm_layer_wide(input_wide)
norm_deep = norm_layer_deep(input_deep)
hidden1 = tf.keras.layers.Dense(30, activation="relu")(norm_deep)
hidden2 = tf.keras.layers.Dense(30, activation="relu")(hidden1)
concat = tf.keras.layers.concatenate([norm_wide, hidden2])
output = tf.keras.layers.Dense(1)(concat)
model = tf.keras.Model(inputs=[input_wide, input_deep], outputs=[output])
```

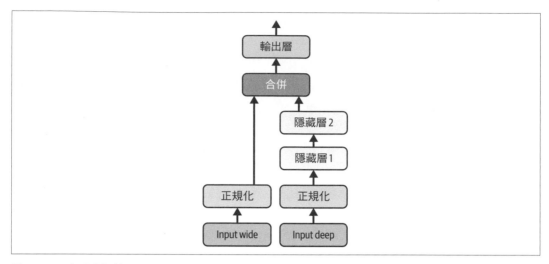

圖 10-14　處理多個輸入

相較於上一個範例,這個範例有幾個注意事項:

- 每一個 Dense 層都是用同一行程式來建立並呼叫的。這是常見的做法,因為它可讓程式碼既簡潔又不失清晰度。然而,我們不能對 Normalization 層這樣做,因為我們必須參考階層,才能在擬合模型之前,呼叫它的 adapt() 方法。

- 我們使用 tf.keras.layers.concatenate(),它會建立一個 Concatenate 層,並將給定的輸入傳給它。

- 我們在建立模型時指定了 inputs=[input_wide, input_deep],因為有兩個輸入。

現在我們像平常一樣編譯模型,但在呼叫 fit() 方法時,不再是傳入一個輸入矩陣 X_train,而是傳入一對矩陣 (X_train_wide, X_train_deep),每個輸入一個矩陣。對於 X_valid 而言也是如此,而且當你呼叫 evaluate() 或 predict() 時,對於 X_test 和 X_new 而言也是如此:

```
optimizer = tf.keras.optimizers.Adam(learning_rate=1e-3)
model.compile(loss="mse", optimizer=optimizer, metrics=["RootMeanSquaredError"])

X_train_wide, X_train_deep = X_train[:, :5], X_train[:, 2:]
X_valid_wide, X_valid_deep = X_valid[:, :5], X_valid[:, 2:]
X_test_wide, X_test_deep = X_test[:, :5], X_test[:, 2:]
X_new_wide, X_new_deep = X_test_wide[:3], X_test_deep[:3]

norm_layer_wide.adapt(X_train_wide)
norm_layer_deep.adapt(X_train_deep)
history = model.fit((X_train_wide, X_train_deep), y_train, epochs=20,
```

```
                    validation_data=((X_valid_wide, X_valid_deep), y_valid))
mse_test = model.evaluate((X_test_wide, X_test_deep), y_test)
y_pred = model.predict((X_new_wide, X_new_deep))
```

 如果你在建立輸入時，設定 name="input_wide" 與 name="input_deep"，你也可以傳遞字典 {"input_wide": X_train_wide, "input_deep": X_train_deep}，而不是傳遞 tuple (X_train_wide, X_train_deep)。如果有多個輸入，強烈建議你使用字典來讓程式碼更清楚並避免順序錯誤。

有許多用例可能需要多個輸出：

- 任務需要多個輸出，例如，在照片中定位並分類主要物體。這既是一種回歸任務，也是一種分類任務。

- 同理，你可能有基於相同資料的多個獨立任務。當然，你可以為每一個任務訓練一個神經網路，但是在許多情況下，訓練一個神經網路，並且讓它為每個任務輸出一個結果，可以讓所有任務都有更好的結果。這是因為神經網路可以從資料中學到對所有任務都有幫助的特徵。例如，你可以對人臉照片執行**多任務分類**，使用一個輸出來分類臉部表情（微笑、驚訝等），用另一個輸出來辨識他們是否戴著眼鏡。

- 另一個用例是當成正則化技術（也就是一種訓練約束，其目標是減少過擬，從而提升模型的類推能力）。例如，你可以在神經網路架構中加入一個輔助輸出（見圖 10-15），以確保網路的底層能夠獨立地學到一些有用的資訊，而不依賴網路的其他部分。

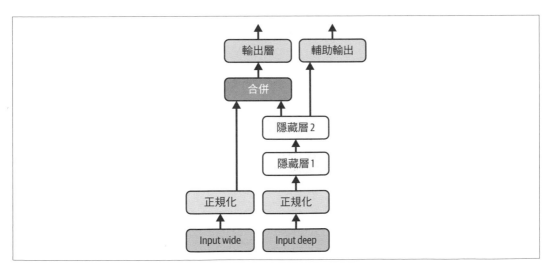

圖 10-15　處理多個輸出，這個例子加入正則化的輔助輸出

加入額外的輸出很簡單，只要將輸出連接到合適的階層，並將它們加到模型的輸出串列即可。例如，下面的程式建立圖 10-15 的網路：

```
[...]  # 與上面一樣，直到主輸出層
output = tf.keras.layers.Dense(1)(concat)
aux_output = tf.keras.layers.Dense(1)(hidden2)
model = tf.keras.Model(inputs=[input_wide, input_deep],
                       outputs=[output, aux_output])
```

每個輸出都需要指定它自己的損失函數。因此，我們在編譯模型時要傳遞一個損失函數串列。如果只傳遞一個損失函數，Keras 將假設那個損失函數是讓所有輸出使用的。在預設情況下，Keras 會計算所有的損失，並計算它們的總和，來取得用於訓練的最終損失。由於我們比較關注主要輸出而不是輔助輸出（因為輔助輸出只用於正則化），我們希望讓主要輸出的損失有更大的權重。幸運的是，在編譯模型時，你可以設定所有損失權重：

```
optimizer = tf.keras.optimizers.Adam(learning_rate=1e-3)
model.compile(loss=("mse", "mse"), loss_weights=(0.9, 0.1), optimizer=optimizer,
              metrics=["RootMeanSquaredError"])
```

 你可以傳遞字典 loss={"output": "mse", "aux_output": "mse"} 而不是傳遞 tuple loss=("mse", "mse")，假設你已經用 name="output" 與 name="aux_output" 來建立輸出層。就像處理輸入時一樣，這樣做可以讓程式碼更清楚，也可以在有多個輸出時避免錯誤。你也可以將 loss_weights 設為字典。

接下來，當我們訓練模型時，我們必須提供每一個輸出的標籤。在這個例子中，主輸出與輔助輸出應該試著預測同一件事，所以它們應該使用同一組標籤。所以，如果輸出的名稱是 "output" 與 "aux_output" 的話，我們應該傳遞 (y_train, y_train) 或字典 {"output": y_train, "aux_output": y_train}，而不是傳遞 y_train。對 y_valid 與 y_test 而言也是如此：

```
norm_layer_wide.adapt(X_train_wide)
norm_layer_deep.adapt(X_train_deep)
history = model.fit(
    (X_train_wide, X_train_deep), (y_train, y_train), epochs=20,
    validation_data=((X_valid_wide, X_valid_deep), (y_valid, y_valid))
)
```

當我們評估模型時，Keras 會回傳損失的加權總和，以及所有的個別損失和指標：

```
eval_results = model.evaluate((X_test_wide, X_test_deep), (y_test, y_test))
weighted_sum_of_losses, main_loss, aux_loss, main_rmse, aux_rmse = eval_results
```

如果你設定 return_dict=True 的話，evaluate() 會回傳字典，而不是一個
很大的 tuple。

同理，predict() 方法會回傳各個輸出的預測：

```
y_pred_main, y_pred_aux = model.predict((X_new_wide, X_new_deep))
```

predict() 方法回傳一個 tuple，它沒有提供字典的 return_dict 引數。不過，你可以使用
model.output_names 來建立字典：

```
y_pred_tuple = model.predict((X_new_wide, X_new_deep))
y_pred = dict(zip(model.output_names, y_pred_tuple))
```

如你所見，你可以使用函式型 API 來建構各種架構。接下來要介紹建構 Keras 模型的最後
一種方式。

將 API 子類別化，以建立動態模型

循序型 API 和函式型 API 都是宣告型（declarative）的，你要先宣告有哪些階層，以及那
些階層如何連接，才能開始提供資料，以進行模型訓練或推理。這種做法有很多優點，包
括模型可以被輕鬆保存、複製和分享、其結構可被顯示和分析、框架可以推斷外形和檢查
型態，以提前捕捉錯誤（也就是在任何資料通過模型之前）。這種方式也相對容易除錯，
因為整個模型是一個靜態的階層圖（graph of layers）。但靜態也是它的缺點。有些模型涉
及迴圈、不斷改變的外形、條件分支和其他動態行為。對於這些情況，或者如果你只是喜
歡較命令式（imperative）的設計風格，那麼子類別化（subclassing）API 很適合你。

你只要子類別化 Model，在建構式中建立你需要的階層，然後在 call() 方法裡使用它們來
執行計算即可。例如，建立下面的 WideAndDeepModel 類別的實例可以得到與剛剛使用函式
型 API 來建構的模型等價的模型：

```
class WideAndDeepModel(tf.keras.Model):
    def __init__(self, units=30, activation="relu", **kwargs):
        super().__init__(**kwargs)  # 需支援模型指名
        self.norm_layer_wide = tf.keras.layers.Normalization()
        self.norm_layer_deep = tf.keras.layers.Normalization()
        self.hidden1 = tf.keras.layers.Dense(units, activation=activation)
        self.hidden2 = tf.keras.layers.Dense(units, activation=activation)
        self.main_output = tf.keras.layers.Dense(1)
        self.aux_output = tf.keras.layers.Dense(1)

    def call(self, inputs):
```

```
        input_wide, input_deep = inputs
        norm_wide = self.norm_layer_wide(input_wide)
        norm_deep = self.norm_layer_deep(input_deep)
        hidden1 = self.hidden1(norm_deep)
        hidden2 = self.hidden2(hidden1)
        concat = tf.keras.layers.concatenate([norm_wide, hidden2])
        output = self.main_output(concat)
        aux_output = self.aux_output(hidden2)
        return output, aux_output

model = WideAndDeepModel(30, activation="relu", name="my_cool_model")
```

這個例子與之前的例子非常相似,只是我們在建構式中建立階層[17],在 call() 方法中使用它們,將建立與使用的程式分開。而且,我們不需要建立 Input 物件:我們可以使用 call() 方法的 input 引數。

有了一個模型實例之後,我們可以編譯它,adapt 它的正規化層(例如,使用 model.norm_layer_wide.adapt(...) 和 model.norm_layer_deep.adapt(...))、進行擬合、評估它,和使用它來進行預測,就像我們在函式型 API 中做的一樣。

這個 API 有一個很大的差異在於,你可以在 call() 方法裡面編寫幾乎任何你想寫的程式,例如 for 迴圈、if 陳述式、低階 TensorFlow 操作…等,盡情發揮你的想像力(見第 12 章)!所以它很適合用來實驗新想法,尤其是對研究者而言。然而,這些額外的彈性是有代價的:模型的架構被隱藏在 call() 方法裡面,所以 Keras 無法輕鬆地檢查它、模型無法用 tf.keras.models.clone_model() 來複製;而且當你呼叫 summary() 方法時,你只會得到一個階層串列,沒有關於它們如何相連的任何資訊。此外,Keras 無法提前檢查型態與外形,所以更容易犯錯。除非你真的需要這些額外的彈性,否則應該使用循序型 API 或函式型 API。

Keras 模型可以像使用常規的階層一樣使用,所以你可以組合它們來建立複雜的架構。

知道如何使用 Keras 來建立和訓練神經網路之後,你一定想要儲存它們!

---

17 Keras 模型有一個 output 屬性,所以我們不能使用 output 作為主輸出層的名稱,這就是為什麼我們將它改名為 main_output。

儲存和取回模型

儲存訓練好的 Keras 模型非常簡單，只要執行這段程式即可：

```
model.save("my_keras_model", save_format="tf")
```

當你設定 `save_format="tf"` 時 [18]，Keras 會使用 TensorFlow 的 *Saved-Model* 格式來儲存模型：這是一個目錄（使用給定的名稱），裡面有幾個檔案和子目錄。特別要提的是，*saved_model.pb* 檔案包含序列化計算圖形式的模型架構和邏輯，因此你不需要為了在生產環境中使用模型而部署模型的原始碼，只要使用 SavedModel 即可（你將在第 12 章瞭解工作原理）。*keras_metadata.pb* 檔案包含 Keras 所需的額外資訊。*variables* 子目錄包含所有參數值（包括連結權重、偏差、正規化統計數據和優化器參數），如果模型很大，可能會被拆成幾個檔案。最後，*assets* 目錄可能有額外的檔案，例如資料樣本、特徵名稱、類別名稱…等。在預設情況下，*assets* 目錄是空的。由於優化器也被儲存起來，包括它的超參數和任何可能的狀態，因此在載入模型後，如果需要，你可以繼續訓練模型。

 如果你設定 `save_format="h5"`，或使用 *.h5*、*.hdf5* 或 *.keras* 副檔名，Keras 使用 Keras 專用格式來將模型存入單一檔案，該格式基於 HDF5 格式。然而，大多數 TensorFlow 部署工具都需要 SavedModel 格式。

我們通常會編寫腳本來訓練模型及儲存它，並且編寫一個或多個腳本（或網路服務）來載入模型並用它來進行評估或預測。載入模型和儲存模型一樣簡單：

```
model = tf.keras.models.load_model("my_keras_model")
y_pred_main, y_pred_aux = model.predict((X_new_wide, X_new_deep))
```

你也可以使用 `save_weights()` 和 `load_weights()` 方法來儲存和載入參數值。參數值包括連結權重、偏差、預先處理統計數據、優化器狀態…等。參數值會被儲存在一個或多個這樣子的檔案中：*my_weights.data-00004-of-00052*，以及一個這樣子的索引檔案：*my_weights.index*。

僅儲存權重比儲存整個模型更快速，而且占用更少磁碟空間，因此非常適合在訓練過程中儲存快速檢查點。如果你正在訓練一個龐大的模型，需要花費數小時或數天的時間，你必須定期儲存檢查點，以防電腦崩潰。但是，該如何要求 `fit()` 方法儲存檢查點？你要使用回呼（callback）。

18　目前這是預設的格式，但 Keras 團隊正在設計新格式，可能是未來版本的預設值，因此，為了未來相容性，我建議明確地設定格式。

使用回呼

fit() 方法有個回呼引數可用來指定一系列物件，讓 Keras 在訓練之前和之後，以及在各個 epoch 開始之前和之後呼叫，甚至在處理各個批次之前和之後呼叫。例如，ModelCheckpoint 回呼可在訓練期間定期儲存模型的檢查點，預設在每個 epoch 結束時儲存：

```
checkpoint_cb = tf.keras.callbacks.ModelCheckpoint("my_checkpoints",
                                                   save_weights_only=True)
history = model.fit([...], callbacks=[checkpoint_cb])
```

此外，如果你在訓練期間使用驗證組，你可以在建立 ModelCheckpoint 時設定 save_best_only=True。如此一來，它只會在預測驗證組的表現是史上最好的情況下儲存模型。這樣，你就不需要擔心訓練時間太長及過擬訓練組了，你只要在訓練後復原最後一次儲存的模型，它就是預測驗證組的表現最好的模型了。這是實作提早停止（在第 4 章介紹過）的方法之一，但它實際上不會停止訓練。

另一種方法是使用 EarlyStopping 回呼。當模型預測驗證組的表現連續若干個週期（用 patience 引數來定義）沒有進步時，它會中斷訓練。如果將 restore_best_weights 設為 True，它將在訓練結束時恢復為最佳模型。你可以一起使用這兩個回呼，在電腦崩潰時儲存模型的檢查點，並在沒有進展時及早中斷訓練，以免浪費時間和資源，並降低過擬。

```
early_stopping_cb = tf.keras.callbacks.EarlyStopping(patience=10,
                                                     restore_best_weights=True)
history = model.fit([...], callbacks=[checkpoint_cb, early_stopping_cb])
```

你可以將訓練的 epoch 數設為較大的值，因為訓練沒有進展時會自動停止（你只要確保學習速度不要太小即可，否則訓練可能會持續緩慢地進展，直至結束）。EarlyStopping 回呼會將最佳模型權重存入 RAM，並在訓練結束時為你恢復它們。

 tf.keras.callbacks 程式包（*https://keras.io/api/callbacks*）還有許多其他回呼可用。

如果你需要額外的控制，你也可以輕鬆地撰寫自己的回呼。例如，下面的自訂回呼函式會在訓練過程中顯示驗證損失與訓練損失的比值（例如，用來檢測過擬合）：

```
class PrintValTrainRatioCallback(tf.keras.callbacks.Callback):
    def on_epoch_end(self, epoch, logs):
        ratio = logs["val_loss"] / logs["loss"]
        print(f"Epoch={epoch}, val/train={ratio:.2f}")
```

你應該猜到，你也可以實作 on_train_begin()、on_train_end()、on_epoch_begin()、on_epoch_end()、on_batch_begin() 與 on_batch_end()。你也可以在評估和預測期間使用回呼，如果需要的話（例如用來除錯）。在評估時，你應該實作 on_test_begin()、on_test_end()、on_test_batch_begin() 或 on_test_batch_end()，它們是讓 evaluate() 呼叫的，在預測時，你要實作 on_predict_begin()、on_predict_end()、on_predict_batch_begin() 或 on_predict_batch_end()，它們是讓 predict() 呼叫的。

接著來看一下在使用 Keras 時一定要擁有的另一項工具：TensorBoard。

使用 TensorBoard 來進行視覺化

TensorBoard 是很棒的互動式視覺化工具，你可以用它來查看訓練期間的學習曲線、比較多次執行之間的曲線與指標、將計算圖視覺化、分析訓練統計數據、檢查模型產生的圖像、將複雜的多維資料投射到 3D 來將它視覺化並自動進行聚類、**效能分析**（*profile*）你的網路（即測量其速度以找出瓶頸），此外還有更多功能！

TensorBoard 在安裝 TensorFlow 時會自動安裝。但是，你要安裝 TensorBoard 外掛才能將效能分析資料視覺化。如果你已經按照 *https://homl.info/install* 的安裝說明在本地進行所有操作，你就安裝了外掛，但是，在使用 Colab 時，必須執行以下命令：

```
%pip install -q -U tensorboard-plugin-profile
```

要使用 TensorBoard，你必須修改程式，來讓它將你想要視覺化的資料輸出至名為**事件檔案**的特殊二進制 log 檔案（logfile）中。每一筆二進制資料記錄都稱為**摘要**（*summary*）。TensorBoard 伺服器會監視 log 目錄，並自動挑出變動及更新視覺化結果，這可將即時資料視覺化（稍有延遲），例如訓練期間的學習曲線。一般情況下，你要將 TensorBoard 伺服器指向一個根 log 目錄，並設置你的程式，讓它每次執行時都寫到不同的子目錄。這樣就可以讓同一個 TensorBoard 伺服器實例視覺化和比較多次執行產生的資料，而不會混淆一切。

我們將根 log 目錄命名為 *my_logs*，並定義一個小函式，根據當下的日期和時間來產生 log 子目錄的路徑，讓每次執行時的子目錄都不一樣：

```
from pathlib import Path
from time import strftime

def get_run_logdir(root_logdir="my_logs"):
    return Path(root_logdir) / strftime("run_%Y_%m_%d_%H_%M_%S")

run_logdir = get_run_logdir()  # 例如 my_logs/run_2022_08_01_17_25_59
```

好訊息是，Keras 提供一個方便的 `TensorBoard()` 回呼函式來為你建立 log 目錄（包括必要的父目錄），並在訓練期間建立事件檔案並寫入摘要。它會測量模型的訓練損失和指標（在這個例子裡，它是 MSE 與 RMSE），它還可以分析神經網路效能。它非常容易使用：

```
tensorboard_cb = tf.keras.callbacks.TensorBoard(run_logdir,
                                                profile_batch=(100, 200))
history = model.fit([...], callbacks=[tensorboard_cb])
```

就這麼簡單！在這個例子裡，它會在第一個 epoch 期間的第 100 批到第 200 批之間對網路進行效能分析。為什麼是 100 和 200？因為神經網路通常需要用幾個批次來「熱身」，所以不能太早進行效能分析，並且效能分析需要資源，所以最好不要針對每一個批次進行。

接下來，我們試著將學習速度從 0.001 改為 0.002，然後再次執行程式碼，使用一個新的 log 子目錄。你會得到類似下面的目錄結構：

```
my_logs
├── run_2022_08_01_17_25_59
│   ├── train
│   │   ├── events.out.tfevents.1659331561.my_host_name.42042.0.v2
│   │   ├── events.out.tfevents.1659331562.my_host_name.profile-empty
│   │   └── plugins
│   │       └── profile
│   │           └── 2022_08_01_17_26_02
│   │               ├── my_host_name.input_pipeline.pb
│   │               └── [...]
│   └── validation
│       └── events.out.tfevents.1659331562.my_host_name.42042.1.v2
└── run_2022_08_01_17_31_12
    └── [...]
```

每次執行都會產生一個子目錄，裡面有一個訓練 log 子目錄和一個驗證 log 子目錄。這兩個子目錄裡面都有事件檔案，而訓練 log 也包含效能分析追蹤（trace）。

有了事件檔案後，我們來啟動 TensorBoard 伺服器。你可以直接在 Jupyter 或 Colab 中使用 TensorBoard 的 Jupyter 擴充套件來完成這項操作，該擴充套件已經與 TensorBoard 程式庫一起安裝了。Colab 已預裝這個擴充套件。下面的程式碼載入 TensorBoard 的 Jupyter 擴充套件，第二行啟動一個 TensorBoard 伺服器，用於 *my_logs* 目錄，然後在 Jupyter 裡連接至該伺服器，並直接顯示用戶介面。伺服器會監聽大於或等於 6006 的第一個可用 TCP 埠（或者，你可以使用 `--port` 選項來設定連接埠）。

```
%load_ext tensorboard
%tensorboard --logdir=./my_logs
```

如果你在自己的電腦上執行所有內容，你可以在終端機中執行 `tensorboard --logdir=./my_logs` 來啟動 TensorBoard。你必須先啟動安裝了 TensorBoard 的 Conda 環境，並前往 *handson-ml3* 目錄。伺服器啟動後，連接 *http://localhost:6006*。

現在你應該可以看到 TensorBoard 的用戶介面。按下 SCALARS 選項卡（tab）來檢查學習曲線（見圖 10-16）。在左下角選擇想看的 log（例如第一次執行和第二次執行時的訓練 log），並按下 epoch_loss 純量。注意，在這兩次執行中，訓練損失都下降了，但是在第二次執行中，由於學習速度較高，下降速度稍快一些。

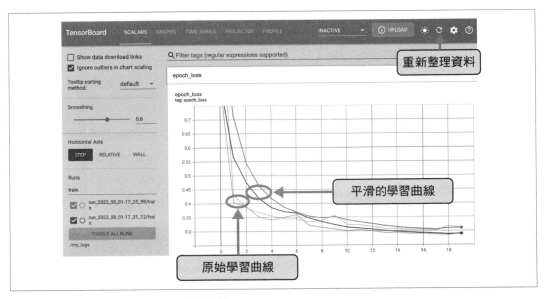

圖 10-16　用 TensorBoard 來顯示學習曲線

你也可以在 GRAPHS 選項卡中，將整個計算圖視覺化，在 PROJECTOR 選項卡中，將學習到的權重投射到 3D 空間，以及在 PROFILE 選項卡中，對追蹤（trace）進行效能分析。`TensorBoard()` 回呼也有一些記錄額外資料的選項（詳情見文件）。你可以點選右上角的重新整理按鈕（↻）來重新整理 TensorBoard 的資料，或是點選設定按鈕（⚙）來啟用自動重新整理並指定每隔多久重新整理一次。

此外，TensorFlow 也透過 `tf.summary` 程式包來提供一種低階 API。下面的程式使用 `create_file_writer()` 函式來建立一個 `SummaryWriter`，並使用這個 writer 作為 Python context 來記錄純量、直方圖、圖像、音訊、文本，這些紀錄都可以用 TensorBoard 來視覺化：

```python
test_logdir = get_run_logdir()
writer = tf.summary.create_file_writer(str(test_logdir))
with writer.as_default():
    for step in range(1, 1000 + 1):
        tf.summary.scalar("my_scalar", np.sin(step / 10), step=step)

        data = (np.random.randn(100) + 2) * step / 100  # 變得更大
        tf.summary.histogram("my_hist", data, buckets=50, step=step)

        images = np.random.rand(2, 32, 32, 3) * step / 1000  # 變得更明亮
        tf.summary.image("my_images", images, step=step)

        texts = ["The step is " + str(step), "Its square is " + str(step ** 2)]
        tf.summary.text("my_text", texts, step=step)

        sine_wave = tf.math.sin(tf.range(12000) / 48000 * 2 * np.pi * step)
        audio = tf.reshape(tf.cast(sine_wave, tf.float32), [1, -1, 1])
        tf.summary.audio("my_audio", audio, sample_rate=48000, step=step)
```

如果你執行此程式碼並在 TensorBoard 中點選重新整理按鈕，你會看到 TensorBoard 出現幾個選項卡：IMAGES、AUDIO、DISTRIBUTIONS、HISTOGRAMS 和 TEXT。點選 IMAGES 選項卡，並使用每張圖像上方的滑桿來檢查不同時步的圖像。同樣地，點選 AUDIO 選項卡，並試著聆聽不同時步的音訊。如你所見，TensorBoard 是一種很方便的工具，甚至超越了 TensorFlow 或深度學習。

你可以將你的結果發表到 *https://tensorboard.dev* 來分享它們，做法是執行 `!tensorboard dev upload --logdir ./my_logs`。在第一次執行時，它會要求你接受條款與條件並進行身分驗證。然後，你的 log 會被上傳，而且你會獲得一個永久的連結，可在 TensorBoard 介面裡用來查看你的結果。

我們總結一下你在本章中學到的內容：你現在知道神經網路的起源、MLP 是什麼，以及如何用它來進行分類和回歸、如何使用 Keras 的循序型 API 來建構 MLP，還有如何使用函式型 API 或子類化 API 來建構更複雜的模型架構（包括 Wide & Deep 模型，和具有多個輸入和輸出的模型）。你還學會如何儲存和復原模型，以及如何使用回呼函式來儲存檢查點、提早停止…等。最後，你瞭解如何使用 TensorBoard 來進行視覺化。你已經可以開始使用

神經網路來解決許多問題了！但是，你可能想知道如何選擇隱藏層的數量、網路神經元的數量以及其他超參數。我們來探討這些問題。

微調神經網路超參數

神經網路的靈活性也是它們的主要缺點之一：它有很多超參數需要調整。你不僅可以使用想像得到的任何網路架構，即使僅使用基本的 MLP，你也可以改變層數、每一層的神經元數量、每一層的觸發函數種類、權重初始化邏輯、優化器種類、它的學習速度、批次大小…等。如何確定哪個超參數組合對你的任務而言最好？

有一種做法是將 Keras 模型轉換為 Scikit-Learn 估計器，然後使用 GridSearchCV 或 RandomizedSearchCV 來微調超參數，就像第 2 章的做法。為此，你可以使用 SciKeras 程式庫的 KerasRegressor 和 KerasClassifier 包裝器類別（詳情見 *https://github.com/adriangb/scikeras*）。但還有一種更好的做法：你可以使用 *Keras Tuner* 程式庫，它是專為 Keras 模型設計的超參數調整程式庫。它提供了多種調整策略、高度可訂製，並且與 TensorBoard 密切地整合。我們來看看如何使用它。

如果你按照 *https://homl.info/install* 的安裝說明進行了安裝，並在本地執行所有內容，你就已經安裝了 Keras Tuner。但如果你使用的是 Colab，你要執行 `%pip install -q -U keras-tuner` 命令來安裝 Keras Tuner。接下來，匯入 `keras_tuner`，通常將它匯入為 `kt`，並編寫一個建構、編譯與回傳 Keras 模型的函式。該函式必須以參數接收一個 `kt.HyperParameters` 物件，讓函式用該物件來定義超參數（整數、浮點數、字串…等）以及值的可能範圍，這些超參數可用來建構和編譯模型。例如，下面的函式建構並編譯一個用來對 Fashion MNIST 圖像進行分類的 MLP，它使用一些超參數，例如隱藏層的數量（`n_hidden`）、每層神經元的數量（`n_neurons`）、學習速度（`learning_rate`）以及優化器類型（`optimizer`）：

```
import keras_tuner as kt

def build_model(hp):
    n_hidden = hp.Int("n_hidden", min_value=0, max_value=8, default=2)
    n_neurons = hp.Int("n_neurons", min_value=16, max_value=256)
    learning_rate = hp.Float("learning_rate", min_value=1e-4, max_value=1e-2,
                             sampling="log")
    optimizer = hp.Choice("optimizer", values=["sgd", "adam"])
    if optimizer == "sgd":
        optimizer = tf.keras.optimizers.SGD(learning_rate=learning_rate)
    else:
        optimizer = tf.keras.optimizers.Adam(learning_rate=learning_rate)
```

```
model = tf.keras.Sequential()
model.add(tf.keras.layers.Flatten())
for _ in range(n_hidden):
    model.add(tf.keras.layers.Dense(n_neurons, activation="relu"))
model.add(tf.keras.layers.Dense(10, activation="softmax"))
model.compile(loss="sparse_categorical_crossentropy", optimizer=optimizer,
              metrics=["accuracy"])
return model
```

函式的第一部分定義超參數。例如，hp.Int("n_hidden", min_value=0, max_value=8, default=2) 檢查 HyperParameters 物件 hp 裡面有沒有名為 "n_hidden" 的超參數，如果有，回傳它的值，如果沒有，就註冊一個新的整數超參數，名稱為 "n_hidden"，它的值的範圍是 0 到 8（包括邊界），並回傳預設值，在本例中，預設值為 2（如果未設定 default，則回傳 min_value）。"n_neurons" 超參數以類似的方式註冊。"learning_rate" 超參數被註冊為浮點數，其範圍從 10^{-4} 到 10^{-2}。由於 sampling="log"，因此所有尺度的學習速度將被均等抽樣。最後，optimizer 超參數被註冊為兩個可能的值："sgd" 或 "adam"（預設值為第一個值，即 "sgd"）。我們根據 optimizer 的值，使用給定的學習速度來建立一個 SGD 優化器或 Adam 優化器。

函式的第二部分使用超參數值來建構模型。它建立了一個 Sequential 模型，首先建立一個 Flatten 層，然後根據超參數 n_hidden 設定的隱藏層數量建立隱藏層（使用 ReLU 觸發函數），接著是一個具有 10 個神經元的輸出層（每個類別一個神經元），這一層使用 softmax 觸發函數。最後，函式編譯模型並回傳它。

現在，如果你想進行基本的隨機搜尋，你可以建立一個 kt.RandomSearch 調整器（tuner），將 build_model 函式傳給調整器的建構式，然後呼叫調整器的 search() 方法：

```
random_search_tuner = kt.RandomSearch(
    build_model, objective="val_accuracy", max_trials=5, overwrite=True,
    directory="my_fashion_mnist", project_name="my_rnd_search", seed=42)
random_search_tuner.search(X_train, y_train, epochs=10,
                           validation_data=(X_valid, y_valid))
```

RandomSearch 調整器先使用一個空的 Hyperparameters 物件來呼叫 build_model() 函式，以收集所有的超參數規格。然後，在這個範例中，它執行 5 次試驗，在每次試驗中，它使用在各自範圍內隨機抽樣的超參數來建構一個模型，然後訓練該模型 10 epoch，並將它儲存至 *my_fashion_mnist/my_rnd_search* 目錄的子目錄中。由於 overwrite=True，在訓練開始之前會刪除 *my_rnd_search* 目錄。如果你再次執行此程式碼，但設定 overwrite=False 與 max_trials=10，調整器將從上次結束的地方繼續進行調整，再執行 5 次試驗：這意味著你不必一次執行所有試驗。最後，由於 objective 被設為 "val_accuracy"，調整器偏好具有更高驗證準確率的模型，因此一旦調整器完成搜尋，你可以用下列程式獲得最佳模型：

```
top3_models = random_search_tuner.get_best_models(num_models=3)
best_model = top3_models[0]
```

你也可以呼叫 get_best_hyperparameters() 來取得最佳模型的 kt.HyperParameters 參數：

```
>>> top3_params = random_search_tuner.get_best_hyperparameters(num_trials=3)
>>> top3_params[0].values  # 最佳超參數值
{'n_hidden': 5,
 'n_neurons': 70,
 'learning_rate': 0.00041268008323824807,
 'optimizer': 'adam'}
```

每一個調整器都遵守一個所謂的 *oracle* 的指引：在每次試驗之前，調整器會請 oracle 告訴它下一次試驗應該怎麼做。RandomSearch 調整器使用 RandomSearchOracle，它非常基本，僅隨機選擇下一次試驗，就像之前看到的那樣。由於 oracle 追蹤了所有的試驗，你可以要求它給你最佳試驗，你也可以顯示該試驗的摘要：

```
>>> best_trial = random_search_tuner.oracle.get_best_trials(num_trials=1)[0]
>>> best_trial.summary()
Trial summary
Hyperparameters:
n_hidden: 5
n_neurons: 70
learning_rate: 0.00041268008323824807
optimizer: adam
Score: 0.8736000061035156
```

這將顯示最佳超參數（就像之前一樣），以及驗證準確率。你還可以直接讀取所有的指標：

```
>>> best_trial.metrics.get_last_value("val_accuracy")
0.8736000061035156
```

如果你對最佳模型的效能很滿意，你可以用完整的訓練組（X_train_full 和 y_train_full）來繼續訓練它幾個 epoch，然後用測試組來評估它，並將它部署到生產環境中（見第 19 章）：

```
best_model.fit(X_train_full, y_train_full, epochs=10)
test_loss, test_accuracy = best_model.evaluate(X_test, y_test)
```

有時你可能想微調資料預先處理超參數或 model.fit() 的引數，例如批次大小。為此，你必須使用稍微不同的技術，你不能編寫一個 build_model() 函式，而是要製作 kt.HyperModel 類別的子類別，並定義兩個方法：build() 和 fit()。build() 方法與 build_model() 函式的功能完全相同。fit() 方法接受一個 HyperParameters 物件和一個已編譯的模型，以及 model.fit() 的所有引數，並對模型進行擬合，再回傳 History 物件。重點是，fit() 方法可以使用超參數來決定如何預先處理資料、調整批次大小…等。例如，下面的類別會建構與之前相同的模型，它有相同的超參數，但它也使用一個布林型態的 "normalize" 超參數來控制是否在擬合模型之前，先對訓練資料進行標準化：

```python
class MyClassificationHyperModel(kt.HyperModel):
    def build(self, hp):
        return build_model(hp)

    def fit(self, hp, model, X, y, **kwargs):
        if hp.Boolean("normalize"):
            norm_layer = tf.keras.layers.Normalization()
            X = norm_layer(X)
        return model.fit(X, y, **kwargs)
```

然後，你可以將這個類別的實例傳給你選擇的調整器，而不是傳遞 build_model 函式。例如，我們基於 MyClassificationHyperModel 實例建構一個 kt.Hyperband 調整器：

```python
hyperband_tuner = kt.Hyperband(
    MyClassificationHyperModel(), objective="val_accuracy", seed=42,
    max_epochs=10, factor=3, hyperband_iterations=2,
    overwrite=True, directory="my_fashion_mnist", project_name="hyperband")
```

這個調整器類似我們在第 2 章討論的 HalvingRandomSearchCV 類別：它先用少量的 epoch 來訓練許多不同的模型，然後淘汰最差的模型，只保留前 1 / factor 個模型（在這個例子中是前三分之一），重複這個選擇過程，直到只剩下一個模型 [19]。max_epochs 引數控制最佳模型最多訓練多少 epoch。在本例中，整個程式重複兩次（hyperband_iterations=2）。在每一次 hyperband 迭代中，所有模型的總訓練 epoch 大約是 max_epochs * (log(max_epochs) / log(factor)) ** 2，所以這個例子大約是 44 epoch。其他的引數與 kt.RandomSearch 的相同。

---

19 Hyperband 演算法比連續減半演算法稍微複雜一些，請情見 Lisha Li 等人的論文（*https://homl.info/hyperband*）"Hyperband: A Novel Bandit-Based Approach to Hyperparameter Optimization", *Journal of Machine Learning Research* 18 (April 2018): 1–52.

我們來執行 Hyperband 調整器。我們將使用 TensorBoard 回呼，這次指向根 log 目錄（調整器將負責讓每次試驗使用不同的子目錄），以及一個 EarlyStopping 回呼：

```
root_logdir = Path(hyperband_tuner.project_dir) / "tensorboard"
tensorboard_cb = tf.keras.callbacks.TensorBoard(root_logdir)
early_stopping_cb = tf.keras.callbacks.EarlyStopping(patience=2)
hyperband_tuner.search(X_train, y_train, epochs=10,
                       validation_data=(X_valid, y_valid),
                       callbacks=[early_stopping_cb, tensorboard_cb])
```

現在，當你打開 TensorBoard，並將 --logdir 設為 *my_fashion_mnist/hyperband/tensorboard* 目錄時，你將看到所有試驗結果的展示。按下 HPARAMS 選項卡：它裡面有所有嘗試過的超參數組合的摘要，以及相應的指標。請注意，在 HPARAMS 選項卡內有三個選項卡：表格畫面（table view）、平行座標畫面（parallel coordinates view）和散點圖矩陣畫面（scatterplot matrix view）。在左側面板的底部部分，取消選取 validation.epoch_accuracy 以外的所有指標，讓圖表更清晰。在平行座標畫面裡的 validation.epoch_accuracy 欄中選擇一個高值範圍，以篩選出達成良好效能的超參數組合。點選其中一個超參數組合，其相應的學習曲線會出現在頁面底部。花一些時間瀏覽每一個選項卡，這可以幫助你瞭解每個超參數對效能的影響，以及超參數之間的相互作用。

Hyperband 配置資源的做法比純隨機搜尋更聰明，但本質上仍然是隨機探尋超參數空間，雖然它的速度快，但較粗糙。然而，Keras Tuner 還有 kt.BayesianOptimization 調整器，這個演算法藉著擬合一種稱為**高斯過程**（*Gaussian process*）的機率模型，來逐漸學習超參數空間的哪些區域最有希望。高斯過程能夠使它逐漸聚焦於最佳超參數。但它的缺點在於該演算法本身也有一些超參數：alpha 代表你預期在各次試驗的效能測量中的雜訊等級（預設為 10^{-4}），而 beta 是你希望演算法探索多少超參數空間，而不是僅探索已知的良好區域（預設為 2.6）。除此之外，該調整器的使用方式與之前的調整器相同：

```
bayesian_opt_tuner = kt.BayesianOptimization(
    MyClassificationHyperModel(), objective="val_accuracy", seed=42,
    max_trials=10, alpha=1e-4, beta=2.6,
    overwrite=True, directory="my_fashion_mnist", project_name="bayesian_opt")
bayesian_opt_tuner.search([...])
```

超參數調整仍然是個活躍的研究領域，還有許多其他的方法正在探索中。例如，你可以看一下 DeepMind 在 2017 年發表的優秀論文（*https://homl.info/pbt*）[20]，在裡面，作者們使用進化（evolutionary）演算法來聯合優化一群模型及其超參數。Google 也採用了進化演算法，不僅用來搜尋超參數，也用來探索各種模型架構：它為 Google Vertex AI 上的 AutoML 服務提供技術支援（見第 19 章）。*AutoML* 一詞指的是能夠將大部分機器學習工作流程自

20　Max Jaderberg et al., "Population Based Training of Neural Networks", arXiv preprint arXiv:1711.09846 (2017).

動化的任何系統。進化演算法甚至已被成功用來訓練個別的神經網路，取代了隨處可見的梯度下降！例如，你可以參考 Uber 在 2017 年發表的文章（*https://homl.info/neuroevol*），作者們在裡面介紹了他們的 *Deep Neuroevolution* 技術。

儘管這個領域有這些令人期待的進展以及各種工具和服務，但大致瞭解各種超參數的合理值仍然很有幫助，因為這樣你就可以快速地建構雛型，並且限制搜尋空間。接下來的各節將介紹如何選擇 MLP 的隱藏層和神經元的數量，以及如何為一些主要的超參數選擇好的值。

隱藏層的數量

在處理許多問題時，你可以先用一個隱藏層來取得合理的結果，理論上，具有單一隱藏層的 MLP 可以模擬最複雜的函數，如果它的神經元夠多的話。但是在處理複雜的問題時，深網路的**參數效率**比淺網路的參數效率要高得多。相較於淺網路，深網路可以使用較少的神經元（指數級）為複雜函式進行建模，它們可用相同數量的訓練資料帶來更好的效果。

為了瞭解原因，假設有人請你用繪圖軟體來繪製一片森林，但禁止複製和貼上任何東西，這將花費你大量的時間，你必須畫出每一棵樹、每一根樹枝、每一片葉子。如果你先畫出一片葉子，再將它複製貼上來畫出一根樹枝，再複製並貼上樹枝來畫出一棵樹，最後複製貼上一棵樹來製作一座森林，你很快就完成工作了。真實世界的資料通常具有這種階層架構，深層的神經網路可以自動利用這個事實，它可以用底層的隱藏層來模擬低階結構（例如具有各種形狀與方向的線段），用中層隱藏層來組合這些低階結構來建立中階結構（例如方形、圓形），用最高層隱藏層與輸出層來組合這些中間結構來模擬高階結構（例如人臉）。

這種階層結構不但可以協助 DNN 快速收斂至很好的解，也可以提升類推能力。例如，如果你訓練了一個辨識照片臉譜的模型，你想要再訓練一個新的神經網路來辨識髮型，你可以重複利用第一個網路的低層來開始訓練。你不需要隨機設定新神經網路的前幾層的初始權重和偏差值，而是只要將這些值設成第一個網路的低層的值即可。這可讓網路不必重新學習多數圖像共有的低階結構，只要學習高階結構（髮型）就可以了。這種做法稱為**遷移學習**（*transfer learning*）。

總之，許多問題都可以從一兩個隱藏層開始做起，且神經網路會有不錯的表現。例如，你只要使用一個隱藏層與幾百個神經元來處理 MNIST 資料組就可以輕鬆地獲得超過 97% 的準確率，使用兩個隱藏層和同樣數量的神經元則可以獲得超過 98% 的準確率，在大致相同的訓練時間之內。至於更複雜的問題，你可以增加隱藏層的數量，直到開始過擬訓練組為止。非常複雜的任務（例如大型圖像分類或語音辨識）通常需要幾十層的網路（甚至上百層，但不是全連結的，第 14 章會說明），也需要巨量的訓練資料。在多數情況下，你都不需要從零開始訓練這種網路。重複使用預先訓練過的、執行過類似任務的優秀網路組件是常見的事情，這可以大幅提升訓練速度，且需要的資料量也會少很多（第 11 章將探討這個主題）。

每一個隱藏層的神經元數量

輸入和輸出層的神經元數量取決於你眼前的任務類型。例如，MNIST 任務需要 28 × 28 = 784 個輸入神經元與 10 個輸出神經元。

至於隱藏層，以前常見的做法是將它們設計成金字塔的形狀，讓每一層的神經元數量逐漸減少，這種做法的理論基礎是許多低階特徵可以合併成較少的高階特徵。MNIST 的典型神經網路可能有 3 個隱藏層，第一個隱藏層有 300 個神經元，第 2 個有 200 個，第三個有 100 個。但是，這種做法已經被捨棄了，因為實際上，在多數情況下，讓所有隱藏層都使用一樣多的神經元可產生差不多的效果，甚至更好；此外，採取這種做法的話，我們只需要調整一個超參數，而不是每層一個。話雖如此，根據資料組的不同，有時讓第一個隱藏層比其他隱藏層更大可能會有幫助。

如同階層的數量，你可以試著逐漸增加神經元的數量，直到網路開始過擬為止。或者，你可以先建立一個比實際需要的層數和神經元數量稍微多一些的模型，然後使用提早停止和其他正則化技術來防止它過擬太多。Google 科學家 Vincent Vanhoucke 將這種做法稱為「stretch pants（伸縮褲）」法：與其浪費時間尋找尺寸剛剛好的褲子，不如找一件可以縮小為正確尺寸的大號伸縮褲。藉由這種做法，你可以避免瓶頸層毀了你的模型。事實上，如果階層的神經元太少，它就沒有足夠的表達力可以保留輸入的所有實用資訊（例如，只有兩個神經元的階層只能輸出 2D 資料，所以當它處理 3D 資料時，有些資訊會遺失）。無論網路其餘的部分有多大多強，那些資訊都無法復原。

 一般來說，增加層數比較有效，而不是增加每一層的神經元數量。

學習速度、批次大小，以及其他超參數

在 MLP 中，除了隱藏層與神經元的數量之外，你還可以調整許多超參數。以下是最重要的一些超參數，以及設定它們的技巧：

學習速度

學習速度應該是最重要的超參數。一般來說，最佳學習速度大約是最大學習速度的一半（最大學習速度就是不會導致訓練演算法發散的最大速度，見第 4 章）。為了找出好的學習速度，你可以以反覆訓練模型幾百次，從很低的學習速度開始（例如 10^{-5}）逐漸增加，直到非常大的值（例如 10）為止，在每一次迭代訓練時，將學習速度乘以一個常數（例如乘以 $(10 / 10^{-5})^{1/500}$，這樣就可以在 500 次迭代之間，從 10^{-5} 到 10）。當你以學習速度為橫軸（使用對數刻度），以損失為縱軸，畫出它們之間的關係時，你應該會看到，損失最初會下降。但是經過一段時間後，學習速度會變得太大，所以損失會急劇上升：最佳學習速度略低於損失開始上升的點（通常是轉折點的 10 分之一左右）。然後，你可以將模型重新初始化，再以一般的方式使用這個好的學習速度來重新訓練它。我們會在第 11 章更詳細地探討學習速度優化技術。

優化器

選擇比普通的小批次梯度下降更好的優化器也非常重要（並調整它的超參數）。第 11 章會介紹一些進階的優化器。

批次大小

批次大小可能明顯影響模型的效能與訓練時間。使用大批次的主要優勢是 GPU 之類的硬體加速器可以更有效率地處理它們（見第 19 章），所以訓練演算法每秒可以看到更多實例。因此，很多研究者和從業者都推薦使用可放入 GPU RAM 的最大批次。然而，實際上，使用大批次往往會導致訓練不穩定，尤其是在訓練初期，而且用它來產生的模型可能無法像使用小批次來訓練的模型一樣具有良好的類推能力。在 2018 年 4 月，Yann LeCun 甚至在推特文章「Friends don't let friends use mini-batches larger than 32」中引用 Dominic Masters 和 Carlo Luschi 在 2018 年發表的論文（*https://homl.info/smallbatch*）[21]，該論文的結論是，使用小批次（從 2 到 32）比較好，因為小批次可以在更短的訓練時間內產生更好的模型。然而，其他的研究結果卻指出相反的做法。例如，Elad Hoffer 等人在 2017 年發表的論文（*https://homl.info/largebatch*）[22] 和 Priya Goyal

---

21 Dominic Masters and Carlo Luschi, "Revisiting Small Batch Training for Deep Neural Networks", arXiv preprint arXiv:1804.07612 (2018).

22 Elad Hoffer et al., "Train Longer, Generalize Better: Closing the Generalization Gap in Large Batch Training of Neural Networks", *Proceedings of the 31st International Conference on Neural Information Processing Systems* (2017): 1729–1739.

等人的論文（*https://homl.info/largebatch2*）[23] 指出，我們可以使用非常大的批次（高達 8,192），並結合各種技巧，例如預熱（warming up）學習速度（也就是從較小的學習速度開始訓練，然後逐漸增加，如第 11 章所討論的），來大幅縮短訓練時間，且不影響類推能力。因此，有一種策略是試著使用較大的批次，並進行學習速度預熱，如果訓練不穩定或最終效果不理想，那就改用較小的批次。

觸發函數

我們已經在本章稍早討論過如何選擇觸發函數了，一般來說，ReLU 觸發函數對所有隱藏層而言都是很適合的預設選項，但是對輸出層而言，具體選項取決於你的任務。

迭代次數

多數情況下，訓練迭代次數不需要調整，只要使用提早停止就可以了。

> 最佳學習速度與其他超參數有關（尤其是批次大小），所以當你修改任何超參數時，務必也要更新學習速度。

若要瞭解關於神經網路超參數調整的其他最佳做法，可參考 Leslie Smith 在 2018 年發表的傑出論文（*https://homl.info/1cycle*）[24]。

以上就是關於人工神經網路，以及它們在 Keras 中的實作的介紹。在接下來幾章，我們將討論如何訓練非常深的網路。我們也會探討如何使用 TensorFlow 的低階 API 來自製模型，以及如何使用 tf.data API 來高效地載入資料和預先處理資料。我們也會研究其他流行的神經網路結構，包括處理圖像的摺積神經網路、處理循序資料和文本的遞迴神經網路和轉換器、進行表徵學習的自動編碼器，以及建模和生成資料的生成對抗網路[25]。

習題

1. TensorFlow playground（*https://playground.t ensorflow.org*）是 TensorFlow 團隊製作的神經網路模擬器，在這個習題中，你只要按下幾個按鍵就可以訓練一些二元分類器，並調整模型的結構和超參數，來直觀地認識神經網路如何運作，以及超參數的作用。花一些時間來研究這些事情：

23　Priya Goyal et al., "Accurate, Large Minibatch SGD: Training ImageNet in 1 Hour", arXiv preprint arXiv:1706.02677 (2017).

24　Leslie N. Smith, "A Disciplined Approach to Neural Network Hyper-Parameters: Part 1—Learning Rate, Batch Size, Momentum, and Weight Decay", arXiv preprint arXiv:1803.09820 (2018).

25　位於 *https://homl.info/extra-anns* 的 notebook 有一些額外的 ANN 架構的介紹。

a. 神經網路學到的模式。按下 Run 按鈕（左上）來訓練預設的神經網路。注意它如何迅速地找到分類任務的優質解。第一個隱藏層中的神經元學會了簡單的模式，第二個隱藏層中的神經元則將第一個隱藏層的簡單模式結合起來，形成更複雜的模式。一般來說，層數越多，模式越複雜。

b. 觸發函數。將 tanh 觸發函數換成 ReLU 觸發函數，然後重新訓練網路。注意它找到解的速度更快了，但這次的邊界是線性的，這是 ReLU 函數的形狀所致。

c. 局部最小值的風險。修改網路結構，讓它只有一個具有三個神經元的隱藏層。訓練它多次（按下 Play 按鈕旁的 Reset 按鈕可以重設網路權重）。注意，訓練時間有很大的變化，有時它甚至會陷入局部最小值。

d. 當神經網路太小時會如何？移除一個神經元，只保留兩個。請注意，即使你嘗試多次，現在的神經網路無法找到優質解了。模型的參數太少，系統性地欠擬訓練組。

e. 當神經網路足夠大時會發生什麼情況？將神經元數量設為 8，並多次訓練神經網路。請注意，現在訓練速度都一樣快，而且不會被困住。這突顯了神經網路理論中的一項重要發現：大型神經網路很少陷入局部最小值，即使它們陷入了，這些局部最佳解往往幾乎與全域性最佳解一樣好。然而，它們仍然可能在高原上長時間停滯不前。

f. 深度網路梯度消失的風險。選擇 spiral 資料組（在「DATA」下面的右下方的資料組），並且更改網路架構，讓它有 4 個隱藏層，每一層有 8 個神經元。請注意，模型的訓練時間長很多，並且常常在高原上長時間停滯不前。同時請注意，最高層（右側）的神經元的演化速度比最低層（左側）的神經元更快。這個問題稱為**梯度消失**問題，可以透過更好的權重初始化和其他技術、更好的優化器（如 AdaGrad 或 Adam）或批次正規化（在第 11 章討論）來緩解。

g. 進一步研究一下，花一個小時左右的時間來調整其他參數，感受它們的作用，來更直觀地理解神經網路。

2. 使用原始的人工神經元（像圖 10-3 的那些）畫出一個計算 $A \oplus B$ 的 ANN（$\oplus$ 代表 XOR 運算）。提示：$A \oplus B = (A \wedge \neg B) \vee (\neg A \wedge B)$。

3. 為什麼 logistic 回歸分類器通常比典型的感知器更好？典型的感知器就是用感知器訓練演算法來訓練的一層閾值邏輯單元。如何調整感知器，讓它與 logistic 回歸分類器等價？

4. 為什麼 sigmoid 觸發函數是訓練最初的 MLP 的關鍵元素？

---

5. 指出三種流行的觸發函數，你可以畫出它們嗎？

6. 假設你有一個由以下階層組成的 MLP：一個包含 10 個傳遞神經元的輸入層，接著是一個包含 50 個人工神經元的隱藏層，最後是一個包含 3 個人工神經元的輸出層。所有人工神經元都使用 ReLU 觸發函數。

   a. 輸入矩陣 $\mathbf{X}$ 的外形是什麼？

   b. 隱藏層的權重向量 $\mathbf{W}_h$ 和它的偏差向量 $\mathbf{b}_h$ 的外形是什麼？

   c. 輸出層的權重矩陣 $\mathbf{W}_o$ 與偏差向量 $\mathbf{b}_o$ 的外形是什麼？

   d. 網路的輸出矩陣 $\mathbf{Y}$ 的外形是什麼？

   e. 以 $\mathbf{X}$、$\mathbf{W}_h$、$\mathbf{b}_h$、$\mathbf{W}_o$ 與 $\mathbf{b}_o$ 的函數來寫出計算網路的輸出矩陣 $\mathbf{Y}$ 的公式。

7. 如果你想要將 email 分成垃圾郵件和正常郵件，輸出層應使用多少神經元？你要使用哪種觸發函數？如果你想要處理 MNIST，輸出層要使用多少神經元？你要使用哪種觸發函數？如果你要像第 2 章那樣，讓網路預測房價呢？

8. 什麼是反向傳播？它是怎麼工作的？反向傳播與反向模式自動微分有何差異？

9. 列出你可以在基本 MLP 中調整的所有超參數。如果 MLP 過擬資料組了，如何調整這些超參數來解決問題？

10. 用 MNIST 資料組來訓練深度 MLP（你可以用 `tf.keras.datasets.mnist.load_data()` 來載入它）。看看你能不能藉由手動調整超參數來獲得超過 98% 的準確率。試著使用本章介紹的方法來搜尋最佳學習速度（也就是以指數方式（exponentially）提升學習速度、畫出損失，並找到損失開始上升的點）。然後，試著使用 Keras Tuner 和其他功能來調整超參數、儲存檢查點、使用提早停止法，並使用 TensorBoard 來繪製學習曲線。

這些習題的答案在本章的 notebook（*https://homl.info/colab3*）的結尾。

## 第十一章

訓練深度神經網路

在第 10 章，你已經建立、訓練、微調你的第一個人工神經網路了。但是它們都是淺網路，只有幾個隱藏層而已。如果你需要處理複雜的問題，例如在高解析度的圖像中偵測上百種物體呢？你可能要訓練深很多的 ANN，或許要使用 10 層以上，每一層都有上百個神經元，用幾十萬個連結互連。訓練深度神經網路並不輕鬆，你可能會遇到這些問題：

- 你可能會面臨梯度在反向傳播過程中逐漸變得非常小或非常大的問題。這兩個問題都會讓網路底層非常難以訓練。

- 你可能沒有足夠的資料來訓練大型的網路，或附加標籤的成本太高。

- 訓練速度可能極度緩慢。

- 參數多達數百萬個的模型會面臨很大的過擬訓練組風險，尤其是在沒有足夠的訓練實例，或它們的雜訊太多時。

本章將一一討論這些問題，並介紹解決它們的技術。首先，我們將探討梯度消失和梯度爆炸問題，及最流行的解決方案。接下來，我們將介紹遷移學習和無監督預先訓練，這些方法可以協助你處理複雜的任務，即使你只有少量的帶標籤資料。然後，我們要討論各種可以大幅提升大型模型訓練速度的優化器。最後，我們要介紹幾種用於大型神經網路的流行正則化技術。

有了這些工具之後，你就可以訓練很深的網路了。歡迎光臨深度學習！

梯度消失 / 爆炸問題

正如我們在第 10 章討論的，反向傳播演算法的第二階段是從輸出層到輸入層沿途傳播誤差梯度。當演算法計算代價函數對於各個網路參數的梯度之後，它會使用那些梯度及梯度下降步驟來更改各個參數。

不幸的是，隨著演算法向下傳遞到較低層，梯度往往變得越來越小，最終，梯度下降幾乎不改變較低層的連結權重，且訓練永遠無法收斂到優質解。這稱為**梯度消失**（*vanishing gradients*）問題。有時也會出現相反的情況：梯度可能越來越大，直到階層的權重被改成非常大，導致演算法發散。這稱為**梯度爆炸**（*exploding gradients*）問題，在遞迴神經網路（見第 15 章）中最常見。更廣泛地說，深度神經網路有梯度不穩定的問題，不同的階層可能以非常不同的速度來學習。

這種不幸的現象早在很久以前就被觀察到了，它是導致深度神經網路在 21 世紀初被大多數人捨棄的原因之一。現在還沒有人知道為什麼梯度在訓練神經網路時如此不穩定，但是 Xavier Glorot 和 Yoshua Bengio 在 2010 年發表的一篇論文（*https://homl.info/47*）揭露了一些端倪 [1]。作者發現了一些嫌疑犯，其中包括流行的 sigmoid（logistic）觸發函數，和當時最流行的權重初始化技術（即使用均值為 0，標準差為 1 的常態分布）。簡而言之，他們展示了在使用這種觸發函數和初始化方法時，每一層的輸出的變異數都遠大於輸入的變異數。在網路中順向前進時，變異數會在經過每一層之後增加，直到觸發函式在頂層飽和。事實上，這種飽和現象由於 sigmoid 函數的均值是 0.5 而不是 0 而變得更糟（雙曲正切函數的均值是 0，在深度網路中，它的表現略優於 sigmoid 函數）。

你可以從 sigmoid 觸發函數（圖 11-1）看到，當輸入變大時（無論是負或正），函數會在 0 或 1 飽和，且導數非常接近 0（也就是曲線在兩個極端處是平的）。因此，當反向傳播開始時，幾乎沒有梯度能夠在網路中往後傳播，而且在反向傳播過程中，殘存的一點點梯度在經過最上面的幾層之後會被稀釋，因此底層幾乎沒有剩餘的梯度可用。

---

1   Xavier Glorot and Yoshua Bengio, "Understanding the Difficulty of Training Deep Feedforward Neural Networks", *Proceedings of the 13th International Conference on Artifcial Intelligence and Statistics* (2010): 249– 256.

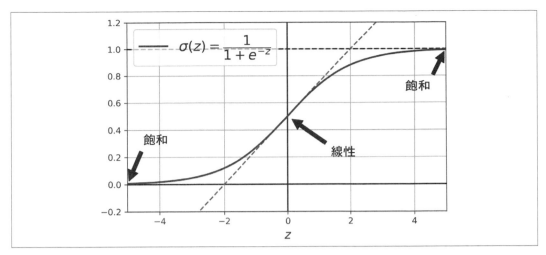

圖 11-1　sigmoid 觸發函數飽和

Glorot 與 He 初始化

Glorot 和 Bengio 在他們的論文中提出一種可以明顯緩解梯度不穩定問題的方法，他們指出，我們要讓訊號朝著兩個方向正確流動，在進行預測時，是順向，在反向傳播梯度時，是逆向。我們不能讓訊號消失，也不能讓它爆炸或飽和。為了讓訊號正確流動，作者認為，我們要讓各層的輸出的變異數等於它的輸入的變異數[2]，也要讓反向流經一層之前與之後的梯度具有相同的變異數（如果你對數學細節感興趣，可參考這篇論文）。當階層的輸入和輸出一樣多（這些數量稱為該層的扇入（fan-in）與扇出（fan-out）時，上述的條件才保證可以滿足，但 Glorot 和 Bengio 提出一個在實務上證實非常有效的折衷方案：每一層的連線權重必須按照公式 11-1 所描述的方式進行隨機初始化，其中 $fan_{avg} = (fan_{in} + fan_{out}) / 2$。這個初始化策略稱為 *Xavier 初始化*或 *Glorot 初始化*，名稱來自論文的首位作者。

2　打個比方：如果你將麥克風放大器的旋鈕轉到 0 附近，別人聽不到你的聲音，但如果你把它轉到最大聲附近，你的聲音會飽和，別人聽不懂你在說什麼。現在想像一下你將這種放大器串接起來：你必須正確地設定它們，才能讓鏈結末端發出來的聲音既響亮且清晰。你的聲音被每一個放大器放出來的振幅必須和它進入該放大器時一樣。

公式 11-1　*Glorot 初始化*（使用 *sigmoid* 觸發函數）

均值為 0 且變異數為 $\sigma^2 = \dfrac{1}{fan_{\text{avg}}}$ 的常態分布

或介於 −r 與 +r 之間的均勻分布，其中 $r = \sqrt{\dfrac{3}{fan_{\text{avg}}}}$

將公式 11-1 裡的 fan_{avg} 換成 fan_{in} 可以得到 Yann LeCun 在 1990 年代提出來的初始化策略，他稱之為 *LeCun 初始化*。Genevieve Orr 和 Klaus-Robert Müller 甚至在 1998 年的著作《*Neural Networks: Tricks of the Trade*》（Springer）中推薦它。LeCun 初始化相當於 $fan_{\text{in}} = fan_{\text{out}}$ 的 Glorot 初始化。研究者花了十多年的時間才意識到這個技巧的重要性。使用 Glorot 初始化可以大幅提升訓練速度，它也是深度學習得以成功的主要推手之一。

有一些論文 [3] 為不同的觸發函數提出了類似的策略，這些策略的差異只有變異數的尺度，以及是否使用 fan_{avg} 或 fan_{in}，如表 11-1 所示（均勻分布時，只需要使用 $r = \sqrt{3\sigma^2}$）。針對 ReLU 觸發函數及其變體的初始化策略稱為 *He 初始化* 或 *Kaiming 初始化*，名稱來自論文的首位作者（*https://homl.info/48*）。對於 SELU，應使用 Yann LeCun 的初始化方法，最好採用常態分布。我們很快就會討論這些觸發函數。

表 11-1　各種觸發函數的初始化參數

初始化	觸發函數	σ^2（常態）
Glorot	無 , tanh, sigmoid, softmax	$1 / fan_{\text{avg}}$
He	ReLU, Leaky ReLU, ELU, GELU, Swish, Mish	$2 / fan_{\text{in}}$
LeCun	SELU	$1 / fan_{\text{in}}$

在預設情況下，Keras 使用均勻分布的 Glorot 初始化。當你建立階層時，你可以藉由設定 kernel_initializer="he_uniform" 或 kernel_initializer="he_normal" 來將它改成 He 初始化，例如：

```
import tensorflow as tf

dense = tf.keras.layers.Dense(50, activation="relu",
                              kernel_initializer="he_normal")
```

3　E.g., Kaiming He et al., "Delving Deep into Rectifiers: Surpassing Human-Level Performance on ImageNet Classification," *Proceedings of the 2015 IEEE International Conference on Computer Vision* (2015): 1026–1034.

另外，你可以使用 VarianceScaling initializer 來獲得表 11-1 所列的任何 initializer 及其他 initializer。例如，如果你想要使用基於 fan_{avg}（而不是 fan_{in}）的均勻分布的 He 初始化，你可以使用以下的程式碼：

```
he_avg_init = tf.keras.initializers.VarianceScaling(scale=2., mode="fan_avg",
                                                    distribution="uniform")
dense = tf.keras.layers.Dense(50, activation="sigmoid",
                              kernel_initializer=he_avg_init)
```

更好的觸發函數

Glorot 和 Bengio 在 2010 年的論文中提出一個見解：梯度不穩定在一定程度上是因為選擇了不合適的觸發函數。在此之前，大多數人都認為，既然大自然在生物神經元中使用類似 sigmoid 的觸發函數，那麼它一定是個很好的選擇，但事實證明，在深度神經網路中，其他觸發函數表現得更好，尤其是 ReLU 觸發函數，主要原因是它的正值不會飽和，而且計算速度很快。

遺憾的是，ReLU 觸發函數並不完美，它有一種稱為*死亡 ReLu（dying ReLu）*的問題：在訓練過程中，有一些神經元會實質上「死亡」，也就是說，它們不再輸出 0 之外的任何值。有時，你可能會發現你的網路有一半的神經元死亡了，特別是當你使用較大的學習速度時。當神經元的權重被調成訓練組的所有實例都會讓 ReLU 函數的輸入（即神經元輸入的加權總和加上其偏差項）為負時，該神經元就會死亡，它只會繼續輸出零，梯度下降再也不會影響它，因為 ReLU 函數的梯度在輸入為負時為零[4]。

解決這個問題的方法是使用 ReLU 函數的變體，例如 *leaky ReLU*。

Leaky ReLU

leaky ReLU 觸發函數的定義是 $LeakyReLU_{\alpha}(z) = max(\alpha z, z)$（見圖 11-2）。超參數 α 定義這個函數「洩漏（leak）」了多少：它是函數在 $z < 0$ 時的斜率。在 $z < 0$ 時具有斜率可確保 leaky ReLU 觸發函數絕對不會死亡；它們可能進入長期的昏迷，但它們有機會醒來。Bing Xu 等人在 2015 年發表的論文[5]（*https://homl.info/49*）中比較了幾種 ReLU 觸發函數的變體，結論是，leaky 變體的表現總是優於嚴格的 ReLU 觸發函數。事實上，設定 $\alpha = 0.2$（大洩漏值）產生的效能似乎比 $\alpha = 0.01$（小洩漏值）好。該論文也評估了

---

4   如果已經死亡的神經元的輸入可以隨著時間而演變，且最終回到可讓 ReLU 觸發函數獲得正輸入的範圍內，它可能會重新活躍。例如，這個情況可能在梯度下降調整死亡的神經元下面的階層中的神經元之後發生。

5   Bing Xu et al., "Empirical Evaluation of Rectified Activations in Convolutional Network," arXiv preprint arXiv:1505.00853 (2015).

randomized leaky ReLU（RReLU），在訓練期間，它在給定範圍內隨機選擇 α，在測試期間則固定為平均值。RReLU 也有很好的表現，似乎發揮正則化程式的作用，降低過擬訓練組的風險。最後，這篇論文也評估了 *parametric leaky ReLU*（PReLU），它的 α 值可在訓練期間學習，所以它不是超參數，而是可以在反向傳播時修改的參數，和任何其他參數一樣。他們指出，PReLU 處理大型圖像資料組的表現明顯優於 ReLU，但是在處理較小型的資料組時，它有過擬訓練組的風險。

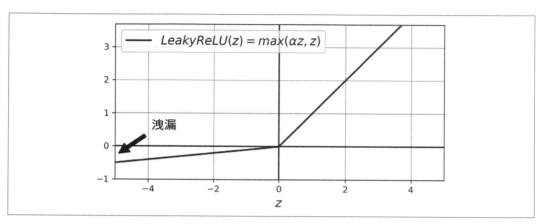

圖 11-2　Leaky ReLU：類似 ReLU，但負值有小坡度

Keras 在 `tf.keras.layers` 程式包裡提供了 LeakyReLU 和 PReLU 類別。就像其他的 ReLU 變體一樣，你要讓它們使用 He 初始化。例如：

```
leaky_relu = tf.keras.layers.LeakyReLU(alpha=0.2)  # 預設值是 alpha=0.3
dense = tf.keras.layers.Dense(50, activation=leaky_relu,
                              kernel_initializer="he_normal")
```

如果你喜歡，你也可以將 LeakyReLU 當成模型中的單獨一層來使用，對訓練和預測來說，這沒有任何差異：

```
model = tf.keras.models.Sequential([
    [...]  # 其他層
    tf.keras.layers.Dense(50, kernel_initializer="he_normal"),  # 沒有觸發函數
    tf.keras.layers.LeakyReLU(alpha=0.2),  # 將觸發函數做成單獨的一層
    [...]  # 其他層
])
```

若要使用 PReLU，可將 LeakyReLU 換成 PReLU。Keras 還沒有官方的 RReLU 實作，但你可以相當輕鬆地自行製作它（若要學習怎麼做，見第 12 章結尾的習題）。

ReLU、leaky ReLU 和 PReLU 都有一個問題：它們不是平滑函數，它們的導數都會在 $z = 0$ 處突然改變。正如我們在第 4 章中討論 lasso 時看到的那樣，這種不連續性會導致梯度下降在最佳值周圍彈跳，並減慢收斂速度。因此，我們要來看一些 ReLU 觸發函數的平滑變體，首先是 ELU 和 SELU。

ELU 與 SELU

Djork-Arné Clevert 等人在 2015 年發表的論文（*https://homl.info/50*）[6] 提出一種新的觸發函數，稱為 *exponential linear unit*（ELU），在作者的實驗中，它的表現優於 ReLU 的所有變體：它縮短了訓練時間，讓神經網路對於測試組有更好的表現。公式 11-2 是這個觸發函式的定義。

公式 11-2　ELU 觸發函數

$$\text{ELU}_\alpha(z) = \begin{cases} \alpha(\exp(z) - 1) & \text{若 } z < 0 \\ z & \text{若 } z \geq 0 \end{cases}$$

ELU 觸發函數看起來很像 ReLU（見圖 11-3），但有幾個重要的差異：

- 它在 $z < 0$ 時是負值，這使得單位的平均輸出接近 0，並且有助於緩解梯度消失問題。超參數 α 定義當 z 是極大的負數時，ELU 函數所趨近的值的相反。它通常設為 1，但是你可以像調整任何其他超參數一樣調整它。

- 當 $z < 0$ 時，它的梯度不是零，可避免神經元死亡問題。

- 如果 α 等於 1，函數的任何地方都是平滑的，包括 $z = 0$ 周圍，這有助於加快梯度下降速度，因為它在 $z = 0$ 的左右方向不會彈跳太多。

在 Keras 中使用 ELU 非常簡單，只要設定 `activation="elu"`，並且像其他 ReLU 變體一樣，使用 He 初始化即可。ELU 觸發函式的主要缺點是它的計算速度比 ReLU 函數及其變體還要慢（由於使用了指數函數）。它在訓練過程中的快速收斂或許可以彌補緩慢的計算速度，但在測試時，ELU 網路的速度會比 ReLU 網路稍慢一些。

6　Djork-Arné Clevert et al., "Fast and Accurate Deep Network Learning by Exponential Linear Units (ELUs)", *Proceedings of the International Conference on Learning Representations*, arXiv preprint (2015).

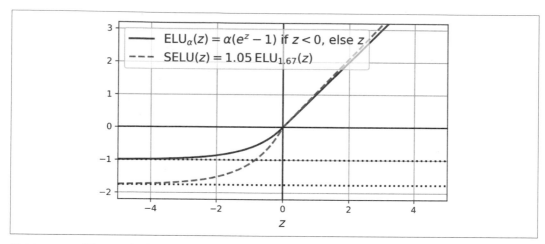

圖 11-3　ELU 與 SELU 觸發函數

不久之後，Günter Klambauer 等人在 2017 年發表的一篇論文（*https://homl.info/selu*）[7] 中提出 *scaled ELU*（SELU）觸發函數：顧名思義，它是 ELU 觸發函數的縮放變體（大約是 ELU 的 1.05 倍，使用 $\alpha \approx 1.67$）。作者們證明，當你建構一個僅由一系列密集層組成的神經網路（即 MLP），且所有隱藏層都使用 SELU 觸發函數時，網路將**自動正規化**：每一層的輸出在訓練過程中會趨於維持均值為 0，標準差為 1，從而解決梯度消失 / 爆炸問題。因此，SELU 觸發函數在 MLP 中的表現可能超越其他觸發函式，尤其是在深層網路中。若要在 Keras 裡使用它，只要設定 `activation="selu"` 即可。然而，實現自動正規化有一些條件（詳見論文以瞭解數學證明）：

- 輸入特徵必須標準化：均值為 0，標準差為 1。

- 每個隱藏層的權重必須使用 LeCun normal 初始化。在 Keras 裡，這意味著設定 `kernel_initializer="lecun_normal"`。

- 自動正規化僅保證在普通 MLP 中發生。如果你試著在其他架構中使用 SELU，例如遞迴網路（見第 15 章）或具有跳線的網路（即跳過幾層的連線，例如 Wide & Deep 網路），它的表現可能無法勝過 ELU。

- 你不能使用 ℓ_1 或 ℓ_2 正則化、max-norm、batch-norm 或常規的 dropout 等正則化技術（本章稍後會討論這些技術）。

這些限制條件都很重要，因此儘管 SELU 有其優勢，但沒有受到廣泛應用。而且，有三種觸發函式在大多數任務中的表現似乎始終優於 SELU：GELU、Swish 和 Mish。

7　Gunter Klambauer et al., "Self-Normalizing Neural Networks", Proceedings of the 31st International Conference on Neural Information Processing Systems (2017): 972–981.

GELU、Swish 和 Mish

GELU 是 Dan Hendrycks 和 Kevin Gimpel 在 2016 年的一篇論文中提出來的（ *https://homl. info/gelu* ）[8]。你同樣可以將它視為 ReLU 觸發函數的平滑變體。它的定義如公式 11-3 所示，其中 Φ 是標準高斯累積分布函數（CDF）：Φ(*z*) 相當於從均值為 0、變異數為 1 的常態分布中隨機抽樣的值小於 *z* 的機率。

公式 11-3　GELU 觸發函數

$$\text{GELU}(z) = z\Phi(z)$$

正如你在圖 11-4 中看到的，GELU 類似 ReLU：當輸入 *z* 非常負時，它趨近 0，當 *z* 非常正時，它趨近 *z*。然而，到目前為止，我們討論的所有觸發函數既是凸函數也是單調函數[9]，而 GELU 觸發函數既不是凸函數也不是單調函數：從左到右，它最初是平的，然後下降，到達一個低點（大約在 *z* ≈ –0.75 附近），最後反彈，並沿著直線向右上方延伸。這種相當複雜的形狀，以及它在每一點上都具有曲率，或許可以解釋為什麼它的表現如此出色，特別是對於複雜的任務：梯度下降可能更容易擬合複雜的模式。實際上，它通常優於迄今為止討論的其他觸發函數。然而，它的計算複雜度稍高，且它提升的效能不一定足以彌補額外的成本。儘管如此，我們可以證明它大約等於 *z*σ(1.702 *z*)，其中 σ 是 sigmoid 函數：使用這個近似值也有很好的效果，而且它有計算速度更快的優點。

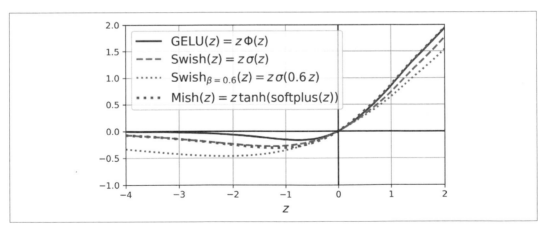

圖 11-4　GELU、Swish、parametrized Swish 與 Mish 觸發函數

8　Dan Hendrycks and Kevin Gimpel, "Gaussian Error Linear Units (GELUs)", arXiv preprint arXiv:1606.08415 (2016).

9　如果在一個函數上的任意兩點之間的線段都不低於曲線，那個函數就是凸函數。如果函數只會增加，或只會減少，它就是單調函數。

GELU 論文還提出 *sigmoid linear unit*（SiLU）觸發函數，它等於 $z\sigma(z)$，但在作者的實驗中，它的效能不如 GELU。有趣的是，Prajit Ramachandran 等人在 2017 年的一篇論文中（*https://homl.info/swish*）[10]，透過自動搜尋優良觸發函式重新發現了 SiLU 函數。作者將其命名為 *Swish*，這個名字被廣泛接受。在他們的論文中，Swish 的表現勝過所有其他函式，包括 GELU。後來，Ramachandran 等人藉著新增一個額外的超參數 β 來泛化（generalize）Swish 函數，用 β 來縮放 sigmoid 函數的輸入。泛化後的 Swish 函數是 $\text{Swish}_\beta(z) = z\sigma(\beta z)$，因此 GELU 相當於使用 $\beta = 1.702$ 的泛化版 Swish 函數。你可以像調整其他超參數一樣調整 β。或者，你也可以讓 β 可被訓練，並用梯度下降優化它：這樣做可以讓模型更強大，但也有過擬合資料的風險。

另一個非常相似的觸發函數是 *Mish*，它是 Diganta Misra 在 2019 年的一篇論文中提出的（*https://homl.info/mish*）[11]。它的定義是 $\text{mish}(z) = z\tanh(\text{softplus}(z))$，其中 $\text{softplus}(z) = \log(1 + \exp(z))$。就像 GELU 和 Swish 一樣，它是 ReLU 的平滑、非凸和非單調變體。作者同樣做了許多實驗，發現 Mish 通常優於其他觸發函數，甚至略優於 Swish 和 GELU。圖 11-4 展示 GELU、Swish（使用預設的 $\beta = 1$ 和 $\beta = 0.6$）以及最後的 Mish。如你所見，當 z 為負時，Mish 與 Swish 幾乎完全重疊，當 z 為正時，Mish 與 GELU 幾乎完全重疊。

 那麼，你應該讓深度神經網路的隱藏層使用哪種觸發函數？對於簡單任務來說，ReLU 仍然是很好的預設選擇：它通常與較複雜的觸發函數一樣好，而且計算速度非常快，許多程式庫和硬體加速器都專門為 ReLU 進行優化。然而，對於更複雜的任務，Swish 或許是更好的預設選擇，甚至可以使用具有可學習的 β 參數的參數化 Swish 來處理最複雜的任務。Mish 也許可以提供略優的結果，但它需要更多計算資源。如果你非常關心執行期延遲，你應該選擇 leaky ReLU，或者，讓更複雜的任務使用 parametrized leaky ReLU。對於深度 MLP，你可以試試使用 SELU，但務必遵守前面列出來的限制條件。如果你有多餘的時間和計算資源，你也可以使用交叉驗證來評估其他觸發函式。

Keras 原生支援 GELU 和 Swish 觸發函數，你只要使用 `activation="gelu"` 或 `activation="swish"` 即可。然而，Keras 目前尚不支援 Mish 或泛化版 Swish 觸發函數（但請參考第 12 章以瞭解如何自行實作觸活函數和階層）。

---

10   Prajit Ramachandran et al., "Searching for Activation Functions", arXiv preprint arXiv:1710.05941 (2017).

11   Diganta Misra, "Mish: A Self Regularized Non-Monotonic Activation Function", arXiv preprint arXiv:1908.08681 (2019).

以上就是關於觸發函數的所有內容！接下來，我們要看一種完全不同的不穩定梯度問題解決方法：批次正規化。

批次正規化

雖然使用 He 初始化與 ReLU（或其變體）可以在訓練開始時明顯緩解梯度消失 / 爆炸的問題，但它們無法保證這些問題在訓練過程中不會再次出現。

Sergey Ioffe 和 Christian Szegedy 在 2015 年的一篇論文中（*https://homl.info/51*）[12]，提出一種稱為批次正規化（*batch normalization*，BN）的技術來解決這些問題。該技術在每一個隱藏層的觸發函數之前或之後加入一項操作。這項操作只是將各個輸入的中心調為 0，並且將它們正規化，然後在每一層使用兩個新參數向量來縮放結果的尺度和移動結果，一個參數用來縮放，一個參數用來移動。換句話說，這項操作是為了讓模型學習各個階層的輸入的最佳尺度與均值。在許多情況下，如果你將 BN 層放在神經網路的第一層，你不需要對訓練組進行標準化。也就是說，你不需要使用 StandardScaler 或 Normalization；BN 層會替你做這些事情（其實是大致處理，因為它一次只查看一個小批次的資料，它也可能重新縮放和平移每一個輸入特徵）。

為了將輸入的中心移至零並對其進行標準化，演算法必須估計每一個輸入的均值和標準差。它的做法是計算當下小批次的輸入均值和標準差（因此稱為「批次正規化」）。公式 11-4 總結了整個操作的各個步驟。

公式 *11-4* 批次正規化演算法

1. $\boldsymbol{\mu}_B = \dfrac{1}{m_B} \sum\limits_{i=1}^{m_B} \mathbf{x}^{(i)}$

2. $\boldsymbol{\sigma}_B{}^2 = \dfrac{1}{m_B} \sum\limits_{i=1}^{m_B} \left(\mathbf{x}^{(i)} - \boldsymbol{\mu}_B \right)^2$

3. $\widehat{\mathbf{x}}^{(i)} = \dfrac{\mathbf{x}^{(i)} - \boldsymbol{\mu}_B}{\sqrt{\boldsymbol{\sigma}_B{}^2 + \varepsilon}}$

4. $\mathbf{z}^{(i)} = \boldsymbol{\gamma} \otimes \widehat{\mathbf{x}}^{(i)} + \boldsymbol{\beta}$

在這個演算法中：

12　Sergey Ioffe and Christian Szegedy, "Batch Normalization: Accelerating Deep Network Training by Reducing Internal Covariate Shift", *Proceedings of the 32nd International Conference on Machine Learning* (2015): 448–456.

- $\boldsymbol{\mu}_B$ 是使用整個小批次 B 來計算的輸入均值向量（在裡面，每個輸入有一個均值）。

- m_B 是小批次裡的實例數量。

- $\boldsymbol{\sigma}_B$ 是輸入標準差向量（在裡面，每個輸入有一個標準差），也是用整個小批次算出來的。

- $\hat{\mathbf{x}}^{(i)}$ 是對實例 i 而言，以零為中心且標準化的輸入向量。

- ε 是避免除以零並確保梯度不會增長至太大的小數字（通常是 10^{-5}）。它稱為平滑項（*smoothing term*）。

- $\boldsymbol{\gamma}$ 是階層的輸出尺度參數向量（在裡面，每個輸入有一個尺度參數）。

- $\otimes$ 代表逐元素乘法（將各個輸入乘以對應的輸出尺度參數）。

- $\boldsymbol{\beta}$ 是該層的輸出位移（偏移）參數向量（在裡面，每個輸入都有一個偏移參數）。每個輸入都會根據其位移參數進行位移。

- $\mathbf{z}^{(i)}$ 是 BN 操作的輸出。它是經過尺度調整和移動的輸入。

所以在訓練期間，BN 會將它的輸入標準化，然後調整它們的尺度並移動它們。那麼，在測試期間呢？事情沒有那麼簡單。事實上，我們可能要為各個實例進行預測，而不是為實例批次：在這個情況下，我們無法計算各個輸入的均值與標準差。此外，即使我們有個實例批次，它可能太小，或實例可能不是獨立同分布，所以針對整個批次計算出來的統計數據將不可靠。有一種解決方法是等待訓練結束，然後讓整個訓練組通過神經網路，並計算 BN 層的每一個輸入的均值與標準差。在進行決策時，我們可以使用這種「最終」的輸入均值與標準差，而不是批次輸入均值與標準差。但是，大多數的批次正規化實作都在訓練期間使用階層的輸入均值與標準差的移動平均數來估計最終的統計數據。這就是當你使用 `BatchNormalization` 層時，Keras 自動執行的操作。總之，在每一個批次正規化層中，網路會學到四個參數向量：$\boldsymbol{\gamma}$（輸出縮放向量）與 $\boldsymbol{\beta}$（輸出偏移向量）是用常規的反向傳播學到的，而 $\boldsymbol{\mu}$（最終輸入均值向量）與 $\boldsymbol{\sigma}$（最終輸入標準差向量）是用指數移動平均來估計的。注意，$\boldsymbol{\mu}$ 和 $\boldsymbol{\sigma}$ 是在訓練期間估計的，但僅在訓練後使用（以取代公式 11-4 中的批次輸入均值與標準差）。

Ioffe 和 Szegedy 展示了批次標準化可以明顯改善他們所試驗的所有深度神經網路，從而大幅改善 ImageNet 分類任務（ImageNet 是一個包含許多類別的大型圖像資料庫，經常被用來評估計算機視覺系統）。它們大大緩解梯度消失問題，甚至可讓他們使用飽和的觸發函數，例如 tanh，甚至 sigmoid 觸發函數。網路對權重初始值的敏感度也降低許多。作者能夠使用大很多的學習速度，大幅加速學習過程。具體來說，他們指出：

在最先進的圖像分類模型中使用批次正規化時，批次正規化可用 14 分之一的訓練步驟來實現相同的準確率，明顯優於原始模型。[...] 我們使用批次標準化網格的總體，改進了 ImageNet 分類的最佳成果：達到 4.9% 的前 5 驗證錯誤率（和 4.8% 的測試錯誤率），準確率超過人類評分者。

最後，就像一份不斷帶來好處的禮物一樣，批次正規化有正則化的效果，可減少使用其他正則化技術（例如本章稍後介紹的 dropout）的需求。

但是批次正規化也會提升模型的複雜度（儘管它可以免除將輸入資料正規化的需求，如前所述）。此外，它會在執行時帶來一定的效能損耗：由於每一層都需要進行額外的計算，神經網路的預測速度會變慢。幸好，你通常可以在訓練後，將 BN 層與上一層融合，從而避免執行時的效能損耗，你可以更新前一層的權重和偏差，讓它直接產生具有適當尺度和偏移的輸出，來實現融合。例如，如果上一層計算 $\mathbf{XW} + \mathbf{b}$，BN 層會計算 $\gamma \otimes (\mathbf{XW} + \mathbf{b} - \mathbf{\mu}) / \sigma + \beta$（忽略分母的平滑項 ε）。我們定義 $\mathbf{W'} = \gamma \otimes \mathbf{W} / \sigma$ 且 $\mathbf{b'} = \gamma \otimes (\mathbf{b} - \mathbf{\mu}) / \sigma + \beta$，將公式簡化為 $\mathbf{XW'} + \mathbf{b'}$。所以，如果將上一層的權重與偏差（$\mathbf{W}$ 與 $\mathbf{b}$）換成更新後的權重與偏差（$\mathbf{W'}$ 與 $\mathbf{b'}$），我們就可以去掉 BN 層（TFLite 的轉換器會自動執行這個操作，見第 19 章）。

> 在使用批次正規化時，你可能會發現訓練速度非常慢，因為每一個 epoch 都花費更多時間，這種情況通常會被 BN 極快的收斂速度抵消，所以它可以用較少的 epoch 來到達相同的效能。總之，牆上時間（*wall time*）（用牆上的時鐘來測量的時間）通常較短。

使用 Keras 來實作批次正規化

與使用 Keras 時的大多數情況一樣，實作批次正規化既簡單且直觀，你只要在每一個隱藏層的觸發函數之前和之後加上一個 BatchNormalization 層就好了。你也可以將 BN 層當成模型的第一層，但是普通的 Normalization 層在這個位置的表現通常不相上下（它的唯一缺點是你必須先呼叫其 adapt() 方法）。例如，下面的模型在每一個隱藏層之後和第一層（在將輸入圖像展平之後）之後使用 BN：

```
model = tf.keras.Sequential([
    tf.keras.layers.Flatten(input_shape=[28, 28]),
    tf.keras.layers.BatchNormalization(),
    tf.keras.layers.Dense(300, activation="relu",
                          kernel_initializer="he_normal"),
    tf.keras.layers.BatchNormalization(),
    tf.keras.layers.Dense(100, activation="relu",
```

```
                    kernel_initializer="he_normal"),
    tf.keras.layers.BatchNormalization(),
    tf.keras.layers.Dense(10, activation="softmax")
])
```

就這麼簡單！這個小範例只有兩個隱藏層，所以批次正規化應該不會造成多大的影響，但是在更深的網路中，它可能導致巨大的差異。

我們來顯示模型的摘要：

```
>>> model.summary()
Model: "sequential"
```

Layer (type)	Output Shape	Param #
flatten (Flatten)	(None, 784)	0
batch_normalization (BatchNo	(None, 784)	3136
dense (Dense)	(None, 300)	235500
batch_normalization_1 (Batch	(None, 300)	1200
dense_1 (Dense)	(None, 100)	30100
batch_normalization_2 (Batch	(None, 100)	400
dense_2 (Dense)	(None, 10)	1010

```
Total params: 271,346
Trainable params: 268,978
Non-trainable params: 2,368
```

如你所見，每個 BN 層都為每個輸入增加四個參數：γ、β、μ 與 σ（例如，第一個 BN 層增加 3,136 個參數，它是 4 × 784）。最後兩個參數 μ 與 σ 是移動平均，它們不會被反向傳播影響，所以 Keras 稱它們是「non-trainable（不可訓練的）」[13]（計算 BN 參數的總數 3,136 + 1,200 + 400，再除以 2，得到 2,368，它是這個模型的 non-trainable 參數總數）。

我們來看一下第一個 BN 層的參數。其中的兩個是可訓練的（用反向傳播來訓練），兩個不是：

13　然而，在訓練期間，它們是用訓練資料來估計的，因此嚴格說來，它們是可訓練的。在 Keras 中，「non-trainable」其實意味著「不被反向傳播影響」。

```
>>> [(var.name, var.trainable) for var in model.layers[1].variables]
[('batch_normalization/gamma:0', True),
 ('batch_normalization/beta:0', True),
 ('batch_normalization/moving_mean:0', False),
 ('batch_normalization/moving_variance:0', False)]
```

BN 論文的作者主張在觸發函數的前面加入 BN 層，而不是之後（就像剛才的做法）。這個主張有一些爭議，因為怎樣做比較好取決於具體的任務，你也可以試驗一下，看看哪個選擇對你的資料組而言最好。若要在觸發函數之前加入 BN 層，你必須將隱藏層的觸發函數移除，並以獨立的階層將它們加在 BN 層後面。此外，由於批次正規化層的每個輸入有一個偏移參數，你可以將上一層的偏差（bias）項移除，在建立它時傳入 use_bias=False。最後，你通常可以刪除第一個 BN 層，以避免將第一個隱藏層夾在兩個 BN 層之間。下面是修改後的程式碼：

```
model = tf.keras.Sequential([
    tf.keras.layers.Flatten(input_shape=[28, 28]),
    tf.keras.layers.Dense(300, kernel_initializer="he_normal", use_bias=False),
    tf.keras.layers.BatchNormalization(),
    tf.keras.layers.Activation("relu"),
    tf.keras.layers.Dense(100, kernel_initializer="he_normal", use_bias=False),
    tf.keras.layers.BatchNormalization(),
    tf.keras.layers.Activation("relu"),
    tf.keras.layers.Dense(10, activation="softmax")
])
```

BatchNormalization 類別有許多可供調整的超參數，它們的預設值通常可以直接使用，但有時你可能需要調整 momentum。當 BatchNormalization 層更新指數移動平均值時，它會使用這個超參數。給定新值 $\mathbf{v}$（也就是用當下的批次來計算的輸入均值向量或標準差向量），這個階層會用下面的公式來更新移動平均 $\hat{\mathbf{v}}$：

$$\hat{\mathbf{v}} \leftarrow \hat{\mathbf{v}} \times \text{momentum} + \mathbf{v} \times (1 - \text{momentum})$$

優良的 momentum 值通常接近 1，例如 0.9、0.99 或 0.999。較大的資料組和較小的小批次需使用較多 9。

另一個重要的超參數是 axis，用來指定要正規化哪一個軸。它的預設值是 −1，代表在預設情況下，它會正規化最後一軸（使用以其他的軸算出來的均值與標準差）。當輸入批次是 2D 時（也就是批次的外形是 [批次大小 , 特徵]），這意味著每個輸入特徵將使用「以批次的所有實例計算出來的均值和標準差」進行正規化。例如，上面的範例程式中的第一個 BN 層會獨立地對 784 個輸入特徵進行正規化（並且調整尺度和移動）。如果我們將第一個 BN 層移到 Flatten 層之前，輸入批次將是 3D，外形是 [批次大小 , 高 , 寬]；因此，BN 層會計算 28 個均值與 28 個標準差（每個像素直行（cloumn）1 個，用批次的所有實例以及直行的所有橫列來計算），它會用相同的均值和標準差來對給定直行的所有像素進行正規化。我們同樣只得到 28 個尺度參數與 28 個平移參數。如果你仍然想要獨立處理 784 個像素的每一個，你就要設定 axis=[1, 2]。

批次正規化已經成為深度神經網路中最常用的階層之一，特別是在深度摺積神經網路中（詳見第 14 章）。它被廣泛應用於每一層之後，以致於架構圖經常省略它，假設 BN 已經被加至每一層之後。接下來要看最後一種在訓練過程中用來穩定梯度的技術：梯度修剪。

梯度修剪

緩解梯度爆炸問題的另一種技術是在反向傳播過程中修剪梯度，讓它們不會超過某個閾值。這種技術稱為**梯度修剪**（*Gradient Clipping*）（*https://homl.info/52*）[14]。這項技術通常用於遞迴神經網路，在這種網路裡很難使用 BN（第 15 章說明）。

在 Keras 裡實作梯度修剪只要在建立優化器（optimizer）時，設定 clipvalue 或 clipnorm 引數即可，例如：

```
optimizer = tf.keras.optimizers.SGD(clipvalue=1.0)
model.compile([...], optimizer=optimizer)
```

這個優化器會將梯度向量的每一個分量修剪為介於 –1.0 和 1.0 之間的值。這意味著，損失（loss）的偏導數（相對於每一個可訓練的參數）都會被修剪成 –1.0 和 1.0 之間。threshold 是可調整的超參數，注意，它可能會改變梯度向量的方向。例如，如果原始梯度向量是 [0.9, 100.0]，它主要指向第二軸的方向，但是當你按值修剪它，得到 [0.9, 1.0] 時，它大約指向兩軸之間的對角線。在實務上，這種做法的效果很好。如果你想要確保梯度修剪不改變梯度向量的方向，你要設定 clipnorm 而非 clipvalue，來按範數進行修剪，如果整個梯度的 ℓ_2 範數大於你選擇的閾值，這會修剪整個梯度。例如，如果你設定 clipnorm=1.0，向量 [0.9, 100.0] 會被修剪成 [0.00899964, 0.9999595]，雖然保留方向，卻幾乎消除第一個分量。如果你在訓練期間觀察到梯度爆炸（你可以用 TensorBoard 來追蹤梯度的大小），你可以試著修剪值和修剪範數、使用不同的閾值，看看哪一個做法對驗證組而言最好。

---

14 Razvan Pascanu et al., "On the Difficulty of Training Recurrent Neural Networks", *Proceedings of the 30th International Conference on Machine Learning* (2013): 1310–1318.

重複使用預訓階層

不先試著尋找可完成類似任務的現成神經網路，就從頭開始訓練龐大的 DNN 通常不是好事（我將在第 14 章中討論如何找到它們）。如果你找到這樣的神經網路，你通常可以重複使用它的大部分階層，除了最上面的幾層之外。這項技術稱為**遷移學習**（*transfer learning*），它不僅可以明顯加快訓練速度，也可以明顯減少所需的訓練資料。

假設你已經取得一個訓練好的 DNN，它能夠將照片分成 100 個不同的種類，包括動物、植物、車輛，以及許多日常物體，你想要訓練一個 DNN 來對特定類型的車輛進行分類。這兩個任務很相似，甚至部分重疊，所以你應該試著重複使用第一個網路的部分（見圖 11-5）。

 如果新任務的輸入圖片的大小與原始任務的圖片不同，通常你要加入一個預先處理步驟，將它們的大小調整為原始模型期望收到的大小。更廣泛地說，當輸入資料有相似的低階特徵時，遷移學習有最好的效果。

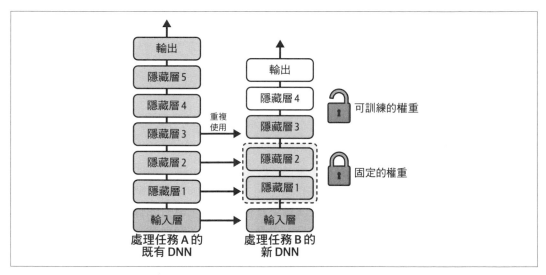

圖 11-5　重複使用訓練過的階層

你通常要換掉原始模型的輸出層，因為它對新任務而言幾乎沒有任何用處，輸出數量可能也不正確。

同理，原始模型的上層隱藏層可能不太有用，因為新任務適用的高級特徵可能與原始任務適用的高級特徵明顯不同。你要找出適合重複使用的隱藏層數量。

任務越相似，可重複使用的隱藏層就越多（從較低層開始）。如果任務非常相似，可試著保留所有隱藏層，只替換輸出層。

試著先凍結所有重複使用的階層（也就是讓它們的權重不可訓練（non-trainable），如此一來，梯度下降就無法修改它們，使它們維持固定），再訓練你的模型，看看它的表現如何。然後試著解凍最上面的一兩個隱藏層，用反向傳播調整它們，看看效能是否改善。你擁有的訓練資料越多，你就可以解凍越多層。在解凍重複使用的階層時，你可以降低學習速度，以免破壞已經被微調過的權重。

如果你仍然無法得到好的效果，而且你的訓練資料不多，你可以試著移除最上面的（幾個）隱藏層，並再次凍結所有其餘的隱藏層。你可以反覆執行這個程序，直到找到合適的重複使用的層數為止。當你有大量的訓練資料時，你可以試著替換最上面的幾個隱藏層，而不是移除它們，甚至可以加入其他的隱藏層。

使用 Keras 來進行遷移學習

我們來看一個例子。假設 Fashion MNIST 資料組只有八個類別，例如，除了 sandal 和 shirt 之外的所有類別。有人用這個資料組建立並訓練一個 Keras 模型，並且有不錯的效果（>90% 的準確率）。我們稱它為模型 A。現在你想要處理不同的任務，你有 T-shirts 和 pullovers 的圖像，想要訓練一個二元分類器，T-shirts（與 tops）是陽性，sandals 是陰性。你的資料組很小，只有 200 個帶標籤的圖像。當你使用模型 A 的架構來訓練一個新模型（我們稱之為模型 B）來處理這個任務時，你獲得 91.85% 的測試準確率。你在喝咖啡時突然想到，你的任務很像任務 A，所以遷移學習或許有幫助？我們來試一下！

首先，你要載入模型 A，並基於該模型的階層來建立一個新模型。你決定重複使用除了輸出層之外的所有階層：

```
[...]  # 假設模型 A 已經訓練好並儲存至 "my_model_A"
model_A = tf.keras.models.load_model("my_model_A")
model_B_on_A = tf.keras.Sequential(model_A.layers[:-1])
model_B_on_A.add(tf.keras.layers.Dense(1, activation="sigmoid"))
```

請注意，現在 model_A 與 model_B_on_A 有相同的階層。當你訓練 model_B_on_A 時，它也會影響 model_A。若要避免這件事，你要先複製 model_A 再重複使用它。為此，你要使用 clone.model() 來複製模型 A 的架構，然後複製它的權重：

```
model_A_clone = tf.keras.models.clone_model(model_A)
model_A_clone.set_weights(model_A.get_weights())
```

tf.keras.models.clone_model() 僅複製架構，不複製權重。如果你不使用
set_weights() 來手動複製權重，那麼當複製的模型被初次使用時，權重會
被隨機初始化。

現在你可以為任務 B 訓練 model_B_on_A 了，但因為新輸出層被設為隨機的初始值，它會
產生很大的誤差（至少在前幾個 epoch 期間），所以會有很大的誤差梯度，可能會破壞重
複使用的權重。為了避免這種事情，有一種做法是在前幾個 epoch 凍結重複使用的階層，
給新階層一些時間來學習合理的權重。所以，我們將每一個階層的 trainable 屬性設為
False，並編譯模型：

```
for layer in model_B_on_A.layers[:-1]:
    layer.trainable = False

optimizer = tf.keras.optimizers.SGD(learning_rate=0.001)
model_B_on_A.compile(loss="binary_crossentropy", optimizer=optimizer,
                     metrics=["accuracy"])
```

 在凍結和解凍階層之後，務必編譯你的模型。

現在你可以訓練模型幾個 epoch，然後將重複使用的階層解凍（必須再次編譯模型）並且
繼續訓練，來為任務 B 微調重複使用的階層。解凍重複使用的階層之後，學習速度通常要
降低，這同樣是為了避免破壞重複使用的權重：

```
history = model_B_on_A.fit(X_train_B, y_train_B, epochs=4,
                           validation_data=(X_valid_B, y_valid_B))

for layer in model_B_on_A.layers[:-1]:
    layer.trainable = True

optimizer = tf.keras.optimizers.SGD(learning_rate=0.001)
model_B_on_A.compile(loss="binary_crossentropy", optimizer=optimizer,
                     metrics=["accuracy"])
history = model_B_on_A.fit(X_train_B, y_train_B, epochs=16,
                           validation_data=(X_valid_B, y_valid_B))
```

那麼，最終的成果如何？這個模型的測試準確率是 93.85%，比 91.85% 提高了整整兩個百
分點！這意味著遷移學習將錯誤率降低了將近 25%：

```
>>> model_B_on_A.evaluate(X_test_B, y_test_B)
[0.2546142041683197, 0.9384999871253967]
```

你被說服了嗎？你不應該被說服才對，因為你被騙了！其實我嘗試了許多配置來找出一個明顯改善效能的配置。如果你試著更改類別或隨機種子，你應該會發現改善的效果變差了，甚至消失或產生反效果。我所做的事情，就是所謂的「拷問資料，直到它招供」。當一篇論文看起來過於正面時，你應該抱持懷疑態度：也許那個華麗的技術沒有太多幫助（事實上，它甚至可能降低效能），但作者嘗試了許多版本，只展示最佳成果（可能純粹只是幸運的成果），隱瞞他們在過程中經歷了多少失敗。多數情況下，這不是出於惡意，但這是許多科學成果無法再現的原因之一。

我為什麼要作弊？事實證明，遷移學習對小型密集網路而言效果不佳，這可能是因為小型網路學習的模式較少，而密集網路學習的模式非常特定（specific），對其他任務不太可能有用。遷移學習在深度摺積神經網路中表現最佳，這些網路傾向學到更通用的特徵偵測器（尤其是在較低層中）。我們會在第 14 章再來討論遷移學習，使用剛才介紹的技術（下次不會作弊了，我保證！）。

無監督預先訓練

假如你要處理一項複雜的任務，該任務沒有太多帶標籤的訓練資料，不幸的是，你無法找到已經為類似的任務訓練好的模型，不要放棄希望！首先，你應該試著蒐集更多帶標籤的訓練資料，如果做不到，或許你可以執行**無監督預先訓練**（*unsupervised pretraining*）（見圖 11-6）。事實上，蒐集無標籤的訓練樣本通常不需要太多成本，幫它們附上標籤卻很昂貴。如果你可以蒐集大量的無標籤訓練資料，你可以試著用它們來訓練無監督模型，例如自動編碼器（autoencoder）或生成對抗網路（GAN，見第 17 章），然後重複使用自動編碼器的較低層或 GAN 的鑑別器的較低層，將你的任務的輸出層加到它們之上，並使用監督學習（也就是使用帶標籤的訓練樣本）來微調最終的網路。

這就是 Geoffrey Hinton 和他的團隊在 2006 年使用的技術，這項技術引領了神經網路的復興，以及深度學習的成功。在 2010 年之前，深度網路最常使用的是無監督預先訓練（通常使用受限 Boltzmann 機（RBMs，參考位於 *https://homl.info/extra-anns* 的 notebook），純粹使用監督學習來訓練 DNN 在梯度消失問題被解決之後才變得比較常見。當你有一個複雜的任務需要解決，卻沒有類似的模型可以重複使用，且只有少量的帶標籤訓練資料但有大量的無標籤訓練資料時，無監督預先訓練（現今通常使用自動編碼器或 GAN，而不是 RBM）仍然是很好的選項。

請注意，在深度學習的早期階段，深度模型很難訓練，所以大家使用一種稱為**貪婪逐層預先訓練**（*greedy layer-wise pretraining*）的技術（見圖 11-6）。他們先訓練一個只有一層的無監督模型，通常是 RBM，然後凍結該層，並在它上面加入另一層，再次訓練模型（實際上只訓練新階層），凍結新層，在它上面加入另一層，再次訓練模型…以此類推。現今的工作簡單多了，我們通常會一次訓練完整的無監督模型，並使用自動編碼器或 GAN，而不是 RBM。

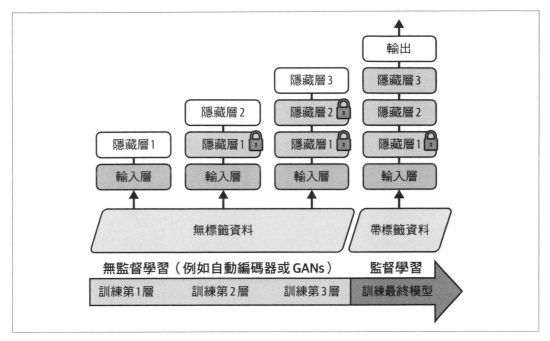

圖 11-6　在無監督訓練中，使用無監督學習技術及所有資料（包括無標籤資料）來訓練模型。然後，僅用帶標籤資料和監督學習技術來為最終任務微調模型。無監督的部分可能一次訓練一個模型，就像在此展示的那樣，也可以直接訓練整個模型

針對輔助任務進行預先訓練

如果你沒有太多帶標籤的訓練資料，最終手段之一是先為一項輔助任務訓練第一個神經網路，來輕鬆獲得或產生帶標籤的訓練資料，再重複使用那個網路的低層來執行實際的任務。第一個神經網路的低層或許可以學到能讓第二個神經網路重複使用的特徵偵測器。

例如，如果你想要建立人臉辨識系統，而持有的每個人的照片都寥寥可數，不足以訓練優秀的分類器，此時，你不可能為每個人蒐集上百張照片，但是你可以從網路上蒐集大量的隨機人物照片，並且訓練第一個神經網路來偵測兩張照片是不是同一個人。這樣子訓練出來的網路擅長偵測人臉特徵，所以重複使用它的低層，可幫助你使用少量的訓練資料來訓練出很好的人臉分類器。

對於自然語言處理（NLP）應用而言，你可以下載一個包含上百萬個文本文件的語料庫，並且用它來自動產生帶標籤的資料。例如，你可以隨機蓋住一些單字，再訓練一個模型來預測被蓋住的單字是什麼（例如，預測句子「What ___ you saying?」中缺少的單字是「are」還是「were」）。如果你訓練出來的模型可以正確地處理這種任務，那就代表它已經知道關於這種語言的許多知識了，你當然可以在實際的任務中重複使用它，並且用帶標籤的資料來調整它（第 15 章會更深入討論預先訓練任務）。

> 自我監督學習就是先用資料本身來自動產生標籤，例如上述的文本遮蓋案例，再使用監督學習和所產生的「帶標籤」資料組來訓練模型。

更快速的優化器

訓練非常大型的深度神經網路可能極其緩慢。到目前為止，我們已經看了四種提升訓練速度的方法（而且獲得更好的結果）：使用優秀的初始化策略來設定連結權重的初始值、使用好的觸發函數、使用批次正規化、重複使用訓練好的網路的一部分（該網路可能是針對輔助任務建立的，或使用無監督學習建立的）。此外還有一種可以大幅提升速度的做法：使用比一般的梯度下降優化器更快的優化器。本節將介紹最流行的優化演算法：動量法（momentum）、Nesterov 加速梯度法、AdaGrad、RMSProp，最後介紹 Adam 及其變體。

動量法

想像有一顆保齡球從一個光滑的斜坡上滾下來：它最初滾得很慢，但很快就會累積動量，直到最後，到達終極速度（假設有摩擦力和空氣阻力）。這是 Boris Polyak 在 1964 年提出的動量優化法（*momentum optimization*）背後的簡單概念（*https://homl.info/54*）[15]。相較之下，普通的梯度下降在坡度平緩時採取小步幅，在坡度陡峭時採取大步幅，但它絕不會加速。因此，普通的梯度下降通常比動量優化法更慢到達最小值。

之前提過，梯度下降藉著將代價函數 $J(\theta)$ 相對於權重 θ 的梯度 ($\nabla_\theta J(\theta)$) 乘以學習速度 η，來直接更新權重。公式為 $\theta \leftarrow \theta - \eta \nabla_\theta J(\theta)$。它並不在乎先前的梯度是什麼。如果局部梯度很小，它會非常緩慢。

---

15 Boris T. Polyak, "Some Methods of Speeding Up the Convergence of Iteration Methods", *USSR Computational Mathematics and Mathematical Physics* 4, no. 5 (1964): 1–17.

動量優化法在乎先前的梯度：在每次迭代時，它會將動量向量 **m** 減去局部梯度（乘以學習速度 η），並且藉著加上這個動量向量來更改權重（見公式 11-5）。換句話說，梯度被當成加速度，而不是速度。為了模擬摩擦機制以防止動量太大，演算法加入一個新的超參數 β，稱為**動量**，它的值必須設為 0（高摩擦）和 1（無摩擦）之間。典型的動量值是 0.9。

公式 *11-5* 動量演算法

1. $\mathbf{m} \leftarrow \beta\mathbf{m} - \eta\nabla_{\boldsymbol{\theta}}J(\boldsymbol{\theta})$

2. $\boldsymbol{\theta} \leftarrow \boldsymbol{\theta} + \mathbf{m}$

你可以驗證，當梯度維持固定時，終端加速度（也就是權重更新的最大值）等於梯度乘以學習速度 η 乘以 $1 / (1 - \beta)$（忽略正負號）。例如，當 $\beta = 0.9$ 時，終端加速度等於 10 乘以梯度乘以學習速度，所以動量優化最終的速度是梯度下降的 10 倍快！這使得動量優化脫離高原區的速度比梯度下降快很多。我們在第 4 章看過，當輸入的尺度有很大的差異時，代價函數呈現狹長的碗狀（見圖 4-7）。梯度下降在陡坡上往下滾的速度很快，但是接下來，它要花很長的時間才能到達山谷。相較之下，動量優化法往山谷滾動的速度會越來越快，直到抵達底部為止（最佳解）。在未使用批次正規化的深度神經網路中，上層的輸入往往有非常不同的尺度，所以使用動量優化有很大的幫助。它也有助於越過局部最佳解。

因為動量的關係，優化器可能會稍微跑過頭，然後跑回來，再次跑過頭，如此往返多次，直到在最小值停下來為止。這就是為什麼要在系統中加入一些摩擦力：它會移除這些擺盪，從而提高收斂速度。

在 Keras 裡實現動量優化非常簡單，只要使用 SGD 優化器，並設定它的 momentum 超參數，你就可以坐享其成了！

```
optimizer = tf.keras.optimizers.SGD(learning_rate=0.001, momentum=0.9)
```

動量優化的缺點之一是它會加入另一個需要調整的超參數，但是，在實務上，將 momentum 設為 0.9 通常有不錯的效果，幾乎都會比一般的梯度下降快。

Nesterov 加速梯度法

Yurii Nesterov 在 1983 年提出一個動量優化的小變體（*https://homl.info/55*）[16]，它幾乎總是比常規的動量優化更快速，這個技術稱為 *Nesterov 加速梯度*（*Nesterov Accelerated Gradient*，NAG）法，也稱為 *Nesterov 動量優化*（*Nesterov momentum optimization*），它不是在局部位置 θ 測量代價函數的梯度，而是在動量方向的前面一點的地方 $\theta + \beta m$ 測量（見公式 11-6）。

公式 *11-6*　*Nesterov 加速梯度演算法*

1.　　$m \leftarrow \beta m - \eta \nabla_\theta J(\theta + \beta m)$
2.　　$\theta \leftarrow \theta + m$

這個小調整有效的原因是，動量向量通常指向正確的方向（也就是朝向最佳值），所以使用在那個方向遠一點的地方測量的梯度，會比使用在原始位置測量的梯度更準確一些，如圖 11-7 所示（其中 ∇_1 代表在起始點 θ 處測量的代價函數梯度，而 ∇_2 代表在 $\theta + \beta m$ 處的梯度）。

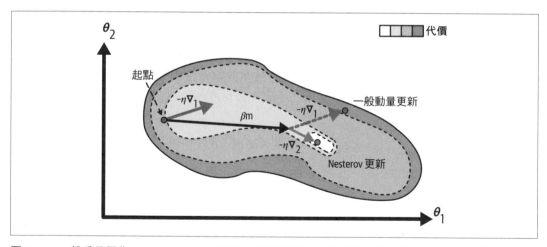

圖 11-7　一般重量優化 vs. Nesterov 動量優化：前者使用在動量步驟之前計算出來的梯度，後者使用在動量步驟之後計算出來的梯度

16　Yurii Nesterov, "A Method for Unconstrained Convex Minimization Problem with the Rate of Convergence $O(1/k^2)$," *Doklady AN USSR* 269 (1983): 543–547.

如你所見，Nesterov 更新法最終比較接近最佳解。久而久之，這些微小的改進會累積起來，使得 NAG 比常規的動量優化還要快得多。此外，注意，當動量讓權重越過一個山谷時，∇_1 繼續將權重推得更遠，而 ∇_2 則向山谷底部推回。這有助於減少擺盪，因此 NAG 更快收斂。

若要使用 NAG，你只要在建立 SGD 優化器時設定 nesterov=True 即可：

```
optimizer = tf.keras.optimizers.SGD(learning_rate=0.001, momentum=0.9,
                                    nesterov=True)
```

AdaGrad

再考慮一下「長橢圓碗」的問題：梯度下降先快速沿著最陡峭的斜坡下降，這個斜坡並不指向全域最佳解，然後非常緩慢地下降到山谷底部。我們希望演算法能夠及早修正方向，更準確地指向全域最佳解。AdaGrad 演算法（*https://homl.info/56*）[17] 藉著收縮沿著最陡峭維度的梯度向量來實現這種修正（見公式 11-7）。

公式 *11-7 AdaGrad 演算法*

1. $\mathbf{s} \leftarrow \mathbf{s} + \nabla_{\boldsymbol{\theta}} J(\boldsymbol{\theta}) \otimes \nabla_{\boldsymbol{\theta}} J(\boldsymbol{\theta})$
2. $\boldsymbol{\theta} \leftarrow \boldsymbol{\theta} - \eta \, \nabla_{\boldsymbol{\theta}} J(\boldsymbol{\theta}) \oslash \sqrt{\mathbf{s} + \varepsilon}$

第一步將梯度的平方累積到向量 $\mathbf{s}$ 中（$\otimes$ 代表逐元素乘法）。這個向量化形式相當於為向量 $\mathbf{s}$ 的每一個元素 s_i 計算 $s_i \leftarrow s_i + (\partial J(\boldsymbol{\theta}) / \partial \theta_i)^2$；換句話說，$s_i$ 累積了代價函數對參數 θ_i 的偏導數的平方。如果代價函數沿著第 i 個維度是陡峭的，那麼在每次迭代中，s_i 會越來越大。

第二步幾乎與梯度下降一樣，但有一個很大的差異：梯度向量被縮小（$\sqrt{\mathbf{s} + \varepsilon}$）倍（$\oslash$ 代表逐元素除法，ε 是防止除以零的平滑項，通常設為 10^{-10}）。這個向量化的形式相當於為所有參數 θ_i 同時計算 $\theta_i \leftarrow \theta_i - \eta \, \partial J(\boldsymbol{\theta})/\partial\theta_i/\sqrt{s_i + \varepsilon}$。

簡而言之，這個演算法會衰減（decay）學習速度，但陡峭的維度衰減速度較快，坡度較緩的維度衰減速度較慢。這稱為**適應性學習速度**（*adaptive learning rate*）。它有助於將更新的結果更直接地指向全域最佳值（見圖 11-8）。它還有一個好處是，它比較不需要調整學習速度超參數 η。

---

17 John Duchi et al., "Adaptive Subgradient Methods for Online Learning and Stochastic Optimization", *Journal of Machine Learning Research* 12 (2011): 2121–2159.

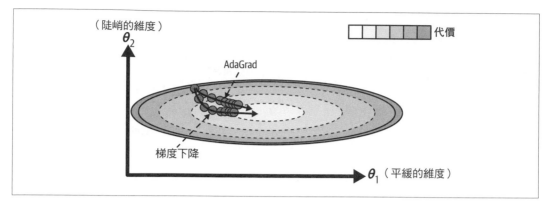

圖 11-8　AdaGrad vs. 梯度下降：前者可以即早修正方向，以指向最佳值

用 AdaGrad 來處理簡單的二次問題通常有很好的效果，但是在訓練神經網路時使用它往往會太早停止，因為學習速度降太多了，以致於演算法在到達全域最佳解之前就停止了。因此，即使 Keras 提供了 `Adagrad` 優化器，你也不應該使用它來訓練深度神經網路（但對於較簡單的任務，例如線性回歸，它可能是有效的選項）。儘管如此，瞭解 AdaGrad 對於理解其他適應性學習速度優化器仍然是有幫助的。

RMSProp

正如我們所看到的，AdaGrad 演算法具有減速有點太快，且無法收斂到全域性最佳解的風險。RMSProp 演算法 [18] 藉著僅累積最近幾次迭代的梯度來修正這個問題，而不是累積從訓練開始以來的所有梯度。它的做法是在第一步中使用指數衰減（見公式 11-8）。

公式 11-8　RMSProp 演算法

$$1.\quad \mathbf{s} \leftarrow \rho\mathbf{s} + (1 - \rho)\nabla_{\boldsymbol{\theta}}J(\boldsymbol{\theta}) \otimes \nabla_{\boldsymbol{\theta}}J(\boldsymbol{\theta})$$
$$2.\quad \boldsymbol{\theta} \leftarrow \boldsymbol{\theta} - \eta\,\nabla_{\boldsymbol{\theta}}J(\boldsymbol{\theta}) \oslash \sqrt{\mathbf{s} + \varepsilon}$$

衰減率 ρ 通常設為 0.9。[19] 是的，這又是一個新的超參數，但這個預設值的效果通常很好，所以應該不需要調整。

18　這個演算法是 Geoffrey Hinton 和 Tijmen Tieleman 在 2012 年建立的，Geoffrey Hinton 在他的 Coursera 神經網路課程介紹它（投影片：*https://homl.info/57*；影片：*https://homl.info/58*）。有趣的是，由於作者沒有寫論文來介紹這個演算法，研究者經常在他們的論文中，使用「slide 29 in lecture 6e」來指明出處。

19　ρ 是希臘字母 rho。

你可能猜到了，Keras 有個 RMSprop 優化器：

```
optimizer = tf.keras.optimizers.RMSprop(learning_rate=0.001, rho=0.9)
```

除非問題非常簡單，否則這個優化器的效果幾乎總是比 AdaGrad 更好。實際上，在 Adam 優化演算法出現之前，它都是許多研究者首選的優化演算法。

Adam

Adam（*https://homl.info/59*）[20] 是 *adaptive moment estimation* 的縮寫，它結合了動量優化和 RMSProp 的想法：就像動量優化一樣，它會追蹤過去的梯度的指數衰減平均值；就像 RMSProp 一樣，它會追蹤過去的梯度平方的指數衰減平均值（見公式 11-9）。它們是梯度的均值和（非中心化的）變異數的估計值。均值通常稱為**一次動差**（*first moment*），而變異數通常稱為**二次動差**（*second moment*），演算法的名稱由此而來。

公式 11-9　Adam 演算法

1. $\mathbf{m} \leftarrow \beta_1 \mathbf{m} - (1 - \beta_1)\nabla_{\boldsymbol{\theta}} J(\boldsymbol{\theta})$

2. $\mathbf{s} \leftarrow \beta_2 \mathbf{s} + (1 - \beta_2)\nabla_{\boldsymbol{\theta}} J(\boldsymbol{\theta}) \otimes \nabla_{\boldsymbol{\theta}} J(\boldsymbol{\theta})$

3. $\widehat{\mathbf{m}} \leftarrow \dfrac{\mathbf{m}}{1 - \beta_1^{\ t}}$

4. $\widehat{\mathbf{s}} \leftarrow \dfrac{\mathbf{s}}{1 - \beta_2^{\ t}}$

5. $\boldsymbol{\theta} \leftarrow \boldsymbol{\theta} + \eta\, \widehat{\mathbf{m}} \oslash \sqrt{\widehat{\mathbf{s}} + \varepsilon}$

在這個公式中，t 代表迭代次數（從 1 開始）。

只看步驟 1、2 和 5 的話，你會注意到 Adam 與動量優化和 RMSProp 非常相似：β_1 相當於動量優化的 β，而 β_2 相當於 RMSProp 中的 ρ。它們唯一的差異是步驟 1 計算的是指數衰減平均值，而不是指數衰減總和，但它們除了一個常數因子之外，其實是等價的（衰減平均值只是衰減總和的 $1 - \beta_1$ 倍）。步驟 3 和 4 在某種程度上是技術細節：由於 $\mathbf{m}$ 和 $\mathbf{s}$ 的初始值都是 0，在訓練開始時，它們偏向 0，所以這兩個步驟有助於在訓練開始時提升 $\mathbf{m}$ 和 $\mathbf{s}$。

動量衰減超參數 β_1 的初始值通常設為 0.9，而尺度縮放衰減超參數 β_2 的初始值通常被設為 0.999。與之前一樣，平滑項 ε 的初始值通常被設為極小值，例如 10^{-7}。它們是 Adam 類別的預設值。下面是使用 Keras 來建立 Adam 優化器的寫法：

20　Diederik P. Kingma and Jimmy Ba, "Adam: A Method for Stochastic Optimization", arXiv preprint arXiv:1412.6980 (2014).

```
optimizer = tf.keras.optimizers.Adam(learning_rate=0.001, beta_1=0.9,
                                       beta_2=0.999)
```

因為 Adam 是一種適應性學習速度演算法（就像 AdaGrad 和 RMSProp），它比較不需要調整學習速度超參數 η。你通常可以使用預設值 $\eta = 0.001$，所以 Adam 比 Gradient Descent 更容易使用。

 看了這麼多技術之後，如果你一片茫然，不知道如何為你的任務選擇正確的技術，別擔心，本章結尾會告訴你一些實用的準則。

最後還有三種值得一提的 Adam 變體：AdaMax、Nadam 與 AdamW。

AdaMax

Adam 論文也介紹了 AdaMax。注意公式 11-9 的步驟 2，Adam 將梯度的平方累積到 **s** 裡面（最近的梯度有較大的權重）。在步驟 5，如果我們忽略 ε 和步驟 3 和 4（這是技術細節），Adam 用 **s** 的平方根來縮小參數更新。簡而言之，Adam 用時間衰減梯度的 ℓ_2 範數（即平方和的平方根）來縮小參數更新。

AdaMax 將 ℓ_2 範數換成 ℓ_∞ 範數（最大值的一種華麗寫法）。具體來說，它將公式 11-9 的步驟 2 換成 $\mathbf{s} \leftarrow \max(\beta_2 \mathbf{s}, \text{abs}(\nabla_\theta J(\boldsymbol{\theta})))$，移除步驟 4，並且在步驟 5 中，將梯度更新縮小 **s** 倍，**s** 是隨著時間衰減的梯度的最大絕對值。

在實務上，這可讓 AdaMax 比 Adam 更穩定，但實際情況取決於資料組，一般來說，Adam 的表現比較好。因此，如果在某些任務中使用 Adam 遇到問題，AdaMax 是另一種可以嘗試的優化器。

Nadam

Nadam 優化是 Adam 優化加上 Nesterov 技巧，所以它的收斂速度通常比 Adam 快。當研究者 Timothy Dozat 的報告中提出這項技術時（*https://homl.info/nadam*）[21]，他比較了許多不同的優化器在處理各種任務時的表現，發現 Nadam 通常優於 Adam，但有時不如 RMSProp。

21　Timothy Dozat, "Incorporating Nesterov Momentum into Adam" (2016).

AdamW

AdamW（*https://homl.info/adamw*）[22] 是 Adam 的一種變體，它整合了一種稱為權重衰減的正則化技術。權重衰減在每一次訓練迭代藉著將權重乘以衰減因子（例如 0.99）來縮小模型的權重。這個做法可能讓你想起 ℓ_2 正則化（第 4 章），ℓ_2 正則化的目的也是保持小權重，事實上，我們可以用數學來證明，在使用 SGD 時，ℓ_2 正則化與權重衰減是等價的。然而，在使用 Adam 或其變體時，ℓ_2 正則化和權重衰減並不等價：實際上，將 Adam 與 ℓ_2 正則化結合起來會導致模型的類推能力不如 SGD 所產生的模型。AdamW 藉由正確地將 Adam 與權重衰減互相結合來解決這個問題。

> 適應性優化方法（包括 RMSProp、Adam、AdaMax、Nadam 與 AdamW 優化）通常有很棒的效果，可以快速收斂到優質解。然而，Ashia C. Wilson 等人在 2017 年發表的一篇論文（*https://homl.info/60*）[23] 中指出，它們可能產生對於某些資料組的類推能力較差的解。因此，當你不滿意模型的效果時，可以試著改用 NAG：你的資料組可能不適合使用適應性梯度方法。此外，請密切關注最新的研究，因為這個領域發展迅速。

要在 Keras 中使用 Nadam、AdaMax 或 AdamW，你可以將 `tf.keras.optimizers.Adam` 換成 `tf.keras.optimizers.Nadam`、`tf.keras.optimizers.Adamax` 或 `tf.keras.optimizers.experimental.AdamW`。使用 AdamW 時，你可能要調整 `weight_decay` 超參數。

我們到目前為止討論過的所有優化技術都只使用一階偏導數（*Jacobians*）。有一些討論優化的文獻也介紹了一些基於二階偏導數（*Hessians*，它是 Jacobians 的偏導數）的奇妙演算法。遺憾的是，這些演算法很難在深度神經網路中使用，因為每個輸出有 n^2 個 Hessians（n 是參數數量），而不是每個輸出只有 n 個 Jacobians。因為 DNN 的參數通常是上萬個起跳，二階優化演算法通常無法放入記憶體，即使可以，計算 Hessians 也非常耗時。

訓練稀疏模型

之前討論的優化演算法都產生密集模型，也就是說，它的大多數參數都不是零。如果你需要在執行期速度飛快的模型，或希望它占用更少的記憶體，你可能要選擇稀疏模型。

---

22 Ilya Loshchilov, and Frank Hutter, "Decoupled Weight Decay Regularization", arXiv preprint arXiv:1711.05101 (2017).

23 Ashia C. Wilson et al., "The Marginal Value of Adaptive Gradient Methods in Machine Learning", *Advances in Neural Information Processing Systems* 30 (2017): 4148–4158.

為了訓練這種模型，有一種簡單的做法是像平常一樣訓練模型，然後捨棄小權重（將它們設為零）。然而，這種做法通常不會產生非常稀疏的模型，而且可能降低模型的效果。

比較好的做法是在訓練期間使用強 ℓ_1 正則化（本章稍後會介紹），這樣可以促使優化器盡可能將權重歸零（就像第 154 頁「lasso 回歸」中討論的那樣）。

如果使用這些技術還不夠，可試試 TensorFlow Model Optimization Toolkit（TF-MOT）（*https://homl.info/tfmot*），它提供一個修剪 API，能夠在訓練期間根據連結的大小反覆移除連結。

表 11-2 比較了目前看過的所有優化器（* 代表不好，** 代表一般，*** 代表很好）。

表 11-2　優化器比較

類別	收斂速度	收斂品質
SGD	*	***
SGD(momentum=...)	**	***
SGD(momentum=..., nesterov=True)	**	***
Adagrad	***	*（太早停止）
RMSprop	***	** 或 ***
Adam	***	** 或 ***
AdaMax	***	** 或 ***
Nadam	***	** 或 ***
AdamW	***	** 或 ***

學習速度規劃

找出好的學習速度非常重要。如果你把它設太高，訓練可能會發散（見第 136 頁的「梯度下降」）。如果設太低，雖然訓練最終會收斂至最佳值，但是會花費很多時間。如果將學習速度設得略高，最初會有很快的進展，但最終會在最佳解周圍搖擺不定，無法真正穩定下來。如果你的計算預算有限，你可能不得不在它收斂之前中斷訓練，導致非最佳解（見圖 11-9）。

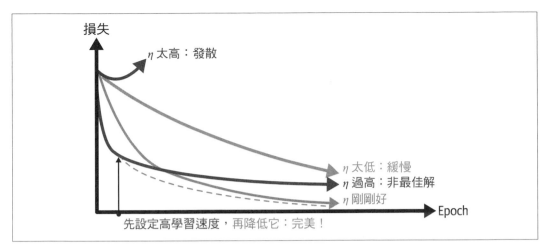

圖 11-9　各種學習速度 η 的學習曲線

就像第 10 章所討論的，你可以藉著訓練模型幾百次迭代來找到合適的學習速度。從一個非常小的值開始，以指數級增加學習速度到一個非常大的值，然後觀察學習曲線，找到學習曲線開始急劇上升的點，選擇略低於該點的學習速度。然後重新初始化模型，並且用那個訓練速度來訓練它。

但是比起使用固定的學習速度，你可以採取一種更好的做法：先使用較大的學習速度，等訓練的進展開始減緩時，再調降它，如此一來，獲得優質解的速度將會比使用最佳固定學習速度還要快。在訓練期間降低學習速度的策略有很多種。先從低學習速度開始，提升它，再調降它或許也有幫助。這些策略稱為**學習規劃**（*learning schedule*）（我曾經在第 4 章簡單介紹這個概念）。以下是最常用的學習規劃法：

power scheduling

將學習速度設為迭代次數 t 的函數：$\eta(t) = \eta_0 / (1 + t/s)^c$。其中的初始學習速度 η_0、次方 c（通常設為 1），和步數 s 都是超參數。學習速度會在每一步下降。在 s 步之後，它會下降到 $\eta_0 / 2$。再經過 s 步之後，它會下降到 $\eta_0 / 3$，接著下降到 $\eta_0 / 4$，接著 $\eta_0 / 5$，以此類推。如你所見，這個規劃會先快速下降，然後下降速度越來越慢。當然，power scheduling 需要調整 η_0 和 s（可能還要調整 c）。

exponential scheduling

將學習速度設為 $\eta(t) = \eta_0 \, 0.1^{t/s}$。學習速度每 s 步就降低 10 倍。power scheduling 是越來越緩慢地降低學習速度，exponential scheduling 則是每 s 步將學習速度降低 10 倍。

piecewise constant scheduling

在幾個 epoch 中使用固定的學習速度（例如讓 5 個 epoch 使用 $\eta_0 = 0.1$），在另外幾個 epoch 中使用較小的學習速度（例如讓 50 個 epoch 使用 $\eta_1 = 0.001$），以此類推。儘管這種方法可能非常有效，但需要調整學習速度的順序以及每個學習速度該使用多久，以找出最佳組合。

performance scheduling

每 N 步評量驗證誤差一次（就像提早停止那樣），並且在誤差停止下降時，降低學習速度 λ 倍。

1cycle scheduling

1cycle 是 Leslie Smith 在 2018 年的一篇論文中提出的（*https://homl.info/1cycle*）[24]。與其他方法不同的是，它先增加初始學習速度 η_0，然後在訓練到一半時，線性增加到 η_1。接著在訓練的後半段將學習速度線性降低至 η_0，在最後幾個週期中，將學習速度線性降低幾個數量級（仍然是線性的）。選擇最大學習速度 η_1 的方法與找出最佳學習速度的方法一樣，最初學習速度 η_0 通常比它低 10 倍。在使用動量時，我們先使用較高的動量（例如 0.95），然後在訓練的前半段將它降低到較低的動量（例如線性降低到 0.85），然後在訓練的後半段將它恢復成最大值（例如 0.95），在最後幾個 epoch 維持那個最大值。Smith 做了很多實驗，證明這種方法通常可以顯著加快訓練速度，並產生更好的效能。例如，對於流行的 CIFAR10 圖像資料組，這種做法僅在 100 個 epoch 就達到 90.3% 的驗證準確率，標準做法則需要 800 個 epoch 才達到 90.3% 的準確率（使用相同的神經網路架構）。這個成就被稱為**超收斂**（*super-convergence*）。

Andrew Senior 等人在 2013 年發表的一篇論文（*https://homl.info/63*）[25] 中，比較了最流行的一些學習規劃使用動量優化來訓練深度神經網路辨識語音的效果。作者的結論是，在這個設定中，performance scheduling 和 exponential scheduling 的表現都很好。他們比較喜歡 exponential scheduling，因為它容易調整，並且較快收斂到最佳解。他們還提到，exponential scheduling 比 performance scheduling 更容易實現。但是在 Keras 中，它們都很容易實現。話雖如此，1cycle 的效果似乎更好。

在 Keras 中實現 power scheduling 是最簡單的選擇，你只要在建立優化器時設定 decay 超參數即可：

```
optimizer = tf.keras.optimizers.SGD(learning_rate=0.01, decay=1e-4)
```

---

24 Leslie N. Smith, "A Disciplined Approach to Neural Network Hyper-Parameters: Part 1—Learning Rate, Batch Size, Momentum, and Weight Decay", arXiv preprint arXiv:1803.09820 (2018).

25 Andrew Senior et al., "An Empirical Study of Learning Rates in Deep Neural Networks for Speech Recognition", *Proceedings of the IEEE International Conference on Acoustics, Speech, and Signal Processing* (2013): 6724–6728.

decay 是 s 的倒數（將學習速度除以一個更大單位所需的步數），Keras 預設 c 等於 1。

exponential scheduling 和 piecewise scheduling 也很簡單。你要先定義一個函式，讓它接收當下的 epoch 並回傳學習速度，舉個例子，我們來實作 exponential scheduling：

```
def exponential_decay_fn(epoch):
    return 0.01 * 0.1 ** (epoch / 20)
```

如果不想把 η_0 和 s 寫死，你可以寫一個函式來回傳設置好的函式：

```
def exponential_decay(lr0, s):
    def exponential_decay_fn(epoch):
        return lr0 * 0.1 ** (epoch / s)
    return exponential_decay_fn

exponential_decay_fn = exponential_decay(lr0=0.01, s=20)
```

接著建立 LearningRateScheduler 回呼，將規劃函式傳給它，再將這個回呼傳給 fit() 方法：

```
lr_scheduler = tf.keras.callbacks.LearningRateScheduler(exponential_decay_fn)
history = model.fit(X_train, y_train, [...], callbacks=[lr_scheduler])
```

LearningRateScheduler 會在各個 epoch 開始時更新優化器的 learning_rate 屬性。我們通常只要在每個 epoch 更新學習速度一次就夠了，但如果你想要讓更新頻率更高，例如在每一步都進行更新，你也可以編寫自己的回呼（範例見本章的 notebook 的「Exponential Scheduling」部分）。如果每個 epoch 都有很多步，在每一步更新學習速度可能有幫助。或者，你可以使用 tf.keras.optimizers.schedules，稍後會介紹。

 在訓練後，你可以從 history.history["lr"] 讀取訓練期間使用的學習速度。

規劃函式也可以用第二個引數來接收當下的學習速度。例如，下面的規劃函式將之前的學習速度乘以 $0.1^{1/20}$，導致相同的指數衰減（不過現在是在 epoch 0 開始時衰減，而不是 epoch 1）：

```
def exponential_decay_fn(epoch, lr):
    return lr * 0.1 ** (1 / 20)
```

這種寫法需要使用優化器的初始學習速度（與之前的實作不同），所以務必正確地設定它。

在儲存模型時會一併儲存優化器和它的學習速度。這意味著，你可以使用這個新的規劃函式來載入訓練好的模型，並且從它上次結束的地方開始訓練，而不會有任何問題。但是如果你的規劃函式使用 epoch 引數的話，事情就沒那麼容易了：epoch 不會被儲存，而且每當你呼叫 fit() 方法時，它就會被重設為 0。從上次中止的地方繼續訓練模型的話，可能導致非常大的學習速度，很可能損壞模型的權重。處理這種問題的做法之一是手動設定 fit() 方法的 initial_epoch 引數，讓 epoch 從正確的值開始執行。

對於 piecewise constant scheduling，你可以使用類似下面範例的規劃函式（如前所述，如果需要，你可以定義一個更通用的函式；範例請參考 notebook 中的「Piecewise Constant Scheduling」部分），然後使用該函式建立一個 LearningRateScheduler 回呼，並將它傳給 fit() 方法，就像使用 exponential scheduling 時一樣：

```
def piecewise_constant_fn(epoch):
    if epoch < 5:
        return 0.01
    elif epoch < 15:
        return 0.005
    else:
        return 0.001
```

若要使用 performance scheduling，你可以使用 ReduceLROnPlateau 回呼。例如，如果你把下面的回呼傳給 fit() 方法，它會在最佳驗證損失連續五個 epoch 沒有改善時，將學習速度乘以 0.5（也有其他選項可用，詳情請參考文件）：

```
lr_scheduler = tf.keras.callbacks.ReduceLROnPlateau(factor=0.5, patience=5)
history = model.fit(X_train, y_train, [...], callbacks=[lr_scheduler])
```

最後，Keras 提供另一種實作學習速度規劃的方式：你可以使用 tf.keras.optimizers. schedules 裡面的任何一個類別來定義規劃好的學習速度，然後將它傳給任何優化器。這種做法會在每一步更新學習速度，而不是每一個 epoch。例如，下面的程式實作了與之前定義的 exponential_decay_fn() 函式一樣的 exponential schedule：

```
import math

batch_size = 32
n_epochs = 25
n_steps = n_epochs * math.ceil(len(X_train) / batch_size)
scheduled_learning_rate = tf.keras.optimizers.schedules.ExponentialDecay(
    initial_learning_rate=0.01, decay_steps=n_steps, decay_rate=0.1)
optimizer = tf.keras.optimizers.SGD(learning_rate=scheduled_learning_rate)
```

這段程式很簡潔，而且當你儲存模型時，學習速度和它的規劃（包括它的狀態）也會被儲存起來。

至於 1cycle，Keras 不支援它，但是你可以建立自訂的回呼函式在每次迭代時修改學習速度來實作它，只需要不到 30 行程式。若要在回呼函式的 `on_batch_begin()` 方法中更新優化器的學習速度，你要呼叫 `tf.keras.backend.set_value(self.model.optimizer.learning_rate, new_learning_rate)`。範例請參考 notebook 中的「1Cycle Scheduling」部分。

總之，exponential decay、performance scheduling 和 1cycle 都可以顯著提升收斂速度，給它們一個機會吧！

用正則化來避免過擬

> 我可以用四個參數來擬合一頭大象，用五個參數讓大象擺動長鼻子。
>
> —John von Neumann。Enrico Fermi 於 *Nature* 427 中引用這句話

使用上萬個參數可以擬合整座動物園。深度神經網路通常具備上萬個參數，有時甚至有上百萬個。這賦予它們不可思議的自由度，這也意味著它們可以擬合大量複雜的資料組。但是這個極大的靈活性也使得網路容易過擬訓練組。我們通常要用正則化來防止過擬。

我們已經在第 10 章實作了最好的正則化技術之一了：提早停止。此外，雖然批次正規化的設計是為瞭解決梯度不穩定的問題，它也是很好的正則化技術。本節將探討其他流行的神經網路正則化技術：ℓ_1 與 ℓ_2 正則化、dropout、max-norm 正則化。

ℓ_1 與 ℓ_2 正則化

如同我們在第 4 章處理簡單的線性模型時的做法，你可以使用 ℓ_2 正則化來約束神經網路的連結權重，以及 / 或使用 ℓ_1 正則化，如果你想要做出稀疏模型（有許多權重等於 0）的話。這是對 Keras 階層的連結權重使用 ℓ_2 正則化的做法，使用正則化因子 0.01：

```
layer = tf.keras.layers.Dense(100, activation="relu",
                              kernel_initializer="he_normal",
                              kernel_regularizer=tf.keras.regularizers.l2(0.01))
```

l2() 函數回傳一個正則化程式（regularizer），訓練時的每一步都會呼叫它，來計算正則化損失。然後，這個損失會被加入最終的損失。你可能猜到了，如果你想要做 ℓ_1 正則化，你可以直接使用 `tf.keras.regularizers.l1()`；如果你想要使用 ℓ_1 和 ℓ_2 正則化兩者，可使用 `tf.keras.regularizers.l1_l2()`（指定兩個正則化因子）。

因為我們通常讓網路的每一層都使用相同的正則化程式,並且讓所有隱藏層都使用相同的觸發函數和相同的初始化策略,你可能會重複使用相同的引數。這使得程式碼既醜陋且容易出錯。為了避免這種情況,你可以試著重構程式碼,採用迴圈。另一個做法是使用Python 的 `functools.partial()` 函式,它可以讓你使用相同的預設引數值來為任何 callable 包上一層薄薄的包裝:

```python
from functools import partial

RegularizedDense = partial(tf.keras.layers.Dense,
                           activation="relu",
                           kernel_initializer="he_normal",
                           kernel_regularizer=tf.keras.regularizers.l2(0.01))

model = tf.keras.Sequential([
    tf.keras.layers.Flatten(input_shape=[28, 28]),
    RegularizedDense(100),
    RegularizedDense(100),
    RegularizedDense(10, activation="softmax")
])
```

 正如我們之前看到的,在使用 SGD、momentum optimization 和 Nesterov momentum optimization 時,ℓ_2 正則化有效,但在使用 Adam 及其變體時無效。如果你想在 Adam 中使用權重衰減,不要使用 ℓ_2 正則化,請改用 AdamW。

dropout

dropout(卸除法)是深度神經網路最流行的正則化技術之一。它是 Geoffrey Hinton 在 2012 年發表的論文提出來的(*https://homl.info/64*)[26],Nitish Srivastava 在 2014 年的論文(*https://homl.info/65*)[27] 中更詳細地說明。dropout 已經被證實是非常成功的技術,許多最先進的神經網路都使用 dropout,因為它可以提高 1% 至 2% 的準確率。這個準確率看起來不多,但是當模型已經有 95% 的準確率時,提高 2% 的準確率意味著錯誤率下降約達 40%(從 5% 錯誤率降為大約 3%)。

26 Geoffrey E. Hinton et al., "Improving Neural Networks by Preventing Co-Adaptation of Feature Detectors", arXiv preprint arXiv:1207.0580 (2012).

27 Nitish Srivastava et al., "Dropout: A Simple Way to Prevent Neural Networks from Overfitting", *Journal of Machine Learning Research* 15 (2014): 1929–1958.

它是個相當簡單的演算法：在每一個訓練步驟，讓每一個神經元（包括輸入神經元，但必定不包含輸出神經元）都有 p 的機率被暫時「卸除（dropped out）」，意味著它在這個訓練步驟中被完全忽略，但是在下一個步驟中可能是活躍的（見圖 11-10）。超參數 p 稱為卸除率（*dropout rate*），它通常被設為 10% 和 50% 之間：在遞迴神經網路接近 20–30%（見第 15 章），在摺積神經網路接近 40–50%（見第 14 章）。在訓練結束之後，神經元就不會被卸除了。以上就是這個演算法所做的事情（除了稍後將介紹的一些技術細節）。

令人驚訝的是，這種破壞性的技術竟然有很好的效果。如果公司要求員工在每天早上丟硬幣來決定是否上班，公司的績效可能會更好嗎？天曉得，或許可以！公司將不得不調整組織結構，它不能依靠任何人來操作咖啡機，或執行任何其他關鍵任務，所以很多人都得學會這些專業技能。員工將不得不和許多同事合作，而不是只有少數幾個人。公司將變得更具彈性，員工的離職不會造成太大的影響。我們不知道這個概念是否適合公司，但它絕對適合神經網路。用 dropout 訓練出來的神經元無法和它隔壁的神經元互相適應（co-adapt），它們必須盡可能地單獨發揮效用。它們也不能過度依賴少量的輸入神經元，它們必須關注每個輸入神經元。最終，它們不會對於輸入的微小變化過於敏感，帶來更強健的網路，具備更好的類推能力。

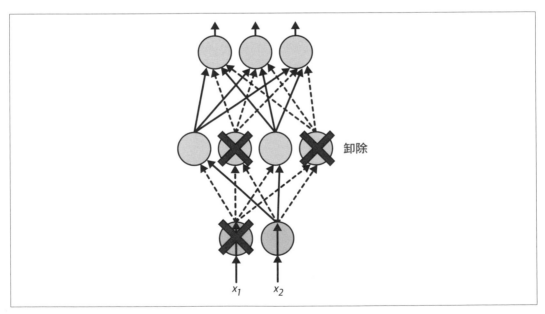

圖 11-10　dropout 正則化會在每次訓練迭代時，將一或多層裡的隨機部分神經元「卸除」（除了輸出層之外），這些神經元在該次迭代輸出 0（用虛線箭頭來表示）

瞭解 dropout 的強大威力的另一種方式是認識到，每一個訓練步驟都會產生一個獨一無二的神經網路。因為各個神經元都可能存在或不存在，所以可能出現的網路總共有 2^N 個（N 是可卸除神經元的總數）。這個數字如此之大，以致於同一個神經網路被抽樣兩次是幾乎不可能發生的事情。執行 10,000 個訓練步驟，實質上就是訓練了 10,000 個不同的神經網路，每一個網路都只看過一個訓練實例。這些神經網路顯然不是獨立的，因為它們共享許多權重，但它們仍然都是不同的。最終的神經網路可視為這些較小的網路的平均總體（ensemble）。

在實務上，我們通常只能對最上面的一到三層神經元執行 dropout（不包括輸出層）。

這個技術有一個微妙卻十分重要的細節，假設 $p = 75\%$：在訓練的每一步，平均只有 25% 的神經元處於活躍狀態，這意味著在訓練後，與一個神經元連接的輸入神經元的數量將是訓練過程中的四倍。為了補償這個情況，我們要在訓練過程中將每一個神經元的輸入連結權重乘以四。如果不這樣做，神經網路不會有很好的效果，因為它在訓練期間和訓練之後看到的資料不一樣。更廣泛地說，在訓練過程中，我們要將連結權重除以*保留機率*（$1 - p$）。

若要使用 Keras 來實作 dropout，你可以使用 `tf.keras.layers.Dropout` 層。在訓練期間，它會隨機移除一些輸入（將它們設為 0），並將其餘的輸入除以保留機率。在訓練結束後，它不會做任何事情，會直接將輸入傳給下一層。下面這段程式在每一個密集層之前使用 dropout 正則化，使用卸除率 0.2：

```
model = tf.keras.Sequential([
    tf.keras.layers.Flatten(input_shape=[28, 28]),
    tf.keras.layers.Dropout(rate=0.2),
    tf.keras.layers.Dense(100, activation="relu",
                          kernel_initializer="he_normal"),
    tf.keras.layers.Dropout(rate=0.2),
    tf.keras.layers.Dense(100, activation="relu",
                          kernel_initializer="he_normal"),
    tf.keras.layers.Dropout(rate=0.2),
    tf.keras.layers.Dense(10, activation="softmax")
])
[...]  # 編譯與訓練模型
```

因為 dropout 只在訓練過程中發揮作用，所以比較訓練損失和驗證損失可能有誤導性。特別是，模型可能過擬訓練組了，它的訓練損失和驗證損失卻相似。因此，務必在沒有 dropout 的情況下（例如，在訓練之後）評估訓練損失。

如果你觀察到模型過擬了，你可以提升卸除率。反過來說，如果模型欠擬訓練組，你要試著降低卸除率。為大型階層增加卸除率，為小型階層減少卸除率可能也有幫助。此外，許多最先進的架構只在最後一個隱藏層之後使用 dropout，所以如果全部 dropout 的強度太高，你可以嘗試這種做法。

dropout 往往會明顯降低收斂速度，但如果你正確地調整，通常可以得到更好的模型。所以，付出額外的時間和精力通常是有價值的，尤其是對大型的模型而言。

如果你想要針對基於 SELU 觸發函數的自動正規化網路進行正則化（正如之前所討論的），你應該使用 *alpha dropout*，它是 dropout 的一種變體，會保留輸入的均值和標準差。它是提出 SELU 的同一篇論文提出的，因為普通的 dropout 會破壞自動正規化。

Monte Carlo（MC）dropout

Yarin Gal 和 Zoubin Ghahramani 在 2016 年發表的論文（*https://homl.info/mcdropout*）[28] 中，列出幾條使用 dropout 的好理由：

- 首先，這篇論文為 dropout 網路（也就是包含 Dropout 層的神經網路）和近似貝氏推論 [29] 建立了深厚的關係，為 dropout 提供堅實的數學理論依據。

- 其次，作者提出一種稱為 *MC dropout* 的強大技術，可以提升任何一個已訓練的 dropout 模型的效能，而不需要重新訓練或修改模型。它也提供更好的模型不確定性指標，而且只需要寫幾行程式就可以實做出來。

如果上面的說法聽起來很像某種「祕方」廣告點擊誘餌，請看看下面的程式。它是完整的 MC dropout 實作，可改善我們之前訓練好的 dropout 模型，而不需要重新訓練模型：

```python
import numpy as np

y_probas = np.stack([model(X_test, training=True)
                     for sample in range(100)])
y_proba = y_probas.mean(axis=0)
```

28　Yarin Gal and Zoubin Ghahramani, "Dropout as a Bayesian Approximation: Representing Model Uncertainty in Deep Learning", *Proceedings of the 33rd International Conference on Machine Learning* (2016): 1050–1059.

29　具體來說，他們證明訓練 dropout 網路在數學上相當於在 *deep Gaussian process* 這種機率模型中的近似 Bayesian 推論。

注意，model(X) 類似 model.predict(X)，但是它回傳一個 tensor 而不是 NumPy 陣列，而且它支援 training 引數。在這個範例程式中，設定 training=True 可確保 Dropout 層維持活躍，所以所有預測都稍微不同。我們只對測試組進行 100 次預測，並計算它們的平均值。更具體地說，每一次呼叫模型都會得到一個矩陣，在裡面，每個實例有一列，每個類別有一行。因為測試組有 10,000 個實例，以及 10 個類別，所以這個矩陣的外型是 [10000, 10]。我們把 100 個這種矩陣疊在一起，所以 y_probas 是個外形為 [100, 10000, 10] 的 3D 陣列。計算第一維（axis=0）的平均值可以得到 y_proba，它是外形為 [10000, 10] 的陣列，就像我們進行一次預測之後得到的結果。就這麼簡單！在啟動 dropout 的情況下計算多次預測的平均值可以得到一個 Monte Carlo 估計，它通常比關閉 dropout 並進行一次預測的結果更可靠。例如，我們來看看在關閉 dropout 的情況下，模型為 Fashion MNIST 測試組的第一個實例做出來的預測：

```
>>> model.predict(X_test[:1]).round(3)
array([[0.   , 0.   , 0.   , 0.   , 0.   , 0.024, 0.   , 0.132, 0.   ,
        0.844]], dtype=float32)
```

這個模型相當有信心地（84.4%）認為這張圖像屬於類別 9（短靴）。拿這個結果與 MC dropout 預測相比：

```
>>> y_proba[0].round(3)
array([0.   , 0.   , 0.   , 0.   , 0.   , 0.067, 0.   , 0.209, 0.001,
       0.723], dtype=float32)
```

這個模型看起來偏好類別 9，但它的信心下降至 72.3%，而且類別 5（涼鞋）與 7（運動鞋）的估計機率上升了，因為它們也是鞋子，所以這很合理。

MC dropout 往往可以改善模型的機率估計的可靠性。這意味著它不太可能對錯誤的預測有信心，這種情況可能很危險，你可以想像一下自動駕駛汽車毫不猶豫地無視停車號誌的情況。知道還有哪些其他類別最有可能也很有用。此外，你也可以看一下機率估計的標準差（*https://xkcd.com/2110*）：

```
>>> y_std = y_probas.std(axis=0)
>>> y_std[0].round(3)
array([0.   , 0.   , 0.   , 0.001, 0.   , 0.096, 0.   , 0.162, 0.001,
       0.183], dtype=float32)
```

顯然它對於類別 9 的機率估計存在相當大的變異數：標準差是 0.183，我們應該拿它與估計機率 0.723 互相比較。如果你在建立一個風險敏感的系統（例如醫療或金融系統），你可能要非常小心地看待這種不確定的預測。你絕對不能將它視為 84.4% 信心的預測。這個模型的準確率也從 87.0%（非常）小幅提升到 87.2%：

```
>>> y_pred = y_proba.argmax(axis=1)
>>> accuracy = (y_pred == y_test).sum() / len(y_test)
>>> accuracy
0.8717
```

 你所使用的 Monte Carlo 樣本數（這個例子是 100 個）是一個可以調整的超參數。它越高，預測的結果及其不確定性估計就越準確。但是，如果你將它加倍，推理時間也會加倍。此外，當樣本數超過某個數量時，你會發現幾乎沒有任何改善。你的工作就是根據你的應用領域，在延遲（latency）和準確率之間找出適當的平衡點。

如果你的模型有其他的階層會在訓練期間做特殊的事情（例如 BatchNormalization 層），你就不應該執行剛才的訓練模式。你要將 Dropout 層換成下面的 MCDropout 類別[30]：

```
class MCDropout(tf.keras.layers.Dropout):
    def call(self, inputs, training=False):
        return super().call(inputs, training=True)
```

我們在這裡製作 Dropout 階層的子類別，並覆寫 call() 方法，來將它的 training 引數設為 True（見第 12 章）。同理，你也可以用 AlphaDropout 的子類別來定義 MCAlphaDropout 類別。如果你是從頭開始建立模型，你只要使用 MCDropout 而不是 Dropout 即可。但是如果你的模型已經使用 Dropout 來訓練了，你就要建立一個與既有的模型一樣的新模型，但是使用 Dropout 而不是 MCDropout，再將既有模型的權重複製到你的新模型。

簡而言之，MC dropout 是一種很棒的技術，它可以改進 dropout 模型，並提供更好的不確定性估計。當然，因為它在訓練期間只是一般的 dropout，所以它也有正則化的效果。

max-norm 正則化

神經網路領域流行的另一種正則化技術稱為 *max-norm* 正則化，它會限制每一個神經元的輸入連結權重 $\mathbf{w}$，使得 $\|\mathbf{w}\|_2 \leq r$，其中 r 是 max-norm 超參數，$\|\cdot\|_2$ 是 ℓ_2 範數。

max-norm 正則化並未在整體的損失函數中加入正則化損失項，它通常在各個訓練步驟之後計算 $\|\mathbf{w}\|_2$，並且在必要時重新調整 $\mathbf{w}$（$\mathbf{w} \leftarrow \mathbf{w}\, r\, /\, \|\mathbf{w}\|_2$）。

---

30 這個 MCDropout 類別可以和所有 Keras API 搭配使用，包括循序型 API。如果你只想使用函式型 API 或子類別化 API，你不需要建立 MCDropout 類別，而是建立一般的 Dropout 階層，並用 training=True 來呼叫它。

減少 r 會增加正則化量，並減少過擬。max-norm 正則化也有助於緩解不穩定梯度問題（如果你不使用批次正規化）。

在 Keras 中實作 max-norm 正則化的做法是將各個隱藏層的 kernel_constraint 引數設為 max_norm()，並使用適當的最大值，例如：

```
dense = tf.keras.layers.Dense(
    100, activation="relu", kernel_initializer="he_normal",
    kernel_constraint=tf.keras.constraints.max_norm(1.))
```

在每一次訓練迭代之後，模型的 fit() 方法會呼叫 max_norm() 回傳的物件，將階層的權重傳給它，取得調整後的權重，再將階層的權重換掉。你將在第 12 章看到，你也可以在必要時定義自己的約束（constraint）函式，並且像使用 kernel_constraint 一樣使用它。你也可以設定 bias_constraint 引數來約束偏差項。

max_norm() 函式有一個 axis 引數，它的預設值是 0。Dense 層的權重的外形通常是 [輸入數量, 神經元數量]，所以使用 axis=0 意味著 max-norm 約束將分別套用至各個神經元的權重向量。如果你想要對摺積層使用 max-norm（見第 14 章），務必正確地設定 max_norm() 約束的 axis 引數（通常是 axis=[0, 1, 2]）。

總結與實用指南

本章介紹了許多技術，你可能不知道該使用哪一種，具體的選擇取決於你的任務，而且目前還沒有明確的共識，但我發現表 11-3 的配置在多數情況下都有不錯的效果，而且不需要做太多的超參數調整。話雖如此，請勿將這些預設配置視為鐵則！

表 11-3　預設的 DNN 配置

超參數	預設值
Kernel 初始化程式	He 初始化
觸發函數	淺的使用 ReLU，深的使用 Swish
正規化	淺的不使用，深的使用批次正規化
正則化	提早停止，必要時使用權重衰減
優化器	Nesterov 加速梯度法或 AdamW
學習速度規劃	performance scheduling 或 1cycle

如果網路只是簡單的一疊密集層，那麼它就可以自動正規化，你就要改用表 11-4 的配置。

表 11-4　自動正規化網路的 DNN 配置

超參數	預設值
Kernel 初始化程式	LeCun 初始化
觸發函數	SELU
正規化	無（自動正規化）
正則化	必要時使用 alpha dropout
優化器	Nesterov 加速梯度法
學習速度規劃	performance scheduling 或 1cycle

別忘了將輸入特徵正規化！如果你可以找到處理相似問題的神經網路，你也要試著重複使用訓練好的神經網路，或者，如果你有大量無標籤資料，你可以使用無監督預先訓練，或者，如果你有許多相似任務的帶標籤資料，你可以用它們來預先訓練輔助任務。

雖然上述的指引應該涵蓋了絕大多數的案例，但可能會有以下的例外狀況：

- 如果你需要稀疏模型，你可以使用 ℓ_1 正則化（並選擇在訓練後，將微小的權重設為零）。如果你需要更稀疏的模型，你可以使用 TensorFlow Model Optimization Toolkit，它會破壞自動正規化，所以你要使用預設的配置。

- 如果你需要低延遲模型（能夠快速進行預測），你就要使用較少的階層，使用快速觸發函數（例如 ReLU 或 leaky ReLU），並在訓練後，將批次正規化層折疊到前幾層中。使用稀疏模型也有幫助。最後，或許你可以將浮點精度從 32 bits 降成 16 甚至 8 bits（見第 719 頁的「在行動設備或嵌入式設備裡部署模型」）。同樣地，參考 TF-MOT。

- 如果你要建構風險敏感的 app，或者，推理延遲對你的應用而言無關緊要，你可以使用 MC dropout 來提高效能，並取得更可靠的機率估計以及不確定性估計。

有了這些指南之後，你就可以訓練很深的網路了！希望你已經相信，只要使用 Keras 就可以做很多事情了，不過，有時你必須控制更多細節，例如，編寫自己的損失函數，或調整訓練演算法。在這些情況下，你要使用 TensorFlow 的低階 API，下一章會介紹這個主題。

習題

1. Glorot 初始化與 He 初始化企圖修正的問題是什麼？

2. 將所有權重的初始值都設成相同的值，只要那個值是用 He 初始化來隨機選擇即可。這樣做對嗎？

3. 將偏差項的初始值設為 0 對嗎？

4. 本章介紹過的各種觸發函數應該在什麼情況下使用？

5. 在使用 SGD 優化器時，如果將 momentum 超參數設成太接近 1（例如 0.99999）的話，可能會發生什麼事情？

6. 指出三種製作稀疏模型的做法。

7. dropout 會降低訓練速度嗎？它會降低推理（也就是對新實例進行預測）速度嗎？MC dropout 呢？

8. 練習使用 CIFAR10 圖像資料組來訓練一個深度神經網路：

   a. 建立一個具有 20 個隱藏層，每層具有 100 個神經元的 DNN（神經元的數量太多了，但這是這個練習的重點）。使用 He 初始化與 Swish 觸發函數。

   b. 用 CIFAR10 資料組來訓練網路。使用 Nadam 優化和提早停止。你可以用 `tf.keras.datasets.cifar10.load_data()` 來載入 CIFAR10 資料組。這個資料組是由 60,000 張 32 × 32 像素的彩色圖像組成的（50,000 張用於訓練，10,000 張用於測試），裡面有 10 個類別，所以你要使用一個具有 10 個神經元的 softmax 輸出層。每當你改變模型的架構或超參數時，別忘了尋找正確的學習速度。

   c. 試著加入批次正規化，並比較學習曲線：它的收斂速度比之前快嗎？它產生更好的模型嗎？它如何影響訓練速度？

   d. 試著將批次正規化換成 SELU，並進行必要的調整，來確保網路自動正規化（也就是將輸入特徵標準化，使用 LeCun normal 初始化，確保 DNN 只有一系列的密集層…等）。

   e. 試著使用 alpha dropout 來將模型正則化。然後，在不重複訓練模型的情況下，看看能不能使用 MC dropout 來獲得更好的準確率。

   f. 用 1cycle 規劃來重新訓練模型，看看它是否改善訓練速度與模型準確率。

這些習題的答案在本章的 notebook（*https://homl.info/colab3*）的結尾。

第十二章

用 TensorFlow 來自訂
和訓練模型

到目前為止，我們僅使用 TensorFlow 的高階 API——Keras，但它已經協助我們有很大的進展了：我們建立了各式各樣的神經網路結構，包括回歸和分類網路、Wide & Deep 網路，以及自動正規化網路，並且使用了各式各樣的技術，例如批次正規化、dropout 和學習速度排程。事實上，在你將遇到的使用案例中，有 95% 只需要使用 Keras（和 tf.data，見第 13 章）。但是接下來，我們要更深入瞭解 TensorFlow，看一下它的低階 Python API（*https://homl.info/tf2api*）。如果你需要額外的控制力來編寫自製的損失函數、指標、神經層、模型、初始化程式、正則化程式、權重約束和其他功能，接下來的知識都很有幫助。你甚至可能需要完全控制訓練迴圈本身，例如對梯度執行特殊的轉換或約束（而不是只修剪它們），或是讓網路的不同部分使用多個優化器。本章將探討這些案例，也將說明如何使用 TensorFlow 的自動圖生成功能來加強你自製的模型和訓練演算法。但在此之前，我們要簡單地認識一下 TensorFlow。

TensorFlow 簡介

如你所知，TensorFlow 是一種用來進行數值計算的強大程式庫，非常適合用於大規模的機器學習，並為其做了微調（但你可以在任何需要執行大量計算的地方使用它）。它是 Google Brain 團隊開發的，被用來支持 Google 的許多大規模服務，例如 Google Cloud Speech、Google Photos 以及 Google Search。它在 2015 年 11 月開放原始碼，現在是業界最廣泛使用的深度學習程式庫[1]：有無數的專案使用 TensorFlow 進行各種機器學習任務，例如圖像分類、自然語言處理、推薦系統和時間序列預測。

TensorFlow 究竟提供哪些功能？我們歸納如下：

- 它的核心非常類似 NumPy，但支援 GPU。

- 它支援分散式計算（分散至多台設備和伺服器）。

- 它有一種即時（just-in-time (JIT)）編譯器，可優化計算過程，改善速度和記憶體使用。它的做法是從 Python 函式中提取計算圖，優化它（例如剪除未使用的節點），並高效地執行它（例如，自動平行執行獨立的操作）。

- 計算圖可以用可移植格式匯出，如此一來，你可以在一個環境中訓練 TensorFlow 模型（例如在 Linux 使用 Python），在另一個環境執行它（例如在 Android 設備上使用 Java）。

- 它實作了反向模式 autodiff（見第 10 章和附錄 B），並提供一些出色的優化器，例如 RMSProp 和 Nadam（見第 11 章），所以你可以輕鬆地將各種損失函數最小化。

TensorFlow 也提供許多基於這些核心功能的功能，最重要的當然是 Keras[2]，但它也有資料載入以及預先處理操作（`tf.data`、`tf.io`…等）、圖像處理操作（`tf.image`）、訊號處理操作（`tf.signal`），及其他（圖 12-1 是 TensorFlow 的 Python API 概要）。

我們會介紹許多程式包和 TensorFlow API 的功能，但不可能涵蓋全部，你應該花一點時間瀏覽所有的 API，你將發現它們非常豐富，而且具備出色的文件。

---

1 然而，目前在學術界中，Facebook 的 PyTorch 程式庫更受歡迎，相較於 TensorFlow 或 Keras，有較多論文引用了 PyTorch。此外，Google 的 JAX 程式庫正在迅速崛起，特別是在學術界。

2 TensorFlow 有另一種深度學習 API，稱為 *estimators API*，但它已經被廢棄了。

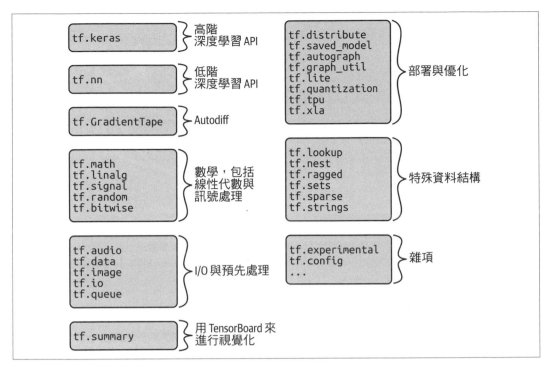

圖 12-1 TensorFlow 的 Python API

在最底層，各個 TensorFlow 操作（簡稱 op）都是以高效的 C++ 程式碼來編寫的[3]。很多操作都有多個實作，稱為 kernel：各個 kernel 都是專為特定種類的設備而設計的，例如 CPU、GPU，甚至 TPU（張量處理單元（tensor processing units））。或許你已經知道了，GPU 可以將計算拆成許多小區塊，並且在許多 GPU 執行緒上平行執行它們，從而大幅提升速度。TPU 甚至更快：它們是專為深度學習操作[4]量身打造的 ASIC 晶片（第 19 章會介紹如何同時使用 TensorFlow 和 GPU 或 TPU）。

圖 12-2 是 TensorFlow 的架構。多數情況下，你的程式將使用高階 API（尤其是 Keras 和 tf.data），但是當你需要更多彈性時，你會使用低階 Python API 來直接處理張量。無論如何，TensorFlow 的執行引擎都將負責高效地執行操作，甚至跨越多台設備與機器，如果你叫它們這樣做的話。

3　如果你碰巧需要的話（但應該是不需要），你也可以使用 C++ API 來編寫自己的操作。

4　若要進一步瞭解 TPU 和它們如何運作，可參考 *https://homl.info/tpus*。

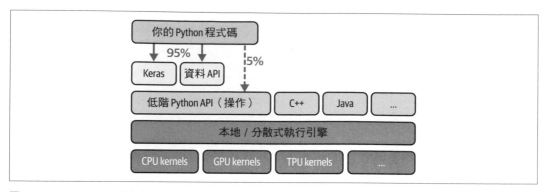

圖 12-2　TensorFlow 的架構

TensorFlow 不但可以在 Windows、Linux 和 macOS 上運行，也可以在行動設備上運行（使用 *TensorFlow Lite*），包括 iOS 和 Android 兩者（見第 19 章）。如果你不想使用 Python API 的話，TensorFlow 也為其他語言提供 API，包括 C++、Java 和 Swift API。JavaScript 甚至有一種稱為 *TensorFlow.js* 的實作，可讓你在瀏覽器裡面直接運行你的模型。

TensorFlow 不僅是程式庫，它還是一個廣大程式庫生態系統的核心。首先，你可以使用 TensorBoard 來進行視覺化（見第 10 章）。接著，你可以使用 TensorFlow Extended（TFX）（*https://tensorfow.org/tfx*），它是 Google 製作的一組用來將 TensorFlow 專案投入生產的程式庫，包含資料驗證、預先處理、模型分析和部署（使用 TF Serving，見第 19 章）工具。Google 的 *TensorFlow Hub* 提供一種方法來讓你輕鬆地下載並重複使用預先訓練的神經網路。你也可以取得許多神經網路架構，其中一些已預先訓練過了，位於 TensorFlow 的模型花園（model garden）（*https://github.com/tensorflow/models/*）。你可以參考 TensorFlow Resources（*https://tensorfow.org/resources*）及 *https://github.com/jtoy/awesome-tensorfow* 來瞭解更多基於 TensorFlow 的專案。你可以在 GitHub 找到上百個 TensorFlow 專案，因此無論你想做什麼，都很容易找到現有的程式碼。

越來越多 ML 論文同時發表其實作，有時甚至有訓練好的模型。你可以在 *https://paperswithcode.com* 輕鬆地找到它們。

最後但同樣重要的是，TensorFlow 擁有一支充滿熱情且樂於助人的開發團隊，以及一個致力於改進它的龐大社群。若要詢問技術問題，你可以使用 *https://stackoverfow.com*，並為你的問題附上 *tensorflow* 和 *python* 標籤。你可以透過 GitHub 來回報 bug 和提出功能請求（*https://github.com/tensorfow/tensorfow*）。若要討論一般事項，可加入 TensorFlow 論壇（*https://discuss.tensorfow.org*）。

好了，我們該寫程式了！

像 NumPy 一樣使用 TensorFlow

TensorFlow 的 API 圍繞著 *tensor*（張量）開展，這些 tensor 從一個操作流向（flow）另一個操作，故名 Tensor*Flow*。tensor 很像 NumPy ndarray，它通常是一個多維陣列，但也可以保存一個純量（一個簡單的值，例如 42）。當我們要建立自訂的代價函數、自訂的指標、自訂神經層及其他事物時，這些 tensor 很重要，所以我們來瞭解如何建立和操作它們。

tensor 和操作

你可以使用 tf.constant() 來建立 tensor。例如，下面的 tensor 代表一個具有兩列和三行浮點數的矩陣：

```
>>> import tensorflow as tf
>>> t = tf.constant([[1., 2., 3.], [4., 5., 6.]])  # 矩陣
>>> t
<tf.Tensor: shape=(2, 3), dtype=float32, numpy=
array([[1., 2., 3.],
       [4., 5., 6.]], dtype=float32)>
```

如同 ndarray，tf.Tensor 具有外型（shape）與資料型態（dtype）：

```
>>> t.shape
TensorShape([2, 3])
>>> t.dtype
tf.float32
```

它的索引系統很像 NumPy 的：

```
>>> t[:, 1:]
<tf.Tensor: shape=(2, 2), dtype=float32, numpy=
array([[2., 3.],
       [5., 6.]], dtype=float32)>
>>> t[..., 1, tf.newaxis]
<tf.Tensor: shape=(2, 1), dtype=float32, numpy=
array([[2.],
       [5.]], dtype=float32)>
```

最重要的是，你可以使用所有的 tensor 操作：

```
>>> t + 10
<tf.Tensor: shape=(2, 3), dtype=float32, numpy=
array([[11., 12., 13.],
       [14., 15., 16.]], dtype=float32)>
>>> tf.square(t)
<tf.Tensor: shape=(2, 3), dtype=float32, numpy=
array([[ 1.,  4.,  9.],
       [16., 25., 36.]], dtype=float32)>
>>> t @ tf.transpose(t)
<tf.Tensor: shape=(2, 2), dtype=float32, numpy=
array([[14., 32.],
       [32., 77.]], dtype=float32)>
```

注意，t + 10 相當於呼叫 tf.add(t, 10)（事實上，Python 會呼叫魔術方法 t.__add__(10)，該方法會呼叫 tf.add(t, 10)）。tensor 也支援其他的運算子，例如 - 和 *。Python 3.5 加入 @ 運算子來執行矩陣乘法：它相當於呼叫 tf.matmul() 函式。

許多函式和類別都有別名。例如，tf.add() 和 tf.math.add() 是同一個函式。這讓最常見的 TensorFlow 操作 [5] 有簡潔的名稱，同時讓程式包保持良好的組織。

tensor 也可以保存純量值。在下面的程式中，shape 是空的：

```
>>> tf.constant(42)
<tf.Tensor: shape=(), dtype=int32, numpy=42>
```

Keras API 有它自己的低階 API，位於 tf.keras.backend。為了保持簡潔，這個程式包通常被匯入為 K。你可能會在現有的程式中看到它的舊版本裡的一些函式，例如 K.square()、K.exp() 和 K.sqrt()。這些函式在 Keras 還支援多個後端時很有用，因為它們可以用來編寫可移植的程式碼。但是現在 Keras 僅支援 TensorFlow，所以你應該直接呼叫 TensorFlow 的低階 API（例如，使用 tf.square() 而不是 K.square()）。嚴格說來，K.square() 等函式仍然存在，以維持向後相容性，但是 tf.keras.backend 程式包的文件只列出少量的工具函式，例如 clear_session()（在第 10 章介紹過）。

5　tf.math.log() 是值得一提的例外，它很常用，但沒有 tf.log() 的別名（因為可能被誤認為 logging（記錄））。

你可以找到所有的基本數學運算（tf.add()、tf.multiply()、tf.square()、tf.exp()、tf.sqrt() 等）以及 NumPy 的多數操作（例如 tf.reshape()、tf.squeeze()、tf.tile()）。有一些函式的名稱與 NumPy 的不一樣，例如，tf.reduce_mean()、tf.reduce_sum()、tf.reduce_max() 與 tf.math.log() 相當於 np.mean()、np.sum()、np.max() 與 np.log()。使用不同的名稱通常是有理由的。例如，在 TensorFlow 中，你必須使用 tf.transpose(t)，而不能像在 NumPy 裡面那樣直接寫成 t.T。原因是 tf.transpose() 函式與 NumPy 的 T 屬性並非完全相同：TensorFlow 會用轉置的資料來建立新 tensor，而在 NumPy 中，t.T 只是相同資料的轉置視角（view）。同理，tf.reduce_sum() 操作之所以取這個名稱是因為它的 GPU kernel（即 GPU 實作）使用的 reduce 演算法不保證元素被加入的順序相同：由於 32 bits 浮點數的精度有限，每次呼叫這個操作的結果可能稍微不同。tf.reduce_mean() 也是如此（但是 tf.reduce_max() 當然是確定性的）。

tensors 與 NumPy

tensor 和 NumPy 的相容性很高：你可以用 NumPy 陣列來建立 tensor，反之亦然。你甚至可以對 NumPy 陣列執行 TensorFlow 操作，以及對 tensor 執行 NumPy 操作：

```
>>> import numpy as np
>>> a = np.array([2., 4., 5.])
>>> tf.constant(a)
<tf.Tensor: id=111, shape=(3,), dtype=float64, numpy=array([2., 4., 5.])>
>>> t.numpy()  # 或 np.array(t)
array([[1., 2., 3.],
       [4., 5., 6.]], dtype=float32)
>>> tf.square(a)
<tf.Tensor: id=116, shape=(3,), dtype=float64, numpy=array([4., 16., 25.])>
>>> np.square(t)
array([[ 1.,  4.,  9.],
       [16., 25., 36.]], dtype=float32)
```

請注意，NumPy 預設使用 64-bit 精度，TensorFlow 則使用 32-bit。這是因為 32-bit 精度對神經網路來說通常綽綽有餘，而且它的速度較快，並且使用較少 RAM。所以當你用 NumPy 陣列來建立 tensor 時，務必設定 dtype=tf.float32。

型態轉換

型態轉換可能會嚴重影響效能，而且自動執行型態轉換時，它們很容易被忽視，為了避免這種情況，TensorFlow 不會自動執行任何型態轉換：當你試著對型態不相容的 tensor 執行操作時，它會直接發出例外。例如，你無法將浮點數 tensor 和整數 tensor 相加，甚至無法將 32-bit 浮點數和 64-bit 浮點數相加：

```
>>> tf.constant(2.) + tf.constant(40)
[...] InvalidArgumentError: [...] expected to be a float tensor [...]
>>> tf.constant(2.) + tf.constant(40., dtype=tf.float64)
[...] InvalidArgumentError: [...] expected to be a float tensor [...]
```

這個設計最初可能令人困擾，切記，這樣做是有理由的！而且，當你確實需要轉換型態時，你可以使用 tf.cast()：

```
>>> t2 = tf.constant(40., dtype=tf.float64)
>>> tf.constant(2.0) + tf.cast(t2, tf.float32)
<tf.Tensor: id=136, shape=(), dtype=float32, numpy=42.0>
```

變數

我們到目前為止看過的 tf.Tensor 值都是不可變的，你無法修改它們。這意味著，我們無法使用一般的 tensor 來實作神經網路裡的權重，因為反向傳播需要修改它們。此外，其他的參數可能也需要隨著時間的演進而改變（例如動量優化器需要持續追蹤過往的梯度）。我們要使用的是 tf.Variable：

```
>>> v = tf.Variable([[1., 2., 3.], [4., 5., 6.]])
>>> v
<tf.Variable 'Variable:0' shape=(2, 3) dtype=float32, numpy=
array([[1., 2., 3.],
       [4., 5., 6.]], dtype=float32)>
```

tf.Variable 的行為很像 tf.Tensor：你可以用它來執行同一組操作，它也和 NumPy 相容，而且對型態的要求也同樣嚴格。但是你可以使用 assign() 方法來就地修改它（或 assign_add() 或 assign_sub()，它們可將變數加上或減去所提供的值）。你也可以使用每一格（cell）（或 slice）的 assign() 方法來修改那一格（或 slice），或使用 scatter_update() 或 scatter_nd_update() 方法：

```
v.assign(2 * v)          # 現在 v 等於 [[2., 4., 6.], [8., 10., 12.]]
v[0, 1].assign(42)       # 現在 v 等於 [[2., 42., 6.], [8., 10., 12.]]
v[:, 2].assign([0., 1.]) # 現在 v 等於 [[2., 42., 0.], [8., 10., 1.]]
v.scatter_nd_update(     # 現在 v 等於 [[100., 42., 0.], [8., 10., 200.]]
    indices=[[0, 0], [1, 2]], updates=[100., 200.])
```

你不能直接賦值：

```
>>> v[1] = [7., 8., 9.]
[...] TypeError: 'ResourceVariable' object does not support item assignment
```

在實務上，你幾乎不需要手動建立變數；Keras 的 `add_weight()` 方法可以為你處理這個過程，等一下會介紹。此外，模型參數通常是由優化器直接更新，因此你幾乎不需要手動更新變數。

其他的資料結構

TensorFlow 也支援其他幾種資料結構，包括以下這些（詳情請參考本章 notebook 的「Other Data Structures」部分或附錄 C）：

稀疏 *tensor*（`tf.SparseTensor`）

可高效地表示大部分是 0 的 tensor。`tf.sparse` 程式包有一些處理稀疏 tensor 的操作。

tensor 陣列（`tf.TensorArray`）

由 tensor 組成的串列。它們在預設情況下有固定長度，但也可以選擇性地擴展。它們裡面的所有 tensor 都必須有相同的外形和資料型態。

不規則 *tensor*（`tf.RaggedTensor`）

表示具有相同的秩（rank）和資料型態但大小各異的 tensor 串列。大小不相同的維度稱為**不規則維度**（*ragged dimension*）。`tf.ragged` 程式包有許多不規則 tensor 的操作。

字串 *tensor*

型態為 `tf.string` 的一般 tensor。它們代表 byte string，不是 Unicode 字串，所以用 Unicode 字串來建立字串 tensor 的話（例如一般的 Python 3 字串，像是 "café"），它會被自動編碼成 UTF-8（例如 b"caf\xc3\xa9"）。你也可以使用 `tf.int32` 型態的 tensor 來表示 Unicode 字串，其中的各個項目代表一個 Unicode 碼位（例如 [99, 97, 102, 233]）。`tf.strings` 程式包（有個 s）裡面有 byte string 和 Unicode 字串的 op（以及將其中一種轉換成另一種的 op）。要注意的是，`tf.string` 是原子型態（atomic），也就是說，它的長度不會在 tensor 的 shape 中顯示出來。將它轉換成 Unicode tensor 之後（例如型態為 `tf.int32`、保存 Unicode 碼位的 tensor），長度才會出現在 shape 中。

集合（*set*）

用一般的 tensor 來表示（或稀疏 tensor）。例如，`tf.constant([[1, 2], [3, 4]])` 代表兩個集合 {1, 2} 和 {3, 4}。更廣泛地說，各個集合都是用 tensor 的最後一軸裡的向量來表示的。你可以用 `tf.sets` 程式包的操作來處理集合。

佇列

儲存多個步驟中的 tensor。TensorFlow 提供各式各樣的佇列：基本的先入先出
（FIFO）佇列（`FIFOQueue`）、讓一些項目有優先權的佇列（`PriorityQueue`）、將項
目洗亂的佇列（`RandomShuffleQueue`）、透過填補來批次處理不同外形項目的佇列
（`PaddingFIFOQueue`）。這些類別都被放在 `tf.queue` 程式包裡面。

有了 tensor、操作、變數和各種資料結構之後，你就可以開始自訂模型和訓練演算法了！

自訂模型和訓練演算法

我們先來製作一個損失函數，這是一種簡單且常見的使用案例。

自製損失函數

假設你要訓練一個回歸模型，但你的訓練組的雜訊有點多。當然，你已經試著移除或修正
離群值來清理資料組了，但效果不好，資料組仍然充滿雜訊。你該使用哪一種損失函數？
均方誤差可能過度懲罰較大的誤差，使模型不準確。雖然平均絕對誤差不會過度懲罰離群
值，但可能需要訓練一段時間才能收斂，而且訓練出來的模型可能不夠準確。此時或許適
合使用 Huber 損失函數（見第 10 章）來取代傳統的 MSE。雖然 Keras 有提供 Huber 損失
（只要使用 `tf.keras.losses.Huber` 類別的實例即可），但我們假裝它不存在。要實作它，
你只要建立一個函式，讓該函式接收標籤和模型的預測，並使用 TensorFlow 操作來計算一
個包含所有損失（每個樣本一個）的 tensor：

```
def huber_fn(y_true, y_pred):
    error = y_true - y_pred
    is_small_error = tf.abs(error) < 1
    squared_loss = tf.square(error) / 2
    linear_loss  = tf.abs(error) - 0.5
    return tf.where(is_small_error, squared_loss, linear_loss)
```

> 為了獲得更好的效能，你應該使用向量化的實作，就像這個範例一樣。此
> 外，如果你想要受益於 TensorFlow 的圖優化功能，應該只使用 TensorFlow
> 操作。

你也可以回傳平均損失而不是個別樣本損失，但我們不建議這樣做，因為這樣將無法在需
要時使用類別權重或樣本權重（見第 10 章）。

現在你可以在編譯 Keras 模型時使用這個 Huber 損失函數，然後像平常一樣訓練模型：

```
model.compile(loss=huber_fn, optimizer="nadam")
model.fit(X_train, y_train, [...])
```

這樣就好了！在訓練期間，Keras 會為每一個批次呼叫 huber_fn() 函式來計算損失，然後使用反向模式 autodiff 來計算損失對於所有模型參數的梯度，最後執行梯度下降步驟（在本範例中使用 Nadam 優化器）。此外，它會追蹤 epoch 開始以來的總損失，並顯示平均損失。

但是當你儲存模型時，這個自訂的損失會發生什麼事情？

儲存和載入包含自訂組件的模型

你可以正常儲存包含自訂損失函數的模型，但是在載入模型時，你要提供一個將函式名稱對映到實際函式的字典。更廣泛地說，當你載入一個包含自訂物件的模型時，你必須將名稱對映至物件：

```
model = tf.keras.models.load_model("my_model_with_a_custom_loss",
                                   custom_objects={"huber_fn": huber_fn})
```

> 如果你用 @keras.utils.register_keras_serializable() 來修飾 huber_fn() 函式，load_model() 函式將自動可以使用它，你不需要將它放入 custom_objects 字典。

對目前的實作而言，介於 −1 和 1 之間的誤差都被視為「小」誤差。但如果你想要使用不同的閾值呢？有一種做法是建立一個函式，讓它建立設置好的損失函數：

```
def create_huber(threshold=1.0):
    def huber_fn(y_true, y_pred):
        error = y_true - y_pred
        is_small_error = tf.abs(error) < threshold
        squared_loss = tf.square(error) / 2
        linear_loss  = threshold * tf.abs(error) - threshold ** 2 / 2
        return tf.where(is_small_error, squared_loss, linear_loss)
    return huber_fn

model.compile(loss=create_huber(2.0), optimizer="nadam")
```

然而，當你儲存模型時，閾值不會被儲存。也就是說，你必須在載入模型時指定閾值（注意，你要使用的名稱是 "huber_fn"，它是你傳給 Keras 的函式名稱，而不是使用建立它的函式的名稱）：

```
model = tf.keras.models.load_model(
    "my_model_with_a_custom_loss_threshold_2",
    custom_objects={"huber_fn": create_huber(2.0)}
)
```

你可以製作一個 tf.keras.losses.Loss 類別的子類別,然後實作它的 get_config() 方法來解決這個問題:

```
class HuberLoss(tf.keras.losses.Loss):
    def __init__(self, threshold=1.0, **kwargs):
        self.threshold = threshold
        super().__init__(**kwargs)

    def call(self, y_true, y_pred):
        error = y_true - y_pred
        is_small_error = tf.abs(error) < self.threshold
        squared_loss = tf.square(error) / 2
        linear_loss  = self.threshold * tf.abs(error) - self.threshold**2 / 2
        return tf.where(is_small_error, squared_loss, linear_loss)

    def get_config(self):
        base_config = super().get_config()
        return {**base_config, "threshold": self.threshold}
```

解釋一下這段程式:

- 建構式接收 **kwargs 並將它們傳給父建構式,由父建構式處理標準超參數,包括損失的 name(名稱),以及用來合計各個實例損失的 reduction 演算法,在預設情況下,它是 "AUTO",相當於 "SUM_OVER_BATCH_SIZE":損失是實例損失和(如果有樣本權重的話,以樣本權重加權),再除以批次大小(而不是除以權重之和,因此這**不是**加權平均)[6]。它可用的值還有 "SUM" 和 "NONE"。

- call() 方法接收標籤與預測,計算所有的實例損失,並回傳它們。

- get_config() 方法回傳一個字典,該字典將各個超參數名稱對映至它的值。它先呼叫父類別的 get_config() 方法,然後將新的超參數加入這個字典[7]。

接下來,你可以在編譯模型時,使用這個類別的任何實例:

```
model.compile(loss=HuberLoss(2.), optimizer="nadam")
```

6　在此不適合使用加權平均,如果你使用它,那麼兩個有相同權重,但屬於不同批次的實例,將在訓練期間造成不同的影響,取決於各批次的總權重。

7　{**x, [...]} 語法是 Python 3.5 新增的,用來將字典 x 中的所有鍵 / 值合併到另一個字典中。自 Python 3.9 起,你可以改用更簡潔的 x | y 語法(其中 x 和 y 是兩個字典)。

當你儲存模型時，閾值會一起儲存；當你載入模型時，你只需要將類別名稱對映至類別本身即可：

```
model = tf.keras.models.load_model("my_model_with_a_custom_loss_class",
                                   custom_objects={"HuberLoss": HuberLoss})
```

當你儲存模型時，Keras 會呼叫損失實例的 get_config() 方法，並且用 SavedModel 格式來儲存配置。當你載入模型時，它會呼叫 HuberLoss 類別的 from_config() 類別方法；這個方法是由基礎類別（Loss）實作的，它會建立一個類別實例，並將 **config 傳給建構式。

以上就是損失的做法！你將看到，自訂觸發函數、初始化程式、正則化程式和約束都沒有太大的差異。

自訂觸發函數、初始化程式、正則化程式和約束

多數的 Keras 功能，例如損失、正則化程式、約束、初始化程式、指標、觸發函數、階層，甚至完整的模型，都可以使用幾乎一致的做法來訂製。在多數情況下，你只需要寫一個簡單的函式，並且使用適當的輸入和輸出就可以了。下面是自訂觸發函數（相當於 tf.keras.activations.softplus() 或 tf.nn.softplus()）、自訂 Glorot 初始化方法（相當於 tf.keras.initializers.glorot_normal()）、自訂 ℓ_1 正則化程式（相當於 tf.keras.regularizers.l1(0.01)），以及自訂約束函式來確保權重都是正的（相當於 tf.keras.constraints.nonneg() 或 tf.nn.relu()）的例子：

```
def my_softplus(z):
    return tf.math.log(1.0 + tf.exp(z))

def my_glorot_initializer(shape, dtype=tf.float32):
    stddev = tf.sqrt(2. / (shape[0] + shape[1]))
    return tf.random.normal(shape, stddev=stddev, dtype=dtype)

def my_l1_regularizer(weights):
    return tf.reduce_sum(tf.abs(0.01 * weights))

def my_positive_weights(weights):  # 其回傳值只是 tf.nn.relu(weights)
    return tf.where(weights < 0., tf.zeros_like(weights), weights)
```

如你所見，引數依自訂函式的種類而定，這些自訂函式可以像平常一樣使用，例如：

```
layer = tf.keras.layers.Dense(1, activation=my_softplus,
                              kernel_initializer=my_glorot_initializer,
                              kernel_regularizer=my_l1_regularizer,
                              kernel_constraint=my_positive_weights)
```

觸發函數會被用於這個 Dense 層的輸出，它的結果會被傳給下一層。階層的權重會被設為初始化程式回傳的值。在各個訓練步驟中，權重會被傳給正則化函式，來計算正則化損失，它會被加至主損失，來取得訓練用的最終損失。最後，約束函式會在每個訓練步驟之後呼叫，階層的權重會被換成約束後的權重。

如果函式有需要和模型一起儲存的超參數，你就要製作適當類別的子類別，例如 `tf.keras.regularizers.Regularizer`、`tf.keras.constraints.Constraint`、`tf.keras.initializers.Initializer` 或 `tf.keras.layers.Layer`（為任何階層加入觸發函數）。就像你為自訂損失所做的那樣，下面是一個進行 ℓ_1 正則化的簡單類別，它會儲存其 factor 超參數（這次你不需要呼叫父建構式或 `get_config()` 方法，因為它們不是由父類別定義的）：

```python
class MyL1Regularizer(tf.keras.regularizers.Regularizer):
    def __init__(self, factor):
        self.factor = factor

    def __call__(self, weights):
        return tf.reduce_sum(tf.abs(self.factor * weights))

    def get_config(self):
        return {"factor": self.factor}
```

注意，你必須為損失、階層（包括觸發函數）和模型實作 call() 方法，或是為正則化程式、初始化程式和約束實作 __call__() 方法。指標的做法有些不同，我們接著來看。

自訂指標

損失和指標在概念上是不一樣的東西：損失（例如交叉熵）是梯度下降用來訓練模型的東西，所以它們必須是可微的（至少在它們被計算的點），而且它們的梯度在任何地方都不能為 0。它們也不需要讓人類看得懂。相較之下，指標（例如準確率）是用來評估模型的，它們必須更容易解讀，而且在任何地方都可以是不可微的，或梯度為 0。

話雖如此，在多數情況下，自訂指標函式與自訂損失函式幾乎一模一樣。事實上，我們甚至可以使用之前寫好的 Huber 損失函式作為指標[8]，它的效果也很好（而且也以相同的方式保存，在這個例子中，只儲存函式的名稱 "huber_fn"，不儲存閾值）：

```python
model.compile(loss="mse", optimizer="nadam", metrics=[create_huber(2.0)])
```

8　但是很少人將 Huber 損失函數當成指標，MAE 和 MSE 比較受歡迎。

在訓練期間，Keras 會為各個批次計算這個指標，並且從 epoch 開始時就追蹤它的均值。多數情況下，這也是你想要做的事情，但有時不是如此！例如，考慮一個二元分類器的 precision。第 3 章說過，precision 是真陽性的數量除以陽性預測的數量（包括真陽與偽陽）。如果模型在第一個批次做了五個陽性預測，其中四個是正確的，它的 precision 就是 80%。如果模型在第二個批次做了三個陽性預測，但它們都是錯的，第二批次的 precision 就是 0%。如果你直接計算這兩個 precision 的均值，你會得到 40%。不過，這個比率不是模型處理這兩個批次得到的 precision。事實上，在八個陽性預測中（5 + 3）總共有四個真陽（4 + 0），所以整體的 precision 是 50%，不是 40%。我們需要一個可以追蹤真陽性數量和偽陽性數量、然後視需求使用這些數字來計算 precision 的物件。這就是 `tf.keras.metrics.Precision` 類別的功用：

```
>>> precision = tf.keras.metrics.Precision()
>>> precision([0, 1, 1, 1, 0, 1, 0, 1], [1, 1, 0, 1, 0, 1, 0, 1])
<tf.Tensor: shape=(), dtype=float32, numpy=0.8>
>>> precision([0, 1, 0, 0, 1, 0, 1, 1], [1, 0, 1, 1, 0, 0, 0, 0])
<tf.Tensor: shape=(), dtype=float32, numpy=0.5>
```

在這個例子中，我們建立了一個 Precision 物件，然後將它當成函式來使用，將第一個批次的標籤和預測傳給它，然後傳入第二個批次的（你也可以選擇傳遞樣本權重）。我們使用和剛才的例子一樣的真陽性數量和偽陽性數量。在第一個批次之後，它回傳 80% 的 precision，在第二個批次之後，它回傳 50%（這是迄今為止的整體 precision，不是第二批次的 precision），它稱為流式指標（*streaming metric*，或狀態性指標（*stateful metric*）），因為它會逐漸更新，一個批次接著一個批次。

在任何時間點，我們都可以呼叫 result() 方法來取得指標的最新值，也可以使用 variables 屬性來查詢它的變數（追蹤陽性和陰性的數量），並且使用 reset_states() 方法來重設這些變數：

```
>>> precision.result()
<tf.Tensor: shape=(), dtype=float32, numpy=0.5>
>>> precision.variables
[<tf.Variable 'true_positives:0' [...], numpy=array([4.], dtype=float32)>,
 <tf.Variable 'false_positives:0' [...], numpy=array([4.], dtype=float32)>]
>>> precision.reset_states()  # 將兩個變數重設為 0.0
```

如果你需要自訂流式指標，你可以建立 `tf.keras.metrics.Metric` 類別的子類別。在下面的基本範例中，我們追蹤總 Huber 損失，以及迄今為止看過的實例數量。當你查詢結果時，它會回傳比值，它是 Huber loss 均值：

```
class HuberMetric(tf.keras.metrics.Metric):
    def __init__(self, threshold=1.0, **kwargs):
        super().__init__(**kwargs) # 處理基礎引數（例如 dtype）
```

```
        self.threshold = threshold
        self.huber_fn = create_huber(threshold)
        self.total = self.add_weight("total", initializer="zeros")
        self.count = self.add_weight("count", initializer="zeros")

    def update_state(self, y_true, y_pred, sample_weight=None):
        sample_metrics = self.huber_fn(y_true, y_pred)
        self.total.assign_add(tf.reduce_sum(sample_metrics))
        self.count.assign_add(tf.cast(tf.size(y_true), tf.float32))

    def result(self):
        return self.total / self.count

    def get_config(self):
        base_config = super().get_config()
        return {**base_config, "threshold": self.threshold}
```

我們來解釋這段程式[9]：

- 建構式使用 add_weight() 方法來建立一些變數，以追蹤指標在多個批次間的狀態，例如總 Huber 損失（total）和迄今為止看過的實例數量（count）。喜歡的話，你也可以手動建立變數。Keras 會追蹤被設為屬性的任何 tf.Variable（更廣泛地說，任何「可追蹤」物件，例如階層或模型）。

- 當你將這個類別的實例當成函式來使用時（就像我們使用 Precision 物件的方式），update_state() 方法會被呼叫。它會更新變數，根據標籤和一個批次的預測（以及樣本權重，但在這個例子裡，我們忽略它們）。

- result() 方法會計算並回傳最終結果，在這個例子中，結果是所有實例的平均 Huber 指標。當你將這個指標當成函式來使用時，update_state() 方法會先執行，然後執行 result()，並回傳它的輸出。

- 我們也實作 get_config() 方法來確保閾值連同模型一起保存。

- reset_states() 方法的預設實作會將所有變數重設為 0.0（但你可以視需要改寫它）。

 Keras 會無縫地處理變數持久化，無須任何操作。

---

9   這個類別只是為了說明而製作，比較簡單且比較好的做法是製作 tf.keras.metrics.Mean 子類別，範例請
     參考 notebook 的「Streaming Metrics」部分。

當你使用簡單的函式來定義指標時，Keras 會自動為每一個批次呼叫它們，並且在各個 epoch 期間追蹤均值，就像我們親自操作時那樣。所以，我們的 HuberMetric 類別的唯一好處是將閾值儲存起來。但是，有一些指標，例如 precision，無法透過直接計算所有批次的平均值來取得，在這種情況下，我們只能實作流式指標。

有了建立流式指標的經驗之後，建立自訂階層就像散步一樣輕鬆！

自訂階層

有時你可能想要使用 TensorFlow 未提供預設實作的奇特階層來建立架構。或者，你只是想要建立一個重複性很高的架構，其中的某個階層區塊會重複出現很多次，此時，將每一個區塊視為一層很方便。在這些情況下，你需要建立自訂階層。

有一些階層沒有權重，例如 tf.keras.layers.Flatten 或 tf.keras.layers.ReLU。如果你想要建立沒有任何權重的自訂階層，最簡單的做法是寫一個函式，並將它包在 tf.keras.layers.Lambda 層裡面。例如，下面的階層將對輸入執行指數函數：

```
exponential_layer = tf.keras.layers.Lambda(lambda x: tf.exp(x))
```

你可以像使用其他階層一樣使用這個自訂的階層，使用循序型 API、函式型 API 或子類別化 API。你也可以將它當成觸發函數來使用，或使用 activation=tf.exp。如果回歸模型的預測值有差異極大的尺度（例如 0.001、10、1,000），它的輸出層有時會使用這個指數層。事實上，指數函數是 Keras 的標準觸發函數之一，所以你可以直接使用 activation="exponential"。

你可能已經猜到了，若要建立自訂的有狀態層（stateful layer，也就是有權重的階層），你就要建立 tf.keras.layers.Layer 類別的子類別。例如，下面的類別實作一個簡化版的 Dense 層：

```
class MyDense(tf.keras.layers.Layer):
    def __init__(self, units, activation=None, **kwargs):
        super().__init__(**kwargs)
        self.units = units
        self.activation = tf.keras.activations.get(activation)

    def build(self, batch_input_shape):
        self.kernel = self.add_weight(
            name="kernel", shape=[batch_input_shape[-1], self.units],
            initializer="glorot_normal")
        self.bias = self.add_weight(
            name="bias", shape=[self.units], initializer="zeros")
```

```
    def call(self, X):
        return self.activation(X @ self.kernel + self.bias)

    def get_config(self):
        base_config = super().get_config()
        return {**base_config, "units": self.units,
                "activation": tf.keras.activations.serialize(self.activation)}
```

我們來解釋一下這段程式：

- 建構式使用引數來接收所有的超參數（在這個例子是 units 和 activation），重要的是，它也接收一個 **kwargs 引數。它呼叫父建構式，將 kwargs 傳給它，以處理 input_shape、trainable 和 name 等標準引數。然後將超參數存為屬性，用 tf.keras.activations.get() 函式來將 activation 引數轉換成適當的觸發函數（tf.keras.activations.get() 接收函式、標準字串，如 "relu" 或 "swish"，或是 None）。

- build() 方法的作用是為各個權重呼叫 add_weight() 方法來建立階層的變數。build() 方法會在階層第一次被使用時執行。此時，Keras 將會知道階層的輸入的外形，並將它傳給 build() 方法 [10]，這在建立一些權重時通常是必要的。例如，為了建立連結權重矩陣（也就是 "kernel"），我們必須知道上一層的神經元數量：它相當於輸入的最後一個維度的大小。在 build() 方法結束時（而且只能在結束時），你必須呼叫父類別的 build() 方法，這可讓 Keras 知道這個階層已經被建立了（它會設定 self.built=True）。

- call() 方法執行所需的操作。在這個例子中，我們計算輸入 X 與階層的 kernel 之間的矩陣乘法，我們加上偏差向量，再對著結果執行觸發函數，得到階層的輸出。

- get_config() 方法類似之前的自訂類別裡的方法，注意，我們藉著呼叫 tf.keras.activations.serialize() 來儲存觸發函數的所有配置。

現在你可以像使用任何其他階層一樣使用 MyDense 層了！

 Keras 通常會自動推斷輸出的外形，除非該層是動態的（你很快就會看到）。在這種（罕見）情況下，你要實作 compute_output_shape() 方法，該方法必須回傳一個 TensorShape 物件。

---

10 Keras API 將這個引數稱為 input_shape，但因為它也包括批次維度，我比較喜歡稱它為 batch_input_shape。

為了建立具有多個輸入的階層（例如 Concatenate），call() 方法的引數應該是個包含所有輸入的 tuple。若要建立具有多個輸出的階層，call() 方法應回傳輸出串列。例如，下面的玩具階層接收兩個輸入並回傳三個輸出：

```
class MyMultiLayer(tf.keras.layers.Layer):
    def call(self, X):
        X1, X2 = X
        return X1 + X2, X1 * X2, X1 / X2
```

現在你可以像任何其他階層一樣使用這個階層，但是當然，你只能使用函式型 API 和子類別化 API，不能使用循序型 API（它只接受具有一個輸入和一個輸出的階層）。

如果你的階層在訓練和測試期間需要有不同的行為（例如，如果它使用了 Dropout 或 BatchNormalization 層），你必須在 call() 方法中加入一個 training 引數，並使用這個引數來決定該怎麼做。例如，我們可以建立一個階層，在訓練期間加入 Gaussian 雜訊（用來正則化），但是在測試期間不執行任何操作（Keras 有一個執行相同操作的階層，即 tf.keras.layers.GaussianNoise）：

```
class MyGaussianNoise(tf.keras.layers.Layer):
    def __init__(self, stddev, **kwargs):
        super().__init__(**kwargs)
        self.stddev = stddev

    def call(self, X, training=False):
        if training:
            noise = tf.random.normal(tf.shape(X), stddev=self.stddev)
            return X + noise
        else:
            return X
```

現在你可以建立任何自訂階層了！接下來要看看如何建立自訂模型。

自訂模型

當我們在第 10 章討論子類別化 API 時，我們曾經看過如何建立自訂模型類別[11]。這很簡單，只要製作 tf.keras.Model 類別的子類別，在建構式裡面建立階層與變數，並實作 call() 方法來做你想讓模型做的事情即可。例如，假設我們想要建立圖 12-3 的模型。

---

11 在 Keras 裡，「子類別化 API（subclassing API）」通常專指藉由製作子類別來建立的自訂模型，儘管還有許多其他東西可以透過建立子類別來製作，例如你在本章中看過的那些。

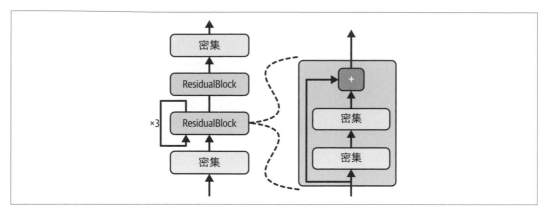

圖 12-3 自訂模型範例，使用帶跳接的 ResidualBlock 自訂階層做出來的任意模型

輸入會先經過一個密集層，然後經過一個由兩個密集層和一個加法運算組成的殘差區塊
（正如你將在第 14 章中看到的，殘差區塊會將它的輸入加到它的輸出），然後再經過同
一個殘差區塊三次，然後經過第二個殘差區塊，最後的結果經過一個密集輸出層。如果你
認為這個模型沒有太大意義，放心，它只是一個例子，用來說明你可以輕鬆建立任何想要
的模型，甚至包含迴路和跳接的模型。若要實作這個模型，你最好先建立 ResidualBlock
層，因為我們即將建立一些一模一樣的區塊（我們可能還會在其他模型裡重複使用它）：

```
class ResidualBlock(tf.keras.layers.Layer):
    def __init__(self, n_layers, n_neurons, **kwargs):
        super().__init__(**kwargs)
        self.hidden = [tf.keras.layers.Dense(n_neurons, activation="relu",
                                             kernel_initializer="he_normal")
                       for _ in range(n_layers)]

    def call(self, inputs):
        Z = inputs
        for layer in self.hidden:
            Z = layer(Z)
        return inputs + Z
```

這個階層有點特別，因為它裡面有其他階層。Keras 會透明地處理它：它會自動偵測包含
可追蹤物件（在這個例子是 layers）的 hidden 屬性，所以它們的變數會被自動加入這個階
層的變數串列。這個類別其餘的部分都很簡單。接著，我們用子類別化 API 來定義模型
本身：

```
class ResidualRegressor(tf.keras.Model):
    def __init__(self, output_dim, **kwargs):
        super().__init__(**kwargs)
```

```
            self.hidden1 = tf.keras.layers.Dense(30, activation="relu",
                                        kernel_initializer="he_normal")
            self.block1 = ResidualBlock(2, 30)
            self.block2 = ResidualBlock(2, 30)
            self.out = tf.keras.layers.Dense(output_dim)

    def call(self, inputs):
        Z = self.hidden1(inputs)
        for _ in range(1 + 3):
            Z = self.block1(Z)
        Z = self.block2(Z)
        return self.out(Z)
```

我們在建構式裡面建立階層,並且在 call() 方法裡面使用它們。接下來,我們就可以像使用其他模型一樣使用它(編譯它、擬合它、評估它,以及使用它來進行預測)。如果你也希望使用 save() 方法來儲存模型,以及使用 tf.keras.models.load_model() 函式來載入它,你就要在 ResidualBlock 類別和 ResidualRegressor 類別兩者裡實作 get_config() 方法(就像之前的做法)。你也可以使用 save_weights() 和 load_weights() 方法來儲存與載入權重。

Model 類別是 Layer 類別的子類別,所以模型可以像階層一樣定義和使用。但是模型有一些額外的功能,包括它的 compile()、fit()、evaluate() 和 predict() 方法(以及一些變體),再加上 get_layer() 方法(可以用名稱或索引來回傳模型的任何階層)以及 save() 方法(並支援 tf.keras.models.load_model() 和 tf.keras.models.clone_model())。

既然模型提供的功能比階層多,何不直接將每一個階層都定義成模型就好了?嚴格說來,你當然可以這樣做,但區別模型的內部元件(也就是階層或可重複使用的階層區塊)和模型本身(也就是你將要訓練的模型)通常更清晰易懂。前者應該使用 Layer 類別的子類別,後者應該使用 Model 類別的子類別。

使用循序型 API、函式型 API、子類別化 API,甚至混合使用它們,可以自然且簡潔地建構幾乎任何一篇論文裡的模型。「幾乎」?沒錯,我們還有一些事情需要瞭解:首先,如何根據模型的內部性質定義損失或指標?其次,如何建構自訂的訓練迴圈?

根據模型的內部性質定義損失和指標

我們之前定義的自訂損失和指標都基於標籤和預測（也可以選擇使用樣本權重）。有時你想要基於模型的其他部分定義損失，例如隱藏層的權重或觸發函數，這或許對正則化有幫助，或者，可協助監控模型的某些內部層面。

若要根據模型的內部性質自訂損失，你要用你想使用的模型部分來計算自訂損失，再將結果傳給 add_loss() 方法。例如，我們來建立一個自訂的回歸 MLP 模型，它包含五個隱藏層和一個輸出層。這個自訂模型的隱藏層上面也有一個輔助輸出。與這個輔助輸出有關的損失稱為**重構損失**（reconstruction loss）（見第 17 章）：它是重構和輸入之間的均方差。我們藉著將這個重構損失加入主損失來鼓勵模型盡量保留經過隱藏層的資訊——甚至包括對於回歸任務本身沒有直接幫助的資訊。在實務上，這個損失有時可改善類推能力（它是個正則化損失）。我們也可以使用模型的 add_metric() 方法來加入自訂指標。下面是這個包含自訂重構損失與對應指標的自訂模型程式碼：

```python
class ReconstructingRegressor(tf.keras.Model):
    def __init__(self, output_dim, **kwargs):
        super().__init__(**kwargs)
        self.hidden = [tf.keras.layers.Dense(30, activation="relu",
                                             kernel_initializer="he_normal")
                       for _ in range(5)]
        self.out = tf.keras.layers.Dense(output_dim)
        self.reconstruction_mean = tf.keras.metrics.Mean(
            name="reconstruction_error")

    def build(self, batch_input_shape):
        n_inputs = batch_input_shape[-1]
        self.reconstruct = tf.keras.layers.Dense(n_inputs)

    def call(self, inputs, training=False):
        Z = inputs
        for layer in self.hidden:
            Z = layer(Z)
        reconstruction = self.reconstruct(Z)
        recon_loss = tf.reduce_mean(tf.square(reconstruction - inputs))
        self.add_loss(0.05 * recon_loss)
        if training:
            result = self.reconstruction_mean(recon_loss)
            self.add_metric(result)
        return self.out(Z)
```

我們來解釋一下這段程式：

- 建構式建立一個包含五個密集隱藏層和一個密集輸出層的 DNN。我們也建立一個 Mean 流式指標，來追蹤訓練期間的重構誤差。

- build() 方法建立一個額外的密集層，它將被用來重構模型的輸入。它必須在這裡建立，因為它的單位數量必須等於輸入數量，而這個數量在 build() 方法被呼叫之前是未知的。

- call() 方法用全部的五個隱藏層來處理輸入，然後將結果傳給產生重構的重構層。

- 接著，call() 方法計算重構損失（重構和輸入之間的均方差），然後使用 add_loss() 方法來將它加入模型的損失串列 [12]。注意，我們將重構損失乘以 0.05（這是可以調整的超參數）來將它縮小，以確保重構損失不會宰制主損失。

- 接下來，在訓練期間，call() 方法會更新重構指標，並將它加入模型，讓它可被顯示出來。我們其實可以藉著呼叫 self.add_metric(recon_loss) 來簡化這段範例程式：Keras 將自動為你追蹤平均值。

- 最後，call() 方法將隱藏層的輸出傳給輸出層，並回傳它的輸出。

總損失與重構損失都會在訓練期間下降：

```
Epoch 1/5
363/363 [========] - 1s 820us/step - loss: 0.7640 - reconstruction_error: 1.2728
Epoch 2/5
363/363 [========] - 0s 809us/step - loss: 0.4584 - reconstruction_error: 0.6340
[...]
```

在多數情況下，我們討論過的所有工具都足以讓你建構任何模型，即使它有複雜的架構、損失與指標。然而，對於一些架構而言，例如 GANs（見第 17 章），你必須自訂訓練迴圈本身。在討論它之前，我們要先來看看如何在 TensorFlow 中自動計算梯度。

使用 autodiff 來計算梯度

為了瞭解如何使用 autodiff（見第 10 章和附錄 B）來自動計算梯度，我們來考慮一個簡單的玩具函式：

```
def f(w1, w2):
    return 3 * w1 ** 2 + 2 * w1 * w2
```

12　你也可以對模型內的任何階層呼叫 add_loss()，因為模型會從所有階層遞迴收集損失。

如果你懂微積分，你可以分析並發現這個函數對於 w1 的偏導數是 6 * w1 + 2 * w2。你也可以發現它對於 w2 的偏導數是 2 * w1。例如，在點 (w1, w2) = (5, 3) 處，這些偏導數分別等於 36 與 10，所以在這個點的梯度向量是 (36, 10)。但是如果這是神經網路，這個函數將複雜許多，通常有上萬個參數，手動分析並找出偏導數幾乎是不可能的任務。對於這種情況，有一種做法是計算每一個偏導數的近似值，做法是測量當你微調相應參數時，函數的輸出產生多少變化：

```
>>> w1, w2 = 5, 3
>>> eps = 1e-6
>>> (f(w1 + eps, w2) - f(w1, w2)) / eps
36.000003007075065
>>> (f(w1, w2 + eps) - f(w1, w2)) / eps
10.000000003174137
```

看起來很正確的！這種做法的效果很好，也很容易實作，但它只是近似值，重點是你必須為每一個參數呼叫 f() 至少一次（不是兩次，因為我們可以只計算 f(w1, w2) 一次）。因為這種做法必須為每一個參數至少呼叫 f() 一次，所以很難用它來處理大型的神經網路。所以，我們應該改用反向模式 autodiff。TensorFlow 將這項工作變得非常簡單：

```
w1, w2 = tf.Variable(5.), tf.Variable(3.)
with tf.GradientTape() as tape:
    z = f(w1, w2)

gradients = tape.gradient(z, [w1, w2])
```

我們先定義兩個變數 w1 與 w2，然後建立 tf.GradientTape context 來自動記錄涉及一個變數的每一項操作，最後我們要求這個 tape 計算 z 對於變數 [w1, w2] 的梯度。我們來看一下 TensorFlow 算出來的梯度：

```
>>> gradients
[<tf.Tensor: shape=(), dtype=float32, numpy=36.0>,
 <tf.Tensor: shape=(), dtype=float32, numpy=10.0>]
```

完美！這個結果不僅準確（精度僅受限於浮點誤差），gradient() 方法也會遍歷一次記錄的計算（反向順序），無論有多少變數，所以它的效率極高，簡直是神奇的魔法！

 為了節省記憶體，我只在 tf.GradientTape() 區塊裡面放入最少的內容。你也可以在 tf.GradientTape() 區塊裡面建立一個 with tape.stop_recording() 區塊來暫停記錄。

當你呼叫 tape 的 gradient() 方法之後，它會立刻被自動清除，所以當你試著呼叫 gradient() 兩次時，你會看到例外訊息：

```
with tf.GradientTape() as tape:
    z = f(w1, w2)

dz_dw1 = tape.gradient(z, w1)  # 回傳 tensor 36.0
dz_dw2 = tape.gradient(z, w2)  # 發出 RuntimeError！
```

如果你需要呼叫 gradient() 不只一次，你必須持久保存這個 tape，並且在每次用完畢之後刪除它，以釋出資源 [13]：

```
with tf.GradientTape(persistent=True) as tape:
    z = f(w1, w2)

dz_dw1 = tape.gradient(z, w1)  # 回傳 tensor 36.0
dz_dw2 = tape.gradient(z, w2)  # 回傳張量 10.0，現在可以正確運作！
del tape
```

在預設情況下，tape 只會追蹤涉及變數的操作，所以如果你試著計算 z 相對於變數之外的任何東西的梯度，結果將會是 None：

```
c1, c2 = tf.constant(5.), tf.constant(3.)
with tf.GradientTape() as tape:
    z = f(c1, c2)

gradients = tape.gradient(z, [c1, c2])  # 回傳 [None, None]
```

然而，你可以強迫 tape 監視你喜歡的任何 tensor，以記錄和它們有關的每一個操作。接著你可以計算相對於這些 tensor 的梯度，就像它們是變數一樣：

```
with tf.GradientTape() as tape:
    tape.watch(c1)
    tape.watch(c2)
    z = f(c1, c2)

gradients = tape.gradient(z, [c1, c2])  # 回傳 [tensor 36., tensor 10.]
```

這種做法有時很好用，例如，實作一個正則化損失來懲罰那些在輸入變化很小時變化很大的觸發函數。這個損失將基於觸發函數相對於輸入的梯度，因為輸入不是變數，你必須要求 tape 關注它們。

13　如果 tape 離開作用域，例如當使用它的函式 return 了，Python 的記憶體回收機制會幫你刪除它。

多數情況下，梯度 tape 被用來計算單一值（通常是損失）相對於一組值（通常是模型參數）的梯度。此時就是適合使用反向模式 autodiff 的時機，因為它只需要進行一次順向傳遞，一次反向傳遞，就可以一次獲得所有梯度。如果你試著計算一個向量的梯度，例如一個包含許多損失的向量，TensorFlow 會計算向量總和的梯度。所以，如果你需要取得個別的梯度（例如各個損失相對於模型參數的梯度），你必須呼叫 tape 的 jacobian() 方法：它會為向量內的每一個損失執行一次反向模式 autodiff（預設是平行執行全部）。你甚至可以計算二階偏導數（Hessians，也就是偏導數的偏導數），但是在實務上不常如此（範例見本章的 notebook 的「Computing Gradients Using Autodiff」部分）。

某些情況下，你可能想要阻止梯度經過神經網路的某些部分反向傳播。為此，你必須使用 tf.stop_gradient() 函式。這個函式會在順向傳播時回傳它的輸入（例如 tf.identity()），但是在反向傳播期間，它不會讓梯度通過（它就像個常數）：

```
def f(w1, w2):
    return 3 * w1 ** 2 + tf.stop_gradient(2 * w1 * w2)

with tf.GradientTape() as tape:
    z = f(w1, w2)  # 順向傳播不被 stop_gradient() 影響

gradients = tape.gradient(z, [w1, w2])  # 回傳 [tensor 30., None]
```

最後，在計算梯度時，你可能會遇到一些數值問題。例如，當你計算平方根函數位於 $x = 10^{-50}$ 處的梯度時，結果將是無限大。在現實中，該點的坡度不是無限大，但需要超過 32-bit 的浮點數才能處理：

```
>>> x = tf.Variable(1e-50)
>>> with tf.GradientTape() as tape:
...     z = tf.sqrt(x)
...
>>> tape.gradient(z, [x])
[<tf.Tensor: shape=(), dtype=float32, numpy=inf>]
```

為瞭解決這個問題，我們通常可以在計算 x 的平方根時，為 x 加上一個微小的值（例如 10^{-6}）。

指數函數也是常見的頭痛根源，因為它的增長速度極快。例如，前面定義的 my_softplus() 函數在數值上並不穩定。如果你計算 my_softplus(100.0)，你會得到無限大，而不是正確的結果（大約 100）。但你可以改寫該函式來讓它數值穩定：softplus 函數的定義是 $\log(1 + \exp(z))$，它也等於 $\log(1 + \exp(-|z|)) + \max(z, 0)$（數學證明請參考 notebook），第二種形式的優點是指數項不會爆炸。因此，這是 my_softplus() 函數更好的寫法：

```
def my_softplus(z):
    return tf.math.log(1 + tf.exp(-tf.abs(z))) + tf.maximum(0., z)
```

在一些罕見的情況下，數值穩定的函數可能仍然有數值不穩定的梯度。在這種情況下，你將不得不指定 TensorFlow 該使用哪個方程式來計算梯度，而不是讓它使用 autodiff。為此，你必須在定義函數時使用 @tf.custom_gradient decorator，並回傳函數的常規結果和計算梯度的函式。例如，我們來修改 my_softplus() 函數，讓它也回傳一個數值穩定的梯度函式：

```
@tf.custom_gradient
def my_softplus(z):
    def my_softplus_gradients(grads):  # grads = 從上層反向傳播
        return grads * (1 - 1 / (1 + tf.exp(z)))  # softplus 的穩定梯度

    result = tf.math.log(1 + tf.exp(-tf.abs(z))) + tf.maximum(0., z)
    return result, my_softplus_gradients
```

如果你懂微積分（見這個主題的教學 notebook），你會發現 $\log(1 + \exp(z))$ 的導數是 $\exp(z) / (1 + \exp(z))$。但是這個形式不穩定：對於大的 z 值，它最終會計算無窮大除以無窮大，回傳 NaN。然而，透過一些代數運算，你可以證明它也等於 $1 - 1 / (1 + \exp(z))$，這是穩定的。my_softplus_gradients() 函式使用這個公式來計算梯度。請注意，這個函式將接收迄今為止反向傳播到 my_softplus() 函式的梯度作為輸入，且根據連鎖率，我們必須將它們與這個函數的梯度相乘。

現在，當我們計算 my_softplus() 函式的梯度時，我們可以得到正確的結果，即使輸入值很大。

恭喜你！現在你可以計算任何函數的梯度了（前提是它在你進行計算的地方是可微的），甚至在必要時阻擋反向傳播，並編寫自己的梯度函數！即使你想要建構自訂的訓練迴圈，這種彈性也可能超出你的需求。

自訂訓練迴圈

在某些情況下，fit() 方法的靈活性可能不足以應付你想做的事情。例如，第 10 章介紹過的 Wide & Deep 論文（*https://homl.info/widedeep*）使用兩種不同的優化器：一種用於寬路徑，另一種用於深路徑。因為 fit() 方法僅使用一個優化器（在編譯模型時指定的那一個），所以要實作這篇論文，你就要編寫自己的迴圈。

或許你編寫自訂訓練迴圈只是為了確保它們做了你想讓它們做的事情（也許是因為你不確定 fit() 方法的某些細節）。有時把所有事情都明確化可以提升安全感。但是，切記，編寫自訂的訓練迴圈會讓程式碼更冗長、更容易出錯，且更難以維護。

除非你要學習，或真的需要額外的彈性，否則你應該優先使用 fit() 方法，而不是實作自己的訓練迴圈，尤其是當你在團隊中工作時。

我們先來建立一個簡單的模型，不需要編譯它，因為我們要手動處理訓練迴圈：

```
l2_reg = tf.keras.regularizers.l2(0.05)
model = tf.keras.models.Sequential([
    tf.keras.layers.Dense(30, activation="relu", kernel_initializer="he_normal",
                          kernel_regularizer=l2_reg),
    tf.keras.layers.Dense(1, kernel_regularizer=l2_reg)
])
```

接下來，我們建立一個小函式，用它從訓練組隨機抽樣實例批次（我們會在第 13 章討論 tf.data API，它提供更好的替代方案）：

```
def random_batch(X, y, batch_size=32):
    idx = np.random.randint(len(X), size=batch_size)
    return X[idx], y[idx]
```

我們也定義一個顯示訓練狀態的函式，這些狀態包括步數、總步數、從 epoch 開始以來的平均損失（我們將使用 Mean 指標來計算它），以及其他指標：

```
def print_status_bar(step, total, loss, metrics=None):
    metrics = " - ".join([f"{m.name}: {m.result():.4f}"
                         for m in [loss] + (metrics or [])])
    end = "" if step < total else "\n"
    print(f"\r{step}/{total} - " + metrics, end=end)
```

這段程式很簡單，除非你不熟悉 Python 字串格式化：{m.result():.4f} 會將指標的結果格式化為小數點後四位，使用 \r（回車）以及 end="" 可確保狀態條一定被印在同一行。

上工囉！首先，我們要定義一些超參數，並選擇優化器、損失函式，以及指標（在這個例子是 MAE）：

```
n_epochs = 5
batch_size = 32
n_steps = len(X_train) // batch_size
optimizer = tf.keras.optimizers.SGD(learning_rate=0.01)
```

```
loss_fn = tf.keras.losses.mean_squared_error
mean_loss = tf.keras.metrics.Mean(name="mean_loss")
metrics = [tf.keras.metrics.MeanAbsoluteError()]
```

現在我們可以建立自訂迴圈了！

```
for epoch in range(1, n_epochs + 1):
    print("Epoch {}/{}".format(epoch, n_epochs))
    for step in range(1, n_steps + 1):
        X_batch, y_batch = random_batch(X_train_scaled, y_train)
        with tf.GradientTape() as tape:
            y_pred = model(X_batch, training=True)
            main_loss = tf.reduce_mean(loss_fn(y_batch, y_pred))
            loss = tf.add_n([main_loss] + model.losses)

        gradients = tape.gradient(loss, model.trainable_variables)
        optimizer.apply_gradients(zip(gradients, model.trainable_variables))
        mean_loss(loss)
        for metric in metrics:
            metric(y_batch, y_pred)

        print_status_bar(step, n_steps, mean_loss, metrics)

    for metric in [mean_loss] + metrics:
        metric.reset_states()
```

這段程式需要解釋的事情很多，我們來逐一說明：

- 我們寫了兩個嵌套的迴圈：一個處理 epoch，另一個處理 epoch 裡面的批次。

- 然後從訓練組隨機抽樣批次。

- 在 tf.GradientTape() 區塊裡面，我們為一個批次進行預測（將模型當成函式來使用），並且計算損失：它等於主損失加上其他的損失（在這個模型中，每一層有一個正則化損失）。因為 mean_squared_error() 函式為每個實例回傳一個損失，我們使用 tf.reduce_mean() 來計算批次的均值（如果你想要對各個實例使用不同的權重的話，你可以在這裡做）。正則化損失已經被分別歸約成一個純量，所以我們只要將它們加總（使用 tf.add_n()，它可將外形和資料型態相同的多個 tensor 加總）。

- 接下來，我們要求 tape 計算損失相對於各個可訓練變數（不是所有變數！）的梯度，並且將它們應用（apply）於優化器來執行梯度下降步驟。

- 接著更新平均損失與指標（當下的 epoch 的），並顯示狀態條。

- 在各個 epoch 結束時，重設平均損失和指標的狀態。

若要使用梯度修剪（見第 11 章），可設定優化器的 clipnorm 或 clipvalue 超參數。如果你想要對梯度執行任何其他轉換，你只要在呼叫 apply_gradients() 方法之前進行即可。如果你想要加入權重約束（例如在建立階層時設定 kernel_constraint 或 bias_constraint），你要修改訓練迴圈，在 apply_gradients() 之後套用這些約束：

```
for variable in model.variables:
    if variable.constraint is not None:
        variable.assign(variable.constraint(variable))
```

 在訓練迴圈裡呼叫模型時，別忘了設定 training=True，尤其是模型在訓練期間和測試期間有不同的表現時（例如，當它使用 BatchNormalization 或 Dropout 時）。如果它是自訂模型，務必將 training 引數傳給你的模型呼叫的階層。

如你所見，你必須做對很多事情，而這個過程很容易犯錯。但是往好處看，你可以掌握全局。

知道如何自訂模型的任何部分[14] 以及訓練演算法之後，我們來瞭解如何使用 TensorFlow 的自動圖生成（automatic graph generation）功能：它可以大幅提升自訂程式碼的速度，而且可以讓程式碼可被移植到 TensorFlow 支援的任何平台（見第 19 章）。

TensorFlow 函式與圖

在 TensorFlow 1 中，圖是不可避免的（以及隨之而來的複雜性），因為它們是 TensorFlow API 的核心部分。自 TensorFlow 2 起（於 2019 年發表），圖仍然存在，但不是核心了，而且它們容易使用多了（很多！）。為了展示多麼容易，我們先從一個簡單的函式開始，它的功能是計算輸入的立方：

```
def cube(x):
    return x ** 3
```

顯然，我們可以用一個 Python 值來呼叫這個函式，例如整數或浮點數，也可以用 tensor 來呼叫它：

```
>>> cube(2)
8
>>> cube(tf.constant(2.0))
<tf.Tensor: shape=(), dtype=float32, numpy=8.0>
```

---

14 除了優化器之外，因為沒有什麼人會自訂它們；範例見 notebook 的「Custom Optimizers」部分。

接下來，我們用 tf.function() 來將這個 Python 函式轉換成 *TensorFlow 函式*：

```
>>> tf_cube = tf.function(cube)
>>> tf_cube
<tensorflow.python.eager.def_function.Function at 0x7fbfe0c54d50>
```

你可以像使用原始的 Python 函式一樣使用這個 TF 函式，它會回傳相同的結果（但一定回傳 tensor）：

```
>>> tf_cube(2)
<tf.Tensor: shape=(), dtype=int32, numpy=8>
>>> tf_cube(tf.constant(2.0))
<tf.Tensor: shape=(), dtype=float32, numpy=8.0>
```

在底層，tf.function() 會分析 cube() 函式執行的計算，並產生一個等價的計算圖！如你所見，它很容易使用（我們很快就會看到這是如何運作的）。或者，我們可以將 tf.function 當成 decorator，這種做法其實比較常見：

```
@tf.function
def tf_cube(x):
    return x ** 3
```

原始的 Python 函式仍然可以透過 TF 函式的 python_function 屬性來使用，如果你需要的話：

```
>>> tf_cube.python_function(2)
8
```

TensorFlow 會優化計算圖、修剪未使用的節點、簡化運算式（例如將 1 + 2 換成 3），以及做其他事情。將圖優化之後，TF 函式可以按照正確的順序高效地執行圖中的操作（並在情況允許時平行執行）。因此，TF 函式的執行速度通常比原始的 Python 函式快很多，尤其是在執行複雜的計算時 [15]。多數情況下，你不需要知道太多，當你想要提升 Python 函式時，那就把它轉成 TF 函式吧！

此外，如果你在呼叫 tf.function() 時設定 jit_compile=True，TensorFlow 會使用加速線性代數（XLA）來為你的圖編譯專用的 kernel，通常會融合多個操作。例如，如果你的 TF 函式呼叫 tf.reduce_sum(a * b + c)，那麼在沒有 XLA 的情況下，該函式要先計算 a * b 並將結果存入臨時變數，然後將 c 加到該變數，最後對著結果呼叫 tf.reduce_sum()。使用 XLA 時，整個計算會被編譯成一個 kernel，它會一次計算 tf.reduce_sum(a * b + c)，而不使用任何大型臨時變數。這不僅更快，還會大大減少 RAM 的使用。

15　但是，這個簡單的例子的計算圖太小了，完全沒有東西可以優化，所以 tf_cube() 其實跑得比 cube() 慢很多。

此外，當你編寫自訂損失函數、自訂指標、自訂階層，或任何其他自訂函式，並且在 Keras 模型中使用它們時（就像我們在這一章做過的事情），Keras 會自動將你的函式轉換成 TF 函式，你不需要使用 `tf.function()`。所以在多數情況下，這項魔法是 100% 透明的。如果你想要讓 Keras 使用 XLA，你只要在呼叫 `compile()` 方法時設定 `jit_compile=True` 即可。很簡單！

> 你可以在建立自訂階層或自訂模型時，設定 `dynamic=True` 來要求 Keras 不將你的 Python 函式轉換成 TF 函式。你也可以在呼叫模型的 `compile()` 方法時設定 `run_eagerly=True`。

在預設情況下，TF 函式會為每一個不同的輸入外形集合和資料型態集合產生一個新圖，並將它快取起來，以供後續呼叫使用。例如，當你呼叫 `tf_cube(tf.constant(10))` 時，它會幫外形為 [] 的 int32 tensor 產生一張圖。然後，當你呼叫 `tf_cube(tf.constant(20))` 時，這張圖就會被重複使用。但是當你接著呼叫 `tf_cube(tf.constant([10, 20]))` 時，它會幫外形為 [2] 的 int32 tensor 產生一張圖。這就是 TF 函式處理多形（也就是有許多不同的引數型態和外形）的方式。但是，這僅適用於 tensor 引數：如果你將 Python 數值傳遞給 TF 函式，它會幫每個不同的值產生一個新圖，例如，呼叫 `tf_cube(10)` 與 `tf_cube(20)` 會產生兩個圖。

> 如果你使用不同的 Python 數值來呼叫 TF 函式多次，它會產生許多張圖，減緩程式的速度，並占用大量的 RAM（你必須刪除 TF 函式來將它釋出）。Python 值應該保留給只有極少數不同值的引數使用，例如每一層的神經元數量之類的超參數，這可以讓 TensorFlow 更妥善地優化模型的各個變體。

AutoGraph 與追跡

那麼，TensorFlow 究竟是怎麼產生圖的？它會先分析 Python 函式的原始碼來定義所有控制流程陳述式，例如 `for` 迴圈、`while` 迴圈，與 `if` 陳述式，以及 `break`、`continue` 和 `return` 陳述式。這個最初步驟稱為 *AutoGraph*。TensorFlow 必須分析原始碼的原因是，Python 沒有提供任何其他方式來定義控制流程陳述式，雖然它提供了 `__add__()` 與 `__mul__()` 等魔術方法來定義 + 和 * 等運算子，但沒有 `__while__()` 或 `__if__()` 魔術方法。在分析函式的程式碼之後，AutoGraph 會輸出該函式的升級版，其中，所有控制流程陳述式都被換成適當的 TensorFlow 操作，例如迴圈換成 `tf.while_loop()`，if 陳述式換成

tf.cond()。例如，在圖 12-4 中，AutoGraph 分析 sum_squares() Python 函式的原始碼，並產生 tf__sum_squares() 函式。在這個函式中，for 迴圈被換成 loop_body() 函式的定義（裡面有原始的 for 迴圈的主體），然後呼叫 for_stmt() 函式，這個呼叫會在計算圖內建立適當的 tf.while_loop() 操作。

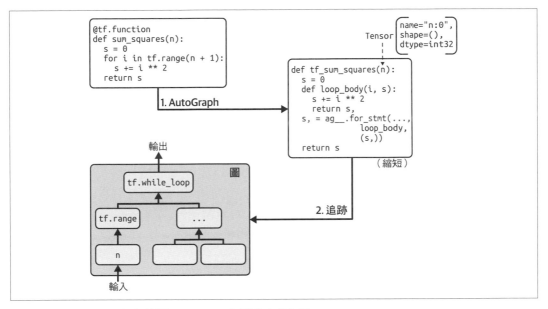

圖 12-4　TensorFlow 如何使用 AutoGraph 和追蹤來產生圖

接下來，TensorFlow 呼叫「升級版」函式，但它並非傳入引數，而是傳入 **象徵性** tensor（*symbolic tensor*），這種 tensor 沒有任何實際值，只有名稱、資料型態，和外形。例如，當你呼叫 sum_squares(tf.constant(10)) 時，TensorFlow 會以型態為 int32，外形為 [] 的象徵性 tensor 來呼叫 tf__sum_squares() 函式。這個函式將以 **圖模式**（*graph mode*）執行，也就是說，各個 TensorFlow 操作都會在圖中加入一個節點來代表它自己和它的輸出 tensor（相較之下，一般模式稱為 **急切執行**（*eager execution*）或 **急切模式**（*eager mode*））。在圖模式中，TF 操作不執行任何計算。圖模式是 TensorFlow 1 的預設模式。在圖 12-4 中，你可以看到 TensorFlow 以象徵性 tensor 作為引數（在這個例子裡，它是外形為 [] 的 int32 tensor），來呼叫 tf__sum_squares() 函式，並在追蹤期間生成最終的圖。圖中的節點代表操作，箭頭代表 tensor（生成的函式與圖都是簡化過的）。

 你可以呼叫 tf.autograph.to_code(sum_squares.python_function) 來檢查生成的函式的原始碼。原始碼不容易看，但有時可以協助除錯。

TF 函式規則

一般來說，把執行 TensorFlow 操作的 Python 函式轉換成 TF 函式很簡單，只要用 @tf. function 來修飾它，或是讓 Keras 為你處理就好了。但是你也要遵守一些規則：

- 當你呼叫任何外部程式庫，包括 NumPy，甚至標準程式庫時，這個呼叫只會在追蹤期間執行，不會成為圖的一部分。事實上，TensorFlow 圖只包含 TensorFlow 構造（tensor、操作、變數、資料組…等）。所以，務必使用 tf.reduce_sum() 而不是 np.sum()、使用 tf.sort() 而不是內建的 sorted() 函式，以此類推（除非你只想讓程式碼在追蹤期間執行）。這有幾個額外的含義：

  — 當你定義一個只回傳 np.random.rand() 的 TF 函式 f(x) 時，隨機數只會在函式被追蹤（trace）時產生，所以 f(tf.constant(2.)) 和 f(tf.constant(3.)) 將回傳同一個隨機數，但 f(tf.constant([2., 3.])) 會回傳不同的隨機數。如果你將 np.random.rand() 換成 tf.random.uniform([])，每一次呼叫都會產生新的隨機數，因為這項操作將是圖的一部分。

  — 如果你的非 TensorFlow 程式碼有副作用（例如會記錄（logging）某些東西，或更新 Python 計數器），你不能期望這些副作用會在每次呼叫 TF 函式時出現，因為它們只在函式被追蹤（trace）時發生。

  — 你可以將任意 Python 程式碼放在 tf.py_function() 操作裡面，但這種做法會影響效能，因為 TensorFlow 將無法對這段程式碼進行任何圖優化。這樣做也會降低可移植性，因為圖只能在可執行 Python 的平台上運行（還要安裝正確的程式庫）。

- 你可以呼叫其他的 Python 函式或 TF 函式，但它們都要遵守同樣的規則，因為 TensorFlow 會在計算圖中定義它們的操作。注意，這些其他的函式不需要使用 @tf. function 來修飾。

- 如果函式要建立 TensorFlow 變數（或任何其他有狀態的（stateful）TensorFlow 物件，例如資料組或佇列），它必須在第一次呼叫時做這件事，也只能在那時候做，否則你會得到例外。比較好的做法通常是在 TF 函式之外建立變數（例如在自訂階層的 build() 方法裡面）。如果想要將變數設為新值，你一定要呼叫它的 assign() 方法，不要使用 = 運算子。

- 你必須讓 TensorFlow 可以取得你的 Python 函式的原始碼。如果它無法取得原始碼（例如，如果你在 Python shell 裡面定義你的函式，這樣就無法取得原始碼，或是你將編譯好的 *.pyc* Python 檔部署至生產環境），圖生成程序將會失敗，或只能提供有限的功能。

- TensorFlow 只會定義迭代 tensor 或 tf.data.Dataset（見第 13 章）的 for 迴圈。所以，你一定要使用 for i in tf.range(*x*)，而不是 for i in range(*x*)，否則迴圈就不會被定義在圖裡，而是在追蹤期間執行。（如果 for 迴圈的目的是建立圖，這可能是你想做的，例如在神經網路中建立各個階層。）

- 一如往常，為了效能，你要優先使用向量化的做法，而不是使用迴圈。

是時候做個總結了！本章先概述 TensorFlow，接著介紹 TensorFlow 的低階 API，包括 tensor、操作、變數，和特殊資料結構。然後，我們使用這些工具來自訂 Keras API 的幾乎每一種組件。最後，我們看了 TF 函式如何提升效能、TensorFlow 是如何使用 AutoGraph 和追蹤來產生圖的，以及當你編寫 TF 函式時，該遵守哪些規則（如果你想要進一步打開黑盒子，並探索生成的圖，附錄 D 有技術細節可供參考）。

下一章將介紹如何使用 TensorFlow 來高效地載入和預先處理資料。

習題

1. 你能不能簡短地說明什麼是 TensorFlow？它的主要功能是什麼？以及指出其他流行的深度學習程式庫？

2. TensorFlow 可以視為 NumPy 的替代方案嗎？它們的主要差異是什麼？

3. 執行 tf.range(10) 和 tf.constant(np.arange(10)) 會產生相同的結果嗎？

4. 除了一般的 tensor 之外，你可以指出六種 TensorFlow 的其他資料結構嗎？

5. 你可以使用函式或 tf.keras.losses.Loss 類別的子類別來定義自訂的損失函數。它們的使用時機分別是？

6. 同理，你可以使用函式或 tf.keras.metrics.Metric 的子類別來自訂指標，它們的使用時機分別是？

7. 何時該建立自訂階層 vs. 自訂模型？

8. 在什麼情況下，你需要自訂訓練迴圈？

9. 自訂的 Keras 組件能否包含任意 Python 程式碼？還是，它們必須能夠轉換成 TF 函式？

10. 如果你想讓函式可被轉換成 TF 函式，你必須遵守哪些主要規則？

11. 在什麼情況下，你需要建立動態 Keras 模型？怎麼做？為何不讓你的所有模型都是動態的？

12. 實作一個自訂的階層來執行階層正規化（*layer normalization*）（我們將在第 15 章使用這種階層）：

 a. build() 方法應該定義兩個可訓練的權重 **α** 和 **β**，它們的外形都是 input_shape[-1:]，資料型態都是 tf.float32。**α** 的初始值應設為 1，**β** 為 0。

 b. call() 方法應計算各個實例的特徵的均值 μ 和標準差 σ。為此，你可以使用 tf.nn.moments(inputs, axes=-1, keepdims=True)，它會回傳所有實例的均值 μ 和變異數 σ^2（計算變異數的平方根來取得標準差）。接著函式應計算並回傳 **α** $\otimes$ **(X** - μ**)**/(σ + ε) + **β**，其中 $\otimes$ 代表逐項目乘法（*）， ε 是平滑項（避免除以零的小常數，例如 0.001）。

 c. 確保你的自訂階層可產生和 tf.keras.layers.LayerNormalization 階層一樣（或幾乎相同）的輸出。

13. 使用自訂訓練迴圈來處理 Fashion MNIST 資料組（見第 10 章），並訓練一個模型：

 a. 顯示 epoch、迭代，平均訓練損失、各個 epoch 的平均準確率（在每一次迭代時更新），以及各個 epoch 結束時的驗證損失和準確率。

 b. 試著讓較高的階層和較低的階層使用不同的優化器和不同的訓練速度。

這些習題的答案在本章的 notebook（*https://homl.info/colab3*）的結尾。

## 第十三章

使用 TensorFlow 來載入與預先處理資料

在第 2 章中,你知道載入和預先處理資料是任何機器學習專案中的重要步驟。你使用了 Pandas 來載入和探索(修改過的)加州房地產資料組,該資料組儲存在一個 CSV 檔案中,並且應用了 Scikit-Learn 的轉換器來進行預先處理。這些工具相當方便,你應該會經常使用它們,尤其是在探索資料和使用資料來做實驗時。

然而,在使用大型資料組來訓練 TensorFlow 模型時,你應該會比較喜歡使用 TensorFlow 自己的資料載入和預先處理 API,稱為 *tf.data*。它能夠極其高效地載入和預先處理資料,並且使用多執行緒和佇列來平行讀取多個檔案,進行洗牌和批次處理樣本等操作。此外,它可以即時進行所有這些操作,例如在 GPU 或 TPU 正在使用當下批次的資料來進行訓練時,在多個 CPU 核心上載入和預先處理下一批資料。

tf.data API 可讓你處理不適合放在記憶體內的資料組,並且幫助你充分利用硬體資源,從而加快訓練速度。tf.data API 天生可以從文字檔案(例如 CSV 檔案)、具有固定大小記錄的二進制檔案,以及 TensorFlow 的 TFRecord 格式的二進制檔案中讀取資料,TFRecord 格式支援大小不同的記錄。

TFRecord 是一種靈活且高效的二進制格式,通常包含 protocol buffer(一種開放原始碼的二進制格式)。tf.data API 也支援讀取 SQL 資料庫。此外,你也可以使用許多開放原始碼的擴展程式來讀取各種資料來源,例如 Google 的 BigQuery 服務(見 *https://tensorfow.org/io*)。

Keras 還提供了功能強大且易於使用的預先處理層，可以嵌入你的模型，如此一來，將模型部署到生產環境後，它可以直接處理原始資料，而不需要新增任何額外的預先處理程式碼。這免除了在訓練期間與在生產環境中使用的預先處理程式不相符的風險，程式不相符可能導致訓練和服務之間的差異。如果你打算將模型部署至使用不同程式語言編寫的多個應用程式中，你也不需要多次重新實作相同的預先處理程式碼，這也減少了不相符的風險。

你將看到，這兩個 API 可以一起使用，例如，你可以同時受益於 tf.data 提供的高效率資料載入，以及 Keras 預先處理層的便利性。

在本章中，我們先介紹 tf.data API 和 TFRecord 格式。然後探索 Keras 預先處理層以及如何搭配 tf.data API 一起使用它們。最後，我們將快速瞭解一些與載入和預先處理資料有關的程式庫，例如 TensorFlow Datasets 和 TensorFlow Hub。我們開始吧！

tf.data API

整個 tf.data API 圍繞著 **tf.data.Dataset** 的概念展開：它代表著一系列的資料項目。通常，我們使用的資料組通常會逐漸從磁碟讀取資料，但為了簡化，我們使用 **tf.data.Dataset.from_tensor_slices()** 和一個簡單的資料 tensor 來建立資料組：

```
>>> import tensorflow as tf
>>> X = tf.range(10)  # 任何資料 tensor
>>> dataset = tf.data.Dataset.from_tensor_slices(X)
>>> dataset
<TensorSliceDataset shapes: (), types: tf.int32>
```

from_tensor_slices() 函式接受一個 tensor 並建立一個 **tf.data.Dataset**，其元素是沿著 X 的第一個維度的 slice，所以這個資料組包含 10 個項目：tensor 0、1、2、⋯、9。在這個例子中，如果我們使用 **tf.data.Dataset.range(10)**，我們會獲得相同的資料組（只不過元素將是 64-bit 整數，而不是 32-bit 整數）。

你可以這樣迭代資料組的項目：

```
>>> for item in dataset:
...     print(item)
...
tf.Tensor(0, shape=(), dtype=int32)
tf.Tensor(1, shape=(), dtype=int32)
[...]
tf.Tensor(9, shape=(), dtype=int32)
```

tf.data API 是一個流式（streaming）API：你可以非常高效地遍歷資料組的
項目，但這個 API 不適用來進行檢索或切片（slicing）。

資料組可能包含 tensor 的 tuple，或儲存成對的名稱 / tensor 的字典，甚至是嵌套的 tuple
和 tensor 的字典。當你對 tuple、字典或嵌套結構進行切片時，資料組只會切片它們裡面
的 tensor，同時保留 tuple / 字典的結構。例如：

```
>>> X_nested = {"a": ([1, 2, 3], [4, 5, 6]), "b": [7, 8, 9]}
>>> dataset = tf.data.Dataset.from_tensor_slices(X_nested)
>>> for item in dataset:
...     print(item)
...
{'a': (<tf.Tensor: [...]=1>, <tf.Tensor: [...]=4>), 'b': <tf.Tensor: [...]=7>}
{'a': (<tf.Tensor: [...]=2>, <tf.Tensor: [...]=5>), 'b': <tf.Tensor: [...]=8>}
{'a': (<tf.Tensor: [...]=3>, <tf.Tensor: [...]=6>), 'b': <tf.Tensor: [...]=9>}
```

串接轉換方法

有了資料組之後，你可以呼叫它的轉換方法來對它執行各種轉換。每一種轉換方法都會回
傳一個新的資料組，所以，你可以這樣串接轉換方法（圖 13-1 是描述的情況）：

```
>>> dataset = tf.data.Dataset.from_tensor_slices(tf.range(10))
>>> dataset = dataset.repeat(3).batch(7)
>>> for item in dataset:
...     print(item)
...
tf.Tensor([0 1 2 3 4 5 6], shape=(7,), dtype=int32)
tf.Tensor([7 8 9 0 1 2 3], shape=(7,), dtype=int32)
tf.Tensor([4 5 6 7 8 9 0], shape=(7,), dtype=int32)
tf.Tensor([1 2 3 4 5 6 7], shape=(7,), dtype=int32)
tf.Tensor([8 9], shape=(2,), dtype=int32)
```

在這個例子中，我們先對著原始的資料組呼叫 repeat() 方法，該方法會回傳一個新的資
料組，新資料組會重複原始資料組的項目三次。當然，這不會在記憶體內複製所有資料三
次！如果你呼叫這個方法且不傳入引數，新的資料組會不斷重複原始資料組，所以迭代資
料組的程式碼必須決定何時應該停止。

然後，我們對著這個新資料組呼叫 batch() 方法，這個方法同樣會建立新資料組。這個資
料組會將上一個資料組的項目分成包含七個項目的批次。

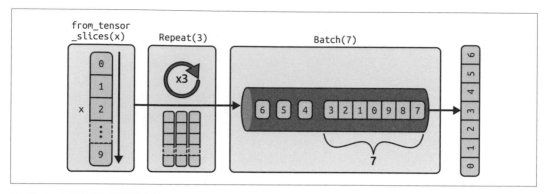

圖 13-1　串接資料組轉換方法

最後，我們迭代最終資料組的項目。batch() 方法輸出的最後一個批次大小是二，不是七，但如果你想讓它丟棄最後一個批次，使所有批次都有相同的大小，你可以在呼叫 batch() 時設定 drop_remainder=True。

 資料組的方法不會修改資料組，它們會建立新的資料組，所以記得保存這些新資料組的參考（例如使用 dataset = ...），否則任何事情都不會發生。

你也可以藉著呼叫 map() 方法來轉換項目。例如，這會建立一個將所有批次都乘以二的新資料組：

```
>>> dataset = dataset.map(lambda x: x * 2)  # x 是批次
>>> for item in dataset:
...     print(item)
...
tf.Tensor([ 0  2  4  6  8 10 12], shape=(7,), dtype=int32)
tf.Tensor([14 16 18  0  2  4  6], shape=(7,), dtype=int32)
[...]
```

當你需要對資料進行任何預先處理時就要呼叫這個 map() 方法。有時它會包含需要做大量計算的操作，例如重塑或旋轉圖像，所以通常你要啟動多個執行緒來加快執行速度。你可以將 num_parallel_calls 引數設為想要執行的執行緒數量，或設為 tf.data.AUTOTUNE 來實現。請注意，你傳給 map() 方法的函數必須可以被轉換為 TF 函數（見第 12 章）。

你也可以使用 filter() 方法來簡單地過濾資料組。例如，接下來的程式碼建立出來的資料組只包含總和大於 50 的批次：

```
>>> dataset = dataset.filter(lambda x: tf.reduce_sum(x) > 50)
>>> for item in dataset:
...     print(item)
...
tf.Tensor([14 16 18  0  2  4  6], shape=(7,), dtype=int32)
tf.Tensor([ 8 10 12 14 16 18  0], shape=(7,), dtype=int32)
tf.Tensor([ 2  4  6  8 10 12 14], shape=(7,), dtype=int32)
```

你通常只想查看資料組內的幾個項目，此時可以使用 take() 方法：

```
>>> for item in dataset.take(2):
...     print(item)
...
tf.Tensor([14 16 18  0  2  4  6], shape=(7,), dtype=int32)
tf.Tensor([ 8 10 12 14 16 18  0], shape=(7,), dtype=int32)
```

洗亂資料

我們在第 4 章提過，當訓練組內的實例是獨立同分布（IID）時，梯度下降的表現最好。確保這件事的簡單辦法是將實例洗牌，使用 shuffle() 方法。它會建立一個新的資料組，先將來源資料組的前幾個項目填入緩衝區中，然後，每當需要一個項目時，它會從緩衝區隨機拉出一個項目，並用來源資料組的一個新項目來替補該項目，直到完全遍歷整個來源資料組為止。此時，它會繼續從緩衝區隨機拉出項目，直到緩衝區清空為止。你必須指定緩衝區的大小，務必設得足夠大，否則洗牌的效果將不太明顯[1]，只是不要超過你所擁有的 RAM 容量，即使你有足夠的 RAM，也沒必要超出資料組的大小。如果你想要在每次執行程式時都使用相同的隨機順序，你也可以提供隨機種子。例如，下面的程式會建立並顯示一個資料組，裡面有整數 0 到 9，重複 2 次，使用大小為 4 的緩衝區，及隨機種子 42 來洗牌，並且以批次大小為 7 來分批：

```
>>> dataset = tf.data.Dataset.range(10).repeat(2)
>>> dataset = dataset.shuffle(buffer_size=4, seed=42).batch(7)
>>> for item in dataset:
...     print(item)
...
tf.Tensor([3 0 1 6 2 5 7], shape=(7,), dtype=int64)
tf.Tensor([8 4 1 9 4 2 3], shape=(7,), dtype=int64)
tf.Tensor([7 5 0 8 9 6], shape=(6,), dtype=int64)
```

1　想像在你左邊有一副已經排序好的牌組，假設你只拿起最上面的三張牌，並且洗亂它們，然後隨機抽出其中的一張牌，將它放到右邊，手上還有另外兩張牌，你再從左邊拿出一張牌，洗亂手上的三張牌，並且從中隨機抽出一張牌，放在右邊。以這樣的做法處理每一張牌之後，你的右邊會有一副牌，你認為它會被充分洗亂嗎？

如果你對著洗亂後的資料組呼叫 repeat()，在預設情況下，它會在每次迭代時產生新順序。這通常是件好事，但如果你想要在每次迭代時重複使用相同的順序（例如在進行測試或除錯時），你可以在呼叫 shuffle() 時設定 reshuffle_each_iteration=False。

對於無法放入記憶體的大型資料組，使用這種簡單的洗牌/緩衝區做法的效果可能不夠好，因為緩衝區比資料組小太多了。其中一種做法是將原始資料本身洗亂（例如，在 Linux，你可以使用 shuf 命令來將文字檔洗亂）。這種做法絕對可以大幅改善洗牌！即使原始資料已經被洗亂了，你可能還想要把它再洗亂一些，否則同樣的順序可能在各個 epoch 裡重複出現，導致模型產生偏差（例如，由於原始資料的順序存在偶然模式所致）。要進一步洗亂實例，有一種常見的做法是將原始資料拆成多個檔案，然後在訓練期間，以隨機的順序讀取它們。但是，在同一個檔案內的實例會彼此接近，為了避免這種情況，你可以隨機選擇多個檔案並同時讀取它們，將它們的紀錄交錯排列，然後使用 shuffle() 方法加入一個洗牌緩衝區。如果你認為這種做法很麻煩，別擔心，tf.data API 可以讓你用幾行程式碼實現所有功能。我們來看看怎麼做。

將來自多個檔案的行（lines）交錯排列

首先，假設你已經載入加州房地產資料組，洗亂它（除非它已經被洗亂了），並將它拆成一個訓練組、一個驗證組和一個測試組。然後，你將每一組拆成許多 CSV 檔，它們長這樣（每一列有八個輸入特徵，加上目標中位數房價）：

```
MedInc,HouseAge,AveRooms,AveBedrms,Popul…,AveOccup,Lat…,Long…,MedianHouseValue
3.5214,15.0,3.050,1.107,1447.0,1.606,37.63,-122.43,1.442
5.3275,5.0,6.490,0.991,3464.0,3.443,33.69,-117.39,1.687
3.1,29.0,7.542,1.592,1328.0,2.251,38.44,-122.98,1.621
[...]
```

我們也假設 train_filepaths 存有一系列訓練檔案路徑（你也有 valid_filepaths 和 test_filepaths）：

```
>>> train_filepaths
['datasets/housing/my_train_00.csv', 'datasets/housing/my_train_01.csv', ...]
```

或者，你可以使用檔案模式（file pattern），例如 train_filepaths = "datasets/housing/my_train_*.csv"。接著，我們來建立一個只包含這些檔案路徑的資料組：

```
filepath_dataset = tf.data.Dataset.list_files(train_filepaths, seed=42)
```

在預設情況下，`list_files()` 函式回傳一個檔案路徑被洗亂的資料組，通常這是好事，但如果你出於某些原因而不想這樣做，你可以設定 `shuffle=False`。

接著，你可以呼叫 `interleave()` 方法來一次讀取五個檔案，並將它們的行（lines）交錯排列：你也可以使用 `skip()` 方法來跳過每一個檔案的第一行（它是標頭列）：

```
n_readers = 5
dataset = filepath_dataset.interleave(
    lambda filepath: tf.data.TextLineDataset(filepath).skip(1),
    cycle_length=n_readers)
```

`interleave()` 方法會建立一個資料組，從 `filepath_dataset` 提取五個檔案路徑，並為每個路徑呼叫你提供的函式（在此為 lambda）來建立一個新的資料組（在此為 TextLineDataset）。需要澄清的是，在此階段總共有七個資料組：檔案路徑（filepath）資料組、交錯（interleave）資料組，以及交錯資料組在內部建立的五個 TextLineDataset。當我們遍歷交錯資料組時，它會循環遍歷這五個 TextLineDataset，每次從每一個裡面讀取一行，直到所有資料組的項目都沒有項目為止。然後，它會從 `filepath_dataset` 資料組提取下五個檔案路徑，並用同一種方式交錯它們，直到沒有檔案路徑為止。為了獲得最好的交錯效果，我們最好使用長度相同的檔案，否則最長檔案的結尾將不會被交錯。

在預設情況下，`interleave()` 不使用平行化，它一次從一個檔案讀取一行，按照順序。如果你想要讓它平行讀取檔案，你可以將 `interleave()` 方法的 `num_parallel_calls` 引數設為你想使用的執行緒數量（`map()` 方法也有這個引數）。你甚至可以將它設成 `tf.data.AUTOTUNE`，來讓 TensorFlow 根據可用的 CPU 選擇正確的執行緒數量。我們來看一下現在的資料組裡面有什麼東西：

```
>>> for line in dataset.take(5):
...     print(line)
...
tf.Tensor(b'4.5909,16.0,[...],33.63,-117.71,2.418', shape=(), dtype=string)
tf.Tensor(b'2.4792,24.0,[...],34.18,-118.38,2.0', shape=(), dtype=string)
tf.Tensor(b'4.2708,45.0,[...],37.48,-122.19,2.67', shape=(), dtype=string)
tf.Tensor(b'2.1856,41.0,[...],32.76,-117.12,1.205', shape=(), dtype=string)
tf.Tensor(b'4.1812,52.0,[...],33.73,-118.31,3.215', shape=(), dtype=string)
```

它們是來自五個 CSV 檔的五列（忽略標題列），是隨機選出來的。看起來還不錯！

你可以將檔案路徑串列傳給 `TextLineDataset` 建構式：它會按順序逐行讀取每個檔案。如果你也將 `num_parallel_reads` 引數設為大於 1 的數字，資料組將平行讀取該數量的檔案，並交錯排列它們的行（無須呼叫 `interleave()` 方法）。然而，它不會洗亂檔案，也不會跳過標題列。

預先處理資料

現在我們有了一個房地產資料組，它以 tensor 的形式（包含 byte string）回傳每一個實例，我們需要進行一些預先處理，包括解析字串，以及調整資料的尺度。我們來實作一些自訂函式以進行這些預先處理工作：

```
X_mean, X_std = [...]  # 在訓練組裡面的各個特徵的均值與尺度
n_inputs = 8

def parse_csv_line(line):
    defs = [0.] * n_inputs + [tf.constant([], dtype=tf.float32)]
    fields = tf.io.decode_csv(line, record_defaults=defs)
    return tf.stack(fields[:-1]), tf.stack(fields[-1:])

def preprocess(line):
    x, y = parse_csv_line(line)
    return (x - X_mean) / X_std, y
```

我們來解釋一下這段程式：

- 這段程式假設我們已經預先計算了訓練組內的各個特徵的均值和標準差了。**X_mean** 和 **X_std** 都只是 1D tensor（或 NumPy 陣列），包含八個浮點數，每個輸入特徵一個。我們可以使用 Scikit-Learn 的 **StandardScaler** 來為足夠大的隨機樣本進行這項工作。在本章稍後，我們將改用 Keras 的預先處理層。

- `parse_csv_line()` 函式接收 CSV 的一行，並解析它。它使用 `tf.io.decode_csv()` 來協助解析，這個函式有兩個引數：第一個引數是要解析的行，第二個引數是包含 CSV 檔的每一欄的預設值的陣列。這個陣列（defs）不僅指出 TensorFlow 各欄的預設值，也指出欄數及其型態。在這個例子中，我們告訴它，所有特徵欄都是浮點數，而且缺漏值都預設是 0，但我們提供一個型態為 `tf.float32` 的空陣列來作為最後一欄（目標）的預設值：這個陣列告知 TensorFlow 該欄儲存浮點數，但沒有預設值，所以當它遇到缺漏值時將發出例外。

- tf.io.decode_csv() 函式回傳一個純量 tensor（每欄一個）串列，但我們需要回傳 1D tensor 陣列，所以我們對著最後一個 tensor（目標）之外的所有 tensor 呼叫 tf.stack()，來將這些 tensor 堆疊成一個 1D 陣列。然後，我們對著目標值做同一件事，將它變成一個包含單一值的 1D tensor 陣列，而不是一個純量 tensor。tf.io.decode_csv() 函式完成工作了，所以它回傳輸入特徵與目標。

- 最後，自訂的 preprocess() 函式呼叫 parse_csv_line() 函式，藉著將輸入特徵減去特徵均值再除以特徵標準差來對輸入特徵進行縮放，並回傳一個包含縮放後的特徵和目標的 tuple。

我們測試一下這個預先處理函式：

```
>>> preprocess(b'4.2083,44.0,5.3232,0.9171,846.0,2.3370,37.47,-122.2,2.782')
(<tf.Tensor: shape=(8,), dtype=float32, numpy=
 array([ 0.16579159,  1.216324  , -0.05204564, -0.39215982, -0.5277444 ,
        -0.2633488 ,  0.8543046 , -1.3072058 ], dtype=float32)>,
 <tf.Tensor: shape=(1,), dtype=float32, numpy=array([2.782], dtype=float32)>)
```

看起來很好！preprocess() 函式可以將一個 byte string 實例轉換為一個適當尺度的 tensor，包含其相應的標籤。現在我們可以使用資料組的 map() 方法來將 preprocess() 函式套用至資料組內的每一個樣本。

整合所有組件

為了讓程式碼更容易重複使用，我們要將迄今為止討論過的一切整合成一個小的輔助函式，它將建立並回傳一個資料組，從多個 CSV 檔案載入加州房地產資料、預先處理它、洗亂它、將它分批（見圖 13-2）：

```python
def csv_reader_dataset(filepaths, n_readers=5, n_read_threads=None,
                       n_parse_threads=5, shuffle_buffer_size=10_000, seed=42,
                       batch_size=32):
    dataset = tf.data.Dataset.list_files(filepaths, seed=seed)
    dataset = dataset.interleave(
        lambda filepath: tf.data.TextLineDataset(filepath).skip(1),
        cycle_length=n_readers, num_parallel_calls=n_read_threads)
    dataset = dataset.map(preprocess, num_parallel_calls=n_parse_threads)
    dataset = dataset.shuffle(shuffle_buffer_size, seed=seed)
    return dataset.batch(batch_size).prefetch(1)
```

注意，我們在最後一行才使用 prefetch() 方法。這對效能非常重要，你將看到原因。

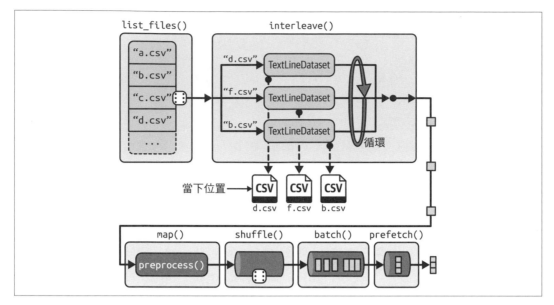

圖 13-2　從多個 CSV 檔載入資料並進行預先處理

預取

在自訂函式 csv_reader_dataset() 的最後一行呼叫 prefetch(1) 會建立一個將盡其所能始終保持提前一個批次的資料組 [2]。換句話說，當訓練演算法正在處理一個批次時，資料組會平行地準備好下一個批次（例如，從磁碟讀取資料並進行預先處理）。這可以大幅提升效能，如圖 13-3 所示。

如果載入和預先處理也是多執行緒的（在呼叫 interleave() 和 map() 時設定 num_parallel_calls），我們或許可以利用多個 CPU 核心，讓準備一個資料批次的時間比在 GPU 上執行一個訓練步驟的時間還要短，如此一來，我們可以幾乎利用 100% 的 GPU（除了從 CPU 到 GPU [3] 的資料傳輸時間），訓練速度將大幅加快。

2　一般來說，我們只要預取一個批次即可，但有時你可能需要預取更多批次，或者，你可以將 tf.data.AUTOTUNE 傳給 prefetch()，來讓 TensorFlow 自動決定。

3　不過你可以研究一下實驗性的 tf.data.experimental.prefetch_to_device() 函式，它可以直接將資料預取至 GPU。在名稱中有 experimental 的 TensorFlow 函式或類別都可能在未來的版本中無預警地改變。如果實驗性的函式失敗，你可以試著刪除 experimental 這個字：它可能已經被移到核心 API 了。如果沒有，請參考 notebook，我會確保它的程式碼都是最新的。

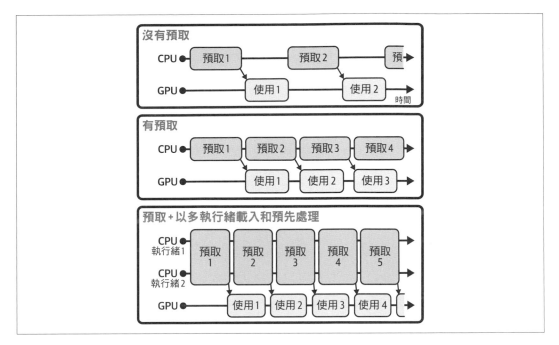

圖 13-3　使用預取可讓 CPU 和 GPU 平行運作：當 GPU 處理一個批次時，讓 CPU 處理下一個

如果你打算購買 GPU 卡，它的處理能力和記憶體大小當然非常重要（尤其是對大型計算機視覺或自然語言處理模型而言，大量的記憶體至關重要）。要獲得良好的效能，GPU 的記憶體頻寬也一樣重要，記憶體頻寬就是每秒鐘可以讀出或寫入 GPU 記憶體的資料量（以 gigabytes 為單位）。

如果資料組夠小，可以放入記憶體，你可以使用資料組的 cache() 方法來將它的內容快取到 RAM 裡面，從而大幅提升訓練速度。你通常要在載入或預先處理資料之後，但是在洗亂、重複、分批和預取之前做這件事。如此一來，每一個實例都只會被讀取和預先處理一次（而不是每一個 epoch 一次），但是在每一個 epoch 裡的資料仍然會被洗亂成不同的順序，而且仍然可以提前準備下一批資料。

現在你已經知道如何建立高效的輸入 pipeline 來從多個文字檔載入資料和預先處理資料了。我們討論了最常見的資料組方法，但你可能還要認識一些其他的方法，例如：concatenate()、zip()、window()、reduce()、shard()、flat_map()、apply()、unbatch() 與 padded_batch()。此外還有一些其他的類別方法，例如 from_generator() 與 from_tensors()，它們分別可由 Python 產生器（generator）和 tensor 串列建立新資料組。詳情請見 API 文件。另外，在 tf.data.experimental 裡面有一些實驗性功能，其中很多在未來的版本可能成為核心 API（例如，你可以研究一下 CsvDataset 類別，以及 make_csv_dataset() 方法，該方法可推斷每一欄的型態）。

透過 Keras 來使用資料組

現在我們可以使用之前寫好的自訂 csv_reader_dataset() 函式來為訓練組、驗證組和測試組建立資料組了。訓練組將在每一個 epoch 洗亂資料（注意，驗證組和測試組也會被洗亂，儘管實際上不需要這樣做）：

```
train_set = csv_reader_dataset(train_filepaths)
valid_set = csv_reader_dataset(valid_filepaths)
test_set = csv_reader_dataset(test_filepaths)
```

現在你可以使用這些資料組來建構和訓練一個 Keras 模型了。在呼叫模型的 fit() 方法時，你要傳遞 train_set，而不是 X_train、y_train，並且傳遞 validation_data=valid_set，而不是 validation_data=(X_valid, y_valid)。fit() 方法將負責反覆地在每個 epoch 內訓練資料組一次，並在每個 epoch 中使用不同的隨機順序：

```
model = tf.keras.Sequential([...])
model.compile(loss="mse", optimizer="sgd")
model.fit(train_set, validation_data=valid_set, epochs=5)
```

同理，你可以將資料組傳給 evaluate() 和 predict() 方法：

```
test_mse = model.evaluate(test_set)
new_set = test_set.take(3)  # 假裝我們有 3 個新樣本
y_pred = model.predict(new_set)  # 或者，你可以傳遞一個 NumPy 陣列
```

與其他資料組不同的是，new_set 通常不包含標籤。如果它有標籤，就像這個例子這樣，Keras 會忽略它們。請注意，在所有的這些例子裡，如果你喜歡的話，你仍然可以使用 NumPy 陣列來取代資料組（當然，你仍然要先載入和預先處理它們）。

如果你想要自訂訓練迴圈（就像第 12 章那樣），你可以直接迭代訓練組，使用很自然的寫法：

```
n_epochs = 5
for epoch in range(n_epochs):
    for X_batch, y_batch in train_set:
        [...]  # 執行一次梯度下降步驟
```

事實上，你甚至可以建立一個 TF 函式以整個 epoch 來訓練模型（見第 12 章）。這可以實際提升訓練速度：

```
@tf.function
def train_one_epoch(model, optimizer, loss_fn, train_set):
    for X_batch, y_batch in train_set:
        with tf.GradientTape() as tape:
            y_pred = model(X_batch)
            main_loss = tf.reduce_mean(loss_fn(y_batch, y_pred))
            loss = tf.add_n([main_loss] + model.losses)
        gradients = tape.gradient(loss, model.trainable_variables)
        optimizer.apply_gradients(zip(gradients, model.trainable_variables))

optimizer = tf.keras.optimizers.SGD(learning_rate=0.01)
loss_fn = tf.keras.losses.mean_squared_error
for epoch in range(n_epochs):
    print("\rEpoch {}/{}".format(epoch + 1, n_epochs), end="")
    train_one_epoch(model, optimizer, loss_fn, train_set)
```

在 Keras 裡，compile() 方法的 steps_per_execution 引數可用來定義 fit() 方法在每次呼叫 tf.function 期間所處理的訓練批次數量。它的預設值是 1，所以將它設為 50 通常可以讓效能顯著提升。然而，Keras 回呼的 on_batch_*() 方法只會被每 50 個批次呼叫一次。

恭喜你，現在你已經知道如何使用 tf.data API 來建立強大的輸入 pipeline 了！但是，到目前為止，我們只使用了 CSV 檔，它很常見、簡單且方便，但不太高效，也不太適合大型或複雜的資料結構（如圖像或音訊）。所以，我們來看一下如何改用 TFRecord。

 如果你很喜歡使用 CSV 檔案（或其他格式），你不是非得使用 TFRecord 不可，常言道，沒壞的東西不需要修理！如果在訓練期間，資料的載入和解析是瓶頸的話，TFRecord 很有用。

TFRecord 格式

TFRecord 格式是儲存大量資料並高效讀取它們的 TensorFlow 首選格式。它是一種非常簡單的二進制格式，裡面只有一系列大小不同的二進制紀錄（每一筆紀錄皆由長度、檢查長度是否損壞的 CRC checksum、實際資料，以及資料的 CRC checksum 組成）。你可以使用 tf.io.TFRecordWriter 類別來輕鬆地建立 TFRecord 檔案：

```
with tf.io.TFRecordWriter("my_data.tfrecord") as f:
    f.write(b"This is the first record")
    f.write(b"And this is the second record")
```

然後使用 `tf.data.TFRecordDataset` 來讀取一或多個 TFRecord 檔案：

```
filepaths = ["my_data.tfrecord"]
dataset = tf.data.TFRecordDataset(filepaths)
for item in dataset:
    print(item)
```

這會輸出：

```
tf.Tensor(b'This is the first record', shape=(), dtype=string)
tf.Tensor(b'And this is the second record', shape=(), dtype=string)
```

> 在預設情況下，`TFRecordDataset` 會逐一讀取檔案，但你可以讓它平行地讀取多個檔案，並交錯排列它們的紀錄，做法是將檔案路徑串列傳給建構式，並將 `num_parallel_reads` 設為大於 1 的數字。或者，你可以像之前讀取多個 CSV 檔案時那樣，使用 `list_files()` 和 `interleave()` 來獲得相同的結果。

壓縮 TFRecord 檔案

有時壓縮 TFRecord 檔案很有用，尤其是需要透過網路連線來載入它們時。你可以設定 `options` 引數來建立壓縮的 TFRecord 檔案：

```
options = tf.io.TFRecordOptions(compression_type="GZIP")
with tf.io.TFRecordWriter("my_compressed.tfrecord", options) as f:
    f.write(b"Compress, compress, compress!")
```

當你讀取壓縮的 TFRecord 檔案時，你必須指定壓縮類型：

```
dataset = tf.data.TFRecordDataset(["my_compressed.tfrecord"],
                                  compression_type="GZIP")
```

協定緩衝區（protocol buffer）簡介

即使每一筆紀錄都可以使用任何二進制格式，但 TFRecord 檔案通常包含序列化的協定緩衝區（protocol buffer，也稱為 *protobuf*）。它是一種可移植、可擴展、高效的二進制格式，由 Google 於 2001 年開發，並於 2008 年開放原始碼；現在 protobuf 已被廣泛使用，尤其是在 gRPC（*https://grpc.io*）裡，gRPC 是 Google 的遠端程序呼叫系統。它們使用一個簡單的語言來定義，看起來像這樣：

```
syntax = "proto3";
message Person {
    string name = 1;
```

```
        int32 id = 2;
        repeated string email = 3;
    }
```

這個 protobuf 定義指出我們正在使用 protobuf 格式的第 3 版,並指定每一個 Person 物件[4] 可能有型態字串的 name,型態為 int32 的 id,以及零個或多個 email 欄位,每個欄位的型態皆為字串。數字 1、2 和 3 是欄位 ID:它們會被用於每一筆紀錄的二進制表示法中。一旦你在 *.proto* 檔案裡面編寫了定義之後,就可以編譯它了。編譯需要使用 protobuf 編譯器 protoc,以產生 Python(或其他語言)的存取類別(access class)。注意,你在 TensorFlow 中使用的 protobuf 定義通常已經為你編譯過了,它們的 Python 類別是 TensorFlow 程式庫的一部分,因此你不需要使用 protoc。你只要知道如何在 Python 裡使用 protobuf 存取類別即可。為了說明基本概念,我們來看一個簡單的範例,這個範例使用為 Person protobuf 生成的存取類別(我用註解來解釋程式碼):

```
>>> from person_pb2 import Person  # 匯入生成的存取類別
>>> person = Person(name="Al", id=123, email=["a@b.com"])  # 建立一個 Person
>>> print(person)  # 顯示 Person
name: "Al"
id: 123
email: "a@b.com"
>>> person.name  # 讀取欄位
'Al'
>>> person.name = "Alice"  # 修改欄位
>>> person.email[0]  # 重複的欄位可以像陣列一樣存取
'a@b.com'
>>> person.email.append("c@d.com")  # 加入一個 email 地址
>>> serialized = person.SerializeToString()  # 將 person 序列化為 byte string
>>> serialized
b'\n\x05Alice\x10{\x1a\x07a@b.com\x1a\x07c@d.com'
>>> person2 = Person()  # 建立新 Person
>>> person2.ParseFromString(serialized)  # 解析 byte string(27 bytes 長)
27
>>> person == person2  # 現在它們相等
True
```

簡而言之,我們匯入 protoc 生成的 Person 類別,建立一個實例並使用它、將它視覺化並讀取和寫入一些欄位,接著使用 SerializeToString() 方法將它序列化。它是可以儲存或透過網路來傳輸的二進制資料。在讀取或接收這種二進制資料時,我們可以使用 ParseFromString() 方法來解析它,取得已經序列化的物件複本[5]。

---

4 因為 protobuf 物件是為了序列化及傳輸而設計的,它們稱為**訊息**(*message*)。

5 本章只介紹使用 TFRecord 時,需要瞭解的 protobuf 基本知識,你可以在 *https://homl.info/protobuf* 進一步瞭解 protobuf。

我們可以將序列化之後的 Person 存為 TFRecord 檔案，然後載入並解析它，一切都可以正常運作。然而，ParseFromString() 不是 TensorFlow 的操作，因此你不能在 tf.data pipeline 的預先處理函式中使用它（除非你將它包裝在 tf.py_function() 操作中，這會讓程式碼變得更慢且不容易移植，如第 12 章所述）。然而，你可以使用 tf.io.decode_proto() 函式，它可以解析你想要的任何 protobuf，只要你提供了 protobuf 的定義（範例請參考 notebook）。話雖如此，在實務上，你通常會使用 TensorFlow 專為解析操作而提供的預先定義 protobuf。我們來看看這些預先定義的 protobuf。

TensorFlow protobuf

Example protobuf 是經常在 TFRecord 檔案內使用的 protobuf，它代表資料組的一個實例。它裡面有一系列具名特徵，各個特徵可能是一個 byte string 串列、浮點串列，或整數串列。這是 protobuf 的定義（來自 TensorFlow 的原始碼）：

```
syntax = "proto3";
message BytesList { repeated bytes value = 1; }
message FloatList { repeated float value = 1 [packed = true]; }
message Int64List { repeated int64 value = 1 [packed = true]; }
message Feature {
    oneof kind {
        BytesList bytes_list = 1;
        FloatList float_list = 2;
        Int64List int64_list = 3;
    }
};
message Features { map<string, Feature> feature = 1; };
message Example { Features features = 1; };
```

BytesList、FloatList 和 Int64List 的定義都很淺顯易懂。注意，[packed = true] 用於重複的數值欄位，其目的是為了更有效率地編碼。在 Feature 裡面可能是一個 BytesList、一個 FloatList，或一個 Int64List。在 Features（有 s）裡面有一個將特徵名稱對應到特徵值的字典。最後，Example 裡面只有 Features 物件。

> 既然 Example 只包含一個 Features 物件，為什麼還要定義它？TensorFlow 的開發人員以後可能會在裡面加入更多欄位，屆時，只要 Example 的新定義仍然包含 features 欄位，我們使用同一個 ID 就可以讓它回溯相容。這種可擴展性是 protobuf 的一項很棒的特性。

下面的程式說明如何用一個 `tf.train.Example` 來代表之前的那個人：

```
from tensorflow.train import BytesList, FloatList, Int64List
from tensorflow.train import Feature, Features, Example

person_example = Example(
    features=Features(
        feature={
            "name": Feature(bytes_list=BytesList(value=[b"Alice"])),
            "id": Feature(int64_list=Int64List(value=[123])),
            "emails": Feature(bytes_list=BytesList(value=[b"a@b.com",
                                                          b"c@d.com"]))
        }))
```

這段程式有點冗長且重複，但是你可以輕鬆地將它包在一個小的輔助函式裡。有了 Example protobuf 之後，我們可以呼叫它的 `SerializeToString()` 方法來將它序列化，然後將結果寫入 TFRecord 檔案。我們假裝有幾個聯絡資料，將它寫入五次：

```
with tf.io.TFRecordWriter("my_contacts.tfrecord") as f:
    for _ in range(5):
        f.write(person_example.SerializeToString())
```

通常你寫入的 Example 遠不只 5 個！一般來說，你會建立一個轉換腳本，用它從當下的格式（假設是 CSV 檔）讀取資料，為各個實例建立一個 Example protobuf，將它們序列化，並將它們存入多個 TFRecord 檔案，在理想的情況下，會在過程中洗牌。這需要費一番工夫，所以你同樣要確保這的確是必要的（或許你的 pipeline 可以正確地處理 CSV 檔案）。

我們已經有一個很棒的 TFRecord 檔案，裡面有序列化的 Example 了，接下來，我們要試著載入它。

載入與解析 Example

為了載入被序列化的 Example protobuf，我們將再次使用 `tf.data.TFRecordDataset`，並使用 `tf.io.parse_single_example()` 來解析各個 Example。它至少需要兩個引數：一個包含序列化資料的字串純量 tensor，以及一個描述各個特徵的 description 字典。description 字典將各個特徵的名稱對映至一個 `tf.io.FixedLenFeature` descriptor，該 descriptor 指出特徵的外形、型態和預設值，或是對映至一個 `tf.io.VarLenFeature` descriptor，如果特徵的串列的長度可能改變（例如 "emails" 特徵），僅指出型態。

下面的程式定義一個 description 字典，然後建立一個 TFRecordDataset，並對它執行自訂的預先處理函式，以解析該資料組內的每一個序列化的 Example protobuf。

```
feature_description = {
    "name": tf.io.FixedLenFeature([], tf.string, default_value=""),
    "id": tf.io.FixedLenFeature([], tf.int64, default_value=0),
    "emails": tf.io.VarLenFeature(tf.string),
}

def parse(serialized_example):
    return tf.io.parse_single_example(serialized_example, feature_description)

dataset = tf.data.TFRecordDataset(["my_contacts.tfrecord"]).map(parse)
for parsed_example in dataset:
    print(parsed_example)
```

長度固定的特徵會被解析成一般的 tensor，但是長度不固定的特徵會被解析成稀疏 tensor。你可以使用 tf.sparse.to_dense() 來將稀疏 tensor 轉換成密集 tensor，但在這個例子中，直接讀取它的值比較簡單：

```
>>> tf.sparse.to_dense(parsed_example["emails"], default_value=b"")
<tf.Tensor: [...] dtype=string, numpy=array([b'a@b.com', b'c@d.com'], [...])>
>>> parsed_example["emails"].values
<tf.Tensor: [...] dtype=string, numpy=array([b'a@b.com', b'c@d.com'], [...])>
```

你也可以使用 tf.io.parse_example() 來逐批解析 example，而不是使用 tf.io.parse_single_example() 逐一解析它們：

```
def parse(serialized_examples):
    return tf.io.parse_example(serialized_examples, feature_description)

dataset = tf.data.TFRecordDataset(["my_contacts.tfrecord"]).batch(2).map(parse)
for parsed_examples in dataset:
    print(parsed_examples)  # 一次兩個 example
```

最後，BytesList 可容納你想要的任何二進制資料，包括任何序列化的物件。例如，你可以使用 tf.io.encode_jpeg() 來將圖像編碼為 JPEG 格式，並將這個二進制資料放入 BytesList。之後，當你的程式讀取 TFRecord 時，它會先解析 Example，然後它需要呼叫 tf.io.decode_jpeg() 來解析資料，並取得原始圖像（你也可以使用 tf.io.decode_image()，它可以解碼任何 BMP、GIF、JPEG 或 PNG 圖像）。你也可以在 BytesList 裡面儲存任何 tensor，做法是使用 tf.io.serialize_tensor() 來將 tensor 序列化，然後將產生的 byte string 放入 BytesList 特徵。之後，當你解析 TFRecord 時，你可以用 tf.io.parse_tensor() 來解析這個資料。關於在 TFRecord 檔案裡儲存圖像與 tensor 的範例，可參考本章的 notebook：*https://homl.info/colab3*。

如你所見，Example protobuf 非常靈活，足以應付大多數的用例。但是，當你需要處理串列的串列時，它們可能不太方便。例如，假設你想要分類文本文件，每一份文件可能用一個句子串列來表示，其中的每一個句子都用單字串列來表示。文件或許也有註釋串列，各個註釋都用單字串列來表示。此外可能還有一些背景資料，例如文件的作者、標題和出版日期。TensorFlow 的 SequenceExample protobuf 就是為這種用例而設計的。

使用 SequenceExample protobuf 來處理串列的串列

以下是 SequenceExample protobuf 的定義：

```
message FeatureList { repeated Feature feature = 1; };
message FeatureLists { map<string, FeatureList> feature_list = 1; };
message SequenceExample {
    Features context = 1;
    FeatureLists feature_lists = 2;
};
```

SequenceExample 包含一個儲存背景資料的 Features 物件和一個包含一個或多個具名 FeatureList 物件（例如，一個名為 "content" 的 FeatureList 和另一個名為 "comments" 的 FeatureList）的 FeatureLists 物件。每一個 FeatureList 都包含一個 Feature 物件串列，這些物件可能是 byte string 串列、64-bit 整數串列，或浮點數串列（在這個例子中，各個 Feature 都代表一段句子或註釋，或者是以單字辨識碼串列的形式）。建構 SequenceExample、將它序列化，以及解析它很像建構、序列化和解析 Example，但你必須使用 tf.io.parse_single_sequence_example() 來解析單一 SequenceExample，或使用 tf.io.parse_sequence_example() 來解析一個批次。這兩個函式都回傳一個 tuple，裡面有背景特徵（字典），以及特徵串列（也是字典）。如果特徵串列包含大小不同的序列（就像之前的例子），你可能要用 tf.RaggedTensor.from_sparse() 來將它們轉換成不規則 tensor（完整的程式參見 notebook）：

```
parsed_context, parsed_feature_lists = tf.io.parse_single_sequence_example(
    serialized_sequence_example, context_feature_descriptions,
    sequence_feature_descriptions)
parsed_content = tf.RaggedTensor.from_sparse(parsed_feature_lists["content"])
```

現在你已經知道如何使用 tf.data API、TFRecords 和 protobuf 來高效地儲存、載入、解析和預先處理資料了，接下來，我們把注意力轉向 Keras 預先處理層。

Keras 預先處理層

為神經網路準備資料通常需要對數值特徵進行正規化,為類別特徵和文字進行編碼,對圖像進行裁剪和調整其大小等。有幾個選項可以做這些事情:

- 你可以在準備資料檔案時預先做這件事,使用你喜歡的任何工具,例如 NumPy、Pandas 或 Scikit-Learn。在生產環境中,你要執行完全相同的預先處理步驟,以確保生產模型收到的預先處理過的輸入與用來訓練它的資料相似。

- 或者,在使用 tf.data 來載入資料時,你可以即時預先處理資料:使用資料組的 map() 方法來將預先處理函式應用在資料組的每一個元素上,就像我們在本章前面所做的那樣。同樣地,你要在生產環境中應用相同的預先處理步驟。

- 最後一種方法是將預先處理層直接放入模型,讓它在訓練過程中即時預先處理所有輸入資料,然後在生產環境中使用相同的預先處理層。本章的其餘部分將討論最後一種方法。

Keras 提供許多可放入模型的預先處理層。這些預先處理層可以應用至數值特徵、類別特徵、圖像和文字。在接下來的幾節中,我們將介紹數值特徵和類別特徵,以及基本的文字預先處理。我們將在第 14 章介紹圖像預先處理,在第 16 章介紹更高級的文字預先處理方法。

正規化層

我們在第 10 章看過,Keras 提供了 Normalization 層,我們可以用它來將輸入特徵標準化。我們可以在建立階層時指定每一個特徵的均值和變異數,或更簡單地,在擬合模型之前,將訓練組傳給階層的 adapt() 方法,讓該層可以自行測量特徵的均值和變異數。

```
norm_layer = tf.keras.layers.Normalization()
model = tf.keras.models.Sequential([
    norm_layer,
    tf.keras.layers.Dense(1)
])
model.compile(loss="mse", optimizer=tf.keras.optimizers.SGD(learning_rate=2e-3))
norm_layer.adapt(X_train)  # 計算每一個特徵的均值與變異數
model.fit(X_train, y_train, validation_data=(X_valid, y_valid), epochs=5)
```

 傳給 adapt() 方法的資料樣本必須大得足以代表資料組,但不需要是完整的訓練組,對 Normalization 層而言,從訓練組隨機抽取幾百個實例通常就足以準確地估計特徵均值和變異數了。

因為我們將 Normalization 層放入模型，所以現在可以將這個模型部署到生產環境中，而不需要再擔心正規化的問題，模型將自動處理正規化（見圖 13-4）。這真的很棒！這種方法完全消除預先處理不相符（preprocessing mismatch）的風險，也就是人們在訓練環境和生產環境中維護不同的預先處理程式碼，僅更新其中一個卻忘記更新另一個的情況。在生產環境裡的模型會收到以意外的方式預先處理過的資料。幸運的話，他們會看到明顯的錯誤；不幸的話，模型的準確率會默默地降低。

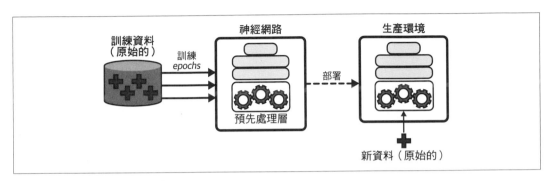

圖 13-4　在模型中放入預先處理層

將預先處理層直接放在模型內很簡單，但這樣做會稍微減緩訓練速度（就 Normalization 層而言，只有非常輕微的影響）：實際上，由於預先處理是在訓練期間即時進行的，所以每個 epoch 只會發生一次。我們可以做得更好，在訓練之前，僅對整個訓練組做一次正規化。為此，我們可以單獨使用 Normalization 層（就像使用 Scikit-Learn 的 StandardScaler 一樣）：

```
norm_layer = tf.keras.layers.Normalization()
norm_layer.adapt(X_train)
X_train_scaled = norm_layer(X_train)
X_valid_scaled = norm_layer(X_valid)
```

現在可以用調整過尺度的資料來訓練模型，這次不使用 Normalization 層：

```
model = tf.keras.models.Sequential([tf.keras.layers.Dense(1)])
model.compile(loss="mse", optimizer=tf.keras.optimizers.SGD(learning_rate=2e-3))
model.fit(X_train_scaled, y_train, epochs=5,
          validation_data=(X_valid_scaled, y_valid))
```

好極了！這應該可以提升一些訓練速度。但是，當我們將模型部署到生產環境時，它不會預先處理輸入了。要解決這個問題，我們只要建立一個新模型，將 adapt 後的 Normalization 層與剛才訓練的模型包在一起，然後將這個最終模型部署到生產環境中，它將負責預先處理輸入資料，並進行預測（見圖 13-5）：

```
final_model = tf.keras.Sequential([norm_layer, model])
X_new = X_test[:3]  # 假裝我們有一些新實例（未調整尺度）
y_pred = final_model(X_new)  # 預先處理資料並進行預測
```

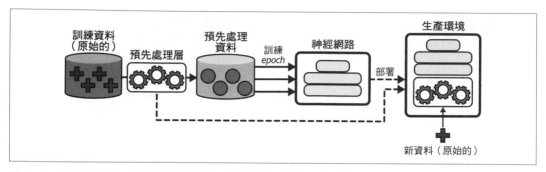

圖 13-5　在訓練之前，僅使用預先處理層來預先處理資料一次，然後將這些階層部署至最終模型內

現在我們兩全其美了，訓練速度很快，因為我們只在訓練開始前對資料進行一次預先處理，而最終模型可以即時預先處理輸入，不會出現任何預先處理不相符的風險。

此外，Keras 的預先處理層與 tf.data API 有很好的相容性。例如，你可以將 **tf.data.Dataset** 傳給預先處理層的 `adapt()` 方法，也可以使用資料組的 `map()` 方法，將 Keras 的預先處理層應用於 **tf.data.Dataset**。下面的程式示範如何將 adapt 過的 Normalization 層應用至資料組裡的每一個批次的輸入特徵：

```
dataset = dataset.map(lambda X, y: (norm_layer(X), y))
```

最後，如果你需要使用 Keras 預先處理層未提供的功能，你可以隨時自己編寫 Keras 階層，就像我們在第 12 章中討論的那樣。例如，如果 Normalization 層不存在，你可以使用下面的自訂階層來獲得類似的結果：

```
import numpy as np

class MyNormalization(tf.keras.layers.Layer):
    def adapt(self, X):
        self.mean_ = np.mean(X, axis=0, keepdims=True)
        self.std_ = np.std(X, axis=0, keepdims=True)

    def call(self, inputs):
        eps = tf.keras.backend.epsilon()  # 小平滑項
        return (inputs - self.mean_) / (self.std_ + eps)
```

接著，我們來看另一個處理數值特徵的預先處理層：Discretization 層。

Discretization 層

Discretization 層的目標是將值範圍（稱為 bin）對映到類別，來將數值特徵轉換成類別特徵。當特徵具有多模態（multimodal）分布，或是當特徵與目標有高度非線性關係時，這個階層有時很有幫助。例如，下面的程式碼將數值年齡特徵對映至三個類別：小於 18 歲，18 歲到 50 歲（不包括 50 歲），50 歲以上：

```
>>> age = tf.constant([[10.], [93.], [57.], [18.], [37.], [5.]])
>>> discretize_layer = tf.keras.layers.Discretization(bin_boundaries=[18., 50.])
>>> age_categories = discretize_layer(age)
>>> age_categories
<tf.Tensor: shape=(6, 1), dtype=int64, numpy=array([[0],[2],[2],[1],[1],[0]])>
```

在這個例子中，我們提供了所需的 bin 邊界。喜歡的話，你可以提供你想要的 bin 數量，然後呼叫階層的 adapt() 方法，讓它根據值的百分位數找出適當的 bin 邊界。例如，如果我們設定 num_bins=3，那麼 bin 的邊界將位於第 33 個和第 66 個百分位數的值之下（在這個例子中，邊界在 10 和 37）：

```
>>> discretize_layer = tf.keras.layers.Discretization(num_bins=3)
>>> discretize_layer.adapt(age)
>>> age_categories = discretize_layer(age)
>>> age_categories
<tf.Tensor: shape=(6, 1), dtype=int64, numpy=array([[1],[2],[2],[1],[2],[0]])>
```

像這樣的類別 ID 通常不應該直接傳給神經網路，因為它們的值無法有意義地進行比較。你應該將它們編碼，例如使用獨熱編碼。我們來看看怎麼做。

CategoryEncoding 層

當類別只有少數幾個時（例如不到 10 個或 20 個時），獨熱編碼（第 2 章討論過）通常是很好的選項。為此，Keras 提供 CategoryEncoding 層。例如，我們來將剛才建立的 age_categories 特徵轉換為獨熱編碼：

```
>>> onehot_layer = tf.keras.layers.CategoryEncoding(num_tokens=3)
>>> onehot_layer(age_categories)
<tf.Tensor: shape=(6, 3), dtype=float32, numpy=
array([[0., 1., 0.],
       [0., 0., 1.],
       [0., 0., 1.],
       [0., 1., 0.],
       [0., 0., 1.],
       [1., 0., 0.]], dtype=float32)>
```

如果你一次編碼不只一個類別特徵（它們都使用相同的類別才有意義），在預設情況下，CategoryEncoding 類別會執行**多熱編碼**，使得在**任何**輸入特徵裡出現的每一個類別在輸出 tensor 裡都有一個 1。例如：

```
>>> two_age_categories = np.array([[1, 0], [2, 2], [2, 0]])
>>> onehot_layer(two_age_categories)
<tf.Tensor: shape=(3, 3), dtype=float32, numpy=
array([[1., 1., 0.],
       [0., 0., 1.],
       [1., 0., 1.]], dtype=float32)>
```

如果你認為每個類別出現的次數很有用，你可以在建立 CategoryEncoding 層時，設定 output_mode="count"，在這種情況下，輸出 tensor 將包含每個類別的出現次數。在上面的範例中，輸出幾乎保持不變，只有第二列會變成 [0., 0., 2.]。

請注意，多熱編碼和計數編碼（count encoding）都會損失資訊，因為它無法知道每一個活躍的類別（active category）來自哪個特徵。例如，[0, 1] 和 [1, 0] 都被編碼為 [1., 1., 0.]。如果你想避免這種情況，你要分別對每個特徵進行獨熱編碼，然後將輸出串接起來。所以，[0, 1] 將被編碼為 [1., 0., 0., 0., 1., 0.]，[1, 0] 將被編碼為 [0., 1., 0., 1., 0., 0.]。你可以調整類別 ID 來避免重疊，從而獲得相同的結果。例如：

```
>>> onehot_layer = tf.keras.layers.CategoryEncoding(num_tokens=3 + 3)
>>> onehot_layer(two_age_categories + [0, 3])  # 將第二個特徵加 3
<tf.Tensor: shape=(3, 6), dtype=float32, numpy=
array([[0., 1., 0., 1., 0., 0.],
       [0., 0., 1., 0., 0., 1.],
       [0., 0., 1., 1., 0., 0.]], dtype=float32)>
```

在這個輸出裡，前三行對應第一個特徵，後三行對應第二個特徵。這讓模型能夠區分這兩個特徵。然而，這也增加傳給模型的特徵數量，因而需要更多模型參數。我們很難事先知道一個多熱編碼比較好，還是每個特徵一個獨熱編碼比較好，這依任務而定，而且你可能要測試這兩個選項。

現在你可以使用獨熱編碼或多熱編碼來轉換整數類別特徵了。但是文字類別特徵該如何處理？你可以使用 StringLookup 層。

StringLookup 層

我們來使用 Keras StringLookup 層來獨熱編碼城市特徵：

```
>>> cities = ["Auckland", "Paris", "Paris", "San Francisco"]
>>> str_lookup_layer = tf.keras.layers.StringLookup()
>>> str_lookup_layer.adapt(cities)
```

```
>>> str_lookup_layer([["Paris"], ["Auckland"], ["Auckland"], ["Montreal"]])
<tf.Tensor: shape=(4, 1), dtype=int64, numpy=array([[1], [3], [3], [0]])>
```

我們先建立一個 StringLookup 層，然後用資料來 adapt 它：它會發現有三個不同的類別。然後，我們使用該層來編碼一些城市。在預設情況下，它們被編碼為整數。未知的類別會被對映至 0，就像這個例子裡的「Montreal」一樣。已知的類別從 1 開始進行編號，從最常見的類別，到最不常見的類別。

方便的是，如果在建立 StringLookup 層時設定 output_mode="one_hot"，它將為每個類別輸出一個獨熱向量，而不是整數：

```
>>> str_lookup_layer = tf.keras.layers.StringLookup(output_mode="one_hot")
>>> str_lookup_layer.adapt(cities)
>>> str_lookup_layer([["Paris"], ["Auckland"], ["Auckland"], ["Montreal"]])
<tf.Tensor: shape=(4, 4), dtype=float32, numpy=
array([[0., 1., 0., 0.],
       [0., 0., 0., 1.],
       [0., 0., 0., 1.],
       [1., 0., 0., 0.]], dtype=float32)>
```

 Keras 也有一個 IntegerLookup 層，它的功能與 StringLookup 層相似，但接受整數作為輸入，而不是字串。

如果訓練組非常大，只用訓練組的隨機子集合來 adapt 階層可能比較方便。在這種情況下，該層的 adapt() 方法可能會錯過一些較罕見的類別。在預設情況下，階層會將罕見的類別全都對映至類別 0，使得模型無法區分它們。為了降低這種風險（同時只用訓練組的子集合來 adapt 階層），你可以將 num_oov_indices 設為大於 1 的整數。它是你想要使用的 out-of-vocabulary（OOV）bucket 數量：每一個未知類別將被偽隨機地（pseudorandomly）對映到多個 OOV bucket 之一。使用一個雜湊函數模（modulo）OOV bucket 的數量來決定對映到哪一個 OOV bucket。這至少可讓模型區分一些罕見的類別。例如：

```
>>> str_lookup_layer = tf.keras.layers.StringLookup(num_oov_indices=5)
>>> str_lookup_layer.adapt(cities)
>>> str_lookup_layer([["Paris"], ["Auckland"], ["Foo"], ["Bar"], ["Baz"]])
<tf.Tensor: shape=(4, 1), dtype=int64, numpy=array([[5], [7], [4], [3], [4]])>
```

由於有五個 OOV bucket，現在第一個已知類別的 ID 是 5（"Paris"）。但是 "Foo"、"Bar" 和 "Baz" 都是未知的，所以它們中的每一個都被對映到 OOV bucket 之一。"Bar" 有自己獨立的 bucket（ID 為 3），但遺憾的是，"Foo" 和 "Baz" 恰好被對映到相同的 bucket

（ID 為 4），因此模型仍然無法區分它們。這個情況稱為**雜湊碰撞**。降低碰撞風險的唯一方法是增加 OOV bucket 的數量。但是，這也會增加類別的總數量，當類別被獨熱編碼時，需要更多 RAM 和額外的模型參數。因此，不要將這個數字增加得太多。

將類別偽隨機地對映到 bucket 的概念稱為 *hashing trick*。Keras 提供一種專門做這件事的階層：Hashing 層。

Hashing 層

Keras 的 Hashing 層會幫每一個類別計算雜湊值，再模（modulo）bucket（或「bin」）的數量。這種對映是完全偽隨機的，但是在不同的執行回合裡和執行平台上是穩定的（也就是說，只要 bin 的數量不變，相同的類別都會被對映到相同的整數）。例如，我們使用 Hashing 層來對一些城市進行編碼：

```
>>> hashing_layer = tf.keras.layers.Hashing(num_bins=10)
>>> hashing_layer([["Paris"], ["Tokyo"], ["Auckland"], ["Montreal"]])
<tf.Tensor: shape=(4, 1), dtype=int64, numpy=array([[0], [1], [9], [1]])>
```

這個階層的好處是它完全不需要 adapt，這在某些情況下很有用，尤其是在外存（out-of-core）（資料組太大而無法放入記憶體）的情況下。然而，我們再次遇到雜湊碰撞：「Tokyo」和「Montreal」被對映到同一個 ID，導致模型無法區分它們。因此，使用 StringLookup 層通常比較好。

我們來看另一種將類別編碼的做法：可訓練的 embedding。

使用 embedding 來編碼類別特徵

embedding 是某種高維資料（例如類別，或詞彙中的單詞）的緊湊表示法。如果你有 50,000 種可能的類別，那麼使用獨熱編碼將產生一個 50,000 維的稀疏向量（即，大部分的元素皆為零）。相較之下，embedding 是一種相對較小的密集向量，例如只有 100 維。

在深度學習中，embedding 通常被隨機初始化，然後透過梯度下降與其他模型參數一起訓練。例如，在加州房地產資料組中的 "NEAR BAY" 類別最初可以用一個隨機向量來表示，例如 [0.131, 0.890]，而 "NEAR OCEAN" 類別可以用另一個隨機向量來表示，例如 [0.631, 0.791]。這個範例使用 2D 的 embedding，但維數是可以調整的超參數。

由於這些 embedding 是可訓練的，它們在訓練過程中會逐漸改進；在這個例子裡，它們所代表的類別相當相似，所以梯度下降一定會推動它們互相靠近，同時會將它們與 "INLAND" 類別的 embedding 分開（見圖 13-6）。事實上，表示法越好，神經網路越容易進行準確的預測，所以訓練的過程往往會讓 embedding 能夠有效地表示類別。這種做法稱為**表徵學習**（*representation learning*）（第 17 章會介紹其他種類的表徵學習）。

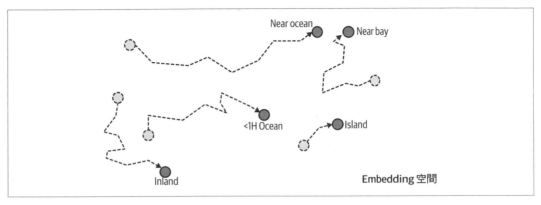

圖 13-6　embedding 會在訓練過程中逐漸改進

word embedding

embedding 經常適合當成眼前任務的表示法，相同的 embedding 往往也可以在其他的任務中成功地重複使用。最常見的案例就是 *word embedding*（也就是個別單字（word）的 embedding）：當你進行自然語言處理任務時，重複使用預先訓練好的 word embedding 通常比自行訓練它更好。

使用向量來代表單字的想法早在 1960 年代就出現了，而且已經有許多複雜的技術被用來產生有用的向量，包括神經網路技術。但是真正的突破發生在 2013 年，當時 Tomáš Mikolov 和其他 Google 研究者發表了一篇論文（*https://homl.info/word2vec*）[6]，描述一種使用神經網路來學習 word embedding 的高效技術，其效果明顯優於之前的嘗試。這項技術讓他們能夠用非常大的文字語料庫來學習 embedding：他們訓練了一個神經網路來預測接近任何給定單字的單字，並獲得驚人 word embedding。例如，同義詞的 embedding 彼此非常接近，而且在意義上相關的詞彙（例如 *France*、*Spain* 和 *Italy*）最終聚集在一起。

6　Tomáš Mikolov et al., "Distributed Representations of Words and Phrases and Their Compositionality", *Proceedings of the 26th International Conference on Neural Information Processing Systems* 2 (2013): 3111–3119.

但值得注意的不是只有鄰近性而已：word embedding 也在 embedding 空間中沿著有意義的軸排列。舉個著名的例子，當你計算 *King – Man + Woman*（對這些單字的 embedding 向量進行加法和減法），得到的結果將非常接近單字 *Queen* 的 embedding（見圖 13-7）。換句話說，word embedding 能夠編碼性別的概念！同樣地，計算 *Madrid – Spain + France* 所得到的結果很接近 *Paris*，看起來首都的概念也被編碼在 embedding 裡面了。

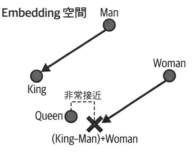

圖 13-7　相似單字的 word embedding 往往非常接近彼此，而且有一些軸似乎也編碼了有意義的概念

遺憾的是，有時 word embedding 也會編碼不好的偏見。例如，雖然它們可以正確地學會 *King* 是 *Man*，*Queen* 是 *Woman*，但似乎也學到 *Doctor* 是 *Man*，*Nurse* 是 *Woman*：它的性別偏見很嚴重！平心而論，這個特定的例子可能有點誇大，正如 Malvina Nissim 等人在 2019 年發表的一篇論文（*https://homl.info/fairembeds*）[7] 中指出的那樣。儘管如此，確保深度學習演算法的公平性是一項重要且活躍的研究領域。

Keras 提供了 Embedding 層，它包含一個 *embedding 矩陣*：這個矩陣的每一列代表一個類別，每一行代表一個 embedding 維度。在預設情況下，它是隨機初始化的。要將類別 ID 轉換為 embedding，Embedding 層只需要查詢並回傳對應該類別的列（row）即可。就是這樣簡單！例如，我們來初始化一個包含五列與 2D embedding 的 Embedding 層，並使用它來編碼一些類別：

```
>>> tf.random.set_seed(42)
>>> embedding_layer = tf.keras.layers.Embedding(input_dim=5, output_dim=2)
>>> embedding_layer(np.array([2, 4, 2]))
<tf.Tensor: shape=(3, 2), dtype=float32, numpy=
```

7　Malvina Nissim et al., "Fair Is Better Than Sensational: Man Is to Doctor as Woman Is to Doctor", arXiv preprint arXiv:1905.09866 (2019).

```
array([[-0.04663396,  0.01846724],
       [-0.02736737, -0.02768031],
       [-0.04663396,  0.01846724]], dtype=float32)>
```

如你所見，類別 2 被編碼（兩次）為 2D 向量 [-0.04663396, 0.01846724]，類別 4 則被編碼為 [-0.02736737, -0.02768031]。由於階層尚未訓練，這些編碼只是隨機的。

> Embedding 層是隨機初始化的，因此，除非你使用預先訓練的權重來將它初始化，否則在模型之外單獨將它當成預先處理層來使用是沒有意義的。

如果你想要嵌入一個分類文字屬性，你只要將一個 StringLookup 層和一個 Embedding 層串接起來即可，例如：

```
>>> tf.random.set_seed(42)
>>> ocean_prox = ["<1H OCEAN", "INLAND", "NEAR OCEAN", "NEAR BAY", "ISLAND"]
>>> str_lookup_layer = tf.keras.layers.StringLookup()
>>> str_lookup_layer.adapt(ocean_prox)
>>> lookup_and_embed = tf.keras.Sequential([
...     str_lookup_layer,
...     tf.keras.layers.Embedding(input_dim=str_lookup_layer.vocabulary_size(),
...                               output_dim=2)
... ])
...
>>> lookup_and_embed(np.array([["<1H OCEAN"], ["ISLAND"], ["<1H OCEAN"]]))
<tf.Tensor: shape=(3, 2), dtype=float32, numpy=
array([[-0.01896119,  0.02223358],
       [ 0.02401174,  0.03724445],
       [-0.01896119,  0.02223358]], dtype=float32)>
```

注意，在 embedding 矩陣內的列數必須等於 vocabulary 的大小，即類別總數，包括已知的類別和 OOV bucket（預設只有一個）。StringLookup 類別的 vocabulary_size() 方法可以回傳這個數字。

> 我們在這個例子裡使用了 2D embedding，但一般來說，embedding 通常有 10 到 300 維，依任務、vocabulary 大小、你的訓練組的大小而定。你需要調整這個超參數。

我們現在可以把所有元素整合起來，建立一個 Keras 模型，用來處理分類文字特徵，以及一般的數值特徵，並且學習每個類別（以及每個 OOV bucket）的 embedding：

```
    X_train_num, X_train_cat, y_train = [...]    # 載入訓練組
    X_valid_num, X_valid_cat, y_valid = [...]    # 與驗證組

    num_input = tf.keras.layers.Input(shape=[8], name="num")
    cat_input = tf.keras.layers.Input(shape=[], dtype=tf.string, name="cat")
    cat_embeddings = lookup_and_embed(cat_input)
    encoded_inputs = tf.keras.layers.concatenate([num_input, cat_embeddings])
    outputs = tf.keras.layers.Dense(1)(encoded_inputs)
    model = tf.keras.models.Model(inputs=[num_input, cat_input], outputs=[outputs])
    model.compile(loss="mse", optimizer="sgd")
    history = model.fit((X_train_num, X_train_cat), y_train, epochs=5,
                        validation_data=((X_valid_num, X_valid_cat), y_valid))
```

這個模型接收兩個輸入：num_input，包含每個實例的八個數值特徵，以及 cat_input，包含每個實例的一個分類文字輸入。這個模型使用之前建立的 lookup_and_embed 來將每一個 ocean-proximity（離海多近）類別編碼成相應的可訓練 embedding。接下來，它使用 concatenate() 函式來將數值輸入與 embedding 串接起來，產生已編碼的完整輸入，可傳入神經網路。此時，我們可以加入任何一種神經網路，但為了簡化，我們只加入一個密集輸出層，然後使用剛才定義的輸入與輸出來建立 Keras Model。接著，我們編譯模型並訓練它，傳入數值與分類輸入。

如第 10 章所述，因為 Input 層被命名為 "num" 與 "cat"，我們也可以使用字典而不是 tuple 來將訓練資料傳給 fit() 方法：{"num": X_train_num, "cat": X_train_cat}。或者，我們可以傳遞一個包含許多批次的 tf.data.Dataset，每個批次都用 ((X_batch_num, X_batch_cat), y_batch) 或 ({"num": X_batch_num, "cat": X_batch_cat}, y_batch) 來表示。當然，這些做法也適用於驗證資料。

在獨熱編碼後面放一個 Dense 層（沒有觸發函數和偏差）相當於一個 Embedding 層。然而，Embedding 層的計算量少很多，因為它避免了許多乘以零的計算，隨著 embedding 矩陣變大，效能的差異將越趨明顯。Dense 層的權重矩陣扮演 embedding 矩陣的角色。例如，使用大小為 20 的獨熱向量，以及具有 10 個單位的 Dense 層，相當於使用一個 input_dim=20 和 output_dim=10 的 Embedding 層。因此，embedding 的維數比 Embedding 層後面的階層裡的單元數量更多是一種浪費。

學會如何對類別特徵進行編碼後，接下來要把注意力轉向文字預先處理。

文字預先處理

Keras 提供 TextVectorization 層來進行基本的文字預先處理。與使用 StringLookup 層類似的是,你必須在建立它時傳遞一個 vocabulary,或是使用 adapt() 方法從一些訓練資料中學習 vocabulary。我們來看一個例子:

```
>>> train_data = ["To be", "!(to be)", "That's the question", "Be, be, be."]
>>> text_vec_layer = tf.keras.layers.TextVectorization()
>>> text_vec_layer.adapt(train_data)
>>> text_vec_layer(["Be good!", "Question: be or be?"])
<tf.Tensor: shape=(2, 4), dtype=int64, numpy=
array([[2, 1, 0, 0],
       [6, 2, 1, 2]])>
```

「Be good!」和「Question: be or be?」這兩個句子被編碼為 [2, 1, 0, 0] 和 [6, 2, 1, 2]。vocabulary 是從訓練資料的四個句子中學習的:「be」= 2,「to」= 3…等。為了建構 vocabulary,adapt() 方法先將訓練句子轉換成小寫並刪除標點符號,這就是為什麼「Be」、「be」和「be?」都被編碼為「be」= 2。接下來,按空格分開句子,並按照頻率降序排列單字,得到最終的 vocabulary。在編碼句子時,未知單字被編碼為 1。最後,由於第一個句子比第二個句子短,它被補上 0。

> TextVectorization 層有許多選項。例如,你可以設定 standardize=None 來保留大小寫和標點符號,或者使用 standardize 引數來傳遞任何標準化函數。你可以設定 split=None 來防止拆開句子,或傳遞自己的拆分函數。你可以設定 output_sequence_length 引數,以確保輸出序列都被裁剪或填補成所需的長度,或設定 ragged=True 來取得一個不規則的 tensor 而不是常規的 tensor。其他選項請參考文件。

單字 ID 必須編碼,通常使用 Embedding 來進行編碼:我們將在第 16 章中進行這個操作。另外,你可以將 TextVectorization 層的 output_mode 引數設為 "multi_hot" 或 "count",以獲得相應的編碼。然而,僅僅計算單字的出現次數通常不是理想的做法:像「to」和「the」這樣的單字很常出現,但它們的資訊量很少,而「basketball」這樣的罕見單字則較富資訊量。因此,相較於將 output_mode 設為 "multi_hot" 或 "count",更好的做法通常是將它設為 "tf_idf",即詞頻 × 倒排文件頻率(*term-frequency × inverse-document-frequency*,TF-IDF)。這個編碼類似計數(count)編碼,但是在訓練資料中頻繁出現的單字會被降低權重,罕見的單字則會被增加權重。例如:

```
>>> text_vec_layer = tf.keras.layers.TextVectorization(output_mode="tf_idf")
>>> text_vec_layer.adapt(train_data)
>>> text_vec_layer(["Be good!", "Question: be or be?"])
<tf.Tensor: shape=(2, 6), dtype=float32, numpy=
array([[0.96725637, 0.6931472 , 0.  , 0.  , 0.  , 0.          ],
       [0.96725637, 1.3862944 , 0.  , 0.  , 0.  , 1.0986123 ]], dtype=float32)>
```

TF-IDF 有許多變體，但 TextVectorization 層的實作方式是將每個單字的計數乘以一個權重，那個權重等於 $\log(1 + d / (f + 1))$，其中 d 是訓練資料中的句子（也稱為文件（document））總數，f 代表「多少訓練句子裡面有給定的單字」。例如，在這個例子裡，訓練資料有 $d = 4$ 個句子，單字「be」出現在 $f = 3$ 個句子裡。由於單字「be」在句子「Question: be or be?」裡出現兩次，它被編碼為 $2 \times \log(1 + 4 / (1 + 3)) \approx 1.3862944$。單字「question」只出現一次，但由於它較不常見，它的編碼幾乎相等：$1 \times \log(1 + 4 / (1 + 1)) \approx 1.0986123$。請注意，未知的單字使用平均權重。

這種文字編碼方法使用起來簡單直觀，在基本的自然語言處理任務中，可以產生相當不錯的結果，但它也有幾個重要的限制：它僅適用於使用空格來分隔單字的語言，它無法區分同音詞（homonyms，例如，「to bear」與「teddy bear」），我們無法提示模型「evolution」和「evolutionary」是相關的…等。而且，使用多熱編碼、計數或 TF-IDF 編碼會遺失單字的順序。那麼，還有其他選擇嗎？

有一個選擇是使用 TensorFlow Text 程式庫（*https://tensorfow.org/text*），它提供比 TextVectorization 層更進階的文字預先處理功能。例如，它有幾個次單字（subword）分詞器（tokenizer），可以將文本拆成比單字更小的詞元（token），可幫助模型檢測出「evolution」和「evolutionary」之間的共同點（第 16 章會介紹關於次單字分字的更多內容）。

另一個選項是使用預先訓練（以下簡稱預訓）的語言模型組件。我們來討論這個主題。

使用預訓的語言模型組件

TensorFlow Hub 程式庫（*https://tensorfow.org/hub*）可讓你輕鬆地在自己的模型中使用預訓的模型組件來處理文本、圖像、音訊…等。這些模型組件稱為 模組（*module*）。你只要瀏覽 TF Hub 模組庫（*https://tfub.dev*），找到所需的模組，將範例程式複製到你的專案中，該模組就會被自動下載並包裝成一個 Keras 層，可以直接放入你的模型中。模組通常包含預先處理程式碼和預訓權重，通常不需要額外的訓練（不過，你的模型的其他部分一定要訓練）。

例如，你可以找到一些強大的預訓語言模型。有一些強大的模型很龐大（幾 GB），因此為了快速示範，我們使用 nnlm-en-dim50 模組的第 2 版，它是一個相對基本的模組。它接受原始文本，並輸出 50 維的句子 embedding。我們將匯入 TensorFlow Hub 並使用它來載入該模組，然後使用該模組來將兩個句子編碼為向量 [8]：

```
>>> import tensorflow_hub as hub
>>> hub_layer = hub.KerasLayer("https://tfhub.dev/google/nnlm-en-dim50/2")
>>> sentence_embeddings = hub_layer(tf.constant(["To be", "Not to be"]))
>>> sentence_embeddings.numpy().round(2)
array([[-0.25,  0.28,  0.01,  0.1 ,  [...] ,  0.05,  0.31],
       [-0.2 ,  0.2 , -0.08,  0.02,  [...] , -0.04,  0.15]], dtype=float32)
```

hub.KerasLayer 層會從給定的 URL 下載模組。這個模組是一個**句子編碼器**：它會接收字串並將每一個字串編碼成一個向量（在這個例子，它是 50 維向量）。在內部，它會解析字串（按空格拆開單字）並嵌入（embed）每個單字，使用以大型語料庫來預訓的 embedding 矩陣，該語料庫是 Google News 7B 語料庫（有 70 億個單字長！）。然後，它會計算所有單字 embedding 的均值，計算的結果就是句子 embedding [9]。

你只要將這個 hub_layer 放入模型即可開始使用。請注意，這個語言模型是用英語來訓練的，但你還可以找到許多其他語言的模型，以及多語言模型。

最後但同樣重要的是，由 Hugging Face 開發的優秀開源程式庫 Transformers（*https://huggingface.co/docs/transformers*）也可以讓你在自己的模型中放入強大的語言模型組件。你可以瀏覽 Hugging Face Hub（*https://huggingface.co/models*），選擇你想要的模型，並使用所提供的範例程式來開始使用模型。它以前只有語言模型，但現在已擴展為包含圖像模型及其他模型。

我們將在第 16 章更深入地討論自然語言處理。現在，我們來看看 Keras 的圖像預先處理層。

圖像預先處理層

Keras 的預先處理 API 包括三個圖像預先處理層：

8　TensorFlow Hub 未被放入 TensorFlow，但如果你正在使用 Colab，或者按照 *https://homl.info/install* 裡的安裝說明來進行安裝，它就已經安裝好了。

9　準確地說，句子 embedding 等於單字 embedding 的均值乘以句子單字數量的平方根。這是為了補償 n 個隨機向量的平均值會隨著 n 的增加而變短的情況。

- tf.keras.layers.Resizing將輸入圖像調整為所需的大小。例如,Resizing(height=100, width=200) 將每張圖像調整為 100×200 的大小,可能會導致圖像變形。如果你設定 crop_to_aspect_ratio=True,圖像會被裁剪為目標圖像的比例,以避免變形。

- tf.keras.layers.Rescaling 調整像素值的尺度。例如,Rescaling(scale=2/255, offset=-1) 將值從 $0 \rightarrow 255$ 調整為 $-1 \rightarrow 1$。

- tf.keras.layers.CenterCrop 層剪裁圖像,只保留所需高度和寬度的中心區域。

我們來載入幾個範例圖像並裁剪它們。為此,我們將使用 Scikit-Learn 的 load_sample_images() 函式;它載入兩張彩色圖像,其中一張是中國廟宇圖片,另一張是花朵圖片(這需要 Pillow 程式庫,如果你使用 Colab 或按照說明進行安裝,它應該已經安裝好了):

```python
from sklearn.datasets import load_sample_images

images = load_sample_images()["images"]
crop_image_layer = tf.keras.layers.CenterCrop(height=100, width=100)
cropped_images = crop_image_layer(images)
```

Keras 還有幾個用於資料增強的階層,例如 RandomCrop、RandomFlip、RandomTranslation、RandomRotation、RandomZoom、RandomHeight、RandomWidth 和 RandomContrast。這些階層僅在訓練步驟發揮作用,它們對輸入圖像隨機執行一些變換(從它們的名稱可以看出其動作)。資料增強會人為地增加訓練組的大小,通常可以提高效能,前提是轉換後的圖像必須是逼真的(未增強的)圖像。我們將在下一章更詳細地介紹圖像處理的內容。

 在底層,Keras 預先處理層是用 TensorFlow 的低階 API 來建構的。例如,Normalization 層使用 tf.nn.moments() 來計算均值和標準差,Discretization 層使用 tf.raw_ops.Bucketize(),CategoricalEncoding 使用 tf.math.bincount(),IntegerLookup 和 StringLookup 使用 tf.lookup 程式包,Hashing 和 TextVectorization 使用 tf.strings 程式包的多個操作,Embedding 使用 tf.nn.embedding_lookup(),而圖像預先處理層使用 tf.image 程式包的操作。如果 Keras 預先處理 API 無法滿足你的需求,你可能偶爾需要直接使用 TensorFlow 的低階 API。

接下來,我們要看在 TensorFlow 中,另一種簡單高效地載入資料的做法。

TensorFlow Datasets 專案

TensorFlow Datasets（TFDS）（*https://tensorfow.org/datasets*）專案可讓你輕鬆地下載常見的資料組，包括 MNIST 或 Fashion MNIST 這種小型的資料組，或是 ImageNet 這種大型的資料組（你將需要大量的磁碟空間！）。它的資料組包括圖像資料組、文本資料組（包括翻譯資料組）、音訊和視訊、時間序列…等。你可以在 *https://homl.info/tfds* 看到完整的清單，以及各個資料組的說明。你也可以看一下「Know Your Data」（*https://knowyourdata. withgoogle.com*），它是一種用來探索和瞭解 TFDS 所提供的資料組的工具。

TensorFlow 未內建 TFDS，但如果你在 Colab 上執行程式，或按照 *https://homl.info/install* 來進行安裝，它就已經安裝好了。你可以匯入 tensorflow_datasets，通常改名為 tfds，然後呼叫 tfds.load() 函式，它將下載你想要的資料（除非已被下載過了），並以資料組字典來回傳資料（通常包括一個訓練組和一個測試組，但這取決於你選擇的資料組）。例如，我們來下載 MNIST：

```
import tensorflow_datasets as tfds

datasets = tfds.load(name="mnist")
mnist_train, mnist_test = datasets["train"], datasets["test"]
```

然後，你可以執行任何轉換（通常是洗牌、分批以及預取），接下來就可以訓練模型了。舉一個簡單的例子：

```
for batch in mnist_train.shuffle(10_000, seed=42).batch(32).prefetch(1):
    images = batch["image"]
    labels = batch["label"]
    # [...] 用圖像和標籤來做某些事情
```

 load() 函式可以洗亂它下載的檔案：你只要設定 shuffle_files=True 即可。但設定它可能還不夠，最好可以再將訓練資料洗亂一點。

注意，在資料組裡面的每一個項目都是一個字典，裡面有特徵和標籤。但是 Keras 期望各個項目都是個包含兩個元素（同樣是特徵和標籤）的 tuple。你可以使用 map() 方法來轉換資料組，例如：

```
mnist_train = mnist_train.shuffle(buffer_size=10_000, seed=42).batch(32)
mnist_train = mnist_train.map(lambda items: (items["image"], items["label"]))
mnist_train = mnist_train.prefetch(1)
```

但是藉著設定 as_supervised=True 來要求 load() 函式為你做這件事比較簡單（顯然這種做法只適用於有標籤的資料組）。

最後，TFDS 可讓你使用方便的 split 引數來將資料拆開。例如，如果你想要使用訓練組的前 90% 資料來訓練，用剩餘的 10% 來驗證，並且用整個測試組來測試，你可以設定 split=["train[:90%]", "train[90%:]", "test"]。load() 函式將回傳全部的三個資料組。下面的程式是一個完整的範例，它使用 TFDS 來載入和拆分 MNIST 資料組，然後使用這些資料組來訓練和評估一個簡單的 Keras 模型：

```
train_set, valid_set, test_set = tfds.load(
    name="mnist",
    split=["train[:90%]", "train[90%:]", "test"],
    as_supervised=True
)
train_set = train_set.shuffle(buffer_size=10_000, seed=42).batch(32).prefetch(1)
valid_set = valid_set.batch(32).cache()
test_set = test_set.batch(32).cache()
tf.random.set_seed(42)
model = tf.keras.Sequential([
    tf.keras.layers.Flatten(input_shape=(28, 28)),
    tf.keras.layers.Dense(10, activation="softmax")
])
model.compile(loss="sparse_categorical_crossentropy", optimizer="nadam",
              metrics=["accuracy"])
history = model.fit(train_set, validation_data=valid_set, epochs=5)
test_loss, test_accuracy = model.evaluate(test_set)
```

恭喜你完成這個極富技術性的章節！也許你覺得它偏離了神經網路的抽象美，但事實上，深度學習往往涉及大量的資料，瞭解如何高效地載入、解析和預先處理資料是一項至關重要的技能。在下一章，我們將介紹摺積神經網路，它是圖像處理領域和許多其他應用中，最成功的神經網路架構之一。

習題

1. 為何要使用 tf.data API？

2. 將大型資料組拆成多個檔案有什麼好處？

3. 在訓練期間，如何確定你的輸入 pileline 是瓶頸？如何修正它？

4. 你可以將任何二進制資料存入 TFRecord 檔嗎？還是只能將序列化的 protobuf 存入？

---

5. 為什麼要不厭其煩地將所有資料都轉換成 Example protobuf 格式？為什麼不使用你自己的 protobuf 定義就好？

6. 在使用 TFRecord 時，何時要啟動壓縮？為什麼不系統性地做這件事？

7. 資料可以在寫入資料檔案時直接進行預先處理，或是在 tf.data pipeline 裡面預先處理，或是在模型的預先處理層中預先處理。你可以說出每一種做法的優缺點嗎？

8. 列舉一些編碼分類整數特徵的方法。文字特徵又有哪些編碼方法？

9. 載入 Fashion MNIST 資料組（見第 10 章），將它拆成訓練組、驗證組和測試組；將訓練組洗亂，並將各個資料組存為多個 TFRecord 檔。讓每一筆紀錄都是序列化的 Example protobuf，內含兩個特徵：已序列化的圖像（使用 tf.io.serialize_tensor() 來序列化每一張圖像），以及標籤 [10]。然後使用 tf.data 來為每一組建立高效的資料組。最後，使用 Keras 模型來訓練這些資料組，包括使用預先處理層來將各個輸入特徵標準化。試著讓輸入 pipeline 盡可能地高效，使用 TensorBoard 來將分析資料視覺化。

10. 在這個練習中，你將下載一個資料組、將它拆開，建立一個 tf.data.Dataset 來載入它，並且高效地預先處理它，然後建立並訓練一個包含 Embedding 層的二元分類模型：

   a. 下載 Large Movie Review Dataset（*https://homl.info/imdb*），它裡面有來自 Internet Movie Database（IMDb）（*https://imdb.com*）的 50,000 部電影的影評。它的資料被放在兩個目錄裡面，*train* 和 *test*，它們分別有一個 *pos* 子目錄，裡面有 12,500 個正面影評，以及一個 *neg* 子目錄，裡面有 12,500 個負面影評。每一個影評都被儲存在一個單獨的文字檔裡面。此外還有其他的檔案和資料夾（包括預先處理過的詞袋（bag-of-words）版本），但是這個練習將忽略它。

   b. 將這個測試組拆成驗證組（15,000）和測試組（10,000）。

   c. 使用 tf.data 來為各個組別建立一個高效的資料組。

   d. 建立一個二元分類模型，使用 TextVectorization 層來預先處理各個影評。

   e. 加入 Embedding 層，並且為每一個影評計算平均 embedding，乘以單字數量的平方根（見第 16 章）。這個尺度調整後的平均 embedding 可以傳給模型的其他部分。

10　若要處理大型圖像，你可以改用 tf.io.encode_jpeg()。它可以節省許多空間，但是會損失一些圖像品質。

f.   訓練模型，看看準確率如何。試著優化你的 pipeline 來盡量提升訓練速度。

g.   使用 TFDS 來更輕鬆地載入同一個資料組：`tfds.load("imdb_reviews")`。

這些習題的答案在本章的 notebook（*https://homl.info/colab3*）的結尾。

## 第十四章

使用摺積神經網路來
實現深度電腦視覺

雖然 IBM 的 Deep Blue 超級電腦早在 1996 年就擊敗世界西洋棋王 Garry Kasparov 了，但電腦直到最近才能夠執行一些看似瑣碎的任務，例如檢測圖像中的小狗，或辨識口述單字。為什麼對我們人類來說，這些任務如此輕鬆？答案在於，感知主要發生在我們的意識範圍之外，它們發生在大腦的視覺、聽覺和其他專門的感官模組中。當感覺訊息抵達我們的意識時，它就已經被附上高層次的特徵了，例如當你看到一張可愛小狗的照片時，你無法選擇**不去**看見小狗、**不去**注意牠的可愛。你也無法解釋你是**如何**認出可愛小狗的，對你來說，這是一望即知的事實。因此，我們不能完全信賴主觀經驗，感知並非芝麻小事，若要瞭解它，我們必須研究人類的感覺模組是怎麼運作的。

摺積神經網路（CNN）源自針對大腦視覺皮層的研究，自 1980 年代以來，一直被用於計算機圖像辨識。在過去十年裡，由於計算能力的提高、訓練資料量的提升，以及第 11 章介紹的深度網路訓練技巧，CNN 已經在某些複雜的視覺任務中實現了超越人類的成效，它們驅動了圖像搜尋服務、自動汽車駕駛、自動影片分類系統…等。此外，CNN 不限於視覺感知，它們也可以成功地完成許多其他任務，例如語音辨識與自然語言處理。不過，現在我們將專注於視覺應用。

本章將介紹 CNN 的由來、它們的組成要素，以及如何使用 Keras 來實作它們。然後，我們要討論一些最佳 CNN 架構，以及其他的視覺任務，包括物體偵測（為圖像中的多個物體進行分類，並且幫它們加上邊框）、以及語義分割（根據像素所屬的物體類別為每一個像素進行分類）。

視覺皮層的結構

David H. Hubel 和 Torsten Wiesel 在 1958 年（*https://homl.info/71*）[1] 和 1959 年（*https://homl.info/72*）[2] 對貓進行了一系列的實驗（並且在幾年後對猴子進行實驗（*https://homl.info/73*）[3]），提出了關於視覺皮層結構的重大觀察（作者由於這項研究，於 1981 年獲得諾貝爾生理學和醫學獎）。他們證明，視覺皮層裡的許多神經元具有小型的局部感受區，這意味著它們只對有限的視野區域內的視覺刺激做出反應（見圖 14-1，在圖中，虛線圓圈代表五個神經元的局部感受區）。不同神經元的感受區可能互相重疊，一起覆蓋整個視野。

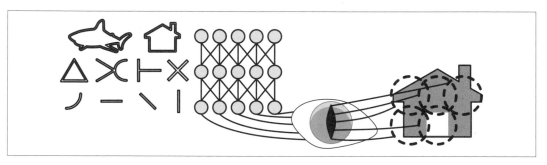

圖 14-1　在視覺皮層裡的生物神經元對視野中稱為感受區的小區域內的特定模式做出反應；隨著視覺訊號通過連續的腦模組，神經元會對更大的感受區裡更複雜的模式做出反應

此外，作者也證明，有一些神經元只對水平線的圖案有反應，其他的神經元只對不同方向的線條有反應（兩個神經元可能具有相同的感受區，但是對不同的線條方向有反應）。他們還注意到，有一些神經元具有較大的感受區，它們對較複雜的圖樣（低階圖案的組合）做出反應。這些觀察產生一個觀點：高階的神經元會使用低階鄰近神經元的輸出（在圖 14-1 中，各個神經元都僅與上一層的相鄰神經元相連）。這種強大的結構能夠從視野的任何區域檢測各種複雜的圖樣。

1　David H. Hubel, "Single Unit Activity in Striate Cortex of Unrestrained Cats", *The Journal of Physiology* 147 (1959): 226–238.

2　David H. Hubel and Torsten N. Wiesel, "Receptive Fields of Single Neurons in the Cat's Striate Cortex", *The Journal of Physiology* 148 (1959): 574–591.

3　David H. Hubel and Torsten N. Wiesel, "Receptive Fields and Functional Architecture of Monkey Striate Cortex", *The Journal of Physiology* 195 (1968): 215–243.

關於視覺皮層的這些研究啟發了 1980 年提出的新認知機（neocognitron）（*https://homl.info/74*）[4]，後來它逐漸演變成現在的摺積神經網路。Yann LeCun 等人在 1998 年發表的論文（*https://homl.info/75*）[5] 是一個很重要的里程碑，該論文提出著名的 *LeNet-5* 架構，被銀行廣泛地用來辨識支票上的手寫數字。這個架構有一些你已經認識的基本要素，例如全連接層，以及 sigmoid 觸發函數，但它也提出兩種新要素：**摺積網路**（*convolutional layer*）和**池化層**（*pooling layer*）。我們來認識它們。

 為什麼不直接使用包含全連接層的深度神經網路來執行圖像辨識任務呢？很遺憾的是，雖然這種網路處理小型圖像（例如 MNIST）的效果不錯，但它對大型圖像束手無策，因為需要大量的參數。例如，一張 100 × 100 像素的圖像有 10,000 個像素，如果第一層有 1,000 個神經元（這已經嚴重地限制了傳至下一層的資訊量了），那就意味著總共有 1,000 萬個連結，這還只是第一層而已。CNN 藉著使用部分連接層和權重共享來解決這個問題。

摺積層

摺積層是 CNN 最重要的組成要素[6]：在第一個摺積層內的神經元不與輸入圖像中的每一個像素相連（不像我們在前幾章中討論的階層那樣），而是只與其感受區中的像素相連（見圖 14-2）。接下來，在第二個摺積層中的每一個神經元只與第一層裡的一個小矩形內的神經元相連。這種架構使得網路能夠在第一個隱藏層中專注處理小低階特徵，然後在下一個隱藏層中將它們組合成更大的高階特徵，以此類推。這種層次結構在現實世界的圖像中很常見，這也是 CNN 在圖像識別領域中表現如此出色的原因之一。

4　Kunihiko Fukushima, "Neocognitron: A Self-Organizing Neural Network Model for a Mechanism of Pattern Recognition Unaffected by Shift in Position", *Biological Cybernetics* 36 (1980): 193–202.

5　Yann LeCun et al., "Gradient-Based Learning Applied to Document Recognition", *Proceedings of the IEEE* 86, no. 11 (1998): 2278–2324.

6　摺積（convolution）是一種數學運算，它在一個函數之上滑動另一個函數，並計算兩者逐點相乘的積分。它與傅立葉變換和拉普拉斯變換有很深的關係，並在訊號處理領域中受到廣泛的運用。摺積層實際上使用交叉相關操作，非常類似摺積（詳見 *https://homl.info/76*）。

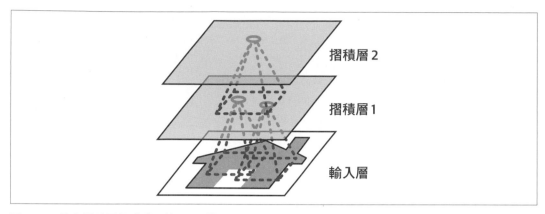

圖 14-2　具有矩形局部感受區的 CNN 階層

 到目前為止，我們看到的多層神經網路都是由一長串神經元組成的，我們要先將輸入圖像壓成 1D 再將它傳入神經網路。在 CNN 中，每一層都以 2D 來表示，所以更容易讓神經元和它們對應的輸入互相匹配。

位於某一層的第 i 列，第 j 行的神經元會連到上一層的第 i 至第 $i + f_h - 1$ 列，第 j 至第 $j + f_w - 1$ 行的神經元的輸出，其中 f_h 和 f_w 是感受區的高與寬（見圖 14-3）。為了讓階層的高與寬與上一層的一樣，我們經常在輸入的周圍補上零，如圖所示，這種做法稱為 *zero padding*（補零）。

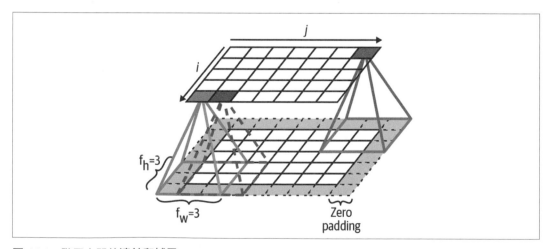

圖 14-3　階層之間的連結和補零

我們也可以藉著擴大感受區，將一個大型的輸入層連接至一個小很多的階層，如圖 14-4
所示。這可以大幅降低模型的計算複雜度。從一個感受區到下一個感受區的水平或垂直步
長稱為 *stride*（步幅）。在圖中，有一個 5×7 的輸入層（加上補零）被接到一個 3×4 的階
層，使用 3×3 的感受區以及步幅 2（在這個例子中，兩個方向的步幅是相同的，但不一要
如此）。位於上層的第 i 列，第 j 行的神經元被接到前一層的第 $i × s_h$ 至第 $i × s_h + f_h - 1$ 列，
第 $j × s_w$ 至第 $j × s_w + f_w - 1$ 行的神經元的輸出，其中 s_h 和 s_w 是垂直和水平步幅。

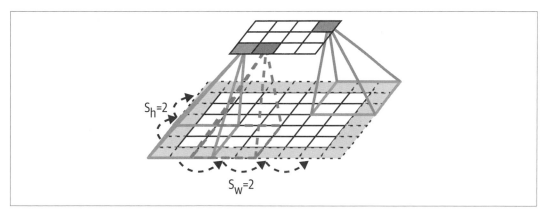

圖 14-4　使用步幅 2 來降維

過濾器

神經元的權重可以用一個大小與感受區相同的小圖像來表示，例如，圖 14-5 是兩組可能
的權重，稱為 **過濾器**（*filter*）（或 **摺積核**（*convolution kernel*），或簡稱為 **核**（*kernel*））。
第一個過濾器是一個中間有一條垂直白線的黑色方塊（它是一個 7×7 矩陣，除了中央垂
直線是 1 之外都是 0）；使用這些權重的神經元將會忽略在感受區中，除了中央垂直線之
外的所有東西（因為除了中央垂直線上的輸入之外的所有輸入都會被乘以 0）。第二個過
濾器是一個中間有條水平白線的黑色方塊。同樣地，使用這種權重的神經元會忽略在感受
區中，除了中央水平線之外的所有東西。

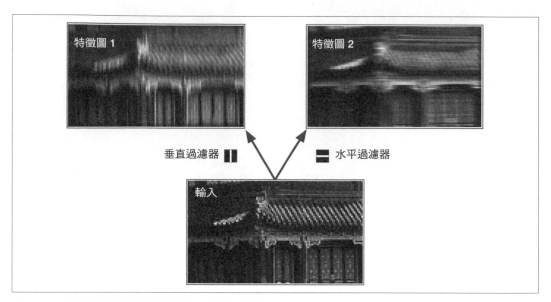

圖 14-5　使用兩種不同的過濾器來取得兩張特徵圖

如果一層裡的所有神經元都使用相同的垂直線過濾器（以及相同的偏差項），並且將圖 14-5 中的輸入圖像（最下面的那張圖像）傳入網路，該層將輸出左上角的圖像。注意在圖中，垂直白線被強化，其餘部分變模糊了。同理，右上圖是讓所有神經元都使用同一個水平線過濾器產生的結果，注意，水平白線被強化，其餘部分變模糊了。因此，讓所有神經元都使用同一種過濾器的階層會輸出一張特徵圖（*feature map*），這種圖像會突顯原圖中最能夠觸發過濾器的區域。別擔心，你不需要手動定義這些過濾器：在訓練過程中，摺積層將自動學習最有用的過濾器，而且比較上面的階層將學習如何將過濾器組合起來，成為更複雜的模式。

堆疊多張特徵圖

到目前為止，為了簡化起見，我將每一個摺積層的輸出表示成 2D 階層，但實際上，摺積層有多個過濾器（數量由你決定），而且每一個過濾器會輸出一個特徵圖，因此使用 3D 來表示比較準確（見圖 14-6）。在每一個特徵圖裡的每一個像素都有一個神經元，而且在給定的特徵圖裡，所有神經元都共享相同的參數（即相同的摺積核和偏差項）。在不同的特徵圖裡的神經元使用不同的參數。神經元的感受區與之前介紹的相同，但它跨越上一層的所有特徵圖。簡而言之，摺積層會對它的輸入同時套用多個可訓練的過濾器，所以它能夠在輸入的任何位置檢測多個特徵。

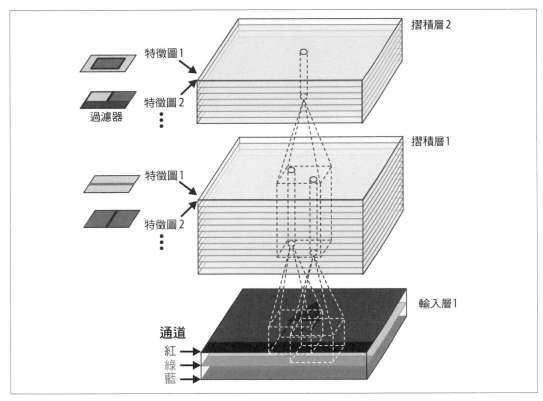

圖 14-6　兩個摺積層，分別有多個過濾器（摺積核），以處理一個具有三個色彩通道的彩色圖像；每個
　　　　摺積層的每個過濾器都產生一個特徵圖

　特徵圖裡的所有神經元都共享相同的參數可大幅減少模型的參數數量。一
　旦 CNN 學會在一個位置識別一種模式，它就可以在任何其他位置識別該
　模式。相較之下，全連結神經網路在一個位置學會識別一種模式之後，它
　只能在該特定位置識別該模式。

輸入圖像也由多個子階層組成，每一個**顏色**通道對應一個子階層。如第 9 章所述，通道
通常有三個：紅色、綠色和藍色（RGB）。灰階圖像只有一個通道，但有些圖像可能有更
多通道，例如，拍攝額外的光波頻率的衛星照片（例如紅外線）。

具體來說，在摺積層 l 內的特徵圖 k 裡的第 i 列，第 j 行的神經元與上一層 $l-1$ 內的第 $i \times s_h$ 至 $i \times s_h + f_h - 1$ 列，第 $j \times s_w$ 至 $j \times s_w + f_w - 1$ 行的神經元的輸出相接，跨越所有的特徵圖（在 $l-1$ 階層內的）。需要注意的是，在同一層中，位於相同的第 i 列和第 j 行卻屬於不同特徵圖的神經元，會與前一層裡相同位置的神經元的輸出相接。

公式 14-1 用一個大型的數學公式來總結上述的說明，它展示如何計算摺積層的特定神經元的輸出。由於公式涉及各種不同的索引，所以看起來有些複雜，但實際上，它只是計算所有輸入的加權和，再加上偏差項。

公式 14-1　計算摺積層內的神經元的輸出

$$z_{i,j,k} = b_k + \sum_{u=0}^{f_h-1} \sum_{v=0}^{f_w-1} \sum_{k'=0}^{f_{n'}-1} x_{i',j',k'} \times w_{u,v,k',k} \quad \text{其中} \begin{cases} i' = i \times s_h + u \\ j' = j \times s_w + v \end{cases}$$

在這個公式中：

- $z_{i,j,k}$ 是摺積層（第 l 層）的特徵圖 k 的第 i 列，第 j 行的神經元的輸出。

- 如前所述，s_h 和 s_w 是垂直和水平步幅，f_h 和 f_w 是感受區的高和寬，$f_{n'}$ 是上一層（第 $l-1$ 層）的特徵圖數量。

- $x_{i',j',k'}$ 是第 $l-1$ 層，第 i' 列，第 j' 行，特徵圖 k'（或通道 k'，如果上一層是輸入層）的神經元的輸出。

- b_k 是特徵圖 k 的偏差項（在第 l 層）。你可以將它當成一個調整特徵圖 k 的整體亮度的旋鈕。

- $w_{u,v,k',k}$ 是第 l 層的特徵圖 k 的第 u 列，第 v 行（相對於神經元的感受區）的任何神經元和特徵圖 k' 之間的連結權重。

我們來看如何以 Keras 建立和使用摺積層。

用 Keras 來實作摺積層

首先，我們使用 Scikit-Learn 的 load_sample_image() 函式和 Keras 的 CenterCrop、Rescaling 層（這些階層都在第 13 章介紹過）來載入和預先處理一些圖像：

```
from sklearn.datasets import load_sample_images
import tensorflow as tf

images = load_sample_images()["images"]
images = tf.keras.layers.CenterCrop(height=70, width=120)(images)
images = tf.keras.layers.Rescaling(scale=1 / 255)(images)
```

我們來看一下 images tensor 的外形：

```
>>> image.shape
TensorShape([2, 70, 120, 3])
```

這是我們還沒有看過的 4D tensor！這些維度代表什麼意思？首先，我們有兩張樣本圖像，這解釋了第一個維度。然後，每張圖像的大小是 70 × 120，因為這是我們在建立 CenterCrop 層時指定的大小（原始圖像大小是 427 × 640）。這解釋了第二個和第三個維度。最後，每一個像素都對應到每個顏色通道的一個值，而顏色通道有三個——紅色、綠色和藍色，這解釋了最後一個維度。

我們來建立一個 2D 摺積層，並將這些圖像傳給它，看看它會輸出什麼。Keras 有一個 Convolution2D 層，別名為 Conv2D。在底層，這個階層使用 TensorFlow 的 tf.nn.conv2d() 操作。我們來建立一個具有 32 個過濾器的摺積層，它的每一個過濾器的大小都是 7 × 7（使用 kernel_size=7，這相當於使用 kernel_size=(7 , 7)），並用這個階層來處理兩張圖像的小批次：

```
conv_layer = tf.keras.layers.Conv2D(filters=32, kernel_size=7)
fmaps = conv_layer(images)
```

 當我們討論 2D 摺積層時，「2D」是指空間維度（高度和寬度），但如你所見，該層接收 4D 的輸入，額外的兩個維度是批次大小（第一個維度）和通道數（最後一個維度）。

接著，我們來觀察輸出的外形：

```
>>> fmaps.shape
TensorShape([2, 64, 114, 32])
```

輸出的外形類似輸入的外型，但有兩點差異。首先，它有 32 個通道，而不是 3 個。這是因為我們設定 filters=32，所以我們得到 32 個輸出特徵圖，現在我們得到每一個位置的每一個特徵的強度，而不是每一個位置的紅、綠、藍的強度。其次，高度和寬度都減少了 6 個像素。這是因為 Conv2D 層在預設情況下不補零，這意味著我們在輸出特徵圖的側邊失去一些像素，具體數量取決於過濾器的大小。在這個例子裡，由於摺積核大小為 7，我們在水平和垂直方向各失去 6 個像素（即每側 3 個像素）。

預設選項很奇怪地稱為 padding="valid"，實際上卻意味著完全不補零！之所以使用這個名稱是因為，在這個情況下，每一個神經元的感受區都位於輸入的嚴格有效（valid）位置內（不超出邊界）。這不是 Keras 的命名怪癖：每個人都使用這個奇怪的命名法。

如果我們改為設定 padding="same"，那麼輸入的每一邊都會被填上足夠的零，以確保輸出特徵圖的尺寸與輸入相同（same）（這個選項由此得名）：

```
>>> conv_layer = tf.keras.layers.Conv2D(filters=32, kernel_size=7,
...                                     padding="same")
...
>>> fmaps = conv_layer(images)
>>> fmaps.shape
TensorShape([2, 70, 120, 32])
```

圖 14-7 展示這兩個填補選項。為了簡單起見，這裡只展示水平維度，但是同樣的邏輯也適用於垂直維度。

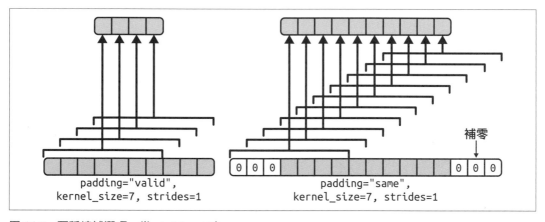

圖 14-7　兩種填補選項，當 strides=1 時

如果步幅大於 1（在任何方向上），即使 padding="same"，輸出大小也不會等於輸入大小。例如，如果設定 strides=2（或設定 strides=(2, 2)），那麼輸出特徵圖將是 35 × 60：垂直和水平方向都減半。圖 14-8 是當 strides=2 時，兩種填補選項的效果。

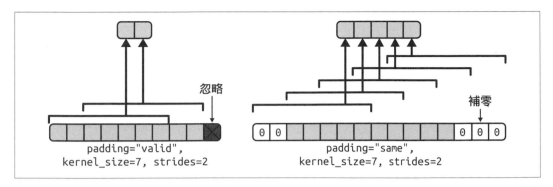

圖 14-8　當步幅大於 1 時，即使使用了 "same" 填補，輸出的尺寸也會小很多（而 "valid" 填補可能會忽略一些輸入）

如果你對此感到好奇，以下是輸出尺寸的計算方式：

- 當 padding="valid" 時，如果輸入的寬度是 i_h，那麼輸出的寬度等於 $(i_h - f_h + s_h) / s_h$，向下取整。其中，f_h 是摺積核的寬度，s_h 是水平方向的步幅。除法的餘數是輸入圖像右側被忽略的行數。同樣的邏輯也可以用來計算輸出的高度，以及被忽略的底部列數。

- 當 padding="same" 時，輸出的寬度等於 i_h / s_h，向上取整。為此，階層會在輸入圖像的左側和右側填補適當數量的零行（zero columns），可能的話，填補相同的行數，或在右側多填充一行。假設輸出的寬度是 o_w，那麼填補的零行數量是 $(o_w - 1) \times s_h + f_h - i_h$。同樣的邏輯也可以用來計算輸出的高度和填補的列數。

接著來看階層的權重（在公式 14-1 中被標記為 $w_{u, v, k', k}$ 和 b_k 的項）。就像 Dense 層，Conv2D 層包含階層的所有權重，包括摺積核和偏差項。摺積核的初始值被設為隨機值，偏差項的初始化為零。這些權重可以透過 weights 屬性以 TF 變數的形式來讀取，或者透過 get_weights() 方法以 NumPy 陣列的形式讀取：

```
>>> kernels, biases = conv_layer.get_weights()
>>> kernels.shape
(7, 7, 3, 32)
>>> biases.shape
(32,)
```

摺積核陣列是 4D，它的外形是 [*kernel_height, kernel_width, input_channels, output_channels*]。偏差項陣列是 1D，外形是 [*output_channels*]。輸出通道的數量等於輸出特徵圖的數量，也等於過濾器的數量。

最重要的是，輸入圖像的高度和寬度沒有出現在摺積核的外形裡，之前提過，這是因為輸出特徵圖內的所有神經元共享相同的權重。這意味著，你可以將任何尺寸的圖像傳入這一層，只要它們的尺寸至少與摺積核的尺寸相同，並且具有正確的通道數（在本例中為三個）即可。

最後，一般情況下，你要在建立 Conv2D 層時指定觸發函數（例如 ReLU），並指定相應的摺積核初始化程式（例如 He 初始化）。做這些事情的理由與 Dense 層的相同：摺積層執行線性操作，因此，如果你堆疊多個摺積層，卻沒有任何觸發函式，它們就相當於一個摺積層，無法學到真正複雜的模式。

如你所見，摺積層有許多超參數：`filters`、`kernel_size`、`padding`、`strides`、`activation`、`kernel_initializer`⋯等。與往常一樣，雖然你可以使用交叉驗證來找到合適的超參數值，但這很耗時。本章稍後將討論常見的 CNN 架構，讓你瞭解在實務上哪些超參數值的效果最好。

記憶體需求

CNN 的另一個挑戰是摺積層需要大量的記憶體，在訓練期間更是如此，因為反向傳播的反向傳遞步驟需要使用順向傳遞期間算出來的所有中間值。

例如，考慮一個摺積層，它有 200 個 5 × 5 的過濾器，步幅為 2 且使用 "same" 填補。如果輸入是一個 150 × 100 的 RGB 圖像（三個通道），那麼參數的數量是 (5 × 5 × 3 + 1) × 200 = 15,200（+1 對應偏差項），與全連接層相比，這個數量相對較小[7]。然而，200 個特徵圖中的每一個都包含 150 × 100 個神經元，每個神經元需要計算它的 5 × 5 × 3 = 75 個輸入的加權和，總共需要進行 2.25 億次浮點乘法運算。這個計算量不像全連接層那麼多，但仍然非常消耗計算資源。此外，如果特徵圖使用 32 bits 浮點數來表示，摺積層的輸出將占用 200 × 150 × 100 × 32 = 9600 萬 bits（12 MB）的 RAM[8]。而這僅僅是針對一個實例，如果訓練批次包含 100 個實例，這一層將占用 1.2 GB 的 RAM！

在推理階段（也就是對新實例進行預測時），一層占用的 RAM 可以在計算下一層後立即釋出，因此你只需要連續兩層所需的 RAM 大小。但在訓練期間，為了進行反向傳播，我們需要儲存正向傳播期間計算的所有內容，所以需要的 RAM（至少）是所有階層所需的總 RAM 量。

7　為了產生相同尺寸的輸出，全連接層需要 200 × 150 × 100 個神經元，每一個神經元連接所有的 150 × 100 × 3 個輸入。它將具有 200 × 150 × 100 × (150 × 100 × 3 + 1) ≈ 1350 億個參數！

8　在國際單位系統（SI）中，1 MB = 1,000 KB = 1,000 × 1,000 bytes = 1,000 × 1,000 × 8 bits。且 1 MiB = 1,024 kiB = 1,024 × 1,024 bytes，所以 12 MB ≈ 11.44 MiB。

如果訓練因為記憶體不足而崩潰了，你可以試著降低批次的大小。你也可以試著使用步幅來減少維度，刪除一些階層，使用 16-bit 浮點數而不是 32-bit 浮點數，或將 CNN 分散在多個設備上（第 19 章會介紹怎麼做）。

接下來，我們要介紹 CNN 的第二種常見的元素：池化層（*pooling layer*）。

池化層

知道摺積網路如何運作之後，池化層就很容易瞭解了。它們的目標是對輸入圖像進行 *subsample*（即縮小），以減少計算負荷、記憶體使用量和參數數量（從而限制過擬的風險）。

和摺積層一樣，池化層的每一個神經元都與前一層的小矩形感受區裡的有限神經元相連。和之前一樣，你必須定義其大小、步幅和填補類型。然而，池化神經元沒有權重；它的工作只是使用聚合函數（如求最大值或求平均值）來對輸入進行聚合（aggregate）。圖 14-9 是最常見的池化層：**最大**（*max*）池化層。在這個例子中，我們使用一個 2×2 的池化核[9]，步幅為 2，無填補。在每一個感受區中，只有最大的輸入值會被傳到下一層，其他的輸入值會被丟棄。例如，圖 14-9 的左下感受區的輸入值是 1、5、3、2，所以只有最大值 5 被傳到下一層。由於步幅為 2，輸出圖像的高度和寬度都是輸入圖像的一半（向下取整，因為我們沒有使用填補）。

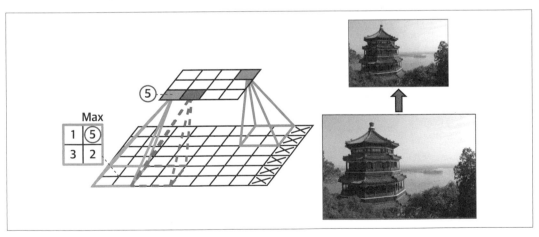

圖 14-9　最大池化層（2×2 池化核，步幅 2，無填補）

9　我們到目前為止討論的其他摺積核都有權重，但池化核沒有，它們只是無狀態的滑動視窗。

池化層通常對每一個輸入通道進行獨立的計算，因此輸出深度（即通道數）與輸入深度相同。

除了減少計算量、記憶體使用量和參數數量之外，最大池化層也引入小幅的平移**不變性**，如圖 14-10 所示。在這裡，我們假設亮像素的值較低，暗像素的值較高，並且考慮三張圖像（A、B、C）通過一個使用 2 × 2 的池化核且步幅為 2 的最大池化層。圖像 B 和 C 與圖像 A 相同，只是向右移動了一個和兩個像素。如圖所示，最大池化層處理圖像 A 和 B 產生的輸出是相同的，這就是平移不變性的意思。圖像 C 產生的輸出不同，它向右移動一個像素（但仍具有 50% 的不變性）。在 CNN 中每隔幾層插入一個最大池化層可以產生更大尺度的平移不變性。此外，最大池化也提供少量的旋轉不變性和輕微的尺度不變性。這種不變性（儘管是有限的）在預測結果不應該依賴這些細節時很有幫助，例如在執行分類任務時。

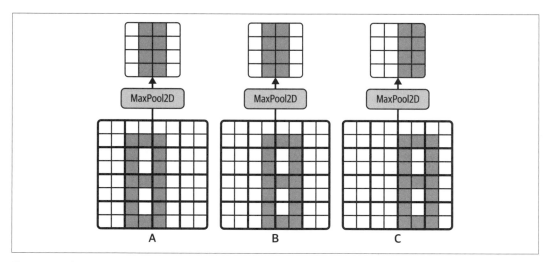

圖 14-10　小平移同變性

然而，最大池化也有一些缺點。它顯然具有很大的破壞性，即使是使用小小的 2 × 2 池化核和步幅 2，輸出的兩個方向都會變成原來的一半（因此面積變成原來的四分之一），移除 75% 的輸入值。某些應用不希望有不變性。以語義分割為例（根據像素所屬的物件對圖像中的每一個像素進行分類的任務，本章稍後會探討），顯然，如果將輸入圖像向右移動一個像素，輸出也應該向右移動一個像素。這項任務的目標是同變性（*equivariance*），而不是不變性，所以輸入的微小變化應該導致相應的輸出有微小變化。

用 Keras 來實作池化層

下面的程式建立一個 MaxPooling2D 層，別名為 MaxPool2D，使用 2 × 2 池化核。步幅的預設值是池化核的大小，因此這一層使用的步幅是 2（包括水平和垂直）。在預設情況下，它使用 "valid" 填補（即不進行填補）：

```
max_pool = tf.keras.layers.MaxPool2D(pool_size=2)
```

若要建立平均池化層，你只要使用 AveragePooling2D 即可，它的別名為 AvgPool2D，而不是 MaxPool2D。如你預期，它的工作方式與最大池化層完全相同，只是計算的是均值而不是最大值。平均池化層曾經非常流行，但現在的主流是最大池化層，因為它們的表現通常比較好。這可能令人驚訝，因為計算均值損失的資訊量通常比計算最大值損失的資訊量還要少。但從另一個角度看，最大池化僅保留最強的特徵，並捨棄所有無意義的特徵，所以下一層需要處理的訊號更乾淨。此外，最大池化比平均池化提供更強的平移不變性，並且計算量較少。

注意，最大池化和平均池化也可以沿著深度維度進行，而不是空間維度，儘管這種做法不太常見。這可以讓 CNN 學習對各種特徵具備不變性。例如，它可以學習多個過濾器，每個過濾器可偵測相同模式的不同旋轉角度（例如手寫數字，見圖 14-11），並且用深向最大池化層來確保無論如何旋轉，輸出都一樣。同理，CNN 還可以學習對於任何特徵的不變性，包括厚度、亮度、傾斜度、顏色…等。

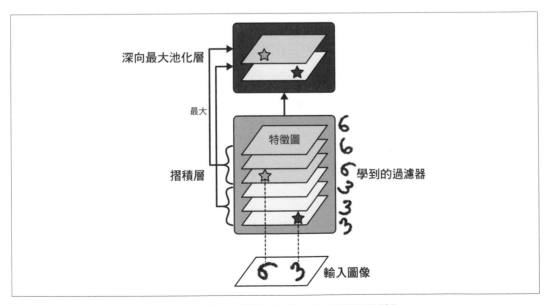

圖 14-11　深向最大池化可協助 CNN 學習不變性（在這個例子是對於旋轉）

Keras 沒有深向最大池化層，但是自己實作並不難：

```
class DepthPool(tf.keras.layers.Layer):
    def __init__(self, pool_size=2, **kwargs):
        super().__init__(**kwargs)
        self.pool_size = pool_size

    def call(self, inputs):
        shape = tf.shape(inputs)  # shape[-1] 是通道數
        groups = shape[-1] // self.pool_size  # 通道群數
        new_shape = tf.concat([shape[:-1], [groups, self.pool_size]], axis=0)
        return tf.reduce_max(tf.reshape(inputs, new_shape), axis=-1)
```

這個階層重塑它的輸入，來將通道分成指定大小（`pool_size`）的群組，然後使用 `tf.reduce_max()` 來計算每一組的最大值。這個實作假設步幅等於池化大小，通常這也是你想要的。或者，你可以使用 TensorFlow 的 `tf.nn.max_pool()` 操作，並包在 Lambda 層裡，以便在 Keras 模型內使用它，但可惜的是，這項操作只為 CPU 實作深向池化，而沒有為 GPU 實作。

在現代架構裡面經常出現的最後一種池化層是**全域平均池化層**。它的運作方式有很大的不同：它所做的，只是計算每一個完整特徵圖的平均值（類似池化核的空間維度與輸入相同的平均池化層）。這意味著它只為每個特徵圖和每個實例輸出一個數字。這當然有很大的破壞性（特徵圖的大部分資訊都被丟掉了），但在輸出層的前面很有用，稍後會說明。你只要使用 `GlobalAveragePooling2D` 類別就可以建立這種階層，它的別名是 `GlobalAvgPool2D`：

```
global_avg_pool = tf.keras.layers.GlobalAvgPool2D()
```

它相當於下面的 Lambda 層，這個階層計算空間維度（高度和寬度）的平均值：

```
global_avg_pool = tf.keras.layers.Lambda(
    lambda X: tf.reduce_mean(X, axis=[1, 2]))
```

例如，如果我們用這個階層來處理輸入圖像，我們將得到每張圖像的紅、綠、藍三個通道的平均強度值：

```
>>> global_avg_pool(images)
<tf.Tensor: shape=(2, 3), dtype=float32, numpy=
array([[0.64338624, 0.5971759 , 0.5824972 ],
       [0.76306933, 0.26011038, 0.10849128]], dtype=float32>
```

現在你已經知道摺積神經網路的所有元素了。我們來看一下如何組合它們。

CNN 架構

典型的摺積神經網路架構會堆疊幾個摺積層（每一個摺積層後面通常都有一個 ReLU 層），然後一個池化層，再來是另外幾個摺積層（+ReLU），再接著另一個池化層，以此類推。因為有摺積層，當圖像在網路中前進時，它會變得越來越小，通常也會變得越來越深（也就是有更多特徵圖）（見圖 14-12）。在堆疊的頂部，我們加入一個常規的前饋神經網路，它由幾個全連接層（+ReLU）組成，最後一層輸出預測結果（例如，輸出估計類別機率的 softmax 層）。

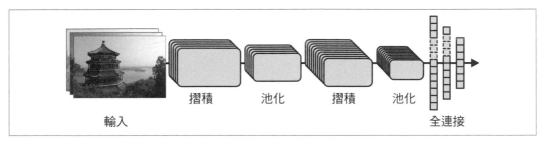

圖 14-12　典型的 CNN 架構

有一種常見的錯誤是使用太大的摺積核。例如，與其使用一個 5 × 5 的摺積層，不如使用兩個 3 × 3 的摺積層：這樣可以減少參數量和計算量，通常有更好的表現。唯一的例外是第一個摺積層：它通常可以使用大摺積核（例如 5 × 5），步幅通常使用 2 或更大。這可以在不失去太多資訊的情況下，縮小圖像的空間尺寸，而且，由於輸入圖像通常只有三個通道，所以成本不至於太高。

以下是實作簡單的 CNN 來處理 Fashion MNIST 資料組（見第 10 章）的做法：

```
from functools import partial

DefaultConv2D = partial(tf.keras.layers.Conv2D, kernel_size=3, padding="same",
                        activation="relu", kernel_initializer="he_normal")
model = tf.keras.Sequential([
    DefaultConv2D(filters=64, kernel_size=7, input_shape=[28, 28, 1]),
    tf.keras.layers.MaxPool2D(),
    DefaultConv2D(filters=128),
    DefaultConv2D(filters=128),
    tf.keras.layers.MaxPool2D(),
    DefaultConv2D(filters=256),
    DefaultConv2D(filters=256),
```

```
    tf.keras.layers.MaxPool2D(),
    tf.keras.layers.Flatten(),
    tf.keras.layers.Dense(units=128, activation="relu",
                          kernel_initializer="he_normal"),
    tf.keras.layers.Dropout(0.5),
    tf.keras.layers.Dense(units=64, activation="relu",
                          kernel_initializer="he_normal"),
    tf.keras.layers.Dropout(0.5),
    tf.keras.layers.Dense(units=10, activation="softmax")
])
```

我們來解釋一下這段程式：

- 我們使用 functools.partial() 函式（在第 11 章介紹過）來定義 DefaultConv2D，它的功能與 Conv2D 相同，但具有不同的預設引數：大小為 3 的小型 kernel，"same" 填補，ReLU 觸發函數，以及相應的 He 初始化程式。

- 接下來建立 Sequential 模型。它的第一層是 DefaultConv2D，具有 64 個相對較大的過濾器（7 × 7）。它使用預設步幅 1，因為輸入圖像不是非常大。它也設定 input_shape=[28, 28, 1]，因為圖像是 28 × 28 像素，具有單一的顏色通道（即灰階）。當你載入 Fashion MNIST 資料組時，務必確保每個圖像都具有這個外形：你可能要使用 np.reshape() 或 np.expanddims() 來增加通道維度。或者，你可以使用 Reshape 層作為模型的第一層。

- 然後加入一個最大池化層，它使用預設的池化大小 2，因此它會將每一個空間維度除以 2。

- 接著重複相同的結構兩次，包括兩個摺積層，後面加上一個最大池化層。在處理更大的圖像時，我們可以多次重複這個結構。重複的次數是可以調整的超參數。

- 注意，隨著我們在 CNN 裡朝著輸出層往上爬，過濾器的數量會加倍（一開始是 64 個，然後 128 個，然後 256 個），這是合理的做法，因為低層特徵的數量通常相對較少（例如，小圓圈、水平線），但有很多不同的方式可以組成更高階的特徵。在每一個池化層之後將過濾器的數量加倍很常見，因為池化層會將每一個空間維度除以 2，所以我們可以在下一層將特徵圖的數量加倍，而不必擔心參數的數量、記憶體使用量和計算負擔激增。

- 接下來是全連接網路，它由兩個隱藏的密集層和一個密集輸出層組成。因為這是具有 10 個類別的分類任務，所以輸出層有 10 個單位，並且使用 softmax 觸發函數。請注意，在第一個密集層之前，我們必須將輸入壓扁，因為它預期每一個實例都是一個 1D 的特徵陣列。我們也加入兩個 dropout 層，每一層的 dropout 率是 50%，以減少過擬。

當你使用 "sparse_categorical_crossentropy" 損失函數來編譯這個模型，並將模型擬合到 Fashion MNIST 訓練組時，它預測測試組應該可以達到超過 92% 的準確率。這不是最頂尖的成果，但相當不錯，顯然比第 10 章使用密集網路得到的成果要好很多。

多年來，採用這種基本架構的許多變體已經被開發出來，並且在這個領域取得驚人的進展。在 ILSVRC ImageNet 挑戰賽（*https://image-net.org*）之類的競賽中的錯誤率是評估這種進展的準確指標之一。在這個競賽中，圖像分類任務的前五錯誤率（即使得系統的前五次預測中**沒有**包含正確答案的測試圖像數量）在短短的六年內從超過 26% 降低至不到 2.3%。這些圖像都很大張（例如，高度為 256 像素），並且有 1,000 個類別，其中有些類別難以區分（試著分辨 120 個犬種）。觀察優勝作品的演變是瞭解 CNN 的運作方式，及深度學習研究進展的好方法。

接下來，我們要來認識典型的 LeNet-5 架構（1998），以及 ILSVRC 挑戰賽的幾個優勝架構：AlexNet（2012）、GoogLeNet（2014）、ResNet（2015）與 SENet（2017）。在這過程中，我們也會看其他幾個架構，包括 Xception、ResNeXt、DenseNet、MobileNet、CSPNet 和 EfficientNet。

LeNet-5

LeNet-5 架構（*https://homl.info/lenet5*）[10] 或許是最著名的 CNN 架構。如前所述，它是 Yann LeCun 在 1998 年創造的，已經被廣泛地用於手寫數字辨識（MNIST）。它包含三個階層，如表 14-1 所示。

表 14-1　LeNet-5 的架構

階層	類型	特徵圖	尺寸	核尺寸	步幅	觸發函數
Out	全連接	–	10	–	–	RBF
F6	全連接	–	84	–	–	tanh
C5	摺積	120	1×1	5×5	1	tanh
S4	平均池化	16	5×5	2×2	2	tanh
C3	摺積	16	10×10	5×5	1	tanh
S2	平均池化	6	14×14	2×2	2	tanh
C1	摺積	6	28×28	5×5	1	tanh
In	輸入	1	32×32	–	–	–

10　Yann LeCun et al., "Gradient-Based Learning Applied to Document Recognition", *Proceedings of the IEEE* 86, no. 11 (1998): 2278–2324.

如你所見，它與我們的 Fashion MNIST 模型很像，它有一疊摺積層和池化層，然後是一個密集網路。它與較現代的分類 CNN 的主要差異在於觸發函數，我們現在會使用 ReLU 而不是 tanh，使用 softmax 而不是 RBF。此外還有一些不太重要的小差異，如果你有興趣，可以在本章的 notebook 找到它們：*https://homl.info/colab3*。Yann LeCun 的網站（*http://yann.lecun.com/exdb/lenet*）也展示了 LeNet-5 對數字進行分類的精彩過程。

AlexNet

AlexNet CNN 架構（*https://homl.info/80*）[11] 在 2012 年以顯著的優勢贏得 ILSVRC 挑戰賽：它的前五錯誤率是 17%，第二名多達 26%！AlexNet 是 Alex Krizhevsky（因此得名）、Ilya Sutskever 和 Geoffrey Hinton 一起開發的。它很像 LeNet-5，只是大很多且深很多，而且它是第一個將摺積層疊在一起的架構，而不是在每一個摺積層的上面疊一個池化層。表 14-2 是這個架構的細節。

表 14-2　AlexNet 架構

階層	類型	特徵圖	尺寸	核尺寸	步幅	填補	觸發函數
Out	全連接	–	1,000	–	–	–	Softmax
F10	全連接	–	4,096	–	–	–	ReLU
F9	全連接	–	4,096	–	–	–	ReLU
S8	最大池化	256	6×6	3×3	2	valid	–
C7	摺積	256	13×13	3×3	1	same	ReLU
C6	摺積	384	13×13	3×3	1	same	ReLU
C5	摺積	384	13×13	3×3	1	same	ReLU
S4	最大池化	256	13×13	3×3	2	valid	–
C3	摺積	256	27×27	5×5	1	same	ReLU
S2	最大池化	96	27×27	3×3	2	valid	–
C1	摺積	96	55×55	11×11	4	valid	ReLU
In	輸入	3(RGB)	227×227	–	–	–	–

為了降低過擬，作者使用兩種正則化技術。首先，他們在訓練過程中對 F9 和 F10 層的輸出執行 50% 的卸除率（在第 11 章介紹）。其次，他們藉著對訓練圖像隨機平移各種偏移量、水平翻轉圖像以及改變照明條件來進行資料擴增。

11　Alex Krizhevsky et al., "ImageNet Classification with Deep Convolutional Neural Networks", *Proceedings of the 25th International Conference on Neural Information Processing Systems* 1 (2012): 1097–1105.

資料擴增

資料擴增就是用每一個訓練實例來產生許多實際的變體，人為地增加訓練組的大小。這可以降低過擬，所以它是一種正則化技術。生成的實例應該盡可能的逼真，在理想情況下，人類無法在擴增後的訓練組內分辨圖像是不是被擴增的。你不能僅加入白雜訊（white noise），所做的修改必須是可學習的（但白雜訊不行）。

例如，你可以對訓練組的每一張照片進行各種程度的平移、旋轉和縮放，並將生成的照片加入訓練組（見圖 14-13）。為此，你可以使用 Keras 的資料擴增層（例如 RandomCrop、RandomRotation…等），第 13 章曾經介紹過。這將使模型更寬容地看待物體的位置、方向和大小的變化。為了產生對於各種照明條件更寬容的模型，你可以生成具有不同對比度的圖像。一般而言，你也可以水平翻轉圖片（但文字和其他非對稱物體不行）。藉由結合這些轉換，你可以大幅增加訓練組的大小。

圖 14-13　用既有的訓練實例來產生新的訓練實例

當你有一個不平衡的資料組時，資料擴增也非常有用：你可以用它來為稀有類別產生更多樣本。這個技術稱為 *synthetic minority oversampling technique*，簡稱 SMOTE。

AlexNet 在 C1 和 C3 層的 ReLU 步驟之後使用一種競爭性的正規化步驟，稱為 *local response normalization*（LRN，局部回應正規化）：讓觸發程度最強烈的神經元抑制相鄰的特徵圖中的相同位置的神經元。生物神經元已經被觀察到有這種競爭性的觸發現象。這個機制可以鼓勵不同的特徵圖專門化，把它們推開，並迫使它們探索更廣泛的特徵，最終提高類推能力。我們用公式 14-2 來說明如何使用 LRN。

公式 *14-2   local response normalization*（*LRN*）

$$b_i = a_i \left(k + \alpha \sum_{j=j_{\text{low}}}^{j_{\text{high}}} a_j^2 \right)^{-\beta} \quad \text{其中} \quad \begin{cases} j_{\text{high}} = \min\left(i + \frac{r}{2}, f_n - 1\right) \\ j_{\text{low}} = \max\left(0, i - \frac{r}{2}\right) \end{cases}$$

在這個公式中：

- b_i 是位於特徵 i 的第 u 列，第 v 行的神經元的正規化輸出（在這個公式中，我們只考慮位於此列與此行的神經元，所以未使用 u 和 v）。

- a_i 是該神經元在 ReLU 步驟之後並且在正規化之前的觸發（activation）。

- k、α、β 和 r 是超參數。k 稱為偏差（bias），r 稱為深向半徑（depth radius）。

- f_n 是特徵圖的數量。

例如，若 $r = 2$，而且神經元有很強的觸發，它會抑制它的上面和下面的特徵圖內的神經元的觸發。

AlexNet 的超參數設為：$r = 5$、$\alpha = 0.0001$、$\beta = 0.75$，$k = 2$。你可以使用 `tf.nn.local_response_normalization()` 函式來實作這個步驟（如果你想要在 Keras 模型中使用它，可將它包在 `Lambda` 層內）。

AlexNet 有一種稱為 *ZF Net*（*https://homl.info/zfnet*）[12] 的變體，它是 Matthew Zeiler 和 Rob Fergus 開發的，此模型是 2013 ILSVRC 大賽的贏家，它實質上是個 AlexNet，只是調整了一些超參數（特徵圖的數量、核的大小、步幅等）。

12　Matthew D. Zeiler and Rob Fergus, "Visualizing and Understanding Convolutional Networks", *Proceedings of the European Conference on Computer Vision* (2014): 818–833.

GoogLeNet

GoogLeNet 架構（*https://homl.info/81*）是 Google Research 的 Christian Szegedy 等人開發的 [13]，它在 ILSVRC 2014 大賽中，將前五錯誤率壓至低於 7%，成為該賽事的贏家。之所以有如此出色的效果，很大的原因是這個網路比以前的 CNN 都要深（例如圖 14-15 的）。這得益於稱為 *inception modules* [14] 的子網路，它幫助 GoogLeNet 比以前的架構更有效地使用參數：實際上，GoogLeNet 的參數數量比 AlexNet 少了 10 倍（大約 600 萬個而不是 6000 萬個）。

圖 14-14 是 inception module 的架構。「3 × 3 + 1(S)」代示該層使用 3 × 3 的核，步幅 1 和 "same" 填補。這個架構先將輸入訊號平行地傳給四個不同的階層。所有摺積層都使用 ReLU 觸發函數。請注意，頂部的摺積層使用不同的核大小（1 × 1、3 × 3 和 5 × 5），讓它們能夠抓到不同尺度的模式。另外也注意，每一個階層都使用步幅 1 和 "same" 填補（即使是最大池化層也一樣），因此它們的輸出的高和寬都和輸入一樣，所以在最後的**深向串接層**（*depth concatenation layer*）中，它可以將所有的輸出沿著深向維度連接起來（也就是將來自四個頂部摺積層的特徵圖疊起來）。深向串接層可以使用 Keras 的 `Concatenate` 層來實作，使用預設的 `axis=-1`。

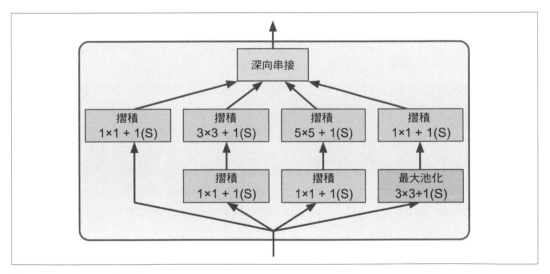

圖 14-14　inception 模組

13　Christian Szegedy et al., "Going Deeper with Convolutions", *Proceedings of the IEEE Conference on Computer Vision and Pattern Recognition* (2015): 1–9.

14　這些模組的名稱來自 2010 年上映的電影**全面啟動**（*Inception*），因為在劇情裡，角色們不斷深入多層的夢境裡。

你可能在想，為何 inception 模組要使用 1 × 1 核的摺積層？這些階層無疑無法抓到任何特徵，因為它們每次只檢視一個像素，不是嗎？事實上，這些階層有三個目的：

- 雖然它們無法捕捉空間模式，但它們能夠捕捉深向維度（即跨通道）的模式。

- 它們輸出的特徵圖少於輸入的特徵圖，因此它們被當成**瓶頸層**，也就是它們會降維，可以降低計算成本與參數數量，提高訓練速度並改善類推能力。

- 每一對摺積層（[1 × 1，3 × 3] 和 [1 × 1，5 × 5]）的作用，都類似一個強大的摺積層，能夠捕捉更複雜的模式。一個摺積層相當於在圖像上使用一個密集層掃描它（在每一個位置，它只看一個小的感受區），而每一對摺積層都相當於在圖像上用雙層神經網路掃描它。

簡而言之，你可以將整個 inception 模組視為強大的摺積層，它輸出的特徵圖能夠捕捉不同尺度的複雜模式。

接著，我們來看 GoogLeNet CNN 的架構（見圖 14-15）。在核大小前面的數字是各個摺積層與各個池化層輸出的特徵圖數量。這個架構很深，所以我們把它畫成三行，但 GoogLeNet 其實疊得很高，裡面有九個 inception 模組（有陀螺圖樣的方塊）。在 inception 模組內的六個數字代表模組中的每一個摺積層輸出的特徵圖數量（與圖 14-14 中的順序相同）。請注意，所有摺積層都使用 ReLU 觸發函數。

我們來解釋一下這個網路：

- 前兩層將圖像的高和寬除以 4（所以它的面積被除以 16），以降低計算負擔。第一層使用大型的核 7 × 7，以保留許多資訊。

- 然後，local response normalization 層確保上一層學了各式各樣的特徵（如前所述）。

- 接下來有兩個摺積層，第一個扮演瓶頸層。如前所述，你可以將這一對摺積層視為一個更聰明的摺積層。

- 然後又是一個 local response normalization 層，用來確保前面的階層捕捉了各種模式。

- 接下來是一個最大池化層，用來將圖像的高和寬除以 2，同樣是為了加快計算速度。

- 然後是 CNN 的**主幹**，它是由九個 inception 模組組成的高堆疊，在裡面有兩個最大池化層，以降低維度並加快網路速度。

- 接下來是一個全域平均池化層，它輸出各個特徵圖的均值，將任何剩餘的空間資訊移除，之所以可以如此，是因為現在已經沒有剩餘多少空間資訊了。事實上，GoogLeNet 的輸入圖像通常是 224 × 224 像素，所以經過 5 個最大池化層後，特徵圖會降為 7 × 7（每一個最大池化層都將高和寬除以 2）。此外，這是分類任務，不是定位任務，所以物體出現在哪裡無關緊要。因為有這一層的降維，CNN 的頂部不需要使用多個全連接層（就像 AlexNet 的做法），這大幅減少網路的參數數量，並限制了過擬的風險。

- 最後幾層無須額外解釋：dropout 是用來正則化的，然後有一個包含 1,000 個單位（因為有 1,000 個類別）的全連接層，以及一個 softmax 觸發函數，用來輸出估計的類別機率。

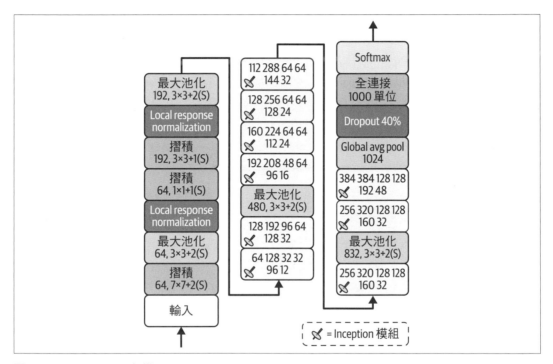

圖 14-15　GoogLeNet 架構

原始的 GoogLeNet 架構在第三個和第六個 inception 模組之上插入兩個輔助分類器。它們都由一個平均池化層、一個摺積層、兩個全連接層和一個 softmax 觸發層組成。在訓練期間，它們的損失（縮小 70%）會被加入整體損失，其目標是解決梯度消失問題，並對網路進行正則化，但後來證明它們的效果相對較小。

Google 的研究者後來也提出一些 GoogLeNet 架構的變體，包括 Inception-v3 和 Inception-v4，使用稍微不同的 inception 模組來取得更好的效果。

VGGNet

VGGNet（*https://homl.info/83*）[15] 是 ILSVRC 2014 挑戰賽的亞軍，由牛津大學 Visual Geometry Group（VGG）研究實驗室的 Karen Simonyan 和 Andrew Zisserman 開發。VGGNet 採用非常簡單和經典的架構，它有 2 或 3 個摺積層和一個池化層，然後同樣是 2 或 3 個摺積層和一個池化層，以此類推（總共可達到 16 或 19 個摺積層，依 VGG 的變體而定），此外還有一個最終的密集網路，裡面有 2 個隱藏層和輸出層。它使用 3×3 的小過濾器，但數量很多。

ResNet

Kaiming He 等人使用 Residual Network（ResNet）（*https://homl.info/82*）[16] 贏得 ILSVRC 2015 挑戰賽，該架構的前五錯誤率令人驚嘆地低於 3.6%。優勝的變體使用一個非常深的 CNN，由 152 個階層組成（其他的變體則有 34、50 和 101 層）。這證實了廣泛的趨勢：計算機視覺模型變得越來越深，且參數越來越少。之所以能夠訓練如此深的網路，關鍵在於他們使用跳接（*skip connection*，也稱為 *shortcut connection*）：被傳給一個階層的訊號，也會被加到位於較高層的輸出。我們來看看跳接為何有效。

訓練神經網路的目標是讓它模擬一個目標函數 $h(\mathbf{x})$。如果將輸入 $\mathbf{x}$ 加到網路的輸出中（即加入一條跳接），網路將被迫模擬 $f(\mathbf{x}) = h(\mathbf{x}) - \mathbf{x}$，而不是 $h(\mathbf{x})$。這稱為殘差學習（*residual learning*）（見圖 14-16）。

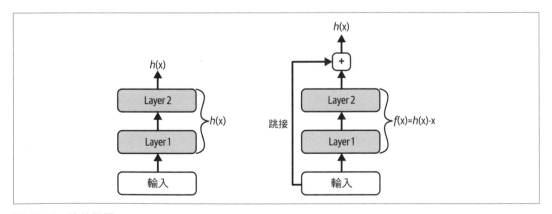

圖 14-16　殘差學習

15　Karen Simonyan and Andrew Zisserman, "Very Deep Convolutional Networks for Large-Scale Image Recognition", arXiv preprint arXiv:1409.1556 (2014).

16　Kaiming He et al., "Deep Residual Learning for Image Recognition", arXiv preprint arXiv:1512:03385 (2015).

當你將一般的網路初始化時，它的權重都接近零，所以該網路只會輸出接近零的值。如果你加入跳接，網路會直接輸出其輸入的複本，換句話說，它在一開始，會模擬恆等函數（identity function）。如果目標函數非常接近恆等函數（通常如此），訓練速度將大幅提升。

此外，加入許多跳接後，即使有幾層尚未開始學習，網路也可以開始有所進展（見圖 14-17）。因為有跳接，訊號可以輕鬆地穿過整個網路。深度殘差網路可以視為一疊殘差單元（RU），其中的每一個殘差單元都是一個帶有跳接的小型神經網路。

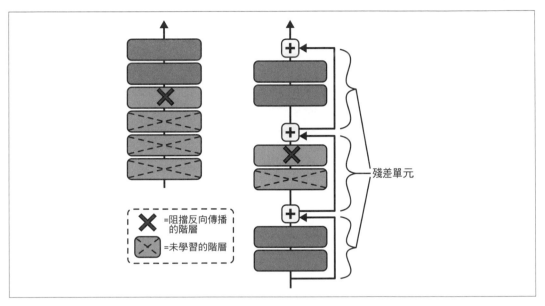

圖 14-17　一般的深度神經網路（左）與深度殘差網路（右）

我們來看一下 ResNet 的架構（見圖 14-18）。它出奇地簡單。它的開頭和結尾和 GoogLeNet 幾乎相同（除了 dropout 層之外），在中間只是一疊很深的 RU。每一個 RU 都是由兩個摺積層組成的（而且沒有池化層！），使用批次正規化（BN）和 ReLU 觸發函數，3×3 核，並保留空間維度（步幅 1，"same" 填補）。

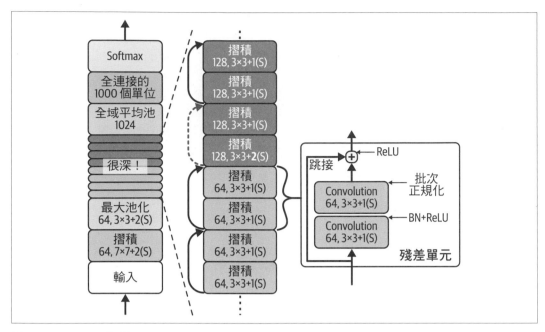

圖 14-18　ResNet 架構

要注意的是，每隔幾個殘差單元，特徵圖的數量就會加倍，同時它們的高度和寬度會減半（使用步幅為 2 的摺積層）。發生這種情況時，輸入無法直接加到殘差單元的輸出，因為它們的外形不同（例如，這個問題會影響圖 14-18 中，以虛線箭頭來表示的跳接）。為瞭解決這個問題，我們用一個步幅為 2 且輸出正確數量的特徵圖的 1 × 1 摺積層來傳遞輸入（見圖 14-19）。

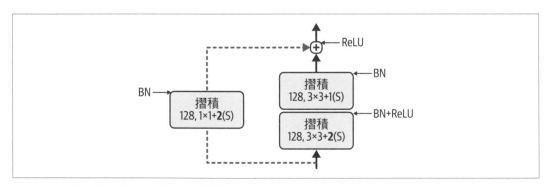

圖 14-19　改變特徵圖的大小和深度的跳接

這個架構有各種不同的變體，分別使用不同數量的階層。ResNet-34 是具有 34 層的 ResNet（只計算摺積層和全連接層）[17]，裡面有 3 個輸出 64 個特徵圖的 RU，4 個輸出 128 個特徵圖的 RU，6 個輸出 256 個特徵圖的 RU，以及 3 個輸出 512 個特徵圖的 RU。我們等一下會實作這個架構。

 Google 的 Inception-v4（*https://homl.info/84*）[18] 架構融合了 GoogLeNet 和 ResNet 的概念，對於 ImageNet 分類任務可實現接近 3% 的前五錯誤率。

比 ResNet-34 更深的 ResNet，例如 ResNet-152，使用稍微不同的殘差單元。它們使用三個摺積層，而不是使用兩個（假設）輸出 256 個特徵圖的 3 × 3 摺積層。第一個是輸出 64 個（減少 4 倍）特徵圖的 1 × 1 摺積層，作為瓶頸層（如前面所討論的），接下來是一個輸出 64 個特徵圖的 3 × 3 層，最後是另一個輸出 256 個（64 的 4 倍）特徵圖的 1 × 1 摺積層，以恢復原始的深度。ResNet-152 包含 3 個輸出 256 個特徵圖的 RU，然後是 8 個輸出 512 個特徵圖的 RU，然後是驚人的 36 個輸出 1,024 個特徵圖的 RU，最後是 3 個輸出 2,048 個特徵圖的 RU。

Xception

GoogLeNet 架構的另一種值得注意的變體是 Xception（*https://homl.info/xception*）[19]（其名稱是 *Extreme Inception* 的縮寫），它於 2016 年由 François Chollet（Keras 的作者）提出，在一項巨型的視覺任務（有 3.5 億張圖像和 17,000 個類別）中的表現明顯優於 Inception-v3。它就像 Inception-v4 一樣，將 GoogLeNet 和 ResNet 的概念結合起來，但將 inception 模組換成一種特殊的階層，稱為**深向可分離摺積層**（或簡稱**可分離摺積層** [20]）。這些階層曾經在一些 CNN 架構中使用過，但那些架構不像 Xception 架構一樣將它們視為核心。一般的摺積層使用過濾器來嘗試同時捕捉空間模式（例如橢圓形）和跨通道模式（例如嘴巴 + 鼻子 + 眼睛 = 臉部），而可分離摺積層則假設空間模式和跨通道模式可以分別建模（見圖 14-20）。因此，它由兩個部分組成：第一部分對每個輸入特徵圖套用一個空間過濾器，第二部分專門尋找跨通道模式，這個部分只是一個使用 1 × 1 過濾器的一般摺積層。

17　在描述神經網路時，通常只計入具有參數的層數。

18　Christian Szegedy et al., "Inception–v4, Inception-ResNet and the Impact of Residual Connections on Learning", arXiv preprint arXiv:1602.07261 (2016).

19　François Chollet, "Xception: Deep Learning with Depthwise Separable Convolutions", arXiv preprint arXiv:1610.02357 (2016).

20　這個名稱有時是模棱兩可的，因為空間可分離摺積（spatially separable convolutions）通常也被稱為「可分離摺積（separable convolutions）」。

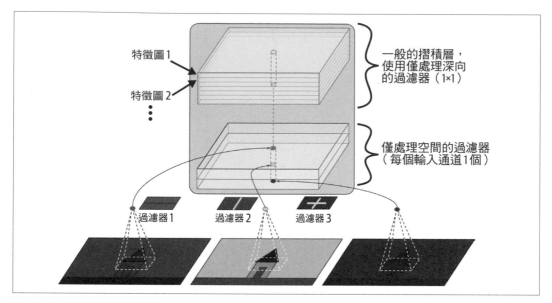

圖 14-20　深向可分離摺積層

由於可分離摺積層的每個輸入通道都只有一個空間過濾器，因此你應該避免在通道數量較少的階層（例如輸入層）後面使用它們（圖 14-20 如此使用只是為了方便說明）。因此，Xception 架構先使用兩個一般的摺積層，剩餘的架構僅使用可分離摺積（總共 34 個），再加上幾個最大池化層，和一般的最終階層（全域平均池化層和密集輸出層）。

你可能會想，為什麼 Xception 被視為 GoogLeNet 的變體，畢竟它根本沒有 inception 模組？如前所述，inception 模組包含使用 1 × 1 過濾器的摺積層：它們專門尋找跨通道模式。然而，在它們之上的摺積層是一般的摺積層，它們同時尋找空間模式和跨通道模式。因此，inception 模組可以視為介於一般的摺積層（同時考慮空間模式和跨通道模式）和可分離摺積層（分別考慮它們）之間的中間層。實際上，可分離摺積層的表現通常比較好。

可分離摺積層的參數數量、記憶體使用量、計算負擔都比一般摺積層更少，而且表現通常比較好。除了在通道數量較少的階層（例如輸入通道）後面之外，你應該考慮預設使用可分離摺積層。在 Keras 中，你只要將 Conv2D 換成 SeparableConv2D 即可使用它，它是可以直接替換的階層。Keras 還提供了 DepthwiseConv2D 階層，它實作了深向可分離摺積層的第一部分（也就是對每一個輸入特徵圖套用一個空間過濾器）。

SENet

ILSVRC 2017 挑戰賽的優勝架構是 Squeeze-and-Excitation Network（SENet）（*https://homl. info/senet*）[21]。這個架構擴展了既有的架構，例如 inception 網路和 ResNets，並提升它們的效能，使得 SENet 以驚人的 2.25% 前五錯誤率贏得比賽！擴展版的 inception 網路和 ResNets 分別稱為 *SE-Inception* 和 *SE-ResNet*。SENet 效能提升的原因在於，它在原始架構的每一個 inception 模組或殘差單元中，新增了一個稱為 *SE 區塊*的小型神經網路，如圖 14-21 所示。

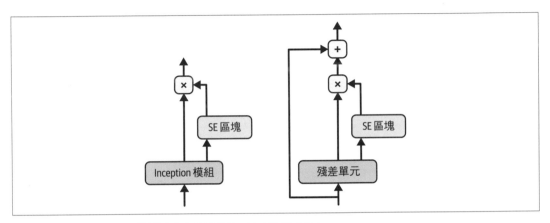

圖 14-21　SE-Inception 模組（左）和 SE-ResNet 單元（右）

SE 區塊會分析與它連接的單元的輸出，它只關注深向維度（不在乎任何空間模式），並學習哪些特徵通常一起觸發，然後使用這些資訊來重新校正特徵圖，如圖 14-22 所示。例如，SE 區塊或許會學到嘴巴、鼻子和眼睛通常在照片中一起出現，所以看到嘴巴和鼻子時，應該會看到眼睛。所以，當 SE 區塊在嘴巴和鼻子的特徵圖裡看到強烈的觸發，但是在眼睛的特徵圖裡只有溫和的觸發時，它會增強眼睛的特徵圖（更準確地說，它會減弱不相關的特徵圖）。如果眼睛與其他東西有點混淆，這種重新校正特徵圖的機制也有助於解決這種模糊性。

21　Jie Hu et al., "Squeeze-and-Excitation Networks", *Proceedings of the IEEE Conference on Computer Vision and Pattern Recognition* (2018): 7132–7141.

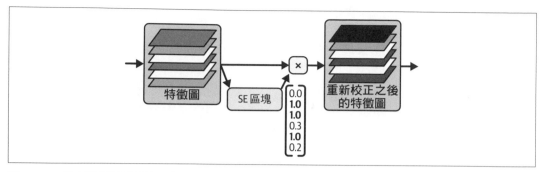

圖 14-22　執行特徵圖重新校正的 SE 區塊

一個 SE 區塊只由三層組成：一個全域平均池化層、一個使用 ReLU 觸發函數的隱藏密集層，以及一個使用 sigmoid 觸發函數的密集輸出層（見圖 14-23）。

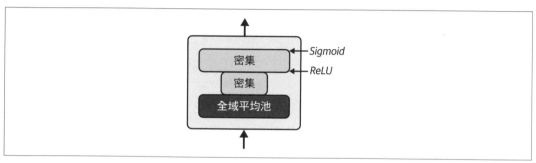

圖 14-23　SE 區塊的架構

如前所述，全域平均池化層會計算各個特徵圖的平均觸發值：例如，如果它的輸入有 256 張特徵圖，它會輸出 256 個數字，代表各個過濾器的整體回應大小。下一層是進行「壓縮」的地方：這一層的神經元明顯少於 256 個 —— 通常比特徵圖的數量少 16 倍（例如，16 個神經元）—— 所以 256 個數字被壓縮成一個小向量（例如 16 維）。這是特徵回應（feature response）的分布的低維向量表示法（即 embedding）。這個瓶頸步驟迫使 SE 區塊學習特徵組合的一般表示法（當我們在第 17 章討論自動編碼器時會再次看到這個原則）。最後，輸出層接收 embedding，並輸出一個重新校正向量，在裡面的每一個特徵圖都有一個介於 0 和 1 之間的數字（例如 256 個）。然後，特徵圖與這個重新校正向量相乘，將不相關的特徵（重新校正分數較低的）縮小，讓相關的特徵（重新校正分數接近 1 的）維持不變。

其他值得注意的架構

我們還有許多其他的 CNN 架構可以探索。以下簡單介紹一些最值得注意的架構：

ResNeXt（*https://homl.info/resnext*）[22]

> ResNeXt 改進了 ResNet 裡的殘差單元。在最好的 ResNet 模型中，每一個殘差單元只包含 3 個摺積層，但 ResNeXt 的殘差單元由許多平行的堆疊（例如 32 疊）組成，每一疊都有 3 個摺積層。然而，每一疊的前兩層都只使用幾個過濾器（例如只有四個），因此整體參數數量與 ResNet 相同。然後，ResNeXt 將所有堆疊的輸出相加，並將結果傳遞給下一個殘差單元（並使用跳接）。

DenseNet（*https://homl.info/densenet*）[23]

> DenseNet 由多個密集區塊組成，每一個區塊都由幾個密集連接的摺積層組成。這種架構使用相對較少的參數卻實現了出色的準確率。「密集連接」是什麼意思？意思就是，DenseNet 將每一層的輸出都當成輸入傳給同一個區塊中的後續每一層。例如，區塊內的第 4 層的輸入是該區塊的第 1 層、第 2 層和第 3 層的輸出的深向連結。在密集區塊與密集區塊之間有幾個過渡層。

MobileNet（*https://homl.info/mobilenet*）[24]

> MobileNet 是一種精簡的模型，其目的是實現輕量且高速的設計，因此在行動和網路應用中非常流行。類似 Xception，它們採用深向可分離摺積層。這個模型的作者們提出了幾個變體，犧牲一點點準確率來換取更快速和更小的模型。

CSPNet（*https://homl.info/cspnet*）[25]

> Cross Stage Partial Network（CSPNet）與 DenseNet 類似，但是每一個密集區塊的部分輸入都直接連接到該區塊的輸出，而不通過該區塊。

---

22 Saining Xie et al., "Aggregated Residual Transformations for Deep Neural Networks", arXiv preprint arXiv:1611.05431 (2016).

23 Gao Huang et al., "Densely Connected Convolutional Networks", arXiv preprint arXiv:1608.06993 (2016).

24 Andrew G. Howard et al., "MobileNets: Efficient Convolutional Neural Networks for Mobile Vision Applications", arXiv preprint arxiv: 1704.04861 (2017).

25 Chien-Yao Wang et al., "CSPNet: A New Backbone That Can Enhance Learning Capability of CNN", arXiv preprint arXiv:1911.11929 (2019).

EfficientNet（*https://homl.info/efficientnet*）[26]

> EfficientNet 應該是這份清單裡最重要的模型。它的作者們提出一種高效地縮放任何 CNN 的方法，藉著有原則地同時增加深度（層數）、寬度（每層的過濾器數量）和解析度（輸入圖像的大小）。這個做法稱為**複合縮放**（*compound scaling*）。他們使用神經架構搜尋來找出處理 ImageNet 的精簡版本（有較小的和較少的圖像）的出色架構，然後使用複合縮放來建立這個架構越來越大的版本。當 EfficientNet 模型推出時，它們在所有計算預算（compute budget）下的表現都遠遠勝過所有現有模型，而且依然是當今最好的模型之一。

瞭解 EfficientNet 的複合縮放方法有助於深入理解 CNN，尤其是需要對 CNN 架構進行縮放時。它是基於計算預算的對數度量，寫成 ϕ：如果你的計算預算加倍，則 ϕ 加 1。換句話說，可用來進行訓練的浮點運算數量與 2^{ϕ} 成正比。CNN 架構的深度、寬度和解析度應分別按照 α^{ϕ}、β^{ϕ} 和 γ^{ϕ} 進行縮放。因子 α、β 和 γ 必須大於 1，且 $\alpha + \beta^2 + \gamma^2$ 應接近 2。這些因子的最佳值取決於 CNN 的架構。為了找到 EfficientNet 架構的最佳值，作者們從一個小型基準模型（EfficientNetB0）開始，固定 $\phi = 1$，然後執行網格搜尋：他們發現 $\alpha = 1.2$、$\beta = 1.1$ 和 $\gamma = 1.1$，然後使用這些因子來建立幾個更大的架構，分別命名為 EfficientNetB1 至 EfficientNetB7，對應不斷增加的 ϕ 值。

選擇正確的 CNN 架構

如何從這麼多 CNN 架構中選擇最適合你的專案的架構？這取決於你最關心是什麼：準確率？模型大小（例如，為了部署到行動設備）？在 CPU 上的推理速度？在 GPU 上的推理速度？表 14-3 列出 Keras 目前提供的最佳預訓模型（稍後你會看到如何使用它們），按照模型的大小排序。你可以在 *https://keras.io/api/applications* 找到完整的清單。這張表格展示每一個模型的 Keras 類別名稱（在 `tf.keras.applications` 程式包裡）、模型的大小（MB）、對於 ImageNet 資料組的 top-1（前一）和 top-5（前五）驗證準確率、參數數量（百萬）以及在相對強大的硬體上使用包含 32 張圖像的批次進行推理時的 CPU 和 GPU 推理時間（以毫秒為單位）[27]。每一行的最佳值都用粗體來突顯。如你所見，一般來說，越大的模型通常越準確，但也不一定如此，例如，EfficientNetB2 的大小和準確率都優於 InceptionV3。我只在清單中列出 InceptionV3，因為它在 CPU 上的速度幾乎是 EfficientNetB2 的兩倍。同理，InceptionResNetV2 在 CPU 上執行速度很快，而 ResNet50V2 和 ResNet101V2 在 GPU 上的執行速度非常快。

---

26 Mingxing Tan and Quoc V. Le, "EfficientNet: Rethinking Model Scaling for Convolutional Neural Networks", arXiv preprint arXiv:1905.11946 (2019).

27 具備 92 核心的 AMD EPYC CPU（具有 IBPB 功能），1.7 TB 的 RAM，和一顆 Nvidia Tesla A100 GPU。

表 14-3　Keras 提供的預訓模型

類別名稱	大小 （MB）	Top-1 準確率	Top-5 準確率	參數	CPU （ms）	GPU （ms）
MobileNetV2	**14**	71.3%	90.1%	**3.5M**	25.9	3.8
MobileNet	16	70.4%	89.5%	4.3M	**22.6**	**3.4**
NASNetMobile	23	74.4%	91.9%	5.3M	27.0	6.7
EfficientNetB0	29	77.1%	93.3%	5.3M	46.0	4.9
EfficientNetB1	31	79.1%	94.4%	7.9M	60.2	5.6
EfficientNetB2	36	80.1%	94.9%	9.2M	80.8	6.5
EfficientNetB3	48	81.6%	95.7%	12.3M	140.0	8.8
EfficientNetB4	75	82.9%	96.4%	19.5M	308.3	15.1
InceptionV3	92	77.9%	93.7%	23.9M	42.2	6.9
ResNet50V2	98	76.0%	93.0%	25.6M	45.6	4.4
EfficientNetB5	118	83.6%	96.7%	30.6M	579.2	25.3
EfficientNetB6	166	84.0%	96.8%	43.3M	958.1	40.4
ResNet101V2	171	77.2%	93.8%	44.7M	72.7	5.4
InceptionResNetV2	215	80.3%	95.3%	55.9M	130.2	10.0
EfficientNetB7	256	**84.3%**	**97.0%**	66.7M	1578.9	61.6

希望以上關於主要 CNN 架構的深入探討令你滿意！接下來，我們要看如何使用 Keras 來實作其中一個架構。

用 Keras 來實作 ResNet-34 CNN

我們介紹過的大多數 CNN 架構都可以在 Keras 裡非常自然地實作（儘管你通常會載入預訓的網路，正如你將看到的那樣）。為了說明這個程序，我們要使用 Keras 來從頭開始實作一個 ResNet-34。首先，建立一個 ResidualUnit 層：

```
DefaultConv2D = partial(tf.keras.layers.Conv2D, kernel_size=3, strides=1,
                        padding="same", kernel_initializer="he_normal",
                        use_bias=False)

class ResidualUnit(tf.keras.layers.Layer):
    def __init__(self, filters, strides=1, activation="relu", **kwargs):
        super().__init__(**kwargs)
        self.activation = tf.keras.activations.get(activation)
        self.main_layers = [
            DefaultConv2D(filters, strides=strides),
            tf.keras.layers.BatchNormalization(),
            self.activation,
```

```
            DefaultConv2D(filters),
            tf.keras.layers.BatchNormalization()
        ]
        self.skip_layers = []
        if strides > 1:
            self.skip_layers = [
                DefaultConv2D(filters, kernel_size=1, strides=strides),
                tf.keras.layers.BatchNormalization()
            ]

    def call(self, inputs):
        Z = inputs
        for layer in self.main_layers:
            Z = layer(Z)
        skip_Z = inputs
        for layer in self.skip_layers:
            skip_Z = layer(skip_Z)
        return self.activation(Z + skip_Z)
```

如你所見，這段程式碼與圖 14-19 很像。我們在建構式裡建立了將會用到的所有階層：main 階層是圖表右側的階層，skip 階層是左側的階層（當步幅大於 1 時才需要）。然後，在 call() 方法裡面，我們讓輸入流經 main 階層和 skip 階層（若有），並將兩個輸出相加，以及執行觸發函數。

現在我們可以使用 Sequential 模型來建立 ResNet-34 了，因為它實際上只是一長串的階層。ResidualUnit 類別可以讓我們將各個殘差單元視為一層，這段程式碼與圖 14-18 非常相似。

```
model = tf.keras.Sequential([
    DefaultConv2D(64, kernel_size=7, strides=2, input_shape=[224, 224, 3]),
    tf.keras.layers.BatchNormalization(),
    tf.keras.layers.Activation("relu"),
    tf.keras.layers.MaxPool2D(pool_size=3, strides=2, padding="same"),
])
prev_filters = 64
for filters in [64] * 3 + [128] * 4 + [256] * 6 + [512] * 3:
    strides = 1 if filters == prev_filters else 2
    model.add(ResidualUnit(filters, strides=strides))
    prev_filters = filters

model.add(tf.keras.layers.GlobalAvgPool2D())
model.add(tf.keras.layers.Flatten())
model.add(tf.keras.layers.Dense(10, activation="softmax"))
```

在這段程式中，迴圈是唯一麻煩的部分，這個迴圈將 ResidualUnit 層加入模型：如前所述，前 3 個 RU 有 64 個過濾器，接下來的 4 個 RU 有 128 個過濾器，以此類推。在每次迭代中，當過濾器的數量與前一個 RU 相同時，我們必須將步幅設為 1，否則設為 2；然後，我們加入 ResidualUnit，最後更新 prev_filters。

令人驚訝的是，我們只需要用大約 40 行的程式碼，就能夠建構出贏得 ILSVRC 2015 挑戰賽的模型！這展示了 ResNet 模型的優雅，以及 Keras API 的表現力。實作其他的 CNN 架構的程式碼可能要寫比較長的程式，但並不難。不過，既然 Keras 已經內建幾個這些架構了，何不直接使用就好？

在 Keras 中使用預訓模型

一般來說，你不需要手動實作像 GoogLeNet 或 ResNet 這類的標準模型，因為在 tf.keras.applications 程式包裡已經有預訓的網路了，只要寫一行程式就可以使用。

例如，你可以用下面的程式來載入使用 ImageNet 訓練好的 ResNet-50 模型：

```
model = tf.keras.applications.ResNet50(weights="imagenet")
```

這樣就可以了！它會建立一個 ResNet-50 模型，並且下載使用 ImageNet 資料組訓練好的權重。在使用它之前，你必須確保圖像有正確的尺寸。ResNet-50 模型期望接收 224 × 224 像素的圖像（其他模型可能接收其他的尺寸，例如 299 × 299），所以，我們使用 Keras 的 Resizing 層（曾經在第 13 章介紹過）來改變兩個範例圖像的大小（已將它們裁剪為目標的寬高比之後）：

```
images = load_sample_images()["images"]
images_resized = tf.keras.layers.Resizing(height=224, width=224,
                                          crop_to_aspect_ratio=True)(images)
```

預訓模型假設圖像都用特定的方式預先處理過了。在某些情況下，它們可能預期輸入的尺寸都被調整成 0 到 1，或 –1 到 1…等。每一個模型都有一個 preprocess_input() 函式，可用來預先處理你的圖像。這些函式假設原始像素值的範圍是 0 到 255，這符合我們的情況：

```
inputs = tf.keras.applications.resnet50.preprocess_input(images_resized)
```

現在我們可以用預訓模型來進行預測了：

```
>>> Y_proba = model.predict(inputs)
>>> Y_proba.shape
(2, 1000)
```

一如往常，模型輸出的 Y_proba 是一個矩陣，在裡面，每張圖像有一列，每個類別有一行（這個例子有 1,000 個類別）。如果你想要顯示前 K 個預測，包括類別名稱和各個類別的估計機率，你可以使用 decode_predictions() 函式，它會幫每一張圖像回傳一個陣列，裡面有前 K 個預測，各個預測都以一個陣列來表示，陣列包含類別代碼[28]、它的名稱，以及對應的信心分數：

```
top_K = tf.keras.applications.resnet50.decode_predictions(Y_proba, top=3)
for image_index in range(len(images)):
    print(f"Image #{image_index}")
    for class_id, name, y_proba in top_K[image_index]:
        print(f"  {class_id} - {name:12s} {y_proba:.2%}")
```

輸出長這樣：

```
Image #0
  n03877845 - palace       54.69%
  n03781244 - monastery    24.72%
  n02825657 - bell_cote    18.55%
Image #1
  n04522168 - vase         32.66%
  n11939491 - daisy        17.81%
  n03530642 - honeycomb    12.06%
```

正確的類別是 palace（宮殿）和 dahlia（大麗花），所以模型對於第一張圖片的預測是正確的，但對於第二張圖片是錯誤的。然而，這是因為 dahlia（大麗花）不是 1,000 個 ImageNet 類別之一。所以，vase（花瓶）是合理的猜測（或許花被插在花瓶裡？），而 daisy（雛菊）也並非不好的選擇，因為 dahlia（大麗花）和 daisy（雛菊）都屬於菊科。

如你所見，使用預訓模型可以輕鬆地建立一個相當不錯的圖像分類器。如表 14-3 所示，tf.keras.applications 還有許多其他視覺模型，從輕量且快速的模型，到大型且準確的模型都有。

但如果你想要使用圖像分類器來分類不屬於 ImageNet 的圖像呢？在這種情況下，你仍然可以使用預訓模型來進行遷移學習，並從中獲益。

---

[28] 在 ImageNet 資料組中，每一張圖像都被對映到 WordNet 資料組（*https://wordnet.princeton.edu*）的一個單字，所以類別的 ID 就是 WordNet ID。

用預訓的模型來進行遷移學習

如果你想要建立圖像分類器，卻沒有足夠的資料來從頭開始訓練，正如我們在第 11 章所討論的，你可以考慮重複使用預訓模型的較低層。例如，我們將使用預訓的 Xception 模型來訓練一個用來分類花朵圖片的模型。首先，我們使用 TensorFlow Datasets（在第 13 章介紹過）來載入花朵資料組：

```
import tensorflow_datasets as tfds

dataset, info = tfds.load("tf_flowers", as_supervised=True, with_info=True)
dataset_size = info.splits["train"].num_examples  # 3670
class_names = info.features["label"].names  # ["dandelion", "daisy", ...]
n_classes = info.features["label"].num_classes  # 5
```

要注意的是，你可以設定 `with_info=True` 來取得資料組的資訊。在此，我們取得資料組大小，以及類別的名稱。遺憾的是，我們只有 "train" 資料組，沒有測試組或驗證組，所以必須將訓練組拆開。我們再次呼叫 `tfds.load()`，但這次使用資料組的前 10% 來測試，使用接下來的 15% 來驗證，使用其餘的 75% 來訓練：

```
test_set_raw, valid_set_raw, train_set_raw = tfds.load(
    "tf_flowers",
    split=["train[:10%]", "train[10%:25%]", "train[25%:]"],
    as_supervised=True)
```

三個資料組都包含獨立的圖像。我們必須將它們分批，但首先，我們要確保它們都有相同的尺寸，否則分批將會失敗。我們使用 Resizing 層來做這件事。我們還要呼叫 `tf.keras.applications.xception.preprocess_input()` 函式，來為 Xception 模型適當地預先處理圖像。最後，我們將洗亂訓練組，並使用預取：

```
batch_size = 32
preprocess = tf.keras.Sequential([
    tf.keras.layers.Resizing(height=224, width=224, crop_to_aspect_ratio=True),
    tf.keras.layers.Lambda(tf.keras.applications.xception.preprocess_input)
])
train_set = train_set_raw.map(lambda X, y: (preprocess(X), y))
train_set = train_set.shuffle(1000, seed=42).batch(batch_size).prefetch(1)
valid_set = valid_set_raw.map(lambda X, y: (preprocess(X), y)).batch(batch_size)
test_set = test_set_raw.map(lambda X, y: (preprocess(X), y)).batch(batch_size)
```

現在每一個批次包含 32 張圖像，分別都是 224 × 224 像素，像素值的範圍是 -1 到 1 之間。完美！

由於資料組不是很大，做一些資料擴增一定有幫助。我們來建立一個資料擴增模型，並將它嵌入最終模型中。在訓練過程中，它會隨機地水平翻轉圖像，稍微旋轉圖像，並調整對比度：

```
data_augmentation = tf.keras.Sequential([
    tf.keras.layers.RandomFlip(mode="horizontal", seed=42),
    tf.keras.layers.RandomRotation(factor=0.05, seed=42),
    tf.keras.layers.RandomContrast(factor=0.2, seed=42)
])
```

 tf.keras.preprocessing.image.ImageDataGenerator 類別可以幫助你從磁碟載入圖像，並以各種方式進行擴增，你可以對每一張圖像進行平移、旋轉、縮放、水平翻轉或垂直翻轉、剪裁，或者使用任何轉換函數來處理它。它對簡單的專案來說十分方便。然而，tf.data pipeline 不會比較複雜，而且通常更快。此外，如果你有 GPU，而且你在模型中加入預先處理或資料擴增層，它們在訓練過程中會因為 GPU 加速而受惠。

我們來載入以 ImageNet 預先訓練的 Xception 模型。我們設定 include_top=False 來排除網路的頂部，以排除全域平均池化層和密集輸出層。然後加入自己的全域平均池化層（將基礎模型的輸出傳給它），再加入一個密集輸出層，其中每一個類別有一個單元，並使用 softmax 觸發函數。最後將它們都封裝在 Keras 模型中：

```
base_model = tf.keras.applications.xception.Xception(weights="imagenet",
                                                     include_top=False)
avg = tf.keras.layers.GlobalAveragePooling2D()(base_model.output)
output = tf.keras.layers.Dense(n_classes, activation="softmax")(avg)
model = tf.keras.Model(inputs=base_model.input, outputs=output)
```

第 11 章說過，凍結預訓階層的權重通常是很好的做法，至少在訓練開始時應該這樣做：

```
for layer in base_model.layers:
    layer.trainable = False
```

 因為我們的模型直接使用基礎模型的階層，而不是 base_model 物件本身，所以設定 base_model.trainable=False 沒有任何效果。

最後，我們編譯模型，並開始訓練：

```
optimizer = tf.keras.optimizers.SGD(learning_rate=0.1, momentum=0.9)
model.compile(loss="sparse_categorical_crossentropy", optimizer=optimizer,
              metrics=["accuracy"])
history = model.fit(train_set, validation_data=valid_set, epochs=3))
```

 如果你在 Colab 上執行，務必讓執行階段（runtime）使用 GPU：選擇
「執行階段」→「變更執行階段類型」，在「硬體加速器」下拉選單中選擇
「GPU」，然後按下儲存。雖然你可以在沒有 GPU 的情況下訓練模型，但
速度將非常緩慢（每個 epoch 需要幾分鐘，而不是幾秒鐘）。

在訓練模型幾個 epoch 之後，它的驗證準確率應該可以到 80% 再多一點，然後停止改善。
這意味著頂層已經訓練得很不錯了，所以我們可以解凍基礎模型的一些頂層，然後繼續訓
練。例如，我們來解凍第 56 層以上（它們是 14 個殘差單元的第 7 個以上，你可以列出階
層名稱來檢查）：

```
for layer in base_model.layers[56:]:
    layer.trainable = True
```

別忘了在凍結或解凍階層時編譯模型。同時，務必使用低很多的學習速度，以避免破壞預
訓權重：

```
optimizer = tf.keras.optimizers.SGD(learning_rate=0.01, momentum=0.9)
model.compile(loss="sparse_categorical_crossentropy", optimizer=optimizer,
              metrics=["accuracy"])
history = model.fit(train_set, validation_data=valid_set, epochs=10)
```

這個模型經過短短幾分鐘的訓練（使用 GPU）之後，預測測試組應該能夠達到大約 92%
的準確率。如果你調整超參數、降低學習速度，並進行更久的訓練，你應該能夠達到 95%
至 97% 的準確率。掌握這些做法之後，你就可以開始用自己的圖像和類別來訓練出色的圖
像分類器了！但是，計算機視覺不僅僅涉及分類。例如，如果你還想知道花朵在圖片中的
哪裡呢？我們來討論這個主題。

分類和定位

第 10 章說過，在照片中定位物體可以表示成回歸任務：若要預測物體的邊框，有一種常
見的做法是預測物體中心的橫座標和縱座標，以及物體的寬度和高度。這意味著我們要預
測四個數字。我們不需要對模型做太多變動，只要加入包含四個單元的第二個密集輸出層
就可以了（通常在全域平均池化層上面），我們可以用 MSE 損失來訓練它：

```
base_model = tf.keras.applications.xception.Xception(weights="imagenet",
                                                     include_top=False)
avg = tf.keras.layers.GlobalAveragePooling2D()(base_model.output)
class_output = tf.keras.layers.Dense(n_classes, activation="softmax")(avg)
loc_output = tf.keras.layers.Dense(4)(avg)
model = tf.keras.Model(inputs=base_model.input,
                       outputs=[class_output, loc_output])
model.compile(loss=["sparse_categorical_crossentropy", "mse"],
              loss_weights=[0.8, 0.2],  # 取決於你最在乎什麼
              optimizer=optimizer, metrics=["accuracy"])
```

但現在有一個問題：在資料組裡面的花沒有邊框。所以，我們必須自己加上它們。這通常是在機器學習專案中，最困難而且成本最高的部分，也就是取得標籤。花一點時間找到好工具通常是對的，若要使用邊框來標注圖像，你可以使用開放原始碼的標注工具，例如 VGG Image Annotator、LabelImg、OpenLabeler 或 ImgLab，可以使用商業工具，例如 LabelBox 或 Supervisely。如果你有大量的圖像需要標注，你也可以考慮 Amazon Mechanical Turk 等群眾外包平台。但是設定群眾外包平台、準備表單並寄給工作人員、監督他們、確保他們標注的邊框是正確的是很費力的工作，所以你要確定採取這種做法是值得的。Adriana Kovashka 等人寫了一篇非常實用的論文（*https://homl.info/crowd*）[29] 介紹了計算機視覺領域的群眾外包，建議你看一下這篇論文，即使你目前還不打算使用群眾外包。如果你只有幾千張圖像需要標注，而且你不打算經常做這件事，自己動手做或許是最好的選擇，因為使用適當的工具只需要幾天就可以完成，還可以讓你更瞭解你的資料組和任務。

假設你已經讓花朵資料組的每一張圖像都有邊框了（假設每張圖像都只有一個邊框），接下來，你要建立一個資料組，裡面的項目是預先處理過的圖像及其類別標籤和邊框的批次。每一個項目都是這種形式的 tuple：(images, (class_labels, bounding_boxes))。現在你可以開始訓練模型了！

 你必須將邊框正規化，讓橫座標和縱座標以及高度和寬度都介於 0 和 1 之間。此外，我們通常會預測高度和寬度的平方根，而不是直接預測高度和寬度，如此一來，大型邊框的 10 個像素的誤差被懲罰的程度，就不會像小型邊框的 10 個像素的誤差那麼嚴重。

---

29 Adriana Kovashka et al., "Crowdsourcing in Computer Vision", *Foundations and Trends in Computer Graphics and Vision* 10, no. 3 (2014): 177–243.

在訓練模型時，MSE 通常很適合當成代價函數來使用，但是它不太適合用來評估模型預測邊框時的表現，最適合這項任務的指標是 *Intersection over Union*（IoU），IoU 就是模型所預測邊框和目標邊框的重疊面積除以兩者的聯集的面積（見圖 14-24）。Keras 將它寫成 `tf.keras.metrics.MeanIoU` 類別。

能夠分類和定位物體很棒，但如果在圖像裡面有多個物體（就像花朵資料那組），該怎麼辦？

圖 14-24　評估邊框的 Intersection over Union（IoU）指標

物體偵測

在圖像中對多個物體進行分類和定位稱為**物體偵測**（*object detection*）。在幾年前，有一種常見的做法是訓練一個用來分類和定位圖像中央的物體的 CNN，然後在圖像上滑動這個 CNN，並在每一步進行預測。那個 CNN 不僅被訓練來預測類別機率和邊框，也預測一個**物體存在性分數**（*objectness score*），它是估計出來的機率，代表圖像的中央附近確實有一個物體。這是一種二元分類輸出，可由具備一個單元的密集輸出層產生，你可以使用 sigmoid 觸發函數，並使用二元交叉熵損失進行訓練。

> 有時候，人們會加入一個「無物體」類別來取代物體存在性，但一般來說它的效果並不好：「是否存在物體？」和「它是什麼類型的物體？」這兩個問題最好分開回答。

圖 14-25 展示這個滑動 CNN 的做法。在這個例子裡，圖像被分割為一個 5 × 7 的網格，我們可以看到有一個 CNN（黑色粗框矩形）在所有的 3 × 3 區域上滑動，並在每一步進行預測。

圖 14-25　在圖像上滑動 CNN 來偵測多個物體

在這張圖中，CNN 已經對三個 3 × 3 區域進行了預測：

- 當 CNN 檢查左上角的 3 × 3 區域（中心位於第二列、第二行的紅色陰影網格）時，它檢測到最左邊的玫瑰。請注意，CNN 預測的邊框超出這個 3 × 3 區域的邊界。這是正常的現象：即使 CNN 無法看到玫瑰的底部，它仍然能合理地猜測它可能的位置。它也預測了類別機率，給「rose」類別很高的機率。最後，它預測了相當高的物體存在性，因為邊框的中心位於中央網格內（在這張圖裡，物體存在性分數以邊框的粗細來表示）。

- 在觀察下一個 3 × 3 區域時，CNN 向右移動一個網格單元（以藍色方塊為中心），它沒有檢測到任何花朵以該區域為中心，因此預測出來的物體存在性非常低；所以預測出來的邊框和類別機率可以放心地忽略。你可以看到預測出來的邊框很不好。

- 最後，CNN 觀察下一個 3 × 3 區域，再次向右移動一個網格單元（以綠色方塊為中心），它檢測到上面的玫瑰，儘管不完美：這朵玫瑰在這個區域裡不在中央，因此 CNN 所預測的物體存在性分數不太高。

你可以想像，在整張圖像上滑動 CNN 總共可以得到 15 個預測出來的邊框，它們以 3 × 5 的網格組成，每個邊框都附帶估計出來的類別機率和物體存在性分數。由於物體的大小可能有所不同，或許你可以在更大的 4 × 4 區域上再次滑動 CNN，以獲得更多邊框。

這種技術相當直接了當，但如你所見，它通常會在稍微不同的位置多次檢測到同一個物體，所以我們必須進行一些後續處理來消除所有沒必要的邊框。進行這項任務的常見方法稱為**非最大值抑制**（*non-max suppression*）。下面是它的工作原理：

1. 首先，將物體存在性分數低於某個閾值的所有邊框去除：CNN 認為該位置沒有物體，所以邊框沒有用。

2. 在剩餘的邊框中，找出物體存在性分數最高的，然後將與它重疊的部分很多的邊框（例如，IoU 大於 60%）都移除。例如，在圖 14-25 中，具有最大物體存在性分數的邊框是最左邊的玫瑰上的粗邊框。與同一朵玫瑰接觸的另一個邊框和最大邊框有很大的重疊區域，所以我們將它去除（儘管在此範例中，之前的步驟已將它移除了）。

3. 重複執行步驟 2，直到沒有需要移除的邊框為止。

這種簡單的物體偵測方法的效果很好，但需要執行多次 CNN（在這個範例中需要執行 15 次），所以速度相對較慢。幸運的是，有一種更快速的方式可以在圖像上滑動 CNN，也就是使用**全摺積網路**（*Fully Convolutional Network*，FCN）。

全摺積網路

FCN 的概念是 Jonathan Long 等人在 2015 年的論文（*https://homl.info/fcn*）[30] 中提出的，當時它被用來執行語義分割（根據圖像的每一個像素屬於哪一個物體類別以對像素進行分類）。作者指出，你可以將 CNN 頂部的密集層換成摺積層。為了幫助你瞭解，我們來看一個範例：假設在一個輸出 100 個 7 × 7 特徵圖（這是特徵圖的尺寸，不是核的尺寸）的摺積層上面，有一個具有 200 個神經元的密集層。每一個神經元都會計算來自摺積層的所有 100 × 7 × 7 個觸發（activation）的加權總和（加上一個偏差項）。我們來看看，當我們將密集層換成一個摺積層，且該摺積層使用 200 個 7 × 7 的過濾器，並使用 "valid" 填補時會怎樣。這一層會輸出 200 個特徵圖，每一個都是 1 × 1（因為核的尺寸就是輸入特徵圖的尺寸，而且我們使用 "valid" 填補）。換句話說，它會輸出 200 個數字，和密集層一樣；而且仔細觀察摺積層所執行的計算，可以發現這些數字都與密集層所產生的一模一樣。

---

30 Jonathan Long et al., "Fully Convolutional Networks for Semantic Segmentation", *Proceedings of the IEEE Conference on Computer Vision and Pattern Recognition* (2015): 3431–3440.

唯一的差異是，密集層的輸出是外形為 [批次大小 , 200] 的 tensor，摺積層則輸出外形為 [批次大小 , 1, 1, 200] 的 tensor。

 為了將密集層轉換成摺積層，在摺積層裡面的過濾器數量必須等於在密集層裡面的單元數量，過濾器的大小必須等於輸入特徵圖的大小，而且你必須使用 "valid" 填補，並將步幅設為 1 以上，你等一下就會看到。

為什麼這很重要？因為，雖然密集層期望收到特定的輸入尺寸（因為它的每一個輸入特徵都有一個權重），但摺積層可以輕鬆地處理任意尺寸的圖像 [31]（但它期望輸入具有特定的通道數，因為每個摺積核都包含各個輸入通道的不同權重組合）。因為 FCN 裡面只有摺積層（與池化層，它有一樣的屬性），所以它可以用任何尺寸的圖像來訓練，以及處理任何尺寸的圖像！

例如，假設我們已經訓練一個對花進行分類和定位的 CNN 了，它是用 224 × 224 的圖像來訓練的，並輸出 10 個數字：

- 它將 0 到 4 的輸出傳給 softmax 觸發函數，來產生類別機率（每個類別一個）。
- 它將 5 傳給 sigmoid 觸發函數，產生物體存在性分數。
- 6 和 7 代表邊框中心座標；它們也被傳給 sigmoid 觸發函數，以確保它們的範圍在 0 到 1 之間。
- 最後，8 和 9 代表邊框的高度和寬度；它們不被送到任何觸發函數，以允許邊框延伸到圖像的邊界之外。

現在我們可以將 CNN 的密集層轉換為摺積層。實際上，我們甚至不需要重新訓練它；我們可以直接將密集層的權重複製到摺積層中！或在訓練之前，將 CNN 轉換為 FCN。

我們假設，當網路收到 224 × 224 的圖像時，在輸出層之前的摺積層（也稱為瓶頸層）輸出 7 × 7 的特徵圖（見圖 14-26 的左側）。如果我們將 448 × 448 的圖像傳給 FCN（見圖 14-26 的右側），瓶頸層將輸出 14 × 14 的特徵圖 [32]。因為密集輸出層被換成摺積層了（使用 10 個 7 × 7 的過濾器，"valid" 填補，步幅 1），輸出將由 10 個特徵圖組成，每一個的大小是 8 × 8（因為 14 − 7 + 1 = 8）。換句話說，FCN 只會處理整張圖一次，而且它會輸出一個 8 × 8 的網格，裡面的每一小格都有 10 個數字（5 個類別機率，1 個物體存在性分數，

31　但是有一個小例外：如果輸入的尺寸小於核的尺寸，那麼使用 "valid" 填補的摺積層會發出抱怨。

32　這假設我們在網路中只使用 "same" 填補，事實上，"valid" 填補會縮小特徵圖。此外，448 可以被 2 整除多次，最終成為 7，而不會產生任何捨入誤差。如果有任何階層使用非 1 或 2 的步幅，那就會有一些捨入誤差，所以特徵圖可能更小。

及 4 個邊框座標）。這就像在圖像上面滑動原始的 CNN，以每列 8 步，每行 8 步的方式掃描圖像。為了將這個工作視覺化，你可以想像我們將原始的圖像切成 14 × 14 的網格，然後在網格上滑動一個 7 × 7 的窗口，窗口有 8 × 8 = 64 個可能的位置，因此有 8 × 8 個預測。但是，FCN 的做法更有效率，因為網路只檢查圖像一次。事實上，*You Only Look Once*（YOLO）是一種很流行的物體偵測架構的名稱，等一下會介紹。

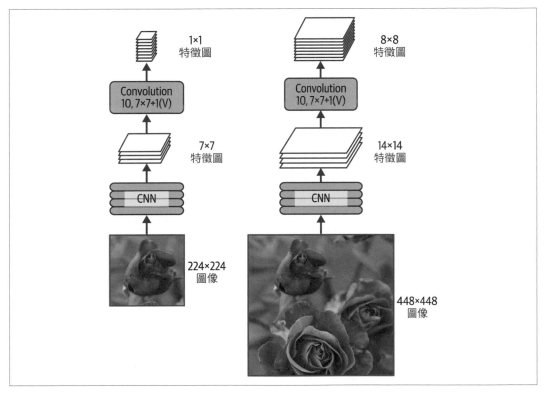

圖 14-26　用同一個全摺積層來處理小圖像（左）和大圖像（右）

You Only Look Once

YOLO 是由 Joseph Redmon 等人在 2015 年的一篇論文中提出的物體偵測架構（*https://homl.info/yolo*）[33]。它非常快速且準確，可以在影片上即時運行，如 Redmon 的展示所示（*https://homl.info/yolodemo*）。YOLO 的架構和剛才的架構非常相似，但也有一些重要的差異：

---

[33]　Joseph Redmon et al., "You Only Look Once: Unified, Real-Time Object Detection", *Proceedings of the IEEE Conference on Computer Vision and Pattern Recognition* (2016): 779–788.

- YOLO 在每一個網格單元裡只考慮物體邊框的中心位於該單元內的物體。邊框的座標是相對於該單元的，(0, 0) 代表該單元的左上角，(1, 1) 代表右下角。然而，邊框的高度和寬度可能超出網格單元。

- YOLO 為每一個網格單元輸出兩個邊框（而不是一個），使模型能夠處理兩個非常接近的物體，也就是它們的邊框中心位於同一個單元內。每一個邊框也附帶它自己的物體存在性分數。

- YOLO 還為每一個網格單元輸出一個類別機率分布，為每個網格單元預測 20 個類別的機率。因為 YOLO 是用包含 20 個類別的 PASCAL VOC 資料組來訓練的，它會產生一個粗略的類別機率圖。請注意，模型將為每一個網格單元預測一次類別機率分布，而不是為每一個邊框進行預測。然而，在後續處理期間，你可以藉著計算每一個邊框與類別機率圖中的每一個類別的相符程度，來估計每一個邊框的類別機率。例如，假設有一張有一個人站在汽車前面的照片。它會產生兩個邊框：一個包含汽車的大型水平邊框，和一個包含人的較小垂直邊框。這些邊框的中心可能在同一個網格單元內。那麼，我們如何知道該為每一個邊框指定什麼類別？類別機率圖將包含一個「汽車」類別占主導地位的大區域，其中有一個「人」類別占主導地位的較小區域。我們希望汽車的邊框大致與「汽車」區域相符，而人的邊框大致與「人」區域相符，這樣就可以為每個邊框指定正確的類別。

YOLO 最初是使用 Darknet 來開發的，Darknet 是由 Joseph Redmon 以 C 語言開發的開源深度學習框架，但很快就被移植到 TensorFlow、Keras、PyTorch 等平台上。多年來，YOLO 不斷改進，產生了 YOLOv2、YOLOv3 和 YOLO9000（同樣由 Joseph Redmon 等人開發）、YOLOv4（由 Alexey Bochkovskiy 等人開發）、YOLOv5（由 Glenn Jocher 開發）和 PP-YOLO（由 Xiang Long 等人開發）。

每個版本都使用各種技術，出色地改進了速度和準確率，例如，YOLOv3 透過錨點先驗（anchor priors）來提高準確率，它利用了某些邊框的形狀比其他形狀更有可能出現，且形狀依類別而定的事實（例如，人通常有垂直的邊框，而汽車通常沒有）。他們還增加每一個網格單元中的邊框數量，使用包含更多類別的不同資料組進行訓練（YOLO9000 使用多達 9,000 個具層次結構的類別），加了跳接以復原在 CNN 中遺失的一些空間解析度（稍後在討論語義分割時會進一步討論）…等。這些模型還有許多變體，例如經過優化的 YOLOv4-tiny 可以在效能較低的機器上進行訓練，而且可以用極快的速度執行（每秒超過 1,000 幀！），但 mean average precision（mAP）較低一些。

Mean Average Precision

mean Average Precision（mAP）是經常在物體偵測任務中使用的指標，「mean average」看起來有點多餘，對吧？為了瞭解這個標準，我們回顧第 3 章討論過的兩種分類標準：precision 和 recall。之前提過它們兩者之間的權衡：recall 越高，precision 就越低。你可以用 precision/recall 曲線來將這種情形視覺化（見圖 3-6）。我們可以用一個數據來總結這一條曲線：曲線以下區域面積（AUC）。但是在 precision/recall 曲線中，可能有一些部分的 precision 隨著 recall 的增加而上升，尤其是在 recall 值較低時（你可以在圖 3-6 的左上方看到這個情形）。這就是使用 mAP 指標的動機之一。

假如分類器在 10% 的 recall 時有 90% 的 precision，但是在 20% 的 recall 時有 96% 的 precision，此時完全不需要做任何取捨，使用 20% recall 的分類器比使用 10% recall 的分類器更合理，因為你將得到較高的 recall 和較高的 precision。所以我們不應該關注在 10% 的 recall 時的 precision，而是應該關注 recall **最少**是 10% 的情況下，分類器可提供的 precision **最大**是多少。它應該是 96%，不是 90%。因此，有一種瞭解模型效能的方法是計算最少是 0% 的 recall 時，可獲得的最大 precision 是多少，然後計算最少是 10% recall 時、20% 時，直到 100% 時，然後算出這些最大 precision 的平均值。這個平均值稱為 *average precision*（AP）指標。如果類別超過兩個，我們可以計算各個類別的 AP，接著計算平均 AP（mean AP，mAP）。就是這樣！

物體偵測系統多了一層複雜性：如果系統偵測到正確的類別，卻是在錯誤的位置偵測到的呢（也就是邊框完全分開了）？我們當然不能將它視為陽性預測。有一種做法是定義一個 IoU 閾值，例如，我們可以說，當 IoU 大於（假設）0.5 且預測的類別正確時，才能將結果視為正確的預測，這種情況的 mAP 通常寫成 mAP@0.5（或 mAP@50%，有時只寫成 AP_{50}）。有些競賽（例如 PASCAL VOC 挑戰賽）使用這個做法。其他的競賽（例如 COCO 競賽）則使用不同的 IoU 閾值來計算 mAP（0.50, 0.55, 0.60, ..., 0.95），最終的指標是這些 mAP 的平均值（寫成 mAP@[.50:.95] 或 mAP@[.50:0.05:.95]）。沒錯，它就是 mean mean average。

許多物體偵測模型都可以在 TensorFlow Hub 上找到，它們通常附帶預訓權重，例如 YOLOv5 [34]、SSD（*https://homl.info/ssd*）[35]、Faster R-CNN（*https://homl.info/fasterrcnn*）[36] 和 EfficientDet（*https://homl.info/efficientdet*）[37]。

SSD 和 EfficientDet 都是類似 YOLO 的「look once」偵測模型。EfficientDet 的基礎是 EfficientNet 摺積架構。而 Faster R-CNN 比較複雜，它先讓圖像經過一個 CNN，將 CNN 的輸出傳入區域建議網路（*region proposal network*，RPN），然後在 CNN 裁剪過的輸出上使用分類器來處理每一個邊框。使用這些模型的最佳入門資源是 TensorFlow Hub 的物體偵測課程（*https://homl.info/objdet*）。

到目前為止，我們只考慮在單張圖像中偵測物體。但怎麼處理影片？你不但要在每一個畫格裡偵測物體，也要隨著時間的演進進行追蹤。接下來，我們要快速地瞭解一下物體追蹤。

物體追蹤

物體追蹤是個具挑戰性的任務：物體會移動，也會在接近或遠離攝影機時變大或縮小，它們的外觀可能隨著轉身或移到不同的光照條件或背景中而變化，它們可能被其他物體暫時遮擋…等。

DeepSORT（*https://homl.info/deepsort*）是最受歡迎的物體追蹤系統之一 [38]，它結合了傳統演算法和深度學習技術：

- 它使用 *Kalman* 過濾器來估計物體當下最可能的位置，該過濾器會考慮先前的偵測結果，並假設物體的移動速度是恆定的。

- 它使用深度學習模型來衡量新的偵測結果與被追蹤的現有物體之間的相似性。

- 最後，它使用匈牙利（*Hungarian*）演算法來將新的偵測結果對映到被追蹤的現有物體（或新的被追蹤物體）：這個演算法能夠高效地找到一組對映（mapping）來將「偵測結果與被追蹤物體的預測位置之間的距離」和「外觀差異」最小化。

34　你可以在 TensorFlow Models 專案（*https://homl.info/yolotf*）中找到 YOLOv3、YOLOv4 及其縮小版本。

35　Wei Liu et al., "SSD: Single Shot Multibox Detector", *Proceedings of the 14th European Conference on Computer Vision* 1 (2016): 21–37.

36　Shaoqing Ren et al., "Faster R-CNN: Towards Real-Time Object Detection with Region Proposal Networks", *Proceedings of the 28th International Conference on Neural Information Processing Systems* 1 (2015): 91–99.

37　Mingxing Tan et al., "EfficientDet: Scalable and Efficient Object Detection", arXiv preprint arXiv:1911.09070 (2019).

38　Nicolai Wojke et al., "Simple Online and Realtime Tracking with a Deep Association Metric", arXiv preprint arXiv:1703.07402 (2017).

舉個例子，想像有一顆紅球碰到一顆從反方向飛過來的藍球而反彈。Kalman 過濾器根據兩顆球的先前位置，預測這兩顆球會穿越彼此：事實上，它假設物體以恆定的速度移動，因此不會想到反彈。如果匈牙利演算法僅考慮位置，它就會將新的偵測結果對映到錯誤的球上，彷彿它們穿越彼此並交換顏色一般。但因為有外觀相似度指標，匈牙利演算法會發現這個問題。在兩顆球長得不太像的情況下，演算法會將新的偵測結果對映到正確的球上。

> 在 GitHub 上有一些 DeepSORT 實作可用，包括 YOLOv4 + DeepSORT 的 TensorFlow 實作：*https://github.com/theAIGuysCode/yolov4-deepsort*。

到目前為止，我們都使用邊框來定位物體。這個做法足以應付大多數的任務，但有時你需要用更高的精度來定位物體，例如在視訊會議期間移除人物背後的背景。我們來看看如何進行像素級的定位。

語義分割

語義分割（*semantic segmentation*）根據每一個像素所屬的物體類別（例如馬路、汽車、行人、建築物…等）來對它們進行分類，如圖 14-27 所示。注意，語義分割不區分相同類別的不同物體。例如，在分割後的圖像中，右側的腳踏車都會合併成一大塊像素。這項任務主要的困難在於，圖像流經一般的 CNN 時會逐漸失去空間解析度（由於步幅大於 1 的階層），所以，一般的 CNN 或許可以知道圖像的左下方有一個人，但它的精確度僅止於此。

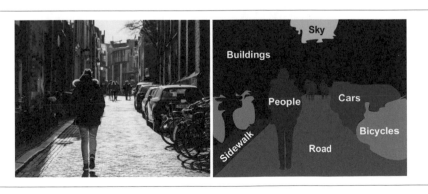

圖 14-27　語義分割

如同物體偵測，現在有許多不同的方法可以處理這個問題，其中有一些相當複雜。然而，Jonathan Long 等人在之前提到的 2015 年的全摺積網路論文中提出一個相當簡單的解決方案。作者們先將一個預訓的 CNN 轉換為 FCN，CNN 對輸入圖像應用了 32 的整體步幅（也就是將大於 1 的步幅全部相加），這意味著最後一層輸出的特徵圖比輸入圖像小 32 倍。這顯然太粗糙了，所以他們加入一個**升抽樣**（*upsampling layer*）層，將解析度乘以 32。

升抽樣（增加圖像的尺寸）有幾種解決方案，例如雙線性插值（bilinear interpolation），但倍數超過 4 倍或 8 倍時，這種方案的效果就不盡理想。所以，他們決定採用**轉置摺積層**（*transposed convolutional layer*）[39]，這相當於插入空列和空行（全部都是零）來拉開圖像，然後再執行一般的摺積操作（見圖 14-28）。或者，有些人喜歡將它視為一種使用分數步幅的一般摺積層（例如，在圖 14-28 中，步幅為 1/2）。雖然你可以將轉置摺積層初始化來執行接近線性插值的操作，但因為它是一種可訓練的階層，所以它可以在訓練過程中學到更好的方法。在 Keras 中，你可以使用 Conv2DTranspose 階層。

> 在轉置摺積層中，步幅的定義是輸入將被拉開多少，不是過濾器的每步大小，所以步幅越大，輸出就越大（不像摺積層或池化層）。

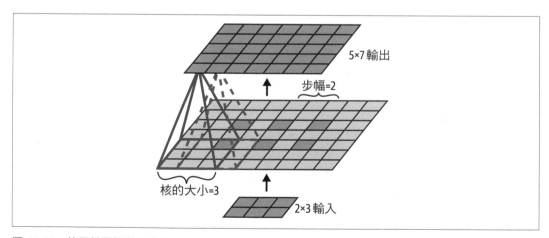

圖 14-28　使用轉置摺積層來進行升抽樣

39　這種階層有時被稱為**反摺積層**（*deconvolution layer*），但是它並未執行數學的反摺積，所以應該避免使用這個名稱。

TensorFlow 還有一些其他種類的摺積層:

tf.keras.layers.Conv1D

  處理 1D 輸入的摺積層,例如時間序列或文本(一系列的字母或單字),第 15 章將會介紹。

tf.keras.layers.Conv3D

  處理 3D 輸入的摺積層,例如 3D PET 掃描。

dilation_rate

  將任何摺積層的 dilation_rate 超參數設為 2 以上可建立一個 *à-trous* 摺積層(「à-trous」是「帶孔的」的法文)。它相當於使用一般的摺積層,但在過濾器中插入零值(孔)的列與行來將它擴張。例如,1 × 3 過濾器 [[1,2,3]] 可以用膨脹率 4 來擴張,產生擴張的過濾器 [[1, 0, 0, 0, 2, 0, 0, 0, 3]]。這可以讓摺積層在不增加計算成本和使用額外參數的情況下擁有更大的感受區。

雖然使用轉置摺積層來進行升抽樣是可行的,但它不夠精確。為了取得更好的效果,Long 等人加入來自較低層的跳接:例如,他們將輸出圖像升抽樣 2 倍(而不是 32 倍),並加入具有這個雙倍解析度的較低層的輸出。然後,他們將結果升抽樣 16 倍,總共升抽樣 32 倍(見圖 14-29),以恢復在前面的池化層中遺失的一些空間解析度。

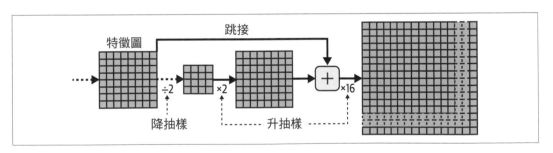

圖 14-29 利用跳接從低層恢復一些空間解析度

他們在做出來的最佳架構中使用第二個類似的跳接，從更低層恢復更精密的細節。簡而言之，原始 CNN 的輸出經歷以下的額外步驟：升抽樣 ×2，加上低層的輸出（具有適當尺度），升抽樣 ×2，加上更低層的輸出，最後升抽樣 ×8。此做法甚至可以將尺寸放大到超出原始圖像的尺寸：這種可以用來增加圖像解析度的技術，稱為**超解析**（*super-resolution*）。

實例分割類似語義分割，但它不把同一類別的物體合併成一大塊，而是將每一個物體分開（例如，它可以辨識每一台腳踏車）。例如，*Mask R-CNN* 架構是 Kaiming He 等人在 2017 年的一篇論文中提出的（*https://homl.info/maskrcnn*）[40]。這個架構在 Faster R-CNN 模型之上，為每一個邊框產生一個像素遮罩。因此，你不僅可以得到每個物體的邊框和一組估計的類別機率，也可以得到一個像素遮罩，能夠定位在邊框內屬於該物體的像素。這個模型可以在 TensorFlow Hub 上取得，它已經用 COCO 2017 資料組來預先訓練過了。這個領域還在不斷發展，如果你想嘗試最新和最優秀的模型，可參考 *https://paperswithcode.com* 的 state-of-the-art 部分。

如你所見，深度計算機視覺領域不僅很寬廣，也正在快速發展，每年都會出現各種不同的架構。這些架構幾乎都是基於摺積神經網路，但自 2020 年以來，另一種神經網路架構進入了計算機視覺領域：轉換器（我們將在第 16 章討論）。這個領域在過去十年來有了令人驚訝的進展，研究者目前正在專注處理越來越難的問題，例如**對抗學習**（試著讓網路對於欺騙它的圖像更有抵抗力）、**可解釋性**（解釋網路為什麼做出特定的分類）、**逼真圖像生成**（我們將在第 17 章討論）、**單次學習**（識別只見過一次的物體）、預測影片中的下一個畫格、結合文本和圖像任務…等。

在下一章，我們將研究如何使用遞迴神經網路和摺積神經網路來處理循序資料，例如時間序列。

習題

1. 在進行圖像分類時，CNN 優於全連接 DNN 之處有哪些？

2. 考慮一個包含三個摺積層的 CNN，其中的每一個摺積層都使用 3 × 3 核，步幅 2，"same" 填補。它的最低層輸出 100 個特徵圖，中間層輸出 200 個，最頂層輸出 400 個。輸入圖像是 200 × 300 像素的 RGB 圖像：

---

40   Kaiming He et al., "Mask R-CNN", arXiv preprint arXiv:1703.06870 (2017).

a. 這個 CNN 的參數總共有幾個？

b. 如果使用 32-bit 浮點數，這個網路為一個實例進行預測時，需要使用多少 RAM？

c. 用一個具有 50 張圖像的小批次來訓練時呢？

3. 如果你的 GPU 在訓練 CNN 時用光記憶體了，你可以做哪五件事來處理這個問題？

4. 為什麼要加入一個最大池化層，而不是具有相同步幅的摺積層？

5. 何時應該加入 local response normalization 層？

6. 能否說明 AlexNet 相較於 LeNet-5 有哪些主要的創新？GoogLeNet、ResNet、SENet 和 Xception 的主要創新又是什麼？

7. 什麼是全摺積網路？如何將密集層轉換成摺積層？

8. 語義分割在技術方面的主要困難是什麼？

9. 從零開始建立你自己的 CNN，並試著以最高的準確率預測 MNIST。

10. 使用遷移學習來處理大型圖像分類，執行下列步驟：

a. 建立一個訓練組，讓每一個類別都至少有 100 張圖像。例如，你可以根據位置（海灘、山上、城市等）來分類你自己的照片，或是使用既有的資料組（例如 TensorFlow Datasets 上面的）。

b. 將它拆成一個訓練組、一個驗證組，與一個測試組。

c. 建立輸入 pipeline，其中包含適當的預先處理操作，你也可以加入資料擴增。

d. 用這個資料組來微調訓練好的模型。

11. 操作 TensorFlow 的 Style Transfer 教學（*https://homl.info/styletuto*）。這個有趣的課程將教你使用深度學習來生成藝術作品。

這些習題的答案在本章的 notebook（*https://homl.info/colab3*）的結尾。

## 第十五章

使用 RNN 和 CNN 來
處理序列

預測未來是我們常做的事情，無論是幫朋友講完他想說的話，還是期待早餐的咖啡香。在這一章中，我們將討論遞迴神經網路（RNN），它是一種可以預測未來的神經網路（當然，程度有限）。RNN 可以分析時間序列資料，例如網站的每日活躍用戶數、城市每小時的溫度、家庭每日的用電量、附近汽車的軌跡⋯等。一旦 RNN 從資料中學會過去的模式，它就能利用學到的知識來預測未來，當然，前提是過去的模式在未來仍然成立。

更廣泛地說，RNN 可以處理任意長度的序列，而不僅僅是固定大小的輸入。例如，它們可以接受句子、檔案或音訊樣本作為輸入，所以它們很適合在自然語言處理領域中使用，例如自動翻譯，或將語音轉為文字。

本章會先介紹 RNN 的基本概念，以及如何使用 backpropagation through time（BPTT）來訓練它。然後，我們將使用 RNN 來預測時間序列。在過程中，我們將介紹 ARMA 模型家族，並將它當成基準，來與我們的 RNN 做比較。ARMA 模型被廣泛地用來預測時間序列。之後，我們將探討 RNN 面臨的兩大困難：

- 不穩定的梯度（曾在第 11 章討論過），這可以透過各種技術來緩解，包括遞迴 *dropout* 和遞迴層正規化。

- 非常有限的短期記憶，這可以藉著使用 LSTM 和 GRU cell 來擴展。

能夠處理序列資料的神經網路不是只有 RNN 而已。對於較小型的序列，使用一般的全連接網路就可以完成任務了，但對於很長的序列，例如音訊樣本或文本，摺積神經網路也有很好的表現。我們將討論這兩種可能性，並且在本章結束時實作一個 WaveNet，它是一種能夠處理數萬個時步的 CNN 架構。我們開始吧！

遞迴神經與階層

到目前為止，我們都專注在前饋神經網路上，觸發（activations）只往一個方向流動，從輸入層到輸出層。遞迴神經網路看似前饋神經網路，但是它也有指向後面的連結。

我們來看一下最簡單的 RNN，它有一個接收輸入的神經元，該神經元會產生輸出，並將那個輸出送回來給自己，如圖 15-1（左側）所示。在每一個**時步** t（*time step*，也稱為 *frame*），這個**遞迴神經元**接收輸入 $\mathbf{x}_{(t)}$ 和上一個時步的輸出 $\hat{y}_{(t-1)}$。由於在第一個時步沒有上一個輸出，它通常被設為 0。我們可以用時間軸來表示這個小網路，即圖 15-1（右側）。這種做法稱為**在時間軸上展開網路**（在每一個時步畫出同一個遞迴神經元一次）。

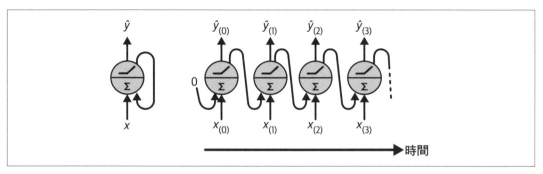

圖 15-1 遞迴神經元（左），以及將它的時間展開（右）

你可以輕鬆地建立一層遞迴神經元。在每個時步 t，每個神經元都接收輸入向量 $\mathbf{x}_{(t)}$ 和來自上一個時步的輸出向量 $\hat{\mathbf{y}}_{(t-1)}$，如圖 15-2 所示。請注意，現在輸入和輸出都是向量（只有一個神經元時，輸出是一個純量）。

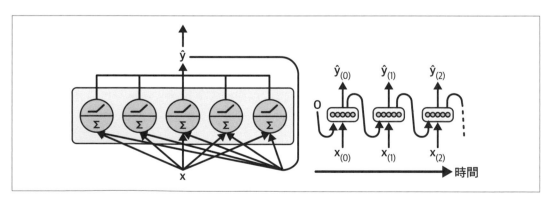

圖 15-2 遞迴神經元階層（左），以及將它的時間展開（右）

每個遞迴神經元都有兩組權重：一組是輸入 $\mathbf{x}_{(t)}$ 的權重，另一組是上一個時步的輸出 $\hat{\mathbf{y}}_{(t-1)}$ 的權重。我們將這些權重向量稱為 $\mathbf{w}_x$ 和 $\mathbf{w}_{\hat{y}}$。如果考慮整個遞迴層，而不是只有一個遞迴神經元，我們可以將所有的權重向量放入兩個權重矩陣 $\mathbf{W}_x$ 和 $\mathbf{W}_{\hat{y}}$ 中。

如此一來，你就可以用預期的方式來計算整個遞迴層的輸出向量了，如公式 15-1 所示，其中 $\mathbf{b}$ 是偏差向量，$\phi(\cdot)$ 是觸發函數（例如 ReLU [1]）。

公式 *15-1* 一個遞迴層處理一個實例的輸出

$$\hat{\mathbf{y}}_{(t)} = \varphi\left(\mathbf{W}_x{}^\mathsf{T}\mathbf{x}_{(t)} + \mathbf{W}_{\hat{y}}{}^\mathsf{T}\hat{\mathbf{y}}_{(t-1)} + \mathbf{b}\right)$$

與前饋神經網路一樣，我們可以將時步 t 的所有輸入放入輸入矩陣 $\mathbf{X}_{(t)}$ 來一次計算整個小批次的遞迴層輸出（見公式 15-2）。

公式 *15-2* 遞迴神經層一次處理小批次的所有實例的輸出

$$\begin{aligned}\hat{\mathbf{Y}}_{(t)} &= \varphi\left(\mathbf{X}_{(t)}\mathbf{W}_x + \hat{\mathbf{Y}}_{(t-1)}\mathbf{W}_{\hat{y}} + \mathbf{b}\right)\\ &= \varphi\left(\begin{bmatrix}\mathbf{X}_{(t)} & \hat{\mathbf{Y}}_{(t-1)}\end{bmatrix}\mathbf{W} + \mathbf{b}\right) \text{ 其中 } \mathbf{W} = \begin{bmatrix}\mathbf{W}_x\\\mathbf{W}_{\hat{y}}\end{bmatrix}\end{aligned}$$

在這個公式中：

* $\hat{\mathbf{Y}}_{(t)}$ 是一個 $m \times n_{\text{neurons}}$ 矩陣，裡面儲存了階層在時步 t 時處理小批次的每一個實例的輸出（m 是小批次裡的實例數量，n_{neurons} 是神經元數量）。

* $\mathbf{X}_{(t)}$ 是個 $m \times n_{\text{inputs}}$，裡面有所有實例的輸入（$n_{\text{inputs}}$ 是輸入特徵的數量）。

* $\mathbf{W}_x$ 是個 $n_{\text{inputs}} \times n_{\text{neurons}}$ 矩陣，裡面有當下時步的輸入連結權重。

* $\mathbf{W}_{\hat{y}}$ 是個 $n_{\text{neurons}} \times n_{\text{neurons}}$ 矩陣，裡面有上一個時步的輸出連結權重。

* $\mathbf{b}$ 是大小為 n_{neurons} 的向量，裡面有各個神經元的偏差項。

* 權重矩陣 $\mathbf{W}_x$ 和 $\mathbf{W}_{\hat{y}}$ 經常被直向（vertically）串接成一個外形為 $(n_{\text{inputs}} + n_{\text{neurons}}) \times n_{\text{neurons}}$ 的權重矩陣 $\mathbf{W}$（見公式 15-2 的第 2 行）。

* $[\mathbf{X}_{(t)}\ \hat{\mathbf{Y}}_{(t-1)}]$ 這種寫法代表矩陣 $\mathbf{X}_{(t)}$ 和 $\hat{\mathbf{Y}}_{(t-1)}$ 的橫向（horizontal）串接。

1　需要注意的是，許多研究者比較喜歡在 RNN 中使用雙曲正切（tanh）觸發函數，而不是 ReLU 觸發函數。例如 Vu Pham 等人於 2013 年發表的論文（*https://homl.info/91*）"Dropout Improves Recurrent Neural Networks for Handwriting Recognition"。你也可以使用基於 ReLU 的 RNN，正如 Quoc V. Le 等人在 2015 年發表的論文（*https://homl.info/92*）"A Simple Way to Initialize Recurrent Networks of Rectified Linear Units" 中所述。

注意，$\hat{\mathbf{Y}}_{(t)}$ 是 $\mathbf{X}_{(t)}$ 和 $\hat{\mathbf{Y}}_{(t-1)}$ 的函數，$\hat{\mathbf{Y}}_{(t-1)}$ 是 $\mathbf{X}_{(t-1)}$ 與 $\hat{\mathbf{Y}}_{(t-2)}$ 的函數，$\hat{\mathbf{Y}}_{(t-2)}$ 是 $\mathbf{X}_{(t-2)}$ 與 $\hat{\mathbf{Y}}_{(t-3)}$ 的函數，以此類推。所以 $\hat{\mathbf{Y}}_{(t)}$ 是從時間 $t = 0$ 開始的所有輸入（也就是 $\mathbf{X}_{(0)}$, $\mathbf{X}_{(1)}$, $\cdots$, $\mathbf{X}_{(t)}$）的函數。第一個時步 $t = 0$ 沒有上一個輸出，所以我們通常假設它們都是零。

記憶單元（cell）

由於遞迴神經元在時步 t 的輸出是之前的時步的所有輸入的函數，我們可以說它具有某種形式的記憶。在神經網路中，保留跨時步狀態的組件稱為記憶單元（*memory cell*）（或簡稱 *cell*）[譯註]。單一遞迴神經元和一層遞迴神經元都是很基本的 cell，它們只能學習短期模式（通常大約 10 個時步長，具體取決於任務）。本章稍後將介紹一些更複雜和更強大的 cell 類型，它們能夠學習更長的模式（大約長 10 倍，但這也取決於任務）。

一個 cell 在時步 t 時的狀態寫成 $\mathbf{h}_{(t)}$（「h」代表「隱藏（hidden）」），它是該時步的某些輸入和它在上一個時步的狀態的函數：$\mathbf{h}_{(t)} = f(\mathbf{X}_{(t)}, \mathbf{h}_{(t-1)})$。它在時步 t 的輸出，寫成 $\hat{\mathbf{y}}_{(t)}$，也是之前的狀態和當下輸入的函數。在目前討論過的基本 cell 中，輸出等於狀態，但是對複雜的 cell 而言不一定如此，如圖 15-3 所示。

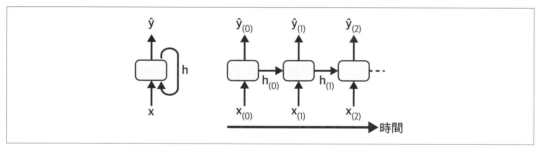

圖 15-3　cell 的隱藏狀態與它的輸出可能不一樣

輸入與輸出序列

RNN 可以同時接收一系列的輸入並產生一系列的輸出（見圖 15-4 左上方的網路）。這種**序列到序列**（*sequence-to-sequence*）的網路很適合用來預測時間序列，例如你家每天的用電量：將過去 N 天的資料當成輸入，並訓練一個模型，來輸出未來一天的用電量（即，用過去 $N-1$ 天以來的資料來預測明天）。

或者，你可以將一系列的輸入傳入網路，並忽略除最後一個輸出之外的所有輸出（見圖 15-4 右上方的網路）。這是一種**序列到向量**（*sequence-to-vector*）的網路。例如，你可

譯註 為了避免混淆 cell 與 unit，在接下來的內容中，cell 皆採原文。

以將一系列的影評單字序列傳入網路，讓網路輸出一個情感分數（例如，從 0 [討厭] 到 1 [喜愛]）。

或者，你可以反過來，在每一個時步將相同的輸入向量重複傳入網路，讓它輸出一個序列（參見圖 15-4 左下方的網路）。這是一種**向量到序列**（*vector-to-sequence*）的網路。例如，輸入或許是張圖像（或一個 CNN 的輸出），輸出可能是那張圖像的標題。

最後，你也可以建立一個序列到向量的網路，這種網路稱為**編碼器**（*encoder*），然後在它後面加上一個向量到序列的網路，這種網路稱為**解碼器**（*decoder*）（見圖 15-4 的右下方網路）。例如，你可以用它來將某個語言的句子翻譯成另一種語言的句子。你可以將某個語言的句子傳給網路，讓編碼器將句子轉換成一個向量表示法，然後用解碼器來將這個向量解碼成另一種語言的句子。這個包含兩個步驟的模型稱為 *encoder–decoder*（*https://homl. info/seq2seq*）[2]，它的效果比使用一個序列到序列的 RNN（就像左上方的那一個）來試著即時翻譯還要好很多，因為句子的最後一個單字可能影響第一個單字的翻譯，所以應該看完整個句子之後再翻譯它。我們將在第 16 章介紹 encoder–decoder 的實作（你將看到，它比圖 15-4 所示的還要更加複雜）。

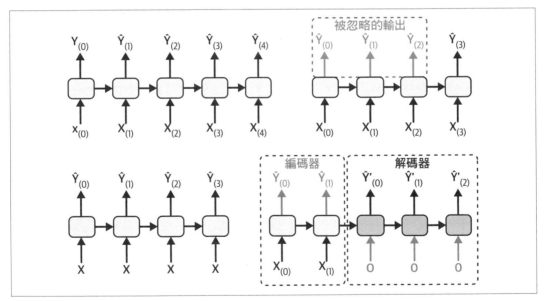

圖 15-4　序列到序列（左上）、序列到向量（右上）、向量到序列（左下）及 encoder–decoder（右下）網路

2　Nal Kalchbrenner and Phil Blunsom, "Recurrent Continuous Translation Models", *Proceedings of the 2013 Conference on Empirical Methods in Natural Language Processing* (2013): 1700–1709.

這種多功能性看起來前景可期，但是該如何訓練遞迴神經網路？

訓練 RNN

訓練 RNN 的關鍵是將它在時間軸上展開（就像剛才的做法），然後使用一般的反向傳播（見圖 15-5）。這種策略稱為 *backpropagation through time*（BPTT）。

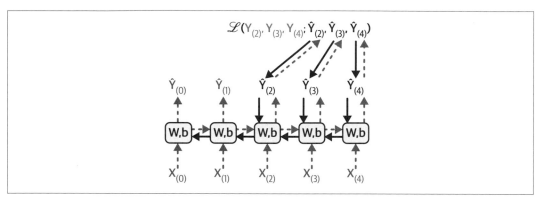

圖 15-5　backpropagation through time（BPTT）

如同一般的反向傳播，我們要先順向遍歷一次未展開的網路（用虛線來表示），輸出序列是用一個損失函數來計算的：$\mathscr{L}(\mathbf{Y}_{(0)}, \mathbf{Y}_{(1)}, \cdots, \mathbf{Y}_{(T)}; \hat{\mathbf{Y}}_{(0)}, \hat{\mathbf{Y}}_{(1)}, \cdots, \hat{\mathbf{Y}}_{(T)})$（其中 $\mathbf{Y}_{(i)}$ 是第 i 個目標，$\hat{\mathbf{Y}}_{(i)}$ 是第 i 個預測，T 是最大時步）。注意，這個損失函數可能會忽略一些輸出。例如，在序列到向量的 RNN 中，除了最後一個輸出之外，其他輸出都會被忽略。在圖 15-5 中，損失函數僅用最後三個輸出來進行計算。然後，那個損失函數的梯度會經歷展開的網路向後傳播（由實線箭頭來表示）。在這個例子裡，由於輸出 $\hat{\mathbf{Y}}_{(0)}$ 和 $\hat{\mathbf{Y}}_{(1)}$ 沒有被用來計算損失，所以梯度不會經過它們往後傳播，梯度只會經過 $\hat{\mathbf{Y}}_{(2)}$、$\hat{\mathbf{Y}}_{(3)}$ 和 $\hat{\mathbf{Y}}_{(4)}$。此外，由於每一個時步都使用相同的參數 $\mathbf{W}$ 和 $\mathbf{b}$，它們的梯度在反向傳播的過程中，會被多次調整。當反向階段完成，並且算出所有梯度後，BPTT 就可以執行梯度下降步驟來更新參數了（與一般的反向傳播沒有差別）。

幸運的是，Keras 可以會為你處理這些複雜的程序，等一下你就會看到。但在那之前，我們要先載入一個時間序列，並使用傳統工具來分析它，以進一步瞭解我們要處理的是什麼，並獲得一些基準指標。

預測時間序列

好的！假設你剛剛被芝加哥交通局聘請為資料科學家。你的第一個任務是建立一個能夠預測明天的公車和輕軌電車的乘客數量的模型。你可以取得自 2001 年以來的每日乘客資料。我們來看看如何處理這個任務，首先，我們要載入和清理資料 [3]：

```
import pandas as pd
from pathlib import Path

path = Path("datasets/ridership/CTA_-_Ridership_-_Daily_Boarding_Totals.csv")
df = pd.read_csv(path, parse_dates=["service_date"])
df.columns = ["date", "day_type", "bus", "rail", "total"]  # 較短的名稱
df = df.sort_values("date").set_index("date")
df = df.drop("total", axis=1) # 不需要 total，它只是 bus + rail
df = df.drop_duplicates()  # 移除重複的月分 (2011-10 與 2014-07)
```

我們載入 CSV 檔案，設置簡短的欄名，按日期對列進行排序，刪除多餘的 total 欄，並刪除重複的列。我們來檢查一下前幾列的內容：

```
>>> df.head()
           day_type     bus     rail
date
2001-01-01        U  297192   126455
2001-01-02        W  780827   501952
2001-01-03        W  824923   536432
2001-01-04        W  870021   550011
2001-01-05        W  890426   557917
```

在 2001 年 1 月 1 日，芝加哥有 297,192 人搭乘公車，126,455 人搭乘火車。在 day_type 欄裡，W 代表平日（Weekdays），A 代表星期六（Saturdays），U 代表星期日或假日（Sundays 或 holidays）。

我們畫出 2019 年的幾個月內的公車和火車的乘客數據，看看它長怎樣（見圖 15-6）：

```
import matplotlib.pyplot as plt

df["2019-03":"2019-05"].plot(grid=True, marker=".", figsize=(8, 3.5))
plt.show()
```

---

3 芝加哥交通局的最新資料可在 Chicago Data Portal 上取得（*https://homl.info/ridership*）。

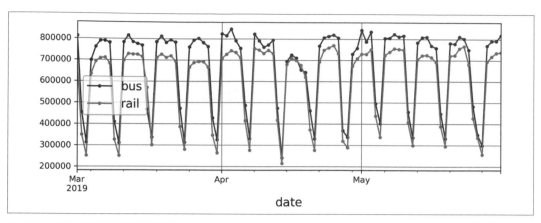

圖 15-6　芝加哥的日常乘客數據

請注意，Pandas 納入範圍中的起始月份和結束月份，因此這張圖表畫出從 3 月 1 日一直到 5 月 31 日的資料。這是一個*時間序列*：在不同時步有不同的資料值，通常以規律的間隔出現。更具體地說，由於每個時步有多個值，所以這個序列稱為*多變數時間序列*。如果我們只關注 bus 欄，它就是*單變數時間序列*，每個時步只有一個值。預測未來數值（即 forecasting）是處理時間序列時最常見的任務，這也是本章的重點。其他的任務包括填補（填補缺漏的過去數值）、分類、異常檢測…等。

從圖 15-6 可以明顯看出，類似的模式每週都會重複一次。這個現象稱為*週季節性*（weekly *seasonality*）。實際上，在這個例子裡，僅僅藉由複製一週之前的數值來預測明天的乘客數量可能會得到不錯的結果。這種做法稱為*天真預測*：僅僅複製過去的數值來進行預測。天真預測通常是很好的基準，有時甚至很難超越。

一般來說，天真預測意味著複製最近的已知數值（例如，預測明天會與今天相同）。然而，我們的例子有強烈的週季節性，所以複製上一週的值有更好的效果。

為了將這些天真的預測視覺化，我們將兩個時間序列（公車和輕軌）重疊，並將相同的時間序列向右平移一週以虛線來表示。我們也畫出兩者之間的差異（即時間 t 的值減去時間 $t - 7$ 的值），這稱為*差分*（differencing）（見圖 15-7）：

```
diff_7 = df[["bus", "rail"]].diff(7)["2019-03":"2019-05"]

fig, axs = plt.subplots(2, 1, sharex=True, figsize=(8, 5))
df.plot(ax=axs[0], legend=False, marker=".")  # 原始的時間序列
```

```
df.shift(7).plot(ax=axs[0], grid=True, legend=False, linestyle=":")  # 向右平移
diff_7.plot(ax=axs[1], grid=True, marker=".")  # 7 日差分時間序列
plt.show()
```

還不錯！注意，向右平移的時間序列與實際的時間序列非常接近。當一個時間序列與其自身的向右平移版本有關聯時，我們說該時間序列具有**自相關性**（*autocorrelated*）。如你所見，大部分的差異都相當小，僅在五月底有較大的差異。也許那個時候有假日？我們來檢查一下 `day_type` 欄：

```
>>> list(df.loc["2019-05-25":"2019-05-27"]["day_type"])
['A', 'U', 'U']
```

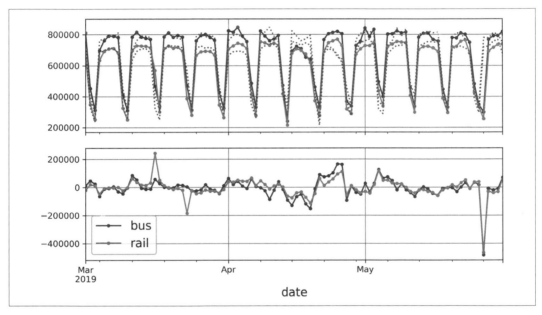

圖 15-7　將時間序列與向右平移 7 天的時間序列重疊（上圖），以及 *t* 和 *t* - 7 之間的差異（下圖）

確實，在那段時間有一段長假：星期一是陣亡將士紀念日（Memorial Day）。我們可以使用這一欄來改善我們的預測，但目前我們僅計算隨意選擇的三個月（2019 年 3 月、4 月和5 月）期間的平均絕對誤差，以初步瞭解概念：

```
>>> diff_7.abs().mean()
bus     43915.608696
rail    42143.271739
dtype: float64
```

用天真預測法算出來的公車乘客 MAE 約為 43,916 人，輕軌乘客 MAE 約為 42,143 人。從這些數字很難判斷它們是好是壞，所以我們換個角度來看待預測誤差，將它們除以目標值：

```
>>> targets = df[["bus", "rail"]]["2019-03":"2019-05"]
>>> (diff_7 / targets).abs().mean()
bus     0.082938
rail    0.089948
dtype: float64
```

我們計算的是平均絕對百分比誤差（MAPE）：天真預測法估計公車的 MAPE 大約是 8.3%，輕軌的 MAPE 大約是 9.0%。有趣的是，輕軌預測的 MAE 看起來略優於公車的 MAE，而 MAPE 則相反。這是因為公車乘客數大於輕軌乘客數，因此預測誤差自然也較大，但是換個角度看待誤差時，公車的預測事實上略優於輕軌的預測。

 MAE、MAPE 和 MSE 是評估預測效能最常用的指標。合適的指標取決於具體任務。例如，如果大誤差對你的專案的影響力是小誤差的平方，那麼 MSE 可能比較合適，因為它會對大誤差進行強烈的懲罰。

時間序列似乎沒有明顯的月度季節性，但我們來檢查是否存在年度季節性。我們將檢查 2001 年至 2019 年的資料。為了降低資料偷窺的風險，我們暫時忽略最近的資料。我們也為每一個序列繪製 12 個月滾動平均值（rolling average），來將長期趨勢視覺化（見圖 15-8）：

```
period = slice("2001", "2019")
df_monthly = df.resample('M').mean()  # 計算每個月的均值
rolling_average_12_months = df_monthly[period].rolling(window=12).mean()

fig, ax = plt.subplots(figsize=(8, 4))
df_monthly[period].plot(ax=ax, marker=".")
rolling_average_12_months.plot(ax=ax, grid=True, legend=False)
plt.show()
```

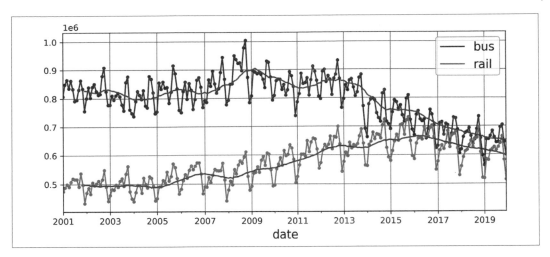

圖 15-8　年度季節性與長期趨勢

真的存在一些年度季節性！儘管它的雜訊比週季節性更大，而且輕軌序列比公車序列更明顯：我們可以看到每年的同一個日期左右都出現高峰和低谷。我們來看看，如果畫出 12 個月的差分會得到什麼結果（見圖 15-9）：

```
df_monthly.diff(12)[period].plot(grid=True, marker=".", figsize=(8, 3))
plt.show()
```

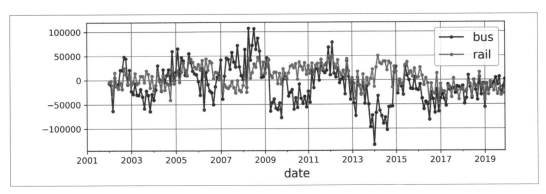

圖 15-9　12 個月的差分

請注意，差分不僅消除年度季節性，也消除長期趨勢。例如，在時間序列中，2016 年到 2019 年有線性下降趨勢，而在差分後的時間序列中，它們變成大致恆定的負值。實際上，差分經常被用來將時間序列的趨勢和季節性移除：研究平穩的時間序列比較容易，平穩的意思就是時間序列的統計性質隨著時間的演進保持恆定、沒有季節性或趨勢。當你能夠為差分後的時間序列進行準確的預測之後，只要將先前減去的值加回來，就可以將它轉換成實際時間序列的預測。

你可能認為，既然我們只是預測明天的乘客數，長期模式應該比短期模式不重要得多。對，但我們仍然可以藉著考慮長期模式來稍微改善效果。例如，每日公車乘客數在 2017 年 10 月下降約 2,500 人，每週少了約 570 名乘客。因此，如果我們的時間是 2017 年 10 月底，我們可以藉著複製上週的值再減去 570 來預測明天的乘客數。平均而言，在預測時考慮趨勢可以讓預測結果更準確一些。

現在你已經熟悉乘客數時間序列，以及時間序列分析的一些重要概念了，包括季節性、趨勢、差分和移動平均，接下來，我們要快速地瞭解一個非常受歡迎的統計模型家族，這些模型通常被用來分析時間序列。

ARMA 模型家族

我們從自我回歸移動平均（*autoregressive moving average*，ARMA）模型看起，這個模型是 Herman Wold 在 1930 年代開發出來的：它用過去數值的加權總和來計算預測值，並藉著加上移動平均來修正這些預測值，很像我們剛才討論的做法。具體而言，移動平均的部分是用最近幾個預測誤差的加權總和來計算的。公式 15-3 展示模型如何進行預測。

公式 *15-3 使用 ARMA 模型來進行預測*

$$\hat{y}_{(t)} = \Sigma_{i=1}^{p} \alpha_i y_{(t-i)} + \Sigma_{i=1}^{q} \theta_i \epsilon_{(t-i)}$$
$$\text{其中 } \epsilon_{(t)} = y_{(t)} - \hat{y}_{(t)}$$

在這個公式中：

- $\hat{y}_{(t)}$ 是模型為時步 t 做出來的預測。

- $y_{(t)}$ 是時間序列在時步 t 的值。

- 第一個總和是時間序列過去的 p 個值的加權總和，使用學習到的權重 α_i。數字 p 是個超參數，指定模型應該向過去回溯多遠。這個總和是模型的**自我回歸**（*autoregressive*）部分：它根據過去的值來執行回歸。

- 第二個總和是過去 q 個預測誤差 $\varepsilon_{(t)}$ 的加權總和，使用學習到的權重 θ_i。數字 q 是個超參數。這個總和是模型的移動平均部分。

重要的是，這個模型假設時間序列是平穩的。如果它不是平穩的，使用差分可能有幫助。使用一個時步的差分可產生時間序列的導數的近似值：實際上，它將產生序列在每一個時步的斜率，這意味著它會消除任何線性趨勢，將它轉化成一個常數值。例如，對序列 [3, 5, 7, 9, 11] 執行一步（one-step）差分後，可得到差分序列 [2, 2, 2, 2]。

如果原始時間序列有二次趨勢而不是線性趨勢，那麼只執行一輪差分是不夠的。例如，序列 [1, 4, 9, 16, 25, 36] 在執行一輪差分之後變成 [3, 5, 7, 9, 11]，但執行第二輪差分會得到 [2, 2, 2, 2]。因此，進行兩輪差分將消除二次趨勢。更廣泛地說，連續進行 d 輪差分可算出時間序列的 d 階導數的近似值，因此它可以消除多項式趨勢，直到 d 次（degree）。這個超參數 d 稱為 order of integration。

差分是自我回歸整合移動平均（autoregressive integrated moving average，ARIMA）模型的核心貢獻，該模型由 George Box 和 Gwilym Jenkins 於 1970 年在他們的書籍《Time Series Analysis》（Wiley）中提出：該模型執行 d 輪差分來讓時間序列更平穩，然後執行一般的 ARMA 模型。在進行預測時，它使用這個 ARMA 模型，然後將差分扣除的項加回去。

ARMA 家族的最後一個成員是季節性 ARIMA（seasonal ARIMA，SARIMA）模型：它用 ARIMA 的方式來建立時間序列模型，但它也建立給定頻率（例如，每週）的季節性模型，使用相同的 ARIMA 方法。它一共有七個超參數：與 ARIMA 相同的 p、d 和 q 超參數，以及用來建立季節性模式模型的 P、D 和 Q 超參數，最後是季節模式的週期，記為 s。超參數 P、D 和 Q 與 p、d 和 q 非常相似，但它們用來建立 $t - s$、$t - 2s$、$t - 3s$…等時間點的時間序列的模型。

我們來看看如何將 SARIMA 模型擬合至輕軌時間序列，並使用它來預測明天的乘客數。假設今天是 2019 年 5 月的最後一天，我們想要預測明天（2019 年 6 月 1 日）的輕軌乘客數。為此，我們可以使用 statsmodels 程式庫，它裡面有許多不同的統計模型，包括 ARMA 模型及其變體，用 ARIMA 類別來實現：

```
from statsmodels.tsa.arima.model import ARIMA

origin, today = "2019-01-01", "2019-05-31"
rail_series = df.loc[origin:today]["rail"].asfreq("D")
model = ARIMA(rail_series,
              order=(1, 0, 0),
              seasonal_order=(0, 1, 1, 7))
model = model.fit()
y_pred = model.forecast()  # 回傳 427,758.6
```

在這段程式裡：

- 我們先匯入 ARIMA 類別，然後提取從 2019 年初到「今天」的輕軌乘客數資料，並使用 asfreq("D") 來將時間序列的頻率設置為每天：在這個例子中，這樣做不會改變資料，因為資料已經是每日的，但如果不這樣做，ARIMA 類將不得不猜測頻率，並顯示警告。

- 接下來，我們建立一個 ARIMA 實例，將所有資料傳給它，直到「今天」，並設定模型的超參數：order=(1, 0, 0) 代表 $p = 1$，$d = 0$，$q = 0$，而 seasonal_order=(0, 1, 1, 7) 代表 $P = 0$，$D = 1$，$Q = 1$，$s = 7$。請注意，statsmodels 的 API 與 Scikit-Learn 的 API 略有不同：我們在建構模型時，是將資料傳給模型，而不是將資料傳遞給 fit() 方法。

- 接下來，我們擬合模型，並使用它來預測「明天」，也就是 2019 年 6 月 1 日。

預測出來的乘客數是 427,759 人，實際上是 379,044 人。不妙，誤差多達 12.9%，相當糟糕。實際上，這比天真預測法預測出來的結果略差一些，天真預測法預測 426,932 人，誤差是 12.6%。但或許我們只是那天運氣不好？為了確認是否如此，我們可以在迴圈裡執行相同的程式碼，為 3 月、4 月和 5 月的每一天進行預測，並計算這段期間的 MAE：

```
origin, start_date, end_date = "2019-01-01", "2019-03-01", "2019-05-31"
time_period = pd.date_range(start_date, end_date)
rail_series = df.loc[origin:end_date]["rail"].asfreq("D")
y_preds = []
for today in time_period.shift(-1):
    model = ARIMA(rail_series[origin:today],  # 用「今日」之前的資料來訓練
                  order=(1, 0, 0),
                  seasonal_order=(0, 1, 1, 7))
    model = model.fit()  # 注意，我們每天都重新訓練模型！
    y_pred = model.forecast()[0]
    y_preds.append(y_pred)

y_preds = pd.Series(y_preds, index=time_period)
mae = (y_preds - rail_series[time_period]).abs().mean()  # 回傳 32,040.7
```

結果好多了！MAE 大約是 32,041，遠低於天真預測法的 MAE（42,143）。因此，儘管這個模型不完美，但平均而言，它仍然遠遠勝過天真預測。

此時，你可能想知道，如何為 SARIMA 模型選擇好的超參數。方法不只一種，但最簡單易懂且容易入門的方法是使用暴力搜尋：直接執行網格搜尋。對於你想要估算（每一個超參數組合）的模型，你可以執行前面的範例程式，並且只更改超參數的值。好的 p、q、P 和 Q 值通常相當小（通常是 0 至 2，有時可達到 5 或 6），而 d 和 D 通常是 0 或 1，有時是

2。至於 s，它只是主季節性模式的週期：在我們的例子裡，它是 7，因為有強烈的週季節性。具有最低 MAE 的模型勝出。當然，你可以將 MAE 換成其他的指標，如果它更適合你的商業目標的話[4]！

為機器學習模型準備資料

現在我們有了兩個基準：天真預測法和 SARIMA，接下來，我們要試著使用之前介紹過的機器學習模型來預測這個時間序列，首先使用基本的線性模型。我們的目標是根據過去 8 週（56 天）的乘客數資料來預測明天的乘客數。因此，模型的輸入將是序列（當模型投入生產後，通常每天有一個序列），每個序列包含從時步 $t - 55$ 到 t 的 56 個值。對於每一個輸入序列，模型將輸出一個值，即時步 $t + 1$ 的預測值。

但是，我們要用什麼資料來訓練？這就是訣竅所在：我們將過去的每一個 56 日窗口當成訓練資料，每一個窗口的目標值是它後面的值。

Keras 有一個很好的實用函數稱為 `tf.keras.utils.timeseries_dataset_from_array()`，它可以幫助我們準備訓練組。它接受一個時間序列作為輸入，並建構一個包含所需長度的所有窗口及其目標的 `tf.data.Dataset`（在第 13 章介紹過）。下面的範例接收一個包含數字 0 到 5 的時間序列，並建立一個包含長度為 3 的所有窗口及其目標的資料組，以大小為 2 的批次進行分組：

```
import tensorflow as tf

my_series = [0, 1, 2, 3, 4, 5]
my_dataset = tf.keras.utils.timeseries_dataset_from_array(
    my_series,
    targets=my_series[3:],  # 目標是未來 3 個時步
    sequence_length=3,
    batch_size=2
)
```

我們來檢查這個資料組的內容：

```
>>> list(my_dataset)
[(<tf.Tensor: shape=(2, 3), dtype=int32, numpy=
  array([[0, 1, 2],
         [1, 2, 3]], dtype=int32)>,
  <tf.Tensor: shape=(2,), dtype=int32, numpy=array([3, 4], dtype=int32)>),
```

4　此外還有其他更有原則的方法可選擇良好的超參數，它們都涉及分析 *autocorrelation function*（ACF，自我相關函數）和 *partial autocorrelation function*（PACF，偏自我相關函數），或者將 AIC 或 BIC 指標（在第 9 章介紹過）最小化，以懲罰使用過多參數的模型，並減少過擬資料的風險，但網格搜尋是不錯的起點。關於 ACF-PACF 方法的詳情，可參考 Jason Brownlee 的這篇很棒的文章（*https://homl.info/arimatuning*）。

```
 (<tf.Tensor: shape=(1, 3), dtype=int32, numpy=array([[2, 3, 4]], dtype=int32)>,
  <tf.Tensor: shape=(1,), dtype=int32, numpy=array([5], dtype=int32)>)]
```

在資料組裡的每一個樣本是一個長度為 3 的窗口，及其目標值（即窗口後面的值）。窗口是 [0, 1, 2]、[1, 2, 3] 和 [2, 3, 4]，它們的目標值各自是 3、4 和 5。由於窗口總共有三個，而不是批次大小的倍數，所以最後一個批次只有一個窗口，而不是兩個。

獲得相同結果的另一種做法是使用 tf.data 的 Dataset 類別的 window() 方法。這種做法比較複雜，但它可以讓你掌握控制權，這在本章稍後是很方便的功能，我們來看看它是如何工作的。window() 方法回傳一個窗口資料組（window dataset）的資料組：

```
>>> for window_dataset in tf.data.Dataset.range(6).window(4, shift=1):
...     for element in window_dataset:
...         print(f"{element}", end=" ")
...     print()
...
0 1 2 3
1 2 3 4
2 3 4 5
3 4 5
4 5
5
```

在這個例子裡，資料組包含六個窗口，每個窗口是前一個窗口向後移動一步，最後三個窗口已經到達序列的尾端，所以比較小。我們通常會將 drop_remainder=True 傳給 window() 方法來移除這些較小的窗口。

window() 方法回傳一個嵌套的資料組，類似串列的串列。當你想要藉著呼叫這個資料組的資料組方法來轉換每個窗口時（例如，對它們進行洗牌或分批處理），它很方便。然而，我們不能直接使用嵌套的資料組來進行訓練，因為我們的模型期望收到的輸入是 tensor 而不是資料組。

所以，我們必須呼叫 flat_map() 方法：它會將嵌套的資料組轉換成平坦的資料組（裡面是 tensor，不是資料組）。例如，假設 {1, 2, 3} 是一個包含 tensor 1、2 和 3 的序列的資料組，當你將嵌套的資料組 {{1, 2}, {3, 4, 5, 6}} 壓平時，你會得到平坦的資料組 {1, 2, 3, 4, 5, 6}。

此外，flat_map() 方法接收一個函式引數，可以用來轉換嵌套的資料組裡面的各個資料組，再將它壓平。例如，當你將函式 lambda ds: ds.batch(2) 傳給 flat_map() 時，它會將嵌套的資料組 {{1, 2}, {3, 4, 5, 6}} 轉換成平坦的資料組 {[1, 2], [3, 4], [5, 6]}：這是個包含 3 個 tensor 的資料組，每一個大小為 2。

知道這些事情之後，我們可以開始壓平資料組了：

```
>>> dataset = tf.data.Dataset.range(6).window(4, shift=1, drop_remainder=True)
>>> dataset = dataset.flat_map(lambda window_dataset: window_dataset.batch(4))
>>> for window_tensor in dataset:
...     print(f"{window_tensor}")
...
[0 1 2 3]
[1 2 3 4]
[2 3 4 5]
```

由於每個窗口資料組都正好包含四個項目，對著窗口呼叫 batch(4) 會產生一個大小為 4 的 tensor。太好了！現在我們有一個包含連續窗口（以 tensor 來表示）的資料組了。我們來建立一個小輔助函式，以便從資料組中提取窗口：

```
def to_windows(dataset, length):
    dataset = dataset.window(length, shift=1, drop_remainder=True)
    return dataset.flat_map(lambda window_ds: window_ds.batch(length))
```

最後一步是使用 map() 方法來將每個窗口拆為輸入和目標。我們也可以將產生的窗口分為大小為 2 的批次：

```
>>> dataset = to_windows(tf.data.Dataset.range(6), 4)  # 3 個輸入 + 1 個目標 = 4
>>> dataset = dataset.map(lambda window: (window[:-1], window[-1]))
>>> list(dataset.batch(2))
[(<tf.Tensor: shape=(2, 3), dtype=int64, numpy=
  array([[0, 1, 2],
         [1, 2, 3]])>,
  <tf.Tensor: shape=(2,), dtype=int64, numpy=array([3, 4])>),
 (<tf.Tensor: shape=(1, 3), dtype=int64, numpy=array([[2, 3, 4]])>,
  <tf.Tensor: shape=(1,), dtype=int64, numpy=array([5])>)]
```

如你所見，我們得到與之前使用 timeseries_dataset_from_array() 函式時相同的輸出（需要費一番工夫，但很快就會獲得回報）。

在開始訓練之前，我們要將資料分為訓練時段（period）、驗證時段和測試時段。我們會把重心放在輕軌乘客量。我們也會將它縮小一百萬倍，以確保數值接近 0-1 範圍，這個範圍很適合搭配預設的權重初始化和學習速度：

```
rail_train = df["rail"]["2016-01":"2018-12"] / 1e6
rail_valid = df["rail"]["2019-01":"2019-05"] / 1e6
rail_test = df["rail"]["2019-06":] / 1e6
```

在處理時間序列時通常會沿著時間維度進行拆分。但是在某些情況下，你可以沿著其他維度進行拆分，這會讓你有更長的時段可供訓練。例如，如果你有從 2001 年到 2019 年的 10,000 家公司的財務資料，你可以將這些資料拆為不同的公司。然而，這些公司可能有強烈的相關性（例如，整個經濟板塊可能同時上升或下降），如果訓練組和測試組有相關的公司，那麼測試組將不太有用，因為它衡量出來的類推誤差將過於樂觀。

接下來，我們要使用 timeseries_dataset_from_array() 來建立訓練和驗證資料組。由於梯度下降預期訓練組內的實例是獨立同分布的（IID），正如我們在第 4 章中看到的那樣，所以我們必須設定 shuffle=True 來洗亂訓練窗口（但不洗亂它們的內容）：

```
seq_length = 56
train_ds = tf.keras.utils.timeseries_dataset_from_array(
    rail_train.to_numpy(),
    targets=rail_train[seq_length:],
    sequence_length=seq_length,
    batch_size=32,
    shuffle=True,
    seed=42
)
valid_ds = tf.keras.utils.timeseries_dataset_from_array(
    rail_valid.to_numpy(),
    targets=rail_valid[seq_length:],
    sequence_length=seq_length,
    batch_size=32
)
```

現在我們可以開始組建和訓練任何回歸模型了！

使用線性模型來進行預測

我們先來嘗試一個基本的線性模型。我們將使用 Huber 損失，它的效果通常比直接最小化 MAE 更好，正如第 10 章所討論的。我們也會使用提早停止：

```
tf.random.set_seed(42)
model = tf.keras.Sequential([
    tf.keras.layers.Dense(1, input_shape=[seq_length])
])
early_stopping_cb = tf.keras.callbacks.EarlyStopping(
    monitor="val_mae", patience=50, restore_best_weights=True)
opt = tf.keras.optimizers.SGD(learning_rate=0.02, momentum=0.9)
```

```
model.compile(loss=tf.keras.losses.Huber(), optimizer=opt, metrics=["mae"])
history = model.fit(train_ds, validation_data=valid_ds, epochs=500,
                    callbacks=[early_stopping_cb])
```

這個模型達到大約 37,866 的驗證 MAE（實際的數值可能有所不同）。這個結果比天真預測法還要好，但比 SARIMA 模型差 [5]。

使用 RNN 可以預測得更準確嗎？我們來看看！

使用簡單的 RNN 來進行預測

我們來試試最基本的 RNN，它只有一個遞迴層，裡面只有一個遞迴神經元，就像我們在圖 15-1 中看到的那樣：

```
model = tf.keras.Sequential([
    tf.keras.layers.SimpleRNN(1, input_shape=[None, 1])
])
```

Keras 的所有遞迴層都期望接收 3D 輸入，其外形為 [批次大小 , 時步 , 維度]，其中，單變數時間序列的維度是 1，多變數時間序列則更多。input_shape 引數忽略第一個維度（即批次大小），由於遞迴層可以接受任意長度的輸入序列，我們可以將第二個維度設為 None，代表「任意大小」。最後，因為我們處理的是單變數時間序列，我們要將最後一個維度的大小設為 1。這就是為什麼我們指定的輸入外形是 [None, 1]，它代表「任意長度的單變數序列」。請注意，資料組實際上包含外形為 [批次大小 ， 時步] 的輸入，因此我們缺少最後一個維度，即大小 1，但在這個例子裡，Keras 會自動為我們加入。

這個模型的運作方式與之前看到的一樣：它將初始狀態 $h_{(init)}$ 設為 0，並將它與第一個時步值 $x_{(0)}$ 一起傳給一個遞迴神經元。該神經元計算這些值的加權和並加上偏差項，然後對著結果執行觸發函數，在預設情況下使用雙曲正切函數，得到第一個輸出值 y_0。在簡單 RNN 中，這個輸出也是新狀態 h_0。接著將這個新狀態連同下一個輸入值 $x_{(1)}$ 一起傳給同一個遞迴神經元，重複執行這個程序，直到最後一個時步為止。最後，這一層輸出最後一個值：在我們的例子中，序列是 56 步長，因此最後的值是 y_{55}。這些操作都對批次內的每一個序列同時執行，本例有 32 個序列。

 在預設情況下，Keras 的遞迴層只回傳最終輸出。要讓它們為每個時步回傳一個輸出，你必須設定 return_sequences=True，等一下會展示。

---

5   注意，驗證時段從 2019 年 1 月 1 日開始，因此第一個預測是在八個星期後的 2019 年 2 月 26 日。當我們評估基準模型時，我們使用的是從 3 月 1 日開始的預測，但結果應該夠接近。

這就是我們的第一個遞迴模型！它是一個序列到向量的模型。由於輸出神經元只有一個，所以輸出向量的大小為 1。

如果你像之前一樣編譯、訓練和評估這個模型，你會發現它一點都不好，它的驗證 MAE 大於 100,000！真慘，但這是預料中的，有兩個原因：

1. 這個模型只有一個遞迴神經元，所以它在每一個時步只能使用當下時步的輸入值和前一個時步的輸出值來進行預測。可利用的資訊很有限！換句話說，這個遞迴神經網路的記憶非常有限：它只是一個數字，也就是上一個輸出。我們來算一下這個模型的參數有幾個：因為遞迴神經元只有一個，而且它只有兩個輸入值，所以整個模型只有三個參數（兩個權重加一個偏差項）。這遠遠不足以處理這個時間序列。相較之下，之前的模型可以一次檢視所有的 56 個先前值，而且它總共有 57 個參數。

2. 時間序列的數值範圍從 0 到大約 1.4，但因為預設的觸發函數是 tanh，遞迴層只能輸出 –1 到 +1 之間的值。它無法預測 1.0 和 1.4 之間的值。

我們來解決這兩個問題：我們將建立一個具有更大遞迴層的模型，裡面有 32 個遞迴神經元，並在該層的上面加入一個密集輸出層，該層只有一個輸出神經元，且沒有觸發函數。遞迴層能夠在不同時步之間傳遞更多資訊，而密集輸出層會將最終輸出從 32 維投射到 1維，且沒有任何數值範圍的限制：

```
univar_model = tf.keras.Sequential([
    tf.keras.layers.SimpleRNN(32, input_shape=[None, 1]),
    tf.keras.layers.Dense(1)  # 在預設情況下沒有觸發函數
])
```

如果你像之前那樣編譯、訓練和評估這個模型，你會發現它的驗證 MAE 是 27,703。這是截至目前為止訓練出來的最佳模型，甚至超過 SARIMA 模型：我們做得很好！

 我們只對時間序列進行正規化，而沒有移除趨勢和季節性，但模型的表現仍然很好。這很方便，因為它可以讓我們快速尋找有希望的模型，而不必過於煩惱預先處理工作。然而，為了獲得最佳效能，你可能要試著讓時間序列更平穩性，例如，使用差分。

使用深度 RNN 來進行預測

我們經常將多層的 cell 堆疊起來，如圖 15-10 所示。這可以產生一個深度 *RNN*。

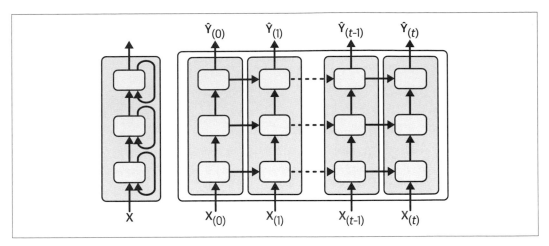

圖 15-10 深度 RNN（左），以及將它的時間展開（右）

使用 Keras 來實現深度 RNN 非常簡單，只要把遞迴層疊起來就好了。在下面的例子中，我們使用三個 SimpleRNN 層（但也可以使用其他類型的遞迴層，例如 LSTM 層或 GRU 層，我們稍後討論）。前兩層是序列到序列層，最後一層是序列到向量層。最後，Dense 層產生模型的預測（你可以將它想成向量到向量層）。因此，這個模型就像圖 15-10 所示的模型一樣，只是我們忽略了 $\hat{Y}_{(0)}$ 到 $\hat{Y}_{(t-1_)}$ 的輸出，而且在 $\hat{Y}_{(t)}$ 的上面有一個密集層，它輸出實際的預測結果：

```
deep_model = tf.keras.Sequential([
    tf.keras.layers.SimpleRNN(32, return_sequences=True, input_shape=[None, 1]),
    tf.keras.layers.SimpleRNN(32, return_sequences=True),
    tf.keras.layers.SimpleRNN(32),
    tf.keras.layers.Dense(1)
])
```

務必為所有遞迴層設定 return_sequences=True（除了最後一個，如果你只在乎最後的輸出）。如果你忘記為遞迴層設定這個參數，它會輸出一個 2D 陣列，裡面只有最後一個時步的輸出，而不是一個包含所有時步的輸出的 3D 陣列。下一個遞迴層會抱怨你沒有按照它所預期的 3D 格式來傳遞序列。

當你訓練並評估這個模型時，你會發現它的 MAE 大約是 31,211。這比兩個基準模型都好，但它沒有勝過我們的「較淺」RNN。看起來這個 RNN 對於我們的任務而言有點過大。

預測多變數時間序列

神經網路有一個重要優點在於它的靈活性,尤其是在處理多變數時間序列時,它的架構幾乎不需要改變就可以處理。例如,我們試著使用公車和輕軌的資料作為輸入來預測輕軌時間序列。事實上,我們還會傳入日期類型!由於我們可以提前知道明天是工作日、週末還是假期,我們可以將日期類型序列往未來移動一天,將明天的日期類型當成輸入傳給模型。為了簡化工作,我們使用 Pandas 來處理:

```
df_mulvar = df[["bus", "rail"]] / 1e6  # 使用 bus 與 rail 序列值作為輸入
df_mulvar["next_day_type"] = df["day_type"].shift(-1) # 我們知道明天的類型
df_mulvar = pd.get_dummies(df_mulvar)  # 獨熱編碼日期類型
```

現在 df_mulvar 是一個包含五個欄位的 DataFrame:巴士和輕軌資料,以及包含隔天類型(複習一下,可能的日期類型有三種:W,A 和 U)的獨熱編碼欄位。接下來,我們可以像之前一樣進行下一個步驟。首先,我們將資料分成三個時段,用來進行訓練、驗證和測試:

```
mulvar_train = df_mulvar["2016-01":"2018-12"]
mulvar_valid = df_mulvar["2019-01":"2019-05"]
mulvar_test = df_mulvar["2019-06":]
```

然後建立資料組:

```
train_mulvar_ds = tf.keras.utils.timeseries_dataset_from_array(
    mulvar_train.to_numpy(),  # 使用全部的 5 欄作為輸入
    targets=mulvar_train["rail"][seq_length:],  # 只預測 rail 序列
    [...]  # 其他的 4 個引數與之前一樣
)
valid_mulvar_ds = tf.keras.utils.timeseries_dataset_from_array(
    mulvar_valid.to_numpy(),
    targets=mulvar_valid["rail"][seq_length:],
    [...]  # 其他的 2 個引數與之前一樣
)
```

最後,我們建立 RNN:

```
mulvar_model = tf.keras.Sequential([
    tf.keras.layers.SimpleRNN(32, input_shape=[None, 5]),
    tf.keras.layers.Dense(1)
])
```

注意,這個例子與之前建立 univar_model RNN 之間的唯一差異是輸入外形:在每個時步,模型現在收到五個輸入,而不是一個。實際上,這個模型的驗證 MAE 達到 22,062。這是很大的進步!

事實上，讓 RNN 預測公車和輕軌乘客數量並不難。你只要在建立資料組時改變目標值即可：將訓練組的目標值設為 `mulvar_train[["bus", "rail"]][seq_length:]`，將驗證組的目標值設為 `mulvar_valid[["bus", "rail"]][seq_length:]`。此外，由於現在必須預測兩個值（公車和輕軌的乘客數），所以我們要在輸出 Dense 層額外加入一個神經元。

正如我們在第 10 章討論的那樣，使用同一個模型來處理多個相關任務的效果，通常比為每一個任務建立單獨的模型的效果更好，因為，為了執行一個任務而學到的特徵，也許可在其他任務中使用，也因為，必須在多個任務中表現良好可防止模型過擬（這是一種正則化）。然而，這取決於任務的性質，在這個特定例子中，同時預測公車和輕軌乘客數的多任務 RNN 的表現不如專門預測其中一個乘客數的模型（使用全部的五欄作為輸入）。不過，它對於輕軌和公車的驗證 MAE 分別是 25,330 和 26,369，這已經是相當不錯的成果了。

提前幾個時步進行預測

到目前為止，我們只預測下一個時步的值，但是我們可以藉著適當地改變目標，來預測幾個時步之後的值（例如，要預測兩週後的乘客量，我們可以將目標改為 14 天之後的值，而不是 1 天後的值）。但是，如果我們想要預測接下來的 14 個值呢？

第一種選擇是使用之前為輕軌時間序列訓練的 univar_model RNN，讓它預測下一個值，並將該值加到輸入，就好像預測出來的值已經實際發生了一樣。然後，我們再次使用模型來預測下一個值，以此類推，程式碼如下所示：

```python
import numpy as np

X = rail_valid.to_numpy()[np.newaxis, :seq_length, np.newaxis]
for step_ahead in range(14):
    y_pred_one = univar_model.predict(X)
    X = np.concatenate([X, y_pred_one.reshape(1, 1, 1)], axis=1)
```

在這段程式裡，我們獲取驗證時段的前 56 天的輕軌乘客量，並將資料轉換為外形為 [1, 56, 1] 的 NumPy 陣列（複習一下，遞迴層期望接收 3D 輸入）。然後，我們反覆使用模型來預測下一個值，並將每個預測結果附加到輸入序列，沿著時間軸（axis=1）。預測結果如圖 15-11 所示。

如果模型在某個時步出錯，那麼接下來的時步的預測也會受影響，錯誤會累積起來。因此，最好只將這個技術用在少量的時步上。

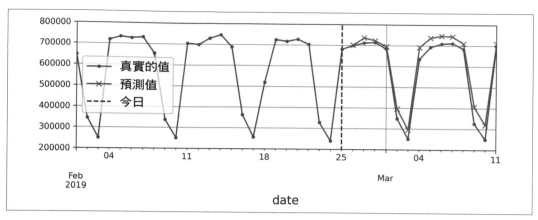

圖 15-11　預測 14 步之後的值，一次 1 步

第二個選項是訓練一個遞迴神經網路（RNN）來一次預測未來的 14 個值。我們仍然可以使用序列到向量的模型，但它輸出 14 個值而不是 1 個值。然而，我們要先將目標改成一個向量，包含接下來的 14 個值。我們可以再次使用 timeseries_dataset_from_array() 函式，但這次要求它建立沒有目標（targets=None）且具有較長序列的資料組，長度為 seq_length + 14。然後，我們使用資料組的 map() 方法來將自訂函式應用在每一個序列批次，將它們拆為輸入和目標。在這個例子中，我們使用多變數時間序列作為輸入（使用全部的五欄），並預測未來 14 天的輕軌乘客量[6]：

```
def split_inputs_and_targets(mulvar_series, ahead=14, target_col=1):
    return mulvar_series[:, :-ahead], mulvar_series[:, -ahead:, target_col]

ahead_train_ds = tf.keras.utils.timeseries_dataset_from_array(
    mulvar_train.to_numpy(),
    targets=None,
    sequence_length=seq_length + 14,
    [...]   # 其他的 3 個引數與之前一樣
).map(split_inputs_and_targets)
ahead_valid_ds = tf.keras.utils.timeseries_dataset_from_array(
    mulvar_valid.to_numpy(),
    targets=None,
    sequence_length=seq_length + 14,
    batch_size=32
).map(split_inputs_and_targets)
```

6　試著隨意調整這個模型。例如，你可以預測未來 14 天的公車和輕軌乘客量。你需要調整目標來包含兩者，並讓模型輸出 28 個預測，而不是 14 個。

然後讓輸出層有 14 個單元，而不是 1 個：

```
ahead_model = tf.keras.Sequential([
    tf.keras.layers.SimpleRNN(32, input_shape=[None, 5]),
    tf.keras.layers.Dense(14)
])
```

在訓練好這個模型後，你可以像這樣一次預測接下來的 14 個值：

```
X = mulvar_valid.to_numpy()[np.newaxis, :seq_length]  # 外形 [1, 56, 5]
Y_pred = ahead_model.predict(X)  # 外形 [1, 14]
```

這種做法的效果相當不錯。它預測隔天的準確度顯然比預測未來 14 天要好，但它不會像之前的做法那樣累積誤差。然而，我們還可以更進一步，使用序列到序列（或 *seq2seq*）模型。

使用 seq2seq 模型來進行預測

除了只在最後一個時步預測接下來的 14 個值之外，我們也可以在每個時步預測接下來的 14 個值。換句話說，我們可以將這個序列到向量的 RNN 轉換為序列到序列的 RNN。這種技術的優點是，損失函數將包含 RNN 在每一個時步的輸出項，而不僅僅是最後一個時步的輸出項。

這意味著將有更多誤差梯度流經模型，而且它們不必像之前那樣在時間軸上流動（flow through time），因為它們來自每一個時步的輸出，而不僅僅是最後一個時步的輸出。這會讓訓練過程更穩定，並加快訓練速度。

明確地說，在時步 0，模型將輸出一個向量，裡面有時步 1 到 14 的預測值，然後在時步 1，模型將預測時步 2 到 15，以此類推。換句話說，目標是包含連續窗口的序列，在每個時步向前移動一個時步。目標不再是向量了，而是與輸入一樣長的序列，在每一步包含一個 14 維的向量。

準備資料組並不容易，因為每一個實例都有一個作為輸入的窗口，以及一個作為輸出的窗口序列。有一種做法是使用之前建立的 `to_windows()` 工具函式，連續使用兩次，以獲得連續窗口的窗口。例如，我們將數字 0 到 6 轉換為包含 4 個連續窗口的資料組，每個窗口長度為 3：

```
>>> my_series = tf.data.Dataset.range(7)
>>> dataset = to_windows(to_windows(my_series, 3), 4)
>>> list(dataset)
[<tf.Tensor: shape=(4, 3), dtype=int64, numpy=
 array([[0, 1, 2],
```

```
        [1, 2, 3],
        [2, 3, 4],
        [3, 4, 5]])>,
 <tf.Tensor: shape=(4, 3), dtype=int64, numpy=
 array([[1, 2, 3],
        [2, 3, 4],
        [3, 4, 5],
        [4, 5, 6]])>]
```

現在，我們可以使用 map() 方法來將這些窗口的窗口拆為輸入和目標：

```
>>> dataset = dataset.map(lambda S: (S[:, 0], S[:, 1:]))
>>> list(dataset)
[(<tf.Tensor: shape=(4,), dtype=int64, numpy=array([0, 1, 2, 3])>,
  <tf.Tensor: shape=(4, 2), dtype=int64, numpy=
  array([[1, 2],
         [2, 3],
         [3, 4],
         [4, 5]])>),
 (<tf.Tensor: shape=(4,), dtype=int64, numpy=array([1, 2, 3, 4])>,
  <tf.Tensor: shape=(4, 2), dtype=int64, numpy=
  array([[2, 3],
         [3, 4],
         [4, 5],
         [5, 6]])>)]
```

現在資料組包含長度為 4 的輸入序列，而目標是包含每個時步的下兩步的序列。例如，第一個輸入序列是 [0, 1, 2, 3]，它的目標序列是 [[1, 2], [2, 3], [3, 4], [4, 5]]，即每個時步的下兩個值。如果你和我一樣，需要花幾分鐘的時間來理解這個過程，請慢慢來，不要著急！

 在目標裡面有輸入中的值可能令人驚訝。這不是作弊嗎？還好完全不是：在每個時步，RNN 只知道過去的時步，它無法向前查看。它被稱為 因果（*causal*）模型。

我們再來建立一個小工具函式，來為我們的序列到序列模型準備資料組。它也會處理洗牌（選用）和分批：

```
def to_seq2seq_dataset(series, seq_length=56, ahead=14, target_col=1,
                       batch_size=32, shuffle=False, seed=None):
    ds = to_windows(tf.data.Dataset.from_tensor_slices(series), ahead + 1)
    ds = to_windows(ds, seq_length).map(lambda S: (S[:, 0], S[:, 1:, 1]))
    if shuffle:
        ds = ds.shuffle(8 * batch_size, seed=seed)
    return ds.batch(batch_size)
```

現在我們可以使用這個函式來建立資料組：

```
seq2seq_train = to_seq2seq_dataset(mulvar_train, shuffle=True, seed=42)
seq2seq_valid = to_seq2seq_dataset(mulvar_valid)
```

最後，我們建構序列到序列模型：

```
seq2seq_model = tf.keras.Sequential([
    tf.keras.layers.SimpleRNN(32, return_sequences=True, input_shape=[None, 5]),
    tf.keras.layers.Dense(14)
])
```

這個模型與先前的模型幾乎相同：唯一的區別是我們在 SimpleRNN 層裡設定 return_
sequences=True。如此一來，它會輸出一系列的向量（每個大小為 32），而不是僅在最後
一個時步輸出一個向量。Dense 層能夠聰明地處理序列輸入：它會被應用在每一個時步，
接收 32 維的輸入向量，並輸出一個 14 維的向量。事實上，另一種得到完全相同的結果的
方法是使用一個核大小為 1 的 Conv1D 層：Conv1D(14, kernel_size=1)。

> Keras 的 TimeDistributed 層可以讓你在每一個時步對著輸入序列的每一個
> 向量應用任意的向量到向量層。它會高效地重塑輸入來將每一個時步視為一
> 個單獨的實例，然後重塑階層的輸出，以恢復時間維度。在我們的例子裡，
> 由於 Dense 層已經支援序列輸入了，所以不需要使用 TimeDistributed 層。

訓練程式與平常一樣。在訓練期間會使用模型的所有輸出，但在訓練之後，我們只需要
最後一個時步的輸出，其餘的可以忽略。例如，我們可以像這樣預測未來 14 天的輕軌乘
客量：

```
X = mulvar_valid.to_numpy()[np.newaxis, :seq_length]
y_pred_14 = seq2seq_model.predict(X)[0, -1]  # 只有最後一個時步的輸出
```

評估這個模型對於 $t + 1$ 所做的預測可以發現，它的驗證 MAE 是 25,519。對於 $t + 2$，它是
26,274，隨著模型試著預測更遠的未來，效果會逐漸下降。在 $t + 14$ 時，MAE 為 34,322。

> 你可以結合兩種做法來預測多個時步之後：例如，你可以訓練一個模型來
> 預測未來 14 天，然後將它的輸出附加到輸入，再次執行模型，以獲得接下
> 來 14 天的預測，或許可以重複執行這個程序。

簡單的 RNN 很適合用來預測時間序列或處理其他類型的序列，但不擅長處理長時間序列或長序列。我們來討論其原因，並看看可以怎麼做。

處理長序列

為了用長序列來訓練 RNN，我們必須讓 RNN 執行許多時步，使得展開的 RNN 變成非常深的網路，此時，就像任何一種深度神經網路，它可能會有梯度不穩定的問題（見第 11 章）：訓練可能永遠不會結束，或無法穩定。此外，當 RNN 處理長序列時，它會逐漸忘記序列的前幾個輸入。我們來探討這些問題，先從梯度不穩定問題開始。

對抗梯度不穩定問題

在深度網路中用來緩解梯度不穩定的許多技巧也可以在 RNN 中使用，包括將參數設成好的初始值、使用更快的優化器、dropout…等。但是，不飽和觸發函數（例如 ReLU）對 RNN 的幫助應該不大，事實上，它們可能讓 RNN 在訓練期間更不穩定。為什麼？假設梯度下降在第一個時步以某種方式更新權重，使輸出在第一個時步稍微增加。由於相同的權重會在每一個時步使用，所以第二個時步的輸出也可能稍微增加，第三個的輸出也是如此…直到輸出爆炸——不飽和觸發函數無法防止這種狀況。

你可以使用較小的學習速度來降低這種風險，也可以使用雙曲正切函數之類的飽和觸發函數（這就是為什麼它是預設值）。

梯度本身也可能爆炸。如果你發現訓練不穩定，你可能要監視梯度的大小（例如使用 TensorBoard），可能要使用梯度修剪。

此外，批次正規化在 RNN 裡的效果不像它在深度前饋網路中那麼好。事實上，你無法在時步之間使用它，只能在遞迴層之間使用它。

更精確地說，你可以將 BN 層加入 cell（稍後你將看到），以便在每個時步應用它（應用於該時步的輸入，以及應用於前一步的隱藏狀態）。但是如此一來，同樣的 BN 層會被用在每一個時步，使用相同的參數，無論輸入的實際尺度及偏差和隱藏狀態是怎樣。在實務上，這無法產生好結果，正如 César Laurent 等人在 2015 年的論文（*https://homl.info/rnnbn*）中展示的[7]：作者發現，當 BN 被應用在階層的輸入，而非應用在隱藏狀態時，才能夠帶來些微的好處。換句話說，在遞迴層之間（也就是圖 15-10 裡的直向）使用它只比什麼都不做好一些，但是在遞迴層裡面（也就是橫向）使用它一點好處都沒有。在 Keras

---

7　César Laurent et al., "Batch Normalized Recurrent Neural Networks", *Proceedings of the IEEE International Conference on Acoustics, Speech, and Signal Processing* (2016): 2657–2661.

裡，你可以藉著在每一個遞迴層之前加入 BatchNormalization 層，在層與層之間應用 BN，但這會降低訓練速度，而且可能沒有太大幫助。

在 RNN 裡面使用另一種正規化通常有更好的效果：階層正規化。這個概念是 Jimmy Lei Ba 等人在 2016 年的論文（*https://homl.info/layernorm*）[8] 中提出的，它很像批次正規化，但不是跨越批次維度進行正規化，而是跨越特徵維度。它的優點之一是，它可以在每個時步即時計算所需的統計量，為每一個實例獨立地計算。這也意味著它在訓練和測試期間的行為是相同的（與 BN 相反），並且不需要使用指數移動平均來估計訓練組的所有實例的特徵統計量，就像 BN 所做的那樣。階層正規化和 BN 一樣，可學習各個輸入的尺度與偏差參數。在 RNN 裡，階層正規化通常被用於輸入和隱藏狀態的線性組合之後。

接下來，我們要使用 Keras 在簡單的記憶 cell 裡實作階層正規化。為此，我們要定義一個自訂的記憶 cell，它很像一般的階層，只是它的 call() 方法接收兩個引數：當下時步的輸入，以及上一個時步的隱藏狀態。

注意，states 引數是一個包含一或兩個 tensor 的串列。在簡單 RNN cell 的例子中，它裡面有一個等於上一個時步的輸出的 tensor，但其他單元可能有多個狀態 tensor（例如，LSTMCell 有長期狀態與短期狀態，你很快就會看到）。cell 也必須有一個 state_size 屬性與一個 output_size 屬性。在簡單 RNN 中，它們都等於單元（unit）數量。下面的程式實作一個自訂的 cell，它的行為就像 SimpleRNNCell，但是它也會在每一個時步執行階層正規化：

```python
class LNSimpleRNNCell(tf.keras.layers.Layer):
    def __init__(self, units, activation="tanh", **kwargs):
        super().__init__(**kwargs)
        self.state_size = units
        self.output_size = units
        self.simple_rnn_cell = tf.keras.layers.SimpleRNNCell(units,
                                                             activation=None)
        self.layer_norm = tf.keras.layers.LayerNormalization()
        self.activation = tf.keras.activations.get(activation)

    def call(self, inputs, states):
        outputs, new_states = self.simple_rnn_cell(inputs, states)
        norm_outputs = self.activation(self.layer_norm(outputs))
        return norm_outputs, [norm_outputs]
```

---

8   Jimmy Lei Ba et al., "Layer Normalization", arXiv preprint arXiv:1607.06450 (2016).

我們來解釋一下這段程式：

- 我們的 LNSimpleRNNCell 類別繼承 tf.keras.layers.Layer 類別，就像任何自訂階層一樣。

- 建構式接收單元數量與想使用的觸發函數，並設定 state_size 和 output_size 屬性，然後建立一個無觸發函數的 SimpleRNNCell（因為我們想要在線性操作之後，但是在觸發函數之前執行階層正規化）[9]。接下來，建構式建立 LayerNormalization 層，最後取得所需的觸發函數。

- call() 方法先應用 simpleRNNCell，它計算當下輸入和先前隱藏狀態的線性組合，並回傳結果兩次（事實上，在 SimpleRNNCell 裡，輸出等於隱藏狀態：換句話說，new_states[0] 等於 outputs，因此我們可以在 call() 方法的其餘部分放心地忽略 new_states）。接著 call() 方法執行階層正規化，然後執行觸發函數。最後，它回傳輸出兩次，一次當成輸出，一次當成新的隱藏狀態。若要使用這個自訂的 cell，只要建立一個 tf.keras.layers.RNN 階層，再將一個 cell 實例傳給它即可：

    ```
    custom_ln_model = tf.keras.Sequential([
        tf.keras.layers.RNN(LNSimpleRNNCell(32), return_sequences=True,
                            input_shape=[None, 5]),
        tf.keras.layers.Dense(14)
    ])
    ```

同理，你也可以建立自訂的 cell，在各個時步之間執行 dropout。但是有一種更簡單的做法：Keras 的遞迴層與 cell 幾乎都有 dropout 超參數與 recurrent_dropout 超參數：前者定義輸入的卸除率，後者定義時步之間的隱藏狀態卸除率。所以，你不需要在 RNN 裡建立自訂的 cell 在每一個時步執行 dropout。

透過這些技術，你可以緩解不穩定梯度問題，並且更高效地訓練 RNN。接著來看如何處理短期記憶問題。

在預測時間序列時，除了預測值之外，我們通常也希望有一些誤差範圍。為此，你可以使用第 11 章介紹的 MC dropout：在訓練期間使用 recurrent_dropout，然後在推理時，讓 dropout 維持活動狀態，做法是使用 model(X, training=True) 來呼叫模型。重複這個程序多次，來取得多個稍微不同的預測，然後計算每個時步的這些預測的平均值和標準差。

9　繼承 SimpleRNNCell 就不需要建立內部的 SimpleRNNCell 或處理 state_size 和 output_size 屬性了，所以這種做法更簡單。但是我們在這裡的目標是展示如何從頭開始建立自訂單元。

處理短期記憶問題

因為資料通過 RNN 時會進行轉換，所以每一個時步都會損失一些資訊，經過一段時間之後，RNN 的狀態幾乎就沒有最初幾個輸入的足跡（trace）了。這可能是個阻礙。想像一下小魚 Dory 試圖翻譯一個長句子[10]，但是當她讀完句子時，已經完全忘記開頭的部分。為瞭解決這個問題，許多人提出各種具有長期記憶能力的 cell。它們被證明非常成功，以致於基本的 cell 不再流行了。首先，我們來看看這些長期記憶 cell 中最流行的一種：LSTM cell。

LSTM cell

長短期記憶（LSTM）cell 於 1997 年由 Sepp Hochreiter 和 Jürgen Schmidhuber 提出（*https://homl.info/93*）[11]，並在多年來由多位研究者逐漸改進，例如 Alex Graves（*https://homl.info/graves*）、Haşim Sak（*https://homl.info/94*）[12] 和 Wojciech Zaremba（*https://homl.info/95*）[13]。當你將 LSTM cell 視為黑箱時，可以將它當成基本 cell 來使用，但它的效能更好，訓練收斂速度更快，並且能夠偵測到資料中的長期模式。在 Keras 裡，你可以使用 LSTM 層來取代 SimpleRNN 層：

```
model = tf.keras.Sequential([
    tf.keras.layers.LSTM(32, return_sequences=True, input_shape=[None, 5]),
    tf.keras.layers.Dense(14)
])
```

或者，你可以使用通用的 tf.keras.layers.RNN 層，將 LSTMCell 當成引數傳給它：然而，LSTM 層在 GPU 上運行時會使用優化的實作（見第 19 章），因此使用它通常比較好（RNN 層在自訂 cell 時才比較有用，就像我們之前所做的那樣）。

那麼 LSTM 細胞是怎麼運作的？圖 15-12 是它的結構。如果不看 LSTM cell 的內部的話，它和一般的 cell 沒什麼兩樣，只是它的狀態被分成兩個向量：$\mathbf{h}_{(t)}$ 與 $\mathbf{c}_{(t)}$（「c」是指「cell」）。你可以將 $\mathbf{h}_{(t)}$ 想成短期狀態，將 $\mathbf{c}_{(t)}$ 想成長期狀態。

---

10 Dory（多莉）是動畫電影「海底總動員」和「海底總動員 2：多莉去哪兒？」的角色，牠患有短期失憶症。

11 Sepp Hochreiter and Jürgen Schmidhuber, "Long Short-Term Memory", *Neural Computation* 9, no. 8 (1997): 1735–1780.

12 Haşim Sak et al., "Long Short-Term Memory Based Recurrent Neural Network Architectures for Large Vocabulary Speech Recognition", arXiv preprint arXiv:1402.1128 (2014).

13 Wojciech Zaremba et al., "Recurrent Neural Network Regularization", arXiv preprint arXiv:1409.2329 (2014).

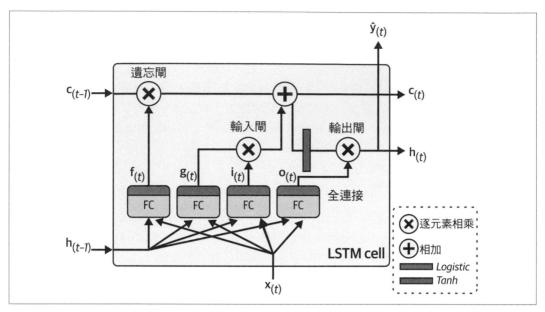

圖 15-12　LSTM cell

我們來打開黑盒子！這種網路的主要概念在於，它可以學習該將什麼存入長期狀態、該丟棄什麼，以及該從長期狀態讀取什麼。當長期狀態 $c_{(t-1)}$ 從左到右流經網路時，它會先經過一個遺忘閘（*forget gate*），卸除一些記憶，接著用加法操作來加入一些新記憶（加入輸入閘（*input gate*）所選擇的記憶）。得到的 $c_{(t)}$ 會被 cell 直接送出，不做任何其他轉換。所以在各個時步中，有些記憶會被卸除，有些會被加入。此外，在加法操作之後，cell 會將長期狀態複製並傳給 tanh 函數，然後用輸出閘（*output gate*）來過濾結果。這會產生短期狀態 $h_{(t)}$（它等於 cell 為這個時步產生的輸出，$y_{(t)}$）。我們來看一下新記憶從何而來，以及這些閘如何運作。

首先，cell 將當下的輸入向量 $x_{(t)}$ 與之前的短期狀態 $h_{(t-1)}$ 傳給四個不同的全連接層。它們分別有不同的目的：

- 主階層是輸出 $g_{(t)}$ 的階層，它的工作是分析當下的輸入 $x_{(t)}$ 與之前（短期）的狀態 $h_{(t-1)}$。基本 cell 只有這個階層，而且它的輸出會被直接傳到 $y_{(t)}$ 與 $h_{(t)}$。但是 LSTM cell 不會將這個階層的輸出直接傳出去，而是將它最重要的部分存入長期狀態（將其餘的部分移除）。

- 其他的三個階層是閘控制器（*gate controller*）。因為它們使用 logistic 觸發函數，所以它們的輸出範圍是 0 到 1。如你所見，閘控制器的輸出會被傳給逐元素乘法運算，如果它們輸出 0，它們就會關閉閘，如果它們輸出 1，它們就打開閘。具體來說：

  — 遺忘閘（以 $\mathbf{f}_{(t)}$ 控制）控制長期狀態的哪些部分應該移除。

  — 輸入閘（以 $\mathbf{i}_{(t)}$ 控制）控制 $\mathbf{g}_{(t)}$ 的哪些部分應該加入長期狀態。

  — 最後，輸出閘（以 $\mathbf{o}_{(t)}$ 控制）控制長期狀態的哪些部分應該在這個時步讀取與輸出，包括輸出至 $\mathbf{h}_{(t)}$ 與 $\mathbf{y}_{(t)}$。

簡而言之，LSTM cell 可以學會辨認重要的輸入（這是輸入閘的工作），將它存入長期狀態，在需要的時候保留它（這是遺忘閘的工作），並在需要時提取它。這解釋了為什麼這些 cell 非常擅長捕捉時間序列、長文字、音訊錄音…等裡面的長期模式。

公式 15-4 總結如何計算 cell 在每個時步處理一個實例時的長期狀態、短期狀態和輸出（整個小批次的公式非常相似）。

公式 *15-4* LSTM 計算

$$\mathbf{i}_{(t)} = \sigma\left(\mathbf{W}_{xi}^{\top}\mathbf{x}_{(t)} + \mathbf{W}_{hi}^{\top}\mathbf{h}_{(t-1)} + \mathbf{b}_i\right)$$

$$\mathbf{f}_{(t)} = \sigma\left(\mathbf{W}_{xf}^{\top}\mathbf{x}_{(t)} + \mathbf{W}_{hf}^{\top}\mathbf{h}_{(t-1)} + \mathbf{b}_f\right)$$

$$\mathbf{o}_{(t)} = \sigma\left(\mathbf{W}_{xo}^{\top}\mathbf{x}_{(t)} + \mathbf{W}_{ho}^{\top}\mathbf{h}_{(t-1)} + \mathbf{b}_o\right)$$

$$\mathbf{g}_{(t)} = \tanh\left(\mathbf{W}_{xg}^{\top}\mathbf{x}_{(t)} + \mathbf{W}_{hg}^{\top}\mathbf{h}_{(t-1)} + \mathbf{b}_g\right)$$

$$\mathbf{c}_{(t)} = \mathbf{f}_{(t)} \otimes \mathbf{c}_{(t-1)} + \mathbf{i}_{(t)} \otimes \mathbf{g}_{(t)}$$

$$\mathbf{y}_{(t)} = \mathbf{h}_{(t)} = \mathbf{o}_{(t)} \otimes \tanh\left(\mathbf{c}_{(t)}\right)$$

在這個公式中：

- $\mathbf{W}_{xi}$、$\mathbf{W}_{xf}$、$\mathbf{W}_{xo}$ 與 $\mathbf{W}_{xg}$ 是包含四個階層與輸入向量 $\mathbf{x}_{(t)}$ 之間的連結的權重矩陣。

- $\mathbf{W}_{hi}$、$\mathbf{W}_{hf}$、$\mathbf{W}_{ho}$ 與 $\mathbf{W}_{hg}$ 是包含四個階層與前一個短期狀態 $\mathbf{h}_{(t-1)}$ 之間的連結的權重矩陣。

- $\mathbf{b}_i$、$\mathbf{b}_f$、$\mathbf{b}_o$ 與 $\mathbf{b}_g$ 是四個階層的偏差項。注意，TensorFlow 將 $\mathbf{b}_f$ 的初始值設為全為 1 的向量，而不是全為 0 的。這可以防止在訓練開始時忘了所有東西。

LSTM cell 有幾個變體，特別流行的變體是 GRU cell，見接下來的介紹。

GRU cell

Gated Recurrent Unit（GRU）cell（見圖 15-13）是 Kyunghyun Cho 等人在 2014 年的論文
（*https://homl.info/97*）[14] 中提出的，這篇論文也提出前面提過的 encoder–decoder 網路。

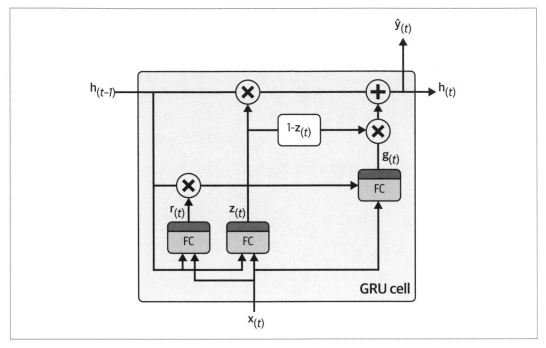

圖 15-13　GRU cell

GRU cell 是簡化版的 LSTM cell，但它們的表現似乎不相上下 [15]（這解釋了為何它越來越受
歡迎）。以下是它主要簡化的地方：

- 將兩個狀態向量合併成一個向量 $\mathbf{h}_{(t)}$。

- 用一個閘控制器 $\mathbf{z}_{(t)}$ 來控制遺忘閘和輸入閘。如果閘控制器輸出 1，代表遺忘閘是開的
  （= 1），且輸入閘是關的（1 – 1 = 0）。如果它輸出 0，代表相反的情況。換句話說，
  每當 cell 需要儲存記憶時，它就會先清除將要儲存的位置。實際上，這是 LSTM cell 本
  身的一種常見改變。

14　Kyunghyun Cho et al., "Learning Phrase Representations Using RNN Encoder–Decoder for Statistical Machine Translation",
　　Proceedings of the 2014 Conference on Empirical Methods in Natural Language Processing (2014): 1724–1734.

15　見 Klaus Greff et al., "LSTM: A Search Space Odyssey" (*https://homl.info/98*), *IEEE Transactions on Neural Networks and
　　Learning Systems* 28, no. 10 (2017): 2222–2232。這篇論文似乎指出所有的 LSTM 變體的表現都差不多。

- 沒有輸出閘，每一個時步都會輸出完整的狀態向量。但是它加入一個新的閘控制器 $\mathbf{r}_{(t)}$，控制著前一個狀態的哪部分要展示給主階層（$\mathbf{g}_{(t)}$）。

公式 15-5 總結如何計算 cell 在每個時步處理一個實例時的狀態。

公式 *15-5 GRU 計算*

$$\mathbf{z}_{(t)} = \sigma\left(\mathbf{W}_{xz}{}^\top\mathbf{x}_{(t)} + \mathbf{W}_{hz}{}^\top\mathbf{h}_{(t-1)} + \mathbf{b}_z\right)$$

$$\mathbf{r}_{(t)} = \sigma\left(\mathbf{W}_{xr}{}^\top\mathbf{x}_{(t)} + \mathbf{W}_{hr}{}^\top\mathbf{h}_{(t-1)} + \mathbf{b}_r\right)$$

$$\mathbf{g}_{(t)} = \tanh\left(\mathbf{W}_{xg}{}^\top\mathbf{x}_{(t)} + \mathbf{W}_{hg}{}^\top\left(\mathbf{r}_{(t)} \otimes \mathbf{h}_{(t-1)}\right) + \mathbf{b}_g\right)$$

$$\mathbf{h}_{(t)} = \mathbf{z}_{(t)} \otimes \mathbf{h}_{(t-1)} + \left(1 - \mathbf{z}_{(t)}\right) \otimes \mathbf{g}_{(t)}$$

Keras 提供 `tf.keras.layers.GRU` 層，你只要將 `SimpleRNN` 或 `LSTM` 換成 `GRU` 就可以使用它了。它還提供了 `tf.keras.layers.GRUCell`，以便讓你基於 GRU cell 自行建立 cell。

LSTM 與 GRU cell 是 RNN 成功的主因之一。然而，儘管它們比簡單的 RNN 更擅長處理更長的序列，但它們的短期記憶仍然相當有限，而且很難從 100 個時步或更長的序列學到東西，例如音訊樣本、長的時間序列或長句子。解決這種問題的做法之一是縮短輸入序列，例如使用 1D 摺積層。

使用 1D 摺積層來處理序列

我們在第 14 章看過，2D 摺積層使用一些很小的核（或過濾器）來掃描圖像，產生多個 2D 特徵圖（每個核一個）。同理，1D 摺積層使用多個核掃描序列，每個核產生一個 1D 特徵圖。每個核都會學習偵測一個很短的序列模式（不長於核）。如果你使用 10 個核，階層的輸出將由 10 個 1D 序列組成（全部一樣長），你也可以將這個輸出視為一個 10D 序列。這意味著，你可以建構由遞迴層和 1D 摺積層（甚至 1D 池化層）組成的神經網路。如果你使用 1D 摺積層、步幅 1、"same" 填補，輸出序列的長度會與輸入序列一樣。但如果你使用 "valid" 填補，或大於 1 的步幅，輸出序列將短於輸入序列，所以你一定要相應地調整目標。

例如，下面的模型與之前的一樣，但它最初使用 1D 摺積層來將輸入序列降抽樣 2 倍，使用步幅 2。核的大小比步幅更大，所以所有的輸入都會被用來計算階層的輸出，因此模型可以學習保留實用的資訊，只移除不重要的細節。藉著縮短序列，摺積層可以幫助 GRU 層偵測更長的模式，因此我們可以將輸入序列的長度加倍到 112 天。需要注意的是，我們也必須將目標的前三個時步剪除：實際上，核大小為 4，因此摺積層的第一個輸出是根據輸入的時步 0 到 3，而第一個預測是針對時步 4 到 17 的（而不是時步 1 到 14 的）。此外，由於步幅，我們必須將目標降抽樣 2 的倍數：

```
conv_rnn_model = tf.keras.Sequential([
    tf.keras.layers.Conv1D(filters=32, kernel_size=4, strides=2,
                           activation="relu", input_shape=[None, 5]),
    tf.keras.layers.GRU(32, return_sequences=True),
    tf.keras.layers.Dense(14)
])

longer_train = to_seq2seq_dataset(mulvar_train, seq_length=112,
                                  shuffle=True, seed=42)
longer_valid = to_seq2seq_dataset(mulvar_valid, seq_length=112)
downsampled_train = longer_train.map(lambda X, Y: (X, Y[:, 3::2]))
downsampled_valid = longer_valid.map(lambda X, Y: (X, Y[:, 3::2]))
[...]   # 使用降抽樣的資料組來編譯和擬合模型
```

當你訓練與評估這個模型時，你會發現它的表現優於之前的模型（儘管幅度不大）。實際上，你甚至可以完全使用 1D 摺積層，完全不使用遞迴層！

WaveNet

Aaron van den Oord 與其他的 DeepMind 研究者在 2016 年的論文（*https://homl.info/wavenet*）[16] 中提出名為 *WaveNet* 的嶄新架構。他們將 1D 摺積層堆疊起來，將每一層的膨脹率（各個神經元的輸入之間的間隔）加倍：第一個摺積層一次只能看到兩個時步，下一個則可以看到四個時步（它的感受區是四個時步長），再下一個看到八個時步，以此類推（見圖 15-14）。如此一來，較低層可以學到短期模式，較高層可以學到長期模式。因為膨脹率加倍，所以網路可以非常高效地處理巨大的序列。

---

16 Aaron van den Oord et al., "WaveNet: A Generative Model for Raw Audio", arXiv preprint arXiv:1609.03499 (2016).

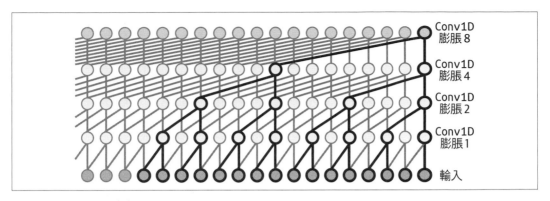

圖 15-14　WaveNet 架構

論文的作者其實堆疊了 10 個摺積層，使用膨脹率 1、2、4、8、…、256、512，然後堆疊 10 個一模一樣的階層（也使用膨脹率 1、2、4、8、…、256、512），再堆疊 10 個一模一樣的階層。為了證明這個架構的合理性，他們指出，一個包含 10 個摺積層並使用這些膨脹率的堆疊的效果，就像一個使用大小為 1,024 的核的超高效摺積層的效果（但更快、更強大且使用少很多的參數）。他們也在輸入序列的左邊補零，零的數量等於每一層之前的膨脹率，在整個網路中保持相同的序列長度。

下面的程式使用簡化的 WaveNet 來處理之前的序列 [17]：

```
wavenet_model = tf.keras.Sequential()
wavenet_model.add(tf.keras.layers.Input(shape=[None, 5]))
for rate in (1, 2, 4, 8) * 2:
    wavenet_model.add(tf.keras.layers.Conv1D(
        filters=32, kernel_size=2, padding="causal", activation="relu",
        dilation_rate=rate))
wavenet_model.add(tf.keras.layers.Conv1D(filters=14, kernel_size=1))
```

這個 Sequential 模型始於一個明確的輸入層，這比只在第一層設定 input_shape 更簡單。然後，它使用 "causal" 填補來新增 1D 摺積層，"causal" 類似 "same"，但它只在輸入序列的開頭補零，而不是在兩端。這可以確保摺積層在進行預測時不偷窺未來的資訊。然後，我們使用逐漸增加的膨脹率來加入類似的成對階層：先使用膨脹率 1、2、4、8，然後再次使用 1、2、4、8。最後，我們加入輸出層，它是一個具有 14 個大小為 1 的過濾器，且沒有任何觸發函數的摺積層。如前所示，這種摺積層的效果相當於具有 14 個單元的 Dense 層。因為使用 causal 填補，所以每一個摺積層的輸出序列都與它的輸入序列一樣長，因此我們可以在訓練期間使用完整的 112 天序列作為目標，不需要進行裁剪或降抽樣。

17　完整的 WaveNet 使用了一些其他技巧，例如 ResNet 的跳接和類似 GRU cell 的**閘控觸發單元**。詳情可參考本章的 notebook。

本節所討論的模型在乘客量預測任務中提供相似的效能，但根據任務和可用資料量的不同，它們的表現可能有很大差異。在 WaveNet 論文中，作者在處理各種音訊任務（這就是為什麼這個架構取這個名稱）時取得頂尖的成績，包括將文字轉換成語音的任務，可產生令人難以置信的多種語言的逼真語音。他們也使用這個模型來產生音樂，一次產生一個音訊樣本。如果你知道一秒鐘的音訊可能包含數萬個時步的話，你會對這個壯舉印象深刻──連 LSTM 和 GRU 都無法處理這麼長的序列。

如果你用測試時段（始於 2020 年）來評估我們的最佳芝加哥乘客量模型的話，你會發現它們的表現低於預期！為何如此？因為那正是 Covid-19 疫情開始的時候，它對公共交通造成很大的衝擊。如前所述，唯有當這些模型從過去學到的模式在未來繼續存在時，它們才有良好的表現。無論如何，在將模型部署到生產環境之前，請驗證它可以正確地預測最近的資料。而且，將它投入生產後，務必定期監控它的效能。

現在你已經學會處理各種時間序列了！在第 16 章，我們將繼續探討 RNN，並瞭解它們如何執行各種自然語言處理（NLP）任務。

習題

1. 你可以想出序列對序列 RNN 的一些應用領域嗎？序列對向量 RNN 與向量對序列 RNN 的應用領域呢？

2. RNN 層的輸入必須有幾維？各個維度代表什麼？它的輸出呢？

3. 當你想要建立一個深度序列對序列 RNN 時，哪些 RNN 層應該設定 return_sequences=True？序列對向量 RNN 呢？

4. 假如你有每日的單變數時間序列，你想要預測接下來的七日，你要使用哪個 RNN 架構？

5. 訓練 RNN 的主要困難有哪些？如何處理它們？

6. 畫出 LSTM cell 的架構。

7. 為什麼要在 RNN 中使用 1D 摺積層？

8. 哪種神經網路結構可用來分類視訊？

9. 為 SketchRNN 資料組訓練一個分類模型，你可以在 TensorFlow Datasets 中找到這個資料組。

10. 下載巴哈讚美詩（*https://homl.info/bach*）資料組並將它解壓縮。該資料組由巴哈創作的 382 首讚美詩組成。每首讚美詩的長度為 100 到 640 個時步長，每個時步長包含 4 個整數，每個整數都對應一個鋼琴音符的索引（除了值為 0 的情況，它代表沒有音符）。訓練一個模型（遞迴、摺積或兩者兼具），讓它可以根據讚美詩的時步序列預測下一個時步（四個音符）。然後使用這個模型來產生類巴哈風格的音樂，每次產生一個音符：你可以將讚美詩的開頭傳給模型，並要求它預測下一個時步，然後將這些時步附加到輸入序列，並要求模型預測下一個音符，以此類推。還有，務必看看 Google 的 Coconet 模型（*https://homl.info/coconet*），它被用在關於 Bach 的 Google doodle。

這些習題的答案在本章的 notebook（*https://homl.info/colab3*）的結尾。

## 第十六章

使用 RNN 和專注機制來進行自然語言處理

當 Alan Turing 在 1950 年構思著名的 Turing（圖靈）測試（*https://homl.info/turingtest*）[1]時，他提出一種評估機器的智力能否匹敵人類的做法。當時，他本可以測試許多事物，例如在圖像中辨識貓的能力、下棋、作曲，或走出迷宮，但有趣的是，他選擇了一種語言任務。更具體地說，他設計了一個能夠欺騙對話者誤以為它是真人的聊天機器人[2]。然而，這個測試也有其弱點，包括使用一組寫死的規則可以欺騙毫無防備或天真的對話者（例如，機器可以用含混的預定答案來回應一些關鍵詞、假裝開玩笑或喝醉酒來掩飾奇怪的回答，或藉著提出自己的問題來回應困難的問題，藉此迴避它們），而且這項測試忽視人類智慧的許多面向（例如，解讀臉部表情等非語言交流的能力，或者學習手動操作的任務的能力）。但是這項測試確實突顯了語言應該是智人（*Homo sapiens*）最偉大的認知能力之一。

我們可以打造一台能夠閱讀和撰寫自然語言的機器嗎？這是自然語言處理（NLP）研究的終極目標，但它過於廣泛，因此在實務上，研究者把重心放在更具體的任務上，例如文本分類、翻譯、摘要生成、問題回答…等。

自然語言處理任務的常見做法之一是使用遞迴神經網路。因此，我們將繼續探索 RNN（在第 15 章介紹過），首先要介紹字元 RNN，即 *char-RNN*，用於預測句子中的下一個字元。它可以讓我們產生一些原創文字。我們將先使用無狀態 RNN（它會在每一次迭代中，學

---

[1] Alan Turing, "Computing Machinery and Intelligence", *Mind* 49 (1950): 433–460.

[2] 當然，**聊天機器人**（*chatbot*）這個單字在很久之後才真正出現，Turing 將他的測試稱為**模仿遊戲**（*imitation game*）：機器 A 與真人 B 透過文字訊息來與真人審問者 C 聊天，審問者藉著問問題來猜出哪一個是機器（A 或 B）。如果機器可以騙過審問者，它就通過測試，且真人 B 必須設法協助審問者。

習文字的隨機部分，且未掌握關於其餘文本的任何資訊），然後我們要建立**有狀態** *RNN*（在訓練迭代之間保留隱藏狀態，並從上次停下來的地方繼續閱讀，所以能夠學習更長的模式）。接著，我們將建立一個 RNN 來執行情感分析（例如閱讀影評，並提取評價者對於電影的感受），這次將句子視為單字序列，而不是字元序列。然後，我們將展示如何使用 RNN 來建構能夠執行神經機器翻譯（NMT）的 encoder–decoder 架構，將英文翻譯成西班牙文。

在本章的第二部分，我們將探討 *attention*（專注）機制。顧名思義，它們是神經網路組件，能夠學習並選出模型的其餘部分在每個時步應該關注的輸入的哪些部分。首先，我們將使用專注機制來提升基於 RNN 的 encoder–decoder 架構的效能。接下來，我們將完全捨棄 RNN，使用一種只採用專注機制的成功架構，稱為**轉換器**（*transformer*），來建構一個翻譯模型。然後，我們將討論近年來自然語言處理領域的重要進展，包括 GPT 和 BERT 等超強語言模型，它們都採用轉換器。最後，我要展示如何使用 Hugging Face 優秀的 Transformers 程式庫。

我們從一種簡單且有趣的模型看起，這種模型可以寫出類似莎士比亞風格的文章（在某種程度上啦！）。

用字元 RNN 來產生莎士比亞風格的文章

Andrej Karpathy 在一篇 2015 年發表的部落格文章「The Unreasonable Effectiveness of Recurrent Neural Networks」中介紹如何訓練 RNN 來預測句子的下一個字元（*https://homl.info/charrnn*）。後來這種 *char-RNN* 可用來產生新文章，每次一個字元。以下是使用莎士比亞全集訓練出來的 char-RNN 模型產生的一小段文字：

> *PANDARUS:*
> *Alas, I think he shall be come approached and the day*
> *When little srain would be attain'd into being never fed,*
> *And who is but a chain and subjects of his death,*
> *I should not sleep.*

這雖然稱不上傑作，但令人印象深刻的是，這個模型透過學習預測句子的下一個字元，竟然能夠學會單字、語法、正確的標點符號…等。這是我們的第一個語言模型範例，與它類似但更強大的語言模型（稍後討論）是現代自然語言處理的核心。在本節接下來的部分中，我們要逐步建構一個 char-RNN，我們從建立資料組開始。

建立訓練資料組

首先，我們使用 Keras 的方便函式 tf.keras.utils.get_file() 來下載莎士比亞的全部作品。這些資料是從 Andrej Karpathy 的 char-rnn 專案（*https://github.com/karpathy/char-rnn*）載入的：

```python
import tensorflow as tf

shakespeare_url = "https://homl.info/shakespeare"  # 經過縮短的網址
filepath = tf.keras.utils.get_file("shakespeare.txt", shakespeare_url)
with open(filepath) as f:
    shakespeare_text = f.read()
```

我們來印出前幾行：

```
>>> print(shakespeare_text[:80])
First Citizen:
Before we proceed any further, hear me speak.

All:
Speak, speak.
```

看起來確實是莎士比亞的作品！

接下來，我們要使用 tf.keras.layers.TextVectorization 層（在第 13 章介紹過）來編碼這個文本。我們設定 split="character" 以取得字元級別編碼，而不是預設的單字級別編碼，我們使用 standardize="lower" 來將文本轉換為小寫（這可以簡化任務）：

```python
text_vec_layer = tf.keras.layers.TextVectorization(split="character",
                                                   standardize="lower")
text_vec_layer.adapt([shakespeare_text])
encoded = text_vec_layer([shakespeare_text])[0]
```

現在，每個字元都對映一個整數，從 2 開始。TextVectorization 層保留值 0 作為填補詞元（token），保留值 1 作為未知字元。目前我們不需要這些詞元，所以將字元 ID 減 2，並計算不同字元的數量和總字元數：

```python
encoded -= 2  # 移除詞元 0（填補）和 1（未知），因為我們不使用它們
n_tokens = text_vec_layer.vocabulary_size() - 2  # 不同字元的數量 = 39
dataset_size = len(encoded)  # 總字元數量 = 1,115,394
```

接下來，就像我們在第 15 章所做的那樣，我們將這個非常長的序列轉換成窗口資料組（a dataset of windows），然後使用它們來訓練一個序列到序列的 RNN。目標將類似輸入，

但往「未來」偏移一個時步。例如，資料組內的一個樣本可能是由代表文字「to be or not to b」（不包括最後的「e」）的字元 ID 組成的序列，它的目標是由代表文字「o be or not to be」（包括最後的「e」，但不包括開頭的「t」）的字元 ID 組成的序列。我們編寫一個小工具函式，來將一個很長的字元 ID 序列轉換成由成對的輸入 / 目標窗口組成的資料組：

```
def to_dataset(sequence, length, shuffle=False, seed=None, batch_size=32):
    ds = tf.data.Dataset.from_tensor_slices(sequence)
    ds = ds.window(length + 1, shift=1, drop_remainder=True)
    ds = ds.flat_map(lambda window_ds: window_ds.batch(length + 1))
    if shuffle:
        ds = ds.shuffle(buffer_size=100_000, seed=seed)
    ds = ds.batch(batch_size)
    return ds.map(lambda window: (window[:, :-1], window[:, 1:])).prefetch(1)
```

這個函式與我們在第 15 章設計的 to_windows() 自訂工具函式非常相似：

- 它接收一個序列作為輸入（即，已編碼的文本），並建立一個資料組，裡面有所有所需長度的窗口。

- 它將長度加一，因為需要使用下一個字元作為目標。

- 然後，它對窗口洗亂（選擇性）、將它們分批、將它們拆為成對的輸入 / 輸出，並啟用預取。

圖 16-1 總結了資料組準備步驟：它顯示了長度為 11 的窗口，批次大小為 3。每個窗口旁邊的數字是它的開始索引。

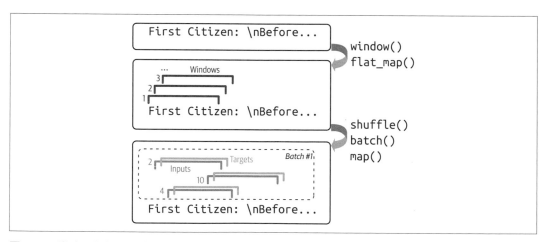

圖 16-1　準確一個包含洗亂的窗口的資料組

現在可以建立訓練組、驗證組和測試組了。我們將使用大約 90% 的文本作為訓練組，5% 作為驗證組，另外 5% 作為測試組。

```
length = 100
tf.random.set_seed(42)
train_set = to_dataset(encoded[:1_000_000], length=length, shuffle=True,
                       seed=42)
valid_set = to_dataset(encoded[1_000_000:1_060_000], length=length)
test_set = to_dataset(encoded[1_060_000:], length=length)
```

> 我們將窗口長度設為 100，但你可以試著調整它：用較短的輸入序列來訓練 RNN 比較容易且比較快速，但是 RNN 將無法學習比 length 更長的模式，所以不要把它設得太小。

這樣就好了！準備資料組是最困難的部分，我們來建立模型。

建立與訓練 Char-RNN 模型

由於我們的資料組很龐大，且建立語言模型是相當困難的任務，我們需要的不僅僅是一個包含幾個遞迴神經元的簡單 RNN 而已。我們要建立並訓練一個包含一層 GRU 的模型，該 GRU 層由 128 個單元組成（如果需要，之後你可以試著調整層數和單元數）：

```
model = tf.keras.Sequential([
    tf.keras.layers.Embedding(input_dim=n_tokens, output_dim=16),
    tf.keras.layers.GRU(128, return_sequences=True),
    tf.keras.layers.Dense(n_tokens, activation="softmax")
])
model.compile(loss="sparse_categorical_crossentropy", optimizer="nadam",
              metrics=["accuracy"])
model_ckpt = tf.keras.callbacks.ModelCheckpoint(
    "my_shakespeare_model", monitor="val_accuracy", save_best_only=True)
history = model.fit(train_set, validation_data=valid_set, epochs=10,
                    callbacks=[model_ckpt])
```

我們來解釋一下這段程式：

- 我們使用 Embedding 層作為第一層，用它來編碼字元 ID（embedding 曾經在第 13 章介紹過）。Embedding 層的輸入維數等於不同字元 ID 的數量，輸出維數是可以調整的超參數，我們暫時將它設為 16。雖然 Embedding 層的輸入是外形為 [批次大小，窗口長度] 的 2D tensor，但 Embedding 層的輸出是個外形為 [批次大小，窗口長度，*embedding 大小*] 的 3D tensor。

- 我們使用一個 Dense 層作為輸出層：它必須有 39 個單元（n_tokens），因為文本裡有 39 個不同的字元，而我們希望在每個時步輸出每個可能的字元的機率。在每一個時步，39 個輸出的總和應為 1，因此我們對 Dense 層的輸出使用 softmax 觸發函數。

- 最後，我們使用 "sparse_categorical_crossentropy" 損失函數與 Nadam 優化器來編譯這個模型，並訓練模型幾個 epoch [3]，在訓練過程中，我們使用 ModelCheckpoint 回呼來儲存具有最佳驗證準確率的模型。

 如果你在 Colab 上啟用 GPU 來執行這段程式，那麼訓練的時間大概需要一到兩個小時。如果不想等那麼久，你可以減少 epoch 數，但是模型的準確率可能會降低。如果 Colab 對話逾時，務必迅速重新連接，否則 Colab runtime 會被銷毀。

這個模型不預先處理文本，所以我們將它包在一個最終模型裡，最終模型的第一層是 tf.keras.layers.TextVectorization 層，以及一個 tf.keras.layers.Lambda 層來將字元 ID 減 2，因為目前不使用填補和未知詞元：

```
shakespeare_model = tf.keras.Sequential([
    text_vec_layer,
    tf.keras.layers.Lambda(lambda X: X - 2),  # 沒有 <PAD> 或 <UNK> 詞元
    model
])
```

我們用它來預測句子的下一個字元：

```
>>> y_proba = shakespeare_model.predict(["To be or not to b"])[0, -1]
>>> y_pred = tf.argmax(y_proba)  # 選擇最有可能的字元 ID
>>> text_vec_layer.get_vocabulary()[y_pred + 2]
'e'
```

太好了，這個模型正確預測出下一個字元。我們來使用這個模型，扮演莎士比亞！

---

3 因為輸入窗口互相重疊，所以在這個例子裡，*epoch* 的概念不太明確：在每個 epoch（Keras 所實作的）期間，模型實際上會多次看到相同的字元。

產生偽莎士比亞文章

要使用 char-RNN 模型來產生新的文章，我們可以將一些文字傳給它，讓模型預測接下來最有可能的字母，再將該字母附加到文字的結尾，然後把加長的文字傳入模型，讓它預測下一個字母，以此類推。這個做法稱為 *greedy decoding*。但是在實務上，這種做法通常會導致一些單字不斷重複出現。所以，我們使用 TensorFlow 的 `tf.random.categorical()` 函數、以及等於估計機率的機率來隨機抽樣下一個字元。這可以產生更多樣化且有趣的文章。`categorical()` 函式可根據類別對數機率（logits）來隨機抽樣類別索引。例如：

```
>>> log_probas = tf.math.log([[0.5, 0.4, 0.1]])  # 機率 = 50%, 40%, 與 10%
>>> tf.random.set_seed(42)
>>> tf.random.categorical(log_probas, num_samples=8)  # 抽出 8 個樣本
<tf.Tensor: shape=(1, 8), dtype=int64, numpy=array([[0, 1, 0, 2, 1, 0, 0, 1]])>
```

為了進一步控制文本的多樣性，我們可以將 logits 除以一種稱為 *temperature*（溫度）的數字，我們可以根據需要調整這個數字。當 temperature 接近 0 時，高機率的字元比較有機會被選中，當 temperature 非常高時，所有字元都有相同的機率被選中。在產生相對嚴謹和精確的文本時（例如數學方程式），我們傾向較低的 temperature，而在產生較多樣性和富創意的文本時，我們傾向較高的 temperature。下面的 `next_char()` 函式使用這種做法來選擇下一個字元，以加入輸入文本：

```
def next_char(text, temperature=1):
    y_proba = shakespeare_model.predict([text])[0, -1:]
    rescaled_logits = tf.math.log(y_proba) / temperature
    char_id = tf.random.categorical(rescaled_logits, num_samples=1)[0, 0]
    return text_vec_layer.get_vocabulary()[char_id + 2]
```

接下來，我們可以編寫另一個小輔助函數，它將重複呼叫 `next_char()` 以取得下一個字元，並將它附加到給定的文本中：

```
def extend_text(text, n_chars=50, temperature=1):
    for _ in range(n_chars):
        text += next_char(text, temperature)
    return text
```

現在我們可以開始生成文本了！我們來試試別的 temperature 值：

```
>>> tf.random.set_seed(42)
>>> print(extend_text("To be or not to be", temperature=0.01))
To be or not to be the duke
as it is a proper strange death,
and the
>>> print(extend_text("To be or not to be", temperature=1))
To be or not to behold?
```

```
second push:
gremio, lord all, a sistermen,
>>> print(extend_text("To be or not to be", temperature=100))
To be or not to bef ,mt'&o3fpadm!$
wh!nse?bws3est--vgerdjw?c-y-ewznq
```

莎士比亞似乎被高溫熱到語無倫次了。為了產生更有說服力的文字，有一種常見的技術是
只抽樣前 k 個字元，或者只從機率總和超過某個閾值的一小組字元中進行抽樣（這稱為**核
心抽樣**（*nucleus sampling*））。另外，你可以嘗試使用**集束搜尋**（*beam search*）（本章稍後
會討論），或使用更多 GRU 層，並讓每層有更多神經元，訓練更久，並在需要時加入一些
正則化。同時，請注意，這個模型目前無法學習超過 length（只有 100 個字元）的模式。
你可以試著加大窗口，但這也會讓訓練更困難，即使是 LSTM 和 GRU cell 也無法處理很長
的序列。另一種替代方法是使用有狀態 RNN。

有狀態 RNN

我們截至目前為止只使用**無狀態** *RNN*：在每個訓練迭代中，這個模型的隱藏狀態最初都
是零，接下來模型會在每一個時步更新狀態，並且在最後一個時步之後將狀態丟棄，因為
再也用不到了。如果我們指示 RNN 在處理一個訓練批次之後保留最終狀態，並將最終狀
態當成下一個訓練批次的初始狀態會怎樣？如此一來，模型可以學習長期模式，即使只是
透過短序列進行反向傳播。這種做法稱為**有狀態** *RNN*。我們來看看如何建構它。

首先，請注意，只有當一個批次裡的每一個輸入序列的開始位置正好是上一個批次的相
應序列的結束位置時，有狀態 RNN 才有意義。所以，要建立有狀態 RNN，我們的第一個
工作是使用循序且不重疊的輸入序列（而不是洗亂且重疊的序列，像之前用來訓練無狀
態 RNN 的那種）。所以當我們建立 tf.data.Dataset 時，必須在呼叫 window() 方法時使用
shift=length（而不是 shift=1）。此外，我們不能呼叫 shuffle() 方法。

不幸的是，為有狀態 RNN 準備資料組時的分批工作（batching），要比為無狀態 RNN 準
備資料組時困難許多。事實上，如果我們呼叫 batch(32)，32 個連續的窗口會被放在同一
個批次，而且下一個批次不會從每一個窗口結束的地方開始。第一個批次將包含窗口 1
到 32，第二個批次將包含窗口 33 到 64，所以如果你考慮（舉例）各個批次的第一個窗口
（也就是窗口 1 與 33），你會看到它們不是連續的。要解決這個問題，最簡單的方法是僅
使用大小為 1 的批次。下面的 to_dataset_for_stateful_rnn() 自訂工具函式使用這種策略
來為有狀態 RNN 準備資料組：

```
def to_dataset_for_stateful_rnn(sequence, length):
    ds = tf.data.Dataset.from_tensor_slices(sequence)
    ds = ds.window(length + 1, shift=length, drop_remainder=True)
```

```
    ds = ds.flat_map(lambda window: window.batch(length + 1)).batch(1)
    return ds.map(lambda window: (window[:, :-1], window[:, 1:])).prefetch(1)

stateful_train_set = to_dataset_for_stateful_rnn(encoded[:1_000_000], length)
stateful_valid_set = to_dataset_for_stateful_rnn(encoded[1_000_000:1_060_000],
                                                 length)
stateful_test_set = to_dataset_for_stateful_rnn(encoded[1_060_000:], length)
```

圖 16-2 說明這個函式的主要步驟。

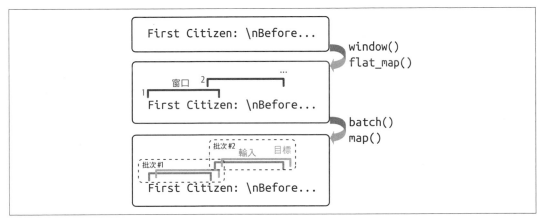

圖 16-2　為有狀態 RNN 準備由連續循序片段組成的資料組

分批更難，但並非無法做到。例如，我們可以將莎士比亞的文章切成等長的 32 個文本，為每一個文本建立一個包含連續輸入序列的資料組，最後使用 tf.data.Dataset. zip(datasets).map(lambda*windows: tf.stack(windows)) 來建立適當的連續批次，在一個批次裡的第 *n* 個輸入序列開始的地方，就是在上一個批次裡的第 *n* 個輸入序列結束的地方（完整的程式見 notebook）。

接著，我們來建立有狀態 RNN。在建立每個遞迴層時，我們要將 stateful 引數設為 True，因為有狀態 RNN 需要知道批次大小（因為它會幫批次中的每個輸入序列保留一個狀態）。因此，我們必須在第一層設定 batch_input_shape 引數。請注意，我們可以讓第二個維度保持未指定，因為輸入序列可以是任意的長度：

```
model = tf.keras.Sequential([
    tf.keras.layers.Embedding(input_dim=n_tokens, output_dim=16,
                              batch_input_shape=[1, None]),
    tf.keras.layers.GRU(128, return_sequences=True, stateful=True),
    tf.keras.layers.Dense(n_tokens, activation="softmax")
])
```

在各個 epoch 結束時，我們必須在回到文本的開頭之前重設狀態。為此，我們可以使用一個自訂 Keras 回呼：

```
class ResetStatesCallback(tf.keras.callbacks.Callback):
    def on_epoch_begin(self, epoch, logs):
        self.model.reset_states()
```

現在我們可以編譯模型，並使用我們的回呼來訓練它：

```
model.compile(loss="sparse_categorical_crossentropy", optimizer="nadam",
              metrics=["accuracy"])
history = model.fit(stateful_train_set, validation_data=stateful_valid_set,
                    epochs=10, callbacks=[ResetStatesCallback(), model_ckpt])
```

> 訓練好模型後，我們只能用它來為大小與訓練時使用的批次一樣大的批次進行預測。為了避免這個限制，你可以建立一個相同的無狀態模型，並將有狀態模型的權重複製到那個模型。

有趣的是，儘管 char-RNN 模型只被訓練來預測下一個字元，但這個看似簡單的任務實際上迫使它學習一些更高階的任務。例如，若要找出「Great movie, I really」接下來是什麼字元，知道這是正面的句子很有幫助，所以接下來的字母比較有可能是「l」（loved）而不是字母「h」（hated）。事實上，Alec Radford 和 OpenAI 的其他研究者在 2017 年的一篇論文（*https://homl.info/sentimentneuron*）[4] 中，敘述了他們如何用大型資料組來訓練一個大型的 char-RNN 模型，並發現其中一個神經元的表現就像出色的情感分析分類器：儘管該模型在訓練時沒有使用任何標籤，但這個情感神經元（他們就是這樣稱呼它的）在情感分析基準測試中展現出頂尖的效能。這預示並促成 NLP 無監督預訓方法的出現。

但是在探討無監督預訓之前，我們先把重心轉向單字級別的模型，以及如何以監督的方式用它們來進行情感分析。在過程中，你將學習如何使用遮罩來處理可變長度的序列。

情感分析

雖然產生文本很有趣且富有教育意義，但是在實際的專案裡，NLP 最常見的應用是文本分類，尤其是情感分析。如果說，為 MNIST 資料組進行圖像分類是計算機視覺的「Hello world！」，那麼為 IMDb 影評資料組進行情感分析就是自然語言處理的「Hello world！」。IMDb 資料組有 50,000 條英文影評（25,000 條用來訓練，25,000 條用來測試），這些影評是從著名的網路電影資料庫（*https://imdb.com*）中提取出來的，每一條影評都有一個簡單的

4　Alec Radford et al., "Learning to Generate Reviews and Discovering Sentiment", arXiv preprint arXiv:1704.01444 (2017).

二元目標，指出那一條影評是負面（0）還是正面（1）。就像 MNIST 一樣，IMDb 影評資料組如此受歡迎是有原因的：它夠簡單，在筆電上可以在合理的時間內處理，但又具有足夠的挑戰性，使得它既有趣，又有意義。

我們使用 TensorFlow Datasets 程式庫（第 13 章介紹過）來載入 IMDb 資料組。我們將使用訓練組的前 90% 來進行訓練，用剩下的 10% 來進行驗證：

```
import tensorflow_datasets as tfds

raw_train_set, raw_valid_set, raw_test_set = tfds.load(
    name="imdb_reviews",
    split=["train[:90%]", "train[90%:]", "test"],
    as_supervised=True
)
tf.random.set_seed(42)
train_set = raw_train_set.shuffle(5000, seed=42).batch(32).prefetch(1)
valid_set = raw_valid_set.batch(32).prefetch(1)
test_set = raw_test_set.batch(32).prefetch(1)
```

 Keras 也提供一個用來載入 IMDb 資料組的函式：tf.keras.datasets.imdb.load_data()。裡面的影評已經被預先處理為單字 ID 的序列了。喜歡的話，你可以試試。

我們來檢查幾條影評：

```
>>> for review, label in raw_train_set.take(4):
...     print(review.numpy().decode("utf-8"))
...     print("Label:", label.numpy())
...
This was an absolutely terrible movie. Don't be lured in by Christopher [...]
Label: 0
I have been known to fall asleep during films, but this is usually due to [...]
Label: 0
Mann photographs the Alberta Rocky Mountains in a superb fashion, and [...]
Label: 0
This is the kind of film for a snowy Sunday afternoon when the rest of the [...]
Label: 1
```

有些影評很容易分類。例如，第一個影評的第一句話就有「terrible movie」這些單字。但在許多情況下，情況沒有那麼簡單。例如，第三個影評最初給人一種正面的感覺，儘管最終是個負面的影評（標籤為 0）。

要為這個任務建構模型，我們要預先處理文本，但這次我們要將它分成單字，而不是字元。為此，我們再次使用 `tf.keras.layers.TextVectorization` 層。請注意，它使用空格來辨識單字的邊界，但這種做法不適合某些語言。例如，中文字之間沒有空格，而越南文甚至在單字裡使用空格，德文通常將多個單字（word）結合起來而沒有空格。即使在英文裡，空格也不一定是分字的最佳方法，例如「San Francisco」和「#ILoveDeepLearning」。

幸好，我們有一些解決方案可以處理這些問題。愛丁堡大學的 Rico Sennrich 等人在 2016 年的一篇論文中（*https://homl.info/rarewords*）[5] 探索了幾種在次單字（subword）級別上對文字進行分字和合併的方法。使用這種方法，即使你的模型遇到它未曾見過的生僻詞，它仍然可以合理地猜測其含義。例如，即使模型在訓練期間從未見過單字「smartest」，如果它學過單字「smart」，也學過後綴「est」是「最」，它就可以推斷出「smartest」的含義。作者評估的技術之一是 *byte pair encoding*（BPE）。BPE 的做法是將整個訓練組分為個別字元（包括空格），然後反覆合併最常見的兩個相鄰字元，直到詞彙到達所需大小。

Google 的 Taku Kudo 在 2018 年的一篇論文（*https://homl.info/subword*）[6] 進一步改善次單字分字，通常可以免除在分字之前的特定語言專屬預先處理工作。該論文還提出一種稱為次單字正則化的新穎正則化技術，在訓練過程中，藉著在分字操作中加入一些隨機性來提高準確率和韌性，例如，「New England」可以分字為「New」+「England」，或「New」+「Eng」+「land」，或只是「New England」（只有一個詞元（token））。Google 的 *SentencePiece*（*https://github.com/google/sentencepiece*）專案提供了一個開源實作，Taku Kudo 和 John Richardson 在一篇論文（*https://homl.info/sentencepiece*）[7] 中介紹了該實作。

TensorFlow Text（*https://homl.info/tftext*）程式庫也實作了各種分字策略，包括 WordPiece（*https://homl.info/wordpiece*）[8]（BPE 的變體），Hugging Face 的 Tokenizers 程式庫（*https://homl.info/tokenizers*）則實作了一系列非常快速的分字器。

然而，對使用英文的 IMDb 任務來說，使用空格作為詞元邊界應該就夠了。所以，我們來建立一個 `TextVectorization` 層，並用訓練組來 adapt 它。我們將 vocabulary 限制為 1,000 個詞元，包括最常見的 998 個單字以及一個填補詞元，和一個代表未知單字的詞元，因為對這個任務來說，生僻的單字應該不太重要，而且限制 vocabulary 大小可減少模型需要學

5　Rico Sennrich et al., "Neural Machine Translation of Rare Words with Subword Units", *Proceedings of the 54th Annual Meeting of the Association for Computational Linguistics* 1 (2016): 1715–1725.

6　Taku Kudo, "Subword Regularization: Improving Neural Network Translation Models with Multiple Subword Candidates", arXiv preprint arXiv:1804.10959 (2018).

7　Taku Kudo and John Richardson, "SentencePiece: A Simple and Language Independent Subword Tokenizer and Detokenizer for Neural Text Processing", arXiv preprint arXiv:1808.06226 (2018).

8　Yonghui Wu et al., "Google's Neural Machine Translation System: Bridging the Gap Between Human and Machine Translation", arXiv preprint arXiv:1609.08144 (2016).

習的參數數量：

```
vocab_size = 1000
text_vec_layer = tf.keras.layers.TextVectorization(max_tokens=vocab_size)
text_vec_layer.adapt(train_set.map(lambda reviews, labels: reviews))
```

我們終於可以建立模型並訓練它了：

```
embed_size = 128
tf.random.set_seed(42)
model = tf.keras.Sequential([
    text_vec_layer,
    tf.keras.layers.Embedding(vocab_size, embed_size),
    tf.keras.layers.GRU(128),
    tf.keras.layers.Dense(1, activation="sigmoid")
])
model.compile(loss="binary_crossentropy", optimizer="nadam",
              metrics=["accuracy"])
history = model.fit(train_set, validation_data=valid_set, epochs=2)
```

第一層是我們剛剛準備的 TextVectorization 層，接下來是一個 Embedding 層，它會將單字 ID 轉換為 embedding。在 embedding 矩陣裡，vocabulary 內的每個詞元必須有一列（vocab_size），每個 embedding 維度必須有一行（此範例使用 128 維，但這是可以調整的超參數）。接下來，我們使用一個 GRU 層、和一個具有一個神經元和使用 sigmoid 觸發函數的 Dense 層，因為這是二元分類任務：模型的輸出將是影評對於電影表達正面情感的估計機率。然後，我們編譯模型，並將它擬合之前準備的資料組幾個 epoch（或者，你可以訓練更長的時間，以獲得更好的結果）。

遺憾的是，執行這段程式通常會發現模型根本無法學到任何東西，它的準確率保持在 50% 左右，並未比隨機猜測好。為何如此？影評有不同的長度，因此當 TextVectorization 層將它們轉換為詞元 ID 的序列時，它會使用填補詞元（ID 為 0）來填補較短的序列，讓它們與批次內最長的序列一樣長。於是，大多數的序列的結尾都有許多填補詞元，通常是數十個，甚至數百個。即使我們使用的是比 SimpleRNN 層好得多的 GRU 層，它的短期記憶仍然不太好，所以當它看過許多填補詞元之後，它會忘記影評的內容！有一種解決辦法是將等長句子的批次傳給模型（這也可以加快訓練速度）。另一種辦法是讓 RNN 忽略填補詞元，這可以使用遮罩來實現。

遮罩

在 Keras 裡讓模型忽略填補詞元很簡單，只要在建立 Embedding 層時加入 mask_zero=True 即可。這意味著，所有下游階層都會忽略填補詞元（其 ID 為 0）。重新訓練之前的模型幾個 epoch，你會發現驗證準確率很快就達到 80% 以上。

這個做法的原理是，Embedding 層會建立一個等於 tf.math.not_equal(inputs, 0) 的遮罩 *tensor*：它是一個布林 tensor，外形與輸入一樣，且在詞元 ID 為 0 的地方為 False，其他地方為 True。然後，模型會將這個遮罩 tensor 自動傳到下一層。如果該層的 call() 方法有 mask 引數，它會自動接收遮罩，可讓該層忽略適當的時步。每個階層可能以不同的方式處理遮罩，但一般來說，它們會直接忽略被遮住的時步（也就是對應的遮罩為 False 的時步）。例如，當遞迴層遇到被遮住的時步時，它會直接複製上一個時步的輸出。

接下來，如果該層的 supports_masking 屬性為 True，遮罩會被自動傳到下一層。只要階層的 supports_masking=True，它就會以這種方式繼續傳播。以遞迴層為例，當 return_sequences=True 時，它的 supports_masking 屬性為 True，但是當 return_sequences=False 時，它的 supports_masking 屬性為 False，因為此時不再需要遮罩。因此，如果模型有多個 return_sequences=True 的遞迴層，接下來有一個 return_sequences=False 的遞迴層，那麼遮罩將自動傳播到最後一個遞迴層：該層將使用遮罩來忽略被遮住的時步，但不會進一步傳播遮罩。同樣地，在剛才建立的情感分析模型中，如果我們在建立 Embedding 層時設定 mask_zero=True，GRU 層將自動接收和使用遮罩，但它不會進一步傳播遮罩，因為 return_sequences 未設為 True。

有些階層在將遮罩傳給下一層之前要先更新遮罩，它們藉著實作 compute_mask() 方法來執行這項工作，該方法接受兩個引數：輸入和之前的遮罩，然後計算新的遮罩並回傳它。compute_mask() 的預設實作會回傳之前的遮罩，不做修改。

許多 Keras 階層都支援遮罩：SimpleRNN、GRU、LSTM、Bidirectional、Dense、TimeDistributed、Add⋯等（都在 tf.keras.layers 程式包裡）。然而，摺積層（包括 Conv1D）不支援遮罩——它們如何做到還不清楚。

如果遮罩被一直傳播到輸出層，它也會被應用在損失函數上，因此被遮蓋的時步不會對損失做出貢獻（它們的損失將為 0）。這種情況的前提是模型輸出序列，但我們的情感分析模型並非如此。

LSTM 與 GRU 層有專為 GPU 優化的版本，它們採用 Nvidia 的 cuDNN 程式庫。但是，這個版本僅在所有填補詞元都位於序列尾端時支援遮罩，它也要求我們使用幾個超參數的預設值：activation、recurrent_activation、recurrent_dropout、unroll、use_bias 和 reset_after。如果這些條件不滿足，這些階層將回到（速度較慢的）預設的 GPU 版本。

如果你要自行編寫階層並支援遮罩，你要為 call() 方法加入 mask 引數，並以明顯的方式，讓該方法使用遮罩。此外，如果遮罩必須傳播到下一層，你要在建構式中設定 self.supports_masking=True。如果遮罩必須先更新再傳播，你必須實作 compute_mask() 方法。

如果你的模型不是以 Embedding 層開始，你可以使用 tf.keras.layers.Masking 層：在預設情況下，它會將遮罩設為 tf.math.reduce_any(tf.math.not_equal(X, 0), axis=-1)，這意味著在後續階層中，最後一個維度全為零的時步會被遮蓋。

簡單的模型使用遮罩層和自動遮罩傳播時有很好的效果。但是對於較複雜的模型，例如混合使用 Conv1D 層與遞迴層的模型，遮罩不一定有效。在這種情況下，你要明確地計算遮罩，並將它傳給適當的階層，使用函式型 API 或子類別化 API。例如，下面的模型相當於之前的模型，只是它使用函式型 API 來建構，並手動處理遮罩。它也加入一些 dropout，因為之前的模型有點過擬：

```python
inputs = tf.keras.layers.Input(shape=[], dtype=tf.string)
token_ids = text_vec_layer(inputs)
mask = tf.math.not_equal(token_ids, 0)
Z = tf.keras.layers.Embedding(vocab_size, embed_size)(token_ids)
Z = tf.keras.layers.GRU(128, dropout=0.2)(Z, mask=mask)
outputs = tf.keras.layers.Dense(1, activation="sigmoid")(Z)
model = tf.keras.Model(inputs=[inputs], outputs=[outputs])
```

使用遮罩的最後一種方法是將不規則 tensor 傳給模型 [9]。在實務上，你只要在建立 TextVectorization 層時設定 ragged=True，輸入序列會以不規則 tensor 的形式來表示：

```python
>>> text_vec_layer_ragged = tf.keras.layers.TextVectorization(
...     max_tokens=vocab_size, ragged=True)
...
>>> text_vec_layer_ragged.adapt(train_set.map(lambda reviews, labels: reviews))
>>> text_vec_layer_ragged(["Great movie!", "This is DiCaprio's best role."])
<tf.RaggedTensor [[86, 18], [11, 7, 1, 116, 217]]>
```

9　第 12 章曾經介紹不規則 tensor，附錄 C 會詳細說明。

我們來比較這個不規則 tensor 表示法與使用填補詞元的一般 tensor 表示法：

```
>>> text_vec_layer(["Great movie!", "This is DiCaprio's best role."])
<tf.Tensor: shape=(2, 5), dtype=int64, numpy=
array([[ 86,  18,   0,   0,   0],
       [ 11,   7,   1, 116, 217]])>
```

Keras 的遞迴層內建不規則 tensor 的支援，所以你不需要做其他事情，只要在模型中使用這個 `TextVectorization` 層即可。你不需要傳遞 `mask_zero=True` 或明確地處理遮罩，遞迴層已經為你完成所有事情了！然而，截至 2022 年初，Keras 對於不規則 tensor 的支援仍然相對較新，所以仍然有一些問題。例如，目前在 GPU 上執行時，不能使用不規則作為目標（但是當你閱讀至此時，這個問題可能已經被解決了）。

無論你偏好哪種遮罩方法，在訓練這個模型幾個 epoch 之後，它就能夠出色地判斷影評是不是正面的。如果你使用了 `tf.keras.callbacks.TensorBoard()` 回呼，你可以在 TensorBoard 中，將學習中的 embedding 視覺化，你會看到奇妙的事情：「awesome」和「amazing」之類的單字漸漸聚集在 embedding 空間的一側，而「awful」和「terrible」之類的單字聚集在另一側。有一些單字不像你想像的那麼正面（至少對這個模型而言），例如「good」，這或許是因為許多負面影評都使用了「not good」。

重複使用預訓的 embedding 和語言模型

這個模型能夠從 25,000 個影評學到有用的單字 embedding 實在令人印象深刻。想像一下，如果我們有數十億條影評可以用來進行訓練的話，embedding 將會多好！遺憾的是，我們沒有那麼多影評。但或許我們可以重複使用以其他（非常）大型的文本語料庫（例如 Amazon 的評價，可在 TensorFlow Datasets 取得）來訓練的單字 embedding，即使它不是由影評組成的？畢竟，無論你是在討論電影還是其他事情，「amazing」這個字的意思應該都一樣。此外，即使 embedding 是在其他的任務裡訓練的，它們對情感分析而言可能也有幫助：因為像「awesome」和「amazing」這樣的單字具有相似的含義，它們在 embedding 空間裡很可能形成群聚，即使是在預測句子的下一個單字之類的任務中也是如此。如果所有正面單字和所有負面單字都會形成群聚，這個現象就對情緒分析有很大的幫助。因此，與其訓練單字 embedding，我們可以下載並使用預訓的 embedding，例如 Google 的 Word2vec embedding（*https://homl.info/word2vec*）、Stanford 的 GloVe embedding（*https://homl.info/glove*）或 Facebook 的 FastText embedding（*https://fasttext.cc*）。

最近幾年非常流行使用預訓的 embedding，但這種方法也有其限制。尤其是，無論上下文是什麼，一個單字只有一個表示法。例如，單字「right」在「left and right」和「right and wrong」裡的編碼方式是相同的，儘管它們代表兩個截然不同的意思。為瞭解決這個限制，Matthew Peters 在 2018 年的一篇論文（*https://homl.info/elmo*）[10] 中提出 *Embeddings from Language Models*（ELMo）：它們是從深度雙向語言模型的內部狀態中學到的單字 embedding，具備上下文資訊。因此，你不但可以在模型中使用預訓的 embedding，也可以重複使用預訓語言模型的一部分。

大約在同一時間，Jeremy Howard 和 Sebastian Ruder 的 Universal Language Model Fine-Tuning（ULMFiT）論文（*https://homl.info/ulmfit*）[11] 證明了無監督預訓對於 NLP 任務的有效性：作者們使用自我監督學習（也就是自動用資料來產生標籤）和龐大的文本語料庫來訓練一個 LSTM 語言模型，然後對它進行微調來執行各種任務。該模型處理六個文本分類任務的表現遠優於當時最先進的模型（在大多數情況下，將錯誤率降低 18% 至 24%）。此外，作者也展示了僅僅使用 100 個帶標籤樣本來進行微調的預訓模型，與使用 10,000 個樣本來從頭開始訓練的模型有差不多的效能。在 ULMFiT 論文發表之前，只有計算機視覺領域經常使用預訓模型，在 NLP 領域，預訓僅限於單字 embedding。這篇論文象徵 NLP 新時代的來臨：如今，重複使用預訓的語言模型已成為常態了。

舉個例子，我們要使用 Universal Sentence Encoder 來建立一個分類器，它是 Google 研究團隊在 2018 年發表的論文中提出來的模型架構（*https://homl.info/139*）[12]。該模型的基礎是轉換器架構，本章稍後會介紹它。方便的是，這個模型可以在 TensorFlow Hub 上找到：

```
import os
import tensorflow_hub as hub

os.environ["TFHUB_CACHE_DIR"] = "my_tfhub_cache"
model = tf.keras.Sequential([
    hub.KerasLayer("https://tfhub.dev/google/universal-sentence-encoder/4",
                   trainable=True, dtype=tf.string, input_shape=[]),
    tf.keras.layers.Dense(64, activation="relu"),
    tf.keras.layers.Dense(1, activation="sigmoid")
])
model.compile(loss="binary_crossentropy", optimizer="nadam",
              metrics=["accuracy"])
model.fit(train_set, validation_data=valid_set, epochs=10)
```

---

10 Matthew Peters et al., "Deep Contextualized Word Representations", *Proceedings of the 2018 Conference of the North American Chapter of the Association for Computational Linguistics: Human Language Technologies* 1 (2018): 2227–2237.

11 Jeremy Howard and Sebastian Ruder, "Universal Language Model Fine-Tuning for Text Classification", *Proceedings of the 56th Annual Meeting of the Association for Computational Linguistics* 1 (2018): 328–339.

12 Daniel Cer et al., "Universal Sentence Encoder", arXiv preprint arXiv:1803.11175 (2018).

這個模型很大，將近 1 GB，所以可能要花一些時間下載。在預設情況下，TensorFlow Hub 模組會將模型儲存到臨時目錄中，每次執行程式都要重新下載。為了避免這種情況，你可以將 **TFHUB_CACHE_DIR** 環境變數設為你選擇的目錄，如此一來，模組會被儲存在該目錄中，而且只下載一次。

注意，TensorFlow Hub 模組 URL 的最後一部分指定我們想要模型的第 4 版。這個版本控制系統會確保萬一有新的模組版本被放到 TF Hub 上時，它不會破壞我們的模型。方便的是，在網路瀏覽器中輸入這個 URL 可以取得該模組的文件。

另外，在建立 hub.KerasLayer 時，我們設定 trainable=True。如此一來，預訓的 Universal Sentence Encoder 在訓練期間就會被微調：它的一些權重會透過反向傳播來調整。並非 TensorFlow Hub 的所有模組都可以微調，因此務必查閱你感興趣的每一個預訓模組的文件。

訓練完成後，這個模型應該可以達到 90% 以上的驗證準確率。這個成績非常好：如果你試著自己執行這個任務，你可能只會稍微好一點，因為許多影評既包含正面評論也包含負面評論。為這些模稜兩可的影評分類就像丟硬幣一樣。

到目前為止，我們介紹了如何使用 char-RNN 來生成文本，以及如何使用單字級 RNN 模型（基於可訓練的 embedding）來進行情感分析，並使用了 TensorFlow Hub 的強大預訓語言模型。在下一節中，我們將探索另一個重要的 NLP 任務：神經機器翻譯（NMT）。

用於神經機器翻譯的 Encoder–Decoder 網路

我們先來看一個簡單的 NMT 模型（*https://homl.info/103*）[13]，它可以將英文句子翻譯成西班牙文（見圖 16-3）。

簡單地說，它的架構就是：將英文句子當成輸入傳給編碼器（encoder），再由解碼器（decoder）輸出西班牙文的翻譯。值得注意的是，在訓練過程中，西班牙文的翻譯也會被當成解碼器的輸入，但是這些輸入會向後移動一個時步。換句話說，在訓練期間，解碼器的輸入是它的前一步應該輸出的單字，不管它實際上輸出了什麼。這種技術稱為 *teacher forcing*，它可以明顯加快訓練速度，並改善模型的效能。對於第一個單字，解碼器的輸入是 start-of-sequence（SOS）詞元，我們期望解碼器以 end-of-sequence（EOS）詞元結束句子。

13　Ilya Sutskever et al., "Sequence to Sequence Learning with Neural Networks", arXiv preprint (2014).

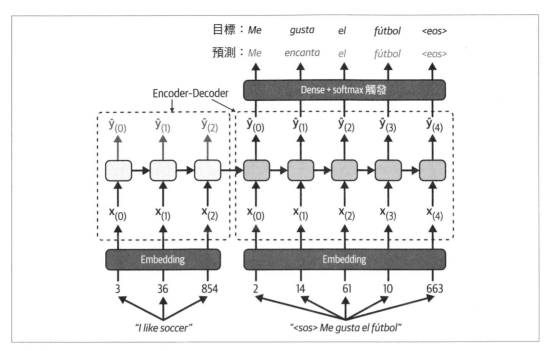

圖 16-3 簡單的機器翻譯模型

每一個單字最初都是用它的 ID 來表示的（例如，用 854 代表單字「soccer」）。接著，Embedding 層回傳單字 embedding。然後將這些單字 embedding 傳給編碼器與解碼器。

在每一步，解碼器都為輸出的 vocabulary（即西班牙文）裡的每一個單字輸出一個分數，然後用 softmax 觸發函數來將這些分數轉換成機率。例如，在第一步，單字「Me」的機率可能是 7%，「Yo」的機率可能是 1%，以此類推。具有最高機率的單字就是輸出。這很像一般的分類任務，實際上，你可以使用 "sparse_categorical_crossentropy" 損失來訓練模型，很像我們在 char-RNN 模型中的做法。

注意，在推理期（在訓練之後），你沒有目標句子可以傳給解碼器，你必須將它在上一步輸出的單字傳給它，如圖 16-4 所示（這需要進行圖中未展示的 embedding lookup）。

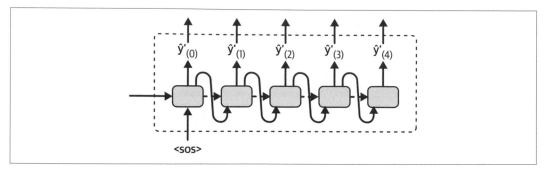

圖 16-4　在推理階段，解碼器會將它在上一個時步輸出的單字當成輸入傳給自己

Samy Bengio 等人在 2015 年的一篇論文（*https://homl.info/scheduledsampling*）[14] 提出逐漸從「將前一個目標詞元傳給解碼器」改成「在訓練期間將前一個輸出詞元傳給解碼器」。

我們來建構和訓練這個模型！首先，我們要下載一個包含成對的英文 / 西班牙文句子的資料組 [15]：

```
url = "https://storage.googleapis.com/download.tensorflow.org/data/spa-eng.zip"
path = tf.keras.utils.get_file("spa-eng.zip", origin=url, cache_dir="datasets",
                               extract=True)
text = (Path(path).with_name("spa-eng") / "spa.txt").read_text()
```

每行都包含一句英文句子和對應的西班牙文翻譯，以 tab 分隔。我們先刪除 TextVectorization 層無法處理的西班牙字元「¡」和「¿」，然後解析成對的句子，並洗亂它們。最後，我們將它們分成兩個獨立的串列，每個語言一個串列：

```
import numpy as np

text = text.replace("¡", "").replace("¿", "")
pairs = [line.split("\t") for line in text.splitlines()]
np.random.shuffle(pairs)
sentences_en, sentences_es = zip(*pairs)  # 將成對的句子拆成 2 個串列
```

14　Samy Bengio et al., "Scheduled Sampling for Sequence Prediction with Recurrent Neural Networks", arXiv preprint arXiv:1506.03099 (2015).

15　這個資料組是 Tatoeba 專案（*https://tatoeba.org*）的貢獻者所建立的句子組成，大約有 120,000 對句子是由網站 *https://manythings.org/anki* 的作者們選擇的。這個資料組採用 Creative Commons Attribution 2.0 France 授權許可，此外還有其他的語言可供使用。

我們來看前三對句子：

```
>>> for i in range(3):
...     print(sentences_en[i], "=>", sentences_es[i])
...
How boring! => Qué aburrimiento!
I love sports. => Adoro el deporte.
Would you like to swap jobs? => Te gustaría que intercambiemos los trabajos?
```

接下來，我們要建立兩個 TextVectorization 層，每個語言一層，並用文本來 adapt 它們：

```
vocab_size = 1000
max_length = 50
text_vec_layer_en = tf.keras.layers.TextVectorization(
    vocab_size, output_sequence_length=max_length)
text_vec_layer_es = tf.keras.layers.TextVectorization(
    vocab_size, output_sequence_length=max_length)
text_vec_layer_en.adapt(sentences_en)
text_vec_layer_es.adapt([f"startofseq {s} endofseq" for s in sentences_es])
```

這段程式有幾個重點：

- 我們將 vocabulary 的大小限制在 1,000，這很小，原因是訓練組不太大，使用小值可以加快訓練速度。目前最先進的翻譯模型通常使用大很多的 vocabulary（例如 30,000）、大很多的訓練組（GB 級）和大很多的模型（數百甚至數千 GB）。例如，赫爾辛基大學的 Opus-MT 模型，和 Facebook 的 M2M-100 模型。

- 由於資料組中的所有句子最多有 50 個單字，我們將 output_sequence_length 設為 50：如此一來，輸入序列會被自動補零，直到它們都是 50 個詞元長。如果在訓練組裡有任何句子超過 50 個詞元長，它會被裁剪為 50 個詞元。

- 對於西班牙文文本，我們在 adapt TextVectorization 層時，在每一個句子前後加入「startofseq」和「endofseq」，使用這些單字作為 SOS 和 EOS 詞元。你可以使用任何其他單字，只要它們不是實際的西班牙單字即可。

我們來檢查兩個 vocabulary 的前 10 個詞元。它們的開頭是填補詞元、未知詞元、SOS 和 EOS 詞元（只在西班牙文 vocabulary 中），然後是實際的單字，按頻率降序排列：

```
>>> text_vec_layer_en.get_vocabulary()[:10]
['', '[UNK]', 'the', 'i', 'to', 'you', 'tom', 'a', 'is', 'he']
>>> text_vec_layer_es.get_vocabulary()[:10]
['', '[UNK]', 'startofseq', 'endofseq', 'de', 'que', 'a', 'no', 'tom', 'la']
```

接下來，我們要建立訓練組和驗證組（如果需要，你也可以建立測試組）。我們將使用前 100,000 對句子來進行訓練，使用其餘的來進行驗證。解碼器的輸入是西班牙文句子加上一個 SOS 詞元前綴。目標是西班牙文句子加上一個 EOS 詞元後綴：

```
X_train = tf.constant(sentences_en[:100_000])
X_valid = tf.constant(sentences_en[100_000:])
X_train_dec = tf.constant([f"startofseq {s}" for s in sentences_es[:100_000]])
X_valid_dec = tf.constant([f"startofseq {s}" for s in sentences_es[100_000:]])
Y_train = text_vec_layer_es([f"{s} endofseq" for s in sentences_es[:100_000]])
Y_valid = text_vec_layer_es([f"{s} endofseq" for s in sentences_es[100_000:]])
```

現在我們可以建立翻譯模型了。我們將使用函式型 API，因為模型不是循環的。它需要兩個文本輸入，一個傳給編碼器，一個傳給解碼器，我們從這裡開始做起：

```
encoder_inputs = tf.keras.layers.Input(shape=[], dtype=tf.string)
decoder_inputs = tf.keras.layers.Input(shape=[], dtype=tf.string)
```

接下來，我們要使用之前準備好的 TextVectorization 層來對這些句子進行編碼，然後為每種語言新增一個 Embedding 層，並設定 mask_zero=True，以自動處理遮罩。embedding 的大小同樣是可以調整的超參數。

```
embed_size = 128
encoder_input_ids = text_vec_layer_en(encoder_inputs)
decoder_input_ids = text_vec_layer_es(decoder_inputs)
encoder_embedding_layer = tf.keras.layers.Embedding(vocab_size, embed_size,
                                                    mask_zero=True)
decoder_embedding_layer = tf.keras.layers.Embedding(vocab_size, embed_size,
                                                    mask_zero=True)
encoder_embeddings = encoder_embedding_layer(encoder_input_ids)
decoder_embeddings = decoder_embedding_layer(decoder_input_ids)
```

 當不同的語言有許多單字相同時，讓編碼器和解碼器使用相同的 embedding 層或許可以獲得更好的效能。

我們來建立編碼器，並將 embed 後的輸入傳給它：

```
encoder = tf.keras.layers.LSTM(512, return_state=True)
encoder_outputs, *encoder_state = encoder(encoder_embeddings)
```

為了簡單起見，我們只使用一個 LSTM 層，但你可以堆疊多個。我們也設定 return_state=True 以獲得對該層的最終狀態的參考。由於我們使用的是 LSTM 層，因此狀態有兩種：短期狀態和長期狀態。該層會分別回傳這些狀態，這就是為什麼我們必須使用

`*encoder_state` 來將兩種狀態組成一個串列 [16]。現在，我們可以將這個（兩個）狀態當成解碼器的初始狀態：

```
decoder = tf.keras.layers.LSTM(512, return_sequences=True)
decoder_outputs = decoder(decoder_embeddings, initial_state=encoder_state)
```

接下來，為了在每一步取得單字機率，我們讓解碼器的輸出流經使用 softmax 觸發函數的 Dense 層：

```
output_layer = tf.keras.layers.Dense(vocab_size, activation="softmax")
Y_proba = output_layer(decoder_outputs)
```

優化輸出層

當輸出 vocabulary 很大時，為每一個可能的單字輸出機率可能很緩慢。例如，如果目標 vocabulary 包含 50,000 個西班牙文單字而不是 1,000 個，解碼器將輸出 50,000 維向量，在如此龐大的向量上計算 softmax 函數會耗用龐大的計算資源。為了避免這種情況，有一種辦法是只檢查模型為正確的單字和隨機選擇的錯誤單字輸出的 logits，然後只基於這些 logits 計算損失的近似值。這種*抽樣 softmax* 技術是 Sébastien Jean 等人在 2015 年提出的（*https://homl.info/104*）[17]。在 TensorFlow 裡，你可以在訓練期間使用 `tf.nn.sampled_softmax_loss()` 函式來使用這項技術，並在推理時使用正常的 softmax 函式（抽樣 softmax 不能在推理時使用，因為它需要知道目標）。

加快訓練速度的另一種做法是（這與抽樣 softmax 相容）將輸出層的權重與解碼器的 embedding 矩陣的轉置綁定（第 17 章將介紹如何綁定權重）。這可以大幅減少模型參數的數量，加快訓練速度，有時還可以提高模型的準確率，尤其是當你沒有大量的訓練資料時。embedding 矩陣相當於在獨熱編碼後面加上一個沒有偏差項和沒有觸發函數的線性層，用該層來將獨熱向量對映到 embedding 空間。輸出層則做相反的事情。因此，如果模型能夠找到一個轉置矩陣很接近逆矩陣的 embedding 矩陣（這種矩陣稱為**正交矩陣**），那麼就不需要為輸出層學習一組獨立的權重了。

---

16 在 Python 裡，執行 a, *b = [1, 2, 3, 4] 時，a 等於 1，b 等於 [2, 3, 4]。

17 Sébastien Jean et al., "On Using Very Large Target Vocabulary for Neural Machine Translation", *Proceedings of the 53rd Annual Meeting of the Association for Computational Linguistics and the 7th International Joint Conference on Natural Language Processing of the Asian Federation of Natural Language Processing* 1 (2015): 1–10.

好了！接下來，我們只需要建立 Keras 模型、編譯它、訓練它：

```
model = tf.keras.Model(inputs=[encoder_inputs, decoder_inputs],
                       outputs=[Y_proba])
model.compile(loss="sparse_categorical_crossentropy", optimizer="nadam",
              metrics=["accuracy"])
model.fit((X_train, X_train_dec), Y_train, epochs=10,
          validation_data=((X_valid, X_valid_dec), Y_valid))
```

訓練後，我們可以使用這個模型來將新的英文句子翻譯成西班牙文。但並非只要呼叫 model.predict() 即可，因為解碼器期望的輸入是上一個時步預測的單字。為此，有一種做法是編寫一個自訂的記憶 cell，用來記錄上一個輸出，並在下一個時步將它傳給編碼器。但是，為了簡化，我們可以直接多次呼叫模型，在每一輪預測一個額外的單字。為此，我們來寫一個小工具函式：

```
def translate(sentence_en):
    translation = ""
    for word_idx in range(max_length):
        X = np.array([[sentence_en]])  # 編碼器輸入
        X_dec = np.array(["startofseq " + translation])  # 解碼器輸入
        y_proba = model.predict((X, X_dec))[0, word_idx]  # 上一個詞元的機率
        predicted_word_id = np.argmax(y_proba)
        predicted_word = text_vec_layer_es.get_vocabulary()[predicted_word_id]
        if predicted_word == "endofseq":
            break
        translation += " " + predicted_word
    return translation.strip()
```

這個函數一次預測一個單字，逐漸完成翻譯，並在到達 EOS 標記時停止。我們來試一下！

```
>>> translate("I like soccer")
'me gusta el fútbol'
```

好極了，有用！至少對非常短的句子而言。如果你試著使用這個模型一段時間，你會發現它還不是雙語的（bilingual），尤其是它實在很不擅長處理長句，例如：

```
>>> translate("I like soccer and also going to the beach")
'me gusta el fútbol y a veces mismo al bus'
```

翻譯的內容是：「我喜歡足球，有時甚至喜歡公車」。如何改進它呢？有一種方法是擴增訓練組，並在編碼器和解碼器中加入更多 LSTM 層。但這種做法的改善程度有限，所以，我們來看一些更複雜的技術，首先是雙向遞迴層。

雙向 RNN

在每個時步，一般的遞迴層在產生輸出之前，只檢視過去和現在的輸入。換句話說，它是因果的（*causal*），這意味著它無法預見未來。在預測時間序列時，或是對序列到序列（seq2seq）模型裡的解碼器而言，使用這種類型的 RNN 很合理。但是，對於文本分類這樣的任務，或對於 seq2seq 模型中的編碼器，在編碼給定的單字之前先查看下一個單字通常比較好。

例如，考慮短句「the right arm」、「the right person」和「the right to criticize」，為了正確地編碼單字「right」，你必須預見未來。有一種辦法是將相同的輸入傳給兩個遞迴層，其中一個遞迴層從左到右讀取單字，另一個從右到左讀取單字，然後在每個時步組合它們的輸出，通常藉著串接它們。這正是雙向遞迴層的做法（見圖 16-5）。

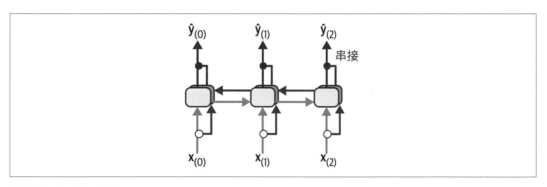

圖 16-5　雙向遞迴層

要在 Keras 裡實作雙向遞迴層，你只要將遞迴層包在 `tf.keras.layers.Bidirectional` 層裡即可。例如，下面的 Bidirectional 層可以當成翻譯模型內的編碼器：

```
encoder = tf.keras.layers.Bidirectional(
    tf.keras.layers.LSTM(256, return_state=True))
```

 Bidirectional 層將建立 GRU 層的複本（但方向相反），執行兩者，並串接它們的輸出。所以，雖然 GRU 層有 10 個單位，但 Bidirectional 層會在每個時步輸出 20 個值。

只是它有一個問題：此層現在回傳四個狀態而不是兩個：前向 LSTM 層的最終短期狀態和長期狀態，以及後向 LSTM 層的最終短期狀態和長期狀態。這四個狀態不能直接當成解碼器的 LSTM 層的初始狀態，因為它只需要兩個狀態（短期和長期）。我們不能把解碼器做成雙向，因為它必須保持因果性：否則它會在訓練期間作弊，失去效用。我們可以換個做法，串接兩個短期狀態，並串接兩個長期狀態：

```
encoder_outputs, *encoder_state = encoder(encoder_embeddings)
encoder_state = [tf.concat(encoder_state[::2], axis=-1),  # 短期 (0 & 2)
                 tf.concat(encoder_state[1::2], axis=-1)]  # 長期 (1 & 3)
```

接下來要介紹另一種流行的技術，它可以在推理時大幅提升翻譯模型的效能：集束搜尋。

集束搜尋

假設你訓練了一個 encoder–decoder 模型，並使用它來將「I like soccer」翻譯成西班牙文。你希望它輸出正確的翻譯「me gusta el fútbol」，但它輸出「me gustan los jugadores」，意思是「I like the players」。檢查訓練組時，你注意到許多「I like cars」類型的句子，它的翻譯是「me gustan los autos」，因此模型看到「I like」後輸出「me gustan los」並不奇怪。不幸的是，在這個例子裡，由於「soccer」是單數，所以這是錯的。模型無法回去修復它，所以它試著盡量完成最好的句子，在這個例子裡，它使用單字「jugadores」。怎麼讓模型有機會回去修正之前犯下的錯誤？最常見的做法之一是使用 **集束搜尋**（*beam search*）。這種技術會記錄一個短清單，裡面有 *k* 個最有希望的句子（例如前三個），並在每個解碼器時步中試著將它們增加一個單字，僅保留 *k* 個最有可能的句子。參數 *k* 稱為 **集束寬度**（*beam width*）。

例如，假設你使用集束寬度為 3 的集束搜尋來翻譯句子「I like soccer」（見圖 16-6）。在第一個解碼器時步，模型為翻譯出來的句子的第一個單字的每一個可能的單字輸出估計機率。假設前三個單字是「me」（估計機率為 75%），「a」（3%）和「como」（1%）。它就是截至目前為止的短清單。接下來，我們使用模型來為每一個句子查詢下一個單字。對於第一個句子（「me」），模型輸出單字「gustan」的機率為 36%，輸出單字「gusta」的機率為 32%，輸出單字「encanta」的機率為 16%，以此類推。注意，它們是句子以「me」開頭時的條件機率。對於第二個句子（「a」），模型可能輸出單字「mi」的條件機率為 50%，以此類推。假設 vocabulary 有 1,000 個單字，最終每個句子有 1,000 個機率。

接下來要計算 3,000 個（3 × 1,000）包含兩個單字的句子中的每一句的機率。我們將每一個單字的估計條件機率乘以它所完成的句子的估計機率。例如，句子「me」的估計機率是 75%，而單字「gustan」的估計條件機率（假定第一個單字是「me」）是 36%，因此句子「me gustan」的估計機率是 75% × 36% = 27%。計算全部的 3,000 個雙字句子的機率後，我們只保留前三名。在本例中，它們都以單字「me」開頭：「me gustan」（27%），「me gusta」（24%）和「me encanta」（12%）。現在「me gustan」句子領先，但「me gusta」尚未被淘汰。

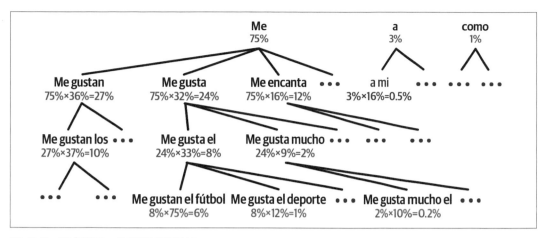

圖 16-6　集束搜尋，使用集束寬度 3

然後，我們重複相同的程序，使用模型來預測這三個句子中的每個句子的下一個單字，並計算所考慮的全部 3,000 個三字句子的機率。現在前三名可能是「me gustan los」（10%），「me gusta el」（8%）和「me gusta mucho」（2%）。在下一步，我們可能會得到「me gusta el fútbol」（6%），「me gusta mucho el」（1%）和「me gusta el deporte」（0.2%）。請注意，「me gustan」被淘汰了，現在正確的翻譯領先了。我們提升了 encoder-decoder 模型的效能，但沒有做任何額外訓練，只是更巧妙地使用它。

> TensorFlow Addons 程式庫包含一個完整的 seq2seq API，可讓你使用專注機制來建構 encoder-decoder 模型，包括集束搜尋等。但是，它的文件仍然很有限。實作集束搜尋是很好的練習，試一下吧！你可以在本章的 notebook 找到可能的解決方案。

透過以上的技術，我們可以正確地翻譯相對較短的句子。不幸的是，這個模型在翻譯長句子時表現得一塌糊塗，問題同樣來自 RNN 的有限短期記憶。**專注機制**（*attention mechanism*）是扭轉大局的創新手段，它可以解決這個問題。

專注機制

看一下圖 16-3 中，從單字「soccer」到它的翻譯「fútbol」的路徑：它很長！這意味著，這個單字的表示法（以及所有其他單字）必須被傳遞許多時步才能被實際使用。這條路徑難道無法縮短嗎？

這正是 Dzmitry Bahdanau 等人在 2014 年發表的一篇重要論文的核心想法（*https://homl.info/attention*）[18]，作者在該文提出一種技術，可讓解碼器在每個時步關注適當的單字（由編碼器編碼）。例如，在解碼器需要輸出單字「fútbol」的時步中，它會專注於單字「soccer」上。這意味著從輸入單字到它的翻譯結果之間的路徑縮短了許多，因此大幅削弱 RNN 的有限短期記憶的影響力。專注機制為神經機器翻譯（以及廣泛的深度學習）帶來革命性的改變，使得最新的技術有了明顯的進展，尤其是針對長句子的翻譯（例如，超過 30 個單字）。

> 在 NMT 中最常用的指標是 *bilingual evaluation understudy*（BLEU）分數，這種分數會比較模型所產生的每一個翻譯與幾個人類的優良翻譯。它會計算出現在任何目標翻譯中的 *n*-gram（由 *n* 個單字組成的序列）有幾個，並考慮所產生的 *n*-gram 在目標翻譯中的出現頻率，據以調整評分。

圖 16-7 展示加入專注機制的 encoder–decoder。在左側，你可以看到編碼器和解碼器。現在，我們不僅在每個時步將編碼器的最終隱藏狀態和前一個目標單字傳給解碼器（儘管圖中未展示這個動作），還會將編碼器的所有輸出傳給解碼器。由於解碼器無法一次處理全部的編碼器輸出，因此它們需要聚合（aggregated）：在每個時步，解碼器的記憶 cell 會計算所有編碼器輸出的加權總和。這決定了它在當下步驟將專注於哪些單字。權重 $\alpha_{(t,i)}$ 是第 i 個編碼器在第 t 個解碼器時步輸出的權重。例如，如果權重 $\alpha_{(3,2)}$ 遠大於權重 $\alpha_{(3,0)}$ 和 $\alpha_{(3,1)}$，那麼解碼器會更關注編碼器對於單字 #2（「soccer」）的輸出，而不是其他兩個輸出，至少在這個時步如此。解碼器的其餘部分的工作方式與之前相同：在每一個時步，記憶 cell 接收我們剛才討論過的輸入，以及來自上一個時步的隱藏狀態，最後（圖中未展示）接收上一個時步的目標單字（在進行推理時，則是來自上一個時步的輸出）。

---

18 Dzmitry Bahdanau et al., "Neural Machine Translation by Jointly Learning to Align and Translate", arXiv preprint arXiv:1409.0473 (2014).

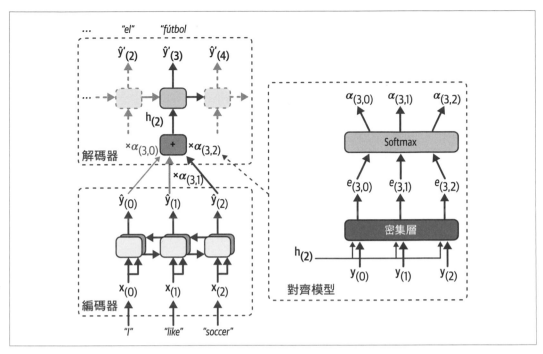

圖 16-7　使用 encoder–decoder 和專注模型來執行神經機器翻譯

但這些 $\alpha_{(t,i)}$ 權重是哪來的？它們是由一種稱為對齊模型（或專注層）的小型神經網路產生的，該模型是與 encoder–decoder 模型的其餘部分一起訓練的。這個對齊模型如圖 16-7 的右側所示。它的第一層是 Dense 層，該層用一個神經元來處理每一個編碼器的輸出，以及解碼器的前一個隱藏狀態（例如 $\mathbf{h}_{(2)}$）。這一層為每個編碼器輸出（例如 $e_{(3,2)}$）產生一個分數（或能量（energy））：該分數代表每一個輸出與解碼器的前一個隱藏狀態的對齊程度。例如，在圖 16-7 中，模型已經輸出「me gusta el」（意思是「I like」），所以它認為現在應該看到一個名詞：單字「soccer」最符合當下的狀態，因此獲得高分。最後，所有分數經過 softmax 層，得到每個編碼器輸出的最終權重（例如 $\alpha_{(3,2)}$）。一個解碼器時步的所有權重的總和是 1。這種專注機制稱為 *Bahdanau* 專注（以 2014 年論文的首位作者命名）。由於它將編碼器輸出與解碼器的前一個隱藏狀態串接起來，有時它被稱為**串接專注**（或**加性**（*additive*）**專注**）。

如果輸入句子的長度是 n 個單字，假設輸出句子大致一樣長，那麼這個模型需要計算大約 n^2 個權重。幸運的是，這種二次計算複雜性仍然是可以應付的，因為即使句子很長，也不可能有成千上萬個單字。

另一種常見的專注機制稱為 *Luong 專注或乘法專注*，它是 Minh-Thang Luong 等人在不久後的 2015 年提出的（*https://homl.info/luongattention*）[19]。由於對齊模型的目標是衡量編碼器的輸出與解碼器的前一個隱藏狀態之間的相似性，作者建議只要計算這兩個向量的內積（見第 4 章）即可，因為內積通常是一個相當好的相似性指標，而且現代硬體可以高效地計算它。要實現這個想法，這兩個向量必須有相同的維度。內積產生一個分數，所有的分數（在特定的解碼器時步）會經過 softmax 層，產生最終的權重，和 Bahdanau 專注一樣。Luong 等人提出的另一個簡化法是使用當下時步的解碼器隱藏狀態，而不是使用上一個時步的（即，使用 $\mathbf{h}_{(t)}$ 而不是 $\mathbf{h}_{(t-1)}$），然後直接使用專注機制的輸出（寫成 $\widetilde{\mathbf{h}}_{(t)}$）來直接計算解碼器的預測，而不是用它來計算解碼器當下的隱藏狀態。他們也提出內積機制的變體，其中，編碼器的輸出在進行內積之前會先經過一個全連接層（沒有偏差項）。這種做法稱為「general（普通）」內積法。他們比較了這兩種內積方法與串接專注機制（加入一個重新縮放參數向量 **v**），並觀察到內積變體的效能優於串接專注機制。因此，串接專注現在少用許多了。這三種專注機制的公式摘要如公式 16-1 所示。

公式 16-1 專注機制

$$\widetilde{\mathbf{h}}_{(t)} = \sum_i \alpha_{(t, i)} \mathbf{y}_{(i)}$$

$$\text{其中 } \alpha_{(t, i)} = \frac{\exp\left(e_{(t, i)}\right)}{\sum_{i'} \exp\left(e_{(t, i')}\right)}$$

$$\text{且 } e_{(t, i)} = \begin{cases} \mathbf{h}_{(t)}^\top \mathbf{y}_{(i)} & \text{內積} \\ \mathbf{h}_{(t)}^\top \mathbf{W} \mathbf{y}_{(i)} & \text{普通} \\ \mathbf{v}^\top \tanh\left(\mathbf{W}\left[\mathbf{h}_{(t)}; \mathbf{y}_{(i)}\right]\right) & \text{串接} \end{cases}$$

Keras 提供 `tf.keras.layers.Attention` 層來實現 Luong 專注，並提供 `AdditiveAttention` 層來實現 Bahdanau 專注。我們來為 encoder–decoder 模型加入 Luong 專注。因為我們需要將所有的編碼器輸出傳給 `Attention` 層，所以在建立編碼器時，我們要先設定 `return_sequences=True`：

```
encoder = tf.keras.layers.Bidirectional(
    tf.keras.layers.LSTM(256, return_sequences=True, return_state=True))
```

19　Minh-Thang Luong et al., "Effective Approaches to Attention-Based Neural Machine Translation", *Proceedings of the 2015 Conference on Empirical Methods in Natural Language Processing* (2015): 1412–1421.

接下來，我們要建立專注層，並將解碼器的狀態和編碼器的輸出傳給它。然而，為了在每個時步讀取解碼器的狀態，我們要編寫一個自訂的記憶 cell。為了簡單起見，我們使用解碼器的輸出，而不是它的狀態：在實務上，這種做法也很好，而且程式更容易編寫。然後，我們將專注層的輸出直接傳給輸出層，和 Luong 專注論文建議的一樣：

```
attention_layer = tf.keras.layers.Attention()
attention_outputs = attention_layer([decoder_outputs, encoder_outputs])
output_layer = tf.keras.layers.Dense(vocab_size, activation="softmax")
Y_proba = output_layer(attention_outputs)
```

這樣就好了！訓練這個模型後，你將發現它可以處理更長的句子了。例如：

```
>>> translate("I like soccer and also going to the beach")
'me gusta el fútbol y también ir a la playa'
```

簡而言之，專注層提供一種手段來讓模型專注於輸入的某部分。但我們還可以用另一種方式來看待專注層：它也是可微分記憶檢索機制。

舉例來說，假設編碼器分析了輸入句子「I like soccer」，並成功理解「I」是主詞，而「like」是動詞，因此，它將這些資訊編碼至它為這些單字產生的輸出中。假設解碼器已經翻譯了主詞，並認為接下來應該翻譯動詞。為此，它要從輸入句子中提取動詞。這相當於查詢字典，就像是編碼器建立了一個字典 {"subject": "They", "verb": "played", ...}，而解碼器想要查詢「verb」鍵的值。

然而，模型沒有用來表示鍵（例如「subject」或「verb」）的離散詞元（discrete token），但它有這些概念的向量表示法，這些表示法是在訓練時學到的，因此它用來進行查詢的query（查詢對象）不會完全符合字典的任何鍵。解決辦法是計算 query 與字典的每個鍵之間的相似性分數，然後使用 softmax 函數來將這些相似性分數轉換成總和為 1 的權重。之前說過，這正是專注層的工作。如果表示動詞的鍵與 query 非常相似，那麼該鍵的權重將接近 1。

接下來，專注層計算對應值的加權總和：如果「verb」鍵的權重接近 1，那麼加權總和將非常接近單字「played」的表示法。

這就是為什麼 Keras 的 **Attention** 和 **AdditiveAttention** 層都預期接收包含兩個或三個項目的串列，那些項目是：*query*、鍵，以及選用的值。如果你沒有傳遞任何值，它們將自動等於鍵。因此，再看一次上面的範例程式，解碼器的輸出是 query，而編碼器的輸出既是鍵也是值。專注層為每個解碼器輸出（即每個 query）回傳最類似解碼器輸出的編碼器輸出（即鍵與值）的加權總和。

總之，專注機制是一種可訓練的記憶檢索系統，它非常強大，甚至可以單獨用來建立最先進的模型。這就是轉換器架構的由來。

Attention Is All You Need：原始的轉換器架構

Google 研究團隊在 2017 年的一篇開創性論文（*https://homl.info/transformer*）[20]，提出了「Attention Is All You Need」的概念。他們建立了一個稱為轉換器（*transformer*）的架構，在不使用任何遞迴層或摺積層的情況下 [21]，僅使用專注機制（加上 embedding 層、密集層、正規化層，及其他一些組件），就明顯改進了最先進的 NMT。因為該模型不是遞迴的，它不像 RNN 那麼容易受到梯度消失或梯度爆炸等問題困擾，所以它可以用較少的步驟來訓練，更容易在多個 GPU 上平行執行，並且比 RNN 更擅長捕捉長距離的模式。圖 16-8 是原始的 2017 轉換器架構。

簡而言之，圖 16-8 的左側部分是編碼器，右側部分是解碼器。每個 embedding 層都輸出一個外形為 [批次大小 , 序列長度 , *embedding* 維數] 的 3D tensor。此後，tensor 會在經過轉換器時逐漸轉換，但它們的外形保持不變。

20　Ashish Vaswani et al., "Attention Is All You Need", *Proceedings of the 31st International Conference on Neural Information Processing Systems* (2017): 6000–6010.

21　由於轉換器使用了時間分布（time-distributed）密集層，我們可以說它使用了核大小為 1 的 1D 摺積層。

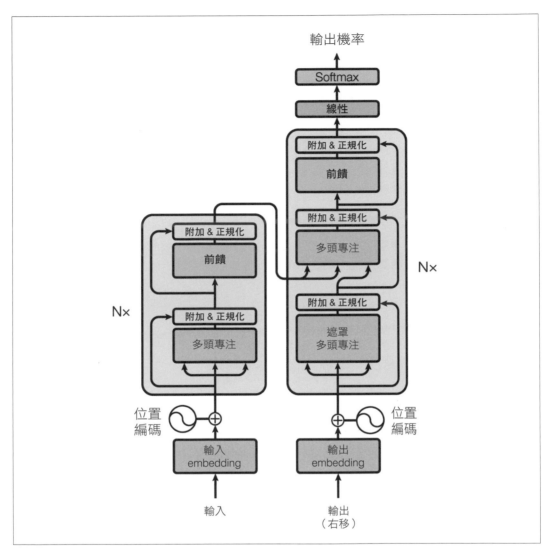

圖 16-8　原始的 2017 轉換器架構 [22]

如果你使用轉換器來執行 NMT，那麼在訓練期間，你必須將英文句子傳給編碼器，將相應的西班牙文翻譯傳給解碼器，並在每個句子的開頭插入額外的 SOS 詞元。在推理期間，你必須多次呼叫轉換器，逐字產生翻譯結果，並在每一輪將部分的翻譯結果傳給解碼器，就像之前在 translate() 函式裡做的那樣。

22　這是「Attention Is All You Need」論文的圖 1，經過作者恩准，我們在此重新繪製。

編碼器的功能是逐漸轉換輸入（輸入是英文句子的單字表示法），直到每一個單字的表示法都完美地代表該單字在句子中的意思。例如，如果你將句子「I like soccer」傳給編碼器，那麼單字「like」最初有相當模糊的表示法，因為這個字在不同的上下文裡可能有不同的含義，例如「I like soccer」和「It's like that」。但流經編碼器之後，單字的表示法應該能夠表示給定句子裡的「like」的正確含義（即，喜歡），以及可能需要翻譯的任何其他資訊（例如，它是一個動詞）。

解碼器的角色是逐漸將譯句裡的每一個單字表示法，轉換成譯句的下一個單字的單字表示法。例如，如果要翻譯的句子是「I like soccer」，解碼器的輸入句子是「<SOS> me gusta el fútbol」，那麼在流經解碼器後，單字「el」的表示法將被轉換成「fútbol」的表示法。同理，單字「fútbol」的表示法也會被轉換成 EOS 詞元的表示法。

流經解碼器後，每一個單字表示法都會經過一個使用 softmax 觸發函數的最終 Dense 層，該層可以為正確的下一個單字輸出高機率，為所有其他單字輸出低機率。預測出來的句子應該是「me gusta el fútbol <EOS>」。

以上就是整體概要，接著來更詳細地講解圖 16-8：

- 首先，注意編碼器和解碼器都包含堆疊 N 倍的模組。在論文中，N = 6。整個編碼器堆疊的最終輸出會被傳給這 N 層裡的每一層中的解碼器。

- 放大看，你會發現大多數的組件都是你熟悉的，裡面有兩個 embedding 層，幾個跳接，每個跳接後面跟著一個階層正規化層，幾個由兩個密集層組成的前饋模組（第一個使用 ReLU 觸發函數，第二個不使用觸發函數），最後的輸出層是一個使用 softmax 觸發函數的密集層。如果需要，你還可以在專注層和前饋模組後面加入一點 dropout。由於這些階層都是時間分布的（time-distributed），所以每一個單字都會被獨立處理。但如何藉著查看完全分開的單字來翻譯句子？顯然做不到，這就是新組件的作用：
  - 編碼器的**多頭專注**層藉著專注於同一個句子裡的所有其他單字來更新每個單字的表示法。正是這一層讓單字「like」的模糊表示法變成更豐富且更準確的表示法，以表示它在特定句子裡的精確含義。我們將很快討論這一層的具體工作方式。
  - 解碼器的**遮罩多頭專注**層所做的事情與編碼器相同，但在處理一個單字時，不會專注於它後面的單字：它是一個因果層。例如，當它處理單字「gusta」時，它只會關注「<SOS> me gusta」這些單字，並忽略「el fútbol」這些單字（否則這將是作弊）。

— 在解碼器的上方的**多頭專注層**是解碼器關注英文句子裡的單字的地方。在這個例子裡，它稱為**交叉專注**（*cross-attention*），而不是**自我專注**（*self-attention*）。例如，當解碼器處理單字「el」並將它的表示法轉換成單字「fútbol」的表示法時，它可能會密切關注單字「soccer」。

— **位置編碼**是密集向量（類似單字 embedding），用來表示每個單字在句子裡的位置。第 n 個位置編碼會被加入每個句子的第 n 個單字的單字 embedding 裡。這是必要的，因為轉換器架構的所有階層都會忽略單字的位置：如果沒有位置編碼，重新排列輸入序列將會以相同的方式重新排列輸出序列。顯然，單字的順序很重要，這就是為什麼我們要設法向轉換器提供位置資訊，將位置編碼加入單字表示法是實現這一點的好方法。

 在圖 16-8 中，進入各個多頭專注層的前兩個箭頭表示鍵和值，第三個箭頭代表 query。在自我專注層中，三者都等於前一層輸出的單字表示法，而在解碼器的上部專注層中，鍵和值等於編碼器的最終單字表示法，query 則等於前一層輸出的單字表示法。

我們來更仔細地討論轉換器架構的創新組件，從位置編碼開始。

位置編碼

位置編碼是一個密集向量，它編碼了一個單字在句子裡的位置：第 i 個位置編碼會被加到句子的第 i 個單字的單字 embedding 裡。實作位置編碼最簡單方法是使用 Embedding 階層，並讓它編碼所有位置，從 0 到批次的最長序列長度，然後將結果加入單字 embedding。廣播規則將確保位置編碼被應用至每一個輸入序列。例如，以下是將位置編碼加入編碼器和解碼器輸入的寫法：

```
max_length = 50   # 整個訓練組中的最大長度
embed_size = 128
pos_embed_layer = tf.keras.layers.Embedding(max_length, embed_size)
batch_max_len_enc = tf.shape(encoder_embeddings)[1]
encoder_in = encoder_embeddings + pos_embed_layer(tf.range(batch_max_len_enc))
batch_max_len_dec = tf.shape(decoder_embeddings)[1]
decoder_in = decoder_embeddings + pos_embed_layer(tf.range(batch_max_len_dec))
```

注意，這個實作假設 embedding 是以一般的 tensor 來表示的，而不是以不規則 tensor [23]。編碼器和解碼器使用同一個 Embedding 來進行位置編碼，因為它們有相同的 embedding 尺寸（通常如此）。

---

23 如果你使用最新版的 TensorFlow，你可以使用不規則 tensor。

轉換器論文的作者並未使用可訓練的位置編碼，而是使用固定的位置編碼，基於不同頻率的正弦和餘弦函數。公式 16-2 是位置編碼矩陣 **P** 的定義，圖 16-9 的上圖是它的樣子（轉置過），其中 $P_{p,i}$ 是句子的第 p 個位置的單字的編碼的第 i 個分量。

公式 *16-2 Sine/cosine positional encodings*：正弦 / 餘弦位置編碼

$$P_{p,i} = \begin{cases} \sin\left(p/10000^{i/d}\right) & \text{若 } i \text{ 為偶數} \\ \cos\left(p/10000^{(i-1)/d}\right) & \text{若 } i \text{ 為奇數} \end{cases}$$

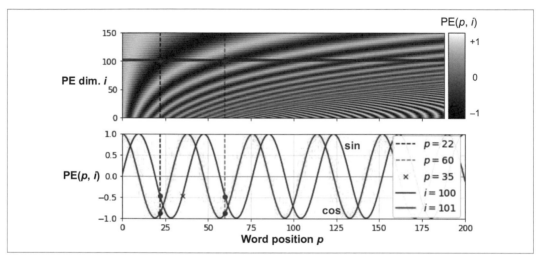

圖 16-9　上圖是正弦 / 餘弦位置編碼矩陣（轉置），下圖專注於兩個 i 值

這個解決方案可以實現與可訓練位置編碼一樣的效能，而且可以擴展至任意長的句子，而不需要在模型中加入任何參數（但是，有大量的預訓資料時，可訓練的位置編碼通常是首選）。將這些位置編碼加入單字 embedding 之後，模型的其餘部分可以讀取句子的每一個單字的絕對位置，因為每個位置都有一個唯一的位置編碼（例如，在句子中，位於第 22 個位置的單字的位置編碼以圖 16-9 左上方的垂直虛線來表示，你可以看到它在那個位置是唯一的）。此外，振盪函數（正弦和餘弦）讓模型也可以學習相對位置。例如，相距 38 個單字的兩個單字（例如，位於 $p = 22$ 和 $p = 60$ 的）在編碼維度 $i = 100$ 和 $i = 101$ 中始終有相同的位置編碼值，如圖 16-9 所示。這解釋了為什麼我們需要每一個頻率的正弦和餘弦：如果只使用正弦（$i = 100$ 處的藍色波形），模型將無法區分位置 $p = 22$ 和 $p = 35$（打叉的地方）。

TensorFlow 沒有 PositionalEncoding 層，但建立這種階層並不難。為了提升效率，我們在建構式中預先計算位置編碼矩陣。call() 方法會將這個編碼矩陣裁成輸入序列的最大長度，並將它們加至輸入。我們也設定 supports_masking=True，來將輸入的自動遮罩傳到下一層：

```python
class PositionalEncoding(tf.keras.layers.Layer):
    def __init__(self, max_length, embed_size, dtype=tf.float32, **kwargs):
        super().__init__(dtype=dtype, **kwargs)
        assert embed_size % 2 == 0, "embed_size must be even"
        p, i = np.meshgrid(np.arange(max_length),
                           2 * np.arange(embed_size // 2))
        pos_emb = np.empty((1, max_length, embed_size))
        pos_emb[0, :, ::2] = np.sin(p / 10_000 ** (i / embed_size)).T
        pos_emb[0, :, 1::2] = np.cos(p / 10_000 ** (i / embed_size)).T
        self.pos_encodings = tf.constant(pos_emb.astype(self.dtype))
        self.supports_masking = True

    def call(self, inputs):
        batch_max_length = tf.shape(inputs)[1]
        return inputs + self.pos_encodings[:, :batch_max_length]
```

我們使用這一層來將位置編碼加入編碼器的輸入：

```python
pos_embed_layer = PositionalEncoding(max_length, embed_size)
encoder_in = pos_embed_layer(encoder_embeddings)
decoder_in = pos_embed_layer(decoder_embeddings)
```

接著，我們更深入地討論轉換器模型的核心，即多頭專注層。

多頭專注

為了瞭解多頭專注層的工作原理，我們必須先瞭解它的基礎：**縮放內積專注**（*scaled dot-product attention*）層。公式 16-3 是它的公式，以向量的形式來表示。它與 Luong 專注相同，只是多了一個縮放因子。

公式 *16-3*　縮放內積專注

$$\text{Attention}(\mathbf{Q}, \mathbf{K}, \mathbf{V}) = \text{softmax}\left(\frac{\mathbf{Q}\mathbf{K}^\top}{\sqrt{d_{keys}}}\right)\mathbf{V}$$

在這個公式裡：

- **Q** 是矩陣，在裡面，每一個 *query* 有一列。它的外形是 $[n_{queries}, d_{keys}]$，其中，$n_{queries}$ 是 query 的數量，d_{keys} 是各個 query 與各個鍵的維數。

- **K** 是矩陣，在裡面，每一個**鍵**有一列。它的外形是 $[n_{keys}, d_{keys}]$，其中 n_{keys} 是鍵與值的數量。

- **V** 是矩陣，在裡面，每一個**值**有一列。它的外形是 $[n_{keys}, d_{values}]$，其中 d_{values} 是各個值的數量。

- **Q** K^T 的外形是 $[n_{queries}, n_{keys}]$：在它裡面，每一對 query / 鍵都有一個相似分數。為了避免這個矩陣變得龐大，輸入序列不能太長（稍後會討論如何克服這個限制）。softmax 函式的輸出有相同的外形，但所有列的總和是 1。最終輸出的外形是 $[n_{queries}, d_{values}]$：每個 query 一列，其中的每一列都代表查詢結果（值的加權總和）。

- 縮放因子 $1 / (\sqrt{d_{keys}})$ 將相似性分數縮小，以避免 softmax 函數飽和，導致梯度過小。

- 你可以將一些鍵值蓋掉，做法是在計算 softmax 之前，將對應的相似性分數加上很大的負值。這個做法在遮罩多頭專注層裡很有用。

如果你在建立 `tf.keras.layers.Attention` 層時設定了 `use_scale=True`，它會建立一個額外的參數，讓該層學習如何正確地降低相似性分數。在轉換器模型裡使用的縮放內積專注幾乎相同，但是它總是使用相同的因子來縮放相似性分數：$1 / (\sqrt{d_{keys}})$。

注意，`Attention` 層的輸入與 **Q**、**K** 和 **V** 非常相似，只是多了一個批次維度（第一個維度）。在內部，該層只呼叫一次 `tf.matmul(queries, keys)` 就算出批次中的所有句子的所有注意力分數，所以它的效率很非常高。的確，在 TensorFlow 中，如果 tensor A 和 B 都超過兩個維度（例如，它們的外形分別是 [2, 3, 4, 5] 和 [2, 3, 5, 6]），那麼 `tf.matmul(A, B)` 會將這些 tensor 視為 2 × 3 陣列，其中的每個元素都包含一個矩陣，而且它會將對應的矩陣相乘：A 的第 *i* 列、第 *j* 行的矩陣將與 B 的第 *i* 列、第 *j* 行的矩陣相乘。由於 4 × 5 矩陣與 5 × 6 矩陣的積是一個 4 × 6 矩陣，`tf.matmul(A, B)` 將回傳外形為 [2, 3, 4, 6] 的陣列。

現在我們可以討論多頭專注層了。圖 16-10 是它的結構。

如你所見，它只是一系列的縮放內積專注層，在每層之前，都針對值、鍵和 query 進行線性轉換（也就是使用一個無觸發函數的時間分布密集層）。所有的輸出都被串接在一起，然後流經最終的線性轉換（同樣是時間分布的）。

但為什麼要這樣做？這個架構背後的想法是什麼？我們重新考慮句子「I like soccer」中的單字「like」。編碼器可以聰明地編碼「它是動詞」的事實。但歸功於位置編碼，單字表示法也包含它在文字中的位置，它可能也包含對翻譯有用的許多其他特徵，例如它是現在時態。總之，單字表示法編碼了許多不同的單字特徵。如果我們只使用一個縮放內積專注層，我們就只能一次性地查詢所有這些特徵。

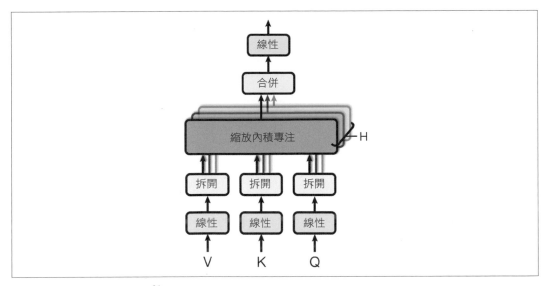

圖 16-10　多頭專注層架構 [24]

這就是多頭專注層對值、鍵和 query 進行多個不同的線性轉換的原因：這讓模型能夠將單字表示法投射到不同的子空間，子空間分別聚焦於單字的某些特徵。或許其中一個線性層將單字表示法投射到僅保留「單字是動詞」資訊的子空間，另一個線性層僅提取「單字是現在時態」的事實，以此類推。接著，縮放內積專注層實作查詢階段，最後我們將所有結果串接起來，並將它們投射回原始空間。

Keras 有個 `tf.keras.layers.MultiHeadAttention` 層，所以現在我們已經有了建構轉換器其餘部分所需的一切。我們從完整的編碼器做起，它與圖 16-8 的完全相同，只是我們堆疊兩個區塊（`N = 2`）而不是六個，因為訓練組不大，我們也加入一點 dropout：

```
N = 2  # 而不是 6
num_heads = 8
dropout_rate = 0.1
n_units = 128  # 針對每個前饋區塊中的第一個密集層
encoder_pad_mask = tf.math.not_equal(encoder_input_ids, 0)[:, tf.newaxis]
Z = encoder_in
for _ in range(N):
    skip = Z
    attn_layer = tf.keras.layers.MultiHeadAttention(
        num_heads=num_heads, key_dim=embed_size, dropout=dropout_rate)
    Z = attn_layer(Z, value=Z, attention_mask=encoder_pad_mask)
    Z = tf.keras.layers.LayerNormalization()(tf.keras.layers.Add()([Z, skip]))
```

24　這是「Attention Is All You Need」論文的圖 2 的右半部分，經作者同意重繪。

```
skip = Z
Z = tf.keras.layers.Dense(n_units, activation="relu")(Z)
Z = tf.keras.layers.Dense(embed_size)(Z)
Z = tf.keras.layers.Dropout(dropout_rate)(Z)
Z = tf.keras.layers.LayerNormalization()(tf.keras.layers.Add()([Z, skip]))
```

這段程式碼應該很簡單,除了一件事:遮罩。當我行文至此時,MultiHeadAttention 層不支援自動遮罩[25],所以我們必須手動處理它。我們該怎麼做?

MultiHeadAttention 層接受 attention_mask 引數,它是一個布林 tensor,外形為 [批次大小, 最大 query 長度, 最大值長度]:這個遮罩為每一個 query 序列中的每個詞元指出應該關注相應值序列中的哪些詞元。我們想要告訴 MultiHeadAttention 層忽略值中的所有填補詞元。因此,我們先使用 tf.math.not_equal(encoder_input_ids, 0) 來計算填補遮罩,它會回傳一個外形為 [批次大小, 最大序列長度] 的布林 tensor。然後,我們使用 [:, tf.newaxis] 來插入第二軸,得到外形為 [批次大小, 1, 最大序列長度] 的遮罩。於是,我們可以在呼叫 MultiHeadAttention 層時使用這個遮罩作為 attention_mask:拜廣播之賜,同一個遮罩會被用在每個 query 的所有詞元。如此一來,在值裡的填補詞元將被正確地忽略。

然而,階層將計算每一個的 query 詞元的輸出,包括填補詞元。我們要遮蓋這些填補詞元的相應輸出。我們曾經在 Embedding 層中使用了 mask_zero,並在 PositionalEncoding 層中,將 supports_masking 設為 True,因此自動遮罩被傳播到 MultiHeadAttention 層的輸入(encoder_in)。在跳接中,我們可以從這一點受益:Add 層支援自動遮罩,因此當我們將 Z 和 skip(最初等於 encoder_in)相加時,輸出會被正確地自動遮罩[26]。天哪!解釋遮罩的篇幅比解釋程式碼的還要多。

接著來看解碼器!同樣地,遮罩是唯一比較棘手的部分,所以我們從它談起。第一個多頭專注層是一個自我專注層,就像在編碼器裡一樣,但它是一個遮罩多頭專注層,這意味著它是因果的:它應該忽略未來的所有詞元。因此,我們需要兩種遮罩:一個是填補遮罩,另一個是因果遮罩。我們來建立它們:

```
decoder_pad_mask = tf.math.not_equal(decoder_input_ids, 0)[:, tf.newaxis]
causal_mask = tf.linalg.band_part(  # 建立一個下三角矩陣
    tf.ones((batch_max_len_dec, batch_max_len_dec), tf.bool), -1, 0)
```

---

25 當你閱讀至此時,情況可能有所不同了;請查看 Keras 的問題 #16248(*https://github.com/keras-team/keras/issues/16248*)以瞭解更多細節。如果有所變更,我們就不需要設定 attention_mask 引數了,因此也不需要建立 encoder_pad_mask。

26 目前 Z + skip 還不支援自動遮罩,這就是我們不得不寫成 tf.keras.layers.Add()([Z, skip]) 的原因。同樣地,當你閱讀至此時,情況可能已經改變了。

填補遮罩與我們為編碼器建立的遮罩完全相同，但它是基於解碼器的輸入，而不是編碼器的。因果遮罩是用 tf.linalg.band_part() 函式來建立的，該函數接受一個 tensor 並回傳一個副本，在裡面，除了對角線帶（diagonal band）之外的值都被設為零。使用這些引數可以得到一個大小為 batch_max_len_dec（批次裡的輸入序列的最大長度）的方陣，它的左下三角都是 1，右上三角都是 0。將這個遮罩當成專注遮罩來使用可以產生我們想要的效果：第一個 query 詞元只關注第一個值詞元，第二個只關注前兩個，第三個只關注前三個，以此類推。換句話說，query 詞元無法關注未來的任何值詞元。

接下來要建構解碼器：

```
encoder_outputs = Z  # 儲存編碼器的最終輸出
Z = decoder_in  # 解碼器最初處理它自己的輸入
for _ in range(N):
    skip = Z
    attn_layer = tf.keras.layers.MultiHeadAttention(
        num_heads=num_heads, key_dim=embed_size, dropout=dropout_rate)
    Z = attn_layer(Z, value=Z, attention_mask=causal_mask & decoder_pad_mask)
    Z = tf.keras.layers.LayerNormalization()(tf.keras.layers.Add()([Z, skip]))
    skip = Z
    attn_layer = tf.keras.layers.MultiHeadAttention(
        num_heads=num_heads, key_dim=embed_size, dropout=dropout_rate)
    Z = attn_layer(Z, value=encoder_outputs, attention_mask=encoder_pad_mask)
    Z = tf.keras.layers.LayerNormalization()(tf.keras.layers.Add()([Z, skip]))
    skip = Z
    Z = tf.keras.layers.Dense(n_units, activation="relu")(Z)
    Z = tf.keras.layers.Dense(embed_size)(Z)
    Z = tf.keras.layers.LayerNormalization()(tf.keras.layers.Add()([Z, skip]))
```

在第一個專注層，我們使用 causal_mask 和 decoder_pad_mask 來遮罩填補詞元和未來的詞元。因果遮罩只有兩個維度：它沒有批次維度，但這沒有任何問題，因為廣播可以確保它被複製到批次裡的所有實例。

第二個專注層沒有特別值得一提的。唯一需要注意的是，我們使用的是 encoder_pad_mask 而不是 decoder_pad_mask，因為這個專注層使用編碼器的最終輸出作為它的值。

我們快完成了，只要再加入最終的輸出層、建立模型、編譯它，然後訓練它即可：

```
Y_proba = tf.keras.layers.Dense(vocab_size, activation="softmax")(Z)
model = tf.keras.Model(inputs=[encoder_inputs, decoder_inputs],
                       outputs=[Y_proba])
model.compile(loss="sparse_categorical_crossentropy", optimizer="nadam",
              metrics=["accuracy"])
model.fit((X_train, X_train_dec), Y_train, epochs=10,
          validation_data=((X_valid, X_valid_dec), Y_valid))
```

恭喜你！你已經從頭開始建構一個完整的轉換器，並訓練它來進行自動翻譯了。這個模型已經相當先進了！

 Keras 團隊建立了一個新的 Keras NLP 專案（*https://github.com/keras-team/keras-nlp*），裡面有一個讓你更輕鬆地建構轉換器的 API。也許你也對新的 Keras CV 計算機視覺專案（*https://github.com/kerasteam/keras-cv*）有興趣。

但這個領域並未就此止步。我們來探索一些最近的進展。

轉換器模型如雪片般湧現

2018 年被稱為「NLP 的 ImageNet 時刻」。從那一年以來，NLP 進展驚人，出現越來越大的架構，它們都以轉換器為基礎，並使用龐大的資料組來訓練。

首先，Alec Radford 和其他 OpenAI 的研究者在 GPT 論文（*https://homl.info/gpt*）[27] 中再次展示了無監督預訓的有效性，就像之前的 ELMo 和 ULMFiT 論文一樣，但這次他們使用類似轉換器的架構。作者們預訓了一個大型但相當簡單的架構，它由 12 個轉換器模組堆疊而成，僅使用遮罩多頭專注層，如同原始轉換器的解碼器內部。他們使用龐大的資料組來訓練模型，使用我們在莎士比亞 char-RNN 裡使用的自我回歸技術：僅預測下一個詞元。這是一種自我監督學習。然後他們在各種語言任務中微調模型，僅為每一個任務做了細微的調整。這些任務相當多樣化：包括文本分類、蘊含（*entailment*）（句子 A 是否使得、影響或暗示句子 B 是必然的）[28]、相似性（例如，「Nice weather today」與「It is sunny」非常相似）、以及問題回答（先將幾段提供背景的文字傳給模型，再讓模型回答一些多選題）。

接著，Google 發表了 BERT 論文（*https://homl.info/bert*）[29]：它也證明了使用大規模語料庫來執行自我監督預訓的有效性。它使用與 GPT 類似的架構，但僅使用非遮罩多頭專注層，就像原始轉換器的編碼器一樣。這意味著這個模型是雙向的，這就是為什麼在 BERT 這個名稱裡面有個 B（*Bidirectional Encoder Representations from Transformers*）。最重要的是，作者用兩項預訓任務來解釋模型的大多數優點：

27　Alec Radford et al., "Improving Language Understanding by Generative Pre-Training" (2018).

28　例如，句子「Jane had a lot of fun at her friend's birthday party」蘊含「Jane enjoyed the party」，但與「Everyone hated the party」矛盾，並且與「The Earth is flat」無關。

29　Jacob Devlin et al., "BERT: Pre-Training of Deep Bidirectional Transformers for Language Understanding", *Proceedings of the 2018 Conference of the North American Chapter of the Association for Computational Linguistics: Human Language Technologies* 1 (2019).

Masked language model（*MLM*）

在一段句子裡的每一個單字都有 15% 的機率被遮住，模型被訓練來預測被遮住的單字。例如，如果原始句子是「She had fun at the birthday party」，模型可能會收到「She <mask> fun at the <mask> party」這樣的句子，它必須預測出「had」和「birthday」這兩個單字（其他的輸出會被忽略）。更精確地說，每一個被選定的單字有 80% 的機率被遮蓋，有 10% 的機率被換成一個隨機單字（以減少預訓和微調間的差異，因為模型在微調期間看不到 <mask> 詞元），有 10% 的機率保持原樣（將模型偏向正確答案）。

Next sentence prediction（*NSP*）

訓練模型來預測兩個句子是否連續出現。例如，它應該要預測「The dog sleeps」與「It snores loudly」是連續的句子，但「The dog sleeps」與「The Earth orbits the Sun」不是連續的。但是後來的研究證明，NSP 不像原先認為的那麼重要，所以之後的架構幾乎都把它移除了。

作者同時訓練模型執行這兩項任務（見圖 16-11）。在執行 NSP 任務時，作者在每個輸入的開頭插入一個特殊的類別詞元（<CLS>），與之對應的輸出詞元代表模型的預測結果：句子 B 是否緊跟在句子 A 之後。兩個輸入句子會被串接起來，僅用一個特殊的分隔詞元（<SEP>）來分隔，並當成輸入傳給模型。為了幫助模型知道每個輸入詞元屬於哪個句子，他們在每一個詞元的位置 embedding 之上加入一個**段落** *embedding*：段落 embedding 只可能有兩個，一個是句子 A 的，一個是句子 B 的。在處理 MLM 任務時，他們遮蔽一些輸入單字（就像剛才提到的），模型要試著預測這些單字是什麼。損失只用 NSP 預測結果和被遮蔽的詞元來計算，而不用未遮蔽的標記來計算。

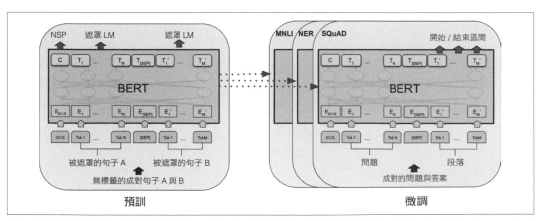

圖 16-11　BERT 的訓練與微調程序 [30]

30　這是論文的第一張圖，經作者同意重繪。

在使用龐大的文本語料來執行這個無監督預訓階段之後，他們用許多不同的任務來微調這個模型，為每一項任務進行調整幅度很少。例如，對於情感分析之類的文本分類任務，他們忽略第一個輸出詞元（對應類別詞元）之外的所有輸出詞元，並將輸出層換成新輸出層，原本的輸出層只是處理 NSP 的二元分類層。

在 BERT 發表僅僅幾個月之後的 2019 年 2 月，Alec Radford、Jeffrey Wu 和其他的 OpenAI 研究者發表了 GPT-2 論文（*https://homl.info/gpt2*）[31]。這篇論文提出一個非常類似 GPT 的架構，但規模更大（有超過 15 億個參數！）。研究者證明了這個新的改進版 GPT 模型能夠實現**零次學習**（*zero-shot learning*，ZSL），這意味著它可以在不做任何微調的情況下，以很好的效能完成許多任務。但這只是模型變得越來越大的序幕：Google 的 Switch Transformers（*https://homl.info/switch*）[32]（於 2021 年 1 月發表）使用了 1 萬億個參數，然後，更大的模型很快就出現了，例如北京智源人工智能研究院（BAII）在 2021 年 6 月發表的悟道 2.0 模型。

這種越來越龐大的趨勢有一個不幸的後果在於，只有資金充裕的組織才有能力訓練這種模型，成本可能動輒數十萬美元起跳。而且，訓練一個模型的耗電量相當於一個美國家庭好幾年的用電量，對環境並不友善。許多模型甚至過於龐大，無法在普通硬體上使用，它們無法被放入記憶體，且執行速度非常緩慢。最後，有些模型因為成本過高而未被公開發表。

幸運的是，聰明的研究者正在尋找新方法來縮小轉換器模型，並且讓它更有效率地利用資料。例如，Victor Sanh 等人在 2019 年 10 月推出的 DistilBERT 模型（*https://homl.info/distilbert*）[33] 是基於 BERT 的小型快速轉換器模型。你可以在 Hugging Face 的模型庫裡找到它，這個模型庫有幾千個模型，本章稍後還會介紹其中的一個。

DistilBERT 是使用 *distillation*（精煉）來訓練的（因此得名），distillation 的意思就是將教師模型裡的知識轉移到一個通常小得多的學生模型裡。轉移的方式通常是使用教師模型為每一個訓練實例預測的機率來作為學生的目標。令人驚訝的是，distillation 的效果通常比使用相同資料組來從頭開始訓練學生模型更好！學生的確受益於教師模型所提供的更精細的標籤。

31　Alec Radford et al., "Language Models Are Unsupervised Multitask Learners" (2019).

32　William Fedus et al., "Switch Transformers: Scaling to Trillion Parameter Models with Simple and Efficient Sparsity" (2021).

33　Victor Sanh et al., "DistilBERT, A Distilled Version of Bert: Smaller, Faster, Cheaper and Lighter", arXiv preprint arXiv:1910.01108 (2019).

在 BERT 發表之後，有更多轉換器架構相繼推出，幾乎每個月都有新模型問世，這些模型在所有的 NLP 任務中，往往都有更卓越的表現：XLNet（2019 年 6 月）、RoBERTa（2019 年 7 月）、StructBERT（2019 年 8 月）、ALBERT（2019 年 9 月）、T5（2019 年 10 月）、ELECTRA（2020 年 3 月）、GPT3（2020 年 5 月）、DeBERTa（2020 年 6 月）、Switch Transformers（2021 年 1 月）、Wu Dao 2.0（2021 年 6 月）、Gopher（2021 年 12 月）、GPT-NeoX-20B（2022 年 2 月）、Chinchilla（2022 年 3 月）、OPT（2022 年 5 月）…等，不勝枚舉。每一個模型都帶來新的想法和技術[34]，但我特別喜歡 Google 研究者發表的 T5 論文（*https://homl.info/t5*）[35]，它將所有的 NLP 任務都視為文字對文字的任務，使用了一種 encoder–decoder transformer（編碼解碼轉換器）。例如，若要將「I like soccer」翻譯成西班牙語，你只要在呼叫模型時，傳入「translate English to Spanish: I like soccer」，它就可以輸出「me gusta el fútbol」。若要總結一個段落，你只要輸入「summarize:」加上該段落，它就會輸出摘要。若要進行分類，你只要將前幾個字改為「classify:」，模型就會以文字形式輸出類別名稱。這可以簡化模型的使用，也讓它能夠在更多任務裡預訓。

最後但同樣重要的是，在 2022 年 4 月，Google 的研究者使用名為 *Pathways* 的大規模訓練平台（我們將在第 19 章簡要討論）來訓練名為 *Pathways Language Model*（PaLM）（*https://homl.info/palm*）[36] 的巨大語言模型，它有驚人的 5,400 億個參數，他們使用了超過 6,000 個 TPU 來訓練。除了令人吃驚的大小外，該模型還是一個標準的轉換器，僅使用解碼器（具有遮罩多頭專注層），只做了一些微調（詳情請參考論文）。這個模型在所有類型的 NLP 任務中都有出色的表現，尤其是在自然語言理解（NLU）方面。它能夠完成令人印象深刻的任務，例如解釋笑話、詳細地逐步回答問題，甚至寫程式。這部分要歸功於模型的大小，但也得益於一種稱為 *Chain of thought prompting*（*https://homl.info/ctp*）[37] 的技術，它是幾個月前由另一組 Google 研究者引入的。

在問答任務中，一般的提示詞通常包含幾個問題和答案的樣本，例如：「Q: Roger has 5 tennis balls. He buys 2 more cans of tennis balls. Each can has 3 tennis balls. How many tennis balls does he have now? A: 11.」，然後提出實際的問題：「Q: John takes care of 10 dogs. Each dog takes .5 hours a day to walk and take care of their business. How many hours a week does he spend taking care of dogs? A:」，模型的工作是附上答案，對這個例子而言，它是「35」。

---

34 Mariya Yao 在這篇文章中總結了許多這些模型：*https://homl.info/yaopost*。

35 Colin Raffel et al., "Exploring the Limits of Transfer Learning with a Unified Text-to-Text Transformer", arXiv preprint arXiv:1910.10683 (2019).

36 Aakanksha Chowdhery et al., "PaLM: Scaling Language Modeling with Pathways", arXiv preprint arXiv:2204.02311 (2022).

37 Jason Wei et al., "Chain of Thought Prompting Elicits Reasoning in Large Language Models", arXiv preprint arXiv:2201.11903 (2022).

然而，在使用 chain of thought prompting 時，例子的答案必須包含產生結論的所有推理步驟。例如，提示詞（prompt）不能只寫「A: 11」，而是要包含「A: Roger started with 5 balls. 2 cans of 3 tennis balls each is 6 tennis balls. 5 + 6 = 11.」這可以鼓勵模型為實際的問題提供詳細的答案，例如「John takes care of 10 dogs. Each dog takes .5 hours a day to walk and take care of their business. So that is 10 × .5 = 5 hours a day. 5 hours a day × 7 days a week = 35 hours a week. The answer is 35 hours a week.」這是在論文裡的實際範例！

如此一來，比起收到一般的提示詞，模型不但更容易產生正確的答案（因為我們鼓勵模型如此思考），它也提供了所有的推理步驟，可以幫助我們理解模型如此回答背後的原因。

轉換器已經主宰了 NLP 領域，但它們並未就此止步：它們也迅速地擴展到計算機視覺領域。

視覺轉換器

專注機制在 NMT 之外的首批應用之一是使用視覺專注來產生圖像標題（*https://homl.info/visualattention*）[38]，也就是先用摺積神經網路來處理圖像並輸出一些特徵圖，然後使用內建專注機制的解碼器 RNN 來產生圖像的標題，每次產生一個單字。

在每一個解碼器時步（即每個單字），解碼器會使用專注機制來關注圖像的正確部分。例如，在圖 16-12 中，模型產生了標題「A woman is throwing a frisbee in a park」，你可以看到解碼器在輸出單字「frisbee」的前一刻專注於輸入圖像的哪個部分：顯然，它的注意力大都集中在飛盤上。

38　Kelvin Xu et al., "Show, Attend and Tell: Neural Image Caption Generation with Visual Attention", *Proceedings of the 32nd International Conference on Machine Learning* (2015): 2048–2057.

圖 16-12　視覺專注：輸入圖像（左）以及模型產生單字「frisbee」前一刻的焦點（右）[39]

可解釋性

專注機制有個額外的好處在於，它們可以幫助你瞭解模型產生的輸出背後的原因。這種特性稱為**可解釋性**（*explainability*），在模型犯錯時特別有用，例如，如果它將一張有一隻狗在雪中走路的照片標示成「a wolf walking in the snow」的話，你可以檢查當模型輸出「wolf」時，它關注的是哪一個部分。或許你會發現模型不僅關注狗，也關注雪，這暗示了一種可能的解釋：也許模型區分狗和狼的方法是藉著檢查周圍是否有很多雪。然後，你可以使用更多有狼但沒有雪的照片，以及有狗也有雪的照片來訓練模型，以修正這個錯誤。這個例子來自 Marco Tulio Ribeiro 等人在 2016 年發表的一篇傑出論文（*https://homl.info/explainclass*）[40]，這篇論文使用另類的可解釋性實現方法：在分類器的預測結果附近學習可解釋模型。

在某些應用領域，可解釋性不僅是修正模型錯誤的工具，也是法律要求的，比如判定是否放貸的系統。

39　這是論文的第 3 張圖的一部分，經作者同意轉載。

40　Marco Tulio Ribeiro et al., "'Why Should I Trust You?': Explaining the Predictions of Any Classifier", *Proceedings of the 22nd ACM SIGKDD International Conference on Knowledge Discovery and Data Mining* (2016): 1135–1144.

當轉換器在 2017 年問世並開始在 NLP 之外進行實驗時，它們是與 CNN 一起使用的，而不是取代它們。然而，轉換器通常被用來取代 RNN，例如在圖像標題生成模型中。在 2020 年的一篇論文中，轉換器才變得比較視覺化一些。Facebook 的研究者在該論文中提出了一種 CNN-transformer 混合架構，用來進行物體偵測（*https://homl.info/detr*）[41]。同樣地，CNN 先處理輸入圖像並輸出一組特徵圖，然後將這些特徵圖轉換成序列，並傳給轉換器，由轉換器輸出預測邊框。但是，大部分的視覺處理工作仍然由 CNN 完成。

然後，在 2020 年 10 月，一組 Google 研究者發表的一篇論文（*https://homl.info/vit*）[42] 提出一個完全以轉換器來建構的視覺模型，稱為 *vision transformer*（ViT）。這個想法出奇地簡單：只是將圖像切成一個個 16 × 16 的方塊，並將這些方塊的序列視為單字表示法序列。更準確地說，這些方塊先被展平為 16 × 16 × 3 = 768 維的向量（3 代表 RGB 色彩通道），然後讓這些向量經過線性層來進行轉換，但保留其維度。然後像處理單字 embedding 序列一樣處理產生的向量序列：也就是加入位置 embedding，並將結果傳遞給轉換器。就這樣！這個模型在 ImageNet 圖像分類任務中，打敗現有的技術，但公平地說，為了獲得這個效果，作者不得不使用超過 3 億張額外的圖像來訓練。這是有道理的，因為相較於摺積神經網路，轉換器沒有那麼多**歸納偏見**（*inductive bias*），所以需要額外的資料來學習 CNN 暗中假設的事情。

歸納偏見是模型因其架構而做出來的暗中假設，例如，線性模型暗中假設資料是線性的；CNN 暗中假設在一個位置學到的模式在其他位置也應該很有用；RNN 暗中假設輸入是有序的，並且最近出現的詞元比較舊的詞元更重要。模型的歸納偏見越多，如果它們是正確的，那麼模型需要的訓練資料就越少。但如果這些隱性的假設是錯誤的，即使使用大型資料組來訓練，模型的效能也可能很差。

僅僅兩個月之後，Facebook 的一組研究者在一篇論文（*https://homl.info/deit*）[43] 裡提出 *data-efficient image transformers*（DeiTs）。他們的模型在處理 ImageNet 時獲得有競爭力的結果，而不需要額外的訓練資料。這個模型的架構幾乎與原始的 ViT 相同，但作者們使用了一種精煉技術，將最先進的 CNN 模型的知識轉移到他們的模型中。

41 Nicolas Carion et al., "End-to-End Object Detection with Transformers", arXiv preprint arxiv: 2005.12872 (2020).

42 Alexey Dosovitskiy et al., "An Image Is Worth 16x16 Words: Transformers for Image Recognition at Scale", arXiv preprint arxiv: 2010.11929 (2020).

43 Hugo Touvron et al., "Training Data-Efficient Image Transformers & Distillation Through Attention", arXiv preprint arxiv: 2012.12877 (2020).

接著，在 2021 年 3 月，DeepMind 發表了一篇重要的論文（*https://homl.info/perceiver*）[44]，提出 *Perceiver* 架構。它是一種多模態（*multimodal*）轉換器，意思是說，你可以將文字、圖像、音訊或幾乎任何其他資料類型傳給它。在此之前，由於效能和專注層裡的 RAM 瓶頸等問題，轉換器只能處理相當短的序列，這將音訊或影片等模態排除在外，迫使研究者將圖像視為小圖片序列（sequences of patches），而不是像素序列。瓶頸的源頭是自我專注機制，其中每一個詞元都必須關注其他的每個詞元，如果輸入序列有 M 個詞元，那麼專注層就必須計算一個 $M \times M$ 矩陣，如果 M 很大，該矩陣將極其龐大。Perceiver 解決這個問題的辦法是逐漸改進一個相當短的輸入 *latent representation*（潛在表示法），它由 N 個詞元組成，通常只有幾百個（*latent* 代表隱藏或內部）。這個模型只使用交叉專注層，將 latent representation 當成 query，並將（可能很大的）輸入當成值，將兩者傳入模型。這種做法只需要計算一個 $M \times N$ 矩陣，所以計算複雜度與 M 成線性關係，而不是二次關係。經過幾個交叉專注層後，如果一切順利，latent representation 會抓到輸入中的所有重要資訊。作者還建議讓相鄰的交叉專注層共享權重，若是如此，Perceiver 實際上成為一個 RNN。確實，共享的交叉專注層可以視為在不同時步中的同一個記憶 cell，latent representation 則相當於該 cell 的上下文（context）向量。相同的輸入會在每一個時步被反覆傳入記憶 cell。看來，RNN 並沒有完全消亡！

僅僅一個月後，Mathilde Caron 等人提出 DINO（*https://homl.info/dino*）[45] 這個令人印象深刻的視覺轉換器，它完全不使用標籤，採用自我監督，並能夠進行高準確率的語義分割。在訓練期間，模型會被複製成兩個：一個當成老師，另一個當成學生。梯度下降只影響學生，而老師的權重是學生的權重的指數移動平均值。學生的訓練目標是做出老師的預測。因為它們幾乎是相同的模型，這個程序被稱為**自我精煉**（*self-distillation*）。在每一個訓練步驟中，他們以不同的方式來擴增輸入圖像，分別供老師和學生使用，因此它們不會看到完全相同的圖像，但它們的預測必須相符。這將迫使它們產生高層次的表示法。為了防止**模式崩潰**（*mode collapse*），也就是學生和老師始終輸出相同的結果，完全忽略輸入，DINO 會追蹤老師的輸出的移動平均值，並微調老師的預測，以確保平均而言，它們的中心位於零。DINO 還強迫老師對它的預測有高度的信心，這稱為 *sharpening*。一起使用這些技術可以保留老師的輸出的多樣性。

44 Andrew Jaegle et al., "Perceiver: General Perception with Iterative Attention", arXiv preprint arxiv: 2103.03206 (2021).

45 Mathilde Caron et al., "Emerging Properties in Self-Supervised Vision Transformers", arXiv preprint arxiv: 2104.14294 (2021).

Google 的研究者在 2021 年的一篇論文（*https://homl.info/scalingvits*）[46] 展示了如何根據資料量來調整 ViTs 的規模。他們成功建立了一個具有 20 億個參數的龐大模型，預測 ImageNet 達到超過 90.4% 的 top-1 準確率。他們還訓練了一個縮小的模型，預測 ImageNet 達到超過 84.8% 的 top-1 準確率，只使用了 10,000 張圖像：每個類別只有 10 張圖像！

視覺轉換器直到今日仍在持續穩定發展。例如，Mitchell Wortsman 等人在 2022 年 3 月的一篇論文（*https://homl.info/modelsoups*）[47] 中展示了他們可以先訓練多個轉換器，然後平均它們的權重，來建立一個改良的新模型。這種做法與總體（ensemble，見第 7 章）類似，但最終只有一個模型，這意味著它沒有推理時間懲罰（inference time penalty）。

轉換器領域近來的趨勢在於，研究者正在建立大型的多模態模型，通常能夠進行零樣本（zero-shot）或少樣本（few-shot）學習。例如，OpenAI 在 2021 年發表的 CLIP 論文（*https://homl.info/clip*）[48] 中提出一個大型轉換器模型，它已經被預先訓練匹配圖片與標題：這個任務讓它能夠學習優秀的圖像表示法，然後，這個模型可以直接用來執行一些任務，例如在收到「a photo of a cat」這種簡單的文字提示詞之後，進行圖像分類。不久之後，OpenAI 發表了 DALL·E（*https://homl.info/dalle*）[49]，它能夠根據文字提示詞產生令人驚嘆的圖像。DALL·E 2（*https://homl.info/dalle2*）[50] 使用擴散模型（見第 17 章）來產生更高品質的圖像。

DeepMind 在 2022 年 4 月發表了 Flamingo 論文（*https://homl.info/flamingo*）[51]，該論文提出一系列模型，它們都用各種形式的資料來進行了預訓（包括文字、圖像和影片）。單一模型可以在非常不同的任務中使用，例如問答、圖像標題生成…等。隨後，DeepMind 在 2022 年 5 月推出了 GATO（*https://homl.info/gato*）[52]，這是一個多模態模型，可以當成強化學習代理人的策略（policy）來使用（強化學習將在第 18 章介紹）。同一個轉換器可以和你聊天、為圖像附加標題、玩 Atari 遊戲、控制（模擬的）機械手臂…等，全部「只」需要使用 12 億個參數。這場冒險還沒有結束！

46　Xiaohua Zhai et al., "Scaling Vision Transformers", arXiv preprint arxiv: 2106.04560v1 (2021).

47　Mitchell Wortsman et al., "Model Soups: Averaging Weights of Multiple Fine-tuned Models Improves Accuracy Without Increasing Inference Time", arXiv preprint arxiv: 2203.05482v1 (2022).

48　Alec Radford et al., "Learning Transferable Visual Models From Natural Language Supervision", arXiv preprint arxiv: 2103.00020 (2021).

49　Aditya Ramesh et al., "Zero-Shot Text-to-Image Generation", arXiv preprint arxiv: 2102.12092 (2021).

50　Aditya Ramesh et al., "Hierarchical Text-Conditional Image Generation with CLIP Latents", arXiv preprint arxiv: 2204.06125 (2022).

51　Jean-Baptiste Alayrac et al., "Flamingo: a Visual Language Model for Few-Shot Learning", arXiv preprint arxiv: 2204.14198 (2022).

52　Scott Reed et al., "A Generalist Agent", arXiv preprint arxiv: 2205.06175 (2022).

這些驚人的進步使得一些研究者聲稱，人類等級的人工智慧已經近在咫尺，他們認為「規模就是一切」，而且某些模型可能是「稍具意識」的。然而，也有人指出，儘管有了驚人的進展，但這些模型仍然缺乏人類智慧的可靠性和適應性、缺乏抽象推理能力、缺乏根據單一範例進行類推等能力。

正如你所看到的，transformer 無處不在！好消息是，通常你不需要自己實作轉換器，因為你可以在 TensorFlow Hub 或 Hugging Face 等模型中心輕鬆下載許多優秀的預訓模型來使用。你已經知道如何使用 TF Hub 的模型了，所以我們在本章的最後快速地瞭解一下 Hugging Face 的生態系統。

Hugging Face 的 Transformers 模型庫

現在只要提到轉換器就不得不提到 Hugging Face，它是一家 AI 公司，為 NLP、視覺等領域建構了易用的開源工具生態系統。這個生態系統的核心元素是 Transformers 模型庫，你可以從那裡輕鬆地下載預訓模型，包括相應的分詞器，並根據需要進行微調。而且，該模型庫支援 TensorFlow、PyTorch 和 JAX（使用 Flax 程式庫）。

要使用 Transformers 模型庫，最簡單的方法是使用 transformers.pipeline() 函式：你只要指定你想要執行的任務，例如情感分析，它就會下載一個預設的預訓模型，讓你立即使用，真是再簡單不過了：

```python
from transformers import pipeline

classifier = pipeline("sentiment-analysis")  # 也可以使用許多其他任務
result = classifier("The actors were very convincing".)
```

result 是一個 Python 串列，在裡面，每一個輸入文本有一個字典：

```python
>>> result
[{'label': 'POSITIVE', 'score': 0.9998071789741516}]
```

在這個例子裡，模型正確地判斷句子是正面的，並具有約 99.98% 的信心。你也可以將一批句子傳給模型：

```python
>>> classifier(["I am from India.", "I am from Iraq."])
[{'label': 'POSITIVE', 'score': 0.9896161556243896},
 {'label': 'NEGATIVE', 'score': 0.9811071157455444}]
```

偏見與公平

從輸出可以看出，這個分類器偏愛印度人，但對伊拉克人有嚴重的偏見。你可以使用你自己的國家或城市來試試這段程式碼。這種不可取的偏見通常與訓練資料本身有很大的關係：在這個例子裡，訓練資料中有許多與伊拉克戰爭有關的負面語句。這種偏見在微調的過程中被放大，因為模型被迫在正面或負面這兩個類別之間做出選擇。在微調時加入一個中性類別可讓大部分的國家偏見消失。但訓練資料並不是唯一的偏見來源：模型的架構、用來訓練的損失或正則化類型，以及優化器都可能影響模型最終學到的東西。即使是幾乎沒有偏見的模型也可能被帶偏見地使用，就像民調的問題可能有偏見一樣。

瞭解 AI 中的偏見並減輕它的負面影響仍然是一個被積極研究的領域，但有一件事可以確定：在將模型部署到生產環境之前，你應該先停下來，問問自己，這個模型可能會造成什麼傷害，即使是間接的。例如，如果模型的預測將被用來決定是否放貸給某人，過程應該公平。因此，你不但要用整個測試組來評估模型的效能，也要跨越不同的子集合進行評估：例如，你可能會發現儘管模型的整體表現很好，但對於某些族群的表現極差。你也可以進行反事實測試，例如，檢查只改變某人的性別時，模型的預測是否保持不變。

如果模型平均而言表現良好，我們可能忍不住就會將它部署到生產環境，然後轉而進行其他工作，尤其是它只是更大系統的一個組件時。但一般來說，如果你不修復這類問題，其他人也不會，你的模型最終可能造成更多傷害，而非帶來好處。解決辦法依問題而定：你可能要重新平衡資料組、用不同的資料組來進行微調、切換到另一個預訓練模型、調整模型的架構或超參數…等。

pipeline() 函式會使用給定任務的預設模型。例如，對於情感分析之類的文本分類任務，當我行文至此時，它預設使用 distilbert-base-uncased-finetuned-sst-2-english，這是一種 DistilBERT 模型，它使用不分大小寫的分詞器，以英文維基百科和一個英文書籍語料庫來進行訓練，並在 Stanford Sentiment Treebank v2（SST 2）任務中進行微調。你也可以手動指定不同的模型。例如，你可以使用以 Multi-Genre Natural Language Inference（MultiNLI）任務來進行微調的 DistilBERT 模型，該任務將兩個句子分類為三個類別：矛盾，中性或蘊含。寫法是：

```
>>> model_name = "huggingface/distilbert-base-uncased-finetuned-mnli"
>>> classifier_mnli = pipeline("text-classification", model=model_name)
>>> classifier_mnli("She loves me. [SEP] She loves me not.")
[{'label': 'contradiction', 'score': 0.9790192246437073}]
```

你可以在 *https://huggingface.co/models* 找到可用的模型，並在 *https://huggingface.co/tasks* 找到任務清單。

pipeline API 非常簡單方便，但有時你需要更仔細地控制，Transformers 模型庫有許多類別可讓你在這種情況下使用，包括各種分詞器、模型、組態、回呼…等。舉例來說，我們使用 TFAutoModelForSequenceClassification 和 AutoTokenizer 類別來載入同一個 DistilBERT 模型以及相應的分詞器：

```
from transformers import AutoTokenizer, TFAutoModelForSequenceClassification

tokenizer = AutoTokenizer.from_pretrained(model_name)
model = TFAutoModelForSequenceClassification.from_pretrained(model_name)
```

接下來，我們為幾對句子進行分詞。在這段程式中，我們啟用 padding，並設定使用 TensorFlow 的 tensor，而不是 Python 的串列：

```
token_ids = tokenizer(["I like soccer. [SEP] We all love soccer!",
                       "Joe lived for a very long time. [SEP] Joe is old."],
                      padding=True, return_tensors="tf")
```

你可以不傳遞 "Sentence 1 [SEP] Sentence 2" 給分詞器，而是傳給它一個 tuple：("Sentence 1", "Sentence 2")。

輸出是 BatchEncoding 類別的類字典實例，裡面有詞元 ID 序列，以及一個包含用於填補詞元的 0 的遮罩：

```
>>> token_ids
{'input_ids': <tf.Tensor: shape=(2, 15), dtype=int32, numpy=
array([[ 101, 1045, 2066, 4715, 1012,  102, 2057, 2035, 2293, 4715,  999,
         102,    0,    0,    0],
       [ 101, 3533, 2973, 2005, 1037, 2200, 2146, 2051, 1012,  102, 3533,
        2003, 2214, 1012,  102]], dtype=int32)>,
 'attention_mask': <tf.Tensor: shape=(2, 15), dtype=int32, numpy=
array([[1, 1, 1, 1, 1, 1, 1, 1, 1, 1, 1, 1, 0, 0, 0],
       [1, 1, 1, 1, 1, 1, 1, 1, 1, 1, 1, 1, 1, 1, 1]], dtype=int32)>}
```

如果你在呼叫分詞器時設定 return_token_type_ids=True，你還會得到一個額外的 tensor，指出每個詞元屬於哪個句子。有些模型需要這個資訊，但 DistilBERT 不需要。

接下來，我們可以將這個 BatchEncoding 物件直接傳給模型，它會回傳一個包含預測類別 logits 的 TFSequenceClassifierOutput 物件：

```
>>> outputs = model(token_ids)
>>> outputs
TFSequenceClassifierOutput(loss=None, logits=[<tf.Tensor: [...] numpy=
array([[-2.1123817 ,  1.1786783 ,  1.4101017 ],
       [-0.01478387,  1.0962474 , -0.9919954 ]], dtype=float32)>], [...])
```

最後，我們可以使用 softmax 觸發函數，將這些 logit 轉換為類別機率，並使用 argmax() 函式來為每一對輸入句子預測具有最高機率的類別：

```
>>> Y_probas = tf.keras.activations.softmax(outputs.logits)
>>> Y_probas
<tf.Tensor: shape=(2, 3), dtype=float32, numpy=
array([[0.01619702, 0.43523544, 0.5485676 ],
       [0.08672056, 0.85204804, 0.06123142]], dtype=float32)>
>>> Y_pred = tf.argmax(Y_probas, axis=1)
>>> Y_pred  # 0 = 矛盾，1 = 蘊含，2 = 中立
<tf.Tensor: shape=(2,), dtype=int64, numpy=array([2, 1])>
```

在這個例子裡，模型正確地將第一對句子分類為中性（我喜歡足球並不意味著每個人都喜歡），將第二對句子分類為蘊含（Joe 確實應該很老了）。

如果你想要用自己的資料組來微調這個模型，你可以像在 Keras 裡訓練模型一樣進行，因為它只是一個附帶一些額外方法的常規 Keras 模型。然而，由於模型輸出的是 logit 而不是機率，所以你必須使用 tf.keras.losses.SparseCategoricalCrossentropy(from_logits=True) 損失，而不是一般的 "sparse_categorical_crossentropy" 損失。此外，模型在訓練期間不支援 BatchEncoding 輸入，所以你必須使用它的 data 屬性來取得常規的字典：

```
sentences = [("Sky is blue", "Sky is red"), ("I love her", "She loves me")]
X_train = tokenizer(sentences, padding=True, return_tensors="tf").data
y_train = tf.constant([0, 2])  # 矛盾，中立
loss = tf.keras.losses.SparseCategoricalCrossentropy(from_logits=True)
model.compile(loss=loss, optimizer="nadam", metrics=["accuracy"])
history = model.fit(X_train, y_train, epochs=2)
```

Hugging Face 還建立了一個 Datasets 庫，你可以使用它來下載標準資料組（例如 IMDb）或自訂資料組，並用它來微調你的模型。它類似 TensorFlow Datasets，但它還提供執行常見預先處理任務的工具，例如遮罩。資料組的清單可以在 *https://huggingface.co/datasets* 找到。

以上的內容應該可以幫你踏入 Hugging Face 的生態系統了，如果你想要進一步瞭解，可至 *https://huggingface.co/docs* 閱讀文件，裡面有許多課程 notebook、影片、完整的 API⋯等。我也推薦 O'Reilly 的《*Natural Language Processing with Transformers: Building Language Applications with Hugging Face*》（*https://homl.info/hfbook*），其作者是 Hugging Face 團隊的 Lewis Tunstall、Leandro von Werra 和 Thomas Wolf。

在下一章，我們將討論如何使用自動編碼器，以無監督的方式學習深度表示法，我們也將使用生成對抗網路來產生圖像⋯等！

習題

1. 使用有狀態 RNN 與無狀態 RNN 的優缺點是什麼？

2. 為什麼人們都使用 encoder–decoder RNN 來進行自動翻譯，而不是一般的序列到序列 RNN？

3. 如何處理長度不固定的輸入序列？如何處理長度不固定的輸出序列？

4. 什麼是集束搜尋？為何要使用它？你可以用哪種工具來實作它？

5. 什麼是專注機制？它有什麼幫助？

6. 轉換器結構最重要的階層是什麼？它的目的是什麼？

7. 何時該使用抽樣 softmax？

8. Hochreiter 與 Schmidhuber 在關於 LSTM 的論文（*https://homl.info/93*）中使用 *embedded Reber* **文法**。它們是人工的文法，可產生「BPBTSXXVPSEPE」這樣的字串。參考 Jenny Orr 對這個主題的詳細介紹（*https://homl.info/108*），然後選擇一個特定的 embedded Reber 文法（例如在 Orr 的網頁上的文法），再訓練一個 RNN 來判斷一個字串是否符合該文法。你必須先寫一個函式來產生一個訓練批次，在裡面有大約 50% 的字串符合文法，50% 不符合。

9. 訓練一個 encoder–decoder 模型來將日期字串從一種格式轉換成另一種（例如，從「April 22, 2019」轉換成「2019-04-22」）。

10. 參考 Keras 網站上關於「自然語言圖像搜尋與雙編碼器（Natural language image search with a Dual Encoder）」的範例（*https://homl.info/dualtuto*）。你將從這個範例學習如何建立一個能夠在同一個 embedding 空間裡表示圖像和文字的模型。這可以讓你像 OpenAI 的 CLIP 模型一樣，使用文字提示詞來搜尋圖像。

11. 使用 Hugging Face Transformers 庫來下載一個能夠生成文本的預訓語言模型（例如 GPT），並試著產生更具說服力的莎士比亞風格文字。你要使用模型的 generate() 方法，詳細資訊請參考 Hugging Face 的文件。

這些習題的答案在本章的 notebook（*https://homl.info/colab3*）的結尾。

## 第十七章

自動編碼器、
GAN 與 Diffusion Model

自動編碼器是一種人工神經網路，能夠在沒有任何監督（即訓練組無標籤）的情況下學習輸入資料的緊密表示法，這種表示法稱為*潛在表示法*（*latent representation*）或*編碼*（*coding*）。這些編碼的維數通常比輸入資料更少，所以自動編碼器很適合用來降維（見第 8 章），尤其是為了進行視覺化。自動編碼器也可以用來偵測特徵，以及用來進行深度神經網路的無監督預訓（正如第 11 章所討論的）。最後，有一些自動編碼器是*生成模型*（*generative model*）：它們能夠隨機產生看起來與訓練資料很像的新資料。例如，你可以用人臉照片來訓練自動編碼器，讓它產生新的人臉。

生成對抗網路（GAN）也是一種能夠產生資料的神經網路。事實上，它們可以產生非常逼真的人臉圖片，令人難以相信那些臉不是真的。你可以到 *https://thispersondoesnotexist.com* 這個網站眼見為憑，它展示了由名為 *StyleGAN* 的 GAN 架構產生的人臉。你也可以在 *https://thisrentaldoesnotexist.com* 看一些由 GAN 產生的 Airbnb 住房資訊。GAN 目前被廣泛用在超解析度（增加圖像的解析度）、上色（*https://github.com/jantic/DeOldify*）、強大的圖像編輯（例如，將搶鏡頭的陌生人換成逼真的背景）、將簡單的草圖轉換成逼真的圖像、預測影片的下一幀、擴充資料組（用來訓練其他模型）、產生其他類型的資料（例如文字、音訊和時間序列）、辨識其他模型的弱點以加以改善⋯等。

擴散模型（*diffusion model*）是生成式學習領域的新成員。它們在 2021 年成功地產生了比 GAN 更多樣化且更高品質的圖像，而且訓練起來容易得多。然而，擴散模型的執行速度較慢。

自動編碼器、生成對抗網路（GAN）和擴散模型都是無監督學習的，它們都學習潛在表示法，都可以當成生成模型來使用，而且有很多相似的應用。然而，它們的工作方式非常不同：

- 自動編碼器只是學習將輸入複製到輸出。這聽起來像是一個微不足道的任務，但你將看到，以各種方式來約束網路，可能會讓這項工作變得相當困難。例如，你可以限制潛在表示法的大小，或在輸入中加入雜訊，然後訓練網路來恢復原始的輸入。這些約束可阻止自動編碼器直接將輸入複製到輸出，強迫它學習有效的資料表示法。簡言之，表示法是自動編碼器在某些約束之下學習恆等函數的副產品。

- 生成對抗網路（GAN）由兩個神經網路組成：**產生器**的目的是產生看起來很像訓練資料的資料，而**鑑別器**的目的是區分真實資料和假資料。在深度學習中，這種架構非常獨特，因為在訓練期間，產生器和鑑別器會互相對抗：產生器通常被比喻為試圖製造逼真偽幣的罪犯，而鑑別器則是試圖辨別真幣和偽幣的警探。**對抗性訓練**（訓練互相競爭的神經網路）被普遍認為是 2010 年代最重要的創新之一。在 2016 年，Yann LeCun 甚至說它是「機器學習領域過去十年來最有趣的想法」。

- **去雜訊擴散機率模型**（*denoising diffusion probabilistic model*，DDPM）的用途是將圖像中的微小雜訊去除。如果你對著一張充滿高斯雜訊的圖像反覆執行擴散模型，你會逐漸看到一幅高品質的圖像，與訓練圖像相似（但不完全相同）。

在這一章，我們將深入探討自動編碼器的工作原理，以及如何使用它們來進行降維、特徵提取、無監督預訓，或當成生成模型。這將自然進入生成對抗網路（GAN）的主題。我們將建立一個簡單的 GAN 來產生假圖像，但你會看到，訓練通常相當困難。我們將討論進行對抗性訓練時可能遇到的主要困難，以及解決這些困難的主要技術。最後，我們將建立和訓練一個 DDPM，並使用它來產生圖像。我們從自動編碼器開始吧！

高效的資料表示法

你認為這兩個數字序列哪一個比較好記？

- 40, 27, 25, 36, 81, 57, 10, 73, 19, 68

- 50, 48, 46, 44, 42, 40, 38, 36, 34, 32, 30, 28, 26, 24, 22, 20, 18, 16, 14

乍看之下，第一個序列比較好記，因為它短很多。但是當你仔細觀察第二個序列時，你會發現它們其實只是從 50 降為 14 的偶數。當你發現這個模式之後，第二個序列就變得比第一個好記了，因為你只要記住模式（也就是不斷減少的偶數）以及開始和結束的數字（即 50 和 14）就可以了。要注意的是，如果你可以快速且輕鬆地記住很長的序列，你就不會太在乎第二個序列有什麼模式存在，畢竟你只要直接記住每個數字就好。模式之所以有用，是因為長序列不易記憶，希望這個例子可以讓你明白為什麼在訓練期間約束自動編碼器可以強迫它發現並利用資料中的模式。

William Chase 與 Herbert Simon 在 1970 年代初的一項著名的研究揭露了記憶、感知和模式比對之間的關係（*https://homl.info/111*）[1]。他們觀察到，專業棋手只要觀看棋盤短短五秒鐘的時間，就可以記住整個棋局的棋子位置，對大多數人來說，這是不可能的任務。然而，這件事僅在棋子被放在現實的位置（來自實際比賽）時才成立，棋子被隨機放置就不成立。專業棋手的記憶力不會比你我高出很多，他們只是從棋局中累積許多經驗，所以更容易看出棋子的模式。發現模式可以協助他們更有效率地儲存資訊。

就像這個記憶實驗中的棋手一樣，自動編碼器也會觀察輸入，將它們轉換成高效的潛在表示法，然後輸出看起來很像輸入的東西（但願如此）。自動編碼器一定包含兩個部分：將輸入轉換成潛在表示法的**編碼器**（*encoder*）（或辨識網路（*recognition network*）），在它後面的是將內部表示法轉換成輸出的**解碼器**（*decoder*）（或生成網路（*generative network*））（見圖 17-1）。

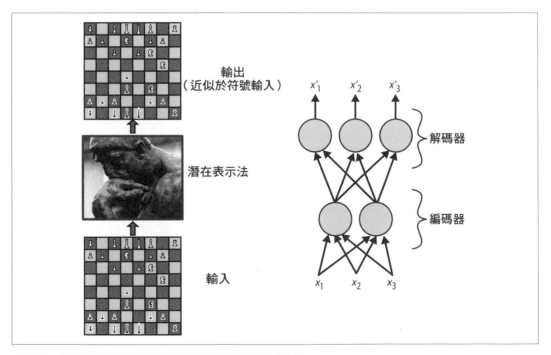

圖 17-1　棋局記憶實驗（左）與簡單的自動編碼器（右）

1　William G. Chase and Herbert A. Simon, "Perception in Chess", *Cognitive Psychology* 4, no. 1 (1973): 55–81.

如你所見，自動編碼器的架構通常與多層感知器（MLP；見第 10 章）相同，只是輸出層的神經元數量必須等於輸入的數量。這個例子只有一個由兩個神經元組成的隱藏層（編碼器），以及一個由三個神經元組成的輸出層（解碼器）。輸出通常被稱為**重建**（*reconstruction*），因為自動編碼器試圖重建輸入資料。代價函數包含一個**重建損失**，在重建與輸入不同時，用來懲罰模型。

因為內部表示法的維數比輸入資料少（它是 2D 而不是 3D），所以自動編碼器是 *undercomplete*（**欠完備的**）。undercomplete 的自動編碼器不能直接將輸入複製到編碼，但它必須設法輸出其輸入的複本。它被迫學習輸入資料中最重要的特徵（並排除不重要的）。

我們來看看如何實作一個非常簡單的、用來降維的 undercomplete 自動編碼器。

使用 undercomplete 線性自動編碼器來執行 PCA

如果自動編碼器僅使用線性觸發，而且代價函數是均方誤差（MSE），那麼它最終會執行主成分分析（PCA，見第 8 章）。

下面的程式建立一個簡單的線性自動編碼器來對 3D 資料組執行 PCA，將它投射至 2D：

```
import tensorflow as tf

encoder = tf.keras.Sequential([tf.keras.layers.Dense(2)])
decoder = tf.keras.Sequential([tf.keras.layers.Dense(3)])
autoencoder = tf.keras.Sequential([encoder, decoder])

optimizer = tf.keras.optimizers.SGD(learning_rate=0.5)
autoencoder.compile(loss="mse", optimizer=optimizer)
```

這段程式與我們在前幾章建立的 MLP 沒有太大的不同，不過有一些事情必須注意：

- 我們將自動編碼器分為兩個組件：編碼器和解碼器。它們都是一般的 Sequential 模型，各自有一個 Dense 層。自動編碼器是一個 Sequential 模型，裡面有編碼器，然後是解碼器（別忘了，模型可以當成另一個模型的階層來使用）。

- 自動編碼器的輸出數量等於它的輸入數量（即 3）。

- 我們執行 PCA 時，不使用任何觸發函式（也就是所有神經元都是線性的），且代價函數是 MSE。這是因為 PCA 是線性轉換。我們很快就會看到更複雜且非線性的自動編碼器。

接下來，我們要使用第 8 章用過的那個簡單的生成 3D 資料組來訓練這個模型，並用它來編碼那個資料組（也就是將它投射到 2D）：

```
X_train = [...]  # 和第 8 章一樣產生一個 3D 資料組
history = autoencoder.fit(X_train, X_train, epochs=500, verbose=False)
codings = encoder.predict(X_train)
```

注意，X_train 被當成輸入與目標來使用。圖 17-2 是原始的 3D 資料組（左），以及自動編碼器的隱藏層（即編碼層）的輸出（右）。如你所見，自動編碼器找到最佳的 2D 平面來將資料投射上去，盡可能地保留了資料的變異數（如同 PCA）。

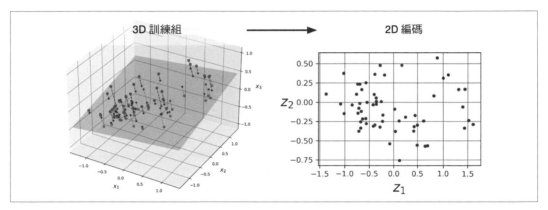

圖 17-2　用 undercomplete 線性自動編碼器來進行近似 PCA

你可以將自動編碼器視為一種自我監督學習，因為它採用一種監督學習技術，並使用自動產生的標籤（在這個案例中，標籤等於輸入資料本身）。

堆疊式自動編碼器

和我們討論過的其他神經網路一樣，自動編碼器也可以有多個隱藏層。若是如此，它們稱為**堆疊式自動編碼器**（*stacked autoencoder*）（或深度自動編碼器（*deep autoencoder*））。加入更多層可以協助自動編碼器學習更複雜的編碼。話雖如此，小心別讓自動編碼器過於強大。想像一下，有一個過度強大的編碼器只學會將各個輸入對映到任意的一個數字（而且解碼器學會反向的對映），顯然這種自動編碼器可以完美地重建訓練資料，卻無法在過程中學到任何實用的資料表示法，也不太可能準確地類推新實例。

堆疊式自動編碼器的架構通常以中央的隱藏層（編碼層）為分界上下對稱。簡言之，它看起來很像三明治。例如，處理 Fashion MNIST 的自動編碼器可能有 784 個輸入，接下來有一個具有 100 個神經元的隱藏層，接著是一個具有 30 個神經元的中央隱藏層，然後是另一個具有 100 個神經元的隱藏層，最後是具有 784 個神經元的輸出層。圖 17-3 就是這個堆疊式自動編碼器的樣子。

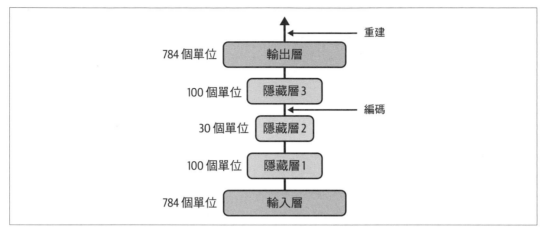

圖 17-3　堆疊式自動編碼器

使用 Keras 來實作堆疊式自動編碼器

實作堆疊式自動編碼器的方式與實作一般的深層 MLP 很像：

```
stacked_encoder = tf.keras.Sequential([
    tf.keras.layers.Flatten(),
    tf.keras.layers.Dense(100, activation="relu"),
    tf.keras.layers.Dense(30, activation="relu"),
])
stacked_decoder = tf.keras.Sequential([
    tf.keras.layers.Dense(100, activation="relu"),
    tf.keras.layers.Dense(28 * 28),
    tf.keras.layers.Reshape([28, 28])
])
stacked_ae = tf.keras.Sequential([stacked_encoder, stacked_decoder])

stacked_ae.compile(loss="mse", optimizer="nadam")
history = stacked_ae.fit(X_train, X_train, epochs=20,
                         validation_data=(X_valid, X_valid))
```

我們來解釋一下這段程式：

- 和之前一樣，我們將自動編碼器模型拆成兩個子模型：編碼器與解碼器。

- 編碼器接收大小為 28 × 28 像素的灰階圖像，將它們展平，用大小為 784 的向量來代表每一張圖像，然後用兩個大小逐漸減少的 Dense 層（先是 100 個單元，然後是 30 個單元）來處理向量，這兩層都使用 ReLU 觸發函數。編碼器為每張輸入圖像輸出大小為 30 的向量。

- 解碼器接收大小為 30 的編碼（編碼器輸出的），並用兩個大小遞增的 Dense 層（先是 100 個單位，然後是 784 個單位）來處理它們，再將最終向量變成 28 × 28 陣列，讓解碼器的輸出與編碼器的輸入有相同的外形。

- 在編譯堆疊式自動編碼器時，我們使用 MSE 損失和 Nadam 優化。

- 最後，我們使用 X_train 作為輸入和目標來訓練模型。同理，我們使用 X_valid 作為驗證輸入和目標。

將重建結果視覺化

確保自動編碼器訓練得當的方法之一是比較輸入和輸出，它們的差異不應該太大。我們來畫出一些驗證組圖像，以及它們的重建圖像：

```
import numpy as np

def plot_reconstructions(model, images=X_valid, n_images=5):
    reconstructions = np.clip(model.predict(images[:n_images]), 0, 1)
    fig = plt.figure(figsize=(n_images * 1.5, 3))
    for image_index in range(n_images):
        plt.subplot(2, n_images, 1 + image_index)
        plt.imshow(images[image_index], cmap="binary")
        plt.axis("off")
        plt.subplot(2, n_images, 1 + n_images + image_index)
        plt.imshow(reconstructions[image_index], cmap="binary")
        plt.axis("off")

plot_reconstructions(stacked_ae)
plt.show()
```

圖 17-4 是重建結果。

圖 17-4　原始圖像（上）與它們的重建圖像（下）

這些重建的圖像可以辨識，但有點失真。我們可能要訓練模型更久，或是讓編碼器與解碼器更深，或讓編碼更大。但是，如果讓網路太強大，它就能夠完美地重建，而沒有學會資料中的任何有用模式。目前，我們先繼續使用這個模型。

將 Fashion MNIST 資料組視覺化

我們已經訓練一個堆疊式自動編碼器，並且可以用它來降低資料組的維數了。就視覺化而言，這個模型的效果比不上其他的降維演算法（例如我們在第 8 章討論的演算法），但自動編碼器的巨大優勢在於它們可以處理具有許多實例和許多特徵的大型資料組。因此，有一種策略是使用自動編碼器來將維數降至合理的程度，然後使用另一種降維演算法來進行視覺化。我們要使用這種策略來將 Fashion MNIST 視覺化。首先，我們要使用堆疊式自動編碼器裡的編碼器將維數降為 30，然後使用 Scikit-Learn 的 t-SNE 演算法實作來將維數降為 2，以進行視覺化：

```
from sklearn.manifold import TSNE

X_valid_compressed = stacked_encoder.predict(X_valid)
tsne = TSNE(init="pca", learning_rate="auto", random_state=42)
X_valid_2D = tsne.fit_transform(X_valid_compressed)
```

我們現在可以畫出資料組了：

```
plt.scatter(X_valid_2D[:, 0], X_valid_2D[:, 1], c=y_valid, s=10, cmap="tab10")
plt.show()
```

圖 17-5 是程式畫出來的散點圖，我們藉著顯示一些圖片來稍微美化它。t-SNE 演算法認出幾個相當符合類別的群聚（每個類別用不同的顏色來表示）。

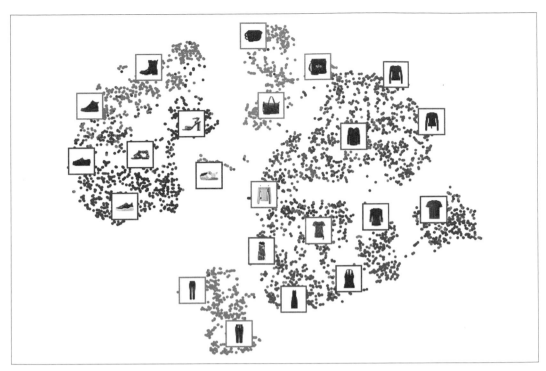

圖 17-5　使用自動編碼器與 t-SNE 來將 Fashion MNIST 視覺化

所以，自動編碼器可以用來降維，它的另一種用途是進行無監督預訓。

用堆疊式自動編碼器來進行無監督預訓

就像我們在第 11 章討論的，如果你正在處理一個複雜的監督任務，但缺乏大量帶標籤的訓練資料，有一種解決方案是找到一個執行類似任務的神經網路並重複使用它的較低層。這可以讓我們有機會使用少量的訓練資料來訓練高效能的模型，因為神經網路不需要學習所有的低階特徵，它會直接使用既有網路學到的特徵偵測器。

同理，當你有一個大型的資料組，但它大部分的實例都沒有標籤時，你可以先用所有的資料來訓練一個堆疊式自動編碼器，再重複使用低層來為你的實際任務建立一個神經網路，並使用帶標籤的資料來訓練它。例如，圖 17-6 展示如何使用堆疊式自動編碼器來為分類神經網路進行無監督預訓。在訓練分類器時，如果你沒有大量的帶標籤訓練資料，你可能要凍結預訓階層（至少是較低的階層）。

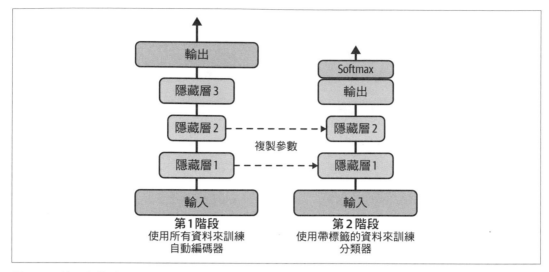

圖 17-6　使用自動編碼器來進行無監督預訓

有大量無標籤的資料，但只有少量帶標籤的資料是很常見的情況。建構大
型無標籤資料組通常很便宜（例如，只要寫一個簡單的腳本就可以從網路
下載上百萬張圖像了），但是為這些圖像加上標籤（例如根據它們是否可
愛來為它們分類）通常只能由人類正確地完成。幫實例加上標籤既耗時且
昂貴，所以由人類附加標籤的實例往往只有幾千個，甚至更少。

這個實作沒有什麼特別的地方，只需要使用所有的訓練資料（包括有標籤和無標籤的）來
訓練一個自動編碼器，然後重複使用它的編碼器層來建立一個新的神經網路（請參考本章
結尾的習題範例）。

接下來，我們來看一下訓練堆疊式自動編碼器的技術。

綁定權重

如果自動編碼器是對稱的，就像剛才建立的那一個，有一種常見的技巧是將解碼器層的權
重與編碼器層的權重相連。這可以將模型的權重減半，提升訓練速度，並限制過擬的風
險。具體來說，如果自動編碼器總共有 N 層（不包括輸入層），且 $\mathbf{W}_L$ 代表第 L 層的連接
權重（例如，第 1 層是第一個隱藏層，第 $N/2$ 層是編碼層，第 N 層是輸出層），那麼解碼
器層的權重可以定義為 $\mathbf{W}_L = \mathbf{W}_{N-L+1}{}^\mathsf{T}$（其中 $L = N / 2 + 1，\cdots，N$）。

為了使用 Keras 來連接階層的權重，我們定義一個自訂的階層：

```python
class DenseTranspose(tf.keras.layers.Layer):
    def __init__(self, dense, activation=None, **kwargs):
        super().__init__(**kwargs)
        self.dense = dense
        self.activation = tf.keras.activations.get(activation)

    def build(self, batch_input_shape):
        self.biases = self.add_weight(name="bias",
                                      shape=self.dense.input_shape[-1],
                                      initializer="zeros")
        super().build(batch_input_shape)

    def call(self, inputs):
        Z = tf.matmul(inputs, self.dense.weights[0], transpose_b=True)
        return self.activation(Z + self.biases)
```

這個自訂階層的作用類似一個常規的 Dense 層，但它使用另一個 Dense 層的權重的轉置
（設定 transpose_b=True 相當於將第二個引數轉置，但設定它的效率較高，因為它會在
matmul() 運算過程中即時進行轉置）。然而，它使用它自己的偏差向量。現在，我們可以
建構一個新的堆疊式自動編碼器，它類似之前的那一個，只不過解碼器的 Dense 層與編碼
器的 Dense 層相連：

```python
dense_1 = tf.keras.layers.Dense(100, activation="relu")
dense_2 = tf.keras.layers.Dense(30, activation="relu")

tied_encoder = tf.keras.Sequential([
    tf.keras.layers.Flatten(),
    dense_1,
    dense_2
])

tied_decoder = tf.keras.Sequential([
    DenseTranspose(dense_2, activation="relu"),
    DenseTranspose(dense_1),
    tf.keras.layers.Reshape([28, 28])
])

tied_ae = tf.keras.Sequential([tied_encoder, tied_decoder])
```

這個模型的重建誤差與之前模型差不多，但只使用了一半左右的參數。

一次訓練一個自動編碼器

我們也可以一次訓練一個淺層自動編碼器，然後將它們全部疊成一個堆疊式自動編碼器（因此得名），如圖 17-7 所示，而不是像剛才那樣，一次訓練整個堆疊式自動編碼器。現在這種技術不流行了，但你可能會在論文中看到「貪婪逐層訓練（greedy layerwise training）」，所以知道那是什麼是有好處的。

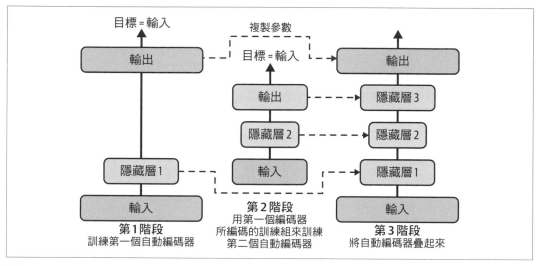

圖 17-7　一次訓練一個自動編碼器

在訓練的第一階段，第一個自動編碼器學習重建輸入。然後，我們使用這個第一個自動編碼器來編碼整個訓練組，得到一個新的（壓縮的）訓練組。接著，用這個新資料組來訓練第二個自動編碼器，這是第二階段的訓練。最後，用全部的這些自動編碼器來建構一個大的三明治，如圖 17-7 所示（也就是先堆疊各個自動編碼器的隱藏層，再以相反順序堆疊輸出層），最後得到一個堆疊式自動編碼器（實作見本章的 notebook「Training One Autoencoder at a Time」）。我們可以用這種方式來訓練更多自動編碼器，建立很深的堆疊式自動編碼器。

如前所述，引發深度學習浪潮的因素之一，是 Geoffrey Hinton 等人於 2006 年發現了深度神經網路可以使用這種貪婪逐層的方法，以無監督的方式進行預訓（*https://homl.info/136*）。他們使用了受限 Boltzmann 機（RBM，見 *https://homl.info/extra-anns*）來實現。但在 2007 年，Yoshua Bengio 等人證明自動編碼器同樣有效（*https://homl.info/112*）[2]。在

2　Yoshua Bengio et al., "Greedy Layer-Wise Training of Deep Networks", *Proceedings of the 19th International Conference on Neural Information Processing Systems* (2006): 153–160.

接下來的幾年裡，這是訓練深度網路的唯一高效方法，直到第 11 章介紹的許多技術讓我們可以一次性地訓練深度網路。

自動編碼器不是只能使用密集網路來建構，你也可以建立摺積自動編碼器。我們來看一下怎麼做。

摺積自動編碼器

如果你處理的是圖像，那麼之前看到的自動編碼器處理圖像的效果應該不太好（除非圖像非常小）。正如你在第 14 章中看到的，比起密集網路，摺積神經網路更適合處理圖像。所以，如果你想要建構處理圖像的自動編碼器（例如，用來進行無監督預訓或降維），你就要建立一個*摺積自動編碼器*（*convolutional autoencoder*）（*https://homl.info/convae*）[3]。編碼器是一般的 CNN，由摺積層與池化層組成。它通常可以減少輸入的空間維數（也就是寬度與高度），並且增加深度（也就是特徵圖的數量）。解碼器必須執行反向的工作（放大圖像並將它的深度降回原始維數），你可以使用轉置摺積層（或是結合升抽樣層與摺積層）來做。下面是處理 Fashion MNIST 的基本摺積自動編碼器：

```python
conv_encoder = tf.keras.Sequential([
    tf.keras.layers.Reshape([28, 28, 1]),
    tf.keras.layers.Conv2D(16, 3, padding="same", activation="relu"),
    tf.keras.layers.MaxPool2D(pool_size=2),  # 輸出：14 x 14 x 16
    tf.keras.layers.Conv2D(32, 3, padding="same", activation="relu"),
    tf.keras.layers.MaxPool2D(pool_size=2),  # 輸出：7 x 7 x 32
    tf.keras.layers.Conv2D(64, 3, padding="same", activation="relu"),
    tf.keras.layers.MaxPool2D(pool_size=2),  # 輸出：3 x 3 x 64
    tf.keras.layers.Conv2D(30, 3, padding="same", activation="relu"),
    tf.keras.layers.GlobalAvgPool2D()  # 輸出：30
])
conv_decoder = tf.keras.Sequential([
    tf.keras.layers.Dense(3 * 3 * 16),
    tf.keras.layers.Reshape((3, 3, 16)),
    tf.keras.layers.Conv2DTranspose(32, 3, strides=2, activation="relu"),
    tf.keras.layers.Conv2DTranspose(16, 3, strides=2, padding="same",
                                    activation="relu"),
    tf.keras.layers.Conv2DTranspose(1, 3, strides=2, padding="same"),
    tf.keras.layers.Reshape([28, 28])
])
conv_ae = tf.keras.Sequential([conv_encoder, conv_decoder])
```

---

[3] Jonathan Masci et al., "Stacked Convolutional Auto-Encoders for Hierarchical Feature Extraction", *Proceedings of the 21st International Conference on Artifcial Neural Networks* 1 (2011): 52–59.

你也可以使用其他類型的架構來建立自動編碼器，例如遞迴神經網路（RNN）（範例請參考 notebook）。

OK，我們稍微退後一下。到目前為止，我們看了各種類型的自動編碼器（基本、堆疊和摺積），以及如何訓練它們（一次性或逐層）。我們還探討了一些應用：資料視覺化和無監督預訓。

到目前為止，為了強迫自動編碼器學習有趣的特徵，我們約束了編碼層的大小，讓它是 undercomplete。實際上，我們還可以使用許多其他種類的約束，包括允許編碼層的尺寸與輸入一樣，甚至更大，從而產生一個 *overcomplete* 的自動編碼器。在接下來的幾節中，我們將探討更多種類的自動編碼器：去雜訊自動編碼器、稀疏自動編碼器和變分自動編碼器。

去雜訊自動編碼器

為了強迫自動編碼器學習實用特徵，另一種做法是在它的輸入中加入雜訊，再訓練它還原無雜訊的原始輸入。這個概念在 1980 年代就出現了（例如，LeCun 在 1987 年發表的碩士論文就提到這個概念）。Pascal Vincent 等人在 2008 年發表的論文（*https://homl.info/113*）[4] 中證明自動編碼網路也可以用來做特徵提取。Vincent 等人在 2010 年的論文（*https://homl. info/114*）[5] 中提出了**堆疊式去雜訊自動編碼網路**。

雜訊可能是在輸入資料中加入的純高斯雜訊，或隨機關閉輸入（很像 dropout 的做法，見第 11 章）。圖 17-8 是這兩種選項。

具體做法很簡單：它是一個普通的堆疊式自動編碼器，只是它用一個額外的 Dropout 層來處理編碼器的輸入（也可以改用 GaussianNoise 層）。之前提過，Dropout 層只會在訓練期間啟動（GaussianNoise 層也是如此）：

```
dropout_encoder = tf.keras.Sequential([
    tf.keras.layers.Flatten(),
    tf.keras.layers.Dropout(0.5),
    tf.keras.layers.Dense(100, activation="relu"),
    tf.keras.layers.Dense(30, activation="relu")
])
dropout_decoder = tf.keras.Sequential([
```

---

[4] Pascal Vincent et al., "Extracting and Composing Robust Features with Denoising Autoencoders", *Proceedings of the 25th International Conference on Machine Learning* (2008): 1096–1103.

[5] Pascal Vincent et al., "Stacked Denoising Autoencoders: Learning Useful Representations in a Deep Network with a Local Denoising Criterion", *Journal of Machine Learning Research* 11 (2010): 3371–3408.

```
    tf.keras.layers.Dense(100, activation="relu"),
    tf.keras.layers.Dense(28 * 28),
    tf.keras.layers.Reshape([28, 28])
])
dropout_ae = tf.keras.Sequential([dropout_encoder, dropout_decoder])
```

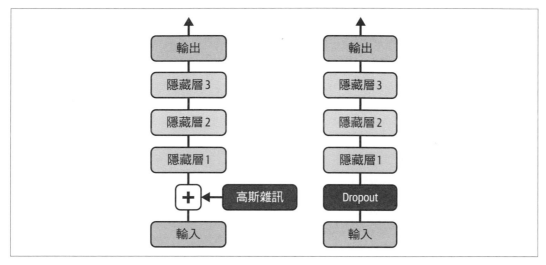

圖 17-8　去雜訊自動編碼網路，使用高斯雜訊（左）或 dropout（右）

圖 17-9 展示一些有雜訊的圖像（被關閉一半像素），以及由採用 dropout 的去雜訊自動編碼器重建的圖像。請注意自動編碼器如何猜測在輸入中不存在的細節，例如白色襯衫的頂部（下面那一行的第四張圖像）。如你所見，去雜訊自動編碼器不僅可以像之前討論的其他自動編碼器一樣用來進行資料視覺化或無監督預訓，也可以非常簡單且高效地將圖像中的雜訊去除。

圖 17-9　有雜訊的圖像（上）與它們的重建（下）

稀疏自動編碼器

另一種經常產生很好的特徵提取效果的約束是**稀疏性**：在代價函數中加入適當的項（term）來強迫自動編碼器減少編碼層中活躍神經元的數量。例如，自動編碼器可能被迫讓編碼層平均而言只有 5% 的神經元是明顯活躍的，這迫使自動編碼器將每一個輸入表示成少數幾個觸發的組合。因此，最終在編碼層裡的每一個神經元通常代表一個有用的特徵（如果你每個月都只能說幾個單字，你應該會試著讓它們值得被傾聽）。

有一種簡單的做法是在編碼層中使用 sigmoid 觸發函數（將編碼限制為 0 和 1 之間的值），使用一個大的編碼層（例如，具有 300 個單元），並對編碼層的觸發加入一些 ℓ_1 正則化。這個結構的解碼器只是普通的解碼器：

```
sparse_l1_encoder = tf.keras.Sequential([
    tf.keras.layers.Flatten(),
    tf.keras.layers.Dense(100, activation="relu"),
    tf.keras.layers.Dense(300, activation="sigmoid"),
    tf.keras.layers.ActivityRegularization(l1=1e-4)
])
sparse_l1_decoder = tf.keras.Sequential([
    tf.keras.layers.Dense(100, activation="relu"),
    tf.keras.layers.Dense(28 * 28),
    tf.keras.layers.Reshape([28, 28])
])
sparse_l1_ae = tf.keras.Sequential([sparse_l1_encoder, sparse_l1_decoder])
```

這個 ActivityRegularization 層只回傳它的輸入，但有一個副作用：它會加入一個訓練損失，這個損失等於它的輸入的絕對值之和。這只影響訓練。同樣地，你可以移除 ActivityRegularization 層，並在前一層中設定 activity_regularizer=tf.keras.regularizers.l1(1e-4)。這個懲罰將鼓勵神經網路產生接近 0 的編碼，但當它無法正確地重建輸入時，它也會被懲罰，所以它將至少輸出一些非零值。使用 ℓ_1 範數而不是 ℓ_2 範數會促使神經網路保留最重要的編碼，同時消除不需要的編碼（而不僅僅是減少所有編碼）。

另一種做法經常產生更好結果，就是在每一個訓練迭代中測量編碼層的實際稀疏度，並且在測量出來的稀疏度與目標稀疏度不一樣時懲罰模型。我們的做法是計算編碼層的各個神經元在整個訓練批次中的平均觸發率（activation）。批次不能太小，否則平均值將不準確。

得到神經元的平均觸發率之後，我們要懲罰太活躍或不夠活躍的神經元，做法是在代價函數中加入一個稀疏度損失。例如，假設我們測量出一個神經元的平均觸發率是 0.3，但目標稀疏度是 0.1，我們就要懲罰它，讓它較不活躍。懲罰的做法之一是直接將平方誤差 (0.3 − 0.1)² 加到代價函數，但是在實務上，比較好的做法是使用 Kullback–Leibler（KL）散度（見第 4 章的簡介），它的梯度比均方誤差強多了，見圖 17-10。

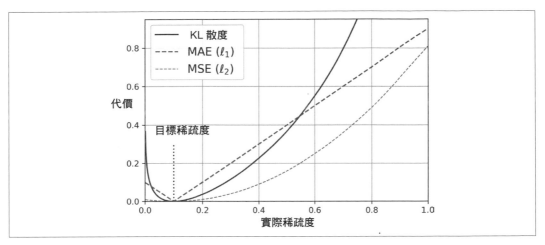

圖 17-10　稀疏度損失

給定兩個離散機率分布 P 與 Q，這兩個分布之間的 KL 散度 $D_{KL}(P \parallel Q)$ 可以用公式 17-1 來計算。

公式 *17-1*　*Kullback–Leibler 散度*

$$D_{KL}(P \parallel Q) = \sum_i P(i) \log \frac{P(i)}{Q(i)}$$

在我們的例子裡，我們想要測量編碼層的一個神經元會觸發的目標機率 p 與實際機率 q 之間的散度，估計的方法是測量整個訓練批次的平均觸發。所以，KL 散度可簡化成公式 17-2。

公式 *17-2*　*目標稀疏度 p 與實際稀疏度 q 之間的 KL 散度*

$$D_{KL}(p \parallel q) = p \log \frac{p}{q} + (1 - p) \log \frac{1 - p}{1 - q}$$

計算編碼層的各個神經元的稀疏度損失之後，我們將這些損失加總，並將結果加入代價函數。為了控制稀疏度損失與重建損失之間的相對重要性，我們可以將稀疏度損失乘以稀疏權重超參數。如果這個權重太高，模型將嚴格遵循目標稀疏性，但可能無法正確地重建輸入，導致模型沒什麼用處。反過來說，如果它太低，模型通常會忽略稀疏目標，因而學不到任何有用的特徵。

我們已經有實作稀疏自動編碼器（採用 KL 散度）所需的一切了。我們要建立一個自訂的正則化程式，以執行 KL 散度正則化：

```python
kl_divergence = tf.keras.losses.kullback_leibler_divergence

class KLDivergenceRegularizer(tf.keras.regularizers.Regularizer):
    def __init__(self, weight, target):
        self.weight = weight
        self.target = target

    def __call__(self, inputs):
        mean_activities = tf.reduce_mean(inputs, axis=0)
        return self.weight * (
            kl_divergence(self.target, mean_activities) +
            kl_divergence(1. - self.target, 1. - mean_activities))
```

接下來，我們建立稀疏自動編碼器，並使用 KLDivergenceRegularizer 來對編碼層的觸發進行正則化：

```python
kld_reg = KLDivergenceRegularizer(weight=5e-3, target=0.1)
sparse_kl_encoder = tf.keras.Sequential([
    tf.keras.layers.Flatten(),
    tf.keras.layers.Dense(100, activation="relu"),
    tf.keras.layers.Dense(300, activation="sigmoid",
                          activity_regularizer=kld_reg)
])
sparse_kl_decoder = tf.keras.Sequential([
    tf.keras.layers.Dense(100, activation="relu"),
    tf.keras.layers.Dense(28 * 28),
    tf.keras.layers.Reshape([28, 28])
])
sparse_kl_ae = tf.keras.Sequential([sparse_kl_encoder, sparse_kl_decoder])
```

使用 Fashion MNIST 來訓練之後，編碼層的稀疏度大約是 10%。

變分自動編碼器

Diederik Kingma 和 Max Welling 在 2013 年提出一種重要的自動編碼器（*https://homl. info/115*）[6]，並迅速成為自動編碼器最受歡迎的變體之一，它是變分自動編碼器（VAE）。

VAE 的以下幾個方面與我們討論過的自動編碼器有很大的差異：

- 它們是**機率性自動編碼器**，也就是說，它們的輸出有一部分是隨機決定的，即使是訓練後也是如此（相較之下，去雜訊自動編碼網路只在訓練期間使用隨機性）。

- 最重要的是，它們是**生成式自動編碼器**，這意味著它們可以產生看似取自訓練組的新實例。

這些特性使得 VAE 很像 RBM，但它們更容易訓練，而且抽樣程序更快速（在使用 RBM 時，你必須等待網路穩定到「熱平衡」狀態，才能抽樣新實例）。顧名思義，變分自動編碼器執行變分貝氏推論（見第 9 章），這是一種有效執行近似貝氏推論的方法。複習一下，貝式推論就是根據新資料，使用以貝式定理得出的公式來更新機率分布。原始分布稱為**先驗**（*prior*），更新後的分布稱為**後驗**（*posterior*）。在我們的例子裡，我們想要找出資料分布的近似值。有了這個近似值，我們就可以從中進行抽樣。

我們來看看變分自動編碼器是怎麼運作的。圖 17-11（左圖）是一個變分自動編碼器。你可以認出自動編碼器的基本結構，包括一個編碼器，接著是一個解碼器（在這個例子中，它們都有兩個隱藏層），但有一個變化：編碼器不是直接產生輸入的編碼，而是產生編碼平均值 μ 和標準差 σ。接下來，編碼器從平均值為 μ、標準差為 σ 的高斯分布中隨機抽樣實際的編碼。然後，解碼器按照一般的方式，將抽樣的編碼解碼。右圖是訓練實例流經這個自動編碼器的情況。編碼器先產生 μ 與 σ，接著隨機抽樣編碼（注意它不在 μ 的位置），最後將這個編碼解碼。最終的輸出與訓練實例相似。

6　Diederik Kingma and Max Welling, "Auto-Encoding Variational Bayes", arXiv preprint arXiv:1312.6114 (2013).

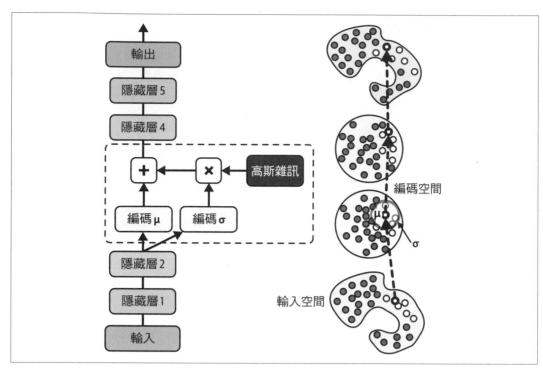

圖 17-11　變分自動編碼器（左圖）以及一個流經它的實例（右圖）

從圖中可以看到，儘管輸入可能具有非常複雜的分布，變分自動編碼器仍產生看似從一個簡單的高斯分布中抽樣的編碼 [7]：在訓練期間，代價函數（接下來會討論）會推動編碼在編碼空間（也稱為*潛在空間*（*latent space*））內逐漸遷移，讓它們看起來像是一組高斯點的集合。重要的是，在訓練變分自動編碼器之後，你可以非常輕鬆地產生新的實例：只要從高斯分布中隨機抽樣一個編碼，然後進行解碼，就完成了！

我們來看一下代價函數，它包含兩個部分。第一部分是一般的重建損失，可推動自動編碼器重新產生輸入。我們可以像之前一樣使用 MSE。第二部分是*潛在損失*，可讓自動編碼器的編碼看起來像是從一個簡單的高斯分布中抽樣的樣本：它是目標分布（即高斯分布）與實際編碼分布之間的 KL 散度。它的數學比稀疏自動編碼器複雜一些，特別是由於高斯雜訊的影響，它限制了可以傳輸到編碼層的資訊量。這個損失驅動自動編碼器學習有用的特徵。幸運的是，它的公式很簡單，所以我們可以使用公式 17-3 來計算潛在損失 [8]。

<hr />

7　變分自動編碼器實際上更通用；編碼並不限於高斯分布。

8　若要瞭解數學細節，可查看原始的變分自動編碼網路論文，或 Carl Doersch 的出色課程（*https://homl. info/116*）（2016）。

公式 17-3　變分自動編碼器的潛在損失

$$\mathcal{L} = -\frac{1}{2}\sum_{i=1}^{n}\left[1 + \log\left(\sigma_i^2\right) - \sigma_i^2 - \mu_i^2\right]$$

在這個公式裡，$\mathcal{L}$ 是潛在損失，n 是編碼的維數，μ_i 與 σ_i 是編碼的第 i 個分量的平均值與標準差。向量 μ 與 σ（它們包含所有的 μ_i 與 σ_i）是編碼網路產生的輸出，如圖 17-11（左）所示。

變分自動編碼器的架構有一個地方經常被修改，就是讓編碼器輸出 $\gamma = \log(\sigma^2)$，而不是 σ。接著我們可以用公式 17-4 來計算潛在損失。這種做法更具數值穩定性，並加快訓練速度。

公式 17-4　變分自動編碼器的潛在損失，使用 $\gamma = log(\sigma^2)$ 來改寫

$$\mathcal{L} = -\frac{1}{2}\sum_{i=1}^{n}\left[1 + \gamma_i - \exp\left(\gamma_i\right) - \mu_i^2\right]$$

我們來為 Fashion MNIST 建立一個變分自動編碼器（見圖 17-11，但調整 γ）。首先，我們要自訂一個階層，使用 μ 與 γ 來抽樣編碼：

```
class Sampling(tf.keras.layers.Layer):
    def call(self, inputs):
        mean, log_var = inputs
        return tf.random.normal(tf.shape(log_var)) * tf.exp(log_var / 2) + mean
```

這個 Sampling 層接收兩個輸入：mean（μ）與 log_var（γ）。它使用函式 tf.random_normal() 來從均值為 0、標準差為 1 的高斯分布中抽出隨機向量（外形與 γ 一樣）。接著將它乘以 exp(γ / 2)（它等於 σ，你可以用數學來確認），最後加上 μ 並回傳結果。這會從均值為 μ、標準差為 σ 的高斯分布中抽出一個編碼向量。

接下來，我們要使用函式型 API 來建立編碼器，因為模型不完全是循序的（sequential）：

```
codings_size = 10

inputs = tf.keras.layers.Input(shape=[28, 28])
Z = tf.keras.layers.Flatten()(inputs)
Z = tf.keras.layers.Dense(150, activation="relu")(Z)
Z = tf.keras.layers.Dense(100, activation="relu")(Z)
codings_mean = tf.keras.layers.Dense(codings_size)(Z)  # μ
codings_log_var = tf.keras.layers.Dense(codings_size)(Z)  # γ
codings = Sampling()([codings_mean, codings_log_var])
variational_encoder = tf.keras.Model(
    inputs=[inputs], outputs=[codings_mean, codings_log_var, codings])
```

注意，輸出 codings_mean（μ）與 codings_log_var（γ）的 Dense 層有相同的輸入（也就是第二個 Dense 層的輸出）。我們將 codings_mean 與 codings_log_var 傳給 Sampling 層。最後，variational_encoder 模型有三個輸出，其中只有 codings 是必須的，但我們也加入 codings_mean 與 codings_log_var，以防將來想要檢查它們的值。接下來我們要建立解碼器：

```
decoder_inputs = tf.keras.layers.Input(shape=[codings_size])
x = tf.keras.layers.Dense(100, activation="relu")(decoder_inputs)
x = tf.keras.layers.Dense(150, activation="relu")(x)
x = tf.keras.layers.Dense(28 * 28)(x)
outputs = tf.keras.layers.Reshape([28, 28])(x)
variational_decoder = tf.keras.Model(inputs=[decoder_inputs], outputs=[outputs])
```

在建構這個解碼器時，我們可以使用循序型 API 來取代函式型 API，因為它只是一疊階層，與我們製作過的許多解碼器一樣。最後，我們建立變分自動編碼器模型：

```
_, _, codings = variational_encoder(inputs)
reconstructions = variational_decoder(codings)
variational_ae = tf.keras.Model(inputs=[inputs], outputs=[reconstructions])
```

我們忽略編碼器的前兩個輸出（我們只想要將編碼傳給解碼器）。最後，我們必須加入潛在損失與重建損失：

```
latent_loss = -0.5 * tf.reduce_sum(
    1 + codings_log_var - tf.exp(codings_log_var) - tf.square(codings_mean),
    axis=-1)
variational_ae.add_loss(tf.reduce_mean(latent_loss) / 784.)
```

我們先執行公式 17-4 來為批次內的各個實例計算潛在損失，加總最後一軸。然後計算批次中的所有實例的平均損失，並將結果除以 784，以確保值與重建損失相較之下有適當的大小。事實上，變分自動編碼器的重建損失應該是像素重建誤差的總和，但是當 Keras 計算 "mse" 損失時，它會計算全部 784 個像素的平均值，而不是總和。所以，重建損失比我們需要的還要小 784 倍。我們也可以自訂一個損失來計算總和而不是平均值，但是將潛在損失除以 784 比較簡單（最終的損失將比該有的小 784 倍，但這只意味著我們應該使用更大的學習速度）。

最後，我們編譯並擬合自動編碼器！

```
variational_ae.compile(loss="mse", optimizer="nadam")
history = variational_ae.fit(X_train, X_train, epochs=25, batch_size=128,
                             validation_data=(X_valid, X_valid))
```

產生 Fashion MNIST 圖像

接下來,我們要用這個變分自動編碼器來產生看似時尚物品的圖像。我們只要從高斯分布隨機抽出編碼,再將它解碼即可:

```
codings = tf.random.normal(shape=[3 * 7, codings_size])
images = variational_decoder(codings).numpy()
```

圖 17-12 是模型產生的 21 張圖像。

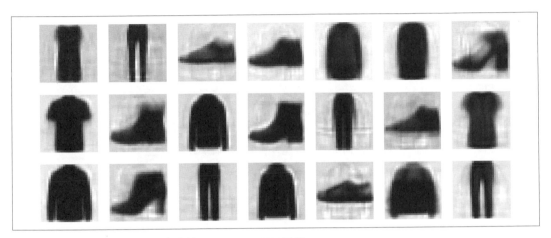

圖 17-12　用變分自動編碼器產生的 Fashion MNIST 圖像

其中大部分的圖像看起來都相當令人信服,儘管有點模糊。其餘的圖像不盡理想,但不要對自動編碼器太苛刻——它只有幾分鐘的學習時間!

變分自動編碼網路可讓我們執行**語義插值**(*semantic interpolation*):我們可以在編碼層面上執行插值,而不是在像素層面上對兩張圖像執行插值,這看起來就像兩張圖像互相重疊。例如,我們可以在潛在空間中沿著任意直線取出一些編碼,然後將它們解碼,這會產生一系列的圖像,逐漸從褲子變成毛衣(見圖 17-13):

```
codings = np.zeros([7, codings_size])
codings[:, 3] = np.linspace(-0.8, 0.8, 7)  # 在這個例子裡,軸 3 看起來最好
images = variational_decoder(codings).numpy()
```

圖 17-13　語義插值

接下來，我們把注意力轉向 GAN：它們訓練起來更加困難，但當你成功地讓它們開始運作時，它們可以產生非常驚人的圖像。

生成對抗網路

生成對抗網路是 Ian Goodfellow 等人在 2014 年的論文中提出的（*https://homl.info/gan*）[9]。雖然這個想法立刻讓研究者倍感興奮，但訓練它的一些困難過了幾年之後才被克服。GAN 的概念和許多偉大的想法一樣，事後看來很簡單：它讓神經網路互相競爭，希望透過競爭來促使它們脫穎而出。如圖 17-14 所示，GAN 由兩個神經網路組成：

生成器（*generator*）

它接收一個隨機分布（通常是高斯分布），並輸出一些資料（通常是圖像）。你可以將隨機輸入想成即將生成的圖像的潛在表示法（即編碼（coding））。所以，如你所見，生成器的功能與變分自動編碼器的解碼器一樣，而且，你也可以用它來產生新圖像：只要將一些高斯雜訊傳給它，它就會輸出一張全新的圖像。然而，你將看到，它很難訓練。

鑑別器（*discriminator*）

從生成器接收一張假圖，或從訓練組接收一張真圖，然後猜測圖像是不是真的。

9　Ian Goodfellow et al., "Generative Adversarial Nets", *Proceedings of the 27th International Conference on Neural Information Processing Systems* 2 (2014): 2672–2680.

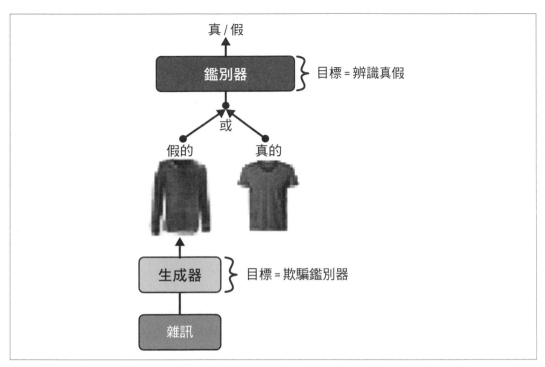

圖 17-14　生成對抗網路

在訓練期間，生成器與鑑別器的目標相反：鑑別器試著辨別假圖與真圖，生成器試著產生逼真的圖像來欺騙鑑別器。因為 GAN 由兩個目標不同的網路組成，你無法像訓練一般的神經網路一樣訓練它。它的每一次訓練迭代都分成兩個階段：

- 在第一階段訓練鑑別器。我們從訓練組抽出一批真圖，並加入等量的假圖（生成網路產生的），將假圖的標籤設為 0，將真圖的標籤設為 1，然後使用二元交叉熵損失，用這一批帶標籤的圖像來訓練鑑別器一個步驟。重要的是，在這個階段，反向傳播只優化鑑別器的權重。

- 在第二階段訓練生成器。我們先用它來產生另一批假圖，接著再次讓鑑別器判斷圖像的真假。這一次不將真圖放入批次，並將標籤都設成 1（真的），換句話說，我們希望生成器能夠產生讓鑑別器誤認為真實的圖像！關鍵在於，在這一步，我們會凍結鑑別器的權重，因此反向傳播僅影響生成器的權重。

生成器實際上從未見過任何真實圖像，卻漸漸學會產生令人信服的假圖像！它得到的東西，只有在鑑別器裡反向流動的梯度。幸運的是，鑑別器變得越好，在這些二手的梯度裡，關於真實圖像的資訊就越多，因此生成器會有明顯的進步。

我們來建立一個簡單的 GAN 來處理 Fashion MNIST。

首先，我們要建立生成器與鑑別器。生成器類似自動編碼器的解碼器，鑑別器則是一般的二元分類器，它接收一張圖像，且最後一層是 Dense 層，裡面有一個單位，並使用 sigmoid 觸發函數。在每一個訓練迭代的第二階段，我們也需要完整的 GAN 模型，包含生成器和鑑別器：

```
codings_size = 30

Dense = tf.keras.layers.Dense
generator = tf.keras.Sequential([
    Dense(100, activation="relu", kernel_initializer="he_normal"),
    Dense(150, activation="relu", kernel_initializer="he_normal"),
    Dense(28 * 28, activation="sigmoid"),
    tf.keras.layers.Reshape([28, 28])
])
discriminator = tf.keras.Sequential([
    tf.keras.layers.Flatten(),
    Dense(150, activation="relu", kernel_initializer="he_normal"),
    Dense(100, activation="relu", kernel_initializer="he_normal"),
    Dense(1, activation="sigmoid")
])
gan = tf.keras.Sequential([generator, discriminator])
```

然後，我們要編譯這些模型。因為鑑別器是二元分類器，我們可以使用二元交叉熵損失。gan 模型也是個二元分類器，所以它可以使用二元交叉熵損失。然而，生成器只透過 gan 模型來進行訓練，所以我們完全不需要編譯它。重點在於，我們不應該在第二階段訓練鑑別器，所以在編譯 gan 模型之前，我們要將它設為不可訓練：

```
discriminator.compile(loss="binary_crossentropy", optimizer="rmsprop")
discriminator.trainable = False
gan.compile(loss="binary_crossentropy", optimizer="rmsprop")
```

Keras 只會在編譯模型時考慮 trainable 屬性，所以在執行這段程式之後，當我們呼叫鑑別器的 fit() 方法或它的 train_on_batch() 方法（等一下會使用）時，它是可以訓練的，但是當我們對著 gan 模型呼叫這些方法時，它是不可以訓練的。

因為這種訓練迴圈比較特別，所以我們不能使用一般的 `fit()` 方法，而是要編寫自訂的訓練迴圈。為此，我們先建立一個迭代圖像的 Dataset：

```
batch_size = 32
dataset = tf.data.Dataset.from_tensor_slices(X_train).shuffle(buffer_size=1000)
dataset = dataset.batch(batch_size, drop_remainder=True).prefetch(1)
```

接下來要編寫訓練迴圈。我們將它寫在 `train_gan()` 函式裡面：

```
def train_gan(gan, dataset, batch_size, codings_size, n_epochs):
    generator, discriminator = gan.layers
    for epoch in range(n_epochs):
        for X_batch in dataset:
            # 第 1 階段 - 訓練鑑別器
            noise = tf.random.normal(shape=[batch_size, codings_size])
            generated_images = generator(noise)
            X_fake_and_real = tf.concat([generated_images, X_batch], axis=0)
            y1 = tf.constant([[0.]] * batch_size + [[1.]] * batch_size)
            discriminator.train_on_batch(X_fake_and_real, y1)
            # 第 2 階段 - 訓練生成器
            noise = tf.random.normal(shape=[batch_size, codings_size])
            y2 = tf.constant([[1.]] * batch_size)
            gan.train_on_batch(noise, y2)

train_gan(gan, dataset, batch_size, codings_size, n_epochs=50)
```

如前所述，你可以在每一次迭代時看到兩個階段：

- 在第一階段，我們將高斯雜訊傳給生成器，以產生假圖，然後藉著串接相同數量的真圖來完成這個批次。我們將假圖的目標 y1 設為 0，將真圖的目標設為 1。然後用這一批圖來訓練鑑別器。別忘了，在這個階段，鑑別器是可訓練的，但我們不調整生成器。

- 在第二階段，我們將高斯雜訊傳給 GAN。它的生成器會開始產生假圖，然後鑑別器會試著猜測那些圖像是假的還是真的。在這個階段，我們試著改進生成器，這意味著我們想看到鑑別器失敗：這就是為什麼要將目標 y2 都設為 1，儘管圖像是假的。在這個階段，鑑別器是不可訓練的，所以在 gan 模型裡，唯一會改善的部分就是生成器。

訓練完成後，你可以從高斯分布中隨機抽取一些編碼，將它們傳給生成器來產生新的圖像：

```
codings = tf.random.normal(shape=[batch_size, codings_size])
generated_images = generator.predict(codings)
```

顯示生成的圖像時（見圖 17-15），你會看到在第一個 epoch 結束時，它們開始長得很像 Fashion MNIST 的圖像了（但有很多雜訊）。

圖 17-15　在一個訓練 epoch 之後，GAN 產生的圖像

遺憾的是，這些圖像不能變得更好了，GAN 甚至可能看似忘了學到的內容。事實證明，訓練 GAN 可能很有挑戰性。我們來看看為何如此。

訓練 GAN 的難處

在訓練期間，生成器與鑑別器會不斷地試圖戰勝對方，這是一場零和遊戲。在訓練過程中，這場遊戲最終可能落入賽局理論學家口中的**納許平衡**（*Nash equilibrium*），其名稱來自數學家 John Nash：當其他玩家都不改變策略時，沒有玩家可以單獨改變自己的策略而增加自己的利益。例如，當所有人都靠左邊行駛就達成納許平衡，這是指：假如其他玩家都不改變他們的策略的話，任何玩家都不會因為改變自己的策略而變得更好的狀態。當然，還有一種可能的納許平衡：當所有人都靠**右**邊行駛時。不同的初始狀態和動態可能導致不同的平衡。在這個例子中，一旦達成平衡狀態（例如，與別人一樣靠同一邊駕駛），就有單一的最佳策略，但納許平衡可能涉及多個競爭策略（例如，掠食者追逐獵物，獵物試圖逃脫，兩者都不會因為改變策略而受益）。

那麼，這個理論與 GAN 有什麼關係？GAN 論文的作者證明 GAN 只可能達成一個納許平衡：也就是當生成器產生完全擬真的圖像，迫使鑑別器不得不用猜的時候（50% 是真的，50% 是假的）。這個事實非常振奮人心，似乎只要訓練得夠久，GAN 終究會達到這種均衡狀態，提供一個完美的生成器。遺憾的是，事情沒這麼簡單：這種均衡狀態不保證能夠達到。

最大的困難稱為**模式崩潰**：生成器的輸出逐漸缺乏多樣性。為什麼會發生這種情況？假設比起其他類別，生成器特別擅長製作令人信服的鞋子。生成器用鞋子來欺騙鑑別器的成功率較高，促使它產生更多鞋子圖像，漸漸地，它會忘記如何製作其他類別的圖像。同時，鑑別器看到的假圖像只有鞋子，因此它也會忘記如何鑑別其他類別的假圖像。最終，當鑑別器能夠區分假鞋子和真鞋子時，生成器將被迫轉而產生另一個類別。它可能會變得擅長製作襯衫，而忘記鞋子，鑑別器也會隨之變化。GAN 可能會逐漸在幾個類別之間輪迴，永遠不會變得非常擅長任何一種。

此外，因為生成器與鑑別器持續互相對抗，它們的參數最終可能會振盪且變得不穩定。訓練可能最初進展順利，後來突然原因不明地發散，由於這些不穩定性。而且，因為有很多因素會影響這些複雜的動態，GAN 對超參數非常敏感：你可能要花很多精力來微調它們。事實上，這就是為什麼我在編譯模型時使用了 RMSProp 而不是 Nadam；我在使用 Nadam 時遇到嚴重的模式崩潰問題。

自 2014 年以來，這些問題一直讓研究者疲於奔命，他們發表了許多探討這個主題的論文，其中有些提出新的代價函數[10]（儘管 Google 的研究者在 2018 年的一篇論文（*https://homl.info/gansequal*）[11] 中質疑了它們的效率），有些論文提出讓訓練更穩定或避免模式崩潰問題的技術。例如，有一種流行的技術稱為**經驗重播**（*experience replay*），它在每次迭代中，將生成網路產生的圖像存入一個重播緩衝區（並逐漸移除較舊的生成圖像），並且用真實的圖像，以及從這個緩衝區取出的假圖來訓練鑑別器（而不是僅使用當下的生成網路產生的假圖）。這降低了鑑別器過擬生成器的最新輸出的機會。另一種常見的技術稱為**小批次鑑別**（*mini-batch discrimination*）：它計算一個批次裡的圖像的相似度，並提供這個數據給鑑別器，讓它可以輕鬆地排除一整批缺乏多樣性的假圖。這可以促使生成網路產生更多樣化的圖像，從而減少模式崩潰的機會。其他論文則提出恰巧表現良好的特定架構。

簡言之，這仍然是個非常活躍的研究領域，且人們尚未完全理解 GAN 的動態。但好消息是，有些研究已經有大幅的進展，而且有些結果確實令人驚嘆！我們來看一下最成功的架構，先從深度摺積 GAN 看起，在幾年前，它仍然是先進技術。接下來，我們要看兩種較新的架構（也較複雜）。

---

10 你可以在 Hwalsuk Lee 的這個 GitHub 專案（*https://homl.info/ganloss*）裡瞭解主要的 GAN 損失之間的比較結果。

11 Mario Lucic et al., "Are GANs Created Equal? A Large-Scale Study", *Proceedings of the 32nd International Conference on Neural Information Processing Systems* (2018): 698–707.

深度摺積 GAN

原始的 GAN 論文的作者們曾經使用摺積層來做實驗，但他們只試著產生小圖像。不久之後，許多研究者試著使用更深的摺積網路來建立可處理更大圖像的 GAN。因為訓練非常不穩定，所以這種做法被證實非常麻煩，但 Alec Radford 等人在 2015 年末，在試驗了許多不同的架構與超參數之後，終於成功了。他們將這種架構稱為 *deep convolutional GANs*（DCGANs）（*https://homl.info/dcgan*）[12]。他們提出以下這些建構穩定摺積 GAN 的主要方針：

- 將所有池化層換成帶步幅的摺積（在鑑別器裡的）與轉置摺積（在生成器裡的）。

- 除了生成器的輸出層與鑑別器的輸入層之外，在生成器與鑑別器中使用批次正規化。

- 將較深的架構的全連接隱藏層移除。

- 讓生成器的輸出層之外的所有階層使用 ReLU 觸發，讓輸出層使用 tanh。

- 讓鑑別器的所有階層使用 leaky ReLU 觸發。

這些方針在許多情況下都有效，但不一定如此，所以你仍然要嘗試不同的超參數。事實上，僅改變隨機種子再重新訓練一次完全相同的模型，有時候也有效。以下是一個對於 Fashion MNIST 資料組的表現相當不錯的小型 DCGAN：

```
codings_size = 100

generator = tf.keras.Sequential([
    tf.keras.layers.Dense(7 * 7 * 128),
    tf.keras.layers.Reshape([7, 7, 128]),
    tf.keras.layers.BatchNormalization(),
    tf.keras.layers.Conv2DTranspose(64, kernel_size=5, strides=2,
                                    padding="same", activation="relu"),
    tf.keras.layers.BatchNormalization(),
    tf.keras.layers.Conv2DTranspose(1, kernel_size=5, strides=2,
                                    padding="same", activation="tanh"),
])
discriminator = tf.keras.Sequential([
    tf.keras.layers.Conv2D(64, kernel_size=5, strides=2, padding="same",
                           activation=tf.keras.layers.LeakyReLU(0.2)),
    tf.keras.layers.Dropout(0.4),
    tf.keras.layers.Conv2D(128, kernel_size=5, strides=2, padding="same",
                           activation=tf.keras.layers.LeakyReLU(0.2)),
    tf.keras.layers.Dropout(0.4),
    tf.keras.layers.Flatten(),
```

---

12 Alec Radford et al., "Unsupervised Representation Learning with Deep Convolutional Generative Adversarial Networks", arXiv preprint arXiv:1511.06434 (2015).

```
        tf.keras.layers.Dense(1, activation="sigmoid")
    ])
    gan = tf.keras.Sequential([generator, discriminator])
```

生成器接收大小為 100 的編碼，將它們投射到 6,272 維（7 * 7 * 128），並將結果的外形重塑為 7 × 7 × 128 的 tensor。這個 tensor 經過批次正規化之後，被傳給一個步幅為 2 的轉置摺積層，該層將它從 7 × 7 的尺寸升抽樣為 14 × 14，並將它的深度從 128 降為 64，然後將結果再次批次正規化，再將它傳給另一個步幅為 2 的轉置摺積層，該層將它從 14 × 14 升抽樣為 28 × 28，並將它的深度從 64 降為 1。這一層使用 tanh 觸發函數，所以輸出的範圍是 –1 到 1。因此，在訓練 GAN 之前，我們要將訓練組重新縮放至相同的範圍。我們也要重塑它的外形，加入通道維度：

```
    X_train_dcgan = X_train.reshape(-1, 28, 28, 1) * 2. - 1. # 重塑與調整尺度
```

這個鑑別器看起來很像一般的二元分類 CNN，但是它不是使用 max 池化層來降抽樣圖像，而是使用有步幅的摺積層（strides=2）。另外，我們使用 leaky ReLU 觸發函數。整體來說，我們遵守 DCGAN 的方針，只是將鑑別器的 BatchNormalization 層換成 Dropout 層，否則，在這個例子中，訓練將不穩定。你可以隨意調整這個架構：你將會看到它對超參數多麼敏感，尤其是兩個網路之間的相對學習速度。

最後，我們可以使用與之前一模一樣的程式來建立資料組，然後編譯並訓練這個模型。經過 50 個 epoch 的訓練之後，生成器可以產生類似圖 17-16 的圖像。它還不完美，但其中的許多圖像已經很有說服力了。

圖 17-16　經過 50 epoch 的訓練之後，DCGAN 產生的圖像

如果你擴展這個結構，並且用龐大的人臉資料組來訓練它，你會得到非常逼真的圖像。事實上，DCGAN 可以學到相當有意義的潛在表示法，見圖 17-17：裡面的許多圖像是生成的，其中有九張是手動挑選的（左上角），包括三張戴眼鏡的男人、三張不戴眼鏡的男人，與三張不戴眼鏡的女人。模型會計算生成每個類別的圖像的編碼的平均值，然後用算出來的平均編碼來產生圖像（左下角）。簡言之，左下方的三張圖像分別代表它們上面的三張圖像的平均值。但是，這不是單純在像素級別上計算平均值（這樣會導致三張重疊的人臉），而是在潛在空間裡計算平均值，所以這些圖像看起來仍然像張正常人臉。令人驚訝的是，計算戴眼鏡的男人減去不戴眼鏡的男人加上不戴眼鏡的女人（其中的每一項都對應一個平均編碼），並產生這個編碼的圖像時，會得到右邊的 3 × 3 人臉圖的中央那張照片：戴眼鏡的女人！在它周圍的八張圖像都是用同一個向量加上一些雜訊產生的，它們是為了說明 DCGAN 的語義插值功能。拿人臉來執行算術就像科幻小說情節！

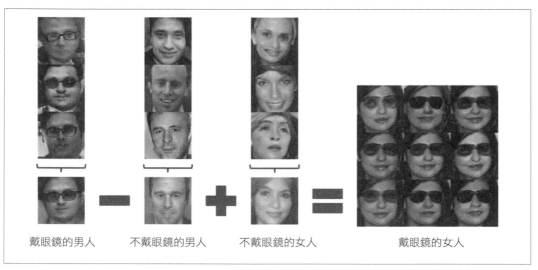

戴眼鏡的男人　　　不戴眼鏡的男人　　　不戴眼鏡的女人　　　　　　戴眼鏡的女人

圖 17-17　視覺概念的向量算術（DCGAN 論文的圖 7 的一部分）[13]

但是，DCGAN 並不完美，例如，當你試著使用 DCGAN 來產生非常大張的圖像時，通常會得到局部有說服力的特徵，但它們整體而言不一致，例如，襯衫的一條袖子比另一條長得多，戴著不同的耳環，或眼睛看往不同的方向。如何修正這種狀況？

13　經作者授權轉載。

如果你將每張圖像的類別當成額外的輸入加入生成器和鑑別器,它們會學習每一個類別的外觀,讓你能夠控制生成器產生的每一張圖像的類別。這稱為 *conditional GAN* (*https://homl.info/cgan*) (CGAN) [14]。

逐漸發展 GAN

Nvidia 的研究者 Tero Karras 等人在 2018 年發表的一篇論文 (*https://homl.info/progan*) [15] 中提出一項重大技術:他們建議在開始訓練時先產生小圖,然後在生成器與鑑別器裡逐漸加入摺積層以產生越來越大張的圖像 (4×4、8×8、16×16、…、512×512、$1,024 \times 1,024$)。這種做法類似堆疊式自動編碼器的貪婪逐層訓練法。他們將額外的階層加到生成器的末端與鑑別器的開頭,並且讓之前訓練過的階層維持可訓練的狀態。

例如,將生成器的輸出從 4×4 增長到 8×8 時 (見圖 17-18),我們在既有的摺積層 (Conv 1) 裡新增一個升抽樣層 (使用最近鄰過濾),以產生 8×8 的特徵圖。這些特徵圖被傳入新的摺積層 (Conv 2),然後被傳入一個新的輸出摺積層。為了避免破壞 Conv 1 訓練好的權重,我們逐漸淡入 (fade in) 兩個新的摺積層 (在圖 17-18 中以虛線來表示),並淡出原始的輸出層。最終的輸出是新輸出 (權重為 α) 和原始輸出 (權重為 $1 - \alpha$) 的加權總和,α 從 0 逐漸增加到 1。在將新的摺積層加入鑑別器時,同樣使用淡入 / 淡出技術 (接著是一個進行降抽樣的平均池化層)。請注意,所有的摺積層都使用 "same" 填補和步幅 1,因此它們將保持輸入的高度和寬度。這包括原始的摺積層,所以它現在產生 8×8 的輸出 (因為它的輸入現在是 8×8)。最後,輸出層使用大小為 1 的核,將輸入投射到所需的色彩通道數 (通常為 3)。

14　Mehdi Mirza and Simon Osindero, "Conditional Generative Adversarial Nets", arXiv preprint arXiv:1411.1784 (2014).

15　Tero Karras et al., "Progressive Growing of GANs for Improved Quality, Stability, and Variation", *Proceedings of the International Conference on Learning Representations* (2018).

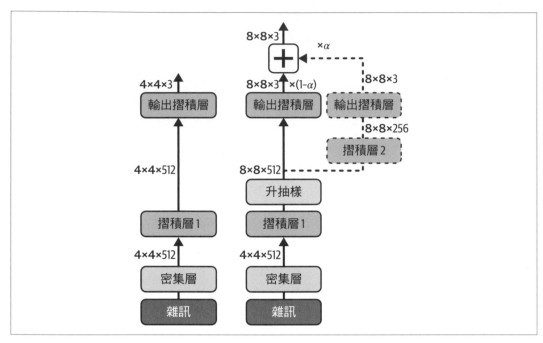

圖 17-18　逐漸增長 GAN：左圖的 GAN 生成器輸出 4 × 4 彩色圖像，我們將它擴展為輸出 8 × 8 圖像
（右圖）

這篇論文也提出一些提升輸出多樣性（來避免模式崩潰）和讓訓練更穩定的技術：

小批次標準差層

放在靠近鑑別器的結尾處。它為輸入中的每一個位置計算所有通道的標準差，以及批次的所有實例的標準差（S = tf.math.reduce_std(inputs, axis=[0, -1])）。然後計算所有的標準差的平均值，得出一個值（v = tf.reduce_mean(S)）。最後，為批次中的每一個實例加入一個額外的特徵圖，並填入算出來的值（tf.concat([inputs, tf.fill([batch_size, height, width, 1], v)], axis=-1)）。這有什麼幫助？如果生成器產生的圖像之間的差異很小，鑑別器的特徵圖之間的標準差將很小。因為有這一層，鑑別器能夠輕鬆地取得這個統計數據，從而減少被生成器愚弄（由於產生的圖像缺乏變化）的可能性。這會鼓勵生成器產生更富多樣性的輸出，減少模式崩潰的風險。

平衡學習速度

使用均值為 0，標準差為 1 的高斯分布來將權重初始化，而不是使用 He 初始化。但是，在執行期（也就是每次這個階層被執行時），權重被縮小，縮小的倍數與 He 初始化裡相同：它們被除以（$\sqrt{2/n_{inputs}}$），其中 n_{inputs} 是階層的輸入的數量。這篇論文證明了在使用 RMSProp、Adam 或其他適應梯度優化器時，這種技術可以明顯提高 GAN 的效能。事實上，這些優化器用它們的估計標準差（見第 11 章）來對梯度的更新進行正規化，因此動態範圍較大 [16] 的參數需要花更多時間來訓練，而動態範圍較小的參數可能會更新得太快，導致不穩定。這種方法藉著在模型本身裡面縮放權重，而不僅僅在初始化時重新縮放它們，來確保所有參數在訓練期間的動態範圍都相同，因此它們都以相同的速度來學習。這既加快了訓練速度，也讓訓練更加穩定。

逐像素正規化層

加到生成器的各個摺積層的後面，它根據同一張圖像和同一個位置的所有觸發來將每一個觸發標準化，但橫跨所有通道（除以均方觸發的平方根）。在 TensorFlow 程式中，它是 inputs / tf.sqrt(tf.reduce_mean(tf.square(X), axis=-1, keepdims=True) + 1e-8)（為了避免除以零，必須使用平滑項 1e-8）。這個技術可以避免由於生成器和鑑別器之間的過度競爭而導致觸發爆炸。

這些技術的組合可以產生非常具有說服力的高解析度人臉照片（*https://homl.info/progandemo*）。但怎樣才算「有說服力」呢？在製作 GAN 時，「評估」是很大的挑戰：雖然生成圖像的多樣性可以自動評估，但判斷品質卻是一件更麻煩且主觀的任務。其中一種技術是讓真人來評價，但這種做法非常昂貴且耗時。因此，作者們提出一種測量生成圖像與訓練圖像的局部結構相似度的方法，且考慮每一個尺度。這個想法引導他們邁向另一個突破性的創新：StyleGANs。

StyleGANs

同一個 Nvidia 團隊在 2018 年再次突破高解析度圖像生成技術，提出廣受歡迎的 StyleGAN 架構（*https://homl.info/stylegan*）[17]。作者在生成器中使用**風格轉移**（*style transfer*）技術，以確保生成的圖像在每個尺度都具備與訓練圖像相同的局部結構，大幅提升生成圖像的品質。他們只改進生成器，並未修改鑑別器和損失函數。StyleGAN 生成器由兩個網路組成（見圖 17-19）：

16　變數的動態範圍是它可能收到的最大值與最小值之間的比率。

17　Tero Karras et al., "A Style-Based Generator Architecture for Generative Adversarial Networks", arXiv preprint arXiv:1812.04948 (2018).

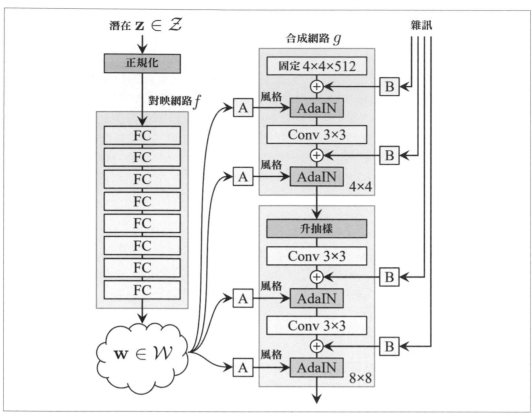

圖 17-19　StyleGAN 的生成網路結構（來自 StyleGAN 論文的圖 1）[18]

對映網路（*mapping network*）

　　這是一個八層的 MLP，可將潛在表示法 **z**（即編碼）對映至向量 **w**。然後，這個向量經過多個仿射轉換（*affine transformation*）（也就是沒有觸發函數的 Dense 層，以圖 17-19 中的「A」方塊來表示），產生多個向量。這些向量在不同層次上控制生成圖像的風格，從細緻的紋理（例如，頭髮顏色）到高層次的特徵（例如，成人或兒童）。簡言之，對映網路將編碼對映到多個風格向量。

18　經作者授權轉載。

合成網路（*synthesis network*）

負責產生圖像。它有一個已經學習過的恆定輸入（明確地說，這個輸入在訓練之後會保持恆定，但在訓練期間會透過反向傳播來進行微調）。和之前一樣，它透過多個摺積和升抽樣層來處理這個輸入，但有兩項差異。首先，有些雜訊會被加到輸入和所有摺積層的輸出中（在觸發函數之前）。其次，每個雜訊層後面都有一個 *adaptive instance normalization*（AdaIN）層：它會將每一個特徵圖獨立地標準化（藉著減去特徵圖的平均值並除以其標準差），然後使用風格向量（style vector）來算出每個特徵圖的尺度和偏差（在風格向量裡，每個特徵圖都有一個尺度和一個偏差項）。

獨立於編碼之外加入雜訊的概念非常重要。在圖像裡有一些部分非常隨機，例如每個雀斑或每根頭髮的確切位置。在之前的 GAN 中，這個隨機性有的來自編碼，有的來自生成器本身產生的一些偽隨機雜訊。如果它來自編碼，那就意味著生成器必須使用編碼相當部分的表達能力來儲存雜訊，相當浪費。此外，雜訊必須能夠流經網路，到達生成器的最後幾層，這似乎是沒必要的限制，可能降低訓練速度。最後，在不同的層次上使用相同的雜訊可能產生某些視覺異常（visual artifact）。如果讓生成器試著產生它自己的偽隨機雜訊，這種雜訊可能會很沒有說服力，導致更多視覺異常。此外，生成器的部分權重將被用來產生偽隨機雜訊，這同樣是一種浪費。加入額外的雜訊輸入可以免除以上的所有問題。GAN 可使用收到的雜訊來為圖像的各個部分添加適當的隨機性。

每層加入的雜訊都不一樣。每個雜訊輸入包含一個充滿高斯雜訊的特徵圖，這個特徵圖會被廣播到所有特徵圖（在給定的層次上），然後使用學來的各個特徵圖的縮放因子來進行縮放（在圖 17-19 中，以「B」方塊來表示），然後將它加入特徵圖中。

最後，StyleGAN 使用一種稱為混合正則化（*mixing regularization*）（或樣式混合，*style mixing*）的技術，使用兩個不同的編碼來產生部分的圖像。具體來說，這種技術將編碼 c_1 與 c_2 送入對映網路，產生兩個樣式向量 w_1 與 w_2。然後，合成網路根據 w_1 的風格產生圖像的前幾個層次，並根據 w_2 的風格產生圖像的其餘層次。層次的分界是隨機選擇的，這可以防止網路假設相鄰層次的風格是相關的，從而鼓勵 GAN 的局部性，這意味著每個風格向量僅影響生成圖像中的有限特徵。

GAN 的種類很多，需要一整本書才能介紹得完。希望以上的介紹能夠讓你瞭解主要的概念，最重要的是讓你有進一步學習的渴望。開始實作你自己的 GAN 吧！如果第一步很困難，不要灰心，這是正常的，大家都需要付出很多耐心才能讓 GAN 運作，但回報是值得的。如果你不知道如何處理一些實作細節，你可以參考許多 Keras 與 TensorFlow 作品。事實上，如果你想要快速做出驚人的結果，你可以直接使用預訓模型（例如，有一些預訓的 StyleGAN 模型可供 Keras 使用）。

研究了自動編碼器和 GAN，我們來看最後一種架構：擴散模型。

擴散模型

擴散模型的想法已經出現多年了，但直到 2015 年，來自 Stanford University 與 UC Berkeley 的 Jascha Sohl-Dickstein 等人才在一篇論文（*https://homl.info/diffusion*）[19] 中以現代的形式將它正式化。作者們運用熱力學的工具來模擬擴散過程，這和一滴牛奶在茶中擴散的情形有點類似。他們的核心想法是訓練模型來學習逆向過程：從完全混合的狀態開始，逐漸將牛奶與茶「分離」。他們利用這個想法在圖像生成領域獲得有前景可期的成果，但由於當時 GAN 已經產生更具說服力的圖像，所以擴散模型沒有受到太多關注。

然後，在 2020 年，UC Berkeley 的 Jonathan Ho 等人（*https://homl.info/ddpm*）成功地建立一個能夠產生高度逼真圖像的擴散模型，他們稱之為 *denoising diffusion probabilistic model*（DDPM）[20]。幾個月之後，在 2021 年，OpenAI 的研究者 Alex Nichol 和 Prafulla Dhariwal 在一篇論文（*https://homl.info/ddpm2*）[21] 中分析了 DDPM 的架構，並提出一些改進，使得 DDPM 終於超越了 GAN，DDPM 訓練起來不但比 GAN 簡單得多，它產生的圖像也更加多樣化且品質更高。然而，DDPM 的主要缺點是相較於 GAN 或 VAE，它產生圖像的時間很長。

那麼，DDPM 究竟是如何工作的？假設你從一張貓的照片開始處理（就像圖 17-20 裡的那張），我們將它記為 $\mathbf{x}_0$，在每一個時步 t，你在圖像裡加入一些高斯雜訊，雜訊的均值為 0，標準差為 β_t。這個雜訊對每個像素而言是獨立的：我們稱之為**均向性**（*isotropic*）。你先得到圖像 $\mathbf{x}_1$，然後 $\mathbf{x}_2$，以此類推，直到貓被完全隱藏在雜訊中，消失不見。最後的時步記為 T。在原始的 DDPM 論文中，作者使用 $T = 1,000$，並且調整變異數 β_t，讓貓的訊號在時步 0 和 T 之間線性衰減。改進的 DDPM 論文將 T 加到 4,000，而且調整變異數，讓它在開始和結束時，以更慢的速度變化。簡而言之，我們逐步將貓淹沒在雜訊裡：這稱為**正向過程**。

隨著我們在正向過程中加入越來越多高斯雜訊，像素值的分布也變得越來越接近高斯分布。我省略了一個重要的細節，就是在每個步驟中，像素值會被稍微重新縮放，乘以一個因子（$\sqrt{1-\beta_t}$），這可以確保像素值的平均值逐漸接近 0，因為縮放因子比 1 略小一些（想像一下不斷將一個數字乘以 0.99 的情形）。這也確保變異數逐漸收斂到 1。這是因為像素

---

19 Jascha Sohl-Dickstein et al., "Deep Unsupervised Learning using Nonequilibrium Thermodynamics", arXiv preprint arXiv:1503.03585 (2015).

20 Jonathan Ho et al., "Denoising Diffusion Probabilistic Models" (2020).

21 Alex Nichol and Prafulla Dhariwal, "Improved Denoising Diffusion Probabilistic Models" (2021).

值的標準差也會被縮放 $\sqrt{1-\beta_t}$ 倍,所以標準差會縮放 $1-\beta_t$ 倍(即縮放因子的平方)。但是變異數不會縮減為 0,因為我們在每一步都加入變異數為 β_t 的高斯雜訊。而且,因為變異數在高斯分布相加時會累加,所以變異數只會收斂至 $1-\beta_t+\beta_t=1$。

正向擴散過程可以用公式 17-5 來總結。你無法從這個公式學到關於正向過程的任何新知識,但瞭解這種數學表示法很有用,因為 ML 論文經常使用它。這個公式定義了在給定 $\mathbf{x}_{t-1}$ 的條件下,$\mathbf{x}_t$ 的機率分布 q。$\mathbf{x}_{t-1}$ 是一個均值為 $\mathbf{x}_{t-1}$ 乘以一個縮放因子,且共變異數矩陣等於 $\beta_t\mathbf{I}$ 的高斯分布。$\beta_t\mathbf{I}$ 就是單位矩陣 $\mathbf{I}$ 乘以 β_t,意味著雜訊是各向同性的(isotropic),且其變異數為 β_t。

公式 *17-5* 　正向擴散過程的機率分布 q

$$q\big(\mathbf{x}_t\big|\mathbf{x}_{t-1}\big)=\mathcal{N}\big(\sqrt{1-\beta_t}\mathbf{x}_{t-1},\,\beta_t\mathbf{I}\big)$$

有趣的是,正向過程有一個捷徑,可以在給定 $\mathbf{x}_0$ 的情況下,不需要先計算 $\mathbf{x}_1$、$\mathbf{x}_2$、...、$\mathbf{x}_{t-1}$,即可抽樣圖像 $\mathbf{x}_t$。實際上,由於多個高斯分布的總和也是一個高斯分布,所以我們可以使用公式 17-6 來一次加總所有的雜訊。下面是我們將使用的公式,因為它的速度快很多。

公式 *17-6* 　正向過程的捷徑

$$q\big(\mathbf{x}_t\big|\mathbf{x}_0\big)=\mathcal{N}\big(\sqrt{\bar{\alpha}_t}\mathbf{x}_0,\,\big(1-\bar{\alpha}_t\big)\mathbf{I}\big)$$

當然,我們的目標不是讓貓淹沒在雜訊裡,而是建立許多新貓!我們可以訓練一個能夠執行逆向過程的模型來實現,也就是從 $\mathbf{x}_t$ 回到 $\mathbf{x}_{t-1}$,然後使用模型來去除圖像中的一小部分雜訊,並重複這個操作多次,直到所有雜訊消失為止。如果我們用包含許多貓圖像的資料組來訓練模型,我們可以給它一張完全充滿高斯雜訊的照片,模型將逐漸產生一隻全新的貓(見圖 17-20)。

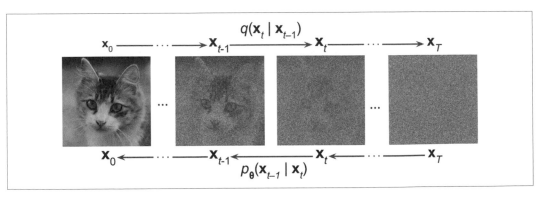

圖 17-20　正向過程 q 與逆向過程 p

OK，我們來寫程式吧！首先要編寫正向過程。為此，我們要先實作變異數調整。如何控制貓消失的速度？最初，100% 的變異數來自於原始的貓圖像。然後，在每個時步 t，變異數會被乘以 $1 - \beta_t$（如前所述），並新增雜訊。因此，來自初始分布的變異數在每一步都會縮小 $1 - \beta_t$ 倍。如果我們定義 $\alpha_t = 1 - \beta_t$，那麼在經過 t 個時步後，貓訊號將被乘以 $\bar{\alpha_t} = \alpha_1 \times \alpha_2 \times \cdots \times \alpha_t = \bar{\alpha_t} = \prod_{i=1}^{t} \alpha_t$。我們想調整這個「貓訊號」因子 $\bar{\alpha_t}$，在時步 0 和 T 之間逐漸從 1 縮小到 0。在改進的 DDPM 論文中，作者採用公式 17-7 來安排 $\bar{\alpha_t}$。圖 17-21 是這個調整方案的圖示。

公式 17-7　正向擴散過程的變異數調整公式

$$\beta_t = 1 - \frac{\bar{\alpha_t}}{\bar{\alpha}_{t-1}}, \text{ 其中 } \bar{\alpha_t} = \frac{f(t)}{f(0)} \text{ 且 } f(t) = \cos\left(\frac{t/T + s}{1 + s} \cdot \frac{\pi}{2}\right)^2$$

在這些公式中：

- s 是防止 β_t 在 $t = 0$ 附近變得太小的極小值。在論文中，作者使用 $s = 0.008$。

- β_t 被截為不超過 0.999，以避免在 $t = T$ 附近出現不穩定。

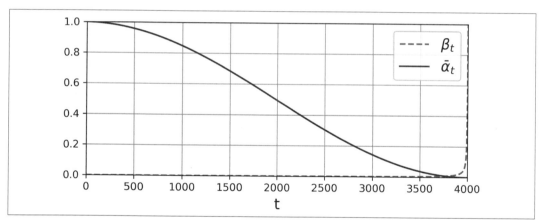

圖 17-21　雜訊變異數調整 β_t 和剩餘訊號變異數 $\bar{\alpha_t}$

我們寫一個小函式來計算 α_t、β_t 和 $\bar{\alpha_t}$，並使用 $T = 4,000$ 來呼叫它：

```python
def variance_schedule(T, s=0.008, max_beta=0.999):
    t = np.arange(T + 1)
    f = np.cos((t / T + s) / (1 + s) * np.pi / 2) ** 2
    alpha = np.clip(f[1:] / f[:-1], 1 - max_beta, 1)
    alpha = np.append(1, alpha).astype(np.float32)  # 加 a₀ = 1
```

```
        beta = 1 - alpha
        alpha_cumprod = np.cumprod(alpha)
        return alpha, alpha_cumprod, beta  # t = 0 至 T 的 $a_t$ , $\bar{a}_t$ , $\beta_t$

    T = 4000
    alpha, alpha_cumprod, beta = variance_schedule(T)
```

為了訓練模型來逆轉擴散過程,我們需要正向過程的不同時步的帶雜訊圖像。為此,我們建立一個 prepare_batch() 函式,讓它接收資料組的一批乾淨圖像,並對它們進行準備工作:

```
def prepare_batch(X):
    X = tf.cast(X[..., tf.newaxis], tf.float32) * 2 - 1  # 縮放為 -1 到 +1 的範圍
    X_shape = tf.shape(X)
    t = tf.random.uniform([X_shape[0]], minval=1, maxval=T + 1, dtype=tf.int32)
    alpha_cm = tf.gather(alpha_cumprod, t)
    alpha_cm = tf.reshape(alpha_cm, [X_shape[0]] + [1] * (len(X_shape) - 1))
    noise = tf.random.normal(X_shape)
    return {
        "X_noisy": alpha_cm ** 0.5 * X + (1 - alpha_cm) ** 0.5 * noise,
        "time": t,
    }, noise
```

我們來解釋一下這段程式:

- 為了簡化,我們使用 Fashion MNIST 資料組,所以必須先加入一個通道軸。我們也將像素值縮放為 –1 到 1 的範圍,讓它更接近均值為 0,標準差為 1 的最終高斯分布。

- 接下來建立 t,它是一個向量,裡面有批次的每張圖像的隨機時步,範圍在 1 到 T 之間。

- 然後使用 tf.gather() 從向量 t 取出每一個時步的 alpha_cumprod 值,產生一個包含每張圖像的 $\bar{\alpha}_t$ 值的向量 alpha_cm。

- 下一行將 alpha_cm 從 [批次大小] 重塑為 [批次大小 , 1, 1, 1]。這是為了確保 alpha_cm 能夠與批次 X 一起廣播。

- 然後產生一些均值為 0,變異數為 1 的高斯雜訊。

- 最後使用公式 17-6 來將擴散過程應用至圖像。請注意,x ** 0.5 等於 x 的平方根。函式回傳一個包含輸入和目標的 tuple。輸入以一個 Python dict 來表示,裡面有帶雜訊的圖像,以及用來產生它們的時步。目標是用來產生每張圖像的高斯雜訊。

在這種設置下，模型會預測該將輸入圖像中的哪些雜訊移去，以獲得原始圖像。為何不直接預測原始圖像？嗯，作者試過了，結果並不好。

接下來，我們將建立一個訓練資料組和一個驗證組，並用 prepare_batch() 函式來處理每一個批次。和之前一樣，X_train 和 X_valid 裡面有 Fashion MNIST 圖像，像素值範圍從 0 到 1。

```
def prepare_dataset(X, batch_size=32, shuffle=False):
    ds = tf.data.Dataset.from_tensor_slices(X)
    if shuffle:
        ds = ds.shuffle(buffer_size=10_000)
    return ds.batch(batch_size).map(prepare_batch).prefetch(1)

train_set = prepare_dataset(X_train, batch_size=32, shuffle=True)
valid_set = prepare_dataset(X_valid, batch_size=32)
```

現在可以建構實際的擴散模型了。它可以是任何一種模型，只要它能夠接收帶有雜訊的圖像和時步，並預測該從輸入圖像移除哪些雜訊即可：

```
def build_diffusion_model():
    X_noisy = tf.keras.layers.Input(shape=[28, 28, 1], name="X_noisy")
    time_input = tf.keras.layers.Input(shape=[], dtype=tf.int32, name="time")
    [...]  # 基於有雜訊的圖像和時步來建構模型
    outputs = [...]  # 預測雜訊（外形與輸入圖像一樣）
    return tf.keras.Model(inputs=[X_noisy, time_input], outputs=[outputs])
```

DDPM 的作者使用了修改過的 U-Net 架構（*https://homl.info/unet*）[22]，它與第 14 章的 FCN 架構（用於語義分割）有很多相似之處：它是一個摺積神經網路，會逐漸對輸入圖像進行降抽樣，再逐漸對它們進行升抽樣，並使用跳接來連接降抽樣部分的每一層與升抽樣部分的對應層。為了考慮時步，他們使用了與轉換器架構（見第 16 章）中的位置編碼相同的技術來編碼它們。在 U-Net 架構的每一層，他們讓這些時間編碼流經密集層並傳給 U-Net。最後，他們還在不同層使用多頭專注層。你可以在本章的 notebook 中查看基本實作，或在 *https://homl.info/ddpmcode* 查看官方實作，它是用已被棄用的 TF 1.x 來建構的，但相當易讀。

---

22 Olaf Ronneberger et al., "U-Net: Convolutional Networks for Biomedical Image Segmentation", arXiv preprint arXiv:1505.04597 (2015).

現在我們可以正常地訓練模型了。作者指出，MAE 損失的效果比 MSE 更好。你也可以使用 Huber 損失：

```
model = build_diffusion_model()
model.compile(loss=tf.keras.losses.Huber(), optimizer="nadam")
history = model.fit(train_set, validation_data=valid_set, epochs=100)
```

訓練好模型後，你就可以用它來產生新圖像了。不幸的是，逆向擴散過程沒有捷徑，所以你必須從均值為 0、變異數為 1 的高斯分布中隨機抽樣 $\mathbf{x}_T$，然後將它傳給模型來預測雜訊；使用公式 17-8 來將雜訊從圖像中減去，得到 $\mathbf{x}_{T-1}$。重複這個過程 3,999 次，直到獲得 $\mathbf{x}_0$ 為止。如果一切順利，它看起來應該像一張普通的 Fashion MNIST 圖像！

公式 *17-8*　在擴散過程中逆向進行一個步驟

$$\mathbf{x}_{t-1} = \frac{1}{\sqrt{\alpha_t}}\left(\mathbf{x}_t - \frac{\beta_t}{\sqrt{1 - \bar{\alpha}_t}}\boldsymbol{\epsilon}_{\boldsymbol{\theta}}\left(\mathbf{x}_t, t\right)\right) + \sqrt{\beta_t}\mathbf{z}$$

在這個公式中，$\boldsymbol{\epsilon}_{\boldsymbol{\theta}}(\mathbf{x}_t, t)$ 代表模型根據輸入圖像 $\mathbf{x}_t$ 和時步 t 所預測的雜訊。其中 $\boldsymbol{\theta}$ 代表模型的參數。此外，$\mathbf{z}$ 是均值為 0，變異數為 1 的高斯雜訊。這使得逆向過程是隨機的，執行多次可產生不同的圖像。

我們來寫一個實現這個逆向過程的函式，並呼叫它來產生幾張圖像：

```
def generate(model, batch_size=32):
    X = tf.random.normal([batch_size, 28, 28, 1])
    for t in range(T, 0, -1):
        noise = (tf.random.normal if t > 1 else tf.zeros)(tf.shape(X))
        X_noise = model({"X_noisy": X, "time": tf.constant([t] * batch_size)})
        X = (
            1 / alpha[t] ** 0.5
            * (X - beta[t] / (1 - alpha_cumprod[t]) ** 0.5 * X_noise)
            + (1 - alpha[t]) ** 0.5 * noise
        )
    return X

X_gen = generate(model)  # 產生的圖像
```

這可能需要一到兩分鐘的時間。產生圖像的速度很慢是擴散模型的主要缺點，因為模型需要被多次呼叫。你可以藉著使用較小的 *T* 值，或使用同一個模型來一次預測多個步驟來加快速度，但產生出來的圖像可能不太好看。儘管有這個速度限制，擴散模型確實能夠產生高品質且多樣化的圖像，就像你在圖 17-22 中看到的。

圖 17-22 DDPM 產生的圖像

近年來,擴散模型有了巨大的進展。尤其是 Robin Rombach、Andreas Blattmann 等人在 2021 年 12 月發表的一篇論文(*https://homl.info/latentdiff*)[23] 中提出**潛在擴散模型**(*latent diffusion models*),它的擴散過程是發生在潛在空間,而不是像素空間。為了實現這一點,他們使用強大的自動編碼器來將每一個訓練圖像壓縮成更小的潛在空間,在裡面執行擴散過程,再使用自動編碼器來將最終的潛在表示法解壓縮,產生輸出圖像。這大大加快圖像產生速度,並大幅減少訓練時間和成本。重要的是,產生的圖像品質非常出色。

此外,研究者還調整了各種條件技術,以使用文字提示詞、圖像或任何其他輸入來引導擴散過程,使模型可以快速產生一幅美麗的高解析度圖像,例如正在閱讀書本的蠑螈,或者你喜歡的任何其他畫面。你也可以輸入圖像來控制影像產生過程。這些功能實現了許多應用,例如外繪(outpainting),也就是將圖像延伸至邊界之外,和修補(inpainting),也就是填補圖像。

最後,LMU Munich 與一些其他公司(包括 StabilityAI 和 Runway)於 2022 年 8 月合作開源了一個名為 *Stable Diffusion* 的強大預訓潛在擴散模型。它也獲得 EleutherAI 和 LAION 的支援。該模型在 2022 年 9 月被移植到 TensorFlow,並納入 KerasCV(*https://keras.io/keras_cv*),KerasCV 是由 Keras 團隊打造的電腦視覺模型庫。現在,任何人都可以在普通的筆電上,在幾秒鐘之內免費產生令人驚嘆的圖像(見本章的最後一個練習)。未來充滿無限可能!

---

23 Robin Rombach, Andreas Blattmann, et al., "High-Resolution Image Synthesis with Latent Diffusion Models", arXiv preprint arXiv:2112.10752 (2021).

在下一章，我們將討論深度強化學習，這是一個完全不同的深度學習分支。

習題

1. 自動編碼器的主要用途是什麼？

2. 假如你要訓練一個分類器，你有大量的無標籤訓練資料，但只有幾千個有標籤的實例，如何使用自動編碼器來協助你？你該如何繼續前進？

3. 可完美地重建輸入的自動編碼器一定是優秀的自動編碼器嗎？如何評估自動編碼器的效能？

4. undercomplete 與 overcomplete 的自動編碼器是什麼？過於 undercomplete 的自動編碼器的主要風險是什麼？overcomplete 的自動編碼器的主要風險又是什麼？

5. 如何在堆疊自動編碼器中綁定權重？這樣做的目的是什麼？

6. 什麼是生成模型？指出一種生成式自動編碼器。

7. 什麼是 GAN？指出適合使用 GAN 的幾項任務。

8. 訓練 GAN 時有哪些主要的挑戰？

9. 擴散模型擅長執行哪些任務？它們的主要限制是什麼？

10. 試著使用去雜訊自動編碼器來預訓一個圖像分類器。你可以使用 MNIST（最簡單的選項）或比較複雜的圖像資料組，例如 CIFAR10（*https://homl.info/122*），如果你願意接受更大的挑戰的話。無論你使用哪種資料組，按照以下步驟進行：

    a. 將資料組拆成訓練組與測試組。用全部的訓練組來訓練深度去雜訊自動編碼器。

    b. 檢查它能否正確地重建圖像。將最能夠觸發編碼層神經元的圖像顯示出來。

    c. 建立一個分類 DNN，重複使用自動編碼器的低層。只用訓練組的 500 張圖像來訓練它。使用預訓與不使用預訓的效果哪個比較好？

11. 選擇一種圖像資料組來訓練變分自動編碼器，並且用它來產生圖像。你也可以找一個你有興趣的無標籤資料組，看看能不能讓它產生新樣本。

12. 訓練 DCGAN 來處理你所選擇的圖像資料組，並且用它來產生圖像。加入經驗重播（experience replay），看看有沒有幫助。將它轉換成 conditional GAN，以控制生成的類別。

13. 完成 KerasCV 的 Stable Diffusion 課程（*https://homl.info/sdtuto*），並產生一幅美麗的圖畫，畫出一隻閱讀書本的蝾螈。如果你將你的最佳作品貼到 Twitter 上，別忘了 tag 我：@aureliengeron。期待看到你的創作！

這些習題的答案在本章的 notebook（*https://homl.info/colab3*）的結尾。

## 第十八章

強化學習

強化學習（*Reinforcement Learning*，簡稱 RL）是現今最令人振奮的機器學習領域之一，也是最古老的領域之一。它自 1950 年代以來就存在了，多年來產生許多有趣的應用[1]，尤其是在遊戲領域（例如雙陸棋遊戲 *TD-Gammon*）和機器控制領域，卻很少成為頭條新聞。然而，有一場革命在 2013 年發生了（*https://homl.info/dqn*），一家名為 DeepMind 的英國初創公司的研究者展示了一個系統，該系統可以從頭學習 Atari 的幾乎任何遊戲的玩法[2]，最終在大多數遊戲中勝過人類（*https://homl.info/dqn2*）[3]，它的輸入只是原始的像素，而且不需要事先瞭解遊戲的任何規則[4]。這只是一系列驚人壯舉的開頭，最終，他們的 AlphaGo 在 2016 年 3 月和 2017 年 5 月分別擊敗圍棋傳奇職業選手李世乭和世界冠軍柯潔。在此之前，沒有任何程式能夠看到圍棋大師的車尾燈，更遑論世界冠軍了。如今，整個 RL 界經常出現新想法，而且具有廣泛的應用領域。

那麼，DeepMind（於 2014 年被 Google 收購，金額超過 5 億美元）是如何實現這些成就的？事後回顧，他們的做法看似簡單：他們將深度學習的強大威力應用在強化學習領域，並產生超乎想像的效果。在本章，我會先解釋什麼是強化學習，以及它擅長的領域，然後介紹深度強化學習的兩個最重要的技術：策略梯度和深度 Q 網路，包括 Markov 決策過程的討論。我們開始吧！

1　詳情請參考 Richard Sutton 與 Andrew Barto 探討 RL 的著作，《*Reinforcement Learning: An Introduction*》（MIT Press）。

2　Volodymyr Mnih et al., "Playing Atari with Deep Reinforcement Learning", arXiv preprint arXiv:1312.5602 (2013).

3　Volodymyr Mnih et al., "Human-Level Control Through Deep Reinforcement Learning", *Nature* 518 (2015): 529–533.

4　你可以到 *https://homl.info/dqn3* 觀看 DeepMind 的系統學習遊玩**太空侵略者**、**打磚塊**與其他遊戲的情況。

藉由學習來優化獎勵

在強化學習中，軟體代理人（agent）會在環境中進行觀測並採取行動，作為回饋，它可從環境中獲得獎勵。它的目標是學習以一種方式行動，來讓期望回報隨著時間的演進而最大化。如果你不介意使用比較擬人化的語言，你可以把正向獎勵看成快樂，把負向獎勵看成痛苦（在這種情況下，「獎勵」這個詞有些誤導性）。簡言之，代理人在環境中採取行動，透過試誤法來將快樂最大化，並將痛苦最小化。

這是很廣泛的情境，可以應用在各式各樣的任務上，舉幾個例子（見圖 18-1）：

a. 代理人可能是以程式控制的機器人。在這種情況下，環境是真實世界，代理人用一組感應器來觀測環境，例如鏡頭與接觸式感應器，它的行為包括傳送訊號給啟動馬達。它的程式可能寫成：在接近目的地時，得到正獎勵；浪費時間或往錯誤的方向前進時，得到負獎勵。

b. 代理人可能是以程式控制的小精靈（*Ms. Pac-Man*）。在這種情況下，環境是 Atari 遊戲的模擬器，行動是九個搖桿方向（左上、下、中間…等），觀測是螢幕截圖，獎勵就是遊戲分數。

c. 同理，代理人可能是下棋的程式，例如圍棋。它只會在獲勝時贏得獎勵。

d. 代理人不一定要控制實際（或虛擬）移動的東西。例如，它可能是聰明的恆溫器，在接近目標溫度並節省能源時獲得正獎勵，當人們需要調整溫度時獲得負獎勵，因此代理人必須學會預測人類的需求。

e. 代理人可以觀測股市價格，並在每秒鐘決定該買多少或該賣多少股票。此時，獎勵顯然是金錢損益。

注意，有些情況完全沒有任何正獎勵，例如，當代理人在迷宮中移動時，它在每一個時步都會得到負獎勵，因此它最好盡快找到出口！此外還有許多適合使用強化學習的任務，例如自駕車、推薦系統、在網頁上放廣告，或控制圖像分類系統應該專注於哪裡。

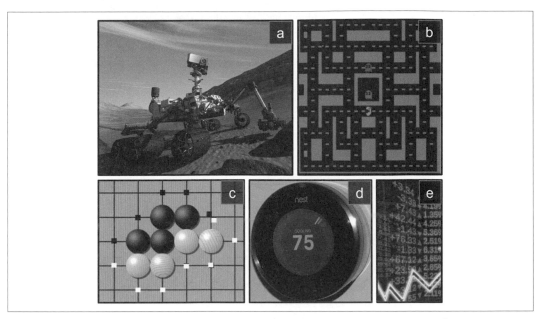

圖 18-1　強化學習範例：(a) 機器人 , (b) 小精靈 , (c) 下圍棋 , (d) 恆溫器 , (e) 自動交易 [5]

方針搜尋

軟體代理人用來決定行動的演算法稱為**方針**（*policy*）。方針可能是個神經網路，它接收觀測作為輸入，並輸出將要採取的行動（見圖 18-2）。

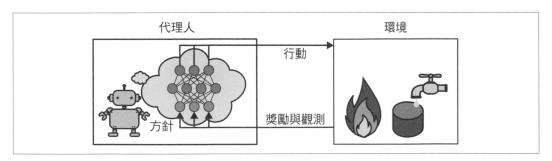

圖 18-2　強化學習使用神經網路方針

5　圖片 (a)、(d) 和 (e) 來自公共領域。圖片 (b) 來自**小精靈**遊戲的截圖，版權屬於 Atari（在本章中屬於合理使用）。圖片 (c) 轉載自維基百科，由用戶 Stevertigo 製作，並在 Creative Commons BY-SA 2.0 之下釋出（*https:// creativecommons.org/licenses/by-sa/2.0*）。

這個方針可能是你可以想到的任何演算法，而且演算法不需要是確定性的（deterministic）。事實上，在某些情況下，它甚至不必觀測環境！舉例來說，考慮一個掃地機器人，它的回報是 30 分鐘之內的吸塵量。它的方針可能是每秒以某種機率 p 向前移動，或者以機率 $1 - p$ 隨機向左或向右旋轉。旋轉角度是介於 $-r$ 和 $+r$ 之間的隨機角度。由於這個方針政策涉及一些隨機性，它稱為隨機方針。這台機器人會有一個不穩定的軌跡，確保它最終可以到達任何地方，並吸起所有灰塵。問題是，它在 30 分鐘之內能吸到多少灰塵？

該如何訓練這種機器人？可以調整的**方針參數**只有兩個：機率 p 與角度範圍 r。有一種學習演算法是嘗許多不同的參數值，再選出效果最好的組合（見圖 18-3）。這就是一種**方針搜尋**，在這個例子裡，它使用蠻力法。當**方針空間**太大時（經常如此），用這種方法找到好參數有如大海撈針。

搜尋方針空間的另一種做法是使用**遺傳演算法**（*genetic algorithm*）。舉例，你可以隨機建立 100 個初代方針並嘗試它們，然後「淘汰」80 個最糟糕的方針[6]，讓 20 個倖存者分別產生 4 個後代。產生後代的做法是複製它的上一代[7]並加上一些隨機變異。倖存的方針和它們的後代一起構成第二代。你可以繼續如此迭代，生出新的後代，直到找到一個好的方針[8]。

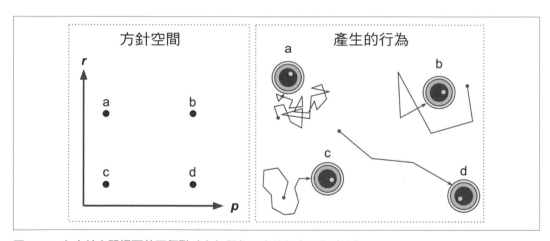

圖 18-3　在方針空間裡面的四個點（左）與代理人的相應行為（右）

6　讓不佳策略有一些存活機率通常比較好，這可以讓「基因池」保留一些多樣性。

7　如果只有一個上一代，這種做法稱為**無性生殖**（*asexual reproduction*）。如果有兩個（或更多個）上一代，稱為**有性生殖**（*sexual reproduction*）。後代的基因（在此是一組方針參數）是由上一代的部分基因隨機組成的。

8　*NeuroEvolution of Augmenting Topologies*（*https://homl.info/neat*）（NEAT）是個有趣的例子，這種演算法在強化學習中使用遺傳演算法。

另一種方法是使用優化技術：計算回報相對於方針參數的梯度，然後根據這些梯度來微調參數，讓它趨向更高的回報[9]。本章將詳細討論這種方法，它稱為**方針梯度**（*Policy Gradients*，PG）。回到掃地機器人，你可以稍微增加 p，並評估如此一來能否增加 30 分鐘之內的吸塵量，如果可以，那就再稍微增加 p，否則就減少 p。我們將使用 TensorFlow 來實作一種流行的 PG 演算法，但在那之前，我們要先建立一個環境來讓代理人待在裡面，所以，是時候介紹 OpenAI Gym 了。

OpenAI Gym 簡介

強化學習有一項挑戰在於，我們必須先建立一個有效的環境才能開始訓練代理人。如果你想要寫一個只會玩 Atari 遊戲的代理人，你就要有個 Atari 遊戲模擬器。如果你想要寫一個行走機器人，環境就是真實世界，你可以直接在環境中訓練你的機器人，但這種環境也有其限制：如果機器人掉下懸崖，你就無法簡單地按下 Undo 即可重來一遍，你也不能加快時間（投入更多計算能力無法讓機器人走得更快），而且平行訓練 1,000 個機器人通常很昂貴。簡言之，在真實世界進行訓練是進展緩慢的困難工作，所以，我們通常至少要準備一個模擬環境，來提升訓練速度。例如，或許你可以使用 PyBullet（*https://pybullet.org*）或 MuJoCo（*https://mujoco.org*）等程式庫來進行 3D 物理模擬。

OpenAI Gym（*https://gym.openai.com*）[10] 提供了各種模擬環境（包括 Atari 遊戲、棋類遊戲、2D 與 3D 物理模擬…等），你可以在裡面訓練代理人、比較它們，或開發新的 RL 演算法。

OpenAI Gym 已經被預先安裝在 Colab 了，但它是舊版本，因此你要將它換成最新的版本。你也要安裝它的一些依賴項目。如果你在自己的電腦上寫程式，而不是在 Colab 上，並且按照 *https://homl.info/install* 上的安裝說明進行操作，那麼，你可以跳過以下的步驟，否則，輸入以下命令：

```
# 僅在 Colab 或 Kaggle 執行這些命令！
%pip install -q -U gym
%pip install -q -U gym[classic_control,box2d,atari,accept-rom-license]
```

第一個 `%pip` 命令會將 Gym 升級到最新版本。`-q` 選項代表 *quiet*（靜默），可讓輸出資訊更加簡潔。`-U` 選項代表 *upgrade*（升級）。第二個 `%pip` 命令會安裝執行各種環境所需的程式庫，包括**控制理論**（控制動態系統的科學）的經典環境，例如在車上平衡一個桿子。它

---

9   這種做法稱為**梯度上升**（*gradient ascent*）。它就像梯度下降，只是方向相反：進行最大化，而不是最小化。

10 OpenAI 是一家人工智慧研究公司，部分資金來自 Elon Musk。OpenAI 聲明他們的目標是促進和發展友善的 AI，以造福人類（而不是消滅人類）。

也包含一些基於 Box2D 程式庫的環境，Box2D 是一種遊戲 2D 物理引擎。最後，它也有基於 Arcade Learning Environment（ALE）的環境，ALE 是 Atari 2600 遊戲的模擬器。這個指令將自動下載幾個 Atari 遊戲的 ROM，執行指令就代表你同意 Atari 的 ROM 授權條款。

有了這些工具之後，你就可以使用 OpenAI Gym 了。我們來匯入它，並製作一個環境：

```
import gym

env = gym.make("CartPole-v1", render_mode="rgb_array")
```

我們在此建立一個 CartPole 環境，這是一個 2D 模擬環境，在裡面，你可以將一台車子向左或向右加速，以平衡插在上面的桿子（見圖 18-4）。這是一個經典的控制任務。

 gym.envs.registry 字典包含所有可用環境的名稱和規格。

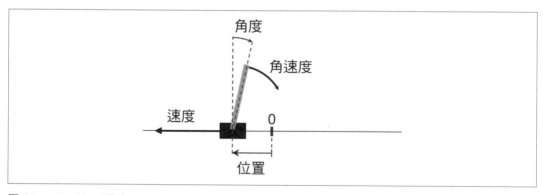

圖 18-4　CartPole 環境

建立環境之後，你必須使用 reset() 方法來將它初始化，你可以指定一個隨機種子。它會回傳第一個觀測，觀測資料取決於環境的類型，對於 CartPole 環境而言，每一個觀測都是一個包含四個浮點數的 1D NumPy 陣列，表示小車的水平位置（0.0 = 中央）、速度（正代表向右），桿子的角度（0.0 = 垂直），和桿子的角速度（正代表順時針）。reset() 方法也回傳一個可能包含額外環境專屬資訊的字典，它可以幫助你進行偵錯或訓練。例如，在許多 Atari 環境中，它包含剩餘的命數。然而，在 CartPole 環境中，這個字典是空的。

```
>>> obs, info = env.reset(seed=42)
>>> obs
array([ 0.0273956 , -0.00611216,  0.03585979,  0.0197368 ], dtype=float32)
>>> info
{}
```

我們呼叫 render() 方法來將這個環境畫成一張圖像。因為我們在建立環境時設定了
render_mode="rgb_array"，所以圖像將以 NumPy 陣列的形式回傳：

```
>>> img = env.render()
>>> img.shape  # 高、寬、通道（3 = 紅、綠、藍）
(400, 600, 3)
```

接下來，你可以像平常一樣，使用 Matplotlib 的 imshow() 函式來顯示這張圖像。我們來詢
問環境，我們可以採取哪些行動：

```
>>> env.action_space
Discrete(2)
```

Discrete(2) 代表可能的行動是整數 0 和 1，分別代表向左加速和向右加速。其他的環境可
能有額外的離散（discrete）行動，或其他種類的行動（例如連續的）。因為桿子往右傾斜
（obs[2] > 0），我們將車子往右加速：

```
>>> action = 1  # 往右加速
>>> obs, reward, done, truncated, info = env.step(action)
>>> obs
array([ 0.02727336,  0.18847767,  0.03625453, -0.26141977], dtype=float32)
>>> reward
1.0
>>> done
False
>>> truncated
False
>>> info
{}
```

step() 方法執行了指定的行動，並回傳五個值：

obs

　　這是新的觀測。現在車子正在往右移動（obs[1] > 0），桿子仍然右傾（obs[2] > 0），
　　但它的角速度是負的（obs[3] < 0），所以在下一步之後，它可能會左傾。

reward

在這個環境中，無論你做什麼，每一步都會獲得 1.0 的獎勵，因此你的目標是盡可能地讓該回合持續進行下去。

done

這個值會在回合結束時變為 True。回合結束會在桿子傾斜太多，或離開螢幕，或經過了 200 步時發生（最後一種情況代表你贏了）。之後，環境必須重設才能再次使用。

truncated

當一個回合被提前中斷時，這個值會被設為 True。例如，由於環境包裝器（wrapper）設定了每回合的最大步數（詳情見 Gym 的文件）。有些 RL 演算法認為被中斷的回合與正常完成的回合（即 done 為 True 的）是不同的，但我們在本章認為它們是相同的。

info

這個與環境有關的字典可提供額外的資訊，就像 reset() 方法回傳的字典一樣。

 當你完成使用環境之後，你要呼叫它的 close() 方法來釋出資源。

我們來寫一個簡單的方針，在桿子左傾時往左加速，在它右傾時往右加速。我們將執行這個方針，看看經過 500 回合之後，平均獎勵有多少：

```python
def basic_policy(obs):
    angle = obs[2]
    return 0 if angle < 0 else 1

totals = []
for episode in range(500):
    episode_rewards = 0
    obs, info = env.reset(seed=episode)
    for step in range(200):
        action = basic_policy(obs)
        obs, reward, done, truncated, info = env.step(action)
        episode_rewards += reward
        if done or truncated:
            break

    totals.append(episode_rewards)
```

這段程式無須解釋。我們來看一下結果：

```
>>> import numpy as np
>>> np.mean(totals), np.std(totals), min(totals), max(totals)
(41.698, 8.389445512070509, 24.0, 63.0)
```

即使試了 500 次，這個方針仍然無法讓桿子保持直立超過 63 步。結果不太理想。如果你看一下本章的 notebook 裡的模擬，你會看到小車左右移動得越來越激烈，直到桿子過度傾斜。我們來看看神經網路能否找出更好的方針。

神經網路方針

我們來建立神經網路方針。這個神經網路接收觀測值，輸出要執行的行動，就像之前那個寫死的方針一樣。更精確地說，它會估計各項行動的機率，然後，我們會根據估計的機率，隨機選擇行動（見圖 18-5）。在 CartPole 環境這個案例中，可能的行動只有兩種（左或右），所以只需要一個輸出神經元。它將輸出行動 0（左）的機率 p，行動 1（右）的機率將是 $1 - p$。例如，如果它輸出 0.7，我們就以 70% 的機率選擇行動 0，以 30% 的機率選擇行動 1。

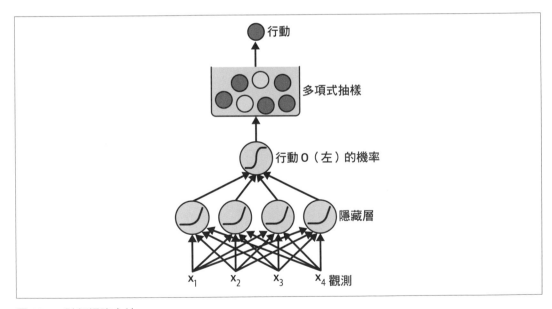

圖 18-5　神經網路方針

你可能在想，為什麼要根據神經網路提供的機率來隨機選擇行動，而不是直接選擇最高分的行動？因為這樣做可以讓代理人找到「探索新行動」與「利用已知的有效行動」之間的平衡點。打個比方，假如你第一次去一家餐廳用餐，它的每一道菜看起來都很可口，於是你隨機選擇一道菜。如果那道菜很好吃，你就提升下一次點那道菜的機率，但不把機率加到 100%，否則就永遠不會嘗試其他的菜色，而那些菜色裡面可能有一些比你試過的好吃很多。這種探索 / 利用的兩難是強化學習的核心問題。

同時請注意，在這一個特定的環境中，過往的行動與觀測可以安全地忽略，因為各個觀測皆包含完整的環境狀態。如果有隱藏狀態，你可能就要考慮過去的行動與觀測。例如，如果環境只顯示了車子的位置，但未顯示它的速度，你不但要考慮當下的觀測，也要考慮先前的觀測，才能估計當下的速度。另一個例子是當觀測有雜訊時，你通常會使用先前的幾次觀測來估計當下最有可能的狀態。因此 CartPole 問題很簡單，它的觀測是沒有雜訊的，而且包含了環境的完整狀態。

以下是使用 Keras 來建構基本神經網路方針的程式：

```
import tensorflow as tf

model = tf.keras.Sequential([
    tf.keras.layers.Dense(5, activation="relu"),
    tf.keras.layers.Dense(1, activation="sigmoid"),
])
```

我們使用 Sequential 模型來定義方針網路。在輸入中的數字是觀測空間的大小（在 CartPole 案例中是 4），而且我們只有五個隱藏單元，因為它是相當簡單的任務。最後，我們想要輸出一個機率（往左的機率），所以使用一個輸出神經元，以及 sigmoid 觸發函數。如果可能的行動超過兩個，那麼每一個行動就需要一個輸出神經元，我們就要改用 softmax 觸發函數。

OK，我們有一個神經網路方針，可以接收觀測，並輸出行動機率了。但是該如何訓練它？

評估行動：歸功問題

如果我們知道每一步的最佳行動是什麼，我們就可以像平常一樣訓練神經網路，將估計出來的機率分布和目標機率分布之間的交叉熵最小化，這是一般的監督學習。但是，在強化學習中，代理人只能透過獎勵得到指引，但獎勵通常是稀疏且延遲的。例如，如果代理人成功地平衡了桿子 100 步，它如何知道在這 100 步中，哪幾步是好的，哪幾步是不好的？

它只知道桿子在最後一次行動之後倒下了，但顯然最後一個行動不需要負全責。這稱為**歸功問題**（*credit assignment problem*）：當代理人獲得獎勵時，它很難知道該將這些獎勵歸功於哪些動作（或歸咎於哪些動作）。想像一下，如果一隻狗在做出好表現的好幾個小時之後才獲得獎勵，牠會知道為什麼得到獎勵嗎？

對於這個問題，有一種常見策略是使用一次行動之後的所有獎勵的總和來評估它，通常會在每一步應用一個**折扣因子** γ（gamma）。折扣後的獎勵的總和^{譯註}稱為行動的**回報**（*return*）。考慮圖 18-6 的例子，如果代理人決定往右連續走三步，且在第一步後得到 +10 獎勵，在第二步後得到 0，最後在第三步後得到 –50，假設折扣因子 γ = 0.8，那麼第一個行動的回報是 $10 + \gamma \times 0 + \gamma^2 \times (-50) = -22$。如果折扣因子接近 0，那麼未來的獎勵的重要性不會比即時的獎勵大太多。反過來說，如果折扣因子接近 1，代表遠期的獎勵幾乎與即時的獎勵一樣重要。折扣因子的典型範圍是 0.9 到 0.99。如果折扣因子是 0.95，那麼未來的第 13 步的獎勵大約只占即時獎勵的一半（因為 $0.95^{13} \approx 0.5$），如果折扣因子是 0.99，未來第 69 步的獎勵只占即時獎勵的一半。在 CartPole 環境中，行動造成的影響相對較快，所以選擇 0.95 這個折扣因子應該很合理。

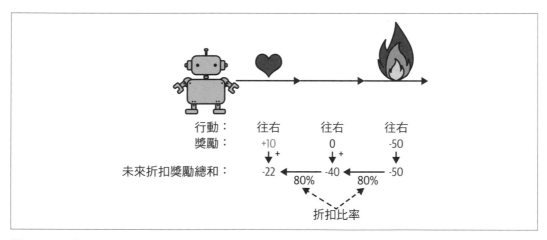

圖 18-6　計算行動的回報：未來折扣獎勵總和

當然，一次好行動之後，可能有幾次壞行動，讓桿子迅速倒下，導致好行動得到低回報。同理，好演員有時也會演到爛電影。但是，如果這場遊戲玩得夠久，平均來說，好行動得到的回報會比壞行動的更高。我們想要估計一個行動比其他行動平均好多少或壞多少，這個指標稱為**行動優勢**（*action advantage*）。為此，我們必須執行很多回合，並將所有行動回報正規化，做法是減去均值再除以標準差。接下來就可以合理地假設具有負優勢的行動

譯註　為了精簡用語，接下來，「折扣後的獎勵」皆稱為「折扣獎勵」。

是不好的，具有正優勢的行動是好的。好，現在我們有一種評估每個行動的方法了，接下來要使用方針梯度來訓練第一個代理人。我們來看看怎麼做。

方針梯度

如前所述，PG 演算法優化方針參數的做法是跟隨朝向更高回報的梯度。*REINFORCE 演算法*是一種流行的 PG 演算法，由 Ronald Williams 在 1992 年提出（*https://homl.info/132*）[11]。以下是一種常見的變體：

1. 先讓神經網路方針玩幾次遊戲，在每一步，計算可以讓所選擇的行動更有機會被選中的梯度，但先不採用那些梯度。

2. 執行幾回合之後，計算各個行動的優勢，使用上一節介紹的方法。

3. 如果行動的優勢是正的，代表該行動可能是好的，所以套用之前算出來的梯度，來讓這個行動以後更有可能被選中。但是，如果行動的優勢是負的，代表該行動可能是不好的，我們對這個行動套用相反的梯度，讓這個行動以後比較不可能被選中。解決方案就是將各個梯度向量乘以相應行動的優勢。

4. 最後，計算所有梯度向量的平均值，並使用它來執行梯度下降步驟。

接下來要使用 Keras 來實作這個演算法。我們將訓練之前設計的神經網路方針，讓它學會平衡車上的桿子。首先，我們需要一個執行一個步驟的函式。我們先假裝它採取的行動是正確的，以便計算損失與它的梯度。這些梯度會被暫時儲存，之後再根據動作的好壞來修改它們：

```
def play_one_step(env, obs, model, loss_fn):
    with tf.GradientTape() as tape:
        left_proba = model(obs[np.newaxis])
        action = (tf.random.uniform([1, 1]) > left_proba)
        y_target = tf.constant([[1.]]) - tf.cast(action, tf.float32)
        loss = tf.reduce_mean(loss_fn(y_target, left_proba))

    grads = tape.gradient(loss, model.trainable_variables)
    obs, reward, done, truncated, info = env.step(int(action))
    return obs, reward, done, truncated, grads
```

---

11 Ronald J. Williams, "Simple Statistical Gradient-Following Algorithms for Connectionist Reinforcement Leaning", *Machine Learning* 8 (1992) : 229–256.

我們來講解這個函式：

- 在 GradientTape 區塊裡（見第 12 章），我們先呼叫模型，給它一個觀測。我們重塑觀測，讓它成為一個包含單一實例的批次，因為模型希望收到的是批次。它會輸出往左邊的機率。

- 接下來，我們隨機選擇一個介於 0 和 1 之間的浮點數，並檢查它是否大於 left_proba。這個 action 是 False 的機率是 left_proba，也可以說，它是 True 的機率是 1 - left_proba。將這個布林值轉換成整數後，行動將以適當的機率是 0（向左）或 1（向右）。

- 接下來，我們定義往左的目標機率：它是 1 減去行動（轉換成浮點數）。如果行動是 0（左），往左的目標機率將是 1。如果行動是 1（右），目標機率將是 0。

- 接下來，我們使用給定的損失函數來計算損失，並使用 tape 來計算損失相對於模型的可訓練變數的梯度。再次提醒，稍後在應用這些梯度之前，會根據動作的好壞程度調整它們。

- 最後，我們執行選擇的動作，並回傳新的觀測、獎勵、該回合是否結束、該回合是否被中斷，當然還有我們剛剛計算的梯度。

接下來，我們建立另一個函式，它將使用 play_one_step() 函式來執行多個回合，並回傳每一回合與每一步的獎勵與梯度：

```python
def play_multiple_episodes(env, n_episodes, n_max_steps, model, loss_fn):
    all_rewards = []
    all_grads = []
    for episode in range(n_episodes):
        current_rewards = []
        current_grads = []
        obs, info = env.reset()
        for step in range(n_max_steps):
            obs, reward, done, truncated, grads = play_one_step(
                env, obs, model, loss_fn)
            current_rewards.append(reward)
            current_grads.append(grads)
            if done or truncated:
                break

        all_rewards.append(current_rewards)
        all_grads.append(current_grads)

    return all_rewards, all_grads
```

這段程式回傳一個獎勵串列的串列：每一個回合有一個獎勵串列，在裡面，每一步有一個獎勵。它也回傳一個梯度串列的串列：每一個回合有一個梯度串列，在裡面，每一步有一個梯度 tuple，在每一個 tuple 裡面，每一個可訓練的變數有一個梯度 tensor。

這個演算法會使用 play_multiple_episodes() 函式來執行遊戲幾個回合（例如 10 次），然後回去檢查所有獎勵、計算它們的折扣，並將它們正規化。我們需要兩個函式來執行這件事，用第一個函式在每一步計算未來折扣獎勵的總和，用第二個函式將許多回合的折扣獎勵（回報）正規化，也就是減去平均值，再除以標準差：

```python
def discount_rewards(rewards, discount_factor):
    discounted = np.array(rewards)
    for step in range(len(rewards) - 2, -1, -1):
        discounted[step] += discounted[step + 1] * discount_factor
    return discounted

def discount_and_normalize_rewards(all_rewards, discount_factor):
    all_discounted_rewards = [discount_rewards(rewards, discount_factor)
                              for rewards in all_rewards]
    flat_rewards = np.concatenate(all_discounted_rewards)
    reward_mean = flat_rewards.mean()
    reward_std = flat_rewards.std()
    return [(discounted_rewards - reward_mean) / reward_std
            for discounted_rewards in all_discounted_rewards]
```

我們先確認它們都可以正確執行：

```python
>>> discount_rewards([10, 0, -50], discount_factor=0.8)
array([-22, -40, -50])
>>> discount_and_normalize_rewards([[10, 0, -50], [10, 20]],
...                                discount_factor=0.8)
...
[array([-0.28435071, -0.86597718, -1.18910299]),
 array([1.26665318, 1.0727777 ])]
```

呼叫 discount_rewards() 可得到期望的結果（見圖 18-6）。你可以檢查 discount_and_normalize_rewards() 確實為兩個回合的每一個行動回傳正規化的行動優勢。注意，第一回合比第二回合糟很多，所以它正規化之後的優勢都是負的；第一回合的所有行動都被視為不好，而相反，第二回合的所有行動都被視為好的。

我們幾乎可以執行演算法了！接下來要定義超參數。我們將執行 150 次訓練迭代，在每次迭代玩 10 回合，在每回合最多執行 200 步。我們使用的折扣因子是 0.95：

```
n_iterations = 150
n_episodes_per_update = 10
n_max_steps = 200
discount_factor = 0.95
```

我們也需要一個優化器，和損失函數。這個例子適合使用一般的 Nadam 優化器與學習速度 0.01。因為我們正在訓練一個二元分類器（有兩種可能的行動：向左或向右），所以我們將使用二元交叉熵函數：

```
optimizer = tf.keras.optimizers.Nadam(learning_rate=0.01)
loss_fn = tf.keras.losses.binary_crossentropy
```

現在可以建構訓練迴圈並執行它了！

```
for iteration in range(n_iterations):
    all_rewards, all_grads = play_multiple_episodes(
        env, n_episodes_per_update, n_max_steps, model, loss_fn)
    all_final_rewards = discount_and_normalize_rewards(all_rewards,
                                                       discount_factor)
    all_mean_grads = []
    for var_index in range(len(model.trainable_variables)):
        mean_grads = tf.reduce_mean(
            [final_reward * all_grads[episode_index][step][var_index]
             for episode_index, final_rewards in enumerate(all_final_rewards)
                 for step, final_reward in enumerate(final_rewards)], axis=0)
        all_mean_grads.append(mean_grads)

    optimizer.apply_gradients(zip(all_mean_grads, model.trainable_variables))
```

我們來解釋一下這段程式：

- 在每一次訓練迭代，這個迴圈呼叫 play_multiple_episodes() 函式，該函式執行 10 個回合，並回傳每個回合中，每一步的獎勵和梯度。

- 然後呼叫 discount_and_normalize_rewards() 函式來計算每個動作的正規化優勢，這段程式稱之為 final_reward。它是事後衡量每個動作實際上是好是壞的指標。

- 接著遍歷每一個可訓練變數，為每一個變數計算它們在每一回合與每一步的梯度加權平均值，權重是 final_reward。

- 最後使用優化器來套用這些梯度均值，以調整模型的可訓練變數，希望方針可以變得更好。

完成了！這段程式可以訓練神經網路方針，並且成功地學會在車上平衡桿子。每個回合的平均獎勵將非常接近 200。在預設情況下，這是這個環境中的最大值。我們成功了！

我們剛才訓練的簡單的方針梯度演算法解決了 CartPole 任務，但它無法進一步擴展，來順利地處理更大規模且更複雜的任務。事實上，它的**樣本效率很低**（*sample inefficient*），也就是說，它必須花很長的時間來探索遊戲，才能夠有明顯的進展，就像我們所看到的，這是因為它必須執行很多回合來估計各個行動的優勢。然而，它是更強大演算法的基礎，例如 *actor-critic* 演算法（我們將在本章的結尾簡單地討論它）。

研究者試圖找到在代理人最初對環境一無所知的情況下，依然能夠正確運作的演算法。然而，除非你想要寫一篇論文，否則就應該毫不遲疑地將先驗知識植入代理人，因為這會大幅加快訓練過程。例如，既然你知道這根桿子應該盡可能地保持垂直，你可以根據桿子的角度加入負獎勵。這可以使得獎勵更豐富，並加快訓練速度。此外，如果你已經有相當不錯的方針（例如，寫死的方針），在使用方針梯度來改善代理人之前，或許你應該先訓練神經網路來模仿該方針。

接下來要介紹另一種流行的演算法家族。PG 演算法直接試著優化方針來增加獎勵，但接下來要介紹的演算法比較間接：代理人學習估計各個狀態的期望回報，或估計每一個狀態裡的每一個行動的期望回報，再利用這些知識來決定如何行動。為了瞭解這些演算法，我們必須先認識 *Markov* 決策過程（*Markov decision process*，MDP）。

Markov 決策過程

在 20 世紀初，數學家 Andrey Markov 研究了無記憶的隨機過程，稱為 *Markov* 鏈。這個過程具有固定數量的狀態，在每個步驟中，它會從一個狀態隨機演變到另一個狀態。它從狀態 *s* 演變到狀態 *s′* 的機率是固定的，而且只取決於 (*s*, *s′*) 這對狀態，與過去的狀態無關。這是我們說這個系統「無記憶」的原因。

圖 18-7 是一個具有四個狀態的 Markov 鏈。

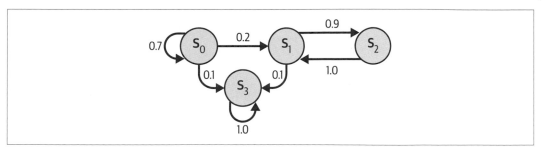

圖 18-7　Markov 鏈

假設這個過程的最初狀態是 s_0，且在下一步有 70% 的機率維持該狀態。最終，它必定會離開那個狀態，而永遠不再返回，因為其他的狀態都沒有指回 s_0。如果它前往狀態 s_1，接下來最有可能前往狀態 s_2（90% 的機率），然後立刻回到狀態 s_1（100% 機率）。它可能在這兩個狀態之間往返多次，但最終會進入狀態 s_3，並永遠留在那裡，因為它沒有出路：這種情況稱為**終止狀態**。Markov 鏈的動態可能非常不同，它在熱力學、化學、統計學等領域受到廣泛的應用。

Markov 決策過程最早由 Richard Bellman 在 1950 年代提出（*https://homl.info/133*）[12]。它們與 Markov 鏈相似，但有一個差異：在每一步，代理人可以選擇幾個可能的動作，而轉移機率取決於所選擇的動作。此外，有些狀態轉移會產生一些獎勵（正面或負面），代理人的目標是找出一個方針，來讓獎勵隨著時間最大化。

例如，圖 18-8 的 MDP 有三個狀態（用圓圈表示），每一步最多有三個分散的步驟（用菱形表示）。

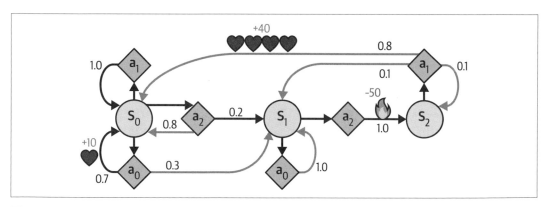

圖 18-8　Markov 決策過程

12　Richard Bellman, "A Markovian Decision Process", *Journal of Mathematics and Mechanics* 6, no. 5 (1957): 679–684.

如果代理人最初是狀態 s_0，它可以選擇行動 a_0、a_1 或 a_2，如果它選擇行動 a_1，它必然停留在狀態 s_0，且沒有任何獎勵。因此，願意的話，它可以選擇永遠停在那裡。但是它選擇行動 a_0，有 70% 的機率獲得 +10 的獎勵，並且停留在狀態 s_0。接下來它可以一次又一次地嘗試，盡可能得到獎勵，但終究會進入狀態 s_1。在狀態 s_1，它只有兩個可能的行動：a_0 或 a_2。它可以反覆選擇行動 a_0 來停在原地，也可以選擇前往狀態 s_2，並取得負獎勵 –50（好痛）。在狀態 s_2，它除了採取行動 a_1 之外別無選擇，a_1 極有可能把它帶回到狀態 s_0，獲得 +40 的獎勵。現在你明白這個過程了。你可以從這個 MDP 猜出長期而言，哪一種方針獲得最多獎勵嗎？在狀態 s_0，顯然行動 a_0 是最佳選項；在狀態 s_2，代理人別無選擇，只能採取行動 a_1；但是在狀態 s_1，代理人究竟該留在原地（a_0）還是穿越火海（a_2）並不明顯。

Bellman 找到估計任意狀態 s 的**最佳狀態值** $V^*(s)$ 的方法，它是當代理人到達該狀態後，所有未來折扣獎勵的總和的平均值，假設代理人採取最佳策略。他證明了，如果代理人採取最佳策略的話，很適合使用 *Bellman 最佳方程式*（見公式 18-1）。這個遞迴的公式指出，當代理人採取最佳行動時，當下狀態的最佳值等於它採取一項最佳行動之後平均獲得多少獎勵，加上該項行動導致的所有可能的下一個狀態的期望最佳值。

公式 18-1　Bellman 最佳方程式

$$V^*(s) = \max_a \sum_{s'} T(s, a, s')[R(s, a, s') + \gamma \cdot V^*(s')] \quad 對所有 s 而言$$

在這個公式裡：

- $T(s, a, s')$ 是當代理人選擇行動 a 時，它從狀態 s 轉移到狀態 s' 的機率。例如，在圖 18-8 中，$T(s_2, a_1, s_0) = 0.8$。

- $R(s, a, s')$ 是當代理人選擇行動 a，所以從狀態 s 前往狀態 s' 時，它獲取的獎勵。例如，在圖 18-8 中，$R(s_2, a_1, s_0) = +40$。

- γ 是折扣因子。

這個公式直接導出一個能夠準確估計每一個可能狀態的最佳狀態值的演算法，就是先將所有狀態的估計值設為零，然後使用**值迭代演算法**（見公式 18-2）來反覆更新它們。這種做法可以帶來不俗的結果：經過足夠的時間之後，這些估計值保證收斂到對應最佳策略的最佳狀態值。

公式 18-2　值迭代演算法

$$V_{k+1}(s) \leftarrow \max_a \sum_{s'} T(s, a, s')[R(s, a, s') + \gamma \cdot V_k(s')] \quad 對所有 s 而言$$

在這個公式中，$V_k(s)$ 是狀態 s 在第 k 次迭代演算法時的估計值。

 這個演算法是一種動態規劃：將複雜的問題分解成可以迭代處理的子問題。

知道最佳狀態值很有幫助，尤其在估計策略時，但是它無法提供代理人的最佳策略。幸運的是，Bellman 發現一種極為相似的演算法，可以估計最佳狀態 / 行動值，通常稱為 Q 值（Q-Values，Quality Values，品質值）。一對狀態 / 行動的最佳 Q 值（寫成 $Q^*(s, a)$）是當代理人到達狀態 s 並選擇行動 a 之後，在它見到那項行動的結果之前，平均而言總共應該能夠獲得多少未來折扣獎勵，假設它在該次行動之後採取最佳行動。

我們來看看它是怎麼運作的。再次強調，你要先將所有的 Q 值設為零，再使用 Q 值迭代演算法（見公式 18-3）來更新它們。

公式 18-3　Q 值迭代演算法

$$Q_{k+1}(s, a) \leftarrow \sum_{s'} T(s, a, s') \Big[R(s, a, s') + \gamma \cdot \max_{a'} Q_k(s', a') \Big] \quad \text{對所有 } (s, a) \text{ 而言}$$

獲得最佳 Q 值並定義最佳策略（$\pi^*(s)$）之後，事情就很簡單了；當代理人處於狀態 s 時，它應該選擇對那個狀態而言，具有最高 Q 值的動作：$\pi^*(s) = \operatorname*{argmax}_a Q^*(s, a)$。

我們用這個演算法來處理圖 18-8 的 MDP。首先，我們要定義 MDP：

```
transition_probabilities = [  # shape=[s, a, s']
    [[0.7, 0.3, 0.0], [1.0, 0.0, 0.0], [0.8, 0.2, 0.0]],
    [[0.0, 1.0, 0.0], None, [0.0, 0.0, 1.0]],
    [None, [0.8, 0.1, 0.1], None]
]
rewards = [  # shape=[s, a, s']
    [[+10, 0, 0], [0, 0, 0], [0, 0, 0]],
    [[0, 0, 0], [0, 0, 0], [0, 0, -50]],
    [[0, 0, 0], [+40, 0, 0], [0, 0, 0]]
]
possible_actions = [[0, 1, 2], [0, 2], [1]]
```

例如，若要知道在執行 a_1 之後，從 s_2 變成 s_0 的機率，我們要檢查 transition_probabilities[2][1][0]（它是 0.8）。同理，若要取得對應的獎勵，我們要檢查 rewards[2][1][0]（它是 +40）。若要知道在 s_2 時可能的行動有哪些，就要檢查 possible_actions[2]（在這個例子中，只有行動 a_1 是可能的）。接下來，我們必須將所有 Q 值都設為 0（但是要將不可能的行動的 Q 值設成 $-\infty$）：

```
Q_values = np.full((3, 3), -np.inf)  # -np.inf 供不可能的行動使用
for state, actions in enumerate(possible_actions):
    Q_values[state, actions] = 0.0  # 供所有可能的行動使用
```

接下來要執行 Q 值迭代演算法，為每一個狀態與每一個可能的行動，對所有的 Q 值反覆執行公式 18-3：

```
gamma = 0.90  # 折扣因子

for iteration in range(50):
    Q_prev = Q_values.copy()
    for s in range(3):
        for a in possible_actions[s]:
            Q_values[s, a] = np.sum([
                    transition_probabilities[s][a][sp]
                    * (rewards[s][a][sp] + gamma * Q_prev[sp].max())
                for sp in range(3)])
```

得到的 Q 值是：

```
>>> Q_values
array([[18.91891892, 17.02702702, 13.62162162],
       [ 0.        ,         -inf, -4.87971488],
       [        -inf, 50.13365013,         -inf]])
```

例如，當代理人處於狀態 s_0，選擇行動 a_1，預期的未來折扣獎勵總和大約是 17.0。

我們可以為每一個狀態找出具有最高 Q 值的行動：

```
>>> Q_values.argmax(axis=1)  # 每個狀態的最佳行動
array([0, 0, 1])
```

這是當折扣因子是 0.90 時，對這個 MDP 而言的最佳策略：在狀態 s_0 選擇行動 a_0，在狀態 s_1 選擇行動 a_0（也就是保持不動），在狀態 s_2 選擇行動 a_1（唯一可能的行動）。有趣的是，當我們將折扣因子加到 0.95 時，最佳策略就變得不一樣了：在狀態 s_1 時的最佳行動變成 a_2（經過火海！），這是合理的，因為越重視未來的獎勵，就越願意為了將來的幸福忍受現在的痛苦。

時序差分學習

動作分散的強化學習問題通常可以用 Markov 決策過程來模擬，但代理人最初完全不知道轉換機率（它不知道 $T(s, a, s')$），也不瞭解獎勵的情況（它不知道 $R(s, a, s')$）。它必須經歷每一個狀態和每一個轉移至少一次，才能知道獎勵，若要合理地估計轉移機率，它還要多次經歷它們。

時序差分（*Temporal Difference*，TD）學習演算法與 Q 值迭代演算法非常相似，但經過調整，來考慮代理人只具備 MDP 的部分知識的情況。一般來說，我們假設代理人最初只知道可能的狀態與行動，不知道其他事情。代理人使用一種**探索方針**（例如一種純隨機方針）來探索 MDP，隨著代理人的進展，TD 學習演算法根據實際觀測到的轉移和獎勵來更新對於狀態值的估計（見公式 18-4）。

公式 18-4　TD 學習演算法

$$V_{k+1}(s) \leftarrow (1 - \alpha)V_k(s) + \alpha(r + \gamma \cdot V_k(s'))$$

或者，等價的：

$$V_{k+1}(s) \leftarrow V_k(s) + \alpha \cdot \delta_k(s, r, s')$$

其中 $\delta_k(s, r, s') = r + \gamma \cdot V_k(s') - V_k(s)$

在這個公式裡：

- α 是學習速度（例如 0.01）。
- $r + \gamma \cdot V_k(s')$ 稱為 TD 目標。
- $\delta_k(s, r, s')$ 稱為 TD 誤差。

我們可以用 $(a \underset{\alpha}{\leftarrow} b)$（代表 $a_{k+1} \leftarrow (1 - \alpha) \cdot a_k + \alpha \cdot b_k$）來簡化這個公式的第一種形式，將公式 18-4 的第一行改寫成：$V\left(s\right) \underset{\alpha}{\leftarrow} r + \gamma \cdot V\left(s'\right)$。

> TD 學習和隨機梯度下降有許多相似之處，包括它也是一次處理一個樣本。此外，就像 SGD 一樣，它只會在你逐漸降低學習速度的時候逐漸收斂，否則，它會在最佳 Q 值左右跳動。

對於每個狀態 s，這個演算法會追蹤代理人離開該狀態時獲得的即時獎勵的移動平均值，再加上稍後預期獲得多少獎勵，假設代理人採取最佳行動。

Q-learning

同理，Q-learning 演算法是 Q 值迭代演算法的改版，旨在處理轉移機率和獎勵最初不明的情況（見公式 18-5）。Q-learning 的做法是觀察代理人的動作（例如，隨機選擇動作）並逐漸改進對於 Q 值的估計。當它得到準確的 Q 值估計（或足夠接近）時，最佳方針就是選擇 Q 值最高的動作（即貪婪策略）。

公式 18-5 *Q-learning* 演算法

$$Q\big(s, a\big) \underset{\alpha}{\leftarrow} r + \gamma \cdot \max_{a'} \ Q\big(s', a'\big)$$

這個演算法為每一對狀態 / 行動 (s, a) 追蹤代理人以行動 a 離開狀態 s 得到的獎勵 r 的移動平均值，再加上它應該可以得到的未來折扣獎勵總和。我們使用下一個狀態 s' 的最大 Q 值估計值來估計這個總和，因為我們假設從那時起，目標方針會以最佳方式行動。

我們來實作 Q-learning 演算法。首先，我們要讓代理人探索環境。為此，我們用一個步階函數（step function）來讓代理人執行一個行動並取得結果狀態及獎勵：

```python
def step(state, action):
    probas = transition_probabilities[state][action]
    next_state = np.random.choice([0, 1, 2], p=probas)
    reward = rewards[state][action][next_state]
    return next_state, reward
```

接下來要實作代理人的探索策略。因為狀態空間很小，所以使用簡單的隨機策略即可。演算法執行得夠久的話，代理人就會造訪每一個狀態很多次，也會嘗試每一個可能的行動很多次：

```python
def exploration_policy(state):
    return np.random.choice(possible_actions[state])
```

接下來，像之前一樣對 Q 值進行初始化之後，我們就可以執行 Q-learning 演算法並採取學習速度衰減了（使用 power scheduling，見第 11 章）：

```python
alpha0 = 0.05  # 初始學習速度衰減 = 0.005
decay = 0.005  # 學習速度衰減 gamma = 0.90
gamma = 0.90  # 折扣因子 state = 0
state = 0  # 初始狀態

for iteration in range(10_000):
    action = exploration_policy(state)
```

```
next_state, reward = step(state, action)
next_value = Q_values[next_state].max()  # 下一步的貪婪方針
alpha = alpha0 / (1 + iteration * decay)
Q_values[state, action] *= 1 - alpha
Q_values[state, action] += alpha * (reward + gamma * next_value)
state = next_state
```

這個演算法會收斂至最佳 Q 值，但它會執行很多次迭代，可能也要做很多次超參數調整。
從圖 18-9 可以看到，Q 值迭代演算法（左）可以在 20 次迭代之內非常快速地收斂，但
Q-learning 演算法（右）花了大約 8,000 次迭代才收斂。顯然，不知道轉移機率或獎勵會
提升找到最佳方針的難度！

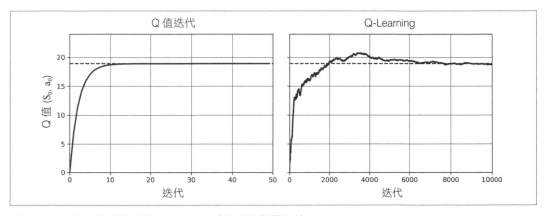

圖 18-9　Q 值迭代演算法與 Q-learning 演算法的學習曲線

Q-learning 演算法被稱為 *off-polciy* 演算法，因為被訓練的方針不一定是在訓練期間使用的
方針。例如，在我們剛才執行的程式碼中，實際執行的方針（探索策略）是完全隨機的，
絕不使用我們訓練的方針。在訓練完成後，最佳方針是系統性地選擇具有最高 Q 值的行動
所產生的。而方針梯度演算法是一種 *on-policy* 演算法：它使用被訓練的方針來探索世界。
令人驚訝的是，Q-learning 只要觀察代理人的隨機行動就能學到最佳策略。想像一下，當
你的高爾夫球教練是一隻戴著眼罩的猴子時，你會怎麼學高爾夫。我們可以做得更好嗎？

探索方針

當然，唯有當探索方針詳盡地探索 MDP，Q-learning 才有作用。雖然純隨機方針最終可
以造訪每一個狀態與每一個轉移多次，但它可能要花很多時間。因此，比較好的選項是使
用 *ε-greedy* 方針（ε 是 epsilon）：每一步以 ε 機率隨機採取行動，或以 1–ε 機率採取貪婪的

行動（也就是選擇 Q 值最高的行動）。ε-greedy 方針的優勢（相較於完全隨機的方針）在於，隨著 Q 值估計變得越來越好，它會花越來越多時間來探索環境中有趣的部分，同時仍然花費一些時間來造訪 MDP 的未知區域。我們通常從較高的 ε 值（例如 1.0）做起，再逐漸降低它（例如降至 0.05）。

除了在探索時僅僅依賴機率之外，另一種做法是鼓勵探索方針嘗試它之前不太嘗試的行動。我們可以在 Q 值估計中加入一個紅利來實現這種想法，見公式 18-6。

公式 18-6　使用探索函數的 *Q-learning*

$$Q\Big(s, a\Big) \underset{\alpha}{\leftarrow} r + \gamma \cdot \max_{a'} \ f(Q(s', a'), N(s', a'))$$

在這個公式裡：

- $N(s', a')$ 是行動 a' 在狀態 s' 時被選中的次數。

- $f(Q, N)$ 是*探索函數*（*exploration function*），例如 $f(Q, N) = Q + \kappa/(1 + N)$，其中 κ 是好奇心（curiosity）超參數，代表代理人被未知情況吸引的程度。

Approximate Q-learning 與 Deep Q-learning

Q-learning 的主要問題在於它無法擴展，以處理具有許多狀態與行動的大型（甚至中型）MDP。例如，假如你要使用 Q-learning 來訓練代理人玩小精靈（見圖 18-1）。遊戲裡有 150 顆小球可以讓小精靈吃，每一顆都可能存在或消失（也就是被吃掉了）。那麼，可能的狀態將大於 $2^{150} \approx 10^{45}$ 個。如果加入鬼魂和小精靈可能出現的所有位置，可能的狀態將大於地球的原子數，顯然你完全無法追蹤每一個 Q 值的估計。

解決辦法是找出一個函數 $Q_\theta(s, a)$，使用數量可以管理的參數（以參數向量 θ 來提供）來取得每一對狀態 / 行動 (s, a) 的近似 Q 值。這種做法稱為 *approximate Q-learning*。多年來，人們一直建議從狀態中手動提取特徵，並使用特徵的線性組合（例如，最近的幽靈的距離，它們的方向…等）來估計 Q 值，但是 DeepMind 在 2013 年證明使用深度神經網路的效果好很多（*https://homl.info/dqn*），尤其是對於複雜的問題，而且不需要進行任何特徵工程。用來估計 Q 值的 DNN 稱為 *deep Q-network*（DQN），使用 DQN 來取得 Q-learning 的近似結果稱為 *deep Q-learning*。

那麼，該如何訓練 DQN？答案是考慮 DQN 為給定的狀態 / 行動 (s, a) 計算的近似 Q 值，Bellman 讓我們知道，我們要讓這個近似的 Q 值盡可能接近我們在狀態 s 進行動作 a 之後實際觀察到的獎勵 r，再加上從那個時候開始採取最佳行動的折扣值。為了估計這個未來折扣獎勵的總和，我們可以對著下一個狀態 *s′* 以及所有可能的行動 *a′* 執行 DQN，取得各個可能的行動的未來 Q 值的近似值，然後選出最高值（因為我們假設將採取最佳行動），並對它進行折扣，得到未來折扣獎勵的總和的估計值。藉著計算獎勵 *r* 與未來折扣估計值的總和，我們可以得到狀態 / 行動 (*s, a*) 的目標 Q 值 *y*(*s, a*)，見公式 18-7。

公式 *18-7* 目標 *Q* 值

$$y\Big(s, a\Big) = r + \gamma \cdot \max_{a'} \; Q_{\boldsymbol{\theta}}\Big(s', a'\Big)$$

有了這個目標 Q 值之後，我們就可以使用任何一種梯度下降演算法來執行訓練步驟了。具體而言，我們通常會試著將估計的 Q 值 $Q_{\theta}(s, a)$ 與目標 Q 值 *y*(*s, a*) 之間的誤差的平方最小化，或將 Huber 損失最小化，以降低演算法對於大誤差的敏感性。這就是深度 Q-learning 演算法。我們來看看如何實作它，以處理 CartPole 環境。

實作 Deep Q-learning

首先，我們需要一個深度 Q 網路。理論上，我們需要一個神經網路，讓它接收一對狀態 / 行動作為輸入，輸出近似的 Q 值。然而，在實務上，讓神經網路只接收狀態作為輸入，並為每個可能的行動輸出一個近似的 Q 值更有效率。CartPole 環境不需要使用非常複雜的神經網路，只要使用幾個隱藏層就夠了：

```
input_shape = [4]  # == env.observation_space.shape
n_outputs = 2  # == env.action_space.n

model = tf.keras.Sequential([
    tf.keras.layers.Dense(32, activation="elu", input_shape=input_shape),
    tf.keras.layers.Dense(32, activation="elu"),
    tf.keras.layers.Dense(n_outputs)
])
```

在使用這個 DQN 來選擇行動時，我們選擇具有最大預測 Q 值的行動。為了確保代理人探索了環境，我們將使用 *ε*-greedy 策略（也就是有 *ε* 的機率選擇隨機行動）：

```
def epsilon_greedy_policy(state, epsilon=0):
    if np.random.rand() < epsilon:
        return np.random.randint(n_outputs)  # 隨機行動
    else:
        Q_values = model.predict(state[np.newaxis], verbose=0)[0]
        return Q_values.argmax()  # 根據 DQN 的最佳行動
```

我們不是只用最後一次經驗來訓練 DQN，而是將所有經驗存入一個**重播緩衝區**（或重播記憶體），並且在每一個訓練迭代中，從裡面隨機抽樣訓練批次，這有助於降低一個訓練批次裡面的經驗之間的相關性，對訓練有很大的幫助。為此，我們將使用一個雙端的佇列（deque）：

```
from collections import deque

replay_buffer = deque(maxlen=2000)
```

 雙端佇列（*deque*）是一種在兩端都可以高效地加入或刪除元素的佇列。從佇列的兩端插入和刪除項目非常快速，但當佇列變得很長時，隨機存取速度可能變慢。如果你需要龐大的重播緩衝區，你應該改用環形緩衝區（請參考 notebook 中的實作），或者研究 DeepMind 的 Reverb 程式庫（*https://homl.info/reverb*）。

每個經驗由六個元素組成：一個狀態 s、代理人採取的行動 a、得到的獎勵 r、它到達的下一個狀態 s'、代表該回合在那一刻是否結束的布林值（done），最後是另一個布林值，代表該回合是否在該時刻中斷了。我們需要一個小函式，來從重播緩衝區中抽取一個隨機的經驗批次。它會回傳六個 NumPy 陣列，分別對應六個經驗元素：

```
def sample_experiences(batch_size):
    indices = np.random.randint(len(replay_buffer), size=batch_size)
    batch = [replay_buffer[index] for index in indices]
    return [
        np.array([experience[field_index] for experience in batch])
        for field_index in range(6)
    ]  # [states, actions, rewards, next_states, dones, truncateds]
```

接下來要寫一個函式，在裡面使用 ε-greedy 策略來執行一步，然後將得到的經驗存入重播緩衝區：

```
def play_one_step(env, state, epsilon):
    action = epsilon_greedy_policy(state, epsilon)
    next_state, reward, done, truncated, info = env.step(action)
    replay_buffer.append((state, action, reward, next_state, done, truncated))
    return next_state, reward, done, truncated, info
```

最後，我們建立最後一個函式，從重播緩衝區抽樣一個經驗批次，並且用這個批次執行一次梯度下降來訓練 DQN：

```
batch_size = 32
discount_factor = 0.95
optimizer = tf.keras.optimizers.Nadam(learning_rate=1e-2)
loss_fn = tf.keras.losses.mean_squared_error

def training_step(batch_size):
    experiences = sample_experiences(batch_size)
    states, actions, rewards, next_states, dones, truncateds = experiences
    next_Q_values = model.predict(next_states, verbose=0)
    max_next_Q_values = next_Q_values.max(axis=1)
    runs = 1.0 - (dones | truncateds)  # 回合完成還是被中斷
    target_Q_values = rewards + runs * discount_factor * max_next_Q_values
    target_Q_values = target_Q_values.reshape(-1, 1)
    mask = tf.one_hot(actions, n_outputs)
    with tf.GradientTape() as tape:
        all_Q_values = model(states)
        Q_values = tf.reduce_sum(all_Q_values * mask, axis=1, keepdims=True)
        loss = tf.reduce_mean(loss_fn(target_Q_values, Q_values))

    grads = tape.gradient(loss, model.trainable_variables)
    optimizer.apply_gradients(zip(grads, model.trainable_variables))
```

在這段程式裡發生了以下這些事情：

- 我們先定義一些超參數，並建立優化器和損失函數。

- 接著建立 training_step() 函式。它先抽出一個經驗批次，然後使用 DQN 來預測每一個經驗的下一個狀態的每一個可能行動的 Q 值。因為我們假設代理人將採取最佳行動，所以我們只保留每個下一個狀態的最大 Q 值。接下來，我們使用公式 18-7 來計算各個經驗的狀態 / 行動的目標 Q 值。

- 我們希望使用 DQN 來計算每一對經歷過的狀態 / 行動的 Q 值，但是 DQN 也會輸出其他可能的行動的 Q 值，而不僅僅是代理人實際選擇的行動的 Q 值。因此，我們將不需要的 Q 值都遮住。tf.one_hot() 函式可以將行動索引陣列轉換成這種遮罩。例如，如果前三個經驗分別包含行動 1, 1, 0，遮罩的開頭將是 [[0, 1], [0, 1], [1, 0],...]。我們可以將 DQN 的輸出乘以這個遮罩，來將不想要的 Q 值都變成零。然後計算軸 1 上的和，來移除所有零，只保留經歷過的狀態 / 行動的 Q 值，這會產生一個 Q_values tensor，其中，在批次裡的每個經驗都有一個預測 Q 值。

- 接下來計算損失：它是「目標」與「經歷過的狀態 / 行動的預測 Q 值」之間的均方誤差。

- 最後執行梯度下降步驟，來將關於模型的可訓練變數的損失最小化。

這是最困難的部分，接下來，訓練模型很簡單：

```
for episode in range(600):
    obs, info = env.reset()
    for step in range(200):
        epsilon = max(1 - episode / 500, 0.01)
        obs, reward, done, truncated, info = play_one_step(env, obs, epsilon)
        if done or truncated:
            break

    if episode > 50:
        training_step(batch_size)
```

我們執行 600 回合，每一回合最多 200 步。在每一步，我們先計算 ε-greedy 策略的 epsilon 值：這個值將從 1 線性地遞減到 0.01，在大約 500 個回合內完成。接著我們呼叫 play_one_step() 函式，它將使用 ε-greedy 策略來選擇一項行動，執行它，並將經驗存入重播緩衝區。當回合完成或中斷時，我們退出迴圈。最後，在超過第 50 個回合時，我們呼叫 training_step() 函式，從重播緩衝區中隨機抽樣一批資料，用它來訓練模型。我們之所以執行許多回合而不進行訓練，是為了給重播緩衝區一些時間來填充資料（如果我們沒有等待足夠的時間，重播緩衝區裡面可能缺乏足夠的多樣性）。好了，我們已經寫出深度 Q-learning 演算法了！

圖 18-10 是代理人在每一個回合期間獲得的總獎勵。

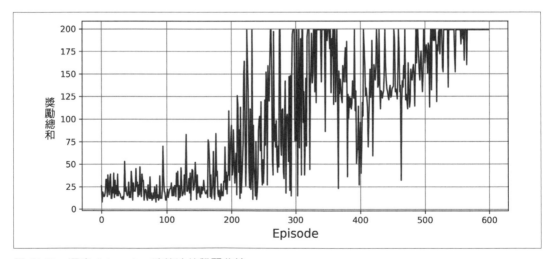

圖 18-10　深度 Q-learning 演算法的學習曲線

如你所見，這個演算法花了一些時間才開始學習，部分的原因是 ε 在一開始非常高。然後，它的進展很不穩定：它先在第 220 回合左右達到最大獎勵，但立即下降，然後反覆上下波動幾次，不久後，它看似終於在最大獎勵附近穩定下來，但在第 320 回合左右，分數再次急劇下降。這種現象被稱為災難性遺忘，這是幾乎所有 RL 演算法都會面臨的一個大問題：代理人會在探索環境的過程中更新策略，但它在環境的一部分學到的知識可能會破壞在環境的其他部分學過的知識。這些經驗高度相關，而學習環境不斷變化，這對梯度下降來說並不理想！如果你增加重播緩衝區的大小，演算法比較不會被這種問題影響。調整學習速度可能也有幫助。但事實是，強化學習很難：訓練通常不穩定，你可能要先嘗試許多超參數值和隨機種子，才能找到合適的組合。例如，將觸發函數從 "elu" 改為 "relu" 會讓效能大幅下降。

 強化學習出了名的困難，主要是因為訓練的不穩定性，以及它對超參數值和隨機種子的選擇非常敏感 [13]。正如研究者 Andrej Karpathy 所言：「[強化學習] 渴望工作。[…] RL 必須被迫工作。」你需要付出時間、耐心、毅力，也許還需要一點運氣。這也是 RL 不像一般的深度學習（例如摺積網路）那麼流行的主因。但是除了 AlphaGo 和 Atari 遊戲之外，它還有一些現實世界的應用：例如，Google 使用 RL 來優化資料中心成本。有一些機器人應用、超參數調整和推薦系統也使用 RL。

你可能在想，為什麼我們沒有畫出損失？原因是，損失不適合用來評估這種模型的效能，你可能會看到損失下降，代理人卻表現得更差的情況（例如，代理人被困在環境的一個小區域裡面，且 DQN 開始過擬那塊區域）。或是損失上升，代理人卻表現得更好的情況（例如 DQN 低估 Q 值，所以開始正確地提高它的預測，代理人可能表現得更好，得到更多獎勵，但損失可能因為 DQN 也將目標值設更大而增加）。所以畫出獎勵比較好。

我們用過的基本深度 Q-learning 演算法在學習玩 Atari 遊戲時很不穩定，那麼 DeepMind 究竟是怎麼做到的？因為他們調整了演算法！

深度 Q-learning 的變體

我們來看一些可以讓訓練更穩定並提升訓練速度的深度 Q-learning 演算法變體。

13　Alex Irpan 在 2018 年發表了一篇很棒的文章（*https://homl.info/rlhard*），指出 RL 的最大困難與限制。

固定 Q 值目標

基本的深度 Q-learning 演算法使用模型來進行預測和設定它自己的目標。這種用法可能導致類似狗追著尾巴轉的情況。這個回饋迴路會讓網路不穩定：它可能會發散、振盪、凍結…等。為瞭解決這個問題，DeepMind 的研究者在 2013 年的論文使用了兩個 DQN，而不是只有一個：第一個是**線上模型**，它會在每一步進行學習，並且被用來移動代理人，另一個是**目標模型**，只用來定義目標。目標模型只是線上模型的複製體：

```
target = tf.keras.models.clone_model(model)  # 複製模型的架構
target.set_weights(model.get_weights())  # 複製權重
```

接著，我們只要在 training_step() 函式裡面修改一行程式，使用目標模型而不是使用線上模型來計算接下來的狀態的 Q 值即可：

```
next_Q_values = target.predict(next_states, verbose=0)
```

最後，在訓練迴圈中，我們必須定期（例如每隔 50 個回合）將線上模型的權重複製到目標模型：

```
if episode % 50 == 0:
    target.set_weights(model.get_weights())
```

因為目標模型的更新頻率遠低於線上模型，所以 Q 值目標更穩定，我們之前討論的回饋迴路也會被抑制，它的影響也變得沒那麼嚴重。這種方法是 DeepMind 研究者在他們的 2013 年論文中的主要貢獻之一，它可讓代理人使用原始像素來學習玩 Atari 遊戲。為了穩定訓練過程，他們使用極小的學習速度 0.00025，每隔 10,000 步才更新目標模型（而不是 50），他們也使用極大的重播緩衝區，可容納 100 萬個經驗。他們以極緩慢的速度調降 epsilon，在 100 萬步之間，從 1 降到 0.1，他們也讓演算法執行 5,000 萬步。此外，他們的 DQN 是深度摺積網路。

接著來看另一個 DQN 的變體，它再次成功超越了最先進的技術。

double DQN

DeepMind 的研究者在 2015 年的論文（*https://homl.info/doubledqn*）[14] 中調整了他們的 DQN 演算法，提升它的效能，並且在一定程度上穩定了訓練過程，他們將這種變體稱為 *double DQN*。這個改進是基於一個觀察結果：目標網路容易高估 Q 值。事實上，假如所有的行動都一樣好，目標模型估計出來的 Q 值應該一樣，但由於它們是近似值，有些可能比其

---

14 Hado van Hasselt et al., "Deep Reinforcement Learning with Double Q-Learning", *Proceedings of the 30th AAAI Conference on Artifcial Intelligence* (2015): 2094–2100.

他的大一些，純粹出於偶然。目標模型總是選擇最大的 Q 值，它比平均 Q 值大一些，很可能高估真正的 Q 值（有點像在測量游泳池的深度時，算入最高的隨機波浪高度）。為瞭解決這個問題，研究者建議在選擇下一個狀態的最佳行動時，使用線上模型，而不是使用目標模型，並且僅使用目標模型來估計這些最佳行動的 Q 值。以下是修改後的 `training_step()` 函式：

```
def training_step(batch_size):
    experiences = sample_experiences(batch_size)
    states, actions, rewards, next_states, dones, truncateds = experiences
    next_Q_values = model.predict(next_states, verbose=0)  # ≠ target.predict()
    best_next_actions = next_Q_values.argmax(axis=1)
    next_mask = tf.one_hot(best_next_actions, n_outputs).numpy()
    max_next_Q_values = (target.predict(next_states, verbose=0) * next_mask
                        ).sum(axis=1)
    [...]  # 其餘的程式與之前一樣
```

在短短幾個月之後，他們提出另一個 DQN 演算法的改版，我們接著來看。

優先經驗重播

與其從重播緩衝區均勻地抽樣經驗，何不更頻繁地抽出重要的經驗？這個想法被稱為**重要性抽樣**（*importance sampling*，IS）或**優先經驗重播**（*prioritized experience replay*，PER），這個概念是由 DeepMind 的研究者在 2015 年的一篇論文中提出來的（*https://homl.info/prioreplay*）[15]（又是他們！）。

更具體地說，如果經驗可能加快學習的進展，它就是「重要的」。但如何估計？有一種合理的做法是估計 TD 誤差 $\delta = r + \gamma \cdot V(s') - V(s)$ 的大小。大的 TD 誤差代表轉移 (s, a, s') 很驚人，因此應該值得從中學習[16]。當經驗被記錄在重播緩衝區裡面時，它的優先順序會被設成一個很大的值，以確保它至少被抽樣一次。但是，當它被抽樣之後（以及每當它被抽樣之後），演算法會計算 TD 誤差 δ，並將這個經驗的優先順序設成 $p = |\delta|$（加上一個小常數，以確保每一個經驗被抽樣的機率都不是零）。抽出優先順序為 p 的經驗的機率 P 與 p^ζ 成正比，其中 ζ 是一個超參數，用來控制我們希望重要性抽樣有多貪婪：當 $\zeta = 0$ 時，只採用均勻抽樣，當 $\zeta = 1$ 時，採用完整的重要性抽樣。作者們在論文中使用 $\zeta = 0.6$，但最佳值取決於具體任務。

15　Tom Schaul et al., "Prioritized Experience Replay", arXiv preprint arXiv:1511.05952 (2015).

16　這也可能只是因為獎勵有雜訊，此時，有更好的方法可以估計經驗的重要性（論文有一些範例）。

但是，有一個問題：因為樣本傾向重要的經驗，我們必須在訓練過程中補償這種偏差，根據經驗的重要性來調低它們的權重，否則模型將過擬重要的經驗。更明確地說，我們希望重要的經驗較頻繁地被抽樣，但這也意味著，我們在訓練過程中必須給它們較低的權重。為此，我們將各個經驗的訓練權重定義成 $w = (n\,P)^{-\beta}$，其中 n 是重播緩衝區裡面的經驗數量，β 是個超參數，控制我們希望補償重要性抽樣偏差的程度（0 代表完全不補償，1 代表完全補償）。在論文中，作者在訓練開始時使用 $\beta = 0.4$，並線性地增加它，直到在訓練結束時，$\beta = 1$。最佳值同樣依具體任務而定，但增加其中一個，通常也要增加另一個。

接著，我們來看 DQN 演算法的最後一種重要變體。

dueling DQN

dueling DQN 演算法（DDQN，不要將它和 double DQN 混為一談，雖然這兩種技術很容易互相結合）是 DeepMind 的研究者在 2015 年的另一篇論文中提出的（*https://homl.info/ddqn*）[17]。要瞭解它的工作原理，我們要先注意到，狀態 / 行動 (s, a) 的 Q 值可以表示成 $Q(s, a) = V(s) + A(s, a)$，其中 $V(s)$ 是狀態 s 的值，$A(s, a)$ 是在狀態 s 中執行行動 a 的優勢，相對於該狀態的所有其他可能的行動。此外，一個狀態的值等於該狀態的最佳行動 a^* 的 Q 值（因為我們假設最佳策略會選擇最佳行動），所以 $V(s) = Q(s, a^*)$，這意味著 $A(s, a^*) = 0$。在 dueling DQN 中，模型會估計狀態的值和每個可能的行動的優勢。由於最佳行動的優勢應為 0，模型會將所有預測優勢減去最大預測優勢。下面是一個使用函式型 API 來實現的簡單 DDQN 模型：

```
input_states = tf.keras.layers.Input(shape=[4])
hidden1 = tf.keras.layers.Dense(32, activation="elu")(input_states)
hidden2 = tf.keras.layers.Dense(32, activation="elu")(hidden1)
state_values = tf.keras.layers.Dense(1)(hidden2)
raw_advantages = tf.keras.layers.Dense(n_outputs)(hidden2)
advantages = raw_advantages - tf.reduce_max(raw_advantages, axis=1,
                                            keepdims=True)
Q_values = state_values + advantages
model = tf.keras.Model(inputs=[input_states], outputs=[Q_values])
```

---

17 Ziyu Wang et al., "Dueling Network Architectures for Deep Reinforcement Learning", arXiv preprint arXiv:1511.06581 (2015).

演算法的其餘部分與之前完全相同。事實上,你可以建立一個雙重 dueling DQN,並且將它與優先經驗重播組合起來!更廣泛地說,許多強化學習技術都可以互相結合,正如 DeepMind 在 2017 年的一篇論文中展示的那樣(*https://homl.info/rainbow*)[18]:論文的作者們在一個名為 *Rainbow* 的代理人中結合了六種不同的技術,它的表現大幅超越當時的最高水準。

如你所見,深度強化學習是一門快速發展的領域,還有很多事情等待我們去探索!

一些流行 RL 演算法簡介

在結束這一章之前,我們來簡要地介紹一些其他流行的演算法:

AlphaGo(*https://homl.info/alphago*)[19]

AlphaGo 使用 *Monte Carlo* 樹搜尋(MCTS)的變體,這個架構以深度神經網路為基礎,在圍棋賽事中戰勝了人類冠軍。MCTS 是 Nicholas Metropolis 和 Stanislaw Ulam 在 1949 年發明的。它會在執行許多模擬之後選擇最佳行動,從當下的位置開始,反覆探索搜尋樹,並在最有機會的分支上花較多時間。當它到達一個未曾訪問過的節點時,它會隨機行動,直到遊戲結束,並更新每一個訪問節點的估計值(不包括隨機移動),根據最終結果,增加或減少每個估計值。AlphaGo 也基於相同的原理,但它使用一個策略網路來選擇行動,而不是隨機行動。該策略網路是用方針梯度來訓練的。原始的演算法涉及另外的三種神經網路,也比較複雜,但在 AlphaGo Zero 論文(*https://homl.info/alphagozero*)[20] 中,作者簡化了這個過程,它使用一個神經網路來同時選擇移動和評估棋局。AlphaZero 論文(*https://homl.info/alphazero*)[21] 將這個演算法普及化,讓它不僅能夠處理圍棋,也能處理象棋和將棋(日本象棋)。最後,MuZero 論文(*https://homl.info/muzero*)[22] 繼續改善這個演算法,儘管代理人最初甚至不知道遊戲的規則,其效能仍然超越之前的版本!

---

18 Matteo Hessel et al., "Rainbow: Combining Improvements in Deep Reinforcement Learning", arXiv preprint arXiv:1710.02298 (2017): 3215–3222.

19 David Silver et al., "Mastering the Game of Go with Deep Neural Networks and Tree Search", *Nature* 529 (2016): 484–489.

20 David Silver et al., "Mastering the Game of Go Without Human Knowledge", *Nature* 550 (2017): 354–359.

21 David Silver et al., "Mastering Chess and Shogi by Self-Play with a General Reinforcement Learning Algorithm", arXiv preprint arXiv:1712.01815.

22 Julian Schrittwieser et al., "Mastering Atari, Go, Chess and Shogi by Planning with a Learned Model", arXiv preprint arXiv:1911.08265 (2019).

Actor-critic 演算法

actor-critics 是 RL 演算法的一個家族，它結合了方針梯度與深度 Q 網路。一個 actor-critic 代理人包含兩個神經網路：方針網路和 DQN。DQN 的訓練方式與平常一樣，也是從代理人的經驗中學習。策略網路的學習方式與一般的 PG 不同（而且快很多）：這種代理人（即 actor）依賴 DQN（即 critic）估計的行動值，而不是先執行多個回合來估計每一個行動的值，再加總每個行動的未來折扣獎勵，最後進行正規化。這有點像運動員（agent）在教練（DQN）的指導之下學習。

Asynchronous advantage actor-critic（A3C）（ https://homl.info/a3c ）[23]

這是 DeepMind 研究者在 2016 年提出的 actor-critic 重要變體，它讓多個代理人平行學習，探索環境的不同複本。每隔一段固定的時間，每一個代理人都以非同步（因此得名）的方式，將一些更新後的權重推送給主網路，然後從那個網路拉回最新的權重。因此，代理人可以改善主網路，也可以從其他的代理人學會的事情中受益。此外，DQN 並非估計 Q 值，而是估計每一個行動的優勢（名稱中的第二個 A），這可以穩定訓練過程。

Advantage actor-critic（A2C）（ https://homl.info/a2c ）

A2C 是移除非同步性的 A3C 演算法變體。它會同步更新所有模型，所以梯度更新是針對更大規模的批次執行的，可讓模型更有效地利用 GPU 的能力。

Sof actor-critic（SAC）（ https://homl.info/sac ）[24]

SAC 是 Tuomas Haarnoja 和其他 UC Berkeley 的研究者在 2018 年提出的一種 actor-critic 變體。它不僅學習獎勵，也會將行動的熵（entropy）最大化。換句話說，它會在盡量獲得更多獎勵的同時，盡量保持不可預測性。這可以促使代理人探索環境，提升訓練速度，並讓代理人在 DQN 產生不完美的估計時，不太可能重複執行相同的行動。這種演算法展現了驚人的樣本效率（與之前的那些學習速度緩慢的演算法相反）。

---

23 Volodymyr Mnih et al., "Asynchronous Methods for Deep Reinforcement Learning", *Proceedings of the 33rd International Conference on Machine Learning* (2016): 1928–1937.

24 Tuomas Haarnoja et al., "Soft Actor-Critic: Off-Policy Maximum Entropy Deep Reinforcement Learning with a Stochastic Actor", *Proceedings of the 35th International Conference on Machine Learning* (2018): 1856–1865.

Proximal policy optimization（*PPO*）（*https://homl.info/ppo*）[25]

這一個由 John Schulman 和其他 OpenAI 研究者開發的演算法以 A2C 架構為基礎，但它會修剪損失函數，以避免太大的權重更新（通常會導致訓練不穩定）。PPO 同樣是由 OpenAI 開發出來的 *trust region policy optimization*（*TRPO*）（*https://homl.info/trpo*）[26] 的簡化版本。OpenAI 在 2019 年 4 月以採用 PPO 演算法的 OpenAI Five 擊敗 *Dota* 2 的世界冠軍而登上新聞。

Curiosity-based exploration（*https://homl.info/curiosity*）[27]

獎勵的稀疏性是 RL 領域常見的問題之一，它會讓學習速度非常緩慢且低效。Deepak Pathak 和其他的 UC Berkeley 研究者提出一種令人充滿期待的方式來解決這種問題：何不忽略獎勵，讓代理人非常好奇地探索環境就好了？因此，獎勵對代理人來說，就變得具有內在意義，而不是來自環境。同理，引發孩子的好奇心，比單純鼓勵孩子獲得好成績更可能帶來好結果。這是如何運作的？代理人會不斷嘗試預測行動的結果，並尋找結果與預測不符的情況。換句話說，他會尋求驚奇。如果結果是可預測的（無聊），它就轉而尋找其他地方。但是，如果結果是不可預測的，但是代理人注意到它無法控制結果，一段時間後，代理人也會感到無聊。論文作者僅憑好奇心就成功地訓練出一個會玩很多遊戲的代理人：雖然代理人輸掉遊戲時不會受到懲罰，但遊戲會重新開始，這是一件乏味的事情，所以它學會避免這種情況。

Open-ended learning（*OEL*）

OEL 的目標是訓練代理人能夠無止盡地學習新鮮有趣的任務，這些任務通常是以程序產生的（generated procedurally）。雖然這個目標尚未完全實現，但過去幾年來，已經有一些驚人的進展。例如，Uber AI 的一個研究團隊在 2019 年發表一篇提出 *POET 演算法*的論文（*https://homl.info/poet*）[28]，該演算法可以產生多個崎嶇不平的模擬 2D 環境，並且為每一個環境訓練一個代理人，代理人的目標是避開障礙物，並且盡快行走。這個演算法從簡單的環境開始，但會隨著時間而漸漸變得越來越難，這稱為 *curriculum learning*。此外，儘管每個代理人只在一個環境裡訓練，但它必須定期與其他代理人在所有環境中競爭。在每一個環境裡，勝出者會被複製並取代之前的代理人。這樣可讓知識定期在環境之間轉移，並選擇最具適應性的代理人。最終，這些

25 John Schulman et al., "Proximal Policy Optimization Algorithms", arXiv preprint arXiv:1707.06347 (2017).

26 John Schulman et al., "Trust Region Policy Optimization", *Proceedings of the 32nd International Conference on Machine Learning* (2015): 1889–1897.

27 Deepak Pathak et al., "Curiosity-Driven Exploration by Self-Supervised Prediction", *Proceedings of the 34th International Conference on Machine Learning* (2017): 2778–2787.

28 Rui Wang et al., "Paired Open-Ended Trailblazer (POET): Endlessly Generating Increasingly Complex and Diverse Learning Environments and Their Solutions", arXiv preprint arXiv:1901.01753 (2019).

代理人的行走能力遠遠超過在單一任務裡訓練的代理人,能夠克服更困難的環境。當然,這個原則也可以用於其他的環境和任務。如果你對 OEL 感興趣,你一定要研讀 Enhanced POET 論文(*https://homl.info/epoet*)[29],以及 DeepMind 在 2021 年發表的關於這個主題的論文(*https://homl.info/oel2021*)[30]。

 如果你想要進一步瞭解強化學習,可閱讀 Phil Winder 的著作《*Reinforcement Learning*》(*https://homl.info/rlbook*)(O'Reilly)。

這一章涵蓋了許多主題:方針梯度、Markov 鏈、Markov 決策過程、Q-learning、approximate Q-learning 和 deep Q-learning 及其主要變體(固定 Q 值目標、double DQN、dueling DQN 和優先經驗重播),最後我們簡要介紹了一些流行的演算法。強化學習是一門龐大且令人充滿期待的領域,每天都會冒出新想法和演算法,希望這一章能夠激起你的好奇心,這是一個有待探索的廣闊領域!

習題

1. 請定義強化學習。它與一般的監督和無監督學習有什麼不同?

2. 寫出本章未提及的三項 RL 應用。對它們而言,環境是什麼?代理人是什麼?可能的行動是什麼?獎勵是什麼?

3. 什麼是折扣因子?修改折扣因子會改變最佳策略嗎?

4. 如何衡量強化學習代理人的效能?

5. 什麼是歸功問題?它何時發生?如何緩解它?

6. 為什麼要使用重播緩衝區?

7. 什麼是 off-policy RL 演算法?

8. 使用方針梯度來處理 OpenAI Gym 的 LunarLander-v2 環境。

---

29 Rui Wang et al., "Enhanced POET: Open-Ended Reinforcement Learning Through Unbounded Invention of Learning Challenges and Their Solutions", arXiv preprint arXiv:2003.08536 (2020).

30 Open-Ended Learning Team et al., "Open-Ended Learning Leads to Generally Capable Agents", arXiv preprint arXiv:2107.12808 (2021).

9. 使用雙重 dueling DQN 來訓練代理人在著名的 Atari 打磚塊（*Breakout*）遊戲（"ALE/Breakout-v5"）中獲得真人無法達到的成就。這個任務的觀測物（observation）是圖像。為了簡化任務，你要將這些圖像轉換成灰階（即，取各個顏色通道的平均值），然後對它進行剪裁和降抽樣，讓它們的大小剛好足以進行遊戲，但不能太大。單獨的圖像無法告訴你球和板子的移動方向，因此你要合併兩張或三張連續的圖像來形成每個狀態。最後，DQN 主要由摺積層組成。

10. 如果你願意投資 100 美元左右，你可以購買一個 Raspberry Pi 3 和一些便宜的機器人組件，在 Pi 上安裝 TensorFlow，然後開始進行有趣的實驗！例如，你可以參考 Lukas Biewald 發表的這篇有趣的文章（*https://homl.info/2*），或者看看 GoPiGo 或 BrickPi。你可以先設定簡單的目標，例如讓機器人轉身尋找最明亮的角度（如果它有光感應器），或最接近的物體（如果它有超音波感應器），並往那個方向移動。然後，你可以開始使用深度學習，例如，如果機器人有鏡頭，你可以試著設計一個物體偵測演算法，讓它偵測人類，並朝著他們移動。你也可以試著使用 RL 來讓代理人自主學習如何使用馬達來達成目標。祝你玩得開心！

這些習題的答案在本章的 notebook（*https://homl.info/colab3*）的結尾。

## 第十九章

大規模訓練和部署 TensorFlow 模型

當你做出一個能夠預測準確結果的模型後,接下來該做什麼?你必須將它放在生產環境!這個動作可能只是讓模型處理一批資料,你可以寫一個腳本,每晚執行這項工作,但事情通常複雜許多。你的基礎設施的許多部分可能需要使用這個模型來處理即時資料,在這種情況下,你可能要將模型包在 web 服務裡,讓基礎設施的任何部分都可以使用第 2 章介紹的 REST API(或其他協定)來查詢模型。但是,久而久之,你必須定期使用新資料來訓練模型,並且把新版部署到生產環境裡,你必須管理模型的版本,優雅地從一個模型轉移至另一個模型、在遇到問題時復原成上一個模型,可能還要平行執行多個不同的模型來執行 *A/B* 實驗[1]。如果你的產品成功了,你的服務可能有大量的 QPS(queries per second,每秒查詢數),因此必須進行擴展以支持負載。本章將展示一個非常好的解決方案,可以擴展你的服務,也就是使用 TF Serving,你可以在你自己的硬體基礎設施上使用它,也可以透過 Google Vertex AI 等雲端服務使用它[2]。它將負責高效地提供模型的服務,優雅地處理模型轉換…等。如果你使用雲端平台,你還可以獲得許多額外的功能,例如強大的監控工具。

---

1 A/B 實驗是讓兩組不用的使用者測試兩種不同的產品版本以瞭解哪種版本的效果最好,並獲得其他見解。

2 Google AI Platform(之前稱為 Google ML Engine)與 Google AutoML 在 2021 年合併為 Google Vertex AI。

此外，如果你有大量的訓練資料，且模型需要大量的計算，訓練時間可能冗長得令人難以接受。如果你的產品需要快速適應變遷，冗長的訓練時間可能是個阻礙（例如，想想新聞推薦系統推薦上週的新聞會怎樣）。或許更重要的是，冗長的訓練時間會阻礙你嘗試新想法，在機器學習領域（和許多其他領域）中，我們很難事先知道哪個想法有效，所以必須盡量嘗試它們，而且速度越快越好。提升訓練速度的做法之一是使用 GPU 或 TPU 等硬體加速器。如果你想要更快的速度，你可以用多台設備來訓練一個模型，其中每一台都配備多個硬體加速器。等一下你會看到，簡單又強大的 TensorFlow 分散策略 API 可以幫助你輕鬆地完成這件事。

本章將介紹如何部署模型，我們會先使用 TF Serving，再使用 Vertex AI。我們也會簡單地看一下如何將模型部署到行動 app、嵌入式設備，以及 web app。然後，我們將討論如何使用 GPU 來提升計算速度，以及如何利用分散策略 API，以使用多台設備與伺服器來訓練模型。最後，我們將探索如何使用 Vertex AI 來大規模地訓練模型並微調它們的超參數。本章要討論很多主題，事不宜遲，我們開始吧！

提供 TensorFlow 模型的服務

當你訓練好一個 TensorFlow 模型之後，你可以在任何 Python 程式中輕鬆地使用它：如果它是 Keras 模型，你只要呼叫它的 predict() 方法就好了！但隨著基礎設施擴展到某個程度，也許你想要將模型封裝在一個小服務中，該服務的唯一任務是進行預測，讓基礎設施的其他部分查詢它（例如透過 REST 或 gRPC API）[3]。這樣子可以將模型與基礎設施的其他部分解耦，方便你切換模型版本，或根據需要擴展服務（獨立於基礎設施的其他部分），執行 A/B 實驗，以及確保所有軟體組件都依賴相同的模型版本。這也可以簡化測試和開發工作…等。雖然你可以用任何一種技術來自行建立微服務（例如使用 Flask 程式庫），但是既然有 TF Serving 可用了，那又何必多此一舉？

使用 TensorFlow Serving

TF Serving 是一種高效、經過實戰考驗的模型伺服器，它是用 C++ 寫成的，能夠承受高負載、可提供多個模型版本的服務與監控模型版本庫，以自動部署最新版本，此外還有其他功能（見圖 19-1）。

3　REST（或 RESTful）API 使用標準 HTTP 動詞，包括 GET、POS、PUT 與 DELETE，這種 API 也使用 JSON 輸入和輸出。gRPC 協定比較複雜，但比較高效，它使用 protocol buffer（見第 13 章）來交換資料。

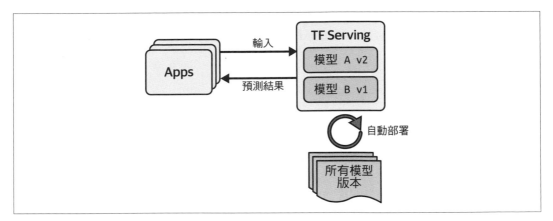

圖 19-1　TF Serving 可以為多個模型提供服務，並自動部署每一個模型的最新版本

假設你已經使用 Keras 來訓練一個 MNIST 模型了，想要將它部署到 TF Serving。首先，你要匯出這個模型，存為第 10 章介紹過的 SavedModel 格式。

匯出 SavedModel

你已經知道如何儲存模型了：只要呼叫 model.save() 即可。要管理模型的版本，你只要為每個模型版本建立一個子目錄就行了！

```python
from pathlib import Path
import tensorflow as tf

X_train, X_valid, X_test = [...]  # 載入與拆開 MNIST 資料組
model = [...]  # 組建與訓練 MNIST 模型（也預先處理圖像）

model_name = "my_mnist_model"
model_version = "0001"
model_path = Path(model_name) / model_version
model.save(model_path, save_format="tf")
```

在匯出最終模型時，將所有的預先處理層都包起來通常是正確的做法，如此一來，當模型被部署到生產環境時，它就可以用自然的形式接收資料。這可以避免在使用模型的應用程式裡面分別進行預先處理。將預先處理步驟與模型包在一起，也可以方便以後更新它們，並控制模型和預先處理步驟不相符的風險。

因為 SavedModel 儲存的是計算圖，它只能與完全以 TensorFlow 操作為基礎的模型一起使用，不包括 tf.py_function() 操作，因為它可以包裝任何 Python 程式碼。

TensorFlow 有一個小型的命令列工具 saved_model_cli，可用來檢查 SavedModel：

```
$ saved_model_cli show --dir my_mnist_model/0001
The given SavedModel contains the following tag-sets:
'serve'
```

這個輸出是什麼意思？SavedModel 包含一個或多個 metagraph。metagraph 是加上一些函式簽章定義的計算圖，函式簽章定義包括它們的輸入和輸出名稱、型態和外形。每個 metagraph 都有一組辨識標籤（tag）。例如，你可能想要有一個包含完整計算圖的 metagraph，包括訓練操作，你應該會將它標記為 "train"。你可能還有另一個 metagraph，包含一個修剪過的計算圖，裡面只有預測操作，包括一些 GPU 專屬操作，這個 metagraph 可能被標記為 "serve", "gpu"。你還可能想要有其他的 metagraph。你可以使用 TensorFlow 的低階 SavedModel API（*https://homl.info/savedmodel*）來完成這些工作。然而，當你使用 Keras 模型的 save() 方法來儲存它時，它會儲存一個標籤為 "serve" 的 metagraph。我們來檢查這個 "serve" 標籤集合：

```
$ saved_model_cli show --dir 0001/my_mnist_model --tag_set serve
The given SavedModel MetaGraphDef contains SignatureDefs with these keys:
SignatureDef key: "__saved_model_init_op"
SignatureDef key: "serving_default"
```

這個 metagraph 包含兩個簽章定義：一個名為 "__saved_model_init_op" 的初始化函式，你不用理會它，此外還有一個預設的伺服（serving）函式，名為 "serving_default"。在儲存 Keras 模型時，預設的伺服函式就是模型的 call() 方法，你已經知道了，它是用來進行預測的。我們來更詳細地瞭解這個伺服函式：

```
$ saved_model_cli show --dir 0001/my_mnist_model --tag_set serve \
                       --signature_def serving_default
The given SavedModel SignatureDef contains the following input(s):
  inputs['flatten_input'] tensor_info:
      dtype: DT_UINT8
      shape: (-1, 28, 28)
      name: serving_default_flatten_input:0
The given SavedModel SignatureDef contains the following output(s):
  outputs['dense_1'] tensor_info:
```

```
        dtype: DT_FLOAT
        shape: (-1, 10)
        name: StatefulPartitionedCall:0
  Method name is: tensorflow/serving/predict
```

注意，這個函式的輸入名稱為 "flatten_input"，輸出名稱為 "dense_1"。這些名稱與 Keras 模型的輸入層和輸出層的名稱互相對應。你也可以看到輸入資料和輸出資料的型態和外形。看起來很棒！

有了 SavedModel，下一步是安裝 TF Serving。

安裝與啟動 TensorFlow Serving

安裝 TF Serving 的方法很多，包括使用系統的程式包管理器、使用 Docker 映像[4]，從原始碼安裝…等。由於 Colab 是在 Ubuntu 上運行的，我們可以像這樣使用 Ubuntu 的 apt 程式包管理器：

```
url = "https://storage.googleapis.com/tensorflow-serving-apt"
src = "stable tensorflow-model-server tensorflow-model-server-universal"
!echo 'deb {url} {src}' > /etc/apt/sources.list.d/tensorflow-serving.list
!curl '{url}/tensorflow-serving.release.pub.gpg' | apt-key add -
!apt update -q && apt-get install -y tensorflow-model-server
%pip install -q -U tensorflow-serving-api
```

這段程式碼先將 TensorFlow 的程式包版本庫（package repository）加入 Ubuntu 的程式包來源清單裡。然後下載 TensorFlow 的 GPG 公鑰，並將它加入程式包管理器的密鑰清單裡，以便驗證 TensorFlow 程式包簽章。接下來使用 apt 來安裝 tensorflow-model-server 程式包。最後安裝 tensorflow-serving-api 程式庫，我們需要用它來與伺服器溝通。

我們啟動伺服器。啟動命令需要使用基礎模型目錄的絕對路徑（即 my_mnist_model 的路徑，而不是 0001），所以，我們將它存入 MODEL_DIR 環境變數：

```
import os

os.environ["MODEL_DIR"] = str(model_path.parent.absolute())
```

4　如果你不熟悉 Docker，它可讓你輕鬆地下載一組用 Docker 映像（包括它們的所有依賴項目，且通常有一些很好的預設組態）來包裝的應用程式，然後在你的系統上使用 Docker 引擎來執行它們。當你執行映像時，引擎會建立一個 Docker 容器，讓應用程式和自己的系統完全隔離（但你可以視情況賦予它有限的訪問權）。它很像虛擬機器，但執行速度快很多，也更輕量，因為容器謹使用主機（host）的 kernel，這意味著映像不需要放入或執行它自己的 kernel。

然後，啟動伺服器：

```
%%bash --bg
tensorflow_model_server \
    --port=8500 \
    --rest_api_port=8501 \
    --model_name=my_mnist_model \
    --model_base_path="${MODEL_DIR}" >my_server.log 2>&1
```

在 Jupyter 或 Colab 裡，`%%bash --bg` 魔術命令會將 cell 當成 bash 腳本來執行，並在背景執行它。而 `>my_server.log 2>&1` 部分會將標準輸出和標準錯誤指向 *my_server.log* 檔案。這樣就好了！現在 TF Serving 在背景中運行，它的 log 會存入 *my_server.log*。它已經載入我們的 MNIST 模型（第 1 版本），並且分別在 8500 和 8501 埠等待 gRPC 和 REST 請求。

在 Docker 容器裡執行 TF Serving

如果你在自己的電腦上執行 notebook，而且你安裝了 Docker（*https://docker.com*），你可以在終端機裡執行 `docker pull tensorflow/serving` 命令來下載 TF Serving 映像。TensorFlow 團隊強烈推薦採取這種安裝方法，因為它簡單易行，不會影響你的系統，而且提供高效能[5]。要在 Docker 容器內啟動伺服器，你可以在終端機執行以下命令：

```
$ docker run -it --rm -v "/path/to/my_mnist_model:/models/my_mnist_model" \
    -p 8500:8500 -p 8501:8501 -e MODEL_NAME=my_mnist_model tensorflow/serving
```

以下是命令列選項的意思：

-it

　　讓容器可以互動（所以你可以按下 Ctrl-C 來停止它），並顯示伺服器的輸出。

--rm

　　在停止容器時刪除它，以免讓你的電腦充斥著被中斷的容器。但是，它不會刪除映像。

5　也有 GPU 映像，以及其他的安裝選項可用。詳情請參考官方安裝指令（*https://homl.info/tfserving*）。

讓容器可以在路徑 */models/mnist_model* 使用主機的 *my_mnist_model* 目錄。你必須將 */path/to/my_mnist_model* 換成這個目錄的絕對路徑。在 Windows 上，別忘了在主機路徑裡使用 \ 而不是 /，但是在容器路徑裡不能使用 \（因為容器是在 Linux 上運行的）。

-p 8500:8500

讓 Docker 引擎將主機的 TCP 埠 8500 轉傳給容器的 TCP 埠 8500。在預設情況下，TF Serving 使用這個連接埠來提供 gRPC API 服務。

-p 8501:8501

將主機的 TCP 埠 8501 轉傳給容器的 TCP 埠 8501。在預設情況下，Docker 映像已被設為使用這個埠來提供 REST API 服務了。

-e MODEL_NAME=my_mnist_model

設定容器的 MODEL_NAME 環境變數，讓 TF Serving 知道要提供哪個模型。在預設情況下，它會在 */models* 目錄裡尋找模型，並且自動提供它找到的最新版。

tensorflow/serving

這是要執行的映像的名稱。

現在伺服器已經啟動並開始執行了，我們來查詢它，先使用 REST API，再使用 gRPC API。

用 REST API 來查詢 TF Serving

我們先來建立查詢指令（query）。它必須包含你想要呼叫的函式簽章的名稱，當然也要包含輸入資料。因為請求（request）必須使用 JSON 格式，我們必須將輸入映像從 NumPy 陣列轉換成 Python 串列：

```
import json

X_new = X_test[:3]  # 假設我們有 3 張新的數字圖像需要進行分類
request_json = json.dumps({
    "signature_name": "serving_default",
    "instances": X_new.tolist(),
})
```

注意，JSON 格式是完全基於文字的。請求字串長這樣：

```
>>> request_json
'{"signature_name": "serving_default", "instances": [[[0, 0, 0, 0, ... ]]]}'
```

現在，我們透過 HTTP POST 請求將這個請求送給 TF Serving。你可以使用 requests 程式庫來完成這件事（它不是 Python 的標準程式庫的一部分，但有被預先安裝在 Colab 上）：

```
import requests

server_url = "http://localhost:8501/v1/models/my_mnist_model:predict"
response = requests.post(server_url, data=request_json)
response.raise_for_status()  # 發出例外，以防錯誤
response = response.json()
```

如果一切順利，回應應該是一個包含單一 "predictions" 鍵的字典。這個鍵對應的值是個預測串列。這個串列是一個 Python 串列，我們將它轉換成 NumPy 陣列，並將它裡面的浮點數捨入至小數點後第二位：

```
>>> import numpy as np
>>> y_proba = np.array(response["predictions"])
>>> y_proba.round(2)
array([[0.  , 0.  , 0.  , 0.  , 0.  , 0.  , 0.  , 1.  , 0.  , 0.  ],
       [0.  , 0.  , 0.99, 0.01, 0.  , 0.  , 0.  , 0.  , 0.  , 0.  ],
       [0.  , 0.97, 0.01, 0.  , 0.  , 0.  , 0.  , 0.01, 0.  , 0.  ]])
```

太棒了，我們得到預測值了！這個模型有將近 100% 的信心認為第一張圖像是 7，有 99% 的信心認為第二張圖像是 2，有 97% 的信心認為第三張圖像是 1。它答對了！

REST API 簡單易用，在輸入和輸出資料都不大時，有很好的效果。而且，幾乎任何用戶端 app 都可以在不依靠任何其他程式的情況下發出 REST 查詢，而其他的協定不一定如此方便。但是，它使用的是 JSON，JSON 使用文字，且相當冗長。例如，我們必須將 NumPy 陣列轉換成 Python 串列，且每一個浮點數最終都會被表示成字串。這非常低效，無論是對序列化 / 反序列化時間而言（我們要將所有浮點數轉換為字串和轉換回去），還是對酬載（payload）大小而言（很多浮點數最終都以超過 15 個字元來表示，對 32 bits 浮點數來說，這相當超過 120 bits！）。在傳輸大型 NumPy 陣列時，這將導致高延遲和高頻寬使用量 [6]。所以，我們來看看如何改用 gRPC。

6　公平地說，這可以藉著先將資料序列化並將它編碼成 Base64，再建立 REST 請求來緩解。此外，你可以使用 gzip 來壓縮 REST 請求，這可以大幅降低實際資料的大小。

在需要傳輸大量資料，或延遲（latency）是重要關注點時，如果用戶端支援的話，使用 gRPC API 好得多，因為它使用緊湊的二進制格式，和基於 HTTP/2 框架的高效通訊協定。

用 gRPC API 來查詢 TF Serving

gRPC API 期望接收序列化的 PredictRequest protobuf 作為輸入，並輸出序列化的 PredictResponse protobuf。這些 protobuf 是 tensorflow-serving-api 程式庫的一部分，我們已經安裝它了。我們先來建立請求：

```
from tensorflow_serving.apis.predict_pb2 import PredictRequest

request = PredictRequest()
request.model_spec.name = model_name
request.model_spec.signature_name = "serving_default"
input_name = model.input_names[0]  # == "flatten_input"
request.inputs[input_name].CopyFrom(tf.make_tensor_proto(X_new))
```

這段程式建立一個 PredictRequest protobuf，並填入必要的欄位，包括模型名稱（之前定義的）、我們想要呼叫的函式的簽章名稱，最後是輸入資料，使用 Tensor protobuf 形式。tf.make_tensor_proto() 函式根據給定的 tensor 或 NumPy 陣列（在此是 X_new）來建立一個 Tensor protobuf。

接下來，我們將請求傳給伺服器，並取得它的回應。為此，你需要 grpcio 程式庫，它已經被安裝在 Colab 裡了：

```
import grpc
from tensorflow_serving.apis import prediction_service_pb2_grpc

channel = grpc.insecure_channel('localhost:8500')
predict_service = prediction_service_pb2_grpc.PredictionServiceStub(channel)
response = predict_service.Predict(request, timeout=10.0)
```

這段程式很簡單：在執行匯入之後，我們建立一個連到 *localhost* 的 gRPC 通訊通道，使用 TCP 8500 埠，然後在這個通道上建立一個 gRPC 服務，使用它來發送請求，並設定 10 秒的時限。請注意，這個呼叫是同步的：它會暫停（block），直到收到回應或到達時限為止。在這個例子中，通道是不安全的（沒有加密，沒有身分驗證），但 gRPC 和 TF Serving 也支援使用 SSL/TLS 的安全通道。

接下來，我們將 PredictResponse protobuf 轉換成 tensor：

```
output_name = model.output_names[0]  # == "dense_1"
outputs_proto = response.outputs[output_name]
y_proba = tf.make_ndarray(outputs_proto)
```

當你執行這段程式,並印出 **y_proba.round(2)** 時,你會得到與之前一樣的類別估計機率。就這麼簡單,只要使用幾行程式就可以在遠端透過 REST 或 gRPC 來使用你的 TensorFlow 模型了。

部署新的模型版本

接下來,我們要建立一個新的模型版本,並匯出一個 SavedModel,這次匯到 *my_mnist_model/0002* 目錄中:

```
model = [...]  # 組建並訓練新的 MNIST 模型版本

model_version = "0002"
model_path = Path(model_name) / model_version
model.save(model_path, save_format="tf")
```

每隔一段固定的時間(延遲是可以設置的),TF Serving 就會在模型目錄裡檢查有沒有新的模型版本,如果有,它會優雅地自動處理轉換:在預設情況下,它會用上一個模型版本來回覆等待處理的請求(如果有的話),並且用新版本來回覆新請求,當它回覆了所有等待處理的請求後,它就會將上一個版本卸下。你可以在 TF Serving 的 log 裡面看到這些動作(在 *my_server.log* 裡):

```
[...]
Reading SavedModel from: /models/my_mnist_model/0002
Reading meta graph with tags { serve }
[...]
Successfully loaded servable version {name: my_mnist_model version: 2}
Quiescing servable version {name: my_mnist_model version: 1}
Done quiescing servable version {name: my_mnist_model version: 1}
Unloading servable version {name: my_mnist_model version: 1}
```

> 如果 SavedModel 的 *assets/extra* 目錄裡面有一些示範實例,你可以先設置 TF Serving 來讓新模型執行它們,再開始用模型來處理新的請求。這種做法稱為模型暖機(*model warmup*),可確保一切都被正確地載入,避免前幾個請求的回應時間過長。

這種做法有助於順暢地轉移,但它可能會使用太多 RAM(尤其是 GPU RAM,它通常是最有限的)。此時,你可以設置 TF Serving,讓它使用上一個模型版本來處理所有等待處理的請求，並卸載它，再使用新的模型版本。這種設置可避免同時載入兩個模型版本，但服務會暫停一小段時間。

如你所見，TF Serving 可協助你輕鬆地部署新模型。此外，如果你發現第 2 版的效能不如預期，恢復成第 1 版也很簡單，只要移除 *my_mnist_model/0002* 目錄就可以了。

 TF Serving 還有一種很棒的功能，就是它的自動分批功能，你可以在啟動時使用 --enable_batching 選項來啟動它。當 TF Serving 在一小段時間裡面收到多個請求時（延遲時間可以設置），它會先自動讓它們成為同一批次，再使用模型，以利用 GPU 的能力來大幅提升效能。當模型回傳預測之後，TF Serving 會將各個預測結果分發給正確的用戶端。你可以增加分批延遲（batching delay），犧牲一點等待時間來換取更大的產出量（見 --batching_parameters_file 選項）。

如果你預計每秒會有很多查詢傳來，你就要在多台伺服器上部署 TF Serving，並且使用負載平衡（見圖 19-2）來處理查詢。如此一來，你要在這群伺服器之間部署與管理許多 TF Serving 容器，其中一種做法是使用 Kubernetes（*https://kubernetes.io/*）之類的工具，Kubernetes 是一種開放原始碼系統，可在多台伺服器之間簡化容器協調工作。如果不想要採購、維護和升級所有硬體基礎設施，你可以使用雲端平台上的虛擬機器，例如 Amazon AWS、Microsoft Azure、Google Cloud Platform、IBM Cloud、Alibaba Cloud、Oracle Cloud，或其他的平台即服務（Platform-as-a-Service (PaaS)）。管理所有的虛擬機器、處理容器協調（即借助於 Kubernetes）、設置 TF Serving、進行調整與監視等工作可能需要由全職的人員負責，幸好，有些服務供應商可以幫你處理這些事情。在本章中，我們將使用 Vertex AI：它是當今唯一支援 TPU 的平台，它支援 TensorFlow 2、Scikit-Learn 和 XGBoost，並且提供了一套完整的 AI 服務。這個領域還有其他幾家供應商也能夠提供 TensorFlow 模型的服務，例如 Amazon AWS SageMaker 和 Microsoft AI Platform，因此，務必查看它們的最新資訊。

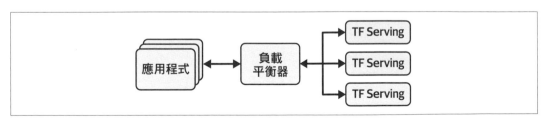

圖 19-2　使用負載平衡器來擴展 TF Serving

接下來，我們來瞭解如何讓你優秀的 MNIST 模型在雲端提供服務！

在 Vertex AI 上建立預測服務

Vertex AI 是 Google Cloud Platform（GCP）內的平台，它提供廣泛的 AI 相關工具和服務。你可以上傳資料組，請人為它附加標籤，將常用的特徵存到特徵儲存體中，在訓練時或在生產環境中使用它們，以及在許多 GPU 或 TPU 伺服器上訓練模型，自動進行超參數調整或模型架構搜尋（AutoML）。你也可以管理訓練好的模型，用它們來為大量的資料進行批次預測，為資料工作流程安排多個工作，透過 REST 或 gRPC 以大規模方式提供模型服務，並在名為 *Workbench* 的代管 Jupyter 環境中進行資料和模型實驗。它甚至有一個 *Matching Engine* 服務，可以讓你非常有效率地比較向量（即近似最近鄰點）。GCP 也有其他 AI 服務，例如計算機視覺、翻譯、語音轉文字…等的 API。

在開始之前，我們要做一些設定：

1. 登入你的 Google 帳戶，前往 Google Cloud Platform 主控台（*https://console.cloud.google.com*）（見圖 19-3）。如果你沒有 Google 帳戶，先建立一個。

2. 如果這是你第一次使用 GCP，你要先閱讀並接受條款。新用戶可以免費試用，包括價值 300 美元的 GCP 點數，可以在 90 天內使用（在 2022 年 5 月時）。在本章，你只需要使用一小部分來支付服務費用。在註冊免費試用時，你仍然要建立付款檔案，並輸入信用卡號碼，這是為了驗證，可能是為了避免有人多次免費試用，但你不會收到第一筆 300 美元的費用，只有在你選擇升級為付費帳戶後才需要付費。

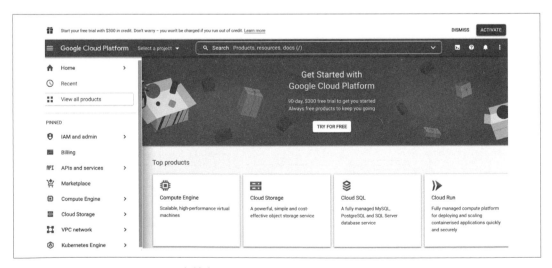

圖 19-3　Google Cloud Platform 主控台

3. 如果你用過 GCP，而且你的免費試用已經到期了，你就要付一些費用來使用本章介紹的服務，你應該不需要支付太多費用，只要你記得在不使用它們時關掉它們。你一定要在執行任何服務之前閱讀並同意付費條款。如果服務費用超出你的預期，恕我無法承擔任何責任！你也要確定你的支付帳戶是有效的。檢查的方法是打開左邊的 ☰ 導覽選單並按下 Billing，然後確保你設定了支付方法，而且支付帳戶是有效的。

4. GCP 的每一個資源都屬於一項專案（*project*），這包括你可能使用的所有虛擬機器、你儲存的檔案、你執行的訓練工作。當你建立帳戶時，GCP 會自動幫你建立一個專案，稱為「My First Project」。想要的話，你可以進入專案設定來更改它的顯示名稱：在 ☰ 導覽選單中，選擇「IAM and admin → Settings」，更改專案的顯示名稱，然後按下 SAVE。注意，專案也有一個專屬的 ID 與號碼，你可以在建立專案時選擇專案 ID，但選定之後就無法改變了。專案號碼是自動產生的，而且不能改變。如果你想要建立新專案，可在網頁的頂部按下專案名稱，再按下 New Project 並輸入專案名稱。你也可以按下 EDIT 並設定專案 ID。務必為這個新專案啟用計費，這樣服務才能被計費（使用你的免費額度，如果還有的話）。

> 如果你知道你只使用服務幾個小時，務必設定鬧鐘來提醒自己將它們關閉，否則你可能會讓它們執行好幾天或好幾個月，從而產生高額費用。

5. 你已經有一個 GCP 帳戶和一個專案，並且啟用計費了，你還要啟用你需要的 API。在 ☰ 導覽選單中，選擇「APIs and services」，並確保 Cloud Storage API 已經啟用。如果需要，按下 + ENABLE APIS AND SERVICES，找到 Cloud Storage，然後啟用它。你也要啟用 Vertex AI API。

雖然你可以繼續透過 GCP 主控台來進行所有操作，但我建議使用 Python，這樣你就可以編寫腳本來將幾乎任何 GCP 任務自動化了，而且這種做法通常比按下選單並填寫表單更方便，尤其是對常見的任務而言。

Google Cloud CLI 與 Shell

Google Cloud 的命令列介面（CLI）包含 gcloud 命令，可讓你控制 GCP 的幾乎所有功能，以及 gsutil 命令，可以讓你和 Google Cloud Storage 互動。Colab 已經預先安裝這個 CLI 了：你只要使用 google.auth.authenticate_user() 進行身分驗證即可開始使用。例如，!gcloud config list 會顯示組態資訊。

GCP 還有一個預先配置的 shell 環境，稱為 Google Cloud Shell，你可以直接在網頁瀏覽器中使用它。它在一個免費的 Linux VM（Debian）上運行，該 VM 已經安裝和配置好 Google Cloud SDK 了，所以不需要進行身分驗證。Cloud Shell 在 GCP 的任何地方都可以使用，只要按下頁面右上角的「Activate Cloud Shell」圖示（見圖 19-4）即可。

圖 19-4　啟用 Google Cloud Shell

如果你比較喜歡在電腦上安裝 CLI（*https://homl.info/gcloud*），在安裝完成後，你要執行 gcloud init 來將它初始化：按照指示登入 GCP，並授權存取你的 GCP 資源，然後選擇你想要使用的預設 GCP 專案（如果你有多個專案的話）、和你想讓工作在哪個預設區域執行。

在使用任何 GCP 服務之前，你要先進行身分驗證。在使用 Colab 時，最簡單的方法是執行以下程式：

```
from google.colab import auth

auth.authenticate_user()
```

身分驗證程序採用 *OAuth 2.0*（*https://oauth.net*），你會看到一個彈出視窗，請確認是否允許 Colab notebook 使用你的 Google 憑證。如果你同意，你必須選擇與 GCP 相同的 Google 帳戶。然後，它會請你確認，你同意讓 Colab 全面存取你的 Google 雲端硬碟和 GCP 裡的所有資料。如果你允許存取，只有當下的 notebook 才有存取權限，並且只在 Colab runtime 到期之前有效。顯然，除非你信任 notebook 裡面的程式，否則你不應該接受這個請求。

 如果你不是使用來自 *https://github.com/ageron/handson-ml3* 的官方 notebook，務必格外小心：如果 notebook 的作者心懷惡意，他們可能在裡面埋藏程式碼來對你的資料進行任何操作。

GCP 的身分驗證與授權

一般而言，除非應用程式需要代表用戶存取他的個人資料或其他應用程式的資源，否則不建議使用 OAuth 2.0 身分驗證。例如，有些應用程式允許用戶將資料儲存在他們的 Google Drive 中，但為此，應用程式必須先讓用戶透過 Google 進行身分驗證，並允許它存取 Google Drive。一般而言，應用程式只會要求所需的存取級別，它不會是無限制的訪問權限：例如，應用程式只會要求存取 Google Drive，而不是 Gmail 或任何其他 Google 服務。此外，授權通常會在一段時間後過期，並且可以隨時撤銷。

當應用程式需要代表自己操作 GCP 上的服務，而不是代表用戶時，它通常要使用*服務帳戶*。例如，如果你建構了一個網站，需要將預測請求送到 Vertex AI 端點，那麼該網站將代表自己使用該服務。它不需要讀取用戶的 Google 帳戶裡的資料或資源。事實上，許多網站用戶甚至沒有 Google 帳戶。在這種情況下，你要先建立一個服務帳戶。在 GCP 主控台的 ☰ 導覽選單中選擇「IAM and admin → Service accounts」（或使用搜尋框），然後按下 + CREATE SERVICE ACCOUNT，在表單的第一頁填寫服務帳戶名稱、ID、說明…等資訊，然後按下 CREATE AND CONTINUE。接下來，你要授予這個帳戶一些權限。選擇「Vertex AI user」角色：這可讓服務帳戶進行預測並使用其他 Vertex AI 服務，但沒有其他權限。按下 CONTINUE。現在，你可以授予一些用戶在服務帳戶的使用權限。如果你的 GCP 用戶帳戶屬於同一個組織，而且你想要授權組織的其他用戶部署基於這個服務帳戶的應用程式，或管理服務帳戶本身的話，這個做法很方便。然後，按下 DONE。

建立服務帳戶後，你的應用程式必須以服務帳戶來進行身分驗證。這有幾種做法。如果你的應用程式在 GCP 上託管，例如，如果你正在編寫一個在 Google Compute Engine 上運行的網站，最簡單且最安全的做法是將服務帳戶附加到代管你的網站的 GCP 資源，例如 VM 實例或 Google App Engine 服務。這可以在建立 GCP 資源時完成，藉著在「Identity and API access」部分中選擇服務帳戶。有些資源，例如 VM 實例，也允許你在 VM 實例建立後附加服務帳戶，但你要先停止 VM 實例，並編輯其設定。無論如何，一旦服務帳戶被附加到 VM 實例或執行你的程式碼的任何其他 GCP 資源上，GCP 的用戶端程式庫（稍後會討論）將自動以所選擇的服務帳戶來進行身分驗證，不需要額外的步驟。

如果你的應用程式使用 Kubernetes 來託管，你應該使用 Google 的 Workload Identity 服務，來將正確的服務帳戶對映到每一個 Kubernetes 服務帳戶。如果你的應用程式不是在 GCP 上託管，例如，如果你只是在自己的電腦執行 Jupyter notebook，你可以使用 Workload Identity Federation 服務（這是最安全但最困難的選擇），或者為你的服務帳戶產生一個密鑰，將它儲存到 JSON 檔案裡，並將 GOOGLE_APPLICATION_CREDENTIALS 環境變數指向該檔案，讓你的用戶端應用程式可以存取它。你可以按下剛剛建立的服務帳戶，然後打開 KEYS 選項卡來管理密鑰。務必私下保護密鑰檔案：它就像服務帳戶的密碼。

關於設定身分驗證和授權來讓你的應用程式可以使用 GCP 服務的詳情，請參考文件（*https://homl.info/gcpauth*）。

接下來，我們要建立一個 Google Cloud Storage（GCS）儲存桶（bucket）來儲存我們的 SavedModels（GCS 儲存桶是你的資料的容器）。為此，我們將使用 Colab 預先安裝的 google-cloud-storage 程式庫。我們先建立一個 Client 物件，它將是與 GCS 之間的介面，然後使用它來建立儲存桶：

```python
from google.cloud import storage

project_id = "my_project"    # 將它改成你的專案 ID
bucket_name = "my_bucket"    # 將它改成唯一的儲存桶名稱
location = "us-central1"

storage_client = storage.Client(project=project_id)
bucket = storage_client.create_bucket(bucket_name, location=location)
```

如果你想重複使用既有的儲存桶，可將最後一行換成 bucket = storage_client.bucket(bucket_name)。務必將 location 設為儲存桶的區域。

GCS 使用單一全球名稱空間來命名儲存桶，因此像「machine-learning」這種簡單的名稱很可能無法使用。請確保儲存桶的名稱符合 DNS 的命名規範，因為它可能被用在 DNS 紀錄裡。此外，儲存桶的名稱是公開的，所以不要在裡面使用任何私人資訊。常見的做法是在開頭使用你的域名、公司名稱或專案 ID，以確保唯一性，或是將一個隨機數字當成名稱的一部分。

你可以更改地區，但務必選擇支援 GPU 的地區。此外，各個地區的價格差異很大，有一些地區的二氧化碳排放量比較多，有一些地區不支援所有服務，而使用單一地區的儲存桶可以提高效能。詳情請參考 Google Cloud 的地區清單（*https://homl.info/regions*）和 Vertex AI 的位置相關文件（*https://homl.info/locations*）。如果你不確定該使用哪一個，最好選擇 "us-central1"。

接下來，我們將 *my_mnist_model* 目錄上傳到新的儲存桶。在 GCS 裡的檔案稱為 *blob*（或 *object*），在底層，它們都被放在儲存桶裡，沒有任何目錄結構。blob 名稱可以是任意的 Unicode 字串，甚至可以包含斜線（/）。GCP 的控制台和其他工具使用這些斜線來製造目錄結構的假象。所以，當我們上傳 *my_mnist_model* 目錄時，我們只關心檔案，而不是目錄：

```
def upload_directory(bucket, dirpath):
    dirpath = Path(dirpath)
    for filepath in dirpath.glob("**/*"):
        if filepath.is_file():
            blob = bucket.blob(filepath.relative_to(dirpath.parent).as_posix())
            blob.upload_from_filename(filepath)

upload_directory(bucket, "my_mnist_model")
```

現在這個函式可以正常運行，但如果有很多檔案需要上傳，它會變得非常慢。使用多執行緒來執行它可以輕鬆地大幅提升上傳速度（請參考 notebook 中的實作）。另外，如果你有 Google Cloud CLI，也可以改用以下的命令：

```
!gsutil -m cp -r my_mnist_model gs://{bucket_name}/
```

接下來，我們要告訴 Vertex AI 關於我們的 MNIST 模型的事情。我們可以使用 google-cloud-aiplatform 程式庫來與 Vertex AI 進行通訊（它仍然使用舊的 AI Platform 名稱，而不是 Vertex AI）。Colab 並未預先安裝它，所以我們要先安裝它。安裝後，我們匯入這個程式庫，並將它初始化（這只是為了幫專案 ID 和位置指定一些預設值），然後建立一個新的 Vertex AI 模型：我們指定一個顯示名稱、模型的 GCS 路徑（在這個例子中是版本0001），以及讓 Vertex AI 用來執行這個模型的 Docker 容器的 URL。如果你造訪該 URL 並前往上一層，你會找到其他可用的容器。這個容器支援 TensorFlow 2.8 與一個 GPU：

```
from google.cloud import aiplatform

server_image = "gcr.io/cloud-aiplatform/prediction/tf2-gpu.2-8:latest"

aiplatform.init(project=project_id, location=location)
mnist_model = aiplatform.Model.upload(
    display_name="mnist",
    artifact_uri=f"gs://{bucket_name}/my_mnist_model/0001",
    serving_container_image_uri=server_image,
)
```

接下來要部署這個模型，以便透過 gRPC 或 REST API 來查詢並進行預測。首先，我們要建立一個端點。它是用戶端應用程式在使用服務時連接的地方。然後，我們要將模型部署到這個端點上：

```
endpoint = aiplatform.Endpoint.create(display_name="mnist-endpoint")

endpoint.deploy(
    mnist_model,
    min_replica_count=1,
    max_replica_count=5,
    machine_type="n1-standard-4",
    accelerator_type="NVIDIA_TESLA_K80",
    accelerator_count=1
)
```

這段程式可能需要執行幾分鐘的時間，因為 Vertex AI 需要設置一個虛擬機器。在這個例子裡，我們使用一個相當基本的機器類型 n1-standard-4（其他類型請參考 *https://homl.info/machinetypes*）。我們還使用了基本的 GPU 類型 NVIDIA_TESLA_K80（其他類型請參考 *https://homl.info/accelerators*）。如果你選擇的地區不是 "us-central1"，你可能要將機器類型或加速器類型改為該地區支援的值（例如，並非所有地區都有 Nvidia Tesla K80 GPU）。

> Google Cloud Platform（GCP）的 GPU 有各種不同的使用額度限制，包括全球範圍和每個地區的限制：若未經 Google 事先授權，你無法建立成千上萬個 GPU 節點。若要檢查你的使用額度，可在 GCP 主控台中打開「IAM and admin → Quotas」。如果某些使用額度太低（例如，如果你需要在特定地區使用更多 GPU），你可以要求增加它們，這通常需要約 48 小時的處理時間。

Vertex AI 最初會產生最少量的計算節點（在這個例子只有一個），只要每秒查詢數變得太高，它就會產生更多節點（上限是你定義的最大數量，在這個例子是五個），並在它們之間平衡負載。如果 QPS 率降低一段時間，Vertex AI 會自動停止額外的計算節點。因此，成本與負載、你選擇的機器、加速器類型，以及你在 GCS 上儲存的資料量直接相關。這個定價方案非常適合偶爾使用的用戶，以及使用量波動很大的服務。它也很適合初創企業，因為在初創企業真正起步之前，價格可保持低廉。

恭喜你，你已經將第一個模型部署到雲端了！我們來查詢這個預測服務：

```
response = endpoint.predict(instances=X_new.tolist())
```

我們要先將想要分類的圖像轉換成 Python 串列，就像之前使用 REST API 來將請求傳到 TF Serving 時所做的一樣。回應物件包含預測結果，它是一個由 Python 浮點數串列組成的串列。我們將它們捨入到小數點後兩位，並轉換成 NumPy 陣列：

```
>>> import numpy as np
>>> np.round(response.predictions, 2)
array([[0.  , 0.  , 0.  , 0.  , 0.  , 0.  , 0.  , 1.  , 0.  , 0.  ],
       [0.  , 0.  , 0.99, 0.01, 0.  , 0.  , 0.  , 0.  , 0.  , 0.  ],
       [0.  , 0.97, 0.01, 0.  , 0.  , 0.  , 0.  , 0.01, 0.  , 0.  ]])
```

Yes！我們得到與之前一樣的預測結果。現在我們可以在任何地方安全地進行查詢，並且根據 QPS 自動調整規模了。當你完成使用端點後，別忘了刪除它，以避免支付無謂的費用：

```
endpoint.undeploy_all()  # 從端點撤下所有的模型
endpoint.delete()
```

接下來，我們來看看如何在 Vertex AI 上執行工作，以便對非常大的資料批次進行預測。

在 Vertex AI 上執行批次預測工作

如果你需要進行大量的預測，你不需要反覆呼叫預測服務，只要請 Vertex AI 為你執行預測工作即可。這不需要端點，只需要一個模型。例如，我們來對測試組的前 100 張圖像進行預測，使用我們的 MNIST 模型。為此，我們要先準備批次，並將它上傳到 GCS。有一種做法是建立一個檔案，在檔案裡，每行有一個實例，這些實例都被格式化為 JSON 值（這種格式稱為 *JSON Lines*），然後將檔案傳給 Vertex AI。我們在一個新目錄裡建立一個 JSON Lines 檔案，然後將這個目錄上傳到 GCS：

```
batch_path = Path("my_mnist_batch")
batch_path.mkdir(exist_ok=True)
with open(batch_path / "my_mnist_batch.jsonl", "w") as jsonl_file:
```

```
    for image in X_test[:100].tolist():
        jsonl_file.write(json.dumps(image))
        jsonl_file.write("\n")

upload_directory(bucket, batch_path)
```

現在要啟動預測工作,我們指定工作的名稱、要使用的機器和加速器的類型和數量、我們剛剛建立的 JSON Lines 檔案的 GCS 路徑,以及 Vertex AI 保存預測結果的 GCS 目錄的路徑:

```
batch_prediction_job = mnist_model.batch_predict(
    job_display_name="my_batch_prediction_job",
    machine_type="n1-standard-4",
    starting_replica_count=1,
    max_replica_count=5,
    accelerator_type="NVIDIA_TESLA_K80",
    accelerator_count=1,
    gcs_source=[f"gs://{bucket_name}/{batch_path.name}/my_mnist_batch.jsonl"],
    gcs_destination_prefix=f"gs://{bucket_name}/my_mnist_predictions/",
    sync=True  # 如果你不想等待完成,請設為 False
)
```

對於大型的批次,你可以將輸入拆成多個 JSON Lines 檔案,然後用 gcs_source 引數來將它們全部列出。

執行這個命令會花費幾分鐘的時間,主要是為了在 Vertex AI 上產生計算節點。當這個命令完成之後,預測結果將以一組檔案的形式呈現,它們的名稱類似 *prediction.results-00001-of-00002*。這些檔案在預設情況下使用 JSON Lines 格式,每一個值都是一個包含實例和相應預測(即 10 個機率)的字典。實例按照輸入的順序列出。這個工作也會輸出 *prediction-errors** 檔案,如果出現問題,這些檔案可以協助偵錯。我們可以使用 `batch_prediction_job.iter_outputs()` 來遍歷所有輸出檔案。我們來遍歷所有預測結果,並將它們儲存在一個 y_probas 陣列中:

```
y_probas = []
for blob in batch_prediction_job.iter_outputs():
    if "prediction.results" in blob.name:
        for line in blob.download_as_text().splitlines():
            y_proba = json.loads(line)["prediction"]
            y_probas.append(y_proba)
```

看看這些預測準不準：

```
>>> y_pred = np.argmax(y_probas, axis=1)
>>> accuracy = np.sum(y_pred == y_test[:100]) / 100
0.98
```

很棒，98% 的準確率！

JSON Lines 格式是預設格式，但是在處理圖像之類的大型實例時，它會變得過於冗長。幸運的是，你可以用 batch_predict() 方法的 instances_format 引數來選擇另一種格式。它的預設值是 "jsonl"，但你可以將它改為 "csv"、"tf-record"、"tf-recordgzip"、"bigquery" 或 "file-list"。如果你將它設為 "file-list"，那麼 gcs_source 引數應指向一個文字檔，在裡面，每一行代表一個輸入檔案路徑，例如指向 PNG 圖像檔案的路徑。Vertex AI 會以二進制形式來讀取這些檔案，使用 Base64 對它們進行編碼，然後將結果 byte string 傳給模型。這意味著你必須在模型中加入一個預先處理層來解析 Base64 字串，使用 tf.io.decode_base64()。如果檔案是圖像，你必須使用類似 tf.io.decode_image() 或 tf.io.decode_png() 的函式來解析結果，正如第 13 章所討論的。

完成使用模型後，如果想要刪除它，你可以執行 mnist_model.delete()。你也可以刪除你在 GCS 儲存桶中建立的目錄，或刪除儲存桶本身（如果它是空的），以及批次預測工作：

```
for prefix in ["my_mnist_model/", "my_mnist_batch/", "my_mnist_predictions/"]:
    blobs = bucket.list_blobs(prefix=prefix)
    for blob in blobs:
        blob.delete()

bucket.delete()  # 如果儲存桶是空的
batch_prediction_job.delete()
```

你已經知道如何將模型部署到 Vertex AI、建立預測服務並執行批次預測工作了。但是，如果你想要將模型部署到行動 app 中呢？或部署到嵌入式設備，例如加熱控制系統、健身追蹤器或自駕車中呢？

在行動設備或嵌入式設備裡部署模型

機器學習模型除了可以在具有多個 GPU 的大型集中式伺服器上運行之外，也可以在更接近資料源的地方運行（這稱為邊緣運算（*edge computing*）），例如在使用者的行動設備或嵌入式設備中。將計算工作分散並移至邊緣端有許多好處：它可以讓設備即使未連接網路也能夠巧妙地運作；由於不必將資料發送到遠端伺服器，所以可以減少延遲，減輕伺服器的負擔；而且，它可以提高隱私，因為可將使用者的資料保留在設備上。

然而，將模型部署到邊緣端也有缺點。與強大的多 GPU 伺服器相比，設備的計算資源通常非常有限。大型模型可能無法放入設備、它可能使用太多 RAM 和 CPU，且下載時間可能太長，可能導致應用程式變得反應遲頓，設備可能過熱並迅速耗盡電池。為了避免這一切，你要建立一個輕量且高效的模型，又不過度犧牲準確性。TFLite（*https://tensorflow.org/lite*）程式庫提供了幾個工具 [7] 來幫助你將模型部署到邊緣端，它有三個主要目標：

- 縮小模型，以縮短下載時間並減少 RAM 使用量。

- 減少每次預測所需的計算量，以減少延遲、節省電池使用量和降低溫度。

- 根據設備的獨特限制條件來調整模型。

為了縮小模型，TFLite 的模型轉換器可以將 SavedModel 壓縮成更輕量的格式，此格式基於 FlatBuffers（*https://google.github.io/flatbuffers*）。FlatBuffers 是一個高效的跨平台序列化程式庫（類似 protobuf），最初由 Google 為遊戲而開發。它的設計可讓你直接將 FlatBuffers 載入 RAM 中，無須進行任何預先處理，可減少載入時間和記憶體使用量。將模型載入移動設備或嵌入式設備後，TFLite 解譯器將執行它，以進行預測。以下是將 SavedModel 轉換成 FlatBuffer 並儲存為 *.tflite* 檔案的寫法：

```
converter = tf.lite.TFLiteConverter.from_saved_model(str(model_path))
tflite_model = converter.convert()
with open("my_converted_savedmodel.tflite", "wb") as f:
    f.write(tflite_model)
```

 你也可以使用 tf.lite.TFLiteConverter.from_keras_model(model) 來將 Keras 模型直接存為 FlatBuffer。

轉換器（converter）也會優化模型，既縮小它，又降低它的延遲。它會修剪預測時不需要的操作（例如訓練操作），並在可能的情況下優化計算，例如，將 $3 \times a + 4 \times a + 5 \times a$ 轉換為 $12 \times a$。此外，它會試著在可能的情況下合併操作，例如，將批次正規化層合併到前一層的加法和乘法操作中。你可以在 *https://homl.info/litemodels* 下載預訓的 TFLite 模型來瞭解 TFLite 可以將模型優化得多好，例如下載 *Inception_V1_quant*（按下 *tflite&pb*），將壓縮檔解壓縮，然後打開優秀的 Netron 圖形視覺化工具（*https://netron.app*），並上傳 *.pb* 檔案以查看原始模型。它是一個龐大且複雜的圖，對吧？接下來，打開優化的 *.tflite* 模型，好好讚嘆它的精美程度！

7　你可以參考 TensorFlow 的 Graph Transform Tools（*https://homl.info/tfgtt*）來修改與優化計算圖。

另一種縮小模型的方法是使用比較小的位元寬度（bit-width），而不僅僅是使用較小的神經網路架構。例如，如果你使用半浮點數（half-floats，16 bits）而不是一般的浮點數（32 bits），模型將縮小一倍，代價是（通常很小）準確性下降。此外，訓練速度將會提升，而且只會使用大約一半的 GPU RAM。

TFLite 轉換器還可以進一步將模型權重量化為定點（fixed-point）8-bit 整數！與使用 32-bit 浮點數相比，它將大小減少四倍。最簡單的做法稱為 *post-training quantization*（後訓練量化）：在訓練之後進行量化，使用非常簡單但高效的對稱量化技術。它會找出最大絕對權重值 m，然後將浮點範圍 $-m$ 到 $+m$ 對映到定點（整數）範圍 -127 到 $+127$。例如，如果權重範圍是 -1.5 到 $+0.8$，那麼位元組（bytes）-127、0 與 $+127$ 將分別對應至浮點 -1.5、0.0 與 $+1.5$（見圖 19-5）。注意，在使用對稱量化時，0.0 一定對映至 0。也要注意，在這個例子裡，byte 值 $+68$ 至 $+127$ 不使用，因為它們對映至大於 $+0.8$ 的浮點數。

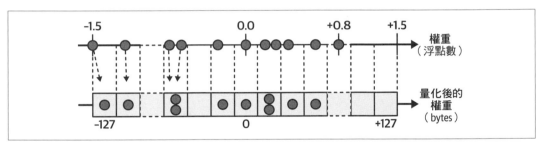

圖 19-5　使用對稱量化，將 32-bit 浮點數轉換成 8-bit 整數

要執行後訓練量化，你只要在呼叫 convert() 方法之前，將 DEFAULT 加入轉換器優化串列即可：

```
converter.optimizations = [tf.lite.Optimize.DEFAULT]
```

這種技術可大幅縮小模型，加快下載速度，與節省儲存空間。在執行期，量化後的權重被使用之前會先被轉換回浮點數。這些轉換後的浮點數不完全等於原始浮點數，但它們與原始值相差不大，所以準確率的損失通常是可接受的。為了避免一直重新計算浮點值（這會嚴重減緩模型的速度），TFLite 會將它們快取起來：不幸的是，這意味著，這項技術無法降低 RAM 的使用量，也無法提升模型的速度。它主要用於減少應用程式的大小。

降低延遲與耗電量最有效的做法是也將觸發（activation）量化，將計算過程完全整數化，不進行任何浮點運算。即使是使用相同的位元寬度（例如使用 32-bit 整數，而不是 32-bit 浮點數），整數的計算也會使用較少的 CPU 週期、消耗較少能源、產生較少熱量。如果你也降低位元寬度（例如降至 8-bit 整數），速度將會大幅提升。此外，有些神經網路加速設備（例如 Google 的 Edge TPU）只能處理整數，所以將權重與觸發完全量化是必要的。這項工作可以在訓練之後進行，它需要用一個校準步驟來找出觸發的最大絕對值，所以你要將一個有代表性的訓練資料樣本傳給 TFLite（不需要很大），它會用模型來處理這筆資料，並計算量化所需的觸發數據。這個步驟通常很快。

量化的主要問題是它會損失一些準確度：它有點像在權重與觸發中加入雜訊。如果準確度大幅下降，你可能要使用**量化感知訓練**（*quantization-aware training*），也就是在模型中加入偽量化操作，讓它在訓練期間學會忽略量化雜訊，使得最終的權重對於量化有更強的抵抗性。此外，校準步驟可以在訓練期間自動執行，可簡化整個程序。

我已經介紹 TFLite 的核心概念了，但編寫行動 app 或嵌入式 app 的完整步驟需要完整的一本書來說明。幸好，目前已經有這種書了：如果你想要進一步瞭解如何為行動和嵌入式設備建構 TensorFlow 應用程式，可參考 O'Reilly 書籍《*TinyML: Machine Learning with TensorFlow on Arduino and Ultra-Low Power MicroControllers*》（*https://homl.info/tinyml*），這本書的作者是 Pete Warden（TFLite 團隊的前任主管）與 Daniel Situnayake，繁體中文版《TinyML | TensorFlow Lite 機器學習》由碁峰資訊出版；以及 Laurence Moroney 著作的《*Machine Learning for On-Device Development*》（*https://homl.info/ondevice*），繁體中文版《從機器學習到人工智慧 | 寫給 Android/iOS 程式師的 ML/AI 開發指南》由碁峰資訊出版。

如果你想要在網站中使用模型，直接在使用者的瀏覽器上執行它呢？

在網頁裡執行模型

在用戶端（也就是在使用者的瀏覽器裡執行，而不是在伺服器端執行）執行機器學習模型在一些情況下很有幫助，例如：

- 當你的 web 應用程式經常在使用者的網路不穩定或緩慢的情況下被使用時（例如，供登山者使用的網站），在用戶端直接執行模型是讓你的網站更可靠的不二手段。

- 當你需要讓模型的回應速度盡可能地快時（例如線上遊戲）。將查詢伺服器來進行預測的步驟移除，一定可以降低延遲，讓網站的回應速度快很多。

- 當你的 web 服務會根據使用者的私密資料來進行預測時，你可能想要在用戶端進行預測來保護使用者的隱私，讓私密資料永遠不必離開使用者的設備。

對於以上所有情境，你可以使用 TensorFlow.js（TFJS）JavaScript 程式庫（*https://tensorfow. org/js*）。這個程式庫可以在使用者的瀏覽器中載入 TFLite 模型並進行預測。例如，下面的 JavaScript 模組匯入 TFJS 程式庫，下載預訓的 MobileNet 模型，並使用該模型來分類圖像，並記錄預測結果。你可以在 *https://homl.info/tfjscode* 使用 Glitch.com 來執行這段程式，Glitch.com 是讓你在瀏覽器中免費建立 web app 的網站。你可以按下網頁右下角的「PREVIEW」按鈕，來檢視程式碼的執行情況：

```
import "https://cdn.jsdelivr.net/npm/@tensorflow/tfjs@latest";
import "https://cdn.jsdelivr.net/npm/@tensorflow-models/mobilenet@1.0.0";

const image = document.getElementById("image");

mobilenet.load().then(model => {
    model.classify(image).then(predictions => {
        for (var i = 0; i < predictions.length; i++) {
            let className = predictions[i].className
            let proba = (predictions[i].probability * 100).toFixed(1)
            console.log(className + " : " + proba + "%");
        }
    });
});
```

你甚至可以將這個網站轉換成漸進式網路應用程式（*progressive web app*，PWA）。PWA 是一種符合某些標準的網站[8]，可以讓我們在任何瀏覽器中瀏覽它，甚至可以在行動設備上，以獨立 app 的形式安裝它。例如，你可以在行動設備上造訪 *https://homl.info/tfjswpa*：現代瀏覽器大都會問你是否要將 TFJS Demo 加到主畫面，如果你接受，你會在應用程式清單裡看到一個新的圖示。按下那個圖示會在獨立的視窗內載入 TFJS Demo 網站，就像一般的行動 app 一樣。PWA 甚至可以設為離線工作，藉著使用 *service worker*：這是一種在瀏覽器裡，在自己的獨立執行緒中執行的 JavaScript 模組，它會攔截網路請求，以便快取資源，讓 PWA 跑得更快，甚至完全離線執行。它還可以傳送推送訊息（push message），在背景執行任務…等。PWA 可讓你管理單一的 web 和行動設備碼庫（code base）。它們也可以方便你確保所有使用者都執行你的應用程式的同一個版本。你可以在 Glitch.com 上試著執行這個 TFJS Demo 的 PWA 程式碼，網址為 *https://homl.info/wpacode*。

在 *https://tensorflow.org/js/demos* 還有許多可在瀏覽器裡執行的機器學習模型的 demo。

8　例如，PWA 必須包含供各種行動設備使用的各種尺寸的圖示、必須透過 HTTPS 來提供服務、必須包含一個清單檔案（manifest file），在裡面列出 app 名稱、背景顏色等詮釋資料。

TFJS 也支援直接在你的瀏覽器中訓練模型！而且，它的速度實際上非常快。只要你的電腦有 GPU 卡，TFJS 通常可以使用它，即使不是 Nvidia 卡。事實上，TFJS 會在可以使用 WebGL 時使用它，由於現代瀏覽器通常支援多種 GPU 卡，TFJS 支援的 GPU 卡實際上比普通的 TensorFlow（只支援 Nvidia 卡）更多。

在使用者的瀏覽器中訓練模型特別適合用來保證使用者資料的私密性。你可以在一個地方訓練模型，然後在瀏覽器中根據使用者的資料進行在地微調。如果你對這個主題有興趣，可參考 federated learning （ https://tensorflow.org/federated ）。

同樣的，這個主題需要一本書才能完整說明，如果你想瞭解更多關於 TensorFlow.js 的資訊，可以參考 Anirudh Koul 等人編寫的 O'Reilly 書籍《Practical Deep Learning for Cloud, Mobile, and Edge》（ https://homl.info/tfjsbook ）， 或 Gant Laborde 編 寫 的《Learning Tensor-Flow.js》（ https://homl.info/tfjsbook2 ），繁體中文版《TensorFlow.js 學習手冊》由碁峰資訊出版。

現在你已經知道如何將 TensorFlow 模型部署到 TF Serving，或使用 Vertex AI 部署到雲端，或使用 TFLite 部署到行動和嵌入式設備，或者使用 TFJS 部署到網頁瀏覽器了。接下來，我們要討論如何使用 GPU 來加快計算速度。

使用 GPU 來加快計算速度

在第 11 章中，我們看了幾種可以明顯加快訓練速度的技術：更好的權重初始化、更精密的優化器…等。但即使使用了這些技術，在單一機器上使用單一 CPU 來訓練大型神經網路也可能需要花費幾個小時、幾天，甚至好幾週，取決於任務的複雜性。使用 GPU 可以將訓練時間縮短到幾分鐘或幾小時，這不僅可以節省大量的時間，也意味著你可以更輕鬆地嘗試各種模型，並頻繁地使用新資料來重新訓練模型。

在之前的章節中，我們使用了 Google Colab 的 GPU runtime。你只要在 Runtime 選單裡選擇「Change runtime type」，然後選擇 GPU 加速器類型即可。TensorFlow 會自動偵測 GPU，並用它來加速計算，程式碼與沒有 GPU 時完全相同。然後，在這一章，你知道如何將模型部署到 Vertex AI 上的多個 GPU 計算節點：只要在建立 Vertex AI 模型時選擇適合以 GPU 執行的 Docker 映像，並在呼叫 `endpoint.deploy()` 時，選擇所需的 GPU 類型即可。但是，如果你想要自行購買 GPU 呢？

如果你想在一台電腦裡將計算工作分配給 CPU 和多個 GPU 設備呢（見圖 19-6）？我們接下來要討論這個主題，在本章稍後，我們將討論如何將計算工作分配給多個伺服器。

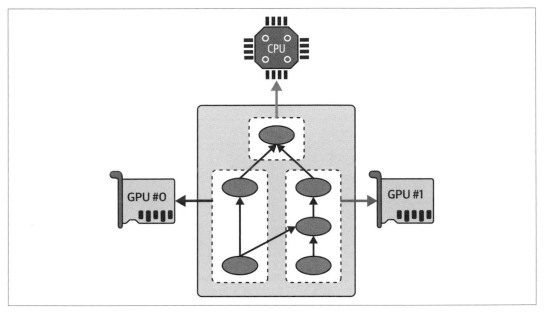

圖 19-6　在多台設備上平行執行 TensorFlow 圖

取得你自己的 GPU

如果你預先知道，你將長時間且大量使用 GPU，那麼購買自己的 GPU 在財務上是有意義的。你可能也想在本地訓練模型，因為你不想將資料上傳到雲端。或者，你可能只是為了玩遊戲而購買 GPU 卡，但你也想用它來進行深度學習。

如果你決定購買 GPU 卡，務必花一點時間來做出正確的選擇。你要考慮你的任務需要多少 RAM（例如，進行圖像處理或 NLP 通常至少需要 10 GB），頻寬（將資料送入 GPU 和從 GPU 送出需要多久）、核心數量、散熱系統…等。Tim Dettmers 寫了一篇優秀的部落格文章（*https://homl.info/66*）來幫助你做出選擇，推薦你仔細地閱讀這篇文章。在我行文至此時，TensorFlow 只支援具備 CUDA Compute Capability 3.5+ 的 Nvidia 卡（*https://homl.info/cudagpus*）（當然也支援 Google 的 TPU），但它也可能支援其他製造商，所以務必查閱 TensorFlow 的文件（*https://tensorflow.org/install*），看看它當下支援的設備有哪些。

如果你選擇 Nvidia GPU 卡，你要安裝適當的 Nvidia 驅動程式和幾個 Nvidia 程式庫[9]，包括 *Compute Unified Device Architecture*（CUDA）工具組，它可以讓開發人員使用支援 CUDA 的 GPU 來進行各種計算（不僅僅是圖形加速），以及 *CUDA Deep Neural Network*（cuDNN）程式庫，它是以 GPU 來加速的程式庫，用來進行一般的 DNN 計算，例如觸發層、正規化、前向和反向摺積和池化（見第 14 章）。cuDNN 是 Nvidia 的 Deep Learning SDK 的一部分。注意，你要先建立一個 Nvidia 開發者帳戶才能下載它。TensorFlow 使用 CUDA 和 cuDNN 來控制 GPU 卡並加快計算速度（見圖 19-7）。

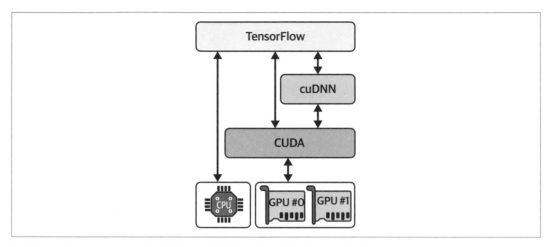

圖 19-7　TensorFlow 使用 CUDA 與 cuDNN 來控制 GPU 並提升 DNN 速度

當你安裝了 GPU 卡和所有必要的驅動程式及程式庫之後，你可以使用 `nvidia-smi` 命令來檢查所有工具是否正確安裝。這個命令會列出可用的 GPU 卡，以及在每張卡上執行的所有程序。在這個例子裡，它是一張 Nvidia Tesla T4 GPU 卡，可用的 RAM 大約有 15 GB，目前沒有程序在這張卡上運行：

```
$ nvidia-smi
Sun Apr 10 04:52:10 2022
+-----------------------------------------------------------------------------+
| NVIDIA-SMI 460.32.03    Driver Version: 460.32.03    CUDA Version: 11.2     |
|-------------------------------+----------------------+----------------------+
| GPU  Name        Persistence-M| Bus-Id        Disp.A | Volatile Uncorr. ECC |
| Fan  Temp  Perf  Pwr:Usage/Cap|         Memory-Usage | GPU-Util  Compute M. |
|                               |                      |               MIG M. |
|===============================+======================+======================|
|   0  Tesla T4            Off  | 00000000:00:04.0 Off |                    0 |
| N/A   34C    P8     9W /  70W |      3MiB / 15109MiB |      0%      Default |
```

9　請參考 TensorFlow 的文件來獲得詳細且最新的安裝指南，因為這些指南經常改變。

```
|                           |                    |                          N/A |
+---------------------------+--------------------+------------------------------+

+-----------------------------------------------------------------------------+
| Processes:                                                                  |
|  GPU   GI   CI        PID   Type   Process name                 GPU Memory  |
|        ID   ID                                                  Usage       |
|=============================================================================|
|  No running processes found                                                 |
+-----------------------------------------------------------------------------+
```

要確認 TensorFlow 能否看見你的 GPU，你可以執行以下命令，並確保結果不是空的：

```
>>> physical_gpus = tf.config.list_physical_devices("GPU")
>>> physical_gpus
[PhysicalDevice(name='/physical_device:GPU:0', device_type='GPU')]
```

管理 GPU RAM

在預設情況下，當你第一次執行計算時，TensorFlow 會自動抓取所有可用的 GPU 裡的幾乎所有 RAM，這是為了避免 GPU RAM 的碎片化。這意味著，如果你試著啟動第二個 TensorFlow 程式（或任何需要 GPU 的程式），它將快速耗盡 RAM。這種情況不像你想像中的那樣經常發生，因為通常你最多只會在一台機器上執行一個 TensorFlow 程式，通常是一個訓練腳本、一個 TF Serving 節點，或一個 Jupyter notebook。如果你需要執行多個程式（例如，在同一台機器上，平行地訓練兩個不同的模型），你就要將 GPU RAM 更平均地分配給這些程式。

如果你的電腦插了多張 GPU 卡，有一種簡單的做法是分別為它們分配一個程序。為此，你可以設定 CUDA_VISIBLE_DEVICES 環境變數，讓每一個程序都只看得到適當的 GPU 卡。你也可以將 CUDA_DEVICE_ORDER 環境變數設成 PCI_BUS_ID，來確保各個 ID 總是代表同一張 GPU 卡。例如，如果你有四張 GPU 卡，你可以啟動兩個程式，在兩個不同的終端機視窗裡面執行下面的指令，分別指派兩張 GPU 給它們：

```
$ CUDA_DEVICE_ORDER=PCI_BUS_ID CUDA_VISIBLE_DEVICES=0,1 python3 program_1.py
# 並且在另一個終端機：
$ CUDA_DEVICE_ORDER=PCI_BUS_ID CUDA_VISIBLE_DEVICES=3,2 python3 program_2.py
```

在 TensorFlow 裡，程式 1 只會看到 GPU 卡 0 與 1，名稱分別是 "/gpu:0" 與 "/gpu:1"，程式 2 只會看到 GPU 卡 2 與 3，名稱分別是 "/gpu:1" 與 "/gpu:0"（注意順序）。一切都可以正確運作（見圖 19-8）。當然，你也可以在 Python 中設定 os.environ["CUDA_DEVICE_ORDER"] 與 os.environ["CUDA_VISIBLE_DEVICES"] 來定義這些環境變數，只要在使用 TensorFlow 之前做即可。

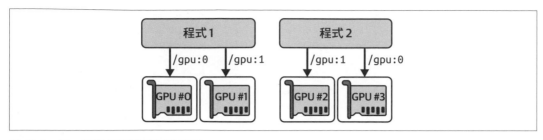

圖 19-8　每一個程式都獲得兩個 GPU

另一個選項是要求 TensorFlow 只抓取特定數量的 GPU RAM，你必須在匯入 TensorFlow 之後立刻做這件事，例如，要讓 TensorFlow 只在各個 GPU 抓取 2 GiB 的 RAM，你必須為每一個實體 GPU 設備建立一個邏輯 *GPU 設備*（*logical GPU device*）（有時也稱為*虛擬 GPU 設備*（*virtual GPU device*）），並將它的記憶體限制設為 2 GiB（即 2,048 MiB）：

```
for gpu in physical_gpus:
    tf.config.set_logical_device_configuration(
        gpu,
        [tf.config.LogicalDeviceConfiguration(memory_limit=2048)]
    )
```

假設你有四個 GPU，每一個都至少有 4 GiB 的 RAM，在這個情況下，兩個這樣的程式可以平行執行，每一個都使用全部的四張 GPU 卡（見圖 19-9）。如果你在兩個程式都在運行時執行 nvidia-smi 命令，你應該會看到每一個程序都持有每張卡的 2 GiB RAM：

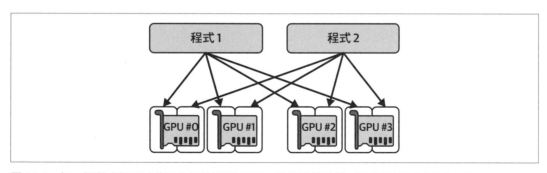

圖 19-9　每一個程式都可以使用全部的四顆 GPU，並且只使用每一顆 GPU 的 2 GiB RAM

另一個選項是要求 TensorFlow 只在需要時抓取記憶體：同樣的，你必須在匯入 TensorFlow 之後立刻做這件事：

```
for gpu in physical_gpus:
    tf.config.experimental.set_memory_growth(gpu, True)
```

另一種做法是將 `TF_FORCE_GPU_ALLOW_GROWTH` 環境變數設為 `true`。使用這個選項之後，當 TensorFlow 抓取記憶體之後就不會將它釋出了（同樣是為了避免記憶體碎片化），當然，除非程式結束。使用這個選項比較難以保證行為是確定性的（例如，其中的一個程式可能因為另一個程式過度使用記憶體而崩潰），所以在生產環境中，你應該使用之前的選項之一。但是，這個選項也有一些很有用的情況，例如，當你使用電腦來執行多個 Jupyter notebook，其中有幾個使用 TensorFlow 時。在 Colab runtime 中，`TF_FORCE_GPU_ALLOW_GROWTH` 環境變數被設為 `true`。

最後，在某些情況下，你可能要將一個 GPU 分成兩個或更多個**邏輯設備**。例如，當你只有一個實體 GPU（例如在 Colab runtime 裡），但你想要測試一個多 GPU 演算法時，可以使用這種做法。下面的程式將 GPU #0 分成兩個邏輯設備，每個設備有 2 GiB 的 RAM（同樣，這必須在匯入 TensorFlow 後立刻完成）：

```
tf.config.set_logical_device_configuration(
    physical_gpus[0],
    [tf.config.LogicalDeviceConfiguration(memory_limit=2048),
     tf.config.LogicalDeviceConfiguration(memory_limit=2048)]
)
```

這兩個邏輯設備分別稱為 `"/gpu:0"` 和 `"/gpu:1"`，你可以將它們當成兩個普通 GPU 來使用。你可以像這樣列出所有邏輯設備：

```
>>> logical_gpus = tf.config.list_logical_devices("GPU")
>>> logical_gpus
[LogicalDevice(name='/device:GPU:0', device_type='GPU'),
 LogicalDevice(name='/device:GPU:1', device_type='GPU')]
```

我們來看看 TensorFlow 究竟是如何決定該使用哪些設備來放置變數和執行操作的。

將操作與變數放在設備上

Keras 和 tf.data 通常會將操作和變數放在它們該在的位置，但如果你想更進一步控制，你也可以親自將操作和變數放在各個設備上：

- 你通常要將資料預先處理操作放在 CPU，將神經網路操作放在 GPU。

- GPU 的通訊頻寬通常非常有限，務必避免將沒必要的資料傳入和傳出 GPU。

- 在電腦中加入更多 CPU RAM 很簡單且相對便宜，因此通常有很多 RAM 可用，而 GPU RAM 則是內建於 GPU，它是昂貴且有限的資源，所以如果一個變數在接下來的幾個訓練步驟都不需要使用，最好將它放在 CPU（例如，資料組通常要放在 CPU）。

在預設情況下，所有變數與所有操作都會被放在第一個 GPU（名為 "/gpu:0"），除非變數與操作沒有 GPU kernel [10]，此時，它們會被放在 CPU（一定名為 "/cpu:0"）。你可以使用 tensor 或變數的 device 屬性來確認它被放到哪個設備 [11]：

```
>>> a = tf.Variable([1., 2., 3.])  # float32 變數被放到 GPU
>>> a.device
'/job:localhost/replica:0/task:0/device:GPU:0'
>>> b = tf.Variable([1, 2, 3])  # int32 變數被放到 CPU
>>> b.device
'/job:localhost/replica:0/task:0/device:CPU:0'
```

目前你可以放心地忽略開頭的 /job:localhost/replica:0/task:0；本章稍後將討論 job、replica 和 task。如你所見，第一個變數被放到 GPU #0，它是預設的設備。但是，第二個變數被放到 CPU，這是因為沒有 GPU kernel 可供整數變數或涉及整數 tensor 的操作使用，所以 TensorFlow 退回去 CPU。

如果你想要將操作放到不同的設備，而不是預設的設備，你可以使用 tf.device() context：

```
>>> with tf.device("/cpu:0"):
...     c = tf.Variable([1., 2., 3.])
...
>>> c.device
'/job:localhost/replica:0/task:0/device:CPU:0'
```

> CPU 一定被視為單一設備（"/cpu:0"），即使你的電腦有多個 CPU 核心。如果 CPU 有多執行緒的 kernel，被放到 CPU 的任何操作都可以在多個核心之間平行運行。

如果你試著明確地將操作或變數放在不存在的設備上，或者該設備沒有相應的 kernel，TensorFlow 將默默地退回預設的設備上。如果你想要在不同的電腦上執行相同的程式碼，但它們的 GPU 數量不相同，這個機制很有幫助。然而，如果你比較想看到例外，你可以執行 tf.config.set_soft_device_placement(False)。

那麼，TensorFlow 究竟是如何在多台設備上執行操作的？

10　第 12 章介紹過，kernel 是為特定的資料型態和設備類型而設計的操作實作。例如，float32 tf.matmul() 操作有個 GPU kernel，但是 int32 tf.matmul() 沒有 GPU kernel，只有 CPU kernel。

11　你也可以使用 tf.debugging.set_log_device_placement(True) 來 log 所有設備被放置的情況。

在多台設備上平行執行

第 12 章介紹過，使用 TF 函式的好處之一，就是平行化。我們來更深入地討論這件事。當 TensorFlow 執行 TF 函式時，它會先分析它的圖來找出需要計算的操作，並計算每一個操作有多少依賴項目。然後，TensorFlow 將每一個無依賴項目的操作（也就是每一個源操作（source operation））放到該操作的設備中的計算佇列（見圖 19-10）。當一項操作被計算之後，該操作的依賴項目計數器會被減一，當一項操作的依賴項目計數器變成零的時候，那項操作就會被送到負責處理它的設備的計算佇列。當所有輸出都被計算之後，它們就會被回傳。

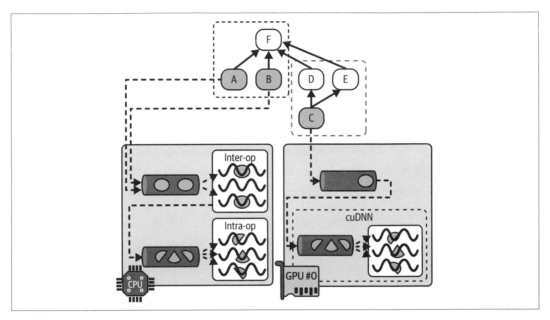

圖 19-10　平行執行 TensorFlow 圖

在 CPU 的計算佇列裡面的操作會被分到一個執行緒池，稱為 *inter-op* 執行緒池。如果 CPU 有多顆核心，這些操作會被高效率地平行執行。有些操作有多執行緒的 CPU kernel：這些 kernels 會將它們的任務拆成多個子操作，那些子操作會被放到另一個計算佇列，或被分配到第二個執行緒池，稱為 *intra-op* 執行緒池（由所有的多執行緒 CPU kernel 共用）。簡而言之，多個操作與子操作可能會在不同的 CPU 核心上平行計算。

對 GPU 而言，事情比較簡單。在 GPU 的計算佇列裡面的操作都會被依序計算。但是，大部分的操作都有多執行緒的 GPU kernel，通常是由 TensorFlow 所依賴的程式庫實作的，例如 CUDA 與 cuDNN。這些實作有它們自己的執行緒池，而且它們通常會盡可能多地利用

GPU 執行緒（這就是 GPU 裡不需要 inter-op 執行緒池的原因：各個操作已經占滿大部分的 GPU 執行緒了）。

例如，在圖 19-10 中，操作 A、B 與 C 都是源 op，所以它們可以立刻計算。操作 A 與 B 都被放在 CPU，所以它們會被送到 CPU 的計算佇列，然後被分配到 inter-op 執行緒池，並且立刻被平行計算。操作 A 碰巧有多執行緒 kernel，它的計算被分成三個部分，這些部分用 intra-op 執行緒池來平行執行。操作 C 會被送到 GPU #0 的計算佇列，在這個例子中，它的 GPU kernel 碰巧使用 cuDNN，cuDNN 有自己的 intra-op 執行緒池，並且在多個 GPU 執行緒上平行地執行操作。假設 C 先完成了，D 與 E 的依賴項目計數器都被遞減，並到達 0，所以這兩項操作被送到 GPU #0 的計算佇列，並且被依序執行。注意，C 只被計算一次，即使 D 與 E 都依賴它。假設接下來 B 完成了，然後，F 的依賴項目計數器從 4 減為 3，因為它不是 0，所以它還不會執行。當 A、D 與 E 都完成之後，F 的依賴項目計數器變成 0，它被送到 CPU 的計算佇列，並且進行計算。最後，TensorFlow 回傳輸出。

當 TF 函式修改有狀態的資源，例如變數時，TensorFlow 還會施展另一項魔法：它會確保執行順序符合程式碼描述的順序，即使陳述式之間沒有明確的依賴關係。舉例來說，如果你的 TF 函式包含 v.assign_add(1) 然後是 v.assign(v * 2)，TensorFlow 將確保這些操作按照這個順序執行。

> 你可以藉著呼叫 tf.config.threading.set_inter_op_parallelism_threads() 來控制 inter-op 執行緒池裡的執行緒的數量。你可以使用 tf.config.threading.set_intra_op_parallelism_threads() 來設定 intra-op 執行緒的數量，當你不想讓 TensorFlow 使用所有的 CPU 核心，或者想讓它使用單執行緒來執行的話，很適合這樣做 [12]。

現在你已經可以在任何設備上執行任何操作了，好好探索 GPU 的威力吧！以下是可以做的事情：

- 你可以平行地訓練多個模型，讓每一個模型都用它自己的 GPU 來訓練，只要為各個模型編寫一個訓練腳本，然後平行執行腳本，設定 CUDA_DEVICE_ORDER 與 CUDA_VISIBLE_DEVICES，讓各個腳本只看到單一 GPU 設備。這很適合用來進行超參數調整，因為你可以用不同的超參數來平行訓練多個模型。如果你有一台配備兩顆 GPU 的電腦，而且用一顆 GPU 來訓練一個模型需要一個小時，那麼讓每一個模型都使用它專屬的 GPU 來平行地訓練兩個模型只需要一個小時！

---

[12] 它很適合用來完美地重現結果，請看我在影片中的說明（*https://homl.info/repro*），我在裡面使用 TF 1。

- 你可以用一顆 GPU 來訓練一個模型，並且在 CPU 上平行執行所有預先處理，使用資料組的 prefetch() 方法 [13] 來事先準備接下來的幾個批次，在 GPU 需要它們時立刻提供（見第 13 章）。

- 如果你的模型接收兩張圖像作為輸入，並且用兩個 CNN 來處理它們，再結合它們的輸出 [14]，那麼，將兩個 CNN 放在不同的 GPU 或許可以加快執行速度。

- 你可以建立一個高效的總體（ensemble）：把訓練好的不同模型放在各個 GPU 上，以更快速地取得所有的預測，並產生總體的最終預測。

但如果你想要使用多顆 GPU 來加快訓練速度呢？

在多個設備上訓練模型

在多個設備上訓練單一模型的方法主要有兩種：模型平行化，也就是將模型拆開並放到各個設備上，以及資料平行化，也就是將模型複製到各個設備上，並用資料的不同子集合來訓練各個複本。我們來看這兩種做法。

模型平行化

到目前為止，我們都用一台設備來訓練各個神經網路。如果我們想要用多台設備來訓練同一個神經網路呢？此時你必須將模型拆成不同的部分，並且在不同的設備上執行各個部分。不幸的是，這種模型平行化很麻煩，而且它是否有效率，其實取決於你的神經網路的架構。對全連接網路而言，這種做法通常不會帶來太多額外的好處（見圖 19-11）。

直觀來看，分割模型最簡單的方法是將每一層放在不同的設備上，但這種做法沒有用，因為每一層都必須等待上一層的輸出，才能繼續做任何事情。那麼，或許你可以將它直向拆開，例如，把每一層的左半邊放到一個設備，把右半邊放到另一個設備？這種做法好一些，因為各層的兩邊確實可以平行運作，但問題在於，下一層的兩邊都需要兩個半邊的輸出，所以會發生許多跨設備通訊（以虛線箭頭來表示）。這可能會完全抵消平行計算的好處，因為跨設備通訊很慢（當設備位於不同的電腦裡，情況更糟）。

13　在行文至此時，它只會將資料預取到 CPU RAM，但你可以使用 tf.data.experimental.prefetch_to_device() 來讓它預取資料，並將資料送到你選擇的設備，以免 GPU 浪費時間等待資料傳輸。

14　如果兩個 CNN 是完全相同的，它們稱為 *Siamese 神經網路*。

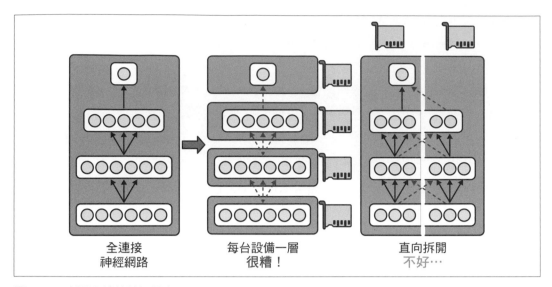

圖 19-11 拆開全連接神經網路

有些神經網路架構（例如摺積神經網路（見第 14 章））的一些階層只有一部分連接更低層，所以比較容易以高效的方式將部分的模型分到不同的設備上（圖 19-12）。

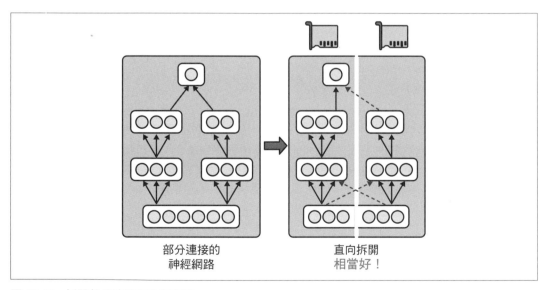

圖 19-12 拆開部分連接的神經網路

深度遞迴神經網路（見第 15 章）可以稍微更有效率地拆到多個 GPU 上。如果你將每一層放在不同的設備來橫向拆開網路，並將輸入序列傳給網路來進行處理，那麼在第一個時步中，只有一個設備處於活動狀態（處理序列的第一個值）；在第二步，有兩個設備會處於活動狀態（第二層將處理第一層處理第一個值的輸出，而第一層將處理第二個值），當訊號傳到輸出層時，所有設備將同時處於活動狀態（圖 19-13）。儘管這種做法仍然有許多跨設備通訊，但由於每個單元（cell）都可能相當複雜，平行執行多個單元的好處可能大於通訊懲罰（理論上）。但是在實務上，在單一 GPU 上執行一疊一般 LSTM 階層快很多。

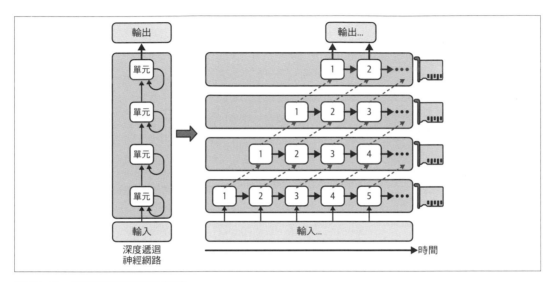

圖 19-13　拆開深度遞迴神經網路

簡而言之，模型平行化可以加快某些類型的神經網路的執行或訓練速度，但並非所有神經網路都是如此，而且這種做法需要你特別關心和調整，例如，確保需要做最多溝通的設備都在同一台電腦裡運行 [15]。接下來，我們來看一個更簡單且通常更高效的選項：資料平行化。

資料平行化

平行訓練神經網路的另一種做法是將它複製到每一台設備，並且讓所有複本同時執行各個訓練步驟，分別使用不同的小批次，讓每一個複本計算梯度，再算出所有梯度的平均值，用結果來更新模型參數。這種做法稱為資料平行化，有時稱為 *single program, multiple data*（SPMD）。這個概念有許多變體，我們來看最重要的一些。

15　如果你想進一步研究模型平行化，可參考 Mesh TensorFlow（*https://github.com/tensorfow/mesh*）。

使用鏡像策略來進行資料平行化

最簡單的方法是將所有模型參數都複製到所有 GPU 中，並始終在每一顆 GPU 上執行完全相同的參數更新。如此一來，所有複本都始終保持完全相同。這種方法稱為**鏡像策略**，結果證明它相當高效，尤其是在使用一台電腦時（見圖 19-14）。

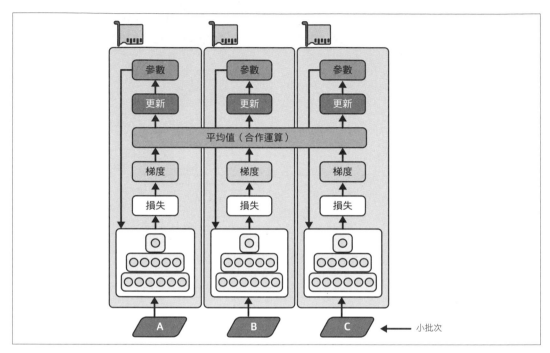

圖 19-14　使用鏡像策略來進行資料平行化

使用這種做法的麻煩之處在於如何高效地計算所有 GPU 的梯度的平均值，並將結果送給所有 GPU。你可以用 *AllReduce* 演算法來做這件事，這種演算法讓多個節點互相合作，來高效地執行 *reduce* 運算（例如計算平均值、總和與最大值），同時確保所有節點都取得相同的最終結果。幸運的是，這種演算法有一個現成的實作可用，稍後將會介紹。

使用集中化的參數來進行資料平行化

另一種方法是將模型參數儲存在執行計算的 GPU 設備之外（稱為 *worker*），例如在 CPU 上（見圖 19-15）。

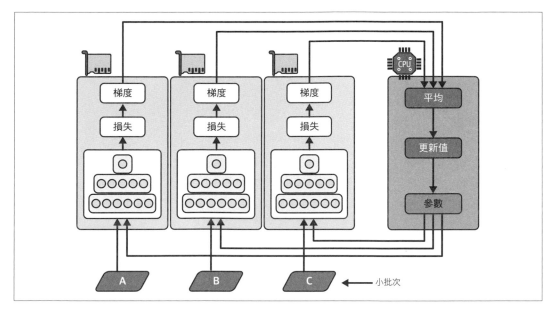

圖 19-15　使用集中化的參數來進行資料平行化

在分散式配置中，你可能要將所有參數存放到一或多個純 CPU 伺服器上（稱為**參數伺服器**），這種伺服器的唯一功能就是保存與更新參數。

鏡像策略在所有 GPU 上同步更新權重，但這種集中化的方法允許同步或非同步更新。我們來看看這兩種選項的優缺點。

同步更新。　在使用同步更新時，聚合器（aggregator）會等待所有梯度都就緒後，才計算平均梯度，並將結果傳給優化器，由優化器更新模型參數。當複本完成計算其梯度時，它必須等待參數更新完成，才能繼續處理下一個批次。這種做法的缺點在於，有些設備可能比其他設備慢，因此在每一步，快速的設備都必須等待較慢的設備，導致整個過程與最慢的設備一樣慢。此外，參數幾乎會同時複製到每個設備（在套用梯度的下一刻），可能會讓伺服器的頻寬飽和。

為了減少每一步的等待時間，你可以忽略最慢的幾個複本的梯度（通常約 10%）。例如，你可以執行 20 個複本，但在每一步只聚合最快的 18 個複本的梯度，忽略最慢的 2 個複本。一旦參數更新完成，前 18 個複本可以立即開始工作，而不必等待最慢的 2 個複本。這種安排通常被稱為 18 個複本加 2 個備用複本 [16]。

非同步更新。 在使用非同步更新時，每當有複本完成梯度計算，梯度就會被立刻用來更新模型參數。這種做法沒有聚合步驟（即圖 19-15 中的「平均」步驟），也沒有同步。複本都獨立工作，不受其他複本影響。由於不需要等待其他複本，這種做法每分鐘可以執行更多訓練步驟。此外，儘管在每一步仍然需要將參數複製到每個設備，但對於每個複本而言，複製發生的時間不相同，因此可以降低頻寬飽和的風險。

使用非同步更新的資料平行化是一項有吸引力的選擇，因為它很簡單，沒有同步延遲，並且更善用頻寬。然而，儘管它在實務上有相當不錯的表現，但它能夠運作也是令人驚奇的事情！事實上，當一個複本根據一些參數值來完成梯度計算時，那些參數已經被其他複本更新很多次了（如果有 N 個複本，平均 N − 1 次），而且不保證算出來的梯度仍然指往正確的方向（見圖 19-16）。嚴重過期的梯度稱為**陳舊梯度**（*stale gradient*）：它們會減緩收斂速度，引入雜訊和抖動效應（學習曲線可能有暫時性的波動），甚至導致訓練演算法發散。

你可以用幾種方式來降低陳舊梯度的影響：

- 降低學習速度。

- 移除舊梯度或縮小它們。

- 調整小批次大小。

- 在前幾 epoch 只使用一個複本（這稱為暖機階段）。陳舊梯度在訓練的開始階段往往造成更大的損害，因為此時梯度通常較大，而參數尚未穩定地停留在損失函數的谷底，所以不同的複本可能會將參數推往全然不同的方向。

---

16 這個名稱有點令人困惑，因為它聽起來就像有一些複本是特殊的、不做事的。事實上，所有複本都是平等的，它們都很努力工作，在每一個訓練步驟都企圖成為最快的那一個，而且每一個步驟都有不同的輸家（除非有些設備真的比其他的慢）。然而，這確實意味著，如果有一兩台伺服器崩潰，訓練仍會繼續順利進行。

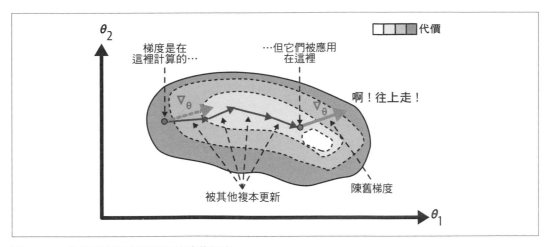

圖 19-16　在使用非同步更新時的陳舊梯度

在 2016 年，Google Brain 團隊發表了一篇論文（*https://homl.info/68*）[17]，他們對各種方法進行了基準測試，發現使用同步更新加上幾個備用複本的效率比使用非同步更新更高，不僅收斂更快，產生的模型也更好。然而，這仍然是一個活躍的研究領域，因此你還不能完全排除非同步更新的可能性。

頻寬飽和

無論是使用同步或非同步更新，具有集中參數的資料平行化仍然需要在每一個訓練步驟開始時，將模型參數從參數伺服器傳給每一個複本，並在每個訓練步驟結束時，將梯度傳回參數伺服器。同樣地，在使用鏡像策略時，每個 GPU 產生的梯度都需要與每一個其他的GPU 共享。不幸的是，有一種情況難免出現：加入額外的 GPU 幾乎無法改善效能。這是因為將資料移入和移出 GPU RAM（以及在分散式布局中跨網路移動）所花費的時間超過藉著分攤計算負擔所獲得的加速。此時，加入更多 GPU 只會讓頻寬更加飽和，並減慢訓練速度。

對大型的密集模型來說，飽和更是嚴重，因為它們有大量的參數與梯度需要傳遞。對小模型還有大型的稀疏模型來說，這個問題比較沒那麼嚴重，稀疏模型的梯度通常大部分是零，所以可以有效率地溝通（但是將小模型平行化的好處很有限）。Google Brain 專案的發起人與領導者指出（*https://homl.info/69*），將密集模型的計算分配給 50 個 GPU，速度通常可以提升 25–40 多倍，用 500 個 GPU 來訓練稀疏模型則能提升速度至 300 多倍。如你所見，稀疏模型有更好的擴展性。以下是一些具體的例子：

17　Jianmin Chen et al., "Revisiting Distributed Synchronous SGD", arXiv preprint arXiv:1604.00981 (2016).

- 神經機器翻譯：在 8 顆 GPU 上提升 6 倍速度

- Inception/ImageNet：在 50 顆 GPU 上提升 32 倍速度

- RankBrain：在 500 顆 GPU 上提升 300 倍速度

目前有很多研究致力於緩解頻寬飽和問題，目標是讓訓練規模可以隨著可用的 GPU 數量而線性擴展。例如，在 2018 年由 Carnegie Mellon University、Stanford University 和 Microsoft Research 的研究團隊聯合發表的一篇論文（*https://homl.info/pipedream*）[18] 提出了一個名為 *PipeDream* 的系統，它成功將網路通訊減少了 90% 以上，讓我們可以在許多機器上訓練大型模型。他們使用了一種稱為 *pipeline parallelism* 的新技術，結合了模型平行化和資料平行化：他們將模型切成連續的部分，稱為 *stage*，每個 stage 都在不同的機器上訓練。這產生一個非同步的流水線，讓所有機器都可以平行工作，且幾乎沒有閒置時間。在訓練過程中，每個 stage 都交替進行一輪順向傳播和一輪反向傳播（見圖 19-17）：它從輸入佇列中取得一個小批次，處理它，將輸出送到下一個 stage 的輸入佇列，然後從它的梯度佇列取出一個梯度小批次，反向傳播這些梯度，並更新自己的模型參數，並將反向傳播的梯度推送到前一個 stage 的梯度佇列。然後它一遍又一遍地重複整個過程。每個 stage 還可以獨立於其他 stage 使用一般的資料平行化（例如，使用鏡像策略）。

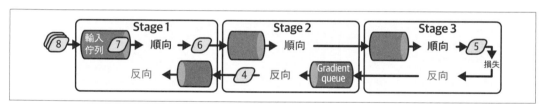

圖 19-17　PipeDream 的 pipeline parallelism

然而，按照上述的做法，PipeDream 的效果可能沒那麼好。為了理解原因，考慮圖 19-17 中的小批次 #5：當它在順向傳播過程中，經過 stage 1 時，小批次 #4 的梯度尚未經過該 stage 進行反向傳播，但是當小批次 #5 的梯度返回 stage 1 時，#4 的梯度已經被用來更新模型參數了，所以 #5 的梯度會有點過時。我們知道，這可能會降低訓練速度和準確性，甚至導致模型發散：stage 越多，這個問題就越嚴重。不過，論文的作者提出一些緩解這個問題的方法，例如，讓每個 stage 在順向傳播的過程中儲存權重，並在反向傳播的過程中恢復那些權重，以確保順向傳播和反向傳播都使用相同的權重。這稱為 *weight stashing*。借助這種方法，PipeDream 表現出令人印象深刻的擴展能力，遠遠超出簡單的資料平行化。

18　Aaron Harlap et al., "PipeDream: Fast and Efficient Pipeline Parallel DNN Training", arXiv preprint arXiv:1806.03377 (2018).

這個研究領域的最新突破來自 Google 的研究者在 2022 年發表的一篇論文（*https://homl.info/pathways*）[19]。他們開發了一個名為 *Pathways* 的系統，利用自動化的模型平行化、非同步 gang scheduling 和其他技術，在成千上萬個 TPU 上實現了接近 100% 的硬體利用率！**排程**（*scheduling*）的意思是安排每個任務在何時與在哪裡執行，而 *gang scheduling* 意味著同時平行執行相關任務，並且讓它們彼此靠近，以減少任務等待其他任務的輸出的時間。正如我們在第 16 章中看到的，這個系統被用來在 6,000 多個 TPU 上訓練大規模的語言模型，實現了接近 100% 的硬體利用率：這是一個令人驚嘆的工程壯舉。

在行文至此時，Pathways 尚未公開，但在不久的將來，你應該能夠在 Vertex AI 上使用 Pathways 或類似的系統來訓練大規模的模型。同時，為了緩解飽和問題，你應該使用少量的強大 GPU，而不是大量的低效 GPU；如果你需要在多台伺服器上訓練模型，你應該將 GPU 分組並放在較少量但連線品質非常良好的伺服器上。你也可以試著將浮點精度從 32 bits（`tf.float32`）降為 16 bits（`tf.bfloat16`）。這可以減少一半的資料傳輸量，通常不會對收斂速率或模型效能造成太大影響。最後，如果你使用集中式參數，你可以將參數劃分到多個參數伺服器：加入更多參數伺服器可減少每台伺服器的網路負載，並限制頻寬飽和的風險。

OK，知道所有的理論之後，我們來用多個 GPU 實際訓練一個模型吧！

使用分散策略 API 來進行大規模訓練

很幸運的是，TensorFlow 有一個很棒的 API，可以為你將模型分配到多台設備和機器，它是：**分散策略 API**（*distribution strategies API*）。要使用資料平行化和鏡像策略在所有可用的 GPU 上（暫時都在一台機器上）訓練 Keras 模型，你只要建立一個 `MirroredStrategy` 物件，呼叫它的 `scope()` 方法，以取得 distribution context，並將模型的建立和編譯步驟包裝在 context 中，然後像平常一樣，呼叫模型的 `fit()` 方法：

```
strategy = tf.distribute.MirroredStrategy()

with strategy.scope():
    model = tf.keras.Sequential([...])  # 像平常一樣建立 Keras 模型
    model.compile([...])  # 像平常一樣編譯模型

batch_size = 100  # 最好可以被複本數量整除
model.fit(X_train, y_train, epochs=10,
          validation_data=(X_valid, y_valid), batch_size=batch_size)
```

---

19 Paul Barham et al., "Pathways: Asynchronous Distributed Dataflow for ML", arXiv preprint arXiv:2203.12533 (2022).

在幕後，Keras 是能夠意識到分散（distribution）的，所以在這個 MirroredStrategy context 裡，它知道必須在所有可用的 GPU 設備上複製所有的變數和操作。檢查模型的權重可以看到它們的型態是 MirroredVariable：

```
>>> type(model.weights[0])
tensorflow.python.distribute.values.MirroredVariable
```

注意，fit() 方法會自動將每一個訓練批次分給所有複本，所以最好讓批次大小可被複本的數量（即可用的 GPU 數量）整除，讓所有的複本都得到一樣大的批次。就這樣！訓練速度通常比使用一個設備快很多，而且需要修改的程式碼很少。

完成模型的訓練後，你就可以用它來進行高效率的預測了，只要呼叫 predict() 方法，它就會自動將批次分給所有複本，以平行的方式進行預測。再次提醒，批次大小必須能夠被複本的數量整除。如果你呼叫模型的 save() 方法，它會被存為一般模型，**不是**具有多個複本的鏡像化模型。所以當你載入它時，它會像一般的模型一樣運行，在一個設備上（預設是在 GPU #0 上，或者，如果沒有 GPU，則是 CPU）。如果你想要載入模型，並且讓它在所有可用的設備上運行，你必須在 distribution context 裡面呼叫 tf.keras.models.load_model()：

```
with strategy.scope():
    model = tf.keras.models.load_model("my_mirrored_model")
```

如果你只想要使用所有 GPU 設備的一小部分，你可以將名單傳給 MirroredStrategy 的建構式：

```
strategy = tf.distribute.MirroredStrategy(devices=["/gpu:0", "/gpu:1"])
```

在預設情況下，MirroredStrategy 類別使用 *NVIDIA Collective Communications Library*（NCCL）來執行 AllReduce 平均值計算，但你可以將 cross_device_ops 引數設成 tf.distribute. Hierarchical CopyAllReduce 類別的實例、或 tf.distribute.ReductionToOneDevice 類別的實例來進行改變。預設的 NCCL 選項基於 tf.distribute.NcclAllReduce 類別，它通常比較快，但實際的情況取決於 GPU 的數量與類型，所以你也可以試一下別的選項 [20]。

如果你想要使用集中化參數來進行資料平行化，可將 MirroredStrategy 換成 CentralStorage Strategy：

```
strategy = tf.distribute.experimental.CentralStorageStrategy()
```

---

[20] 若要瞭解更多有關 AllReduce 演算法的細節，請閱讀 Yuichiro Ueno 的文章（*https://homl.info/uenopost*），該文介紹了深度學習背後的技術；以及 Sylvain Jeaugey 的文章（*https://homl.info/ncclalgo*），該文涵蓋了使用 NCCL 進行大規模深度學習訓練的內容。

你可以選擇設定 compute_devices 引數來指定希望當成 worker 使用的設備名單（在預設情況下，它會使用所有可用的 GPU），你也可以選擇設定 parameter_device 引數來指定用來儲存參數的設備。在預設情況下，它會使用 CPU 或 GPU，如果只有一個的話。

接下來，我們來看看如何在 TensorFlow 伺服器叢集上訓練模型！

用 TensorFlow 叢集來訓練模型

TensorFlow 叢集（*cluster*）是一組平行運行的 TensorFlow 程序，通常在不同的機器上運行，它們會互相溝通來完成某些工作，例如訓練或執行神經網路。在叢集裡的每一個 TF 程序都稱為一個 *task*，或 *TF 伺服器*。它有一個 IP 位址、一個連接埠、一個類型（也稱為它的 *role* 或它的 *job*）。類型可能是 "worker"、"chief"、"ps"（參數伺服器）或 "evaluator"：

- 每個 *worker* 都會執行計算，通常是在裝配一或多顆 GPU 的一台機器上。

- *chief* 也會執行計算（它是個 worker），但也能夠處理一些額外的工作，例如寫 TensorBoard log 或儲存檢查點。一個叢集只有一個 chief，如果沒有明確指定 chief，按照慣例，第一個 worker 是 chief。

- 參數伺服器（*ps*）只追蹤變數值，通常在純 CPU 機器上。這種 task 只與 Parameter ServerStrategy 一起使用。

- *evaluator* 顯然負責計算。這種類型不常見，且當它被使用時，通常只有一個 evaluator。

要啟動 TensorFlow 叢集，你必須先定義它的規格。這意味著你要定義各個 task 的 IP 位址、TCP 埠，與類型。例如，下面的 *cluster spec*（叢集規格）定義一個包含三個 task 的叢集（兩個 worker 與一個 ps，見圖 19-18）。cluster spec 是一個字典，其中每一個 job 有一個鍵，它的值是 task 位址串列（*IP:port*）：

```
cluster_spec = {
    "worker": [
        "machine-a.example.com:2222",    # /job:worker/task:0
        "machine-b.example.com:2222"     # /job:worker/task:1
    ],
    "ps": ["machine-a.example.com:2221"] # /job:ps/task:0
}
```

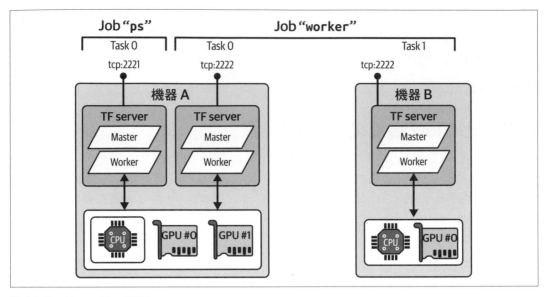

圖 19-18　TensorFlow 叢集

一般來說，每一台機器都只有一個 task，但從這個範例可以看到，想要的話，你也可以在同一台機器設置多個 task。在這個例子裡，如果它們共享同一組 GPU，你一定要正確地拆分 RAM，如前所述。

 在預設情況下，叢集中的每個 task 都可以和每一個其他 task 溝通，所以務必設置防火牆，授權這些機器在這些連接埠上的所有通訊（在每一台機器上使用相同的連接埠通常比較簡單）。

當你啟動一個 task 時，必須給它叢集規格，並告訴它，它的類型和索引是什麼（例如，worker #0）。若要一次指定所有東西（包括叢集規格與當下的 task 的類型與索引），最簡單的做法是先設定 TF_CONFIG 環境變數，再啟動 TensorFlow。它必須是個 JSON 字典，裡面有叢集規格（在 "cluster" 鍵底下），以及當下 task 的類型與索引（在 "task" 鍵底下）。例如，下面的 TF_CONFIG 環境變數使用我們剛才定義的叢集，並指定要啟動的 task 是 worker #0：

```
os.environ["TF_CONFIG"] = json.dumps({
    "cluster": cluster_spec,
    "task": {"type": "worker", "index": 0}
})
```

一般來說，你要在 Python 之外定義 TF_CONFIG 環境變數，這樣程式碼就不需要 include 當下 task 的類型與索引了（所以可以讓所有 worker 使用相同的程式碼）。

現在，我們來用叢集訓練模型！我們先使用鏡像策略。首先，為每一個 task 正確地設定 TF_CONFIG 環境變數，你不應該使用參數伺服器（移除叢集規格裡面的 "ps" 鍵），且通常要讓每台機器只有一個 worker。你也一定要為各個 task 設定不同的 task 索引。最後，在每一個 worker 上執行下面的腳本：

```
import tempfile
import tensorflow as tf

strategy = tf.distribute.MultiWorkerMirroredStrategy()  # 在一開始！
resolver = tf.distribute.cluster_resolver.TFConfigClusterResolver()
print(f"Starting task {resolver.task_type} #{resolver.task_id}")
[...] # 載入與拆開 MNIST 資料組

with strategy.scope():
    model = tf.keras.Sequential([...])  # 建構 Keras 模型
    model.compile([...])  # 編譯模型

model.fit(X_train, y_train, validation_data=(X_valid, y_valid), epochs=10)

if resolver.task_id == 0:  # chief 將模型儲存到正確的位置
    model.save("my_mnist_multiworker_model", save_format="tf")
else:
    tmpdir = tempfile.mkdtemp()  # 將其他的 worker 儲存到臨時目錄
    model.save(tmpdir, save_format="tf")
    tf.io.gfile.rmtree(tmpdir)  # 最終可以刪除這個目錄！
```

這段程式幾乎與你之前使用的相同，只是這次使用 MultiWorkerMirroredStrategy。當你在第一個 worker 上啟動這個腳本時，它們會在 AllReduce 步驟保持停滯狀態，但是一旦最後一個 worker 啟動，訓練就會立即開始，你將看到它們以完全相同的速度前進，因為它們在每一個步驟保持同步。

在使用 MultiWorkerMirroredStrategy 時，務必確保所有 worker 都執行相同的操作，包括儲存模型檢查點，和寫入 TensorBoard log，即使你只保留 chief 所寫的內容。因為這些操作可能需要執行 AllReduce 操作，因此所有 worker 必須保持同步。

這種分散策略有兩種 AllReduce 實現方法：一種是基於網路通訊框架 gRPC 的環狀 AllReduce 演算法，另一種是 NCCL 的實作。最佳演算法取決於 worker 的數量、GPU 的數量與類型，以及網路。預設情況下，TensorFlow 會應用一些經驗法則來為你選擇正確的演算法，但你可以像這樣強制使用 NCCL（或 RING）：

```
strategy = tf.distribute.MultiWorkerMirroredStrategy(
    communication_options=tf.distribute.experimental.CommunicationOptions(
        implementation=tf.distribute.experimental.CollectiveCommunication.NCCL))
```

如果你比較喜歡使用參數伺服器來實作非同步資料平行化，你可以將策略改成 Parameter ServerStrategy，加入一個或多個參數伺服器，並且為各個 task 正確地設置 TF_CONFIG。要注意的是，雖然 worker 非同步運作，但是在各個 worker 上的複本將同步運作。

最後，如果你可以使用 Google Cloud 上的 TPU（*https://cloud.google.com/tpu/*），例如，如果你使用 Colab，並將加速器類型設為 TPU，你可以建立這樣的 TPUStrategy：

```
resolver = tf.distribute.cluster_resolver.TPUClusterResolver()
tf.tpu.experimental.initialize_tpu_system(resolver)
strategy = tf.distribute.experimental.TPUStrategy(resolver)
```

它必須在匯入 TensorFlow 之後立刻執行。然後，你可以正常地使用這個策略。

> 如果你是研究者，你可能有資格免費使用 TPU；詳情見
> *https://tensorflow.org/tfrc*。

現在你可以在多顆 GPU 與多個伺服器上訓練模型了，給自己一個愛的鼓勵吧！然而，如果你要訓練一個巨大的模型，你需要很多 GPU，跨越許多伺服器，這需要購買大量的硬體，或需要管理大量的雲端虛擬機器。在許多情況下，使用雲端服務可能更方便且更經濟，它可以為你配置和管理所有基礎設施。我們來看看如何使用 Vertex AI 實現。

在 Vertex AI 上執行大型訓練工作

Vertex AI 可讓你用自己的訓練程式碼來建立自訂的訓練工作（job）。事實上，你可以使用幾乎與你在自己的 TensorFlow 叢集上使用的訓練程式碼相同的程式碼。你要更改的東西主要是 chief 該在哪裡儲存模型、檢查點和 TensorBoard log。在這個情況下，chief 不是將模型儲存到本地目錄，而是儲存到 GCS，使用由 Vertex AI 在 AIP_MODEL_DIR 環境變數中

提供的路徑。至於模型檢查點和 TensorBoard log，你應該分別使用 AIP_CHECKPOINT_DIR 和 AIP_TENSORBOARD_LOG_DIR 環境變數所儲存的路徑。當然，你也必須確保訓練資料可以從虛擬機器讀取（例如從 GCS），或是從另一個 GCP 服務（例如從 BigQuery），或直接從網路存取。最後，Vertex AI 明確設定 "chief" 任務類型，所以你應該使用 resolved.task_type == "chief" 來指定 chief，而不是使用 resolved.task_id == 0：

```
import os
[...]  # 其他的 import，建立 MultiWorkerMirroredStrategy 與 resolver

if resolver.task_type == "chief":
    model_dir = os.getenv("AIP_MODEL_DIR")  # Vertex AI 提供的路徑
    tensorboard_log_dir = os.getenv("AIP_TENSORBOARD_LOG_DIR")
    checkpoint_dir = os.getenv("AIP_CHECKPOINT_DIR")
else:
    tmp_dir = Path(tempfile.mkdtemp())  # 其他 worker 使用臨時目錄
    model_dir = tmp_dir / "model"
    tensorboard_log_dir = tmp_dir / "logs"
    checkpoint_dir = tmp_dir / "ckpt"

callbacks = [tf.keras.callbacks.TensorBoard(tensorboard_log_dir),
             tf.keras.callbacks.ModelCheckpoint(checkpoint_dir)]
[...]  # 和之前一樣使用策略作用域來組建與編譯
model.fit(X_train, y_train, validation_data=(X_valid, y_valid), epochs=10,
          callbacks=callbacks)
model.save(model_dir, save_format="tf")
```

> 將訓練資料放到 GCS 之後，你可以建立 tf.data.TextLineDataset 或 tf.data.TFRecordDataset 來讀取它，只要使用 GCS 路徑作為檔名即可（例如 gs://my_bucket/data/001.csv）。這些資料組使用 tf.io.gfile 程式包來讀取檔案：它同時支援本地檔案與 GCS 檔案。

現在你可以根據這個腳本，在 Vertex AI 上建立自訂的訓練工作（job）了。你要指定工作名稱、訓練腳本的路徑、訓練用的 Docker 映像、預測用的映像（在訓練後）、你所需要的任何額外 Python 程式庫，最後是儲存桶（bucket），讓 Vertex AI 將它當成儲存訓練腳本的暫存目錄來使用；在預設情況下，它也是訓練腳本儲存訓練好的模型、TensorBoard log 和模型檢查點（如果有的話）的位置。我們來建立工作：

```
custom_training_job = aiplatform.CustomTrainingJob(
    display_name="my_custom_training_job",
    script_path="my_vertex_ai_training_task.py",
```

```
    container_uri="gcr.io/cloud-aiplatform/training/tf-gpu.2-4:latest",
    model_serving_container_image_uri=server_image,
    requirements=["gcsfs==2022.3.0"],  # 不需要，這只是個範例
    staging_bucket=f"gs://{bucket_name}/staging"
)
```

我們在兩個 worker 上執行它，每一個 worker 都有兩顆 GPU：

```
mnist_model2 = custom_training_job.run(
    machine_type="n1-standard-4",
    replica_count=2,
    accelerator_type="NVIDIA_TESLA_K80",
    accelerator_count=2,
)
```

這樣就好了！Vertex AI 會根據你的使用額度來配置你請求的計算節點，並在這些節點上執行訓練腳本。當工作完成時，`run()` 方法會回傳一個訓練好的模型，你可以像使用之前建立的模型一樣使用它，例如將它部署到端點，或用它來進行批次預測。如果在訓練過程中出現任何問題，你可以在 GCP 主控台裡檢查 log：在 ≡ 導覽選單中選擇 Vertex AI → Training，按下你的訓練工作，然後按下 VIEW LOGS。另外，你也可以按下 CUSTOM JOBS 標籤，複製工作的 ID（例如 1234），然後在 ≡ 導覽選單中選擇 Logging，並查詢 `resource.labels.job_id=1234`。

> 若要顯示訓練進度，你只要啟動 TensorBoard，並將它的 `--logdir` 設為 log 的 GCS 路徑即可。它會使用 *application default credentials*（應用程式預設憑證），你可以使用 `gcloud auth application-default login` 來設定這些憑證。Vertex AI 也提供代管的 TensorBoard 伺服器。

如果你想嘗試幾個超參數值，有一種做法是執行多個工作。你可以在呼叫 `run()` 方法時設定 `args` 參數，來將超參數值當成命令列引數傳入腳本，或使用 `environment_variables` 參數來將它們當成環境變數傳入。

然而，如果你想在雲端執行大規模的超參數調整工作，比較好的選擇是使用 Vertex AI 的超參數調整服務。我們來看看怎麼做。

在 Vertex AI 上調整超參數

Vertex AI 的超參數調整服務採用 Bayesian 優化演算法，能夠快速找到最佳的超參陣組合。為了使用它，你要先建立一個訓練腳本，讓它以命令列引數接受超參數值。例如，你的腳本可以使用 argparse 標準庫：

```python
import argparse

parser = argparse.ArgumentParser()
parser.add_argument("--n_hidden", type=int, default=2)
parser.add_argument("--n_neurons", type=int, default=256)
parser.add_argument("--learning_rate", type=float, default=1e-2)
parser.add_argument("--optimizer", default="adam")
args = parser.parse_args()
```

超參數調整服務會多次呼叫你的腳本，每次使用不同的超參數值：每一次的執行稱為一個 *trial*，trail 的集合稱為一個 *study*。你的訓練腳本必須使用給定的超參數值來建立並編譯一個模型。如果需要，你可以使用鏡像分散策略，以防各個 trial 在一台多 GPU 的機器上運行。然後，你可以載入資料組並訓練模型。例如：

```python
import tensorflow as tf

def build_model(args):
    with tf.distribute.MirroredStrategy().scope():
        model = tf.keras.Sequential()
        model.add(tf.keras.layers.Flatten(input_shape=[28, 28], dtype=tf.uint8))
        for _ in range(args.n_hidden):
            model.add(tf.keras.layers.Dense(args.n_neurons, activation="relu"))
        model.add(tf.keras.layers.Dense(10, activation="softmax"))
        opt = tf.keras.optimizers.get(args.optimizer)
        opt.learning_rate = args.learning_rate
        model.compile(loss="sparse_categorical_crossentropy", optimizer=opt,
                      metrics=["accuracy"])
        return model

[...]  # 載入資料組
model = build_model(args)
history = model.fit([...])
```

你可以使用之前提到的 AIP_* 環境變數來確定該在哪裡儲存檢查點、TensorBoard log 和最終模型。

最後，腳本必須將模型的效能回報給 Vertex AI 的超參數調整服務，讓它決定下一步該試驗哪些超參數。為此，你必須使用 hypertune 程式庫，它已經被自動安裝在 Vertex AI 的訓練 VM 上了：

```python
import hypertune

hypertune = hypertune.HyperTune()
hypertune.report_hyperparameter_tuning_metric(
    hyperparameter_metric_tag="accuracy",  # 回報的指標名稱
    metric_value=max(history.history["val_accuracy"]),  # 指標值
    global_step=model.optimizer.iterations.numpy(),
)
```

現在訓練腳本已經準備好了，你要定義你想在哪種類型的機器上執行它。為此，你必須定義一個自訂工作，Vertex AI 將使用它來作為每個 trail 的模板：

```python
trial_job = aiplatform.CustomJob.from_local_script(
    display_name="my_search_trial_job",
    script_path="my_vertex_ai_trial.py",  # 前往你的訓練腳本的路徑
    container_uri="gcr.io/cloud-aiplatform/training/tf-gpu.2-4:latest",
    staging_bucket=f"gs://{bucket_name}/staging",
    accelerator_type="NVIDIA_TESLA_K80",
    accelerator_count=2,  # 在這個例子裡，每個 trial 有 2 顆 GPU
)
```

最後，你可以開始建立並執行超參數調整工作了：

```python
from google.cloud.aiplatform import hyperparameter_tuning as hpt

hp_job = aiplatform.HyperparameterTuningJob(
    display_name="my_hp_search_job",
    custom_job=trial_job,
    metric_spec={"accuracy": "maximize"},
    parameter_spec={
        "learning_rate": hpt.DoubleParameterSpec(min=1e-3, max=10, scale="log"),
        "n_neurons": hpt.IntegerParameterSpec(min=1, max=300, scale="linear"),
        "n_hidden": hpt.IntegerParameterSpec(min=1, max=10, scale="linear"),
        "optimizer": hpt.CategoricalParameterSpec(["sgd", "adam"]),
    },
    max_trial_count=100,
    parallel_trial_count=20,
)
hp_job.run()
```

在這裡，我們告訴 Vertex AI 將名為 "accuracy" 的指標最大化：這個名稱必須與訓練腳本回報的指標名稱相符。我們也定義了搜尋空間，讓學習速度使用對數尺度，讓其他超參數使用線性（即均勻）尺度。超參數的名稱必須符合訓練腳本的命令列引數。然後，我們將最大 trial 數設為 100，並將平行執行的最大 trail 數設為 20。如果你將平行 trail 數加到（假設）60，總搜尋時間將大幅減少，最多減少 3 倍。但是前 60 個 trail 將平行啟動，因此它們將無法從其他 trail 的回饋受益。因此，你應該增加最大 trail 數來補償這個情況，例如增加到大約 140 個。

這會花費相當長的時間。當工作完成時，你可以使用 **hp_job.trials** 來取得 trail 結果。每個 trial 結果都用一個 protobuf 物件來表示，裡面有超參數值和指標。我們來找出最佳 trial：

```
def get_final_metric(trial, metric_id):
    for metric in trial.final_measurement.metrics:
        if metric.metric_id == metric_id:
            return metric.value


trials = hp_job.trials
trial_accuracies = [get_final_metric(trial, "accuracy") for trial in trials]
best_trial = trials[np.argmax(trial_accuracies)]
```

我們來看看這個 trial 的準確率，以及它的超參數值：

```
>>> max(trial_accuracies)
0.977400004863739
>>> best_trial.id
'98'
>>> best_trial.parameters
[parameter_id: "learning_rate" value { number_value: 0.001 },
 parameter_id: "n_hidden" value { number_value: 8.0 },
 parameter_id: "n_neurons" value { number_value: 216.0 },
 parameter_id: "optimizer" value { string_value: "adam" }
]
```

就這樣！現在你可以取得這個 trial 的 SavedModel，如果需要的話，也可以做一些額外的訓練，然後將它部署到生產環境中。

> Vertex AI 也有一個 AutoML 服務，它會全力負責幫你找到合適的模型架構，並為你進行訓練。你只要使用依資料組的類型（圖像、文字、表格、影片等）而定的特定格式來將資料組上傳到 Vertex AI，然後建立一個 AutoML 訓練工作，設定資料組並指定你最多願意花費多少計算時數即可。範例請參考 notebook。

在 Vertex AI 使用 Keras Tuner 來調整超參數

除了使用 Vertex AI 的超參數調整服務之外，你也可以使用 Keras Tuner（在第 10 章介紹過）並在 Vertex AI VM 上運行它。Keras Tuner 提供一種簡單的方式來將超參數搜尋分散到多台機器上，藉以擴展它的規模：你只要在每台機器設定三個環境變數，然後在每台機器上執行一般的 Keras Tuner 程式碼即可。你可以在所有機器上使用完全相同的腳本，讓其中一台機器擔任 chief（即 oracle），其他機器擔任 worker。每一個 worker 會向 chief 詢問要嘗試哪些超參數值，然後 worker 會使用這些超參數值來訓練模型，最後將模型的效能回報給 chief，讓 chief 決定 worker 接下來應該嘗試哪些超參數值。

需要在每台機器上設定的三個環境變數是：

KERASTUNER_TUNER_ID

    這在 chief 機器上等於 "chief"，在各個 worker 機器上是唯一的 ID，例如 "worker0"、"worker1"…等。

KERASTUNER_ORACLE_IP

    這是 chief 機器的 IP 位址或主機名稱。chief 本身通常使用 "0.0.0.0" 來監聽機器的每一個 IP 位址。

KERASTUNER_ORACLE_PORT

    這是 chief 將監聽的 TCP 埠。

你可以將 Keras Tuner 分散到任何一組機器上。如果你想在 Vertex AI 機器上運行它，你可以產生一個普通的訓練工作，然後修改訓練腳本，在使用 Keras Tuner 之前正確地設定環境變數。範例請參考 notebook。

你已經掌握了所有工具和知識，可以建立頂尖的神經網路架構，並在自己的基礎設施或雲端上使用各種分散策略來進行大規模訓練，然後在任何地方部署它們了。換句話說，現在的你已經擁有超能力了，務必善用它們！

習題

1. 在 SavedModel 裡面有什麼？如何查看它的內容？

2. 為什麼要使用 TF Serving？它的主要功能是什麼？你可以用哪些工具來部署它？

3. 如何在多個 TF Serving 實例上部署模型？

4. 何時該使用 gRPC API 而非 REST API 來查詢 TF Serving 提供的模型服務？

5. TFLite 使用哪些方法來縮小模型，讓它可在行動或嵌入式設備上運行？

6. 什麼是量化感知訓練？為何需要它？

7. 什麼是模型平行化與資料平行化？為何通常建議使用後者？

8. 當你在多台伺服器上訓練模型時，你可以使用哪些分散策略？如何選擇策略？

9. 訓練一個模型（你喜歡的任何模型），並將它部署到 TF Serving 或 Google Vertex AI 上。編寫用戶端程式，使用 REST API 或 gRPC API 來查詢它。更改模型，並部署新版本。現在你的用戶端程式將查詢新版本。將模型恢復成第一版。

10. 在同一台機器的多顆 GPU 上，使用 MirroredStrategy 來訓練任何一個模型（如果你沒有 GPU，你可以在 Google Colab 上選擇 GPU runtime，並建立兩個邏輯 GPU）。然後，再次使用 CentralStorageStrategy 來訓練該模型，比較訓練時間。

11. 在 Vertex AI 上微調你選擇的模型，你可以使用 Keras Tuner 或 Vertex AI 的超參數調整服務。

這些習題的答案在本章的 notebook（*https://homl.info/colab3*）的結尾。

感謝你！

在結束本書的最後一章之前，感謝你看到最後一段。真心希望你閱讀本書的過程，和我寫作的過程一樣開心，也希望這本書對你的專案（不管大小）有所幫助。

如果你發現錯誤，請提供反饋。更重要的是，我很樂意知道你的想法，所以別猶豫了，你隨時可以透過 O'Reilly、GitHub 上的 *ageron/handson-ml3* 專案，或 Twitter 帳號 @aureliengeron 與我聯繫。

關於你的下一步，我的建議是：持續練習！試著完成所有習題（如果你還沒有做完的話），玩一下 notebook、加入 Kaggle 或其他 ML 社群、觀看 ML 課程、閱讀論文、參加研討會，並與專家交流。這個領域的變遷速度很快，請盡量掌握最新訊息。有幾個 YouTube 頻道定期以易懂的方式詳細介紹深度學習論文。我特別推薦 Yannic Kilcher、Letitia Parcalabescu 和 Xander Steenbrugge 的頻道。若要瞭解引人入勝的 ML 探討和更高層次的見解，務必觀看 ML Street Talk 和 Lex Fridman 的頻道。實作具體專案也有助於提升能力，無論是為了工作，還是為了好玩（最好兩者兼備）。所以，如果你一直夢想建立某種應用模式，試著實現它！循序漸進，不要企圖一步登天，專注於你的專案，一步一步地建立它。這需要耐心和毅力，但是當你擁有一個能夠行走的機器人、或一個功能健全的聊天機器人，或你所喜愛的其他東西時，你將獲得空前的成就感！

我最大的夢想是透過這本書來激勵你建立一個出色的 ML app，並造福我們所有人！它會是什麼呢？

—Aurélien Géron

機器學習專案檢核表

這份檢核表可以引導你執行機器學習專案,它有八大步驟:

1. 定義問題並且瞭解大局。

2. 取得資料。

3. 探索資料來獲得見解。

4. 準備資料,讓機器學習演算法更方便瞭解潛在的資料模式。

5. 研究許多不同的模型,並且選出最好的模型。

6. 微調你的模型,並將它們結合成很棒的解決方案。

7. 展示解決方案。

8. 啟動、監視與維護系統。

顯然,你可以根據你自己的需求,隨意調整這份檢核表。

定義問題並且瞭解大局

1. 用商業詞彙來定義目標。

2. 你的解決方案將被如何使用?

3. 目前的解決方案 / 變通方法是什麼(如果有的話)?

4. 如何定義這個問題(監督 / 無監督、線上 / 離線…等)?

5. 如何評估效能?

6. 效能指標符合商業目標嗎？

7. 實現商業目標需要的最低效能是什麼？

8. 可類比的問題是什麼？如何重複使用經驗或工具？

9. 有人類專家可提供協助嗎？

10. 怎麼人工解決這個問題？

11. 列出你（或別人）到目前為止做出來的假設。

12. 可以的話，驗證假設。

取得資料

注意：盡量自動化，這樣你才可以輕鬆地取得最新的資料。

1. 列出你需要的資料，以及你需要多少？

2. 找出並記下可以取得那些資料的地方。

3. 確定它將占用多少空間。

4. 釐清法律義務，如有必要，取得授權。

5. 取得使用權限。

6. 建立工作空間（有足夠的儲存空間）。

7. 取得資料。

8. 將資料轉換成可以輕鬆管理的格式（但不能改變資料本身）。

9. 刪除或保護（例如匿名化）機敏資訊。

10. 確認資料的大小與型態（時間序列、樣本、地理位置…等）。

11. 抽出測試組，放到一旁，絕不看它（不做資料窺探！）。

探索資料

注意：在這些步驟中，試著從領域專家獲得見解。

1. 建立探索用的資料複本（必要時，將它抽樣成可管理的大小）。

2. 用 Jupyter notebook 來記錄你的資料探索心得。

3. 研究各個屬性與它的特性：

   - 名稱

   - 類型（分類、整數 / 浮點數、有限 / 無限、文字、結構化…等）

   - 缺漏值的百分比

   - 雜訊程度，以及雜訊類型（隨機、離訊值、進位誤差…等）

   - 它對於任務的實用度

   - 分布類型（高斯、均勻、對數…等）

4. 在監督學習任務中，找出目標屬性。

5. 將資料視覺化。

6. 研究屬性之間的相關性。

7. 研究如何人工解決這個問題。

8. 找出你可能想要採用的轉換。

9. 找出實用的額外資料（參考第 756 頁的「取得資料」）。

10. 將你發現的事情記錄下來。

準備資料

注意：

- 使用資料複本（原始資料組原封不動）。

- 為你將執行的所有資料轉換編寫函式，理由有五個：

  — 這樣就可以在下一次取得新資料組時，輕鬆地準備資料

  — 這樣就可以在未來的專案中執行這些轉換

  — 為了清理與準備測試組

  — 在解決方案上線之後，清理與準備新的資料實例

  — 為了讓你的準備選擇更容易當成超參數

1. 清理資料：

   - 修正或移除離群值（非強制）。

- 填入遺漏值（例如，使用零、均值、中位數…）或移除它們那一列（或行）。

2. 執行特徵選擇（非強制）：

- 移除無法為任務提供有用資訊的屬性。

3. 適合的話，進行特徵工程：

- 將連續特徵離散化。

- 分解特徵（例如分類、日期 / 時間…等）。

- 加入有潛力的特徵轉換（例如 $\log(x)$、$\mathrm{sqrt}(x)$、x^2…等）。

- 將特徵整理成有潛力的新特徵。

4. 執行特徵尺度調整：

- 將特徵標準化或正規化。

列出有潛力的模型

注意：

- 如果資料很大，你可能要抽出較小的訓練組，以便用合理的時間來訓練許多不同的模型（請注意，這種做法不適合大型神經網路或隨機森林等複雜的模型）。

- 同樣的，盡量試著將這些步驟自動化。

1. 使用標準參數來訓練許多類型的粗略（quick-and-dirty）模型（例如線性、樸素 Bayes、SVM、隨機森林、神經網路…等）。

2. 評估與比較它們的效能：

- 對每一個模型執行 N-fold 交叉驗證，並計算 N fold 的效能指標的均值與標準差。

3. 分析各個演算法最重要的變數。

4. 分析模型產生的錯誤類型：

- 人類會使用哪些資料來避免這些錯誤？

5. 快速地進行一輪特徵選擇與特徵工程。

6. 再快速地執行前五個步驟一或兩輪。

7. 列出前三個到前五個最有潛力的模型，優先選擇產生不同錯誤類型的模型。

微調模型

注意：

- 在這個步驟使用越多資料越好，尤其是在微調快結束時。

- 一如往常，盡量自動化。

1. 使用交叉驗證來微調超參數：

    - 將資料轉換選項視為超參數，尤其是不確定該使用哪一種時（例如，如果你不確定究竟要將遺漏值換成零、中位數，還是直接拿掉那一列時）。

    - 除非需要探索的超參數值很少，否則優先選擇隨機搜尋，而不是網格搜尋。如果訓練時間很長，你可能要優先採用 Bayesian 優化法（例如使用高斯過程先驗，見 Jasper Snoek 等人的著作（*https://homl.info/134*）[1]）。

2. 嘗試總體方法。將最佳模型結合起來產生的效果通常比分別執行它們更好。

3. 當你對最終模型有充分的信心時，用測試組來評估它的效果，並估計類推誤差。

不要在評估類推誤差之後調整模型，否則你會開始過擬測試組。

展示你的解決方案

1. 記錄你做過的事情。

2. 舉辦一場引人入勝的展示報告：

    - 務必先強調大方向。

3. 解釋為何你的解決方案可實現商業目標。

4. 別忘了展示在研發過程中發現的有趣事物：

    - 介紹哪些有效，哪些無效。

    - 列出你的假設，與系統的限制。

---

1   Jasper Snoek et al., "Practical Bayesian Optimization of Machine Learning Algorithms", *Proceedings of the 25th Internationalal Conference on Neural Information Processing Systems* 2 (2012): 2951–2959.

5. 務必使用漂亮的視覺效果或容易記住的講法來傳達你的關鍵發現（例如「收入中位數是預測房價的頭號指標」）。

推出！

1. 準備好你的解決方案以進行產品化（整合生產資料輸入，撰寫單元測試…等）。

2. 編寫監視程式，定期檢查系統的即時效能，並且在效能下降時發出警報：

   • 注意緩慢的退化：隨著資料的演變，模型往往會逐漸「腐朽」。

   • 衡量效能可能需要人工流程（例如，透過眾包服務）。

   • 監測輸入資料的品質（例如，可能有故障的感應器發送隨機數值，或其他團隊的輸出變得過時）。這一點對線上學習系統而言特別重要。

3. 定期使用新資料來重新訓練模型（盡量自動化）。

Autodiff

這個附錄將解釋 TensorFlow 的自動微分（autodiff）功能如何運作，以及它與其他解決方案的比較。

假設你定義了一個函數 $f(x, y) = x^2y + y + 2$，你需要它的偏導數 $\partial f/\partial x$ 與 $\partial f/\partial y$，通常是為了進行梯度下降（或其他的優化演算法）。你的主要選項有手算微分、有限差分近似、順向模式自動微分，與反向模式自動微分。TensorFlow 實作了反向模式自動微分，但先瞭解其他選項可以幫助你瞭解反向模式自動微分。所以我們來依次瞭解它們，從手算微分開始。

手算微分

計算導數的第一種方法是拿起鉛筆與紙，運用你的微積分知識來推導出相應的方程式。對於剛才定義的函數 $f(x, y)$ 來說，這件事並不難，只要使用五條規則即可：

- 常數的導數是 0。
- λx 的導數是 λ（其中的 λ 是常數）。
- x^λ 的導數是 $\lambda x^{\lambda-1}$，所以 x^2 的導數是 $2x$。
- 函數和的導數是這些函數的導數之和。
- λ 乘以一個函數的結果的導數等於 λ 乘以該函數的導數。

根據這些規則，你可以推導出公式 B-1。

公式 B-1　f(x, y) 的偏導數

$$\frac{\partial f}{\partial x} = \frac{\partial(x^2 y)}{\partial x} + \frac{\partial y}{\partial x} + \frac{\partial 2}{\partial x} = y\frac{\partial(x^2)}{\partial x} + 0 + 0 = 2xy$$

$$\frac{\partial f}{\partial y} = \frac{\partial(x^2 y)}{\partial y} + \frac{\partial y}{\partial y} + \frac{\partial 2}{\partial y} = x^2 + 1 + 0 = x^2 + 1$$

用這種做法來處理複雜的函數可能非常繁瑣，而且有出錯的風險。幸運的是，我們還有其他的選擇。我們來看看有限差分近似法。

有限差分近似法

複習一下，函數 $h(x)$ 在點 x_0 處的導數 $h'(x_0)$ 是該函數在該點的斜率。更準確地說，導數的定義是一條穿越點 x_0 到達函數的另一個極靠近 x_0 的點 x 的直線的斜率的極限（見公式 B-2）。

公式 B-2　函數 $h(x)$ 在點 x_0 的導數

$$h'(x_0) = \lim_{x \to x_0} \frac{h(x) - h(x_0)}{x - x_0}$$

$$= \lim_{\varepsilon \to 0} \frac{h(x_0 + \varepsilon) - h(x_0)}{\varepsilon}$$

所以，如果我們想要計算函數 $f(x, y)$ 在 $x = 3$ 且 $y = 4$ 對於 x 的偏導數，我們可以計算 $f(3 + \varepsilon, 4) - f(3, 4)$，並將結果除以 ε，其中 ε 是非常小的值。這種導數數值近似法稱為有限差分近似，而這個公式稱為牛頓差分商。這段程式就是在做這件事：

```
def f(x, y):
    return x**2*y + y + 2

def derivative(f, x, y, x_eps, y_eps):
    return (f(x + x_eps, y + y_eps) - f(x, y)) / (x_eps + y_eps)

df_dx = derivative(f, 3, 4, 0.00001, 0)
df_dy = derivative(f, 3, 4, 0, 0.00001)
```

遺憾的是，它的結果並不準確（而且越複雜的函數越糟）。正確的結果分別是 24 與 10，我們卻得到：

```
>>> df_dx
24.000039999805264
>>> df_dy
10.000000000331966
```

值得注意的是，為了計算這兩個偏導數，我們至少必須呼叫 f() 三次（上面的程式呼叫它四次，但這是可以優化的）。如果參數有 1,000 個，我們至少要呼叫 f() 1,001 次。所以在處理大型的神經網路時，使用有限差分近的效果很不好。

但是，由於這種方法非常容易實作，所以它很適合用來檢查其他的做法是否被正確地實作。例如，如果它與你手動推導的函數結果不一致，你的函數可能有誤。

到目前為止，我們考慮了兩種計算梯度的方法：使用手算微分，以及使用有限差分近似。遺憾的是，在訓練大型神經網路時，這兩種做法都有致命的缺陷。所以我們來看看 autodiff，從順向模式開始。

順向模式自動微分

圖 B-1 說明順向模式自動微分處理更簡單的函數時的情況：$g(x, y) = 5 + xy$。左圖是該函數的圖（graph）。執行順向自動微分會得到右圖，它代表偏導數 $\partial g / \partial x = 0 + (0 \times x + y \times 1) = y$（我們可以用類似的方式取得對於 y 的偏導數）。

這個演算法會從輸入到輸出遍歷計算圖（因此稱為「順向模式」）。首先，它取得葉節點的偏導數。常數節點（5）回傳常數 0，因為常數的導數必然是 0。變數 x 回傳常數 1，因為 $\partial x / \partial x = 1$，變數 y 回傳常數 0，因為 $\partial y / \partial x = 0$（如果我們計算的是對於 y 的偏導數，結果將相反）。

取得在圖中往上移動所需的所有東西後，我們往上移動，前往函數 g 的乘法節點。微積分說，兩個函數 u 與 v 的積的導數是 $\partial(u \times v) / \partial x = \partial v / \partial x \times u + v \times \partial u / \partial x$。因此，我們可以建構右圖很大的一部分，代表 $0 \times x + y \times 1$。

最後，我們往上到達函數 g 的加法節點。如前所述，函數的和的導數就是這些函數的導數的和，所以我們只要建立一個加法節點，並將它接到已經算出來的部分即可。我們得到正確的偏導數：$\partial g / \partial x = 0 + 0 \times x + y \times 1$。

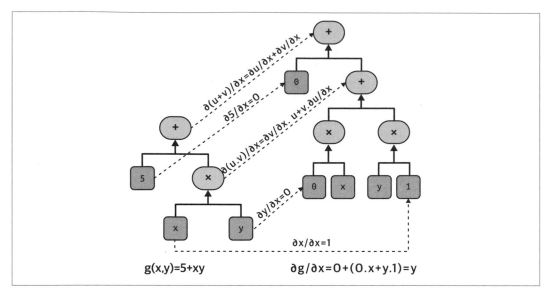

圖 B-1 順向模式自動微分

但是，我們可以簡化這個公式（許多）。我們可以在計算圖中執行幾個修剪步驟來移除沒必要的操作，得到一個小很多的圖，它只有一個節點：$\partial g/\partial x = y$。在這個例子裡，進行簡化相當容易，但是對於較複雜的函數，順向模式自動微分可能產生一張巨型的圖，難以簡化，並導致效果不佳。

要注意的是，我們從一個計算圖開始處理，順向模式自動微分產生另一個計算圖。這稱為**符號微分**（*symbolic differentiation*），它有兩個優點：首先，產生導數的計算圖之後，我們可以多次使用它來計算特定函數的任何 x 與 y 值的導數；其次，我們可以使用所產生的圖來再次執行順向模式自動微分以取得二階導數（也就是導數的導數）。我們甚至可以計算三階導數，以此類推。

但是你也可以在不建構圖的情況下執行順向自動微分（也就是數值性的，而不是符號性的），只要即時計算中間結果即可。有一種做法是使用**雙數**（*dual number*），它是一種奇怪但迷人的數字，寫成 $a + b\varepsilon$，其中 a 與 b 是實數，ε 是一個無窮小的數字，使得 $\varepsilon^2 = 0$（但是 $\varepsilon \neq 0$）。你可以將雙數 $42 + 24\varepsilon$ 想成類似 $42.0000\cdots000024$，裡面有無限多個 0（當然，這只是簡單的講法，為了讓你對雙數有一些概念）。在記憶體裡，雙數以一對浮點數來表示。例如，$42 + 24\varepsilon$ 以 (42.0, 24.0) 來表示。

雙數可以進行加法、乘法…等運算，如公式 B-3 所示。

公式 B-3　一些雙數運算

$$\lambda(a + b\varepsilon) = \lambda a + \lambda b\varepsilon$$

$$(a + b\varepsilon) + (c + d\varepsilon) = (a + c) + (b + d)\varepsilon$$

$$(a + b\varepsilon) \times (c + d\varepsilon) = ac + (ad + bc)\varepsilon + (bd)\varepsilon^2 = ac + (ad + bc)\varepsilon$$

最重要的是，我們可以證明 $h(a + b\varepsilon) = h(a) + b \times h'(a)\varepsilon$，所以計算 $h(a + \varepsilon)$ 可以一次得到 $h(a)$ 與導數 $h'(a)$。圖 B-2 展示函數 $f(x, y)$ 在 $x = 3$ 和 $y = 4$ 時對於 x 的偏導數（我們寫成 $\partial f/\partial x(3, 4)$）可以用雙數來計算，只要計算 $f(3 + \varepsilon, 4)$ 即可，它會輸出一個雙數，其中的第一個元素等於 $f(3, 4)$，第二個元素等於 $\partial f/\partial x(3, 4)$。

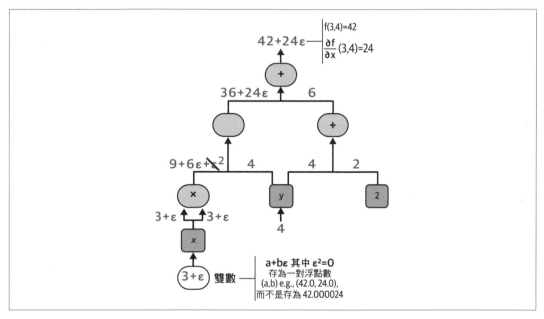

圖 B-2　使用雙數來進行順向模式自動微分

為了計算 $\partial f/\partial x(3, 4)$，我們需要再次遍歷圖，但這次使用 $x = 3$ 與 $y = 4 + \varepsilon$。

所以，順向模式自動微分比有限差分近似更加準確，但它也有相同的主要缺陷，至少在有許多輸入和少量輸出的情況下（比如在處理神經網路時）：如果參數有 1,000 個，它就要遍歷圖 1,000 次才能算出所有的偏導數。這就是反向模式自動微分的優勢所在，它只要遍歷圖兩次就可以算出所有的偏導數。我們來看看它是怎麼做到的。

反向模式自動微分

反向模式自動微分是 TensorFlow 實作的解決方案。它會先順向遍歷圖（也就是從輸入到輸出）來計算各個節點的值，然後遍歷第二次，這一次是反向（也就是從輸出到輸入），以計算所有的偏導數。在名稱中的「反向」出自第二次的遍歷，其中，梯度以反方向流動。圖 B-3 是第二次遍歷的情況。第一次遍歷會計算所有節點值，從 $x = 3$ 與 $y = 4$ 開始。你可以在各個節點的右下角看到這些值（例如 $x \times x = 9$）。為了清楚說明，我將節點標為 n_1 到 n_7。輸出節點是 n_7: $f(3, 4) = n_7 = 42$。

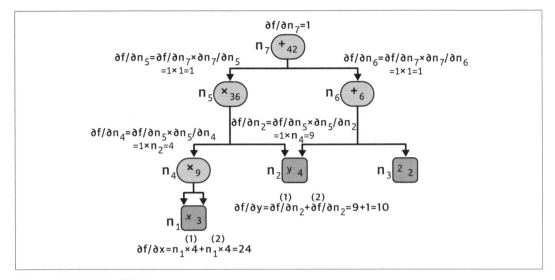

圖 B-3　反向模式自動微分

這種做法的想法是逐漸往下遍歷圖，計算 $f(x, y)$ 對於各個連續的節點的偏導數，直到到達變數節點為止。為此，反向模式自動微分重度依賴連鎖律，見公式 B-4。

公式 *B-4*　連鎖律

$$\frac{\partial f}{\partial x} = \frac{\partial f}{\partial n_i} \times \frac{\partial n_i}{\partial x}$$

因為 n_7 是輸出節點，$f = n_7$，所以 $\partial f / \partial n_7 = 1$。

我們繼續往下遍歷到 n_5：當 n_5 改變時，f 改變多少？答案是 $\partial f / \partial n_5 = \partial f / \partial n_7 \times \partial n_7 / \partial n_5$。我們知道 $\partial f / \partial n_7 = 1$，所以現在只要知道 $\partial n_7 / \partial n_5$ 是多少。因為 n_7 僅執行加法 $n_5 + n_6$，我們發現 $\partial n_7 / \partial n_5 = 1$，所以 $\partial f / \partial n_5 = 1 \times 1 = 1$。

接著我們前往節點 n_4：當 n_4 改變時，f 改變多少？答案是 $\partial f/\partial n_4 = \partial f/\partial n_5 \times \partial n_5/\partial n_4$。因為 $n_5 = n_4 \times n_2$，我們知道 $\partial n_5/\partial n_4 = n_2$，所以 $\partial f/\partial n_4 = 1 \times n_2 = 4$。

我們繼續執行這個程序，直到到達圖的底部為止，屆時，我們就算出 $f(x, y)$ 在 $x = 3$ 與 $y = 4$ 的所有偏導數了。在這個例子中，我們得到 $\partial f/\partial x = 24$ 且 $\partial f/\partial y = 10$。沒錯！

反向模式自動微分是強大且準確的技術，尤其是有許多輸入與幾個輸出時，因為它只需要順向遍歷一遍，再為每一個輸出反向遍歷一遍，就可以算出所有輸出對所有輸入的所有偏導數了。在訓練神經網路時，我們通常將損失最小化，所以只有一個輸出（loss），因此，為了計算梯度，我們只需要遍歷兩次圖。反向模式自動微分也可以處理非完全可微的函數，只要請它計算可微的那個點的偏導數即可。

在圖 B-3 中，數值結果是在每個節點上即時計算的，但是，TensorFlow 不完全如此：它會建立一個新的計算圖。換句話說，它實作了符號反向模式自動微分。如此一來，我們只需要產生一次計算損失對於所有參數的梯度的計算圖，然後，當優化器需要計算梯度時，可以反覆執行它。此外，這種做法也可以讓我們在必要時計算高階導數。

 如果你想要用 C++ 來編寫新型的低階 TensorFlow 操作，而且想讓它與 autodiff 相容，你就要寫一個函式來回傳函數的輸出對於其輸入的偏導數。例如，假設你要實作一個計算輸入的平方的函數：$f(x) = x^2$，此時，你要提供相應的導數函數：$f'(x) = 2x$。

特殊資料結構

這個附錄將簡單地介紹除了一般的浮點數和整數 tensor 之外，TensorFlow 支援的資料結構，包括字串、不規則 tensor、稀疏 tensor、tensor 陣列、集合與佇列。

字串

tensor 可保存 byte string，它特別適用於自然語言處理（見第 16 章）：

```
>>> tf.constant(b"hello world")
<tf.Tensor: shape=(), dtype=string, numpy=b'hello world'>
```

如果你試著使用 Unicode 字串來建立 tensor，TensorFlow 會自動將它編碼為 UTF-8：

```
>>> tf.constant("café")
<tf.Tensor: shape=(), dtype=string, numpy=b'caf\xc3\xa9'>
```

你也可以建立代表 Unicode 字串的 tensor，你只要建立一個 32-bit 整數陣列，其中的每一個整數都代表一個 Unicode 碼位 [1]：

```
>>> u = tf.constant([ord(c) for c in "café"])
>>> u
<tf.Tensor: shape=(4,), [...], numpy=array([ 99,  97, 102, 233], dtype=int32)>
```

---

1   如果你還不知道什麼是 Unicode 碼位，可參考 *https://homl.info/unicode*。

在型態為 tf.string 的 tensor 中，字串長度不是 tensor 的外形的一部分。換句話說，字串被視為原子值（atomic value）。但是在 Unicode 字串 tensor 中（即 int32 tensor），字串長度是 tensor 的外形的一部分。

在 tf.strings 程式包裡面有一些處理字串 tensor 的函式，例如計算 byte string 裡的 bytes 數量的 length()（或碼位數，當你設定 unit="UTF8_CHAR" 時）、將 Unicode 字串 tensor（即 int32 tensor）轉換成 byte string tensor 的 unicode_encode()，以及執行反向操作的 unicode_decode()：

```
>>> b = tf.strings.unicode_encode(u, "UTF-8")
>>> b
<tf.Tensor: shape=(), dtype=string, numpy=b'caf\xc3\xa9'>
>>> tf.strings.length(b, unit="UTF8_CHAR")
<tf.Tensor: shape=(), dtype=int32, numpy=4>
>>> tf.strings.unicode_decode(b, "UTF-8")
<tf.Tensor: shape=(4,), [...], numpy=array([ 99,  97, 102, 233], dtype=int32)>
```

你也可以操作包含多個字串的 tensor：

```
>>> p = tf.constant(["Café", "Coffee", "caffè", " 咖啡 "])
>>> tf.strings.length(p, unit="UTF8_CHAR")
<tf.Tensor: shape=(4,), dtype=int32, numpy=array([4, 6, 5, 2], dtype=int32)>
>>> r = tf.strings.unicode_decode(p, "UTF8")
>>> r
<tf.RaggedTensor [[67, 97, 102, 233], [67, 111, 102, 102, 101, 101], [99, 97,
102, 102, 232], [21654, 21857]]>
```

注意，解碼後的字串被存入 RaggedTensor，那是什麼？

Ragged Tensor

ragged（不規則）*tensor* 是一種特殊的 tensor，用來代表一系列具有不同大小的陣列。更廣泛地說，它是具有一或多個不規則的維度的 tensor，不規則的意思是，維度的 slice 可能有不同的長度。在不規則 tensor r 中，第二維是不規則的維度。在所有不規則 tensor 中，第一維一定是一般的維度（也稱為均勻維度）。

不規則 tensor r 的所有元素都是一般的 tensor。例如，我們來看看不規則 tensor 的第二個元素：

```
>>> r[1]
<tf.Tensor: [...], numpy=array([ 67, 111, 102, 102, 101, 101], dtype=int32)>
```

tf.ragged 程式包有許多用來建立和操作不規則 tensor 的函式，我們用 tf.ragged.constant() 來建立第二個不規則 tensor，並將它串接到第一個不規則 tensor，沿著軸 0：

```
>>> r2 = tf.ragged.constant([[65, 66], [], [67]])
>>> tf.concat([r, r2], axis=0)
<tf.RaggedTensor [[67, 97, 102, 233], [67, 111, 102, 102, 101, 101], [99, 97,
102, 102, 232], [21654, 21857], [65, 66], [], [67]]>
```

結果不出所料：在 r2 裡面的 tensor 被附加 r 裡面的 tensor 後面，沿著軸 0。但沿著軸 1 串接 r 與另一個不規則 tensor 呢？

```
>>> r3 = tf.ragged.constant([[68, 69, 70], [71], [], [72, 73]])
>>> print(tf.concat([r, r3], axis=1))
<tf.RaggedTensor [[67, 97, 102, 233, 68, 69, 70], [67, 111, 102, 102, 101, 101,
71], [99, 97, 102, 102, 232], [21654, 21857, 72, 73]]>
```

這一次，在 r 裡面的第 i 個 tensor 與在 r3 裡面的第 i 個 tensor 被串接起來了。這個情況比較不尋常，因為這些 tensor 都可以有不同的長度。

當你呼叫 to_tensor() 方法時，它會被轉換成一般的 tensor，為較短的 tensor 補上 0，來讓 tensor 都有相同的長度（你可以設定 default_value 引數來改變預設值）：

```
>>> r.to_tensor()
<tf.Tensor: shape=(4, 6), dtype=int32, numpy=
array([[   67,    97,   102,   233,     0,     0],
       [   67,   111,   102,   102,   101,   101],
       [   99,    97,   102,   102,   232,     0],
       [21654, 21857,     0,     0,     0,     0]], dtype=int32)
```

許多 TF 操作都支援不規則 tensor。要瞭解完整的清單，可參考 tf.RaggedTensor 類別的文件。

稀疏 tensor

TensorFlow 也可以高效地表示*稀疏 tensor*（也就內容大部分都是 0 的 tensor）。你只要建立 tf.SparseTensor，指定非零元素的索引與值，以及 tensor 的外形即可。索引必須以「閱讀順序」列出（從左到右，從上到下）。如果你不確定，可使用 tf.sparse.reorder()。你可以用 tf.sparse.to_dense() 來將稀疏 tensor 轉換成密集 tensor（也就是一般 tensor）：

```
>>> s = tf.SparseTensor(indices=[[0, 1], [1, 0], [2, 3]],
...                     values=[1., 2., 3.],
...                     dense_shape=[3, 4])
...
>>> tf.sparse.to_dense(s)
```

```
<tf.Tensor: shape=(3, 4), dtype=float32, numpy=
array([[0., 1., 0., 0.],
       [2., 0., 0., 0.],
       [0., 0., 0., 3.]], dtype=float32)>
```

注意，不規則 tensor 支援的操作不像密集 tensor 那麼多。例如，你可以將一個不規則 tensor 乘以任何純量值，得到一個新的不規則 tensor，但無法將一個純量值與一個不規則 tensor 相加，因為這個操作無法回傳不規則 tensor：

```
>>> s * 42.0
<tensorflow.python.framework.sparse_tensor.SparseTensor at 0x7f84a6749f10>
>>> s + 42.0
[...] TypeError: unsupported operand type(s) for +: 'SparseTensor' and 'float'
```

tensor 陣列

tf.TensorArray 就是由 tensor 組成的串列。在包含迴圈的動態模型裡，這種型態很適合用來累計結果，並且在稍後用來計算一些統計數據。你可以讀取或寫入位於陣列中的任何位置的 tensor：

```
array = tf.TensorArray(dtype=tf.float32, size=3)
array = array.write(0, tf.constant([1., 2.]))
array = array.write(1, tf.constant([3., 10.]))
array = array.write(2, tf.constant([5., 7.]))
tensor1 = array.read(1)  # => 回傳（並歸零！）tf.constant([3., 10.])
```

在預設情況下，讀取一個項目也會將它換成外形相同但全為 0 的 tensor。如果你不想要這樣，你可以將 clear_after_read 設為 False。

 當你寫入陣列時，你必須將輸出指派給一個陣列，就像這個例子一樣。如果不這樣做，雖然你的程式在急切模式（eager mode）可以正確運作，但它在圖模式（graph mode）將會失效（關於這些模式的討論，見第 12 章）。

在預設情況下，TensorArray 被建立時有固定的大小。但你可以設定 size=0 與 dynamic_size=True，讓陣列可在需要時自動增長，但這會影響效能，所以如果事先知道大小，最好使用固定大小的陣列。你也要指定 dtype，且所有元素的外形都必須與被寫入陣列的第一個元素一樣。

你可以呼叫 stack() 方法來將所有項目疊成一般的 tensor：

```
>>> array.stack()
<tf.Tensor: shape=(3, 2), dtype=float32, numpy=
array([[1., 2.],
       [0., 0.],
       [5., 7.]], dtype=float32)>
```

集合（set）

TensorFlow 支援整數或字串的集合（但不支援浮點數的集合），它用一般的 tensor 來表示集合。例如，它會直接將集合 {1, 5, 9} 表示成 tensor [[1, 5, 9]]。注意，tensor 至少要有二維，而且集合必須在最後一維。例如，[[1, 5, 9], [2, 5, 11]] 是個包含兩個獨立集合的 tensor：{1, 5, 9} 與 {2, 5, 11}。

tf.sets 程式包有一些操作集合的函式。例如，我們來建立兩個集合，並計算它們的聯集（結果會是一個稀疏 tensor，所以我們呼叫 to_dense() 來顯示它）：

```
>>> a = tf.constant([[1, 5, 9]])
>>> b = tf.constant([[5, 6, 9, 11]])
>>> u = tf.sets.union(a, b)
>>> u
<tensorflow.python.framework.sparse_tensor.SparseTensor at 0x132b60d30>
>>> tf.sparse.to_dense(u)
<tf.Tensor: [...], numpy=array([[ 1,  5,  6,  9, 11]], dtype=int32)>
```

你也可以同時計算多對集合的聯集。如果有些集合比其他集合要短，你必須用填補值（例如 0）來將它們填補成相同長度：

```
>>> a = tf.constant([[1, 5, 9], [10, 0, 0]])
>>> b = tf.constant([[5, 6, 9, 11], [13, 0, 0, 0]])
>>> u = tf.sets.union(a, b)
>>> tf.sparse.to_dense(u)
<tf.Tensor: [...] numpy=array([[ 1,  5,  6,  9, 11],
                               [ 0, 10, 13,  0,  0]], dtype=int32)>
```

如果你比較喜歡使用不同的填補值，例如 -1，你必須在呼叫 to_dense() 時設定 default_value=-1（或你喜歡的值）：

default_value 的預設值是 0，所以在處理字串集合時，你一定要設定這個參數（例如，設為空字串）。

tf.sets 的其他函式包括 difference()、intersection() 與 size()，從名稱就可以看出它們的功能。如果你想要確認一個集合有沒有一些值，你可以計算那個集合與那些值的交集。如果你想要將一些值加入一個集合，你可以計算那個集合與那些值的聯集。

佇列

佇列是可以推入（push）資料紀錄，稍後再將它們拉出來（pull）的結構。TensorFlow 在 tf.queue 程式包中實作了幾種佇列。以前它們在實作高效的資料載入與預先處理 pipeline 時非常重要，但是自從 tf.data API 出現之後，它們基本上失去用處（或許在某種罕見的情況下例外），因為 tf.data API 更方便，而且提供了建構 pipeline 的所有工具。但是為了完整起見，我們還是要簡單地介紹一下它們。

最簡單的佇列是先入先出（FIFO）佇列。要建立它，你必須指定它可以容納的最大紀錄數量。此外，每一筆紀錄都是 tensor 的 tuple，所以你必須指定各個 tensor 的型態，你也可以指定它們的外形。例如，下面的範例建立一個 FIFO 佇列，它最多有三筆紀錄，每一筆都包含一個 tuple，tuple 包含一個 32-bit 整數與一個字串。接著將兩筆紀錄推入佇列，檢查佇列大小（此時是 2），再拉出一筆紀錄：

```
>>> q = tf.queue.FIFOQueue(3, [tf.int32, tf.string], shapes=[(), ()])
>>> q.enqueue([10, b"windy"])
>>> q.enqueue([15, b"sunny"])
>>> q.size()
<tf.Tensor: shape=(), dtype=int32, numpy=2>
>>> q.dequeue()
[<tf.Tensor: shape=(), dtype=int32, numpy=10>,
 <tf.Tensor: shape=(), dtype=string, numpy=b'windy'>]
```

你也可以使用 enqueue_many() 和 dequeue_many() 一次將多筆紀錄推入和拉出佇列（若要使用 dequeue_many()，你必須在建立佇列時設定 shapes 引數，就像之前的做法）：

```
>>> q.enqueue_many([[13, 16], [b'cloudy', b'rainy']])
>>> q.dequeue_many(3)
[<tf.Tensor: [...], numpy=array([15, 13, 16], dtype=int32)>,
 <tf.Tensor: [...], numpy=array([b'sunny', b'cloudy', b'rainy'], dtype=object)>]
```

其他的佇列有：

PaddingFIFOQueue

與 FIFOQueue 一樣，但它的 dequeue_many() 方法可拉出不同外形的紀錄。它會自動填補最短的紀錄，來確保批次中的所有紀錄都有相同的外形。

PriorityQueue

按照預先指定的優先次序來拉出紀錄的佇列。優先次序是各筆紀錄的第一個元素，它是一個 64-bit 整數。出人意外的是，低優先次序的紀錄會先被拉出佇列。有相同優先次序的紀錄會按照 FIFO 順序拉出。

RandomShuffleQueue

以隨機次序拉出紀錄的佇列。在 tf.data 出現之前，它很適合用來實作洗牌緩衝區。

如果你在佇列已滿時試著放入另一筆紀錄，enqueue*() 方法將會暫停，直到有一筆紀錄被另一個執行緒拉出來為止。類似的情況，如果佇列是空的，而且你試著拉出一筆紀錄，dequeue*() 方法會暫停，直到有紀錄被另一個執行緒推入為止。

TensorFlow 圖

這個附錄將介紹 TF 函式（見第 12 章）產生的圖。

TF 函式與具體函式

TF 函式是多型的，也就是說，它們支援各種類型（與外形）的輸入。例如，考慮下面的
tf_cube() 函式：

```
@tf.function
def tf_cube(x):
    return x ** 3
```

每次你使用具有新型態或外形的輸入來呼叫 TF 函式時，它就會產生一個新的**具體函式**，具備專門為這個特定組合建立的圖。這種引數型態與外型的組合稱為**輸入簽章**（*input signature*）。如果你使用 TF 函式已經看過的輸入簽章來呼叫它，它會重複使用已產生的具體函式。例如，當你呼叫 tf_cube(tf.constant(3.0)) 時，TF 函式會重複使用它在處理 tf_cube(tf.constant(2.0)) 時使用的具體函式（處理 float32 純量 tensor）。但是它會在你呼叫 tf_cube(tf.constant([2.0])) 或 tf_cube(tf.constant([3.0])) 時產生新的具體函式（外形為 [1] 的 float32 tensor），在你呼叫 tf_cube(tf.constant([[1.0, 2.0], [3.0, 4.0]])) 時產生另一個（外形為 [2, 2] 的 float32 tensor）。你可以呼叫 TF 函式的 get_concrete_function() 方法來取得特定輸入組合的具體函式，然後像呼叫一般函式一樣呼叫它，但它只支援一種輸入簽章（在這個例子中，它是 float32 純量 tensor）：

```
>>> concrete_function = tf_cube.get_concrete_function(tf.constant(2.0))
>>> concrete_function
<ConcreteFunction tf_cube(x) at 0x7F84411F4250>
>>> concrete_function(tf.constant(2.0))
<tf.Tensor: shape=(), dtype=float32, numpy=8.0>
```

圖 D-1 是 我 們 呼 叫 `tf_cube(2)` 與 `tf_cube(tf.constant(2.0))` 之 後 的 `tf_cube()` TF 函式，裡面有兩個具體函式，每個簽章一個，每一個函式都有它自己的優化函式圖（`FuncGraph`）和自己的**函式定義**（`FunctionDef`）。函式定義指向圖中對應函數的輸入和輸出的部分。在每一個 `FuncGraph`，節點（橢圓）代表操作（例如次方、常數，或 x 之類的引數的預留位置），而邊（在操作之間的實線箭頭）代表將會經過的 tensor。左圖的具體函式是 x = 2 專用的，所以 TensorFlow 設法將它簡化成始終輸出 8（注意，函式的定義甚至沒有輸入）。右圖的具體函式是 float32 純量 tensor 專用的，它無法簡化。呼叫 `tf_cube(tf.constant(5.0))` 會呼叫第二個具體函式，x 的預留位置操作將輸出 5.0，接著次方操作將計算 `5.0 ** 3`，所以輸出將是 125.0。

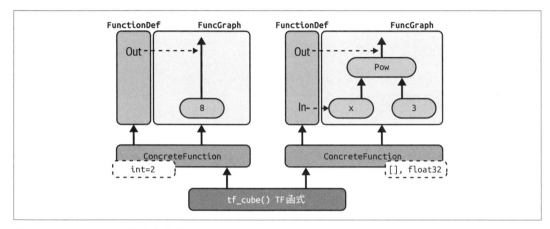

圖 D-1　`tf_cube()` TF 函式和它的 `ConcreteFunction` 及其 `FuncGraph`

在這些圖裡面的 tensor 是**象徵性** *tensor*，也就是說它們沒有實際值，只有資料型態、外形與名稱。它們代表未來的 tensor，將會在實際的值被傳給預留位置 x 且圖被執行時，流經那個圖。象徵性 tensor 可讓你事先指定如何連接操作，也可以讓 TensorFlow 根據輸入的資料型態與外形，遞迴地推斷所有 tensor 的資料型態與外形。

接著來繼續瞭解底層的東西，看看如何讀取函式定義與函式圖，以及如何探索圖的操作與 tensor。

探索函式定義與圖

你可以使用 graph 屬性來讀取具體函式的計算圖，以及呼叫圖的 get_operations() 方法來取得它的操作清單：

```
>>> concrete_function.graph
<tensorflow.python.framework.func_graph.FuncGraph at 0x7f84411f4790>
>>> ops = concrete_function.graph.get_operations()
>>> ops
[<tf.Operation 'x' type=Placeholder>,
 <tf.Operation 'pow/y' type=Const>,
 <tf.Operation 'pow' type=Pow>,
 <tf.Operation 'Identity' type=Identity>]
```

在這個例子裡，第一個操作代表輸入引數 x（它稱為預留位置），第二個「操作」代表常數 3，第三個操作代表次方操作（**），最後一個操作代表這個函式的輸出（這是一個恆等操作，也就是說，它只會複製次方運算的輸出，不做任何其他事情[1]）。每一項操作都有一系列的輸入與輸出 tensor，你可以用操作的 inputs 與 outputs 屬性來輕鬆地讀取它們。例如，我們來取得次方操作的輸入與輸出：

```
>>> pow_op = ops[2]
>>> list(pow_op.inputs)
[<tf.Tensor 'x:0' shape=() dtype=float32>,
 <tf.Tensor 'pow/y:0' shape=() dtype=float32>]
>>> pow_op.outputs
[<tf.Tensor 'pow:0' shape=() dtype=float32>]
```

圖 D-2 是這個計算圖。

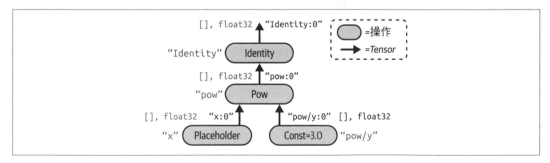

圖 D-2　計算圖範例

1　你可以放心地忽略它。它只是因為技術上的原因而存在，以確保 TF 函式不會洩漏內部結構。

注意，每一個操作都有一個名稱，它的預設值是操作的名稱（例如 "pow"），但是你可以在呼叫操作時手動定義它（例如 tf.pow(x, 3, name="other_name")）。如果名稱已經存在，TensorFlow 會自動加上一個唯一的索引（例如 "pow_1"、"pow_2" 等）。每一個 tensor 也有一個唯一的名稱：它一定是輸出這個 tensor 的操作的名稱，如果它是操作的第一個輸入，再加上 :0，或者，如果它是第二個輸入，再加上 :1，以此類推。你可以使用圖的 get_operation_by_name() 或 get_tensor_by_name() 方法並指定名稱來抓取一項操作或 tensor：

```
>>> concrete_function.graph.get_operation_by_name('x')
<tf.Operation 'x' type=Placeholder>
>>> concrete_function.graph.get_tensor_by_name('Identity:0')
<tf.Tensor 'Identity:0' shape=() dtype=float32>
```

具體函式裡面也有函式定義（用 protobuf 來表示[2]），它包含函式的簽章。這個簽章讓具體函式知道預留位置該填入哪個輸入值，以及該回傳哪個 tensor：

```
>>> concrete_function.function_def.signature
name: "__inference_tf_cube_3515903"
input_arg {
  name: "x"
  type: DT_FLOAT
}
output_arg {
  name: "identity"
  type: DT_FLOAT
}
```

接著，我們來仔細地瞭解 trace（追蹤）。

更仔細地瞭解 trace

我們來修改 tf_cube() 函式，讓它印出它的輸入：

```
@tf.function
def tf_cube(x):
    print(f"x = {x}")
    return x ** 3
```

然後呼叫它：

```
>>> result = tf_cube(tf.constant(2.0))
x = Tensor("x:0", shape=(), dtype=float32)
>>> result
<tf.Tensor: shape=(), dtype=float32, numpy=8.0>
```

2　這是第 13 章介紹過的流行二進制格式。

result 看似正常運作，但是看一下印出來的東西：x 是個象徵性 tensor！它有外形與資料型態，但沒有值。而且它有一個名稱（"x:0"）。這是因為 print() 函式不是 TensorFlow 操作，所以它只會在 Python 被 trace 時執行，trace 是在圖模式中，當引數被換成象徵性 tensor 時發生的（象徵性 tensor 有相同的型態與外形，但沒有值）。因為 print() 函式沒有被抓入圖中，所以當我們下一次用 float32 純量 tensor 來呼叫 tf_cube() 時，它不會印出任何東西：

```
>>> result = tf_cube(tf.constant(3.0))
>>> result = tf_cube(tf.constant(4.0))
```

但是，如果我們用不同型態或外形的 tensor 來呼叫 tf_cube()，或使用新的 Python 值來呼叫它時，它會被再次 trace，所以 print() 函式會被呼叫：

```
>>> result = tf_cube(2)  # 新 Python 值：trace！
x = 2
>>> result = tf_cube(3)  # 新 Python 值：trace！
x = 3
>>> result = tf_cube(tf.constant([[1., 2.]]))  # 新外形：trace！
x = Tensor("x:0", shape=(1, 2), dtype=float32)
>>> result = tf_cube(tf.constant([[3., 4.], [5., 6.]]))  # 新外形：trace！
x = Tensor("x:0", shape=(None, 2), dtype=float32)
>>> result = tf_cube(tf.constant([[7., 8.], [9., 10.]]))  # 相同的外形：不 trace！
```

 如果你的函式有 Python 副作用（例如，它會將一些 log 存入磁碟），小心這段程式只會在函式被 trace 時執行（也就是每次你用新輸入簽章來呼叫 TF 函式時）。最佳策略是假設每一次 TF 函式被呼叫時，函式就可能被 trace（或不會）。

有時，你可能想要將 TF 函式限制為特定的輸入簽章。例如，假設你已經知道，你只會使用 28 × 28 像素的圖像批次來呼叫 TF 函式，但批次有非常不同的尺寸。你可能不希望 TensorFlow 為每一種批次尺寸產生不同的具體函式，或讓它自己找出何時該使用 None，你可以這樣指定輸入簽章：

```
@tf.function(input_signature=[tf.TensorSpec([None, 28, 28], tf.float32)])
def shrink(images):
    return images[:, ::2, ::2]  # 移除一半的列與行
```

這個 TF 函式只接收外形為 [*, 28, 28] 的任何 float32 tensor，而且每次都會重複使用相同的具體函式：

```
img_batch_1 = tf.random.uniform(shape=[100, 28, 28])
img_batch_2 = tf.random.uniform(shape=[50, 28, 28])
preprocessed_images = shrink(img_batch_1)  # 可執行，trace 函式
preprocessed_images = shrink(img_batch_2)  # 可執行，相同的具體函式
```

但是，如果你試著使用 Python 值來呼叫這個 TF 函式，或是用不尋常的資料型態或外形的 tensor 來呼叫它，你會得到例外：

```
img_batch_3 = tf.random.uniform(shape=[2, 2, 2])
preprocessed_images = shrink(img_batch_3)  # ValueError! 不相容的輸入
```

使用 AutoGraph 來納入控制流

如果你的函式有一個簡單的 for 迴圈，你認為將發生什麼事？舉個例子，我們來寫一個函式，該函式會將它的輸入加 10，但它的做法是加 1 十次：

```
@tf.function
def add_10(x):
    for i in range(10):
        x += 1
    return x
```

這段程式可以正常執行，但它的圖裡面沒有迴圈，只有 10 個加法操作！

```
>>> add_10(tf.constant(0))
<tf.Tensor: shape=(), dtype=int32, numpy=15>
>>> add_10.get_concrete_function(tf.constant(0)).graph.get_operations()
[<tf.Operation 'x' type=Placeholder>, [...],
 <tf.Operation 'add' type=AddV2>, [...],
 <tf.Operation 'add_1' type=AddV2>, [...],
 <tf.Operation 'add_2' type=AddV2>, [...],
 [...]
 <tf.Operation 'add_9' type=AddV2>, [...],
 <tf.Operation 'Identity' type=Identity>]
```

- 這其實很合理，當函式被 trace 時，迴圈會執行 10 次，所以 x += 1 操作會執行 10 次，而且，因為它處於圖模式，所以它會在圖裡記錄這項操作 10 次。你可以想成這個 for 迴圈在建立圖時被展開成「靜態」迴圈。

如果你想要讓圖包含一個「動態」迴圈（也就是當圖被執行時運作的迴圈），你可以使用 tf.while_loop() 操作來手動建立一個，但是這種做法不太直觀（範例見第 12 章的 notebook 的「Using AutoGraph to Capture Control Flow」部分）。使用第 12 章討論過的 TensorFlow 的 *AutoGraph* 功能將會簡單很多。AutoGraph 在預設情況下是啟動的（如果你需要將它關閉，可傳遞 autograph=False 給 tf.function()）。既然它是啟動的，為什麼它無法納入 add_10() 函式裡面的 for 迴圈？它只會納入迭代 tf.data.Dataset 物件的 tensor 的迴圈，所以你應該使用 tf.range()，而不是 range()。這是為了讓你有選擇的機會：

- 當你使用 range() 時，for 迴圈將是靜態的，代表它只會在函式被 trace 時執行。迴圈的每一次迭代都會被「展開」成一組操作，就像之前那樣。

- 如果你使用 tf.range()，迴圈將是動態的，代表它會被加入圖本身（但不會在 trace 期間執行）。

我們將 add_10() 函式裡的 range() 換成 tf.range()，看看會產生什麼圖：

```
>>> add_10.get_concrete_function(tf.constant(0)).graph.get_operations()
[<tf.Operation 'x' type=Placeholder>, [...],
 <tf.Operation 'while' type=StatelessWhile>, [...]]
```

如你所見，現在圖包含一個 While 迴圈操作，就像我們呼叫了 tf.while_loop() 函式一樣。

在 TF 函式中處理變數與其他資源

在 TensorFlow 中，變數與其他有狀態的物件，例如佇列或資料組，都被稱為 資源（*resource*）。TF 函式會對它們進行特殊處理：任何讀取或更新資源的操作都會被視為有狀態的（stateful），且 TF 函式會確保有狀態的操作按照它們出現的順序執行（相較之下，無狀態的操作可能會平行執行，所以無法保證執行順序）。此外，當你將資源當成引數傳給 TF 函式時，它是以參考來傳遞的，所以函式可以修改它。例如：

```
counter = tf.Variable(0)

@tf.function
def increment(counter, c=1):
    return counter.assign_add(c)

increment(counter)  # 現在計數器等於 1
increment(counter)  # 現在計數器等於 2
```

從函式定義中，第一個引數被標為資源：

```
>>> function_def = increment.get_concrete_function(counter).function_def
>>> function_def.signature.input_arg[0]
name: "counter"
type: DT_RESOURCE
```

你也可以在函式外面定義 **tf.Variable** 來使用，不需要明確地將它當成引數傳入：

```
counter = tf.Variable(0)

@tf.function
def increment(c=1):
    return counter.assign_add(c)
```

TF 函式會將它視為隱性的第一個引數，所以它最終有相同的簽章（只是引數的名稱不同）。但是，使用全域變數很快就會一團亂，所以你通常要將變數（與其他資源）包在類別裡面。好消息是，**@tf.function** 也很適合與方法一起使用：

```
class Counter:
    def __init__(self):
        self.counter = tf.Variable(0)

    @tf.function
    def increment(self, c=1):
        return self.counter.assign_add(c)
```

> 不要連同 TF 變數一起使用 =、+=、-= 或任何其他 Python 賦值運算子，你必須改用 assign()、assign_add() 或 assign_sub() 方法。如果你試著使用 Python 賦值運算子，你會在呼叫方法時得到例外。

當然，Keras 是物件導向寫法的好例子之一。我們來看看如何同時使用 TF 函式與 Keras。

同時使用 TF 函式和 Keras（或不同時使用）

在預設情況下，和 Keras 一起使用的自訂函式、階層或模型都會被自動轉換成 TF 函式，你不需要做任何事情！但是，有時你可能想要停用這種自動轉換——例如，當你的自訂程式無法轉換成 TF 函式時，或你只想要進行偵錯，而偵錯在急切模式下比較容易進行。為此，你只要在建立模型或它的任何階層時傳遞 dynamic=True 即可：

```
model = MyModel(dynamic=True)
```

如果你的自訂模型或階層將一直是動態的，你可以改用 dynamic=True 來呼叫基礎類別的建構式：

```
class MyDense(tf.keras.layers.Layer):
    def __init__(self, units, **kwargs):
        super().__init__(dynamic=True, **kwargs)
        [...]
```

或者，你可以在呼叫 compile() 方法時傳遞 run_eagerly=True：

```
model.compile(loss=my_mse, optimizer="nadam", metrics=[my_mae],
              run_eagerly=True)
```

你已經知道 TF 函式如何處理多型（使用多個具體函式），以及如何使用 AutoGraph 和 tracing 來自動產生圖、圖長怎樣、如何探索它們的符號操作和 tensor、如何處理變數和資源，以及如何同時使用 Keras 與 TF 函數了。

索引

H

hard clustering（硬聚類）, 257

hard margin classification（硬邊距分類）, 172, 183

hard voting classifiers（硬投票分類器）, 207

harmonic mean（調和平均數）, 109

hashing collision（雜湊碰撞）, 449

Hashing 層, 449

hashing trick, 449

HDBSCAN（hierarchical DBSCAN）, 274

He 初始化, 347-349

Heaviside 步階函數, 295

heavy tail, feature distribution（重尾，特徵分布）, 74

Hebb's rule（Hebb 規則）, 297

Hebbian 學習, 297

Hessians, 372

hidden layers（隱藏層）

    neurons per layer（每層的神經元）, 338

    number of（數量）, 337

    stacked autoencoders（堆疊式自動編碼器）, 619-627

hierarchical clustering（階層式聚類）, 10

hierarchical DBSCAN（HDBSCAN）, 274

high variance, with decision trees（高變異數，決策樹）, 203

hinge loss 函數, 183

histogram-based gradient boosting（HGB）（基於直方圖的梯度增強）, 224-225

histograms（直方圖）, 53

hold-out sets（保留組）, 33

holdout validation（保留驗證）, 33

housing 資料組, 40-45

Huber 損失, 304, 398, 402, 536

Hugging Face, 608-612

Hungarian 演算法, 512

Hyperband 調整器, 335

hyperbolic tangent（htan）（雙曲正切函數）, 302, 546

hyperparameters（超參數）, 31, 332-341

    activation function（觸發函數）, 340

batch size（批次大小）, 340

    CART 演算法, 196

    convolutional layers（摺積層）, 473

    in custom transformations（自訂轉換）, 78

    decision tree（決策樹）, 223

    dimensionality reduction（降維）, 241

    gamma（γ）值, 178

    GAN 挑戰, 642

    Keras Tuner, 751

    learning rate（學習速度）, 136, 339

    momentum β（動量）, 367

    Monte Carlo 樣本, 385

    neurons per hidden layer（每個隱藏層的神經元）, 338

    and normalization（正規化）, 74

    number of hidden layers（隱藏層的數量）, 337

    number of iterations（迭代次數）, 341

    optimizer（優化器）, 340

    PG 演算法, 674

    preprocessor and model interaction（預先處理器與模型互動）, 90

    randomized search（隨機搜尋）, 332-334

    saving along with model（與模型一起儲存）, 402

    SGDClassifier, 179

    subsample, 224

    SVM classifiers with polynomial kernel（使用多項式 kernel 的 SVM 分類器）, 176

    tolerance（ε）（容限數）, 179

    tuning of（調整）, 33-34, 89-91, 95, 316, 748-752

hypothesis（假設）, 44

hypothesis boosting（假設增強，見 boosting）

hypothesis function（假設函數）, 130

I

identity matrix（單位矩陣）, 153

IID（見 independent and identically distributed）

image generation（圖像生成）, 516, 649, 651

作者簡介

Aurélien Géron 是機器學習顧問和講師。他曾任職於 Google，後來在 2013 年至 2016 年帶領 YouTube 的影片分類團隊。他也是幾家不同公司的創始人和 CTO，包括：Wifirst（法國的龍頭無線 ISP）、Polyconseil（電信、媒體和策略顧問公司），以及 Kiwisoft（機器學習和資料隱私顧問公司）。

在此之前，他在多個領域擔任過工程師，包括金融領域（JP Morgan 與 Société Générale）、國防領域（加拿大國防部）與醫療保健領域（輸血）。他出版過幾本技術書籍（關於 C++、WiFi 與網際網路結構），也曾經在法國的工程學院發表關於計算機科學的演說。

有趣的是，他教他的三個孩子用手指數二進制數字（數到 1,023），在進入軟體工程領域之前，他研究過微生物學與進化遺傳學。還有，當他第二次跳傘時，降落傘沒有打開。

封面記事

本書封面上的動物是火蠑螈（*Salamandra salamandra*），一種遍布歐洲大部分地區的兩棲動物。牠有黑色光滑的皮膚，在頭部和背部有大塊的黃色斑點，這些斑點標誌著牠體內有鹼性毒素。這種兩棲動物經常被稱為火蠑螈的原因，可能是因為接觸這些毒素（牠也會短距離噴射毒素）會導致痙攣和過度換氣，劇毒或濕潤的皮膚（或者兩者都有）導致一個錯誤的想法：這種生物不僅能在火中生存，還能撲滅火焰。

火蠑螈棲息在陰暗的森林裡，躲藏在潮濕的裂縫和靠近水池或其他淡水水域的樹幹下，以方便繁殖。雖然牠們大部分的時間都在陸地上生活，但牠們在水中生產。牠們主要以昆蟲、蜘蛛、蛞蝓、蠕蟲為食，體長可達一英尺，在人工飼養環境中可活到 50 歲。

火蠑螈的數量由於棲息地的破壞以及寵物買賣而減少許多，但是對牠們最大的威脅是透水性的皮膚對污染物和微生物極度敏感。自 2014 年以來，由於一種外來的真菌，牠們在荷蘭和比利時的部分地區已經滅絕了。

O'Reilly 書籍封面上的許多動物都面臨瀕臨絕種的危機，牠們都是這個世界重要的一份子。封面圖像由 Karen Montgomery 繪製，取材自 *Wood* 的《*Illustrated Natural History*》裡的一幅雕刻作品。

精通機器學習｜使用 Scikit-Learn, Keras 與 TensorFlow 第三版

作　　者：Aurélien Géron
譯　　者：賴屹民
企劃編輯：蔡彤孟
文字編輯：王雅雯
設計裝幀：陶相騰
發 行 人：廖文良

發 行 所：碁峰資訊股份有限公司
地　　址：台北市南港區三重路 66 號 7 樓之 6
電　　話：(02)2788-2408
傳　　真：(02)8192-4433
網　　站：www.gotop.com.tw
書　　號：A712
版　　次：2023 年 12 月二版
建議售價：NT$1200

國家圖書館出版品預行編目資料

精通機器學習：使用 Scikit-Learn, Keras 與 TensorFlow / Aurélien
　Géron 原著；賴屹民譯. -- 二版. -- 臺北市：碁峰資訊, 2023.12
　　面；　 公分
　　譯自：Hands-on machine learning with Scikit-Learn, Keras, and
TensorFlow : concepts, tools, and techniques to build intelligent
system, 3rd ed.
　　ISBN 978-626-324-667-6(平裝)
　　1. CST：機器學習　2.CST：人工智慧
312.831　　　　　　　　　　　　　112017771